U0198377

中国食药用菌工程学

ZHONGGUO SHIYAOYONGJUN GONGCHENGXUE

蔡津生　卢国宝　编著

上海科学技术文献出版社
Shanghai Scientific and Technological Literature Press

图书在版编目（CIP）数据

中国食药用菌工程学 / 蔡津生，卢国宝编著 . —上海：上海
科学技术文献出版社，2015.1
ISBN 978-7-5439-6268-2

Ⅰ . ① 中… Ⅱ . ① 蔡… ② 卢… Ⅲ . ① 食用菌类—栽培技术 ②
药用菌类—栽培技术　　Ⅳ . ① S646 ② S567.3

中国版本图书馆 CIP 数据核字（2014）第 127631 号

责任编辑：梅雪林　胡德仁

中国食药用菌工程学
蔡津生　卢国宝　编著
出版发行　上海科学技术文献出版社
地　　址　上海市长乐路 746 号
邮政编码　200040
经　　销　全国新华书店
印　　刷　常熟市人民印刷厂
开　　本　889×1194　1/16
印　　张　29.75
插　　页　2
字　　数　950 000
版　　次　2015 年 1 月第 1 版　2015 年 1 月第 1 次印刷
书　　号　ISBN 978-7-5439-6268-2
定　　价　280.00 元
http://www.sstlp.com

序

随着中国加入WTO以后,尤其是党的"十八大"以来,我国食药用菌产业由依靠自然气候、家庭作坊分散的生产规模向周年工厂化生产规模转变,由重生产、轻加工的结构模式向提高食药用菌的加工率、提高产品附加值方向转变,实现产业优化、升级,促进产业现代化改造是食药用菌产业发展的必然趋势,是产业脱胎换骨的客观需要,是产业可持续发展,做大做强的客观需要,也是国家"十二·五"农业发展规划的要求。在这大背景下,急需一本能反映食药用菌生产和加工新技术、新工艺、新装备的书籍。由蔡津生、卢国宝编撰的《中国食药用菌工程学》在上海科学技术文献出版社出版了,值得庆贺!

《中国食药用菌工程学》从工程角度进行编撰,符合当前食药用菌产业优化升级的需要。

《中国食药用菌工程学》以较大篇幅介绍了食药用菌工厂化生产技术装备和高新技术在食药用菌中的运用,尤其是在精、深加工方面的应用,对提高我国食药用菌生产和加工技术装备的水平、启发科技人员的创新思维,提高高精、深加工产品的附加值和食药用菌生产的综合效益具有重要的作用。

《中国食药用菌工程学》以较大篇幅对食药用菌的保健品、药品生产全过程中实施GMP各项规程,以达到生产出机制清楚、安全、有效、可控、稳定、均一、经济的保健品、药品,为我国食药用菌的保健品、药品进入国际市场提供了基本要求。

期望《中国食药用菌工程学》出版后,在食药用菌产业化优化升级和现代化改造中,使我国食药用菌产业由资源优势转化为商品优势和经济优势,提高产业在国际市场上的竞争力,促进食药用菌强国梦的实现。《中国食药用菌工程学》既可作为食药用菌教学、科研和生产人员的参考书,也适合作为食药用菌专业的教材用书。

中国工程院院士

前　言

随着中国加入世界贸易组织（WTO），我国食药用菌产业进入战略性调整的新阶段。食药用菌产业由分散的家庭作坊生产模式向集约的工厂化生产模式转变，实现产业升级、促进现代化改造是发展的必然趋势，是产业脱胎换骨、实现可持续发展以及做大做强的客观需要，也是国家"十二·五"农业发展规划的要求。在这大背景下，亟须一本能反映食药用菌生产和加工新技术、新工艺和新设备的书籍。这三者既要紧密结合生产实际又要相互促进，能反映当前不同地区、不同规模、不同机械化程度的食药用菌生产和加工技术设备现状、需要和发展方向，提供不同食药用菌工厂化生产工艺和配套的技术设备优化选型和功能车间布置，以满足实现食药用菌产业现代化的需求，重点介绍了国内外尤其是国外食药用菌的新技术、新工艺和新装备。

农（菌类）产品加工业是充满希望的产业。发展农（菌类）产品加工业，扩大农（菌类）产品市场，提高农产品的附加值可增加农民就业机会，激活农业（食药用菌产业），使之成为农业（食药用菌产业）新的增长点，以推动国民经济发展，促进农业（食药用菌）强国目标的实现。目前，食药用菌产品加工业，尤其是精深加工是我国食药用菌产业的薄弱环节，与国外相比差距较大。本书以较大篇幅介绍了精深加工技术和装备。

"他山之石，可以攻玉。"只有善于借鉴和利用现代科学技术，特别是加强高新技术在食药用菌生产和加工上的应用，才能不断创新，促进食药用菌现代化的进程，提高食药用菌产品在国际上的竞争力，实现食药用菌强国的愿望。本书以大量篇幅介绍高新技术在食药用菌加工方面、尤其是在深加工方面的应用，以期我国在食药用菌方面有所发展、提高和创新。

要实现食药用菌精深加工产品的现代化，最直观的表现就是要将食药用菌制成机制搞清楚，生产出安全、有效、可控、稳定、经济的保健品与药品。要达到上述要求必须在保健品、药品的生产全过程中对质量进行全面监控，以确保产品质量万无一失，也就是在生产全过程实施药品生产质量管理规范（GMP）。GMP是我国食药用菌保健品和药品进入国际市场的基本要求，为此，本书在这方面作了较详细的介绍。

本书在编写过程中查阅了大量工厂化生产、精深加工、高新技术在食药用菌工程上的应用和实施(GMP)方面要求的研究文献和专著。对于中国工程院院士李玉教授、河北农大生物技术中心的杨国良教授,中国食品土畜产进出口商会的刘自强先生,福建省食用菌研究所王泽生所长,镇江余兆丰技术开发研究所余兆丰所长,上海浦东天厨菇业有限公司刘遐经理,福建仙芝楼生物科技有限公司、连云港国鑫食药用菌成套设备有限公司及专家们在文献资料、图片上给予的支持和在统筹过程中给予的指导,以及漳州市兴宝机械有限公司、福建仙芝楼生物科技有限公司、福建省药用菌工程中心、国家食用菌加工技术研究分中心对本书出版给予的赞助,在此深表谢意,同时诚挚感谢参考文献的作者和参与本书编写、出版的有关人员。

本书以传统的食药用菌生产和加工技术装备为基础,详细介绍了食药用菌工厂化生产技术装备、精深加工技术装备、高新技术在食药用菌工程上的应用和在加工全过程中实施GMP的内容。由于本书内容涉及面广,体现了多学科理论和技术的交叉、融合和统一,首次从工程角度进行编写,且受到编者知识面和写作水平限制,加上时间仓促,难免有疏漏与错误之处,谨请专家、读者指正。

希望本书能为从事食药用菌方面的教学、研发、创新和工厂化生产的读者有所帮助。

编者　蔡津生　卢国宝

目　　录

第一章　概　　述

第一节　食药用菌生产技术概况

中国食药用菌技术设备的发展和中国食药用菌生产发展有密不可分的关系。20世纪70年代末80年代初,随着中国食药用菌(以白木耳、香菇为代表)代料栽培技术和塑袋栽培技术的推广和发展以及相互促进,使食药用菌生产得到了很大发展,摆脱和缓和了菌林的矛盾。食药用菌栽培技术的创新对食药用菌生产产生了深远的影响,使食药用菌生产由农村、山区走向平原、城市,成为农民脱贫致富的新兴产业,成为农村副业的重要组成部分,同时也具有重大的生态学意义和社会意义。

与此同时,也促进了食药用菌生产和加工机械的发展,反过来机械化也促进了食药用菌生产的规模化、集约化和产业化发展。

我国食药用菌技术设备发展可分为3个阶段。

第一阶段(1979～1990年)。随着银耳、香菇代料和塑袋栽培技术的推广和发展,福建省机械研究院(福建省农机化所)与古田县农械厂研发了"白木耳生产主要机具"、"食用菌生产关键设备"、"蘑菇生产主要机具(5种)"。这些设备的开发主要适用于食药用菌生产专业户和兼业户,每天(班)生产3 000～5 000袋。

第二阶段(1991～2000年)。20世纪90年代初,台资在福建漳州一带创建白背毛木耳太空包墙式立体栽培场,在它的栽培模式及配套设备的示范带动下,加上这种栽培模式和配套设备投入资金不大(相对于工厂化周年栽培),机械化程度较高,生产规模属大、中型,仿学的企业逐渐增多。为此,福建省机械研究院与漳州兴业食药用菌机械厂(现兴宝机械有限公司)联合研发,鉴定了(1995.12)容积式冲压装袋机,随后又开发了以装袋机为关键设备的单、双机装袋(短袋、长袋)生产线和使用空气过滤洁净技术开发的接种生产线。以上开发的设备主要适用于上规模的大、中型食药用菌生产企业,每天(10 h)装袋1万(单机生产线)、2万(双机生产线)、5万袋(上方双螺旋供料五机生产线)。

第三阶段(2001～2011年)。台资、日资在我国大城市市郊(上海、深圳、北京等)建立了以工厂化周年栽培模式生产食药用菌的企业,由于采用人工模拟生态环境,智能化调控技术和光、电、机一体化生产设备,可做到每天生产多品种、定量的鲜菇满足国内外超市、客商的需要。这种工厂化周年栽培模式是最具现代化农业特征的产业化生产方式,它与依靠自然气候·家一户的传统食药用菌生产模式截然不同,显示出生产规模、技术、产量、质量、市场等综合优势,加上国家政策的引导和资金上支持,展现了其宽广发展的前景。此后,仿学的企业大量涌现。为此,连云港国鑫医药设备公司、漳州兴宝(原兴业)机械有限公司研发生产瓶栽的工厂化周年栽培设备和程序控制联合装瓶的成套设备,以满足我国不同层次规模企业对设备的需求。与此同时,有关技术设备生产厂也填补了相关设备,如代料加工设备、大型培养料筛选设备、废料袋脱袋分离机、离心增湿机、超声增湿机、臭氧发生器、小型自走式颗粒料翻料机、大型电动轮式粪草类培养料翻堆机、液体菌种接种生产设备、胶囊固体菌种生产设备、食药用菌粗加工设备等。此外,草腐类食药用菌技术设备的研发力度随着木生类食药用菌工厂化周年栽培模式的发展也在加强。

一、食药用菌生产技术设备发展概况

(一)木生类食药用菌生产技术设备发展概况

遵循选、改、创的方针,经过了30多年(1979～2011年)的历程,我国的食药用菌生产技术设备得到长足的发展。目前可以提供:

1) 食药用菌生产专业户需要的小型成套栽培设备(以搅龙式装瓶、装袋机为核心的设备)。装袋能力:700袋/小时;0.5万袋/班(10 h)。

2）食药用菌生产企业需要的大、中型成套栽培设备（以容积式冲压装袋机为核心设备）。装袋能力：1 200袋/小时；1万（单机生产线）～2万袋（双机生产线）/班（10 h）。

3）工厂化周年栽培（瓶栽）成套设备（以振动式联合装瓶为核心设备）。装瓶能力：3 000～6 000瓶/小时；3万（单机生产线）～6万瓶（双机生产线）/班（10 h）。

4）代料加工设备。如枝桠材切片机、切碎机，秸秆、芦苇、果枝、菌草切碎机，（稻、麦秆）切段机，废菌袋脱袋分离机，小型颗粒料（棉子壳、甘蔗渣、废菌料）翻堆机。

5）高压、常压蒸汽灭菌设备。如小型高压灭菌锅，大、中型高压灭菌器，大型预真空高压蒸汽灭菌器（程序控制和不同产汽量的高压、常压蒸汽锅炉）。

6）接种技术设备。如采用空气过滤、洁净技术的短袋人工接种（固、液体菌种）生产线，接种能力2 300～4 000袋/小时；4头菌瓶自动接种（固、液体菌种）生产线，接种能力4 800～6 000瓶/小时。

7）培养、栽培有关设备。如不同产气量的间隙式、真空管式、沿界面式、电解水式臭氧和臭氧水发生器，离心增湿机、超声增湿机、热风机（热源为热水、蒸汽、烟道气），工厂化周年栽培人工模拟生态环境智能调控系统（1台电脑可实现128间菇房进行实时监控）和菇房换气节能热交换设备，微喷灌设备，菇筒注水机械，菇房保温、隔湿、冷库板材等。

由上可看出，除个别的设备如工厂化周年瓶栽设备中液体接种等高效生产设备正在研发外，我国木生类食药用菌生产技术设备，已接近国际水平，有些还有所创新。如开发了适用长袋（香菇袋）的冲压式装袋机；适合金针菇专用的双冲压装袋机、小型自走式颗粒料翻堆机、枝桠材切碎机等。在海外华侨和联合国粮农组织亚太培训中心（福州）以及各省国际培训班带动下，我国木生类食药用菌生产设备已销往世界10多个国家和地区，如马来西亚、印尼、菲律宾、越南、泰国、巴勒斯坦、伊朗、蒙古、朝鲜、加拿大、澳大利亚、南亚、巴布内新几内亚等。有的企业如漳州兴宝机械有限公司，每年销往国外的食药用菌设备已占销售额的1/3。当前，在国家发展规模化、集约化、产业化等现代农业的政策导向和资金支持下，食药用菌生产由传统生产方式向现代化农业（工厂化周年栽培方式）转变步伐加快，食药用菌栽培技术设备发展迎来了第二个春天。

（二）草腐类食药用菌生产技术设备发展概况

我国草腐类食药用菌技术设备与木生类食药用菌生产技术设备相比，显得落后了许多。虽然以双孢菇为代表的草腐类食药用菌在农艺上推广了二次发酵技术、标准化菇房和规范化栽培模式，平均单产有了很大提高，但仍属于靠自然气候栽培专业户生产的模式，受自然气候影响较大，产量不稳定。福建省机械研究院于1986年12月鉴定的蘑菇生产主要设备（5种），如半机械化翻堆机翻堆质量好，能满足农艺要求，但工效提高不多，且劳动强度仍显大，加上1年只用上1个月时间和购买力等原因，故得不到推广。其他如撕草机和小型蒸汽发生器也有类似情况得不到推广。20世纪80～90年代，我国从意大利、荷兰、美国等国家先后引进了9条大型双孢菇工厂化生产线，但由于技术、市场、管理等原因，除山东九发公司成功运行外，其余都被迫停产或弃用。进入21世纪，中国经济持续发展，城市化速度加快，农村人口向城市转移，农村乡镇企业的发展使食药用菌产区农村用工紧张，工资上涨，增加了食药用菌生产成本，菇农和政府管理部门亟须能代替露天操作的粪草培养料翻堆作业的设备。为此，2003年，河北大学生科院与固安县康益食药用菌有限公司研发了隧道式集中后发酵工艺与部分设备，随后上海市农技推广服务中心与南汇食用菌有限公司研发成功隧道式集中全发酵工艺与部分设备。2005年，中国农机院现代农装科技股份有限公司开发了MJ1700型双孢菇复合基料翻堆机，该机属电动轮式翻堆机，翻堆滚筒固定，因此对翻堆作业场地要求较高，最好是水泥地。为了提高对翻堆作业场地适应性，并强化工作部件，2008年，漳州兴宝机械有限公司与福建省机械研究院合作开发了SFDG-60型履带自走式翻堆机。该机翻堆能力为60 t/h，翻堆滚筒可液压升降，可替代100多个强劳力的翻堆作业，并可在排干水后的水稻田进行翻堆作业，大大提高了对翻堆作业场地的适应性和通过性；与此同时，厂院合作于2008年，研发出与培养料制备有关的设备，如大型稻麦秆切断机、摆动式培养料抛料机。

21世纪初期，草腐类食药用菌生产技术设备受到政策导向和资金支持以及木生类食药用菌工厂化周年栽培模式迅速发展的影响，2003年以来发展较快；但仍需在品种补齐和产品性能上加以提高和创新，如双孢菇菌种的规模化生产成套设备、粪草培养料规模化生产成套设备、覆土材料专业化生产成套设备等。因为食药用菌工厂化周年生产在很大程度上要依靠技术装备的支撑,技术装备的改进、创新促进了工厂化周年生产的发展和菌种、培养料、覆土等标准的建立,反过来工厂化周年生产的发展也对菌种管理、食药用菌产业标准、食药用菌产、销履历制度的建立创造了有利条件,给草腐类食药用菌生产技术设备的发展插上腾飞的翅膀。

鉴于在20世纪80~90年代引进多国双孢菇工厂化生产流水线的经验与教训,虽在市场需求、企业经营实力、工厂化周年生产观念及国产化技术设备支撑等方面不能同日而论,但仍需在技术装备经济合理配套、食药用菌产品品种市场定位、市场开拓、生产管理、企业人才培养培训以及企业内部人才和设备的挖潜方面投入更多的精力,使再次兴起的草腐类食药用菌工厂化周年生产得到健康的发展。

二、食药用菌加工技术设备发展概况

食药用菌加工技术装备是依靠食药用菌生产和国内外市场的需求而发展的。

我国的农产品加工业(食药用菌加工业)是充满希望和生机的产业,农产品加工业不同于单纯的农业也有别于单纯的工业,但包含农业也包含工业。发展产品加工业需要适于加工的农产品、先进的加工技术设备、现代化管理运营机制和营销手段,这三者相辅相成缺一不可。只有将这三者有机结合起来,才能将我国食药用菌产品的资源优势转化为商品优势和经济优势,真正实现农产品加工业的现代化,实现食药用菌强国的战略目标。

(一) 食药用菌粗加工技术设备发展概况

我国20世纪80年代主要研发食药用菌粗加工设备,如食药用菌干燥设备(白木耳、香菇)、盐渍设备和罐藏设备、冷藏保鲜设备。90年代发展和生产冻干设备、热泵干燥设备、真空油炸设备、黑木耳压块机、香菇分等大包装生产线和速冻设备等。其中烟道管式干燥机是油、柴两用机,干燥过程由程序控制干燥温度、风量、时间,控制器可储存8条干燥程序供用户选择,每条程序可设定1~4阶段干燥工序,设有燃烧机运行程序和停电保护程序、双重超温保护光电监控安全系统,该机代表干燥机的现代机型水平;回转式杀菌设备为罐藏制品高温杀菌设备,能使罐头在杀菌过程中处于回转状态,故罐头受热均匀,传热效率高,可大大缩短杀菌和冷却时间。杀菌全过程由程序控制系统控制,主要参数如压力、温度和回转速度均可自动调节记录,属节能杀菌设备,该机代表杀菌设备现代水平;全自动托盘软罐头充填封口机从落盘、充填到封口均为连续自动,附有光电装置,保证封口图案对齐,并可加装打印日期装置,该机代表托盘软罐头充填封口设备的现代化水平。

由上可看出,食药用菌粗加工设备有的是专用设备,有的是借用设备,总体接近了国际水平,但自主研发创新极少。

(二) 食药用菌深加工技术设备发展概况

20世纪90年代,我国食药用菌深加工产品主要是一二类保健品。目前,食药用菌多糖的保健功效国内外公认,所以现阶段几乎全世界范围内都认可用食药用菌多糖作为保健食品、药品和功能食品的基料,开发食药用菌功能食品具有宽广的市场前景。在此大背景下,我国近年来食药用菌保健品大量涌现,全国有近200多厂家从事菌类产品的生产,有近700多种产品进入商品化生产,但对外出口主要以食药用菌提取物精粉(粗多糖)为主。目前食药用菌深加工使用的设备大多为中药提取、浓缩、喷雾干燥设备,工艺大多为热水提取,提取过程采用酸法、碱法、酶法或微波、超声波辅助法;提取罐常采用动态多功能提取罐,并带有热回流、油水分离等功能和新开发的固定床循环动态进级逆流提取设备;浓缩设备常采用真空低温浓缩或真空多效浓缩设备;干燥设备多采用喷雾干燥设备,其优点是浓缩液的干燥和粉碎工序可同时在1台设备内完成。现在已有专门用于生产食药用菌精粉、粗多糖的喷雾干燥机,其优点是在生产精粉、多糖过程中可不用掺糊精。

总之,食药用菌深加工设备主要借用中药提取、浓缩和干燥设备。随着我国中药现代步伐的加快,中药制剂新技术应用和相关新设备的研发生产,必将对食药用菌深加工产品的安全及质量的可控、稳定给予强有力的技术设备支撑。

第二节 高新技术在食药用菌工程上的应用

为了缩小我国食药菌生产和世界食药用菌先进国家的差距,改变我国食药用菌加工尤其是深加工落后状态,实现食药用菌产业升级和现代化改造,由食药用菌生产大国向食药用菌生产强国的转变,必须重视和加强高新技术、新材料、新工艺、新装备的引用、借鉴和研发,如新型还原型液体菌种技术和设备、隧道式集中发酵技术和设备、程序控制装瓶联合机、程控预真空高压蒸汽灭菌柜、淋水式高压灭菌设备、臭氧技术和设备、微波技术和设备、真空油炸技术和设备、挤压膨化技术和设备、冻干技术和设备、超细粉体技术和设备、微胶囊技术和设备、超临界流体萃取技术和设备、大孔吸附树脂技术和设备、膜技术和设备、微波和超声波协助提取技术和设备、指纹图谱技术等。以上新技术、新工艺和新装备在食药用菌工程上的应用必将对食药用菌生产由传统的生产方式向规模化、产业化、集约化发展,实现产业升级和现代化改造提供技术和设备的物质保证。

一、高新技术在食药用菌生产上的应用

新型还原型液体菌种的使用将会提高接种效率,缩短培养时间,提高培养间的利用率,加快菌种专业化生产进程和产业分工细化;程控装瓶联合机的使用大大提高装瓶效率近 10 倍(每人装瓶能力≥4 500 瓶/小时);隧道式集中发酵技术的应用可提高一、二、三次发酵质量,减轻劳动强度,为草生类食药用菌的培养料专业化生产提供技术装备的保证;程控预真空高压蒸汽灭菌柜的使用可提高灭菌效果,缩短灭菌周期,节能,减轻劳动强度;臭氧技术和空气过滤技术的使用为物件的表面消毒和空气消毒提供高效、无有害残留的消毒灭菌技术。

二、高新技术在食药用菌粗加工上的应用

淋水式罐制品灭菌设备的使用可使杀菌温度均匀稳定,提高杀菌效果,改善产品品质,耗水少,节能;微波技术的使用可缩短干燥周期,节能,加速保健酒的醇化作用,生产微波膨化食药用菌休闲食品和代替热水杀青;使用真空油炸技术可生产食药用菌脆片;使用挤压膨化技术可生产不同口味的膨化保健休闲食品;使用冻干技术和设备可生产珍稀食药用菌冻干食品和粉针剂产品。

三、高新技术在食药用菌深加工上的应用

使用超细粉碎技术和设备可生产珍稀食药用菌原粉冲剂、片剂及胶囊制剂;使用微胶囊技术包覆药用菌超细有效活性成分,可防止氧化,缓释,掩盖苦味和改善食药用菌膳食纤维涩感;使用超临界 CO_2 流体萃取技术可去除残留溶剂和有害杂质,并使提取的有效活性成分纯度较高;使用大孔吸附树脂技术提取、分离食药用菌中有效活性大分子化合物,不仅纯度高、质量稳定而且与传统提取方法比较更易操作、节省溶剂;使用膜技术能有效去除注射用水的热原,可提供制药工业用纯水,也可用于中药口服液、片剂、针剂等中药提取液的提纯、除杂;超声波协助提取技术在热敏感物质提取方面与常规提取方法相比具有省时、节能、提取率高的优点;微波协助提取技术用于耐热有效活性成分的提取具有快速、高效、节能的优点;使用中药(菌药)指纹图谱技术能基本反映中药(菌药)全貌,使其质控指标由原有的对单一成分含量测定上升为对整个中药内在品质检测,实现对中药(菌药)内在质量的综合评价和整体物质的全面控制,使中药(菌药)质量稳定可控,确保中药临床疗效的稳定,并使中药研究更符合祖国医学的整体观念,故可称之为中药(菌药)质量控制的里程碑。

四、药品生产质量管理规范

所谓药品生产质量管理规范(GMP)是指从负责指导药品生产质量控制的人员和生产操作者的素质,到生产厂房、设施、建筑设备、仓储、生产过程、质量管理、工艺卫生、包装材料与标签,直至成品的储存与销售的一整套保证药品质量管理体系。简言之,GMP 的基本点是为了保证药品质量,必须做到防止生产中药品混批、混杂污染和交叉污染。

GMP 基本内容涉及人员、厂房、设备、卫生条件、起始原料、生产操作、包装和贴签、质量控制系统、自我检查、销售记录、用户意见和不良反应报道等方面。在硬件方面要有符合要求的环境、厂房、设备;在软件方面要求有可靠的生产工艺、卫生标准、文件记录、教育培训及严格的管理制度、完善的验证系统等。

第二章 木生食药用菌培养料制备设备

第一节 原料加工机械

食药用菌代料栽培是利用各种农、林副产品和下脚料(枝桠材、木屑、棉子壳、甘蔗渣、玉米芯、稿秆和菌草等)为主要原料,添加一定量的辅料(如麸皮、米糠、糖、石膏等)制成培养料,代替传统的栽培料(原木和段木)进行各种食药用菌的生产。在代料和袋料栽培中,必须依靠机械把原料粉碎成一定粒度的颗粒(3～8 mm),以适应制种和栽培的需要。粉碎的工艺有两种:一是将枝桠材切片、稿秆切段晒干后,待制备培养料时再集中粉碎;二是把以上两工序放在一台设备中一次完成。后者适用于小规模专业户生产,前者适用于规模生产。

一、枝桠切片机

(一)用途和构造

该机用于林业砍伐剩余物——枝桠材的切片加工。为适应不同直径的枝桠材的切片,该机有不同型号产品,但结构基本相似,主要由工作部件(动刀盘、定刀架)、喂入装置、传动机构和机架等组成,见图2-1。

(二)工作原理

动力通过三角皮带传动使刀盘转。枝桠材从喂入斗喂入后,在转盘上的动刀片与支架上的定刀片配合下,把枝桠材切削成一定厚度的木片。被切下的木片由圆盘的另一侧排出掉在机壳内,木片则由安装在圆盘侧面上的刮板作用下,由机下方出料口被迅速抛出。

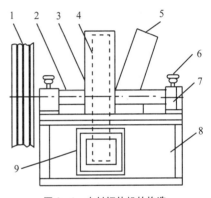

图2-1 木材切片机的构造
1.三角皮带轮;2.主轴;3.罩壳;4.刀盘;5.喂料斗;6.黄油杯;7.轴承座;8.机架;9.出料口

(三)主要技术参数

MQ-700型切片机切片能力:3 000 kg/h;配套电机功率18 kW;外形尺寸(长×宽×高):80 mm×700 mm×900 mm。

(四)使用注意事项

1)调整切片厚度。通过调节动、定刀片伸出刀盘面的距离,将切片的厚度控制在3～5 mm。盘上各动刀刃口伸出的距离应一致,否则影响切片质量和厚度。

2)调整切割间隙。通常调节动、定刀片间隙,切割间隙一般为0.3～0.8 mm。过大的间隙将增加切割的阻力和机身的振动,并有堵刀现象发生。

3)切片机与动力机传动三角带要保持适当紧度,可通过移动动力机位置来调整。

4)喂料要均匀。枝桠材外表黏有泥沙时,应摔打去除后再喂料切片,以防加快刀片的磨损。

5)定期检查刀片锋利程度。一般工作4h后进行检查。动刀片切钝后,刀片应在专用的磨刀机上刃磨,使刃口保持一直线,否则将增加动力消耗,降低切割质量。1台切片机应配2～3副动刀片以便及时更换,提高工效。定刀片约工作1个月刃磨。

6)切片时,喂入口及出料口正中方向不可站人。严禁不停机进行清理、调整。停机前应停止投料片刻,使机自清机内碎木片。

7)按使用说明书要求,定期对轴承进行润滑。较长期停机时,应及时清除机上污物和残留碎木片。

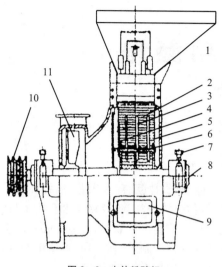

图 2-2　木片粉碎机
1.喂料斗 2.齿板 3.侧筛 4.小刮板 5.锤片 6.锤锁 7.黄油杯 8.轴承座 9.检查窗 10.三角皮带轮 11.排料风扇

二、木片粉碎机

（一）用途和构造

该机主要用于粉碎木片、谷物、稻草、豆秆和玉米芯等原材料的作业。该机是锤片式粉碎机，对粉碎的物料湿度敏感性小，调节粉碎粒度方便，构造简单，使用维修方便，生产率高；但动力消耗大。常采用钢板焊接结构。锤片式粉碎机型有侧筛式、环筛式和侧、环筛式。后者生产率较高，但筛片易磨损。该机主要由喂料斗、粉碎室、转子、锤片、齿钣、筛片、排料风扇和传动装置等组成，见图 2-2。

（二）工作原理

工作时，物料从进料斗进入粉碎室，先受到高速旋转的锤片打击而飞向齿板，与齿板发生撞击而被弹回，再次受到锤片打击和齿板撞击。经反复多次打击和撞击后，物料逐渐被粉碎成较小的颗粒从筛孔通过，在风扇形成的吸入气流作用下经管道排出。

（三）主要技术参数

9FT40 型粉碎机，粉碎能力 300 kg/h；配套电机功率 7.5 kW。

（四）使用注意事项

1）锤片是该机的主要工作部件，也是易损件。中国锤片标准采用矩形片状锤片，分标 I 型和标 II 型两种。它们的大小为（长×宽×厚）分别为 120 mm×40 mm×5 mm 和 180 mm×50 mm×5 mm。目前小型粉碎机多采用标 I 型锤片。当锤片尖角磨损至锤片宽度的 1/2 时，需要换边或调头，这时决不可将锤片安装错位，以防产生机身振动。

2）筛子（筛片）的用途是通过筛孔的大小来筛分控制料的粗细度，筛孔直径常为 5～9 mm。筛子按配置位置不同分环筛、底筛和侧筛。环筛和底筛安装在转子的四周，呈圆弧形；侧筛安装在转子的侧面，呈平圆形。侧筛的优点是使用寿命长，缺点是换筛不方便；环筛和底筛优缺点与侧筛相反。

3）集粉方式对粉碎机工作性能影响很大：以集料室集料效果最好；布袋集料次之；离心式集粉器集料最差。

4）启动前，需检查各部位螺栓是否拧紧，三角带张紧度是否适当，手动皮带轮检查主轴转动是否灵活。启动后，检查转子转向是否正确，待转速正常后才可喂料。工作中应经常检查轴承温度，保持＜70 ℃。停机前，应先停止喂料，待机中物料基本排净再停机。

三、枝桠材切碎机

（一）用途和构造

该机用于枝桠材的切片、粉碎的联合作业，是将切片和粉碎工序作业集于一机的设备。该机从外形上看与切片机相似，不同点：①在动刀盘的背面安装了 4 排锤片，并在圆周上均匀分布，同时与锤片销轴相隔 45°处安置了 4 个宽风扇叶片。②在锤片与风扇叶片外围安装了环形筛，使切片室、粉碎室和风机壳三者合一，结构紧凑，很受菇农欢迎。

（二）工作原理

被切下木片在共同的机壳（粉碎室）内被锤片粉碎，同时粉碎物料被风扇叶片产生的气流推向环筛，穿过筛孔排出机外。

（三）主要技术参数

MQF-420切碎机切碎能力：1 000 kg/h；配套电机功率：18.5 kW；吨料电耗≤12 kW/h；外形尺寸（长×宽×高）：650 mm×600 mm×650 mm。

（四）使用注意事项

该机动、定刀片的间隙调整和刃磨与切片机同；锤片的换边和调头与粉碎机同；启动前、后和停机前、后注意事项，请参看切片机和粉碎机有关事项。

四、稿秆、芦苇、桑橘枝条、菌草切碎机

（一）用途与结构

该机用于稿秆的切断和粉碎的联合作业，是将切断和粉碎工序作业集于一机的设备。该机从外形上看与木片粉碎机相似。见图2-3。不同点：①喂入口位于靠近轴线的一侧，稿秆成轴向水平喂入。②增加由动刀和定刀组成的初切装置，解决了长稿秆直接粉碎时易缠绕主轴的弊病，作业时先将稿秆直接切成10～20 mm的碎段，后经锤片粉碎成颗粒状物料。③机中采用环、侧筛以增大筛孔面积，在机上方加设一进料斗以适应不同的物料。

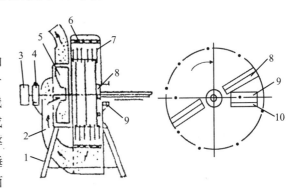

图2-3　稿秆切碎机

1.机架；2.风扇接管；3.皮带轮；4.轴承座；5.风扇；6.筛子；7.锤片；8.动刀；9.喂入口；10.定刀

（二）工作原理

粉碎稿秆时，由喂入辊均匀轴向向喂入口喂入，先由动刀片切成小段，后进入粉碎室粉碎，由风扇产生的负压把粉碎的物料吸出筛孔排出机外。

（三）主要技术参数

420型植物秸秆、枝条切碎机切碎能力：600～1 000 kg/h；配套电机功率：18.5～22 kW。

（四）使用注意事项

该机动、定刀片的间隙调整和刃磨与切片机相同；锤片的更换和调头与粉碎机相同；启动前、后和停机前、后注意事项，请参看切片机和粉碎机有关内容。

五、原料筛选机

（一）用途和构造

主要用于培养料的筛选，以清除培养料中混入的大木片、石块、铁丝、螺钉、螺母等，使装袋、装瓶机在作业中不会产生故障。尤其在使用冲压式装袋机时更应注意培养料要经筛选，以保证装袋作业正常进行。该机主要由筛选框、曲柄连杆往复机构、过筛底板、机架和电机组成。大型的筛选机还配有输送带机构。

（二）工作原理

小型筛选机用人工把培养料铲入筛选框中进行筛选。大型筛选机用装载机把培养料铲入筛选框中。

（三）主要的技术参数

小型筛选机筛选能力：3 t/h；配套电机功率：2 kW。

大型筛选机筛选能力:8 t/h;配套电机功率:4.5 kW。

六、废菌袋粉碎分离机

（一）用途和构造

主要用于废菌袋的废料松碎和袋、料分离,以利废料再利用。该机主要由破袋粉碎机构、袋料分离机构、碎料输送机构、机架和电机组成。

（二）工作原理

用人工把废菌袋投向入口处,经破袋粉碎机构和袋料分离机构作用,碎料由输送机构从出口处送出,废碎塑袋由另一出口抛出。

（三）主要技术参数

松碎分离能力:6 000~8 000袋/小时;配套电机功率:5.1 kW。

第二节　培养料制备机械

培养料制备机械包括原料筛选机,培养料搅拌机和装瓶、装袋机。由于不同国家和地区要求的机械化、自动化程度不同,培养料制备设备可分为3种形式:第一种是以专业户和兼业户为主的生产形式,培养料搅拌、装瓶、装袋作业用人力进行;第二种是用搅拌机拌料,人力小车送料,用简易装瓶、装袋设备进行装瓶和装袋,料的松紧度由人工控制,较前一种方式生产规模大些,机械化程度高些;第三种是把原料筛选、培养料搅拌和装瓶、装袋3个工序作业用1条生产线联起来,瓶和袋内培养料的松紧度可由人工设定机械控制,并可在瓶和袋内的培养料上自动打穴。当前,我国广大农村木腐菌的培养料制备机械化程度介于第一种和第二种形式之间,前3个工序需要10个人,每小时可生产500袋或瓶,人均生产50瓶(袋)/小时,福建省古田县大甲乡的香菇生产即属该类型。第三种形式的培养料制备3个工序需劳力6人,每小时可生产1 000~1 200袋或3 000~4 500瓶,人均生产200袋(600~1 000瓶)/小时。

以下介绍国内生产的主要培养料制备机械。

一、培养料搅拌机

（一）用途和构造

该机是用于木腐菌栽培中培养料的主料、辅料和水的均匀混合搅拌。目前常用的卧式搅拌机为WJ-70型培养料搅拌机,见图2-4。

该机主要由搅拌筒、搅拌空心螺带、传动机构、卸料装置和机架组成,并附有卸料小车。

（二）工作原理

动力通过传动机构带动搅拌轴回转,通过螺带撑杆带动正、反空心螺带运动,把中、外层的培养料带到搅拌筒的中、上部撒下进行混合,并兼有使培养料轴向位移充分混合作用。达到规定的搅拌时间后停机,转动手摇柄使搅拌筒卸料口转向下方,利用物料自重下落进行卸料,用专用手推车推走。

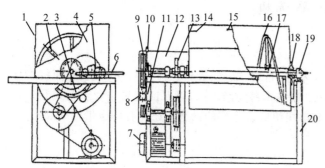

图2-4　WT-70型培养料搅拌机

1.搅拌筒盖;2.螺带撑杆;3.扁形齿轮;4.搅拌筒;5.卸料齿轮;6.摇手把;7.电机;8.张紧轮;9.皮带轮;10.离合器操纵杆;11.轴承座;12.轮罩;13.传动齿轮;14.插销;15.拉手;16.螺带;17.搅拌轴

（三）使用注意事项

1）开机前，应使离合器处于分离位置。用手扳动螺带，搅拌轴应能自由转动，无卡涩现象。转动卸料齿轮上的手摇柄时，搅拌筒应能轻松转动。按规定要求向各润滑点加润滑油。

作业前按配比要求把原、辅料和水按比例倒入筒内，少量辅料可用水溶化后加入。电机应空载启动，待运转正常后才可接合离合器进行搅拌作业。

2）WJ-70型搅拌机每次可投放主、辅料70 kg。按配比要求加水（30 kg）后，搅拌3 min即可达到混合均匀要求，切断离合器，转动卸料手柄进行卸料。搅拌筒恢复原位后，即可进行下次搅拌作业。每次制备100 kg培养料需15 min，每小时可搅拌400 kg培养料。如先干混合3分钟后，再加水湿混效果更好。

3）WJ-70型、WJ-100型卧式培养料搅拌机为小型搅拌机，与ZDP-（3）、GE型装瓶装袋两用机配套使用，适用于个体专业户。

SHHL-0.6型（0.6 m³）、SHHL-1.2型（1.2 m³）、SHHL-2型（2 m³）、SHHL-4型（4 m³）卧式培养料搅拌机为中、大型搅拌机，与SZDY-1000型冲压式装袋机和振动式装瓶机配套使用。

二、搅龙式培养料装瓶、装袋机

（一）用途和构造

该机用于把拌匀后的固体培养料装填到一定规格的瓶、袋之中。根据装填计量方式，分为人工手动控制和自动控制两类；按装填后有否打穴，可分为人工附加打穴和机械自动控制打穴两种；按装填后有否压瓶盖和扎捆袋口，可分为人工附加压盖、扎袋口和机械自动压盖、扎袋口。中国大部分使用人工手动控制装填计量、人工控制装料松紧度和打穴、人工进行压盖或塞棉花和扎捆袋口。常用的机型为ZDP-3型、GE型装瓶装袋机。自动化程度较高的装瓶机型，如日产KPAC-50-2型全自动装瓶机和国产SZPL-16型装瓶联合机，可自动完成送瓶、装料、打穴和压盖等工序。自动化程度较高的装袋机型，如中国产SZDY-1000型食药用菌培养料冲压装袋机，可自动完成装料、压料和打穴等工序。图2-5为ZDP-3型装瓶装袋两用机，该机主要由料斗、搅拌器、输送器、传动装置、操纵机构和机架等组成。

（二）工作原理

根据需要把一定规格的瓶或袋套在搅龙套上，接合动力使搅龙轴转动，料斗内培养料在旋转的搅拌器和搅龙的作用下，被挤压推送出搅龙套而进入瓶或袋内，随着培养料进入容器的增多和被挤实，容器逐渐装满退出。容器内培养料的装填量和松紧度根据要求由人工控制。

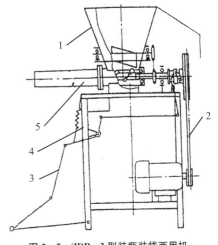

图2-5　ZDP-3型装瓶装袋两用机
1.料斗　2.传动系统　3.操纵系统　4.机架　5.送料器

（三）主要技术参数

ZDP-3型、GE型装瓶装袋机装袋能力：700袋/小时；装瓶能力：500瓶/小时；配套电机功率（单相）：1.1 kW。

（四）使用注意事项

1）根据栽培农艺要求，选择适宜直径的瓶或塑袋和相应的搅龙套和搅龙。更换时，先拆卸搅龙套，再拆下搅龙。应注意搅龙与转轴的螺纹常采用右旋螺纹连接。搅龙轴上有一矩形平台，供拆卸时使用。

2）装料时，应将袋底和瓶底与搅龙套端部接触，并给予袋、瓶底一定的压力，随进料而慢慢地退出。

3）作业时，应均匀向料斗内加料，不应一次性加料过多，以防料架空。当料偶尔架空时应及时用竹、木棒拨动料斗内培养料，并防止竹、木棒被搅拌器卷入机内。严禁用手直接伸入料斗内拨动培养料，以防发生事故。

4）作业前，应对链条、齿轮、离合器拨叉槽和各铰链点加注机油。每班作业后，应清除机内外余物。季节性停机后，应对轴承、链条或齿轮进行清洗保养。

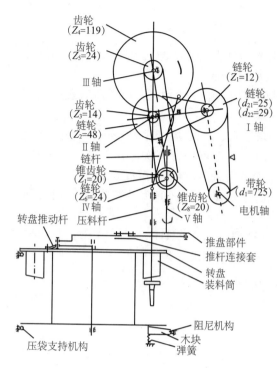

齿轮
(Z_4=119)
齿轮
(Z_5=24)
Ⅲ轴
链轮
(Z_1=12)
链轮
(d_{21}=25
d_{22}=29)
Ⅰ轴
齿轮
(Z_3=14)
链轮
(Z_2=48)
Ⅱ轴
链杆
锥齿轮
(Z_7=20)
链轮
(Z_6=24)
Ⅳ轴
锥齿轮
(Z_8=20)
Ⅴ轴
带轮
(d_1=725)
电机轴
转盘推动杆
压料杆
推盘部件
推杆连接套
转盘
装料筒
阻尼机构
木块
弹簧
压袋支持机构

图 2-6　装袋推盘机构运动示意图

三、SZDY-1000 型培养料冲压装袋机

(一) 用途、适用范围和构造

该机适用于每天装 0.5 万～1.2 万短塑袋,固体培养料的半自动装料作业。该机由于用机械代替了装袋作业中最繁重的装料、压料工序,劳动强度低,功效高。使用时需 4～5 人(1 人铲料,1 人套袋,2 人取袋套环、塞棉花,1 人搬周转筐到灭菌车)。加料可用人工也可用输送带,见图 2-6。

(二) 主要技术参数和性能指标

1) 型式:容积式冲压装袋。

2) 外形尺寸(长×宽×高):1 338 mm×1 395 mm×1 880 mm。

3) 配套动力:Y100-4 三相异步电机 3 kW。

4) 净重:480 kg。

5) 操作人员:5 人。

6) 塑料袋型式和规格:折角式塑袋:袋口宽度 170 mm,袋长 370 mm,袋厚 0.045～0.050 mm。

7) 主要性能指标:装料后袋料直径×高度:Φ(110～150)mm×(180～400)mm,并在袋料中心冲压出一接种锥孔,长度为 120 mm。

袋料质量算术平均值最大偏差≤50 g。生产率≥1 000 袋/小时·(4～5 人)。

(三) 工作原理

该机靠培养料自重下料,靠容积定量和以冲压压料。具体流程是该机转盘上均布 8 个加料口,通过转盘的间歇转动,每次间歇转动 45°而分为 8 个工位。其中 4 个工位为工作工位,第一工位为套袋工位,由人工套袋;第二工位为装料工位,套上袋子的加料口转到加料工位后,料箱中的搅拌器把培养料搅落到塑袋中;第三工位为压料压穴工位,装满料的袋在压盘的作用下进行压料和压穴;第四工位为卸袋工位,压成一定高度的料袋转到卸袋工位后,夹袋机构在凸轮作用下松开夹袋指,料袋靠自重落到下转盘上,由人工取袋、套环和塞棉团。整个装袋作业由转盘的 4 个工位完成,人工只需套袋、取袋,劳动强度低,深受菇农欢迎。

(四) 使用注意事项

1) 新机使用前或转移新工作场所时应严格检查电机转向,决不允许反向工作。一般在机上有电机转向的明显标志。

2) 使用的培养料以木屑为主,棉子壳、甘蔗渣、稿秆和菌草的比例,应以塑袋能否装满料和不产生压料不实现象为准。

3) 每班作业应在班前和班中对连杆副、齿轮副、凸轮副、链轮副和各润滑点加注机油。随时清扫盘上洒落的培养料。

4) 严禁在班间休息期间让外人搬动转盘,防止机构错位产生事故。

5) 作业中使用的培养料应经筛选,以防料中夹带金属异物和过大的木片造成事故。

四、SZPZ-16 型培养料振动式装瓶机

(一) 用途和构造

主要用于塑料栽培瓶和菌种瓶的培养料装瓶作业。

该机主要由承料箱、供料框、送供料框机构、升框机构、振框机构、压料机构、机架、气缸和电机组成。

（二）工作原理

当倾斜刮板送料机把料送到该机的承料箱后，直接落到供料框。这时用人脚踩下踏板（升喇叭口板踏板），通过杠杆机构提升喇叭口板后，用人工送入周转筐（16 瓶）到该机喇叭口的正下方。把脚收回后，在弹簧作用下，喇叭口分别套向框中瓶口，这时触动一行程开关推动供料框到落料口板的上方。在框中 4 排搅拌器的搅动下，供料框中的料迅速下落到 16 个瓶中。在料落下的同时，托框板在振动电机的作用下上下振动，使瓶中料密度增加。落料达到设定的时间后，在曲柄连杆的作用下，压料杆下行压实瓶中料，同时也压出接种锥孔。压料杆下压过最低点后，上行到上死点停止，触动一行程开关把供料框后移至承料箱的下方不动。这时用脚踩踏板提升喇叭口板，用人工把已装好料的周转筐（16 瓶）拖出，并把待装料的周转筐送入落料板的正下方。这样就已完成塑料瓶装料的 1 个循环。该机装瓶能力较强，装瓶质量好，只是送框取框仍需人工周转，适用于劳动力成本较低地区的中、大型食药用菌工厂化周年栽培场。

（三）主要技术参数

SZPZ-16 型振动装瓶机，装瓶能力 3 000～4 000 瓶/小时；配套电机功率：1.75 kW；适用塑瓶直径（内）：Φ 58 mm（容量 850 ml），Φ 65 mm（容量 110 ml），Φ 75 mm（容量 140 ml）；机重 320 kg。

五、太空包（折角塑袋）培养料装袋生产线

该生产线由 1 台 PSS-30 型振动筛选输送机、1 台 SHHL-0.6 型或 SHHL-1.2 型或 SHHL-2 型隔仓式培养料搅拌混合机或液压翻斗搅拌机和 1～2 台 SZDY-1000 型培养料冲压装袋机组成，见图 2-7。

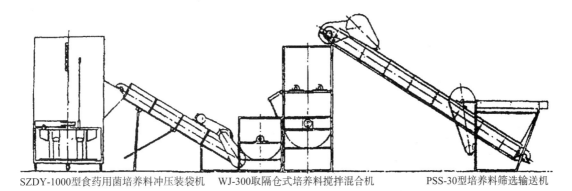

SZDY-1000型食药用菌培养料冲压装袋机　　WJ-300取隔仓式培养料搅拌混合机　　PSS-30型培养料筛选输送机

图 2-7　装袋生产线

该生产线可用麻袋、料筒定量供料，也可用装载机定量供料。原料经筛选后由输送带送到隔仓式搅拌混合机的上仓，在上仓停留期间加辅料及水。下仓排空料后，扳动杠杆手柄，即可把上仓的待混物料全部翻落到下仓，进行定时搅拌混合，这样就节约了加料、水的时间。此外，在混合机的出料口加一集料器，目的是把混合机的间歇出料改成能连续出料的混合机，使与其配套的 1～2 台装袋机能连续工作。该生产线装袋能力为 1 万（单机）～2 万袋（双机）/班（10 h）。如每班需生产 4 万～8 万袋，可采用多条装袋生产线或采用 4～8 m³ 的培养料混合搅拌机，配以 4～6 台冲压式装袋机和上方双螺旋自动供料和自动回料的装袋生产线。

六、培养料装瓶生产线

该生产线以振动式联合装瓶机为核心设备，根据客户每天需装瓶的数量配以 2 m³，4 m³，8 m³ 的液压翻斗搅拌混合机形成4 万～15 万瓶/班（10 h）的装瓶生产线。该生产线中振动式联合装瓶机由 PLC 微型程序控制器控制，触摸屏液晶显示，可完成周转筐的送筐（瓶）、装瓶、压盖工序，并可故障显示，远距离指导故障排除，是光、机、电集成的设备（详见第九章第二节）。

第三章 培养料灭菌设备

食药用菌生产中各种培养料的灭菌通常采用蒸汽湿热灭菌。它是利用饱和的水蒸气遇到待灭菌物料冷凝时释放出大量潜热（2 261 J/g 水）的物理特性，对物料进行加热，使存在于培养料中的杂菌及其芽孢的蛋白质凝固变性，进而达到灭菌的目的。

蒸汽湿热灭菌按灭菌温度、压力不同，可分为常压灭菌和高压灭菌。高压灭菌通常采用的蒸汽相对压力为 0.049～0.147 Mpa，温度为 110～127 ℃。高压灭菌时间短，能耗少，培养料养分破坏少；但设备投资较大。各级菌种的培养基灭菌常用高压灭菌。常压灭菌时间长，能耗大，培养料养分破坏多；但设备简单，投资少。生产性培养料灭菌数量大，一般均用常压灭菌。

第一节 高压灭菌设备

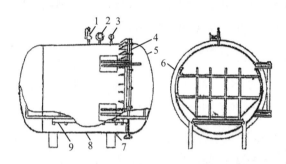

图 3-1 高压蒸汽灭菌锅构造
1.安全阀；2.放气阀；3.压力表；4.密封垫圈；5.锅盖；
6.灭菌篮车；7.排水管接头；8.锅体；9.导轨

高压灭菌容器是采用一定厚度钢板制成的耐压、密闭容器，为确保使用安全，必须按有关规定审批才可生产，经有关检验程序经耐压检验合格后才可出厂。高压灭菌设备根据容器外形分为圆筒形和矩形；根据容器安置的形式分为成立式、卧式和手提式；根据使用的能源分为电热型、燃油型、煤型和柴型。

一、小型高压灭菌锅

（一）煤、柴高压灭菌锅

以煤、柴为燃料对灭菌锅直接加热，利用容器内水的沸腾产生蒸汽来灭菌，见图 3-1。

（二）电热高压灭菌器

采用电热管加热。电热管直接安装在蒸汽发生器内，当通电后即对周围的水加热，产生的蒸汽通过管道或直接通入灭菌容器内进行灭菌。为了达到自动控制压力和温度，有的灭菌器上还设有继电器控制装置，控制灭菌器在所需的温度、压力范围内工作。如 YXQ·WY21600 - IIR 卧式圆形压力蒸汽灭菌器。

二、中型高压灭菌器

中型高压灭菌器利用锅炉产生蒸汽通过管道和阀门，进入灭菌容器内进行灭菌。图 3-2 为 YXQ·WG-32 型单门灭菌器。

三、大型高压灭菌器

现代化灭菌设备具有较高的自动控制性能和较好的密封结构。当器内压力低于大气压时（冷却时），供气回路自动关闭，并自动输入经过过滤净化的空气进行冷却，以防菌瓶、袋内部污染。该设备灭菌门为电动，由充气橡胶密封，灭菌器的升温、保温、定时停止供汽和输入洁净空气均为自控。如国鑫医疗设备有限公司生产的 GXMQ 系

图 3-2 YXQ·WG-32 型单消毒器
1.器身；2.沉淀罐；3.单向阀；4.器室阻油器；5.夹套套阻油器；6.进气阀；7.蒸汽过滤器；8.压力调整阀；9.安全阀；10.压力式指针温度计；11.压力真空表；12.蒸汽控制阀；13.压力表；14.器门心消毒车；15.排气口；16.排气口

列快速冷却高压消毒器和日产 TKK - A 系列高压灭菌器,灭菌容积 1.2～30 m³,装瓶量 180～9 000 瓶(瓶容量 850 ml);灭菌容积 18～42 m³,装袋量 3 024～7 056 袋(袋直径 110 mm,高 200 mm)。整个灭菌工序由抽真空到破真空需 3.5 h。出灭菌器时,瓶(袋)温 70 ℃。由于预抽真空再通蒸汽,可做到节能、灭菌彻底、无灭菌死角、营养损失少(详细内容请参阅第九章)。

各种形式的高压灭菌器(锅)上都装有蒸汽压力表、温度表、安全阀、放气阀,有的还安装疏水阀。此外也都采用橡胶密封垫和机械紧固或蒸汽压力紧固方法密封器(锅)口。卧式灭菌器有单、双门区别。双门灭菌器用于灭菌后对被灭菌物有较高的洁净度要求。中、大型灭菌器外常有保温夹套,夹套中包覆有保温材料,以增加保温效果和降低灭菌房内温度。

第二节　常压灭菌设备

常压灭菌设备具有设备简单、投资省、灭菌量大等特点,适合当前农村以聚乙烯和聚丙烯为原料的塑料栽培袋、菌种袋培养料灭菌的需要,是农村常采用的方法;缺点是灭菌时间长,养分损失多,热效率低,燃料消耗多和砖砌灭菌仓易开裂。常压灭菌设备灭菌温度 98～100 ℃,达到灭菌温度后保温 8～10 h。

大规模的栽培袋和菌种袋培养料的灭菌由于量大,为了提高功效、减少搬运破损和污染,常采用周转筐和手推车等辅助器具。

一、小型常压灭菌灶

该灶由灶身和灭菌锅组成,见图 3 - 3。灶身用砖砌成,灶上安放铁锅或钢板焊接锅。灭菌仓的型式有木框架式、板仓式和砖砌式。菇农多采用木框架式灭菌仓。该仓用厚 3 cm 的杉木板制成框架,框架高 20 cm,呈方形,框架大小与锅口大小相适应;每 3 只框架为 1 组,每组中仅最底层的框架设有栅底。根据菌筒的数量可采用 2～4 组框架,在框架外围包以双层塑料薄膜,下部用沙袋压边,以保持整个灭菌仓的密闭。

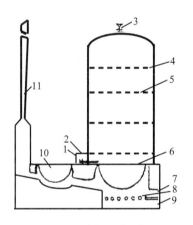

图 3 - 3　灭菌灶构造示意图
1.加水阀;2.加水池;3.放气阀;4.搁档;5.搁板;6.主锅;7.炉门;8.护栅;9.灰门;10.热水锅;11.烟囱

二、中型常压灭菌仓

中型常压灭菌仓主要适用于 0.5 万左右短栽培袋(太空包)的常压灭菌。灶身由砖砌成,灶口上放置 5 个汽油桶组成常压蒸汽发生器,其中 3 个横放在灶上方作为蒸汽发生桶,2 个桶放在 3 个桶的凹陷处作为热水补给桶。灭菌仓是落地式,在灶身附近地面上用砖叠成 10 cm 高的矩形方台。按周转筐的规格,方台在地上呈矩形排列,内装待灭菌短袋的周转筐放在 4 个方台的角上,成有序层层堆叠的矩形方堆。在方堆外覆以双层塑膜或涂胶帐篷帆布,四周压以沙袋,沙袋四周设置排水沟。蒸汽用塑管由蒸汽发生桶端面引出,从灭菌仓下部进入仓内。这种灭菌仓放、取周转筐十分方便,一次灭菌可达 0.3 万～0.8 万袋;技术关键是蒸汽量要足,仓内冷空气排除要彻底。

三、隧道式常压灭菌房

隧道式常压灭菌房是一种大型灭菌器,适用于大规模栽培袋培养料的灭菌,一次灭菌可达万袋。为节省造价,常把 2～3 个灭菌房并列建造,房内、外铺有轻型铁轨,供配套的灭菌车进、出之用。这种灭菌房常用钢板焊成,在其外围覆盖保温材料。灭菌房一般长 9 m,宽 2.2 m。"太空包"灭菌生产线上的灭菌房与上述结构相似。灭菌房的蒸汽由锅炉供给,一次灭菌万袋的灭菌房需 1 t 蒸汽/小时的锅炉与之配套。该类型灭菌房对大、中型食药用菌栽培场较适用。

第三节　灭菌设备使用注意事项

高压灭菌器(锅)使用前应仔细阅读产品使用说明书,了解器(锅)的构造和操作步骤,这是正确安全使用的首要条件。灭菌锅的操作步骤为:加水──→装料──→密闭──→加热──→灭菌──→冷却干燥。

1) 加水 除灭菌器外,各种型式灭菌锅必须在操作前向锅内加水至规定水位。

2) 装料 常、高压灭菌设备的菌瓶、短袋和长袋的堆放,应遵守相互间留有适当的间隙、整齐排放的原则,以利蒸汽流通,确保灭菌效果一致、彻底。长菌袋应"井"字形堆叠,堆叠不要超过5层。

3) 密闭 用螺栓紧固锅盖时,应对称分次逐渐拧紧,以不漏气为原则;不要拧得过紧,以延长密封圈使用寿命。

4) 加热 灭菌锅自身能产生蒸汽,而灭菌器是由外部通入蒸汽。锅或器随着蒸汽量增加压力和温度逐渐上升。当锅内压力升至0.049 MPa时,应打开排气阀,排除锅内冷空气;当锅内气压升至与之相应的温度并保持不变时,关闭放气阀。如未排净锅内空气,则不能在规定的压力达到相应的灭菌温度,灭菌效果将受到影响。锅内冷空气排放与温度的关系,见表3-1。

表3-1 高压蒸汽灭菌锅(器)内冷空气排除程度与温度的关系

蒸汽压力/MPa	冷空气排出不同程度时锅内气体温度/℃				
	完全排出	排出2/3	排出1/2	排出1/3	排出为0
0.034	109	100	94	90	72
0.069	115	109	105	100	90
0.103	121	115	112	109	100
0.138	126	121	118	115	109
0.147	127	122			

5) 灭菌 排净锅内空气后,关上排气阀。当压力达到所需数值后,按灭菌要求保持压力一定时间,直至灭菌结束。各类灭菌物所需的压力、温度与时间关系,见表3-2。为确保灭菌彻底,一般都比表中规定的时间长些。

表3-2 常用灭菌物的灭菌压力、温度、时间

灭菌物种类	蒸汽压力/MPa	温度/℃	灭菌时间/分钟
器皿类	0.098	120	20
棉花纱布类	0.098	120	30~60
琼脂培养基	0.098	120	30~40
木屑类菌种瓶	0.098~0.147	120~127	60~90
粪草类菌种瓶	0.147	127	90~120
聚丙烯菌种袋	0.098~0.147	120~127	60~90

6) 冷却干燥 达到灭菌、保压时间后,停止供汽和加热,按需要采用自然冷却或缓慢打开放气阀。待压力降为0后,再隔1~2 min才可开启器盖。有真空设备的灭菌器可在真空干燥后再打开器盖,常压、高压灭菌锅应趁热出锅以避免棉塞受潮。

第四章　接种器具和设备

接种工序是整个生产过程中的重要工序,接种成功率的高低对食药用菌生产的经济效益影响极大。接种工序不仅要完成接种的机械动作,而且在接种过程中不能有杂菌混入以避免造成接种失败。由于杂菌、孢子属微生物,不能为肉眼所见,所以有效的接种程序应规范化。接种器具和设备的作用是尽量以机械操作代替人工操作,其目的不仅是减轻操作人员的劳动强度和提高工效,而且可尽量减少人为和人体造成的污染。

第一节　常用的接种器具

食药用菌菌种移接工具绝大部分是用不锈钢丝锻制,或用碳钢制造后进行镀铬或镍的表面处理,手柄部位常用塑料注塑成型。接种工具可购买也可自制,如接种刀、扒、铲、环、针、匙和镊等。接种室内常用的器具有医用解剖刀、手术刀、酒精灯、搪瓷方盘、培养皿、广口瓶[装乙醇(酒精)、棉球]、接种器具插座和试管、菌种瓶架等。

第二节　接　种　箱

接种箱又叫无菌箱,是一个可密闭的箱子。在箱中进行化学和物理灭菌消毒后,箱内成为无菌状态,可在其中进行无菌操作(接种),防止杂菌污染。接种箱按使用形式不同可分为常用型和专用型两类。常用型又可分为单人作业式和双人作业式两种。专用型接种箱按作业特点不同而制造,如长菌袋(菌筒)接种箱、液体菌种接种箱等。

一、木质接种箱

箱体通常采用木质结构。双人接种箱上部的前后观察窗均安装玻璃,便于操作。观察窗应保持70°倾斜面,并应做成可以开启的,以便放入或取出物品。必要时,在箱的两侧开侧门。观察窗下面是木挡板,挡板上留有两个配有移门的操作孔,孔口装上布袖套。双手伸入箱内操作时,布套松紧带能紧套住手腕处。接种时,酒精灯燃烧会使箱内温度升到 40 ℃以上,为了便于散发热量,在顶板和两侧应留排气孔,孔径为 60～80 mm,并覆以 8 层纱布过滤空气。在接种箱顶部,一般装日光灯和紫外线灯各 1 支。箱体大小,单人接种箱以一次能放入 750 ml 菌种瓶 60～80 瓶为宜;双人接种箱以一次能放入菌种瓶 120～150 瓶为宜。过大、过小都不好。箱内除放接种器具和物品外,应避免存放其他物品。接种箱的结构、大小,见图 4-1。单人接种箱的尺寸(长×宽×高)为 1 200 mm×650 mm×600 mm,顶宽 400 mm。

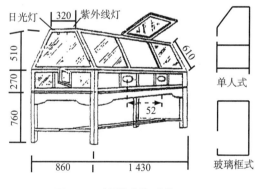

图 4-1　木质接种箱(单位:mm)

二、有机玻璃接种箱

有机玻璃接种箱基本结构与木质接种箱相同,但密封性强,可在一定真空度下进行操作。在箱内设有储冰室,可为气温较高的地区提供较低温接种条件和菌种暂存场所。

三、香菇长菌袋(菌筒)接种箱

香菇长菌袋(菌筒)接种箱的特点是箱内装有转轮,转轮宽度等于菌袋的长度,可以存放一定数量的菌

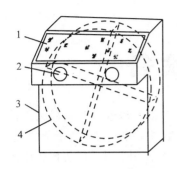

图 4-2 香菇长菌袋接种箱

1. 玻璃箱；2. 操作孔；3. 转轮箱；4. 转轮

袋。转轮垂直安放在转轮室内，菌袋可从转轮室后部的料门进出堆放。转轮室分成 4 室，作业时，整个转轮的 3 个室堆放菌袋，而余下的 1 室则供接种后的菌袋堆放，见图 4-2。直径 1 m 的转轮室 1 次可堆放香菇长菌袋约 80 袋。该接种箱与常用型相同，只是长菌袋堆放形式不同而已。香菇长菌袋接种箱由于接种箱制造容易，移动方便，灭菌消毒也彻底，操作者工作条件好，故使用较普遍；缺点是箱容积小，操作有些不方便，生产效率也低些。

各种接种箱灭菌消毒时，可与药品喷雾、熏蒸法和紫外线消毒法配合进行。将待接种的、已灭过菌的菌瓶、袋及接种工具、菌种等放入箱内后，用 0.25% 苯扎溴铵（新洁尔灭）或 5% 石碳酸（苯酚）或过氧化氢（双氧水）喷雾，再用高锰酸钾 5 g 倒入烧杯中，加入 40% 甲醛溶液 8 ml（以每 m³ 容积计），立即关闭箱子，熏蒸灭菌 0.5 h 即可接种。如同时用紫外线灭菌灯照射 0.5 h，消毒更彻底；也可用气雾消毒剂或臭氧发生器产生的臭氧对接种箱消毒，使用方便，灭菌效果好。

第三节　净化工作台

净化工作台，俗称超净工作台，是一种提供局部无尘无菌工作环境的空气净化设备。其按净化气流的流动方向不同，可分为水平层流式和垂直层流式；按工作台的结构不同，可分为单人作业式和双人作业式，后者又有双人对置作业和双人平行作业之分。

一、净化工作台的构造和特点

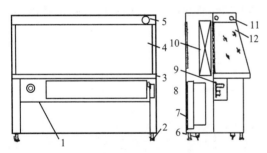

图 4-3　JW-CJ-IC 标准型双人净化工作台

1. 风机组调压器；2. 固定支承座；3. 工作台面；4. 网板；5. 微压表；6. 转轮；7. 粗过滤器；8. 风机组；9. 电气箱；10. 高效过滤器；11. 日光灯；12. 侧玻璃

净化工作台主要由工作台，粗、高效过滤器，风机，静压箱和支承机架组成。图 4-3 为双人平行作业用的水平层流式净化工作台，由于工作台长，适于大批量接种使用，操作方便。空气首先经过粗过滤器进入离心风机，并由离心风机进入静压箱，使气流均匀分布通过高效过滤器，形成水平层流进入净化工作区，在区内获得洁净的空气环境。一般工作区的净化空气流速为 0.3～0.6 m/s，新机流速较高；可通过调压器改变风机的转速。当工作一段时间空气流速低于 0.3 m/s 时，可调高风机转速。当无法通过提高风机转速达到提高空气流速时，应清洗粗过滤器解决。有的机上设有微压表，当微压表上指针由绿区进入红区时，说明应清洗粗过滤器或更换高效过滤器。有的机上还在操作区外缘设有高速空气幕，保护操作区不受外界气流的干扰。

二、净化工作台工作原理

空气通过工作台的粗、高效过滤器中的多孔纤维状过滤介质时，借助碰撞、扩散和静电等作用，能将空气中悬浮的粒子和细菌截留进行空气净化。由于采用平行层流充满整个操作空间，并以一定的速度通过操作区，可以达到操作区内空气净化的目的。

三、净化工作台的使用

1）工作台要求安装在洁净的或灰尘量较低的铺有塑料地面（或水磨石地面）或油漆面的室内。净化设备的洁净级别目前我国采用 GMP 规定的洁净室（区）空气洁净度级别。净化工作台的操作区空气洁净度可达 GMP（2010 年修订）规定的空气洁净度级别中的 A 级（100 级），高效过滤器过滤效率≥99.99%@≥0.3 μm。一般净化工作台要求安装在比其操作区空气洁净度低 1～2 级的洁净室，即 B 级（1 000 级）或 C 级（1 万级）。

2）使用前应提前 20 min 开机。工作作台面禁放不必要的物品，以保持工作区内洁净气流不受干扰。操作时，操作者的头和手应尽量置于接种材料的下风侧，并严禁做发尘量大的动作，如搔头、拍打衣服和快步走动等。工作结束后,移去接种材料再停止运转。

3) 根据环境的洁净度和设备使用的长短,一般间隔 3~6 个月,定期把粗过滤器拆下清洗。当操作区风速<0.3 m/s(或微压计指针在红区)时,说明这时空气高效过滤器内的容尘量已趋于饱和,空气过滤芯已失效应予更换。

第四节　半自动菌瓶接种机

半自动菌瓶接种机主要用于栽培菌种瓶和栽培瓶的接种,适用于容量 750~1 400 ml、瓶口直径(内) 30~75 mm 的玻璃瓶和塑料瓶的木屑菌种接种工作。该机接种量可调节,人工拔棉塞或盖和手持瓶接种,生产率为 1 000 瓶/小时,接种机内侧安装 1 支 20 W 紫外线灯。接种机进行接种工作时,接种区需要在此区洁净条件下接种,同时,该机最好在 1 万级洁净室内使用。国产的 2BSJ - 100 型和日本 GS - 1 型半自动菌瓶接种机即属该机型。

第五节　全自动菌瓶接种机

全自动菌瓶接种机用于栽培菌种瓶和栽培瓶的接种。该机由 GS - Ⅰ型半自动菌瓶接种机旋转机械手开、关盖机构和送瓶机构组成,适用于容量 750~1 400 ml、瓶口直径(内)52~75 mm 的塑料瓶木屑菌种接种工作,接种量可调节,接种生产率为 2 000 瓶/小时。该机在接种工作时应配有自净器,使接种局部空间得到洁净空气。同时,该机最好在 1 万级洁净室内使用,电耗为 310 W。如日本生产的 RS - 2000 型单头全自动菌瓶接种机和 LS - 6000 型 4 头全自动菌瓶接种机。

21 世纪初国内已能生产 SJZG - 16 型 4 头全自动接种机(固体)。该机由接种主机、送筐(瓶)机构、出框(瓶)机构组成,由 PLC 微型程序控制器程控,电源 220 V,接种生产率 4 500 瓶/小时,配套电机功率 200 W。韩国、日本由于应用液体菌种接种可以使用 8 头、16 头同时接种,接种能力由 6 000 瓶/小时提高到 1.2 万瓶/小时。我国液体菌种研究已有较长的历史,但缺乏规模化生产成功经验与技术,所以需加强在工厂化、规模化生产中应用液体菌种的研发。

第六节　无　菌　室

在室内进行接种操作的相对洁净区间或房间叫无菌室或叫接种室。这里所指的相对洁净,是指在特定的空间环境中不希望存在微生物,这就是说,需要在此室内控制达到一定的无菌程度。微生物控制对象主要是细菌和真菌。空气中它们的粒径约在 0.2 μm 以上,而常见的细菌都在 0.5 μm 以上,一般大多附于其他物质上,并依靠这些物质吸取营养成分以维持生命。该粒子也称为生物粒子。对于浮游在空气中的生物粒子可以使用高效过滤器,用过滤空气的方法加以控制,以达到净化空气的目的。这是目前最有效又最经济的手段,已广泛用于生物洁净室的微生物污染控制技术,包括食品、生物制品、制药、手术室、生物实验室、微生物研究及宇航等领域。由于我国食药用菌栽培绝大多数是利用自然气候的,不可能做到常年使用无菌室,故我国常采用室内化学灭菌消毒法,也可达到我国 GMP 规定的洁净室(区)空气洁净度级别。按《空气洁净技术原理》一书分析,大气菌浓(生物粒子浓度)和大气尘浓的比约为 $1:10^5$,一般大气菌浓可取 2 000~3 000 个/立方米。人也是发菌源,单位时间发菌量约为 1 000 个/(人·分钟)。因此,用化学法得到的无菌室由于人工操作,在使用中会不断增加无菌室的生物粒子浓度;而经机械、物理法得到的净洁室,在操作过程中不断进行空气过滤,且用高效过滤器,可达更高级别的空气洁净度。这就是为什么后者无菌室在许多领域中广泛使用,而用化学法无菌只能在短时间内使用的原因。美国、日本、欧盟和我国 GMP 空气洁净度等级规定的标准,见表 4 - 1。

表 4-1　部分国家和组织 GMP 空气洁净度等级

名　称	空气洁净度等级	尘粒最大允许数/粒·m⁻³				微生物最大允许数			
		≥0.5 μm		≥0.5 μm		浮游菌/个·m⁻³		沉降菌/个·m⁻³	
		静态	动态	静态	动态	静态	动态	静态	动态
中国 GMP (1998)	100	3.5×10^3		0		5		1	
	10 000	3.5×10^5		2×10^3		100		3	
	100 000	3.5×10^6		2×10^4		500		10	
	300 000	3.5×10^6		6×10^4				15	
日本制药工业协会 GMP	100		3.5×10^3				5		0.5
	10 000		3.5×10^5				20		2.5
	100 000		3.5×10^6				150		10
美国(FDA) GMP	100		3.5×10^3						3.5
	100 000		3.5×10^6						88.4
欧盟(EU) GMP	A	3.5×10^3	3.5×10^3	0	0	10	1	0.625	0.125
	B	3.5×10^3	3.5×10^5	0.2×10^3					
	C	3.5×10^5	3.5×10^6	2×10^3	2×10^4		100		6.25
	D	3.5×10^6		2×10^4			200		12.5

由表 4-1 可以看出部分国家和组织 GMP 空气洁净度等级划分的共性:对于任一空气洁净度等级,GMP 既规定了尘粒最大允许数,又规定了微生物最大允许数。尘粒数均控制≥0.5 μm 上限值,微生物数均控制每立方米浮游菌个数上限。

分析表中所列数据,其不同点是:①欧盟 GMP 空气洁净度等级的名称与中国 GMP 的不同。一般认为,欧盟的 Class A 和 Class B 相当于中国的 100 级,Class C 相当于中国的 1 万级,Class D 相当于中国的 10 万级;Class A 和 Class B 同为 100 级,但一般 B 指的是洁净室,A 指的是要求更严的局部净化区。②空气洁净等级的级数不同。中国 GMP(1998 年)空气洁净度等级分为 100,1 万,10 万,30 万 4 个等级,日本的分为 100,1 万,10 万 3 个等级,美国 FDA 分为 100 级,10 万级 2 个等级,欧盟为 A,B,C,D 4 个等级。中国 GMP 要求静态测试、动态监控;日本、美国要求动态达标,规定了动态测试指标;而欧盟对动、静两种状态下的尘粒均有所规定,菌类数只规定了动态测试指标。中国 GMP 于 2010 年修订,详见第十一章第五节。

一、化学灭菌无菌室

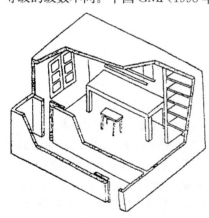

化学灭菌无菌室如图 4-4 所示,是指以化学灭菌为主的接种室。无菌室的面积视生产规模而定,一般不宜过大,有 4~6 m² 即可,高度不要超过 2~2.2 m。这样既有利用于进行清洁工作,又可保持无菌状。室内地面、墙壁均应平整光滑,如水泥墙面,要涂刷油漆或防水、防霉涂料,也可用塑面板和杀菌瓷面砖装修。无菌室的门要和工作台保持一定距离,通常采用左右移动的拉门。有条件时工作台可用单、双人操作的超净工作台代替,效果更好。为提高无菌室的密封性能,室内可采用双层玻璃窗,窗内侧设黑色布帘。在拉门对面墙角距地面 200 mm 处,各开一通风窗,装上活动栅板风口,并附以无纺织布或 8 层纱布,以调节通风量和温度。工作结束后关闭活动栅板。无菌室应位于灭菌室和培养室之间,以便使菌袋在灭菌冷却后移入无菌室,接种后即可移入培养室。室外要有一缓冲间,供工作人员换衣帽、换鞋和洗手等准备工作用。缓冲间门要和接种室门错开方向,并避免同时开门,以防外界空气直接进入无菌室。有条件的可设 2~3 个缓冲间,

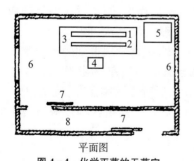

平面图
图 4-4　化学灭菌的无菌室
1.紫外线灭菌灯;2.日光灯;3.工作台;4.凳子;5.瓶架;6.窗;7.推门;8.缓冲间

灭菌效果更好。在无菌室和缓冲间上方各装1个30～40 W的紫外线灭菌灯和40 W日光灯,灯管与台面相距0.8 m,不超过1 m。有条件时在室内多装1～2个紫外线灯更好。缓冲室内应备有专用无菌工作服、帽、拖鞋及供清洗用消毒液。有关电线均应设在室外或天花板上。要强调的是要重视操作人员在进入无菌室前的人身净化和操作注意事项,这对于化学灭菌的无菌室尤为重要。

无菌室要经常保持清洁,使用前要先用紫外线灯灭菌15～30 min,或用5‰苯酚(石炭酸)、3‰甲酚(煤酚皂)喷雾后再开紫外线灯灭菌。空气灭菌消毒15～30 min,移入准备接种的菌种瓶及有关用品,再开紫外线灯15～30 min,密闭20～30 min后,工作人员更换无菌服入室内进行操作。无菌室在使用后也可用甲醛熏蒸,进行彻底灭菌。一般使用10～30 d后彻底熏蒸1次即可,具体可视接种数量,外界环境来确定熏蒸的间隔时间。无论使用什么药剂、灭菌程序,都应通过灭菌消毒效果检验。一般使用数个葡萄糖琼脂培养基平面玻璃皿,在室内各点一定高度上放置玻璃皿,并顺次打开玻璃皿30 min,然后盖上皿盖后连同对照玻璃皿一起置于30 ℃培养箱培养3 d,观察菌落数。一般每个玻璃皿杂菌落数不超过1个为合格100级。不合格者应找原因,再进行实验直到合格为止。

二、机械和物理灭菌无菌室

机械和物理灭菌无菌室是用过滤空气的办法,把室内悬浮的尘埃粒子和生物粒子除掉的无菌室,也叫洁净室。洁净室按气流形式分类有层流式和乱流式。层流是指气流流线平行单一。按层流流向又可分为垂直流层与水平流层两种,见图4-5。由于乱流式气流方向是可变的,存在涡流和死角,故较层流的洁净级别低,可达1万～30万级。一般工业上多采用乱流式,而医疗、科研等部门多采用层流式。食药用菌接种室常在旧建筑上改造,需增添有技术走廊的乱流洁净室。生物洁净室是指工作区达到一定洁净度、温度、湿度和气流速度指标要求的房间。一般工作区空气洁净度要求100级;温度23～25 ℃;相对湿度50%～65%;层流气流速度0.4～0.5 m/s。

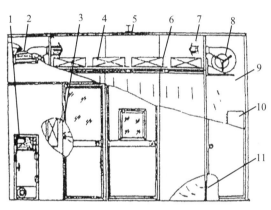

图4-5　KCJ系洁净室结构图

1.电控柜;2.新风口;3.风淋室;4.HEPA滤器;5.顶储;6.尼龙均压层;7.静压箱;8.离心风机;9.空调机房;10.空间机组;11.回风口

第七节　栽培袋接种生产线

栽培袋接种生产线(人力)由周转筐(筐中放16栽培袋)、18～20 m不锈钢滚子输送带、两台层流罩、2～3台自净器、两个铝合金回风口和两台电解水式臭氧发生器组成,见图4-6。

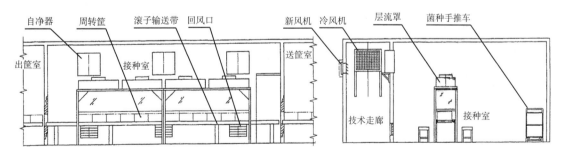

图4-6　栽培袋接种生产线示意图

生产线占地45 m²;接种室35 m²=7 m×5 m;技术走廊10.5 m²=7 m×1.5 m。接种室空气洁净度可达1万～10万级,接种区间(即层流罩下区间)空气洁净度可达国家标准100级。该生产线适用于栽培袋的固、液体接种,固体菌种接种能力为2 300袋/[小时·(12人)];接液体菌种接种能力为4 600袋[小时·(8人)](详见本书第九章)。

第五章 室内外培养、栽培和病虫害防治机械

第一节 室内空气灭菌、消毒设备

一、紫外线灭菌灯

用来产生紫外线的装置叫紫外线灯。紫外线灯按用途可分为保健紫外线灯和灭菌紫外线灯。紫外线按波长分为长波紫外线和短波紫外线：$\lambda=(2\,900\sim4\,000)\times10^{-10}$ m 的紫外线叫长波紫外线，$\lambda=(1\,800\sim2\,900)\times10^{-10}$ m 的紫外线叫短紫外线。长波紫外线用于保健治疗，短波紫外线用于灭菌。在短波紫外线中，$\lambda=2\,500\sim2\,650\times10^{-10}$ m 时灭菌最强，因此常选用 $2\,537\times10^{-10}$ m 作为紫外线灭菌用波长代表。

紫外线照射的能量较低，不足引起原子的电离，仅产生激发作用，使电子处于高能状态而不脱开。紫外线灭菌机制是促使细胞质变性。当微生物被紫外线照射时，只有在菌体吸收了紫外线后，才能显示出灭菌作用。细菌细胞内能吸收紫外线的物质是部分氨基酸和核酸，而构成细胞的绝大部分蛋白质，因其具有透明性而不易吸收紫外线。只有当照射一定时间吸入紫外线后，才产生光化学作用引起细胞内成分特别是核酸、原浆蛋白、酯的化学变化，使细胞变性，从而导致细菌死亡。

各种微生物对紫外线的耐受力以真菌孢子最强，细菌次之，微生物生长体细胞最弱。灭菌剂量一般以照度和时间表示。被照射单位面积上所接受的杀菌能量称为杀菌辐射照度，以 5 mW/cm² 为准。如革兰阴性菌需 15 W×500 mm×1 min，若距离为 100 mm 仅需 10 s 可全部杀死。以该为参照，杀灭其他细菌所需时间为 1.5～5 倍，芽孢细菌为 10～40 倍，酵母菌为 3～6 倍，真菌为 5～50 倍。

紫外线属低能量的电磁辐射，穿透力很差。影响紫外线灭菌的因素有：

——空气中尘粒与湿度 当空气中含 800～900 个/立方厘米尘粒时，灭菌效果降低 2%～30%；当相对湿度由 33% 增至 56% 时，灭菌效果减到原来的 1/3。

——环境温度 大多数灯管设计在 25～40 ℃ 条件下工作，如外界温度由 27 ℃ 降至 4 ℃ 时输出能量要降低 65%～80%。

——紫外线对固体的穿透力 凡可见光不能透过的物质，紫外线也不能透过。紫外线（$\lambda=2\,537\times10^{-10}$ m）对石英的穿透力最高可达 70%～80%，但玻璃中存在氧化铁会阻挡紫外线。如 $\lambda<3\,000\times10^{-10}$ m 的紫外线无法透过 2 mm 的玻璃窗、3 mm 厚的有机玻璃或醋酸纤维酯（照像底片材料），仅可透过 10%～20%；对聚氯乙烯薄膜开始可透过 30% 以上，但经 6 h 照射后由于薄膜变性，透过率<3%。因此，用紫外线灭菌、消毒仅限于物体表面和空气。

——紫外线管 使用中要保持清洁，灯管上的灰尘、污痕和油渍都会减弱紫外线辐射量。使用中应经常用纱布蘸无水乙醇擦净灯管，擦净后不得用手触摸灯管部分。灯管平均寿命约 2 000 h，达到后必须更换，否则影响杀菌效果甚至无效。一般 10～30 m² 的房间需 30 W 灯 1 支，照射 30 min 后挂上黑窗帘遮光 30 min 效果较好，能避免紫外线的光复效应，也防止紫外灯产生的臭氧对人体的危害。

二、臭氧发生器

关于臭氧发生器内容请参看本书《第十章 臭氧技术在食药用菌工程上的应用》。臭氧发生器外形（电解水式），见图 5-1。

图 5-1 移动式臭氧发生器

第二节　室内空气调节设备

空气调节是在一定空间内保持空气的温度、相对湿度、洁净度和气流速度(简称四度),在一定范围内变化的调节技术就是空气调节(简称空调),能达到空气四度的调节设备就叫空气调节设备。

一、空调系统的分类

根据空调的用途和对空调的要求、空调负荷特点以及使用情况,空调系统多分成 3 类。

(一) 集中式空调系统

集中式空调系统是空调最基本的方法。其特点是空气处理设备集中在空气处理室内,冷源设在冷冻机房,处理后的空气经风道送到各空调房间,便于集中管理、维护。图 5-2 中虚线框内Ⅰ区为空调区,在此区内应保持空气规定的参数;Ⅱ区为空调的输送和分配部分,主要是指管道和送风口与回风口;Ⅲ区为空气处理部分,包括对空气进行过滤净化、加热、冷却、加湿和减湿等各种处理及通风机设备,并可根据内部环境需要,利用自动调节装置进行调节;Ⅳ区是空气处理设备的冷热源部分,包括制冷系统和供热系统。该系统要专人操作,机房占地面积较大,但运行可靠,室内参数稳定。

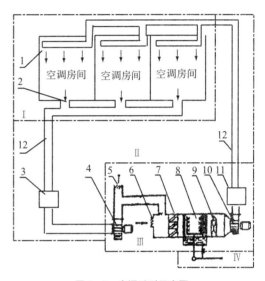

图 5-2　空调系列示意图

1.送风口;2.回风口;3.回风消声器;4.回风机;5.排风口;6.新风口;7.过滤器;8.喷风室;9.加热器;10.送风机;11.送风消声器;12.送风管道

(二) 局部式空调系统

局部式空调系统实际上就是将空气处理和冷冻机、风机等组合在一起的整体机组,称为空调机组或空调器。可直接将该机组放在要求空调的房间内进行空调,也可放在相邻的房间用很短的风道与此房相连。一般说,该系统可满足不同房间的不同送风要求,使用灵活,移动方便,尤其对房间小、各房间相距较远的场合更为适合。

(三) 混合式空调系统

混合式空调系统具有集中处理的空调箱和风道,同时又在各空调间设有局部处理装置。诱导式空调系统、风机盘管加新风系统等都属该类。这类系统与集中式相比,省去了回风管,缩小了送风断面,但同样能利用再循环空气,因而可减少建筑面积。

国外大型厂化全年生产食药用菌的单位常采用混合式空调系统或集中式空调系统。我国常采用局部式空调系统,用于接种室和菌种培养室和栽培室的空气调节。

二、食药用菌工厂化周年栽培房的各项环境参数控制

在栽培房中,温、湿、光、气任何一因素的变化会引起其他因素的变化,因此控制方式应由单因素控制转变为多因素智能控制。目前已开发了相应的监控管理软件,其主要功能有:

——远距离实时显示、监视、调控每间栽培房内的温度、湿度、CO_2 等参数。

——可实现多达 128 间栽培房的实时监控,能自动存储各栽培房的数据并以曲线显示。

——可设定各项控制参数,超界限值时自动弹出报警画面。

——具有停电保护功能,停电时各参数不丢失。

——采用 DALLAS 专用芯片和 YD 系列探头,数字信号传输性能稳定。

同时广州市兆晶电子科技有限公司还专门开发了高效节能、管理方便的 HLC-D 数码涡旋变容量制冷

机组。机组使用 EMERSON 最先进的变容量数码涡旋压缩机和获得专利的精密数码电气控制系统,温控精度可达±0.1 ℃,其节能效果和传统空调设备相比可节能 26％～43％。

栽培房制冷送风方面尚处在百花齐放的状态。从理论上讲,在栽培房中对层架式立体栽培,空气流动应以栽培房整个墙面送风和整个墙面回风为好,以使栽培房内气流呈现水平流动,避免空气流动死角产生。今后应在这方面多做些探索,以使菇房每一个生长单体环境参数基本一致,进而提高栽培房的平均产量,增加整体经济效益(详细内容请参阅第九章)。

三、暖 风 机

能提供比周围环境温度高的热空气的设备叫暖风机。暖风机按热源的不同可分为电热式、蒸汽或热水式、燃油式和煤、柴式。

在食药用菌栽培的过程中,为了满足食药用菌对周围空气温度、湿度的要求,除了使用空调机(器)外,在广大农村常会用经济、便宜的蒸汽或热水式暖风机和煤、柴式热风机。

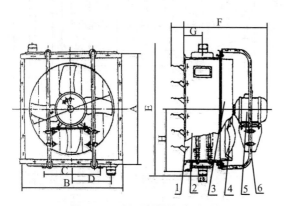

图 5-3　NC/B 型暖风机外形 1 图
1.百叶窗;2.散热器;3.集风器;4.叶轮;5.电动机;6.支架

(一) 蒸汽或热水式暖风机

1.用途和构造

主要用于塑料大棚和食药用菌栽培房热风的供给,以提高大棚和室内的温度,满足食药用菌生长对环境温度的要求。

蒸汽或热水暖风机主要由轴流通风机、散热器与百叶窗等部分组成,见图 5-3。

2.工作原理

NC/B 型暖风机是以蒸汽或热水为热媒。在散热器中,热媒由上部接管进入,经下部接管排出。热量由管壁传至翘片。由轴流风机吹出的冷空气经散热器的翘片获得热量后,送入采暖房间,主要技术参数,见表 5-1。

表 5-1　主要技术参数

产品规格	送风量/ kg·h⁻¹	最大放热量/kJ·h⁻¹		电机功率/ kW	平均出风速度/ m·s⁻¹	质量/ kg
		蒸汽 0.1×10⁶ Pa	热水 130～70 ℃			
NC/B-30	3 000	112 860	39 710	2.2	7.2	54
NC/B-60	6 000	209 000	85 690	4	6	97
NC/B-90	9 000	300 960	121 220		6.4	136
NC/B-125	12 500	522 500	238 260		7.4	212

3.使用与维护

1) 散热器及其他空气流道必须保持清洁,定期用压缩空气或水清洗。

2) 使用热水为热媒时,所用水应经软化处理。

3) 暖风机使用 2～3 年后,应用化学制剂除去内腔水垢。

4) 夏天不用时,加热器内腔应灌满水,以减少生锈。

5) 注意在蒸汽或热水管路上以及回水管路上装置闭塞球形阀,用蒸汽为热媒时应在冷凝水管路上装疏水器。

(二) 煤、柴式暖风机(或称热风炉)

煤、柴式暖风机主要由炉膛、蛇形钢管热交换器和风机组成。工作原理是在炉膛燃烧的煤或木柴的烟气由蛇形钢管通过烟囱排出,排出烟气的同时加热了炉膛和蛇形钢管,冷空气在风机的鼓吹下经过炉膛和蛇形钢管四周,由该处获得热量后吹向需要暖风的房间。有的暖风机内还装有增湿装置,以增加暖风中的湿度。

四、增湿机

在使用单独制冷的空调器或暖风机时,虽然栽培房内温度达到要求,但湿度偏低,故常使用增湿机来增加室内湿度,以达到栽培食药用菌需要的湿度。

增湿机根据雾化原理不同可分为离心撞击式和超声波式。由于这两种形式增湿机都能产生 10 μm 以下的雾粒,依靠增加蒸发表面积加速水分的汽化,所以这两种增湿机在增湿的过程中也降低了周围的温度,而电热蒸汽增湿则增加周围环境温度。按安装位置不同,增湿机又可分为固定式和移动式。

(一)离心撞击式增湿机

1. 构造

ZSM-2.5 型增湿机主要由全封闭式电动机、甩水盘、提水器、栅栏、风扇和塑料储水桶组成,见图 5-4。提水器入水端设有一字形进水道,进水道口处有两个方向相反的唇形斜面。提水器的上方为甩水盘,盘的下侧中部沿圆周分布 6 个风叶片,盘的上侧部分套装在由支架固定的铜栅栏内。电动机两端均有轴伸部分,一端安装提水器、甩水盘;另一端安装雾滴运载风扇。电动机由支架固定安装在塑料储水桶内,使提水器、甩水盘和风扇等运转部件均处于悬置状态。为便于空气流动,塑料储水桶壁上开有若干气孔。塑料储水桶的水位由浮子控制:当桶内水位下降时,浮子随之降落而带动橡皮阀将进水口打开,使水进入储水桶;当储水桶水位上升到一定程度时,浮子升起带动橡皮阀关闭进水口。这样可保持储水桶内一定的水位高度,以满足增湿机工作的需要。

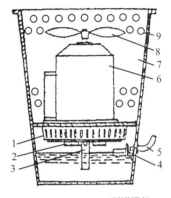

图 5-4　ZSM-2.5 型增湿机

1. 铜栅栏;2. 甩水盘;3. 提水器;
4. 浮子;5. 进水管;6. 电机;7. 储水桶;8. 风扇;9. 气孔

2. 工作原理

离心撞击式增湿机采用离心撞击雾化原理进行工作。当增湿机接通电源后,电动机便带动提水器、甩水盘、风扇同步作高速旋转。由于提水器下端浸在水中,因该水受到两个唇形成斜面的作用。由于斜面产生的推力使水进入提水器进水道中,直至甩水盘上端水平面。由于离心力作用,水形成薄膜从中心向四周扩散至边沿,最后形成无数小水滴向外甩出。甩水盘下侧的 6 片风叶在高速旋转中产生向四周扩散的气流,进一步提高从甩水盘甩出的水滴运动的速度。设置在甩水盘外缘的铜栅栏使高速飞向铜栅栏的水滴在碰撞中被再次粉碎成更细的雾滴。在增湿机的顶部,电动机轴上安装着运载风扇,它将已经破碎成的雾滴向高处吹送。在吹送的过程中,由于雾滴很小很快蒸发成水蒸气分子混入空气中,从而增加了菇房的湿度,而较大的雾点则落回储水桶中。

3. 使用注意事项

增湿机中的水可用自来水,用塑料管接入;也可用水面比机中水面高的水桶,用塑料管接通机上的进水管接入。运转一定时间后,按说明书要求对电动机等运转部件进行保养。该增湿机可安装成固定式或移动式。

主要技术参数:最大增湿量 2.5 kg/h;增湿率在 80～100 m³ 的菇房内,20 min 内相对湿度可≥90%;雾粒直径为 10 μm 左右;配用电机为单相交流,电压 220 V,功率 40 W,转速 2 950 r/min;质量 8 kg。

该机也可用来喷洒对金属没有腐蚀性的化学杀菌剂,进行对密闭的房间、大棚和温室进行空气和四周墙壁表面灭菌消毒。

(二)超声波式增湿机

利用超声振动在水中的气化作用,使水直接雾化的设备叫超声波式增湿机。该机主要由超声频振荡器、压电元件换能器、水位限制器、电磁阀、风机和水槽组成,见图 5-5。

超声波式增湿机主要工作原理是当超声频振荡器的电讯号经放大后,通过压电元件换能器使压电陶瓷振子振动,并将振动传给一定深度的水,靠辐射压和直进水流使水面突起,周围发生水空化作用。这种空化

23

图 5-5　超声波增湿机

作用产生的冲击波和振动子上超声振动不断反复振动的结果,在水面上形成有限振幅的表面张力波,这种波头的飞散便使水雾化。一般 20 W 功率可使水雾化 0.3～0.5 L/h,雾滴直径 1.5～3 μm。

浙江省佳为环境科技有限公司生产 CSB 系列超声增湿机,加湿量为 3 L/h,6 L/h,9 L/h,30 L/h;功耗为 300 W,600 W,900 W,3 000 W;雾滴直径为 1～5 μm。

超声波式加湿机有固定式和移动式之分。如果在可移动的小车上装上一储水桶,用塑料管与固定式加湿机的进水管相接,即成移动式超声波式加湿机。

(三) 高压雾化增湿机

由于离心撞击式增湿机雾点较大(在 10 μm 左右),且粒谱直径范围变化大,而超声波式增湿机耗电量大且要求用软化水,否则增湿量锐减。现有高压雾化增湿机在金针菇栽培房中使用,雾滴直径与超声增湿机产生的雾滴直径差不多,产雾量大。由于雾化压力高(20 MPa),故对增湿用水洁净度有要求。在增湿系统中有过滤系统,以保持喷头有较长的寿命。该类型增湿机在我国台湾地区和日本有使用。

第三节　空调栽培房节能热交换器

在全年食药用菌的栽培室内,温、湿度调节是通过空调机的自动控制或人工控制实现的。由于食药用菌在生长过程中不断地排出 CO_2,为了控制 CO_2 含量<0.1%,必须进行通风。一般通风量为每平方米栽培面积 10～15 m³/h。这样必然要增加新风的进入量。为了控制室内温度在一定的范围,必须增加空调机的工作时间,多消耗电能。为了节能,常常把排出室外的空气和进入室内的新空气预先经过热交换器,使排出室外的冷空气(夏天)或热空气(冬天)经过热交换器降低进入室内的新风(夏天)或提高进入室内的新风(冬天)的温度。实际上,这种热交换器就是一个节能器。一般这种热交换机热交换率>70%,约可减少空调耗电量 20%。该机为吊顶型,适用于 150～200 m³ 的空间。我国生产厂家如漳州远大制冷技术应用有限公司生产的 YDXHBX 系列热交换机和浙江省佳为环境科技有限公司生产的 JW-AVQR 系列热交换机,主要技术参数见表 5-2。

表 5-2 热交换机主要技术参数

型 号	新风量/m³·h⁻¹		温度回收率冬季		噪声/dB(A)		额定电压/V	额定功率/W	额定电流/A	净重/kg
	高	低	高	低	高	低				
YDXHBX-D1.5T	150	90	70	72	38	30	220	78	0.7	9.3
YDXHBQ-D1.5T			/	/						
YDXHBX-D2T	200	150	70	72	38	32	220	134	1.8	10
YDXHBQ-D2T			/	/						

第四节 室外栽培给水增湿设备

一、微喷灌设备

微喷灌兼具喷灌和滴灌的优点,又克服了两者缺点,所以近几年来在国内外很快得以推广应用。它利用低压管道,将水通过微喷头,呈雾状进行喷洒,一般只湿润作物周围的土地,加之微喷头流量小,所需压力小,故用的微喷灌管道小得多,一般采用塑料硬管或塑料软管即可。这种喷洒机具有投资省、省水、省劳力、增产、可调节局部气候、对地形环境适应性强等优点,所以微喷灌是一种比较先进的食药用菌栽培给水增湿的方法,也可对栽培环境降温,调节栽培区间的小气候。但是需要说明的是,虽然微喷灌也是以喷撒水雾滴方式增加湿度,但其过程与增湿机增湿不同;前者主要是靠雾粒湿润渗透土壤表面,靠土壤表面水分蒸发增加空气中的湿度;而后者是直接由超微的水雾滴蒸发而增加湿度。为了减少微喷灌直接对食药用菌子实体喷洒水雾滴的影响,一般提高工作压力,使喷出的雾点尽量小,以减轻对子实体不利的影响。

(一) 微喷灌增湿系统的组成

1. 水源

水源的水质应符合食药用菌补水增湿的要求,不应带有过多的悬浮固体颗粒,以减少喷嘴堵塞的可能性。

2. 控制首部

包括泵站、压力调节器、阀门和过滤器等。泵站包括水泵、动力机(电机或柴油机)、围栏和机房等。其作用是给管道水加压,使之具备必要的工作压力。在有足够自然水可以利用的地方或可从供水系统(如城市自来水系统)取水的情况下,可以不设泵站,参看图5-6。

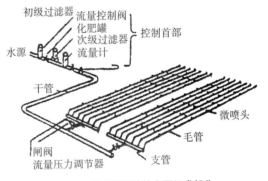

图 5-6 微喷灌系统的主要组成部分

3. 输配水系统

其作用是将压力水按喷洒需要输送至菇场(棚、房)。输配水系统包括输水管道、配水管道和控制设备。输水管道一般分成干管和支管两级。配水管一般叫毛管,也就是直接安装微喷头的管道,常用软或半软塑料管。控制设备的作用不仅在于控制流量,还包括控制压力,应能给每根毛管按需水计划输送必要的流量,还应能克服由于地形起伏和水流阻力所造成的压力不均,使每根毛管都尽可能地有相同的工作压力。采用的部件有闸阀、截止闸和压力调节器等。

4. 微喷头

微喷头是微喷灌增湿系统最关键的部件,作用是将其中的水流粉碎成细小水滴,尽可能均匀地喷洒在射程范围之内,并在空中消散水流的压力。由于工作压力较低,流量较小,射程也较近,所以微喷头一般体积都很小。大多数微喷头是塑料压注成形的,有的只有1个零件,最多的也只有3~4个零件,只有少数微喷头用金属制成。微型喷灌增湿系统按其配水管道在使用季节中是否移动而分为固定式和移动式两种。固定式微喷灌增湿系统的干管和支管一般埋在地下,毛管常悬挂在支架上,这种系统在单位面积上铺设管道数量较大,投资也就相应较高。移动式微灌增湿系统的毛管是周期性移动的或连续移动的,一套毛管可以先后在好几个位置工作,这样就大大提高了毛管及微喷头的使用效率,从而降低了单位面积的造价。

(二)微喷头

1. 微喷头的结构与分类

微喷头也是喷头的一种,具有体积小、压力低、射程短和雾化好等特点。小的微喷头的外形小的只有5～10 mm,大的也仅10 mm左右。其结构简单,多数用塑料一次压注成形,复杂一些的也只有 5～6 个零件;也有用金属制作或采用一些金属零件。

微喷头按其喷洒湿润的图形可以分为全圆喷洒和扇形喷洒两种。

1)全圆喷洒微喷头　单个微喷头喷洒湿润的面积是圆形的,就像一般喷头那样可使整个圆面积都均匀地喷到雾滴水。

2)扇形喷洒的微喷头　单个微喷头喷洒湿润的面积是一个或多个扇形,而且各扇形的中心角也不相同。这种微喷头只能用于局部喷洒,因其组合后不容易得到均匀的水量分布,所以不适用于全面喷洒。由于一些子实体、菌棒、菌块的躯干不希望经常处于湿润状态,因此常将扇形的缺口对准不需湿润的部位。

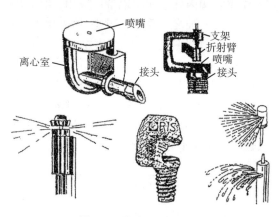

图5-7　微喷灌灌喷头型式

1. 离心式微喷头;2. 射流式微喷头;3. 内支撑折射式微喷头;4. 扇形喷洒的折射式微喷头;5. 缝隙式微喷头

微喷头按工作原理可分为射流式、离心式、折射式和缝隙式。后 3 种没有运动部件,在喷洒时整个喷头各零件都是固定不动的,因此统称为固定式微喷头,见图 5-7。

2. 微喷头的技术参数

1)工作压力　微喷头正常工作需要有一定的压力,一般以喷头前压力作为标准,称之为工作压力。工作压力的大小将直接影响射程、雾化程度、水量分布图和工作可靠性等。微喷头的工作压力一般为50～300 kPa,常用工作压力为 100～200 kPa。

2)喷嘴直径(d)　喷嘴是微喷头控制喷洒流量的部件,同时也控制水流的喷射方向,影响雾化程度。喷嘴直径均<2.5 mm。

3)喷水量(g)　单位时间内一个微喷头喷出的水量,有时也称单喷头流量,常用单位为 L/h。单个微喷头流量一般不＞300 L/h。

4)射程(R)　射程是雾点所能喷到最远处(即湿润边界)离喷头的距离,一般以 m 为单位。微喷头射程可按雨量收集筒的水深为 0.15 mm/h 的最远处离喷头中心距离来计算。由于微喷灌主要作为一种局部给水增湿方法,所以不要求微喷头具有很大的射程,一般为 0.4～0.5 m 到6～7 m。影响射程的因素有工作压力、喷嘴直径、喷射仰角、安装高度等。在相同压力下,喷嘴直径大则喷水量大,射程就远。喷射仰角从负值向上增加,射程也增加,当仰角为 30～32°时射程最大。安装高度较高的喷头由于其水粒在空中飞行的时间长一些,因而可增加一些射程。

5)喷灌强度(p)　是指单位时间喷洒到地面上水的深度,常用单位为 mm/h。如果不考虑水滴在空中的蒸发与漂失,喷头的平均喷灌强度以喷头的喷水量 g 与喷头的湿润面积 A(m²)的比值表示。

6)雾化程度　微喷头喷出的雾化程度一般都很高,其水滴直径一般在 200～1 000 μm 范围内,降落速度为 0.7～3.0 m/s,这对环境增湿、降温有利。

例如 WP 型两用微喷头是分流式和折射式两用喷头,喷嘴直径有 1.1,1.3,1.5 mm 3 种规格,工作压为50～200 kPa,喷水量为 32～75 L/h,只要将折射臂取下,可改装成折射式喷头。

WP 型低压塑料微喷头有 3 种规格,有单向和双向折射式微喷头。由于结构简单,安装使用方便,现已在我国 10 多个省市使用。该型式喷头用于食药用菌露天栽培场,对增湿和栽培场小气候调节有显著效果。WP 型微喷头水力性能,见表 5-3。

表5-3　WP型微喷头水力性能

型号	工作压力/kPa	喷水量/L·h⁻¹	喷洒直径/m	单喷头雨强/mm·h⁻¹	备注
WP-1	100	37.5	2.64	3.9	单向
WP-2	100	61.7	2.92	4.3	双向
WP-3	100	48.7	2.89	5.8	近似全圆

(三) 微喷灌增湿系统的使用

1. 控制首部位置的选定

主要考虑水源位置和管网布置的方便。如果以井水为水源,且井位可以任意选定,最好把井位和控制首部一起布置在地块的中心,这样喷头的水头损失小,运行费用低,便于管理。

2. 管道系统的布置

布置管道系统时,要综合考虑水源位置、地形、地势、主要风向和风速、栽培布置等因素,在技术上和经济上进行比较,选择最佳方案。管道系统分成干管、支管和毛管3级。一般支管采用轮灌,所以常在管进口处安装闸阀,以控制支管水压,毛管直接安装喷头。在平地上,干管和支管一般都布置在所控制地块的中间向两边分水,各级管道互相垂直,并使毛管与畦的方向一致。在坡度较大的山丘地面,支管应按主坡度方向布置,毛管按等高线布置,避免逆坡,从而可使毛管上的微喷头工作压力和喷水量较均匀。

3. 微喷头选择

微喷头的选用主要根据食药用菌的种类、栽培间距、土壤质地与入渗能力以及食药用菌栽培的需水量大小而定。对于黏性土壤可选用喷灌强度低的喷头,而砂质土壤可选用喷灌强度高的喷头。此外,根据喷洒方式不同,可采用圆形或扇形喷洒的喷头。

4. 喷头配置

喷头配置是否合理直接影响喷洒均匀性。微喷头的配置包括喷头组合的形式和喷头间距确定。

微喷头的组合原则在于每一喷头的喷洒面积应与临近喷头的喷洒面积有一定的重复,并有较高的均匀度。常用的喷头组合的形式有正方形、正三角形、矩形、等腰三角形等。在喷头射程相同的情况下,喷头组合形式不同,喷头间距、毛管间距和喷头的有效控制面积也不同,见表5-4。从表中可以看出,全圆喷灌的正方形和正三角形组合有效控制面积大,但在有风情况下不能保证灌水的均匀性。因此,在有风的情况下可采用矩形和等腰三角形组合,其间距视风力大小和喷灌的均匀性要求而定。

经许多单位使用证明,采用微喷灌增湿设备一般可提高工效1倍以上,劳动强度降低,收入增加。

表5-4　喷头间距、毛管间距与有效控制面积的关系

喷洒方式	图形编号	组合形式	毛管间距/b	喷头间距/Q	有效控制面积/S
全 圆	a	正方形	1.42R	1.42R	2R²
	b	正三角形	1.5R	1.73R	2.6R²
	c	矩形	(1.0~1.5)R	(0.6~1.2)R	(0.6~1.8)R²
	d	等腰三角形	(1.2~1.5)R	(1.0~1.2)R	(1.2~1.8)R²
扇 形	e	矩形	1.37R	R	1.73R²
	f	等腰三角形	1.86R	R	1.86R²

二、香菇菌棒的补水设备

香菇袋料栽培的菌棒(长塑袋)或菌块经过几潮出菇后,内部水分消耗较大,这时需要通过人工补水来补充培养基内的水分,使菌丝恢复营养生长,促进子实体形成。由于菌棒或菌块表面有较厚的菌皮,外部喷水一般不易进入培养基内,故补水常采用浸水法和注水法。

浸水法是将菌棒或菌块搬运叠放于浸水沟渠或水槽内进行。为防止上浮,需在菌棒、菌块上方加盖木板、石块等重物,以淹没为度。浸水时间按培养基含水量达到要求为准,一般需要浸数小时或更长的时间,然后再

搬运至菇场(房)进行排放。这种浸水法需要有较大容量的浸水沟渠,操作费工费时,并易引起养分流失。

注水法是利用一定压力的水源(如自来水),通过注水器注入菌棒、菌块。采用注水法不仅省工省时,而且可避免菌棒、菌块在搬运中产生碎裂和浸水中所造成的养分损失。

(一) 针头式注水器

1. 单管多孔注水器

常用于菌棒注水。单管多孔注水器是用长度350~400 mm,外径5 mm,内径3 mm的不锈钢管或黄铜管加工制成,管的尾端焊上水管接头或喷雾器喷杆内螺纹接头,以便与压力供水管相连接。管的头部加工成呈尖锥形,并封死;管壁上从头部起,按孔距35 mm等距交错钻3行Φ 0.6~0.8 mm小孔,其总长度为280 mm左右。菌棒注水前,应先用尖头Φ 6 mm元钢或8号铁丝从菌棒端面中心插入打孔,插孔深度大约为菌棒长度的3/4;然后将注水器插入菌棒孔中,将压力水或带有氮源的水注入菌棒,并注到需要的注水量为止。

2. 多针头注水器

常用于菌块的注水。多针注水器采用孔径较大的16号兽医针头4~6枚,将其等距直线排列焊接在钻有与兽医针头相通小孔的铁管上。钢管的直径为10 mm,壁厚1 mm,长度按菌块大小确定,一般为300 mm左右。钢管中部焊上进水接头,两端焊死。使用时将针头从送菌块表面刺入,压力水经铁管通过针头注入菌块。有的把4根钢管等距与1根纵管焊接,然后把针头等距焊在横向排列的4根管上,即成为针头呈方形管上排列的多针头注水器。

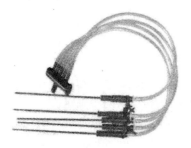

图5-8 多管针式注水器

(二) 多管针式注水器

多管针式注水器实际上是利用喷雾器(单管喷雾器)把水打到一个多排连通的分配器,器上焊有多个(20~40个)喷雾器上通用的出水座,借用多条手动喷雾器的喷杆胶管组件与分配器上出水座连接。喷杆上按孔距35 mm等距交错钻3行Φ 0.6~0.8 mm小孔,喷杆在280~300 mm处截断,杆头部焊上尖锥顶,即成多管针式注水器,使用法与单管多孔注水器相同。由于该设备简单,使用方便,一次可同时对数个菇筒进行注水,工效较高,见图5-8。

(三) 加压注水器

把菌棒放入内装水或混有营养液的圆筒形密封容器内,后加水至容器满溢为止,加盖后用单管式喷雾器通过器上接头向容器内注水,保持一定时间后开盖取出菌棒。该法是浸水法的改进,可缩短浸水时间,提高菌棒浸水工效;加压浸水时间与水压成正比,可通过试验确定水压和浸水时间。

第五节 病虫害防治机械

食药用菌栽培中病虫害的防治方法有多种,主要分为化学防治法、物理防治法和生物防治法,使用最广泛的为化学药剂喷雾和烟雾防治法。机动喷雾机和烟雾机有高、中、低压喷雾机及常温烟雾机和热烟雾机之分。当前农村食药用菌病虫害防治中广泛应用的是手动喷雾器,并可用于喷洒清水以调节菇房的湿度,以及向香菇长菌袋(菇筒)进行压力注水。物理防治法有黑光灯和双色光诱光灯。

一、物理防治机具

(一) 黑光灯

701型黑光诱虫灯用于诱杀大多数的菇蚊、菇蝇、菇蛾等害虫。其构造简单,安装方便,防治成本低,诱虫效果比普通电灯或日光灯好。

1. 主要构造

由黑光灯管、防雨罩、灯架、挡虫板、害虫收集器和支架组成。黑光灯与普通照明日光灯管相同,只是灯管内壁的荧光粉不同。挡虫板用 2~4 片的玻璃或铁皮制成,与黑光灯管等长。害虫收集器装在黑光灯下,利用旧缸、铁锅、盆钵等就地取材。支架可用竹竿或小棍搭成,以便悬挂黑光灯。

2. 工作原理

接通电源时,在灯管两端电极间的高压电场作用下,管内氩气电离放电,温度上升,由汞气化电离逐渐取代氩气的放电,并发出波长为 2537×10^{-10} m 的紫外线。这种紫外线激发管内壁的荧光粉,发射出 3500×10^{-10} m 波长的紫外线。利用昆虫的趋光性和紫外线的杀菌性,将其诱杀于灯下,落入收集器内。

(二) 双色光诱虫灯

利用不同波长组合的双光源灯叫双色光诱虫灯。由于各种害虫对不同波长光的选择性不同,所以用长短波长组合的双光源比单波光源灯效果要好得多。国产的双光源灯是在同一灯管内涂有一部分发出白光、一部发出黑光的荧光粉,称为单管双色灯。试验证明双色诱虫灯诱虫的种类多,诱虫量也远远超过黑光灯。

浙江省余姚市凯鹏虫器厂生产的 KPB10-1 型(防水型)食药用菌专用灭虫器,即属该双光源的诱虫器,见图 5-9。该灭虫器由特定波长的环型双光源环形灯管、反光面板、空气导流罩、吸风扇及频振荡电路、高压电网(不同型号灭虫器可无该装置)、集虫箱(袋)组成。诱虫器原理是利用菇蚊、菇蝇等害虫的趋光性,通过空气导流罩和吸风扇作用将其吸入集虫箱内被内置高压电网击毙。一般 1 台灭虫器可供 150 m² 左右的出菇房(棚)或菌种、栽培袋培养室使用,效果很好。特点是:①与化学防治相比省工、省时。②使用方便,功率消耗仅为 16 W,按每天工作 10 h 计日耗电 0.16 kW·h,电费 0.10 元,费用仅为化学防治的几十分之一。③双光源、宽光谱、诱虫种类多、诱虫量大、防治效果好。

型号:KPB10-1(防水型)

图 5-9　双光源 UV 灭虫器(附灯管)

二、化学药剂防治机具

(一) 人力背负式喷雾器

3WB-16 型人力背负式喷雾器主要由药液桶、液压泵、进出水阀和喷洒部件组成。喷雾量为:$0.55 \sim 0.75$ L/min,雾滴直径 $100 \sim 300$ μm,一人操作,移动方便。为适应不同体力,该型喷雾器的药桶有 3 种规格,即 12、14、16 L。常用工作压力为 $0.29 \sim 0.39$ MPa。

(二) 单管式喷雾器

3WD-0.55 型单管式喷雾器是一种压力较高的喷洒药液的机具。常用工作压力为 0.686 MPa,最大工作压力可达 0.98 MPa,机身无药桶,可用塑料桶代替。作业时,两人操作。可配 30 m 左右的胶管在菇房内进行喷药或喷水。由于工作压力较大(比人力背负式高 2 倍左右),因而雾化性能好。可在喷杆上安装双喷头进行作业,喷杆组件与背负式喷雾器通用。

(三) 机动喷雾机(省略)

第六章　食药用菌储藏保鲜技术设备

随着食药用菌人工栽培技术的推广、普及和新品种的开发,食药用菌产量大幅度增加和人民生活水平的提高,鲜菇消费市场正在大、中城市迅速推广。20世纪90年代以来我国向国外鲜菇出口也是呈上升趋势。因此,无论是从节能降耗(生产1kg干菇需消耗2kg木材),还是从出口创汇方面来看,发展保鲜菇生产有着重要的经济和社会意义。

保鲜的目的是延长市场鲜销菇的货架寿命和粗加工前的保鲜期。食药用菌保鲜原理与果蔬保鲜原理一样,是在不破坏菇体正常的功能前提下,通过控制和调节采后菇体的生理、生化活动,使代谢处于维持正常生命活动的下限水平,以减少营养物质的消耗,防止失水过快,阻止褐变,延缓衰老,从而达到保鲜目的。

食药用菌保鲜方法包括分冷藏保鲜法、气调保鲜法、化学保鲜法和辐射保鲜法。目前应用较广泛的为冷藏和气调保鲜法。

第一节　冷藏设备——冷库

冷藏的原理是通过降低环境温度来抑制鲜菇的呼吸代谢,延长保鲜时间,保持鲜菇的鲜度;降低环境温度还有抑制腐败性微生物作用。

冷藏装置是将生产冷量的制冷机械与消耗冷量的设施结合在一起的技术装置。它利用机械制冷方法,以降低冷藏环境内的温度。一般食药用菌保鲜要求环境内温度在5℃±2℃。

冷藏装置按其容量大小、用途和特性,可分为冷库、运输式冷藏装置和冷柜等3类,它们是组成鲜菇储藏、运输、销售缺一不可的冷藏链装置。本节主要介绍冷库,而运输式冷藏装置和冷柜的内容读者可自行参阅相关文献。

鲜菇保鲜用冷库大部分属高温小型冷库,库储量在20t左右,一般设在鲜菇产地和附近的集贸市场。大多利用旧有建筑进行改造而成简易冷库或建造组合式冷库以利搬迁之需。

(一)冷库的结构

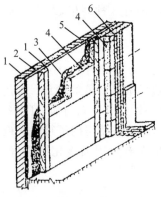

图6-1　用聚苯乙烯泡沫塑料的
墙壁绝热结构

1.水泥抹面;2.砖墙;3.防潮层(二毡三油);4.聚苯乙烯泡沫塑料(1 000 mm×500 mm×95 mm);5.木龙骨(木条60 mm×95 mm);6.铁丝网;7.水泥勒脚(高700 mm,厚40 mm)

1.防湿隔热结构

防湿隔热采用砖、石或混凝土结构,加防潮层、隔热层。墙壁和地面可用混凝土加固,并加防潮层和隔热层,墙壁和天花板的热面也要设防潮层,并与地面的防潮层连接,使整个库内不受外界潮气影响。隔热层敷设在防潮层内侧。在隔热层内侧再涂抹一层水泥面和其他保护材料,如铝板或涂塑钢板。防潮层必须敷设在墙壁、地面和天花板接触温度较高的一面,可用沥青、树脂或塑料等材料,以防库外的热空气进入隔热层遇冷凝结成水聚集在隔热层。库内两室之间如温差<4℃时,可以不敷设隔热材料。现代冷库都为单层式,便于使用叉车和托盘搬运。

2.冷藏库隔热层材料

冷藏库隔热层材料有两类:一类属于可透水气的隔热材料,如玻璃棉、谷壳、矿渣棉和膨胀珍珠岩,该类隔热材料需要有外面防潮层以隔绝水汽的穿透,否则水汽穿过隔热层很容易进入库内致使起不了隔热作用;另一类是利用不透气的材料做成隔热层,如泡沫聚苯乙烯、泡沫聚氨酯和泡沫玻璃等都是不吸潮的隔热材料。选择隔热材料要根据价格、施工、劳力、建筑的寿命和长期使用中电耗等因素综合考虑,见图6-1,图6-2。

3. 装配式库体

装配式库体采用预制成包括防潮层和隔热层的库体构件,在平整好的地面现场组装。其优点是施工方便快捷;搬迁方便;缺点是造价较高。建造时应注意库板的隔热材料密度和施工质量(接缝)。

4. 聚氨酯泡沫塑料喷涂

对现有的砖或混凝土库房或房间内喷涂氨酯发泡塑料,既防潮又隔热;也可采用块状泡沫聚苯乙烯或聚氨酯做隔热材料。

(二)冷库的制冷系统

1. 冷库冷却方式分类

冷库的冷却方式可分为制冷剂直接蒸发冷却及载冷剂(一般为盐水)间接冷却两种。小型冷库常采用前者,将制冷剂的蒸发器直接装在冷藏室内,利用制冷剂的蒸发来直接冷却冷藏室内的空气,通过冷空气去冷却鲜菇。其优点是总的传热温差大,冷却速度较快,因而普遍使用。冷藏室内的冷却方式,按室内空气运动方式可分为自然对流及强制对流两种:自然对流冷却是采用各种形式的冷却排管(蒸发器),因排管附近的空气被冷却,温度降低,密度变大,因而引起室内空气自然对流;强制对流冷却是采用空气冷却器(冷风机),室内空气在风机作用下流经空气冷却器,并在室内循环流动,冷却速度较自然对流快。

在采用冷风机时,室内空气流速应保持在 0.5 m/s 以下,以免鲜菇干缩损耗过大。冷风机的优点与自然对流蒸发器相比传热系数可提高 3～5 倍,室内温度均匀,蒸发温度与库内温度差小,制冷机运转效率高。

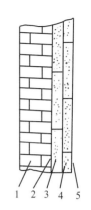

图 6-2　用泡沫玻璃的墙壁绝热结构

1. 砖墙;2. 水泥铁面层和沥青结构层;3. 第 1 层泡沫玻璃;4. 第 2 层泡沫玻璃;5. 水泥抹面层

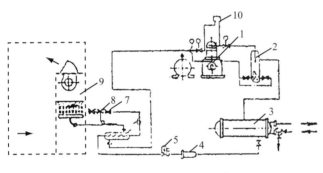

图 6-3　氟利昂制冷系统

1. 压缩机;2. 油分离器;3. 水冷式冷凝器;4. 干燥过滤器;5. 电磁阀;6. 汽液热交换器;7. 截止阀;8. 热力膨胀阀;9. 蒸发器箱;10. 高低压力继电器

2. 氟利昂制冷系统

氟利昂制冷系统在高温冷藏库尤其是小型冷库中被广泛采用。该系统由压缩机、冷凝器、膨胀阀和蒸发器等组成,并由管道连接成 1 个封闭系统。其工作原理为:液态的制冷剂通过膨胀阀后压力降低,处于低压状态的制冷剂在进入蒸发器后,吸收周围空气和储藏物的热量而汽化;然后制冷剂被压缩机压缩到冷凝器中,与冷却介质进行热交换,被冷凝为液态并周而复始地循环;循环结果使得蒸发器周围空气的热量被不断吸收,从而使库内温度降低,见图 6-3。

(三)冷库的制冷量确定

制冷能力过小,入库鲜菇不能迅速冷却,影响保鲜效果;如制冷能力过大,会造成能源浪费。确定冷库制冷能力是以冷却系统的日常负荷(产品热＋呼吸热＋穿透热＋库房通风＋开门损失)和其他热源释放量的总和为依据进行计算的。

[例]　一间 5.5 m、宽 2.8 m、高 2.8 m,面积等于 15.4 m²,体积为 43.2 m³ 的小型冷库。设四周墙壁的导热系数 K 值为 0.25,库顶 K 值为 0.32,地面 K 值为 0.4。欲存放鲜香菇 3.2 t,产品温度为 16 ℃,包装物 18.5 t,室外温度为 20 ℃,需要在 1 h 将产品温度从 16 ℃降至库内储藏温度 3 ℃,在不考虑其他热源的前提下,按计算公式(从略)计算每小时的热负荷,需购买每小时能产生 225 099 kJ 制冷能力的制冷设备;如需要在 12 h 内将产品从 16 ℃降至 3 ℃,需购买每小时能产生制冷量为 225 099/12＝18 758 kJ 的制冷设备。

由上例可看出,使鲜菇由常温降至库温所要求的时间影响选择制冷设备的制冷量大小,如何选择要综合考虑;由上例也可看出,库容体积为 43.2 m³ 的冷库,每 m³/h 需要制冷量为 18 758/43.2＝434 kJ,读者可按该数据近似地根据已有的库容推算出所要购置的制冷设备每小时的制冷量。一般库容面积 100 m²,高度为 2.8 m 的小型冷库,可储放 20 t 保鲜菇。

(四)冷库的使用管理

1. 预冷后入库

预先使鲜菇的温度降低,以减少冷却系统的热负荷。通常采用冷风冷却,在 1 ℃下处理 12～24 h 后的鲜香菇,即使在 20 ℃下储藏其保鲜时间也比未处理的长 2 倍。

2. 要求库温恒定

库温不可波动太大,以免刺激菇体呼吸强度上升。相对湿度要保持在 85%～90% 之间,太低使鲜菇失水加快。库内有通风系统时,应酌情通风。

3. 单独存放

在存放鲜菇的冷库内不能同时存放水果,因为水果在低温下仍能产生一定量的乙烯等还原性气体,促使储藏的鲜菇产生褐变。

4. 预先升温出库

鲜菇出库前,需先在库内升温,以减少鲜菇与外界气温的温差,防止菇面结露,以延长出库后的货架寿命。

5. 简易冷藏的其他方法

由于冷库投资较大,使用受到一定限制,以下介绍几种简易冷藏保鲜法。①空调降温保鲜法——将鲜菇运至有空调设备的小房内,迅速降温至 20 ℃以下,可延长保鲜期,该法适用于一时不能运走或加工的鲜菇保鲜。②短期休眠法——采后鲜香菇置 20 ℃下置放 12 h,再放置在 1℃冷风处理 24 h,可使鲜菇暂时处于休眠状,然后于 20 ℃储运,可保鲜 4～5 天。该法适用于产区有冷库而无冷藏运输车情况。

第二节　气调保鲜储藏设备

气调储藏是新发展的现代保鲜技术。根据储藏系统内气体成分调节方式不同,气调储藏可分为自然降氧和人工降氧。前者将鲜菇储藏在有一定透气性的容器内,利用鲜菇自身呼吸作用使氧气浓度下降,二氧化碳浓度上升,并逐步达到内、外稳定状态;后者是先向储藏系统内充入二氧化碳、氮等惰性气体,并适当地除去过剩的二氧化碳,有利于快速调整储藏系统内气体成分,并能随时进行监控和调节。根据控温方式,气调储藏又可分为常温气调和冷藏气调。后者是在普通冷藏库外增加气调设施,能同时控制储藏系统内的温度、湿度和气体成分,使保鲜效果更好。

一、气调储藏设备

气调储藏也称 CA 储藏。它是一种在密封储藏系统内控制所含氧和二氧化碳的浓度指标,使其在较小范围内变化的一种保鲜技术。在气调的同时,对温度进行控制以达到较好保鲜效果的装置称为气调冷库。气调冷库是气调保鲜技术发展的主要方向。常见的气调库有冲气式气调冷库和循环式气调冷库两种形式。

(一)冲气式气调冷库

冲气式气调冷库利用冲气式气体发生器(又称高温燃烧制氮机)产生一定浓度的氮和二氧化碳,持续送入库内。这种方法降 O_2 和增加 CO_2 较快,冷藏库气密性要求低,储藏中可随时出库或观察,但所需费用较高。一个完整的气调库除了要求制冷系统和气密性等条件外,还需降氧机、CO_2 脱除机、气压调节器和气体分析仪等。

(二)再循环式气调冷库

再循环式气调冷库将库内空气引入催化燃烧制氮机内(又称循环式气体发生器),把 O_2 变成 CO_2,故降 O_2 和增加 CO_2 快,所需费用相对较低;但对冷藏库气密性要求高,中途不可出库或观察,库内所需设备除气体发生器不同外,其他设备与气冲式气调冷库同。

采用气调式冷库储藏香菇最适宜气体组成为 O_2 1%～2%,CO_2 40%,N_2 58%～59%,温度 20 ℃,保鲜期 8 d。

二、减压冷藏设备

一般的冷藏库经密封处理后,增加有关设备(如真空泵、增湿机和通风风设备),组成减压冷藏系统,可对库中的空气压力、温度、湿度和通风等参数进行精确控制。如减压系统的操作压力为 0.1 大气压时,氧气的分压差不多是常压的 1/10 即 2.1%,所以依靠减压可以对库内气体成分进行精确控制,并可取得显著的保鲜效果。它与气调冷藏库不同点在于:在减压系统中,不需供应其他气体,减压系统能快速排除冷藏鲜菇的田间热和呼吸热,并使全部保鲜菇保持温度一致,也能排除菇体内有害的气体——乙烯和其他气体;减压系统操作灵活,使用方便,只需按实际需要调节开关即可达到要求的条件;必要时可随时打开库门出货或检查,而气调储藏则做不到这一点。

三、薄膜包装冷藏设备

薄膜包装冷藏属自然降氧的简易气调冷藏。这种储藏是利用塑料薄膜(如低密度聚乙烯、聚氯乙烯等)对水蒸气和气体的不同通透性来包装和密封鲜菇,通过一定时间后包装系统内即建立稳定状态,氧和二氧化碳浓度达到平衡即呼吸率等于渗透率。薄膜包装冷藏具有取材、储藏方便,费用低,卫生美观等优点,袋面还可以印刷商标、说明,以提高商品价值,现已广泛用于鲜菇的保鲜储藏、运输和零售的各个冷藏环节。薄膜材料以低密度聚乙烯效果较好,薄膜厚度在 40~70 μm 之间,以 70 μm 保鲜效果较好。

对香菇而言,薄膜包装在 20 ℃下可保鲜 5 d,6 ℃以下可保鲜 14 d,1 ℃以下可保鲜 18 d,基本上能满足香菇的保鲜要求。必须注意:鲜菇采后应在 20 ℃处理 12 h,再放到 1 ℃冷空气中降温处理 1 h 以上后装袋,并使菌褶朝上,进行热合封闭袋口。此外,在相同情况下,袋中气体以二氧化碳或氮气置换时,在 6 ℃时可保鲜 25 d,保鲜效果更好,参见表 6-1。

表 6-1 包装方法对香菇货架寿命的影响

包装方法 (20 cm×26 cm聚乙烯薄膜袋)		货架寿命/d		
		1 ℃	6 ℃	20 ℃
薄膜厚度(密封包装)	20 μm		15	4
	30 μm		17	5
	40 μm		20	5
	80 μm		30	7
不包装		7	4	2
薄膜开孔数	4 个	15	13	4
	8 个	12	9	3
	12 个	10	7	3
非密封包装		18	14	3
密封包装		22	17	5
置换为二氧化碳		35	25	7
置换为氮		30	25	6

第三节 化学保鲜技术

某些化学药品能抑制鲜菇的酶活性,防止异味产生,延缓衰老和防止变质。这些化学物质的使用方法和作用方式有很大差别,并经常与其他保鲜方法相结合,联合产生作用,能解决其他保鲜方法所不能解决的问题。

一、二价铁离子保鲜剂

在硫酸亚铁、氯化亚铁和溴化亚铁等二价铁化合物中,加维生素 C(抗坏血酸)或柠檬酸,在二阶铁化合物保持稳定的同时,使其混合的水溶液或干粉对鲜菇进行保鲜,会产生较好的效果。

二、盐水处理保鲜

将鲜菇放入 0.6％的盐水浸泡 10 min,捞出沥干装袋,在 10～25 ℃条件下经 4～6 h 后变亮白,可保鲜 3～5 d。

三、复合保鲜液保鲜

在 0.1％的焦亚硫酸钠、0.2％氯化钠、0.1％氯化钙的复合保鲜液中浸泡 15 min,沥干放入袋中在 16～18 ℃的条件下可保鲜 4 d,5～6 ℃的条件下可保鲜 10 d。

四、多种作用保鲜剂和纸塑复合材料

用纸塑复合材料做成的包装容器(如波纹盒、包装袋)由于能对容器内水分进行调节,故较单独使用塑料薄膜材料包装鲜菇有更好的效果。如在盒、袋中同时加入袋装的无毒植物去异味剂、山梨酸、亚硫酸钠(多酚氧化酶抑制剂)、维生素 C(抗坏血酸)(过氧化物酶的竞争性抑制剂)、硫酸钠(脱氧剂)等多种功能保鲜剂,会产生较好的保鲜效果。

第四节　辐射保鲜技术

辐射储藏技术是利用电离射线处理所产生的生物和生理效应,使食品储存期得以延长的一种储藏技术。该技术是继传统的物理、化学方法之后又一发展较快的食品储藏新技术和新方法。联合国粮农组织、世界卫生组织和国际原子能机构的联合专家委员会审查认为,经平均剂量为 10 kGy 以下的辐照处理的任何食品都是安全的,不存在毒理学或营养学方面的任何问题。

采用 1～2 kGy 剂量的钴 60 辐照处理的鲜菇,会对造成酶变的大多数微生物进行杀灭和抑制,并可抑制呼吸强度和体内酶的活性,从而延缓后熟期。该法与冷藏、化学储藏相结合,可以收到协同效应,降低药剂用量和辐射剂量,把药物残留和辐射损伤降低到最低限度,既延长鲜菇的保鲜期,也保证其食用安全性;但该法设备投资大,限制了应用范围。

综上所述,各种保鲜效果比较:减压储藏＞气调储藏＞冷藏。如减压、气调、化学储藏与冷藏储藏结合效果更好。当然,保鲜效果的好、坏也与采收的适时、搬运的妥帖、运输容器的科学合理都有密切的关系,应给予重视才能收到理想的保鲜效果。

第七章 食药用菌（粗）加工技术设备

食药用菌加工业是一个充满希望和生机的产业,也是一个新兴的产业。据 2000 年统计,我国农产品加工业仍然是一个新兴产业,总产值和出口创汇与世界先进水平相比存在较大的差距。一些发达国家农产品加工业与农产品产值之比大多在(2.0～3.7):1,农产品加工率平均在 30% 以上,而我国为 0.4:1,农产品加工率在 2%～6%。一些发达国家农产品加工业产值超出了电子工业、汽车工业、化学工业成为近年来发展最快的产业之一。美国市场上有 3 500 多种产品含玉米或玉米副产品的成分,玉米湿法加工业产值为 110 亿美元,仅玉米朊粉和玉米朊饮料每年出口就达 1 000 亿美元。法国农产品加工业近 10 年来平均每年增长速度为 11.5%,1997 年达 1 149 亿美元,农产品加工产值为化学工业的 1.7 倍、汽车工业的 2 倍。差距告诉我们落后,同时也向我们表明,我国的农产品加工业(食药用菌加工业)是充满希望的产业。农产品加工业不同于单纯的农业,也有别于单纯的工业,但都既包含农业也包含工业。发展农产品加工业需要适于加工的农产品、先进的技术设备和现代化管理运营机制和营销手段,这三者相辅相成缺一不可;只有将这三者有机结合起来,才能将我国的食药用菌产品资源优势转化成商品优势和经济优势,真正实现农产品加工业的现代化,实现食药用菌强国的战略目标。

初(粗)加工技术是指食药用菌经加工后外形基本不变,仍能用视觉分辨出是属于何种菇类的加工技术,如干燥技术、腌制技术、罐藏技术,真空油炸技术和气流膨化技术等。

第一节 食药用菌干燥技术设备

食药用菌的干制目的是通过不同干燥原理减少鲜菇中含水量,抑制菇体内酶活性,并使菇体内固形物达到微生物不能利用的程度,从而达到长期保存的目的,而复水后基本上能恢复原状。到目前为止,食药用菌干制加工不仅是一项重要的储藏手段,还具有十分重要的商品学意义。食药用菌干制品中,香菇干制品出口量大,占有突出的地位。其干制品工艺要求高,商品标准要求全面,因此,干燥原理、工艺和设备均以香菇干制品为主进行介绍,其他菇类大同小异。

一、食药用菌干燥原理和干燥工艺流程

(一) 干燥原理

鲜菇通过热风的加热使表面的水分蒸发,并被热风带走,菇体内水分通过毛细管作用移到表面,这种水分由内到外地不断转移直至干燥到要求的含水量为止。鲜菇一般含水量为 75%～90%,体内水分以游离水、胶体结合水和化合水 3 种不同状态存在。游离水一般占全部水分的 60% 以上,流动性大,易排除;胶体结合水是水和胞内物质结合成胶体态的水,干燥时只被排出部分,作为商品的干菇含水量为 10%～13%,这水分就是胶体结合水;化合水是以分子态水与菇体内有关的物质结合在一起,该部分水干燥时不会被排除。因此,鲜菇在干燥时能除去的水分为菇体中的游离水和部分胶体结合水。

鲜香菇在干燥中质量和体积明显变轻、变小,菌褶颜色由白色变成淡黄色或米黄色,菌盖表面由浅褐色变成茶褐色,产生香味,体内其他成分发生变化如麦角甾醇转化为维生素 D_2。

(二) 干燥前对采摘的要求

优质的鲜菇是获得优质干菇的物质基础。鲜菇含水量越低,干制出的干菇质量越高,因此,采菇前一天不要喷水。最好半天采菇 1 次,目的是使鲜菇在卷边的时候即被采摘下来,这样可使干菇中的厚菇比例大幅增加。采菇时即进行分等,采后 6 h 内就要进行摊晒干燥,否则会降低干菇质量等级。

（三）干燥工艺流程

1. 修剪菇柄，挑选分级

将小菇、畸形菇等不宜干燥的菇剔出，将菇形完整、符合干制的菇剪柄，并将薄菇与厚菇分开以便向筛盘排放。

2. 上筛

将分等的鲜菇排在筛盘上，菌盖朝热风和热能辐射来的方向排放。

3. 预晒

干燥前，若有太阳应预晒 2～3 h，这样既可节省能耗又能减少鲜菇的含水量，同时也能促进维生素 D_2 的转化。

4. 入房

把排放厚菇的筛盘放在最先受到热风干燥和热能辐射来的位置，薄菇、小菇放往后面的位置。

5. 干燥

排放鲜菇的筛盘在干燥房（箱）内安置后，即可开动干燥设备输送热风。鲜菇一边蒸发一边开始脱水。首先是蒸发鲜菇表面的水分，即表面干燥，这样便破坏了表面水分与内部水分的压力平衡，促使内部水分转移到表面保持平衡。这种现象叫内部扩散。移到表面的水分又蒸发掉，如此反复进行，直干燥到含水量达到要求为止。干燥首先从菇伞边缘开始，慢慢移至肉质厚的中心部。由于菇柄和菇伞肉质完全不同，即使同一菇伞也是中心部肉质厚而边缘薄，因此其水分的内部扩散和表面蒸发速度都不同。烘干工艺就是围绕使鲜菇体内部水分扩散转移速度和表面蒸发速度基本平衡而制订的。平衡控制后，脱水容易，干燥制品质量高；如果长时间达不到平衡，则外形和色泽达不到要求，干燥制品质量差。这个平衡要由热风的温度和风量来控制，不同的干燥期热风的温度和风量参数是不同的。在干燥鲜菇时，如果温度在 45 ℃以上，通风量不够时鲜菇表面细胞组织破坏，阻塞了与体内联系的毛细管，则常会发生煮菇现象，菇伞成黑色，菌褶倒伏并成土黄色，干燥制品质量低劣；但也不能过分加大通风量促进表面蒸发加速，这样会造成能耗加大，干燥成本上升。在干燥开始也不能使起烘温度过低，只有适宜的温度才能加速鲜菇的后熟作用，促使开伞，使厚菇变薄菇。通常起烘温度不能低于 35 ℃，因为在 35 ℃时菌丝停止生长。在干燥过程中温度切忌急剧变化，而要慢慢地改变。每小时温度急剧变化 8 ℃以上时会发生不良现象：温度急降，香菇会收缩，伞缘会向内倒卷，形态不整，菌褶也会倒塌；温度急升，水分会集中在菌褶，不但菌伞会变黑褐色，菌褶也会倒伏。为了根据鲜菇在干燥过程中体内含水量的变化来改变热风的温度和通风量，达到科学合理地干燥香菇，我们把香菇的干燥工艺过程分为预备干燥期、恒速干燥期、干燥后期和干燥完成期 4 个阶段。

1）预备干燥期　该期的鲜菇含水量应为 75%～80%，相当于晴天采摘的段木菇含水量。如雨天采摘的段木鲜菇或木屑鲜菇含水量在 90% 左右，可在阳光下或通风处预凉、晒，使其含水分降为 75%～80%；也可放在烘房（箱）中，在温度为 35 ℃的热风中烘干 1～4 h，使其含水量降至 75%～80%。

2）恒速干燥期　在该干燥期内，鲜菇体内部分水扩散速度和表面蒸发速度基本相等。干燥温度为 40～50 ℃，时间为 10～12 h。这时期鲜菇经软化，又随着时间加长，体内水分的蒸发、硬化由菌伞边开始，向中心肉厚部分推移，该期菇盖定形。由于该期菇心还有水分，温度最高才达 50 ℃，故菌褶还不会显出淡黄色。

3）干燥后期　该期菇体内水分开始减少，游离水基本排尽，部分胶体结合水在此期干燥过程中逐渐排掉。该期鲜菇体内水分移动速度明显赶不上表面蒸发速度，通风量可适当减少以节约能源。该期干燥温度为 50～55 ℃，菇体内、外温度趋于一致，干燥时间 3～4 h。该期菌褶呈淡黄色，并开始产生香味。

4）干燥完全期　该期主要目的是去除菇体心部（菇柄与伞部交接处内部）的残留水分和部分结合水。该期温度为 58～60 ℃，干燥时间 1～2 h，热风进行内循环，不再进新风，循环风量可减至中、小程度，使菇体内的酸与酶作用产生香气。该期结束时，干菇体内含水量达到储藏标准和出口标准 ≤13%，参看图 7-1。

二、食药用菌干燥设备的分类

（一）按干燥原理分类

分热风干燥、远红外干燥、热泵干燥和冷冻真空升华干燥。热风干燥是通过热风对物料进行由外到内加热，使其中水分通过物料表面蒸发，并被热风带走进行干燥；远红外干燥是通过具有一定范围波长的远红外射线的穿透照射，使物料内外同时加热，其中水分通过物料表面蒸发而被流动空气带走；热泵干燥也属热风干燥，干燥过程中，物料的水分蒸发所需热量来自水蒸气凝结时放出的热量；冷冻真空干燥是让速冻物料在真空环境下，物料中的水分直接由固体（冰）升华成水蒸气而被真空泵抽走。前两种干燥均是对物料（鲜菇）通过加

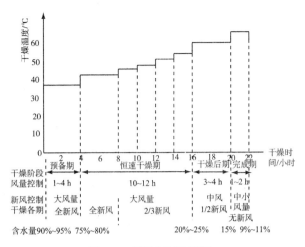

图 7-1　鲜香菇干燥过程图

热进行干燥的，在干燥过程中香菇体内氨基酸与糖相互作用产生美拉德反应，香菇体中的鸟甘酸在酶作用下产生色变和香味。由于这些作用是不可逆的，所以前两种干燥法复水后不能恢复干燥前的状态；而后一种干燥是在低温下进行的，因此复水后基本上能恢复干燥前的状态。热泵干燥恢复差些，但冻干法设备费和加工费远比前两种高。

（二）按对干燥介质（空气）是否直接加热分类

分直接加热式和间接加热式干燥设备。直接加热式干燥设备是指热源直接对空气加热而进行干燥的设备，如炭火简易干燥箱和电热式干燥机；间接加热式干燥设备是指热源通过热交换器来间接加热空气而进行干燥的设备，如柴、煤烟道管式干燥机，蒸汽管式干燥机，燃油烟道管式干燥机和热水管式干燥机。以上干燥机中属柴、煤烟道管式干燥机其干燥费用最低，在我国使用最广，本节将重点介绍。在有条件的地区（指已有锅炉和地热水的地区），蒸汽管式和热水管式干燥机可采用；在燃油和电价低廉的地区，燃油烟道管式和电热式干燥机也可使用。由于这两种机型自动化程度高，一人可管几台干燥设备，干燥质量好而可靠，在我国和国外使用很广。

（三）按干燥介质的热源分类

分柴、煤、燃油、热水、蒸汽和电等热源干燥机。

（四）按干燥介质流动的方向分类

分垂直气流式和水平气流式两种。垂直气流式干燥机的干燥介质流动方向与干燥筛盘垂直，由于气流通过多层干燥盘时受到较大的阻力，且由于物料空隙大小不同影响气流的均匀性，故风机能耗较大，不同高度筛盘上鲜菇干燥速度不够均匀；水平气流式干燥机则能部分克服上述缺陷。

三、烟道管式干燥机

由柴、煤、燃油燃烧后产生的热烟气，通过烟道管式热交换器（散热器）加热空气，用风机把干热空气对鲜菇进行干燥作业的设备叫烟道管式干燥机。该类干燥机由于适应多种能源，构造简单，易制造，有条件的地区使用燃油燃烧器和电脑，可对干燥过程进行程序控制，自动化程度高；条件差的地区使用柴、煤等燃料进行人工控制干燥作业，投资少，干燥成本低。20世纪90年代前后，在借鉴国外干燥设备基础上，开发了我国第二、三代烟道管式干燥机，这些设备在清灰、干燥过程自动化、系列化和组装结构上有很大提高。其中 CGH 型油、柴两用全自动干燥机机电一体化可代表当前烟道管式干燥机的水平，现予以介绍，见图 7-2。

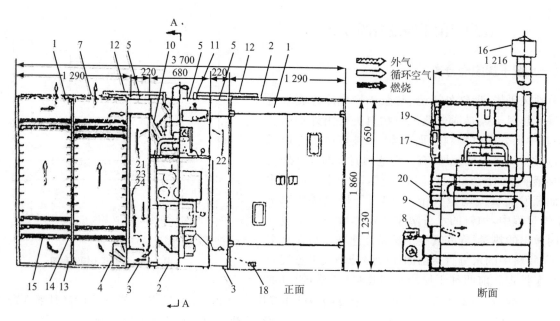

图 7-2　CGH 型燃油柴两用干燥机

1.干燥箱;2.热交换器;3.热风导管;4.扩散板;5.热风回收管;6.热风循环装置;7.顶部排湿窗;8.燃油燃烧器;9.加柴口;10.风门调节器;11.风门调节器;12.排湿窗驱动杆;13.干燥盘支架柱;14.干燥盘支架;15.干燥盘;16.烟囱;17.电子式温度调节器;18.温度传感器;19.送风机;20.清灰门;21.左新风口遮板;22.右新风口遮板;23.热风截流板;24.热风管上间隙封口板

（一）构造与特点

主要由燃油、柴两用热风炉,左、右干燥箱,电子温度调节器,干燥过程微型程序控制器,排湿口,新风口和热风循环风口联动装置等组成。

1.燃油、柴热风炉

由燃油燃烧器、蛇形圆管热交换、烟囱、双速高压轴流风机、清烟灰口和柴窗口组成。

2.左右干燥箱

由可拆卸的 6 块保温板组成。箱内装有干燥盘支架、支架柱和 60 个塑料干燥盘或铁丝干燥盘,干燥盘下部热风进口处装有热风扩散板,以使远、近端热风分布均匀。

3.电子温度调节器和干燥过程程序控制器

由温度传感器、温度数字显示器、时间继电器、燃油供油电磁阀、温度控制线路板和微型程序控制器组成。控制器内储 8 条干燥程序可供用户选择,也可自编程序。每条程序可设定 1~4 个阶段干燥工序,面板设有温度、时间、进行状态等功能显示。系统设有双重超温保护、光电监控安全系统,停电保护程序及燃烧器运行程序。

4.风口联动装置

由燥箱顶部排湿百叶窗,排湿窗驱动连杆,新、旧风门和风门调节手柄组成。控制风门调节手柄的位置,可联动调节排湿百叶窗开口大小和新、旧风量比例。

该机特点是燃油和柴既可单独使用,也可用柴升温、用燃油控温配合使用;干燥程序设定后,整个干燥过程的温度、时间、风量(3 挡)可自控,干燥结束后蜂鸣器提醒,使干燥作业方便轻松,一人可同时管理 2~3 台干燥机;干燥盘可在系列各型号机型通用;干燥箱为组合式,拆装运输方便。

（二）工作原理

当干燥程序设定后,开动机器轴流风机工作,并自动启动燃烧器。自动点火装置点火 3 s 后,燃烧器开始喷油进行燃烧,热烟道气经管式热交换器排出房外。在轴流风机作用下,冷空气在风压下流经热交换器外表,把空气加热成热干空气,经热风炉底部向左右两干燥箱底部送去,再经热风扩散板扩散,使热风均匀由下而上地通过干燥盘,并把鲜菇的水分带走,由顶部的排湿风排出。按设定的干燥程序自动控制干燥的温度、时间、风量,直至干燥结束。当使用木柴作燃料进行干燥作业时,则与一般烟道管式干燥机操作无什么两样。

（三）主要技术参数

一次干燥量 450 kg/(14~18 h);燃油耗量 3.5 L 柴油/小时;耗电量 750 W;干燥盘 60 个,盘尺寸=1.2 m(长)×0.6 m(宽);每平方米干燥盘可摊晒 10 kg 鲜菇。

四、蒸汽(热水)管式干燥机

通过热交热器管道内的蒸汽或热水对空气加热的热风干燥机叫蒸汽(热水)管式干燥机。该类型干燥机1 次干燥量较大(1~5 t)。由于需要购置锅炉投资较大,在有地热资源地区和已有锅炉的罐头厂可采用。

（一）构造

主要由供热系统、物料运载干燥小车和干燥房等组成,见图 7-3。

（二）工作原理

利用锅炉蒸汽通过盘管翅片式热交换器将新鲜空气加热成热空气;在风机输送和导风板的导向下,热风成水平流向,通过安置在运载干燥小车筛盘上的鲜菇进行干燥作业。隧道式蒸汽管式干燥机常采用逆流式干燥法,即在干燥区内的热风方向与运载小车前进方向相反;逆流式干燥法同样可对部分热风再次循环使用,而将其余部分向外排出。干燥区内长度为 10~15 m。干燥区内热风入口处与出口处温度有差别,一般在干燥初期温度相差5~10 ℃,在干燥后期温度相差 2~3 ℃。因此在干燥区内应安装两个温度表,以防在近风头处温度太高,风尾处温度太低;补救方法是常调换运载干燥小车在干燥区的位置。

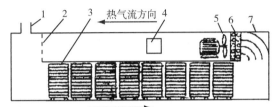

图 7-3 隧道式干燥机结构
1.接湿口;2.余热回收装置;3.运载小车;
4.冷风口;5.风机;6.散热器;7.导风板

（三）注意事项

由于在干燥区温差大,所以使用中应特别注意鲜菇在起烘前的含水量,尽量使鲜菇的含水量控制在75%~80%。可通过对鲜菇在干燥前预晒、预凉或干燥机中开风机吹风 2~4 h 来达到。

五、热泵干燥机

（一）特点

1. 节能

热泵干燥机也是一种热风干燥机。在热泵干燥过程中,物料中水分蒸发所需的热量来自湿热蒸汽凝结时放出的热量。整个干燥过程中,无须对介质和物料进行额外加热,因而不必附加任何发热装置,这使热泵干燥法比别的干燥方法能够降低能耗 20% 左右。

2. 干燥温度低

与其他气流干燥法不同,它主要是通过对气流进行脱水来获得介质的载湿能力,所以能够在常温以下获得强载湿能力的干燥介质,这就使得干燥作业能够在较低的温度下进行,一般干燥温度在 15~45 ℃ 范围,这样可有效抑制待干燥物料中细菌的滋生、防止蛋白质受热变性、含糖物质受热结焦、易熔物质受热熔融、有生命的种子受热失效以及物料个体变形、变色和芳香类物质的逃逸等。这对干燥后有色泽要求的白木耳、竹荪、北虫草和双孢菇等食药用菌与干燥后对复水性有要求的毛木耳、黑木耳等食药用菌更显出优点。由于干燥温度低,干燥时间一般为热风干燥时间的 1.5~2 倍,这是该机型的缺点。

3. 环保

许多热泵干燥机没有加热装置,气流在密闭绝热系统中(机仓内)循环。无废气排放,仓内流出的水是由露滴集合的清澈的蒸馏水不会对环境造成丝毫影响,噪声也在 60 dB(A) 以内,是一种环保型的干燥设备。

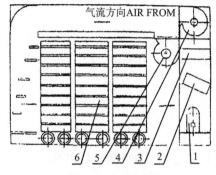

图 7-4　热泵干燥机

1.压缩机;2.蒸发器;3.冷凝器;4.主风机;5.辅助风板;6.物料台车

（二）构造和工作原理

该机主要由压缩机、蒸发器、冷凝器、主风机、辅助风机和物料台车所组成,见图 7-4。

其工作原理是风机驱动空气按风道引导的走向在密闭仓内循环,热泵装置先通过其蒸发器从空气中吸取热量,使空气的温度迅速下降到露点以下;这时,空气中的水蒸气在蒸发器翅片上凝露析出水来,析出水被导向仓外,制冷介质通过冷凝器时,把从空气中吸收的热量用来加热被脱了水的空气,使空气升温成为载湿能力很强的干热空气。随后,干热空气被主风机驱动经导风板均匀地通过待干燥物料,物料中水分子吸收热量,从物料表面逸出而被气流带走,载湿的空气再进入蒸发器进行凝露析出水分。如此循环最终使物料得到干燥。

（三）使用注意事项

根据热泵干燥的特点,对那些在干燥后有色泽、复水形状和活性有效物质保留有要求的食药用菌和物料进行试验,选择合适干燥温度和时间;干燥前物料的预处理同热风干燥,操作管理如同操作 1 台除湿机,十分简便。

六、真空油炸干燥设备

其特点是干燥速度快(约 30 min);油炸产品含油率低(约 20%,一般常压油炸为 40%);真空油炸温度低(80~120 ℃),对食药用菌成分破坏少;炸后体积缩小少:使用该设备可提供食药用菌休闲干制品,见图 7-5,图 7-6。

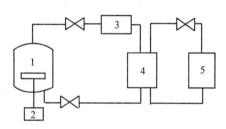

图 7-5　间歇式低温真空油炸设备

1.油炸釜;2.电机;3.真空泵;4.储油箱;5.过滤器

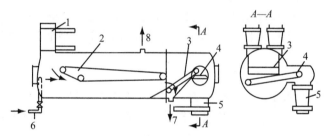

图 7-6　连续式真空低温油炸设备

1.关风器;2.输送装置;3、4.无油区输送带;5.出料关风器;6.进油管;7.出油口;8.真空接口

七、气流膨化干燥设备

其与挤压膨化原理基本相同,即物料在瞬间由高温、高压突然降到常温、常压,物料水分突然汽化,发生闪蒸现象,类似爆炸,使物料呈海绵状结构,从而完成气流膨化干燥过程。气流膨化物料的含水率控制在13%~15%,加热可用蒸汽、电加热,加热温度 170~220 ℃,膨化压力为 0.6~0.8 MPa,膨化干燥后的食药用菌可作为休闲食品。此外,还可用微波加热技术使含有一定水分的食药用菌干品在大功率微波设备加热下,短时间内将物料体内水分蒸发而膨化干燥。由于其膨化是在常压下进行,故膨化率比气流颗粒膨化率小些。这两种膨化的产品均可做休闲食品,与真空油炸品比较,优点是不含油。

八、干燥设备的选择

——10 万袋香菇栽培专业户可选用每次可干燥 100 kg 和 500 kg 左右的干燥机各 1 台,以供出菇初期和旺期干燥之用。

——从能源价格、运费、设备折旧费、干燥成本、热效率、干燥品质和数量、工人文化素质和工资进行综合经济分析,决定选什么型式的干燥机。一般烟道管式干燥机的加工费用(按 2005 年计):柴或煤 2.8~3.2

元/千克干香菇;燃油或电 5～7 元/千克干香菇。

——干燥机的规格和数量,一般组合式烟道管式干燥机最大的干燥量为 500 kg 鲜菇,如每天干燥量＞500 kg,可选择两台 500 kg 干燥量的干燥机或选择干燥 500 kg 和 250 kg 的干燥机各 1 台。两台 500 kg 的干燥机可搭配 1 台 50～100 kg 的小型干燥机 1 台,以供大型干燥机在干燥后期把未全干香菇集中到小型机中进行完成期的干燥,这样可以节能和降低干燥费用。在实际干燥作业生产中,切记不能贪大求详,应量力而行,以免在争夺鲜菇资源中处于不利地位。

——对珍稀、野生食药用菌采用冷冻真空升华干燥设备,可得到营养成分几乎无损失、复水性能极好的冻干产品,供国内外较高档次的消费者和客户的需要。

——为了降低干燥成本,提高干燥质量和缩短干燥时间,针对不同品种食药用菌可选用联合干燥法,如热风—微波、热泵—微波等。

九、干制品包装前处理设备

（一）包装的目的

食药用菌干制品为了达到商品流通、运输和储藏的目的,要对干制品进行大、小包装和内、外包装。通过包装可防止外界湿气和空气渗入。当干制品含水量超过 13％后,会加速氧化反应,如脂类氧化、维生素破坏及氨基酸的分解,酶的活性也增加,使干制品的陈化速度加快。为此,应选择气密性和坚固性均佳的包装材料,如聚乙烯、聚丙烯和复合包装材料铝塑复合膜;必要时采用真空充氮复合膜包装或在内包装袋中放入袋装脱氧剂或干燥剂,可进一步提高安全储藏时间。当然,储藏也应考虑低温（＜15 ℃）、避光储藏。

（二）包装前处理

作为商品流通的干制小包装,应满足商品的规格、数量、卫生、和安全性的要求,故包装前应对干制品进行分等、除尘和发丝、分检和金属异物的去除等包装前处理。

（三）包装前处理对环境的要求

为了防止干制品在前处理期间增加含水量,需对前处理车间的空气进行洁净处理。空气洁净度要求达到 10 万级,空气相对湿度＜50％,温度＜24 ℃,空气流动速度≤0.5 m/s。使用冷凝式除湿机不能达到如此低的相对湿度,可采用溴化锂转轮除湿机（化学除湿法）。

（四）干制品前处理的一般工艺流程和所需的设备

见图 7-7。

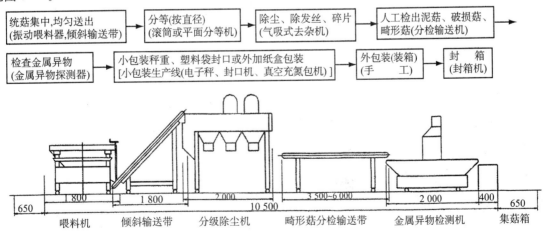

图 7-7 香菇干品大包装生产线（该生产线由 5 台设备组成）

生产线占地（长×宽×高）:12 m×2.5 m×2.5 m;生产线设备消耗功率:3.5 kW;生产能力:150～200 kg/h

第二节 食药用菌腌制技术设备

一、食药用菌的腌制原理

根据一切微生物只有在合适的渗透压下才能正常生长繁殖,反之将死亡的原理,达到储存食药用菌的目的。据该原理将食药用菌置于高浓度(饱和浓度)食盐溶液中,食盐产生的高渗透压使菇体内外的微生物体内细胞水分渗出,使其处于生理干燥状态,细胞中蛋白质凝固、失活,新陈代谢停止,生命消失,从而达到食药用菌较长时间的储藏目的。

二、腌 制 工 艺

1. 选料

用作腌制的食药用菌应符合规格标准的子实体;采前不宜喷水以使含水量尽量少些;从采收到腌制加工不要超过 24 h。

2. 漂洗

清洗菇体上的泥沙杂质;对双孢蘑菇漂洗时,水中应加入 0.03% 的柠檬酸或 0.02% 的焦亚硫酸钠或适量明矾,以起漂白和抑制酶活作用,防止菇体变色。

3. 护色

对需护色的双孢蘑菇,需将菇体放入 0.15% 焦亚硫酸钠或 0.1% 柠檬酸抑制液中处理 5 min,取出后用清水漂洗以除去过量的二氧化硫,二氧硫残留量 $< 50 \times 10^{-6}$。

4. 预煮

也叫杀青或烫漂。目的是彻底杀死菇体细胞和破坏菇体内氧化酶活性,并排出菇体内气体。预煮时用不锈钢或铝锅,不用铁锅以避免子实体中带硫氨基酸与铁反应产生成硫化铁,使菇体变色。对双孢蘑菇的预煮液,常用 0.1% 柠檬酸溶液或 10% 盐水。菇体与煮液质量比为 1:2.5。在 95~100 ℃ 下,将蘑菇煮 7~8 min,平菇煮 6~8 min,因品种和菇体大小而异,以熟透无白心和投入冷水中能下沉为准。

5. 冷却

系指预煮后的菇体降温处理,以防在腌制过程中温度过高造成菇体发黑和腐烂。为此,预煮后的菇体应及时置于冷水中冷却。

6. 分级

一般按菌盖直径大小分为 4 级。A 级:1.5~2.5 cm;B 级:2.6~3.5 cm;C 级:3.6~4.5 cm;级外菇:<1.5 cm 或 >4.5 cm。也可根据客户要求分级。

7. 腌制

这是腌制过程中实质工序。不同腌制法和不同腌制液可腌制出不同口味的产品,其中以盐水腌最为普遍。

盐水腌制法(梯度盐水腌制法):先配制 15%~16% 浓度的食盐液,用 8 层纱布过滤,冷却后的菇体捞出沥干投入该液中,这时盐液向菇体内渗透并排出水分;腌制温度掌握在 18 ℃ 以下为好,以防温度高渗透快、菇体发黑。腌制 3~5 d 后,随腌制浓度的降低逐步向腌液加盐,维持腌液浓度 23% 左右;也可将初腌菇捞出,转入 23%~25% 浓度的腌制液中,在这期间可采用通风、翻动的办法,使容器上下盐液浓度一致。当盐液稳定在 20% 左右(即 20 波美度)约 20 d,腌制即告完成。在储运时,将腌液调至饱和浓度,并用柠檬酸调至 pH 为 3.5,定量放入塑料桶中的塑料袋中,加上封口盐封口,盖好桶盖贴上标签,便可储运。该法多用于蘑菇和平菇。

此外,还有层盐层菇腌制法、盐水腌制法和糖醋腌制法,其操作大同小异只是腌制液配方不同而已,在此从略。

三、腌 制 设 备

由于食药用菌腌制工艺简单、易行和实用,为广大菇农所采用。腌制数量少时,使用的器具极其简单,如竹箩、筛盘、铝锅、塑料桶和柴、煤炉灶等；若腌制数量大，腌制设备采用罐藏制品常用的设备，如滚筒式连续分级机、夹层锅、链板式预煮机或螺旋式滚筒预煮机。这些设备常用在双孢蘑菇腌制品和罐藏制品上，读者可参看罐藏制品设备。

第三节　食药用菌罐藏技术设备

食药用菌罐藏食品是我国出口创汇的主要产品，约占与各种食药用菌加工产品（干菇、盐渍菇、保鲜菇）的50％以上。罐藏食品因携带食用方便、储藏期长而受到国内外消费者的欢迎。当前罐藏食药用菌产品按罐藏容器分有镀锡铁（马口铁）罐、玻璃罐和复合塑料蒸煮袋（软罐头）等3类产品。由于后两类产品能直接看到罐中子实体的形状和颜色，软罐头还有携带方便、开启容易的优点，更易被消费者接受。食药用菌罐藏技术较成熟，生产历史长。近年来，生产上采用了回转式淋水式高温杀菌设备，产品质量稳定。

一、罐藏原理

根据微生物体经高温处理蛋白质变性失活的原理，将一定规格质量的食药用菌放进容器，注入配液，密封罐盖，高温灭菌以达到定期储藏目的。

二、罐藏工艺

1. 选料

选好原料是保证罐藏产品质量的基础，不同产品对原料选择有不同的规定。应严格按原料标准挑选，剔除霉烂、变质、病虫害、畸形、过熟和变色等不合格的子实体，并及时进行原料处理。

2. 漂洗

同腌制漂洗工序。

3. 煮制（杀青）

同腌制预煮工序。

4. 冷却

同腌制冷却工序。

5. 分级

将子实体按产品规格要求进行分级，一般蘑菇分4级，平菇分3级。蘑菇经煮制冷却后比鲜菇失重35％～40％，菇盖收缩20％左右。

6. 装罐

装量应根据产品规定量称足装进，后注入汁液并淹没菇体。

7. 排气封口

用加热法排除空气时，利用蒸汽加热使罐内菇体膨胀排出气体，空隙部分被蒸汽充填，封罐冷却后水蒸气凝结成水，使罐内形成真空。该法简单，生产率低。真空排气是用真空泵抽出空隙空气后，将85℃左右的汁液注入罐内，在真空度为66.66 kPa下封口，罐内真空度可达46.66～55.33 kPa。

8. 灭菌

一般将封口的罐头放入高压灭菌锅中，在115～121℃的温度下灭菌；灭菌时间应根据罐头大小而定，一般为20～30 min。

9. 冷却

大规模生产时，灭菌后罐头要进行冷却处理，加快冷却速度提早进库。先放室内冷却，后放入冷水中冷却到室温。

10. 检验入库

从冷却的罐头中抽出一定比例的罐头放入35～37℃温度中培养5～7 d，然后逐罐检查。胖罐或罐内汁液有浑浊的表明罐内有微生物生长，质量有问题，应剔除，如变质数超过10％，应找出原因排除隐患。合格罐、瓶贴上标签即可装箱入库。

三、罐藏设备

（一）夹层锅

1. 用途和构造

常用于罐头物料的热烫、预煮，调味料的配制及熬煮一些浓缩产品。夹层锅按操作不同有固定式和可倾式，见图 7-8。

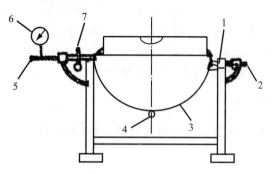

图 7-8　可倾式夹层锅

1.填料盒；2.冷凝水排出管；3.锅体；4.排出阀；
5.进气管；6.压力表；7.倾斜装置

可倾式夹层锅主要由锅体、填料盒、冷凝水排出管、进气管、压力表、倾斜装置及排出阀组成。锅体为半球形（夹层）焊接壳体，内层是不锈钢，外层为一般碳钢。全部锅体用轴颈直接伸接在支架两边的轴承上。轴颈是空心的，蒸汽管由此处伸入夹层中，周围加填料构成填料盒。锅体可绕蒸汽管倾覆。

2. 工作原理

将预煮物料由人工或机械方式送入锅内，按工艺要求通入蒸汽并调定锅温进行预煮；预煮结束摇动手轮倾斜锅体出料。

3. 使用注意事项

1）及时排出夹层内的冷凝水，以提高热效率。必要时在冷凝水排出口安装疏水阀。

2）在填料盒有蒸汽溢出时，应压紧填料。

（二）连续刮板带式预煮机

1. 特点和构造

本身能适应多种物料的预煮。对物料在水中有沉的、浮的或半浮半沉的、形状规则的或不规则的都适用，物料经预煮后的机械损伤也较少。其缺点是设备清洗较困难，占地面积大，一旦链带卡在槽内检修不方便。该机主要由不锈钢槽、刮板链带、蒸汽管、传动系统和机架组成，见图 7-9。

2. 工作原理

物料由升运机送到料斗中，落到刮板链带上。钢槽中盛满水，水由蒸汽吹泡管直接加热。由于链带的移动把物料从进料口送至卸料斗卸料，在这过程中物料被加热预煮。吹泡管上开有吹气孔，小孔的分配原则是近料口多些，这样可使刚进物料迅速上升到预煮温度。为使蒸汽不直吹物料，小孔应在两侧多些朝上少些，加热蒸汽压力应＞405.3 kPa。钢槽倾斜向排污口，以利排污和排净槽水。溢流管是稳定槽内水位而设置。预煮时间可通过改变链带速度来达到。

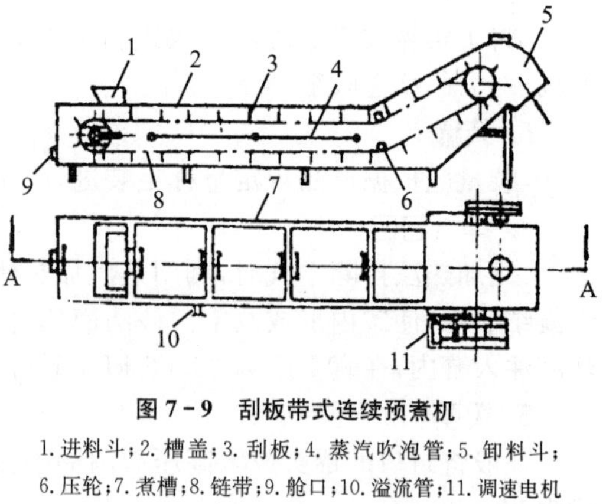

图 7-9　刮板带式连续预煮机

1.进料斗；2.槽盖；3.刮板；4.蒸汽吹泡管；5.卸料斗；
6.压轮；7.煮槽；8.链带；9.舱口；10.溢流管；11.调速电机

3. 主要性能和技术参数

生产能力：2.14 t/h（蘑菇）；链带速度：0.01 m/s；预煮时间：8 min；蒸汽压力：405.2 kPa；电机功率：1.5 kW；外形尺寸（长×宽×高）：7 030 mm×700 mm×1 000 mm。

（三）螺旋式连续预煮机

1. 特点和构造

该机结构紧凑，和其他形式比较，在同等生产能力时其外形尺寸小，因而占地面积小，提高了场地利用率。整个设备只有螺旋体是运动体,转速低,运转平稳。先进的螺旋预煮机已实现了温度、pH、加料、预煮时间和回水的自动控制。蘑菇罐头产量较多的荷兰、法国等国家,大多采用该形式的预煮机,其缺点是适应多品种生产的能力比刮板带式预煮机差些;在进料段由于物料上浮,而使螺旋中充填系数较低(一般为50%左右),而刮板带式的可达80%~90%;由于螺旋中心轴较长,需用壁厚和直径大的无缝管制造,增加了设备成本。该机由螺旋部件、筛网圆筒、机槽、出料转斗、传动部件和机架所组成,见图7-10。

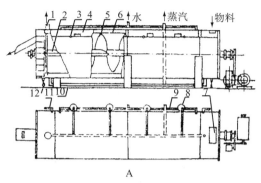
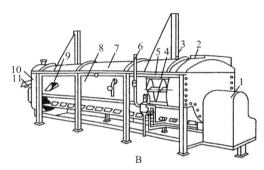

A
1.排汽口;2.螺旋轴;3.铰链;4.机壳;5.螺旋叶;6.筛网圆筒;7.进料口;8.重锤;9.进水管;10.蒸汽管

B
1.变速机构;2.进料口;3.提升装置;4.螺旋;5.筛筒;6.进气管;7.盖;8.壳体;9.溢水口;10.出料转斗;11.溜槽

图7-10　螺旋式连续预煮机

2. 工作原理

由进水管加入冷水至溢流管溢出水位,后由进气管通入蒸汽,把冷水加热至96~100 ℃;接通电源使螺旋轴转动,然后由提升机把蘑菇送至进料口连续进料;此时,蘑菇在筛网圆筒内边预煮边由螺旋叶推进至出料转斗中,随螺旋轴一起转动,把预煮后的蘑菇带入出料斜槽,由斜槽滑入冷却槽冷却。调节螺旋转速可得到不同的预煮时间。

3. 主要性能和技术参数

生产能力:3 t/h(蘑菇);物料预煮时间:8~9 min;蒸汽压力:300 kPa;主电机功率:2.2 kW;转速:12~1 200 r/min范围内调速;开盖电机功率:0.6 kW;外形尺寸(长×宽×高):6 300 mm×1 800 mm×2 800 mm。

(四) 滚筒式分级机

1. 特点和构造

该机是一种连续分级设备,在罐头生产中常用于蘑菇的分级。蘑菇经预煮与冷却后,再按规格大小进行分级,分级效率较高。主要由不同孔径组成的滚筒、摩擦轮、收集料斗、传动机构和机架组成,见图7-11。

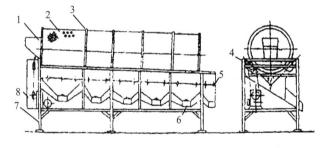

图7-11　滚筒式分级机
1.进料斗;2.滚筒;3.滚圈;4.摩擦轮;5.铰链;6.分级出料斗;7.机架;8.传动系统

2. 工作原理

物料由进料斗均匀喂入,在滚动的滚筒内滚动。滚筒壁上分布不同孔径的筛孔,大小不一的物料在滚动中由孔径中落下,分别收集起来达到分级的目的。滚筒的转动由电机驱动,经蜗轮减速、链传动至摩擦轮,通过摩擦轮与滚圈的摩擦带动滚筒转动。若筛孔被物料堵塞,则可通过清筛木滚轴清理。

3. 主要性能和参数

GT₅C₈型蘑菇滚筒式分级机生产能力:2 500 kg/h;可分菇盖直径(mm):18,20,22,24,27,27以下共6级;滚筒转速:18 r/min;转筒直径:900 mm;配备电机功率:1.1 kW;外形尺寸(长×宽×高):650 mm×1 650 mm×2 500 mm。

(五) 蘑菇定向切片机

该机是生产片状蘑菇罐头的主要设备。用于按蘑菇菌盖形态的垂直切片,并按正片与边片分离,分别由出料斗排出。

（六）蘑菇定量装罐机

1. 特点和构造

该机是属于颗粒状容杯式装料机,见图 7-12。它由储料筒、定量杯,放料阀门开启机构和机架组成。这种装罐机具有结构简单、生产率高等特点,但装罐量偏差较大。目前我们手工装罐还比较普遍,但机械装罐可降低劳动强度提高生产率,能保证应有的卫生条件,是装罐工序发展的必然趋势。

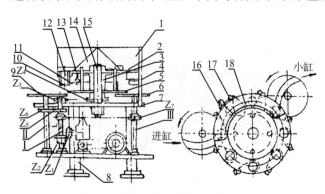

图 7-12　蘑菇定量装罐机

1. 储料筒；2. 旋转圆盘；3. 套轴；4. 角钢支架；5. 星形拨盘；6. 出罐转盘；7. 固定圆盘；8. 立柱；9. 进罐转盘；10. 活动阀门；11. 活动阀门开启机构；12. 定量杯；13. 活动阀门轴；14. 圆锥体；15. 主轴；16. 开阀小轴；17. 关闭销杆；18. 档板

2. 工作原理和过程

当空罐由进罐转盘送至定量杯下面时,空罐触及行程开关,启动微电机转动；通过电机上凸轮驱动活动阀门开启机构,使活动阀门打开,定量杯中物料落入空罐中,装料容器被星形拨盘带至出罐转盘上；由于阀门开启臂触及关闭销杆,使阀门关闭定量杯底部出料口,定量杯则进到第二次料,又重复以上过程。该机生产率:78 罐/分。

（七）封罐设备

罐头封罐是把装满内容物的罐口封闭起来,以利保存、运输。罐头封罐通过封罐机完成。封罐机是罐头食品生产过程中的重要设备之一。

1. 封罐机的类型

按操作方式分,有手动式、半自动式和自动式。

1）手动封罐机　手动封罐机的送罐、配盖和卷边密封全部由手工操作,封罐速度慢,劳动强度高,封罐质量不易稳定,多用于实验室和小微企业。手动封罐机按罐身在封口时随压头转和不转可分两类,后者对密封多汤汁罐头较合适。

2）半自动封罐机　半自动封罐机用手工送罐、配盖,卷边密封由机械完成,生产效率不高,广泛用于小微企业。

3）全自动封罐机　全自动封罐机的送罐、配盖、卷边密封等 3 个工序一经调试好全部由机械完成,封罐速度快,质量好,但造价高,机构复杂。大、中型罐头企业都采用该设备。自动封罐根据封头分为单封头、双封头、四封头、六封头全自动封罐机,封头越多生产率也越高。自动封罐机又可分为真空自动式、非真空自动式和预封机。真空自动封罐机又可分为两种形式:一种是封罐机直接与真空系统用管道连接,在卷边密封前在罐内造成一定真空度后,立即密封；另一种是蒸汽喷射式,密封头在拨盘上有许多蒸汽小孔,在落盖到罐体上后向盖和罐体间齐喷蒸汽,驱去罐顶隙空气并充满顶隙,立即卷边密封,冷却后在罐内形成一定真空。这两种真空自动封罐机都应用在实罐车间的封口作业,前者应用更为广泛。非真空封罐机一般作为空罐封底用,如作为封盖机时应配备排气箱,用蒸汽驱除罐顶隙空气后立即密封,冷却后罐内即能达一定真空度。预封机的用途是将罐盖预卷合在实罐体上,卷合松紧度应以不能用手开启但又能从罐头内排出气体为宜。预封必须配备排气箱和在高速封罐机在同一生产线上使用。蒸汽喷射式排气比真空泵抽气的排气质量要好,罐头经预封后从排气箱通过时冷凝水也不易掉进罐内。因此,用这种封罐方法可以提高罐头质量。

此外,还可根据容器材料来区分封罐机类型,如镀锡铁封罐机、玻璃罐封罐机等；也可从罐形来区分封罐机类型,如圆罐封罐机、异形罐封罐机等。

2. $GT_4 8_2$ 型真空自动封罐机

1）特点结构　该机是一种具有两对卷边滚轮的单封头全自动真空封罐机,大量应用于罐头生产实罐车间,能对各种圆形罐进行真空封盖；具有自动进罐装置,自动分盖、进盖、无罐不进盖的自动装置,自动打代号装置,并具有无盖时各配合机构的传动全部停止的保护机构。

该机主要由链带式自动送罐机构、自动配盖机构、卷边机头、真空系统、电气控制装置、卸罐机构、自动传运系统和机身等部分组成,见图 7-13。

2）主要性能和参数　生产能力:42 罐/分钟;适用罐体:罐径 75～115 mm,罐高 50～126 mm;配双级水环式真空泵,抽气率 1 m³/min,极限真空 97 kPa;主电机功率:1.5 kW;真空泵电机功率:4 kW;外形尺寸（长×宽×高）:1 210 mm×1 416 mm×1 880 mm。

3. 封罐机选用原则

必须将各类型封罐机的特殊性和普遍性结合起来,进行全面分析后选用。

1）必须满足罐头生产工艺要求,生产线各机台的生产能力应相匹配。

2）选用技术先进、价格合理、体积小、维修方便、劳动强度低、能一机多用的设备,但也要和生产量相吻合。

3）符合食品卫生条件,易拆装,清洗方便。

4）尽量采用有较先进的自控机构、安全联动机构的封罐机。

5）根据封罐机的主要技术性能来选择。

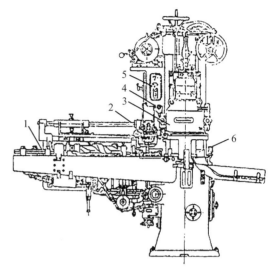

图 7-13　GT₄B₂ 型真空自动封罐机
1.自动送罐机构;2.自动配盖机构;3.卷边机头;4.真空压力表;5.电气控制装置;6.卸罐机构

4. 使用注意事项

封罐机是罐头生产主要设备之一,罐头的密封质量依赖封罐机性能的稳定性、可靠性和对它的操作正确性来保证;应严格执行操作程序,并经常对它进行检查、校验和调整等工作。

（八）卧式杀菌锅

1. 用途和结构

该机为具有用压缩空气作反压力的卧式间歇杀菌设备,供已封罐的实罐杀菌之用,见图 7-14。该机是

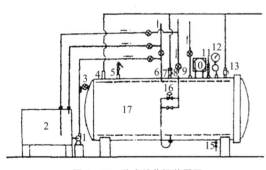

图 7-14　卧式杀菌锅装置图
1.水泵;2.水箱;3.溢流管;4、7、13.放空气管;5.安全阀;6.进水管;8.进气管;9.进压缩空气管;10.温度记录仪;11.温度计;12.压力表;14.锅门;15.排水管;16.薄膜阀;17.锅门

一个平卧的圆柱筒体,筒体两端为椭圆形封头,右端封头有铰链结构,可以启闭;锅底部有两根平行轨道,可供杀菌篮小车进出之用;蒸汽从锅底部进入到锅内的两根平行管道(上有吹泡小孔)对锅进行加热,蒸汽管在导轨下面;在锅体上安装有安全阀、压力表、温度计各种记录仪等,以便对工作温度给定值的变化进行自动记录、自动调节、控制杀菌所需蒸汽量。一般情况下,直径 102 mm 以上的罐头在 116 ℃以上的温度杀菌时,则需要反压冷却,玻璃罐头为了防止跳盖也需要反压冷却。

2. 主要性能和参数

CT7C5 卧式杀菌锅生产能力:1 500 罐/次(104 号罐);耐压:0.2 MPa;外形尺寸（长×宽×高）:3 869 mm×1 850 mm×2 100 mm;设备质量:2 400 kg。

（九）全水回转式杀菌设备

众所周知,缩短杀菌时间的措施之一是提高杀菌温度,据资料可知,温度增加 10 ℃达到同样杀菌效果的时间仅为原来的杀菌时间的 1/10 以下;另一措施是提高加热介质对被杀菌罐头的传热率。据该理论开发了多种高温短时杀菌设备,回转式杀菌设备就是其中重要的一种。

这种设备能使罐头在杀菌过程中处于回转状态,杀菌的全过程由程序控制系统自动控制,杀菌过程的主要参数如压力、温度和回转速度等均可自动调节记录。由于杀菌过程中杀菌篮及罐头的回转,加上加热介质过热水是用泵强制循环的,故罐头受热较均匀,传热效率高,可大大缩短罐头的杀菌和冷却时间,见表 7-1。对高黏

度、半流体和热敏感的食品不会产生罐壁部分过热形成黏结现象,这对改善产品的色、香、味,减少营养成分的损失有很大的现实意义。由于该设备所用的热水可以重复利用,节省了蒸汽,减少了能耗,见表7-2。

表7-1 回转式和静置式杀菌时用气量比较 (kg)

项 目	回转式(四篮)	静置式	备 注
第一次			
升温耗汽量	513	2 045	罐型:307×113
杀菌耗汽量	240	118	制品:小虾
需蒸汽量	753	2 163	杀菌时间:回转式 6 min
第二次以后			
升温耗汽量	54	2 045	静置式 25 min
杀菌耗汽量	240	118	设静置杀菌消耗基数为100%
需蒸汽量	298(14%)	2 163(100%)	按12次/天杀菌计算
每天所需蒸汽量	4 032(15%)	25 965(100%)	
每天消耗蒸汽量之差		21 924	

表7-2 回转式和静置式杀菌情况比较

物 料	罐型(mm)	回转式		静置式	
		杀菌时间/分钟	杀菌温度/℃	杀菌时间/分钟	杀菌温度/℃
青 豆	307×409	4.90	126.7	35	115.6
胡萝卜	307×409	3.40	126.7	30	115.6
甜 菜	307×409	4.10	126.7	30	115.6
芦 笋	307×409	4.50	132.2	16	120.0
芦笋(片、段装)	307×409	4.00	132.2	15	120.0
盐水芦笋	307×409	5.20	126.7	50	115.6
蘑菇汤	603×700	19.00	126.7		120
卷心菜	307×409	2.75	132.2	40	115.6
炼 乳	300×314	2.25	93.2	18	115.6

　　该设备主要由储水锅(上锅)与杀菌锅(下锅)、动力传动系统、管路系统、杀菌篮及监测控制装置所组成,见图7-15。该设备属间歇杀菌设备,操作要求高,有效容积相对小些。

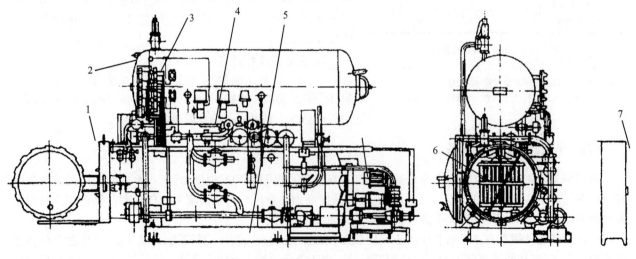

图7-15 全水式回转杀菌机
1.杀菌锅;2.储水锅;3.控制管路;4.水汽管路;5.底盘;6.杀菌篮;7.控制箱

储水锅为密闭卧式储罐,供应过热水和回收热水由热水泵强制循环。为减轻锅体腐蚀,锅内壁采用阴极保护。为了降低蒸汽加热水时的噪声,并使锅内的水温一致,蒸汽经喷射式混流器后才注入水中。杀菌锅置于储水锅下方,是该机的主要部件,它是由锅体、门盖、回转体、压紧装置和托轮部件组成。转体转速可在6～36 r/min 内作无级调速。

全水回转式杀菌锅主要缺点是设备较复杂,设备投资大,杀菌准备时间较长,杀菌过程温度冲击较大,放置罐头的有效空间较小。

（十）淋水式杀菌设备

1. 用途和构造

该机是以封闭的循环水为工作介质,用高速喷淋方法对罐头进行加热、杀菌及冷却的卧式高压灭菌设备。该机因结构简单、温度分布均匀、适用范围广而受到各国普遍重视。

该机可用于果蔬、肉类、鱼类、蘑菇和方便食品等的高温杀菌。被灭菌的容器为镀锡铁罐、铝罐、玻璃罐和蒸煮袋(软罐头)等。该机杀菌工作温度:20～145 ℃,工作压力:0～0.5 MPa。

该机主要由杀菌锅体、水分布器、门盖储水区、热水泵和热交换器组成,见图7-16。

2. 工作原理

在加热产品时,循环水通过间壁式换热器由蒸汽加热;在产品冷却时,循环水通过热交换器由冷却水降温。该机的过压控制和温度控制是完全独立的,调节压力的方式是向锅内注入或排出压缩空气;由程序控制器控制温度、压力、时间,可根据产品种类、罐型和大小设定。该灭菌程序操作过程完全自动化。

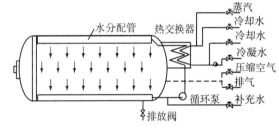

图7-16　淋水式杀菌机工作原理示意图

3. 特点

1) 杀菌温度分布均匀稳定,提高杀菌效果,改善产品质量。

2) 加热的蒸汽和冷却水不与循环水接触,消除了热冲击,尤其适用于玻璃罐容器。

3) 水量消耗少,动力消耗少。

4) 设备结构简单,维修方便。

（十一）蘑菇罐头生产流水线及其设备

为了使读者对食药用菌罐藏食品生产机械化有完整的认识,现介绍根据蘑菇罐头生产工艺流程而采用的蘑菇罐头生产流水线与配套设备,见图7-17。

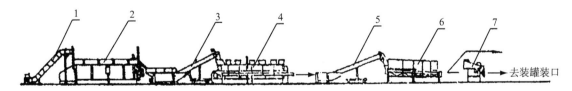

图7-17　蘑菇罐头生产设备流程简图

1.斗式提升机 2.连续预煮机 3.冷却升运机 4.带式检验台 5.升运机 6.蘑菇分级机 7.定向切片机

1. 清洗

原料蘑菇先经清水清洗。一般用流送槽送至带孔的斗式提升机进料口,通过提升把水漏掉,同时把蘑菇提升到连续预煮机的进料口。

2. 预煮

蘑菇在连续预煮机内预煮,预煮液采用0.07%～0.1%柠檬酸液以护色,蘑菇与溶液之比为1:1.5。预煮时间为5～8 min,以煮透为准。

3. 冷却

预煮后的蘑菇在冷却升运机上边喷洒冷水,边被提升至带式分检台。

4. 分检

在分检台上将泥根、长柄菇、畸形菇和病虫害斑点菇等分检出来。

5. 分级

分检后的蘑菇通过提升机送至分级机入口进行分级。需切片的蘑菇用人工倒入定向切片机,淘洗 1 次装罐,也可用装罐机装罐碎菇片。不同级别的蘑菇分别装罐。

6. 加汁封罐

用 2.3%～2.5% 的沸盐水配入 0.05% 柠檬酸过滤成汤水加入罐内,用加汁机或高位罐均可。用人工加好汤水的罐头放在输送带上,送至封罐机处及时封罐。

7. 灭菌装箱

封好罐的罐头,用人工装入灭菌小车上的篮中,推送至高压灭菌锅中进行灭菌和反压冷却。出锅后,擦干水迹,经胖罐检验后用贴标机贴标签,打生产日期,用装箱机进行装箱,用封箱机进封箱。

第八章　食药用菌深加工技术设备

第一节　概　　述

食药用菌通过加工和下脚料的综合利用,可使一种资源得到多种利用。如香菇、平菇等食药用菌通过加工和综合利用后,可获得 10 种以上的产品,从干制品、盐渍和罐藏品到饮料、调味品、休闲食品、保健食品(粉剂、片剂、口服液、胶囊)、药品、化妆品。不少原来的废弃物(杀青水、菇柄、碎菇片等)通过加工得到充分利用,不但扩大了产品的花色品种和消费范围,也提高了原料经加工后的附加值。一般食药用菌经初(粗)加工后,可使产品产值提高 2～3 倍;而经深加工后,可使产品产值提高 4～10 倍,个别的产品产值可提高 100 倍以上,如保健和医药品。因此说食药用菌深加工是食药用菌加工的发展方向。

所谓深度加工技术(包括工艺和设备),指的是利用物理、化学的方法,采用科学先进的分离提取技术,提取食药用菌中有效活性成分的技术。所谓食药用菌深加工产品,从产品外表特征上看反映不出加工前某种食药用菌的外形特征,只能通过物理、化学方法检验其所含成分的指标,如食药用菌所含的多糖、多肽、生物碱、萜类化合物、甾醇、苷类、酚类、核苷酸、氨基酸、维生素和激素等。

所谓食药用菌活性有效成分是指食药用菌物料中所含对机体具有某种特殊生理作用的成分。如灵芝中的多糖类、三萜类、麦角甾醇和有机锗等化合物;姬松茸中的多糖类、核糖核酸类、外源凝集素(ABL)、甾醇类和脂质类等化合物;香菇中的核苷类(香菇素)、蘑菇核糖核酸、香菇多糖等化合物。食药用菌物料是食药用菌子实体、固体发酵菌丝体和液体发酵菌丝体的统称。

第二节　食药用菌有效活性成分的一般提取方法

一般来说,食药用菌有效活性成分的提取是指从食药用菌物料中将有效化学成分提出的过程。所得到的取液(物)中通常含有多种理化性质相似的化合物,所以提取只是为进一步分离、精制、纯化提供原料,也为食药用菌深加工产品提供主要原料。

食药用菌有效成分的一般提取法为溶剂提取法,溶剂不同提取的成分也不同。除溶剂法外,还可以利用其他化学试剂和物理方法如层析等。无论用什么方法提取,首先我们应掌握食药用菌所含活性成分的理化性质,尤其是对不同溶剂包括酸、碱等的溶解性能,以及提取分离的原理,这样才可以灵活运用,而不拘于一法。

当前对食药用菌有效活性成分的种类、结构、生理作用和各种成分之间影响,有的尚未十分明确,有的尚需进一步研究。所以,食药用菌深加工产品大多使用溶剂尤其是水提取液或其浓缩液、浸膏和浸膏粉作为主要原料进行生产。使用提取液或经初步分离而制成的产品有灵芝口服液(100 毫升/支)、灵芝饮片、灵芝多糖胶囊(0.3 克/粒)、云芝肝泰冲剂、金水宝、肾炎康胶囊、猴菇菌片、胃乐新冲剂、灰树花多糖胶囊(保力生)、银孢多糖胶囊和香菇菌多糖等。

利用食药用菌提取液,科学地添加调味剂、甜味剂、酸味剂、香味剂、填充剂(琼脂和淀粉)及防腐剂,可生产出各种食药用菌饮料、浸膏、调味品、保健酒、休闲食品、营养品、保健品、药品和化妆品等。

一、溶剂提取法

利用溶剂从食药用菌物料中把所需要的成分溶解出来,而对其他成分则不溶或少溶的方法。

二、选择溶剂的理论根据

水与油不相混溶,共存时分为二层,这一事实指出油和水基本上是两个极端。其他化合物包括溶剂和食药用菌有效化学成分。其性质虽各不相同,但就其对水和油中的溶解行为来讲,也在这两个极端以内,也即有的性质近于水,有的近于油。这种近于水的性质叫作亲水性;近于油的性质叫作亲脂性。亲水性强的化合物在水中的溶解度较大,亲脂性强化合物在油中的溶解度较大。这种亲水性或亲脂性的强弱和化合物的结构直接有关。简言之,在大多数情况下,凡化合物与水的结构相似就具有亲水性,与油脂的结构相似就具有亲脂性。这就是所谓"相似者相溶"原则。水的结构特点是分子小,具有羟基,极性大;油脂的结构特点正好与水相反,分子较大,以酯链代替了羟基,极性小。以常见的溶剂和水及油相比,可以看出各种溶剂都有一定程度的亲水性或亲脂性。如乙醇的分子比较小,有羟基,与水的结构很相似,所以能与水任意混溶。丁醇和戊醇分子中都有羟基,保持与水近似的性质。随分子逐渐变大,与水的性质就逐渐疏远,所以它们虽然能溶解在水里,水亦能溶解在丁醇或戊醇里,但这两种相互溶解却有一定的限度。在它们互溶达到饱和状态后,丁醇与戊醇即与水分层。丙酮的分子也比较小,分子中的羰基是一个极性基团,所以丙酮的亲水性强,与水能完全互溶。乙醚和乙酸乙酯的性质与乙醇比起来区别就大些:一方面相对分子质量增大,但增大的不太多;另一方面醚键和酯键都和油脂接近些,所以它们基本上属于亲脂性的溶剂,只是由于相对分子质量不是太大,分子中虽没有羟基但还有氧,仍然保持了一定程度的亲水性。氯仿、苯和石油醚都是烃类或氯烃衍生物,分子中根本没有氧,而且相对分子质量也比较大,所以它们和油脂的性质相近,属于亲脂性强的溶剂。这些溶剂的亲水性或亲脂性的强弱顺序表示如下:

←亲脂性

石油醚, 苯, 氯仿, 乙醚, 乙酸乙酯, 丙酮, 乙醇, 甲醇, 水。

亲水性→

同理,食药用菌中的有效化学成分也可通过结构估计它们的类似性质。例如苷类(如皂苷)的分子中糖的部分含极性的羟基较多,能表现出强亲水性;而苷元则因分子中非极性部分大,故属于亲脂性化合物。生物碱是亲脂性化合物,而生物碱盐能够离子化,加大了极性就变成亲水性化合物。鞣质是多羟基的衍生物,列为亲水性化合物。油脂、挥发油、蜡、脂溶性色素等都是强亲脂性成分。

总之,不同的溶剂具有一定程度的亲水性或亲脂性,各种食药用菌的有效成分也同样具有一定程度的亲水性或亲脂性,只要它们彼此性质相当就会在其中有较大的溶解度。这就是提取有效化学成分时选择溶剂的根据之一。然而,"相似者相溶"只是一条经验规律,它虽然可以解释一些溶解现象和帮助选择溶剂,但它的相似概念是比较含糊的;若从溶剂分子与溶质分子间相互作用力出发,则可使这一概念较为清晰。

物质分子之间存在着吸引力,称之范德华力。这种力比原子间的化学键力小得多,它随分子间的距离增大而迅速减少。范德华力主要由分子间存在的定向作用力、诱导作用力和分散作用力组成。不同的物质这3种作用力以不同比例组成了范德华力。对于极性很强的物质,定向作用力较大;对于非极性物质,主要是分散作用力;对于一般极性物质,分散作用力则起着决定性作用。在这3种作用力中,诱导作用力仅居于次要的地位。所有的物质中都存在着分散作用力。表8-1为几种常用溶剂的范德华力的组成。

表8-1　几种常用溶剂的范德华力组成　　　　　　　　　　　(%)

物　质	定向作用力	诱导作用力	分散作用力
H_2O	77.0	4.0	19.0
CH_3OH(甲醇)	63.4	14.0	22.2
C_2H_5OH(乙醇)	55.0	12.6	32.4
C_6H_{14}	0	0	100

物质的溶解与溶质和溶剂间的范德华力以及溶质或溶剂本身间的范德华力有关系。一般说来,溶质和溶剂间的范德华力越大,溶质越易溶解,溶解度越大。非极性溶质溶于非极性溶剂主要靠分散作用力,因此当溶质和溶剂间的分散作用力越强,非极性溶质在非极性溶剂中溶解度也越大。非极性溶质不易溶于强极性的溶剂中,是因溶剂本身分子间的范德华力远大于溶质与溶剂分子间的引力,所以如油脂、挥发油等不能溶解在水中;同理,极性溶质分子也不易溶于非极性溶剂中,所以一般生物碱盐、有机酸盐、糖类、鞣质等亲水

性成分不溶于苯、氯仿、石油醚中。至于极性溶质在极性溶剂中的溶解度问题,情况较复杂,常常涉及溶质与溶剂发生化学变化和形成氢键的问题,就不能单纯用范德华力来解释了。

三、溶剂的选择

要选择好符合条件的溶剂,首先必须弄清食药用菌物料中所含的化学成分(包括有效成分和杂质)的性质、结构和溶剂的极性,以及它们之间的关系等。提取的溶剂通常应具备以下3个条件:①对有效成分溶解度大,对杂质溶解度小。②不与有效成分起化学反应。③价廉,易得,安全,浓缩方便。

溶剂的极性常以介电常数 ε 来表示,见表 8-2。溶质的极性常以偶极矩 μ 表示。μ 与 ε 呈正比关系。溶剂的极性和它们的亲脂性和亲水性相当。

表 8-2　常用溶剂的极性和介电常数

溶　剂	石油醚	苯	乙醚	氯仿	乙酸乙酯	丙酮	乙醇	甲醇	水
介电常数(ε)	1.9	2.3	4.3	5.2	6.1	21.5	26.0	31.2	80.0
极性					依次增强				

(一) 水

水是典型的强极性溶剂($\varepsilon=80$),是一种价廉、易得、使用安全、对食药用菌物料穿透力大的溶剂。在水溶液中,水分子自身形成氢键的趋势很强,有极高的分子内聚力(缔合力)。水分子的存在可使其他物料分子间(包括同种分子与异种分子)的氢键减弱,而与水分子形成氢键;水还能使溶质分子的离子键解离,这就是所谓"水合作用"。水合作用促使蛋白质、核酸、多糖等生物大分子与水形成了水合分子或水合离子,从而促使它们溶解于水或水溶液中。食药用菌物料中的亲水性成分——如生物碱盐、苷类、氨基酸、蛋白质、鞣质、分子不太大的多糖类、单糖、有机酸盐、无机盐等都能被水提出。水提取法可分为冷水、热水、酸水和碱水提取法。一般来说,冷水提取杂质较少,提取时间较长;热水提取效率高,但杂质较多;酸水提取可使游离生物碱与酸生成盐类而增加其溶出量;碱水提取可使酸性成分和内酯成分被提出。水提取液易变质、发霉,不易保存,而且水沸点高,水提取液蒸发、浓缩时间长;含多糖类多的提取液黏度大,过滤、浓缩困难。

(二) 亲脂性有机溶剂

石油醚、苯、乙醚、氯仿等 ε 小的溶剂属于这一类,可提取亲脂性成分,如挥发油、油脂、植物甾醇、内酯、某些生物碱及某些苷元(如甾体苷元、黄酮、蒽醌等)。这些溶剂提取的优点是选择性强,提出的亲脂成分较纯,沸点低,浓缩回收方便;缺点是挥发性大,损失较多,多易燃烧(氯仿除外),一般有毒,价格较贵,提取设备要求较高和亲脂性强,不易透入物料组织,往往需要进行长时间反复地提取,如果物料中含有较多水分就更难提取完全。因此,在大量提取时直接应用这类溶剂有一定的局限性。

(三) 亲水性有机溶剂

一般是指极性较大与水能混溶的溶剂(如甲醇、乙醇、丙酮等),具有较大的介电常数(ε 为 10~30)。它们能诱导非极性物质产生一定的偶极矩(即产生一定的极性),而使后者溶解度增加,如乙醇分子可极化苯分子,故苯能溶于乙醇中。由于极性有机溶剂有这些性质,所以它们对食药用菌物料所含各类成分溶解性好,对细胞穿透力也较强,提取成分比较全面。在这类溶剂中,乙醇溶液具有水、醇两者的提取性能,既能用来提取物料中的极性成分,也可用来提取某些亲脂性成分。如改变乙醇的浓度,可使食药用菌物料中各种成分溶于其中。例如挥发油和游离生物碱可溶于95%的乙醇,皂苷和黄酮苷可溶于60%~70%的乙醇,强心苷和鞣质可溶于40%~50%的乙醇,生物碱盐类和蒽醌及其苷可溶于20%~30%的乙醇。总之,乙醇浓度越大,则溶解亲脂性成分越多;乙醇浓度越小,溶解亲水性成分越多。

用乙醇作提取溶剂的优点:①提取时间短,溶出杂质(如蛋白质、多糖)少。②用量较少,且大部分可回收再用。③提取液不易发霉。④价廉,毒性小,来源方便。缺点:易燃烧。

所以,乙醇是最常用的有机溶剂。

四、溶剂提取法分类

1. 按溶剂的种类分

可分为水提取法和有机溶剂提取法。后者又分亲水性有机溶剂提取法和亲脂性有机溶剂提取法。

2. 按溶剂的状态(动、静态和温度)分

可分为浸渍提取法、渗滤提取法和煎煮提取法。

3. 按提取的工艺分

可分为单级浸出提取法、多级浸出提取法、连续逆流浸出提取法。

采用水提取法制成的制剂有,如口服液、粉剂冲剂、片剂和胶囊剂等;采用乙醇提取法制成的制剂有,如针剂、酒剂、流浸膏剂和浸膏剂等。

五、水提取制剂的特点

• 水浸提制剂具有食药用菌所含的各种有效成分,因此具有各种有效成分的综合作用,与同一种食药用菌提取的单体化合物相比,有些不仅疗效较好,有时能呈现单体化合物所不能起到的治疗效果;也就是说,其粗提取物活性很强,而越纯化其活性越低。这些都说明,一种生物活性指标可能是多种成分彼此协同作用而达到的,如姬松茸中有多种抗肿瘤活性物质(多糖类、核酸、外源凝集素"ABL"、甾醇类、脂质类);灵芝中也有多种抗肿瘤活性物质(多糖类-β-D-葡聚糖、三萜类、有机锗);香菇和灰树花等也是如此。

• 不同的浸提工艺和设备所得的浸提液质量是不同的,不能仅看其浸出固形物的得率多少,而要看固形物中有效活性成分的多少。

• 对尚未明确所含有效成分的某种食药用菌来说,浸提制剂是一种比较适宜的剂型,既有利于发挥某种食药用菌的保健、医疗作用,也有助于应用现代科学方法进一步分析、提高。

• 水提取液中常含有糖类、蛋白质、氨基酸等营养物质,有利于微生物生长,易发生霉变,因此,提取时间较长时,应加入少量防腐剂防腐。

• 采用液体深层发酵法生产食药用菌粗多糖产品,由于某些品种食药用菌菌丝产生的多糖会分泌到菌丝外(分布在液体培养基中称胞外多糖,反之称胞内多糖),因此提取前处理也不相同:前者需从培养液中提取;后者需从分离后的菌丝体中提取。

• 食药用菌水提取液经分离、浓缩、干燥所得的粉状物称为某种食药用菌的精粉;食药用菌水提取液经醇沉后的沉淀物,经分离、浓缩、干燥所得的粉状物称为某种食药用菌的粗多糖粉。直接用食药用菌子实体粉碎而成的粉状物称该种食药用菌的原粉。

一般灰树花精粉的热水提取率为10%～15%;一般姬松茸精粉的热水提取率为30%左右;一般灵芝精粉的热水提取率为6%～7%。

利用食药用菌子实体中或菌丝体中有效成分提取物制成的保健品和药品,其中有77.2%从子实体中提取,有20.8%从菌丝体中提取,有2%从深层发酵液中提取。

第三节　食药用菌物料的预处理和设备

食药用菌物料的预处理目的是为物料的浸提、分离、浓缩操作和提高综合效益提供有利条件。

一、食药用菌物料的质量检查

1. 物料应纯净　食药用菌物料中不得夹杂其他杂质,如泥土、蛀虫等。

2. 物料应无霉变　食药用菌物料含水量应<13%,无霉变现象,否则应剔除。

3. 物料应无污染　食药用菌子实体在干燥过程中,不能为了增白而施加不适当的处理。如白木耳用硫黄薰蒸处理;培养料辅料中化学残留物存于子实体中。

二、食药用菌物料的粉碎

粉碎是使用机械力将食药用菌物料碎成适宜程度的操作过程;也可用其他方法将食药用菌孢子粉(已成

超微粉状态)破壁。

（一）粉碎的目的

1. 增加物料的表面积，以促进溶剂对物料的溶解，提高物料的生物利用度。
2. 加速物料中有效成分的浸出。

（二）粉碎方法和设备

1. 食药用菌子实体粉碎方法

1）使用锤片式粉碎机对子实体进行粉碎，通过改变筛片的孔径以调节物料粉碎的程度。子实体含水分太多时，具有韧性不易粉碎，应在碎前适当干燥。通常用水提取时，物料应粉碎成粗粉 5～2.5 mm（4～8目）；用有机溶剂提取时，物料粉碎略细些 0.85 mm（20目）。

2）使用药材切片机对子实体进行切片，切片厚度为 3～5 mm。

2. 食药用菌固体发酵物和菌丝体粉碎法

使用松碎机对物料进行松碎，即可达到预粉碎要求。松碎机实际上是一种低转速无筛的粉碎机，其对结构松散的固体发酵物只起松散作用不起粉碎作用。

3. 食药用菌深层液体发酵菌丝体的破碎方法

1）机械破碎法　破碎液体发酵菌丝体常常选择机械法。因该法处理量大，破碎速度快，也是工业上常用的方法。采用的机械设备有搅拌球磨机、高压均质机、超声波粉碎机和叶轮均质分散机等。这些设备上常设有冷却装置，以保证发酵菌丝体温度在一定限制之下。在试验室常使用高速组织捣碎机、高速均质分散机。

（1）LM－20 型卧式搅拌球磨机　该机主要由搅拌轴或盘对菌丝体和玻璃球进行搅拌，依靠球与球、球与筒壁的滚压、碰撞产生的挤压、剪切力，而达到破碎菌丝体的目的。该机的筒壁和搅拌臂是空心的，以供冷却之用。筒中的玻璃球介质的用量大小、搅拌速度、菌丝体悬浮液连续流量，是根据被破碎的菌丝体物料的机械物理性质和温升来确定的，见图 8－1。

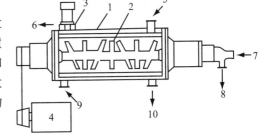

图 8－1　Netzsch LM－20 球磨机

1.附有冷却夹套的圆筒形磨室；2.附有冷却装置的搅拌轴和圆盘；3.环形振动狭缝分离器；4.变速电机；5、6.料液进口和出口；7、8.搅拌部分冷却剂进口和出口；9、10.磨室冷却剂进口和出口

（2）高压匀质机　该机是利用柱塞泵产生 30～70 MPa 的高压，迫使菌丝体悬浮液通过针形阀，由于突然减压和高速撞击所产生的剪切、挤压力而造成菌丝体细胞破裂。该机的破碎能力与压力、温度和通过针形阀的次数有关，也和菌丝体的品种、培养环境和菌丝体悬浮液的浓度有关。实验表明：提高工作压力、提高通过针阀次数、提高悬浮液浓度和降低温度均可促进菌丝体破碎程度，见图 8－2。

在使用中应注意悬浮液的温升不得＞50～60 ℃，以保证有效成分的活性和使细胞破碎程度高而细胞碎片少，以利于过滤分离操作。均质机一般工作压力在 50 MPa 左右。

另一种破碎方法是将菌丝体悬浮液冷却至－30～－20 ℃，使液中形成许多小冰晶体后，经均质机加压，悬浮液从高压阀射出，细胞破碎主要是由于小冰晶体磨损和包埋在冰中的菌丝体变形所引起的。该法主要应用于实验室中，优点是适应性广、破碎率高、细胞碎片少、活性成分保留率高。

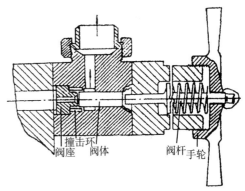

撞击环　　　阀座　阀体　　　　　阀杆　手轮

图 8－2　高压匀速器的排出阀

（3）叶轮匀质分散机　该机是一种高效匀质分散机，分为间歇式和连续式两种。间歇式均质分散机由叶轮转子、定子和与转子同轴转动的电机所组成，见图 8－3。

工作时，在叶轮高速转动时在叶轮的上、下面产生压力差，悬浮液由容器底部连续地进入定子的吸入口，由叶轮径向甩向四周，并与定子内壁碰撞。由于转子与定子间隙很小，液体绝大部分由定子四周的圆孔射

图 8-3 叶轮均质分散机

出,遇到器壁后向下降,转向定子吸入口流去。这样不断循环使菌丝体受到强制性冲击、挤压、摩擦等作用,以达到被碎、均质的目的。

容器及分散器的技术参数:容器容积 100 ml(实验室用烧杯)～2 500 L(生产用);一次处理量大约是容器的 2/3 悬浮液,黏度越高处理量越少;容器筒体直径与高度之比为 1:10。

连续式叶轮匀质分散器由装在同一根轴上的若干个叶轮、管道定子和电机组成。工作原理与间歇式基本相同。其优点是菌丝体的破碎在管道内进行,工作连续操作方便,不起泡。串联叶轮数量与一级匀质分散器需要循环次数相同。

(4)超声波粉碎机 该机利用超声波产生的空穴闭合作用,使悬浮液受到强烈的冲击波,液中菌丝体在强烈剪切作用下细胞变形,胞内液体产生流动增压,细胞膜破裂。超声波破碎机通常在 15 ～25 kHz 频率下操作。工作时产生的振荡容易引起悬浮液温度剧烈上升,应在容器夹套内通入冷却液进行冷却。不同品种的菌丝体超声波处理的效果不同。该机在规模生产中冷却能耗较大,因此,常用于小批量和实验室内。

2)气流粉碎法 物料在高速气流作用下,在颗粒与颗粒之间、颗粒与器壁之间相互激烈地冲击、碰撞、摩擦,以及气流对物料的剪切作用下粉碎成微细的粒子,同时进行均匀混合。

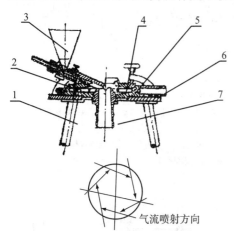

图 8-4 扁平室气流粉碎机
1.支脚;2.粉碎室;3.料斗;4.喷嘴;5.喷嘴环轮;6.气体入口;7.出料管

气流粉碎的特点:①粉碎比大,粉碎颗粒成品的平均直径在 5 μm 以下。②能粉碎低熔点和热敏性物料,由于压缩空气在喷嘴处膨胀时是吸热过程,故粉碎过程中不会造成温度上升。③在干燥过程中可以实现多元联合操作,例如利用热干压缩空气同时进行粉碎和干燥操作,又如在粉碎同时可以进行混合操作或包囊处理。④可以实现无菌操作,特别适于药物和保健品的干式超微粉碎。⑤在进行超微粉碎时,其微粉颗粒粒谱直径窄。⑥结构紧凑、简单,磨损小、易维修,但动力消耗大、设备价贵。

气流粉碎机的型式较多,有扁平室气流粉碎机、对冲式气流粉碎机、靶式气流粉碎机和立式 O 型喷射式气流粉碎机等。在此对扁平室气流粉碎机作一简要介绍。

扁平室气流粉碎机的结构见图 8-4。粉碎室呈扁平圆形,沿着它的圆壁等距离地设置若干个喷嘴,喷嘴的方向外切于假想的圆,将粉碎区分成靠周边的粉碎区和中间的分级区。它一般采用压缩空气作为动力介质,把物料和压缩空气本身一齐由喷嘴喷出,并在粉碎室内被加速,使颗粒间和颗粒与室壁间相互冲击、摩擦,同时又受气流的剪切作用,进而达到超微粉碎。由于大、小不同的颗粒在粉碎旋转中离心力不一样,大颗粒被甩向外壁进行再次粉碎,小颗粒则随气体进入中心部的倒锥形出料管。经气、固分离装置分离后,固体微粉被袋式捕集器捕集。

食药用菌有效活性成分不仅存在于子实体和菌丝体内外,也可能存在于孢子内部。食药用菌孢子粉孢壁较坚韧,一般由几丁质和葡聚糖构成(多糖壁),不能直接提取,需经破壁后提取或直接作为保健品使用。

气流式超微粉碎机在生产上用于破壁效果较差;使用振动磨和搅拌磨效果较好,如用于灵芝孢子粉破壁,但需降温处理。

3）非机械破碎法　许多种非机械法都适用于菌丝体悬浮液的菌丝体破碎,如酶解、冻结和融化、化学溶胞法等,其中某些方法应用是有限制的。

酶解法是研究较广泛的一种方法,它利用酶反应分解破坏细胞壁上特殊的键,从而达到破壁的目的。酶解法的优点是专一性强,发生酶解条件温和。溶菌酶是应用最多的一种酶,由于酶水解费用较贵,一般只适用于小规模实验室研究。

（三）破碎率的测定

1. 直接测定法

利用显微镜或利用电子微粒计数仪可以直接读出完整细胞量,用于破碎前的细胞计量;破碎后的计量可用染色法来区别破碎的细胞以便于计数,进而得出破碎率。

2. 间接测定法

1）通过细胞破碎后,测定悬浮液中细胞内含物的增量来估算破碎率。通常将破碎后的细胞悬浮液离心,测定上清液中蛋白质含量或酶的活力与未破碎前的数值比较,得出破碎率。

2）利用破碎前后导电率的变化来测定破碎率,因为导电率是随着细胞破碎率增加而呈线性增加的。实际测定时应预先采用其他方法对悬浮液进行标化。

第四节　浸出操作与设备

一、浸出操作

浸出操作系指溶剂进入溶质的细胞组织、溶解其有效成分后变成浸出液的全部操作过程。它实质上就是溶质由食药用菌物料中的固相转移到液相中的传质过程,它以扩散原理为基础。一般食药用菌物料有效成分浸出过程包括下列相互联系的几个阶段。

（一）浸润

当食药用菌物料颗粒与浸出溶剂混合时,浸出溶剂首先附着物料颗粒表面使之湿润,然后通过毛细管和细胞间隙进入细胞组织中,不然附着于物料颗粒表面的溶剂无法浸出其有效成分。一般食药用菌物料组织中组成的物质大部分带有极性基团,如蛋白质、淀粉、纤维素等,故极性溶剂如水和乙醇,易通过细胞壁进入物料颗粒内部;而非极性溶剂如乙醚、氯仿等则较难湿润。当用非极性溶剂浸出时,食药用菌物料应先进行干燥,因为潮湿的物料不易为非极性溶剂湿润;用水、醇等极性溶剂浸出时,物料应先脱脂,因为油脂多的物料不易被极性溶剂湿润。物料浸润过程的速度与溶剂性质,物料表面状态、比表面状态、比表面积,物料内毛细孔状况、大小、分布,浸出温度、压力等有关。

（二）溶解

溶剂通过细胞壁进入细胞内后,可溶性成分逐渐溶解,胶性物质由于胶溶作用亦转入溶液中或膨胀生成凝胶,促使细胞内渗透压升高,因而使更多的溶剂渗入其中,并使细胞胀裂,造成浸出的有利条件;但这一过程需要一定时间,其速度决定于物料与溶剂的特性:一般疏松物料进行得较快;溶剂为水时的速度则较慢。水能溶解晶质及胶质,故其浸出液多含胶体物质而呈胶体液。乙醇浸出液含有较少胶质,非极性溶剂浸出液则不含胶质。

（三）扩散

溶剂溶解有效物质后,形成浓溶液具有较高的渗透压,从而形成扩散点,不停地向周围扩散其溶解成分,以平衡其渗透压,这是浸出的动力。通常在物料表面附有一层很厚的溶液层,称扩散"边界层"。浓溶液中的溶质向物料颗粒表面"边界层"扩散,并通过这些"边界层"向四周的稀溶液中扩散。这种完全由于溶质分子浓度不同而扩散的现象称为分子扩散。在扩散过程中有宏观的溶液湍流,而加速扩散的称为涡流扩散。浸出操作过程中两种类型扩散均有,而后者有实效意义。有资料表明,溶质扩散速度与食药用菌物料的粉碎度、表面状态及扩散过程中的浓度梯度、扩散时间、溶液的温度成正比,与溶液的黏度、溶质的相对分子质量成反比。

由上可知,浸出操作的关键在于保持浸出过程中最大的浓度梯度,否则其他影响浸出速度的因素将失去作用。因此,在选择浸出工艺和设备时应以在浸出过程中保持最大的浓度梯度为原则。

二、影响浸出的因素

食药用菌物料的有效成分浸出主要受下列因素的影响。

(一) 浸出溶剂

溶剂的质量、溶解性能及某些理化性质对浸出的影响很大。水为最常用的极性浸出溶剂之一,极性大,溶解范围广。它对食药用菌物料中的极性物质如生物碱盐、苷、水溶性有机酸、多酚类、糖类、氨基酸等都有较好的溶解性。水质的硬度与浸出效果有关,一般应用蒸馏水或经离子交换的纯水;当水质硬度大时,能影响上述有效成分的浸出。

乙醇也为常用的有机浸出溶剂。它为半极性溶剂,溶解性能介于极性与非极溶剂之间,可以溶解水溶性的某些成分,如生物碱及其盐类、苷、糖等,又能溶解非极性溶剂所溶解的一些成分,如酯类、挥发油、芳烃类化合物等。选用乙醇与水不同比例混合液作溶剂时,有利于选择成分的浸出。为了增加溶剂的浸出效果或增加浸出制剂的稳定性,有时也应用一些浸出辅助剂,如适当用酸可以促进生物碱的浸出,适当用碱可以促进某些有机酸的浸出。溶剂具有适宜的 pH 值也有助于增加制剂中某些成分的稳定性。此外,应用适宜的表面活性剂常能提高溶剂的浸出效果。

(二) 物料的粒度

物料的粒度越小,扩散表面积越大,扩散速度越快。细粉比粗粉更易浸出,但过细的物料并不能提高浸出效率;相反,物料过度粉碎会使大量的细胞破碎,使浸出过程变为"洗涤浸出"为主,许多不溶性高分子物质进入浸出液中,使浸出液与料渣分离困难,以致造成制剂的混浊或损失。

(三) 温度

浸出温度升高扩散速度加快,对加速浸出操作有利。一般物料的浸出在溶剂沸点以下,或在接近沸点温度进行;因为在沸腾状态下,固、液两相具有较高的相对运动速度,促使物料边界层更薄或边界层更新较快,有利加速浸出操作过程。提高浸出温度虽可以增加浸出物的量、凝固蛋白质及灭酶等,但温度必须控制在物料有效活性成分不被破坏的范围内。过高的浸出温度所得的浸出液往往含无效物质较多,稳定性差。如乙醇(酒精)用热浸渍制备时,浸出液应经过适当沉降处理,以保持成品澄清度。

(四) 浓度梯度

浓度梯度是指物料颗粒组织内的浓溶液与外面周围溶液的浓度差。浓度梯度越大浸出速度越快。适当地扩大浸出过程的浓度梯度,有助于提高浸出效率。在选择浸出工艺与浸出设备时应以能创造出最大的浓度梯度为根据。一般连续逆流浸提的平均浓度梯度比一次浸提的大些,浸出效率较高。应用浸渍法时,采用搅拌或强制浸出液循环等方法也有助于扩大浓度梯度。

(五) 压力

有些食药用菌干物料坚实,浸出溶剂较难浸润,提高浸取压力有利于增加浸润过程的速度,使物料组织内更快地充满溶剂和形成浓溶液,促使较早发生溶质扩散过程。当物料组织内部充满溶剂后,加大压力对扩散速度没有什么影响。

三、浸出方法与浸出工艺

(一) 浸出方法

浸出的基本方法有煎煮法(热水浸出法)、浸渍法和渗滤法。

1. 煎煮法

将切碎或粉碎成适当粒度的食药用菌物料置于容器中,加水浸没物料浸润一定时间后,加热至沸并保持微沸浸出一定时间再分离煎出液。物料依上法继续煎出数次,收集煎出液,采用离心固液分离或沉降、过滤,低温浓缩至规定浓度,再制成有关制剂。食药用菌物料浸提前浸润时间一般为 20～60 min。浸提时间一般为 1～2 h,通常浸提 2～3 次。浸提法适用于物料有效活性成分能溶水且对湿、热较稳定的物料。有时为了保持浸出成分的活性,水提取温度可在沸点以下。热水浸提法是浸提食药用菌物料有效活性成分和制备一部分散剂、片剂、冲剂及注射剂的基本方法之一。热水浸提的成分比较复杂,除有效成分外杂质往往也浸出较多,尚有少量亲脂性强的物质由于"助溶"、"增溶"作用而溶出,这对进一步分离、纯化带来麻烦。凡物料中有效成分属于水溶性的才宜选用热水提取法;反之,则用其他方法。

2. 浸渍法

将切碎或粉碎成适当粒度的食药用菌物料置于容器中,加入定量溶剂浸没物料并盖密,在常温、暗处浸渍 3～5 d 或规定时间,使有效成分充分浸出;倾出上清液用布过滤,压榨残渣并使残液尽可能压出与滤液合并,静置 24 h 滤过。

该法的浸出是在定量的浸出溶剂下进行的,所以浸液浓度代表一定量的物料,对浸液不应进行稀释和浓缩。药酒浸渍时间较久,常温浸渍多在 14 d 以上,热浸渍(40～60 ℃)一般在 3～7 d。浸渍法适用于黏性物料、无组织的物料、新鲜物料或遇热易挥发和有效成分易被破坏的物料。该法简单易行。由于浸出效率低,故对有效成分含量低的物料和制备浓度较高的制剂时用渗滤法为宜。

3. 渗滤法

将粉碎成适当粒度的食药用菌物料放在柱形漏斗容器中,在物料上部连续添加溶剂使其渗过物料颗粒,并由下部流出浸出液的一种浸出法。当溶剂在重力作用下由上而下地通过物料时,上层溶剂(较稀的浸出液)取代下层的溶剂(较浓的浸出液),造成了浓度梯度,使扩散能较好地进行。由于采用动态浸出有效成分的提取工艺,故浸出效果优于浸渍法,而且也省略了大部分固、液分离时间和操作,适于制备高浓度浸出制剂,也可用于物料有效成分含量较低的提取。但该法对物料的粒度要求较高,溶剂用量较大,操作不当会影响浸出效率甚至影响渗滤过程的正常进行;对新鲜及易膨胀的物料、无组织的物料不宜采用。

采用渗滤法应注意的事项:①食药用菌干物料应事先用溶剂均匀湿润,密闭放置一定时间后装入渗滤器内,物料粉碎粒度在 5 目(4 mm)左右。②物料装入器内时应均匀松紧一致,加入溶剂时应最大限度地排除物料颗粒间隙中的空气,溶剂应高出物料上表面,放置一定时间后才开始渗滤。③制备浓浸膏时,收集物料量的 85% 的初滤液另器保存,续滤液经低温浓缩后与初滤液合并,调整至规定浓度标准静置后取上清液。④制备浸膏时,全部渗滤液应在低温浓缩至稠膏状,该法可与以上基本浸出法结合浸出,以提高浸出效率。

(二) 浸出工艺

选择适宜的浸出方法和有效的浸出工艺,对浸出制剂的质量、浸出效率与经济效益的提高是十分重要的。常用的食药用菌物料浸出工艺介绍如下。

1. 单级浸出工艺

该工艺系将食药用菌物料和溶剂一次加入提取器中,经一定时间提取后放出提取液并排出料渣。溶剂为水时一般采用热水提取;溶剂为乙醇时可用浸渍法或渗滤法。料渣中的乙醇或其他有机溶剂先经回收然后再将渣排出。单级浸出工艺的浸出速度是变化的,开始速度高,以后速度逐渐降低,最后达到平衡时浸出速度等于零。单级浸出工艺常用间歇式提取器,这类型提取器较多,如多能提取器。

2. 多次浸出工艺

也称重复浸出法。它是将物料置于浸出罐中,将一定量的溶剂分次加入浸出罐中进行浸出;也可将物料分别装于 1 组浸出罐中。新溶剂分别先进入第一浸出罐,与物料接触浸出,从罐中流出浸出液,再放入第二浸出罐,这样依次通过全部浸出罐。浓浸出液由最后一浸出罐流入接受容器。当罐 1 内物料有效成分浸出完全时,则关闭罐 1 的进入液阀门,卸出料渣回收溶剂备用。这样依次关闭直至各罐浸出结束。该法是将多次浸渍与重复浸渍结合,特点在于利用固、液两相的浓度梯度和尽可能减少料渣吸收浸出液所引起的损失,故浸出效率高,生产周期短,常用于食药用菌酒剂生产。

3. 连续逆流浸出工艺

该工艺系将物料放入沿圆周布置,并按一定方向转动的 10 多个浸出器中,而溶剂沿反向向浸出器定量喷淋或加入溶剂,在浸出器中对物料可采用渗滤、浸渍和煎煮法进行浸提。对排列有序的诸多浸出器中的物料来说,可形成连续逆流浸出。其与一次浸出相比具有如下优点:①浸出率较高。②浸出液浓度也较高。③浸出速度快。该工艺浸出具有稳定的浓度梯度,且固、液两相界面的边界层变薄,或边界层更新快,从而加快了浸出速度。

四、浸 出 设 备

(一)多能式提取器

该设备是属单级浸出工艺常用的间歇式提取设备。

1. 用途、特点和构造

该设备具有多种用途,可供食、药用菌的水提取、醇提取、挥发油提取、有机溶剂的回收,适用于渗滤、温浸、回流、循环浸渍、加压或减压浸出等浸出工艺,因此称为多能提取器。该设备除罐体外,还有泡沫捕集器,热交换器,冷却器,油水分离器,气液分离器,管道过滤器,温度、压力检测的显示和控制装置等附属装置,见图 8-5。

2. 工作原理

多能提取器的整个过程在密闭的循环系统内完成,可进行常压提取,也可进行高温、高压提取或减压低温提取。按提取要求可分以下提取操作方式。

1)温浸、煎煮和动态提取操作 如属水提,按比例把水和预浸的子实体颗粒装入罐内后,向罐内通蒸汽进行直接加热,按需要开动搅拌器;当温度达到提取工艺温度后停止进汽,改向夹层通蒸汽,进行间接加热,以维持温度在规定范围内。如属醇提,全部用夹层通蒸汽方式进行间接加热。

2)强制循环、加压渗浸操作 为了提高提取效率,可以用泵将罐体下部流出提取液强制打回罐内,由于固液两相在罐内有相对运动,强化对流扩散从而加速浸出过程;循环渗浸 48 h,其浸出率较渗滤法提高 2.5 倍。该操作对含淀粉和黏性较大的提取液不适用。

3)回流循环操作 在提取过程中,罐内必然会产生大量蒸汽,这些蒸汽由排出口经泡沫捕集器到热交换器进行冷凝,再进冷却器进行冷却,然后进气液分离器进行气液分离,使残余气体逸出,液体回到提取罐内。如此循环直至提取终止,把提取液从下部放液口放出,经管道过滤器过滤,用泵将提取液输送到浓缩工段进行浓缩。该操作主要用于有机溶剂,如乙醇、氯仿等浸出或用于石油醚脂浸出。当加热提取时,虽能加速提取过程并提高浸出率,但缺点是物料受热时间长,对提取有效成分质量有影响。

4)提取挥发油(吊油)操作 在进行一般的

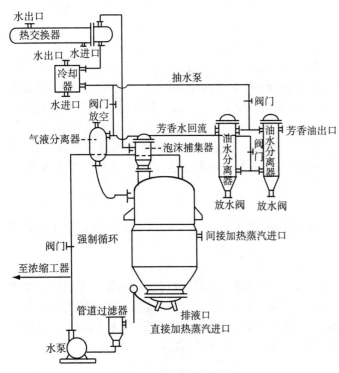

图 8-5 多能提取器示意图

水提或醇提时,通向油水分离器的阀门必须关闭,只有在提取挥发油时方打开。加热方法与水提操作基本相似,所不同的是提取液蒸汽经冷却器再冷却后,由于冷却器与气液分离器的阀门通道已关闭而进入油水分离器进行油水分离,使挥发油由油出口流出,芳香水从回流水管经气液分离器进行气液分离,残余气体通向大气,液体流回到罐体内。两个油水分离器可交替工作。吊油进行完毕,对油水分离器内残留而回流不了的部分提取液可以从器底部放水阀放出。

该设备提取时间短,生产率高,应用范围广,罐底采用气压自动排渣快而净,操作方便劳动强度低,并设有集中控制台控制各项操作,便于实现提取作业机械化、自动化。

3. 煎煮操作注意事项

1)煎煮食药用菌物料颗粒大小适中,提取前需经预浸润,放罐内煎煮水应以淹没物料为准。

2)煎煮温度按工艺要求,煎煮的时间、次数根据实验确定,第一次煎煮要求透心,一般煎煮两次。

3)轻的物料上面要用重物压住,以免浮起。直火加热罐应加假底,避免物料焦化。若煎出液需要进一步精制,可将提取液滤过后冷藏,静置 6～12 h,取上清液滤过,经浓缩再进一步处理。

(二) 连续逆流浸出器

1. 特点和构造

该器类型很多,其特点是浸出过程连续逆流进行,加料和排渣都自动完成;系密封操作,可常温渗滤,也可加热浸出;可用水提取也可用醇渗滤,对物料的粒度适应性较好。但细小的物料应先经浸润膨胀,这样可以防止出料困难和溶剂对物料颗粒的穿透率下降,影响浸出的正常进行。

喷淋渗滤式连续逆流浸出器也称平转式连续逆流浸出器。该器中溶剂均匀喷洒到物料的表层,并渗滤而下与物料接触,浸出可溶物,见图 8-6。该器由 12 个扇形料格构成的圆盘、喷淋装置、浸出液储槽、传动装置和机身组成。圆盘由传动装置带动沿顺时针水平转动。在扇形料格底部呈漏斗状,漏斗上部为筛网,底筛部分与扇形料格成铰结状,另一侧可以开启,借筛底的两个滚轮分别支承在储液槽上的内、外轨上。当扇形料格随圆盘转运到 11 格位置(出渣位置)时,滚轮内外轨断口落下,料格底筛随之开启卸下料渣。随着圆盘转动,滚轮随上坡轨道上升进入轨道,筛底重新复位(第 10 格为复位格)。浸出液储槽位于扇形料格下面,固定不动,承接浸出液。该槽分 10 格,分别在第 1～9 及 12 格的下面。各槽底有引出管,槽内有加热管,通过循环泵与喷淋装置相连接。喷淋装置由喷淋板和输液管组成,可将循环液喷淋到扇形料格内物料上面进行浸出。

2. 工作原理

物料由第 9 格进入,回转到第 11 格位置卸料渣。溶剂由第 1,2 格进入,其浸出液由泵打进第 3 格,随着圆盘转动。按该方式沿逆时针方向至第 8 格。第 9 格是刚投入的干物料,用第 8 格出来的少部分浸出液喷淋其上起浸润作用,其浸出液与第 8 格出来的浸出液汇集一起排出。第 12 格是淋干格,该格不喷淋液体,由第 1 格转运来的料渣中积存的浸出液在此沥入待液槽,并泵入第 3 格使用。料渣由第 11 格排出后,送入一

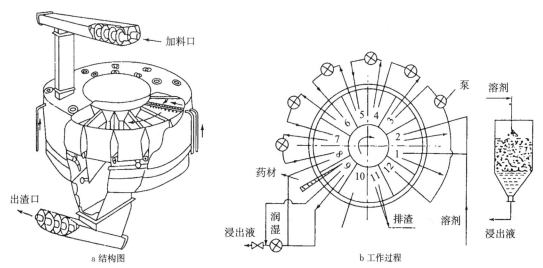

图 8-6 平转式连续逆流提取器示意图

组辅助的压榨器和溶剂回收装置,以回收料渣中的浸出液及残存的溶剂。该器优点是结构紧凑,设备体积小,生产能力大,能量消耗低,操作简单。它与粉碎机和输送机配合,为浸出过程自动化创造了条件。

3. 主要技术参数

转盘外径:725 mm。内径:410 mm;料格高度:250 mm;容积:60 L;盘速:0.16~1 r/h;浸出率:90%~95%(热水提取),浸出液中悬浮粒子含量一般<0.05%

第五节　分离操作和设备

食药用菌的浸提液也是一种悬浮液,常为一种固体(子实体或菌丝体碎片、沉淀物及其他固体杂质)和液体(含可溶性成分的浸出溶液)的混合物。把悬浮液中的固、液进行分离的操作叫分离操作。分离方法一般分为:沉降虹吸法、过滤法、离心分离法 3 种;沉降法是在液体介质中,固体物借自身质量下沉,然后将上层澄清液虹出来,从而达到固体与液体分离的目的。当固体与液体的密度相差悬殊,且固体含量较多易下沉时,用沉降法是基本可行的,但工效低,分离不彻底;当浸提液中固体物含量少而轻小时,应采用水提醇沉、醇提水沉、过滤法、离心法和大孔吸附法(详见第十章内容)。

一、沉降分离法(均相提取液分离工艺技术)

(一) 水提醇沉工艺

1. 工艺设计依据

利用中药中的大多数成分(如生物碱盐、苷、有机酸盐、氨基酸、多糖等)易溶于水和醇的特性,用水提出,并将提取液浓缩,加入适当的乙醇反复数次沉降,除去其不溶解的物质,最后制得澄明的液体。加入乙醇时,应使药液含醇量逐步提高,防止一次加入过量的乙醇致使其有效成分一起沉出。通常当含醇量达到50%~60%时即可除去淀粉等杂质;含醇量达 75%时可除去蛋白质等杂质;当含醇量达 80%时几乎可除去全部蛋白质、多糖、无机盐类杂质;从而保留了既溶于水又溶于醇的生物碱、苷、氨基酸、有机酸等有效成分。药液经上述步骤处理后,大部分蛋白质、糊化淀粉、黏液质、油脂、脂溶性色素、树脂等杂质均被除去。某些水中难溶性的成分(如多种苷类、香豆精、内酯、黄酮、芳香酯等)在水提液中的含量本来就不高,经几次处理后绝大部分会沉淀而滤除。但是药液中的鞣质、水溶性色素、树脂等往往不易除去,这时可利用中药中某些成分在水中的溶解度与 pH 值有关的性质,用酸、碱调节提取液的 pH 值至一定范围,除去一部分杂质以达到精制的目的。如对含有内酯、黄酮、生物碱、有机酸、蛋白质等成分的中药,可利用调节 pH 值接近蛋白质、氨基酸的等电点,使其便于沉淀除去;内酯、黄酮、有机酸等使其成盐而溶解。

2. 水提醇沉的工艺流程

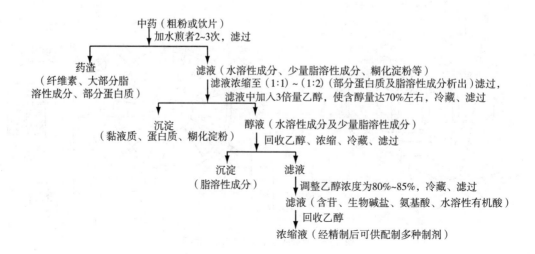

3. 加醇量的计算

用乙醇处理时,为使浸出液达一定的含量,可按下列公式计算需加入乙醇体积:

$$X = \frac{c_2 V}{c_1 - c_2}$$

式中,X——需加入乙醇的体积,ml;

V——水浸出液的体积,ml;

C_1——加入乙醇的浓度,%;

C_2——水浸出液需要达到的含醇量,%。

【例】 现有已浓缩的水浸出药液 1 000 ml,加入乙醇使药液含醇量达 75%,问需加入 95%乙醇多少 ml?

解:

$$X = \frac{75 \times 1\ 000}{95 - 75} = 3\ 750 \text{ml}。$$

4. 操作中应注意事项

1) 醇沉时应采用分次醇沉或以梯度递增的方式逐步提高乙醇浓度,以利于除去杂质,减少杂质对有效成分的包裹而被一起沉出的损失;边加边搅拌。

2) 为防止有效成分损失,药液浓缩应采取低温、减压并尽量缩短浓缩时间;最后所得滤液必须除尽乙醇,再经过必要精制后才可供配制剂型用。

3) 如果药液中含有较多量的鞣质,可分次、少量加入 2%~5%明胶溶液,边加边搅拌,使明胶与鞣质结合产生沉淀,冷藏后滤出,滤液再用乙醇处理以除去多余明胶;如最后的药液中含鞣质不多,也可用鸡蛋清的水溶液沉淀鞣质,过量蛋清经加热后即可凝固滤除。用蛋白质沉淀鞣质,通常在 pH 4~5 时最灵敏。

水提醇沉淀的方法从 20 世纪 50 年代后期起至今被普遍采用,但应用和研究结果表明,用醇沉法除去水提液中杂质还存在不少值得进一步研究和探讨的问题。如乙醇沉淀去除杂质成分的同时也造成有效成分的损失,经醇沉处理的制剂疗效不如未经醇沉处理的制剂疗效好;经醇沉处理的液体制剂在保存期间容易产生沉淀或黏壁现象;经醇沉回收乙醇后的药液往往黏性较大,造成浓缩困难,且其浸膏黏性也大,制粒困难;醇沉处理生产周期长,耗醇量大,成本高,大量使用有机溶剂,不利于安全生产。因此,在没有充分的理论和实践依据之前,不宜盲目地套用该法。

(二) 醇提水沉工艺

1. 工艺设计依据

醇提水沉法工艺设计依据及操作与水提醇沉法大致相同;不同之处是用乙醇提取可减少生药中黏液质、淀粉、蛋白质等杂质的浸出,故对含这类杂质较多的药材较为适宜。不同浓度的乙醇可提得不同的物质,见表 8-3。

2. 醇提水沉法一般工艺流程

方法是取中药粗粉按渗滤法或回流提取法,用 70%~90%乙醇提取,提取液回收乙醇后加入 2 倍量蒸馏用水搅拌,冷藏 12 h 以上,滤过。沉淀为树脂、色素等脂溶性成分;药液中则为水溶性成分,如苷、生物碱盐、氨基酸、水溶性有机酸及鞣质等,流程如下。

表 8-3　不同浓度乙醇能提取的中药成分

乙醇的浓度/%	能提取的中药成分
90 以上	挥发油、树脂、油脂
70~80	生物碱盐及部分生物碱
60~70	苷
45	鞣质
20~35	水溶性成分

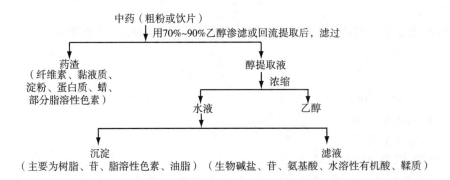

二、过滤分离法(非均相提取液分离工艺技术)

(一)过滤分离法和设备

1. 过滤基本原理

过滤法是指悬浮液通过 1 个多孔介质,使其中固体粒子去除或部分去除,达到固、液分离的操作。通常把安装这种多孔介质的装置称过滤器或过滤设备。过滤的目的以有效成分的物态而定:如有效成分为可溶于溶剂而呈溶液,则滤除溶液中的不溶性固体杂质,获取含可溶性成分的澄清液体;若有效成分为固体的沉淀物,则过滤后取其所残留的固体物。过滤的推动力可以是重力、加压、真空、离心力。过滤操作涉及的名词及其含义,见表 8-4。

表 8-4　过滤操作涉及的名词及其含义

名　词	含　义
深层过滤	用沙粒等作为过滤介质,将其堆成较厚的固定床层。悬浮液通过床层孔道时借静电及分子力作用吸附在孔道壁上。适用于悬浮液中颗粒小而含量少的场合 悬浮液　过滤介质
滤饼过滤	悬浮液　滤渣　过滤介质　滤液　架桥现象 依靠悬浮固体在过滤介质上的架桥现象,过滤清液通过而悬浮颗粒被截留形成滤饼
过滤介质	具有众多细微孔道,能截留固体粒子的材料,包括织物介质(棉、毛、丝、麻、合成纤维织物、玻璃丝、金属丝编织网等)、粒状介质(沙、木炭、石棉等)及多孔性固体介质(多孔陶瓷管等)
架桥现象	在滤饼过滤中悬浮固体的粒径虽小于过滤介质的毛细管直径,但颗粒在毛细管入口处相互架桥并形成滤饼层,从而获得清液。在未形成滤饼层之前的少量滤液是浑浊的
滤饼	在过滤介质上截留下来的颗粒累积而成的固定床层。若饼层体积不随两侧压力差的变化而变化称不可压缩滤饼;反之称可压缩滤饼
助滤剂	为解决过滤阻力过大、过滤速率过小的实际问题,所加入的能形成较大且稳定的毛细孔径的具化学稳定性的物质
过滤操作的 4 个阶段	过滤,滤饼的洗涤,去湿(吹干),卸料

2. 过滤介质的种类和特性

过滤介质是过滤设备上极其重要的组成部分,被称为过滤设备上的心脏。它被安装在设备的固定构件上,具有截留固体颗粒而让液体通过的功能。通常过滤介质俗称滤材应按下列要求选用:

1) 从滤材中流出的是澄清滤出液,同时能有效地阻挡微粒物质。

2) 不会发生或很少发生突然或累积式的阻塞。

3) 具有适当的耐清洗和反冲洗能力。

4) 具有一定的机械强度、耐化学腐蚀能力和微生物作用。

5) 具有较高的过滤速度。

6) 对溶液中可溶性物质吸附尽量小。

过滤介质按过滤机制可分为表层过滤介质和深层的过滤介质。表层过滤介质的代表是滤布,液体通过滤布,固体物被截留在滤布表面上;深层过滤介质的代表是沙滤,过滤介质层较厚,固体粒子由于多种作用力作用的结果,使得穿入介质一定厚度后被截留。实际过滤中,上述两种过滤机制是同时存在的,只不过有主次之分而已。

常用的滤材有:①编织过滤介质:不同材质、不同编织方法的滤布,如纱布、麻布、棉布、绸布、帆布、尼龙绸等,不同金属材质不同编织方法的金属滤网。②非编织过滤介质(也称无纺过滤介质):滤纸、滤毡、过滤衬垫和无纺布等。③刚性多孔过滤介质:微孔陶瓷、金属陶瓷、多孔塑料。④松散固体过滤介质:硅藻土、膨胀珍珠岩、纤维素、石棉、活性炭等。常用的滤材种类和特性,见表 8-5。

表 8-5　滤过介质的种类和特性

滤过介质的种类		特　性
织物介质	精制棉	多用于少量滤浆的一般滤过
	帆布	多用做抽滤、压滤等具有较大压力差的滤材
	石棉纤维	有较强的吸附力,可除去注射液中的微生物和热原,但亦可吸附药液中有效成分而造成药液浓度下降。适用于酸、碱及其他有腐蚀性的药液的滤过
	绢绸丝织物	能耐稀酸,不耐碱
	尼龙、锦纶、涤纶、腈纶等合成纤维	具有较强的耐酸、耐碱性和机械强度,是一类较好的滤材
粒状介质(如石砾、玻璃碴、木炭、白陶土等材料的堆积层)		常用于过滤含滤渣较少的悬浮液,如水和药酒的初滤
多孔性介质	烧结金属过滤介质	用于过滤较细的微粒
	多孔塑料过滤介质	该类滤材优点是化学性质稳定,耐酸,耐碱,耐腐蚀,缺点是不耐热。可用于注射剂过滤
	垂熔玻璃过滤介质	主要特点是深层滤过效果好,滤速快,适用于大规模生产。但可能发生脱砂,且对药液中的药物有较强的吸附性,能改变药液的 pH 值。广泛用于注射液、口服液、眼用溶液的滤过
	多孔性陶瓷过滤介质	根据孔径大小有慢速、中速和快速 3 种规格

3. 影响过滤速度的因素

1) 悬浮液黏稠性越大,过滤的速度越慢。可通提高温度使黏度下降提高过滤速度。

2) 滤材的毛细管越长,孔径越小和孔数越少,过滤速度越慢。

3) 滤床面上、下的压力差越大,过滤速度越快。因此常用增压和真空过滤法提高过滤速度。

4) 滤渣(滤饼)层厚度大,过滤速度慢。可通过改变静态过滤为动态过滤解决。

5) 悬浮液中存在大分子的胶体物质如菌丝发酵液,易引起滤孔的阻塞而影响滤速。实验表明,过滤介质的孔积率改变 10%,过滤速度变化近 3 倍。可通过选用合适的助滤剂,以防止滤孔被堵塞,提高过滤速度。

一般助滤剂为固体助滤剂,如纸浆、硅藻土、膨胀珍珠岩、滑石粉和活性炭等。加入助滤剂的方法有两种:①将助滤剂混入待滤液中,搅拌均匀,可使部分胶体物被破坏,在过滤过程中,形成一层较疏松的滤层,使滤液较易通过并滤清。②先在过滤介质上覆盖一层助滤剂,然后进行过滤。在选择助滤剂时应注意对浸提液中的有效成分的影响,如活性炭会对某些活性成分有较大的吸附性。

4. 过滤设备

1) 压滤器 该设备是利用压力差进行表面过滤的设备。主要由过滤介质、多孔空心圆柱支撑体、压滤器本体和加压泵等组成,见图8-7。悬浮液经加压泵加压后进入器体,通过包在圆柱支撑体外围的滤材进行过滤。滤渣附在外层,滤过液自上端压出。下端进口处可接清洗水,滤完后即将清洗液压入进行冲洗。将空心支撑体换成陶瓷质或金属质的沙滤棒也可使用。这种过滤器制作简便,操作易掌握;缺点是过滤面积小,过滤量不大,仅限于小规模生产或实验室上使用。

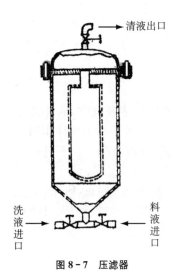

图 8-7 压滤器

2) 压滤机 根据工作的连续性可分为间歇型和连续型。间歇型压滤机,如板框式压滤机;连续型压滤机,如罐式连续压滤机。

框式压滤机可分为全自动式及半自动式两大类。全自动板框压滤机是指所有的板框的开合、压紧、进料、洗涤、卸饼、滤布再生吹气等作业全部由计算机控制自动进行;而半自动(包括手动)板框压滤机有较多或全部工序作业由人工操作。框式压滤机按板框构造分为平板框式和凹板框式(又称为厢式),常用后者;根据滤板配置方式分为立式和卧式,卧式较立式更易操作和维修,更易向大型化方向发展,现有最大的过滤面积已达100 m² 以上,而立式仅达40 m²;按压紧滤框、滤板的方式分手动、机械和液压压紧,大型机用液压法;根据机中有无压榨过程分为压榨式和无压榨式;根据有无吹气脱干滤饼水分过程可分为有吹气脱干型和无吹气脱干型。实际的压滤机是由上述各种型式交叉组成多种型号。

框式压滤机主要由若干块滤板和滤框组成的过滤室、滤浆加入系统、滤饼洗涤系统、卸浆系统、滤布洗涤系统、液压系统和机体等组成。

凹板框式压滤机工作原理,见图8-8。当压滤机工作时,由于液压油缸作用,将所有凹板框压紧在固定尾板端,使相邻的滤框之间形成滤室,悬浮液由固定尾板的入液口以一定压力进入,并借助压力完成固、液分离,待滤过液不再流出时即完成脱水过程。这时即可停止给料,并进行滤饼洗涤,以除去各种水溶性杂质。洗涤结束后,带压流体(气或水)进入压榨膜内腔,借助压榨膜的膨胀对滤饼进行压榨。如果机上带有吹干装置时,压榨结束后自控系统自动将气阀打开,进行压气脱干。压气脱干结束后,通过液压系统松开滤板,滤饼借自重脱落,并由设在滤板下的皮带输送机运走。卸饼后一般需进行滤布清洗,以防滤布堵塞,至此完成整个压滤过程。厢式压

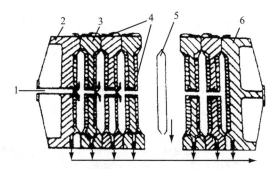

图 8-8 板框压滤机的工作原理
1.矿浆入料口 2.固定尾板 3.滤板 4.滤布 5.滤饼 6.活动头板

滤机的相邻两块凹形滤板就构成一个滤室,这样就比平板板框式机减少了体积和质量。滤框(板)的材质可为铸铁、钢、橡胶、塑料等,目前常用聚丙烯或聚乙烯方形滤框。根据过滤量确定过滤面积,从而确定滤框的数量和大小。一般滤框数为几十片,滤框厚度在50 mm左右,滤框面积600 mm² 左右,工作压力202.56~810.60 kPa(2~8 大气压)。对难过滤的发酵液过滤常采用助滤剂方法来解决。助滤剂常用矽藻土和膨胀珍珠岩,前者多孔性好,过滤速率快但价格较贵;后者则相反。微晶纤维性能介于以上两者之间,原料来自植物纤维,对食药用菌提取液和菌丝发酵液过滤比较适合。要注意的是助滤剂只适用于不需要滤渣的过滤。我国目前生产上对菌丝发酵液和部分提取液的固、液分离操作大多仍用半自动板框压滤机,全自动压滤机因价格贵使用较少;但前者劳动强度大,有逐步被微孔精密过滤机替代的趋势。

3) 微孔精密过滤机 该机系属气压罐式连续压滤机型之一。

(1) 特点和构造 该机上过滤元件是精密微孔过滤管,其是高分子烧结型刚性过滤介质,属深层烧结多孔体蜂窝型结构,并可耐酸、碱、盐。该机通过改变过滤管的材料和微孔的直径,可过滤大部分有机溶剂和过滤不同尺寸的悬液物及细菌和大肠杆菌,并可用气—水反吹法再生,再生率高,阻力增加慢,机械强度好,使用寿命长。该机的过滤、洗涤、吹干、卸渣可自动控制,劳动强度低;低压过滤,动力消耗少;直立管式结构,加

压密闭过滤,单位空间过滤面积大,占地面积小。

（2）操作流程（见图8-9）

① 准备。打开悬浮液进料阀、原液回流阀、滤过液出口阀,关闭自来水进口阀和反吹进气阀。

② 启动。开动进料液泵把料槽内悬浮液压入机体内过滤。新机应先清洗微孔管和对其进行蒸汽和乙醇（酒精）消毒后使用。以控制回流量来控制过滤压力,至少需有10～30 min的低压起滤时间,起滤压不超过0.02 MPa。对0.5～1 mm的悬浮物过滤,其压力在30 min内缓升到0.03～0.1 MPa;对颗粒大的悬浮液,其压力可缓增至0.15～0.2 MPa。切不可突然将压力升高,以致使微孔管马上堵塞,造成再生困难。

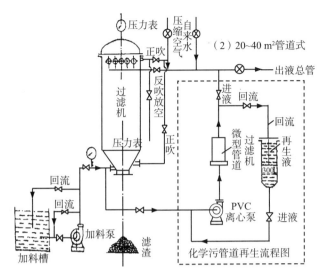

图8-9 微孔精密过滤机操作流程

③ 过滤时间控制。经过一定时间过滤后,微孔管的外壁滤渣变厚,其出液口滤过液流量相应降低。当流量明显降低时,可关闭加料液泵停止过滤。滤渣厚度的掌握以易卸渣、清洗为度,针对不同物料应通过实验确定。

④ 回流。过滤停止后,打开罐体最低回流阀,将罐体内余液放回到加料槽内,并打开进气管上的正吹气阀,以加速回流以避免滤渣的剥落。

⑤ 洗涤。对需要洗涤的滤渣,由水泵把自来水打进罐体,操作过程同①～④。

⑥ 滤渣吹干。洗涤水回流后,可将压缩空气正吹,进气阀打开以0.5～0.8 MPa的压力吹干,微孔管中滤液由出液管排出,吹干时间一般为20 min。

⑦ 反吹下渣。通过气缸打开排渣口,关闭5组滤液出口阀中的4组。然后打开储气缸的进气阀,进气阀打开1～2 s,迅速关闭,如此连续5～6次,进行卸渣。这组的微孔管卸渣后,关闭该组出液阀,打开另一组出液管阀门进行反吹卸渣,直至5组微孔管卸渣结束为止。注意:不同组别的微孔管一起反吹卸渣,其反吹卸渣效果反而不好,会影响下次流量和缩短使用寿命。

⑧ 微孔再生。打开自来水进水管对每组微孔管湿润后马上关闭,然后重复压缩空气反吹下渣操作几次后即可达微孔管再生要求。

⑨ 维修。使用3～6个月后,微孔管若经反吹再生无效后应拆开罐盖,取出排管放在酸、碱液中浸泡一定时间后,再用压缩空气反吹数次,中和后用水清洗后再用。如经酸、碱处理再生无效,需更换新微孔管。

⑩ 保养。停止使用前,必须反复进行反吹干净,最好用自来水灌到罐体内,淹没微孔管,以防没有反吹净的颗粒在微孔内、外干化。若长期不用,每周应换水1次或2次,以免产生水污,影响下次过滤流量。

对难以过滤的发酵液和部分悬浮液,可通过使用助滤剂方法解决:ⓐ预涂0.5～1 mm的助滤剂,作为过滤管与液渣的隔离层;ⓑ以1%～3%的助滤剂均匀混到待滤液中,随悬浮液一起过滤。这样所形成的滤渣层由于混有助滤剂,空隙增加,比阻明显下降。

精密微孔过滤机适用于难滤料液,其固体颗粒在0.5～10 μm之间,或颗粒虽＞10 μm,但颗粒非刚性易变形,且有黏性,固体浓度＞10 mg/L的料液。该机可作为超滤机的前处理过滤设备。

（二）膜过滤分离法和设备

1. 膜过滤原理和分类

在流体压力差作用下,利用膜对分离组分的尺寸选择性,将大于膜孔尺寸的微料及大分子溶质截留,使小于膜孔尺寸的粒子或溶剂透过滤膜,从而达到分离目的。这与用滤布、滤纸分离悬浮在气、液中固体颗粒的原理几乎是一样的,只是膜过滤所截留的微粒更小。

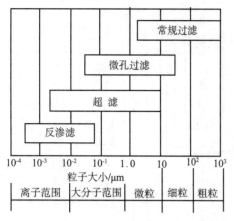

图 8 - 10 几种过滤方法截留粒子大小的范围

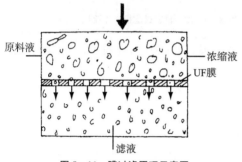

图 8 - 11 膜过滤原理示意图

通常根据滤膜孔径或被截留的微粒的最小粒径大小,膜过滤可分为微孔过滤和超滤两大类。严格讲,两者之间并没有明显的界限,它们截留粒子大小范围参见图 8 - 10。

常规过滤能截留 >0.5 μm 的颗粒。它是靠滤饼层内颗粒的架桥作用,才能截留如此小的颗粒,而不是直接靠过滤介质孔隙截留的,因为纤维编织的滤布孔隙通常有几十微米。

微孔过滤截留微粒范围为 0.05~10 μm,多用于滤除细菌和细小的悬浮颗粒。从粒子大小看,它是常规过滤的延续。

超滤截留的微粒直径范围为 0.01~1 μm,相当相对分子质量在 0.5 万~30 万的各种蛋白质分子或相当粒径的胶体微粒。这种液体的渗透压很小,在透过溶剂的同时也会透过小分子溶质而将大分子溶质截留。它与微孔过滤之间没有明确分界。

反渗透截留的粒径范围为 0.001~0.01 μm,即可截留相对分子质量 <500 的有机分子。

2. 膜过滤的特点

和常规滤饼过滤不同,微孔过滤和超滤所截留的微粒和溶质大分子并不在膜面形成滤饼,仍悬浮于料浆中或以溶质形式保留于料浆中,所以常将膜前的物质称为增浓液,透过滤膜部分称滤过液或渗透液,见图 8 - 11。反渗透与其他膜过滤区别在于它所施加的过滤压力必须大于溶液的渗透压,一般在 2~10 MPa,因而对设备要求较高,目前主要用于海水淡化。几种膜分离过程的比较,见表 8 - 3。

表 8 - 3 几种膜分离过程的比较

种 类	推动力(压力差)/MPa	分离机制	透过物	截留物
微孔过滤	−1.0	颗粒大小,形状	水,溶剂,溶解物	悬浮物,颗粒,纤维
超滤	0.1~10	分子特性、大小、形状	水,溶剂	胶体大分子
反渗透	1.0~10	溶剂的扩散传递	水,溶剂	溶质,盐(悬浮物,大分子,离子)

膜过滤特点:

1) 和常规过滤相同,膜过滤中特别是浓缩分离中无相变过程,故能耗低。

2) 常规过滤在过滤细微物料前常添加絮凝物等,而膜过滤则无此必要,既降低了成本,也减少了其他物质可能引起的二次污染。

3) 膜过滤对待过滤液没有特别的温度要求,所以适宜热敏感或热不稳定物质的常温膜过滤,如食药用菌提取液和菌丝发酵液的第二次分离。

4) 膜过滤可用于浓缩操作。

3. 滤膜

膜过滤技术关键在于滤膜。要求滤膜具有高过滤率和截留性能,还要求有较好的机械强度、化学稳定性、热稳定性、寿命长、易清洗等。

1) 滤膜的材料 纤维素酯膜是目前使用最多的一种膜材。该类膜材能耐高压灭菌,亲水性强,孔径均匀,价格低,适用于水溶液、油类、酒类的去除微粒(澄清)和除菌。其中最常见的如醋酸纤维素膜,它的最大特点是不吸附蛋白质、核酸等生物分子,滤速快,产品回收率高;但它易受微生物侵蚀,化学稳定性差,pH 适应范围窄,不耐高温。因此开发出能耐弱酸、弱碱和一般溶剂的聚酰胺类膜和可适用于过滤酸、碱、有机溶剂和耐高温的聚四氟乙烯膜。除以上材料外还有用聚砜、聚碳酸酯、聚酯、聚丙烯腈、聚乙烯醇缩醛等材料制成的膜。

2) 滤膜结构 过滤用的高分子多孔滤膜从结构上可分为均质膜和非均质膜。非均质膜在其正面有一层起分离作用的较为紧密的薄层称有效层,其厚度只占总厚度的1％左右;其余部分为孔径较大的多孔支撑层。有效层孔径可在制造滤膜时加以改变,以适应筛滤大小不同的颗粒。非对称的醋酸纤维素膜(CA膜)的横断面的结构,见图8-12。非均质膜常用于超滤装置上。均质膜可以认为非均质膜中有效层独立存在的一种形式。其最典型的是聚碳酸酯制成的核径迹微孔膜,具有贯通孔,在厚度上均匀不分层。此外,具有不规则孔结构的热凝胶沉淀膜也属均质膜,该类结构型膜常用于微孔过滤装置上。

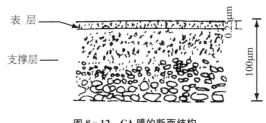

图8-12　CA膜的断面结构

3) 滤膜类型　可分为板式、管式和中空纤维3种型式。平板式滤膜是具有一定幅宽的板状膜;管式过滤膜是指过滤膜直接覆盖在多孔支撑管(如金属、陶瓷、编织棒)的内壁或外壁上,可分为内压式和外压式管滤膜;中空纤维式膜是指直径在1 mm以下的空心丝状过滤膜。板状膜、管状膜常用于微孔过滤装置;中空纤维膜、板状膜常用于超滤装置。

4. 微孔膜过滤设备

1) 用途和构造　该设备主要用于悬浮液的澄清和滤菌,如食药用菌浸制酒、口服液的澄清和灭菌,常作为超滤设备的前处理设备。它主要由微孔过滤器、液泵和进出口阀门、管道所组成。微孔膜过滤器有单层板式、多管式、注射器式和多歧管式等。单板式微滤器用于生理盐水、葡萄糖注射液与口服保健液等除菌、除微粒,器径有90,142,293 mm 3种,处理量为20~100 L/h;多管式微滤器由3~20根微滤管密封在耐压圆筒内构成,主要处理比单板式滤器处理量更大的样液。以上两种滤器常在工业上使用。注射器式微滤器用于实验室的少量样液的除菌、除尘的超净处理;多歧管式滤器多用于实验室的多样品的同时处理。微滤器的材料常用不锈钢、有机玻璃、塑料及聚四氟乙烯等。

2) 特点和应用　优点:①设备简单,只需要微孔滤膜和一般过滤装置即可进行操作。②操作简便快速,适合同时处理多个样品。③分离效率高,重现性好,因膜孔比超滤大,流速快,且可在同一片微孔膜上进行分离、洗涤、干燥、测定等操作,不会因样品的转移导致损失。④微滤膜很薄因而吸附少。缺点:易堵塞,需用超细玻璃纤维滤膜作为前滤膜。

微孔膜孔径在0.05~10 μm范围内,滤过时吸附少,无介质脱落,一般用于分离或纯化含有直径为0.02~10 μm的微粒、细菌等物质。膜的孔数及孔隙率取决于膜的制备工艺。由于每平方厘米滤膜中包含0.1亿~1亿个小孔,孔隙率占总体积的70％~80％,故率过阻力很小,过滤速度较快。由于微滤所分离的粒子通常远大于反渗透、纳滤和超滤分离溶液中的溶质及大分子,基本上属于固、液分离,可看成是精细过滤。从微膜上截留微粒、絮状物等主要靠:①筛分作用,即膜孔能截留比其孔径大或相当的微粒。②架桥作用。③吸附作用,包括物理、化学吸附,吸附作用可将粒子截留于膜表面甚至于膜内部。

微孔滤膜孔径在0.025~0.14 μm范围内,操作压力在6.89~68.9 kPa,孔径为0.45 μm的微孔滤膜使用的最多,常用来进行水的超净化处理、注射液的无菌检查、饮用水的细菌检查、电子工业的超净处理。由于微孔滤膜过滤技术的独特优点,其已逐渐取代许多经典手段而成为独立的分离和分析方法。从电子工业到空间技术,从家庭生活到生物工程,微孔膜过滤都有其用武之地。

超细玻璃纤维滤膜一般由玻璃纤维、玻璃粉经聚丙烯酸胶黏剂黏结而成,一般厚度在0.25~1 mm之间,属深层型滤膜。因多用于气体的超净处理,有时又称空气超净过滤纸。该膜化学稳定性好,除氢氟酸外能耐受各种化学试剂和有机溶剂,不吸收空气中水分。该膜的流速比一般微孔滤膜大,对颗粒的截留量也比微孔滤膜大,截留率98％;但截留分辨率不如微孔滤膜,故常与微孔滤膜配合使用,作为它的预过滤介质,以提高微孔滤膜的过滤效率和延长使用寿命。用超细玻璃纤维滤膜制成的高效空气过滤器广泛用于食药用菌接种房、超净工作台、制药车间、手术室、病房、精密仪表车间、电子工业的空气净化处理;在药物代谢或其他微量测量中和收集细胞沉淀,比超速离心法更方便、可靠。为适应多方面应用,开发出特种滤膜,如低萃出物滤膜、结合测定滤膜、预灭菌膜等。

3) 微滤在分离纯化中药提取液中的应用　中药复方水提液中含有较多的杂质如极细的药渣、泥沙、纤维等,同时还有大分子物质,如淀粉、树脂、糖类及油脂等,使药液色深而浑浊,用常规的滤过方法难以除去上述杂质。醇沉工艺的不足是总固体和有效成分损失严重,且乙醇用量大,回收率低,生产周期长,已逐渐被其他分离精制方法所替代。高速离心技术通过离心力的作用,使中药水提液中悬浮的较大颗粒杂质,如药渣、泥沙等得以沉降分离,是目前应用最广的分离除杂方法之一;但对于药液中非固体的大分子杂质,高速离心法的去除效果并不十分理想,同样存在一定适应性和局限性。而微滤技术利用筛分原理分离 $0.05\sim10~\mu m$ 的粒子,不仅能除去液体中较小固体粒子,而且可截留多糖、蛋白质等大分子物质,具有较好的澄清除杂效果,并为后面的超滤或大孔树脂吸附等操作创造条件。

4) 操作注意事项

(1) 膜的可靠支撑和滤器的密封。

(2) 过滤系统的密封性检查,按微孔膜给出的气泡点数据进行气泡点检查。

(3) 未完全润湿的滤膜会影响有效过滤面积及检测试验的准确性。一般微孔过滤设备使用时,都应对样液进行预滤。预滤应使用超细玻纤滤膜。

(4) 过滤系统中采用正压过滤,以防空气造成二次污染。

(5) 为防止滤过液的再污染,应对过滤系统进行仔细清洗和消毒。除聚乙烯膜外,大多数滤膜可进行热压消毒。消毒前滤器必须干燥,以防消毒时膜中水分汽化而压破滤膜。一般滤器可用高压消毒器消毒,管道间的滤器可通蒸汽消毒。对不宜或不便加热消毒的滤器和滤膜,可用 $2\%\sim3\%$ 的甲醛水溶液浸泡 24 h 或用环氧乙烷气体消毒。

(6) 悬浮液通过孔径自大而小相串联的滤膜进行分离的过程叫串滤,串滤技术又称选滤技术。串滤装置通常是在同一滤器内重叠放置数层滤膜,第一层用超细玻纤滤膜,然后依次放置不同孔径的滤膜。在相邻两层微孔滤膜间各放 $1\sim2$ 层的涤纶筛网或超细玻纤滤膜作为隔离层。

5. 超滤膜过滤设备

1) 用途和特点　该设备属分子级、膜分离设备。它以超滤膜为分离介质,依靠膜两侧的压力差作为推动力来分离溶液中不同相对分子量的物质进行选择性分离,从而用于分级、提纯、浓缩、脱盐等操作工序。超滤设备截留的微粒尺寸在 $0.01\sim0.1~\mu m$ 之间,通常是溶液中的溶质,相对分子质量在 $500\sim3\times10^5$ 之间,是唯一能用于分子分离的设备,可用来分离蛋白质、酶、核酸、多糖、多肽、抗生素、病毒等。超滤设备优点是:没有相转移,无须添加任何强烈化学物质,可以在低温下操作,过滤速度快,便于做无菌处理。所有这些优点都能使分离操作简化,避免了生物活性物质的活性下降和损失。

2) 分类和构造　按滤膜外形状态可分板式、管式、螺卷式和中空纤维式。

① 板式。板式装置的基本部件是过滤板,它是在一多孔筛板或微孔板的两面各黏一张超滤膜组成。过滤板有矩形和圆形,按放置方式分有密闭型和敞开型。敞开型是将若干块滤板和夹板相互间隔选装在一起,与板框机结构类似夹板面上具有冲压波纹,使液体在通道中通过形成湍流,以减少浓差极化现象;密闭型是用全封闭的组合超滤膜,与相应的超滤器配套使用,适于 100 L 左右样液的过滤。

② 管式。按管流通方式分单管和管束;按管流动方式有管内流式和管外流式;按管的形式有直通管式和狭沟管式。目前趋向采用管内流管束装置。管子是膜支撑体,有微孔管和钻孔管。微孔管采用微孔环氧玻璃管或玻纤环氧树脂增强管,钻孔管采用增塑管、不锈钢管或铜管,用人工钻孔或激光打孔。管式超滤装置由于结构简单,适应性强,压力损失小,透过量大,清洗、安装方便,能耐高压,适于处理高黏度和稠厚液体物料,故比其他型式应用更为广泛。

③ 螺旋卷式。主要部件是螺旋卷超滤器,是由滤膜、支撑膜、膜间材料依次围绕一中心管卷紧而成的超滤膜组件。料液在膜表面通过后,进入多孔间隔材料沿轴向流动,而透过液则在螺旋卷中顺螺旋向中心多孔管流出。将第一个卷滤膜组与第二个卷滤膜组顺序连接装入压力容器,即构成一卷绕式超滤部件。螺旋卷式的特点是过滤面积很大,湍流情况良好,耐压强度大;但料液流道窄,流速难于调节,固体悬浮物会发生严重结垢,阻力大,因此限于供反渗透操作之用。

④ 中空纤维式。将内孔径为 $50\sim1.5~\mu m$ 的中空纤维膜束的两端胶合在一起形似管板,装入一耐压管状容器内,即成为一中空纤维式超滤组件。根据料液在中空纤维内、外流动方式分内流式和外流式。由于外流式寿命长,清洗方便,一般常采用外流式,见图 8-13、8-14。

超滤设备主要由若干个超滤组件、液泵、料液槽、浓缩液槽和滤过液槽组成。根据对超滤中滤过液不同

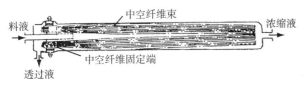

图 8-13　外流型中空纤维过滤器

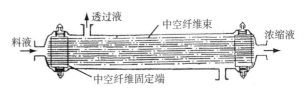

图 8-14　内流型中空纤维过滤器

分离要求,如要求滤过液中微量物质去除和达到最低限量,或要求达到增浓料液的要求,可对超滤设备中的若干个超滤组件进行不同配置,如一级一段循环式、一级多段连续式、一级多段循环式和多级多段等配置。

3) 影响超滤流速和选择性的因素

① 浓度。浓度低的溶液较浓度高的溶液不易形成凝胶层,因此低浓度溶液超滤速快。

② 分子的形状和大小。相对分子质量小的溶质滤速较快,相同相对分子质量珠状分子比链状分子滤速较快。

③ 搅拌程度。增强膜面液体的搅动,能破坏在膜表面形成的浓度梯度,故可加快滤速。

④ 温度。温度升高,料液黏度下降,滤速快。

⑤ 压力。在溶液浓度很低时,增加压力可使滤速加快。

⑥ pH 值。一些蛋白质溶液在其等电点附近时滤速低,应尽可能调节 pH 值,使其偏离等电点。

⑦ 溶质的溶解度。溶解度低料液易生成凝胶层,因而滤速慢。如以乙醇为沉淀剂的料液中,乙醇含量越高、滤速越低。

⑧ 溶质间的相互影响。溶液中同时含有几种物质时,其中大分子物质可能形成次级膜而影响小分子物质通过。当溶液中含有表面活性物质时,可使聚集的分子囊束分散,使截留率下降,滤速加快。

4) 超滤设备的操作要求和后处理　对新超滤组件,应按说明书提供的参数对组件进行破损和过滤效果检查,后进行净化处理,对管道也应进行蒸汽消毒。如超滤器不大,滤膜又耐热,可进行高温灭菌;如不耐热,可选用化学药物(如 5％甲醛、70％乙醇、<20％环氧乙烷、5％过氧化氢、0.1％过氧乙酸等)灭菌。

超滤组件运行一定时间后,被截留微粒和大分子溶质在膜面上沉积一定厚度,会使滤速大大降低。为了恢复生产能力,需定期清洗、再生。有时为了防止微生物在膜面上滋生和造成污染也需对超滤组件进行清洗。一般先采用机械物理方法清洗,如采用高速注水冲洗膜面,或用水汽混合流体冲洗膜面。对不同型式超滤组件也有不同清洗方法,如管式超滤组件用海绵球冲擦膜面效果较好,滤器和滤膜若允许反面注水清洗其效果更好。如单用物理方法清洗尚不理想,则需配制适当的化学药剂进行清洗,如用盐水、稀酸、碱、稀氧化剂等;有时也用生物方法进行再生,如用添加各种酶的再生液浸泡,然后再用大量水洗,可恢复流速。超滤膜组件一般性能比较稳定,若操作正确常可用 1～2 年。暂时不用的超滤组件,清洗后可保存在 30％甘油、2％～3％甲醛的溶液中,以保护滤膜。

一般超滤设备的超滤组件产品说明书上都注明操作压力、消毒条件、流量等参数,使用前必须全面了解,才能正确操作。在食药用菌深加工业中,超滤多用于活性多糖、活性多肽的截留和溶液的澄清,操作压力在 0.05～0.5 MPa 之间。

三、离心分离法和设备

(一) 离心分离原理

利用离心力从悬浮液中分离固体颗粒,也可以从混浊液中分离重液和轻液,或用来使悬浮液中固体颗粒按其粒径大小进行分级,这是其他过滤机所无法完成的。离心过滤机主要部件为一快速旋转鼓,转鼓安装在垂直或水平的轴上,由电机带动。悬浮液进入转鼓内随着转鼓旋转,在惯性离心力作用下实现固、液分离。转鼓上可有孔,也可无孔。有孔的转鼓壁内覆以滤布或筛网,则滤液被甩出,固体颗粒被截留在鼓内,这种操作称离心过滤。无孔的转鼓内发生离心沉降作用,此时悬浮液中密度较大的固体颗粒沉积在转鼓内壁,而密度较小的液体汇集中央并不断引出,这种操作称为离心沉降。如果是浑浊液,两种液体按轻、重分层,重者在外,轻者在内,各自从适当的径向位置引出,这种操作称离心分离。所以离心机分为过滤式、沉降式与分离式3种基本类型。为了表明离心机分离能力大小,常采用离心力与重力之比表示,称为相对离心力,又称离心分离因数。根据分离因数大小,可将离心机分以下3类:

常速离心机　分离因数<3 000(一般为 600~1 200)。

高速离心机　分离因数=3 000~5 000。

超速离心机　分离因数>5 万。

最新式的离心机的分离因数可高达 50 万以上,它是用来分离胶体颗粒及破坏乳浊液等。分离因数的极限值取决于转动部件的材料强度。在离心机内,因离心力远大于重力,所以重力作用可忽略不计。离心过滤机的滤饼含水率可在 10%以下,是其他类型过滤机所不及的。

(二) 离心过滤机选型方法

选型的根据是悬浮液中的颗粒大小和分布,以及有颗粒形状、可变性和悬浮液的黏度等;也就是一般在被称为滤饼的内在渗透性的基础上来选择。内在渗透性有具体的测定方法,在此省略。在测定待滤液的内在渗透性后,可根据下列经验进行选择:

1) 内在渗透性为>117.7 $cm^4/(kg \cdot min)$,选用连续进料离心过滤机。

2) 内在渗透性为 5.89~117.7 $cm^4/(kg \cdot min)$,选用刮刀下料离心过滤机。

3) 内在渗透性为 0.12×10^{-2}~5.89 $cm^4/(kg \cdot min)$,选用三足式离心过滤机。

4) 内在渗透性为<0.12×10^{-2} $cm^4/(kg \cdot min)$,选用离心沉降式代替离心过滤机。

(三) 离心过滤设备

按过滤的连续性可分为连续式离心过滤机和间歇式离心过滤机。从结构上看,连续式离心过滤机的转鼓中悬浮液的轴向保持是靠颗粒滤饼,故转鼓无鼓缘;而间歇式离心过滤机是靠鼓缘保持的。

1. 连续式离心过滤机

推进式离心过滤机是连续式离心过滤机中最常用的机型。机中采用的过滤介质为金属滤网,滤网最小孔径为 100 μm,所以这种过滤机只能分离悬浮液中>100 μm 的颗粒。由于食药用菌浸提液中的固体颗粒要比连续离心过滤机的操作下限 100 μm 要小得多,金属滤网无法生产孔隙直径为 1 μm 或者更小的滤网,加之增加滤布后还要求滤饼对滤布不发生相对移动,这些条件只有选用间歇式离心机才能达到,故连续式离心机只作简略介绍。

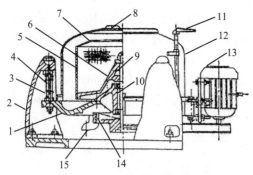

图 8-15　三足式离心机示意图
1.底盘;2.支柱;3.缓冲弹簧;4.摆杆;5.鼓壁;6.转鼓底;7.栏渣板;8.机盖;9.主轴;10.轴承座;11.制动器手柄;12.外壳;13.电动机;14.制动轮;15.滤液出口

2. 间歇式离心过滤机

1) 三足式离心过滤机　主要由半封闭圆柱形转鼓、底盘、外壳、支柱底座和传动机构等组成,见图 8-15。转鼓支撑在三足架上,故称为三足式离心过滤机。转鼓顶部的围边称为鼓缘,圆柱部分钻有孔。其内侧衬有 1 层或多层金属滤网,作为袋式滤布在转鼓中的支撑物。转鼓由主轴连接传动装置,再通过滚动轴承装于轴承座上。轴承座与外壳均固定于底盘上,用 3 根摆杆悬挂于 3 根支柱的球面座上。摆杆上套有压缩弹簧以承受垂直方向的动负荷。电动机也装于底盘上,主轴端部皮带轮上装有离心式离合器和刹车装置。在转鼓的前、后,将悬浮液自顶端加入,滤过液通过布袋流出,固体颗粒截留在布滤袋内,停机后取出滤饼或更换滤袋方法卸出滤饼。三足式离心机结构紧凑,机身矮,悬挂点高于机体重心,稳定性好,操作平稳,进出料方便,占地面积小,常用于悬浮液的固液分离操作。该机转速在 1 500 r/min 左右,分离因数 300~3 500,可用于分离悬浮中直径为 0.01~1.0 mm 的颗粒和结晶物质,适用于经常更换悬液的场合,并可获得较低含水量的滤饼;缺点是处理量有限,劳动强度大。该机有 SS-450,SS-600,SS-800,SS-1000,SS-1200 等型号。

2）三足刮刀下卸料式离心过滤机　该机特点是在转鼓低速时将刮刀插入滤饼中，由转鼓底部卸出滤饼，但不能将滤布上滤饼去除干净，需用气动卸饼装置去除余饼渣。该机型形成的圆柱形滤饼上薄下厚颗粒较大。此外还有卧式刮刀卸料式离心机，其形成滤饼均厚，卸料时不必减速；缺点是卸料时间长。目前较先进的机型为虹吸式刮刀离心过滤机，其结构与卧式刮刀离心机相似，由于在转鼓底部外侧多了1个虹吸室，使滤液在该室内产生1个恒定不变的压头，在清洗残余滤饼时可利用该压头进行反清洗，以保证过滤正常进行。

（四）离心沉降分离设备

借助离心力的沉降和溢流作用，对密度不同而又互不相溶的液体及悬浮液进行分离的离心机称离心沉降机。

1. 高速管式离心机

该机系一种能产生高强度离心场的离心沉降分离机，具有很高的分离因数（1.5万~6万），转鼓转速可达0.8万~5万 r/min。为了尽量减少转鼓所受的应力和给悬浮波中固体微粒有较长的沉降时间，转鼓成为管形，见图8-16。

管式高速离心机生产能力小，但能分离普通离心机难以分离的物料，如分离乳浊液及含有稀少微细颗粒的悬浮液。乳浊液或悬浮液由底部进料管进入转鼓，鼓内有径向安装的筋板，以便带动液体迅速旋转。如处理乳浊液，则液体分轻、重两层各由上部不同出口流出；如处理悬浮液，只用1个液体出口，而微粒附着于鼓壁上，经一定时间后停机取出。目前这种设备转筒半径在10 cm以下，转速1万~1.6万 r/min，分离因数1.5万~6万，转筒中允许积存的含液固形物不得超过6 kg，要求悬浮液中固体粒子浓度不宜超过0.5%。该机可用于菌丝浸提液中分离菌丝碎片及浸提液中蛋白质和多糖沉淀物。

2. 碟片式离心机

碟片式离心机是在管式离心基础发展起来的离心沉降分离设备，在转子中串上许多重叠的钢质碟片，缩短了颗粒沉降的距离，提高了分离效果，见图8-17。在碟片上钻有孔数个，供在转动时供悬浮液通过孔向上移动，经离心将轻、重液分离，重液沿机壁出口流出，轻液沿内侧的出口流出，渣被沉积在转子外缘。根据排渣方式碟片式离心机可分为3种型号。

1）标准型　该机型无特殊排渣装置，每次操作后需拆除碟片进行人工排渣，碟片上不带孔。主要用于液—液分离或固体含量极少的固液分离。

2）自动间隙排渣型　该机型转子由上下两部组成，可定期开启，使沉降物借离心排出，碟片上不带孔。主要用于含固形物较高的固液分离。

3）连续排渣型　其转子外缘装有若干个喷嘴，在操作过程中可连续排出含液量较高的流动性渣液。用于固—液—液分离时，碟片上带孔；用于固—液和液—液分离时，碟片上不带孔。其中SX型机（圆周喷嘴型）最高转速6 500 r/min，分离因数0.6万~1.1万。可用于发酵液的菌丝体分离、澄清发酵液。在土霉素生产中，每台离心机处理量4~5 m³，处理量相当于4台70 m²板框压

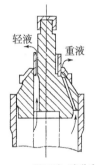
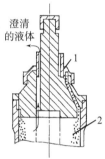

a. 结构示意图

b. 用于液—液分离　c. 用于液-固分离
高速管式离心机液-液和液-固分离工作状况
1. 用石棉垫堵塞；2. 渣

图8-16　高速管式离心机
1. 平皮带；2. 皮带轮；3. 挠性轴；4. 轻液排出管；5. 重液排出管；6. 机座；7. 制动器；8. 料液入口管；9. 导轴承；10. 转筒；11. 石棉垫塞；12. 沉淀物；13. 清液出口

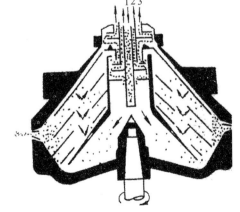

图8-17　SX型离心机转子
1. 料液进口；2. 轻液进口；3. 重液进口；4. 排渣口

滤机的加工能力;在味精生产中,用连续型离心机回收菌体,湿菌浓度可由 5% 提高到 50%;在酶制剂生产中,发酵液经离心处理,可使溶液中菌体浓度由 10^8 个/毫升降至 10^3 个/毫升,分离液无须再处理即可直接用于纯化酶类。

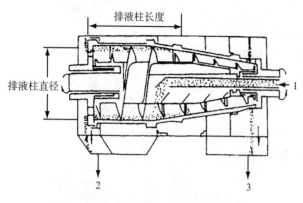

图 8-18 螺旋卸料离心机结构与操作示意图
1. 料液进口;2. 液相出口;3. 固相出口

3. 螺旋卸料离心机

螺旋卸料离心机是一连续操作式固—液分离设备,其转动部分由转鼓与螺旋两部分组成,见图 8-18。螺旋与转鼓内壁间隙很小,转动时,由其间的差动变速器使两者间维持约 1% 的转速差。料液由中心管加入至螺旋中部,圆柱部分为沉降区,圆锥部分为压缩甩干区。在离心力作用下,固形物被沉降于鼓壁上,液体由左侧溢流孔排出。调节溢流挡板上溢流口位置、转鼓转速和进料速度,可改变固形物含水量和液体澄清度,生产能力也随之改变。

特点:①悬浮液浓度变化不影响分离效率,且适应范围广,含固量 1%~50% 的悬浮液的分离都适用。②对固体颗粒大小适应面广。③占地面积小,处理量大。④对难于沉降的固体颗粒可通过调节转速差来提高分离效率。⑤可加入凝聚剂以加快固体沉降。

4. 高速螺旋卸料离心机

转速是在 3 000~6 000 r/min,分离因数 3 000~4 000 分离固体颗粒为 1~6 μm,操作压力 0.1~1.0 MPa,是一种连续操作固—液分离设备。其各工序可在同一时间内连续进行,是一种高效、适应性强及应用范围广的离心分离机,最适于处理难分离的黏性大物料,如发酵液的菌体分离。此外,还有能用于固—液—液分离的螺旋卸料离心机,在此从略。

(五)常用的离心机结构特点与选型

离心机的种类很多,外形、适用性也不一。各种过滤、沉降、分离离心机的性能、用途、分离因数、分离特性等,见表 8-7 所列,生产中可根据具体情况加以选用。

(六)离心分离相对于醇沉工艺的优势

1)离心分离法属于物理分离技术,它通过离心力作用使药液中的悬浮物微粒沉降,从而实现固液的分离;同时它又能较多地保留药液中的有效成分,更好地体现中药复方的特点。

2)减少了"醇沉→滤过→回收乙醇"等工序,缩短了工艺流程和生产周期,提高了效率。

3)无须使用大量乙醇,节省了物料,降低了成本,设备简单,操作方便,适用于工业化大生产。

4)分离除杂效果优良,不仅可用于一般水提液的除杂澄清,而且也可用于超滤、大孔树脂吸附等精制技术较好的预处理。

表8-7　离心机型式和性能

项目	过滤离心机						沉降离心机				分离机		
	间歇式		活塞式		连续卸料式		螺旋卸料		管式	室式	碟式		
	三足式、上悬式	卧式刮刀卸料、三足式自动卸料、上悬式机械卸料	单级	双级	离心力卸料	螺旋卸料	圆锥形	柱锥形			人工排渣	喷嘴排渣	活塞排渣
典型机型	SS、SX、XZ	WG、SXZ、XJ、GK	WH	WHZ、HR、HRZ	1L、WI	LLD、LWL	LW	LWL	GF、GQ	S、SC	DRJ、DRY	DPJ、DPZ	DHY、DHC
操作方式	人工间歇	自动间歇	自动连续	自动连续	自动连续	自动连续	自动连续	自动连续	人工间歇	人工间歇	自动连续	自动连续	自动连续
卸渣机构	人工	刮刀	油压活塞	油压活塞	螺旋	螺旋	螺旋	螺旋				喷嘴（渣呈流动状）	液压活塞
分离因数	500~1 000	约2 500	300~700	300~700	1 500~2 500	1 500~2 500	约3 500	约3 500	10 000~60 000	约8 000	约8 000	约8 000	约8 000
用途 澄清									优	优	优	良	优
用途 液液分离									优	优	优	优	优
用途 沉降浓缩							可	良			优	优	优
用途 脱液	优	优	优	优	优	优		优					
用途（说明）	固相脱液、洗涤	固相脱液、洗涤	固相脱液	固相脱液	固相脱液	固相脱液	固相浓缩	固相浓缩、液相澄清	乳浊液分离、液相澄清	液相澄清	乳浊液分离、液相澄清	固相浓缩、乳浊液分离	乳浊液分离、液相澄清
固相浓度/%	10~60	10~60	30~70	30~70	≤80	<80	5~50	5~50	<0.1	<0.1	<1	<10	0~10
固相粒度/mm	0.05~5	0.1~5	0.1~5	0.1~5	0.04~1	0.04~1	0.01~1	0.01~1	0~0.001	0~0.001	0.001~0.015	0.001~0.015	0.001~0.015
两相密度差/kg·m⁻³	不影响	不影响	不影响	不影响	不影响	不影响	≥50	≥50	≥10	≥10	≥10	≥10	≥10
分离效果	优	优	优	优	优	优	优	良	优	优	优	良	优
洗涤效果	优	优	良	优	可	可	可	可					
晶粒破碎度	低	高	中	中	中	高	中	中					
过滤介质	滤布、金属网	滤布、金属网	金属条网	金属条网	金属板网	金属板网							
代表性分离物料	硫铵、糖	硫铵、糖	碳铵	硝化棉	硫铵、糖	洗煤、盐类	聚氯乙烯、树脂、污泥	树脂、污泥	动、植物油、润滑油	啤酒、电解液	油、奶油	酵母、淀粉	抗生素、油

注：表中所列机型均为国内型号

第六节　浓缩操作和设备

食药用菌物料经浸提和分离后,有效成分存在于仍是很稀的浸提液中,既不能直接应用,也不利于制备其他制剂,通常还需经蒸发过程获得缩小体积的浓缩浸提液,因此蒸发过程也是浓缩过程。

一、蒸发和影响蒸发的因素

蒸发系指用加热的方法使溶液中溶剂气化,从而提高溶液的浓度,促进溶质析出的工艺操作。用于蒸发的设备又叫蒸发器。蒸发操作可分为沸腾蒸发与自然蒸发。溶液的溶剂在沸腾条件下气化叫沸腾蒸发;溶剂在低于沸点情况下气化叫自然蒸发。由于沸腾蒸发速度远远超过自然蒸发,因此生产上大多采用沸腾蒸发。沸腾蒸发是需要外界对溶液提供热量的,热量供给通过热的外部传导和溶液内部的对流和热辐射方式进行。在生产中往往是两种或3种传热方式同时相伴进行的,称为复合传热。在蒸发水提取液时常用水蒸气加热,叫加热蒸汽或一次蒸汽,从提取液蒸发出的蒸汽叫二次蒸汽。如将二次蒸汽利用作为其他蒸发器的热源时,该类蒸发称多效蒸发。

影响蒸发的因素:
1) 传热温度差　指加热温度与溶剂沸点温度之差。提高温度差可加快蒸发速度。
2) 蒸发面积　根据蒸发公式得知,蒸发速度与蒸发面积成正比。
3) 搅拌　液体的气化程度在液面总是最大的,故液面浓度高,黏度大,易使液面产生结膜,不利于蒸发,必须搅拌以加快蒸发速度。
4) 蒸汽浓度　在温度、液面压力、蒸发面积不变情况下,蒸发速度与蒸发时液面上大气中溶剂蒸汽浓度成反比。蒸汽浓度大,溶剂分子不易逸出,蒸发速度慢;反之则快。
5) 液面上大气压力　据蒸发公式得知,蒸发速度与压力成反比,因此常采用减压蒸发。

二、中药浓缩工艺

浓缩是中药浸出制剂生产过程中重要的操作单元。中药提取液品种繁多,组成复杂,浸提液中某些指标成分会在浓缩过程中损失而直接影响浸膏的质量;而决定浸膏质量的主要因素则是蒸发温度和受热时间,尤其是后者更为显著。因此,正确选择浓缩工艺和设备十分重要。

(一) 中药浸取液浓缩工艺选择的原则

中药浓缩工艺的选择应遵循下列原则:
① 所选择的工艺和设备尽可能不破坏有效成分,保证产品质量。
② 满足多种浓缩工艺要求,工艺简单,操作方便。
③ 设备简单,投资少,适应性强,易清洗和维修,符合GMP的要求。
④ 生产能力较大,能耗较低。
实际选择时,还应充分考虑料液的性质(如黏度、热敏性、腐蚀性等)、浓缩液浓度要求以及浓缩过程中料液可能产生的变化(如生成结晶、结垢、起泡、表面结膜等),并综合浓缩效率、设备条件和生产需求等因素,选择合理的浓缩工艺路线和设备类型。

(二) 中药浸取液浓缩工艺流程

中药浓缩工艺流程类型很多,为了节约能源,很多厂家采用多效浓缩工艺。多效浓缩是由多个单效浓缩器串联而成。在多效浓缩工艺流程中,第一效通入加热蒸汽所产生的二次蒸汽作为第二效的加热蒸汽,第二效的加热室相当于第一效的冷凝器;从第二效产生的二次蒸汽又作为第三效的加热蒸汽;如此构成了多效浓缩。由于多效浓缩的操作压力是逐效降低的,故多效浓缩器的末效必须与真空系统相连。末效产生的二次蒸汽进入冷凝器被冷凝成水而移除,达到浓缩的目的。多效浓缩多次利用二次蒸汽,因此节约蒸汽和降低操作费用。

在多效蒸发过程中,蒸汽与被浓缩料液流向有多种形式,根据蒸汽与被浓缩料液流向不同,可将多效浓缩工艺流程分为顺流、逆流、平流 3 种形式。现以三效浓缩为例介绍如下。

1) 顺流加料法　顺流加料法又称并流加料法,工艺流程见图 8-19。这种加料方法是料液与加热蒸汽走向一致,即浓缩料液依次通过一效、二效、三效,从三效出来的料液为浓缩液。加热蒸汽通过一效的加热室,产生的二次蒸汽引入二效的加热室作为加热蒸汽,二效蒸出的二次蒸汽引入三效的加热室作为加热蒸汽,三效产生的二次蒸汽被冷凝移除。

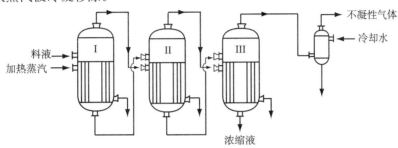

图 8-19　顺流加料三效蒸发工艺流程示意图

顺流加料法由于前一效的温度、压力总比后一效的高,故料液不需要泵输送,而是依靠效间的压力差自动送料,操作较简便;又由于前一效溶液沸点较后一效的高,当前一效料液流入后一效时处于过热状态而自行蒸发,能产生较多的二次蒸汽,使热量消耗较少。但蒸发过程中,料液浓度逐渐增高,沸点则逐渐降低,使黏度逐渐增大,传热系数逐渐降低,生产强度降低。顺流加料法在生产中应用较广泛,适用于处理黏度不大的料液。

2) 逆流加料法　逆流加料法工艺流程见图 8-20。该法蒸汽流向与料液流向相反,加热蒸汽的流向与顺流加料法相同,而料液则从末效加入,依次用泵将料液送到前一效,浓缩液由第一效放出。

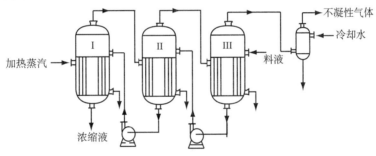

图 8-20　逆流加料三效蒸发工艺流程示意图

逆流加料法工艺流程从末效至第一效溶液浓度逐渐增大,相应的操作温度随之逐渐增高。由于浓度增大、黏度上升与温度升高、黏度下降的影响基本可以抵消,故各效溶液的黏度变化不大,有利于提高传热系数;但因料液均从压力、温度较低之处送入,在效与效之间必须用泵输送,故能耗大,操作费用较高,设备也较复杂。逆流加料法对于黏度随温度和浓度变化较大的料液的蒸发较为适宜,不适于热敏性料液的处理。

3) 平流加料法　平流加料法工艺流程见图 8-21。该法是将待浓缩料液同时平行加入每一效的蒸发

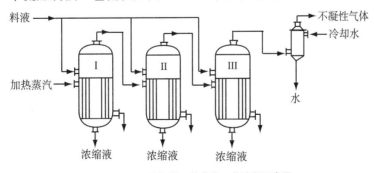

图 8-21　平流加料三效蒸发工艺流程示意图

器中,浓缩也是分别从每一效蒸发器底部排出,蒸汽的流向仍然从一效流至末效。

平流加料能避免在各效之间输送含有结晶或沉淀析出的溶液,故适用于处理蒸发过程有结晶或沉淀析出的料液。

常用的多效蒸发器的效数为2～3效,可根据蒸发水量的多少来选择。若蒸发水量为500 kg/h,可选用单效蒸发器;蒸发水量为500～1 500 kg/h,应选用双效;蒸发水量为>1 500 kg/h,则选用三效。

多效浓缩工艺组成形式有多种,可由相同结构形式的蒸发器组成,也可由不同结构形式的蒸发器组成。常见的有二效、三效真空浓缩,二效、三效外加热式浓缩,二效升降薄膜浓缩,三效降膜浓缩等。

三、减压蒸发和设备

在常压下蒸发水提取液时,由于水分蒸发温度较高,会影响提取液中有效成分的活性,采用减压蒸发可克服这个缺点。减压蒸发又称真空蒸发,系指在蒸发器中,通过抽真空办法以降低其内部压力,使液体沸腾温度降低的蒸发操作。一般减压蒸发温度要求在50～70 ℃。

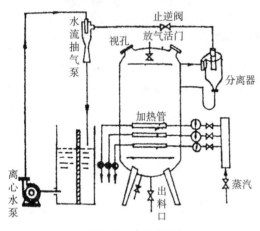

图 8-22 真空浓缩罐

图8-22为一般中药厂使用的SPB-913-09型真空浓缩罐示意图,用于水提取液的浓缩。罐身为长柱形,分上下两段。浸提液受热后产生二次蒸汽沿罐壁方向进入气液分离器,其中夹带的液体又流回罐内,而水蒸气经射流真空泵抽走,并在罐内形成真空,形成减压蒸发。罐身下部有3排盘管式加热管、出液口和取样阀门。罐盖上设有放气阀,用于出液时破坏真空时使用。使用时先将罐内各部分洗净,然后通入蒸汽进行罐内消毒,打开放气阀门和出液口阀门,使空气、冷凝水逸出;然后关闭两个阀门,开动真空泵抽真空,真空度达0.065 MPa左右,抽入提取液;达到浸没加热管后,停止抽液,开蒸汽加热,注意温度不能太高,否则会造成浸提液随二次蒸汽跑出;浓缩样液达到要求后,先关蒸阀门、真空泵,再打开放气阀,由罐下部排出浓缩液。

四、薄膜蒸发和设备

使液体形成薄膜而进行的蒸发叫作薄膜蒸发。薄膜蒸发能加速蒸发的原理是在减压条件下,液体形成薄膜而具有极大的汽化表面积,热量传播快而均匀,没有液体静压的影响,能较好地防止物料过热现象。它具有使提取液受热温度低、时间短、蒸发速度快、可连续操作和缩短生产周期等优点。薄膜蒸发的进行方式有两种:一是使液膜快速流过加热面而蒸发;另一是使提取液剧烈地沸腾,产生大量泡沫,以泡沫内外表面为蒸发面进行蒸发。后一方法使用较为普遍。

图8-23为一常用大型薄膜蒸发器。欲蒸发的提取液经输液管,通过流量计进入预热器预热后,自预热器上部流出,并由底部进入列管蒸发器,被蒸汽加热后即剧烈沸腾并形成大量泡沫;泡沫与水蒸气的混合物自汽沫出口进入气液分离器中,将汽沫分离成浓缩液和蒸汽;浓缩液经分离器下出口阀流入浓缩液储罐,水蒸气经二次蒸汽导管进入预热器的夹层中供预热提取液之用,多余的废气则进入混合冷凝器中冷凝,冷凝水由出口排出,未冷凝的废气自冷凝器顶端排至大气中。该器若加热管太长、蒸发量过大或操作不当,可能产生部分干壁现象,结垢后会降低传热效果。浸提液经该蒸发器后,可浓缩到密度1.05～1.10。此外,有一种刮板式薄膜蒸发器,它利用旋转的刮板将提取液在器壁上分散成均匀的薄膜以进行蒸发,适于制取高黏度(300 Pa·S以下)浓缩

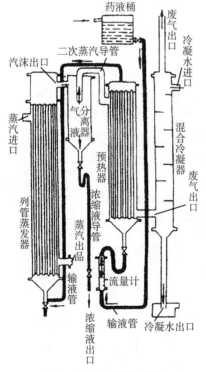

图 8-23 大型薄膜蒸发器

液和对热敏感的物料浓缩。

五、离心薄膜蒸发和设备

　　利用高速旋转形成的离心力,将液体分散成均匀薄膜而进行蒸发的叫作离心薄膜蒸发。

　　离心薄膜蒸发器是一种新型高效蒸发设备。它利用离心分离和薄膜蒸发两种原理,在离心力作用下,具有液膜厚度薄(0.1 mm)、传热系数可高达 4 000 kCa/m² · h · ℃、设备体积小、蒸发强度大、浓缩比高(15～20 倍)、物料受热时间短(仅为 1 s)、浓缩时不易起泡、结垢后蒸发室易于拆卸清洗等优点,适于食药用菌物料水提取液的浓缩,对热敏性物料的水提取液的浓缩效果好。

　　该设备主要由稀药液槽、管道过滤器、平衡槽、离心薄膜蒸发器、浓缩液罐,水力喷射真空泵等部件组成,见图 8 - 24。

　　操作过程:浸提液经管道过滤器过滤后进入平衡槽。平衡槽内装有两个浮阀,上面一个阀通入浸提液,能保持进入蒸发器的流量稳定;下面一个阀是安全装置,一旦料液中断,槽内液位下降,阀门自动打开,自来水就会流入槽内,保证蒸发器主机不会因断料而造成蒸干和结焦现象。进入蒸发主机的料液流量通过进料螺杆泵予以调节,并通过流量计显示流量,再经预热器预热后,进入离心薄膜蒸发器内进行真空浓缩,通过控制加热蒸汽压力或进料速度,达到预定的工艺浓缩要求。经浓缩后的料液借离心力的作用流至浓缩液储罐,通过出料螺杆泵将浓缩液送至后工序。为防止热敏物料受热破坏、结焦,该设备安置了水力喷射器,可制备负压蒸汽,经自控装置和手控蒸汽压力控制在 0.05～0.065 MPa(真空度)范围,蒸汽温度在 70～110 ℃。真空由水力喷射器 5 提供,喷射高压水由高压水泵提供,高压水压力在 0.4～0.6 MPa。蒸发器内二次蒸汽由射流真空泵吸入,迅速冷凝后排入水槽内。如二次蒸汽不是水蒸气而是溶剂蒸汽,价值较高需要回收,应采用间接冷凝法回收溶剂。

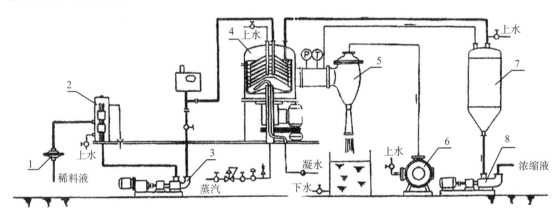

图 8 - 24　离心薄膜蒸发器

1.管道过滤器;2.平衡槽;3.进料螺杆泵;4.离心薄膜蒸发器;5.水力喷射器;6.加压水泵;7.浓缩液储罐;8.出料螺杆泵

　　该设备适于热敏性物料的浸提液浓缩,对黏度高、易发泡的浸提液也有较大的适应性;但黏度高、易结晶、易结垢的料液不宜采用该设备。浓缩比控制在 10 倍左右较合适,这时既能保持高的蒸发强度,又不致发生结垢现象。国产 LZ - 2.6 型薄膜蒸发器在真空度为 0.079 MPa、加热蒸汽压力 0.2 MPa、物料进料温度 45 ℃、进料流量 1 100 kg/h 时的蒸发能力>900 kg/h,浓缩比>5.5。

六、蒸发设备的选用

　　根据浸提液的特性进行选择。

　　1. 耐热性

　　浸提液中的活性成分大多对温度有严格要求,属热敏性物质,应选用蒸发温度低、浓缩时间短的薄膜蒸发设备。

　　2. 结垢性

　　浸提液加热后若在加热面形成积垢,会大大降低传热效果,影响蒸发效果,应采取防垢措施。可选用管内流速很大的升膜式蒸发设备和强制循环的蒸发设备,如刮板薄膜蒸发设备,或采用电磁防垢、化学防垢,也可采用方便清洗加热室积垢的蒸发设备。

3. 发泡性

含泡多的浸提液在蒸发时大量液体随二次蒸汽进入冷凝器,会造成浸提液损失。应采用管内流速很大的升膜式或强制循环式蒸发器,用高速的气体来冲破泡沫。

4. 结晶性

浸提液在浓缩过程有结晶发生,要选择强制循环或有搅拌的蒸发设备,用外力使结晶保持悬浮状态。

5. 黏滞性

浸提液的黏滞性大大妨碍了传热面的热传导,造成温差增大甚至局部产生结焦现象。对该类物料应选择强制循环或刮板薄膜蒸发设备,使黏稠物料迅速离开加热表面。

以上只是按浸提液的性质来选择不同类型蒸发器,实际上选用时还要全面衡量,如考虑浓缩比、浓缩后得率、热效率、清洗操作方便、能耗小和经济性等。

第七节　干燥操作和设备

干燥是利用热能使湿物料中的水或溶剂气化去除,从而获得干燥物品的工艺操作。食药用菌物料的浸提液经分离、浓缩后,尚需进一步干燥以提高成品或半成品的稳定性和储藏性,便于进一步处理。如干燥后的物料粒度不够,需粉碎后成为粉剂进而加工成片剂和胶囊。

一、干燥原理和影响干燥的因素

干燥过程是指水分从湿物料内部借扩散作用到达表面,并从物料表面受热汽化的过程。带走水蒸气的气体叫干燥介质,通常为空气。通常干燥介质除带走水蒸气外,还供给水分汽化的热量。要使干燥过程继续下去的必要条件是湿物料表面水蒸气压力一定要大于干燥介质中水蒸气分压,压差越大,干燥速度越快。所以干燥介质除应保持与湿物料的温度差及较低的含湿量外,尚需及时地将湿物料汽化的水蒸气带走以保持一定的汽化推动力。

干燥过程分 3 个阶段:初始干燥阶段特点是当温度上升时,物料表面汽化速度也增加,此时物料内部水分扩散速度大于表面汽化速度;等速干燥阶段特点是物料内部水分扩散速度等于表面汽化速度,在此阶段由干燥速度决定表面汽化速度,故凡影响表面汽化速度的因素都可影响干燥速度;降速干燥阶段特点是物料内部水分扩散速度小于表面汽化速度,物料干燥速度主要决定于物料内部水分扩散速度。能影响表面水分汽化的因素对干燥速度没有影响,干燥速度主要取决于燥物料本身的结构、形状和大小。不同的物料在干燥过程中以上 3 个阶段都存在,只不过各阶段的干燥时间不同。干燥时间通过实验可以确定。根据不同物料对干燥温度的限制制订合理的干燥工艺,既保证了干燥成品的质量也缩短了干燥时间。影响干燥速度的因素包括:

1) 物料的性质　包括物料内部结构、外部形状、料层的厚薄及水分存在的方式。如颗料物料内外的毛细孔多的物料比表面大的物料、料层薄的物料、游离水在所含水分中比例多的物料干燥速度快。

2) 干燥介质的性质　包括介质的温度、湿度和流速。在适当的范围内提高介质的温度、降低湿度和提高介质流速均可提高干燥速度。所谓适当的范围是指物料允许的干燥温度和经济、合理地降低湿度和提高流速。

3) 干燥方法　物料在干燥过程中处于静止状态,接触干燥气流面积小、水蒸气被带走慢这些都使干燥速度变慢;反之则快。如流化干燥、喷雾干燥,物料处于动态,比表面积大,接触干燥气流面积大,故干燥速度快。

4) 压力　指干燥介质的压力。压力与蒸发量成反比,因而减压干燥是提高干燥速度的有效手段。

二、接触干燥和设备

接触干燥是指被干燥的物料直接与加热面接触,利用热传导原理进行加热干燥的方法。该法适用于化学性质稳定的浸提浓缩液和黏稠性液体的干燥。

鼓式薄膜干燥机(又称滚筒式干燥机)是常用的接触干燥设备,分单鼓式和双鼓。它可在减压情况下使用,单鼓式薄膜干燥机见图 8-25,图中鼓即为表面光滑的干燥鼓。蒸汽由空心转鼓轴端引入进行加热,鼓由传动装置缓慢转动,由离心泵把浓缩液不停地送入凹槽;溢流液经鼓面再流回储液槽时,在鼓面黏附了一层浓缩液,该层浓缩液受热迅速蒸发;当转至刮刀处浓缩液已完全干燥,被刮刀刮下而落入接收器中。可改变鼓转速或浓缩液浓度来控制干燥程度。干燥成品呈薄片状易粉碎,干燥作业可连续进行。若在

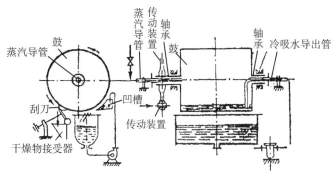

图 8-25　单鼓式薄膜干燥器

转鼓干燥鼓面装上密封外壳,便可在减压条件下进行干燥作业,这时可进行热敏感浓缩液的干燥。

三、气流干燥和设备

利用热空气流对物料进行干燥的操作叫气流干燥。气流干燥原理是通过控制气流的温度、含湿量和流速来达到干燥的目的。按对干燥介质(空气)加热形式和热源,粗(初)加工产品常采用蒸汽管式和燃油烟道管式干燥机(详见第七章第一节《食药用菌干燥设备》)。根据干燥气流流动方向和干燥规模大小,气流干燥设备又可分为箱式和隧道式。

气流加热干燥一般温度较高,物料静止受热,干燥时间较长。食药用菌浸提浓缩液活性物质受热易变性,故不宜采用这种设备干燥。

四、真空干燥和设备

在负压条件下进行的干燥操作叫真空干燥。在负压条件下,可使水汽化温度低于 100 ℃,根据物料对干燥温度的要求,采用相应的负压进行干燥,从而保证干燥物料的质量。

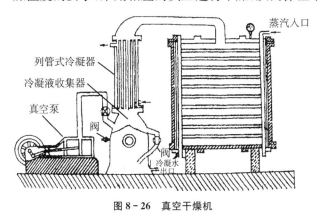

图 8-26　真空干燥机

直空干燥机主要由干燥柜、冷凝器、冷凝水收集器和真空泵组成,见图 8-26。真空干燥的温度低,干燥速度较快,干燥的物料呈疏松海绵状易于粉碎。整个操作过程系密闭操作,可避免物料的污染和变质分解,适于热敏性物料的提取浓缩液的干燥。柜式真空干燥机属间歇式干燥设备。由于物料干燥所需的热量是由干燥盘接触传热进行的,尤其是物料成固体状态时接触面减少,干燥时间显然增加,为防止盘内装液太多,泡液溢盘外,一般盘内浓缩液不能放太多,故该设备一次干燥量有限。如对真空度要求不高的热敏物料,可选用水环真空泵或射流真空泵省掉水蒸气冷凝器。

五、喷雾干燥和设备

喷雾干燥是流化技术用于液态物料干燥的良好方法。喷雾干燥的原理是将被干燥的浸提浓缩液,经雾化器喷头雾化成细小雾滴,使液体干燥面积增加极大(当雾滴直径为 10 μm 时,每升液体雾化后的雾滴总表面积可达 500 m²),当其与干燥介质热空热相遇时进行热交换,能使雾滴中的水分在数秒内完成蒸发,并干燥成为粉状或颗粒状干燥成品。

喷雾干燥的干燥速度快,成品质量较高,成品为多孔状溶解度好,干燥后粉末细微不需再粉碎加工,使干燥、粉碎两工序在 1 台设备内完成。整个干燥过程中由于雾滴中水分汽化需吸收热量,雾滴本身与周围空气温度迅速下降,因而喷雾干燥适用于一些热敏感浓缩液的干燥。

喷雾干燥的干燥效果取决于雾滴的大小——雾滴小,雾滴总面积大,干燥速度快、效果好。雾滴大小与

雾化器性能有关。雾化器按驱动方式有气动和电动之分,按雾化原理可分为离心式、压力式和气流雾化式。我国使用压力式雾化器较多,它适用于黏性浓缩液,动力消耗少,但需附有高压液泵;气流式雾化器适用于任何黏度或稍带些颗粒的浓缩液,但动力消耗最大;离心式雾化器动力消耗介于上述两者之间,但造价较高,适于高黏度或带颗粒的浓缩液。

图8-27为一般喷雾干燥机结构示意图。浓缩液自导管经流量计至喷头后,压缩空气(0.38~0.47 MPa)进入雾化器的涡流器推动转盘转动,利用离心雾化浓缩液;雾滴进入干燥室后,遇到被预热至280 ℃左右的热空气,进行热交换后很快被干燥成细粉落入收集器内,部分沉降慢的粉末随湿热空气进入气、粉分离室后捕集于布袋中,湿热废气自排气口排出。一般热风进干燥室后,经热交换温度下降为120~150 ℃,雾滴由于水分蒸发需要向热空气和本身吸取热量,一般温度为70~80 ℃。食药用菌的浸提浓缩液中的活性成分大多数为活性多糖,由于多糖的软化点较低,易吸湿,而当前浸提液干燥绝大多数采用一般喷雾干燥机,雾化器的结构和转速适应性较差,雾点的直径粒谱较宽,故常产生黏壁现象,尤其是在器顶部热风分配器附近易产生物料焦化现象和器底部的收集器内产生软化吸湿结块现象,再加上器内干燥热风温度在120~150 ℃,清扫黏壁物料最快也要每天清扫1次,这样使有一部分物料处于高温时间达8 h以上。有资料表明,食药用菌活性多糖的相对分子质量一般>10万,如长期处于高温环境下,高分子多糖、肽类有效成分大部分热解,发生键链断裂、扭曲后失去活性。为此,我国开发了适合中药尤其是适合食药用菌精粉、多糖生产的新型喷雾干燥机,见图8-28。该设备采用:

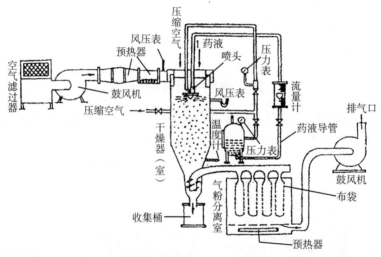

图8-27 喷雾干燥示意图

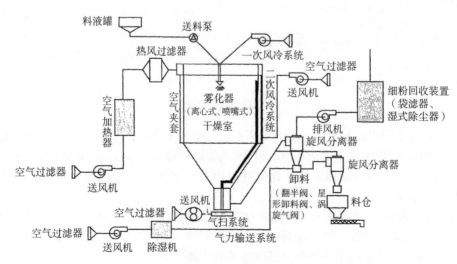

图8-28 食药用菌精粉、粗多糖专用新型喷雾干燥机流程图

① 可连续调节转速的变频离心雾化器,可根据多糖的品种、浓缩液的含固量方便地调节转速,以改变雾滴大小,达到少黏或不黏器壁的效果,通过改变雾化盘结构型式可使成品粒谱变窄。

② 在器壁及器顶设计安装了夹层冷却系统,使器壁温度下降,达到少黏结和不黏结。

③ 在器壁内增设高压空气吹扫系统,定期使少量黏附物料也吹扫下来。

④ 在器底增设清洁干燥冷风冷却系统,使沉降的粉末物料及时输送到低温区,并在输送过程中对物料进行最终干燥。

因此,增加以上装置后,新机型可连续十数天运行,既提高了设备利用率,也大大减少了干燥时辅料(如糊精)的添加量,还使有效活性成分损失少,产品流动性、溶解性好,进一步提高了产品的内在质量。

六、远红外干燥和设备

远红外(波长 5.6～1 000 μm)干燥系辐射干燥法。利用远红外辐射元件发出的远红外波,物料吸收后分子和原子产生共振,进而转变成热量而使物料本身温度升高,使水迅速汽化,达到干燥目的。由于许多物料尤其是有机物、高分子物料和水等,在远红外波长区有很宽的吸收带,各种物料都有各自能产生共振的远红外波长,在此波长内产生共振热能换率高,所以远红外干燥优点是干燥速度高,节约能源,装置简便,干燥质量好,其干燥速度是热风干燥5～10 倍。远红外辐射元件型式很多,一般由金属基体或陶瓷基体,在基体表面涂敷远红外辐射层和热源等 3 部分组成。对涂敷层要求是辐射的波长要在远红外区,且波长稳、辐射率高,同时要求热源发出的热能通过基体传递到涂敷层。目前常用的远红外辐射元件为碳化硅电热板,也有用氧化钴、氧化锆、氧化铁和氧化钇混合构成的电热板,后者的辐射波长为 2～50 μm 远红外波。此外,还有氮化物、硼化物、硫化物等为涂料的辐射元件。

七、微波干燥和设备

微波干燥系辐射干燥法。微波是指频率为 300 M～300 kMHz 的电磁波。目前常用的微波加热频率为 915 MHz 与 2 450 MHz。微波加热的原理是利用高频的电磁波使物料的极性分子进行高频振动,造成分子间摩擦进而产生热量。极性越强的分子(介电常数越大)振动也越大,产生的热量也越多。水是极性较强的分子,产生热效应也较高。微波加热不同于一般的加热,而是对物料内、外同时加热,这是其他加热法根本无法做到的。微波干燥具有以下优点:

① 能高效利用能源,可节约电能 1/3 以上。如用电热干燥耗电 100 kW·h,而用微波干燥同量、同含湿量的物料,耗电只需20 kW·h 即可达到同样干燥程度。

② 干燥速度快,时间短。

③ 产品质量好,干燥时表面温度不很高,对表面无损害,这是由于不对周围空气加热,因此表面氧化少,表面色泽保持好;同时,产品表面易形成多孔性结构,因此复水性好。

④ 干燥的过程也是杀菌的过程。

⑤ 厂房利用率高,同样的厂房面积,微波干燥的生产能力是传统干燥设备的 3～4 倍。

微波干燥的缺点是:一次性投资大,耗电能大等。从经济上考虑,对于含水率高的物料单纯采用微波干燥设备不一定好,常与其他干燥方法联合干燥。而微波干燥常用于物料含水率<20%时的干燥。如热风—微波干燥、远红外—微波干燥和油炸—微波干燥等。值得提出的是微波真空干燥机,它是利用微波、真空干燥法的优点而形成的干燥机,干燥的产品不仅质量好、时间短,且复水性也好,仅次于冷冻升华干燥的产品。

图 8-29 所示为隧道式微波干燥器,也称连

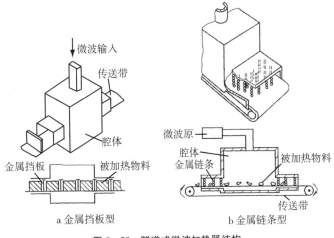

a 金属挡板型　　　　b 金属链条型

图 8-29　隧道式微波加热器结构

续式谐振腔干燥器。被干燥的物料通过输送带连续输入，经微波加热干燥后输出。在箱式谐振腔两端输送带出、入口处，都设有防止微波能泄露装置。在箱体顶端设有抽风装置，以便及时排出气化的水蒸气。可根据单位时间内需要干燥物料的水分，选择合适功率的磁控管，组成多管并联的谐振腔式连续加热干燥器。磁控管的功率有 5 kW,10 kW,20 kW,30 kW 几种。

八、冷冻升华干燥和设备

冷冻升华干燥系指将被干燥的物料冷冻成固体，在低温减压条件下利用冰的升华现象使冰直接升华为水蒸气而去除，以达到干燥目的的操作。

冷冻干燥的物料整个干燥过程都在 0 ℃以下完成，干燥成品呈海绵状易于溶解，因而适用于热敏感的物料，如酶、激素、血浆、抗生素、蛋白质类药品、王浆。一些呈固体而临用前溶解的注射粉剂多用该法制备。该法干燥设备昂贵，干燥成本是一般热风干燥的 5 倍，虽然干燥质量是所有干燥法中最好的，但仍需全面综合考虑选择(详见第十章第五节)。

第八节　食药用菌精粉、粗多糖提取新工艺和设备

一、食药用菌精粉、粗多糖动态提取工艺和设备

(一) 食药用菌精粉、粗多糖动态提取工艺

传统的水提醇沉工艺存在着有效活性成分有不同程度损失，浸膏在干燥过程中因长时间高温受热使多糖、肽类成分发生键链断裂、扭曲而失活，极大地降低了应有的功效。多糖动态水提取新工艺则克服了上述工艺缺点。

(二) 食药用菌精粉、粗多糖动态水提取生产线

按新工艺要求，配备合适、性能先进的设备，组成了多糖(粗)动态水提取生产线。该生产线由 5 部分组成，见图 8-30。

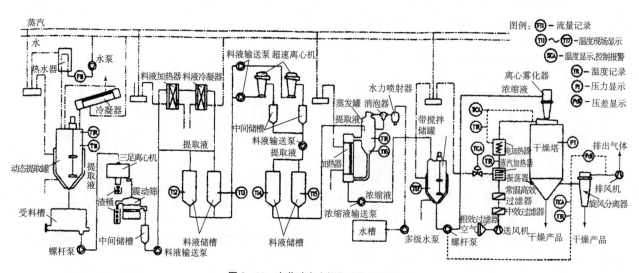

图 8-30　中药动态水提取生产线流程图

1. 粉碎

对子实体可用切片机或粉碎机切片或粉碎,对固体发酵物用松碎机松碎。切片厚度或粉碎度为3～5 mm,不可松碎得太小。对菌丝体用捣碎机破碎,目的是增加表面积,以提高提取率。

2. 动态水提取

采用95 ℃热水温浸,时间1～2 h。浸提设备为带搅拌的蒸汽夹套加热提取锅。温度不宜过高,目的是不使淀粉过分裂解糊化,否则对下步操作(如固液分离、浓缩、干燥)不利。浸提过程中开动搅拌器能降低浸提物周围溶质的浓度,增加扩散系数,缩短提取时间,提高提取率。新工艺提取1～2 h,并可一次提取完成,用水量较低。

3. 固液分离

分离过程采用三级分离设备。由三足式下卸渣离心过滤机、三维振动筛过滤机和澄清型超速管式离心机完成固液分离,可得到基本不含悬浮颗粒的澄清液。固液分离是提取多糖(粗)的技术关键。离心过滤机分离得到的沉渣呈半干性状态(含水分＜10％),这样就减少了多糖的分离损失;振动筛分离将＞160目(＞85 μm)的悬浮粒子过滤掉,可减少超速管式离心机的负荷。管式离心机可将微小渣物、悬浮物、淀粉等分离掉,便于以后的浓缩和喷雾干燥操作,避免或减少结焦、黏壁现象出现。超速管式离心机尚可部分替代自然沉淀和醇沉工艺,速度快,可避免多糖和肽类损失。

4. 蒸发浓缩

采用单效垂直长管式外部加热型、减压自然循环蒸发器。蒸发的加热器为一般结构的单列固定管板式热交换器,装在蒸发器外侧,这就降低了蒸发器的高度。由于蒸发器没受到蒸汽加热,提高了进、出口的温差,加快了溶液的自然循环速度。蒸发器顶部装有挡板式泡沫捕集器,使气、液分离,解决了多糖提取过程中易结垢、发泡等缺点,具有结构简单、装卸清洗方便、不易结垢等优点。

5. 干燥

采用先进的喷雾干燥系统设备,设定了一些不稳定成分、无变化的干燥条件的微粒化技术和防止内壁附着技术,特别适合于活性多糖成分的干燥,具有操作简单、性能稳定、调控方便、可实现自动化操作等优点(详见本章第七节《新型喷雾干燥机》)。为了符合GMP要求,干燥机的进风系统加装了中效过滤器和常温高效过滤器,保证干燥空气的洁净度在10万级以上,且保持干燥室在微正压下工作,避免在干燥过程中漏入未过滤的空气。

6. 生产线使用说明

1) 该生产线的提取核心是温浸和动态提取。在搅拌器转速不变情况下,针对不同食药用菌浸提物料,在提取之前应对温浸的温度和时间作一组正交试验,以确定最佳的参数,充分发挥设备的特点,提高提取率和取得节能效果。

2) 用该生产线生产多糖口服液和片剂。在口服液的生产中,为了达到较高的澄清度,需将经过二级分离后的提取液通过板式换热器使之冷却,以便析出更多的不溶物,使超速管式离心机分离掉更多的沉淀物,以提高提取液的澄清度;也可采用分离时减少流量的办法。对于提取液中悬浮物不同制剂有不同要求,且悬浮物含有大量有效成分,分离掉太多悬浮物将降低应有的功效,为此可根据要求在超速管式离心机上增加变频器,以改变离心速度,从而达到不同的分离效果。经过澄清的提取液根据口服液浓缩比要求经浓缩后装瓶、封口、灭菌和包装,即得口服液产品。当生产片剂时,提取液不必经过澄清分离,只需二级分离后就可进行浓缩、喷雾干燥,干燥后的粉剂加入适当添加剂后经压片、包装、灭菌后即得片剂产品。

(三) 食药用菌精粉、粗多糖动态水提取生产线的优点

1) 温浸动态提取工艺提取时间短,有效成分提取充分,淀粉、糖分浸出少,有利于分离浓缩。

2) 三足离心分离机机械刮落下卸渣,提取液分离充分,卸渣不污染车间环境。

3) 超速管式离心沉降分离替代自然沉淀、醇沉工艺,速度快,避免了多糖和肽类的损失。

4) 蒸发浓缩考虑了多糖易结垢、发泡的特点,能消泡,清洗维修方便。

5) 喷雾干燥充分考虑多糖软化点低、吸潮特点,采用多种防范装置。浓缩液在干燥过程中,有效活性成分损失少,提高成品内在质量,成品流动性、溶解性好。

6）生产线在密封状态下生产,符合 GMP 生产的要求。

7）生产线解决了水提醇沉的传统工艺生产中多糖活性成分失活和丢失多的问题,提高了多糖(粗)的得率和内在质量。

二、食药用菌动态三级逆流浸提工艺和设备

该工艺属国家"八·五"国家科技攻关项目"中药浸膏工艺研究"中的主流工艺,后又在合肥国家中药工业性试验基地进行了工艺与设备的验证。

该工艺技术与设备既保持了传统工艺的特点,又结合现代科学技术,配置了微机自动监测、控制系统,可以使用手动、手动电控和微机程序控制 3 种控制方式。该装置处于国际先进水平,已列入"国家火炬推广项目",目前仍是我国中药浸提工业最常用的工艺技术与设备。

(一)流程与工艺原理

1. 动态三级逆流萃取的流程与工艺原理

1）流程 图 8-31、图 8-32 为双罐三级逆流浸提的工艺流程。该流程使用两个中药浸提罐,进行三级逆流浸提,每罐经装药—三级浸提—出渣—装药—三级浸提—出渣共两次装药、浸提到出渣的循环。因为第三次浸提液套用于第二次,第二次浸提液套用于第一次,因此两个浸提罐的装药—浸提—出渣作业需要相互错开一定的时间。这种流程在当天 24 h 内可以完成,与次日的浸提不发生物料的交叉,可将 1 d 内双罐三级逆流浸提的全部物料计作一个批号,符合 GMP 关于药品生产中分批号问题的有关要求。

2）工艺原理 三级逆流浸提工艺的基本出发点是:在多级逆流浸提时,固、液相的传质具有最大的推动力,因此比单级多次浸提可以大大节省浸提溶剂的用量,也在后续的蒸发浓缩过程中大大节约加热水蒸气的用量;采用动态提取工艺则因为增加固体表面的液体流动速度,对固液边界层增加扰动,增大固液浓度差,从而加大浸提过程的传质速率。

图 8-31、图 8-32 以双罐每次投 100 kg 药材(共投 4 次,共 400 kg)为例,固液比取1∶8 即 800 kg。考虑到干燥药材的吸水性,每 100 kg 药材要吸水 150 kg,这部分水需要另外加入,在卸药渣时包含于药渣之中。正常套提(如#1 第二次装药和#2 第二次装药)时,在新装药材进行第一次提取(#1 一次提取和#2 一次提取)时所套用的溶剂分别是#2 第一次装药第二次提取后和#1 第二次装药第二次提取后的浸出液;上述药材进行第二次提取(#1 二次提取和#2 二次提取)时所套用的溶剂分别是#1 第一次装药第三次提取后和#2第一次装药第三次提取后的浸出液,而上述药材进行第三次提取(#1 三次提取和#2 三次提取)时所用的溶剂则为新水。新水均加入到第三次提取,这时药材中需要浸出的活性成分已经很少,新鲜水的加入有利于成分的最大限度溶出;而加入的尚未浸提的药材,是已经经过两次浸提的溶剂,这时虽然溶液中活性成分含量较高,但药材中的活性成分更多,还是可以大量被浸出,因此逆流浸提可以大量节约溶剂。该工艺与单级三次提取相比可节省 50% 溶剂。该流程中#1 第一次装药第一次提取,加入新水浸提后,浸提液直接放出不再套用;#1 第一次装药第二次提取仍加入新水,浸提后的浸提液经#2 第一次装药第一次浸提套用后也不再作第二次套用;#1 第二次装药第三次浸提使用新水,浸提液套用于#2 第二次装药第二次浸提后也不再作第二

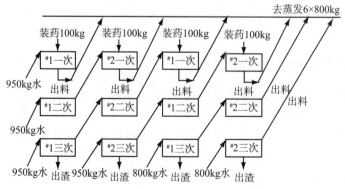

图 8-31 双罐三级逆流浸提操作物流图

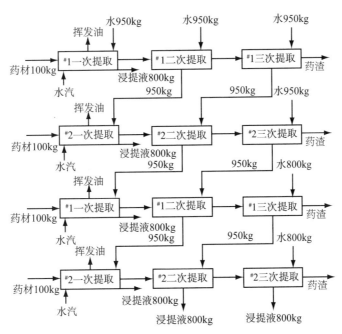

图 8-32　双罐三效逆流浸提操作物流图

(本图中进入衡算范围的物料流有药材、水、水气;离开的物料流有挥发油、浸提液、湿药渣)

次套用;#2 第二次装药第三次浸提用新水,所得浸提液也不再套用。这样的流程十分接近完全的固液逆流浸取。在单元过程中,逆流流动具有最大的固液传质推动力,而浸提溶剂的用量最少,这意味着后续的浸提液浓缩过程中水的蒸发量也小,从而最节约用于加热水蒸气。

该流程中不同浸提次数的提取过程中,共同双罐加水 6 次,其中有 4 次每次加入 950 kg,有 2 次加入 800 kg。这是因为双罐三级逆流浸取在 24 h 内一批浸提过程中,400 kg 干燥中药材共要吸入水 150 kg×4＝600 kg,这些水出渣时留在药渣之中;同样,离开流程的浸提液也是分 6 次取出,每次均为 800 kg。

该流程采用动态逆流技术。溶剂自浸提罐的下部用泵部分抽出,再循环至罐的上部,液体的定向流动减小了固、液相界面层流边界层的厚度,与无液体循环的煎煮式浸提相比大大提高了活性成分的浸出速率。

双罐三级逆流浸提机组还附有冷凝冷却器、油水分离器,对于含挥发油的药材,在第一次浸提时可同时馏出挥发油,挥发油分出的水层则流回浸提罐中。

2. 外加热式三效蒸发的流程与工艺原理

1) 流程　外加热式三效蒸发的工艺流程见图 8-33。三效蒸发过程由 3 台相同型号、规格的外加热蒸发器和 1 台二次蒸汽冷凝器组成。3 台蒸发器构成三效蒸发,第一效与第二效蒸发器的两次蒸汽分别被利用于第二效、第三效作为加热蒸汽。而待浓缩的中药浸提液则为平流进料,即同样的中药浸提液同时加入一、二、三效蒸发器中。当一批中药浸提液均已加入到三效蒸发机组后,各效蒸发器中的料液可再适度浓缩至较小的体积,然后利用第三效的真空度比一、二效稍高的压差,将一、二效中的浓药液自动抽入第三效蒸发器,合并后的中药液可继续浓缩(这时第三效已没有二次蒸汽可用,要用一次蒸汽加热)至规定的相对密度,最终由蒸发机组放料。

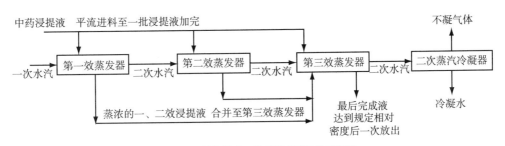

图 8-33　外加热式三效蒸发(平流)的流程图

2) 工艺原理　中药浸提液蒸发浓缩器的选型应给予重视,主要考虑的是:①中药浸提液在浓缩时蒸出大量水分,其水蒸气的高消耗量如何降低。②中药浸出成分及其他杂质易在加热面上结壁,影响浸提过程的操作、浸提物质量和收得率。多效蒸发是化工、制药等行业成熟的技术。与制糖、造纸业的蒸发量相比,中药浸提液的蒸发使用三效蒸发比较合适,无须选用更高的效数。20 世纪60～70 年代中药浸提液蒸发浓缩自蒸发锅进步为升膜、降膜式或刮膜式单程型蒸发器。该工艺所以采用外加热式蒸发器(见图8-34),是因为加热室与蒸发室内料液的温度差较大,从而可造成大的液流循环速度(1～1.5 m/s),有效防止中药浸提液在蒸发过程中的结壁现象,最终完成液的相对密度可达到1.3 以上。这一点已为从业者所做的中试放大所验证。

该工艺采用平流加料的流程,即同一批中药浸提液连续同时加入到三效蒸发器中。虽然 3 台蒸发器的大小都一样,但由于每效的传热对数平均温度差不同,一般为:$\Delta t_{m第一效} \geqslant \Delta t_{m第二效} \geqslant \Delta t_{m第三效}$。因此,第一效的蒸发量要大于第二效和第三效,浸提液的进料速度也要相应调整,见图 8-35。

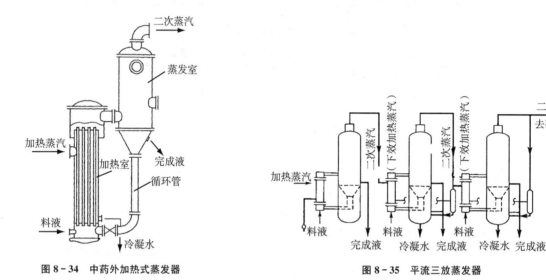

图 8-34　中药外加热式蒸发器　　　　　　　　　　图 8-35　平流三放蒸发器

3. 中药喷雾干燥的流程与工艺原理

1) 流程　如图 8-36 所示,喷雾干燥机组的主体是喷雾干燥塔,其中关键部件是雾化器。在这里,经浓缩的中药浸提液被雾化成细微的液滴并与热空气接触进行干燥。产生热空气的部分是空气净化、加装装置,离开干燥塔的废气则要经过固、气分离单元回收粉体产品。

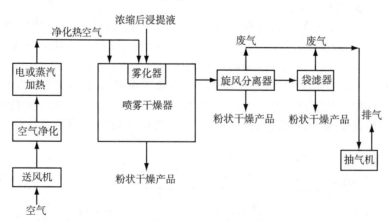

图 8-36　中药液的喷雾干燥流程图

2) 工艺原理　喷雾干燥机组的流程分为 3 个部分:①空气净化与预处理。送风机送入的空气需要进行过滤净化,然后再将其预热至一定温度,使其有足够的热量供湿物料中的水分气化,而同样绝对含湿量(升水分/千克干空气)的空气当温度升高时,其相对含湿量(或称相对湿度,以％表示)意味着空气载湿能力的增加。②喷雾干燥。浓缩至一定相对密度的浸提液被雾化器所雾化,一般中药浸提液的雾化可以使用离心式雾化器或气流式雾化器。在喷雾干燥塔中被雾化的细微液滴遇到热空气而将液滴中的水分气化,余下的是已经被干燥的固体细粉。细粉沿干燥塔的塔壁下滑,被收集于塔的下部,由专门的出料机构排出。③废气的固、气分离。热空气在塔内经过与浸提液雾滴的充分传热与传质,释放热量(降低温度),载走水分,作为废气离开干燥塔。由于其中还夹带少部分干燥的粉体产品,因此通常要经过旋风分离和袋滤进行固、液分离,将固体产品回收而废气排出。喷雾干燥过程因物料在干燥器内的受热时间短到数以秒计故而特别合适于热敏性成分的干燥。

(二)生产实例

中药浸膏生产工艺与成套装置包括如下内容。

1. 三级逆流动态水提取罐组

逆流提取是本工艺的核心,它具有浸提用水量少、浸提液浓度高的优点。动态萃取指提取液在罐内形成强制循环与增强传质速率,减少提取时间。罐组的级数对一般中药品种来说以三级为最佳。该罐组采用3台直筒形中药提取罐,组成三罐三级逆流浸提,药渣的排除方便;因为附有冷凝器、分液装置而适用于发挥油成分的馏出。

通过"益母草流浸膏"、"小柴胡汤颗粒"等6个复方中药品种在合肥中试基地年处理药材300 t的装置中进行的中试放大验证,除取得最佳工艺因素组合外,与单罐、静态水提取工艺相比可减少用水量40%～50%,缩短提取周期30%～40%,"小柴胡汤"浸膏的黄芩苷得率比原单罐提取高1.1%(千克黄芩苷/100千克药材,由4.41%提高到5.53%)。

2. 三效外循环式中药提取液蒸发装置

中药提取液的蒸发浓缩主要有两方面的要求:①提取液中的不少活性成分具有热敏性,受热温度要求低,受热时间也应短。②提取液较高的黏度以及材料液中的糖分等容易在加热面上结壁,造成中药活性成分的分解、破坏,需要避免。该工艺采用外加热式蒸发器,加热区与蒸发区形成较大的温度差使料液以较大的循环速度通过加热管,有效防止结壁;采用三效蒸发,以利于二次蒸汽的充分利用,节约加热蒸汽;各效蒸发器采用减压操作,以降低蒸发温度。

在上述三效蒸发装置中,对"益母草浸膏"的提取液进行蒸发浓缩时,盐水苏碱的含量为6.90 g/kg;而使用夹套常压蒸发锅时为5.74 g/kg,且蒸发所得浸膏中含有大量焦屑异物。对"小柴胡汤"提取液进行蒸发浓缩时,黄芩苷的含量为23.17 g/kg;而使用夹套常压蒸发锅时为21.24 g/kg,且蒸发所得浸膏中含有少量焦屑异物。与单效蒸发器相比,三效蒸发器可节约单效时加热水蒸气用量的60%～70%,而且因采用外加热从根本上解决了中药液蒸发时的结壁问题。此外,三效蒸发浸膏产品的密度可高达1.32,而单效蒸发只能达到1.25。对"温胃腹痛宁"、"板蓝根冲剂"等品种的提取液进行三效蒸发也得到同样的效果。

3. 中药浸膏喷雾干燥装置

喷雾干燥集蒸发、干燥于一体,将已达到一定浓度的中药浓缩直接制成干燥的中药粉体,由于物料受热时间短,适合于热敏性物料;喷雾干燥制得的中药浸膏为粉体,其溶解性能好,有利于开发现代中药制剂。中药浓缩液喷雾干燥的特殊性是料液的高黏度与某些成分(如糖分等)所引起的黏壁现象。采用热空气、料液雾滴垂直下降并流流动的形式使干燥产品处于低的出口温度,有利于防止热敏性物料所产生的化学变化。对热风分配器进行调节,控制从雾化器边缘排出的径向流线,可以防止料液雾滴在未完成干燥之前接触塔壁形成黏壁。离心式和气流式雾化器较适合高黏度、含糖分的中药料液,对于前者要注意上部塔壁的黏壁现象,后者在小塔径设备中易发生黏壁。

对"小柴胡汤"、"小儿止泻冲剂"等8个品种的料液所进行的中试验证表明,上述喷雾干燥设备可从中药料液一次性制得中药浸膏干粉体,无论其色泽、活性成分含量均优于过去的蒸发—烘干工艺;除当含糖量超过10%或醇沉的料液进行喷雾干燥时黏壁现象严重外,多数情况下可以实现正常操作(采用新型专用于食药用菌精粉和粗多糖的喷雾干燥机可解决以上黏壁现象)。

三、中药(菌药)固定床进级逆流提取工艺和设备

中药提取对中药制药的基本工艺过程具有一个突出的标志性改变,就是摆脱原生药入药的丸、散、膏、丹

及传统剂型的加工工艺,而是通过中药的提取,进一步制备粉剂、片剂、胶囊、针剂等现代剂型提供制剂前的中间体。近40年来,提取工程的发展还是很缓慢,远比不上中药制药的制剂工程,是中药制药工程中比较落后的一项,中药提取仍处在一种粗放型的感性的工程状态。由于缺乏中药提取质量标准和先进的提取工艺技术规范,直接地影响和制约了中药质量水平的提高、中药新品的开发以及中药质量标准的制定,甚至间接影响和制约了中医疗效的体现及中药走出国门走向世界。

进入21世纪对中药质量控制提出了更明确的要求,中药指标成分的检测已发展到相当的水平。中药指标成分监测用的法定对照品已经发展到300多个,中药指纹图谱的研究也正在广泛展开。有了这些质量控制的指标,中药提取技术的发展有了更加明确的方向,在需要依靠质量说话的前提下,提取技术的优劣就有了客观的判别标准。研究和应用先进的提取工艺技术,建立相应的技术规范,对于加快我国中药产业现代化的进程,推动现代中医药技术的发展,提高中药产品在国际市场的竞争力,具有重大的现实意义。

(一) 中药(菌药)有效成分提取技术现状

1. 中药(菌药)提取技术存在的问题

现有的中药提取工艺通常采用煎煮、浸渍、热回流等方法,大多应用单个提取罐进行提取作业,一般需进行2~3次提取,溶媒用量高达药材质量的10倍以上,提取温度高达溶剂的沸点。它主要存在以下问题:

① 过高的提取温度在导致药材中淀粉的过分裂解、糊化、增加非药效成分溶出的同时,还伴有药效成分的分解、转化与挥发,降低了产品质量和疗效,造成与溶媒共沸蒸馏成分的损失,不适合热敏性效成分的提取。

② 单个提取罐进行多次间歇式提取作业和使用大量的溶媒,不仅效率低下,而且大大增加了后续浓缩的能耗,如采用有机溶媒提取,会大幅度地增加生产成本。

③ 无论是煎煮、浸渍还是热回流提取方法,药材与溶媒均保持相对静止的状态,并且药材与溶媒中的药材成分在接近平衡时药效成分的浓度差小,导致提取时间长、药效成分提取率低,浪费宝贵的药材资源。

2. 中药(菌药)提取技术发展的趋势

1) 常温或低温提取技术　确保提取物具有与原药材相同的性、味,即原质原味,避免无效成分的溶出,提高药效成分的纯度,减少服用剂量,提高疗效。如常温浸渍提取、超临界 CO_2 流体提取、超声波提取、逆流提取等,具有不破坏药效成分、适合热敏药材提取和避免无效成分的溶出等优点。

2) 动态提取技术　实践证明,将药材与溶媒进行充分流动是提高提取率的重要手段,将药材加工成多角形颗粒饮片是实施动态提取技术的前提和必要条件。

3) 逆流提取技术　逆流提取技术的主要优点在于:提高了溶媒与药材的药效成分浓度差,大大提高提取工作效率和药效成分提取率,节约药材资源,从而进一步提高经济效益。

4) 复方和多组分提取是中药提取的重要发展方向　由于中医和西医的理论基础不同,中药提取必须遵循中医药理论体系。中药是多组分药和复方药,单一成分的提取物应归类于植物药或西式中药,只有传统的浸渍法提取才比较符合中药对复方和多组分的提取要求。基于浸渍法的动态、逆流提取技术和设备,对提取温度、提取时间、溶媒体用量、药材粒度等研究,根据药效成分提取率和质量要求进行优化,是中药提取工程现代化的重大课题。

(二) 中药(菌药)固定床提取与进级逆流提取工艺

1. 固定床提取

1) 固定床提取系统的结构和工作原理　该系统是由提取罐、循环泵、管道、阀门组成的提取机组。图8-37是固定床提取系统工作原理图,其特征在于还包含有储液罐和二位四通切换阀。该二位四通切换阀的1组位于同一直线上的接头 a,c 分别与循环泵的出口和储液罐的进口连通,另一组位于同一直线接头 b,d 分别与提取罐的上部和下部连通;循环泵的进口与位于储液罐底部的出口连通。来自储液罐的提取溶媒经循环泵增压后,通过切换阀 b,a 通道从提取罐的下部流入在提取罐的上部流出,再经切换阀的 c,d 通道流回储液罐。若将切换阀的阀芯

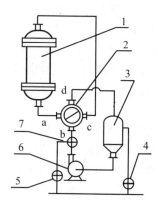

图8-37　固定床提取工作原理

1.提取罐;2.四通切换阀;3.储液罐;4,5,7.阀门;6.循环泵

旋转90°进行切换,循环泵出口的提取溶媒通过切换阀b,通道c从提取罐的上部流入,在提取罐的下部流出,再经切换阀的a、d通道流回储液罐。提取罐上部和下部分别装有固液分离装置,以阻止药材随提取溶媒的移动。

2）固定床提取系统的特点

（1）缩短提取时间,提高提取效率　采用固定床循环动态提取技术,由于药材之间形成不规则的空隙,溶媒的流动很容易产生湍流状,形成良好的固液互动效果,药材表面的成分及时被溶媒带走,产生药材表面与内部药效成分浓度差,加速药材内部成分的迁移。这种均匀、充分的固液互动效果是机械搅拌式动态提取所无法达到的。

（2）提高药材的填充率和生产能力　药材的填充量提高到提取罐容积的100%（体积比）,比现有提取罐提高空间利用率1倍以上。尽管增加了储液罐用于提取溶液的循环,但在提取生产中均配有中间罐、缓冲罐等用于提取溶媒的储存,因此实际上并不需要增加新的配置。若因增加药材的填充率提高产量需要增添储液罐时,由于单位体积的储液罐造价低于提取罐,在经济上也是有益的。

（3）简化提取罐的结构,降低成本　已有的技术和经验告诉我们,要保证固定床内溶媒均匀、充分地流动,固定床即提取罐的长径比应达到（6～10）:1,或对提取罐的结构进行特殊的设计与制造,以避免溶媒流动时产生壁流或沟流现象。采用了提取溶媒流向切换技术,即使一般的提取罐（长径比为3:1）,也能消除或避免壁流和沟流现象的产生。因为溶媒流向切换前后,固定床两端压差进行反向变换,破坏了固定床原来建立好的阻力与流量分布状况,建立新的阻力与流量分布体系,由于药材形态的不规则性,这种阻力与流量分布体系是不可能完全相同的。因此,反复切换溶媒流向就可以保证溶媒在固定床均匀、充分地流动。

（4）提高提取产品质量　一方面避免了机械搅拌对药材的破碎作用,减少溶入溶媒的粉末和杂质；另一方面,作为固定床的药材对溶媒具有很好的过滤效果,溶媒在流过药材表面时吸附溶媒中的固体颗粒,使得提取溶液被药材过滤。

（5）确保循环提取药效、可靠　为了提高提取效果,被提取的药材一般都要进行切制或破碎处理,尤其是进行粗粉碎处理的药材,其中含有大量的粉末,在进行循环提取时溶媒不断地将粉末冲刷到滤网处,易导致堵塞。采用切换装置后,在滤网堵塞前将溶媒在提取罐内的流向进行切换,可完全避免滤网堵塞。如此进行反复切换,就可以保证溶媒相对药材的流速,从而确保循环提取药效、可靠。

（6）利于节约能耗　由于受提取罐结构和使用功能方面的限制,一般的提取罐均设置蒸汽夹套进行加温提取,即为外加热方式。若在储液罐内设置加热盘管,采用内加热方式加热溶媒进行加温提取,其效果与提取罐的外加热方式是完全相同的；然而储液罐的内加热比提取罐的外加热具有更小热量损耗和更好的传热效果,有利于节约能耗,同时还降低加热装置的制造成本。

2. 进级逆流提取工艺

逆流提取是指药材中药效成分的递减（或递增）与溶媒中药效成分的递增（或递减）按反方向变化的提取过程。在提取过程中,药效成分含量较高的溶媒与药效成分含量更高的药材进行提取,药效成分含量较低的药材与药效成分含量更低溶媒进行提取。

一般的逆流提取（被称为顺序逆流）是基于螺旋输送式和罐组式两种提取装置的工艺流程,简称螺旋逆流或罐组逆流,溶媒与药材按顺序反向移动。无论是螺旋还是罐组逆流提取工艺,理论上均可以节约提取溶媒,提净药材中的药效成分；但在实际生产中,一般的逆流提取技术其提取时间、提取温度、溶媒用量等很难满足不同药材的提取要求,药材与溶媒的药效成分浓度差小,提取工作效率普遍较低。

进级逆流提取时基于罐组式提取装置的提取工艺流程,溶媒与药材按顺序反向进级移动,大幅度提高了药材与溶媒的药效成分浓度差,具有较高的提取工作效率,工艺流程见图8-38。图中药材以○表示,溶媒以□表示,药效成分以■表示（■■表示比■多一档）,溶剂迁移路线以↓表示。图中以5个提取单元为例（系经过多个过程后建立起来的）。图8-38展示了提取"过程一"至"过程五"各提取单元溶媒迁移路线、进料和排渣、加入新鲜溶剂和提取液导出等操作规律,其中"过程六"及以后的4个提取过程为"过程一"至"过程五"的重复。

图8-38中,各单元药材中药效成分含量和溶媒中药效成分含量依次为递减（或递增）,整个提取过程分为和单元数相应的阶段作业,每个单元进行各自独立的提取,当某一阶段提取过程结束时：①药效成分被提

净的单元:进行排渣和加料作业。②其他未提净的单元:被提净单元的下一单元之饱和溶媒排至后道浓缩工序;不饱和溶媒按药效成分含量递减的反方向隔一个(进一级)的单元进行单元组数减1次的迁移;新鲜溶剂加入到无溶剂的单元。③前1)、2)步骤完成后各单元重复下一个过程。各单元药材中药效成分含量和溶媒中药效成分含量依次也可以递增,则文中相应描述相反。

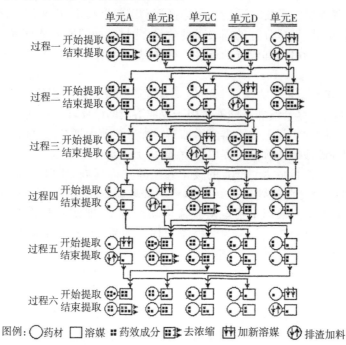

图8-38 五单元5操作进级逆流提取工艺流程

在进级逆流提取工艺中,由于将溶媒迁移至隔一个的单元,大大提高了药材与溶媒药效成分浓度差,提高提取推动力和提取效率。

(三) 固定床进级逆流提取设备的应用

1. 固定床进级逆流提取设备工作原理

提取设备由A,B,C,D,E5个相同的固定床提取单元组成,由溶媒迁移K连接,见图8-39。

2. 固定床进级逆流提取设备的特点

固定床提取技术为进级逆流提取工艺的实施提供了可行的方案,适合于动物类、矿物类、根茎类、花草类、种子类等原药材进行常温或加温浸提、常温或加温动态提取、常温或加温进级逆流提取。各提取单元既

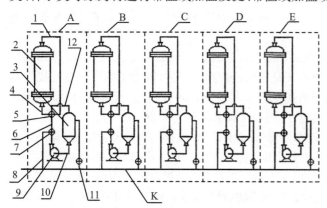

图8-39 固定床进级逆流设备工作原理

1,4,6,8,10,12.管道;2.提取罐;3.储液罐;5.四通切换阀;7.一位三通阀;9.循环泵;11.直通阀;K.迁移管

可独立地进行各项提取作业(浸提、动态提取),也可组合使用进行进级逆流或逆流提取,同时还适合水或乙醇等多种溶媒的提取。对于各种药材的提取时间T、提取温度C、溶媒及溶媒用量E、颗粒饮片尺寸D、提取单元组数N、药效成分提取率F等工艺参数,根据不同药材的特性进行优化,提高提取经济效益,工艺、技术达到国内领先、国际先进水平。主要特点如下:

1) 适合低温提取,避免高温提取时易挥发性成分的流失和淀粉的糊化,有效地控制非药效成分的溶出。

2) 采用了由多个提取单元组成的将不饱和溶剂按药效成分含量递减的反方向迁移至隔1个单

元的进级逆流提取新工艺,确保各提取单元的药材与溶剂之间保持较大的药效成分浓度差,大大增加了提取推动力,加快了提取速率,提高了最终溶剂药效成分的浓度,降低后续浓缩能耗;同时可有效地控制料渣中有药成分的含量,确保药材中的药效成分被提净,具有药效成分提取率高的优点。

3）采用固定床动态提取新技术,提高了药效成分从药材表面扩散到溶剂的速度,实现提取过程中药材与溶剂中的药效成分快速平衡,大大缩短了提取时间;同时,溶剂在流过颗粒状药材时已被充分过滤,提取液无须澄清、过滤就可直接进行浓缩。

4）用颗粒饮片作提取投料,增加了药材的比表面积,缩短了药效成分从药材内部迁移至表面的时间,进一步加快了提取速率,使进级逆流提取工艺更具高效低耗的优点。

5）提取过程在密闭状态下进行,全部材料采用不锈钢、聚四氟乙烯或硅橡胶制造,避免对药材的污染,确保提取物的卫生质量,还适合各种溶剂进行提取。

6）特殊的阀门、泵以及管路设计,特别是使用了立式循环泵、四通切换阀、一位三通阀等装置,结构紧凑,操作简单,使用方便,便于排净溶剂,确保工艺数据的准确、可靠。

3. 主要工艺参数(供参考)

1）物料颗粒度 D　不同特性的药材提取时要求的颗粒度不同。该提取装置要求使用颗粒饮片作提取投料,粒度 D 的一般范围为 1～7 mm,细粉应控制在 30 目以内。

2）提取温度℃　较高的提取温度有利于药效成分的溶出,缩短提取时间;但过高的提取温度会导致物料中淀粉的糊化和低沸点药效成分的损失。提取温度的上限应以淀粉的溶出、低沸点药效成分的挥发温度为限。采用进级逆流提取工艺,药效成分的提取率主要由提取单元组数来保证,与一般提取工艺相比,可降低提取温度,节省提取能耗。建议提取温度在 65 ℃以内。

3）阶段提取时间 T　采用颗粒饮片作提取投料和固定床提取新技术,缩短了药效成分从物料内部迁移至表表面的时间,提高了药效成分从物料表面扩散到溶剂的速度,实现提取过程中物料与溶剂中的药效成分快速平衡,缩短提取时间。阶段提取时间 T 一般为 20～50 min。

4）提取单元组数 N　提取单元组数直接影响药效成分提取率,采用进级逆流提取工艺的最少提取单元组数 N＝3。一般情况下,药材药效成分基本被提净的单元组数 n＝5。

5）溶剂用量 E　溶剂用量是影响药效成分提取率的第二位因素。考虑到浸润物料需用 1.0～2 倍物料质量的溶剂,实际溶剂用量为 3～5 倍物料质量。

6）药效成分提取率 F　影响药效成分提取率的因素依次为提取单元组数 N、溶剂用量 E、提取温度℃、物料颗粒度 D、阶段提取时间 T。

4. 固定床进级逆流提取设备的应用

由于紫草素在高温下易氧化,故采用冷浸法进行提取;又由于紫草的堆积密度小,故溶媒节省不明显。

表 8-8 数据表明,药效成分转移率明显提高,其中天麻和元胡的药效成分转移率分别提高 45.9% 和 28%。在药效成分转移率明显提高的同时,溶媒用量和提取温度大幅度降低,节约溶媒成本,避免热敏药效成分流失,降低浓缩能耗。

表 8-8　部分药材进行提取工艺参数比较

药材 ＼ 因素	提取时间/h		乙醇用量/倍数		提取温度/℃		药效成分转移率/%	
	回流	逆流	回流	逆流	回流	逆流	回流	逆流
龙血竭	4.5	3.6	10	3.6	80～90	30～40	82.5	84.8
天　麻	2.0	2.5	15	4	＞90	40	42	87.9
元　胡	2.0	2.5	15	4	＞90	40	50	78
紫　草	2.5	2.4	10	10		室温	80	84.2
浙贝母	2.5	2.5	12	4	＞90	室温	80	80
人　参	2.5	2.5	12	4	＞90	室温	70	75

(四) 提取技术的展望

综上所述,中药提取是中药生产过程中最基本和最重要的环节;提取的目的是最大限度地提取药材中的药效成分,避免药效成分的分解、流失和无效成分的溶出;提取介质一般采用水或乙醇等有机溶媒,提取溶媒经浓缩、干燥即成为成品或半成品中药。因此,提取技术的优劣直接影响到药品质量和药材资源的利用率、生产效率、经济效益。综合国内外提取技术的现状,国内的传统提取技术已经得到了较大的发展,如多功能提取、动态提取、热回流提取、逆流提取等,为中药产业化作出重大贡献。国内企业与科研机构在运用现代科学技术提高传统产业技术水平方面,做了大量的研究工作,取得了许多成果,如超临界 CO_2 萃取、超声提取、微波提取、静电提取(尚处于研究阶段)等,使中药产业向现代化方向发展迈出了可喜的步伐。国外的提取技术由于缺乏中医理论提导,不能满足中药生产要求。虽然日本在对中药进行大量研究的基础上开发了一套动态提取设备,自 20 世纪 80 年代上海中药一厂引进该设备以来,国内的仿制品用户达 20 多家,但均未能达到令人满意的效果;相反,国内的药机企业借鉴了日本的动态提取技术对传统提取设备进行改造,开发出的动态提取和动态热回流提取设备在国内的中药提取领域占据了主导地位,还出口至东南亚和欧美等地区。

在经济全球化发展的今天,提取单一药材或单一药材中的单一成分是中医理论界的一个重要研究课题。生产和开发在中医理论指导下的中药产品(多组分或复方),应该是中医药理论和中药产业发展的主流。超临界 CO_2 萃取、超声提取、微波提取等现代提取技术,主要在单一药材和单一成分的提取方面,除超临界 CO_2 萃取技术有小规模生产应用外,其他提取技术目前主要应用于实验研究,未见生产应用报道。固定床进级逆流提取是在传统提取方法上采用新工艺、新技术的产物,符合中医药理论,该工艺技术的应用标志着中药提取工程新的发展。

第九章　食药用菌工厂化生产技术装备

第一节　概　　述

一、从现实食药用菌产业升级和进行现代化改造的必要性上看

1. 2010 年我国食药用菌总产量达 2 020 t,约占世界产量 75% 以上,产值近 1 200 亿元,出口创汇 14.26 亿美元,全国约有 2 500 多万人从事食药用菌的生产、经营、科研、管理。食药用菌是我国大宗出口农产品之一。从以上数据可看出,我国是名副其实的食药用菌生产大国,但还不是一个食药用菌生产强国,具体体现在以下几个方面。

1) 食药用菌生产有 97% 以上为家庭作坊靠自然气候的生产模式,生产分散,菌种杂乱,管理粗放,单产低,品质不高,生产受自然气候影响大,产销不畅,产量季节性强,价格起伏较大,农民收入不稳,是典型的传统农业生产方式。

2) 食药用菌生产技术装备仍停留在适合个体专业户使用的水平上,生产效率不高。随着我国食药用菌工厂化生产的起步,生产了一些适合工厂化生产的技术装备,但在品种、研发力量、技术水平、成果储备上与发达国家相比仍有相当大的差距。

3) 在食药用菌产品加工率上,在食药用菌初、深加工产值与食药用菌产业产值比例上,在食药用菌加工新技术,新装备应用上,在食药用菌加工后增值比例上,与世界先进水平相比存在较大差距。

2. 食药用菌产业由家庭作坊式的生产模式向周年工厂化生产模式的转变,实现产业升级,促进现代化改造是食药用菌产业发展的必然趋势。国外食药用菌生产先进国家(日本、韩国、荷兰、法国等)发展的历史告诉我们,随着城市化速度加快、农村劳动力的转移、劳动力缺乏、市场竞争加剧,促进了食药用菌工厂化速度加快,今后 10 年将是我国工厂化生产快速增长期。据中国食药用菌商务网专题调研结果,我国食药用菌工厂化生产企业已从 2006 年的 47 家增加到 2009 年的 246 家,2010 年达 443 家以上,年生产总量 65 万多 t,占全国总产量的 3.2%,占全球工厂化生产量的 10%;按当前工厂化生产发展速度以 30% 计算,2013 年将达 1 000 家,日生产能力将达 5 000 t,届时我国工厂化年产量将是欧美现在年产量总和。为了适应我国食药用菌产业升级,现代化改造对技术装备的需求,必须从现在起就进行工厂化生产现代技术装备的研发,这是十分必要的。

3. 食药用菌产业实现产业升级和现代化的改造后,将大大促进食药用菌产业良性发展,以食药用菌为开路先锋,按照生态规律的要求,对农作物秸秆进行多层次综合开发利用,是贯彻落实国务院办公厅 2008 年文件《关于加快推进农作物秸秆的综合利用的意见》精神的最佳选择和必要。

二、从实现食药用菌工厂化生产后的经济、社会、生态效益上看

1. 食药用菌产业实现现产业升级和现代化改造后,食药用菌生产模式转变为周年工厂化人控气候设施生产模式和公司＋基地＋菇农的组织形式。分工细化有利提高企业的机械化、规模化、集约化程度,进而提高劳动生产率、降低生产成本、菇农投资少、生产管理单一和易于规范化操作;同时也便于菌种管理、产品安全性和履历制度建立、增强抵御自然灾害、降低产品生产、销售的风险,促进产业分工细化、产业链延长,便于新技术、新装备的应用和创新机制的建立。

2. 项目实施后,将对引进的食药用菌工厂化生产主要技术装配进行国产化和再创新,新装备武装工厂化生产企业,届时每天都有多品种、高质量的食药用菌产品定量、稳定地供应国内、外市场。资料表明,上海天厨菇业有限公司(用引进设备)已在 2003 年做到年产 1 000 t(日产近 3 t)鲜菇,作业工人平均每人每年产量 20 t(是普通菇农产量的 20 倍)产值 30 万元,每 hm²(公顷)产量 1 500～2 250 t(每亩产量 100～150 t)和

95

每平方米金针菇产量150 kg(是传统生产方式的50倍),实现了土地贡献率高、劳动生产率高、商品附加值高、生物传化率高的四高,每年效益增长大于产量增长。由上例可知,食药用菌工厂化生产是可以率先走出一条高产出、高效益、高回报的发展路子。这种工厂化生产模式和组织形式可实现食药用菌产业内的良性互动机制,可做到真正意义上的富民,可使食药用菌产业成为大农业产业生产现代化的先头部队。

3. 从食药用菌生产比较先进国家(如日本、韩国、荷兰)的历史上看,国外用40～50年的时间实现食药用菌工厂生产。我国由于有可借鉴的生产模式和配套的技术装备,预计发展较快也需15～20年的时间。将食药用菌目前产量的50%用工厂化模式生产,也就是每年将有1 000万t的食药用菌由工厂化企业生产,每个企业以年产1 000 t计,全国需1万个工厂化生产企业;如每个企业配备1套售价约100万元的主要技术装备,需生产1万套总值为100亿元的主要技术装备;如生产期为20年,企业每年要生产500套总产值为5亿元的工厂化生产主要技术装备。

4. 发展工厂化、现代化食药用菌生产,正是利用微生物分解、利用作物秸秆的众多方案中最佳的选择,因为科学地利用食药用菌的效益最好,单项和综合效益都高,能够推动农业实现经济、社会、生态3个效益的协调统一。目前各级政府把发展食药用菌产业作为调整农业结构、实施强农富民工程的支柱产业来培植,食药用菌产业大发展推动农业结构由原来的二维结构向三维结构转变,使农业实现良性生态循环,使产业成为最大的节约型和循环型产业,有效地保护和改善大生态环境。

三、食药用菌工厂生产的含义、特征、优点和主要事项

(一) 含义

食药用菌工厂化生产是最具现代农业特征的产业化生产方式,也是食药用菌实现产业升级,促进现代化改造和产业发展的必然趋势。它采用工业化的技术手段,在相对可控的环境设施条件下进行高效率的机械化、自动化作业,实现食药用菌的规模化、集约化、标准化、周年化生产。当前,国内外实现工厂化生产的食药用菌主要有双孢菇、金针菇、真姬菇、杏鲍菇、小平菇、灰树花、滑菇、白灵菇和草菇等,其中工厂化生产历史最长、工艺技术最成熟的是双孢菇,其次是金针菇、真姬菇。

(二) 特征

1. 在人控环境下生产食药用菌是工厂化生产食药用菌的最主要特征。它使食药用菌生产摆脱了靠天吃饭的传统农业生产方式,可做到全天候作业,周年计划生产,多品种高质量的产品均衡供应市场;同时提高了设备利用率,降低设备、设施折旧费用,可实现菇农工作固定化、常年化。

2. 采用机械化、自动化的高效设备和先进的工艺流程,可十几倍甚至数十倍地提高劳动生产率,从而使菇农从低效、高强度的手工劳动解放出来。如食药用菌生产中的装瓶机比手工提高了20多倍;接种机在过滤净化层流空气条件下接种,接种能力为6 000瓶/小时,比人工提高了30多倍,且工作环境也得到改善;预真空灭菌器可做到程控灭菌程序,预真空后通蒸汽实现无灭菌死角,且节省蒸汽耗量、缩短灭菌周期。由上可看出,食药用菌工厂化生产是靠科技含量的增加、靠高新集成技术来满足工厂化生产的需要,是技术密集型农业、集约化农业。

3. 生产具有一定规模的特征。为了充分发挥设备、设施生产能力,各设备间生产能力的匹配性和工艺流程配套性,以及满足产业化操作和市场的需求,1个食药用菌工厂化生产企业应有1个最合理的基本生产规模。如1个工厂化生产金针菇企业,选用1条装瓶生产线后,需根据该线每小时装瓶能力确定灭菌器的大小和数量以及栽培房的大小和数量;又如1个采用二次发酵工艺的堆肥生产企业,最小的规模需要3个前发酵隧道和3个后发酵隧道及配套设备,其他规模的企业应为基本规模的整数倍。

(三) 优点

1. 不受自然气候影响可进行全天候周年生产。

2. 可获得高的土地产出率、资金收益率、产品质量安全、市场的价值和经济效益。

3. 产品经受自然和市场的风险要小得多。

4. 利于食药用菌菌种管理和规模化生产。

5. 利于产品质量安全追溯制度的建立。

6. 利于产品分工细化和产业链的延伸。

7. 便于实现菇农固定工作和培训工作效果。

8. 可为食药用菌加工业周年均衡定量供应适合加工的高质量、标准化鲜品原料。

（四）注意事项

1. 食药用菌工厂化生产中农业科技与工业科技的关系

食药用菌工厂化生产实质上是现代农业科技和现代工业科技强势结合,孕育生成的一种复合生产体系。农业科技是母本,工业科技是父本,两大产业技术结合的好坏决定了食药用菌工厂化生产技术成败和水平优劣。双方的关系不是简单的农业出题、工业答题,也不是笼统的技术叠加,而是一种相互渗透、相互影响、相互融合的过程,是一种你中有我、我中有你,共同促进携手发展的关系。

1）现代农业科技是基础　食药用菌工厂化生产必须依靠现代科技的发展,在研究和揭示菌物生理、生态规律的基础上,建立生产模式,并为工业技术配套提供科学依据。农艺人员面对的是生产方式的变化,为此,就要充分了解工厂化生产所特有的标准化、规模化、连续化的特点,在建立生产模式中注意研究解决一系列新的子课题,如适应大规模集约化栽培的工厂化专用品种的选育,标准化栽培技术体系的建立,以及以克服连作为目标的安全无公害植保技术的应用等。为了更好地完成以上工作,农研、农艺人员需要运用现代的农学理论知识,科学地阐述作为生产对象的菌物生长奥秘,同时总结传统农艺技术精华,运用定性、定量分析方法,把农业生产过程模式化,把栽培经验数据化,把农艺要求指标化,这是一项非常重要的基础工作。小小的食药用菌生产涉及到许多农业科技领域的知识综合,如菌物生理学、生态学、遗传学、育种学、营养学、栽培学、气象学、病虫害防治技术等,需要大量的实验数据分析以及反复的生产实践验证,缺乏这样的工作基础要进行高水平的食药用菌工厂化项目建设是难以想象的。

2）现代工业科技是手段　食药用菌工厂化生产必须依托现代工业技术的武装,采用移植和嫁接的方式,把工业领域众多的高新技术和成熟技术引入到农业生产过程,帮助其完成从田间到车间、从农艺到工艺的转变。如生物技术、电子技术、自动化技术、信息技术、化学技术、新材料技术乃至航天技术等大批高新技术成果都可以在食药用菌工厂化生产这个平台上组装应用,一显身手。作为工程技术人员,面对的是生产对象的改变,要懂得食药用菌的繁殖生长过程绝不等同于普通的物理加工或化学反应,它是一个高级的生命物质运动过程,而我们面对的则是这个过程的复杂性、变化性、模糊性和随机性。为此,在技术方案的选择中就不仅要满足个体对象,而且要满足群体对象;不仅要考虑单因素影响,而且要考虑多因素交互影响;不仅要符合静态指标,而且要符合动态指标:从而选择采用系统技术、信息技术、智能化控制技术等相应的高新集成技术来满足食药用菌工厂化生产的需要。

2. 人工环境控制要点

环境设施和控制是食药用菌工厂化生产最为关键的技术,并以该形成菌物生长的生命支持系统。研究该系统特点对于指导工厂化建设有着十分重要的意义。食药用菌工厂化生产的环境系统是一个受自然规律制约的人工仿真系统,又是一个人类驯化了的自然生态系统。换句话说,食药用菌工厂化的建设既要充分考虑外部大环境的影响,又要十分注意内部小环境的营造。人工环境控制实质上是在有限范围内采用人工技术对自然环境的一种补充、改善和加强,也就是营造一个内部的小环境、小气候,以改变不利的外界条件影响或是削弱不良的生态因素对生物种群的危害,以期获得系统的最高生产力和发挥最大的综合效益。菌物的生态环境极其微妙,在工厂化生产采用高密度、立体化栽培的情况下,怎样使人工设施影响能够均衡给予每个生物个体普施甘霖,同此凉热,确实是值得人们大费心思的。要提高工厂化的生产水平就要提高对环境设施的控制水平,这里光靠某项单一技术应用是无法胜任的,必须采用涉及多学科、多领域的集成技术彼此协同配合,如计算机技术、信息技术、生物技术、新材料技术、建筑工程技术、暖通工程技术、制冷工程技术等。温、光、湿、气是人控环境最重要的生态因子,它们对食药用菌生长影响往往呈现一种交互作用。比如,通风同时会引起温度和湿度的变化,因此过去那种以时间限值为设定目标的单一因素的开关控制对于大规模的工厂化生产已经很不适应。以计算机和软件为基础的信息收集处理和传感技术的发展,使人工环境控制技术进步到复合化的智能型多因素联动控制。其可以周密地考虑各种生长因素的互动关系,选择最佳的控制方案,同时指挥多项控制设备满足系统的要求。目前,国外又在复合控制的基础上逐步发展了无线远程控制、生理监测等更为先进的集成技术手段。

3. 硬件配置和软件管理

食药用菌工厂化生产是一种现代化的集约经营,它不同于小生产的粗放经营。企业不单要注意设备、技术等物化形态的硬件配置而且要注意管理、方法等智能形态的软件建设,软硬兼施,刚柔并济,两者不可或缺。

工厂化生产的硬件是指构成企业生产经营运作系统主体框架的物质基础。我国现有的上百家食药用菌工厂化企业。由于多数是采用仿造国外现成模式引进关键设备,因此在硬件技术上起点都不算低;但是应该清醒地看到时代在前进,科技在进步,国际上食药用菌工厂化生产技术又有了新的突破和发展。例如:

——液体菌种技术的应用 液体菌种具有繁种快、成本低、发菌时间短、出菇整齐的特点,但投入大,技术掌握难度高,适于工厂化生产采用,国内虽有不少报道,但真正投入规模生产的并不多。

——大口径瓶栽技术的应用 国内目前基本采用容量为 850～1 000 ml、瓶口内径为 Φ58～Φ65 mm 的栽培瓶,而日本、韩国已普遍采用容量为 1 100～1 400 ml、瓶口内径为 Φ75～Φ82 mm 的栽培瓶,原因是增大瓶容积和口径可获增产,如金针菇单瓶产量可达 300 g 左右。

——高效率设备的应用 近几年来,食药用菌工艺装备不断更新,如装瓶机的装瓶能力从 3 500 瓶/小时提高到 6 000 瓶/小时和 1.2 万瓶/小时;接种机接种能力也从 4 头接种发展到了 16 头接种(液体菌种),接种能力可达 1 万瓶/小时,大大提高了生产率。我们应密切跟踪国际先进技术装备发展动向,从自己现有条件出发,不断突破创新,形成和保有自己的核心竞争力。

工厂化的软件是指支持和监控企业生产、经营、运行的要素,包括组织机构、管理体系、控制方法等。食药用菌工厂化生产企业要注意建厂的同时抓建制,逐步形成一套既吸取大工业严密组织、严格管理的精华,又适合农业生产特点的管理模式。而在创建初期,首位重要的是建立标准化的生产管理体系:

——第一阶段抓产品的标准化 建立产品的企业标准,包括从菌种、原材料一直到产品包装、出厂、运输、上货架的整个生产过程的规范要求。与此同时,还要相应制订保证产品达到标准的 3 套文体,即生产工艺、操作规程及卫生防疫制度。企业标准要坚持高起点,不仅以国内行业标准为基础,而且尽量与国际先进标准接轨。

——第二阶段抓工作标准化 用工作标准化来保证产品标准化,重点是抓培训、抓过程、抓反馈,整个生产环节始终处于符合标准要求的稳定可靠状态。

——第三阶段抓管理标准化 建立 ISO9001-2000 质量管理体系和 HACCP 食品安全体系,强调满足顾客的需要,并争取以超越顾客期望作为管理原则。变传统的监督管理模式为自主管理模式,变产品的事后检验为对危害的源头控制。

硬件配置决定企业运作系统的结构形式,软件管理决定企业运作系统的运行机制。硬件、软件应相互配合,系统才能顺利运转,并充分发挥其功能。工厂化生产企业要不断地上水平,就是依靠这两个轮子的推进。

4. 合理投入和高效产出

投资建 1 个食药用菌工厂化企业,首先要知道的是投资金额多少,能否有效益,利润是多少,平衡点在哪里,回收投资需几年等成本效益问题。成本效益实际上是一个投入产出的比率问题。投入是分母,产出是分子,只有做小分母做大分子,合理投入和高效产出双管齐下,才能从根本上解决我国食药用菌工厂化生产乃至整个工厂化企业的出路问题。

1) 节约建设费用 据资料表明,在建设期间每减少投资 100 万元投入就会在经营期间每年增加 15 万元的效益(由于设备折旧费和贷款利息的减少)。所以,筹建企业应根据企业所在地的人工成本费用和综合经济效益来确定选用设备的机械化、自动化程度,也就是关键技术、关键设备由国外引进,其他设备选用国产和自行研制设备,一般输送、运输设备选用适用技术即以成本低廉的运输方式和人力配合。实践证明,企业应从技术需要和经济合理的角度出发,采用高新技术、常规的技术和简单技术的组合配套,从而获得最优的性价比,以达到降低投资费用做小分母的目的。

2) 节约运行费用 食药用菌工厂化生产企业是一个能耗大户,能耗在成本核算中占较大比例。据资料可知,我国南方8月份菇房每平方米栽培面积耗电50 kW·h,选用涡旋变流量制冷节能技术和通风热交换节能技术可平均降低电耗30％左右。

3) 提高产出水平 食药用菌工厂化生产要在科学指导下不断克服限制因素,使有限资源发挥最大潜力,实现企业的最高产出效益。企业应在增加生产时间上挖掘时间潜力;应在压缩辅助用地增加菇房面积上挖掘空间潜力;应在采用优质高产品种上挖掘潜力;应在改进工艺提高质量上挖掘栽培潜力。国内许多工厂化生产企业实践证明,只要遵循自然规律和经济规律办事,从中国国情出发,食药用菌工厂化生产是可以走出一条高投入、高产出、高效率、高回报的发展道路的。

5. 人才凝聚、人才培养

事业成败、企业盛衰最关键还是人的因素。食药用菌工厂化项目的建设和发展,需要造就一支事业心强、业务能力精、敢于攀登现代农业科技高峰的人才队伍;因此如何"用人"和"育人"是至关重要的。

1) 凝聚人才 食药用菌工厂化生产项目是1个涉及多学科、多领域交叉结合的技术项目,在起步阶段人才是稀缺资源,因此应该采取汇集各路英才、组织团队集体创业的办法;同时要特别注意选拔任用领导人物和关键人才,提供各种优越条件吸引他们投身到食药用菌生产现代化的队伍中来,把他们的知识和经验、能力和才干发挥出来。团队也要优化组合,注重不同学科、不同专长人员的交叉配置,考虑高、中、低级别层次的有机组合,既充分给与个人发挥作用、展示才能的空间,又十分强调集体团结、协同攻关的作用。企业内部要大力发扬尊重知识、尊重人才、尊重首创风气精神,鼓励职工创造性地开展工作,实现自身价值。要给人才的成长创造宽松环境,允许创新,容许失败。与此同时,企业要形成竞争机制,奖励有功者,鼓励勤奋者,鞭策及淘汰无能者。要加大对人才的激励,职工的收入和绩效挂钩。对经营者和重要骨干人员应在现有实行的薪酬奖励基础上增加股票期权、知识股权等新激励方式,让他们的利益与企业命运更紧密地联系在一起。

2) 培养人才 食药用菌工厂化生产需要培养造就四方面的人才队伍;

——兼具工农领域,既懂技术又精管理的复合型经营管理人才队伍;

——既有专业知识,又通生产实践,善于开发创新的科技人才队伍;

——熟悉市场,善于经营,拓展业务能力强的销售人才队伍;

——具有工厂化农业基本知识,适应工厂化生产作业,熟练操作的农业技工人才队伍。

为了企业今后长远发展必须在以下几方面培养人才:①进行职工教育。要对进场职工进行爱事业、爱企业、爱职业的操守教育;同时进行专业技术知识培训,掌握基本的应知应会,能够规范操作独立工作。②提供学习机会。在企业中,通过持证上岗、定期培训、年终考核等制度营造学习气氛,以使职工培训工作步入经济化、规范化。积极组织国际、国内同业交流,派遣干部外出考察,拓展视野,开阔眼界。同时鼓励职工边工作、边学习不断"充电"。③进行实际锻炼。在定向培养的基础上,及时给予青年人加大工作负荷,压担子锻炼;对工作表现突出而有发展潜力的人及时提拔到各级岗位施展所长,并定期考核及时反馈,使他们不断保持奋发上进的追求。④培养复合型人才。工程技术人员要学习农业知识,农技人员要学习工业知识;技术人员要掌握管理知识,管理人员要了解技术业务,销售人员要熟悉产品的生产过程,生产人员应了解市场销售变化,使每位员工能立足岗位、一专多能,利于干好本职工作。

6. 食药用菌工厂化生产分初、中、高级的认识

笔者认为,凡是做到了使用人控环境技术生产食药用菌的企业均可称其为工厂化生产企业,因为其不受自然气候影响,可以做到全天候作业、周年计划生产。只不过由于企业所在地的人工成本费用差异,导致企业生产机械化、自动化程度的高低;由于投资费用限制,出现企业规模大小、产量高低和栽培模式(瓶栽、袋栽)的差异;由于产品市场价格波动,出现企业某些月份停产现象。随着城市化速度加快、农村劳动力缺乏、用工成本上升和市场竞争加剧,工厂化企业经受经济规律和综合效益的支配,企业逐步将由低级、中级阶段向高级阶段发展,生产规模趋大规模化,企业数量将由多变少。由于中国各地经济发展的不平衡,也将导致工厂化发展速度不一致,该现象将在相当长的历史时期存在。

四、国内外食药用菌工厂化生产发展简介

(一) 韩国木生菌工厂化生产(瓶栽)发展简介

1974年,韩国农村振兴厅开始对食药用菌自动化研究,1980年在农村普及。1990年,从日本引进先进

技术装备(主要是瓶栽设备),1995～1999年实现了瓶栽设备国产化,以该为契机韩国的食药用菌工厂化周年生产得到迅速发展。其中金针菇、杏鲍菇、真姬菇实现了100%的工厂化周年生产,小平菇实现了60%以上的工厂化周年生产。目前的大型食药用菌企业,金针菇的装瓶量为10万瓶/天(相当30 t鲜菇/天);杏鲍菇的装瓶量为1万～5万瓶/天(相当2～10 t鲜菇/天);小平菇的装瓶量为0.3万～5万瓶/天(相当0.6～10 t鲜菇/天)。据文献资料表明,一个以金针菇为主的企业每日可生产鲜菇50 t,生产工人250人(平均10 t/d,需50人),其中80%劳力用于套筒、采收、包装等工序。目前韩国生产的瓶栽工厂化生产设备有培养料混合机、装瓶机、接种机、搔菌机、挖瓶机、搬运装卸机和包装机等成套设备。

韩国于1997年开始研发液体菌种生产设备。液体菌种生产工艺与我国相似,母种用PDA培养基在无菌培养皿中培养制备,原种培养料为液态在摇瓶中培养制备,栽培种生产在液罐用无菌空气搅拌培养制备。目前研发的液体菌种生产设备已成功用于瓶栽工厂化生产食药用菌中,接种成功率>99%;液体菌种(栽培种)储罐容积为200 L,每小时可接1万瓶。但小平菇工厂化生产上仍用固体菌种,塑瓶寿命为10年,挖瓶后不洗直接返回装瓶;目前栽培瓶中的培养料以玉米芯为主。灭菌大多用常压灭菌,目的是软化培养料。据韩国文献资料,采用液体菌种比固体菌种在降低成本、增收的综合效益方面可达25%,液体菌种技术装备在韩国已推广。在木生菌瓶栽工厂化生产技术领域,韩国在国际上已成为领先国家之一。

(二) 日本木生菌工厂化生产(瓶栽)发展简介

1960年,在日本市面上可以买到各种规格的玻璃瓶,但玻璃瓶重、易碎,影响使用规模。当时没有什么设备,培养料混合、装瓶都是用手工,灭菌也是用简陋的蒸锅,劳动强度大,生产规模小,属家庭作坊式生产方式。1961年,日本开始人控气候生产食药用菌,可以说日本工厂化周年生产食药用菌就是从这年开始的。1965～1970年开始用塑料瓶代替玻璃瓶生产食药用菌,促进了食药用菌生产的发展,反过来也促进了工厂化生产技术装备的发展。当时的设备是单瓶操作的设备,食药用菌生产仍以专业户生产为主,规模很小。虽然那时机械化程度不高,但适应当时专业户生产规模,受到菇农的欢迎。当时少数较大的食和菌生产工厂的生产率为20名员工生产1 t/d金针菇。1971年,日本研发成功成筐处理的瓶栽技术装备,如自动装瓶机、自动接种机、自动搔菌机、自动挖瓶机和培养料混合机等,使金针菇生产效率得到很大提高;同时,工厂化周年生产金针菇也得到大面积推广,当时较大的金针菇生产工厂的生产率为1 t鲜菇/(15人·天)。

为了以金针菇为主的工厂化周年生产的产品质量稳定、安全,日本在这期间(1971～1980)进行了以下研发工作:

——筛选出适合工厂化生产的金针菇菌种和工艺流程的研发;

——与工厂化工艺流程配套的技术装备;

——与工厂化工艺流程配套的食药用菌生产质量管理规范和操作规范。

1978年以后,日本相继向韩国、中国台湾地区、中国等12个国家和地区出口各种食药用菌工厂化生产的技术装备。由于人控气候周年生产食药用菌的实现,使技术装备的利用率大大提高,促进了以金针菇为代表的工厂化周年生产技术装备研发速度,使设备的生产率不断提高。尤其是栽培瓶的容量增加可以提高单瓶产量的试验成功,促使塑瓶的容量由750～800 ml为主的小瓶生产模式转度为容量以1 000～1 100 ml为主的大瓶生产的模式。但这种转变增加了工人搬运周转筐的劳动强度,为此,设备生产厂家研发了多种装卸和自动搬运设备。这些设备大大减轻了工人的劳动强度和提高了生产率,使食药用菌生产厂家有时间在栽培技术和管理方面钻研,结果使菇厂的效益增加和生产、经营稳定。经过多年的研发,目前日本在木生食药用菌(瓶栽)工厂化生产上积累了丰富的经验和丰硕成果:

——筛选出适合工厂化生产的菌种(金针菇、小平菇、滑菇、蟹味菇、杏鲍菇);

——成熟的瓶栽生产工艺;

——与生产工艺配套的高功效的技术装备;

——与生产工艺配套的食药用菌生产质量管理规程和操作规程。

由于拥有以上的成果,使没有生产经验的菇农也容易进入食药用菌行业,并可以做到日产1 t鲜菇工厂只需8个工人(以女工为主)。

随着技术装备的不断进步,目前日本有的大型食药用菌工厂化生产企业从培养料混合、装瓶到采收、包装基本上由作业机器人来承担，工厂完全实现了自动化，厂内基本上看不到人影，保持着安静、卫生的工作环境，成为农业率先实现现代化的典范。以长野县一个循环型食药用菌生产企业为例，该企业占地5 400 m²，员工24人，日产蟹味菇6 t，相当4人日产1 t。

日本于2007年开始研发液体菌种和接种设备。液体菌种生产工艺是将固体菌种(原种)经适当处理而变成液体菌种的工艺，即用易于液化的培养料生产原种，经出菇试验确认菌种无变异后进行液体接种，现已研发出1瓶原种经液化后可接种1 600瓶栽培瓶的接种设备。由于接种瓶数的增加，可使原种的生产量只为原来固体原种的1/40。目前液体菌种生产设备已开始应用到大型食药用菌生产厂中(2009年已有2家大型食药用菌生产厂使用该设备)，接种能力为625筐/小时相当于1万瓶/小时。

(三) 荷兰草腐菌(双孢菇)工厂化生产发展简介

荷兰双孢菇生产自1900年至今已持续了100多年。1947年，荷兰BeLs等人首先采用人控环境下周年生产双孢菇，可以说荷兰工厂化周年生产双孢菇是从1947年开始的。1953年成立了荷兰蘑菇栽培者协会，1957年于霍尔斯特建立了食药用菌试验站，开始对双孢菇栽培者进行培训和传授栽培技术。1959年成立了食药用菌研究所主要从事食药用菌科学和技术的研究(主要是双孢菇)。1969年在霍尔斯特成立蘑菇栽培者培训中心，中心同时也是一个学校，传授双孢菇的生产实践技术，这个学校有多个教室和1个附属双孢菇生产场(包括有12个菇房和1个堆料场)。此外，还配有人控环境设施和堆料、装料、卸料、清理所需的全部设备。1970年以后在推广二次发酵技术过程中，在研究所、培训中心、协会的共同努力下，荷兰的双孢菇工厂化周年生产有了飞跃发展，体现在双孢菇生产由单区制向双区制过渡；与此同时，与二次发酵技术配套的技术装备不断被研发，并使用在生产中。如一次发酵(室外发酵)使用了翻堆机，二次发酵使用了隧道式集中发酵装备。产业分工细化出现了粪草培养料和覆土专业生产公司，由于配备了高性能的技术装备，培养料的发酵质量有了保证，既提高了发酵效果也促进单产的提高。1975年研发了头端进料机、尼龙网曳引机和覆土机，实现了铺料、出料的机械化，种菇者只需进行精细的出菇和采菇管理。20世纪70年代末双孢菇单产达22.6 kg/m²。随着机械化程度的提高，为了充分发挥设备利用率，出现了双区制最基本菇房组织规模(二次发酵和发菌混合共用3座、栽培房8间)，同时出现了以双孢菇为主的拍卖市场。

1990年，荷兰3家大型专业培养料生产公司开始采用三次发酵技术，即三次发酵均在集中式隧道中进行，这样可以将双孢菇栽培周期缩短为6～7周，提高了栽培房的利用率。随着农业工人工资的提高，促进了机械化、自动化的发展和生产规模的扩大，以达到降低生产成本，提高市场竞争力的目的。为此出现了双孢菇生产企业总体规模扩大，企业数目减少的趋势。荷兰自1980年的1 100家企业缩减为目前的250家左右，小型生产企业日产2 t菇(年产600 t)，大型生产企业日产15 t(年产5 000 t)。250个生产企业年总产量为25万t鲜菇，40%鲜销，60%为制罐。

1990年以来，随着三次发酵技术的推广，专业生产培养料的企业的规模不断扩大和技术进步，双孢菇生产变化如下：

——发酵隧道的大小(宽×长×高)由4 m×25 m×4.5 m趋向6 m×40 m×6 m，隧道进料设备由摆头式抛料机向顶端下料机方向发展。

——隧道的送风系统由整体栅格式低压送风模式向高压管道式送风模式方向发展。

——向菇场输送、铺放培养料由二次发酵料趋向运输、铺放已播种发好菌的培养料方面发展，同时在运输回程时把菇场废料运回制作有机肥。

——荷兰目前采菇女工的工资高达16欧元/小时，1 d的工资相当人民币1 300元，如此高的人工成本促使菇场在采菇期间使用采菇机进行采菇，1台采菇机的采菇能力相当20多个采菇工；但采菇质量不高，大部分只能供制罐之用，供应超市的鲜菇仍需靠人工采摘。

——为了保持生产环境的清洁卫生，不对周边空间产生污染，对隧道发酵时的循环风都必须经水处理，以使循环气流中的氨气溶解在水中。

——培养料专业生产厂不但为周边大菇场供应培养料和覆土，也可向远在1万千米之外的日本、印尼等国大量出口双孢菇培养料覆膜料块，使料块在消费市场附近上架出菇。

目前荷兰由于推广了三次隧道集中发酵技术，所生产的发酵料质量高且稳定，单位面积产量达30～

35 kg/m²(三潮),1 年可栽培 9~10 次(只采二潮菇),不仅大菇场可达该产量,连兄弟、父子经营的小菇场(日产 2 t 双孢菇,12 间菇房)也可达该产量。

据文献报道,荷兰目前有 4 家双孢菇设备生产企业。Christiaens Group 集团位于荷兰南部爱因霍芬附近的双孢菇生产集散地 Horst,是欧洲最大的双孢菇生产技术装备集团,年营业额达 4 亿欧元,业务包括所有双孢菇生产技术装备的设计、制造、安装、调试等"交钥匙"工程。其设备选用高质量原材料和零部件,保证使用寿命 30 年以上。Hoving HoLLand CO,Ltd 公司位于荷兰北部罗宁根地区是具有 75 年历史的家族式企业,有 50 名员工,初期生产小型拖拉机,后改生产双孢菇生产用技术装备。ThiLot HoLLand CO,Ltd 公司规模较小,仅有 20 名员工,年营业额 250 万欧元,虽只是 1 只"小麻雀",但设计、冷加工设备"五脏俱全",该公司专门为双孢菇生产的小企业生产小型配套的技术装备。

DaLsem Mushroom CO,Ltd 公司有 10 名工程师,主要业务是承揽双孢菇生产工程,帮助业主进行项目的投资预算(可行性报告)、基建施工、设备安装、生产调试等直至交钥匙工程。由上可看出,不同国家、不同规模的培养料专业生产厂和栽培场需要的设备也不尽相同,与之相对应的设备生产企业规模也大小不一,都有其相应的客户。

(四) 国内食药用菌工厂化生产发展简介

2008 年,我国食药用菌总产量达 1 827 万 t,占世界产量的 70%以上,产值近 900 亿元,出口创汇 14.26 亿美元,是名副其实的食药用菌大国,但还不是一个食药用菌生产强国。具体体现在我国食药用菌生产有 97%以上的产量为家庭作坊式靠自然气候的生产模式,该模式生产分散,菌种杂乱,管理粗放,单产低,品质不高,生产受自然气候影响大,产销不畅,产量季节性强,价格起伏较大,农民收入不稳,是典型的传统式农业生产方式。虽于 1983 年研发了白木耳生产主要机具(5 种),1986 年研发了蘑菇生产主要机具(5 种),但这些设备主要适用于食药用菌专业户。尽管生产能力较低、劳动强度较大,但由于这些设备适应当时的生产规模还是受到菇农的欢迎。我国食药用菌工厂化生产走过了一条曲折的道路。20 世纪 80 年代末,国内曾相继从美国、意大利、荷兰等国家引进 9 条大型双孢菇工厂化生产线,但由于技术、市场和管理等原因除了山东九发能够成功运作外,其余都被迫停产放弃,工厂化生产曾一度处于低潮。90 年代初,台资在福建漳州一带创建白背毛木耳太空包墙式立体栽培场,在它的栽培模式与配套设备的示范带动下,加上这种栽培模式和配套的设备资金投入不大(相对于工厂化周年栽培),机械化程度比专业户生产用设备较高,生产规模属中型规模,仿学的企业逐渐增多。虽然食药用菌生产仍是靠自然气候生产,达不到工厂化周年生产,但机械化程度提高了 4~5 倍(指装袋机),为以后的工厂化周年生产提供了规模化、机械化初级技术装备。90 年代末到 21 世纪初,台资在北京、上海、广东等地投资建厂,前后共建规模不等的 8 家金针菇工厂化生产厂家,同时国内也有不少企业上马,如上海天厨菇业有限公司,丰科生物技术有限公司、北京天吉龙食药用菌有限公司、上海高榕食品有限公司等,可以说我国的食药用菌工厂化周年生产是从 2000 年开始的。在学习借鉴国外成功经验的基础上,根据企业所在地用工成本和设施、设备折旧费成本的具体情况,从综合考虑经济效益角度出发,选用适合的机械化程度的配套设备,先后建设了日产 3~6 t 的金针菇、真姬菇生产厂。据上海天厨菇业有限公司的文献资料报道,该公司一期工程项目原设计能力月产 50 t 纯白金针菇,实际运作中从技术需要和经济合理的角度出发,并挖掘了时间、空间、种源、栽培等方面的潜力,比原订的设计纲领提高了 2/3,达到月产 90 t 以上,同时效益大幅度提高。1 个拥有 50 个工人的企业,可以做到每公顷地年产达到 10 t 鲜菇,每个工人每年生产 20 t 鲜菇,每人每年创造产值 30 万元,实现了土地资源贡献率高、劳动生产率高、产品附加值高、生物转化率高的"四高",每年效益增长大于产量增长。该公司的实践证明,只要遵循自然规律和经济规律办事,从中国国情出发,食药用菌工厂化生产是可以走出一条高投入、高产出、高效益、高回报的发展路子的。此后在它们的示范带动下,我国初、高级食药用菌工厂化生产的企业不断涌现。

在木生食药用菌工厂化周年生产和示范带动下,2005 年前后双孢菇工厂化周年生产再次起步。如山东奥登公司全套引进荷兰双孢菇生产技术装备;辽宁田园实业有限公司和大连新世纪食品公司对 20 世纪 80 年代末引进设备进行改造使用;上海汇仓食药用菌公司和新疆天思味公司建立专业生产堆肥企业;新疆生产建设兵团三坪农场的国产发酵隧道的建设和引进隧道摆头抛料机、压块覆膜机;福建武平久和食药用菌公司用自发研制的隧道发酵设备进行工厂化生产双孢菇(7 t/d)。此后双孢菇工厂化生产企业在全国不断涌现,食药用菌工厂化生产出现新的高潮。为了促进我国食药用菌工厂化生产更好、更快地发展,取长补短交流经验,中国食用菌协会自2008年开始每年举办1次食药用菌工厂化生产高层论坛(已举办多次);中国食品土畜进出口商会自2007年开始每年举办1届蘑菇节,到2013年已举办7次,并邀请国内外公司、学者进行工厂化生产研讨。国外食药用菌工厂化生产先进国家(日本、韩国、荷兰、法国等国)发展历史告诉我们,随着城市化速度加快,农村劳力的转移,劳动力缺乏,市场竞争加剧,促进了食药用菌工厂化速度加快,今后10年将是我国工厂化生产快速增长期。据中国食药用菌网专题调研结果,我国食药用菌工厂化生产企业已从2006年的47家增加到2009年的246家,年生产总量40多万t,占全国总产量的2.2%,占全球工厂化生产量的10%;按当前工厂化生产发展速度按30%计算,2013年将达1 000家,日生产能力5 000 t,届时我国工厂化年产量将是欧美现在的年产量总和。为了适应我国食药用菌产业升级、现代化改造对技术装备的需求,我国食药用菌生产技术装备企业将迎来生产发展的机遇,只要我们遵循引进、仿制、创新和产、学、研结合的道路,一定会创造出具有中国特色的食药用菌工厂化生产技术装备,给中国食药用菌工厂化生产以强有力的技术装备支撑。

五、食药用菌工厂化生产发展展望

食药用菌工厂化生产是最具现代农业特征的产业化生产方式。我国食药用菌产业由传统的农业生产方式向工厂化生产模式转变,实现产业升级,促进现代化改造,是食药用菌产业发展的必然趋势。随着食药用菌工厂化生产高潮的到来,我们应该做好以下几方面工作:

1. 高等院校、科研单位应加强适应工厂化生产的专用菌种的选育和驯化。

2. 在工厂化生产中应加强高新技术应用,加快引进设备的国产化速度,并在此基础上有所创新,形成我国自主核心技术。

3. 建立食药用菌工厂化生产示范基地,在此基础上进行技术、管理、销售和生产操作人员、菇农的培训工作。

4. 我国的食药用菌工厂化生产将会有一个很大的发展,但是目前国内专业化生产和社会化配套的格局尚未形成,这将严重制约发展的速度。造成这种局面有两个原因:一是"大而全""小而全"的旧发展模式影响;二是整个社会对加入农业现代化、产业化的认识不足、投入不够,以致农业工厂化发展得不到有力的支持。我们应站在历史发展的高度,从调整农业生产组织结构入手加以引导。"他山之石,可以攻玉"我们应向欧美、日本等食药用菌生产先进国家学习,在食药用菌工厂化生产发展初期就应重视在菌种、培养料、栽培等方面的专业化生产,在包括技术支持、设备的配套、科研服务、信息咨询、市场开拓、筹资、融资以及人才培养的社会化配套体系建立方面给予宣传、促进和扶持。要保持我国工厂化生产健康、持久、快速地发展,促进食药用菌产业升级和现代化改造的实现,食药用菌工厂化生产必须走专业化生产和社会化配套的道路。

5. 在食药用菌工厂化生产发展过程中,应加强宣传引导和扶持"公司+基地+菇农"的组织形式。公司和基地、菇农相互分工合作,共同发展是我国食药用菌工厂化发展所应该采取的正确方针:一方面可提高企业核心竞争能力,使其在市场开拓、生产组织、标准实施、产量控制、产品收购、价格调节上发挥更加重要的作用,同时通过低成本扩张,使企业尽快蓄积形成世界级企业的能量;另一方面可逐步引导菇农逐步跻身加入并尽快适应于现代化的农业生产行列,充分调动广大农民的生产积极性提高他们的收入水平。

6. 应大力发展食药用菌的加工业,尤其是精加工、深加工和综合利用,以提高产品的附加值和综合效益,使食药用菌工厂化生产企业成为高效益、无废料排出的环保型企业,为使农业成为最大的节约型、循环型产业做出努力。

第二节　木生食药用菌工厂化生产技术装备

一、工厂化生产模式

(一)塑瓶栽培和塑袋栽培

食药用菌工厂化生产追求的是高土地资源贡献率、高劳动生产率、高生物转化率和高产品附加值。前两项是着重对生产技术装备的要求,后两项是着重对菌种选育和栽培加工技术的要求。以上现代农业的 4 项要求在不同国家和地区由于条件不同可能略有偏重某些方面,但最终的目的是一致的,那就是综合经济效益。当前食药用菌工厂化模式大多为塑瓶架式立体栽培模式和塑袋层架式、墙式立体栽培模式。塑瓶是刚性栽培容器,易实现机械化、自动化、生产率高、用人少,但技术装备投资高;而塑袋是属非刚性容器不易实现机械化、自动化、生产率相对较低,用人较多,设备投资较少。以下对塑瓶和塑袋立体栽培在生产率、设备投资、用工人数、工资开支等方面的差别做粗略的分析比较。

1. 生产率方面

1) 瓶装生产率为 4 500～8 000 瓶/(小时·2 人),装袋生产率为 1 200 袋/(小时·5 人)。装瓶生产率比装袋生产率提高了 9～16 倍。

2) 菌瓶接种(固体)生产率 4 500～7 000 瓶/(小时·4 人),菌袋接种(固体)生产率为 2 300 袋/(小时·15)人,菌瓶接种生产率比菌袋接种生产率提高了 7～11 倍。

2. 投资方面(以 1 万瓶、袋/天为例)

1) 装袋、装瓶设备投资

装袋设备:液压翻斗混合机 4.3 万元＋倾斜输送机 2 台 0.7 万元＋4 台装袋机 6.4 万元＝11.4 万元;

装瓶设备:液压翻斗混合机 4.3 万元＋倾斜输送机＋装瓶联合机 12.5 万元＝17.5 万元;

装瓶设备比装袋设备投资多投 6 万元。

2) 接种设备(固体菌种)投资

菌瓶接种设备(8.5 万元)比菌袋接种设备(3.5 万元)多投 5 万元。

3) 栽培容器投资

栽培周期 50～125 d,取平均值 87 d;塑瓶 1.80 元/只,塑袋 0.06 元/只。

塑瓶投资费用 160 万元＝(87 万元＋2 万元)/瓶×1.80 瓶;

塑袋投资费用 5.34 万元＝(87 万元＋2 万元)/袋×0.06 袋;

在栽培容器方面塑瓶比塑袋多投资 155 万元。

以上 3 项共多投 166 万元＝6 万元＋5 万元＋155 万元。

3. 用工人数差别

(以 1 万瓶·袋/天为例)

1) 装瓶生产线比装袋生产线工人少用 16 人＝20 人－4 人。

2) 菌瓶接种生产线比菌袋接种生产线工人少用 11 人＝15 人－4 人。

以上两项瓶栽比袋栽少用工人 27 人。

4. 工资开支差别

(月工资 2 400 元/月＝70 元/天＝7 元/小时;1 万瓶·袋/天)

1) 装瓶、装袋时间按 2 h 计,装瓶生产线比装袋生产线每天少开支工资为 224 元＝16 人×2×7 元。

2) 菌瓶接种 1 万瓶需用工人 4 人×3 h;菌袋接种 1 万袋需用工人 15 人×5 h。

菌瓶接种生产线比菌袋接种生产线每天少开支工资为 441 元。

441 元＝(15 人×5×7)元－(4 人×3×7)元＝525 元－84 元。

以上两项瓶栽比袋栽每天少开支工资为 665 元/天,相当于 23.9 万元/年。

5. 对操作工人、维修人员要求差别

由于塑瓶工厂化栽培比塑化栽培机械化、自动化程度高,因此对使用、维修人员文化水平和素质要求高。

6. 企业贷款利息金额的差别

按企业贷款 100 万元每年应付贷款利息金额以 15 万元计,塑瓶栽培比塑袋栽培投资多 166 万元,每年应多付的贷款利息金额为 24.9 万元。

7. 分析结果

由上分析可知,瓶栽食药用菌在装瓶生产率和接种生产率方面比袋栽食药用菌生产率高,在每天生产 1 万瓶规模时,可以少用工人 27 人;若工人工资按 2 400 元/月计,瓶栽食药用菌比袋栽食药用菌每天少开支工人工资 665 元/天,每年少开支 23.9 万元。但瓶栽食药用菌在设备投资比袋栽食药用菌多投资 166 万元,

造成每年多付贷款利息 24.9 万元。以上可看出在工人工资为 2 400 元/月时,瓶栽每年多付贷款利息金额 24.9 万元与每年少开支工资金额 23.9 万元相差不多,也就是说瓶栽和袋栽的综合经济效益大致相等。需要说明的是以上结论是在对每天生产 1 万瓶(袋),栽培周期为 87 d,栽培菌种是固体菌种和灭菌生产线、培养室、栽培室的数量设施基本一样的情况下粗略计算得出的,具体到某个工厂化栽培,食药用菌品种的栽培周期长短,液体菌种的使用和新栽培技术、新设备的使用,达到平衡点的工人每月工资会有所变化。

(二) 层架式和墙式立体栽培

当前工厂化栽培以层架式和墙式立体栽培为主,在相同的栽培空间层架式栽培可多放 1 790 栽培袋,且生产的菇型直立,产品包装合格率较高。层架式栽培由于层架和周转筐价格原因,比墙式栽培每间栽培室要多增加投资 1 万元左右;但床架寿命较长,同时用了周转筐上床架、下床架方便省工。具体分析如下:

1. 每间栽培袋袋量差别

现以栽培室大小(长×宽×高)=8 m×4.8 m×3.5 m,进门后有 1 m 宽的横向通道为例比较装袋量的差别,见图 9-1。

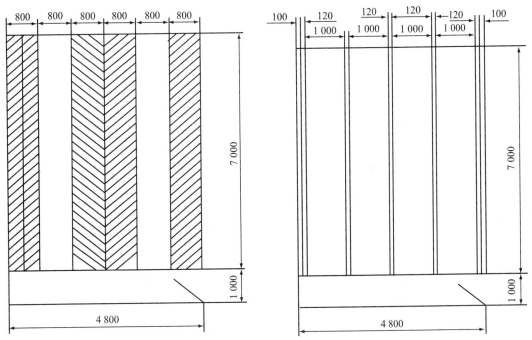

图 9-1　层架式和墙式塑袋栽培房每间可放袋数示意图

1) **层架式栽培**　床架(长×宽)=7 m×0.8 m 共 4 列,中间两列合并在一起,列间通道宽 0.8 m,层架分 5 层,层距 0.4 m,底层距地面 0.2 m,顶层距地面 2.2 m,每间房可放袋数=每列袋数×列数=28 筐/层×5 层×4 列×每筐袋数=28×5×4×12=6 720 袋。

2) **墙式栽培**　墙外形大小(长×宽×高)=7 m×0.12×2.24 m。墙由 2 片筛孔为 0.12 m×0.12 m 的筛片,中间夹以杉木框架组成。墙底边距地面 0.2 m,墙顶距地面 2.24 m,每间房可放 5 个墙,由于房间两侧的墙只能利用一面,实际计算可放袋数按 5 个墙计算。

每间房可放袋数=每墙可放袋数×墙数=58 格×17 格×5=4 930 袋。由上可看出,层架式比墙式栽培每间房可多放 1 790 袋。

2. 层架费用与墙架费用的比较

层架费用约 1.5 万元;墙架费用约 0.75 万元。但床架使用寿命会比墙架使用寿命长 1 倍。

3. 室内空气流动状况比较

层架式栽培室内空气流动情况比墙式差一些,尤其是层架式中间两列合并在一起的层架区间。冷风机安放布置相同,均在进门侧墙上方。

4. 栽培的菇型比较

层架式栽培的菇型直立、包装合格率较高,而墙式栽培菇型直立形差些。

5. 栽培袋上床架、上墙架方面比较

为了上架和下架方便省工,层架式栽培房会多用560个周转筐,即多投资2 800元＝5元/筐×560筐。

（三）固体菌种和液体菌种

1. 固种和液种的优缺点

固种是指用于扩繁使用的菌种,存在于外观成固体状态的培养基质中的菌种;液种是指用于扩繁使用的菌种,存在于外观成液体状态的基质中的菌种。由于液种比常规固体菌种在许多方面具有独特的优点,目前已成为食药用菌工厂化生产可考虑采用的新技术之一。在生产上采用液种的优点有:

1）液种制备的周期比固种短得多。生产固体栽培种周期需80 d左右,而生产液体栽培种周期需15 d左右。

2）液种生产占地面积比固种生产占地面积小,为固种生产建筑面积的1/4～1/3。

3）液种比固种接种效率高。液种接种设备接种能力为0.7万～1万瓶/小时,而固种接种设备接种能力仅为0.45万～0.7万瓶/小时。

5）液种接种后着床迅速、封面快、污染率较低。

6）栽培瓶培养料培养的时间可缩短2～3 d。

7）接种后菌丝的生理成熟度比较一致,出菇整齐。

8）液种比固种增收、降成本的综合经济效益可达25％左右。

由上可看出,在食药用菌工厂化生产中,液种的使用将会给工厂化生产企业带来实在的综合经济效益。韩国的专业人士曾说:"液种的制备和应用是食药用菌生产技术上的一次重大突破。"

2. 液种的区别

1）传统（典型）的液体菌种是指由母种进行扩繁的原种和栽培种,其培养基均为液态。栽培种是在发酵罐中进行深层培养而成的液种,也是目前韩国、中国生产液种所采用的方式和设备。其具有上述液种的诸多优点,但由于使用设备进行接种时喷洒含有大量营养成分的菌液,因此杂菌污染的风险相对增加,并且每天对设备清洁清毒也很费时。

韩国于1997年开始液种生产装备的研制,经几次改进目前已国产化,并用于大规模工厂化生产中,在金针菇、杏鲍菇等工厂化生产中液种占主流地位,发酵罐容量为200 L,接种机接种能力为1万瓶/小时,平均每瓶接种量为20毫升/瓶。

我国自20世纪80年代初对液体菌种开始研究,但进展缓慢,目前只是小规模使用,且存在诸多问题。

2）还原型液种是指采用高新增殖技术和特殊处理后的菌丝块（固体原种）,在不同混合比的无菌水中进行粉碎后制成不同浓度菌种用于接种的液种。还原型液种与传统液种比较有诸多优点:

（1）菌丝块体积小,菌丝量大,可接种的栽培瓶、袋数量多,一块200 g重的菌丝块可接种1 200 ml的栽培瓶1万瓶,以金针菇为例产量可达3 t。根据工厂化生产企业规模的大小,可选用不同质量的菌丝块。

（2）菌液中营养成分极少且透明,由于菌种微小,菌液黏度低,所需接种设备压力低,喷洒液种时借助特殊喷嘴的功能标靶性强且不易飞溅,在接种孔中渗透性强,可以在接种过程中能大幅减少杂菌的污染。而传统液种由于液种中营养成分高,黏度较大,所需接种设备压力较高,接种时液种易飞溅到接种机体表面、喷杆和喷嘴上成为污染源。

（3）还原型液种的固体菌丝块在5 ℃时,可保存长达1个月,在这期间可进行包括出菇试验在内的菌性各项试验,发现问题时可对同一批次的菌丝块进行及时处理,这样菌种厂或菇场可以消除因菌种原因造成的污染事故风险。而传统型液种只有通过菌液抽样检验才能发现是否污染,因此管理上还存在一定难度。

（4）使用还原型液种由于菌丝活性强,可缩短金针菇的培养时间1～2 d,生育时间3～6 d,也就是说金针菇的工厂化生产周期可由50 d缩短为42 d。同时由于液种在栽培期间消耗培养基营养成分少,可使金针菇、杏鲍菇的单产增加10％以上。

（5）还原型液种的菌丝块粉碎机和接种机结构简单,清洗清毒方便（仅需0.5 h）。

（6）还原型液种生产需大型较精密设备，需要建设较大型的菌种生产厂，并成为一个地区菌种和供应中心模式，也就是说由专业公司集中生产菌丝块后，提供给各食药用菌工厂化生产企业。而粉碎稀释，由于工序简单易做，可放到栽培场中去做，这样大、中、小规模企业均可使用还原型液种。

以上还原型液种是日本起源生物技术株式会社于2005年研发，2007年开始用于生产，2010年，日本一些大型金针菇菌种中心也开始了引进。该技术目前已经用于金针菇、杏鲍菇的工厂化生产上。该株式会社有计划在中国设立还原型液种的菌丝块生产厂，供中国食药用菌生产企业选用。还原型液种的问世将降低液种使用技术的门槛，除了大型菇场外，中、小型企业也很容易采用并掌握液种使用技术。但目前在日本木生菌工厂化生产企业使用固种还是主流，预期还原型液种在激烈的市场竞争中扩大其使用企业，并成为主流使用的液种。

3）对发酵罐培养菌丝液（发酵液）采用脱水浓缩生产菌丝块，在加无菌水稀释后接种的方法。该法与还原型液种类似，两者均需用无菌水稀释成不同浓度的液种进行接种；只不过前者是用固体原种生产办法生产菌丝块，后者是通过浓缩发酵罐中菌丝的办法生产菌丝块。该项技术目前正在研发中。

综上所述，液种相对于固种的优点是明显的。使用液种可增加收入，降低成本的综合经济效益可达25％以上，是可采用的新技术，必将在食药用菌工厂化生产上占据主流，在食药用菌生产价格竞争越来越激烈的今天必将加快它的普及。在液种使用中要严格遵守液种生产和使用的操作规程，必须坚持包括出菇在内的菌性各项检验，以防因操作和菌种原因造成污染事故的风险。鉴于在食药用菌生产中液种的使用是项新技术，今后需加强液种的生产和使用技术和装备的研发，加强液种使用技术的培训，以促进食药用菌工厂化生产的发展。

3. 液种制备的生物生理

把食药用菌的菌丝细胞或部分组织放在液体培养基内，通过直接通气或振荡换气培养成大量菌丝体（呈丝球状、絮状、放射状和片状），这就是食药用菌的深层培养（发酵）。用食药用菌的菌丝细胞或部分组织经过扩繁得到数量众多的继代菌丝体（称为原种、栽培种）的过程称之为液种制备的物质基础。它与固种制备的物质基础一样，都要配制适合食药用菌生长发育的培养基质；不过两者物理状态不同，一是液态，一是固态。液态培养基呈流体状态，在培养时通过通气搅拌产生的动态基质十分有利于与食药用菌细胞的充分接触，吸收营养、新陈代谢非常旺盛，因此食药用菌菌丝体在液基中生长速度很快，这一特点被用来制作液种。由于呈动态的基质的原因使食药用菌子实体不能形成。

食药用菌菌丝体在液基中快速生长的生理因素是一个相当复杂的问题，下面仅从生物生理中的营养生理、新陈代谢、生态环境等三方面简略介绍。

1）营养生理　食药用菌在其生命过程中，通过酶的作用每时每刻都从培养基质内吸取营养，并转化构成自身的菌丝体、子实体，同时并释放、耗用能量。在人工培养时基质的营养成分对菌丝体、子实体的产量、质量起决定作用。营养越丰富，食药用菌吸收、转化能力越强，生物学效率越高；所以配料合理的培养基是十分重要的，而液体培养基正是便于选择、以求最好生产效益的最佳配方。

食药用菌是异养生物，没有叶绿素不能进行光合作用，不能自身合成营养物质。根据食药用菌异养方式的不同，人们把它的营养生理类型归纳划分为腐生型、共生型、寄生型、兼生型4类。无论哪种类型的食药用菌都有个共性，即利用其他植物微生物（如分解能力很强的香灰菌、假单胞杆菌、高温放线菌等），为其软化草茎、分解纤维素类、合成菌体蛋白和多糖供给食药用菌享用。而供液种扩繁的液体培养基是经过严格灭菌的，在发酵培养过程中液基内唯一生长发育的是食药用菌的纯菌丝，所以借助其他生物的情况在这里就不存在了。在配制液基中必须充分考虑这一因素，尽可能配以相对分子质量小一些的有机物质，以便于食药用菌自身菌丝体细胞的分解吸收。食药用菌通过胞外酶的降解作用使自身具有有分解纤维素、木质素和一些有机氮的能力，但在生长初期其分解能力较弱，配制液基时要添加一定比例的小相对分子质量，含碳、氮材料供其菌丝细胞直接利用。胞外酶产生于细胞之内而存在于细胞之外，固体培养基的胞外酶大多集聚在菌丝体前端周围。液体培养基中胞外酶是悬浮在液基的整体内，液基十分有利于促进酶的生成，提高酶的活性。适当的液基浓度使酶与基质（营养物质）充分结合加大了酶反应速度，这是液种制备所以快速的一个重要原因。

2）新陈代谢　新陈代谢是一个大概念，食药用菌的新陈代谢包括营养代谢（或称合成代谢、同化代谢）和能量代谢（或称分解代谢、异化代谢）两种生命活动。这里只说其中的有氧呼吸这一点。食药用菌的基本结构单位和生理单位是细胞,每一个活动细胞每时每刻都在呼吸,一旦呼吸停止(不是抑制)生命也就停止了。

食药用菌对碳、氮有机物质经过分解而吸收到体内,经过细胞内部氧化分解生成许多种类的中间产物,才能进一步被合成为构成食药用菌自身机体的蛋白质、脂肪、核酸等重要物质。在这过程中,氧化分解所需的氧气是通过菌丝体细胞的有氧呼吸来提供的。呼吸作用与食药用菌体内各种物质的转化、合成有密切关系,没有呼吸就没有营养代谢。营养代谢过程中,一部分营养物质转化为化学能储藏在菌丝细胞内,如再把储藏的化学能释放利用也必须经过一个改造转化的过程,这个过程也需有氧呼吸,通过呼吸氧化释放能量进行各种生理活动,这就是食药用菌的能量代谢。

菌丝细胞在液基中同样需要呼吸,而液基中的原有溶解氧是有限的,因此必须向液基中不断供给新鲜无菌空气,否则处在液基深层的菌丝细胞就会很快窒息死亡。食药用菌菌丝体比较脆弱,不能用机械搅拌方式提高液基的氧容量,而用向液基底部通气的方式达到均匀增氧目的。为了提高溶氧效率,以向液基底部均匀通以小气泡方式为好。配方时必须注意液基成分对氧浓度的影响,通气时应注意通气量的大小。

3) 生态环境　任何生物都必须依托于一定的生态环境而生活。对食药用菌生长有直接影响的环境条件包括物理因素、化学因素、生物因素等方面。曾有人分析,大约有 25 种因素在一定程度上制约食药用菌生长发育,其中主要的有温度、酸碱度、光照和空气等。在人工栽培食药用菌包括固体制种的阶段,这些因素很难合理控制;但在液体制种工艺中,就可以比较科学地进行人工控制。

(1) 温度　温度的本质意义是生物体内细胞活动的能源之一。适合的温度环境下酶活性提高,生理活动旺盛;温度过高、过低则使酶钝化或者活性降低甚至丧生,导致生理活动停止。酶的物质形态是一种特殊蛋白质,蛋白质在高温条件下立即变性,导致菌丝细胞生理失调甚至死亡,所以食药用菌较耐低温而惧怕高温。在液种制备过程中发酵罐的温度较易进行人为控制这是它的优点之一。

(2) 湿度　湿度包括菌丝与子实体生活环境中的空气湿度和培养基中含水量两方面。

水分是食药用菌细胞的重要组成部分,又是维持细胞渗透压的必要条件;水分还是营养物质的溶剂和载体,没有水,一切生命现象都不能存在。食药用菌毫不例外。如果食药用菌细胞水分缺乏,其代谢过程立即受阻。人工栽培时,培养料干燥就不能形成菌丝束,就无法进行扭结现菌。在含水量适合的固体培养基上菌丝生长健旺,菌丝束扭结迅速,现菌密集。空气湿度保证食药用菌培养料和食药用菌机体不因蒸发而失水;但不是湿度越大越好,空气湿度过大蒸腾作用和菇体内营养物质运送缓慢,因而生长也慢。如遇高温、高湿,往往促使培养料在短时间内真菌滋生、大片污染,这是很危险的。液种制备用的液基中水分的作用是作为营养物质的溶剂和载体,为菌丝发育创造了优越的理化条件。液基的透气性太差,溶氧量有限,所以进行通气搅拌以增加氧容量的均匀供给。

(3) 酸碱度　酸碱度也直接关系到酶的活性。不同种类的食药用菌菌丝生长阶段和子实体形成阶段均有一定的 pH 范围,这是由于不同种类、不同发育阶段新陈代谢过程中起主导作用的酶种类不同。微量矿物元素的金属离子在碱性的栽培基中生成不溶性盐,菌丝不能吸收。此外,维生素 B_1 的合成酶对酸十分敏感,在微酸性环境中也失去活性,不能在菌丝细胞内合成维生素 B_1。一般来说,木生菌类适于偏酸性环境,为了兼顾食药用菌对微量元素和维生素类的需要,我们把培养基配成微酸性的,而在液基中用添加维生素 B_1 来解决。

(4) 光线　实验资料表明,食药用菌菌丝体的生长不需光线。

(5) 通空气　食药用菌菌丝体的生长对高浓度的 CO_2 一般都表现敏感。菌丝在发酵罐中由于快速生长而呼吸旺盛,它对氧气的需求也急剧增加,所以通过通气进行增 O_2 排 CO_2 对于液种的培养异常重要。

总之,液种的制备便于人工提供菌丝体所需的环境条件,这是液种制备的优点。

4. 液种深层培养(深层发酵)条件

利用液基进行人工深层培养食药用菌就需要了解它们的生长特征,然后用人为的方法进行控制,使之在最佳的条件下生长,以最短的时间获取最廉价、最高产的优质菌丝体作为菌种使用。深层培养的菌丝所需要的生长条件往往与固体培养基的菌丝体要求相似的条件,但也有不同之处,此前在生物生理章节内已叙述,现归纳如下介绍。

1) 温度　食药用菌孢子发芽和菌丝生长的适宜温度是 20～30 ℃,各菌株之间有高、中、低温之分,有波幅不大的区别,超过极限则不适应而导致死亡。在适宜温度内稍偏高时菌丝生长快速,但也易衰老产生自溶,培养液颜色变深。深层培养的适宜温度大多数在 26 ℃左右。

2）酸碱度(pH)　食药用菌深层培养对 pH 值的要求不尽相同,像固体培养基要求一样,对木生菌来说大多数偏酸性,即 pH 在 5.5±0.5 左右,猴头菇对 pH 要求偏酸至 4.0 左右;而对草生菌来说大多数偏弱碱性,如草菇、双孢菇的 pH 在 7～8 之间。在培养过程中菌丝生长代谢会产生酸性物质的堆积,使酸性增加 pH 下降。发酵终点 pH 大多数在 3.0～4.0 之间,此 pH 值不利菌丝生长易发生自溶现象,发生自溶后 pH 会上升,据该特征确定适时放罐时间。为此可加入有机物组成的培养液,使 pH 值变化缓慢;也可加入磷酸盐缓冲液(KH_2PO_4 或 K_2HPO_4)等缓冲物质维持适宜的 pH 值以利于菌丝生长。

3）光线　菌丝生长过程中不需要光线,这与真菌在大自然的生活史分不开。这种长期在生态环境中形成的特性,在短时间内改变让其适应是不容易做到的。光线的刺激容易使菌丝衰老,强光中的紫外线能杀伤菌丝,对其生长不利。

4）空气　在深层培养时,由于菌丝细胞直接与营养液接触获得大量营养,因而生长速度很快。菌丝生长是一个需氧过程,它代谢产生的 CO_2 要不断排出,这样必然引起耗氧量增加和 CO_2 大量积聚不利菌丝体的生长。为此,利用在发酵罐底部通气搅拌的方法,供给新鲜 O_2 并排出 CO_2 就显得非常重要。通气量为液基体积的 50%～100%。在培养的后期因菌丝数量多,需氧量大,通气量也应相对增加。

5）黏度　菌丝体大小和产量跟菌株特性、振荡频率、通气搅拌情况、液基中的氧化还原电位有关以外,还与液基的黏度有关。一般来说,黏度增加会促进菌丝小球的形成。增加黏度的物质很多,如甲基纤维(MG)羧甲基纤维素(CMC)0.2%～2%、藻类水解物、藻酸钠 2%、淀粉、果胶、琼脂 0.1%、黄原胶等。培养初期黏度变化不大,后期由于菌丝快速增长、分泌物增加、菌丝体积增加致使液基黏度增加。由于黏度增加导致溶氧扩散速率降低,因此通气量应随黏度增加而增加,否则会引起 O_2 供给不足。当黏度达到一定程度即菌丝增殖后,液基含糖量降到 1% 或更少,由于罐内代谢物增加菌丝细胞有衰老现象,此时易发生自溶现象,一旦发生自溶便会使黏度下降,这就是所谓峰形曲线。掌握这一特征现象可使我们合理掌握放罐时间。

6）营养要素　营养是食药用菌菌丝生长的基础,只有保证充分的营养,在上述温度、pH 值、黏度、氧含量等适宜条件下才能生长。液基的成分可以由已知的化学试剂配成,也可由成分尚未完全清楚的天然物质(马铃薯、蛋白胨、麦芽粉、酵母粉、玉米粉、麸皮)配成,前者称合成培养基,后者称天然培养基。

(1) 碳源(C)　食药用菌深层培养需要的碳源有单糖(葡萄糖、果糖)、双糖(蔗糖)、多糖(淀粉、果胶)等。糖在培养基中的浓度一般在 2%～3%,过量有碍空气中氧的溶解,反而不利于沉没菌丝的成长。不同种类食药用菌对各种碳源常有不同的要求,一般多用单糖使易于吸收利用,主要作用是供给能量及细胞后合成。

(2) 氮源(N)　氮源分有机氮(如蛋白胨、氨基酸、黄豆粉、蚕蛹粉、玉米粉、酵母粉等)和无机氮(如硝酸钾、铵盐、氯化铵、硫酸铵)。氮源主要作用是合成菌丝蛋白及核酸。

(3) 碳氮比(C/N)　碳氮比是指碳源和氮源之间的比例。多数食药用菌适宜的比例为 20∶1。培养各阶段对碳氮比要求不一,品种之间也有差别。适合的碳氮比可促使菌丝健壮成长,但氮源过多或过少会引起菌丝过于旺盛生长或生长缓慢,对生长造成不利因素;如碳源供应不足时,易引起菌种过早衰老和自溶;供应过多时有碍菌丝细胞的正常的呼吸交换。在培养初期和后期 C/N 有一定的变化,我们可根据这一变化特征确定放罐时间。

(4) 维生素、无机盐与生长激素　上述 3 种成分对菌丝体的发育代谢酶的活力和细胞的合成均有促进作用,只需微量即起效。培养液缺乏可适当加:ⓐ维生素 B_1、维生素 B_2 等,一般用量为 100 mg/L。ⓑ无机盐如钙、磷、钾、硫等,其中以磷、钾无机盐为重要,可在液基中加入过磷酸钙、磷酸二氢钾、氯化钾、硫酸镁、硫酸钙等,一般用量为 20～40 mg/L。ⓒ生长激素如 920、三十烷醇、萘乙酸等,用量为 $5×10^{-6}$。

(5) 分散剂　作用是使聚集细胞得以分散。深层培养时菌丝球数多,作为菌种可使萌发点多,覆盖面大,发菌快。分散剂也称表面活性剂,如吐温-40、吐温-60、吐温-80 等,其中以吐温-80 较好,用量为 0.2%。

(6) 水　水是营养物质的溶剂和载体,对水质的要求是符合法定规定的饮用水即可;如使用脱离子的纯化水以增加对营养物质的溶解则更好。

5. 常用的液基配方

1) 葡萄糖 20 g,玉米粉 10 g,酵母粉 10 g,磷酸二氢钾 0.4 g,硫酸镁 0.4 g,维生素 B_1 0.2 g,蛋白胨 10 g,氯化钠 1 g,pH 自然(约 5.5),水 1 L。

2) 葡萄糖 20 g,玉米粉 10 g,酵母粉 10 g,黄豆粉 10 g,磷酸二氢钾 0.5 g,硫酸镁 0.3 g,维生素 B_1 0.1 g,蛋白胨 10 g,氯化钠 0.3 g,味精 0.1 g,pH 自然,水 1 L。

3) 葡糖糖 30 g,磷酸二氢钾 0.5 g,蛋白胨 20 g,氯化钠 2.5 g,pH 自然,水 1 L。

4) 葡萄糖 30 g,磷酸二氢钾 0.5 g,蛋白 20 g,氯化钠 2.5 g,琼脂 1 克,pH 自然,水 1 L。

5) 玉米粉 20 g,废糖渣 50 g,维生素 B_1 0.1 g,pH 自然,水 1 L。

6) 玉米粉 50 g,花生饼 100 g,琼脂 0.5 g,维生素 B_1 0.1 g,pH 自然,水 0.85 L。

6. 液种制备方法和步骤

下面以韩国食药用菌设备制造厂商 MR. ENG 公司在中国第三届蘑菇节(2009 年 12 月)上发表的液种(杏鲍菇)制备技术介绍液种制备方法和步骤。

1) 培养基制作 材料准备:马铃薯、蔗糖、琼脂、试管

(1) 首先把 200 g 的马铃薯去皮切成小块放入 1 L 水的容器内,用文火煮 30 min 后,使用纱布过滤,滤液要达 1 L。

(2) 在提取 1 L 的马铃薯淀粉液中加入蔗糖 20 g、琼脂 20 g 后进行再加热,直到琼脂完全融化,然后向每个试管内注入 15 ml 的溶液。

(3) 注入后使用棉塞或者硅胶盖盖好,并用铝纸包好以防进水。然后放进小型高压灭菌锅内进行 121 ℃ 蒸汽灭菌 20 min。

(4) 灭菌后开启排气阀使锅内压力为 0,过 4 h 后取出(倾斜试管使溶液成斜面,但应和硅胶盖保持 2 cm 的距离,直到完全凝固为止)。

2) 组织分离 材料准备:酒精灯、接种刀、钩、镊子、优良食药用菌子实体。

(1) 采集的食药用菌子实体略微在乙醇(酒精)内浸泡,并放在超净台上存放。

(2) 使用消毒后的菌刀去除子实体表皮,选取内部组织切成 2～3 mm 大小块,成为分离后的组织(在超净台上操作)。

(3) 在超净台上使用接种针将分离的组织置入 PDA 试管斜面中心。

(4) 将棉塞或硅胶盖的前端用火焰消毒后封盖试管(在超净台上操作)。

(5) 放置在 20 ℃ 的培养箱中培养,至菌丝长到整个斜面面积 90%～95% 时挑取其中生长状态最好的放进无菌培养皿的 PDA 培养基里培养。

3) 母种(一级种)的培养制备 材料准备:PDA 培养基、无菌培养皿、三角瓶。

(1) 将做成需要量的 PDA 培养基注入剂三角瓶内。

(2) 把三角瓶盖好并用铝纸包好以防进水。

(3) 在 121 ℃ 下进行蒸汽灭菌 30 min。

(4) 灭菌后开启排气阀使锅内压力降为 0,搁置 4 h。

(5) 取出三角瓶,在超净台上将培养基注入到无菌培养皿里。由于培养皿是无菌状态,因此要在超净台上开封。

(6) 将试管内的菌种切成 2～3 mm 大小块状,放到培养皿的中央位置。

(7) 盖好盖子后,使用胶带封好边缘。

(8) 将培养皿放置培养箱中,待菌丝长到 90%～95% 时,挑生长状态最好的培养皿作为母种接种用。

4) 原种(二级种)的培养制备 材料准备:液体培养基、三角摇瓶、棉塞、搅拌机、振荡器、磁条棒。

(1) 液体培养基配方为在 1 L 的水中放入大豆粉 3 g、蔗糖 20 g、硫酸镁 0.5 g、磷酸二氢钾 0.5 g,溶后备用。在 1 L 容量的三角瓶中放入 500 ml 的液基。

(2) 把三角瓶盖好,并用铝纸封好。

(3) 在 121 ℃ 下用蒸汽灭菌 30 min。

(4) 把灭菌后的三角瓶放在超净台上进行正压冷却。

（5）在超净台上把培养皿内的菌种切成 3～4 mm 大小，取 2～3 块接种在三角瓶内。在操作中应注意在火焰保护下开启和关闭三角瓶的盖子。

（6）接种后在清洁的场所静置培养大约 6 d 后转入振荡培养，适合培养温度 20～22 ℃。

（7）三角瓶内培养一般在 18～20 d 之间结束。在接种至发酵罐前，应先将三角瓶内菌丝团在搅拌粉碎机上打碎，在打碎前、后过程中应注意粉碎机的灭菌处理和无菌操作。

5）栽培种（三级种）的培养制备　材料准备：摇瓶种（原种）、发酵罐、大豆粕、蔗糖、硫酸镁、磷酸二氢钾、消泡剂。

（1）发酵罐充水。

（2）按在 1 L 水中放大豆粕 3 g、蔗糖 20 g，硫酸镁 0.5 g、磷酸二氢钾 0.5 g 的比例溶解后备用。消泡剂根据它的性能决定使用量。

（3）液基配好投入发酵罐中，并放入灭菌锅内。在 100 ℃温度下，蒸汽灭菌30 min，再升至 121 ℃温度下灭菌 90 min。

（4）灭菌后在发酵罐外部淋水使之冷却到 20 ℃（在罐中降温过程保持正压）。

（5）冷却结束后维持正压，移至空气净化器前方，启动空气净化器 20min 后再行接种。

（6）发酵罐在接种前应先在接种口周围边槽内倒入一些乙醇，点燃用火焰灭菌后再开启接种口。在发酵罐接种时需在罐中维持正压，这样接种才会迅速完美。接种量是一个三角瓶，约 500 ml。

（7）发酵罐接种之后，维持正压状态将其移动至培养位置连接无菌空气管。

（8）培养期根据不同食药用菌品种时间略有差异，7～8 d 培养就可完成。

注意：

——在原种和栽培种制备过程中，三角瓶和发酵罐在灭菌后降温过程及接种过程中均应保持三角瓶、发酵罐内正压，接种口在开启和关闭时，均应用火焰灭菌保护。

——一般情况下生产出来的液种应立即使用，不宜久放。如需推后接种时间，需把液种在 5 ℃冷库中存放，但不宜太久。

——发酵罐出液种口与接种喷头胶管连接时应注意灭菌和无菌操作，因在该部位易产生污染现象。

——本节所叙述的一、二、三级液种制备培养时间是指杏鲍菇而言。我国液种制备培养时间可能有些不同，这是因为品种不同制备方法步骤不同，仅供参考。

7. 液种的检测方法

1）肉眼检查

（1）检查有无杂菌污染　如在 1～2 d 内培养液呈浑浊状，可视为被细菌污染；如发现培养液呈绿、黑、黄、红等颜色，可视为被带颜色真菌污染；如见形成板块大的菌球，可视为被其他真菌污染；如培养液混入其他品种的真菌（指食药用菌），肉眼不易识别，要用其他方法检查。

（2）液基中菌丝体生长情况检查　在正常情况下，扩繁菌丝体（菌球）小而多时为好。

（3）液基中菌丝体生长强度（萌发力）检查　在通气搅拌过程中，菌丝体黏到发酵罐壁和通气管道表面上后形成白色菌丝体块并生长迅速说明萌发力强，越强越好。

（4）对 pH 值变化的检查　通过 pH 传感器实时对 pH 值变化进行监测，或在培养液中加入 pH 值指示剂（如酚红指示剂酸性为黄色，中性为红色，碱性为深紫色），通过颜色的变化对培养过程进行监视。pH 指示剂应对菌体细胞无毒害，指示范围应在菌丝体生长过程 pH 变化范围内。其他指示剂有溴甲酚紫、麝香酚蓝等，此外也可用试纸检测。

（5）对培养过程中培养液的黏度检查　一般情况下，菌株在扩繁过程中菌丝体（菌球）增加培养液黏度也增加。也有的菌株在形成菌球后培养液更清晰，但为数很少。

（6）观察形成气泡情况　一般情况下，蛋白质多易产生气泡，也就是说形成菌球后气泡增多。气泡多易引起蛋白质变性，对菌球生长不利，也易染菌。遇该情况可在液基灭菌前、后加入消泡剂，如ⓐ泡敌（聚环氧丙烷甘油醚），加入量 0.57 ml/L。ⓑ食用植物油，如麻油、豆油、花生油、菜油等，加入量 0.2 ml/L。

（7）观察菌丝（菌球）在培养液中占的容积　一般情况下培养结束前菌球的容积占培养液的 40% 以上，有的菌株可达 70%～80%，且菌球不下沉。

2) 鼻嗅检查　如发现在培养过程中有异味、怪味、霉味、馊味、酸味、酒味出现,可均视为液基受杂菌污染(可同时用肉眼观察配合判定);反之,在正常培养过程中可以嗅到甜香微酸味。

3) 对培养液(发酵液)进行抽样检查

(1) 纯菌检验(检杂检验)　检查菌液有无杂菌的污染方法是将菌球液接种到(无菌操作)4 支试管培养基上,其中 1 支为斜面固基,1 支为 pH 7.2～7.4 的液基,将这两支试管放置温度为 37 ℃的恒温箱中,观察 3 d 判定结果,检查有无被细菌污染。如发现斜面固基表面生长菌落或菌苔(菌落成片状)可视为已染杂菌;如发现液基上也发生上述症状,可视为已染杂菌。其余 2 支试管中 1 支为斜面固基,1 支为 pH 6～6.5 的液基,将这两支试管放置温度为 26 ℃左右的恒温箱中,观察 7～9 d 判定结果,检查有无被其他真菌污染。如发现在斜面固基表面出现带色菌丝(绿、黑、黄、红)可视为已染杂菌;如发现液基呈上述颜色症状,可视为已染杂菌,已污染杂菌的液基应废弃。如无污染,可观察本菌生长及萌发力情况,在固基和液基表面均可见白色菌丝生长。

(2) 生长力检查　抽取菌球液(无菌操作)放在灭菌后的空玻璃培养皿上、空试管中或空玻片上,观察生长情况及萌发力。

(3) 栽培检查(出菇试验)　目的是用通过纯菌检验,确认无污染的栽培液种对一定数量的栽培袋、瓶接种进行出菇试验,取其平均单位产量以观察单产有否变化,进而确认菌株有否变异。在生产上常因传代过多引起菌种衰退、变异而影响出菇率,一般传代不超过 3～5 代为好。

(4) pH 值测定检查　用 pH 试纸、pH 比色盘、pH 比色管、pH 测定仪检测菌液。在培养过程中,pH 值下降,而各种菌株下降达到不能再下降、菌球数量不再增加时,为最佳接种时期。

(5) 菌球数的检查　取 1 ml 培养液放培养皿内进行人工计数。如数量太多不易数清时,可稀释后再抽取稀释液 1 ml 进行计数。计数后将数值乘以稀释倍数,即为 1 ml 的菌数。一般菌球数为 500 个/L 以上。

(6) 菌球质量检查　取一定容积的培养液,在离心沉淀机上经离心沉淀后,称取菌球质量,越重表示菌球数越多。该法较菌球数测定快,可与测定菌球数检查配合使用。

(7) 菌液碳氮比(C/N)的检查　培养初期和后期相比有一定的变化,当碳氮比下降到一定程度时,即为接种的最佳时期。根据这一变化特征决定放罐时间。培养液的含碳量和含氮量需用相应的方法测定,也可用碘酒法配合测定。

(8) 作拮抗检查　在怀疑菌株有混株时,可用该法检查有否混有其他菌株。方法是挑取菌液中菌球和原母种菌丝(无菌操作)放置在培养皿中的琼脂培养基上各一点,放在适宜的恒温箱中培养,观察有否抗拮线产生(栅栏现象);如发现有拮抗线产生,可判定有污染其他菌株。

(9) 同工酶检查　提取一定菌液与缓冲液混合后,放置圆盘中通电,脉动产生各种区带,经染色后与标准菌株区带比较,确定菌株的纯度。

(10) 显微镜检查　该法检查为弥补肉眼检查很难做出判定时使用。

① 在显微镜下用血球计数板计数。

② 观察在玻片上菌丝体生长情况,看到菌丝有锁状联合为最佳接种时期。

③ 在显微镜下观察,经染色(不染色一般看不到)后的菌液中是否感染杂菌,是细菌革兰阳性菌、(G⁺)和革兰阴性菌(G⁻)等。

④ 经确认为无杂菌污染的菌液,染色后观查菌株生长情况,如着色深则表明菌丝新鲜生长力强;观察菌丝分裂增殖情况,如看到空泡、泡壁和泡浆颗粒,则该菌株衰退,生长力不强。

二、工厂化生产培养、栽培室的管理方式

针对不同品种、不同生产规模,各工序环境参数控制难易、简繁程度、菌筐、菇架等,搬运量大小和管理方便程度等方面进行综合经济效益考虑,把工厂化生产栽培室分成集中式(大房间式)和分散式(小房间式)。

(一) 集中式

是指将经过搔菌后的栽培瓶在摧芽、抑制、出菇等工序都使用不同环境参数的大房间。将经搔菌处理后的栽培瓶移入摧芽房间,以后按流程顺序分别移入不同工序的房间,该方式周转筐移动的数量大、搬运工人

数多,但各工序房间环境参数管理简单、单一。周转筐搬运大都用平板推车或采用升降叉车和移动层架搬运。

(二)分散式

是指将经搔菌后的栽培瓶、筐搬到许多小房间,以每个小房间为单位通过改变不同环境参数,在其中按工序顺序进行摧芽、抑制、出菇等工序阶段的栽培。在这期间栽培瓶、筐无需移动,该方式栽培瓶、筐不需移动,工作量少、工人数少,但每个房间在不同工序阶段,环境参数需调节改变管理相对复杂些,房间利用率略低些。

三、工厂化生产技术装备

(一)袋栽工厂化生产技术装备

袋栽工厂化生产技术装备由装袋生产线、灭菌生产线(高低压蒸汽湿热灭菌)、接种生产线、废菌袋脱袋松碎机、原料筛选机、培养栽培房的环境参数控制系统设施和各种工序用、搬运用搬筐机(机械手)、四轮、二轮车组成。

1. 装袋生产线

1) 1.2~2 m³双机装袋生产线　由1.2~2 m³卧式螺带混合机、倾斜刮板输送机和2台冲压式装袋机组成。装袋能力:1 250袋(单机)/小时~2 500袋(双机)/小时,见图9-2。

2) 2~4 m³双机装袋生产线　由2~4 m³卧式螺带混合机、倾斜刮板输送机和2台冲压式装袋机组成。装袋能力:2 500袋/小时。

3) 4~8 m³ 4~6机装袋生产线　由4~8 m³卧式螺带混合机、倾斜刮板输送机、上方双螺旋式送料装置和4~6台冲压式装袋机组成。装袋能力:5 000袋(4台)/小时~7 500袋(6台)/小时,见图9-3。

图9-2　2.0 m³液压翻斗进料筛选装袋生产线(双机)

图9-3　上方双螺旋式供料装置(自动下料、自动回料),适用于装袋生产线、装瓶生产线

4) 说明

(1) 在该生产线前面,根据需要可以加 1 台原料筛选机。

(2) 2 m³ 和 4 m³ 螺带混合机通过倾斜输送机都可以和 2 台冲压式装袋机组成装袋能力相同的装袋生产线,区别是一次混合量大的装袋生产线装出的袋料含水率差别较小。

(3) 螺带式混合机中包括螺带混合机和储存分配机,目的是把间隙式混合供料变成可以连续式供料,并可以根据客户要求把以上两机联成一体或分成两部分(两部分可以有高度差,即 1 个放置在地坑上,1 个放置在地面上,也可 2 个同时放置在地面上),由倾斜输送机与装袋机联系在一起。

(4) 由倾斜输送机供料的生产线占地面积大些;而由上方双螺旋供料装置供料的生产线占地面积少些,但生产线费用大些。

5) 操作注意事项

(1) 生产线控制箱安置在混合机上。接通三相电源启动混合机后如发现混合螺带转向不对,液压齿轮泵无压力显示,说明电源线相线接反,应对换相线。

(2) 按配方把原辅材料倒入混合器后,先干混 2 min 左右,再打开洒水装置进行湿混约 15~20 min,可使混合均匀度系数＞90%。每次混合时培养料不要超过混合容器容积的 60%,否则按以上混合时间培养料混合均匀度系数不会＞90%。

(3) 装袋机与混合机的电源线连接,通过快速插头(航空插头)连接十分方便。装袋机上套袋工人可以通过点击开关控制混合机(储存分配机)上的出料口开启大小来达到控制培养料输出量的多少。

(4) 在培养料混合将结束时,要对培养料的含水率和 pH 值进行检测。检测时要用水分测定仪和 pH 测定仪或试纸进行测定,不能凭经验测定,尤其采用新配方、原料颗粒度和混合时间有变化时,更应如此,以做到培养料质量的标准化。据反映采用水分测定仪测定误差较大,建议用圆柱形固定容器,放满培养料后用刮板刮平上平面,并用比容器口直径小些的压板压缩培养料到一定高度(约压缩 1/3)后,再用水分测定仪测量,这样可以减少测量误差。注意每次测量时使用同一容器,压缩量也应一致。至于多少压缩量误差最小,可通过试验来确定。

(5) 该生产线装袋量的算术平均值偏差为 50 g,该偏差随物料的颗粒大小和密度有所变化,同时与套袋后塑袋的通畅性有关,因此套袋工人应给予十分重视;因为这会影响装袋量的偏差,进而影响袋料松紧度的一致性、培养期结束时的一致性、收菇期的一致性和增加栽培周期的天数。

(6) 装入培养料后的菌袋在搬运过程中易受外力的挤压、碰撞,造成菌袋的变形和塑袋形成针孔,影响接种成功率。为了防止外力的作用和提高搬运的效率,在工厂化生产中使用周转筐。常规的栽培袋装料后外形尺寸为 Φ110 mm×200 mm,湿重 1.1 kg。使用的周转筐以装 12 袋为好,周转筐材质为聚丙烯,外形尺寸(长×宽×高)＝490 mm×380 mm×100 mm。周转筐的设计要求是在使用中保持良好的强度、一定的刚度和使用寿命。有的厂家用圆钢和扁钢焊接制成的周转筐由于设计不合理,装袋量太多(16 袋),在使用中生锈、变形多,现很少使用。

2. 灭菌生产线

该生产线由周转筐袋、灭菌车、灭菌柜、蒸汽锅炉、冷却室、冷却制冷机组和冷风机组成。根据每天装袋数量、装袋后 2 h 内进行灭菌的要求,按每天工作 8~10 h 来确定灭菌柜大小和灭菌车数量,然后根据灭菌柜每次灭菌的袋数确定蒸汽锅炉每小时产生蒸汽能力大小、冷却室体积和配用的冷却制冷机组功率大小。一般来说每次常压、高压、灭菌 1 万菌袋选配的蒸汽锅炉蒸汽量为常压 0.7~1 t/h,高压 1~1.2 t/h;冷却室体积 240 m³ 左右;冷却制冷机组和冷风机功率为 36 kW。

常压灭菌温度为 98~100 ℃,灭菌时间＞6 h;高压灭菌温度为 121~127 ℃,灭菌时间＞1.5 h。需要说明的是,以上灭菌温度是指袋内培养料的温度,而且是连续的灭菌温度;而在常压、高压灭菌中,由于空气排得不彻底和选配锅炉每小时产生蒸汽量太小,会存在灭菌不彻底和存在灭菌死角现象,为了弥补缺陷,常采取延长灭菌时间来补救,这就是为什么本书上列出灭菌时间与一般的灭菌时间有差别的原因。在我国,栽培袋灭菌用常压灭菌,菌种瓶、袋的灭菌常用高压灭菌。近些年来,我国工厂化生产中的灭菌工序为了提高灭菌效果和缩短灭菌周期,有趋向高压、灭菌的势头。

21 世纪初,由于连云港国鑫医药设备有限公司研发成功真空高压蒸汽灭柜,使这一性能优越、节能、劳动强度低、自动化程度高的灭菌柜成为工厂化生产食药用菌灭菌工序的首选设备;但价格比一般高压灭菌器贵1倍以上。

　　说明:① 为了减少菌袋灭菌后搬运到冷却室过程中袋面受到的污染,在工程设计上常对灭菌器采用双开门结构,灭菌车由前门推进,灭菌后由后门推出,并限制前、后门同时开启,有的高压灭菌柜在程序控制上限制同时开启。灭菌柜的后门一般伸入冷却室墙面200 mm左右,并要求墙体与灭菌柜接触部位密封良好,这样就避免了栽培瓶、袋在搬运过程中遭受袋面污染的风险。

　　② 一般高低压灭菌器达到规定的灭菌时间后,就要进行排汽减压,降温处理,待器内温度降到80～85 ℃时,打开后门把灭菌车移动到冷却室内冷却,冷却到瓶、袋料温为20 ℃±2 ℃。但应注意,常压灭菌的瓶、袋培养料的冷却要求在尽量短的时间内由50 ℃降到20 ℃,应以快速通过适宜耐热菌萌发的30 ℃的温度区域,这就要求制冷机组的制冷功率要足够大。根据资料计算,栽培瓶培养料由100 ℃降到20 ℃时,约有瓶容量的50%的冷却空气进入瓶内,为此冷却室的空气洁净度应达1万级,并且要求冷却室形成正压,以降低在冷却过程中受污染的概率。

　　1) 袋栽灭菌生产设备

　　(1) 灭菌车　栽培袋是柔性容器不能受压,所以灭菌车为用25 mm×25 mm×3 mm的角钢或用40 mm×20 mm的矩形镀锌管焊接成层架式推车。该车共7层,每层可放12袋装的周转筐4个或16袋装的周转筐3个;最高层为无角钢顶层,层距290 mm;行走轮部分高为210 mm,靠手推侧的两个轮子为万向轮,行走轮的外圈为耐高温塑胶轮,以防使用时遇高温产生塑料变形和对地面造成伤害。灭菌车总高=290 mm×6+210 mm+50 mm=2 000 mm。灭菌车外形大小(7层为1 550 mm(长)×520 mm(宽)×2 000 mm(高),每辆车可放336袋。灭菌车外形大小(6层为1 550 mm(长)×520 mm(宽)×1 710 mm(高),每辆车可放288袋。装料后菌袋大小为Φ110 mm×(200 mm±20 mm)。

　　(2) 常压灭菌柜　常压灭菌柜不属于压力容器,生产单位不需要强制认证和申请压力容器生产许可证;又因体积庞大、运输费用高,使用单位常请机械生产厂家在生产基地现场制作。常压灭菌柜用50 mm×50 mm×5 mm的角钢焊接而成,内侧用厚2 mm钢板全焊缝焊接,顶盖呈人字形,顶盖与水平成30°夹角,在柜底部地面上安放2条长度与柜长相同的50.8 mm(2英寸)镀锌管,管的两侧均钻有Φ=3 mm的水平蒸汽排孔,柜内地面下连接冷凝水排放管和疏水阀。柜顶前、后安装2~3个放气阀,柜正面入口上方安置2个温度表分别与安装在柜前、后壁上的温度传感器连接。在柜外部用膨胀珍珠岩或岩棉做50 mm厚的保温层,并用1 mm厚的铝板或0.5 mm厚的镀锌板覆盖;前、后进出门的内侧周边应焊有存放密封材料(石棉绳)的凹槽,以保证前、后进出门的密封。按不同生产规模和一次灭菌的袋数和灭菌车外形大小的不同,制作不同宽度、长度的灭菌柜。考虑到进出门的机械强度和开关方便,一般常压灭菌柜内腔横断面的大小为1 700 mm(宽)×2 000 mm(高)或1 700 mm(宽)×2 300 mm(高),以适应不同层数(6层或7层)的灭菌车。灭菌柜可并排放3辆灭菌车,根据需要组成放置不同排数灭菌车的灭菌柜。

　　以下列出每次灭菌4 320、5 040袋、6 048、7 056袋、6 912、8 064袋的灭菌柜内腔大小:

　　每排3辆(6层)灭菌车×5排=15辆/次,灭菌柜内腔大小(mm)=1 700×2 000×8 150;

　　每排3辆(7层)灭菌车×5排=15辆/次,灭菌柜内腔大小(mm)=1 700×2 250×8 150。

　　每排3辆(6层)灭菌车×7排=21辆/次,灭菌柜内腔大小(mm)=1 700×2 000×11 410。

　　每排3辆(7层)灭菌车×7排=21辆/次,灭菌柜内腔大小(mm)=1 700×2 250×11 410。

　　每排3辆(6层)灭菌车×8排=24辆/次,灭菌柜内腔大小(mm)=1 700×2 000×13 030;

　　每排3辆(7层)灭菌车×8排=24辆/次,灭菌柜内腔大小(mm)=1 700×2 250×13 030。

　　(3) 高压灭菌器　由于高压灭菌器属于压力容器,必须由具有压力容器生产许可证的生产厂生产。高压灭菌器产品有圆形和矩形,购买者可根据一次灭菌袋数及周转筐、袋的大小选用。选用应遵循操作时劳动强度低、节能,且有灭菌温度、时间记录打字功能的原则。圆形高压灭菌器由于受力均匀,制造焊接工艺简单,价格较矩形的高压灭菌器低,但有效使用灭菌空间小,因此选用时要在相同的使用灭菌空间情况下综合考虑上述原则进行选用。我国连云港国鑫医药设备有限公司参考国外矩形灭菌器的结构特点,结合我国灭菌生产上的实际需要,于20世纪末采用高新技术研发出预真空高压蒸汽灭菌柜,填补了食药用菌工厂化生产高压灭菌器高端产品的空白。该产品有诸多优点在下文重点详细介绍,见图9-4。

图 9-4　预真空高压蒸汽灭菌柜

（4）预真空高压蒸汽灭菌柜

① 灭菌原理优点和特点。采用预真空法排除柜内空气,可使柜内空气排除彻底,柜内各处温度均匀,无灭菌死角(理论上),比非预真空高压灭菌柜在 1 个灭菌周期(约 4 h)节约蒸汽 40% 左右。由于灭菌周期短,可延长塑料瓶和周转筐的使用寿命,对袋料的营养成分破坏少。

其特点有:ⓐ在灭菌物料加温之前,对灭菌柜内预抽真空(0.05 MPa)2～3 次,使柜内空气量随抽真空次数的增加而呈多次幂方的减少。ⓑ采用充气硅胶条动态密封,密封压力不随温度上升,密封面不随温度变形,密封均匀可靠。ⓒ采用齿板结构,使关门后锁紧简单可靠,且便于自动操作。ⓓ在灭菌结束后,经排气使柜内压力为 0 MPa,再进行多次抽真空(0.02 MPa),依靠袋内培养料中水分蒸发的相变热使袋料自身的温度下降,一般柜内温度由 100 ℃降为 80 ℃约需 30 min。ⓔ灭菌柜的灭菌工艺流程的各工序均由微型程序控制器(PLC＋触摸屏)进行全自动程序控制,可实现操作过程程序化、自动化,各工序参数(温度、压力、时间)可设定,具有温控准确、操作简单和故障点直观性强等特点。

② 结构。预真空高压蒸汽灭菌器主要由压力容器部分、管路系统及附属设备部分、控制系统部分和灭菌车等其他部分所组成。

a. 压力容器部分。压力容器部分是该设备主体部件,全部按国标 GB150《钢制压力容器》进行设计、制造、检验、验收,并接受《压力容器安全技术监察规程》的监督。主要分为柜体部件和大门部件。内部喷涂高温防锈漆。

a）柜体部件。柜体材质采用 Q345 厚度为 8 mm 钢板压制全熔焊接而成。外围加强筋(工字型钢),材质为 235B,断面为矩形结构,见图 9-5。

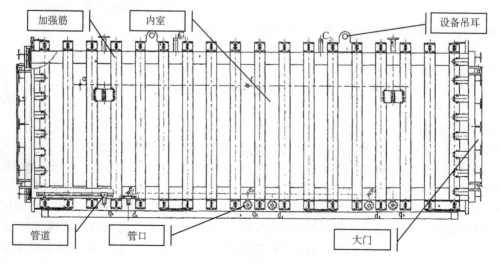

图 9-5　容器示意图

　　b）大门部件。大门主要由门齿板、门体板、加强筋、门臂板和门传动系统组成。门体板和门齿板材质为Q345R，加强筋、门臂板材质为Q235B。

　　门齿板与门体板通过焊接成为一体，并在门体板外部焊有加强筋，见图9-6。

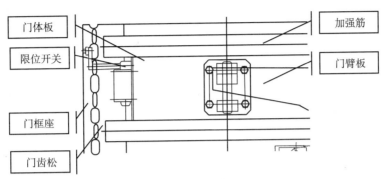

图9-6　大门结构局部图

　　门传动系统分为旋转部分和升降部分。门的旋转部分是用人力推动大门进行打开和关闭的。关闭是否到位通过限位开关来保证，只有通过限位开关的伸臂触及门框座面才能接通门电机电源进行门的升降。门的升降系统部分通过门电机的正、反转，带动丝杆伸缩移动进而带动摆杆的摆动来实现门的上升下降，并通过安装在门体板上的限位开关确定门的上升和下降的极限位置。同时大门还设有安全联镇装置，即当柜内压力为常压时，才会启动升降系统，确保设备的开门安全性，见图9-7。

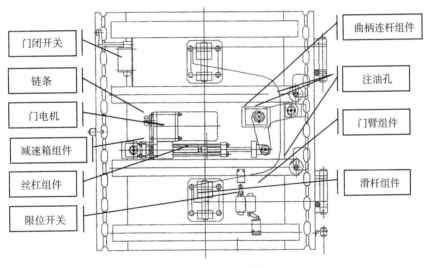

图9-7　门传动系统

　　b．管路系统及附属设备。预真空灭菌柜的管路主要由无缝管（Q345B）焊接而成。其主要管体为法兰（20煅）连接。管路从功能上分主要有进蒸汽管路、排蒸汽管路、抽真空管路、真空泵进水管路、回空气管路、门充气、真空管路以及附属设备真空泵、空压机。管路上主要部件有气动阀、单向阀、手动阀、疏水器、过滤器、压力传感器、压力表、温度表、先导阀、射流真空阀、电动球阀、电磁阀等。

　　a）进蒸汽管路。由锅炉出来的蒸汽压力约0.8 MPa，经过减压阀降为0.4 MPa，通过过滤器、压力表、气动进气阀进入灭菌柜。根据灭菌柜的长度，进气管的入口可有2～4个，见图9-8。通过控制系统的程序控制可对进入器内的蒸汽实现温度和压力的双重控制。当柜内蒸汽压力、温度达到预定值时，程序控制器会自动关闭气动进汽阀门，以防止压力、温度进一步上升对设备、操作人员和被灭菌物造成伤害。

　　b）排蒸汽管路。由灭菌柜蒸汽排出口排出的蒸汽和冷凝水通过2～4个出口汇集于1个排蒸汽管路，经日字型管路又汇集于1个管路，经止回阀排向灭菌间外。日字型管路的上面1条管路，安装通过程序控制的气动排气阀；在中间1条管路上安装1个疏水阀用以自动排出冷凝水，下面1条管路上安装的1个手动排气阀，在正常灭菌过程中处于常闭状态，只在有需要时用手动打开，见图9-9。

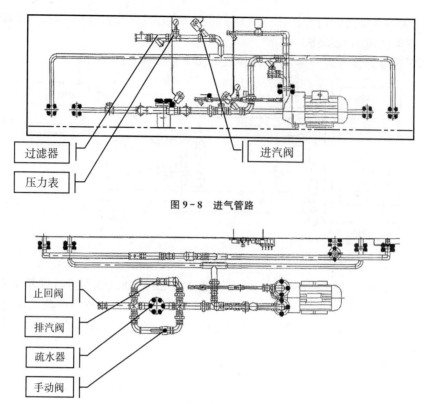

过滤器

压力表

进汽阀

图 9-8　进气管路

止回阀

排汽阀

疏水器

手动阀

图 9-9　排气管路

c) 抽真空管路和真空泵。抽真空管路中主要由真空泵、电机、真空阀、渗气阀、泵进水阀等组成。程序控制通过交流接触器控制真空泵的开启与闭合,同时打开或关闭真空阀实现对内室抽真空。真空泵进水管路供给真空泵冷却水,同时起水密封作用,见图 9-10。

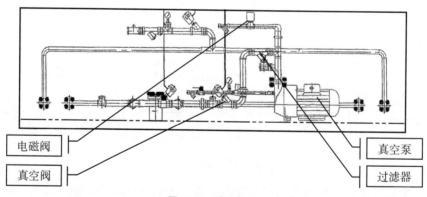

电磁阀

真空阀

真空泵

过滤器

图 9-10　真空管路

预真空高压蒸汽灭菌柜系列产品使用水环式真空泵,其真空度可达 0.09 MPa 以上,确保灭菌内室的真空度。在灭菌前对框内预抽真空是该设备灭菌工艺中的关键,对于灭菌效果至关重要:因为抽出柜内空气须

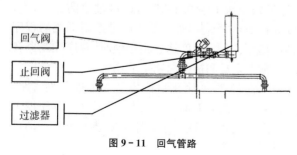

回气阀

止回阀

过滤器

图 9-11　回气管路

确保灭菌过程中无空气存在,如果柜内存在空气,会导致进蒸汽升压、升温的过程中在被灭菌物的几何中心区域形成空气团,不利于蒸汽的穿透,使被灭菌物的几何中心区域温度达不到设定数值,导致灭菌不彻底。进行作业前应切记打开真空泵进冷却水的手动阀门,以防真空泵不能进行正常工作。抽真空次数可以设定,一般 2～3 次。

d) 回气管路。主要由高效过滤器、止逆阀、气动回气阀和回气管道所组成,见图 9-11。在降温度过程中,通过抽真空快速降温达到要求温度时,由于柜内存在真空不能开门,需要通过程序控制气动回气阀向柜内输进洁净空气。回气口视灭菌柜的长短设2～3个。

e)门充气、真空管路和空压机。由空压机提供的0.8～1.0 MPa的压缩空气经除油、水、尘处理后,供程序控制器按程序控制电磁阀、射流真空器,由管路对门的密封条进行充气或抽真空作业。此外,该洁净气流还对其他功能气动阀提供气源。

c.控制系统。主要由可编程序微型控制器(PLC)、模拟量模块(A1)、温度传感器(Pt)、彩色触摸屏(TP)、微型打印机(MP)或记录仪继电器(D)等组成。系统构成原理图,见图9-12;可编程序控制器,见图9-13。

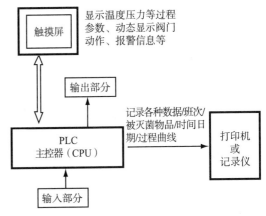

图9-12　系统构成原理图

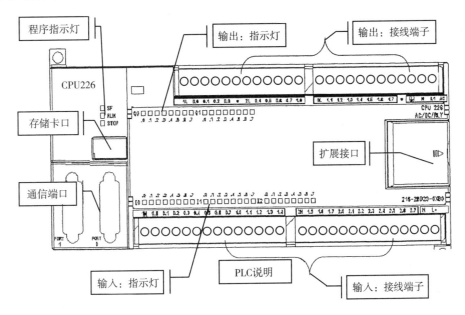

图9-13　可编程序控制器

程序指示灯:用来指示程序的实际运行状态,分为SF/DIAG,RUN和STOP 3种状态

可编程控制器(PLC)又称为电脑,是设备的核心部分。该设备PLC采用CPU226,I/O点为40点。

在设备的运行过程中,PLC根据采集到的输入信号(数字量和模拟量)控制程序的运行,再把信号输出到执行元件上,控制设备的实际运行。

d.灭菌车等其他部件。灭菌车用来装载周转筐和栽培袋、瓶。用于栽培袋灭菌的灭菌车是采用层架式四轮手推车,层架数按灭菌柜高度确定,层距为280～300 mm。灭菌柜的保温层采用厚度为50 mm的岩棉,在保温层外表保护层用彩钢板,前、后门罩板用430拉丝钢板。

③ 灭菌工作程序。灭菌工作程序分为准备行程、真空行程、升温行程(包括一次升温、一次保温、二次升温、二次保温、三次升温)、灭菌行程、闷置行程、排气行程、结束行程。

a. 准备行程

a)外部条件的准备

(a)确认设备运行必要条件

水源:0.3～0.4 MPa(0 ℃<水温≤45 ℃);

饱和蒸汽压力:0.4～0.6 MPa;

压缩空气源:0.4～0.8 MPa;

电源:380 V 40 A(75 kW),220 V 3 A(0.5 kW);

工作环境 1~50 ℃；

大气压力：70~106 kPa。

（b）接通设备的外接（水、电、蒸汽、压缩空气）。

（c）确认器内无人和没有不应放的器件、物资后关门。具体的操作步骤：收起踏板关上大门并用手抵住大门，按住关门的按钮，此时电门机开始运行，并推动门体板上升；当行程到位后行程开关起作用，使门电机停止运行，并自动对门封条充气，使器内达到完全密封状态。

关门前须检查门的密封胶条是否完全在门槽内，有无开裂、损伤与污物；门座与门封密封材料的接触面有无损伤及污物；关门开关按钮是否完好正常；触摸屏上的开关动作点位是否正常。

b）内部条件的准备

（a）灭菌程序的参数设定。在触摸屏诸多画面中，切换到参数设定画面。根据实际物料灭菌工艺的需要，选择各参数设定的数字框，输入需要的参数后，按确定按钮确定即可。在触摸屏中可以看到以下的画面：

——登录画面　要求用户输入正确的口令密码才能操作该设备，限于操作管理员。

——监视画面　显示设备是否可运行，是否可开门；运行时的温度、压力、时间和故障时报警。

——部件工况画面　显示设备运行时各个阀门动作情况，以图形表示更为直观。

——曲线画面　显示设备的工作温度、压力曲线，以不同颜色表示。

——部件强制画面　当设备内故障或其他原因需要手动运行时，可切换到本画面。本画面操作可直接控制 PLC 输出点，当操作时 PLC 即响应不受程序限制。

——输入点画面　用于查看 PLC 输入点的动作情况。

——输出点画面　用于查看 PLC 输出点的动作情况。

——参数查看画面　用于查看设备运行的参数。

——密码修改画面　用于修改操作员、管理员的密码。

——授权口令密码画面　当需要修改参数时，需要先输入账户密码，口令为登录密码。

——参数修改画面　用于设置灭菌参数和参数的查看。

——日期、时间设置画面　用于设置当前的日期、时间。

——高级设置画面　用于温度、压力上下限的调整，排气上下限的调整，程序控制方式（以哪种温度控制程序）、升温压力动态控制、温度、压力校正。

触摸屏的使用操作请参看有关产品使用说明书。

（b）灭菌程序的检查。在确认以上参数设定操作后，返回工作监控画面，观察画面上显示的温度、压力是否正常，画面左上角红色标志显示是否可运行。若显示"可以运行"，则可按动启动按钮，使设备按程序控制进入灭菌工作运行程序。在设备进行运行中注意观察以下几点：

——各个行程阀门动作是否正常（是否有阀门该动作时没动作）；

——温度、压力传感器是否正常；

——温度、压力行程时间等是否按照设定的参数执行；

——设备的管道阀门是否有泄漏现象；

——设备是否有超温、超压现象；

——行程结束后，打印记录是否有问题。

（c）灭菌工作流程说明。为了方便对灭菌各工作程序的了解，现以下列参数及曲线表达方式进行灭菌各行程的叙述和说明，见图 9-14。

——保温温度　"1" 105 ℃，保温时间 10 min；保温温度"2" 115 ℃，保温时间 10min。

——灭菌温度　121 ℃，灭菌时间 20 min，灭菌压力 0.115 MPa。

——首次真空/延时　-0.08 MPa/min，前真空次数 3 次，二次真空度-0.05 MPa。

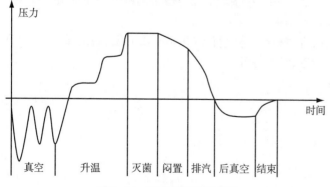

图 9-14　灭菌工作流程曲线图

——后真空度 -0.02 MPa,补气压-0.02 MPa。

——后保压时间 5 min,闷置时间 5 min。

b. 真空行程。进入真空行程后真空泵开始对柜内抽真空,分为一次、二次、三次真空。一次真空是指第一次抽真空,当柜内压力达到设定值——首次真空度(-0.08 MPa)后,再延时抽至所设定的时间(1 min)停止,打开进蒸汽阀往柜内进蒸汽;当柜内压力达到设定值——补气压(-0.02 MPa)后停止进蒸汽,并延时30 s进入二次真空阶段。二次真空是指第一次抽空后面剩余的抽真空次数。进入二次真空后,启动真空泵继续对柜内进行抽真空;当柜内压力达到压力设定值——二次真空度(-0.05 MPa)后,停止抽真空,打开进蒸汽阀往柜内进蒸汽;当柜内压力达到压力设定值——补气压(-0.02 MPa)后,停止进蒸汽并延时30 s,启动真空泵继续对柜内进行抽真空并重复以上动作,直至达到设定的前真空次数。前真空结束后进入升温行程。

c. 升温行程。真空行程结束后,进入升温行程中一次升温阶段。打开进蒸汽阀往柜内进蒸汽,当柜内温度达到设定值——保温温度1(105 ℃)时,进入一次保温阶段。当柜内温度高于保温温度上限值(105 ℃+0.5 ℃=105.5 ℃)时,进蒸汽阀关闭,停止进蒸汽;当柜内温度低于保温温度下限值(105 ℃+0.4 ℃=105.4 ℃)时,进蒸汽阀门打开继续往柜内进蒸汽,如此循环。通过控制蒸汽阀的通、断来控制柜内温度在105.4~105.5 ℃的上下限值之间。当一次保温时间达到设定的保温时间1(10 min)时,进入二次升温阶段。

进入升温行程中二次升温阶段时,打开进蒸汽阀往柜内进蒸汽,当柜内温度达到设定值——保温温度2(115 ℃)时,进入二次保温阶段。当柜内温度高于保温温度2上限值(115 ℃+0.5 ℃=115.5 ℃)时,进蒸汽阀关闭停止进蒸汽;当柜内温度低于保温温度2下限值(115 ℃+0.4 ℃=115.4 ℃)时进蒸汽阀门打开继续往柜内进蒸汽,如此循环。通过控制蒸汽阀的通、断来控制柜内温度在115.4~115.5 ℃的上、下限之间。当二次保温时间达到设定的保温时间2(10 min)时,进入3次升温阶段,打开进蒸汽阀往柜内进蒸汽,当柜内温度达到设定的灭菌温度121 ℃时进入灭菌行程。

在升温行程中若设置了升温行程周期排气时间,气动排气阀将定时排气。

d. 灭菌行程。当柜内温度大于设置的灭菌温度121 ℃时进入灭菌行程。当柜内温度高于灭菌温度上限值(121 ℃+0.5 ℃=121.5 ℃)时进气阀门关闭停止进蒸汽;当柜内温度低于灭菌温度下限值(121 ℃+0.4 ℃=121.4 ℃)时,进蒸汽阀门打开继续往柜内进蒸汽。通过控制进蒸汽阀门的通、断来控制柜内温度在121.5~121.4 ℃的上、下限之间。同理,当柜内压力大于设置的灭菌压力上限值(与121.5 ℃相对应的压力)时进蒸汽阀门关闭,停止进蒸汽;当柜内压力处于设置的灭菌压力下限值(与121.4 ℃相对应的压力)时进蒸汽阀门打开,进蒸汽。如此循环。当灭菌行程时间达到设置的灭菌时间(20 min),进入下一行程。

在灭菌行程中,如设置了灭菌行程周期排气时间,排气阀将定时排气。

e. 闷置行程。在闷置行程中,关闭所有的气动阀门,保持闷置时间(5 min)结束,即跳转到下一行程。

f. 排气行程。在排气行程中,打开气动排气阀对柜内进行排气。当柜内压力约为0 MPa时,进入下一行程。

在排气行程中,若设置了排气行程周期排气时间,排气阀将定时排气。

g. 冷却行程。进入冷却行程后,启动真空泵对柜内进行抽真空。当柜内压力大于设置的压力——后真空度(0.02 MPa)时,真空泵停止工作;当柜内真空度小于设置的压力——后真空度(0.02 MPa)时,启动真空泵对柜内抽真空。如此循环,保持柜内真空度在0.02 MPa左右。当保压时间大于设置的后保压时间(5 min),冷却行程结束进入下一行程。提示:使用该行程可能会使袋塑料水分有一定丢失,请根据实际情况使用。

h. 结束行程。进入结束行程后,先打开气动回气阀一定时间,再打开排气阀对柜内进行回气或排气,使柜内压力处于常压状态。当符合开门条件后,后门侧的显示屏显示"可以开门",这时可进行后门的开门操作。

a) 具体步骤。点动开门按钮,开始对门密封条槽内抽真空。达到30 s后停止抽真空,用手晃动大门以证明密封胶条是否缩回;若能轻松晃动,则按住开门按钮,门电机开始工作,带动门体下降。当行程到位后(即行程开关起作用后),门电机停止工作,用手拉开大门放下踏板。

b）开门注意事项

——开门前行程显示出准备"结束"字样，屏幕上显示柜内压力表压为 0 MPa，同时屏上或后门开门指示灯显示"可以开门"。

——需检查抽真空后门在门框内是否能晃动。

——需检查触摸屏上开关动作点位是否正常。

——当门体下降碰到行程开关停止下降时，观察门与门齿框是否完全错开；开门后，检查门胶条是否完全被吸回到门胶条槽内。

——按国家对压力容器规定，在程序上应设置安全联锁装置。在柜内压力＞0.005 MPa 时，门自锁，这时门不能被打开。为实现不同区域有效的隔离，前、后门不能同时被打开。

④ 日常维护、保养、故障排除。该设备为 1 类压力容器，为了保证安全和正确使用，使用单位应确定责任人，非操作人员不得进行操作。每天设备在使用前，应将锅炉分汽缸手动排水阀打开，排掉冷凝水。

a. 压力容器部分。灭菌柜不能对含有氯离子等卤素类介质或酸、碱性等腐蚀性物料进行灭菌，如洗涤剂、药液等。

a）每次运行前应目测柜内排气、排水口的滤网有否异物存在，如有应清除之。

b）发现柜内壁有防锈漆脱落时，应用耐高温防锈漆修补。

b. 大门部分。大门部分在该设备中属于非常重要的部件，应十分重视。

a）每周至少 1 次（在每天都有灭菌情况下）用棉布、毛巾蘸洁净清水擦拭大门内侧和密封胶条和门框座密封面，并清除异物。

b）门升降、开关运动副须加注润滑脂。门电机传动机构如链条、丝杆、杠杆节点，门体与门臂板的导向轴、门的转轴是经常运动的部位，又处于高温状态下，所以要定期（3 个月左右）加注中性黏度的钙锂基高温滑润脂，并清理老化油脂。

c）若在开关门时，门体到位时电机却不能启动，或者门体关门未到位时电机却开始启动，发生以上现象说明门的限位开关位置可能偏移或损坏，应进行调整或更换。

c. 管道阀门和附属设备部分

a）安全阀隔 1 个月将安全阀拉杆拉起，反复排气数次以防失灵，并定期（6 个月或 12 个月）由当地技术监督部门进检测。

b）每个月定期清洗各管道上的过滤器（阀）。

c）每个月定期清洗各管道上的疏水器（阀）。

d）每个月检查 1 次单向阀的密封性。

e）压力表、温度表定期（6 个月或 12 个月）由当地技术监督部门进行鉴定。

f）真空泵严限在无水状态下工作，6 个月内至少进行 1 次检修。内容包括：

——真空泵整体设备噪声应≤78 dB(A)，电流≤额定值。

——真空泵在运行中如出现噪声过大（撕裂声）说明泵此时工作在极限真空下，可应通过调节渗气阀螺栓减少之。

——如外界环境在 0 ℃以下，设备使用后应及时清空供水管路和真空泵中的水，以防结冰导致真空泵故障。

——若出现真空泵不运转或不抽真空，应检查电源是否接通；冷却水管道及阀门是否打开或有故障；渗气阀的状态是否正常；交流接触器和真空阀是否动作。

——若发现真空泵长时间抽真空不停，应检查真空泵性能是否下降；检查压力表、压力传感器是否存在故障；给水管道及阀门是否有故障没给水；抽真空管路是否存在漏气。

d. 门充气、抽真空管路

a）门的充气、抽真空管路对门的开关和密封很重要，3 个月内至少全面检修 1 次。

b）若门槽不充气或充气压力不足，应检查气源压力是否充足；充气三通电磁阀是否正常；门充气管路是否漏气；门槽是否漏气；关门限位开关行程是否到位。

c）若门槽不抽真空或门密封胶条不能完全收回，应检查气源压力是否充足（0.4～0.8 MPa）；充气三通阀、射流真空发生器是否正常;门管路是否漏气;门槽是否漏气;门行程是否到位;另一侧门是否打开(在行程控制上设置前、后门不能同时打开)。

e. 电气控制系统部分。电气控制系统主要由可编程序控制器(PLC)、触摸屏、数据记录系统(打印机/记录仪)和信号采集系统组成。

a）PLC

——PLC主要技术性能参数　输出采用小型继电器、驱动能力强,使用工作电压DC 24 V或AC 220 V;输入采用光电隔离信号,可减少外部电磁干扰,使用工作电压DC 24 V使用电压过高会造成损害。

——PLC的故障　输出继电器烧坏,输入信号损坏。原因:输出继电器工作电压过高? 光电隔离部分损坏? 可采用修复和更换PLC。

——PLC不能运行原因　运行指示灯不亮? 可检查是否有电? 电压是否正常。

——故障指示灯亮原因　由于PLC自身硬件故障、程序故障,可进行维修或更换PLC。

——PLC与外围设备的通信故障　即与触摸屏、数据记录系统无法连接。原因:通信数据线接触不良或损坏,PLC通信口损坏。

——程序故障　可进行维修、重编程序或更换PLC。

b）触摸屏。主要技术性能参数:工作电压DC 24 V;显示区域14.48 cm,彩色。

触摸屏故障主要有:

——触摸屏上显示"PLC no response"通信故障或屏上无数据显示。原因:PLC端口损坏或设置错误;触摸屏端口损坏或设置错误;触摸屏与PLC之间的通信电缆损坏。

——触摸屏在运行中突然黑屏。原因:屏自身保护;触摸屏损坏;电源模块DC 24 V供电不正常;电源线接触不良。

——触摸屏上的键再按没反应。原因:触摸屏上电阻膜已坏,须维修或更换触摸屏;PLC程序错误。

c）数据记录系统——打印机(炜煌针式打印机)。主要技术性能参数:工作电压DC 5 V,1.5 A。

打印机通电后,电源指示灯保持常亮状态即待机状态、在线状态,打印机可提取数据;状态指示灯灭为离线状态,不能接收数据。

SEL键:切换打印机在线或离线。

LF键:在线状态下的走纸键。

主要故障有:

——打印机不走纸。原因:电源不在额定允许范围内(DC5V±5%);打印机损坏。

——打印机走纸不打印。原因:打印头出现故障;色带无墨;通信线方面出现故障;打印板出现故障。

——打印机出现乱码。原因:打印机电源有问题,可调整为DC 5~5.25 V之间,调整时用高精度万用表;现场有很强的干扰源;运行过程中有人为插、拔数据通信线或打印机;数据线接触不良或断路;打印板有故障。

d）数据记录系统——打印机、数据线。打印机主要用于将PLC采集来的数据暂时存储在芯片中,打印时将数据发送到打印机上打印出来。数据线主要有两根:一根由PLC端到打印板的通信线;另一根是从打印板到打印机的数据线。当打印机通电时,电源指示灯亮起;数据传输时,电源灯与通信指示灯交替闪烁;当记录指示灯亮起表示打印板正在采集数据中;当保存指示灯亮起,表示打印板正在存储整理数据。当4盏灯都不亮时,表示打印机正在打印数据或打印机没电。

打印机主要故障有:

——打印不出数据或打印数据错误。原因:打印数据错误,处理方法是检查协议转换板(打印机)与打印机数据线连接是否正确;打印机与PLC数据线连接不正确;通信指示灯显示不正常。

——PLC与打印机板、打印机通信联系不上。原因:数据线头脱离或损坏。

e）信号采集系统——温度信号采集。该设备温度信号采集主要由温度传感器和模拟量模块组成。

主要技术性能参数:

——温度传感器　将物理量转换为电阻信号(0~150 ℃对应100~157.33 Ω)。

——模拟量模块　将电阻信号转换或可被PLC接收的数字量。

主要故障有：

——触摸屏温度显示为 0 ℃或＞150 ℃时。原因：温度传感器出现短路或断路,处理方法是检查信号传输线路并纠正之;模拟量模块损坏。

f) 信号采集系统——压力信号采集。该设备压力信号采集主要由压力变送器和模拟量模块组成。

主要技术性能参数：

——压力传感器　将物理量转换为电流信号(0～4 Pa 对应 4～20 mA)

——模拟量模块　将标准电流信号转换成可被 PLC 接受的数字量。

主要故障：触摸屏压力显示常为 0 MPa 或＞0.2 MPa。原因：压力传感器出现短路或断路;模拟量模块损坏;压力传感器接线不对。

g) 信号采集系统——数字量采集。该设备数字量采集主要由行程开关和按钮开关等组成。

主要技术性能参数：工作电压 DC 24 V。

主要故障：行程开关、按钮开关动作后,在触摸屏上显示不出。原因：硬件损坏或接线脱离。

h) 保险丝(熔丝管)。该机控制系统的保险丝为 AC 220 V/3 A。当发现控制系统指示灯亮,说明控制系统工作电源线路保险丝熔断。检出后,拔下熔丝管前端盖,更换之。

i) 附属设备

（a）灭菌车根据需要定期(1 个月)检查 1 次焊接点,检查柜内底部对位机构、行走轮是否正常。发现脱焊需及时补焊之。

（b）该设备保温层外表钣金件根据需要定期(1 个月)清洗表面污渍,以保持保温层面的清洁。

j) 其他故障

（a）故障报警。原因：真空泵的热继电器过热动作导致报警输出;超温超压报警;程序运作结束报警;温度、压力传感器故障报警。

（b）升温时间过长或温度达不到设定值。原因：蒸汽源压力不在设备要求的范围内;管道存在泄漏;疏水状态不好;温度传感器没浸在水中;温度压力测量不准。

（c）按启动按钮后程序不启动。原因：启动条件不满足;前、后门的关门行程未到位;触摸屏损坏。

（d）被灭菌物料经检后为灭菌不合格。原因：灭菌工艺不符合要求;温度、压力传感器失真;疏水状态损坏。

⑤ 预真空高压蒸汽灭菌柜产品规格。根据开关门的方式和控制灭菌工艺流程的方式不同,可把预真空高压灭菌柜分成 4 种自动化程度不同的产品。

——机动开关门、PLC 控制灭菌工艺流程的预真空高压蒸汽灭菌柜;

——手动开关门、PLC 控制灭菌工艺流程的预真空高压蒸汽灭菌柜;

——手动开关门、电气控制灭菌工艺流程的预真空高压蒸汽灭菌柜;

——手动开关门、手工操作灭菌工艺流程的预真空高压蒸汽灭菌柜。

以上 4 种预真空灭菌柜虽然门的操作方式和灭菌工艺流程控制方式不同,但承压容器尺寸和主要附属设备仍然相同。现以表格形式列出,以供用户选购时参考,见表 9-1。

表 9-1　供栽培袋灭菌的预真空高压蒸汽灭菌柜

型号	柜内尺寸($W \cdot H \cdot L$)/m	柜内容积/m³	灭菌车数量/辆	装袋量/个
GXMQ-18	1.65×2.2×4.95	18	6	3 024
GXMQ-24	1.65×2.2×6.7	24	9	3 780
GXMQ-30	1.65×2.2×8.3	30	12	5 040
GXMQ-36	1.65×2.2×9.9	36	15	6 300
GXMQ-42	1.65×2.2×11.5	42	18	7 560

灭菌柜中使用的灭菌车有两种规格：

——每辆车有 7 层,每层可放周转筐5 筐(12 袋装),每辆可装袋数＝5×7×12＝420(袋);

——每辆车有 7 层,每层可放周转筐6 筐(12 袋装),每辆可装袋数＝6×7×12＝504(袋)。

⑥ 注意事项和改进意见

a. 灭菌工作程序的第二个行程是前真空行程。当行程开始时,真空泵开始抽真空;当柜内真空度达到首次真空度设定值时,再延时抽至所设定的时间,随后开始向柜内通高温蒸汽;高温蒸汽进入瓶、袋中遇到温度为 20 ℃左右的培养料时,蒸汽冷凝为 100 ℃的水,并放出高热值的相变潜热(2 257 J/g)加热培养料;故在前真空行程(多次抽真空)过程中,既加热了培养料也增加了培养料中的含水量。而在后真空冷却行程中培养料中水分在真空状态下迅速蒸发并带走培养料中的热量使料中温度下降,因此后真空行程,既是迅速降温过程,也是培养料失水的过程。当灭菌工艺各行程参数确定后,进行灭菌前应先抽取一定数量培养瓶、袋称重和测定培养料中的含水率,取其平均值与灭菌结束行程完毕后的瓶、袋质量和含水率平均值进行比较,根据瓶、袋的失重和增重情况决定在培养料混合时进行弥补。

b. 在结束行程中打开回气阀和排气阀,对柜内进行回气和排气,使柜内压力处于常压状态以符合开门条件,在回气时,若过滤器被灰尘填塞后阻力加大,外界空气经过筒形高效过滤器时,则过滤介质承受不了设定的真空度压力,会进而破裂造成不洁净空气进入柜内,增加污染的风险。为此可根据灭菌柜容积大小按比例增加过滤面积,并在过滤器前面串联 1 个刚性过滤器(烧结陶瓷过滤器)或烧结高分子过滤器,起预过滤的作用,这样做可延长高效过滤器的寿命;同时,应定期对预过滤器进行高压空气反吹,除尘后可再使用。

c. 在冷却行程中,通过后真空处理可使培养料迅速降温。在灭菌周期允许的情况下,增加后真空的保压时间,使料温下降到 75～80 ℃再进入结束行程。这样设置可改善从灭菌柜中拖出灭菌车的工作条件,减少冷却室的冷却负荷和缩短冷却时间。

3. 袋栽人工接种生产线

1) 用途特点和主要技术性能参数　该生产线主要用于对栽培袋进行人工接种(固体种或液体种)流水作业。由于栽培袋是柔性容器,故不易实现机械化接种,只能在层流罩下的接种区间进行人工流水作业式的接种。该生产线由冷却室开始,穿过接种室,终止于出筐室,全长 18～20 m。固体种接种能力为 2 000～2 300 袋/(小时·12 人);液体种接种能力为 4 600 袋/(小时·8 人)。

2) 组成　该生产线主要是由周转筐(12 袋装)、18～20 m 不锈钢辊子输送带(3 段)、2 台串联式层流罩、3 台自净器和 3 个铝合金可调回风口、栽培种预处理运送小车、2 台电解水式臭发生器等组成,见图9-15。

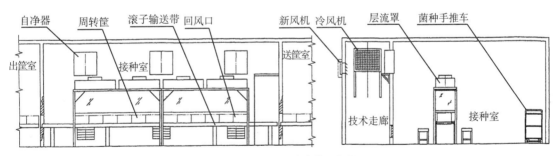

图 9-15(a)　接种生产线示意图

图 9-15(b)　接种生产线接种实况

（1）周转筐　主要用于摆放、运输栽培袋。周转筐的内、外部尺寸随栽培袋的直径大小和高低而改变。该生产线用的周转筐按材质不同分，有塑料的和型钢焊接的；按外沿高低分，有低沿的和高沿的；按装袋数分，有 12 袋装和 16 袋装。

① 聚丙烯低沿周转筐（12 袋装）外形大小：490 mm×380 mm×100 mm。

聚丙烯高沿周转筐（12 袋装）外形大小：500 mm×380 mm×250 mm。

② 圆钢和扁钢焊接的高沿周转筐（12 袋装）外形大小：460 mm×355 mm×250 mm。

圆钢和扁钢焊接的高沿周转筐（16 袋装）外形大小：460 mm×460 mm×250 mm。

③ 低沿周转筐灭菌时配用层架式灭菌手推车；高沿周转筐灭菌时配用无层架式灭菌手推车，或两层式灭菌手推车。

（2）辊子输送机　该生产配用的辊子输送机总长度为 18～20 m，分为独立的 3 段，每段都由齿轮减速电机驱动。在送筐室和出筐室内的分段辊子输送机长度为 5.5 m，在接种室内的分段辊子输送机长度为 7～9 m。三段辊子输送机的驱动统一由设在接种室层流罩底侧、由接种人员脚踏的开关同步控制。采用三段式辊子运输送机的优点是在没有接种期间可用插板隔断接种室与冷却室、出筐室的通口，以避免低等级洁净室对接种室的气流干扰。输送带与周转筐接触部分采用不锈钢材料。

（3）支架式层流罩　在该生产线上的层流罩由 2 个支架式层流罩串联而成立。每个层流罩由 2 个 FFU 系列风机高效过滤装置和 1 个不锈钢支架组成。支架右立柱上安装有 3 个船形开关，负责层流罩的照明、紫外灯、风机高效过滤装置开、停。风机、高效过滤装置放在支架的顶部，支架四周围有防静电透明塑料薄膜，使从高效过滤装置向下吹出的洁净空气形成层流。由于辊子输送带纵向穿过层流罩，停放在输送带上的周转筐处在层流罩送出的洁净层流空气笼罩下。在周转筐上的栽培袋开口和高效过滤装置出风口之间就是接种区间，接种区间的空气洁净度可达我国家标准 100 级。每个 FFU 系列高效过滤装置的主要技术性能参数：额定风量 900 m³/h(低)或 1 400 m³ h/(高)；噪声 52.5 dB(A)，55 dB(A)；HEPA 过滤效率≥99.99%@≥0.3 μm；功率≤140 W；质量 32 kg。层流罩外形尺寸(mm)：5 080(长)×690(宽)×1 945(高)。

（4）送筐室和接种室的空气净化设备安装位置。用泡沫塑料保温彩钢板组建的功能室设备一般安装在功能室顶饭的外侧上；电机、风机和粗、中、高效过滤组合体由于质量较大且有振动，常用钢丝吊在钢结构梁上，并垫以防震物，以减轻设备对功能室顶板的强度和噪声的影响；已建成的砖混结构功能室（送筐室、接种室）安装空气净化设备要破坏功能室多处混凝土房顶，工程难度大并影响(降低)混凝土房顶结构强度，在功能室改造改建时若原送筐和接种室宽度足够大，可在以上功能室的外侧墙一侧用砖混墙将功能室隔出 1.2～1.5 m 宽的技术走廊，并在隔墙上安装数个自净器、回风口和进出的推拉门。为了对功能室温度进行调节，可在走廊端墙上安装冷风机；为了接种室接种人员对新风的需要，在走廊外墙上安装 1 台新风机，并在新风机入口处安装防蚊虫不锈钢网和粗效过滤器，这样仍可对旧砖混结构功能室进行空气净化，也可达到国家规定的净化级别。

（5）自净器、回风口　自净器是一超小型净化单元，利用它可制作简易超净工作台、洁净层流罩等。该生产线将 2～3 个自净器（视接种室的大小）安装在技术走廊的隔墙上，承担对接种室的空气过滤净化之用。每个自净器的下方对应安装 1 个可调式铝合金回风口，回风口的内侧安放 1 片无纺布，做技术走廊的回流空气粗过滤之用。

自净器的主要技术参数：额定风量 800 m³/h；风速 0.3～0.5 m/s；过滤效率≥99.95%@≥0.5 μm；功率 280 W；质量 40 kg；外形尺寸（长×宽×高），660 mm×660 mm×280 mm。

（6）电解水式臭氧发生器　该生产线配用 2 台电解水式臭氧发生器，外壳为不锈钢手推车式，并配有数字式时间控制器，负责接种室栽培菌种袋的表面消毒和送筐室栽培袋的表面消毒。电解水式臭氧发生器也可具有产生臭氧水的功能，产生的臭氧水可供接种人员手消毒和接种室内器械及地面的表面消毒。

主要技术性能参数：产生臭氧能力：3.2 g/h；臭氧浓度：18%～20%；产生臭氧水能力：50～70 L/h；臭氧水浓度 4～7 mg/L；工作电压：AC 220V±22V；功率：150 W；电解液为二次蒸馏水或纯水，电导率≤5 μs/cm；工作环境温度：5～40 ℃，相对湿度≤90%，可连续工作。生产臭氧水使用的自来水应符合 GB5749－85 生活饮用水卫生标准。由于电解水式臭氧发生器生产臭氧同时不会产生二次污染的 NO，故被称为环保型臭氧发生器。

（7）栽培种预处理运车输小车　该车供瓶、袋装的栽培种搔除表层老菌皮和存放运输之用。车上放有菌耙和酒精灯搔除工具。小车为双层不锈钢手推小车。

（8）接种室　接种室主要为栽培袋接种用的空间场所。为了使在接种室工作的人员感到舒适、设备运转条件良好、接种成功率高，对接种室环境条件有一定要求：接种室的空气洁净度要达国家标准1万级；接种区间的空气洁净度要达国标100级；接种室与外界的压差在30～50 Pa；接种室与邻室的压差在20～30 Pa；室内温度18～20 ℃；相对湿度≤70％；新风量按人均消耗50 m³/h设计；输送带进出接种室的墙上通口在非接种期间可用扞板封闭；安装在技术走廊外墙上的新风机口安装有50目的不锈钢防蚊虫网和遮阳防雨盖；为保证接种室的温度适宜，在技术走廊一端安装冷风机；通过对装在技术走廊隔墙下方的可调式回风口调节，可使接种室对外界形成正压；接种室面积（长×宽）=（7～8）m×（6～8）m，其中包括技术走廊的面积8 m×1.5 m=12 m²，栽培种暂存定（物流缓冲室）面积3 m×4 m=12 m²和风淋室面积1.5 m×1 m=1.5 m²，接种室实际使用面积为35～40 m²；接种室高度为2.8～3 m；接种室使用前和使用后的空间消毒采用臭氧，臭氧浓度为20 mg/m³，栽培种的存放间对菌种瓶、袋表面的臭氧消毒浓度为30～40 mg/m³；接种室地面采用水磨石或铺花岗岩板、磁砖；室内四周墙壁砖混墙可贴通顶白磁砖或涂防菌面漆，采用钢结构彩钢隔热夹心板的墙可以不进行装修，有漏风处可用硅胶封补之；进出接种室的门均采用推拉门。

3）袋栽接种生产线的使用步骤

（1）接种前准备工作

① 接种前2 h时开启接种室、物流缓冲间和送筐室的臭氧发生器，定时1 h；接种前20 min，开启技术走廊隔墙上的自净器和外墙上的新风机，根据需要同时打开冷风机，同时把层流罩上的风机和紫外灯打开。

② 接种人员应在接种前20 min进更衣室换穿洁净服、戴上口罩、帽子、袖套、鞋套，再用0.25％的新洁尔灭（C₂₁H₃₈NBr），70％～75％的乙醇，4～7 mg/L浓度的臭氧水、次氯酸钠等消毒液轮换对手表面进行消毒。

③ 进入接种室之前必须经过风淋室，在室中拍打衣、裤、袖套、头、帽。先进入接种室的接种人员把层流罩的紫外灯关上，打开输送机通过的两个封口插板和接种时的照明；按分工把栽培种存放间的栽培种瓶、袋用运输小车拖出，并开始除掉老菌皮，清除菌皮后的栽培种暂存放在栽培种预处理小车上待命。进入送筐室的搬运人员预先把待接种的周转筐袋搬到输送带上。出筐室的搬运人员在输送带边等候。

（2）接种工作　在层流罩两旁的接种人员（共12人）就位后，控制输送带开关人员发出工作开始信号，踏动开关启动输送带。当周转筐头部到达层流罩尾部时，操作人员再次踏动开关，制动输送带，坐在输送带两边的接种人员进行接种。在接种时应注意，只有在拨下菌种时菌种容器才能处在接种口的上风处，其余时间应在接种口的旁侧。每个对接的接种人员负责2个周转筐的接种。当层流罩下栽培袋全部接种完毕，控制开关的接种人员即踏下开关启动输送带。当第二批周转筐达到层流罩下时，再踏上开关制动输送带进行第二批栽培袋的接种。如此重复直到全部把冷却室中栽培袋接种完毕。在接种过程中，安排1人负责栽培菌种瓶、袋的老菌皮的去除和输送。接种期间中途休息走出接种室的接种人员，回接种室前应按规定重复进行进接种室前的个人卫生消毒处理。

（3）接种工作结束后的工作

① 关上层流罩上的日光灯和风机及技术走廊上的自净器、新风机，并用插板关上输送机通过的两个墙上通口。清扫遗落在设备和地上的菌种，用苯扎溴铵（新洁尔灭）水或4～7 mg/L的臭氧水对设备表面和地面进行消毒。

② 离开接种室前，对空调冷风机和自净器定时20 min，以降低接种室因拖洗地面增加的相对湿度。接种室和冷却室的臭氧发生器定时1 h，对室内栽培菌种瓶、袋和冷却室的栽培袋进行表面和空气消毒。

③ 接种人员脱下的衣、帽、袖套应置于更衣室或消毒柜，用浓度为≥30 mg/m³的臭氧清毒1 h；定期清洗以上衣物。

④ 定期用热球式风速仪对层流罩、自净器的出风口进行测定。当风速＜0.2 m/s时，应清洗粗效过滤器或使用设备上的高挡风速开关，使出风口风速在0.3～0.5 m/s之间。每月对接种区间和接种室送筐室、出筐室的空间进行空气洁净度的测定（生物法）、记录，作为分析接种生产线工作状态的依据。

图9-16 大型脱袋机

4. 废菌袋脱袋松碎机

1) 用途和构造

（1）用途 主要用于废菌袋的脱袋松碎作业。脱袋后的松碎料经发酵和添加某些营养成分制成有机肥，或把部分松碎料作为营养料组成部分进行再次利用。脱袋后的破损塑袋可集中收集再生利用。

该机是袋栽工厂化生产食药用菌的配套设备，也是废菌袋料综合利用设备。

（2）构造 该机主要由破袋松碎滚筒、U型筛、倾斜输送胶带、机架和电机所组成，见图9-16。

2) 工作原理 采摘子实体后的废菌袋用人工投入低端喂入口，在破袋、松碎滚筒的作用下，对菌袋进行破袋、松碎；同时，菌块在按螺线分布的破碎原件推动下，沿U型筛板倾斜向上运动，被松碎培养料通过筛孔下落到输送胶带上，由胶带高端出口落下，形成圆锥形废料堆。被撕碎的废袋塑片由于外形较大且轻不能从筛孔下落，在破碎原件的推动下由滚筒尾部的出口处排出。

3) 主要技术性能参数 脱袋能力：6 000～8 000袋/小时；配套电机：5.1 kW；外形尺寸（长×宽×高）= 4 695 mm×900 mm×1 950 mm。

5. 大型培养料、筛选机

1) 用途和构造

（1）用途：主要用于培养料的筛选，清除料中杂余物和木片、铁钉、铁丝、塑带、塑片、纸片和结块的培养料，排除因培养料中杂余物的存在导致的装袋设备故障和减少装袋量的误差，保证装袋设备的正常稳定工作。

（2）构造：该机主要由长方形承料器、搅龙分布器、筛选框、集料器和机架所组成，见图9-17。

2) 工作原理 用装载机把待过筛的物料用料斗装到长方形的承料器中，设置在承料器底部上的搅龙分布器把物料均散在筛选框中，利用框的往复运动对物料进行筛选。过筛的物料在V型槽的引导下撒落在搅龙式集料器上，并由集料器的一端排出；未通过筛孔的物料（杂余物），在筛选框的另一端排出。

图9-17 大型培养料筛选机

3) 主要技术性能参数 筛选能力：8 t/h；配套电机功率：4.5 kW；外形尺寸（长×宽×高）= 3 880 mm× 1 570 mm×1 820 mm。

6. SFDJ-10型小型自走式颗粒料翻堆机

1) 用途、特点和使用范围

（1）用途 该机主要用于木屑、蔗渣、棉子壳、玉米芯等颗粒料为主的食药用菌培养料的翻堆发酵作业和预湿作业。

（2）特点 该机由电动机驱动，结构紧凑，操作方便。该机配有扒料、松碎、进料和出料装置，使得从堆上扒下的团状物料经进料轮松碎抛向左边后被挡板挡在出料轮前方，再由出料轮作用抛出，在转移物料的同时实现物料的多次混合，使得物料中组分更加均匀。该机设有挡料机构，通过调节弧形挡料板的角度可控制物料下落的距离。该机采用手扶式自走机机构，其主动轮采用充气胶轮，手扶操作轻便、省力。

（3）使用范围

——翻堆场地应平整坚实，不得有石块砖头，最好是水泥地面。

——料堆的头尾两端要留有1 m的空地，料堆要翻料的一侧应留有1.5 m以上的空地作为翻堆机行走通道。

——所翻的物料仅适合于颗粒料，不适合具有长纤维的草类物料。在料堆中不得混有木块、石块、铁丝、稻草秸秆等杂物。

2) 主要构造和工作原理

（1）主要构造 该机主要由手把、行走机构、扒料机构、进料轮、出料轮、出料挡板机构和机架组成，见

图 9-18。

（2）工作原理　该机的翻堆工作部件由扒料机构、桨叶式进料轮、出料轮和出料挡板机构组成。扒料机构装在最前面，且靠近料堆一侧；进料时叶轮安装在扒料机构的后面偏左边。开机时，扒料机构将料堆上的物料扒下，落到进料轮的右前方，随着机身前进；进料轮把物料打散抛到左边碰到挡料板，落在出料叶轮前面，随着机身前进；出料轮把物料向左侧上方抛出，碰到挡料机构弧形挡板下落到新的堆放场地。调节挡料机构弧形挡板的角度可调节物料下落的距离。经过数天发酵可进行第二次翻堆，也就是把物料翻回到原来堆放的地方。经过 3 次翻堆后，堆料中的成分混合得更加均匀。经过翻堆作业，使料堆中发酵产生的二氧化碳和氨气、甲烷等有害气体散发出去，有利于进一步发酵。通过翻堆可使物料进行预湿，只不过用于预湿时翻堆的间隔更短些罢了。

图 9-18　SFDJ-10 小型自走式颗粒料翻堆机

3）使用注意事项

（1）该机使用场所常为潮湿的露天场所，电源引出线前方必须安装漏电保护器。每次作业前，应检查保护器的可靠性，即合上保护器开关，再按下漏电保护器的实验按钮，检查保护器是否起保护作用；如没起保护作用，应请电工排除故障，绝不能在没有漏电保护器的情况下进行作业。切记！

（2）选择的电源线应能承受电机最大电流强度的电缆线，必须是符合国家标准的合格产品，必须是 4 芯多股铜芯橡皮软电缆，铜线截面≥2.5 mm²。其中绿黄双色线一端接外壳，另一端接保护零线。使用的电源电压应稳定，三相电源相位一定要接对，并保持电器开关部件干燥。

（3）禁止湿手、赤足推合闸门、拨动开关、扶推机器。作业时应穿长筒胶鞋。

（4）翻推机不得超负荷工作，如吃料太多会使电机转速下降、行走变慢。

（5）要经常给链条、轴承等转动部件加油润滑，查看变速箱的油位，特别是行走离合器要经常清扫加油。

（6）长期停用再次启用前，应检查电机绝缘电阻应＞50 MΩ；若＜50 MΩ 就要查找原因，直至达标后才能使用。

（7）作业时，翻堆空场地的一侧禁止站人。特别注意：在拉回翻推机时，电缆不能被车轮压到或被转动件缠住。发现机器或电机有异常现象应及时切断电源，请专业人员排除故障。

4）主要技术性能参数　翻推能力：10 t/h；电机功率：4 kW（三相电源）；行走速度：6 m/min；质量：130 kg；外形尺寸：（长×宽×高）1 474 mm×1 414 mm×1 020 mm。

（二）瓶栽食药用菌工厂化生产技术装备

瓶栽食药用菌工厂化生产技术装备主要由装瓶生产线、灭菌生产线、接种生产线、搔菌机、挖瓶机、搬筐机、辊子输送带和手推周转车等组成。

1. 装瓶生产线

1）初级装瓶生产线　主要由 2 m³ 的螺带混合机、倾斜刮板输送机，2 台振动式装瓶机、灭菌手推车和周转筐、瓶等组成。

装瓶能力：单机 4 500 瓶/小时；双机 9 000 瓶/小时。

1 条双机装瓶生产线由 2 人负责原辅材料的称重，推送和操纵管理混合机，测定培养料的含水量和 pH 值；由 2 人负责送筐；4 人负责压盖和把周转筐搬放到灭菌车上。1 条双机装瓶生产线使用 8 人，平均单机装瓶生产线用 4 人。

2）中级装瓶生产线　主要由 4 m³ 螺带混合机、倾斜刮板输送机、2 台装瓶联合机、灭菌手推车和周转筐、瓶等组成。

装瓶能力：单机 4 500 瓶/小时；双机 9 000 瓶/小时。

1条双机装瓶联合机生产线由2人负责原辅材料的称重,推送和操纵、管理混合机,测定培养料的含水率和pH值;1人送筐;1人把周转筐搬放到灭菌车上。1条双机装瓶联合机生产线使用4人,平均单机装瓶联合机生产线使用2人。

3) 高级装瓶生产线　该生产线设备的组成与中级装瓶生产线大致相同,只是多了1台搬筐机(机械手)负责把周转筐从滚子输送带上的周转筐搬到灭菌车上。

装瓶能力:单机4 500瓶/小时;双机9 000瓶/小时。

在生产线上如使用快速装瓶机时,装瓶能力:单机9 000瓶/小时;双机1.8万瓶/小时。

该生产线使用工人与中级装瓶联合机生产线相比可少用1个搬运工人,即1条双机装机联合机生产线使用3人,平均单机装瓶联合机生产线用1.5人;同时,高级装瓶生产线上的工人劳动强度低一些,技术要求高一些。

4) 说明

(1) 根据需要该生产线可以增加1台原料筛选机。

(2) 在装瓶生产线上配用的混合机容量有加大的趋势。原因是增大每次的混合量可以减少每天混合的次数和仔细控制培养料的含水量,进而减小各次混合后含水率的误差。

(3) 由倾斜刮板输送机供料的装瓶生产线占地面积大一些;而采用上方双螺旋式供料装置供料,可对3~6台装瓶机同时供料,占地面积小一些,但生产线费用大一些。

(4) 以上所说的初、中、高级装瓶生产线是指生产线的机械化、自动化程度的不同,不是指使用了高级装瓶生产线其综合的经济效益就比中、低级装瓶生产线高。要视使用单位所在地的工人素质、文化水平和工人月工资的高低而确定选用何种级别的生产线。

5) 操作注意事项

(1) 培养料混合部分含水率和pH值参见装袋生产线操作注意事项部分。

(2) 装瓶生产线的装瓶量算术平均值偏差标准定为±20 g,这是装瓶机主要技术性能参数。因为装瓶量的偏差影响栽培瓶的培养周期和子实体生长周期的同步性,应给予十分注意。尤其注意同一筐中的每一瓶之间的偏差,超过标准值时应对装瓶机进行调整。

(3) 瓶中培养料的松紧度关系到培养料中的通气(氧)程度。当装瓶量确定和装瓶机上冲压盘高低确定时,瓶中的培养料松紧度也就确定,故当装瓶量有偏差时松紧度也会有偏差。一般食药用菌培养料松紧度在0.65 g/cm² 左右,不同品种食药用菌的培养料松紧度会有些差别。如果松紧度超过要求时应在装瓶机上进行调整。

6) 装瓶生产设备

(1) 塑料栽培瓶和周转筐　瓶栽工厂化生产技术装备的结构大小都与栽培容器的外形大小,瓶内口直径、容量有关,也和放置栽培塑瓶的周转筐的外形大小有关。不同种类的食药用菌都有其适合的塑瓶大小,因此要选择相对适合较多品种栽培的塑瓶容量和大小,避免单一品种生产带来的销售、竞争风险。

① 塑瓶、塑筐的材料。在食药用菌瓶栽生产中常用高压灭菌,因此塑瓶、塑筐材料选用耐高温的聚丙烯材料。

② 塑瓶、塑筐的规格尺寸,见图9-19,表9-2,表9-3。

图9-19　塑瓶、筐外形图

表9-2　聚丙烯塑瓶规格

型　号	容量/毫升	瓶口内径/毫米	瓶高/毫米	瓶身直径/毫米
850-58	850	58	164	96
900-65	900	65	167	96
1000-65	1 000	65	172	101
1000-75	1 000	75	172	101
1100-65	1 100	65	175	101
1100-75	1 100	75	175	101
1400-112	1 400	112	180	125

表 9-3 聚丙烯周转筐规格

型 号	适用瓶容量/毫升×装瓶数量	长/毫米	宽/毫米	高/毫米
850-16	850×16	内 400 外 435	内 400 外 435	内 90 外 95
1000-12	1 000×12	内 425 外 460	内 325 外 360	内 90 外 95
1100-12	1 100×12	内 405 外 440	内 305 外 340	内 90 外 95
1400-12	1 400×12	内 505 外 540	内 380 外 415	内 95 外 100

（2）装瓶联合机

① 用途和特点

a. 用途。主要用于栽培瓶（塑瓶）的培养料装瓶作业。

b. 特点。采用微型可编程序控制器 PLC 控制，能自动完成推筐（送筐）、装瓶、压实、打孔、压盖等动作。具有装瓶误差小（<20 g）、进料均匀、料面平整等特点。

② 结构。该机主要由送筐机、装瓶机、打孔机、压盖机所组成，见图 9-20。

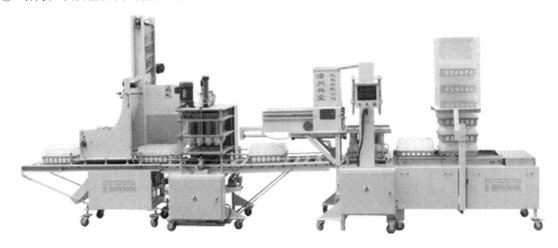

图 9-20 装瓶联合机外形图

③ 工作原理。用人工或用搬筐机把手推周转车上的周转筐（瓶）搬放到送筐机上的放筐架上，并整齐堆叠。当开始工作时，程控电磁阀控制气缸连杆推动抬筐架，沿倾斜导轨抬起 2 层以上的周转筐，将停放在输送带上的 1 层周转筐送到装瓶机中，在挡块的阻挡下定位在装瓶位置并被夹紧；同时在光电开关作用下送筐输送带停止输送，装瓶机上的承料箱被气缸推到周转筐的正上方。此后，装料喇叭模块下降，对准筐中塑瓶口，承料箱在搅拌器作用下把箱中培养料拨下进入塑料瓶中，塑瓶中料在振动电机作用下填满瓶中的空隙。在装瓶定时程序控制下，由气缸推动压模块上的 16 根压板对瓶中的物料进行压紧，同时也在瓶中央压出 1 个锥形菌种孔。压料工序结束后，在光电开关程控下，周转筐被输送带送到打孔机正下方，在挡块的作用下定位在打孔的位置后进行周围小孔的压孔，同时再次进行中央锥孔的重复压制。当打孔序结束时，由光电开关控制输送带上周转筐在运送通过压盖机的过程中完成压盖工序。完成压盖工序的周转筐由人工或由搬筐机搬放到灭菌车上。

④ 控制系统。主要由可编程序控制器 PLC、电磁阀、数字量模块、数字量采集元件（行程开关、光电开关、按钮开关）、信号输出执行元件（继电器）和触摸显示屏组成。

可编程序控制器是控制设备的核心部分。该设备 PLC 采用 CPU226，I/O 40 点。根据操作工序的需要设置工序数量和工序参数。在设备运行过程中，PLC 根据数字采集元件采集到的信号（数字量）和程序的参数设置控制程序进行，再把信号输出到执行元件（继电器）上，控制设备的运行。

a. PLC 上的程序指示灯光用来指示程序的实际运行状态。其分为 3 种状态:SF/DIAG;RUN 和 STOP。SF/DIAG 表示系统程序出现致命错误;RUN 表示程序运行正常;STOP 表示程序停止运行。

b. 彩色触摸屏。通过与 PLC 联系电缆,动态显示设备进行各程序的状态——输出、输入、故障报警等。当设备遇到故障时,画面出现运动红点会闪动停在出故障的位置(工序),并报警提示故障发生位置(工序);这时设备会停止运转,同时在 PLC 上的程序指示灯(SF/DIAG)亮。在该期间可上网与生产厂家联系,咨询故障排除方法。排除故障后可开机进行运转,这时屏上画面出现的红点在移动中,说明设备正常运转,同时在 PLC 上的程序指示灯(RUN)亮。

该设备控制系统的保险丝为 AC 220 V/2 A。当发现保险丝熔断后(指示灯亮),专业维修人员可以拔下保险丝前端盖,更换相同型号的熔丝管后再把前端盖插上。

⑤ 主要技术性能参数。装瓶能力:4 500 瓶/小时;配套电机功率:2 kW;质量:1.8 t;外形尺寸(长×宽×高):5 410 mm×950 mm×1 740 mm。

⑥ 注意事项。当发现设备停止运转,显示屏上画面显示发生故障工序和位置后,可检查数字量采集元件中的行程开关、光电开关、电磁阀是否在正确位置,信号执行元件继电器接线头是否松动、动作是否正确,发现后纠正之;也可在网上与设备生产厂家联系,远程咨询故障排除方法或请生产方维修人员进行维修,使用方不可自行维修。

(3) 装瓶机

① 用途和特点。用途:主要用于栽培瓶的培养料装瓶作业。特点:采用人工辅助方式(送筐、取筐)完成装瓶、压实和打孔作业。采用电气控制方式即通过手动、脚动开关、行程开关控制电机的启动和停止,从而带动各种运动部件来完成装瓶作业。该机完成作业单一,采用的都是传统的机械传动,对操作人员文化水平要求不高,故障易发现、易排除。虽然生产率较装瓶联合机低一些,劳动强度大一些,但有价格低、易操作、运行稳定的优点,在我国经济不发达、劳动工资低、资金缺乏、文化水平不高的地区仍有其使用前景。

② 结构。主要由承料箱、供料框、送供料框机构、升筐(瓶)机构、振筐机构、压料打孔机构、机架、气缸、电机和电气控制系统组成,见图 9-21。

③ 工作原理。培养料被倾斜刮板送料机送到该机的承料箱上方后就直落到供料框。这时放有 16 空瓶的周转筐被人工送入该机的喇叭导向口的正下方,并触动一行程开关,升筐机构开始动作,把周转筐提升,使筐中的塑料瓶口分别伸入喇叭导向口,并触动一行程开关推动供料框平移到落料口板的正上方。在框中的 4 排搅拌器的搅动下,供料框中的培养料迅速下落到 16 个塑料瓶中。在料下落的同时,托筐板在振动电机作用下上、下振动,使瓶中料密度增加。当落料达到设定的时间后,在曲杆连杆机构的作用下,压杆下行压实瓶中料,同时也压出接种锥孔。压料杆下压过最低点后,上行到上死点停止,触动一行程开关,把供料框水平后移至承料箱的下方不动。这时用人工把已装好料的周转筐(16 瓶)拖出,并把待装料的周转筐送入落料板的正下方,从而完成塑料瓶装料的 1 个循环。

在曲柄转动的 2 个位置附近装有 2 个接近开关,控制电机的正、反转。正转时冲压头冲压 1 次,反转时冲压头也冲压 1 次,该机对瓶中物料冲压 2 次。冲压头为蓄能式自转冲压头。在冲压头将离开物料的瞬间,冲压头会自转 1 个角度以除掉黏在冲压头上的物料,使瓶中物料(平面和锥孔)表面光滑。

④ 主要技术参数(PZP-16 型振动装瓶机)。装瓶能力:3 000 瓶/小时;配套电机功率:1.6 kW;适用塑瓶直径(内)Φ45 mm(容积 850 ml),Φ65 mm(容积 1 100 ml);质量:320 kg。

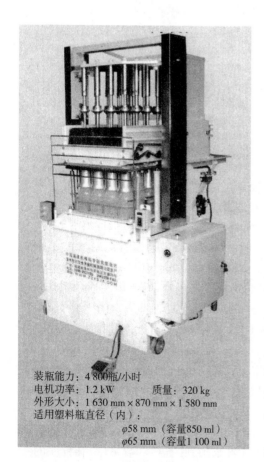

装瓶能力:4 800 瓶/小时
电机功率:1.2 kW　　　质量:320 kg
外形大小:1 630 mm×870 mm×1 580 mm
适用塑料瓶直径(内):
　　　　φ58 mm(容量850 ml)
　　　　φ65 mm(容量1 100 ml)

图 9-21　PZP-16 型食药用菌培养料装瓶机

2. 瓶栽灭菌生产线

瓶栽灭菌生产线设备的组成与袋栽灭菌生产线设备组成相同,可参看袋栽灭菌生产线和预真空高压蒸汽灭菌器的有关内容;区别在于塑瓶是刚性容器,在灭菌时可以叠层放置在灭菌车上,所以每辆灭菌车堆放的菌瓶数量比较多。

一般与预真空高压蒸汽灭菌器配套的灭菌车有 2 种规格:

1)灭菌车外形尺寸(长×宽×高)＝1 350 mm×450 mm×1 580 mm;1 层放3 筐,(16 瓶/筐)×(3 筐/层)×(8 层/辆)＝384 瓶/辆。

2)灭菌车外形尺寸(长×宽×高)＝1 800 mm×450 mm×1 580 mm;1 层放 4 筐,(16 瓶/筐)×(4 筐/层)×(8 层/辆)＝512 瓶/辆。

瓶栽周转筐在塑瓶容量为 800～1 100 ml 时可放 16 瓶;在塑瓶容量在 1 100～1 400 ml 时可放 12 瓶;塑瓶容量为 1 100 ml 时周转筐可放 12 瓶和 16 瓶。具体选择什么规格的周转筐要考虑搬筐工人的体力和周转筐使用的寿命,见表 9-4。

下面选择性地列出以 800 ml 塑瓶为例的预真空高压灭菌器的规格和参数,供用户选择时参考,见表 9-4。

表 9-4　供栽培瓶灭菌的预真空高压蒸汽灭菌柜规格

型　号	柜内尺寸(长×宽×高)/mm	外形尺寸(长×宽×高)/mm	柜内容积/m³	灭菌车数量/辆	装瓶量/个
GXMQ-10	4 350×1 400×1 650	4 880×2 080×2 850	10	9	3 456
GXMQ-15	5 800×1 400×1 650	6 330×2 080×2 850	15	12	4 608
GXMQ-18	7 250×1 400×1 650	7 780×2 080×2 850	18	15	5 760
GXMQ-23	10 000×1 400×1 650	10 530×2 080×2 850	23	21	8 064
G×MQ-30	13 000×1 400×1 650	13 530×2 080×2 850	30	27	10 368

3. 瓶栽接种生产线

1)用途和特点

(1)用途　主要用于对栽培瓶进行机械化接种(固体菌种或液体菌种)的流水作业。

(2)特点　由微型程序控制器 PLC 程序控制自动完成送筐、开盖、旋转挖菌种、接种、压盖、出筐等动作,接种准确、定量、均匀,避免了手工接种时的人为误差,大大降低了污染杂菌的风险。如配合使用菌种预处理机,既减轻菌种预处理工序的劳动强度,也提高了工效和菌种的安全。如果改用液体菌种接种,不仅提高接种的效率,而且可得到较高的综合经济效益。

2)组成　该生产线主要由周转筐、瓶(16 瓶装或 12 瓶装)、辊子输送带、层流罩、固体(液体)菌种接种机、固种菌种预处理机(液种发酵罐及空气净化系统及附属设备)、接种室及空气净化技术走廊(接种室净化空气循环系统或移动式自净器)、预处理后的菌种运送手推车组成,见图 9-22,图 9-23。

图 9-22　瓶栽固种接种生产线

图 9 - 23　瓶栽液种接种生产线

(1) 辊子输送机　该机长度为 9～10 m,分为独立 3 段,每段都由齿轮减速电机驱动。送筐室和出筐室部分长度为 2 m,接种室部分长度为 5～6 m。驱动由接种机程控,每接完 1 筐菌种同时在机中出筐、进筐。采用三段式辊子输送机的优点是在没有进行接种期间,可用插板封上接种室与送筐室和出筐室的通口,以避免低等级洁净室的空气对接种室的干扰。输送机在送筐室和出筐室中的分段 2 m 部分供人搬放周转筐或搬筐机搬放周转筐之用(搬筐机 1 次搬放 3 筐)。

(2) 支架式(悬吊式)层流罩　该机用 4 个 FFU 系列风机高效过滤器和 1 个不锈钢支架式(或悬吊式框架)组成。支架的右柱上安装了 3 个船形开关,负责层流罩的照明(8 W×2)、紫外灯(12 W×1)和风机高效过滤器的开和关。层流罩四周围有防静电透明塑料薄膜,使从高效过滤器向下吹出的洁净空气形成层流。纵向放置在层流罩内的接种机和部分输送机处于层流洁净空气保护之下。在周转筐上的栽培瓶开口层面和高效过滤装置出风口层面之间是接种区间,接种区间的空气洁净度可达国家空气洁净标准 100 级。每个 FFU 系列高效过滤装置的主要技术性能参数为:额定风量 900 m³/h(低档)或 1 400 m³/h(高档);噪声 52.5 dB(低档)或 55 dB(高档);电机功率 140 W;HEPA 过滤效率≥99.99%@>0.3 μm;质量 32 kg;层流罩外形尺寸(长×宽×高)=2 540 mm×1 330 mm×1 945 mm。

(3) 接种室　可参见袋栽人工接种生产线中接种室有关内容。不过,其中接种室的面积(长×宽)为 6 m×5 m=30 m²。以上面积包括技术走廊面积 6 m×1.5 m=9 m²、物流缓冲室面积 3 m×1.5 m=4.5 m²、风淋室面积 1.5 m×1 m=1.5 m²,实际接种室面积为 15 m²(为单台接种机接种室面积)。接种室高度为 2.8～3 m。该接种室的空气净化新风和空调有关设备均安装在技术走廊,属分散紊流式空气净化方式;也可采取集中紊流式空气净化方式。

图 9 - 24　固体菌种预处理机

(4) 电解水式臭氧发生器　参见袋栽人工接种生产线中有关臭氧发生器的内容。

(5) 固体菌种预处理机和菌种(瓶)暂存器

① 固体菌种预处理机。塑瓶装固种在安装到接种机前,需经瓶口、刮刀消毒和刮除表层老菌皮等预处理工序,随后倒放到菌种(瓶)暂存器上备用。以上预处理工作可以由菌种操作人员完成。为了满足接种机对固种的需求(按每瓶固种可接种 50 个栽培瓶计),需要每小时对 96 瓶固种进行手工预处理,劳动强度大且质量要求较严格(要求刮除菌皮后料面平整且距瓶口一致)。以上工作可由固种(瓶)预处理机来完成,不但减轻了操作人员的劳动强度,且处理效率、质量得到极大的提高。预处理机的主要技术性能参数为:预处理能力≥400 瓶/小时;电机功率 100 W;质量 90 kg;外形尺寸:(长×宽×高)=892 mm×440 mm×959 mm,见图 9 - 24。

② 固种(瓶)暂存器。该器是用不锈钢板冲制的扁平方形开口容器。在开口部分放 1 片与容器底部有一定距离的不锈钢冲孔板(均布 16

孔),见图9-25。将预处理后的菌种瓶倒置放入暂存器后,瓶口与器底接触。暂存器使用前应用手提酒精喷焰器对器内表面进行火焰高温消毒,从暂存器中取出菌种瓶要在层流罩内洁净空气保护下进行,并安装到接种机上。日本已有一种固种预处理机与接种机联合成一体的接种机,这时就不需单独的预处理机和暂存器。

图9-25　菌种(瓶)暂存器

3) 瓶栽接种生产线使用步骤

(1) 接种前准备工作

① 接种前2 h开启接种室、物流缓冲间和送筐室的臭氧发生器定时1 h。接种前20 min开启技术走廊隔墙上的自净器和外墙上的新风机,根据需要同时开启冷风机,接着把层流罩上的风机和紫外灯打开。

② 接种人员在接种前20 min进更衣室,换穿洁净服、口罩、帽子、袖套、鞋套。再用0.25%苯扎溴铵(新洁尔灭)($C_{21}H_{38}NBr$)、70%~75%的乙醇或4~7 mg/L的臭氧水、次氯酸钠等消毒液对手表面进行消毒。

③ 进入接种室之前,必须经过风淋室,在其中拍打衣裤、袖套、帽子。进入接种室的接种操作人员把物流缓冲间的菌种车推出,并开始对菌种(瓶)进行预处理(用人工或设备)。处理好32瓶菌种后,把菌种(瓶)暂存器搬进层流罩,并在接种机上安置菌种(瓶)。在安置菌种瓶之前,接种操作人员应对机上的挖菌刀和固种通过的所有器材表面用乙醇(酒精)或用手提酒精火焰喷射器进行消毒,空机试运转一段时间无异常响声后才可安置菌种(瓶)。然后把输送机通过的两个通口插板打开,并通知送筐室和出筐室的工作人员做好准备,即在送筐室用人工或用搬筐机把周转筐(瓶)放到辊子输送机上,在出筐室的人员或搬筐机也应在输送机旁等候。

(2) 接种工作　在对送筐室和出筐室的搬筐人员发出开机信号后,按下接种机上的开机按钮,接种机在已设置好程序、参数的PLC程控下,自动完成送筐、开盖、旋转、挖料、接种、压盖、振动等工作。在观察固种覆盖料面情况后,可对接种机的接种量进行微调。在接种机正常工作同时,操作人员进行手工或使用菌种预处理机进行菌种(瓶)的预处理工作,并及时更换新菌种(瓶)。接种期间中途休息走出接种室的接种人员,回接种室前应重复进行进接种室前的个人卫生消毒程序。在接种室中有1台接种机和菌种预处理机时安排1人,如没有预处理机时安排2人。

(3) 接种工作结束后清理工作

① 关上层流罩上的日光灯、风机和技术走廊上的自净器、新风机,并用插板封上输送机的两个通口。清扫遗落在设备、暂存器上的菌种碎屑,并用0.25%苯扎溴铵(新洁尔灭)水或4~7 mg/L的臭氧水对地面和设备表面尤其是与菌种接触过的表面进行消毒。

② 离开接种室之前,对冷风机、自净器定时开20 min,以降低接种室因拖洗地面而增加的相对湿度;对接种室和送筐室的臭氧发生器定时开启1 h,以对室内的空间和菌种(瓶)、栽培瓶表面进行消毒。

③ 接种人员脱下的衣、帽、袖套应放入更衣室或消毒柜内,用浓度为≥30 mg/m³的臭氧消毒1 h,并定期清洗以上衣物。

④ 定期用热球式风速仪对层流罩、自净器的出风口进行测定。当风速<0.2 m/s时,应清洗粗效过滤器或使用高挡风速,使出风口的风速在0.3~0.5 m/s之间。每月对接种区间、接种室、送筐室和出筐室空间进行空气洁净度的测定(生物法)、记录,作为分析接种生产线工作状态的依据。

(4) 注意事项

① 制订科学合理的接种操作规范是接种工作成功的基础,对接种操作规范的落实和监督是接种工作成功的保证,操作人员和管理人员应给予高度重视。

② 瓶栽接种生产线是PLC程控的生产线,自动化程度高,许多操作由设备来完成,因此必须对接种设备加强维护保养,以保证设备正常运转、接种工作稳定运行。

4) 瓶栽接种生产设备

(1) 固体菌种接种机

① 用途和特点。a.用途。主要用于栽培的固种接种作业。b.特点。采用PLC程控自动完成压瓶身、

图 9 - 26　固体菌种接种机

开盖、旋转挖菌料、接种、压盖、震实固种等动作。接种准确、定量、均匀，避免了手工接种的人为误差，同时大大降低了污染的风险。如配用菌种预处理机和暂存器，既提高了菌种(瓶)预处理效率，又避免了菌种被污染的风险。

② 结构及工作原理。a.结构。该机主要由压瓶和开盖机构，固种瓶自转和旋刀刮菌料结构，接、导菌料机构，进出筐辊子输送机，程控系统和机架所组成，见图 9 - 26。b. 工作原理。当手按启动按钮后 PLC 程控开始，驱动辊子输送机送周转筐(瓶)进入接种机接种位置，触行程开关进行压瓶身和打开第一排 4 个瓶盖动作。程控菌种瓶自转和旋刀进给挖料，通过时控使接料、导料机构和关盖机构进行接料导料关盖动作。此后又通过时控进行周转筐的位移动作，到此为止完成第一排接种工序。然后程控进行下一排(4 瓶)的接种工序。当 4 排接种工序完成后，周转筐触动行程开关，启动进出筐机辊子输送机进行出筐、进筐动作，到此为止完成一筐 16 瓶的接种工序。接着程控进行下一筐的接种工序。在接种工序进行中，发现菌种瓶中菌种已接完，可以手动开关按钮结束接种工序，进行更换菌种瓶的工作；也可自动前后移位以供自动接种和人工更换菌种瓶作业，直到全天的接种工作全部结束，手按开关按钮停机。

③ 操作注意事项。可参看接种生产线的使用操作步骤和注意事项有关内容。

④ 主要技术性能参数。接种能力：4 500 瓶/小时；配套电机功率：0.4 kW；外形尺寸(长×宽×高)：3 821 mm×650 mm×1 675 mm；质量：280 kg。

(2) 快速固种接种机

① 特点和构造。由于该机机架上安装 2 套压瓶身和开盖机构、固种瓶自转机构和旋刀刮菌料机构，在启动接种机进行接种时，2 套机构同时对 2 排 8 个栽培瓶进行接种，因此接种效率得到成倍提高。该机采用 PLC 程控，工序动作同固种接种机，见图 9 - 27。

② 主要技术性能参数。接种能力：7 680 瓶/小时；配套电机功率：0.6 kW；外形尺寸(长×宽×高)：1 694 mm×1 374 mm×1 973 mm。

(3) 传统型液体接种机

① 用途。主要用于栽培瓶的液体菌种接种作业。

② 特点。采用 PLC 程控自动完成压瓶身开盖、喷洒液种接种、压盖等动作，接种准确、定量、均匀；液种覆盖面广，液种渗透快。

③ 结构。主要由压瓶开盖机构，液种喷洒接种机构，压盖机构，进、出筐辊子输送机，程控系统和机架组成，见图 9 - 28、图 9 - 29。

图 9 - 27　快速固种接种机

图 9 - 28　传统型液体接种机

图 9 - 29　液种发酵罐在培养中

④ 工作原理。当手按启动按钮后,PLC 程控开始工作,驱动辊子输送机把周转筐、瓶送入接种机中接种位置,并触动行程开关进行压瓶身、开盖(开 16 瓶盖子)动作。程控接种机构把 16 头接种板对准瓶口和控制电磁阀进行液种喷洒接种作业后回归原位。程控开、关盖机构进行关盖动作后抬起回归原位。程控输送机送出已接完液种的周转筐瓶,同时将待接液种的周转筐(瓶)送入接种机接种位置。如此重复每筐(瓶)的接种流程动作,直到全天接种工作结束,手按开关按钮停机。

⑤ 使用注意事项

a. 与接种机配套的液种培养罐(发酵罐)容量为 200 L,每个栽培瓶液种接种量为 20 ml(接种量可微调),每罐液种可接 1 万瓶栽培瓶。液种的输送靠罐内气压控制(有的靠蠕动泵提供液种),因此在接种机工作时应经常观察罐中的压力是否稳定,只有罐压和喷液时间稳定才能保持接种量的稳定。可对限压阀和时控器进行微调以保证接种量在设定的数值。

b. 对培养罐液种的培养和输送都需要空气处理系统提供干燥、无尘、无味、无菌的洁净空气。空气处理系统的空气处理流程为无油空压机→储气罐→汽水分离器→一级空滤器(过滤掉较大颗粒灰尘)→冷冻干燥机(除湿)→二级空滤器(过滤掉中等颗粒灰尘)→三级空滤器(过滤掉较小颗粒灰尘)→吸附式干燥机(除异味、湿气)→四级空滤器(过滤掉微尘颗粒)→无菌空气过滤器(过滤掉微生物杂菌)→电磁单向阀。

流程中安排多级空滤器和处理的目的是延长无菌空滤器的使用寿命和避免空气中的异味、湿气给菌种繁殖创造条件,因此在系统运行中,需按期检查空气处理系统中设备的工作状态和空滤器的工作状态,以便进行再生和更换。

c. 16 头接种板是电磁阀控制喷洒液种的重要部件。如发现有液种菌球卡在电磁阀中影响正常开关或卡在防漏喷头中影响正常喷洒液种时,应及时换上经灭菌处理的备用电磁阀和喷头。决不能用未经灭菌处理的备件,如经常发现以上情况则应对菌球粉碎、细化。

d. 每天接种工作结束后,把 16 头接种输液种管从机上卸下,经清洗灭菌后才能再次安装。

e. 该设备使用的液种是经过传统的(中国和韩国)多级扩繁的液种,液种流动性差,黏性较高,导致喷洒压力较高一些。有时液种在喷洒时有飞散现象,会黏附瓶外、筐外,所以接种工作结束时应仔细清除飞溅的液种,然后再用消毒液表面消毒。这项工作要做得仔细,不得轻视。

⑥ 主要技术性能参数。接种能力:≥7 000瓶/小时;配套电机功率:2 kW;喷液量误差:±1 ml;质量:800 kg;外形大小(长×宽×高):2 570 mm×766 mm×1 522 mm。

(4) 新型(还原型)液种接种机

① 用途。主要用于栽培瓶的还原型液种的接种作业。

② 特点。该机采用 PLC 程控,能自动完成压瓶身,开盖,喷洒液种接种,压盖,出、进筐等动作。由于使用还原型液种接种,其与传统液种相比具有黏性低,流动性好,输送、喷洒液种压力低,喷洒接种时不易飞溅等特点,所以接种更加准确、定量、均匀,液种覆盖面更广,渗透更快和深。

③ 结构。该机结构与传统型液种接种机大同小异,主要由压瓶开盖机构,液种喷洒接种机构,压盖机构,出、进筐机构,程控系统和机架所组成;但在使用的还原型液种物理性态和输送、喷洒液种的压力及和接种喷头结构上略有不同,见图9-30。

④ 使用注意事项

a. 根据每日所需接种的瓶数向有关液种(固体菌丝块)供应中心预定所需菌丝块的规格、数量和日期。将外购的菌丝块用稀释机经过两次粉碎稀释,按要求的稀释浓度存放在储存罐中备用。一般 200 g 的固体菌丝块稀释后可接栽培瓶 1万瓶。菌丝块在 5 ℃环境下可存放 1 个月。由于体积小,存放、运输、使用方便。

b. 还原型液种在接种过程中无飞溅现象,所以接种工作

图9-30　新型液种接种机

结束后对接种机的清扫、表面消毒和对 16 头接种板的管道、喷头等清洗工作花费时间少,一般只需 30 min。

c. 对还原型液种的输送、喷洒需要无菌空气和蠕动泵。有关无菌洁净空气处理系统和压力调节与传统型液种接种相同,可参看有关内容。

d. 还原型液种制备分两阶段:前阶段是使用大型精密设备和用高新菌丝增殖技术生产的经特殊处理的菌丝块,该阶段要求投资较大、技术要求较高,可由大型菌丝块生产厂生产,并成立菌丝块供应中心负责提供菌丝块;后阶段是将菌丝块用稀释机经二次粉碎、稀释制成还原型液种存放在储存罐。后阶段使用的设备有一、二次粉碎稀释机和储存罐,见图 9-31,图 9-32。该阶段技术要求较低,由各大、中、小栽培场负责制备。这里所说的技术要求较低是相对菌丝块生产技术装备而言,并不是说可以不重视,仍需严格按规定的操作规程要求进行操作。

图 9-31　新型液种接种机正在接种情况

图 9-32　液体菌种接种机

⑤ 主要技术性能参数。接种能力:10 000瓶/小时。

⑥ 说明。日本于 2005 年开始研发还原型液种,2007 年开始用于生产,2010 年日本国内一些大型金针菇栽培场开始引进该技术和设备。

还原型液种生产技术设备优点是明显的。引进该项技术和设备对提高我国食药用菌生产的机械化、自动化程度,缩短栽培周期和实现工厂化生产的综合经济效益的提高(30%),将发挥明显的技术支撑作用;同时也降低了液种使用的技术门槛,除了大型工厂化生产企业,中、小型食药用菌生产企业也很容易采用还原型液种技术设备。

4. 搔菌机

1) 侧翻式自动搔菌机

(1) 用途和特点

① 用途。主要用于栽培瓶的搔菌作业。作业内容包括去除栽培瓶上层老化菌种(皮),清除遗留固种碎粒,注水湿润料面并排干剩余水分。

② 特点。该机采用 PLC 程控,能自动完成去盖、刷盖、刮除上层老化菌种(皮)、冲刷遗留固体碎粒、注水湿润料面并排干剩余水分等工序。可根据用户栽培菌类的不同更换不同型式的搔菌刀,对栽培瓶料面进行平搔和馒头型搔菌作业。具有效率高、搔菌面平整等优点。

(2) 结构和工作原理

① 结构。该机主要由去盖刷盖机构、搔菌机构、冲刷机构、补水湿润机构、程控机构、机架和电机组成,

见图 9-33。

②　工作原理。手按启动按钮后，滚子输送机推动周转筐（瓶）进入搔菌机脱盖位置，在光电开关控制下停筐在第一工位（脱盖工位）。在程控下，压瓶板下压并压紧瓶身，并随翻筐架一起向后翻转 135°与倾斜挡板相接触。随后在光电开关控制下停止继续翻转，并在程控下使脱盖机构的脱盖板锁住 16 个瓶盖，当翻筐架在程控下向前翻转过程中即完成脱盖动作和刷盖动作。当翻筐架翻转到水平位置时停止转动，程控下使压瓶板上抬回位，这时周转筐（瓶）完成脱盖、刷盖工序。在程控下辊子输送机把第一筐（瓶）送进待搔菌位置（待搔菌工位），同时也把第二筐（瓶）送进脱盖位置。在光电开关控制下，第一筐、第二筐分别停筐在搔菌工位和脱盖工位。第二筐在程控下重复脱盖、刷盖动作，而第一筐（瓶）在程控下压瓶板下翻压紧瓶身后，随翻筐架一起向后翻转 135°与倾斜挡板相接触。在光电开

图 9-33　搔菌联合机

关控制下停止继续翻转，并在程控下使搔菌刀进入瓶口进行搔菌，搔菌到设定深度时缩回原位停止转动，在程控下使翻筐架恢复水平原位。在光电开关控制下，压瓶板上抬回位，这时周转筐（瓶）完成搔菌工序。在程控下，辊子输送机把第一筐（瓶）送到注水工位，把第二筐（瓶）送到搔菌工位，把第三筐（瓶）送到脱盖工位。第二筐、第三筐分别重复进行搔菌工序和脱盖工序的工作，第一筐（瓶）在光电开关的控制下停筐在注水工位。程控电磁阀在设定的时间内对瓶口进行气冲和喷水，3 个工序动作设定相同时间，在程控下送出第一筐（瓶），而第二、三、四分别进入注水工位、搔菌工位、脱盖工位。如此循环，重复各工序动作，直到搔菌全天作业完成后按下停机按钮。

（3）使用注意事项

①　脱盖、搔菌、注水工序的过程中应观察瓶中是否仍发现有菌料碎渣和注水有否过多、过少现象。发现后可在显示屏的参数修改画面上修改吹气、注水时间。

②　脱下的瓶盖和搔出的菌皮和碎粒应及时清理运出。

（4）主要技术性能参数。搔菌能力≥5 500 瓶/小时；配套电机功率：4.5 kW；外形大小（长×宽×高）：2 440 mm×1 440 mm×1 530 mm；质量：900 kg。

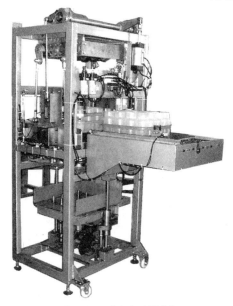

图 9-34　全翻自动搔菌机

2）全翻式自动搔菌机

（1）用途和特点

①　用途。主要用于栽培瓶的搔菌作业。

②　特点。外形与侧翻式自动搔菌机不同，但同样能完成搔菌的农艺要求，且占地面积较小，见图 9-34。结构、工作原理从略。

（2）主要技术性能参数　搔菌能力：≥6 500 瓶/小时；配套电机功率：2.2 kW；外形大小（长×宽×高）：2 100 mm×1 182 mm×1 688 mm；质量：1 000 kg。

5. 挖瓶机

1）气动式自动挖瓶机

（1）用途和特点

①　用途。主要用于栽培瓶的挖瓶作业。

②　特点。该机主要采用 PLC 程控，采用高压空气挖瓶原理进行挖瓶作业，具有结构简单、操作方便、智能控制、故障报警、自动复位等优点；作业时不伤及塑瓶内表面，保持原有的透明度，可延长塑瓶的使用寿命，与全翻式挖瓶机相比具有耗能较少。

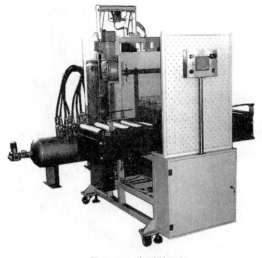

图 9 - 35　气动挖瓶机

（2）结构和工作原理

① 结构。该机主要由送筐机构、压瓶翻转机构、16 头吹气机构、回位机构、废料收集输送机构、控制系统、机架、空压机及储气罐和电机组成，见图 9 - 35。

② 工作原理。当手按启动按钮后，辊子输送机水平送筐（瓶）到挖瓶位置，遇光电开关停筐在挖瓶位置。程控压瓶翻转机构完成压瓶上升翻转 180°动作，程控 16 头吹气板对准 16 瓶口，程控电磁阀吹出瓶中废料，并使松碎废料下落到集料斗中，由输送机送出；同时程控压瓶翻转机构回复原位，并抬起瓶身压板，至此完成挖瓶作业。在程控下辊子输送机把周转筐（瓶）送出，同步新的待挖瓶作业周转筐（瓶）进入待挖瓶位置，如此反复循环，直到全部完成当天的挖瓶作业。

（3）使用注意事项

① 该机适用于环境温度在 0 ℃以上且废料内部没有结冰的情况，同时要求在采摘完子实体后及时进行挖瓶作业。

② 用户配用的空压机，要按产品说明要求的电机功率或空气量配用，只能大于不能小于要求。

（4）主要技术性能参数　挖瓶能力：5 500 瓶/小时；配用电机功率：2 kW；外形尺寸（长×宽×高）：1 560 mm×2 410 mm×1 610 mm；质量：900 kg。

2）全翻式自动挖瓶机

（1）用途和特点

① 用途。该机主要用于栽培瓶的废料挖出作业。

② 特点。该机是利用程序控制自动完成瓶内废料挖出的自动化设备，具有操作简单、智能控制、智能故障报警、自动复位等特点。

（2）构造和工作原理

① 构造。该机主要由进、出筐机构，压瓶翻筐机构，挖料机构，回位机构，程序控制系统，机架和电机组成，见图 9 - 36。

② 工作原理。手按动启动按钮后，滚子输送机推动周转筐（瓶）进入待挖瓶位置。在光电开关的控制下，压瓶板下压压紧瓶身，触动行程开关控制翻、筐机构，把翻筐架用气动连杆提升并翻转 180°。在光电开关控制下，挖料机构的 16 头挖刀伸入瓶口，边旋转边进给，直到把瓶中废料全部挖出后集中由输送带从机侧排出。然后在行程开关控制下，压瓶翻转机构回复原位，并抬起瓶身压板，至此完成挖瓶作业。在光电开关控制下，输送机运转把周转筐（瓶）送出，同时新的周转筐（瓶）进入挖瓶位置，如此反复循环，直到完成全天挖瓶作业，手按停机按钮。

（3）使用注意事项

① 该机作业与采收瓶中子实体作业同步进行，经挖瓶作业后的周转筐（瓶）由手工或搬筐机搬放到手推车上或滚子输送机上运往装瓶作业区，供装瓶之用。

② 该机采用挖料刀用机械方法挖废料，在挖料的过程中会碰到塑料瓶内壁，造成内壁光洁度受损，有时还会刮下一些轻微的塑瓶内壁碎屑，这对塑料瓶使用寿命和透明度有一定的影响。该机与气动挖瓶机相比能耗较大，但对环境和废料物理性能适应性较好。

（4）主要技术性能参数　挖瓶能力：≥4 000 瓶/小时；配套电机功率：4.5 kW；外形尺寸（长×宽×高）：3 400 mm×2 900 mm×1 860 mm；质量：1 100 kg。

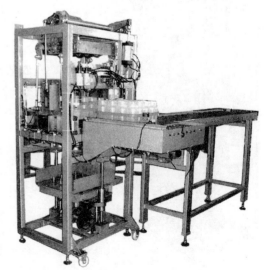

图 9 - 36　全翻式自动挖瓶机

第九章 食药用菌工厂化生产技术装备

3）侧翻式自动挖瓶机（省略），见图9-37。

6. 搬筐机

1）用途和特点　该机主要用于周转筐（瓶）的搬运作业，故又称为搬筐机械手。

根据搬运的方式、数量不同可分为条形搬筐机械手和推垛机械手。条形机械手使用得最多。主要用途为从滚子输送机上把周转筐放到灭菌车或从运输周转车上把周转筐放到滚子输送机上；也可以从灭菌车上把周转筐搬到滚子输送机上，或从滚子输送机上把周转筐放到运输周转车上。堆垛周转筐机械手主要用途

图9-37　侧翻式自动挖瓶机

为把周转筐放到插板座上，4筐1层堆叠到一定层数后，由叉车或特殊吊车吊运。堆垛机械手用于培养室周转筐的堆叠。

以上叙述是针对瓶栽生产时所用的机械手，而对于袋栽生产时所用的机械手，由于周转筐是不能重叠堆放，要在灭菌车上或培养架上一层层堆放，故又有灭菌车装（卸）筐机和培养架装（卸）筐机等机械手。

2）结构和工作原理　从结构上看，搬筐机械手分单立柱式、双立柱式和框架式3种。不论哪种型式机械手，运动方式都由平行水平运动机构和垂直上下运动机构所组成，见图9-38，图9-39，图9-40，图9-41，图9-42。

机器手　9 000瓶/小时以上

图9-38　单立柱式搬筐机

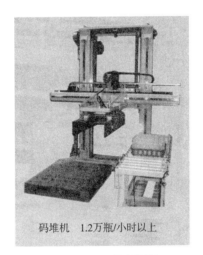

码堆机　1.2万瓶/小时以上

图9-39　双立柱式搬筐机

搬筐机/GXBK
BASKET TRANSPORTER

图9-40　框架式搬筐机

图9-41　灭菌车装筐机

图9-42　培养架装筐机

对搬筐机械手的技术要求是位移准确,抓取牢固,运动平稳,运转可靠;否则故障频出还需1人经常照看,还不如不用。

工作原理简单在此从略。

大型食药用菌工厂化生产企业为了提高机械化、自动化程度常采用搬筐机械手,但要在培养室、搔菌室、栽培室等功能室进行使用空间的总体设计。因为机械手要占用一定空间,尤其在培养间的大型堆垛搬运机更需要在建场时就加考虑,否则搬运机械手使用不上。

在食药用菌工厂化瓶栽生产中需要搬筐机械手的车间有:

——在装瓶车间从辊子输送机上搬下周转筐放到灭菌车上;

——在送筐室从灭菌车上搬下周转筐到滚子输送机上,以供接种之用;

——在出筐室从滚子输送机上搬下周转筐放到插板座上或运输周转车上,用人工或叉车把周转筐运到培养室;

——在培养室从运输周转车上搬下周转筐或将插座板按预先设计的堆叠层数和长度进行堆叠;

——在培养室从周转筐堆叠墙上搬下周转筐放到滚子输送机上或运输周转车上,送到搔菌室;

——在搔菌室从滚子输送机上搬下周转筐放到运输周转车上,或由输送机送到栽培室;

——在栽培室把周转筐搬到栽培架上,或由栽培架上把周转筐放到输送机上送到挖瓶室;

——在挖瓶室内从运输周转车上或输送带上搬下周转筐放到滚子输送机上进行挖瓶作业;

——在挖瓶室外从滚子输送机上搬下周转筐放到运输周转车上,或放到输送带上送到装瓶车间进行装瓶作业。

在食用菌工厂化袋栽生产中需要装(卸)筐机的车间如下,见图9-41、图9-42。

——在装袋车间,从辊子输送机上把周转筐按层推放到灭菌车上,灭菌车有每层(单排)放3个周转筐和每层(双排)放6个周转筐之分,可相应地配单排或双排的灭菌车装筐机。

——在冷却送筐车间,从灭菌车上把周转筐卸下放到辊子输送机上,输送到接种室供接种之用。

——在出筐室,从滚子输送机上把周转筐按层推放到培养架上,培养架每层为双排6筐,应配相应的培养架装筐机,逐层装满后用叉车把培养架运到培养室内,培养架在培养室内排放,有单架排放和重叠排放之分,重叠排放可充分利用培养室的空间(室高5.5m)。

——用叉车把培养架运到培养架卸筐机场所,用卸筐机把培养架上的周转筐逐层卸下,放到辊子输送机上送到栽培室。

3) 使用注意事项

(1) 使用搬筐机械手时,必须根据运输周转车和周转筐的外形大小精确制作,尤其是在同一生产场内周转筐规格应一致。否则,由于周转筐规格不一致(指有两种规格),导致机械手自锁机构和水平定位部件需调整和更换,很麻烦。

(2) 使用灭菌车装(卸)筐机时(袋栽),应对灭菌车的焊接尺寸和工艺有所要求,使用焊接夹具,以保证灭菌车经高温灭菌后不变形。

(3) 一个食药用菌生产企业是否采用搬筐机械手,要看采用后的综合经济效益,但有时是也为降低某一工序的劳动强度而采用,总之要全面慎重考虑。

4) 主要技术性能参数

(1) 单立柱式搬筐机搬筐能力:≥564筐/小时(9 024瓶/小时)。

(2) 双立柱式搬筐机(堆叠机)搬筐能力:≥750筐/小时(1.2万瓶/小时)。

(3) 框架式搬筐机搬筐能力:≥564筐/小时(9 024瓶/小时);配用电机功率:1 kW;外形尺寸(长×宽×高):1 800 mm×1 730 mm×2 300 mm;质量:400 kg。

(4) 灭菌车装(卸)筐机:装(卸)筐能力:8筐/分钟;配套电机1.8 kW;外形尺寸(长×宽×高)=1 700 mm×2 100 mm×2 600 mm。

(5) 培养架装(卸)筐机:装(卸)筐能力:8筐/分钟;配套电机3.3 kW;外形尺寸(长×宽×高)=7 400 mm×2 600 mm×2 600 mm。

7. 手推运筐车、登高操作车、周转筐提升装置和挂靠登高装置

1) 手推运筐车　省力的两轮、四轮手推车,见图 9 - 43(a)。

2) 挂靠登高装置　常为挂靠栽培架与地面夹角 60°的登高装置。

3) 登高操作装置移动方式　两轮、四轮、双人手抬登高装置的提升动力可用手摇式、蓄电池驱动、单相交流电机驱动的链条,见图 9 - 43(b)。配用电机功率为 400 W,220 V;外形尺寸(长×宽×高)=1 000 mm×540 mm×1 750 mm。

4) 周转筐提升装置　可将低处的周转筐(200 kg)提升到一定高度(3.5 m),提升速度 6.3 m/min,为单机交流电机驱动的链条提升周转筐的提升装置,见图 9 - 43(c)。

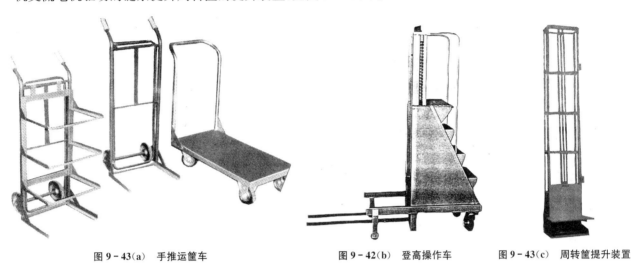

图 9 - 43(a)　手推运筐车　　　　　图 9 - 42(b)　登高操作车　　　图 9 - 43(c)　周转筐提升装置

四、栽培房的结构

(一) 栽培房的大小

栽培房的大小与配套的制冷设备制冷功率大小以及冷风机冷风到达到极限距离有关,也与培养料混合搅拌机一次混合容量以及灭菌器一次灭菌数量有关。为了保证每个栽培房内的栽培瓶、袋撹芽、收获期的一致,通常取混合机一次混合料的装瓶量或灭菌器一次灭菌量的整数倍来设计栽培房的大小。有时以能容纳1万瓶左右(850 ml)栽培瓶为基准来设计。通常栽培房内部尺寸(长×宽×高)为(8～10 m)×(6.6～7 m)×(3～3.5 m)。为了充分利用冷风机冷风达到的极限距离,建议栽培房的长度取 10 m;为了并排放置的周转筐瓶、袋散热条件好些,每列菇架的宽度取 1.2～1.35 m,栽培房的宽度取 7 m。冷风机常放置在栽培房长度方向上的一端顶部,水平吹出的冷风为紊流式。为了使冷风机吹出的冷风对菇架的顶层栽培瓶、袋影响少一些,菇架顶层距天花板距离要大一些,所以栽培房的高度取 3.5 m 为好。如冷风机冷风由整个墙面水平吹出,而在10 m 远的整个墙面回风,这时冷风流动为水平层流,如采用这种循环冷风型式,菇架顶层距天花板距离可以小些,栽培房高度取 3 m 为好。

(二) 菇架大小和每间栽培房可放瓶、袋数

栽培架是用 40 mm×40 mm×5 mm 的角钢焊接而成,清焊渣后涂防锈漆,每列栽培架由 3 段组成,用螺栓连接。

1. 瓶栽菇架大小和每间栽培房可放瓶数确定

瓶栽菇架外形尺寸(长×宽×高)=8 200 mm×1 370 mm×2 300 mm;栽培架分 7 层,最高一层无顶盖,最下一层距地面200 mm,层距 350 mm;周转筐外形尺寸(长×宽×高)=450 mm×450 mm×95 mm,每筐装 16 瓶;每个栽培架每层 3 个周转筐并排,可放周转筐数=18×3=48;每个栽培架可放栽培瓶数=48×7×16=5 376;每个栽培室可放栽培架 3 列,可放瓶数=5 376×3=16 128。

在 3 列栽培架前有 7 m×1.5 m 的运输周转车活动周转场地,架尾与后墙间有0.3 m 的走廊,栽培架与

栽培架、栽培架与侧墙间距为 0.72～0.725 m,见图 9-44。

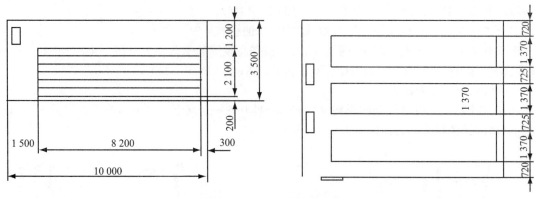

图 9-44 瓶栽栽培房菇架布置图

2. 袋栽栽培架大小和每间栽培房可放袋数的确定

袋栽栽培架外形尺寸(长×宽×高):8 200 mm×1 370 mm×2 200 mm;栽培架分 6 层,最高一层无顶盖,最下一层距地面200 mm;层距 400 mm;周转筐外形尺寸(长×宽×高):490 mm×380 mm×100 mm;每筐装 12 袋,每个栽培架每层 3 个周转筐并排,可放周转筐数=21×2+16=58(也可直接在架上摆放菌袋)。

每个栽培架可放栽培袋数=58×6×12=4 176;每个栽培室可放栽培架 3 列,可放栽培袋数=4 176×3=12 528。

在 3 列栽培架前有 7 m×1.5 m 的运输周转活动周转场地,架尾与后墙间有 0.3 m 的走廊,栽培架与栽培架、栽培架与侧墙间距为 0.72～0.725 m,见图 9-44。

(三) 栽培房的防潮、保温

不同品种的食药用菌对催芽、生长的环境要求不同,建造的栽培房应考虑可适应多品种的催芽、生长需要。栽培房的结构和材料要按高温保鲜冷库的要求建造,见图9-44。

一般选用厚度为 75～100 mm 聚氨酯泡沫彩钢板材,或选用厚度为 100～125 mm 的聚苯乙烯泡沫彩钢板作为栽培室的保温、防潮材料。需要提醒的是工厂化生产食药用菌栽培房的能耗很大,选用的材料能满足保温、防潮要求(注意泡沫材料的密度要符合产品标准)和组装工艺很重要,监理施工的质量也很重要,应给予充分重视。

(四) 空气循环和通风

空气循环流动目的是促进处于各种位置的栽培瓶、袋的环境参数(温度、相对湿度、CO_2 含量)一致。通风的目的是随着菌丝体和子实体的呼吸,栽培房内空气中氧含量的减少和 CO_2 含量的增加,必须从外界引进新鲜空气,并把沉积在房间底部和子实体间的 CO_2 排掉,从而保持栽培房内的 CO_2 含量<0.1%。而一般瓶、袋间的温度高于房内温度 1～3 ℃,培养料内的温度更高于瓶、袋间的温度;瓶、袋上表面和子实体间的 CO_2 含量高于房内数值,一般在 0.1%～0.5%;这样对子实体的生长和品质是不利的。为了满足子实体在生长过程中对增氧、降二氧化碳的要求,需要进行通风,即引进新鲜空气并同时排掉低氧含量、高二氧化碳含量的废气。资料表明,在食药用菌子实体生长期间 20 ℃时,每 100 kg 培养料每小时需要 15 m³ 的新鲜空气,如 1 个放置 1 万瓶(850 ml)的栽培房1 h 需要新风量=0.502(每瓶中培养料质量,kg)×10 000×15/100=753(m³/h)。新风量随房温和子实体产量的增加而增加。一个栽培房通风截面(长×宽)=6.6 m×3 m=19.8 m²,新风形成的循环风速为0.010 6 m/s,但该风速不足带走子实体和料面的 CO_2,因此实际的循环风速应比引进新风时形成的循环风速要大。这数值可由 CO_2 测定仪测定数值来确定。当适当增加循环风速后,可使房内含量维持<0.1%,这时循环风速是在此房内温度和湿度下的最佳循环风速;但这最佳循环风速不得大于在各种相对湿度下的极限风速,见表 9-5。

表 9-5 各种相对湿度下的极限循环风速

相对湿度/%	极限循环风速/m·s^{-1}
70～75	0.15～0.3
80～85	0.6
90～95	2.4

表9-5中的数据是双孢菇开始产生鳞片状时测定的数据,因此不同品种子实体产生鳞片或其他症状时的循环空气的极限风速可参照以上试验得出。由此可看出,实际循环风速是在引进新风造成的循环风速和极限风速之间。循环风速变化范围较大,以能维持房内CO_2含量$<0.1\%$来确定。可根据循环风速合理选用制冷设备功率和冷风机。

(五)空气循环和通风方式的分析

1. 空气循环

我国大部分栽培房空调采用分散式,即每个栽培房的空调系统为独立式。房中空调循环风有以下几种模式。

1)模式一　冷风机放置在房内左上角,见图9-45a。图中,左上角的方框为冷风机位置;曲线为制冷时冷风机水平吹出的冷风循环回流路线。由图9-45a可看出,在房内的右下角、左下角形成死角,即该处的栽培瓶、袋受到循环冷风调节较小。栽培者常采取缩小栽培房的长度或增加循环风速来增强死角部分的紊流强度以弥补循环冷风调节的缺陷。这种空调循环风的模式不够理想。

2)模式二　冷风机放置在房内的位置同模式一一样,不同的是在冷风机水平吹出的下方放置一长度可调的水平隔板或塑膜,见图9-45b。这种改进虽然可增加冷风吹出的距离、缩小右下角的死角部分,减少冷风的短路回流,但在隔离板下方形成一冷风死角,该模式也不够理想。

3)模式三　在冷风机出口套上一塑料或编织长风管,在风管的水平和垂直方向开孔,近端的孔小,远端的孔大,见图9-45c。这种模式循环风流向虽有所改善,但栽培架每层都有隔板和放置周转筐,循环冷风扩散会受到菇架多层水平物的阻挡,菇架最上层瓶、袋和最下层瓶、袋循环风速差别很大,尤其是菇架并排放置的周转筐中间更甚。因此,这种模式也不够理想。

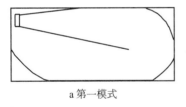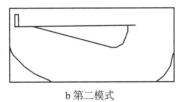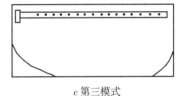

　　　　a 第一模式　　　　　　　　　　b 第二模式　　　　　　　　　　c 第三模式

图9-45　栽培房冷风循环风模式

4)模式四　冷风机放置在房中吊顶扣板的一侧,吊顶的高度在0.5 m左右。循环空气由冷风机吹出来后,经扩散板向前方垂直斜板水平吹出,斜板为可调张开角度的鱼鳞板(也可用一定目数的编织网),鱼鳞斜板的宽度与房宽相等,见图9-46。冷风由整个斜板水平吹出,水平流动,经过栽培架的层间空隙向后墙前的鱼鳞斜板流进,经吊顶上的V型收缩板进入冷风机入口,经热交换后再由冷风机前方吹出,见图9-46。这样循环冷风是由栽培房的前墙面向后墙面水平流动,不受栽培架上的周转筐水平隔板面阻挡,可使经栽培架各处瓶、袋的循环风速相近,因此各处的环境参数较为一致,促进各处的瓶、袋上的子实体生长一致,收获期一致。这样既提高了单位瓶、袋产量,也缩短生长周期。

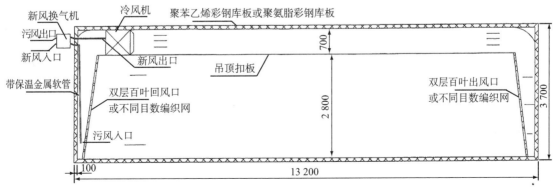

图9-46　第四种循环风模式

2. 通风

CO_2 气体密度比空气大，因此房中 CO_2 常在靠近地面集聚，所以通常在房中两侧墙上安装若干个进排气轴流风扇，进气扇安装在墙的上部，排风扇安装在距地面 200 mm 的侧墙下部，同时开启或关闭，由定时器自动控制。该种设计的缺点是进的新风没有预冷，所以对周围栽培瓶、袋环境参数有影响、干扰。较为理想的设计，如图 9-46。该设计用一热交换机由房内下部管道吸取废气，经热交换机与新风间接交换后排出，新风经间接交换后经冷风机降温后进入房内，这样即达到进新风、排废气的目的，也达到新风经预降温、节能目的。

五、栽培房环境参数的采集和调控

具有现代农业特征的食药用菌工厂化生产的各功能室的环境参数采集和调控采用全自动远程监控系统。

（一）全自动现场、远程监控系统的优点

1）提高各功能室的现代化管理水平，利用计算机、打印机将采集到的功能室环境参数储存起来，并随时打印输出。可查找全年数据与观察参数的历史趋势曲线，为各功能室管理提供历史原始数据。

2）各功能室管理人员足不出户即可将各功能室环境参数状况尽收眼底，做到发现异常现象能及时处理，避免因处理不及时而造成的经济损失。

3）不必再频繁到各功能室测定环境参数，从而避免对环境参数人为干扰和冷量的损失。

4）全自动监控系统给各功能室的管理带来极大便利，即降低了劳动强度，又提高了工作效率。

（二）全自动监控系统的组成和监控原理

1. 组成

该系统由（温度、湿度、CO_2）传感器、输入模块、输出模块、环境参数模拟量模块、单板机或计算机等组成，见图 9-47。

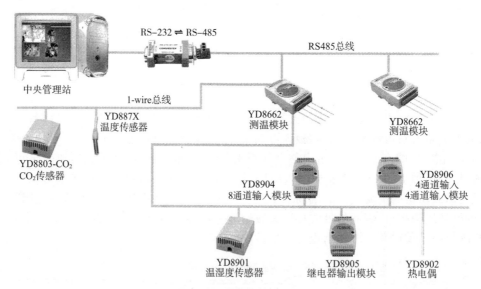

图 9-47 监控系统结构简图

2. 监控原理

在系统运行的过程中，单板机或计算机通过模式通信将实时采集到的信号（数字量、模拟量）经处理后，确定各末端设备工作的逻辑关系，通过继电器和输入、输出模块输出各执行设备的启动或停止信号，同时对各执行设备的运行情况进行监控。

（三）全自动监控系统的技术参数及控制方式

1. 技术参数

1）温度 0～30 ℃；精度±0.5 ℃；分辨率 0.1 ℃。

146

2）相对湿度　50%～98%,RH 精度±5%（超声波加湿器）。

3）二氧化碳（CO_2）　0%～1.2%,精度±5%。

4）电源　220V±22V;50Hz±5Hz。

2. 控制方式

1）CO_2 传感器控制通风热交换机。

2）设定通风热交换机启、闭间隔时间。

3）现场控制与远程控制相结合,可通过网络实现中心集中控制。

3. 系统结构

1）输入通道由温湿度传感器、CO_2传感器、制冷机组显示低压保护、冷风机及加湿机过流保护、压缩机过载保护、电网相序保护、停电数据保护构成。

2）输出通道由压缩机启停、冷风机启停（与压缩机同步加定时启停、高低焓差切换）、化霜电热启停（可设定间隔时间）、加湿机启停、通风热交换机启停（可设定间隔时间）、报警、定时照明等构成。

3）单一信号采集发送器 RTU 最多可接 64 个传感器,温湿度可混接,最远端传感器距 RTU≤150 m。

4）选用 RS－485 组网通信时,主站距 RTU 最远距离 1.2 km,最多可连接 16 个信号采集发送器（RTU）。当运用 CAN 讯口时最远距离可达 3.0 km,最多可连 64 个采集发送器（RTU）,这样可对 1 024 台机组进行电脑联网集中管理。

（四）全自动监控系统主要功能

1）环境参数储存于硬盘,查询快捷、方便,联网时集中管理。输入要查询的日期,即可快速调出所查日期的全部环境参数。

2）可设计确认以下画面,方便监控及查询（见图 9-48）：

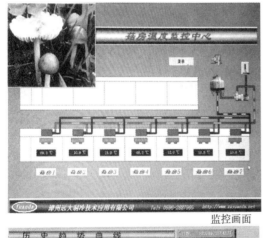

监控画面

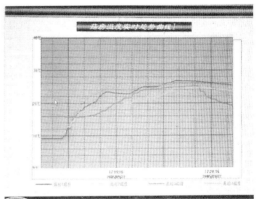

实时趋势曲线画面

历史趋势曲线画面

历史数据报表画面

图 9-48　监控中心画面

（1）监控中心画面　可直观地观察各功能室的环境参数变化。

（2）报警及事故画面　当环境参数超过设定的界限值时,弹出报警画面同时响起报警铃声。

（3）实时趋势曲线画面　可显示环境参数实时变化趋势。

（4）历史趋势曲线画面　可根据要求的时间查询参数的历史曲线。

（5）历史报表画面　可根据需要打印要求的时间段的参数报表。

3）具有 Web 功能(可选),可随时通过 internet 实现画面的远程监控。

4）采用 window 操作界面,可以方便地学习和使用。

5）具有停电保护功能,停电时各参数数据不丢失。

（五）各功能室环境参数和技术要求

1. 冷却室

1）预冷室　温度由 100 ℃降到 80 ℃;室内空气洁净度为 10 万级。

2）强冷室　温度由 80 ℃降到 20 ℃;由于灭菌车放置室内进行内循环式的强制冷却,故室内空气洁净度同预冷室。为了使室内温度冷却速率加快通过 30 ℃这阶段,制冷设备应选择较大的功率。

2. 送筐室

温度应维持在 18～20 ℃,空气洁净度为 10 万级。

3. 接种室

温度 20～24 ℃可调;相对湿度 40%～70%可调;室内空气洁净度在千级～万级;接种区间空气洁净度可达 100 级。

4. 培养室

温度 15～25 ℃可调;相对湿度 40%～70%可调;室内空气洁净度可达 10 万级。

5. 搔菌室

温度 15～25 ℃可调;相对湿度 40%～70%可调;室内空气洁净度可达 10 万级。

6. 栽培室

温度 5～25 ℃可调;相对湿度 75%～95%可调;室内空气洁净度可达 10 万级。

7. 包装室

温度 10～15 ℃可调;室内空气洁净度可达 30 万级。

8. 保鲜库

温度 5 ℃±2 ℃。

六、人工控制环境节能技术和设备

（一）制冷节能技术

1. 变容量制冷技术

人控环境进行食药用菌工厂化生产企业是能耗大户,其中能耗最大部分是制冷能耗。广州市兆晶电子科技有限公司研发的 HLC-D 系列数码涡旋变容量制冷机组,可根据食药用菌生产各功能室制冷负荷的变化及时调整容量输出,基本实现不停机对电网无负荷冲击,还避免了定容制冷机组因频繁开、停引起的各功能室温度波动和额外电耗。在部分负荷时,冷凝器依然 100%工作,冷凝温度更低,节能效果更显著。该公司选用美国谷轮公司生产的数码涡旋压缩机,配以该公司研发的精密数码电控系统形成 HLC-D 系列变容量制冷机组产品,温度控制精度可达±0.1 ℃,制冷功率为 10～60 kW。经用户长期使用表明,HLC-D 系列数码涡旋变容量制冷机组与单压缩制冷机组相比,在栽培室中使用可省电 26%,在培养室中使用可省电 50%,制冷设备投资增加部分可在 8 个月内收回。兆晶公司还研发了用于食药用菌生产各功能室环境参数的网络管理(温度管理、湿度管理、CO_2浓度管理、光照管理、抑制管理、1 024 台机组管理)软件,该软件可实现一键式操作,并可进行电脑联网集中管理,可在监控室内对各功能室进行实时监控,极大地方便了生产,显著降低了管理成本。

2. 湿冷空气技术

中国农机院农副产品加工技术中心研发的湿冷空气技术，在夜间用电低谷期间通过机械制冷和蓄冷量的办法得到冰和接近 0 ℃的冰水，再通过热质交换器让冷水和环境空气进行传热、传质，可得到温度 8～20 ℃、相对湿度 80%～95%的湿冷空气；然后再由这种湿冷空气冷却菇房，使菇房温度迅速下降到适合食药用菌生长的温度。该技术经相应的改进解决了菇房内温、湿度可控且稳定与能耗大的矛盾，温度控制精度可达±1.5 ℃，相对湿度控制精度可达±5%。其特点还包括：

1）利用夜间用电低谷，电制冷、蓄冷，可以减少配套压缩制冷机组 1/3 的装机容量。

2）使用低谷电可降低运行成本 5%～20%。

3）解决了在栽培室内进行制冷降温时湿度下降问题，使室内温、湿度保持稳定状态而不用另配加湿器设备。

4）通过水池蓄冷、热质交换器（小功率风机，水泵，间隔运行）的运行，可维持菇房内稳定的温、湿度环境，解决了夏季中午需制冷机频繁启动的难题。

5）在通风系统中，配备能量回收装置（热交换器）进行 24 h 的通风回收排出风的冷能，得到节能目的，可回收 65%的冷量。

该中心还研发了食药用菌工厂化栽培智能化环境参数监控系统，实现对各环境参数的实时监控和异地集中管理。系统主要以组态软件的二次开发来实现多种控制策略，具有较大的可修改性和扩展性，方便进一步升级，提高了系统的性价比。

3. 利用地下水源热泵技术

众所周知，食药用菌工厂化生产是用电大户，尤其是培养室、栽培室的空调用电约占企业用电的 90%以上，降低空调用电能耗是企业追求的目标之一。地下水尤其深度大的地下水水温较稳定，相对外界环境有冬暖夏凉现象。利用地下水这一特性，有关单位开发出一种节能型空调——水源热泵系统。

传统的水源热泵系统的每一个房间必须安装系统管道和制冷系统管道，施工繁琐，对工程质量要求高等，相应提高了工程造价。变频和变容量制冷技术是近年来发展迅速的空调节能技术之一，但是要在传统水源热泵空调系统中采用这种技术，就必须在每个房间的每个机组上采用变频或变容压缩机以及相应的变频或变容装置，造价很高，因此，目前水源热泵一般都为定速系统。为了解决以上难题，广州兆晶电子科技有限公司开发出实用新型变流量水源热泵中央空调系统，很好地解决了传统水源热泵的缺点。它主要由以下系统要素构成：

——1 个只需要与室外机组相连的水循环系统。

——1 个可变制冷剂流量的室外机组，其各末端设备通过室外容量调节和流量分配与控制技术，可以在其额定能力的 20%～120%容量区间工作，这是一显著特点。

——各房间可以使用不同型式的末端设备。

——中央空调系统对外界散热/吸热采用水作介质，采用套管式换热器。由于水的传热系数是空气的 35 倍左右，所以热交换效率很高，传热效果好，在同样能量传导下热交换器尺寸很小。

——功能强大的控制系统，控制对象包括水循环系统、室外机组各末端设备等。各末端设备既可单独控制又可集中控制，同时还可以通过电脑控制简单方便。

该实用新型变流量水源热泵中央空调系统与传统水源热泵相比具有以下优点：

——在新能源（地下水）利用上继承了传统水源热泵的优点，可以很好地利用再生能源；

——很好地解决了容量输出与负荷匹配问题，更加节约能源；

——大大降低了传统水源热泵的工程施工难度和成本，克服了传统水源热泵的主要缺点；

——克服了传统水源热泵室内噪声大的缺点，使人居环境更加舒适；

——系统控制高度集成可靠，控制方式更加简单方便。

（二）通风换气节能技术

为了维持培养室、栽培室内菌丝体和子实体生长需要，必须进行通风排气，以提供新鲜空气和排掉低氧、高二氧化碳的废气。在通风换气过程中，由于新风的温、湿度与室内的温、湿度不同，必然会引起室内温、湿度的波动，不利于菌丝和子实体的生长，同时也增加了室内制冷、制热的负荷，因此漳州市远大制冷技术应用有限公司等研发了新风换气热交换机系列产品——XHBX(Q)-D 系列新风换气热交换机。

1. 用途和特点

1) 用途　主要用于培养室、栽培室的通风换气节能。

2) 特点

(1) 能有效地回收因通风换气而损失的热能(新风负荷),热交换率可达70%,可节约空调能耗20%左右。

(2) 因可较大幅度地减少新风的制冷(制热)负荷,故可减少制冷设备的装机容量。

(3) 在进风与排风进行间接热交换时,在夏天可自动地对新风除湿,在冬天可自动地对新风增温。

(4) 由于进风与排风同时进行,通风换气时室内的温、湿度变化小。

2. 结构和工作原理

1) 结构　主要由热交换芯体、进、排气低噪声风机、过滤网吸音材料、进排气风管、电控盒和机外壳组成,见图9-49,图9-50。

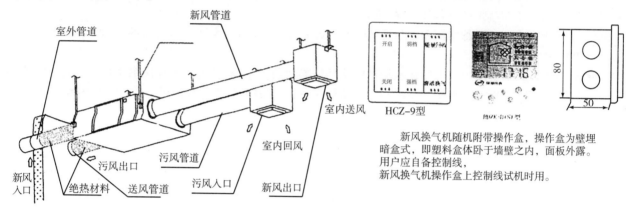

新风换气机随机附带操作盒,操作盒为壁埋暗盒式,即塑料盒体卧于墙壁之内,面板外露。用户应自备控制线,
新风换气机操作盒上控制线试机时用。

图 9 - 49　热交换机安装参数图及操作盆

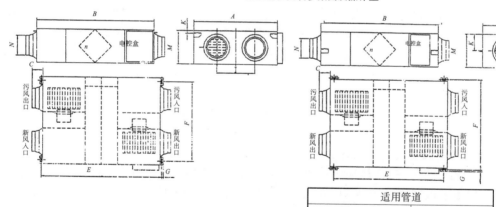

适用管道	
型　号	公称直径 φ/mm
XHBX(Q)- D2TH	150

适用管道	
型　号	公称直径 φ/mm
XHBX(Q)- D3THA	150
XHBX(Q)- D4THA	150
XHBX(Q)- D6TH	200
XHBX(Q)- D8TH	250
XHBX(Q)- D10TH	250
XHBX(Q)- D13TH	250

mm

机　型	A	B	C	E	F	G	I	K	M	N
XHBX(Q)- D2TH	580	666	100	725	510	19	290	20	264	φ144
XHBX(Q)- D3THA	599	774	100	705	657	19	315	110	264	φ144
XHBX(Q)- D4THA	804	744	100	675	862	19	480	111	270	φ144
XHBX(Q)- D6TH	904	824	107	754	960	19	500	111	270	φ194
XHBX(Q)- D8TH	884	1 116	85	1 045	940	19	428	170	388	φ242
XHBX(Q)- D10T	1 134	1 116	85	1 045	1 190	19	678	170	388	φ242
XHBX(Q)- D13TH	1 134	1 116	85	1 045	1 190	19	678	170	388	φ242

图 9 - 50　热交换机外形尺寸

2）工作原理　新风和排出风间接通过1个热交换器（能量回收装置）进行通风换气,在夏天利用排出风的冷能间接冷却新风,在冬天利用排出风的热能间接加热新风,从而达到减少制冷、制热负荷的节能目的,温度回收率（热交换率）可达70%。

热交换计算公式为：

夏天　进入室内的新风温度＝室外温度－（室外温度－室内温度）×热交换率。

[例]　进入室内的新风温度＝32 ℃－（32 ℃－26 ℃）×70%＝27.8 ℃。

冬天　进入室内的新风温度＝（室内温度－室外温度）×热交换率＋室外温度。

[例]　进入室内的新风速度＝（20 ℃－0 ℃）×70%＋0 ℃＝14 ℃。

3. 使用注意事项

（1）安装热交换机时应水平安装,固定牢固。热交换机上通向室外的两个管道（新风入口管、排风出口管）在连接时要向室外水平倾斜（坡度1/100～1/50）,以防冷凝水倒灌机壳内。

（2）室内侧两个管道（新风入口管、排风出口管）上必须包装防止结露的绝缘材料——玻璃棉,厚度25 mm。

（3）热交换机与管道连接的接口部分要用铝箔胶带包卷黏接,不可漏气;安装好后应试运转,以防风机反转和单向风阀开闭错误（风阀关闭时,风扇仍可转动些时间）。

（4）热交换机使用过程中发现送风量或排风量明显减少时,应清洗或更换过滤片,清洗周期可视具体情况决定。若清洗或更换新过滤片后仍感风量不足,可提高风机转速（转速有高、低挡）或取下热交换机芯,用吸尘器或压缩空气清除表面脏物和灰尘。

4. 主要技术性能参数

见表9-6。

表9-6　XHBX(Q)-D系列热风换气热交换机主要技术性能表

型号	新风量/ m³·h⁻¹	机外余压/ Pa	焓回收率/%		温度回收率/ %	噪声/ dB(Å)	额定电压/ V	消耗功率/ W	电流/ A	质量/ 千克
			夏季	冬季						
XHBX(Q)-D2TH	150～200	60～75	55～60	59～63	70～75	27	220	70	0.36	25
XHBX(Q)-D3THA	250～300	75～85	57～62	61～65	68～73	30	220	105	0.64	27
XHBX(Q)-D4THA	350～400	80～88	57～62	60～65	69～74	32	220	140	0.72	30
XHBX(Q)-D6TH	500～600	89～97	59～63	61～67	70～76	35	220	255	0.96	41
XHBX(Q)-D8TH	700～800	92～100	55～61	58～63	68～74	39	220	320	1.7	68
XHBX(Q)-D10TH	900～1 000	80～86	58～63	62～68	70～76	40	220	415	2.1	82
XHBX(Q)-D13TH	1 100～1 300	75～83	57～61	61～68	67～71	43	220	520	2.36	88

第三节　食药用菌工厂化稳定生产管理技术要点

食药用菌工厂化稳定生产追求的是每瓶、袋的平均产量,而不是最高产量;追求的是合格的产品产量,而不是总产量;追求的是长期产量的稳定,而不是短时期的产量稳定;追求的是加强技术的储备、人员的培训、管理的规范、市场的预测,以应对不断变化的销售市场、劳动市场的变化。为此本节将从菌种、培养料制备、灭菌冷却、培养、栽培和销售等各生产环节提出注意要点,以供读者参考。

一、菌　种　选　用

1. 选用菌种性能稳定的菌种,这一点应列为工厂化生产用菌种选择的首要条件。菌性是指菌种生理特性不会因为菌种经反复继代繁殖而出现遗传性变异和劣化的生理特性。

2. 对于工厂化生产而言,要注意选用生长周期短、成品率高且产量集中在第一、二潮的菌种,如在短期内的子实体的产量要达到培养料质量的30%。

3. 要选用菌性稳定且信誉好的菌种供应厂家。

二、培养料制备

1. 培养料配方

配方对产品的单产和质量影响很大,尤其是添加剂的加入有时会提高单产 50%,且产品质量有所提高。建议根据当地原、辅料供应和价格情况,对每种菇类进行配方的筛选试验。

2. 培养料的含水率和 pH 值

含水率和 pH 值对菌丝生长和出菇量有很大影响。在生产中必须保证数据的准确,误差不能太大,因此在操作上一定要用水分测定仪和 pH 值测定器,仪器测定精度适中,且要注意测定方法。如水分测定仪反映测定精度误差大,在每次测量时需用同一容器,且装入容器中的培养料松紧度要一致,这样可减少含水率测定的误差。要将使生产中的经验上升为数据化、量化、标准化。

3. 培养料的颗粒度和装瓶(袋)的松紧度

颗粒度影响培养料的通气性,进而影响供氧量和菌丝生长速度。一般颗粒大小为 0.5~2 mm;同样,培养料的松紧度也会影响供氧量和菌丝生产速度。每台装瓶(袋)机的装瓶(袋)量的误差直接影响到装瓶的松紧度,因此在购买设备后要测定该设备的装瓶量误差(算术平均值的最大偏差),不能超出设备产品标准范围。一般装瓶机装瓶量算术平均值最大偏差≤20 g,松紧度为 0.65 g/cm²。

4. 培养料混合的均匀度

混合的均匀度是指配方各成分和水分。混合均匀度影响营养成分的均匀性,进而影响发菌时间和出菇时间的一致性,为此增加人工挑选时间。

1)卧式螺带式混合机每次的混合量一般不超过混合器容量的 60%,否则会影响混合均匀度。

2)干混时间一般不少于 2 min,否则会影响混合的均匀度。

3)有些原料如棉子壳和玉米芯不易吸收水分,应在前一天预湿。在夏天高温季节应注意在预湿过程中的发酵现象及其带来的危害。

5. 装瓶(袋)作业

培养料混合好后,应及时(在 2~4 h)进行装瓶(袋)作业。在夏季温度很高季节,应对培养料发酵带来的危害给予充分的重视。很多人认为培养料经灭菌工序会消灭其中的有害杂菌,因此轻视培养料发酵的危害,这是很不对的。原因:①培养料发酵会提高料内杂菌数量、数量增加会提高杂菌的耐热性。②杂菌数量的增加,其代谢也增加,促使培养料中的 pH 值下降,进而会明显妨碍该菌丝的生长,导致产量下降。为此,在大型栽培场要特别注意剩余培养料的再用和混合设备、装瓶(袋)设备中剩余物料的清理。

6. 注意事项

在生产中要经常检查装瓶(袋)机装瓶(袋)量的均匀度和松紧度,误差范围要在设备产品标准的范围内。在装瓶(袋)机试机和试生产时应注意检查该项标准要求。要熟悉影响装瓶(袋)机装瓶(袋)量均匀度和松紧度的调节点位置以及调节方法。

三、培养料灭菌

1. 灭菌的目的

1)除去有害的杂质。

2)除去培养料内有害物质,提高培养料的品质。

3)使培养料纤维素等物质降解和破坏植物质物料表面蜡质层,便于该菌的利用。

4)进行培养料的形状固化。

2. 灭菌的重要性

据有关资料表明,有接近 50% 污染病害来自灭菌工序,因此灭菌工序为工厂化生产食药用菌最重要的工序之一。

3. 灭菌原理

利用饱和的水蒸气遇到待灭菌物料冷凝时释放出大量相变潜热(2 261 J/g)的物理特性,对物料进行加热,使存在于培养料中的杂菌及其芽孢的蛋白质凝固变性,进而达到灭菌的目的。

4. 灭菌的温度和时间

灭菌过程最主要目的是保证栽培瓶(袋)内培养料有效的灭菌温度和时间。一般要求常压灭菌温度为98 ℃以上保温5 h以上;高压灭菌温度为127 ℃,保温1.5 h以上。

5. 影响灭菌不彻底的原因

1)培养料中原料的颗粒大小、颗粒内含油质的多少、颗粒表面有否蜡质等,均会影响水分的渗入,造成热量传递困难,存在灭菌死角。解决办法是针对渗透水分困难的物料先进行预湿,随后再进行培养料混合作业。

2)以上要求的灭菌温度和时间是培养料内部要达到的温度和时间,而不是灭菌器内的温度和时间,两者温差为3~8 ℃。温差大小与灭菌器大小、保温层保温效果、蒸汽的单位时间供应量、栽培瓶袋的大小和排列有关。一般认为,灭菌器内腔容积为30 m³时,蒸汽供应量为1 t/h;灭菌器外表保温层符合产品标准和器内空气排除较彻底的情况下,器内温度和培养料内温度差为3 ℃左右。

3)灭菌器内空气的存在是造成器内温度不均匀、影响彻底灭菌的原因。一般当器内蒸汽压力上升到0.05 MPa时,打开排气阀进行排气作业,根据灭菌器的大小排气2~3次,该作业耗费大量蒸汽和时间。有时栽培瓶、袋内空气仍不能排除干净,不得不靠增加保温时间来解决,这就是为什么资料上有关灭菌温度和时间相差很大的原因。针对以上情况,我国于20世纪末研发出预真空灭菌器,其灭菌步骤是首先对器内抽真空(真空度为0.05 MPa),然后通蒸汽,一般进行2~3次抽真空即可达到抽净器内空气的目的,这样可使蒸汽直接进入栽培瓶、袋内,缩短了升温时间,节约了蒸汽耗量,相对做到无灭菌死角。

四、培养料冷却

工厂化生产中培养料的冷却分柜内蒸汽冷却和柜外(冷却室)冷却两个阶段。柜内冷却阶段是指柜内温度由从排气阀排蒸汽时的温度降至100 ℃(柜内压内接近101.325 kPa)阶段;而柜外冷却阶段分为预冷阶段和强制冷却阶段。

1. 预冷阶段是指打开预冷室一侧的灭菌柜到拉出灭菌车在预冷室冷却到80 ℃左右这段时间,约1 h。在降温过程中,约有25%容器量的冷空气进入栽培容器内,由于温度在巴氏灭菌温度以上,杂菌存活率不高,因此灭菌车在栽培容器80 ℃以上时移到强冷却室。在灭菌柜打开的短时间内会有大量蒸汽由门开口处涌出,这时应在门开口处的上方设置钟形蒸汽收集器,由轴流风机将其直接排至室外。当蒸汽将排完时,打开预冷室两侧下部的冷却风风机,并将蒸汽由室顶排出。冷却风温度与室外温度相同,故冷却时间与外界温度有关,即冬天冷却时间短些,夏天冷却时间长些。空气净化处理的级别为10万级。

2. 要防止灭菌车由灭菌柜移入预冷室过程中受到污染。为此,不管是高压还是常压灭菌,均应选用双开门的灭菌器。

3. 计算得知,栽培容器由100 ℃降到20 ℃过程中,由于空气的热胀冷缩会吸入相当容器容量50%左右的冷空气。为了防止污染,要对强冷室的制冷空气进行净化处理。由于放置在强冷室内的灭菌车是采用内循环式强制冷却,所以室内空气洁净度同预冷室。

4. 培养料通过常压灭菌要达到完全彻底灭菌基本上是不可能的,仍有耐热菌存活的可能性很高,所以要注意急速冷却的管理,要求在短时间内通过适宜耐热菌发芽的30 ℃温度区域。为此应在强冷室选用功率较大的冷风机组,对于每次冷却1万瓶的强冷却室应选择22 kW的冷风机。

五、接 种

1. 要求接种区间的空气洁净度为100级,接种室的空气洁净度为0.1~1万级,室温为18~20 ℃,相对湿度<70%,使接种室与相邻室(送筐室和出筐室)保持正压(20~30 Pa),并按接种室工作人员人数给予50 m³/(人·小时)的新鲜空气,并要求相邻室的空气洁净度比接种室空气洁净度低1~2级(10万~30万级)。

2. 接种前用浓度为20~40 mg/m³的臭氧对接种室和冷却室内栽培瓶袋和接种设备进行1 h的臭氧表面消毒。接种前20 min开启接种室的空气净化设备,对接种室和接种区间空气进行预过滤净化。

3. 接种人员应于接种前30 min进行个人着装(洁净衣、帽、口罩、鞋套袖套)穿戴和手表面消毒(消毒剂为新洁尔灭、臭氧水、0.1%次氯酸钠),进入接种室前应经风淋室用手对头部、服装表面进行拍打洁净处理。

4. 接种前应对接种机和有关器材的相关部位(包括去除栽培种的菌皮)进行化学和火焰表面消毒。不论是用接种机对栽培瓶进行接种还是用人工对栽培袋进行接种,均须按有关无菌操作规程操作。

5. 接种结束后,应对接种有关设备的相关表面进行清理和消毒,对地面和一定高度的墙面进行清理和化学消毒。下班前开动空调和空气净化设备 20 min,以降低由于清洁设备和拖洗地板而增加的空气湿度,并用时控器对接种室进行 1 h 的臭氧处理。15 d 对接种室进行一次较全面的消毒处理。

6. 注意点

1) 强化对接种室周围的管理(包括人员进出、卫生状况)。

2) 强化接种室和缓冲室的管理。内容包括接种设备和空气洁净设备的使用、维修、保养、消毒,以及接种室的空气洁净度、温度、相对湿度的维持和监测。

3) 强化对操作者的无菌操作的培训、指导、监督和无菌意识的提升、实施。

4) 按正确、规定的接种量进行接种。

六、培养料中菌丝的培养

培养健壮的菌丝体是培养阶段管理的目的。培养健壮的菌丝体能促进并增加其抗病害的能力,当然也会有良好的出菇效果。有资料表明,有 80%出菇不良的原因来自菌丝培养前的阶段(包括培养段),有 20%来自出菇阶段,由此可看出培养阶段管理的重要。作为工厂化生产,要求培养阶段环境空气洁净度为10 万~30 万级,CO_2 含量为 0.2%~0.3%。

菌丝培养分 3 个阶段。

1. 菌丝培养的前期管理

前期是指接种后 5~10 d。在这期间菌种全面定植,开始对培养料降解并产生生物热。这时应注意:①保持温度、相对湿度的稳定,为此在栽培袋、瓶的上方覆盖塑膜、无纺布等,以防止空调冷风对栽培瓶、袋的干扰,此时瓶内外温度差别不大。②及时将污染杂菌的瓶、袋移出培养室。

2. 菌丝培养的中期管理

中期是指接种后 10~30 d 期间。这期间为菌丝迅速生长阶段,呼吸增强,新陈代谢旺盛,生物热大量增加,体现在栽培瓶、袋内温度的上升,与室温相差 2~3 ℃。这时应注意:①当菌丝生长到瓶肩处或袋口平面处时,应及时掀掉覆盖物。②加强制冷通风维持空气温、湿度和 CO_2 含量在适宜范围。

当菌丝已长满整个栽培容器时,菌丝生长速度减慢,栽培瓶、袋中培养料的温度略高于室温且相差不多,这时可认为菌丝培养中期管理阶段结束。

3. 菌丝培养后期管理

后期是指菌丝长满整个容器到生育期开始的这段期间,通常称为培养的后熟期。后熟期实际上也是菌丝继续深入对培养料颗粒内部降解的过程,也是菌丝体积累养分,增加抗力的过程。不同菌株的后熟期长短各不相同。在这期间,空气的湿、温度和 CO_2 含量控制应在变化范围的上限。不同菌株菌丝培养后熟期结束的识别,除栽培瓶、袋内培养料温度和室温趋于一致外,其他如培养料的外观颜色、质量、坚实度都有不尽相同的方法。培养料后熟期管理很重要,管理的好坏决定每瓶、袋的产量高低。菌丝培养的好坏也与培养料的新鲜度、颗粒度、保水性、混合均匀度、装瓶(袋)量的均匀度(培养料的松紧度)、C/N 比有很大的关系,只有各方面都注意到了才会培养出健壮的高质量的菌丝体,即便是空气中杂菌多也不会影响单产和染菌。

七、出菇管理

在出菇管理阶段,为了减少培养料和子实体水分蒸发,常常维持高湿环境和降低空气流速。由于食药用菌和真菌属于同类,在促进子实体生长的同时也伴随真菌的滋生,成为造成积累污染的原因。为了只让子实体生长,需要增大空气干、湿度的差值,维持一种不利于真菌繁殖的环境。在工厂化生产中,长期的出菇管理会导致病害发生,因此强调同一菇房内的栽培瓶、袋的摧芽、现蕾和收菇期的一致性,以缩短收菇期和整个生产周期,既增加出菇室的年周转率,又降低能耗。为此,工厂化生产中常增加了(有的不需增加)搔菌处理工序。

1. 搔菌处理工序

通过搔掉栽培瓶、袋的上料面和接种孔上的老菌皮,对菌丝给予温度以外的刺激,以达到出菇整齐的目的。搔菌处理工序是集中在搔菌室内进行的。搔菌室的空气温、湿度,空气的洁净度和流速与培养室相同。搔菌后仍需在菌料面用无菌水喷湿,清除附着在瓶口的菌种碎屑。

2. 催芽管理

为了使菌丝由生长阶段转入生殖阶段,需要给菌丝进行低温、高湿、光线照射等刺激以促进阶段的转化。在这期间,空气温度维持低温,湿度 85%～90%,CO_2 含量<0.2%,空气流速小于培养期间流速以防料面干燥,调节光线强度和光照时间。

3. 出菇管理

指现蕾后子实体长大到收获结束这段的管理。随着子实体数量的增加和长大,料面和子实体表面水分蒸发和 CO_2 含量的增加也加快。为了控制水分的蒸发和 CO_2 含量一定,在这期间应注意空气温度维持不变,湿度增加至 90%～95%,空气流速低于培养阶段,通过调节 CO_2 含量浓度及光线照射的强度和时间来控制菇蕾数和菇形。

4. 子实体的收获

在这期间应尽量促进室内栽培瓶、袋的收获期一致,以缩短收获期和减少病害的发生。要达到该目的必须使室内的每一个栽培瓶、袋的环境(空气的温、湿度,CO_2 含量,风速和光照)一致性,同时也需保持每个容器中培养料的混合均匀度、接种量、均匀度、培养期结束的一致性。收获结束后,应及时对栽培室进行严格的清扫和消毒,不要把污染留给下一轮的出菇管理。

5. 注意事项

1) 在整个出菇管理阶段,空气的洁净度要求为 10 万～30 万级。

2) 空气的温度应控制在适宜范围的下限。

3) 空气的相对湿度应控制在适宜湿度的上、下限之间,进行干湿交替的管理。对增湿机的用水应加强消毒处理,以防由于增湿用水的污染造成病害的迅速蔓延。

4) 空气流速应比菌丝培养阶段低,一般为 0.15～0.25 m/s。

5) 空气中的 CO_2 含量应控制在<0.1%。通过控制通风量、改变 CO_2 含量控制菇蕾数和防止畸形菇的产生。

6) 在出菇期间,每天夜间用浓度为 2 mg/m³ 的臭氧对室内空气消毒 1 h。该浓度对食药用菌生长没有影响。

八、销 售 市 场

建立销售市场的预测、预警机制,加强技术储备以应对不断变化的国内、外市场,努力开辟生产成本 2～3 倍的销售价格市场。

第四节　日产 3 t(鲜)珍稀食药用菌现代周年生产示范基地项目可行性报告

一、发展保鲜珍稀食药用菌生产的意义

食药用菌产业是典型的生态农业产业、生态富民产业。发展食药用菌规模化生产,壮大食药用菌产业,对加强农村生态环境建设、循环利用资源有积极意义;是转变农业增长方式,拓展农民增收渠道,推进社会主义新农村建设首选、优选的产业,也符合农业部从 2006 年起组织实施的生态家园富民行动。食药用菌产业是一新兴产业,是 21 世纪白色农业的重要组成部分。食药用菌产品得到世界各国人民喜爱,在我国得到迅速的发展。近几年来,随着人民生活水准的提高以及消费观念的更新,对食药用菌消费也提出了新的要求,从而推动了菌类加工食品和保健品市场的发展,促使传统的食药用菌生产与食品工业、医药工业相结合,形成多维的产业结构。

食药用菌保鲜产品以其原形、原味的特点深受人民喜爱。自 20 世纪 80 年代以来,我国出口保鲜菇平均每年以 3% 左右的速率递增。因此,无论从节能、降耗、环境保护还是从出口创汇方面来看,发展保鲜菇生产尤其是规模化保鲜菇生产是具有重要的经济和社会意义的。

二、市 场 预 测

当前我国保鲜菇出口的品种和数量大部分限于全国各地已普遍栽培的双孢蘑菇、香菇、杏鲍菇、草菇、白灵菇、平菇、金针菇、滑菇、猴头菇等 10 多种食药用菌。由于我国食药用菌生产仍处于传统农业的生产模式,一家一户依靠自然气候生产,因此产品季节性强,产品质量很难得到保证,加上无正常稳定的销售渠道和无序的竞争,使出口保鲜菇的利率较低。因此,在常规 10 多种食药用菌生产上依靠增加投入、扩大生产来取得效益,不是明智之选择。

珍稀食药用菌以其丰富的营养成分,色、香、味俱佳的特点和独特的保健功能,加之人们的猎奇心理,在国际市场上价格较高,利润空间也大。国内外超市希望能周年稳定、保质、保量、多品种地提供珍稀食药用菌保鲜产品,以满足消费者对净菜、配菜的需要。根据我国食药用菌生产特点和现状,要做到周年稳定、保质、保量供应保鲜食药用菌产品是有一定难度的;唯有建立以珍稀食药用菌现代周年工厂化生产示范基地为主,有条件的周边地区(海拔高度 800 m 以上)反季节食药用菌生产基地为辅的生产模式,才能满足国内外经销商在质和量上的要求,同时也能达到生产企业对利润的追求目标。

三、现代周年生产珍稀食药用菌示范基地生产模式、生产线和采用技术

1. 示范基地采用套环短塑折角袋(太空包)、周转筐周转、人工气候层架立体栽培的模式,给菌丝培养和子实体生长期间创造最适宜的温、湿、光、气条件,以达到每袋和单位面积最高的产量。

2. 示范基地选用"太空包"装袋生产线(单机或双机)。该生产线在国内具有领先技术水平,13 人操作(2 人备料,1 人操作设备,2×5 人装袋组),生产能力为 2 500 袋/小时,5 h 可装袋 1 万袋,装袋质量误差≤50 g。

3. 示范基地选用预真空卧矩型式高压蒸汽灭菌器,自动化程度较高。整个灭菌过程由微型程序控制器控制,需 4.5 h,灭菌时间短,培养料养分损失少,排除空气彻底,无灭菌死角。该基地选用高压灭菌生产线,该生产线将菌袋装在周转筐内(16 袋/筐或 12 袋/筐),周转筐分装在 6～18 辆灭菌车上,菌袋进出灭菌器由人工推送。灭菌器有进、出两口,出口与冷却室的进口相连,进口与装袋车间相连,目的是使灭菌后的菌袋不与装袋车间的空气接触,可减少菌袋污染的机会。

4. 示范基地选用"太空包"接种生产线。该生产线是将灭菌后的菌袋仍放在周转筐中,并把灭菌车放在预冷室、强冷室内冷却,经接种前臭氧表面消毒后,由滚子式输送带间歇地送入空气净化层流罩内,由坐在输送带两侧的接种工人进行手工接种,接种(固)能力为 2 500 袋/(12 人·小时)。层流罩内空气洁净度可达国家标准的 100 级,而接种室内的空气洁净度达 1 万级标准。接种后菌袋随周转筐送到接种室外,由人工取下装在周转车上,转运到培养室。该接种生产线特点:①不用把菌袋从周转筐中取出进行接种,减少破袋和感染机会。②首次采用在空气净化层流罩下进行大规模流水接种作业,降低了接种污染率,改善了接种工人的工作环境。该生产线适用于固体、液体菌种接种。

5. 培养室和栽培室内温、湿、光、气、CO_2 可进行实时监测和数字显示,并可进行远距离图像监视和数字处理,遇异常情况发生蜂鸣警声,使异常生长环境情况得到及时处理,避免损失。采用智能化环境参数监控系统对食药用菌整个栽培过程进行程序监控。

6. 示范基地采取节能措施。包括:

1) 培养室、栽培室中空调制冷机组采用数码涡旋变容量制冷技术,与常规单压缩制冷机组相比,在栽培室中可节电 26%,在培养室中可节电 50%。

2) 栽培房新、旧空气进行通风换气过程中,采用通风热交换器降低新风温度,一般节能 20%。

3) 使用重油蒸汽锅炉,每年可节约燃油费用 20 万元(与轻柴油锅炉相比较);也可视油价的高低采用煤、柴锅炉。

7. 在冷却室、接种室、培养室和栽培室中广泛采用无药物残留的臭氧灭菌新技术,可降低污染率,改善工作环境,生产绿色食品;同时在鲜菇保鲜技术上使用臭氧水,既保鲜时间长,也无化学物质残留,达到出口要求。

8. 综合利用方面,对等外品鲜菇和子实体下脚料,除部分进行干燥外,其余部分进行热水提取浓缩后生产特色酱油;对采摘 1～2 潮的菌袋中的培养料,除 30% 可重新用于培养料制作外,其余部分可进行挤压膨化、发酵和其他处理,生产牲畜辅助饲料和有机肥。因此,该示范基地在生产过程中无有害污染物排出,属环保型企业,生产出的保鲜珍稀食药用菌属绿色食品。

四、示范基地的生产能力

示范基地每天可生产 3 t 鲜菇,其中:

1. 每天可生产 2.4 t 超市、出口珍稀食药用菌保鲜菇(大、小包装)。

2. 每天有 0.6 t 等外品鲜菇干燥后,可生产 60 kg 干制品,或运到附近农贸市场销售。

3. 每天有 200 kg 残次鲜菇和下脚料可供热水提取浓缩,可得 50 kg 浓缩提取液。按浓缩液与酱油混合比为 1:9,每天可生产特色酱油 500 kg;按每瓶酱油净重 0.5 kg 计,每天可生产特色酱油 1 000 瓶。

4. 采菇后的菌袋培养料干重按 250 g 计,其中 100 g 再作为培养料利用外,余下的 150 g 可进行挤压膨化处理或发酵处理,生产牲畜辅助饲料 1.5 t 或微生物有机肥。

五、每天生产栽培袋数、瓶数的确定

1. 袋栽每天生产栽培袋数的确定

袋栽食药用菌常采用层架式或墙式立体栽培。袋栽的优点是容器的费用很低;但由于容器是柔性的,接种口是随意的,易受外力干扰,所以机械化程度较低,劳动生产率较低。一般折角塑袋装料后直径 110 mm,高度 200 mm,平均产量为 300 克/袋左右。需每天生产 1 万袋,经 30 d 培养、20 d 栽培,共 50 d 后开始收获。

每天可产鲜菇(统菇)＝10 000 袋×0.3 千克/袋＝3 000 kg。经挑选,其中符合超市、出口标准鲜菇按 80% 计,每天可产超市、出口保鲜菇＝3 000 kg×80%＝2 400 kg;每天可产等外的鲜菇＝600 kg。

2. 瓶栽每天生产栽培瓶数的确定

瓶栽食药用菌常采用层架式立体栽培。瓶栽的优点:由于塑瓶是刚性容器,易实现生产机械化、自动化,劳动生产率较高。一般塑瓶规格为 850 ml,1 100 ml,平均产量为 0.2 千克/瓶左右。这样需每天生产 1.5 万栽培瓶,经 30 d 培养、20 d 栽培,共 50 d 后开始收获。

每天可产鲜菇(统菇)＝1.5 万瓶×0.2 千克/瓶＝3 000 kg。

经挑选,其中符合超市、出口标准的鲜菇按 80% 计,每天可产超市、出口保鲜菇＝3 000 kg×80%＝2 400 kg;每天可产等外的鲜菇 600 kg。

六、空调培养间、栽培间可放袋、瓶数的确定

在标准培养间、栽培间内,可使用空间大小为 10 m(长)×7 m(宽)×3.5 m(高),面积 70 m²,使用空间 245 m³。间内可放 3 列菇架,每列菇架长度为 8 200 mm,宽度 1 370 mm;由于菌瓶、袋高低不一,放置功能不一,故层距、层数、架高也不一致,但第一层距地面需 200 mm。菇架与菇架、菇架与侧墙间距为 720～725 mm,见图 9-51。

(一)袋栽培养间、栽培间、菌种培养间可放袋数的确定

1. 袋栽每间培养间可放培养袋数

由于袋栽时周转筐不能重叠堆放,必须用层架培养。菇架共分 8 层,层距 300 mm,顶层距天花板 900 mm。周转筐大小为 480 mm × 380 mm ×

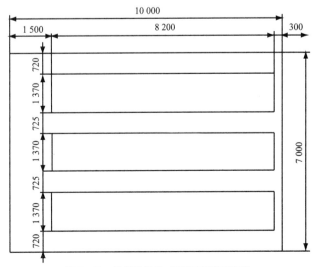

图 9-51　袋栽培养间、栽培间菇架布置图

100 mm，每筐放 12 袋。每列每层可放周转筐数＝(8 200/380)2＋16＝21×2＋16＝58。

每间培养间可放袋数＝58×8×3×12＝16 704。

2. 袋栽每间栽培间可放栽培袋数

菇架共分 6 层，层距 400 mm，顶层距天花板 900 mm。每列每层可放周转筐数＝8 200/380×2＋16＝21×2＋16＝58。每间栽培间可放袋数＝58×6×3×12＝12 528。

3. 袋栽每间培养间可放菌种瓶数

菌种瓶选用 800 ml 的塑瓶，由于可以重叠堆放，采取两筐并排成一列，长度为 8 100 mm，成 10 层堆放，总高度为 1.8 m 左右。周转筐大小为 450 mm×450 mm×100 mm，每筐放 16 瓶。

每列每层可放(8 100/450)×2＝18×2＝36 筐。

每间培养间可放菌种瓶＝36×10×4×16＝23 040 瓶。

（二）瓶栽培养间、栽培间、菌种培养间可放瓶数的确定

1. 瓶栽每间培养间可放培养瓶数

采取两筐并排成 10 层重叠堆放，底层放置 1 块叉板块，以便用人力或电动叉车运输。培养室内不用层架，周转筐按层架放置位置堆放，堆放总高度为 1.8 m 左右。周转筐大小为 450 mm×450 mm×100 mm，每筐可放 16 瓶，每列每层可放(8 100/450)×2＝18×2＝36(筐)。

每间培养间可放瓶数＝36×10×4×16＝23 040。

2. 瓶栽每间栽培间可放栽培瓶数

菇架尺寸为 8 200 mm(长)×1 370 mm(宽)。菇架共分 7 层，层距 350 mm，顶层距天花板 850 mm。每列每层可放周转筐数＝(8 200/450)×3＝18×3＝54。

每间栽培间可放栽培瓶数＝54×7×3×16＝18 144。

3. 瓶栽每间培养间可放菌种瓶数

菌种瓶选用 800 mm 的塑瓶。由于可以堆放，采取两筐并排成一列，长度为 8 100 mm，分 10 层，按层架放置位置堆放，堆放总高度为 1.8 m 左右。

每列每层可放(8 100/450)×2＝18×2＝36 筐。

每间培养间可放菌种瓶数＝36×10×3×16＝23 040。

七、培养间、栽培间和菌种培养间数量的确定

（一）袋栽培养间、栽培间、菌种培养间数量的确定

1. 袋栽培养间数量的确定

投产 30 d 后将有 30 万菌袋需放在培养室内培养，按每间可放 16 704 袋计，需培养室＝30 万袋/16 704 袋/间＝17.96 间，取 18 间。

2. 袋栽栽培间数量的确定

栽培期为 20 d，将有 20 万菌袋放在栽培室内栽培，按每间可放 12 520 袋计，需栽培室＝20 万袋/12 520 袋/间＝15.97；考虑收菇后菇房卫生和缓冲之需，栽培房应增加 1 间，故栽培间数取 17 间。

3. 袋栽菌种培养间数量的确定

按 1 瓶 800 ml 的菌种可接种 20 栽培袋和每天接种 1 万袋计，每天需 500 瓶菌种；菌种培养按 30 d 计，需 500×30＝1.5 万瓶菌种放在培养室内培养。按每间可放菌瓶 23 040 瓶计，所需菌种培养室＝1.5 万/23 040＝0.65 间；考虑生产和培养一、二级菌种之需，菌种培养室取 2 间。

（二）瓶栽培养间、栽培间、菌种培养间数量的确定

1. 瓶栽培养间数量的确定

投产 30 d 后将有 45 万培养瓶需要放在培养室内培养，按每间可放 23 040 瓶计，需培养室＝45 万瓶/23 040 瓶/间＝20 间。

2. 瓶栽栽培间数量的确定

栽培期为 20 d,将有 30 万菌瓶放在培养室内栽培。按每间可放 18 114 瓶计,需栽培室＝30 万瓶/18 144 瓶/间＝16.53 间;考虑收菇后菇房卫生和缓冲之需,栽培房应增加 1 间,故栽培间数取 18 间。

3. 瓶栽菌种培养间数量的确定

按一瓶 800 ml 的菌种可接种 20 栽培瓶和每天接种 1.5 万瓶计,每天需 750 瓶菌种。菌种培养按 30 d 计,需 750×30＝22 500 瓶菌种放在培养室内培养。按每间可放菌瓶 23 040 瓶计,需菌种培养室＝22 500/23 040＝0.98 间;考虑生产和培养一、二级菌种之需,菌种培养室取 2 间。

八、设备费用

(一) 原料粉碎机

MQF-420 型枝桠切碎机。切碎能力 1 t/h;配套动力 17 kW;2 台价格:0.6 万元/台×2 台＝1.2 万元。

(二) 装袋、瓶生产线

1. 4 m³ 双机混合装袋生产线
装袋能力:2 500 袋/小时;12 万元/套。
2. 装瓶联合机
装瓶能力:4 500 瓶/小时;包括送筐机、装瓶机、打孔机、压盖机和 4 m³ 混合机,合计 12.5 万元＋4.3 万元＝16.8 万元

(三) 灭菌设备

1. 菌袋预真空高压灭菌设备
30 m³ 预真空卧矩型高压蒸汽灭菌器。一次灭菌 5 040 袋,15 辆灭菌车,合计 28 万元。
2. 菌瓶预真空高压灭菌设备
30 m³ 预真空卧矩型高压蒸汽灭菌器。一次灭菌 9 216 袋,18 辆灭菌车,合计 29 万元。

(四) 接种生产线

包括预冷、强冷、接种间空气净化与制冷设备,约为 40 万元。
1. 菌袋接种生产线
包括:2 台层流罩,18～20m 不锈钢辊子输送机,3 台自净器,3 个铝合金回风口,1 台新风机,2 台电解水式臭氧发生器。
接种能力:2 300 袋/(12 人·小时)。合计 40 万＋16.8 万元＝56.8 万元
2. 菌瓶接种生产线
包括:1 台接种机,1 台层流罩,10 m 不锈钢辊子输送机,2 台自净器,2 个铝合金回风口,1 台新风机,2 台电解水式臭氧发生器。
接种能力:4 500 瓶/(2 人·小时)。合计 40 万元＋21 万元＝61 万元。

(五) 1 t 蒸汽/小时重油蒸汽锅炉

油耗:66 kg 重油/小时。
主要设备:主机(5.7 万元);1.2 m³ 储油设备(1.5 万元);水处理设备、安装调试(1.3 万元)等,共计 18.5 万元。

(六) 栽培容器和周转筐

1. 折角塑袋、棉塞、套环
每套按 0.25 元计,50 万套(生产周期按 50 d 计),共计＝50 万×0.25＝12.5 万元;塑料周转筐需 52 万/12＝43 300 个,每个按 6 元计,共 25.98 万元。以上两项费用合计 12.5 万＋25.98 万＝38.5 万元。

2. 塑瓶、塑盖、过滤片

每套按 2 元计,菌瓶共需 75 万套(生产周期按 50 d 计),共计 75×2=150 万元。塑料周转筐需 75 万/16=46 875 个,每个价按 7 元计,需 32.8 万元。以上两项费用合计 150 万元+32.8 万元=182.8 万元。

(七) 栽培架

1. 袋栽栽培架

培养架+栽培架+菌种培养架=18 间+17 间+0 间=35 间;

每间层架费用按 2 万元计,35 间铁架费用 70 万元。

2. 瓶栽栽培架

培养架+栽培架+菌种培养架=0 间+20 间+0 间=20 间;

每间层架费用按 2 万元计,20 间铁架费用 40 万元。

(八) 周转车

每年周转车按 1 000 元计,10 辆车费用 1 万元。

(九) CGH-30AY 型电脑控制燃油烘干机

2 台按每台每天可烘干鲜菇 0.45 t,每台按 3.5 万元计,合计费用 7 万元。

(十) 试验室设备费用

包括试验室台架、pH 值测定仪、温湿度测定仪、CO_2 测定仪、臭氧测定仪、热球式风速仪、超净工作台等合计 4 万元。

(十一) 培养间、栽培间环境参数智能监控系统(现场、远距离)

包括温湿度传感器、CO_2 传感器、参数转换模块控制器与软件、电脑。

按每间安放 2 个温度传感器、2 个湿度传感器、1 个 CO_2 传感器,共 40 间计,共 20 万元。

(十二) 设备总费用

1. 袋栽设备

总费用:257 万元。

2. 瓶栽设备

总费用:381.3 万元。(费用按市场价值,以上仅供参考)

九、基 建 费 用

袋栽基建费用 755.8 万元;瓶栽基建费用 801.5 万元。

(一) 空调培养室、栽培室建造费用

空调室保温层采用 100 mm 阻燃聚苯乙烯泡沫彩钢板,空调室外用钢结构屋顶覆盖;制冷设备采用数码涡旋变容量制冷节能机组,通风采用新风换气热交换节能器。

1. 袋栽空调培养室、栽培室建设费

1) 高温冷库型栽培室(组装)=62 325 元/间。

2) 空调设备(包括增湿机)=57 157 元/间。

3) 新风换气热交换机=10 500 元/间。

4) 砂石地基+10 cm 混凝土地面 80 元/m^2=4 800 元/间。

5) 钢结构屋顶 250 元/m^2=17 500 元/间。

小计 15.23 万元/间。

袋栽培养室、栽培室和菌种培养室共 18 间＋17 间＋2 间＝37 间,建造费＝15.23 万元/间×37/间＝563.5 万元。

2. 瓶栽空调培养室、栽培室建设费

每间建设费(同袋栽)15.23 万元。

瓶栽培养室、栽培室和菌种培养室共 20 间＋18 间＋2 间＝40 间,建造费＝15.23 万元/间×40/间＝609.2 万元。

(二) 保鲜包装高温冷库

保鲜库面积 100 m^2,包装室面积 50 m^2,共 150 m^2;费用合计 24 万元。

(三) 装袋、灭菌、接种车间造价

车间面积 45.25 m×22.75 m＝1 030m^2,由金属钢结构屋顶和若干个砖混结构功能室组成,见图 9-52。车间左侧布置原辅材料的储放间,中间部分安放装袋生产线、灭菌生产线,右侧安置冷却室、接种室和栽培种培养室、锅炉房、机修间、更衣室、卫生间等。接种生产线安装在接种室内。以上除装袋车间和原辅材料间、灭菌间为半封闭式,其他功能间均为全封闭砖混结构或 EPS 夹心彩钢板。

1. 钢结构房顶造价

钢结构房顶面积为 45.25 m×22.75 m＝1 030 m^2。

单位造价 250 元/m^2,钢结构房顶造价＝250 元/m^2×1 030m^2＝25.8 万元。

2. 功能室土建造价

功能室土建面积按钢结构屋顶面积 70%计,土建单位造价 1 000 元/m^2,功能室土建造价＝1 000 元/m^2×1 030 m^2×70%＝72.1 万元。

装袋、灭菌、接种等功能室土建和钢结构屋顶总造价＝(1)＋(2)＝25.8 万元＋72.1 万元＝97.9 万元。

注:如各功能室改用 EPS 夹心彩钢板建造造价可为砖混结构造价的 90%。

(四) 生产用房土建费用

1) 职工宿舍 8 间,面积＝16 m^2×8＝128 m^2。

2) 办公用房 3 间,面积＝20 m^2×3＝60 m^2(其中一间为接待室)。

3) 实验室 1 间,面积＝20 m^2×1＝20 m^2。

4) 卫生间 2 间,面积＝8 m^2×2＝16 m^2。

5) 膳厅(包括伙房)与淋浴间面积＝80 m^2。

以上共计非生产用房土建面积 304 m^2,单位土建造价按 1 000 元/m^2计,非生产用房土建费用＝1 000 元/m^2×304 m^2＝30.4 万元。

(五) 其他费用

1) 水泥道路、围墙、露天原料水泥地堆场、绿化等费用＝20 万元。

2) 非生产用房内装修和家具费用＝10 万元。

3) 载重 1 t 的货车费用＝10 万元。

以上其他费用小计＝20 万元＋10 万元＋10 万元＝40 万元。

(六) 基建费用

1) 袋栽基建费用＝(1)＋(2)＋(3)＋(4)＋(5)＝563.5 万元＋24 万元＋97.9 万元＋30.4 万元＋40 万元＝755.8 万元。

2) 瓶栽基建费用＝(1)＋(2)＋(3)＋(4)＋(5)＝609.2 万元＋24 万元＋97.9 万元＋30.4 万元＋40 万元＝801.5 万元。

（七）工程总预算

见表9-7。

表9-7 筹建每日生产3吨,珍稀食药用菌的现代周年生产食药用菌场工程预算

序号	项 目	袋栽每日产3 t珍稀鲜菇投资(万元)	瓶栽每日产3 t珍稀鲜菇投资(万元)
1	设备费用	257	381.3
2	基建费用	755.8	801.5
3	土地购置费用	160(1.07 hm²)	180(1.13 hm²)
4	不可预计费用 (设备运费安装、调试费)	10	10
5	流动资金(3个月生产成本费用)	200	200
6	总投资费用	1 382.8	1 603

十、现代周年工厂化珍稀食药用菌场占地面积

1. 装袋、灭菌、接种等土建占地面积

合计1 030 m²。

2. 空调培养室、栽培室、菌种培养室占地面积

1）袋栽37间空调房占地面积(每间以70 m²+30 m²=100 m²计):3 700 m²。

2）瓶栽42间空调房占地面积(每间以70 m²+30 m²=100 m²计):4 200 m²。

3. 非生产建筑占地面积

合计304 m²。

4. 占地总面积

1）袋栽占地总面积=(1)+(2.1)+(3)=1 030 m²+3 700 m²+304 m²=5 034 m²(0.51 hm²)。

2）瓶栽占地总面积=(1)+(2.2)+(3)=1 030 m²+4 200 m²+304 m²=5 534 m²(0.55 hm²)。

考虑锅炉房占地、原料堆场、道路、绿化等项目,袋栽占地面积需1.07 hm²(16亩),瓶栽占地面积需1.13 hm²(18亩)。

十一、说　明

1）不同品种食药用菌的培养期和栽培期和每袋、每瓶的产量有所不同,从业者可根据具体品种计算出所需的培养室、栽培室的间数。

2）空调房的制冷节能和通风节能会增加一些设备费用,但可在1年内收回。为了长期运行节约能耗还是很值得的。

3）该项目预算中选择了层架式培养和栽培,当然也可选择墙式栽培。

4）该项目选择的3条生产线比较适合日生产3 t鲜菇,只要适当增加一些培养房和栽培房数量即可达到日产5 t鲜菇产量。

十二、袋栽珍稀食药用菌栽培成本核算

按袋栽每袋生产成本核算。

（一）每个栽培袋原、辅材料成本费

1. 培养料成本费

按一般珍稀食药用菌培养料配方:木屑55%,棉子壳25%,麸皮18%,红糖1%,石膏粉1%。木屑价600元/吨,棉子壳2 600元/吨,麸皮1 600元/吨,石膏粉700元/吨。每袋培养料干重按0.6kg计,每袋培养料成本费=[(600×0.6×55%)+(2 400×0.6×25%)+(3 500×0.6×18%)+(700×

$0.6 \times 1\%)]/1\,000 = [198.5 + 360.5 + 172.8 + 21 + 4.2]/1\,000 = 0.756$ 元/袋。

2. 聚丙烯塑料折角袋费用

塑料袋规格：$\Phi 170$ mm(平面直径)×370 mm(长度)×0.05 mm(膜厚)。单价：0.075 元/只。

3. 塑料套环费用

单价 0.02 元/个。

4. 棉花塞费用

按每千克棉花 52 元计，每个棉花塞以 3.3 g 计，每个棉花塞费用 $52 \times 3.3/1\,000 = 0.172$(元/个)。

每个栽培袋原、辅材料成本费为 $0.756 + 0.075 + 0.02 + 0.172 = 1.02$(元/个)。

(二) 每袋珍稀菇电耗费用

1. 每月装袋生产线电耗

装袋生产线配套电机功率为 29 kW，每天纯工作时间按 4.5 h 计，每月工作天数按 26 d 计，每月装袋生产线电耗 $= 29 \times 4.5 \times 26 = 3\,393$ kW·h。

2. 每月接种生产线电耗

接种生产线配套电机功率 5 kW；每天纯工作时间按 5.5 h 计，每月工作天数按 26 d 计，每月接种生产线电耗 $= 5 \times 5.5 \times 26 = 715$ kW·h。

3. 袋栽的 18 间栽培房、17 间栽培房、1 间栽培种培养放、1 间保鲜库和 1 间包装室的电耗

培养房配套的制冷机组功率为 5.88 kW，栽培房、保鲜库、包装室配套的制冷机组功率为 8.83 kW，每天工作时间按 16 h 计，每月生产日按 30 d 计，保鲜库和包装室配套的制冷机组功率同栽培室 8.83 kW，每月培养室、栽培室、保鲜库、包装室的电耗 $= (18+1) \times 8 \times 0.735 \times 16 \times 30 + (17+2) \times 12 \times 0.735 \times 16 \times 30 = 5\,362.5 + 80\,438 = 134\,063$ kW·h。

4. 每月栽培房、培养房、新旧风热交换机和照明电耗

37 间新旧风热交换机功率 0.137 kW，栽培房按每天工作时间 16 h，培养房按每天工作 12 小时，每月按 30 d 计；17 间栽培房每间照明功率按 0.32 kW，每天照明时间 12 h，每月按 30 d 计：栽培房、培养房每月换气和照明电耗 $= 19 \times 0.137 \times 16 \times 30 + 19 \times 0.137 \times 12 \times 30 + 38 \times 0.32 \times 12 \times 30 = 6\,564$ kW·h。

5. 每袋珍稀菇电耗费用

示范基地每月用电总数 $= 3\,393 + 715 + 134\,063 + 6\,564 = 144\,735$(kW·h)

每 kW·h 电费按 0.65 元计，每月生产栽培袋数按 26 万袋计(每天生产 1 万袋，每月生产 26 d)，每袋加工电费 $= 144\,735 \times 0.65/260\,000 = 0.362$(元/袋)。

(三) 每袋珍稀菇煤耗费用

1 t 蒸汽/小时燃煤蒸汽锅炉煤耗 170 kg/h，按每天工作 8 h，煤价 1 000 元/吨，每月工作 26 d 计，每月煤耗 $= 170 \times 8 \times 26 = 35\,360$(kg)。每袋加工燃煤费 $= 35.36 \times 1\,000/260\,000 = 0.136$(元/袋)。

(四) 每袋珍稀菇水耗费用

每天锅炉用水 6 t，装袋生产线用水每天 6 t，每天生活用水 18 t，共计每天用水 30 t；水费按 2.5 元/吨计；每袋加工水耗费用 $= 30 \times 2.5 \times 26/260\,000 = 0.007\,5$(元/袋)。

(五) 每袋珍稀菇工资费用

示范基地职工人数 65 人(其中管理、财务、技术人员 12 人)，平均每人每月工资 1 800 元，每月工资费用 $= 65 \times 1\,800 = 11\,700$(元)。每袋加工工资费用 $= 11\,700/260\,000 = 0.45$(元/袋)。

(六) 每袋珍稀菇建筑折旧费用

示范基地基建费用 755.8 万元。建筑折旧费按 20 年计，每年按 312 d 计，每天按生产 1 万袋计，每袋加工折旧费用 $= 755.8/20 \times 312 \times 10\,000 = 0.121$(元/袋)。

（七）每袋珍稀菇设备折旧费用

设备总投资为 257 万元,设备折旧费 10 年计,每袋加工设备折旧费用＝257/10×312×10 000＝0.082 (元/袋)。

（八）每袋珍稀菇土地购置折旧费

示范基地土地购买费按 10 万元/0.066 7 公顷(亩),共购置 1.07 公顷(16 亩),使用年限 50 年计,每袋土地购置折旧费＝16×10 万/50×312×10 000＝0.010 3(元/袋)。

（九）每袋珍稀菇加工成本费

每袋加工成本费＝电耗费＋煤耗费＋水耗费＋工资费用＋建筑折旧费＋设备折旧费＋土地折旧费＝0.362＋0.136＋0.007 5＋0.45＋0.121＋0.082＋0.013＝1.17(元/袋)。

（十）每袋珍稀菇生产成本费

每袋珍稀菇生产成本费＝每袋原辅材料成本费＋每袋加工成本费＝1.02＋1.17＝2.19(元/袋)。

十三、每袋珍稀菇纯利润

珍稀菇包装运输费为 0.30 元/袋,营业税按 6%计,珍稀保鲜菇出口价按平均价 16 元/千克计,每袋产合格出口鲜菇 240 g,等外鲜菇 60 g,等外菇价按 6 元/千克计,每袋出口珍稀菇利润＝(每袋超市、出口菇价＋每袋等外品菇价)－(每袋成本费＋每袋营业税＋每袋包装运输费)＝(16×0.24)＋(6×0.06)－(2.19＋(4.2×6%))＋0.30)＝3.84＋0.36－2.74＝1.46(元/袋)。

十四、投资回收年限

总投资 1 382.8 万元(包括 35 个栽培房、培养房每天生产 1 万个栽培袋),投资回收年限＝1 382.8×10⁴/1.46×26×10⁴×12＝3.04(年)。

十五、流 动 资 金

按珍稀菇平均生产周期为 2 个月,出售产品 1 个月返回货款计,以 3 个月生产成本费为生产流动资金为好。

流动资金＝260 000×2.19×3＝171(万元)≈200(万元)。

十六、现代周年生产珍稀菇食药用菌各项费用的投资比较与分析

1. 日产 3 t 鲜菇袋栽周年工厂化生产珍稀食药用菌各项费用和投资,见表 9-7。原辅材料成本费占生产成本费的 47%,占比例较大,建议在培养料中掺入 30%的废弃培养料以降低成本。

2. 电耗费用占生产成本费的 16.5%,在袋栽瓶栽食药用菌中,每袋、瓶食药用菌在 1 个栽培周期中电耗约 1 kW·h,平均每平方米耗电 60 kW·h。建议在空调培养房的换气过程中,采取节能措施以降低电耗费用。在报告中已选用节能通风热交换器和节能变容量制冷机组。

3. 纯利润占销售价的 30%,利润较丰厚,是生产成本的 67%,因此该项目在 3.04 年内可以收回投资,可以说是一个比较好的投资项目。该项投产后,可以连续均衡供应保鲜珍稀菇产品。在当前来说,前景是看好的。但这种优势是有时间性的,国内竞争者在逐年增加,所以应抓紧时间,落实该项目的资金和施工、验收进度。同时也应看到,这些投资的回报是建立在稳定的生产和稳定、长期的出口和国内市场基础上的,投资者对于风险预给予足够重视。

4. 该项目的产品主要销路是出口,但对国内高级宾馆和超市的市场也应给予足够的重视和开发。在每袋鲜菇的销售价计算中,把每袋的产量定为 0.30 kg,其中 0.24 kg 为超市。出口保鲜菇平均价为 16 元/千克,其中 0.06 kg 为等外品。鲜菇平均价为 6 元/千克。在挑选包装过程中,会有相当数量的下脚料,可进一

步提取和干燥,这部分的产值在表中均未统计,故该项目的利润要高于统计数字。

5. 珍稀菇随着时间推移,生产多了就不珍稀了,所以应对示范基地的食药用菌实验室加大投入,不断引进、试种新的珍稀菌种和加强珍稀菇的精、深加工产品尤其是药用菌的开发和生产,以增加示范基地的活力和后劲。

6. 工厂化现代周年生产珍稀食药用菌在我国是1种新生事物,国外在生产管理、技术创新和精、深加工产品方面的经验有许多方面值得我们借鉴。只要我们一方面抓生产技术创新和规章制度的建立,一方面以人为本抓职工的思想和培训,调动他们的工作积极性和创造性,我们一定会走出一条成功之路。

7. 表9-8中的统计表示袋栽周年工厂化生产珍稀食药用菌各项费用和投资,瓶栽的统计表读者可参照袋栽统计法求出。

8. 各地原、辅材料和水、电、煤费用以及工人工资等有一定差别,随着时间推移,上述各项价格也会有所变化,业内人士可根据本书的计算方法计算出当时、当地的每袋生产成本费、利润和回收年限。

表9-7 3t鲜菇/天袋栽周年工厂化生产珍稀食药用菌各项费用和投资统计表 （元）

项 目	费 用				
	每年费用	每月费用	每天费用	每袋费用	所占比例/%
原辅材料成本费	3 182 400	265 200	10 200	1.02	47
电耗费用	1 129 440	94 120	3 620	0.362	16.5
煤耗费用	424 320	35 360	1 360	0.136	6.2
水耗费用	23 400	1 950	75	0.007 5	0.34
工资费用	140 400	117 000	4 500	0.45	20.5
建筑折旧费用	377 520	31 460	1 210	0.121	5.5
设备折旧费用	255 840	21 320	820	0.082	3.7
土地折旧费用	32 136	2 678	103	0.010 3	0.47
加工成本费用	3 650 400	304 200	11 700	1.17	53.4
生产成本费用	6 832 800	569 400	21 900	2.19	57
每袋出口保鲜菇售价	11 980 800	998 400	38 400	3.84	91
每袋等外品鲜菇售价	1 123 200	93 600	3 600	0.36	9
营业税	967 200	80 600	3 100	0.31	6
包装运输费	936 000	78 000	3 000	0.30	11
纯利润	4 555 200	379 600	14 600	1.46	34.8
设备投资				2 570 000	18.6
建筑投资				7 558 000	54.7
土地投资				1 600 000	11.6
流动资金				2 000 000	14.5
总投资金				13 828 000	
投资回收年限/年				3.04	

十七、功能车间与净化管道布置

食药用菌工厂化生产功能车间平面布置,见图9-52。

食药用菌工厂化生产功能车间空气净化(预置式)管道设备布置,见图9-53。

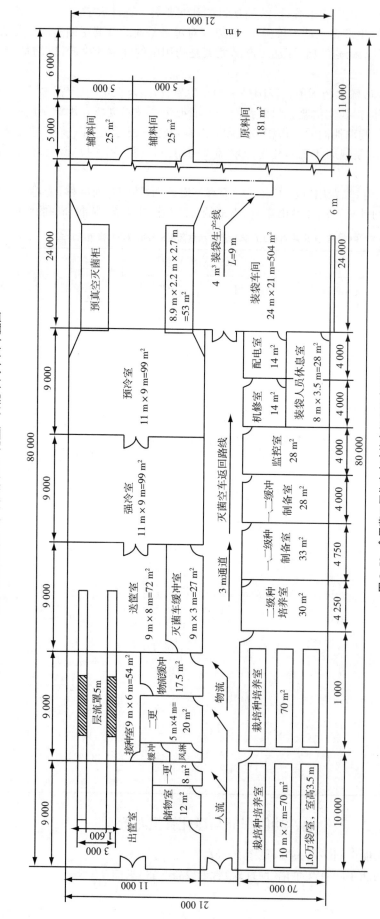

图 9-52 食用菌工厂化生产功能车间平面布置图

1. 物流缓冲室5 m×3.5 m=17.5 m²；二更衣室4 m×2 m=8 m²；一更衣室4 m×5 m×4 m=20 m²；风淋室5 m×4 m=20 m²；缓冲室2.5 m×1.5 m=3.75 m²；储物室4 m×3 m=12 m²；

2. 所有功能室80 m×21 m=1 680 m²（2.5亩）；装袋车间和原、辅料间除外，其他功能室45 m×21 m=945 m²；

3. 钢结构厂房84 m×24 m=2 016 m²（3亩），房沿高5 m，房顶高6 m。钢结构应请有资质公司承建。地面水磨石铺地厚度50 mm；铺水磨石地面前，在缓冲室、装袋人员休息室，一、二级菌种制备室和装袋车间内，应预埋自来水和排水管道。

4. 钢结构厂房和水磨石地面铺设完工后，装袋人员休息室、一、二级菌种制备室和装袋车间承建单位进入人工地施工。功能车间和钢结构厂房的相对位置为前后，左右对称

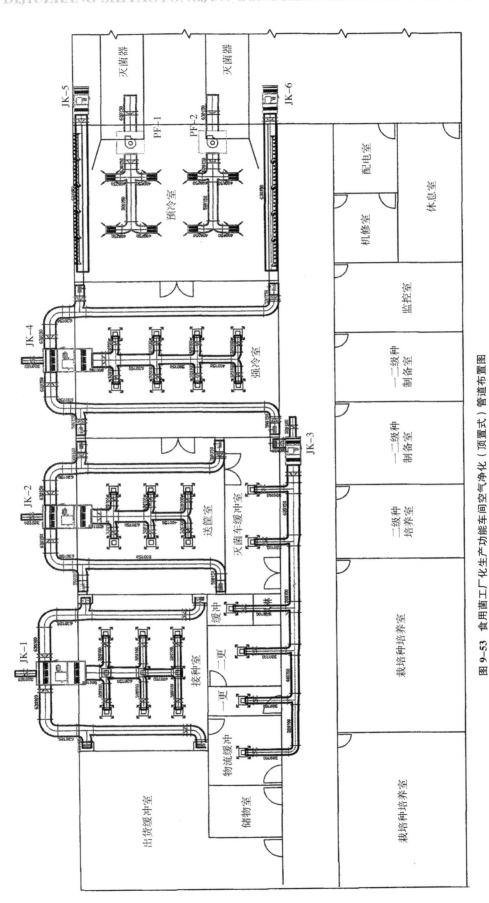

图 9-53 食用菌工厂化生产功能车间空气净化（顶置式）管道布置图

第五节 粪草类食药用菌工厂化生产技术装备

纵观国外粪草类食药用菌双孢菇生产发展的历史,不难看出粪草培养料的制备的发展趋向:

① 由长时间(28~30 d)的露天分散堆发酵→室外前发酵＋隧道式集中后发酵→隧道式集中一、二次发酵和发菌。

② 由依靠自然气候进行露天堆制→有条件控制(有遮阳雨盖和水泥地、排水沟)的前发酵和人控气候的隧道式集中后发酵。

③ 由人工配以简单农具的人工翻堆堆制→大型翻堆机、装载机、疏松输送机、摆头式抛料机和控制隧道发酵温度的内、外循环空气的人控、自控系统和有关设备。

培养料的播种、发菌工序由隧道式集中播种、发菌代替,栽培房的功能由多功能房向单一功能(降温摧蕾、长菇)房发展,因而出现双孢菇工厂化生产产业分工。专业堆肥公司应运而生,专业生产供应堆料和覆土,也生产播种后的堆料覆膜压块或生产已发菌好的堆料覆膜压块。双孢菇场不再进行培养料(堆料)的制备,而专业负责播种后双孢菇堆料的栽培精细管理和收获包装。

以上的变化来自新技术集中二次发酵技术和装备的开发应用及发展,因而出现单区制、双区制、三区制、四区制的生产模式,使栽培周期由 70 d 缩短为 30 d,栽培房的年栽培次数由 5 次(单区制)增加到 8 次(二区制)、10 次(三区制)、12 次(四区制)。

每一种生产模式都有一最小生产规模。生产规模大些的菇场对每一工序劳动力的安排、设备生产能力的充分发挥是有好处的,也会体现在生产成本的降低。实现生产各工序的机械化、自动化程度可提高劳动生产率和降低劳动强度,尤其是在劳动力缺乏、劳动工资逐步上升的情况下,更能体现机械化、自动化带来的较高的经济效益。需指出的是,有的工序实现机械化、自动化不单是为了节省开支,而是为了达到规范化、标准化操作的要求和避免人为误差的目的。

1978 年,香港中文大学张树庭教授在国内引进传授了双孢菇的二次发酵技术。1984 年 5 月,福建省轻工所翻译出版了(荷兰)P. J. C Vader 著的《现代蘑菇栽培学》,书中较详细介绍了欧洲以二次发酵为核心的工厂化周年栽培双孢菇的技术和装备,对我们实现双孢菇工厂化生产技术和装备起了启发、引导、借鉴和参考的作用。限于当时的菇农技术水平、资金积累、科研、管理和配套技术装备的仿制生产等问题,虽经历 20 多年的发展,我国双孢菇的工厂化生产技术与装备总体看进步不快,与欧美发达国家相比仍有相当大的差距。我国仍处在引进、消化、吸收阶段,但与二三十年前相比各方面条件已大有改善。尽管国外双孢菇工厂化生产技术和装备不全部适合我国国情,但随着劳力成本和原材料价格上升,我国"广种薄收"、"靠天吃饭"的双孢菇生产,必须或者正在由数量型向质量效益型转变。毋庸置疑,借鉴欧美发达国家数十年来发展成熟的双孢菇工厂化生产技术和装备是提高我国双孢菇工厂化生产水平的捷径。

本节内容大部分取自中外双孢菇工厂化生产技术交流有关文献资料及河北大学生物技术中心杨国良教授和漳州兴宝机械有限公司经理卢国宝的赴欧洲考察报告和图片,对我国从事双孢菇工厂化生产的从业者将有所帮助。我国双孢菇工厂化生产经过 30 多年的曲折探索经历,现在已处于进行产业升级的开始阶段,产业升级的条件已初步具备。如福建省食用菌研究所完成了双孢菇麦粒种规模生产技术和装备的研发,与宁德金海西食用菌有限公司合作开始了双孢菇工厂化生产,并与福建省机械研究院研发了头端压块进料设备;河北大学生物技术中心与新疆生产建设兵团三坪农场合作进行国产发酵隧道的建设,并引进隧道摆头抛料机和压块机;上海农技推广中心与南汇汇仓食用菌有限公司、新疆天味思公司建立了专业生产堆肥的企业;中国农机院现代农装科技公司研发了轮式翻堆机;山东奥登食用菌有限公司全套引起了荷兰双孢菇工厂化生产技术装备;福建省机械院农机化所与漳州兴宝机械有限公司合作研发了大型履带式粪草培养料翻堆机、摆头式抛料机、粪草混合机等双孢菇工厂化生产技术装备;福建省武平久和食用菌有限公司自行研制了仿荷兰隧道发酵装备,并进行双孢菇工厂化生产(7 t/d)。

第九章　食药用菌工厂化生产技术装备

一、工厂化生产模式

(一) 区制

由于双孢菇培养料制备和栽培工艺工序细化、专业化,形成了不同区制的生产模式。

1. 单区制

单区制菇厂的堆肥二次发酵、发菌、出菇 3 个阶段都在同一菇房中完成,生产周期约 70 d,周年生产约 5 轮。在发酵隧道应用之前,蘑菇工厂都是单区制生产。一个拥有 10 间菇房的单区制蘑菇工厂,每 7 d 安排 1 间菇房铺料接种,可以周年出菇均衡上市。单区制 10 间菇房 70 d 生产周期,见图 9-54。

在单区制蘑菇生产中,将室外已经一次发酵的堆肥铺在架床上进行二次发酵,堆肥厚 25～28 cm,标准投料量为含水 75% 左右的湿料 100 kg/m²。在 45～60 ℃ 的条件下进行 7 d 二次发酵,然后接种发菌。在料温 23～25 ℃,空气相对湿度 90%,通风供氧正常的情况下约 14 d,菌丝深入料层 50% 左右时覆土;之后在 23～25 ℃ 发菌上土约 12 d,然后降温至 16 ℃ 催菇 6 d,采菇 3 潮 28 d 左右,洗消换料 3 d,菇房轮种周期 70 d。

例如:1 座具有 10 间出菇室的单区制蘑菇工厂,每 7 d 装 1 室 240 m² 前发酵料,10 室出菇面积 2 400 m²。周年生产 5 轮 (70 天/轮)1.2 万 m²,平均单产 25 kg/m²,周年产菇 300 t。蘑菇工厂配备铺料、播种、覆土、喷水、割菇等操作所需要的专用机械,工作效率较高。平均每间菇房每年产菇 = 300 吨/10 间 = 30 吨/间。

2. 双区制

双区制菇厂在隧道内进行堆肥的二次发酵,在菇房中发菌、覆土、出菇、轮种周期 63 d。例如:一座具有 9 间出菇房的双区制蘑菇工厂,每 7 d 装 1 间菇床 240 m² 的二次发酵熟料,9 间菇房出菇面积 2 160 m²,周年生产 6 轮 (63 天/轮),见图 9-55。总栽培面积 12 960 m²,平均单产 30 kg/m²,周年产菇 388.8 t,菇房平均每年产菇 43.2 吨/间。

3. 三区制

1) 三区制(采三潮菇)　三区制生产不但在隧道内进行堆肥的二次发酵,还在具有空调功能的隧道中完成发菌即三次发酵。菇房仅用于出菇。轮种周期 46 d,周年生产约 8 轮,每轮采 3 潮菇,单产 30 kg/m²。

例如:一座具有 6 间出菇房的三区制菇厂,每 8 d 装 1 菇床 240 m² 的走好菌的堆料。6 间菇房出菇面积 1 440 m²,周年生产 8 轮 (46 天/轮),见图 9-56。总栽培面积 11 520 m²,平均单产 30 kg/m²,周年产菇 345.6 t,菇房平均每年产菇 = 345.6 吨/6 间 = 57.6 吨/间。

2) 三区制(采两潮菇)　在荷兰,菇厂为了减少病虫害发生的概率,以牺牲单产 5 kg/m² 为代价,每轮仅采两潮菇,虽然单产减少为 25 kg/m²,但栽培周期缩短为 36 d,周年可栽培 10 轮。

例如:一座具有 6 间出菇房的三区制菇厂,每 6 d 装 1 间菇床 240 m² 的走好菌的堆料。6 间出菇房面积

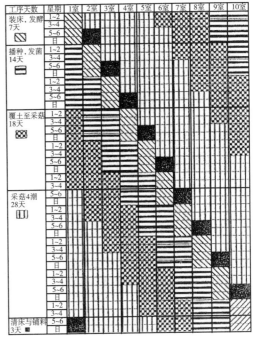

图 9-54　单区制 10 菇房 70 d 生产周期排序图

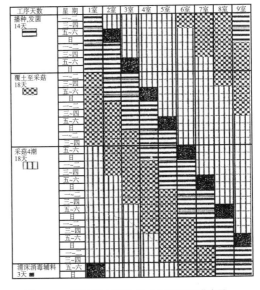

图 9-55　双区制 9 菇房 63 d 生产周期排序图

169

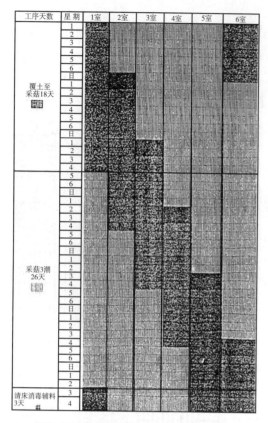

图9-56 三区制6菇房46d生产周期排序图

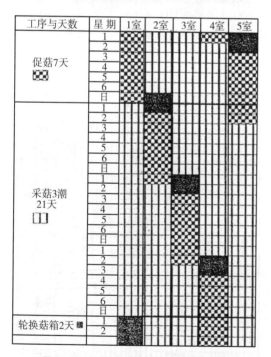

图9-57 4区制5菇房30d生产周期排序图

1 440 m²,周年生产10轮(36天/轮),总栽培面积14 400 m²,每轮仅采两潮菇,平均单产25 kg/m²,周年产菇360 t。菇房平均每年产菇=360吨/6间=60吨/间。

4. 四区制

四区制生产模式是指欧洲某些菇厂,采用移动浅箱装上已发好菌的培养料,单设发菌室(第三区),进行覆土后发菌12 d后转移到出菇室。专设的第三区发菌室空间高度较大,可放置较多移动浅箱。出菇室仅用于出菇。生产周期30 d,周年生产12轮。

例如:一座具有5间出菇房的四区制菇厂,每6 d装1间菇床240 m²,实际上是从专设的发菌室(又称第三区)把移动浅箱转移到出菇房。5间菇房出菇面积1 200 m²,周年生产12轮(30天/轮),见图9-57。总栽培面积14 400 m²,每轮仅采两潮菇,平均单产25 kg/m²,周年产菇360 t。菇房平均每年产菇=360吨/5间=72吨/间。

5. 分析和说明

1) 为了清楚、明了地表示各区制各工序所需时间、栽培周期和周年栽培次数,现以列表方式表达,见表9-9。

表9-9 双孢菇厂不同区制各工序所需天数和年栽培次数

生产工序	单区制	双区制	三区制(d)	四区制(d)
装床发酵	7	隧道7	隧道7	隧道7
覆土前发菌	14	14	隧道发菌14	隧道发菌14
覆土后发菌	12	12	12	单设一区12
降温出菇	6	6	7	7
采菇天数	28	28	26	21
清床杀菌	3	3	2	2
栽培周期	70	63	47	30
年栽培次数	5	6	8	12

注:凡不占用出菇室或可单设一区进行的生产程序,如一次隧道发酵、二次隧道发酵、隧道发菌以及覆土后的发菌时间都不计入栽培周期。

2) 由表9-9中可看出,随着区制数由1区制增加至4区制,栽培周期由70 d减少至30 d,周年栽培次数由5轮增加至12轮,虽出菇房间数由10间减少至5间,但菇厂周年总产菇量不降反升,由300 t升至360 t,又由于每年生产轮数的增加,每间菇房每年平均产菇由30吨/间增至72吨/间。说明:

(1) 采用二次隧道集中发酵技术和装备可提高发酵质量,增加单产;采用隧道式集中发菌技术和装备可提高发菌质量,提高单产,缩短栽培周期,增加周年总产量。

(2) 随着区制数的增加,菇厂出菇房虽然减少一半,但周年总产量不减反增,说明采用三区制、四区制生产模式菇房投资可减少;但在附近地区必须有专业生产二次发酵堆肥或发好菌的堆肥企业和相关配套的上床进料、覆土设备。

3) 由上述内容可看出,1区制菇厂最少合理配套出菇房为10间,二区制菇厂最少合理配套出菇房为9间,三区制菇厂最少合理配套出菇房为6间,四区制菇厂最少合理配套出菇房为5间。如资金许可、市场需要,最少合理配套出菇房数以整数倍地增加,以扩大生产规模。

4) 双孢菇工厂化生产企业选择何种区制生产模式,取决于隧道集中发酵和发菌的技术和装备的成熟度、稳定度和劳动费用高低,应全面综合考虑后决定。生产规模大小也需根据市场需求、资金来源、管理水平综合考虑,以逐步扩大为好。

(二)栽培模式(床式立体栽培、浅箱立体栽培、块式立体栽培)

1.床式立体栽培模式

工厂化床式立体栽培模式由于考虑与之配套装备(如铺料、覆土和清料、喷水管理、机械收割)能够顺利地操作和运转的需要,床架的结构、大小和床架在出菇房的安放位置与我国有些差别。现以每间出菇房的栽培面积为240 m² 为例进行叙述,见图9-58,图9-59。

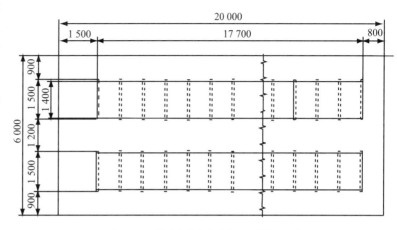

图9-58　双孢菇出菇房中菇架布置示意图

1. 图中虚线为菇架每层横梁;
2. 菇床两侧挡板厚度为 20 mm,则菇床栽培面积宽度为 1.36 m;
3. 菇房栽培面积=菇床宽度×长度×层数×架数=1.36 m×17.7 m×5×2=240 m³

1) 出菇房的使用面积(长×宽)=20 m×6 m=120 m²。

出菇房的使用空间(长×宽×高)=

$$\begin{cases} 20 \text{ m}\times6 \text{ m}\times3.7 \text{ m}=444 \text{ m}^3(5\text{层}); \\ 20 \text{ m}\times6 \text{ m}\times4.5 \text{ m}=540 \text{ m}^3(6\text{层})。 \end{cases}$$

在菇房内安放2排菇架,2排菇架的纵向外侧应安装两扇供机械化设备进出堆料用的大门,大小为(长×宽)=3 m×1.5 m。门与门框连接为水平铰链式,开门时门由垂直位置转到水平位置。2排菇架的纵向内侧应留有1.5 m宽的操作设备停放回旋场地。菇房内侧的门开在2排菇床中间,供操作人员和手推运输车进、出菇房之用。菇架间的距离为1.2 m,菇架与侧墙的距离为0.9 m。菇房的外墙、地面和天花板应有保温层和防潮层,施工时应注意垂直接缝的连续性。不同纬度和海拔高度的菇房,保温材料和厚度因环境条件不同而有所不同。不能因节省开支而选择较差的材料。进入菇房的循环风管应安装在2排菇床间的顶部。风管的两侧水平等距离钻有出风口,远端的出风口直径应比近端的出风口大些,以使远近的出风口风量大致相等。

2) 双支柱菇架的外形尺寸(长×宽×高)mm=

$$\begin{cases} 17\,680 \text{ mm}\times1\,500 \text{ mm}\times2\,850 \text{ mm}(5\text{层}); \\ 17\,680 \text{ mm}\times1\,500 \text{ mm}\times3\,450 \text{ mm}(6\text{层})。 \end{cases}$$

如用双立柱菇架支承天花板,菇架的高度为菇房的内高度。菇架有5层和6层之分,层距600 mm。床架的立柱和横梁可用圆钢、T型钢和方形钢来焊接,规格为Φ50 mm,45 mm×45 mm。双立柱柱距为1 500 mm。双立柱应镀锌或涂防锈漆后再涂环氧树脂。立柱与天花板接触端部可用角钢、T型钢焊接,既可为支

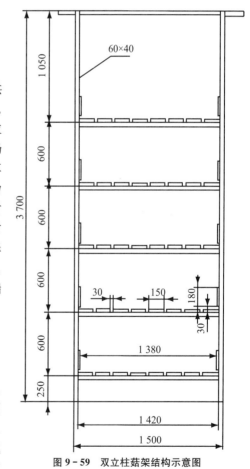

图9-59　双立柱菇架结构示意图

撑固定天花板之用,也可在其上焊接导轨,作为吊挂式移动操作架(菇床管理、采菇)导向、固定之用。菇床的底板和侧板材料可用木材、波型钢板、铝板。如选用木材时应经防腐处理,且表面应刨光;如选用钢板时,应考虑选用镀锌波型板或涂防锈漆;如考虑使用寿命应选铝型材。底板和侧板安装时,应接缝紧密,在端部应倒角或倒圆角,以防在铺料和出料时阻碍尼龙拖网移动。底板的外形尺寸(长×宽×高)=1 700 mm×150 mm×30 mm,底板板侧距为20 mm;侧板的外形尺寸(长×宽×高)=1 700 mm×180 mm×20 mm,侧

板与底板侧距 20 mm。

3）这种菇房只作为出菇、采菇之用,当前荷兰大部分采用这种菇房。出菇房经清除废料、消毒处理需要铺放堆料时,堆肥公司按需方要求的时间派出 2 辆专用运输大车,一车装发好菌丝的堆料,一车装调制好的泥炭土,使用需方已预先安装好的头端铺料机(见图 9-60)和卷网机,同时完成菇床的铺料和覆土作业。铺料机按层高顺序将堆料和覆土均匀地铺在尼龙网上(见图 9-61),被装在菇床远端卷网机顺床面拉入(出废料时可反向操作)。1 台铺料机的铺床能力是 30 t/h 堆料。适当施压使堆料增加密度、料面平整,便于使用割菇机。料层厚 25～28 cm,用料量 90～110 kg/m²。包括准备时间铺装 1 间栽培面积为 240 m² 的菇房,约需 2 h。

图 9-60　头端进料机铺料、覆土实况

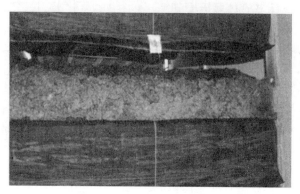

图 9-61　菇床上的料层和覆土层

菇房的外墙、地面和天花板应有保温层和防潮层。施工时应注意监理保温、防潮材料的质量和垂直接缝的连续性。不同纬度和海拔高度的菇房,保温材料的厚度因环境条件不同而有所不同,不能因节省开支而选择较差的材料。

2. 浅箱立体栽培模式

浅箱栽培与床式栽培不同。在每一个作业工序中,用叉车将浅箱移到流水作业线上,进行装料、播种和加添加剂、覆土和喷水、采菇后,又返回二次发酵房、发菌房、出菇房和巴氏蒸汽消毒房,且装料厚度比床栽的较薄一些。在铺料、覆土、流水线上铺装发好菌的堆料和覆土后(或铺装一次发酵好的堆料或二次发酵好的堆料),再用叉车运至专设的发菌房(第三区)集中发菌 12 d,然后用叉车运至出菇房进行推蕾、出菇。之后,用叉车转到采菇流水线上进行流水作业式采菇。采菇后,将浅箱中废料清理,并运到巴氏蒸汽消毒房中对箱体消毒,再运至铺料、覆土流水线上进行铺料、覆土作业。如此循环。床式栽培出菇房的菇架是固定的,用专用的头端铺料、覆土机进行铺料、覆土。出菇房专门用于发菌、推蕾、出菇、采菇之用。

1）浅箱构造

浅箱　外形尺寸(长×宽×高)=1 750 mm×1 200 mm×(350～450) mm。

侧板①　外形尺寸(长×宽×高)=1 140 mm×175 mm×30 mm;

侧板②　外形尺寸(长×宽×高)=1 750 mm×150 mm×30 mm。

底板　外形尺寸(长×宽×高)=1 200 mm×100 mm×30 mm;底板侧距 20 mm。

立柱　外形尺寸(长×宽×高)=80 mm×80 mm×(350～450) mm 见图 9-62。

浅箱用以上尺寸的木材以若干个不锈钢钉联结而成。木材需经防腐处理和四周刨平。浅箱的栽培面积=(1.69 m×1.14 m)-4×(0.06×0.06)=1.92 m²≈2 m²。按每 m² 铺料 90 kg 要求,浅箱装料 180 kg。

2）用作浅箱二次发酵或发菌房的构造

发菌房内浅箱堆叠方式和房间尺寸适用于浅箱进行二次发酵和发菌之用。发菌房内部尺寸(长×宽×高)=17 m×7.2 m×5.2 m,见图 9-63。

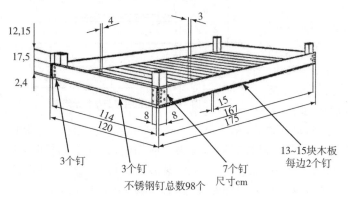

图 9-62　浅箱结构示意图

172

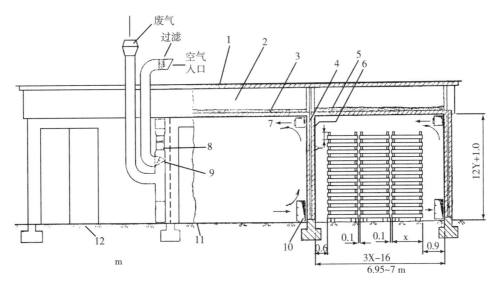

图中所示 3 间菇房可以轮流作为二次发酵和发菌室。使用标准浅箱时,菇房的大小可以按以下计算:$x=1.75$ m,$y=0.3\sim$ 0.35 m。从高温和蒸汽压的观点看,必须注意在菇房里设置防潮层,并在天花板上进行良好的隔热。

只用 1 台通风机时,可以在完全新鲜空气和完全再循环空气之间调节通风。在潮湿和冻结的天气吸入新鲜空气时空气过滤器必须移走。吹进菇房的空气管道将配置能产生足够压力的喷嘴以保持良好的循环和整个菇房均一的温度分布对短期堆肥、新鲜空气和/或再循环空气的量要求达到 250 m³/(h·t)。

图 9 - 63　浅箱式菇场的巴氏消毒房和发菌室

1.屋顶;2.通风空间;3.隔热层;4.空心墙;5.天花板;6.阻汽层;7.进风管;8.风扇;

9.新鲜/循环空气调节风门;10.回风管;11.1%斜度的混凝土地面;12.门

浅箱在房内排列为 3 排,每排有 12 箱,箱与箱的间距为 0.1 m,每排与侧墙的间距为 0.9 m,每排远端距侧墙 0.6 m,近端距侧墙 2 m(供叉车运箱时回旋场地)。发菌房靠走廊通道一侧的大门尺寸(宽×高)= 2.5 m×2.5 m,是一对开大门,以供叉车一次运 4 箱通过之用。在同一侧开一小门供操作人员和手推车进出之用。房内浅箱堆叠 12 层,顶层距天花板应有 1 m 距离,以供循环风通过。最下层浅箱垫 0.2 m 厚的水泥块,以保证浅箱间空气循环。不管用何种方式堆叠,必须保证空气能在各层浅箱之间自由流通。按每平方米铺料 90 kg 计,1 箱装料 180 kg,一间发菌房 122 m² 可安放 432 个浅箱装料,总量 78 t。发菌室的循环风量为 150~200 m³/(t·h),风压为 800~1 000 Pa,新风量 50 m³/(t·h)。用控制回风口的大小来保持发菌房维持一定的正压,以防止外界空气进入房内。由图 9 - 63 中可看出,风门可用于调节新风与循环风比例。图中所示 3 间菇房结构一样,可以轮流作为二次发酵房和发菌房。

图中菇房可以按以下尺寸计算:$x=1.75$ m;$y=0.35$ m。发菌房的隔热层和防潮层的材料质量和施工质量很重要,应给予极大的重视。房内循环风管(进风管)上的喷口按一定间距设置。远端的喷口应适当大些,这样才能保持各出风口风量的一致性。出风喷口总面积应小于风管截面积 80%,这样可维持各喷口风压稳定。发菌房温度控制在 20~22 ℃,相对湿度在 85% 左右,在这条件下发菌 14 d。用叉车把浅箱运至覆土流水线作业上,经覆土后再把浅箱运回发菌房进行后阶段发菌,在以上环境条件下发菌培养 12 d。当料内菌丝进入覆土层后,将浅箱移至出菇室。如果把发菌房当二次发酵房使用时,通过调节新风与旧风的比例控制房内温度、时间,使浅箱内堆料经升温、巴氏消毒、腐熟各阶段。完成二次发酵程序后,用叉车把浅箱移运到播种流水作业线上完成播种作业,随后移运到发菌室进行发菌培养。浅箱式菇场平面布置图见图 9 - 64。

3) 用作浅箱出菇房的构造及平面布置　出菇房内部尺寸(长×宽×高)= 21 m×8.4 m×3.8 m,见图 9 - 65。

浅箱在房内排列为 2 列,每列有 11 排,每排由 2 个浅箱在长度方向头尾紧靠。浅箱堆叠 5 层,层距 450 mm。每间出菇房面积为 176 m²,房内安放 220 个浅箱,每箱出菇面积 2 m²,按每平方米装料 85 kg 计,装料总量约 38 t,出菇面积 440 m²。列与列浅箱列距为 1.2 m,行与行浅箱行距 0.55 m,每行的浅箱与侧墙距离为 0.15 m,每列远端的浅箱与侧墙距离为 0.55 m,近端的浅箱与侧墙距离为 1.75 m,以供作叉车、手推车等在房内回旋场地。靠近走廊通道的侧墙开有一大门(在图中未表示出),尺寸(宽×高)= 2.5 m×2.5 m,

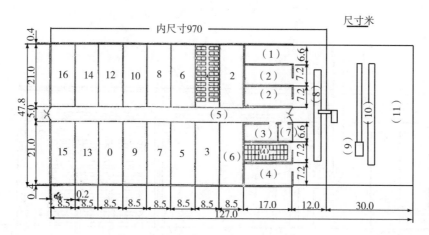

菇场的生产能力每周堆肥约 60 t,每年蘑菇产量约 500 t。作业表如下:堆肥预湿必须 7 d;一次发酵 7 d;堆肥装满 468 个浅箱后用一间巴氏消毒室进行二次发酵 5~7 d。轮流使用发菌室接种后发菌约 1.5 周。然后浅箱覆土并拿到二间发菌室里。在巴氏消毒室和发菌室里浅箱靠近堆叠,因此 1 个房间可以堆放 1 周的全部浅箱。需要 1 台供翻堆机和 1 条供加料、播种以及覆土的作业线。通常其生产能力能处理 3 倍的生产量。进菇房以后,浅箱 19~21 d 后开始收菇。此后收菇时间大约 5 周。然后浅箱送到另一巴氏消毒室进行热杀菌或消除废料后热杀菌。采取添加前置房的办法增加收菇时间以提高菇场的生产能力,然后逐步地添加巴氏消毒室、发菌室和菇房,或者在另一边扩建成双联。

图 9 - 64　浅箱式菇场的布置图
1. 用作覆土的巴氏杀菌室;2. 发菌室;3. 空调室;4. 二次发酵;5. 走廊;6. 菇房;
7. 加热蒸汽;8. 加料、接种和覆土作业线;9. 翻堆机;10. 料堆;11. 预湿场地

是一对开大门,以供叉车运箱进出之用。在同一侧开一小门供操作人员和手推车进出之用。出菇房的浅箱高度由于 4 个方柱高度由 350 mm 增至 450 mm,所以 5 层浅箱加水泥垫块顶层高度为 2.5 m。

两列浅箱中间靠天花板处安置一中心站通气管(循环风出风管)。风管两侧钻有水平出风口若干个,具体要求同发菌房出风管。出菇房的循环风量 100~150 m³/(t·h),摧蕾温度控制在 14~16 ℃,相对湿度 90%~95%。摧蕾 7 d,采菇 3 潮 21 d,清理消毒菇房和浅箱进行蒸汽巴氏消毒 2 d,四区制 5 间菇房浅箱栽培生产周期 30 d,见图 9 - 66,图 9 - 67。

3. 块式立体栽培模式

块式立体栽培是把隧道式集中二次发酵好的堆料经播混麦粒种,或把隧道集中发好菌的堆料用专用设备——压块覆膜机压制成适当大小尺寸和质量的堆肥料块,且外表包覆塑膜。该料块可以用专用空调车、空调船舱运到较远的地区乃至日本、印尼等国家,在接近销售市场附近发菌、出菇[在房中的菇床排放后发菌(二区制)或在出菇房中的菇床排放后,经覆土进行后阶段发菌(三区制)]。

1) 料块的尺寸　料块外形尺寸(长×宽×高)= 0.6 m×0.4 m×0.2 m;料块的出菇面积为 0.24 m²;料块体积为 0.048 m³,质量 19~20 kg。

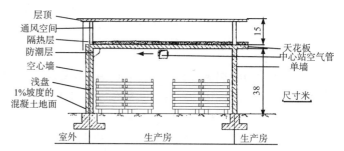

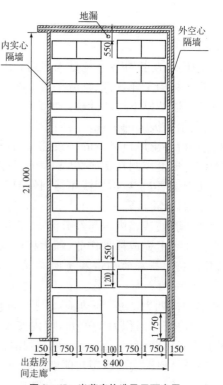

图 9 - 65　出菇房构造及平面布置

图9-66 浅箱栽培出菇房

图9-67 浅箱的转移

料块所以确定为以上大小和质量,是考虑到与现有的菇床大小吻合、人工搬运的可能和承受机械装运时料块的强度。料块压缩成型后,外表覆以热收缩聚乙烯薄膜,以上、下两张薄膜包覆料块,两侧经热压封口后留有通气孔;塑膜经热收缩后包紧料块也有增加料块强度和防止碰散的作用,见图9-68,图9-69。

图9-68 双孢菇料块在床架上出菇实况

图9-69 正在运转的双孢菇堆肥压块覆膜机

2) 发菌出菇房和出菇房 使用集中二次发酵好的料块进行床式立体栽培是一种双区制的生产方式,料块经播种后在发菌出菇房中进行发菌、覆土、摧蕾、出菇等程序;而使用集中发好菌的料块进行床式立体栽培是一种三区制的生产方式,料块经覆土后在出菇房中进行发菌后阶段、摧蕾、出菇等程序。

菇房的结构大小与床式栽培的出菇房相似,请读者参看前述。

块式立体栽培的优点是灵活多样、适应性强:①料块的排放可以进行机械排放,也可进行半机械排放。②可采用经二次集中发酵好的料块,也可采用经发好菌的料块。选用发好菌的料块(三区制)生产周期短,出菇房利用率高,相同数量的出菇房年产菇总量多,经济效益也更好。③大、中、小规模菇房都可采用。人控气候工厂化生产可采用,靠自然气候的山洞、人防工程也可采用,特别适合经济发展不平衡的地区。

4. 袋式栽培模式

由专业双孢菇堆料企业为众多的小菇厂提供已接好种的袋装堆料。栽培袋为坚固的塑料编织袋,其规格有2种:1.05 m×0.56 m;1.08 m×0.66 m。该袋由装袋生产线接种,装袋后提供给小菇厂。装料后栽培袋尺寸(直径×高)为Φ0.36 m×0.35 m;Φ0.42 m×0.40 m。栽培袋占地面积:0.1 m²;0.14 m²。质量约为25 kg。袋料发好菌后,把袋边翻卷覆土,经6～8周后产菇5～7千克/袋,见图9-70。

栽培房为33.5 m(长)×6.5 m(宽),面积为217 m²。大棚为钢架结构,内衬白色塑料薄膜,中间为

图9-70 袋式栽培出菇实况

125 mm 厚的玻璃纤维隔热层,外层覆以黑色塑料膜。大棚的通风空调设备装在进口处,新风进口处有中效过滤器。循环风由 4～5 个轴流风扇产生,流量为 4 000 m³/h,由装在棚顶的塑料导管输送。栽培袋并排成行放置在大棚地面上,4 行排列,每间大棚约可放 800 袋,以 25 千克/袋计,总料质量为 20 t 料。双孢菇产量为 200～250 kg/t 料,菇质上乘,成本低廉,很具市场竞争力。

说明:

1) 袋式栽培模式也是双区制生产的一种方式。据 Staunton 报道,双孢菇产业在 20 世纪 80 年代发展十分迅速,自 1980 年到 1987 年双孢菇产量由 6 300 t 增加到2.17 万 t。这种快速发展主要是发展塑料大棚袋式栽培模式的结果,即由原来少数大型双孢菇厂的木架床式生产模式发展成为大批小型双孢菇塑料大棚袋式栽培模式。目前在法国、意大利仍有一部分双孢菇在岩洞内采用袋式栽培。

2) 爱尔兰都柏林研究中心对塑料大棚袋式栽培模式进行了细致的研究,其结论如下:袋式或块式栽培不同于其他生产模式,其堆料包在塑料编织袋或塑料膜中,限制了袋料内部的空气交换。此外,单位生产面积用料较多,如 0.14 m² 生产面积,料的质量25 kg,而在一般床架式栽培模式中,同样的生产面积仅需上述堆料的一半。因此,袋式和块式生产栽培要求堆料不能过于腐熟。Mac Canna(1979)发现,编织袋若料层厚度超过 46 cm,单位面积装料超过 300 kg/m²,产量显著下降。这与堆料的物理特性如堆料的松紧度、腐熟度有一定关系。一般来说,稍微干燥、密度较低、结构疏松的堆料适用于袋式生产模式,覆土层厚度 5 cm 时单产较高。

5. 讨论和分析

1) 由于隧道式集中二次发酵及发菌技术和装备的研发和应用,双孢菇的栽培模式才由一区制发展为二区制和三区制,提高了堆料的二次发酵、发菌的质量和单产,缩短栽培周期,增加周年总产量和降低能耗。因此,要发展二区制和三区制,进行隧道式集中二次发酵及发菌技术和装备的研发和应用是首要条件。

2) 床式栽培和浅箱栽培哪一种栽培模式综合经济效益好? 要回答这问题很复杂。这两种模式在欧美的双孢菇工厂化生产企业都有高产栽培记录,但提供的数据的可靠性和重复性都值得推敲。只有同样的区制生产条件下和各项作业程序实现了机械化的条件下,才有初步的可比性;就是以上条件都满足了,也会由于菇场的地理位置、距离市场的远近、海拔高度、劳动工资水平、水电的价格、有否地下资源可以利用(地下水、温泉)、技术和管理水平的差异而不具可比性,甚至在同一个国家各地区差异也是很大的。

笼统地说,浅箱式栽培中浅箱移动次数多,受污染机会多;块式栽培在长途运输转移过程中外界条件恶劣,易受杂菌感染;袋式栽培机械化程度低,用工人数较多,栽培房空间利用率低些,但投资省,单产居中等水平;床式栽培由于床架是固定的,较以上两种栽培模式(浅箱、块式)受到外界影响少一些,单位面积产量高,栽培房利用率高,经济效益较好。当前床架式立体栽培模式采用较多。

二、粪草类食药用菌(双孢菇)——堆料制备技术的演变和发展

因为我国双孢菇生产技术和装备尤其是双孢菇培养料制备技术和装备明显落后于欧美发达国家大约20 年。堆制良好的培养料是双孢菇获得优质高产的最根本、最关键的物质基础。

(一)双孢菇堆料传统制备技术

最初双孢菇都是以马厩肥为原料预湿后进行堆垛,初为直径 6 m 的锥形大堆,当时被理解为有利于升温,后逐渐有栽培者在马厩肥内添加了饼肥、鸡粪等有机氮源,加速了料堆发酵速度。以后锥形垛被逐步改进为宽度 2 m 左右、高度为 1.4 m 的长条形料堆,以利于翻堆作业。当料堆因内部发酵下沉,且料温维持不变或略有下降时,进行人工翻堆(用三齿耙抓取、移位、抖动、摊放或洒水并重新建堆)。这种堆制方式在经过长期的摸索和经验总结后,基本形成大约要经过 6 次翻堆、翻堆时间间隔分别为 7 d→6 d→5 d→4 d→3 d→2 d→播种的堆制技术,整个堆制周期约为 28 d。在这期间,栽培者发现在翻堆时加入石膏会明显改善堆肥

油腻、黏重问题,显著改善堆料的堆制效果;并发现在堆料表面覆土可促进增产的技术。这种双孢菇培养料制备技术在欧美一直延续到1935年左右。目前我国局部地区仍然在应用这传统的堆料制备技术。

(二)双孢菇堆料二次发酵制备技术

1934年,美国Lambert研究发现,堆制过程中料堆形成不同温度发酵区,不同发酵区内温度差异较大,微生物活动表现形态差异明显,于是将其划分为A,B,C,D 4个区域,见图9-71。A区为表皮层,热量流失快,温度较低,堆料外干内湿;但可接收自然界分布的各种有益菌类,通过翻堆可混接入料堆内部。B区与A区相邻,属较为干燥的料层,是放线菌繁殖最佳部位,可看到较多的放线菌白斑。该层区如无白斑,可能因为太湿而缺氧。C区是主发酵料层,为料堆内发酵最佳部位,温度多维持在50～75℃,该料层的理化指标适合双孢菇菌丝的生长。D区为缺氧发酵层,该区因菌类进行无氧酵解而产生酸臭味;培养料色泽黑绿、湿黏、pH较低,对双孢菇菌丝体有害。

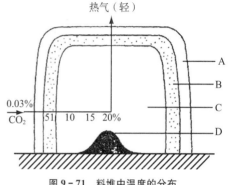

图9-71　料堆中温度的分布

研究发现,整个料堆供氧不均匀是造成质量差别的重要原因。从料堆各层区分别取培养料栽培双孢菇后发现,在B层区富氧条件下,50～55℃时发酵的培养料产菇最多;还发现取自其他层区的劣质培养料重新置于较适合放线菌繁殖的条件(如50～55℃,富氧)下发酵,可以改进培养料的质量。同时,生物学家在对双孢菇病虫害防治过程中发现,在60～65℃的温度范围经几个小时可迅速杀灭堆料中的众多病原菌及其孢子、害虫与虫卵。通过以上的研究、应用、发展,逐渐形成室外发酵需经3～4次的翻堆作业,然后把堆肥置于专门的房间中,再额外进行一次50～55℃处理的工艺。为了在处理过程中增加对杂菌和病虫害的消毒,逐渐形成了在室内对培养料先均匀升温到58～62℃进行巴氏灭菌6～8h,再使堆料温度下降,在50～45℃温度范围内对堆料进行5～6d的发酵腐熟后降温。这发酵过程叫室内发酵,也叫二次发酵、后发酵。此时双孢菇生产模式为一区制,因为该发酵室也是出菇室。

一次发酵的目的是将原料充分预湿、混合均匀,利用料堆内部自然界微生物的发酵产热产生高温、软化稻、麦秸秆,促进嗜热微生物菌体繁殖,降解有机质,积累高分子物质,通过翻堆制成混合均匀的堆料。翻堆的目的也是让料堆的各部分交换位置充分混合,制成尽可能均匀的堆肥。翻堆对料堆补充氧气的作用是有限的,因为堆料的供氧主要是通过料堆内热空气与冷空气的自然循环的烟囱效应提供,翻堆后的堆料中总氧量在数小时内就被微生物消耗掉。当然,翻堆也有排除料堆内的氨气和二氧化碳的作用。由于人工翻堆劳动强度大,翻堆质量不稳定,人为因素大且翻堆效率低,随着劳动成本的上升、生产规模的逐步扩大,翻堆机应运而生。它的应用既代替了劳动强度大的人工翻堆作业,也显著提高了翻堆质量和翻堆效率。一台60kW的翻堆机可代替100多个强劳力的翻堆作业,至今仍是双孢菇培养料室外发酵翻堆的主要技术装备。

二次发酵的目的是通过巴氏消毒杀灭残留在未能完全腐熟堆料中的有害生物体,创造出有益微生物菌群的活动和繁衍的适宜条件,如高温细菌最适宜的温度50～60℃、放线菌最适宜的温度50～55℃、丝状真菌最适宜的温度45～53℃,积累适合双孢菇菌丝利用的选择性营养源。为了达到良好的发酵效果,整个二次发酵过程必须在栽培室内或在特别的设施内,严格地控制温度和空气的供给。整个过程分为温度均衡、巴氏消毒、控温发酵腐熟、降温冷却4个阶段。二次发酵和出菇作业均在出菇房中进行,该生产模式为一区制;如二次发酵在特别专用设施内进行,该生产模式为二区制。二区制的出菇房利用率高,每年栽培次数由5次提高为6次。

张树庭教授于1978年将二次发酵技术引进中国。当时由于各方面条件限制,菇房大多为简易菇房,没有安装循环换气设备,仅在巴氏消毒后的降温过程中进行换气,其余高温阶段没有新空气引入,室内温差较大,故不能达到二次发酵最好的发酵效果。

(三)隧道集中式二次发酵技术

随着二次发酵技术的应用和推广,发现尚存在若干问题:

——由于巴氏消毒和出菇作业在同一菇房中进行,对出菇房的隔热要求较高,且房中电器和设施因不耐高温、高湿,易损坏;

——在二次发酵过程中菇床料温和室内气温差在 10~15 ℃,且料温表面和内部也有差别,这对准确控制料温有误差;

——二次发酵和出菇在同一菇房中进行,生产模式为一区制,出菇房利用率不高。

为此,出现了隧道集中式二次发酵技术。该技术由意大利人发明,而由荷兰、法国实施。该技术是指经一次室外发酵的堆料均匀放置在人工修建的具有一定空间的隧道中进行控温集中二次发酵。由于是专用设施,所以具备良好的气密性、保温性和抗压强度,并安装有可控料温的旧风和新风比例的配套设施和设备。早期的二次发酵地面采用栅格状和圆柱形通气孔,由栅格或圆柱通过循环风。循环风由一定比例的新风和旧风组成,需要一定的风量和风压以供给穿透料层空气的能量。早期的隧道地面下部空间全部通透,支撑地面的水泥桩子阻碍了空气流通的顺畅,也消耗了风机的风压,不利空气的均匀穿透上行,现称之为"低压系统"。在隧道集中式二次发酵作业中,最重要的是保证风机产生的风压能穿透料层,产生的空气流量能满足隧道内堆料对新风的需求。发酵不理想的主要原因一是风机的风压和风量不足;二是隧道中堆料撒布密度不均匀,造成堆料内部阻力不均匀,进而影响通风不均匀。为了达到二次发酵过程中温度、需氧量的动态平衡,并制备出均匀统一的优良堆料,需要管理者、操作者具有丰富的装料操作实践经验和调控发酵的管理实践经验,同时也要求隧道设计合理,配套设备和设施的性能稳定。

到了 20 世纪 90 年代,隧道通风系统不断改进,形成"高压系统"。主要的改进是在隧道底部沿隧道宽度方向分割成多个独立的圆管形通气道,通向地面的通气口采用上窄下大的小孔径锥形通气孔,上通气孔面积不超过隧道地面面积的 1%,风机采用离心式高压风机。荷兰采用 PVC 材质,直径通常为 16 cm 的通气管道和通气孔,以减少通风系统的沿程阻力。这种通风系统可以产生强大的压力气流,整个送风管道前、后压力基本一致,且空气能迅速向堆料内渗透,基本解决了由于隧道内堆料抛料不均匀导致局部通气不良的问题,降低了对装料操作实践经验的要求,且大幅度提高隧道的装料厚度和一次装料量。隧道集中式二次发酵技术的成功应用和发展为双孢菇栽培模式由一区制向二区制转变提供了可靠的技术装备支撑。

(四) 隧道集中式发酵技术在一次发酵上的应用

室外一次发酵技术在应用中发现,堆料虽经 3~4 次翻堆,由于受到外界温度、风、雨、太阳晒等自然环境的影响,经一次发酵后的堆料在质量的均匀性和稳定性上存在一定问题,虽在翻堆场上加盖遮雨、太阳的简易篷盖后有所改善,但不能彻底解决问题。为此,研究者试验探索在隧道集中进行一次发酵,目的是模仿出更多的"C"区生态环境,以制备出更多更均匀的良好的一次发酵堆料。但一次发酵又是一个原材料软化、降解的过程,整个过程需要利用不同温型的微生物对原辅材料分解利用,同时扩大有益微生物生殖、繁衍,并不需要在封闭的隧道内进行恒温培养,所以一次集中发酵隧道的进料门和屋顶通常是开放式的,也称为槽式发酵。

最初的发酵隧道采用"低压系统"不能很好地适用于一次发酵,改为采用"高压系统"后集中式一次发酵堆料的质量得到明显的改善,隧道中堆料高度由原来 2 m 上升到 3 m。在隧道内进行一次发酵时,通气采用间歇式供给方式,主要是满足 20 m³/t 堆料的新鲜空气供给量。供给的时间和间歇时间应根据不同原料、材质和料堆温度上升情况不断进行调整。隧道集中式一次发酵工艺流程通常是:原辅材料充分预湿,混合均匀→抛料充填隧道→定时通气升温。当中心料温达 75~80 ℃并开始下降时翻堆(换隧道),通常翻堆时间为 4 d→3 d→3 d,第三次翻堆后间隔 2 d 即可抛料充填二次发酵隧道。整个发酵时间共需 11~12 d。最新的隧道集中式一次发酵工艺流程是:原辅材料充分预湿搅拌,混合均匀→室外场地建堆→当料内温度升到 70 ℃ 时进行室外翻堆(通常 5 d 内翻堆 2 次)→进一次发酵隧道→当料内温度上升到 75~80 ℃ 时翻堆(换隧道)→当料内温度再次上升到 75~80 ℃后,控制料温在 75~80 ℃范围内维持 3 d(蒸煮阶段)→翻堆(换隧道)→当料内温度再次上升到 75~80 ℃时,将堆料转移到集中式二次发酵隧道。整个集中一次发酵过程翻堆次数为 4 次,室外场地 2 次,隧道(换隧道)2 次,见图 9-72。如果堆料腐熟较快(麦秆质量差),隧道内仅需翻堆 1 次,堆料经过高温蒸煮阶段后即可运送进二次发酵隧道。堆料需经蒸煮阶段目的是:在高温状态下绝大多数的微生物不能生存,但堆料内发生的焦糖化反应所产生的暗色高碳化合物是双孢菇菌丝必需的碳源物质,这些碳源物质在双孢菇碳化代谢中占相当大密度,通过蒸煮阶段可以产生更多的高碳化合物,增强双孢菇堆料的选择特异性。

(五) 隧道集中式发菌技术

隧道集中式发菌技术又称隧道集中式三次发酵技术。该技术是指利用经过消毒净化后的二次发酵隧道设施进行集中式双孢菇菌丝发菌,并非是对双孢菇堆料进行第三次发酵。集中控温发菌技术的应用使得双孢菇的栽培模式由二区制向三区制转变,出菇房的利用率由二区制时每年生产 6 轮增加到每年生产 8 轮,并将双孢菇的单产提高

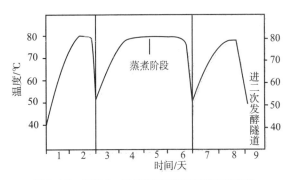

图 9-72　隧道式一次发酵"蒸煮阶段"的温度走势

了 15%。其主要原因是采用了集中控温发菌,使双孢菇菌丝在最适宜的条件下发菌,堆料的干物质损失约为 8%;而床架式发菌(一区制分散发菌)当铺料量为 100 kg/m² 时,堆料内热量因通风不良而产生高于 80 ℃的高温不仅损伤了双孢菇菌丝导致产量下降,而且堆料的干物质损失达到 15%～20%。如果菇床铺上已集中发好菌的堆料,就不用担心高温损害菌丝问题;同时,可以铺上较密实的发好菌堆料,使单位面积铺料量增加了 15%左右。这就是采用了三次发酵技术可以提高单产的根本原因。

隧道集中发菌技术和装备的应用和发展为双孢菇培养料专业化生产和产业分工细化提供了技术和装备的支撑。一个专业化生产双孢菇培养料的企业可为辐射范围内的双孢菇工厂化生产企业按时、按量地提供高质量发好菌的堆料,并用头端进料设备铺料、覆土,而且可以按要求及时为双孢菇厂清运废堆料进行集中处理综合利用;还可利用发好菌的堆料生产一定规格的覆膜块料,为更远距离的大、中、小双孢菇生产厂提供发好菌的块料。

综上所述,双孢菇培养料制备技术主要是针对以麦秆为主要原料的培养料制备技术,我国北方双孢菇工厂化生产企业栽培原料主要是麦秆,与国外堆制工艺相似度高,可以模仿借鉴;但在我国南方、西南和东北水稻产区栽培双孢菇主要原料是稻秆,稻秆质地比麦秆更柔软,易腐烂,两者在堆制过程中可能存在较大的差异,所以不能生搬硬套,必须在经过实践的基础上总结经验进行工艺改进才能取得较好的效果。

三、双孢菇培养料隧道集中式一、二、三次发酵技术和配套设施、设备

(一) 双孢菇培养料隧道集中式二次发酵技术和设施、设备

1. 隧道集中式二次发酵房的构造

初期的隧道集中式二次发酵房也叫低压系统的二次集中发酵房。其使用空间(长×宽×高)为(18～22)m×(3.5～4)m×(3.8～4.2)m,发酵房的长度随装料量而定;按装料高度 2 m 计,1 t 一次发酵好的堆料占 1.1～1.2 m² 地面空间。据资料统计,二次发酵期间的损失 20%～25%,三次发酵(发菌期间)期间约损失 7%～10%。如要在三次发酵后得 50 t 发满菌丝的堆料,必须装入一次发酵堆料 75～80 t;如发酵房的宽度为 4 m,集中二次发酵房的长度为 19 m。

该发酵房由具有一定传热系数(α≤0.05 W/m·℃)的多孔混凝土砌块、砖混空心墙或聚氨酯(或聚苯乙烯)泡沫彩钢夹心板建成。天花板如用水泥浇注而成,在其上必须铺一层 25～30 cm 厚的矿渣棉做隔热材料,同时在隔热材料上方应当留 1 m 的通风空间(包括隔热材料厚度);如天花板用聚氨酯泡沫彩塑板则不必留通风空间,见图 9-73。

二次发酵房大门应由隔热材料制成,尺寸与发酵房横截面相当,以水平铰链与房连接。大门的后

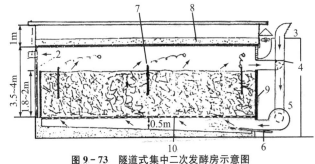

图 9-73　隧道式集中二次发酵房示意图

1.出口;2.门;3.过滤器;4.调节风门;5.风扇;6.蒸汽管

方 0.3~0.4 m 处设有可拆卸木条板矮墙,以防堆料压在大门上造成大门关闭不严。如四周墙用多孔混凝土块砌建,天花板用水泥浇注时,在其内侧应设置防潮层。二次发酵房的地板为双层结构,上层为 60 mm 厚的水泥栅格板或钻直径 20 mm 的通气孔(孔距为 200 mm),其孔隙面积应不大于发酵房地面面积的 25%。在栅格地板下有一循环风道。为使空气压力和风量在栅格沿隧道长度方向上分布均匀和清洗水向空气入口处排出,应使风道底部向空气入口处倾斜 2%。风道底部距栅格面最小距离为 0.5 m,同时可在风道入口处排出冷凝水和洗刷发酵房的废水。排出口应气密,并装有手动开关和疏水阀,风道下水泥面(底层)应设有防潮层和保温层。在隧道内的堆料中部和上部空间(在料堆的两端和中央的上层、中层、下层以及循环风的入口和出口处)安装温度传感器,以便观测各部位温度变化作为调控循环风量和风压的依据。在循环风入口处设有蒸汽管以备寒冷时节之用。在培养料后发酵升温阶段按需要送入一定量的蒸汽,以启动高温微生物的自然发酵过程。通过发酵房地板上的栅格或通气孔穿过料层的循环风是由设在发酵房远端外侧的高压风机提供的,循环风由新风和旧风以不同比例混合组成,通过管道外侧的风门调节板进行手动或自动调节。隧道内的循环风绝大部分由隧道上方的回风口循环或由排出口排出。为了在后发酵结束时加速降温和排除氨气、二氧化碳等废气,在隧道两端墙的上方靠近天花板处设有可开闭的气窗。

2. "低压系统"隧道集中式二次发酵工艺流程及配套设施、设备

1) 集中式二次发酵工艺流程 该工艺流程分均温、升温、巴氏消毒、降温、控温发酵、降温等阶段,见表 9-10,图 9-74。

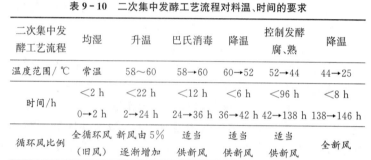

表 9-10 二次集中发酵工艺流程对料温、时间的要求

二次集中发酵工艺流程	均湿	升温	巴氏消毒	降温	控制发酵腐、熟	降温
温度范围/℃	常温	58~60	58→60	60→52	52→44	44→25
时间/h	<2 h	<22 h	<12 h	<6 h	<96 h	<8 h
	0→2 h	2→24 h	24→36 h	36→42 h	42→138 h	138→146 h
循环风比例	全循环风(旧风)	新风由 5%逐渐增加	适当供新风	适当供新风	适当供新风	全新风

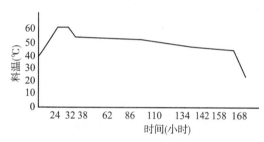

图 9-74 二次集中发酵工艺流程料温与时间曲线

(1) 均温 由于一次发酵的堆料所处的位置和进料先后不同温度有差异,为了同步进行二次发酵故有均温工序。均温温度为常温,时间 1~2 h,全循环风(旧风)。

(2) 升温 要求料温尽快上升到巴氏消毒温度(59±1)℃,时间 20~22 h,循环风中新风比例由 5%逐渐增加。

(3) 巴氏消毒 在 58~60 ℃巴氏消毒温度范围内维持 12h,在循环风中适当增加新风比例。

(4) 降温 在尽短时间(<6 h)内将料温下降为 52 ℃,在循环风中适当通入较多的新风以达降温目的。

(5) 控制发酵腐熟 在 4~5 d 内,通过适当增加新风量反复调节,将温度缓慢由 52 ℃降为 44 ℃。

(6) 降温 堆料达到二次发酵标准后,将循环风中旧风关闭,以全新风进行降温、除氨,并打开发酵房两端上方的气窗以加快降温速度。要求在 8 h 内降温到 25 ℃以下,尽快出料铺床、接种。如堆料暂不出料必须继续吹新风降温,以避免因料温回升感染杂菌的危险。

2) 一、二次发酵后的堆料感观和理化指标 见表 9-11。

表 9-11 一、二次发酵后的堆料感观和理化指标比较

项目	一次集中发酵终了	二次集中发酵终了	项目	一次集中发酵终了	二次集中发酵终了
色泽	暗褐色	灰白色(有白菌霜)	浸出液	不透明	透明
秸秆纤维	较硬,抗拉力强	柔软,有一点抗拉力,有弹性	N%	1.8~2.0	2.0~2.4
水分	70%~72%,紧握指缝间滴水	60%~70%,紧握指间不滴水	C/N		16~17
气味	有少量氨味和厩肥臭味	无氨味,有新鲜甜香味	pH 值	7.5~8	6.8~7.5
手感	黏度大,粪肥易污手	不黏,不污手,有弹性	NH_3%	0.15~0.4	<0.04

3）集中式二次发酵配套设施、设备

（1）循环风机（低压系统） 该风机为集中二次发酵关键设备。据资料可知，每 t 集中二次发酵堆料每小时需 150～200 m³ 的循环风量和需穿透 2 m 厚的堆料需 1 000 Pa（100 mm 水柱）的静压。按集中二次发酵房每次产 50 t 堆料计，风机的风量为 50 t×200＝1 000 m³/h，全压＞1 000 Pa。

（2）集中二次发酵房的堆料温度控制系统 在风机技术性能达到堆料所需风量和穿透料层所需风压后，可以通过手动和自动控制调节风门改变新风和旧风的比例以调节料温和时间的关系，完成集中二次发酵工艺流程。根据已确定的工艺流程（温度和时间曲线），PLC 根据采集到的输入信号（由数字量模块和模拟量模块转换的数字量和模拟量）按已设置的程序（曲线）控制程序运行，通过继电器把信号输出到执行元件（步进电机或气动阀）上，控制调节风门的位置达到控制二次发酵工艺的进程。

（3）抛料充填机 在集中二次发酵房中的堆料由摆头式抛料充填机、伸缩式抛料充填机和顶置式（行车式）抛料充填机进行抛料充填。由于隧道型发酵房宽度和长度不同而有大、中、小区分：摆头式抛料充填机大多用于小型发酵房的堆料充填；伸缩式和顶置式（行车式）抛料充填机多用于中、大型发酵房的堆料充填（大型隧道式发酵房宽 6 m×长 40 m）。摆头式充填机充填能力为 20 t/h，而伸缩式、顶置式抛料充填机充填能力为 100 t/h，见图 9-75，图 9-76。详述见后文的单机介绍。

图 9-75 摆头式抛料充填机

图 9-76 伸缩式抛料充填机

（4）疏松机 用装载机把完成一次发酵的堆料放入机中，经疏松（将结团的堆料打散）后输送到输送带上或抛料充填机上。

（5）轮式装载机 在发酵房中用来运送堆料和用于堆料换房，有时也用于草料和粪类的初级混合。

（6）空气过滤器 在循环风道的新风入口处需安装中效过滤器，以过滤＞1 μm 的杂菌和昆虫。

3. 高压系统隧道集中式二次发酵房的结构和配套设施、设备

1）高压系统隧道集中式二次发酵房的结构 早期的低压系统隧道集中式二次发酵房地面下部空间全部通透，成为循环风通道，由于起支撑地面的水泥桩子阻碍了空气流通，再者房中充填堆料后常有麦秆通过地面栅格下垂也消耗了风机静压不利于空气的穿透上行，造成通风不均匀；同时在运行中也发现风机的风压太低，不利于循环风的穿透和扩散料层。高压系统主要的改进是在隧道底部沿隧道宽度方向上分割成多条独立的圆管形通气道，每条通气支管直径为 160 mm，沿支管长度方向定距离设有通向地面的通气嘴，气嘴为上小、下大的锥形嘴，通向地面的孔径为 20 mm，孔距 250 mm，管距为 250 mm，见图 9-77。喷嘴总面积≤

图 9-77 "高压系统"支通气管和通气阻现场布置图

隧道集中式发酵房地面总面积的 10%。由图中可看出,在地面出风嘴之间和两侧墙下部都布有钢筋,以加强地面和侧墙下部的强度。每条支管道由 PVC 塑料制成,安放时应向管道空气入口处倾斜,而与各支管道连接的主管道也应向风机入口处倾斜,并在远端设有手动阀门和疏水阀,从通气嘴进入的堆料碎物、积水和冲刷水可按管道倾斜方向自动流向出口,也有自动带走管中污物的作用。为了使出风嘴在发酵房中充填堆料时不被进出的摆头式抛料充填机和进出的装载机压垮和阻塞,沿隧道长度方向的通气嘴全部低于水泥地面 20 mm,成为一条宽度为 25 mm 的通气沟槽。经改进后的高压系统的循环风系统的优点,见表 9-12,图 9-78。

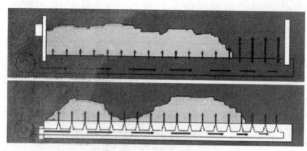

图 9-78　高、低压通风系统比较示意图
（上图为低压通风系统）

表 9-12　高、低压系统通风隧道比较表

项　　目	高压通风系统	低压通风系统
供风构造	PVC 管道和喷嘴	栅板或孔板
供风效果	有料处与无料处供风均匀	有料处与无料处供风不均匀
隧道造价	较低	较高

高压系统隧道集中二次发酵房的其他建筑与"低压系统"相同。

2) 高压系统隧道集中二次发酵房的配套设施与设备　除风机性能和风道有所不同外,其他设施和低压系统的设备均相同。风机的风量是根据二次发酵房每次产出的二次发酵堆数吨料而定,风机风量 Q＝产出的二次发酵堆料 t 数×200 m³;风机风压 P＞3 000 Pa;风机配套电机功率:18.5～22 kW。

4. 注意事项

1) 表 9-10 所示的二次集中发酵工艺各工序的料温和时间关系中,各工序的温度要求是不变的,而时间是随外界的气温、一次发酵堆料的成熟度、含水率、培养料碳、氮源的组成而改变的,表中所述的时间是参考数据。只有以上的变化条件确定了,并经多次的验证,堆料的二次发酵曲线才能确定下来,并作为程控的依据。所以要达到以上要求,各培养料生产企业尚需做很多工作。

2) 隧道集中式发酵房中堆料的温度均匀性除了与产生循环风风机的风量、风压和出气嘴的布置有关,也和堆料抛料充填的连续均匀性有关,同时也和堆料本身的疏松无结团现象有关。因此堆料在抛料充填之前在堆料输送线上应安放疏松机,对抛料充填机进行作业前应加检修,以保证设备在作业过程中不出故障。

3) 隧道集中式发酵房地面上的出气嘴都有 1 条出气嘴沟槽保护,沟槽的宽度应保证清除沟中杂余物的顺利清除,因此对水泥地面的水泥质量和施工质量应予充分注意。在堆料进出发酵房时,应尽量减少轮式装载机的进出,以避免对出气嘴沟槽的堵塞和破坏。

4) 在浇注安置出气嘴支管、主管时,除注意倾斜方向以利废水的自动排出外,在各支管的最高端应连有一管道以供定期用水冲洗主、支管之需,保证循环风管道通行无阻。

5) 对堆料的理化参数如温度、含水率、pH 值等的测定除了应选用精度适当的仪器、仪表外,也需在测量方法上给予十分关注。如堆料的含水率的测量误差大,应保证在每一次测量都在相同密度状态下进行,以减少误差。

(二) 双孢菇培养料隧道集中式发菌(三次发酵)技术和配套设施、设备

1. 隧道集中式发菌(三次发酵)技术

该技术是指利用经过消毒净化后的二次发酵隧道的设施、设备进行集中式双孢菇菌种发菌技术,并非是对双孢菇堆料进行第三次发酵。国外进行集中式双孢菇菌种发菌是在各时间段对温度的控制,是通过对循环风的新、旧风比例和对风机流量、静压的控制而达到的,见表 9-13。由表中可看出,随着发菌天数的增加,该菌的菌丝量也在增加,体现在对循环风中的新鲜空气的需求增加。由于菌丝量的增加,堆料对循环风的阻力也在增加,需要较大的静压才能穿透,在风机的功率不变情况下,体现为风机风量的下降。集中控温发菌技术的应用使得双孢菇的栽培模式由二区制时的每年生产 6 轮增加到每年生产 8 轮,同时将双孢菇的单产提高了 15%。其主要的原因是集中式控温发菌可使双孢菇菌丝在最适宜的条件下发菌,在这期间堆料

中干物质损失仅为8%;而床架式发菌(一区制分散发菌),当铺料量为100 kg/m² 时,堆料内热量因通风不良而易产生>80 ℃的高温,不仅损伤了双孢菇菌丝导致产量下降,而且堆料内干物质损失达到15%～20%。如果菇床铺上已集中发好菌的堆料,就不用担心高温损害菌丝的问题,同时可以铺上较密实的发好菌的堆料,使单位铺料量增加15%,这就是采用了三次发酵技术可以提高单产的根本原因。隧道集中式发菌技术和装备的应用和发展为双孢菇培养料专业化生产和产业分工细化提供了技术装备的支撑。

表 9-13 隧道集中式发菌时各项参数控制

发菌时间/天	静压/Pa	循环空气/ m³·(t·h)⁻¹	新鲜空气/ m³	温 度/℃	
				空气	堆肥
1	40×10	173	2	22	22
5	50×10	162	4	23	23
8	63×10	135	6	25	27
10	76×10	96	7	22	23
14	97×10	94	9	21	23

2. 隧道集中式发菌配套的设施、设备

配套的设施、设备与二次发酵的设施、设备基本相同。不同点有:

1) 循环风系统中的新风在二次发酵期间需经中效过滤器(能截留>1 μm 的颗粒)过滤,而在三次发酵期间新风需经高效过滤器(能截留>0.3 μm 的颗粒)过滤。

2) 循环风系统(风机、管道、喷嘴、发酵房等)可采用二氧化氯气体消毒剂、浓度为30 mg/m³ 臭氧消毒剂、次氯酸钠、0.25 苯扎溴铵(新洁尔灭)($C_2H_{38}NBr$)、4～7 mg/L 臭氧水等进行表面消毒。在进行表面消毒时,可启动风机使消毒气体弥散到循环风系统各部分角落。由于二、三次集中发酵房可交替使用,经三次发酵使用后的发酵房进行二次集中发酵时起了很好的杂菌预防作用。

3) 经二次集中发酵好的堆料在进发酵房前需经麦粒种混接工序,该工序进行需在100级的空气净化区内进行。播种时使用漏斗形播种机。播种是在堆料输送过程中混入一定量的麦粒种,播种量可通过调节播种口大小和输送带线速度控制。在堆料进发酵房前,应对接触堆料的输送带、接种设备和抛料充填设备表面进行表面消毒。

(三) 双孢菇培养料隧道集中式一次发酵技术和配套设施、设备

1. 隧道集中式一次发酵技术

室外发酵(前发酵、一次发酵)因受外界自然环境的影响,堆料在质量均匀性和稳定性上存在一定问题,为此研究者探索把隧道集中式二次发酵技术应用在一次发酵上,目的是模仿出更多的C区生态环境,制备出更多、更均匀的良好的一次发酵堆料。一次发酵是一个原材料软化降解的过程,整个过程需要利用不同温型的微生物对原辅材料分解利用,同时扩大有益微生物的生殖繁衍,因此不需在封闭的隧道内进行恒温培养;为此,一次集中发酵隧道的进料门和屋顶通常是开放式的(大门后的堆叠木条活动门还是要的),也称为槽式集中发酵。最初的发酵隧道房是采用低压系统,不能很好地适用于一次发酵;改为采用高压系统后,集中一次发酵堆料的质量得到了明显的改善,隧道中堆料高度由原来的2 m 上升到3 m。在隧道内进行一次发酵送风时,由于屋顶是开放式的,循环风中全部是新风,送风采用间歇式供给方式,主要是满足堆料20 m³/(t·h)的新鲜空气供给量;供给的时间和间歇的时间应根据不同配比的原材料和材质、堆料温度上升情况及环境温度不断进行调整。隧道集中式一次发酵工艺流程通常是:原辅材料充分预湿、混合均匀→抛料充填隧道→定时通气升温。当中心料温度达75～80 ℃并开始下降时,进行更换隧道(翻堆),通常更换隧道时间为4 d(3 d)→3 d→3 d。第三次更换隧道后2 d 即完成一次发酵作业,整个一次发酵时间共需11～12 d,随后把堆料运至二次集中发酵隧道进行二次集中发酵作业。一次发酵后的堆料感观和理化指标,见表9-11。

如培养料制备企业所在的国家或地区对环保有严格要求,集中式一次发酵房就不需做成开放式,其发酵房结构与二次集中发酵房相同。由于堆料高度由2 m 增至3 m,发酵房内高度也相应增加1 m,同时循环风中的旧风在向外界排放时需经水处理,以把旧风中的氨气溶解在水中,以达环保要求。据文献资料介绍,目

前在欧洲1个双孢菇堆料生产企业用于环保设施的资金约占总投资的1/5。最新的隧道集中式一次发酵工艺可参见双孢菇培养料制备技术的演变和发展有关内容。

2. 隧道集中式一次发酵配套设施、设备

集中式一次发酵配套设施、设备与集中式二次发酵设施、设备基本相同。由于集中式一次发酵工艺流程上第一工序是原辅材料充分预湿、混合均匀,所以设备上需增加1台草、粪肥、水混合机,该机同时具有切草和混合功能。

四、双孢菇工厂化生产技术设备

图 9 - 79　THB2060 打捆机外形图

(一)稻麦秆打捆机

1. 用途和构造

主要用于稻麦秸秆的打捆(方捆、圆捆)作业,以便运输到需要稻麦秸秆的地方。按作业方式可分为移动式和固定式。移动式打捆(方、圆捆)是由拖拉机牵引在农场上连续完成稻麦秸秆的捡拾收集、打捆、放捆作业的机具。固定式打捆机(方捆)是在稻麦秸秆集中固定场地由人工喂入稻麦秸秆,间隙地完成打捆作业的机具。移动式打捆机主要由捡拾喂入部件、秸秆压缩部件、打结部件和动力部分(拖拉机)组成,见图 9 - 79。

2. 工作原理

由与拖拉机前进方向垂直的捡拾弹齿排,把田间稻麦秸秆捡拾到台面上,然后用液压机构把秸秆压缩,并用打结机构进行打结,最后由推捆机构把方捆推出。固定作业打捆机的稻麦秸秆由人工喂入,动力部分由电动机代替。

3. 主要性能指标技术参数

见表 9 - 14。

表 9 - 14　THB 系列打捆机主要性能指标和技术参数

名　称	型　号		名　称	型　号	
	THB2060	THB3060		THB2060	THB3060
草捆截面尺寸/cm	32×42	36×48	配套动力(拖拉机)/kW	18~36	25~58
草捆长度/cm	30~100(可调)	30~120(可调)	动力输出轴转速/r·min⁻¹	540	540
捡拾宽度/cm	144	180	作业速度/km·h⁻¹	4~10	4~15
弹齿排数×齿数	4×64	4×80	打捆能力(捆/小时)	400~600	500~800
活塞冲程/cm×次数(打击次数)/次·min⁻¹	60×92	60×90			

(二)稻麦秆切断机(铡草机)

1. 用途和构造

主要用于稻麦秸秆的切断作业。根据结构不同可分为圆盘式和滚筒式。该机主要由秸秆高速压送机构、动刀盘变速机构、出草风机、机架和电机组成,见图 9 - 80。

2. 工作原理

稻麦秸秆用人工纵向送入链板式送草槽,在上、下压草轮的强制压送下,定速送向刀盘进行切割。切断的秸秆在风机叶片的气流作用下,由出草口吹出。

3. 93ZP - 150 型秸秆切断机主要技术性能参数

切草能力(干料):3 t/h;最大吹高:10 m;配套电机功率:11 kW - 4

图 9 - 80　93ZP - 150 秸秆切断机

级；质量：900 kg

4. 使用注意事项

1）切草长度：圆盘式切断机可切成15 mm和35 mm两种规格，通过变速手柄的不同位置选择可得到不同长度的秸秆；滚筒式切断机可将秸秆切成15～80 mm的秸秆段。

2）动刀片根据刀口锋利情况适时进行刃磨。刃磨时需用磨刀机，以保证刀口角度和直线度。

3）人工喂入秸秆量要均匀，根据电机转速高、低时的声响调整喂入量，以防死机。

4）作业中注意主轴的温度不能高过70 ℃，对应的润滑点应及时添加机油或黄油。

5）排除故障时应首先切断电源，不能在运转时处理故障。

6）双孢菇采用隧道式集中一次发酵时，要求稻麦秸秆长度在50～100 mm；使用翻堆机进行室外翻堆作业时，要求稻麦秸秆长度＜50 cm。大型堆料生产企业首先将压缩的方捆草预湿，然后用圆盘锯片对草捆进行对半锯断，锯断后草捆运至建堆处切断捆绳。草捆预湿采用喷淋法，也可采用容器真空预湿。

（三）隧道拉网出料机

1. 用途和构造

主要用于隧道内进行3次发酵结束后，把（发酵前已铺设好的尼龙网）3次发酵好的培养料拉出，并在机内混入添加剂后，用皮带输送机送到相关场所：

1）装入培养料运输车运到需要培养料的菇场与头端进料机配合对栽培架逐层铺料。

2）经皮带输送机把培养料送到压块覆膜机的加料口。

该机是由拉网均料部件、混合添加剂部件、输出培养料部件、动力变速传送部件和机架行走部件所组成，见图9-81。

2. 工作原理

该机通过拉网均料部件，将隧道内经三次发酵好的培养料从隧道内拉出，用均料机构控制进料厚度，用混合部件将料打散，同时混入添加剂后，由另一端用皮带输送机输出。

图9-81　堆料混合机外形图

3. 注意事项

1）该机也可用于隧道二次发酵好的培养料进行拉网出料作业，此时在混合部件将料打散，同时混入的物料不是添加剂而是麦粒种，混合后的培养料去向：一是装入培养料运输车；二是用皮带输送机送入3次发酵隧道进行发酵。

2）该机在作业前、后都要进行机内气体或液体消毒灭菌工作。该机配套电机功率25 kW。

（四）MJ1700型电动轮式大型翻堆机

1. 用途和构造

主要用于粪草培养料的室外发酵（一次发酵）翻堆作业。翻堆的目的是使堆料的原、辅料混合均匀，促进秸秆发酵均匀，软化吸水，挑翻弄短，添加辅料、水和排除堆内的氨气和CO_2。

该机主要由翻堆大滚筒、传送小滚筒、风扇滚筒、机架、电机变速传动机构和行走操向机构组成，见图9-82。

2. 主要技术性能指标和技术参数

作业速度：0～3.3 m/min；

配套动力：16 kW（电机）；

堆垛（宽×高）：2 m×(1.3～1.5)m；

外形尺寸（长×宽×高）：5 235 mm×3 000 mm×2 517mm。

图9-82　MJ1700型翻堆机外形图

3. 工作原理

翻堆作业时,由于机身以一定速度前进,翻堆大滚筒的拨齿首先挑起堆前的稻麦秸秆向后抛去,由传送小滚筒接力传送到风扇滚筒,在风扇滚筒的抛送和气流吹送下稻麦秸秆落在新堆上,经尾部的压板进一步压实成新堆。

4. 使用注意事项

1)该机进行翻堆作业时,配有两个辅机,一个是成型机,一个是建堆机。成型机是在翻堆开始工作时把成型机放在翻堆机的尾部,以阻挡开始翻堆时向后抛撒的秸秆,以防向后抛撒的秸秆四散,形不成断面垂直整齐的堆头。当形成堆头后,成形机作用结束,等待翻堆机进行下一条堆翻堆时再把成型机推向机身尾部。成堆时间很短,2~3 min。

建堆机是将该机放在翻堆机前方,与翻堆机前方联结。装载机把预湿的稻麦秸秆(或已预混好的堆料)装入建堆机方框中,由于方框是无底的,当方框被翻堆机推动前进时,稻麦秸秆是不移动的,所以被翻堆机大滚筒向后抛翻而建成新堆。当框中堆料消耗得差不多时停机,再由装载机把预湿的稻麦秸秆放入方框中,达到一定程度时再开动翻堆机。如此重复作业,即可建成定宽、定长的料堆。如装载机能做到不间断连续供料,翻堆机可以连续进行建堆作业。

2)该机是电动轮式翻堆机,机身较重,适合在有电源的水泥作业场地上进行翻堆作业。有条件时最好建有防雨棚(或钢结构屋盖),且作业场地成长方形。堆长方向最好在 50 m 以上,这对提高翻堆机翻堆效率有利。

3)稻麦秸秆原料如是由外地运来,且压缩成方框,最好先用圆盘锯将方捆对半锯开,使稻麦秸秆长度<50 cm,这对秸秆的预湿和翻堆时功率消耗有利。

图 9-83　SFDG-60 型履带自走式翻堆外形图

(五) SFDG-60 型履带自走式粪草培养料翻堆机

1. 用途和构造

主要用于双孢菇粪草培养料室外发酵(一次发酵)的翻堆作业。

该机主要由翻堆大滚筒、抛料风扇小滚筒、机架、柴油机、减速机构、履带行走机构和操纵台等组成,见图 9-83。

2. 特点

1)翻堆能力强,每小时可翻堆 60 t,可代替 100 多个强劳力。

2)行走机构采用橡胶履带,接地压力≤45 kPa,对作业场地坚硬度要求不高,可在排干水的稻田上进行翻堆作业,适合我国翻堆场地大小不一且分散的现状。

3)动力采用柴油机,翻堆大滚筒可液压升降,离地间隙可达 390 mm,该机在转移作业场地时的通过性大大提高。

4)由于采用橡胶履带和特殊变速装置,可以以 2.6 km/h 时速转移场地,且不破坏公路路面,进行翻堆作业时转弯半径小,非作业时间短。

5)该机更换大滚筒后,可变为颗粒料有机肥翻堆机,一机多用。

6)该机功率为 60 kW,可对不切稻草的堆料进行翻堆。

3. 主要技术性能指标及技术参数

1)主要技术性能指标

小时翻堆能力为≥60 t/h;翻堆吨料油耗≤230 g/t。

2)主要技术参数

(1) SL4108ABK 发动机额定功率60 kW,2 400 r/min。

(2) 橡胶履带规格(带宽×带距×节数):350 mm×90 mm×48。

(3) 接地压力≤45 kPa。

(4) 翻堆大滚筒转速 $n_1 = 137$ r/min，小滚筒转速 $n_2 = 392$ r/min。

(5) 动态环境噪声：≤90 dB(A)，驾驶员耳旁噪声≤100 dB(A)。

(6) 质量：4 000 kg。

(7) 外形尺寸(长×宽×高)：5 360mm×2 880mm×2 820mm。

4. 说明和分析

1) 该机翻堆作业时配有两个辅机——成型机和建堆机。其功能参见 MJ1700 型电动轮式大型翻堆机。

2) 1 个典型的集中全发酵(一、二次集中发酵)场，需建 3 个前发酵(一次发酵)隧道房和 2 个集中后发酵房。按集中前发酵天数 10 d(4 d+3 d+3 d)，集中后发酵天数 7 d 计，满负荷运行 1.5 个月，集中全发酵房可产出堆料次数 7 次，每年出料次数＝7×8＝56 次，每次出料次数按 50 t 计，每年出料为 50 吨/次×56 次＝2 800 吨。按每平方米铺 0.1 t 堆料计，可供 2.8 万 m² 栽培面积；按每平方米铺 70 kg 堆料计，可供 4 万 m² 栽培面积。

3) 每台翻堆机翻堆能力按 50 t/h，室外发酵翻堆 3 次按 10 d(4 d+3 d+3 d)计，一台翻堆机 10 d 可翻料 50 t/(小时·次)×8 h×3＝1 200 t(单班 8 h)或 50 t/(小时·次)×16 h×3 次＝2 400 t(双班 16 h)，一个月可翻 3 600 t(单班)或 7 200 t(双班)。由以上数字可知，1 台翻堆机翻堆量相当集中全发酵基本组合中前发酵房(3 座)的前发酵量的 7.7～15.4 倍。考虑到翻堆机纯翻堆量和实际翻堆量有差别，取 10 倍量较合理，即 1 台翻堆能力为 50 t/h 的翻堆机前发酵(室外发酵)产出堆料量相当于 30 座集中前发酵房的堆料产出量。

每座前发酵房造价按 10 万～15 万元计，30 座前发酵房造价需要 300 万～450 万元，而 1 台翻堆机造价仅为 16 万元，考虑到翻堆机需水泥翻堆作业场地 1 万 m² 和钢结构屋顶的造价总价约为 150 万元。

由上可看出，前发酵采用翻堆机来完成，后发酵采用集中后发酵房来完成比前、后发酵都采用集中全发酵房可节约 1/3～1/2 的投资。由该可知为什么欧洲自 1960 年开始推广二次发酵工艺和配套设备后，到 1990 年共用了将近 30 年的过渡期才基本用集中前发酵房代替大型翻堆机进行室外发酵的原因。据文献资料介绍，2008 年法国仍有大型双孢菇堆料生产企业采用翻堆机进行室外前发酵。

4) 如果采用 SFDG-60 型履带自走式翻堆机可以不用水泥地面作业场地，建一座双孢菇堆料专业生产企业可以大幅度减少投资。

5) 双孢菇培养料专业生产企业可根据当地具体情况、技术力量和资金能力选择不同模式、不同规模进行生产。

(六) 摆头式抛料充填机(荷兰隧道进料设备)

1. 用途和构造

主要用于隧道集中一、二、三次发酵时，将粪草类培养料在发酵房中进行抛料充填作业。该机主要由承料斗、刮板输送机、疏松滚筒、集料斗、摆动架、输送胶带、液压控制机构、行走操向机构、机架和动力变速机构组成，见图 9-84。

2. 工作原理

用装载机叉斗把粪草培养料装入该机的承料斗中，在刮板输送机和疏松轮的作用下，均匀地把粪草培养料拨抛入集料斗上，并下降落到输送胶带上，在输送胶带和摆头升降机构作用下，把培养料有序、均匀地抛撒充填在发酵房的地面上。当培养料堆叠到一定高度后，该机后退一定距离，重复以上动作，直到把培养料抛撒、充满整个发酵房为止。

3. 主要技术性能指标和参数

抛料充填能力 20 t/h；配套电机功率 21 kW；摆头输送带线速度：8～10m/s。

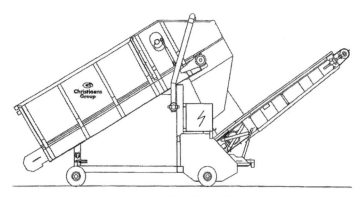

图 9-84　摆头式抛料充填机
1.承料斗；2.摆头架；3.集料斗；4.刮板输送带；5.疏松滚筒；6.行走机构

4. 使用注意事项

1）该机应与装载机配合默契,以不让该机出现无料抛撒为准。不均匀抛料会形成料层厚度不均匀,体现在料层阻力不均匀,进而造成料层截面供气不均匀,影响发酵的均匀性,形成个别死角,影响发酵质量。

2）该机对发酵房进行抛撒充填培养料时必须连续操作,直到对该房的装填作业完成,不能停顿;否则会造成培养料隔层,影响发酵质量。

3）在向隧道进料时,在摆头抛料机后应多接用1～2段输送带,以使装载机进料时不进发酵房,防止装载机轮胎压料堵塞沟槽内的出气嘴。

(七) 伸缩式抛料充填机(隧道进料设备)

1. 用途和构造

主要用于隧道集中一、二、三次发酵时,将粪草类培养料在发酵房中进行抛料充填作业。该机主要由叠加的四级水平输送带、集料斗、倾斜摆头抛料带、机架、电机和控制机构所组成,见图9-85。

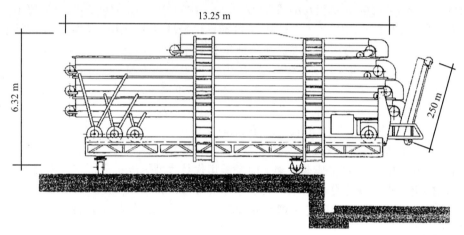

图9-85 伸缩型抛料机示意图

2. 工作原理

作业时抛料机底盘(机身)在发酵房外,培养料由输送带运送到该机最高层的水平输送带上,培养料由最高层输送带逐级降到最低层输送带落入摆头抛料带上方的集料斗中,由倾斜摆头抛料带进行摆动抛料。随着隧道发酵房远端被充填一定高度后,摆动抛料带水平后退,水平输送带由低到高逐级收缩,直到把发酵房充填满为止。该机为大型抛料充填设备。

3. 主要性能指标和参数

抛料充填能力:100 t/h;配套电机功率:32 kW;摆头抛料带(宽度×长度):0.8 m×2.5 m;质量14.3 t;外形尺寸(长×宽×高):13.25 m×3.32 m×4.32 m。

(八) 顶置式抛料充填机(隧道进料设备)

图9-86 顶置式抛料充填机现场图

1. 用途

主要用于大型隧道集中式发酵时,在发酵房中进行堆料的抛洒充填作业。

2. 工作原理

该机的结构类似工厂车间的行车结构,堆料抛撒器可在横向轨道上左右移动抛撒堆料,与此同时抛撒器缓慢沿纵向轨道向后移动,直到完成在发酵房中抛撒充填作业为止。该机适用于大型隧道集中发酵房(长40 m×宽6 m)的堆料抛撒充填作业,尤其是大型槽式一次发酵房,因为该机的纵梁轨道直接安置在槽式发酵房的两个纵向墙体上,见图9-86。

该机抛料充填能力为 50～100 t/h。

（九）头端进、出料机（包括尼龙网牵引机、清洁机）

1. 用途
该机主要用于双孢菇生产厂菇床的铺料、覆土和出料作业。

2. 工作原理
当双孢菇生产厂需要堆料铺床时，堆料生产企业便派出 2 辆专用车到双孢菇生产厂，一车装发好菌丝的堆料，另一车装已调制好的泥炭土。采用头端进料机和尼龙网牵引机，由顶层的菇床到最下层菇床顺序地同时完成菇床的铺料和覆土，见图 9-87。

图 9-87　头端进料机

图 9-88　菇床尼龙网清洁机

当进料机将堆料和覆土均匀铺在已放置在床面上尼龙网上，在菇床远端安装的尼龙网牵引机顺着床面按与进料机出料的相同速度拉向床架远端，直到达到床架远端为止（清除废料时，可进行反向操作）。头端进出料机和牵引机由双孢菇生产厂已提前安置好，当专用车到时，即可立即进行铺料和覆土作业。每次废堆料出房后，尼龙网需要用尼龙网清洁机刷洗后备用，见图 9-88。

3. 主要技术性能指标和参数
1）铺床进料能力　30 t/h，铺料同时对料层进行适当加压平整，便于使用割菇机。
2）铺床料层厚度　25～28 cm。
3）单位面积铺料　90～110 kg/m²。

（十）压块覆膜机

1. 用途
主要用于把经二次发酵好的堆料经混播麦粒种后，或将发好菌的堆料，定量压制成一定规格尺寸的块料，并覆膜包紧料块的作业。

2. 构造、工作原理、主要性能指标和参数
该机主要由进料、定量、播种部件、压块部件和覆膜包紧部件 3 大部分组成，见图 9-89。

1）进料、定量、播种部件　该部件由承料槽、输送带和拨料轮组成。承料槽为一长方形的料槽，上方为喇叭口，底部为一可控移动的输送带。在槽横向上方一定高度安置 1 个拨料轮，当堆料被倾斜输送带抛落在承料槽后，表面高低不平，在向出口移动过程中被拨料轮梳理成一定厚度的条料，条料的宽度即为承

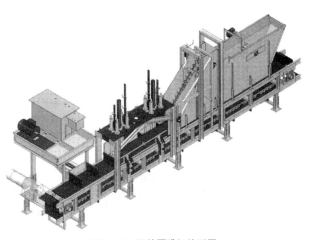

图 9-89　压块覆膜机外形图

料槽的宽度。在条料的上方安装1个漏斗形麦粒种播种器,可通过调节播种口的大小和传送带的线速度来控制播种量,并将麦粒种均匀地撒播在移动中的堆料中。如堆料为已发好菌的堆料,播种器不使用或取消。

该部件配套电机功率9 kW;外形尺寸(长×宽×高):5.8 m×3.4 m×3.85 m。

2) 压块部件 播撒了菌种的条形堆料(或已发好菌的条形堆料)被送进入压块腔中。当条形堆料头部到达模腔尾部并触动行程开关,输送带停止输送,安装在模腔头部能上下移动的动刀片向下垂直运动,即把条形堆料截切成一定长度的条块,同时在条块上方的压板在液压力驱动下向下移动,压缩条块成一定厚度的条块。当压板上抬恢复原位后,条块在输送带输送下移动一定距离(等于条块的长度),这时,第一条块被推送到覆膜包紧部件的输送带上,后续条料等待动力截切和压缩,在承料槽入口端等待进料和播种。

条块的大小(长×宽×厚):0.6 m×0.4 m×0.2 m;条块面积:0.24 m²;条块体积:0.048 m³;条块质量:19～20 kg;压块能力:700～900 块/小时;配套电机功率:25 kW;外形尺寸(长×宽×高):8.2 m×1.9 m×2.8 m。

3) 覆膜包紧部件 被送到覆膜包紧部件上的压缩条块在上、下两片聚乙烯薄膜中间停下,在条块四周的热封口条进行封口作业。封口作业结束后,被输送带输送经过热风收缩隧道。由于覆膜材料是热收缩膜,经过隧道时被热风加热后收缩包紧条块后,被输送至该部件出口,由人工取下堆放。

该部件配套电机功率为25 kW;薄膜宽度:0.9 m;外形尺寸(长×宽×高):4.15 m×1.8 m×1.75 m。

3. 说明

1) 被覆膜包紧的条块两侧在热封口时留有透气口,以供块料在发菌期间对氧气的需求。

2) 需要长途海运的料块,对已发好菌的堆料进行压块覆膜时,应先喷洒液氮迅速降低堆料的料温,然后再压块覆膜装冷藏车和海船的冷藏仓,以保证料块在长途海运过程时中料块中的菌丝安全。

3) 供应路途遥远的鲜菇由于长途运输后鲜度、色泽受影响,货架寿命不长,供货商常购买发好菌的料块,在超市附近上架出菇。由于料块生长出的双孢菇的鲜度、色泽好,货架寿命长,可获取更大的利润。

4) 料块生产企业不仅能满足对中、小双孢菇生产企业对料块的需求,而且能满足季节性生产的个体专业户的需求,这种料块生产企业很适合处于产业升级的中国。

(十一) WT2514 条垛翻堆机

1. 用途和使用范围

主要用于双孢菇废堆料的规模翻堆作业。废堆料通过翻堆作业可加快堆料和添加物的混合发酵腐熟和去除水分。该机是双孢菇废堆料综合利用的重要设备,也是生产有机肥的主要设备。该机也可用于木生菌培养制备前原料的预发酵翻堆作业。该机属于颗粒料(包括禾秆长度<100 mm)翻堆机,不适应对未切断的稻麦秆的翻堆作业;可作为糖厂滤泥、禽粪便、槽渣饼粕的翻堆、脱水处理设备。

2. 结构特点

见图9-90。

图9-90 WT2514条垛翻堆机外形图

1) 整机结构紧凑,驾驶操作方便,翻堆效率高,转变半径小。

2) 具有破碎、搅拌、混合和堆垛功能。

3) 翻抛滚筒可液压升降、调节地隙;滚筒螺旋叶片可拆卸,维修方便。

4) 采用进口液压电机(马达)驱动履带,附着力好,接地压力小,地面通过性强。

5) 具有快、慢双速行走功能,作业转移场地快捷。

3. 主要性能指标和参数

最大翻堆能力600 m³/h;配套柴油机功率35.5 kW,1 500 r/min;螺旋滚筒直径0.8 m;翻堆机内门大小(宽×高):2.5 m×1.4 m;最大堆料截面大小(宽×高):

3 m×1.4 m；前进/后退速度：5～15 m/min；质量 4.5 t；外形尺寸（长×宽×高）：2.85 m×3.54 m×2.75 m。

五、国内外蘑菇工厂投入产出分析

（一）荷兰菇厂投入产出分析

1.建设投入

荷兰建 1 座日产 2 t 菇的双孢蘑菇工厂，12 间菇房设备投资 160 万欧元，水、电设施 40 万欧元，土地、建设 100 万欧元，总投资约 300 万欧元，见表 9-15，图 9-91。

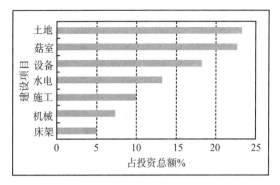

图 9-91　荷兰菇厂投资预算示意图（据 Peter，2008）

表 9-15　荷兰蘑菇工厂投资预算（据 Peter，2008）

序号	建设项目	预算 金额/万欧元	预算 占比例/%	序号	建设项目	预算 金额/万欧元	预算 占比例/%
1	12 间出菇室	68.00	22.7	4	机械	21.82	7.3
1-1	混凝土基础（1 500 m²）	10.00		4-1	铺料/覆土线	10.00	
1-2	钢架＋保温板	58.00		4-2	上/下料绞盘	3.30	
2	床架与尼龙网	14.94	5.0	4-3	传输带	2.60	
2-1	床架	12.00		4-4	尼龙网清洗机	1.00	
2-2	尼龙网	0.70		4-5	升降机	2.80	
2-3	采菇车 16 套	2.24		4-6	搔菌平整机	2.12	
3	设备	55.00	18.3	5	水、电等设施	40.00	13.3
3-1	空调设备	13.00		6	土地与建设费	100.00	33.3
3-2	空调控制	8.00			总投资	300	100
3-3	冷却系统	12.00					
3-4	加热系统	5.00					
3-5	供热锅炉	3.50					
3-6	供水系统	7.00					
3-7	电力系统	5.00					

生产所需蘑菇培养料由专业制料公司提供，因而荷兰的菇厂不用建设隧道、料场等设施，这种产业化分工使菇厂节省了建设资本。

1 室面积 125 m²（长19.5 m²×宽6.42 m，高 4.3 m）；1 室床面积 280 m²（机割菇床1.4 m×16.7×6 层×2 排）；12 室 3 360 m² 周年栽培 8 轮（365 d/45 d），年栽培面积26 880 m²，均产30 kg（采 3 潮菇），年产鲜菇 806 t。

2.生产投入与产出

荷兰采菇工人工资平均 16 欧元/小时，按 8 h 计 1 d 的工资相当人民币 1 300 元（2008 年汇率 1：10），见表 9-16，图 9-92，图 9-93。荷兰人工成本如此之高，菇价却相对便宜，鲜菇在批发市场上的平均价格 4 欧元/千克，超市鲜菇平均价格 8 欧元/千克，见图 9-94。以 1 m² 菇床为计算单位，成本 75 欧元，产菇 30 kg；批发价 4 欧元/千克计 120 欧元，利润 45 欧元/平方米；年栽培面积 26 880 m²，年利润为 120 万欧元。

表 9-16　荷兰菇厂生产投入产出估算　　　　　　　　　　　　　　1 m² 菇床，欧元

项目	数量	单价/欧元	总值/欧元	占比/%	备　注
菌料/kg	100	0.15	15	20	三次发酵的菌料150 欧元/吨
用工/h	2	16	32	43	用工按16 欧元/小时
折旧/m²	1	5.6	6	8	300 万欧元/年÷20 年÷26 880 m²≈6 欧元/平方米
其他/m²	1	21	22	29	水、电、暖等
合计			75	100	
产菇	30 kg	4.00	120		投入：产出＝75：120＝1：1.6； 鲜菇成本75 欧元÷30 千克＝2.5 欧元/千克

图 9-92 架式栽培、采菇实况

图 9-94 荷兰超市鲜菇 250 g 售 2.2 欧元

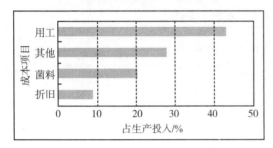

图 9-93 荷兰菇厂生产投入比例(单位:1 m² 菇床,欧元)

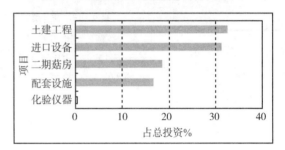

图 9-95 中国进口菇厂投资项目示意图

(二) 国内菇厂的投入产出分析

我国某菇厂按照荷兰标准建设,采用荷兰进口设备及技术,具有代表性。

该菇厂 2006 年投产,根据其 3 年运行数据投入产出分析如下:

1. 建设投资

总投资 2 700 万元;一期 2 200 万元,建有 9 栋菇房;二期工程投资约 500 万元,增建 7 栋国产菇房,见表 9-17,图 9-95。

表 9-17 国内某菇厂建设投资项目 (万元)

项 目	费用	项 目	费用	项 目	费用
1.基建工程	887.6	2.配套设施与材料	453.6	3.进口设备	851.8
配电设施	152.6	夹芯保温板	209	隧道落料机	326.8
9 栋菇房地面	160	锅炉及配套	40	混料生产线	
4 栋隧道主体		冷水机组	35	隧道空调	385
9 栋菇房钢构	50	运输车 2 辆	30	菇房空调	
4 栋隧道钢构		电缆	20	设备零配件	
4 栋隧道防雨棚	15	叉车 2 辆	16.3	菇床架	95
办公室、宿舍	110	100 t 地磅	18.8	空气处理单元	
储水罐	60	厂区监控系统	10	喷水系统	
厂区道路	90	路灯	10	堆肥压块机	30
料场地坪		铲车	10	采菇车	15
菇房隧道门窗	4	PVC 管	8	4.化验室仪器	8
管道网	40	称重天平 20 台	5	水分测定仪 1 台	3
钢构压块车间	59	传送带 2 条	5	凯氏定氮议 1 台	2
钢构操作车间	53	电话、网络	5	CO₂ 测定仪 1 台	1
水塔	30	麦草打捆机	3	pH 计 1 台	0.3
化粪池	12	冷却塔	3.8	电子分析天平 1 台	0.8
别墅	20	螺栓	2	蒸馏水器 1 台	0.2
空调设备室	10	包装封口机 5 台	2	柜橱	0.7
厂门	8	结构胶	1.5	5.二期工程(7 栋国产菇房)	500
石区绿化平整	11	夹芯板辅料	2.2	总投资 2 700 万元,折旧率 5%,20 年平均 135 万元/年(另加	
人工湖	3	其他	17	土地租金 40 万元/年)	

建设投资比例：总投资 2 700 万元，土建工程占 32.9%，进口设备占 31.5%，配套设施占 16.8%，二期投资 18.5%。

2. 菇厂生产能力

二区制生产，16 间菇房，1 室菇床面积 475 m²（菇床长 33 m×宽 1.2 m，6 层 2 排），16 间计，年产菇床面积 7 600 m²。栽培周期 61 d，1 年 6 轮，以 30 kg/m² 计，年产 1 368 t 菇，可日产鲜菇 3.8 t。

1）造料工艺（二区制） 混料 1 d→发酵槽 12 d→隧道 7 d，见图 9-96。

2）隧道产料能力 隧道长 35 m×宽 6 m×高 6 m，腐熟料堆高 2.5 m，体积 525 m³×0.4 t/m³（0.4 t/m³ 为堆料密度）=210 t 熟料（产料能力）。

实际仅利用了 1 条隧道 1/2 容积，每 7 d 装 2 菇室菇床面积 950 m²，每平方米装熟料 110 kg/m²，共计约需 105 t 腐熟料。

3）每周用料量 1 000 m² 菇床铺 105 t 熟料×33%（干料系数）÷60%（发酵损耗系数）≈58 t（31 t 麦草＋25 t 鸡粪＋2 t 石膏）。原材料投入为 41.5 元/m²（见表 9-18，图 9-97），年总栽培面积 45 600 m²，年投入原材料 189.24 万元。

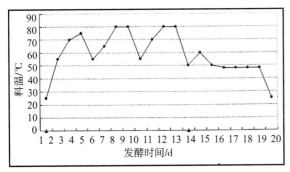

图 9-96 蘑菇堆料发酵 20 天温度曲线

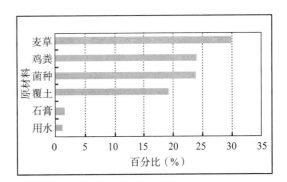

图 9-97 蘑菇生产原材料成本比较

表 9-18 蘑菇生产原材料成本（1 000 m² 菇床）

原料	质量/吨	单价/元·吨	总价/元	占比/%	备注
麦草	31	400	12 400	30	N=31×85%×0.7%=184(kg)
鸡粪	25	400	10 000	24	N=25×85%×2.5%=531(kg)
石膏	2	300	600	1.45	
覆土(m³)	40	200	8 000	19.3	国产泥炭土
菌种	0.5	20 000	1 000	24	进口菌种 20 元/千克
用水	100	0.5	500	1.2	
合计			41 500	100	原材料 41.5 元/每平方米

注：腐熟料含 N%=715kg÷50t；绝干料=1.43%；腐熟料含 N%=715kg÷50t÷0.6；（发酵损耗系数）=2.38（%）

3. 生产总成本

1）每月电费 20.16 万元，1 年电费总额 242 万元。

（1 509 kW×24 h×30%（经验系数）×30 天＋平均变损 10 000 kW·h/月=336 000 kW·h/月，电价 0.60 元/kW·h）。

见表 9-19。

表 9-19 蘑菇生产小时耗电量 （kW·h）

部门	菇房	隧道	混料	落料	制冷	压块	水泵	锅炉	办公	宿舍	照明	空调	合计
用电量	440	165	160	70	187	130	147	40	40	80	20	30	1 509

2）每年锅炉耗煤与运转费约 58 万元。

3）每年蘑菇工厂电、煤费用约 300 万元。

4）蘑菇工厂员工工资约 204 万元。

见表 9-20。

表 9-20 我国某蘑菇工厂员工薪酬费用

人员	部门									合计	平均月薪/元	年薪合计/元
	经理室	人事部	财务部	生产部	工程部	销售部	采购部	保安部	仓管部			
管理/人	4	2	2	5	3	3	2	2	2	25	2 000	60 万
工人/人	0	3	3	70	10	22	4	4	4	120	1 000	144 万
合计/人	4	5	5	75	13	25	6	6	6	145		204 万

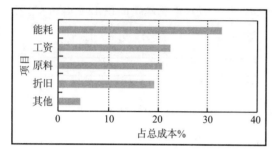

图 9-98 我国蘑菇工厂生产成本构成

5）生产总成本。固定资产折旧费、土地年租金 175 万元（19.3%）+原材料 189 万元（20.8%）+电、煤费 300 万元（33%）+工资 204 万元（22.5%）+不可预见费 40 万元（4.4%）=908 万元（100%），见图 9-98。

我国菇厂蘑菇产量、产值与利润。二区制菇厂年产 6 轮，单产 30 kg/m²。技术成熟需要一定时间，第一阶段单产 25 kg/m²，第二阶段 28 kg/m²，第三阶段 30 kg/m²。

蘑菇平均销售价格按 10 元/千克计，每年蘑菇产量、产值与利润，见表 9-21。

表 9-21 我国菇厂蘑菇年产量、产值与利润

项 目	第一阶段	第二阶段	第三阶段	备 注
鲜菇单产/kg·m⁻²	25	28	30	采三潮菇
1 室 1 轮产菇/吨	11.87	13.3	14.2	1 室菇床 475 m²
1 室 6 轮产菇/吨	71.2	80	85	二区制菇厂年产 6 轮
16 室 6 轮总产量/吨	1 123	1 277	1 368	
10 元/千克总产值/万元	1 140	1277	1 368	
总成本+销售费/万元	908+114=1 022	908+128=1 036	908+137=1 045	①生产总成本 908 万元；②包装、储运、销售费 1 000 元/吨
利润/万元	118	241	323	
产菇盈亏平衡点/kg·m⁻²	22.4	22.7	22.9	

（三）中、荷菇厂生产成本构成与利润比较

荷兰菇厂专业化、机械化水平较高,例如由专业制料场提供 PhaseIII 发菌料、使用采菇机等,即便如此,其用工成本仍高于我国菇厂 20%,见图 9-99。但是我国菇厂折旧费和能耗分别比荷兰菇厂高 10%,5%;我国菇厂投资利润率低于荷兰菇厂 20%。如果我国菇厂将来也采用 PhaseIII 发菌料,年栽培轮交由 6 次增加到 8 次,1 m² 菇床年产菇量由 180 kg 增加到 240 kg,毛利润可由 426 元/平方米提高到 1 000 元/平方米,见表 9-22。

尽管荷兰蘑菇工厂机械化、自动化程度很高,但是荷兰青年几乎无人乐意从事蘑菇生产,菇厂中几乎全是中年妇女或 50 岁以上的男工。由该可见,荷兰蘑菇产业已经进入"后工业化阶段",后继乏人。

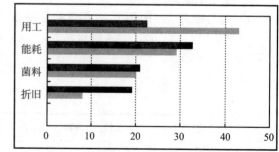

图 9-99 中、荷菇厂成本构成比较/%

表9-22　荷、中菇厂生产成本构成与利润比较(以 1 m² 为例)

项 目	荷兰菇厂		我国菇厂		备　注
	欧元/平方米	占比例/%	人民币元/平方米	占比例/%	
菌料	15	20	41.5	21	按腐熟湿料100 kg/m² 计
用工	32	43	45	22.6	荷兰用工费用高20%
折旧	6	8	38.4	19.3	我国菇厂折旧费高11%
能耗	22	29	65	32.7	我国菇厂能耗高4%
不可预见	0	0	9	4.5	
合计	75	100	198.9	100	欧元:人民币≈1:10(按2008年汇率)
单产	30		30		我国菇厂产率低5 kg/m²
轮数/年	8		6		荷兰用 PhaseⅢ 发菌料增加2轮/年
年产	240		180		
售价	4		10		
年产值	960		1 800		
销售成本	24		180		
投产比	624:960=1:1.54		1 374:1 800=1:1.31		
毛利润	336		426		
利润率	336/624	54	426/1 266	33.6	荷兰菇厂投资利润率高出20%

近10年来,波兰蘑菇工厂迅速兴起,其较低的人工成本和欧盟成员国的贸易优势以及较短的运输距离,使得波兰蘑菇相对便宜,1 kg鲜菇批发价仅1欧元左右,而荷兰鲜菇为2.5欧元/千克。因此近几年荷兰先进的蘑菇生产技术和设备逐渐转移到原料、劳动力相对便宜的东欧国家。

六、国内外双孢菇制种技术和装备研究、生产应用和发展趋势

(一) 国外双孢菇制种技术和装备研究、生产应用

国际上食药用菌制种工艺的系统研究和生产应用已有百年历史。1894年,康斯坦丁等首次制成双孢菇"纯菌种";1929年,美国蓝伯特提出子实体能从单孢子萌发的菌丝体产生,公开了用双孢菇孢子和组织培养物制种的秘密;1948年,法国培育出索米塞尔双孢菇菌株。经过不断地改进、提高、创新和双孢菇规模化、工厂化生产对菌种的需求和促进,目前食药用菌制种业在国际上已成为一个规模化、产业化、工厂化程度很高的行业。

目前国际上食药用菌制种技术和装备较为先进的国家,如美国、法国、西班牙、荷兰等已基本上淘汰了应用近1个世纪的玻璃瓶,并在包装材料、制种工艺和装备、固体菌种小颗粒化、扩繁菌种液体化和制种基质配方及软件等方面有所发展。下面予以介绍。

1. 菌种包装材料研发方面

用微孔过滤膜材质做的呼吸窗,用热封合法封合在折角塑袋适当部位。呼吸窗的直径为40 mm,组成了带呼吸窗的宽大折角塑袋。它代替了传统的套环棉花塞和过滤海绵体盖的玻璃瓶。采用的微孔过滤膜应具有气体交换功能,能满足袋内该菌菌丝体呼吸代谢的需求;可防止杂菌及其孢子的进入;可耐高压灭菌时的高温,不变质、变形,透气性不变。如采用 Sylvan 公司生产麦粒种工艺,菌袋可不经高温灭菌。由于采用带有呼吸窗的宽大折角塑袋和易于分散流动的麦粒、粟粒基质,在接种(固体或液体菌种)封口后,增加了人工翻袋,使菌种发菌的效果产生了很大的不同。翻袋后菌种的萌发点遍布基质内部,减少了发菌时间约66%,进而缩短了制种的周期,提高了培养室的利用率,大幅度降低了生产成本(指培养用电)。与传统的瓶

式袋式栽培种相比,带呼吸窗的宽大折角塑袋的优点是多方面的:

1）包装成本大幅度降低,单位质量食药用菌包装费用下降 85%。

2）菌种生产成本降低 32%以上,菌种培养成本下降 60%以上。

3）单位质量菌种运输成本下降 50%,长途运输破损率由 15%～35%降为 0。

4）菌种培养期由原来的 35～40 d 减少为 15～18 d,菌龄一致菌丝纯白,成品率＞95%。

5）可实现规模化产、业化生产,配以低温冷藏工艺和装备可实现周年化生产,规模化效应产生可进一步降低生产成本,为食药用菌工厂化生产、产业升级、现代化改造在制种方面提供质和量的支撑。

6）为菌种规范化管理和食药用菌生产追溯制度的实施创造有利条件。

2. 制种工艺研发方面

1）西班牙制种工艺流程和装备 见图 9-100。

按基质配方、称重、进料	高温、高压、蒸煮	降 温
自动称重、提升、进料装备线	双锥型夹层混合器	排气、减压
出料、冷却（开放式）	装袋、称重	高温、高压蒸汽灭菌
倾斜输送机、滚筒式冷却机	倾斜输送机、装袋称重机	预真空高压蒸汽灭菌器
降温、冷却	接 种	菌种袋封口
排气、减压、冷风机	层流罩下人工接种	热封口机
翻袋（混种）	培 养	冷 藏
人工翻袋	培养室培养架、空调机	高温冷藏库

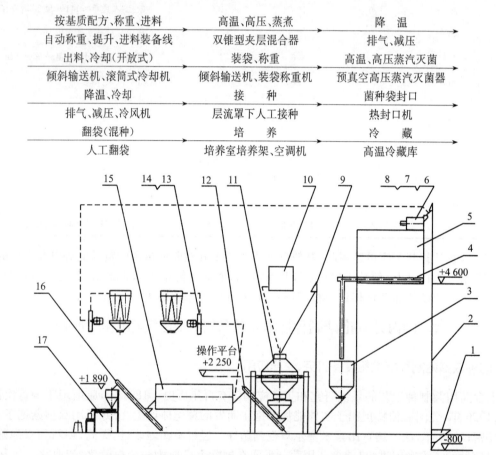

图 9-100 双孢菇麦粒种生产流程装备示意图（存储、称重、加料、蒸煮、冷却、装袋）

1. 投料斗；2. 提升机；3. 称重桶；4. 螺旋输送机；5. 储麦仓；6. 初清筛；7. 除杂风机；8. 双联刹克龙；9. 提升机；10. 定量水箱；11. 双锥蒸煮器；12. 提升机；13. 冷却风机；14. 双联刹克龙；15. 滚筒冷却机；16. 提升机；17. 接料、输送、装袋、定量称重机

2）美国制种工艺流程和装备 见图 9-101 至图 9-104。

按基质配方称重、进料	高温、高压、蒸煮、灭菌	降温、冷却
自动称重、提升、进料装备线	V 形夹层混合蒸煮器	排气、减压通无菌空气夹层冷却
接种（在 V 形混合器上）	搅拌混种	定容装袋
人工接固种或用气压或蠕动泵液体接种	定时回转混合器	可变容积快速接头、电动蝶阀
菌种袋封口	培 养	冷 藏
热封口机	培养室、培养架、空调机	高温冷库

由上看出,美国制种工艺比西班牙制种工艺少了 3 个工序——灭菌工序、减压降温工序、开放式冷却工序。这是由于制种工艺进行了改进。在与西班牙制种工艺对比中,美国制种工艺把蒸煮工序和灭菌工序合

为一个工序;用整体集中(混合器)接种代替了分散式人工接种;用整体集中(混合器)混种代替了人工翻袋混种。以上的工艺改进带来的优点是:

(1) 由于把蒸煮工序和灭菌工序合为1个工序,可使蒸汽能源节约50%,减少购买灭菌器的费用,缩短制种周期,减少生产用地面积和生产成本。

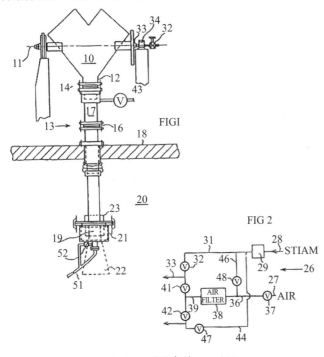

图 9 - 101　美国专利 4204,364

图 9 - 102　V 形混合蒸煮灭菌器

图 9 - 103　装袋封口实况

图 9 - 104　架式培养

(2) 由于用整体集中(混合器)接种代替分散式人工接种,可缩短接种时间和人工,减少生产成本。

(3) 用整体集中(混合器)混种代替人工翻袋混种,可提高混种均匀度,省去了翻袋混种人员,消除人工翻袋混种不均匀的人为因素,并减少制种生产成本;同时,由于定容装袋后直接进行热封口,不再进行人工翻袋,所以不存在人工翻袋混种时对呼吸窗的遮盖、阻塞,对塑袋材质耐高温要求降低,对呼吸窗性能无影响。美国的制种工艺和装备是在美国专利"在固体底物上细胞的无菌培养方法和装置(4204,364 1980 年 5 月 27 日)"的基础上发展起来并完善的。美国 Sylvan 跨国菌种公司即采用这种制种工艺。

3. 固体菌种方面

固体栽培种和部分原种趋向小型化,这样可以提高单位质量菌种的萌发点,因为尽量多的活动性强的菌种萌发点是食药用菌制种获得高成品率的关键。目前欧洲大部分以未脱壳的粟粒为基质制种,与经过多次

197

巴氏消毒翻堆发酵的培养料混合接种生产食药用菌,既节能又能减少生产工序。其关键是要求栽培种颗粒小流动分散性好,接种量大(>5%),萌发点多。对于粟粒坚硬的外壳采用特殊且简单的办法,使之既有裂缝又不脱壳。

4. 液体菌种方面

研发使用液体菌种是方向。除了传统液体菌种外,目前国际上研发使用固体原种进行液化,生产液体菌种成为热点项目。由专业菌种生产企业生产固体原种,而液化接种放在食药用菌生产企业。由于液化技术易掌握,适用于大、中、小食药用菌生产企业,预计将来发展迅速(详见液体菌种章节)。

5. 菌种培养基配方研发方面

1) 培养基中原料除采用粮食颗粒外,因地制宜研究采用各种农副产品下脚料、矿产资源,如草炭土、泥炭土、矽藻土进行菌种制作。

2) 培养基中辅料成分的研发尤其是保水、分散性辅料的研发。

3) 培养基配方与配方软件研发,研发出适合于当地情况的最经济适用的食药用菌种培养基配方。

(二) 我国双孢菇制种行业发展方向和建议

国内双孢菇制种技术和装备水平亟待提高。我国食药用菌生产大部分属于依靠自然气候分散的专业户生产方式,所以当前我国制种工艺和装备大都停留在手工作坊状态,包装材料仍采用玻璃瓶或无呼吸窗的小塑袋,生产工艺落后;生产工序以手工为主,生产效率低。由于属季节性小规模生产,对菌种需求量小,造成计划性不强,影响我国制种业的规模化、产业化、工厂化生产技术装备的发展;由于菌种管理薄弱,菌种混杂、退化,双孢菇生产专业户大部分购买母种或原种自行生产,在制种方面不够专业,栽培种质量无法保证,每年都有大量不合格菌种投入生产,减产幅度为 10%~15%,成为制约我国食药用菌生产发展的瓶颈之一。

食药用菌生产和技术装备是相互促进的,20 世纪 90 年代,由于食药用菌工厂化周年生产发展迅速,对栽培种规模化、工厂化生产技术装备有需求,因此国内研发单位探索模仿国外规模生产菌种的工艺和装备。福建省食用菌研究所率先研发出双孢菇麦粒栽培种工厂化生产技术和装备,并于 2010 年投入生产。该单位采用的工艺流程和装备,基本上属于西班牙制种模式,西班牙制种工艺和装备较易掌握并适合我国国情。

当前我国食药用菌产业正处于家庭作坊式依靠自然气候的传统农业生产方式向周年工厂化生产方式转变,实现产业升级和现代化改造的时期,作为这一产业的上游首道行业——制种行业,关乎这一产业的成败,其重要性是不言而喻的,其市场前景也是非常宽广的。我们必须抓住这有利时期,加大双孢菇制种技术和装备的研发力度,制订制种行业近期、远期的研发和发展规划。

目前食药用菌制种业在国际上已成为一个产业化程度很高的专门行业,该行业已走上规模化、产业化、工厂化生产的道路,这也是今后我国食药用菌制种行业发展的方向。具体表现在以下几个方面:

1) 研发食药用菌制种新工艺,推广食药用菌制种新成果,使科技成果尽快转化为生产力。加强研发的深度和创新度,缩短制种工艺和装备和先进国家的差距,推广适合我国当前食药用菌生产的制种工艺和装备,还要发展更为先进的制种工艺和装备。

2) 开发新基质材料,在因地制宜推广使用农副产品及其下脚(如枝桠材木屑、稻麦秸秆、玉米芯秆、麦麸、米糠、豆饼粉、棉子壳等)作为制种的主要原料的同时,加大固种小颗粒化菌种、矿物菌种、液体菌种的研发力度和保水、促分散流动新辅料的研发力度。

3) 研发固体栽培种的新包装材料,大力推广带呼吸窗的宽大折角塑袋和配套制种工艺和装备,同时研发性能更好、更稳定的呼吸窗材料。

4) 加强与重视制种新工艺和装备的研发与配合。工艺与装备是相互联系又是相互促进的两个方面,只有给予同等重视才会产生新一代的制种工艺和装备。

5) 要坚持制种技术和装备的研发的连续性、长期性、规划性和创新性。福建省食用菌研究所之所以能在全国首先实现双孢菇栽培种的规模化、工厂化生产,是和该所及其前身的福建省蘑菇菌种研究推广总站 20 多年来坚持双孢菇菌种规模化、工厂化生产研发、改进和提高是分不开的。

希望我国的相关科技机构朝更高的研发目标迈进,在不久将来能诞生一个像美国 Sylvan 公司那样具有自主知识产权的集研发、推广、经营为一体的知名制种企业。

第六节　食用菌工厂化的高新技术应用

当今时代,科学发展日新月异,技术创新层出不穷。高新技术在农业领域的大量倾注与广泛应用,激发起传统产业内部蕴含的巨大潜力,加速了农业向现代化前进的步伐,并显示出辉煌灿烂的美好前景。食用菌工厂化栽培就是把众多工业领域的高新技术引入到农业中来,从而实现产业化大生产的历史性发展阶段。"问渠那得清如许,为有源头活水来",实践证明:谁能运用科技力量付诸实现新的生产方式变革,谁就能在激烈的市场竞争中脱颖而出,抢得先机;谁拥有强大的科技成果转化可持续能力,谁就能不断地促进新的生产力形成,始终掌控未来发展的主导地位。

科技创新永无止境,食用菌工厂化生产的内涵也将随着历史发展而不断丰富。21 世纪科技大潮激浪汹涌席卷全球,以现代生物技术、信息技术、能源技术和新材料技术等为代表的各类最新科技成果不断涌现和迅猛发展,它们与农业工程技术的交汇融合和集成应用,给食用菌行业的科技进步和能级提升带来不可估量的深远影响,更为食用菌工厂未来高端化发展开辟了新的攀登路径。

一、现代农业生物技术

以基因工程、细胞工程、酶工程、发酵工程为代表的现代生物技术正在日益影响和改变着人们的生产和生活方式。生物工程是利用生物的特定功能,通过现代工程技术的设计方法和手段来生产人类需要的各种产品,改造生态系统和环境、创造新的生物品种和生物制品的应用技术体系。生物工程技术的快速发展为农业现代化提供了新的方法和手段,也为农业产业的技术改造和提高注入了新的活力。

1. 细胞工程

细胞工程是生物工程的一个重要方面,是应用细胞生物学、发育生物学、遗传学和分子生物学的理论和方法,按照人们的需要和设计,进行细胞水平上的遗传操作,重组细胞的结构和内含物,以改变生物的结构和功能,快速繁殖和培养出人们所需要特定的细胞、组织产品以及新型物种的一门综合性科学技术。其中细胞融合技术在农业创新种质资源应用上已经硕果累累,该项技术是在新品种特别是远源杂交新品种开发时,通过人为的方法,将遗传性状不同的两种脱壁细胞的原生质体在融合促进剂的诱导下发生融合,进而发生遗传重组,以产生同时带有双亲性状、遗传稳定的新品种和类型。原生质体融合技术可以克服细胞壁和交配系统对育种的障碍,使食用菌的种内不同品系间以及遗传距离较大的远源种间、属间杂交成为可能。日本、英国、中国、加拿大等国家的科研人员已对蘑菇、香菇、木耳、平菇的原生质体进行了分离、融合、再生的大量研究工作,进而获得重组因子。从有关的报道和交流情况来看,在过去的几十年中,人们已分离出 60 余种食用菌的原生质体,成功进行种内融合的已有香菇、草菇、平菇、毛木耳等品种;成功进行种间融合的已有糙皮侧耳和桃红侧耳、糙皮侧耳和灰侧耳、糙皮侧耳和凤尾菇、糙皮侧耳和佛罗里达侧耳、凤尾菇和灰侧耳、灰树花和白树花等品种;成功进行属间和科间融合的已有香菇和糙皮侧耳、杨树菇和糙皮侧耳、金针菇和凤尾菇、香菇和松蕈等品种。从而为食用菌的品种开发拓展了新路径。河北大学利用细胞融合技术,选育出香菇和平菇(紫孢侧耳)两个属间的远源杂交新品系。菌株在生长速度和生物转化率方面都超过了双亲。四川省农科院土肥所微生物研究室采用独创的细胞融合-融合核分裂技术,选育出金针菇和凤尾菇的科间杂交后代"金凤 2-1",不仅兼有金针菇和凤尾菇的遗传特征,而且具备营养丰富、味道鲜美、优质高产、抗逆性强、广温型等特点,成为全国大范围推广的新品种。

2. 发酵工程

发酵工程是生物技术产业化的关键环节,利用微生物生长速度快、生长条件简单以及代谢过程特殊等特点,在合适条件下,通过现代化工程技术手段,由微生物的某种特定功能,进行大规模生产的技术。固体发酵技术和液体发酵技术共同构成了发酵工程技术的主要内容,而食用菌的基料栽培及其菌种制备工艺本质上就是这两大发酵技术的应用和拓展。

1) 固体发酵技术　传统的双孢菇堆肥制作方法经过不断创新改造,已经发展到了几近完美的地步。欧美等国家在历经室外自然发酵和仓式发酵的发展阶段后,又在 20 世纪 80 年代创立了隧道控温通气发酵技术。在全封闭结构并具备良好防寒隔热条件的隧道设施内,最先采用的管道式或网格式地面通风系统,将高压的新鲜空气按照设计的流向充分进入堆肥。加上严格的工艺控制,很好地解决了固体发酵过程中的热能传递和质量传递的难点。数百立方的整个堆料得以完全、充分并且均匀的发酵,各点位置仅有 1～2 ℃的温差,质量全部符合使用标准。由于解决了通风和保温的矛盾,堆料仅需依靠自身的发酵热,就可以满足巴氏灭菌和腐熟的工艺温度需要,因而节约了大量能源,并且大大缩短了发酵周期。在这基础上,荷兰等国家又发展了更为先进的 3 次发酵的生产模式,即在无菌环境条件下的隧道内集中进行播种和发菌培养,最后将发满菌丝的培养料,压块成型销售给菇场和国外,不仅使栽培菇房的年利用率从 6 周期提高到 8 周期,而且使单产水平提高了 15%。在木腐菌堆料处理方面,以往针叶林下脚料的利用往往需要经过较长时间的堆沤,广东省微生物研究所发明一种快速降解松木屑松脂类物质的生物发酵方法,通过添加专类的生物菌群,在较为高温的条件下,只需 4～6 d 就可以将松木屑松脂物质含量从 25.7 g/kg 降低至 5.4 g/kg。

2) 液体发酵技术　采用液体菌种替代固体菌种是食用菌生产技术的一大革新。液体菌种具有制种时间短、接种效率高、定植封面快、发菌周期短、菌龄较一致以及生产成本低等优点。20 世纪末,韩国和日本先后在木腐菌的液体菌种制备和大生产应用的关键技术上取得突破,尤其是韩国,在此项技术的硬件和软件研发方面很有独到之处。整个系统结构简单、操作方便、成本低廉、易于推广。液体发酵罐大多采用分批式、可移动、空气搅拌、软管连接、罐液管一体化蒸汽灭菌的方式。液体接种机 1 次喷射可以接完 16 个菌瓶,每小时的接种量可达 1 万瓶。配方上选用取材方便、价格低廉的原料。工艺上采用摇瓶到大罐的二级放大,舍弃了种子罐,减少了污染概率,因而很快在众多生产企业中得到普及与推广。为了弥补和解决液体菌种时效短、保存难、运输不便的缺点,日本起源生物技术株式会社将培养好的液体菌种脱去绝大都分菌液进行无菌保存,在 5 ℃环境下质保期可达 1 个月。使用时将其进一步打碎(增加萌发点),加入无菌水稀释还原后接种,这一成果也已进入实际生产使用。

3. 酶工程

酶是生物体活细胞产生的具有特殊催化活性和特定空间构象的生物大分子,又被称为生物催化剂。在生物体内,酶发挥着非常广泛的功能作用,它能调控细胞内错综复杂的物质代谢过程,使其有条不紊地进行并与正常的生理功能互相适应。酶工程是利用酶、细胞或细胞器所具有的生物催化功能,借助工程技术手段,将相应的原料转化成有用物质并应用于社会生产的一门科学技术。研究表明,酶技术的应用与食用菌生产有着密切的关系。

1) 酶法诱导　食用菌分泌各种酶能力与酶量的多少,很大程度上决定着它的生长快慢、发育好坏及成熟与否。日本京都菇菌研究所的山中胜次博士,根据真姬菇培养熟成阶段某个特定酶指标会显著升高的变化规律,研究出用少量老熟菌种覆盖在走透菌丝但尚未熟成的栽培料上,以诱导在培菌丝自身内源酶的大量产生,大大缩短了真姬菇培养的熟成时间。这一方法经生产厂家实验已获得成功。

2) 酶法检定　生物体内的各类生化反应都是由特定的酶专门负责催化的。日本科技界对蕈菌新陈代谢、生长发育中的酶促作用进行了大量的研究,努力探索其间的相关规律性。如在对金针菇的分析中,已经确定多酚氧化酶的活性与子实体的收获量有关;超氧化物歧化酶的高度活性是纯白品种呈现白色的主因;而过氧化酶可作为测定金针菇原基形成能力的指标酶。长野县农村工业研究所据此开发出能够判断金针菇菌种是否退化的早期发现技术。通过对生产菌株进行酶谱分析和活性测定,操作者只要根据简单比色方法观察试管酶活反应的颜色,即可判断该菌株未来生长的优劣,为及早发现菌种的退化变异提供了便利手段。

3) 酶法降解　在生料栽培和菌糠废料的资源化利用中,酶或微生物产酶的生物处理方法可以发挥极大的作用。如在菌糠中添加复合生物酶分解剂可以将其直接制成喂养畜禽的生物饲料。内蒙兴安盟农牧业高新技术应用研究所研发的生物活化酶制剂,能够快速降解菌糠废料中尚未完全分解的粗纤维、粗蛋白、木质素等大分子物质,使其转化分解为易于消化的小分子物质。同时增加了香味,改善了适口性,饲喂猪、牛、鸡、鹅等畜禽可以大比例取代全价料,降低了饲料成本。酶法分解技术的作用时间短、设施要求低、操作简便,只需在常温条件下便可进行,是食用菌工厂生产增效的一条捷径。

4) 同工酶技术　同工酶是指生物体内催化相同的反应,而结构和理化性质不同的酶分子形式。同工酶技术是在分子水平上研究生物现象的重要手段之一。它不仅是生理生化指标,而且是可靠的遗传标记。该项技术已在蕈菌分类鉴定、种质鉴定、亲缘关系和遗传多样性研究方面大量应用。福建省轻工业研究所以酯酶同工酶电泳多态性为遗传标记,建立了鉴定菌株的基因型、分析菌株间的亲缘关系、推定同核体不育株、鉴定杂交、预测新菌株特性、分析杂交子代遗传变异规律等一整套实用技术。

4. 基因工程

基因工程又称 DNA 重组技术,是在分子水平上的遗传工程。采用与工程设计十分类似的方法,按照人们预想的设计蓝图,运用人为方法从某一供体生物中提取所需要的基因或基因组,在离体条件下用适当的工具酶切剖后,与载体连接,然后导入受体生物细胞中,使外源遗传物质在其中进行正常复制和表达,从而选育出新的物种。

1) 基因工程育种　是人们在分子生物学理论指导下的一种自觉的、能像工程一样可预先设计和控制的育种新技术。它可定向改造生物的遗传性状,并且可以完成超远源杂交,因而具有非常广阔的发展前景。在食用菌领域,国内外已有众多的科技人员潜心致力于采用基因工程技术定向培育新品种的研究,包括研发抗虫、抗病、优质、高产新种质,以及将编码纤维素或木质素降解酶基因导入食用菌体内,以提高食用菌菌丝体对栽培基质的利用率,或开拓新的栽培基质原料等,并已取得很大进展。但与动植物相比,食用菌在转基因技术方面起步要晚得多,投入力量也相对较薄弱,目前总体水平基本还处于基础研究和实验技术建立阶段;加上转基因生物品种对生态环境和人类健康影响的不确定性,不少国家对投入商业化生产仍持审慎态度,因而落实在工厂化生产实际应用还需进一步探索与拓展。

2) 分子标记辅助选择　正在为育种界提供新的锐利武器。分子标记辅助选择(MAS)主要是利用分子标记目的基因紧密连锁或共分离的关系,用分子标记对育种材料进行目标区域选择,同时对全基因组进行筛选,减少连锁累赘,从而快速获得期望的新材料。主要内容包括:质量性状鉴别、数量性状鉴别、亲本性状选择、亲本遗传背景选择、分子标记辅助后代选择、分子标记辅助杂种鉴定等。国际上最新的育种方法"品种分子设计"技术,就是利用分子标记,发掘种质资源中控制高产、优质、抗病、耐逆等重要性状形成的关键基因以及功能突变位点,明确其利用价值和途径,了解基因与基因互作、基因与环境互作的关系效应,完成这些对重要功能基因和调控因子的精确定位;并与常规育种技术相结合,实现蕈菌的优良基因在新品种育成中的多重聚合和最佳配置。构筑品种分子设计技术体系将推动传统的"经验育种"向高效的"精确育种"转变,大幅度提升育种效率和技术水平,引领蕈菌育种技术的创新与发展。如可通过分子标记辅助选择,把野生种中某个可以提高产量的 QTL(数量性状基因座位点)转移到生产种里,就可以选育出丰产菌株,显著提高蕈菌的栽培产量。

5. 生物防治

采用生物技术来防治病虫害的发生有着广阔的前景。如细菌性斑点病是造成世界上双孢菇栽培经济损失最严重的病害之一,科学家们经过研究筛选分离出与病原体亲缘关系最近的拮抗菌——荧光假单孢杆菌,进行大量的培养复制,在覆土时掺入。结果拮抗菌在覆土层大量繁殖占据了优势,迫使其他病原菌无法立足,因而对双孢菇生长形成了一种保护,取得了很好的防治效果。另外,世界范围内已普遍使用生物方法来控制蘑菇虫害。欧洲利用昆虫病原线虫防治菇房双翅目害虫取得显著成效;北美地区利用苏云金芽孢杆菌以色列变种(Bti)防治眼蕈蚊,控制效果可达85%以上。释放天敌的办法也获得很大进展,采用尖狭下盾螨和兵下盾螨等捕食螨已成为对付菇床培养料中蝇蛆、蚊蛆和害螨的利器。

二、现代农业信息技术

农业信息技术是现代信息科学技术和农业产业相结合的产物,是计算机、信息储存与处理、通信、网络、人工智能、多媒体、全球定位、仿真与虚拟技术等在农业领域移植、消化、吸收、改造、集成的结果;是系统、高效开发和利用农业信息资源的有效手段。20世纪末,美国农业信息化程度已比工业高出81.6%。同一时期,计算机在日本农业生产部门的应用普及率已达到93%以上。不少专家指出,进入到21世纪,农业定会出现一个以数字化为特征的崭新面貌。信息技术在农业工厂化生产领域集成应用,表现最突出的应该是数字化工厂模式。

数字化工厂是引入大工业可控生产和计算机辅助设计的思想,以数字化技术为依托,按生产者需要的目标，将工厂化农业系统中所涉及的生物要素、环境要素、技术要素、社会经济要素等从客观世界中抽象出来，用数字的形式来描述它们的状态和运动规律，重点是对农业工厂化生产所涉及的对象和全过程进行数字化表达、设计、控制与管理。现代信息技术与农业生产实现有效的融合，包括农业资源的信息化管理，农作状态的自动化测控，生产过程的动态化模拟，生产系统的可视化仿真，管理知识的模型化表达，农作管理的精确化控制等。数字化技术将是信息化条件下食用菌工厂迈向高端化发展的重要标志。当前，许多发达国家和地区都在积极探索建立数字化农业生产实验系统，并在研究和应用示范过程中，已取得了显著的经济效益、社会效益和生态效益。

1. 数字化的规划设计系统

规划设计，是工厂化项目成功建设的前提。当今食用菌工厂发展，规模越来越大，水准越来越高，技术也越来越新，这就对规划设计提出了非常高的要求。传统平面图纸规划设计的缺陷在于：抽象表达，可读性较差，给各个专业的交流带来不便；静态反映，难以预估实际过程中可能发生的各类碰撞干涉；调整困难，设计更改往往牵一发而动全身，工作繁琐、耗材、耗时、耗力。而数字化的规划设计系统，可借助可视化仿真技术，在计算机内完成工厂的 3D 虚拟构建，逼真地显现未来车间生产的场景。设计者和建设者可在虚拟工厂内"身历其境"地漫游感受，既可全景纵览，也可分段调阅，还可细部审视，进而对设计方案作出分析、评估与优化，随手进行修改、补充、调整。这类规划系统一般着重建立 3 个方面软件平台：一是车间布局的可视化仿真平台，通过三维图像和情景模拟，可以一一对建筑结构、场地容纳、工艺流程、设备布局、单元划分和物流路径等进行评估、分析和实时调整，提前发现并避免诸如环境约束、设备干涉、物流瓶颈等问题的发生。二是生产物流的可视化仿真平台，通过动态模拟，可以直观方便地了解生产过程中产品加工、停滞、移动的运行情况，找到物流阻滞、设备等待、节拍失匹等障碍发生的原因，同时还可试验和确定各种解决方案。三是操作过程的可视化仿真平台，提前对生产过程中的作业顺序、作业路径、作业时间、作业质量控制点进行验证和优化，对主要工序和关键工位进行人机操作仿真，生成作业指导书，对工人进行培训。数字化的规划设计系统将未来实际生产过程中的各种要素，包括厂房、设施、装备、工艺、人员在计算机上进行仿真模拟和动态预判，每个作业环节和工艺过程都可以经过反复多次的推演，验证其规划设计的正确性。由此可大大减少实际建设中的施工障碍和批量投产前的调试时间，缩短建设周期，为投产后的高效、精确管理奠定基础；并可确保真实工厂的生产能够完全达到预先设定的数量、质量、工时和成本目标。发达国家一些专门从事食用菌工厂规划设计的公司和大型生产企业都已开发和采用了这类系统。据工信部统计，国内主要行业大中型企业的数字化设计工具的普及率，目前也已超过 60%。

2. 数字化农作模拟系统

数字化农作模拟系统：主要包括蕈菌生长模拟技术和计算机虚拟栽培技术两个方面。

1) 生长模拟技术　将蕈菌与影响蕈菌生长发育的环境和技术因子作为一个整体，应用系统分析的原理和方法，综合菌物学、农艺学、环境学、气象学、营养学、系统学、计算机科学、数理统计等学科的理论体系与研究成果，对蕈菌的营养积累、水分输送、阶段发育、器官生长、产量与品质形成等生理过程及其环境和技术因子的动态关系进行量化表达和数学建模，并通过计算机构建能够显示蕈菌生长发育过程的三维几何形态模型，进一步形成数字化、可视化的蕈菌生长模拟系统。蕈菌生长模拟主要包括生长周期、发育阶段、器官建成、物质生产和分配、品质形成、养分动态、水分平衡等若干个子系统。这个系统可以量化分析和动态预测不同环境条件、不同品种类型、不同管理措施下蕈菌生长、发育、产量、品质等生理生态过程，并实现蕈菌生长过程的可视化展示，有助于促进蕈菌的栽培调控、品种性状设计，生产力评价的数字化和科学化。利用蕈菌生长模型可在计算机上进行假设测验和模拟试验，研究蕈菌生理生态的响应模式、栽培管理的技术途径与品种改良的目标性状等。可以成功地避免实验研究中干扰因素多、周期长、费用高等弊病，使生产管理决策由静态变为动态，由定性为主变为定量为主，由专家经验为主变为机制推断为主，由滞后被动变为超前主动。

2) 虚拟栽培技术　以往生产者主要是依据蕈菌栽培现场的长势、长相、菇型来判断当前的生长状态，决定相应的管理措施。利用计算智能方法（如模糊数学和神经元网络等）和代理（Agent）技术，融合蕈菌生长机制和栽培管理的规律，实现蕈菌生长过程三维空间结构的可视化表达，生成一个逼真的、具有视觉、听觉、触觉等效果的可交互的、动态的蕈菌栽培作业场合，形象生动地再现各种条件变化对蕈菌生长发育过程和生产目标的影响。人们可对该虚拟作业场合中的虚拟栽培对象进行观察和操纵，通过计算机平台的演示，将1

次需要很长时间的蕈菌生长过程缩短在几分钟，甚至几十秒内完成，在这个过程中，操作者可以反复进行装料、接种、培养发菌、调控出菇等虚拟操作，从中找到最佳的农艺方案。工厂还可以采取虚拟栽培和实际栽培两套系统平行作业，进行比对发现问题，不断改善和优化蕈菌生产的过程控制。

3. 数字化生产测控系统

数字化生产测控是指以计算机和传感技术为主体的监测控制技术在农业生产过程的应用。对拥有几十上百个养菌房、出菇室或数万平方米栽培面积的食用菌工厂来说，要管理分布于各个菇房的几百台设备，以及保持各类环境、技术参数在给定的范围之内，仅仅依靠人工操作，是无法保证及时准确调节的。食用菌工厂化生产为了达到高产、高效、优质、安全的目的，就需要采用现代化手段，对整个生产过程，特别是栽培对象的生态环境、生理状况和生长态势实施实时、快速的无损监测、精确诊断和动态调控。建立起工厂化食用菌栽培的精准控制执行单元，以及以此为基础的中央监控系统。

1）生长环境测控　食用菌工厂人工环境系统的特点是：空间分布性强、时令变异性大、多因素相互影响，同时，面对的又是有生命的活体对象。人工环境包括的内容很多，但菇房环境主要指温、光、水、气、风等要素因子。环境测控的重点就是对这些要素进行控制和管理，为蕈菌创造适宜的生长发育环境。以往较多的是单因子控制，只对某一要素进行调整，不考虑其他要素的影响和变化。多因子控制是将菌物在不同生长发育阶段要求的环境要素，配合相应关系编制成计算机程序，采用多因子随变控制技术，当某一环境因子发生改变时，其余因子自动作出相应修正或调整，以便更好地优化环境的组合条件。该系统既能保证菌物始终处于最适的生长环境，又能调节设备运转发挥最佳的节能效果。

2）生理测控　蕈菌的生理参数，是直接反映其生长发育和产量形成的重要指标。在给定参数范围和定量关系的基础上，可以通过对栽培对象的体表温度、水分传导、营养输送、蒸腾速率、气孔阻力以及光照反映等一系列重要特性指标的测定，直接了解蕈菌的生理状态，并根据实际需要，对影响其各类生长因子进行调控。随着传感技术的发展，国内外许多企业已开发出多种用途的作物生理生态监测仪。如通过液流仪采集电位、电阻信息，可以研究蕈菌体内营养输送、水分传导的情况；通过气孔计检测气体交换的阻力变化，可以反映蕈菌的呼吸强弱；通过微重量电子传感器可以检测出蕈菌体表蒸腾量的变化，并据此计算出蒸腾速率。这些参数经过分析处理，与专家系统结合，可以更加精确地指导相关工艺技术的调整和改变。

3）生长测控　栽培对象的生长状态与最终产量品质直接相关。将机器视觉技术引入到蕈菌的生长监测中，实现数字化的非现场控制管理，可替代以往依靠技术人员巡临菇房直接处理的传统方式。机器视觉系统一般由CCD摄像机与装备有图像采集板、图像处理软件的计算机组成。CCD摄像机将所有识别的对象目标以图像形式记录下来，图像采集板将CCD摄像机采集到的光电信号转换成数字化信号，供计算机进行特定的处理。利用计算机图像处理和图像分析比人眼更精确的分辨能力，在栽培区对蕈菌（个体或群体）的生长状态进行连续、快速的无损检测。主要包括两个方面：一是长势监测。通过发菌快慢、芽出多少、菌柄长短、菌盖大小、颜色深浅、长势强弱等图像显示，判别其生长的状态与成熟度。二是疫情诊断。可以直接判断诸如由于缺维生素、高温、冷害、缺氧等引起的生理性障碍；各种真菌、细菌、病毒引起的侵染性病害；各种螨类、蚊蝇引起的虫害等情况，以便对症处置。通过线缆、网络将摄像机拍到的远程图像传输到控制中心，控制中心对图像进行处理，提取反映蕈菌长势状况的农学参数。

智能化管理系统将各类监测获得的实时状态信息进行处理，即可准确判断出栽培管理过程中环境－对象－技术所发生的问题，同时确定调控方案，指挥执行系统运行相关设备、设施进行精确调控，从而实现全程作物生产管理的信息化和精确化。

计算机测控技术还可应用在食用菌工厂生产过程的各种自动化作业、在线检测、质量溯源以及企业安全防范等方面。

4. 数字化管理决策系统

数字化管理决策系统是农业信息技术的重要内容和应用平台。农作管理决策系统包括专家系统和知识模型两大部分。专家系统是以知识为基础，在特定问题领域内模仿专家从事推理、规划、设计、思考和学习等思维活动，解决复杂现实问题的计算机系统，它应用人工智能技术，总结和汇集农业专家长期积累的宝贵经验，以及通过试验获得各种资料和数据，针对具体的工作条件和生态环境，科学地指导农业生产，以实现高产、优质、低耗、常效的目标。专家系统通常有知识库、推理机、综合数据库、知识获取程序和人机接口五大部分组成,具有自然性、透明性、灵活性、简单性、决策性等主要特征。农作管理知识模型是在总结、归纳和提炼农作理论与技术的研究成果和知识积累的基础上,利用系统分析方法和数学建模技术,通过解析作物—环境的动态关系,建立定量描述蕈菌生产技术与生育指标的系统化动态模型。农作管理知识模型用模型代替了传统专家系统中的知识库和推理机,实际上也可以认为是一种模型化和数字化的专家系统,可用于不同生态环境和不同产量水平下的作物生产管理决策,具有动态性强、适应性广和使用方便等特点。农业工厂栽培管理决策系统,可在生产目标确定、栽培方案设计、技术参数选择、物料资源分配、生产过程控制、病虫疫害防治、经济效益分析,专家知识浏览和系统维护等方面发挥重要作用。如在栽培方案选择时,系统会对比不同营养配方组合、不同工艺技术措施、不同环境调控方法对产量、质量目标产生的影响进行实例分析和技术优化;在生育管理调控中,系统会根据蕈菌生长规律,绘制出栽培过程中蕈菌生长发育的"专家曲线",并给出每一时段最佳的调控建议。当监测到蕈菌生长发育情况偏离曲线,或与专家知识不符时,系统会分析原因,推荐一个适宜的调控措施。在病虫害防治方面,系统会综合设施环境、蕈菌生长与以往病虫害发生情况,预测病虫害的发生,包括病虫害种类,可能发生的时间、程度,并根据病虫害专家系统给出具体防治方案。

三、现代物理农业技术

现代物理农业技术是农业领域具有发展潜力的一个创新层面。具体来说,就是利用具有生物效应的电、磁、声、光、热、力、核、纳米等物理技术方法来操控动、植、菌物的生长发育或改善其生长环境,最终获取高产、优质、生态、安全的农业产品。发展清洁生产、绿色环保的"物理农业",是解决现有"化学农业"过度依赖化肥、农药,造成土质劣化、环境污染、生态破坏日益严重的一条有效途径。物理农业技术在食用菌生产领域的应用,最为突出的是三大方面:

1. 物理诱变技术

在食用菌育种领域,紫外线、X 射线、Y 射线、快中子、离子束、激光和空间搭载等多种物理诱变技术已成为科技人员手中的法宝,从而创造出一大批可供科学研究和生产利用的新的种质资源。

1) 紫外照射　紫外线是一种最为常见但非常有效的物理诱变剂,诱变效应主要是通过一定剂量的照射,引起生物 DNA 结构产生突变。山东微生物技术国家重点实验室选择本地菇业当家品种"山大一号"平菇进行诱变处理。结果筛选出两株很有潜力的菌株,其中一支菌株表现为朵形美观、抗杂性强、转潮快、生物学效率比原始菌株提高 34%,达到 177%。另外一支菌株发生无孢突变。北京陈文良用紫外线诱变技术,选育出高产、优质的木耳新品种,鲜耳生物学效率达到 66%~82%,耳片质量也增大、增厚。

2) 伽马辐照　γ 射线属于电离辐射,具有很高能量的电磁波,能直接或间接改变 DNA 的结构。1992 年,日本辐射育种场和长野农村工业研究所合作,采用 800~1 200 Gy 的 γ 射线照射金针菇黄白色栽培种,分离到 100 个纯白菌株,然后又从具有实用性状的 6 个菌株中优选出一支菌株,命名为"卧龙 1 号"纯白金针菇。该品种不仅颜色纯白,而且易于栽培,菌盖形态好,菌柄不粘连,成为日本金针菇品种改良的一个优良品系。

3) 激光作用　激光作为一种应用前景十分广阔的新型诱变技术,通过光效应、热效应和电磁效应的综合作用,能使生物体的染色体结构发生突变,具有操作简单、安全、正变率高、辐射损伤轻等优点。陈五岭、姚胜利采用氦氖激光器诱变选育香菇,新菌株在相同条件下生长周期比亲本平均缩短 29 d 以上;产量提高 10% 以上,最高提高了 99.5%,并具有良好的遗传稳定性。

4) 离子注入　利用离子注入设备产生离子束注入生物体引起遗传物质的永久改变,再从变异菌株中筛选优良菌株的方法。离子束注入具有损伤轻、突变率高、突变谱宽、遗传稳定、易于获得理想菌株的特点。新疆大学陈恒雷利用低能 N$^+$ 束诱变选育高温阿魏菇,分别对菌丝单细胞和分生孢子进行处理,获得 3 株耐高温突变株。经 30 ℃高温培养环境发菌后,各个子实体出菇发育正常,产量平均分别达到 194 g、155 g 和 161 g。

5) 空间搭载　利用人造卫星、航天飞船进行生物种子搭载,在外层空间宇宙射线、微重力、高真空、弱磁场等特殊环境条件作用下,使物种产生基因突变。迄今为止,我国已进行了香菇、平菇、黑木耳、金针菇、灵芝等多个品种的空间搭载试验。返回地面后的检测表明,所有在试品种都发生了变异。这无疑是未来食用菌育种技术发展的一条新途径。

2. 物理增产技术

越来越多的科学研究和试验表明:自然界影响生物生长发育的环境条件,除光照、温度、水分、空气、营养等关键因素外,还涉及地球表层和大气空间存在的各类电场、磁场、声场、力场等物理性应力刺激所产生的生物学效应。

1）人造雷电增产　日本在20世纪90年代起,就开始进行空气放电提高香菇产量的试验,岩手大学的高木浩一研究小组,从"雷多之年香菇丰收"这一说法中得到启发,用4台蓄电器制成一个特殊装置,在香菇收获前的两周至1个月内,在千万分之一秒内对菌袋或菌床施加5万～10万伏的电压。实验结果发现,与未外施电压的通常栽培方法相比,香菇收获量提高了约1倍。研究人员发现蘑菇菌丝分泌的蛋白质和酶等物质在电压后可大幅度增加,推测可能是受外界强烈刺激后菌丝为了繁衍生息而加快了自身发育。此外,韩国用带电水喷淋蘑菇,也提高了产量。德国科技人员在食用菌栽培中进行闪光、放电组合试验,获得了增产、防病双重效果。

2）音乐声频助长　声频助长技术是利用音箱发声对蕈菌施加特定频率的声波,当声波的频率与对象本身固有的生理系统波频相一致时,就会产生谐共振,从而提高组织细胞内电子流的运动速度,促进蕈菌生长发育过程中各种营养元素的吸收、传输、转化与有机物质的合成,收到丰产、优质、早熟的效果。日本宫城县桃生町的西条甚三郎对培养玉蕈的恒温室放送巴赫和贝多芬的音乐,使玉蕈栽培不仅时间缩短,而且产量高出15%以上,抗病能力也有所增强。浙江科技学院和杭州丹华农产品有限公司合作,采用古典音乐与蟋蟀鸣声混合而成的声频,对6种食用菌的菌丝体以及3种食用菌的子实体进行多次播放试验,结果在试产品的菌丝体生长速度加快10.2%～21%,不仅提早出菇,而且延长了采菇天数(子实体的产量分别增加了15.76%、13.38%、13.05%和7.95%),营养成分测试也有不同程度的改善。

3）振动"惊蕈"促蕾　"击木惊蕈"作为中国古代菇农诱导出菇的精湛技术,曾是中外科技界乐此不疲的研究话题,如今更是推陈出新,将其发展成为新的物理农业调控手段。福建省尤溪县农业局采用拍打振动方法,对发好菌的香菇菌袋进行诱导出菇,使基内菌丝在力的作用下发生断裂,刺激形成分支再生;同时也使基质内部出现空隙,含氧量增加,从而促使香菇由营养生长阶段向生殖生长阶段转变。"惊蕈"后的菌袋具有现蕾多、出菇快、潮次分明、缩短产菇期的特点,一潮菇出菇率达到92%以上,比对照组高出近一倍;单袋的出菇数比对照组增加3.7倍,同期产量增加3.2倍。出菇期总体缩短30 d左右,产品口感质量也有所提高。类似方法用于白灵菇、杏鲍菇、平菇、滑菇的多个品种上,效果都很明显。

3）磁化水应用　磁化生物技术在农业生产中也发挥着重要作用。用经过磁场处理后的磁化水或磁化水溶液替代普通水加湿拌料,并在菇期雾化喷洒,有利于促进菌丝的快速生长和栽培产量的提高。国内在对双孢蘑菇、香菇、平菇、银耳、黑木耳等品种的实验报道中,都肯定了该项技术不同程度的增产作用。据分析,磁化水可提高蕈菌体内淀粉酶、谷氨酸脱氢酶、过氧化氢酶、纤维素酶的活性,加速对养分的分解利用。另外,磁化后水中的含氧量、渗透压、电导率、表面张力、溶盐度等物理性能都发生了变化,增加了对生物细胞膜的通过性,有利于生物的水养分吸收。由于磁化水获取较为方便,不需增加生产成本,它的运用推广无疑会对食用菌的发展起到促进作用。

3. 物理防治技术

近年来发展的新型物理灭菌消毒技术,在防治和解决食用菌栽培过程中的气传病害、水传病害、土传病害,减少和免除化学农药施用方面也发挥了重要作用。

1）空间电场灭菌　用极细的特种金属材料与极薄的铝合金材料分别制成放电电极与接地电极,以高压脉冲发生器产生高压脉冲,施加到两极板上形成电场,能持续不断地产生高浓度正离子,细菌、真菌等微生物在高能正离子流的冲击和侵润下,细胞膜和细胞壁被击穿破坏,产生不可修复的破裂或穿孔,导致微生物失活。国内利用这一技术开发的杀菌消毒空气洁净器,结合采用室内循环风和多级过滤,可在有人工作活动(动态)的场所使用,对人体不会产生任何危害。对设备设施也毫无影响,已被多家食用菌工厂采用。另外,国内发明的食用菌空间电场促蕾防病系统,作为设施条件下免施杀菌剂的主要技术手段,在实践中也取得了很好效果。

2）紫外C消毒　这是在传统紫外线消毒技术基础上发展起来的高效紫外C消毒技术,利用发生装置产生强烈的C波段紫外光(T254 nm),当空气和水中的各种病毒细菌与其他致病体通过紫外C的光照射区域时,紫外线会穿透微生物的细胞膜和细胞核,破坏核酸(DNA和RNA)的分子键,使其失去复制能力,无法繁殖或死亡。紫外C消毒技术具有高效率、广谱性、低成本、长寿命、无污染、安全性等其他消毒技术无可比拟的优点,已成为发达国家和地区的主流消毒手段。国内开发的循环风紫外线空气消毒机,采用室内空气循环方式,加装多层过滤和紫外 C 灯管,在迅速过滤空气中尘埃的同时,直接杀灭病毒和细菌,消除污染源,可在 10 min 内,杀灭空气中 92.4％的细菌和病毒,30 min 内可达到 99.92％。另外,在透明夹层水管内外加装紫外 C 灯管,可对通过夹层的水进行消毒。

3）纳米光触媒 纳米二氧化钛光触媒可在紫外光作用下,激发物质表面电子连续发生能级跃迁,继而电子飞出,形成具有超强氧化能力的空穴(正穴)和具有超强还原能力的电子;空穴/电子与表面和空气中水反应后可产生活性氧[O]和氢氧自由基[HO]等活性物质。这些活性物质具有极强的氧化作用,不仅能氧化破坏细菌、霉菌这些有机物的细胞膜,固化病毒的蛋白质,还能在杀菌的同时分解细菌尸体上释放出的有害物质。纳米二氧化钛光触媒的杀菌效能高达 99.997％,并且可长久持续地发挥作用,这是一般银、铜抗菌剂无可比拟的。食用菌工厂的洁净区域采用光触媒纳米材料喷涂墙面创造无菌空间,可以大大减少病原基数。

4）电解功能水 将 0.1％的盐水溶液在特殊装置中经电场作用,分解成具有特殊功能的酸性离子水和碱性离子水。酸性离子水对细菌、真菌、病毒等均有高效瞬间杀灭功能,适用范围广,而且无污染、无残留。在作用对象的同时,最终会氧化还原成普通水,使用安全可靠,对人体无不良反应。碱性离子水可改善酸性土壤、浇灌高品质作物等用途。电解功能水制作成本低廉,经济实用,在日本等发达国家将其作为免农药栽培体系中的一个重要技术,已在农业领域广泛使用。该项技术在我国种植、畜牧行业试验应用都取得不错效果。虽然有试验认为,酸性离子水的直接施用会对一部分食用菌品种的菌丝生长发生有抑制作用,但并不影响其成为食用菌工厂空间和场地清洗消毒的优选对象。同时,碱性离子水还可作为培养基酸碱度调整的化学品替代剂。

5）土壤电消毒 双孢蘑菇的覆土材料以往都采用甲醛进行消毒,后来虽有一部分改用蒸汽消毒,但耗能较高、操作不便。土壤电消毒技术是在需要处理的土壤中,相隔一定距离埋设两块极板,并在极板中间部位的土壤中布设介导颗粒和强化剂,用高功率发生器向极板导入脉冲式直流电,通过土壤中的电化学反应和电击杀效应能有效消灭引起农作物生长障碍的细菌、真菌、线虫等各类有害生物。德国车荷恩赫农业机械公司研制生产了一种微波灭虫犁,这种犁的犁尖壳内有台 6 000 W 的微波发射机,在耕作翻土时,微波通过犁尖发射到土壤中,足以消灭 50 cm 深土中的害虫或病菌,对土壤起到消毒灭虫的效果。

四、新型农业节能技术

食用菌工厂化生产的人工环境设施,需要花费很高的能源代价来维持,为此需大力采用高效低耗节能设备,推广先进的节能技术和管理技术,挖掘设备的节能潜力,提高用能设备的运行效率,开发使用可再生能源,以减少使用常规能源。

1. 能源替代

调整能源结构,积极开发利用太阳能、风能、地热能、潮汐能、生物质能等可再生能源,减少石油、煤炭等常规能源的使用。欧美等发达国家在地热利用方面处于领先地位。利用地热热泵进行加温和制冷的技术已经十分普遍,爱尔兰著名的莫纳汉蘑菇公司在泰霍兰的现代化工厂,就完全采用当地丰富的地热资源提供采暖、制冷和加湿。我国也有丰富的地热资源,地处地热资源带的不少食用菌工厂化生产企业也在尝试利用。在风能利用方面,大功率风能发电机组的开发使用已获得突破。美国阿尔泰罗能源公司研制出一种利用高空强风发电的技术,将风力涡轮机借助一个充满氦气的气囊升入高空,并用绳索固定悬浮,而后将所发的电传回地面,发电效率可达到传统风力塔的两倍。在生物质能方面,利用食用菌工厂排放的菌糠废料进行发电,将低品位能源转换成高品位能源更具前景,原理是:先将菌糠废料送入循环流化床气化炉,经高温热解气化成可燃性气体,再进行除尘、除焦的净化处理,最后送至燃气轮机发电。为进一步提高系统效率,还可利用气化系统和内燃机产生的余热,通过余热锅炉和蒸汽轮机实现循环联合发电。目前国内已成功开发这一技术,平均每度电的单位原料(干)消耗量约为 1.35 kg,发电效率可达到 28％,大型食用菌工厂若能以此投资建设发电项目,可解决自身大部分的用电量,而且原料供应稳定,运行成本低廉,多余电力还可并网供售。

2. 节能建材

在建筑节能方面,各种新型材料的应用正在大放异彩,其中比较引人关注的是薄型保温涂层。ASTEK 陶瓷绝热保温涂料是美国的一项太空科技产品,这是一种由极细小的真空陶瓷微珠和环保乳液组成的水性涂料,它与墙体、金属和木质制品等基材有着较强的附着力,只要直接在基材表面涂抹 0.3 mm 左右的涂层,即可达到隔热保温的效果,绝热性能甚至好过 R20 等级 10 cm 厚度的泡沫材料。美国家豪斯实验室这种涂料用于民用建筑,效果测试表明,该涂料对阳光的反射率平均达到86%,夏天可使空调能耗至少节省64%。国内也有类似的技术产品,并已用于食用菌的设施生产,成本仅是进口的1/5。据有关文献报道,德国巴斯夫公司利用含有可相变的固体石磷胶囊,加入到建筑墙板中,成为一种可以在白天吸收热量,夜晚释放热量,从而可减少空调使用的建筑墙板也已在欧洲和北美地区投入市场;此外,欧盟还新研制出热二极管墙体,这种廉价的薄形二极管具有单向透热的功能,因而产生隔热效果。

3. 节能设备

地源热泵是一种利用浅层地能资源,既可供热又可制冷的高效节能空调设备。按资源条件细分,具体又有土壤源热泵、地表水热泵、地下水热泵和污水源热泵等4类。地源热泵通过输入少量的高品位能源(如电能),实现由低温位热能向高温位热能转移。地能分别在冬季作为热泵供热的热源和夏季制冷的冷源,即在冬季把地能中的热量取出来,转移到建筑物内用以供暖;夏季把建筑物内的热量取出来,释放到地能中去用以降温。通常地源热泵消耗1 kW·h的能量,用户可以得到4 kW·h以上的热量或冷量。因此,地源热泵比传统空调系统运行效率要高,节能效果可达40%左右。该系统不用冷却塔,没有外挂机,一套装置替换了原来锅炉加制冷机的两套装置,而且机组运行稳定可靠,使用寿命长,维护费用低。地源热泵的污染物排放,也比电供暖减少70%,在北美、欧洲许多发达国家对该技术的应用已十分广泛。如果在资源条件和系统条件适宜的前提下,积极采用地源热泵技术,可以使相当多的食用菌工厂实现降耗节能的重大突破。

4. 蓄能技术

为了降低能源成本,日、韩等国不少食用菌企业已采用蓄能技术。该类技术是用电使介质形态变化,储存能量,通过能量的转换起到间接储存电能的作用。在电力负荷低的夜间,用电动制冷机制冷,将冷量以冷水或冰的形式储存起来,在电力高峰期的白天,充分利用储存的冷量进行供冷,从而达到电力移峰填谷的目的。执行分时电价的企业可以此降低了成本,且平衡了用电负荷,保证了电网的安全。水蓄冷是用水为介质,将夜间电网多余的谷段电力(低电价时)与水的显热结合起来,以低温冷冻水形式储存冷量,并在高峰用电时段(高电价时),使用储存的低温冷冻水来作为冷源。冰蓄冷是利用夜间电网多余的谷荷电力继续运转制冷机制冷,并以冰的形式储存起来,在白天用电高峰时将冰融化提供制冷机使用。由于水蓄冷属于显热蓄能,每升水发生1 ℃的温度变化时,吸收或释放的热能是1千卡。而冰蓄冷属于潜热蓄能,每千克0 ℃的冰发生融化成0 ℃的水,需要吸收80千卡的热量,所以冰的潜热蓄能量要大大高于水的显热蓄能量。冰蓄冷在技术上又分静态冰蓄冷和动态冰蓄冷两种。静态冰蓄冷主要采用冰球和盘管的传统静态制冰工艺,速度慢、效率低、耗能高、设备庞大;动态冰蓄冷主要采用滑落式冰片和冰浆的动态工艺方式,优点是场地制约小、蓄冰槽浅、蓄冷量高。蓄同样的能量,动态冰蓄冷系统的制冷蒸发温度可提高5 ℃、能效提高30%,占地面积减小了1/3,并且初始投资可节约20%～30%。动态冰蓄冷在欧美、日本等发达国家已成为主流技术,我国近年来也已取得突破。最新水合物蓄冷技术,是将某些气体和水形成的包络状晶体作为蓄冷介质,综合了水(蒸发温度高)和冰(蓄冷密度大)的优点,且长期使用不会变质老化。由于水合物蓄冷机组蓄冷功能比冰蓄冷更有优势,效率高、能耗少、运行费用低、投资回收期短,因此具有广阔的发展前景。

5. 节能光源

人工光照在许多工厂化生产过程中占了很大的能源消耗,如何开发应用高效节能环保的新型光源显得十分重要。发光二极管(LED)以及激光二极管(LD)被认为是新一代人工光源最有前途的两项技术。LED光源是一种能够直接把电能转化为光能的半导体器件,采用电场发光,节能效果十分显著(同样光照LED的耗电量是白炽灯的1/8,是荧光灯的1/2。同时还具备以下特点:体积小,结构紧凑,易调控,可对光质进行选择;冷光源,可近距离照射;响应快,可进行短脉冲照射;寿命长,使用寿命高达5万h以上,是普通光源的数十倍。日本的植物工厂从20纪90年代起就进行了实验,目前应用已十分普及。LD高功率激光器与LED相比,除了同样具有上述特点外,在发光效率、输出光强和响应速度等方面更具优势,因而更适合于光照度要求较高的蕈菌品种的生长要求,该技术处于试验阶段具有较大发展前景。

光导照明是一项新型照明技术,是一种由光纤式太阳光导入系统,利用安装在室外的太阳光跟踪采集器,聚集并压缩阳光,根据需要过滤掉绝大部分红外线和紫外线,再利用光导纤维输入室内,利用照明灯具布光。光导照明能够替代普通光源为各种建筑、场所的白天照明提供支持,尤其可在全封闭人工光利用型的农业工厂中大显身手。

第十章　高新技术在食药用菌工程上的应用

第一节　臭氧技术在食药用菌工程上的应用

一、臭氧的理化特性、消毒灭菌机制和优点

(一) 臭氧的理化特性

臭氧(O_3)是氧(O_2)的同素异形体,是一种具有刺激性特殊气味的呈浅蓝色不稳定气体,其密度为 1.68(空气为 1)。臭氧略溶于水(3%)在标准压力(101.325 kPa)和标准温度(STP)下,其溶解度比氧大 13 倍,比空气大 25 倍。臭氧稳定性极差,在常温下可自行分解为氧气,所以臭氧不能用容器储备,只能现场生产立即使用。臭氧在水中分解速度比在空气中快得多,在有杂物的水中,O_3 会迅速地恢复到氧气。常温下,在蒸馏水中臭氧的半衰期大约为 25 min;在二次蒸馏水中,20 ℃状态下经 85 min 臭氧分解只剩下 10%。臭氧在大气中半衰期为 50 min。臭氧对人有毒,国家规定大气允许浓度为 0.2 mg/m^3。臭氧是一种广谱性杀菌剂,可杀灭细菌繁殖体和芽孢、病毒、真菌等,并可破坏肉毒杆菌毒素。

(二) 灭菌机制

臭氧灭菌机制属生物化学氧化反应,通过破坏细菌、病毒的细胞膜和核糖核酸等聚合物,使细菌的代谢功能和繁殖过程遭破坏,从而达到灭菌的作用。湿度增加可提高臭氧的杀灭率,这是由于湿度条件下细胞膜膨胀变薄,其组织易被臭氧破坏。

(三) 臭氧消毒灭菌的特点

1. 广谱高效

说它灭菌广谱,是指 O_3 既可灭细菌繁殖体、芽孢、病毒、真菌,还可破坏肉毒杆菌和毒素,属溶菌类型。说它灭菌高效,是由于 O_3 呈弥散形,灭菌时能扩散到室内或箱体每一个角落,无灭菌死角,不像紫外灭菌灯只有照射到地方的空气和表面才能被消毒灭菌,所以灭菌速度比紫外线灭菌快 1～2 倍,比药物消毒灭菌快 8～12 倍。当水中的 O_3 浓度达到 1 mg/L 以上,空气中 O_3 浓度达 10 mg/m^3,密闭 30 min 以上,灭菌率可到 90% 以上;臭氧浓度达 30 mg/m^3 时灭菌率可达 99%。国际卫生组织对消毒灭菌剂的功效进行对比,消毒灭菌效果依次为臭氧、次氯酸(HClO)、二氧化碳(CO_2)、次氯酸根(ClO^-)、紫外线。

2. 洁净性

臭氧在消毒灭菌过程中最终生成物为氧气、水和 CO_2 等无害物,没有二次污染。这是臭氧消毒灭菌突出的优点,被誉为绿色消毒技术。

3. 方便性

将臭氧发生器接上电源,设定开、关机时间,便可在设定的时间内进行消毒灭菌,不需要对消毒空间作任何善后处理如通风处理。

4. 经济性

与其他消毒灭菌方法比较,臭氧具有很大的经济性。如对 1 m^3 的水进行消毒灭菌,所需氧气、水、电成本仅约 0.5 元;消毒灭菌 1 000 m^3 空间仅需用电 1 度(1 kW·h),对空间内物体表面消毒灭菌也仅需用电 2 kW·h。如此低廉的消毒运行成本是其他消毒灭菌方法都无法达到的。

5. 多功能性

臭氧除具有消毒灭菌功能外,还有很强的防霉、除腥臭异味和脱色、保鲜功能,对原料及辅料的防霉、防蛀作用明显,对垃圾场、污水处理厂、屠宰场、除臭十分有效。臭味的主要成分是氨(NH_3)、硫化氢(H_2S)、甲硫醇(CH_3SH)等,经其氧化分解后的生成物没有气味。臭氧对食药用菌增白、保鲜效果明显,其保鲜原理一是使菇体代谢活动降低,二是可分解代谢活动中产生的催熟剂乙烯。

二、国内外权威部门对臭氧消毒灭菌效果和使用安全性的态度

我国卫生部 2002 版《消毒灭菌规范》有关臭氧部分的资料中有对臭氧灭菌作用的肯定,并对适用范围(水的消毒、物品表面消毒、空气消毒)、使用方法(诊疗水消毒、医院污水处理、游泳池水处理、空气消毒、表面消毒及注意事项)都做了具体使用量的规定。

国家食品药品监督管理局颁发的《制药行业 GMP 认证指南》中对臭氧灭菌作了如下的介绍:科学研究表明,臭氧有极强的杀菌使用,臭氧对细菌有极强的氧化作用。臭氧氧化分解了细菌内部氧化葡萄糖所必需的酶,从而破坏细胞膜将它杀死,多余的氧原子则会自行重新结合成普通的氧分子,不存在任何有毒物残留,故称"无污染消毒剂"。它不但对各种细菌[包括肝炎病毒、大肠埃希菌(大肠杆菌)、铜绿假单胞菌(绿脓杆菌)及杂菌等]有极强的杀灭能力,而且对杀死真菌也很有效。

1995 年,日本将臭氧归类于"已存在添加剂名单"。

1995 年,法国公开臭氧规则特别核准,同意臭氧在水溶液中可漂白鱼类内脏部分。

1996 年,澳大利亚食品标准法案中包括使用臭氧为"食品加适当辅助"。

1997 年,美国食品药品监督管理局修改了把臭氧作为"食品添加剂"限制使用的规定,允许不必申请即可在食品加工、储藏中使用臭氧,并声明,在美国利用臭氧处理食品"符合一般认为安全"规定(GRAS)。该声明是臭氧技术应用到食品行业的里程碑。此后美国对臭氧在农业和食品科技方面的应用,利用臭氧提高食品质量、改进食品加工技术等方面进行了许多研究并发表了相应的报告。这对美国和许多国家食品加工技术进步,提高食品质量起到了巨大的推动作用。

三、臭氧发生方法

按原理分,臭氧发生法有电晕放电法(真空管电晕法、沿界面放电法,缝隙放电法)、电化学法(电解纯水)和光学化学法(紫外线照射法)。前两种放电法应用较多。

(一)电晕放电法

利用两级间的高压交变电场,使通过电场含氧气体产生电晕放电(即无声辉光放电),在电场中高能电子撞击氧气,使 O_2 分解为氧原子 $e+O_2 \rightarrow 2O+e$,经三体碰撞产生臭氧分子 $O+O_2+M \rightarrow O_3+M$(式中 M 为有催化作用的其他气体分子)。该法产生的臭氧能耗低,臭氧产生量大,但产生臭氧浓度比电化学法低,主要用于医学、食品行业、农业种植、养殖业。

(二)电化学法

使用直流电源电解含氧电解质,例如使用固体聚合物电解质膜(PEM 膜),复合电极电解去离子水(电导率 $\leq 5\ \mu s/cm$)可得浓度 $>14\%$,且成分纯的臭氧。该法产生的臭氧浓度高,故在水中溶解度也高,可制得 $5 \sim 13\ mg/L$ 的臭氧水,且能耗低,主要用于医学、食品行业、农业种植、养殖业。

(三)光化学法

利用短波紫外线照射空气后可产生臭氧的原理(大气中的臭氧层即按此原理形成),经试验得知波长 $1\ 849 \times 10^{-10}\ m$ 的紫外线产生臭氧最多,据此制得紫外灯管并与空气过滤器和风扇组成臭氧发生器。该法产生的臭氧不受温度影响,对湿度也不敏感,易通过对灯光功率的线性控制来控制臭氧产量;但该法产生的臭氧量低,一般仅用于臭氧需要量少的地方,如实验室少量物品的杀菌、除臭。

四、臭氧浓度、产量与检测方法

臭氧浓度与产量是臭氧发生器重要技术性能指标,此两项指标也是管理监督部门必测项目。在多种臭氧浓度测定法中,以靛蓝法中靛蓝二磺酸钠(LDS)分光光度法应用最广,它已被国家环保局和国家标准局正式批准为全国环境检测部门统一采用方法。该法具有灵敏度高、重复性好、受干扰少等优点。一般企业单位常用碘量法和臭氧检测管法测臭氧浓度。

(一)碘量法

根据碘化物被臭氧氧化成碘的氧化原理来测定。游离碘的定量测定可根据淀粉-碘复合指示剂用滴定法来完成,或用电量法和光度法来检测,检测灵敏度 2 mg/L。该法受大多数氧化剂干扰。臭氧气和臭氧水的浓度测量见本节后文。

(二)臭氧检测管法

臭氧检测浓度范围分为高浓度 100×10^{-6}(100ppm)、中浓度 10×10^{-6}(10ppm)、低浓度 3×10^{-6}(3ppm)3 种,用于检测空气臭氧浓度,适用现场使用,测定简便;但精度低($\pm15\%$)。

在室温状态(25 ℃,101.325 kPa)下,1×10^{-6}(1ppm)$=2$ mg/m^3;在 0 ℃,101.325 kPa 下 1×10^{-6}(1ppm)$=2.14$ mg/m^3;臭氧水在标准状态(0 ℃,101.325 kPa)下,1×10^{-6}(1ppm)$=1$ mg/L。

五、臭氧发生器气源和选择

由于产生臭氧的主要原料是氧气,所以气源质量至关重要。臭氧发生器按气源不同可分为氧气型、空气型、带自身制氧机型 3 种。气源中含氧量、温度、相对湿度等因素都直接影响臭氧产量。在一定含氧量条件下,相对湿度对臭氧产量影响最大。为了得到稳定的高质量臭氧,气源最好用纯氧(工业用瓶装氧气或液态氧)。以空气为气源的臭氧发生器由于使用时受到环境条件的影响,臭氧产量差别会很大。实验表明,使用未经过干燥处理的空气作气源的臭氧发生器,其臭氧产量夏天可能只有冬天的 50% 或更少,所以这种臭氧发生器的臭氧产量数据必须要有环境条件说明;即使是带小型制氧机的臭氧发生器,其臭氧产量也受环境影响,在夏天湿热环境下的臭氧产量可比冬天干寒环境下小 30%。当然,经过干燥处理的空气为气源的臭氧发生器,臭氧发生量还是十分稳定的。

臭氧发生器常用气源或按下列原则选择:

1)氧气源(瓶装氧气可达 98% 以上含氧量)　适用于对臭氧产量、臭氧浓度要求较高的中、小型纯净水、矿泉水、饮料企业。一般选用臭氧产量在 50 g/h 以下的。

2)富氧气源(用制氧机制氧,氧气含量可达 90% 以上)　适用于对臭氧量大、臭氧浓度高的大型纯净水、矿泉水、制药厂、饮料厂和食品厂。选用臭氧产量在 100 g/h 以上的设备。

3)干燥空气源　适用于臭氧浓度要求低、臭氧产量要求大的场合,如制药车间和食品加工车间的空间消毒、食品加工用水、泳池、水产养殖、中水回用、污水处理等企业。其气源是经过空压机、过滤机、冷干机、吸干机等处理后的空气。

4)未经处理的空气气源　适用于环境较干燥或消毒要求不十分严格的除臭、除霉场合,可直接使用空气气源。

六、臭氧的应用

臭氧具有极强的氧化能力,它的氧化能力仅次于氟而高于氯,因此具有极强的消毒灭菌作用和脱色、去除腥臭异味、分解作用。因此,广泛用于水处理、化学氧化、医疗卫生和农业栽培、保鲜、食品加工等方面。预期在食药用菌生产、加工方面的有:

1)接种室、培养室、栽培室的空间臭氧气体消毒灭菌。建议 10～20 mg/m^3。

2)接种人员手、衣服和接种器械的臭氧和臭氧水消毒灭菌。建议 30～40 mg/m^3 或 4～7 mg/L。

3)菇房增湿用水的臭氧消毒灭菌。建议 4～7 mg/L。

4）鲜菇包装前采用臭氧或臭氧水进行保鲜处理。建议 $10 \sim 20$ mg/m³ 或 $4 \sim 7$ mg/L。

5）对食药用菌用臭氧水清洗可降解农药残留。

6）使用臭氧和臭氧水对食药用菌进行处理可有增白效果。

7）在深加工方面使用臭氧对食药用菌有效成分进行结构修饰。

臭氧技术应用历史不长，有许多方面尤其在食药用菌生产和加工方面尚需我们业内人士不断探索和实践。在实践中应使用精度高、检测方便的臭氧含量检测方法和仪表，使测出数据重复性好、可信度高。相信臭氧在食药用菌方面的应用必会掀起应用高潮，并对食药用菌生产和加工的技术进步产生推动作用。

七、臭氧发生设备和臭氧气、臭氧水浓度测量法——碘量法

南京纯涯机电技术研究所产 FCY 系列臭氧空气消毒器，属真空管型电晕放电产生臭氧的设备。

杭州荣欣电子设备有限公司产 CFK-K 系列开放式缝隙型臭氧发生器属缝隙型电晕放电产生臭氧的设备。

武汉康桥环保设备有限公司产 PEM 系列电解水臭氧发生器属电化学型产生臭氧设备。

（一）臭氧气浓度测量——碘量法

1. 方法原理概要

臭氧（O_3）是一种强氧化剂，与碘化钾（KI）水溶液反应可游离出碘。在取样结束并对溶液酸化后，用 $0.100\ 0$ mol/L 硫代硫酸钠（$Na_2S_2O_3$）标准溶液并以淀粉溶液为指示剂对游离碘进滴定，根据硫代硫酸钠标准溶液的消耗量计算出臭氧量。其反应式为

$$O_3 + 2KI + H_2O \rightarrow O_2 + I_2 + 2KOH；$$
$$I_2 + 2Na_2S_2O_3 \rightarrow 2NaI + Na_2S_4O_6。$$

2. 试剂

1）碘化钾（KI）溶液（20％）　溶解200 g碘化钾（分析纯）于 100 ml 煮沸后冷却的蒸馏水中，用棕色瓶保存于冰箱中，至少储存1 d 后再用。该溶液 1.0 ml 含 0.20 g 碘化钾。

2）（1+5）硫酸（H_2SO_4）溶液　量取浓硫酸（$p=1.84$，分析纯）溶于 5 倍体积的蒸馏水中。

3）$C(Na_2S_2O_3 \cdot 5H_2O) = 0.1$ mol/L 硫代硫酸钠标准溶液　使用分析天平准确称取 24.817 g 硫代硫酸钠（分析纯），用新煮沸冷却的蒸馏水定溶于 1 000 ml 的容量瓶中；或称取2.5 g硫代硫酸钠（分析纯）溶于 100 ml 新煮沸冷却的蒸馏水中。该溶液硫代硫酸钠浓度为 0.1 mol/L。再加入 0.2 g 碳酸钠（Na_2CO_3）或 5 ml 三氯甲烷（$CHCl_3$），标定，调整浓度到 0.1 mol/L，储于棕色瓶中。储存的时间过长时，使用前需要重新标定（标定法参见附录1）。

4）淀粉溶液　称取 1 g 可溶性淀粉，用冷水调成悬浮浆，然后加入约 80 ml 煮沸水中，边加边搅拌，稀释到 100 ml；煮沸几分钟后放置沉淀过夜，取上清液使用。如需较长时间保存可加入 1.25 g 水杨酸或 0.4 g 氯化锌。

3. 试验仪器、设备及对其要求

1）三角洗瓶（吸收瓶），500 ml。

2）滴定管，50 ml，宜用精密滴定管。

3）湿式气体流量计，容量5 L。

4）量筒 20 ml，500 ml 各 1 只。

5）刻度吸管（吸量管），10 ml。

6）容量瓶，1 000 ml。

7）聚乙烯或聚氯乙烯软管，用于输送含臭氧的气体，不可使用橡胶管。

4. 实验程序及方法

量取 20 ml 的碘化钾溶液（20％），倒入 500 ml 的吸收瓶中，再加入 350 ml 蒸馏水，待臭氧发生器运行稳定后于臭氧化气体出口处取样。先通入吸收瓶对臭氧进行吸收后，再通过湿式气体流量计对气体计量，气体通过量为 2 000 ml（时间控制在 4 min 左右）。停止取样后立即加入 5 ml（1+5）硫酸溶液（使 pH 降至 2.0 以

下)并摇匀,静置5 min。用0.1 mol/L的硫代硫酸钠标准溶液滴定,待溶液呈浅黄色时加入淀粉溶液几滴(约1 ml);继续小心迅速地滴定直至溶液的颜色消失为止。记录硫代硫酸钠标准溶液用量。

5. 臭氧浓度的计算

$$C_{O_3} = 2\,400 A_{Na} B / V_O \,(\mathrm{mg/L})。$$

式中,C_{O_3}——臭氧浓度,mg/L;

A_{Na}——硫代硫酸钠标准溶液用量,ml;

B——硫代硫酸标准溶液浓度,mol/L;

V_O——臭氧化气体取样体积,ml。

臭氧浓度$\geqslant$3 mg/L时,此测试结果的精度在$\pm$1%以内。

(二)臭氧水浓度测定——碘量法

1. 方法原理概要

臭氧(O_3)是一种强氧化剂,与碘化钾(KI)水溶液反应可游离出碘。在取样结束并对溶液酸化后,用0.1 mol/L硫代硫酸钠($Na_2S_2O_3$)标准溶液并以淀粉溶液为指示剂对游离碘进行滴定,根据硫代硫酸钠标准溶液的消耗量计算出臭氧量。其反应式为

$$O_3 + 2KI + H_2O \rightarrow O_2 + I_2 + 2KOH;$$
$$I_2 + 2Na_2S_2O_3 \rightarrow 2NaI + Na_2S_4O_6。$$

2. 试剂

1)碘化钾(KI)溶液(20%) 溶解200 g碘化钾(分析纯)于100 ml煮沸后冷却的蒸馏水中,用棕色瓶保存于冰箱中,至少储存1 d后再用。该溶液1.0 ml含0.20 g碘化钾。

2)(1+5)硫酸(H_2SO_4)溶液 量取浓硫酸(p=1.84,分析纯)溶于5倍体积的蒸馏水中。

3)$C(Na_2S_2O_3 \cdot 5H_2O)$=0.1 mol/L硫代硫酸钠标准溶液 使用分析天平准确称取24.817 g硫代硫酸钠(分析纯),用新煮沸冷却的蒸馏水定溶于1 000 ml的容量瓶中;或称取2.5 g硫代硫酸钠(分析纯),溶于100 ml新煮沸冷却的蒸馏水中。该溶液硫代硫酸钠浓度为0.1 mol/L。再加入0.2 g碳酸钠(Na_2CO_3)或5 ml三氯甲烷($CHCl_3$),标定,调整浓度到0.1 mol/L,储于棕色瓶中。储存的时间过长时,使用前需要重新标定(标定法参见附录A)。

4)$C(Na_2S_2O_3 \cdot 5H_2O)$=0.1 mol/L硫代硫酸钠标准溶液 将前述的0.1 mol/L硫代硫酸钠标准溶液10倍稀释,测臭氧水时滴定用。

5)淀粉溶液 称取1 g可溶性淀粉,用冷水调成悬浮浆,然后加入约80 ml煮沸水中,边加边搅拌,稀释到100 ml;煮沸几分钟后放置沉淀过滤,取上清液使用。如需较长时间保存可加入1.25 g水杨酸或0.4 g氯化锌。

3. 试验仪器、设备及对其要求

①三角洗瓶(吸收瓶),500 ml。②滴定管25 ml,宜用精密滴定管。③量筒,250 ml。④刻度吸管(吸量管),10 ml。⑤容量瓶,1 000 ml。

4. 实验步骤

量取10 ml的碘化钾溶液倒入500 ml的吸收瓶中,待臭氧发生器运行稳定后用250 ml量筒取臭氧水250 ml,倒入吸收瓶中;然后立即加入5 ml(1+5)硫酸溶液,使pH降至2.0以下摇匀,静置5 min。用0.1 mol/L的硫代硫酸钠标准溶液滴定,待溶液呈浅黄色时加入淀粉溶液几滴(约1 ml),继续小心迅速地滴定直至溶液的颜色消失为止。记录硫代硫酸钠标准溶液用量。

5. 臭氧浓度的计算

$$C_{O_3} = 2\,400 A_{Na} B / V_O \,(\mathrm{mg/L})。$$

式中,C_{O_3}——臭氧浓度,mg/L;

A_{Na}——硫代硫酸钠标准溶液用量,ml;

B——硫代硫酸标准溶液浓度,mol/L;

V_O——臭氧化气体取样体积,ml。

附录 A　硫代硫酸钠标准溶液的标定

本附录列出两种对硫代硫酸钠标准的标定方法,在硫代硫酸标准溶液的标定中等同使用。

[方法一]

1)试剂

(1)碘化钾(KI)　分析纯。

(2)$C(1/6K_2Cr_2O_7)＝0.1$ mol/L 重铬酸钾标准溶液　使用分析天平准确称取于 105～110 ℃,烘干 2 h,并在硅胶干燥中冷却 30 min 以上的重铬酸钾 4.903 2 g,定溶于 1 000 ml 容量瓶中摇匀。

2)试验仪器、设备及对其要求

(1)碘量瓶,250 ml。

(2)移液管,10 ml。

3)步骤　称取 1 g 碘化钾分析纯置于 250 ml 碘量瓶内,并加入 100 ml 蒸馏水,用移液管移入 10 ml,0.1 mol/L 重铬酸钾标准溶液,加入 5 ml(1＋5)硫酸溶液,静置 5 min。用待标定的硫代硫酸钠标准溶液滴定,待溶液变成淡黄色后,加入约 1 ml 淀粉溶液,继续滴定至恰使蓝色消退为止,记录用量。硫代硫酸钠标准溶液的浓度为

$$N_1＝N_2V_2/V_1 \text{(mol/L)}$$

式中,N_1——硫代硫酸钠标准溶液浓度,mol/L;

　　　N_2——重铬酸钾标准溶液浓度,0.1 mol/L;

　　　V_1——硫代硫酸钠溶液消耗量,ml;

　　　V_2——取用重铬酸钾标准溶液的体积,ml。

[方法二]

1)试剂

(1)碘酸钾(KIO_3)。

(2)乙酸(CH_3COOH)。

2)步骤　使用分析天平准确称取 0.15 g 在 105～110 ℃烘干 1 h,并置于硅胶干燥器中冷却 30 min 以上的碘酸钾 2 份,分别放入 250 ml 碘量瓶中;每瓶各加入 100 ml 蒸馏水,使碘酸钾溶解,再各加入 3 g 碘化钾(分析纯)及 10 ml 乙酸摇匀,在暗处静置 5 min,用待标定的硫代硫酸钠溶液滴定;待溶液变成淡黄色后,加入约 1 ml 淀粉溶液,继续滴定至恰使蓝色消退为止,记录用量。硫代硫酸钠标准溶液浓度为

$$B＝214/6 000W/V＝0.035 67W/V \text{(mol/L)}$$

式中,B——硫代硫酸钠标准溶液的浓度,mol/L;

　　　W——碘酸钾的质量,g;

　　　V——硫代硫酸钠标准溶液消耗量,ml。

两平行样品的结果相差不得＞2%。

第二节　微波技术在食药用菌工程上的应用

一、微波基本知识和加热特性

微波是一种波长从 1 mm 到 1 m 左右的超高频电磁波,为了避免在使用中相互干扰,工业上目前只有 915 MHz 和 2 450 MHz 被广泛使用。既然微波是电磁波,因此它具有电磁波的诸如反射、透射、干涉、衍射、偏振以及伴随着电磁波进行能量的传输等波的特性。在微波领域中通常应用到所谓"场"的概念来分析系统内的电磁结构,并采用功率、频率、阻抗、驻波等作为微波测量的基本量。微波传播时,具有"似光性"直线传播,遇金属表面将发生反射,微波能量分布具有空间分布性质,并具有高频特性中的集肤效应、辐射效应和相位滞后效应。微波常用金属做成矩形或圆形金属管,又叫波导管,用它传播微波能量。常用吸收微波功率很少的物质做容器和反应器材料,如聚四氟乙烯、聚丙烯、玻璃等。通常把被微波加热的物料叫介质。因介质的极性大小不同,不同程度地吸收微波能量,也称有耗介质。微波对介质的穿透性随微波的频率增高而减

少。微波对介质加热一般都选择在有穿透的基础上进行加热的。

微波加热的特点：

1. 透入物料内部的能量被物料吸收，转变成热量，形成微波独特的加热方式，也叫整体加热，这种加热方式有利于物料的干燥。因此微波加热具有加热均匀，热转换率高，加热时间短的特点。

2. 加热惯性小，加热状态可无惰性地随之改变，有利于自动控制生产需要。

3. 在物料低水分（<20％）情况下，其干燥效率高于其他常规方法干燥，节能，且具有选择性加热的特点。

4. 在进行微波干燥的同时也进行灭菌。

了解微波加热的特点和优点，不能误认为凡是需干燥的场合都应该使用。微波干燥技术上可行的不等于工程上可行，还应考虑工程设备投入和产出效益、设备运转、维修和产品质量等一系列问题。以上仅就降低生产成本、节能等单项指标评价微波干燥法的经济性。

二、微波干燥灭菌技术的特点及其在中药（菌药）生产中的应用

（一）微波干燥灭菌技术的特点

长期以来，我国中药产业中的干燥灭菌工艺始终停留在较落后的方式上，蒸汽加热和烘箱干燥仍然作为主要手段。其弊端在于：①消耗能量大，利用率仅为30％左右，大大增加了生产成本。②由于消毒灭菌采用高温（110 ℃）处理，使得某些药品如口服液中的有效成分或营养成分遭到严重破坏，无法得到应有的疗效，且口感变差。③生产环境恶劣，工人劳动强度大，生产周期长。而微波技术不同于传统工艺，它用于药物的加热、干燥、灭菌时有如下的特点：

1. 微波对药物加热迅速而均匀，干燥速度快、时间短

由于是在湿物内部加热，热传递方向与湿分传递方向一致，水分从物料中心两侧扩散，路程比传导加热要少1/2，有利于提高物料干燥速率、缩短干燥时间。由于微波能直接为水分所吸收，物料内部和表面的水分能同时获得微波而被加热，所以加热均匀，且干燥时间短，不影响被干燥物料的色、香、味及组织结构。例如将含水量从80％烘干降至20％时，用热空气干燥需20 h，而用微波干燥仅需2 h即可；又如用传统烘房干燥400～500 kg的丸药，水丸需20 h左右，蜜丸平均约需6 h，而采用微波加热干燥，水丸仅需4～5 h，蜜丸约需1 h；烘干阿胶时，原工艺至少需20 d，而微波工艺只需7 d，且有一定膨化作用，更有利于人体的吸收。

2. 选择性加热，干燥温度低，产品清洁，干燥及灭菌效果好，质量高

在微波干燥中不同物质吸收微波的能力亦不相同，其中水分比其他一些固体物料具有更大的吸收能力，所以利用微波对含水物料的干燥特别有利，湿物料中水分获得较多能量而迅速汽化，而固体物料因吸收微波能力小，温度不会升的很高；而且在干燥的同时兼有灭菌杀虫等效果，从而提高了产品质量，获得的成品含水量均匀，清洁无菌，表面不结壳、皱皮或开裂等，干燥效果较理想。经微波处理后的丸药含菌数比未处理者降低了58％～99％，比烘房处理者降低15％～90％。用微波对药物进行低温灭菌一般仅需几十秒至几分钟，而且干燥温度一般在80 ℃以下，主要成分基本不受影响，可保证疗效。如鸡骨草丸制剂颗粒经微波灭菌前、后的紫外吸收光谱和荧光光谱基本一致，说明微波干燥对药物的主要成分无明显影响。又如在很多口服液中都含有营养物质，经高温灭菌后虽然达到了卫生学检查的要求，但同时大都破坏了其中的营养成分，易产生沉淀，并带有较浓的焦苦味，而用微波进行处理，可以保持原营养成分，口感好，色泽澄清，无沉淀，灭菌效果好。

3. 耗能少、成本低

由于热量直接产生于湿物料内部，所以热损失少，热效率高，一般可达80％左右。如用电热干燥某物料耗电100 kW，而用微波干燥同量同湿度的物料耗电20 kW即可达到同样干燥程度。微波耗能仅占传统蒸汽和烘箱耗能的1/3，节约大量能源，生产成本降低。

4. 环境好，无污染

微波加工车间内无环境和噪声污染，加工车间内无闷热的高温和蒸汽弥散，大大改善了工人的工作环境。

5. 操作简便，生产效率高

用微波处理药物可以连续操作，提高了生产效率，便于自动化生产和企业管理；改善了工作环境和条件，设备操作方便、控制灵敏。因微波由电能转换而来，开通电源热源即产生进行干燥，断开电源热源立即消失，

不需预热,也无余热。微波设备结构紧凑,占地小,减少了配套设施。

但微波干燥也存在不足:①设备投资大,产品成本费用较高。②对某些物料的稳定性会有影响。③微波对人体有害,高频电场和微波辐射对人体功能有不利影响。例如微波功率密度5~10 mW/cm²时,可致男性睾丸伤害;在20~200 mW/cm²时,可伤害眼睛。所以使用时应防止微波泄露,注意加强安全防护措施。

基于以上特点,微波用于含水物料的干燥特别有利。利用微波技术可以对中药材原料、丸剂、片剂以及粉粒状制剂等进行脱水干燥、杀虫防腐、灭菌等加工处理,不仅干燥速度快,而且可提高产品质量,方便药物的储存和保管;但不适于热敏性物料的干燥。

(二) 微波干燥灭菌技术应用实例

刘文惠等通过正交实验对影响丸药质量的因素进行了考察,结果发现采用微波干燥的丸药质量比采用烘箱干燥的好,其水分含量均匀,溶散时限一次检验合格率高。

杨张渭等采用微波干燥灭菌工艺对不同丸剂类型的5种产品进行实验,考察微波干燥效果和产品质量。所选药品为水丸型的脑力清丸(含芳香性成分)、水蜜丸型的脏连丸(含动物胶、动物脏器成分)、麻仁丸(含油脂类成分)、五子衍宗丸(含糖、脂类成分)、浓缩水蜜丸型的轻身消胖丸(含浸膏),以上药品均采用泛制法制备。根据丸剂不同品种的特性和湿丸含水率,控制丸药进料厚度在3 cm以下,调节传动装置输送带的速度分别为80 r/min,100 r/min,200 r/min,以干丸含水率为工艺控制指标,进行干燥灭菌实验。所得干丸进行质量检查,其性状、鉴别、质量差异、溶散时限、水分以及微生物限度检查等各项指标均符合要求。结果表明,微波干燥效果与丸剂中所含的药材成分有关:含糖类、油脂类、动物胶、动物脏器以及浸膏成分的水蜜丸,内部水分扩散速度较慢,宜采用低转速、长时间的干燥工艺;含挥发性成分的水丸,内部水分和挥发性成分扩散速度较快,宜采用高转速、短时间的干燥工艺,避免挥发性成分的损失,必要时可进行二次干燥使水分达到要求。由于微波干燥时丸药内部蒸汽压力大于外部,丸药产生一定的膨化,加快了丸药的溶散速度,一般丸剂在1 h内完全溶散。如麻仁丸和轻身消胖丸的溶散时限药典规定不得超过2 h,经过微波干燥的成品均在1 h内溶散。中试结果显示,微波灭菌的成品与生药原粉比较,细菌总数下降1~2个数量级,微波作用时间长,灭菌效果好。

应用微波对中药进行灭菌的效果好坏主要取决于以下几个因素。①物料的含水量越高,吸收微波能就越多,灭菌效果也越好。如水丸和新鲜药材饮片的灭菌干燥效果一般优于蜜丸和药粉,同一种物料的含水量与灭菌效果基本呈正比。有时为了取得较好的效果,需向物料中添加适量的水分。②物料的类型不同微波灭菌效果也不同。一般认为蜜丸灭菌率高于水丸,含蜜量大的制剂灭菌率优于含蜜量小者。原因可能在于蜜吸收微波能多于水,因此在加热功率和时间相同的前提下,蜜丸比水丸吸热多、升温快、灭菌率高;但由于水丸含水量高于蜜丸,而要求的成品含水率低于蜜丸,因此水丸所需的干燥时间长,当达到干燥要求时水丸灭菌率高于蜜丸。③药物灭菌效果与微波输出功率和照射时间呈正比。应根据药物剂型、含水量、组成成分等选择适宜的微波功率和照射时间。

因此,在使用微波干燥时,应对被干燥物料进行加工工艺实验,以保证取得良好的干燥灭菌效果。如对中药丸剂的干燥应使用小功率、快速、长距离的干燥方法,以防丸剂的爆裂,影响其质量。一般微波干燥处理过的丸剂比传统方法处理的丸剂保质期要长1/3以上。

三、热风-微波和热泵-微波联合干燥在食药用菌工程上的应用

1. 热风-微波联合干燥食药用菌子实体

食药用菌鲜品含水分比较多,大多在75%~90%。目前食药用菌的干燥采用烟道管式热风干燥机,干燥时间较长,尤其是干燥后期菇体内水分很难扩散到表面,菇体水分在<20%~25%时改用微波干燥,一般会缩短5 h以上,尤其肥厚菇体和胶质多的耳类,更能显示缩短干燥时间的优点。

2. 热泵-微波联合干燥食药用菌子实体

对于菇体干燥后有色泽要求(如白木耳、双孢蘑菇、竹荪等)和复水要求(如黑木耳、毛木耳等)的菇类,可选用热泵-微波联合干燥。因为热泵干燥的温度在15~35 ℃,适合于热敏的物料和有色泽、复水要求的物料。物料经热泵干燥到含水量为20%左右时,改为微波干燥可发挥不同干燥原理的特点,达到对干制品的

干燥质量要求,还可缩短干燥时间。干燥任何物料都有其最适合的干燥工艺。如物料本身含水很少,可一次性用微波进行干燥,如微波干燥竹荪、菊花等。

3. 微波对储藏中返潮的干制品和炸制品的复干

一般用塑袋储藏的食药用菌干制品,由于空气中的水分可逐渐透过包装塑膜,使干品的含水率上升至15%～18%,加上环境温度上升给一些霉菌和昆虫滋长创造条件,为此,都需要热风复干,时间一般 2 h 左右。而采用隧道式箱型微波加热器,复干受潮干制品只需 5 min,通过复干生产线即可达到复干和灭菌双重目的。复干也可用于油炸食药用菌休闲食品的最终干燥和复干操作,显示出节能、节时的优点。

此外,在选择微波干燥灭菌设备时,应根据实际生产中药物的处理量选用适宜功率的设备。可以用估计法,按照热功当量理论和实际操作情况,一般按每 kW·h 脱水量0.7 kg 进行测算。例如,需要处理的丸药量为 200 kg/h,要求含水率从 20%脱水降至 8%,则总脱水量为 24 kg/h,需要配置的设备功率为 35 kW,即需配置 35 kW 左右的微波设备方能满足生产需求。

可见,微波技术用于中药制剂的干燥灭菌不仅干燥速度快,能源利用率高,干燥灭菌效果好,成品质量高,而且可以进行连续化、自动化生产,工作效率高,生产环境好,符合 GMP 要求,值得推广应用。但微波干燥是否影响药物的稳定性、质量控制以及疗效等尚需深入研究和探讨。

四、微波在食药用菌保健酒的催熟工序上的应用

保健酒(白酒)经单台或多台(串联)管道式液体微波加热设备进行保健酒催熟后,效果显著,可消除酒的辣味,使酒更柔和、绵软、光滑可口,尤其是低档酒经微波处理后,质量提高更为显著。

催熟机制:

1. 水与酿酒关系极大。微观水不是以自由分子存在,而是由 3～4 个或更多水分子以氢键缔合在一起形成"团状"称缔合态水,其与乙醇混合并非完全均匀和紧密,这便是刚蒸出和勾兑出新酒出现"淡味""燥味"的原因。通过微波处理后,可使缔合水拆散成单分子,并使其与醇键结合成紧密醇化物,与乙醇呈香、呈味成分复合,产出陈化效果,对勾兑的酒来说其淡水味将大大减轻。

2. 微波处理的热效应(50 ℃左右)能加速醇化过程,处理 1 次相当储酒 3 个月的效果。

3. 微波的非热效应能提供酒的氧化、酯化能量和促进这一系列反应过程,使酯化过程大大缩短。

五、微波膨化食药用菌生产有特色的休闲食品

1. 用食药用菌子实体,菌丝体原粉生产休闲食品

由于食药用菌原粉的蛋白质含量在 24%～36%,属植物性蛋白,其可逆变性是在极其狭窄的温度和时间区域中进行的,不利于膨化加工,需添加一定量的谷物淀粉、添加剂和发泡剂,加水搅拌、预煮、成形和预干燥成含水率在 20%左右,经微波加热膨化成含水率在 5%～8%的食药用菌膨化休闲食品。倘若膨化制成即食方便食品,含水率只需降到 20%左右时即可真空包装。

2. 食药用菌子实体原型膨化食品

将子实体进行真空部分脱水、加压、喷涂蛋白液后,进行微波膨化处理,膨化工艺参数需优化选择。

六、利用微波对食药用菌杀青灭菌作用,生产食药用菌托盘软罐头食品

生产食药用菌盐水软罐头的重要工序,一是杀青,二是灭菌。

1. 杀青的目的是灭酶、护色

传统杀青常用沸水,杀青时间较长,杀青后菇体养分流失较大,且杀青水排放污染河流。采用微波杀青可避免养分流失,减少失重,车间劳动条件好。曾有人用 600 W 微波炉对平菇分别进行 70 ℃、1.5 min,80 ℃、1 min,90 ℃、0.5 min 的杀青处理,其抑制过氧化酶的效果与在 100 ℃热水中杀青 5 min 或蒸汽中杀青 3 min 的效果相同。微波杀青和热水杀青相比,菇体中氨基酸含量提高了 30%,杀青菇中可溶性固形物含量提高 100%左右,且菇体变色不明显,质地不软烂,效果良好。除此以外,对山核桃、板栗进行微波灭酶处理都取得灭酶、杀虫的实用效果,彻底解决了常温储藏酸败的难题。以上工艺改进需经多次实验和生产验证。

2. 微波杀虫、灭菌的作用

菇体中的微生物受到微波热效应和非热效应的共同作用,使其体内细胞中的蛋白质和核酸等生理活性物质发生变异,细胞膜的渗透性遭到破坏,从而导致微生物体发育异常直至死亡,进而达到对菇类软罐头进行杀虫灭菌的目的。因此,用比热力灭菌低的温度对菇类软罐头进行微波灭菌,便能达到同样灭菌效果。一般对软包装进行微波照射处理 3 min,温度在 75～85 ℃即可。灭菌时,托盘软罐头放在微波灭菌输送线(隧道式箱型加热器)上,连续进行,工作条件好;而传统热力灭菌时间需 1.5 h,灭菌温度 121 ℃,灭菌工序是间歇式进行的。以上工艺改进需经多次实验和生产验证。

七、微波在口服液、胶囊、片剂灭菌上的应用

食药用菌深加工保健品如口服液、胶囊、片剂、粉剂、包装后都要进行灭菌处理,使产品达到卫生标准。

1. 口服液

一般常用 10 ml 玻璃瓶罐装后,经 105 ℃蒸汽高压灭菌 30 min,通常破瓶率、在 5%～7%。而用 5.2 kW 微波灭菌设备对瓶装口服液进行灭菌,灭菌时间 3 min,温度 80 ℃,灭菌能力 3 万瓶/小时,瓶子无漏液和爆裂,经检查全部合格,在常温下放置 18 个月后,仍全部符合国家卫生标准,且瓶内不出现沉淀。用微波设备代替蒸汽高压灭菌,生产 2 个月后可收回微波灭菌设备投资。

2. 胶囊、片剂、粉剂灭菌

一般常用钴 60 辐射灭菌效果较好,但日本及欧洲国家对保健品、食品用钴 60 辐射灭菌有许多限制。用微波对用塑袋包装好的胶囊、片剂、粉剂进行微波灭菌可以代替钴 60 灭菌,灭菌成本也可大幅度降低。

此外,对奶粉、红曲粉的微波灭菌已经用于生产。对用塑袋包装的食品进行微波灭菌时,为避免加热胀破袋子,可将塑袋予封口,用微波进行灭菌处理后,再进行最终封口。

八、微波协助提取技术

详见本章第六节。

第三节　真空油炸技术在食药用菌工程上的应用

一、真空油炸特点和真空充氮包装生产食药用菌脆片休闲食品

(一)真空油炸原理

果蔬真空油炸是利用在减压状态下,果蔬中水分汽化温度降低,使之能在短时间内迅速脱水,以实现在低温条件下对果蔬进行油炸干燥;干燥介质是油而不是空气。

(二)特点

1. 真空油炸干燥是在低温(90 ℃左右)对食药用菌进行油炸脱水,可避免高温对食品营养成分的破坏。

2. 真空油炸具有广泛的适应性,尤其对含水量高的果蔬原料更具有独特的效果,能有效地保持果蔬的原色、原味,提高果蔬食品的档次。目前主要应用于水果类、蔬菜类、干果类。

3. 真空油炸食品的含油率在 18%以下,含水率在 1.8%左右,而一般常压油炸食品的含油率在 40%～50%,这对嗜好油炸食品的消费者无疑是个好信息。

4. 低温油炸食品可防止食用油的劣化变质,不必在油中加入抗氧化剂,可提高炸油的利用率,且节油效果明显。

5. 在真空状态下,果蔬细胞间隙中的水分急剧汽化膨胀,体积迅速增加,间隙扩大,具有良好的膨化效果;果蔬酥脆可口,并具有良好的复水性。

(三)果蔬脆片生产线

生产线中可配备 ZL－30 型连续真空油炸脱油机,也可配备 ZL－10 型双罐交替真空油炸脱油机,其生

产能力分别为 30 kg 脆片/小时和 10 kg 脆片/小时;其他设备包括喷淋式洗果机、切片机、甩干机、真空加压浸糖罐、调理台、冷却塔、夹层锅、水泵、提升机、输送带、真空充氮包装机、储油罐、辅助设备及管路等。两种果蔬脆片生产线费用分别为 113 万元和 57 万元(参考价),年产果蔬脆片分别为 150 t 和 50 t。

二、连续真空油炸秀珍菇脆片生产线经济效益分析

生产线生产能力为 150 t/a 脆片,以 2012 年价格为准。

1. 原料成本　鲜菇(秀珍菇)按 10 元/千克,成品出品率 15%,脆片每包净重 30 g 计,每袋原料成本=10×0.03/0.15=2(元)。

2. 辅料成本(食用油、糖及其他)　按产品含油率 18%,食用油价格 12 元/千克计,每袋辅料成本为30×18%×0.012=0.064 8(元)。

3. 折旧费　设备及技术总投资按 113 万元,加上厂房等土建投资,锅炉及其他配套设施,固定资产投资150 万元,折旧年限按 10 a 计,一年工作 300 d,每日 3 班,每天实际生产 20 h,每天生产袋数 20×25×1 000/30=16 600(袋),每袋折旧费=150 000/10×300/16 600=0.03(元)。

4. 工资费　按每天 3 班,每班工人 10 人,每人每月工资 2 000 元计,每袋工资费=30×200/30×16 600=0.12(元)。

5. 水电费　按水 2 元/立方米,电 0.60 元/(kW·h)计,每袋水电费=0.06 元。

6. 包装材料费　采用铝塑复合膜充氮包装,每袋包装材料费=0.40 元。

7. 管理费　每袋费用=0.05 元。

8. 税收费　每袋费用 0.07 元。

9. 运费　每袋费用=0.05 元。

合计每袋成本费=2.85 元。

按出厂批发价每袋 3 元,市场需售最低价 3.2 元/袋计,每袋纯利=3 元-2.85 元=0.15 元,每年可获纯利=0.15×16 600×300=74.7(万元)。

由上可看出 2 年可收回投资,纯利率在 5.3% 左右,可见果蔬脆片生产线是一个经济效益很好项目。

我国台湾省超市内有很多食药用菌真空油炸脆片,除秀珍菇脆片外,还有蟹黄口味的黄金菇和四季豆真空油炸脆片,该类食药用菌休闲食品很受消费者的欢迎。

第四节　挤压膨化技术在食药用菌工程上的应用

一、挤压膨化加工技术原理

挤压膨化加工借助挤压机变距螺杆的推动力,将物料向前挤压,物料受到搅拌混合和摩擦以及高剪切力作用,使得淀粉粒体解体,同时筒腔内温度上升到 150~200 ℃,压力可达 1 MPa 以上,物料在腔内通常停留10 s 以内;然后从一定形状模孔瞬间挤出,由高温、高压状态突然降至常压,其中游离水,在这压差下急骤汽化(闪蒸),水的体积可膨胀大约 2 000 倍,膨化瞬间谷物结构发生变化,使生淀粉(β-淀粉)转化成熟淀粉(α-淀粉),蛋白质变性,酶活性纯化,同时变成层状疏松海绵体,物料(谷物)体积膨大到几倍到几十倍。

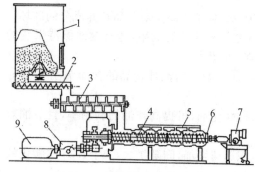

图 10-1　典型单螺杆挤压机系统

1.料箱;2.连螺旋式喂料器;3.预调质器;
4.螺杆挤压装置;5.蒸汽注入口;6.挤出模具;7.切割装置;8.减速器;9.电机

二、挤压膨化加工特点

挤压膨化设备见图 10-1。

1. 应用范围广,可加工成各种形状膨化和强化食品。

2. 生产效率高,其集供料、输送、加热,成形为一体,又是连续生产,生产能力每小时几十千克到十几吨。

3. 原料利用率高,无污染。

4. 营养损失小,有利于消化吸收。由于挤压膨化加工属高温短时间的加工过程,膨化物料中营养成分几乎不破坏。由于膨化后体积变大,成多孔海绵状,分子结构也变化,可促进人体对的膨化物料的消化吸收。

5. 膨化食品松脆口感好。海绵状组织吸水力强,不管直接食用或加水、加奶冲调食用均较方便。

6. 不易夹生,保质期长,便于储藏。

三、挤压膨化加工生产食品

(一) 经膨化制成有食药用菌风味的休闲食品

把谷物淀粉与食药用菌子实体或菌丝体干粉以一定比例混合,加水搅拌成含水分 15%~20% 的物料,经挤压膨化加工后,喷涂调料进行烘干,即成有食药用菌风味的膨化休闲食品。也可使物料经挤压机挤出不膨化的含水分在 8%~12% 的半成品,后经油炸膨化再经喷涂调料后烘干,即成油炸膨化食药用菌休闲食品。

(二) 用挤压膨化加工法,直接膨化收获一、二潮后的菌袋培养料,制成高蛋白牲畜饲料

废菌袋经短时高温、高压、高剪切处理后制成的膨化饲料具有诱人的香味,而培养料中原有菌丝体的不良生味已排除。经预算,每千克高蛋白膨化饲料加工费约 0.1 元,售出批发价 0.20 元,1 个每天采摘 5 000 袋的周年栽培金针菇厂,由于利用废弃培养料加工成膨化饲料,每年可增收 15 万元,符合可持续发展农业的要求。

(三) 北虫草培养料经膨化处理后制成保健食品

北虫草培养料是指经采摘北虫草(子实体)后的培养料,该培养料一般作为废弃物或家禽的补充饲料。北虫草培养料中主要有效成分(SOD、粗多糖、虫草素)约为北虫草子实体的 50%。目前,每栽培瓶可产北虫草干品 3 g 左右,而瓶中废弃的培养料干物质约有 40 多克。虽然北虫草培养料单位干品中的有效成分只达北虫草单位干品的 50% 左右,但每瓶中培养料干品的绝对量(总量)是北虫草的 10 倍,所以经计算后,每瓶培养料中的有效成分绝对量反而是北虫草的 5 倍左右,废弃很可惜;但直接熟吃由于北虫草菌丝体的特殊异味很难入口,且不卫生。

本文作者将废弃的北虫培养料(粳米、小麦)经挤压膨化处理后,生产出的膨化产品(圆片、异形片、大小球体、长短圆柱体、麦片状、粉状)口感松脆,既有膨化产品的风味,也有北虫草特有的香味,同时在膨化前后,根据不同年龄段的爱好口味,添加有关配料,如不同口味的调味剂、水果粉、营养强化剂、乳化剂等,可以生产出外观丰富多彩、口感松脆、口味多样、营养丰富和具有特殊功能的保健食品。该项目研究为北虫草培养料综合利用开拓了新的领域——膨化保健食品领域,也为保健食品开发了新的原料来源。

1. 北虫草培养料挤压膨化保健食品的特点

1) 经 10~20 s 的瞬间高温(135~160 ℃),高压(0.8~1 MPa)处理后,原料(培养料)中的有效成分和营养成分保存率较高。

2) 经挤压膨化后的产品,可使原来粗硬组织结构和菌丝生腥口味的培养料变得松脆可口,并具有膨化产品特殊香味(美拉德反应);且由于在膨化处理过程中杀灭微生物,钝化酶活性,含水量<8%,提高了产品的储存稳定性。

3) 挤压膨化后的产品不但具有特殊的功能(提高机体免疫功能),且口感较好,不像目前市场上的保健食品大多数是粉剂、片剂、胶囊、口服液等接近保健药品;而该产品是名副其实的保健品。

4) 经膨化后的产品原料是经采摘北虫草后的废弃培养料,是废弃物的综合利用,因此,该膨化产品的原料费极低,也就是说该产品的利润较高。由于膨化后的保健食品已成为熟食,所以大多数为即食食品,食用方便,节省时间,是极有发展前途的一类保健食品。

5) 北虫草培养料膨化处理设备简单,占地面积少,挤压、混炼、杀菌、成型、脱水可同时在 1 台挤压膨化机上进行。通过更换挤压膨化机的挤出模头,改变原料的组成、水分含量和加工条件,可以生产出多种不同膨化食品,如适合老人、小孩食用的膨化米片(形状同荞麦片)和膨化米粉,适合青年、小孩口味、形状各异的膨化休闲保健食品和营养强化保健食品。

2. 该项目实施实例

每天生产 100 kg 北虫草干品的全年室内栽培药用真菌企业采用该项目技术装备,综合利用采摘北虫草后的培养料,每天可生产 1 500 kg 北虫草培养料膨化米片保健食品。

1) 所需生产设备包括粉碎机 1 台,全自动热风干燥机 1 台,混合机 1 台,挤压膨化机 1 台,调味机 1 台,自动包装机 1 台,共 6 台设备。

2) 生产膨化米片需在挤压膨化机出料端加旋切装置和一辊压装置,生产出的膨化米片经冷却干燥后即进行包装。该产品不进行表面喷涂。根据用户需要用开水或热牛奶冲泡,甜、咸自调,即冲即食,适合老人、小孩食用,口感很好,既达到提高机体免疫力,增强体质要求,也达到满足食欲感,是理想的膨化保健食品。

3) 以上 6 台生产设备装机功率 80 kW,设备费用 60 万元左右,单班生产需 8 名工人,生产车间占地面积 150 m²(包括培养料干燥、粉碎车间、原料配料、水混合车间、膨化加工车间、包装储存车间),每小时可生产 120 kg 膨化米片。

4) 经济效益

(1) 经计算,每千克膨化米片生产成本=原料费(综合利用不计)+加工费 0.8 元/千克+建筑、设备折旧费 0.2 元/千克=1 元/千克。

(2) 膨化米片每千克批发价按 10 元/千克计,每天生产 1 500 kg 膨化米片,则

$$每天产值=1 500×10=15 000(元);$$

$$每天毛利=1 500×9=13 500(元);$$

$$每年毛利=13 500×300=405(万元)。$$

由上可知,企业采用该项技术,每年可为企业增加 405 万元毛利润,同时使企业做到生产无废物排放,成为环保型企业,符合节约型社会的要求。

第五节　冻干技术在食药用菌工程上的应用

冷冻干燥(freeze-drying),全称为真空冷冻干燥(vacuum freeze-drying),简称冻干。它是指将被干燥物料冷冻成固体,在低温、减压条件下利用冰的升华使物料低温脱水而达到干燥目的的一种干燥方法。因为利用升华达到去水的目的,所以又称为升华干燥(sublimation)。在此过程中水分升化所需的热量主要依靠固体的热传导,因此冷冻干燥属于热传导干燥。冷冻干燥得到的产物称为冻干物(lyophilizer),冷冻干燥的过程称为冻干(lyophilizion)。

20 世纪初真空泵和制冷机出现后,才有学者将冷冻和干燥两种方法结合起来,并逐渐提出了冷冻干燥的概念。1941 年,英国人 Kidd 在实验室加工出了冻干食品。冻干方法的兴起是在第二次世界大战期间,由于需要大量的人体血浆和青霉素,开始出现大型的冻干设备,以解决这些药品的稳定性和运输问题。此后,又将冷冻干燥应用于抗生素、疫苗、酶制剂和酵母等的生产中,得到了高质量、易保存的产品。1958 年,第一届国际冷冻干燥会议的召开有力地促进了对冻干过程物理化学基础和工业应用的研究,冷冻干燥技术开始广泛地应用于食品、医药、化工、冶金、建材和工艺美术等行业,成为这些行业生产优质产品的特殊手段。近年来,由于电子计算机和传感测量技术在冷冻干燥过程中的应用,促进了该技术更广泛深入地发展。

一、冷冻干燥的基本原理

由图 10-2 水的相图可知,在三相点 O 以上的压力和温度下,物质可由固相变为液相,最后变为气相;而在三相点以下的压力和温度下,物质可由固相不经液直接变为气相,气相遇冷后仍变为固相,这个过程即为升华。根据冰的升华曲线 OB,水升高温度或降低压力都可打破气固平衡,使整个系统朝着冰转变为汽的方向进行。例如,冰的蒸汽压在 -40 ℃时为 13.3 Pa(0.1 mmHg),在 -60 ℃时为 1.33 Pa(0.01 mmHg),若将 -40 ℃冰面上的压力降至 1.33 Pa(0.01 mmHg),固态的冰直

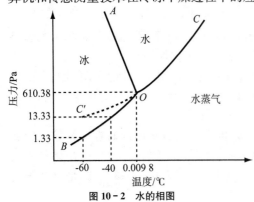

图 10-2　水的相图

接变为水蒸气,并在－60 ℃的冷却面上又变为冰;同理,如将－40 ℃的冰在压力为 13.3 Pa(0.1 mmHg)时加热至－20 ℃也能发生升华现象。冷冻干燥技术就是根据这个原理,使冰不断变成水蒸气,将水蒸气抽走,最后达到干燥的目的。

二、冻干产品和冻干技术的特点

冷冻干燥技术是一项获得高质量干制品的干燥技术,可在长期保持原有物料的色、香、味、形、营养成分及质构特征的高新干燥技术。到目前为止,冻干制品的质量是用其他干燥原理所生产出来的干制品无法达到的。

(一)冻干产品的特点

1. 由于冷冻干燥是在水的三相点以下的状态($P<610$ Pa,$T<+0.0098$ ℃)进行干燥的,物料不仅处于缺氧环境中,而且对应的相平衡温度很低。因此,这种干燥过程对易氧化和热敏感物料干燥特别有利,可较好地保持生物制品的活性和药性、保健品中的有效活性成分以及食品的色、香、味。

2. 物料中的水在快速冻结后形成的冰晶为纯净水。溶解在水中的无机盐等不可能随冰晶一起升华,仍留在物料中。当物料中冰晶升华后,留下众多细小空间,物料表面也不会出现硬化现象。冻干制品可基本上保持原有固体质构和外形,复水后能较好地恢复原有物料的性质和形状。

(二)冷冻干燥技术的特点

1. 物料冷冻必须速冻,在短时间内降到－30 ℃以下。目的使形成的冰晶尽量小或成玻璃态冰,以免损伤细胞膜,使胞内物质外泄,影响产品质量和风味。

2. 物料中冰晶升华需要供给热量,此热量大小应控制在物料表面冰晶升华所需热量,但又不能使冰晶溶化成水。随着表面冰晶升华,升华干燥深入物料内部,加热板的热量辐射和传导由于物料外部的干燥也越加困难。因此,冻干时间比一般热风干燥要长,通常为 10 多 h,有的可达几十 h。如果采用微波穿透加热使内部冰晶迅速升华,打破升华干燥中、后期干燥层壁垒,可大大缩短干燥时间。一般微波冻干时间为一般冻干时间的 1/9～1/3,这样可降低综合干燥成本。

3. 由于冻干过程是在高真空、低温冰点以下进行的,操作必须配备高真空设备和制冷设备,致使设备费用高,能耗大,加工费用高。

三、冷冻干燥设备

冷冻干燥机(简称冻干机)按系统分,由制冷系统、真空系统、加热系统和控制系统四部分组成;按结构分,由冻干箱(或称干燥箱、物料箱)、冷凝器(或称水汽凝集器、冷阱)、真空泵组、制冷机组、加热装置、控制装置等组成,见图 10－3。

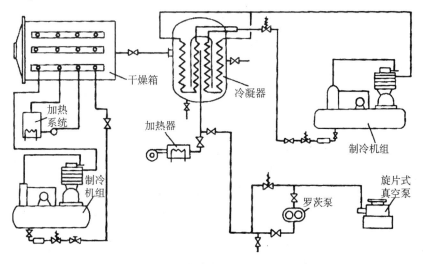

图 10－3　冷冻干燥机的组成

221

制品的冻干在冻干箱内进行。箱内设有若干层搁板,搁板内置有冷冻管和加热管,分别对制品进行冷冻和加热。箱门四周镶嵌密封胶圈,临用前涂以真空脂,以保证箱体的密封。

冷凝器内装有螺旋状冷凝蛇管数组,其操作温度应低于干燥箱内制品的温度,工作温度可达−45~−60 ℃。其作用是将来自干燥箱中制品所升华的水蒸气进行冷凝,以保证冻干过程进行。每批冻干操作完毕后,在冷凝器底部通过加热器吹入热风进行化霜,融化的水自底部排出。

真空泵组对系统抽真空,冻干箱中绝对压力应保持在0.13~13.3 Pa。小型冷冻干燥机组通常采用罗茨真空泵或扩散泵加前级泵组成;大型机组可采用多级蒸汽喷射泵组成。

制冷机组对冻干箱中的搁板及冷凝器中的冷冻盘管降温,冻干箱中的搁板可降至−30~−40 ℃。实验室冷冻干燥机组可采用1台制冷机供干燥器和冷凝器交替使用。工业用小型冷冻干燥机组对冻干箱和冷凝器应分别设置制冷机,以保证操作的正常进行。常用的冷冻剂有氨、氟利昂、二氧化碳等。

加热装置供冻干箱中的制品在升华阶段时升温用,应能保证干燥箱中搁板的温度达到80~100 ℃。加热系统可采用电热或导热油间接加热。

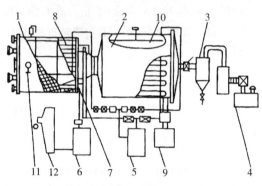

图10-4 冻干工艺流程图

1.冻干箱;2.冷凝器;3.汽水分离器;4.真空泵;5.制冷压缩机;6.导热油加热器;7.蒸发排管;8.加热排管;9.排湿风机;10.淋水器;11.麦氏真空泵;12.自控电柜

先进的控制装置是利用计算机输出程序控制整个工作系统正常运转。控制装置先进程度最能体现整机水平。

四、冷冻干燥工艺流程

图10-4为一冻干机。将被干燥物料置于冻干箱1的层板上,启动制冷压缩机5使冻干箱降温,物料被冷冻。当物料全部被冻结后,停止冷冻。开启冻干箱与冷凝器2之间的阀门,以真空泵4使冻干箱抽真空。热媒经导热油加热器6进入冻干箱1的加热排管8内,对被干燥物料加热,物料中的冻结水分便升华至冷凝器2内凝结。当被干燥物料达到干燥要求时取出,关闭冻干箱1与冷凝器2之间的阀门和连接真空泵4的阀,由淋水器10淋热水使升华冻结的冰融化为水而排出冷凝器2。

五、冷冻干燥的干燥机制

冷冻干燥过程中,冰升华所需的热量主要依靠热传导。搁板表面的热量通过金属盘、容器器壁和制品本身才能到达升华面,因此搁板温度略高于升华温度,才能形成一定温度梯度。随着干燥的进行,升华面内移,传导至升华面的热量增加,升华面获得的热量越多,升华速率越大。此外,升华速率还取决于水蒸气由升华面穿过已干制品的传递速率。升华面的蒸汽压与干燥室中总压之差越大,蒸汽传递速率越大;已干制品越厚,传递越慢。因此为了减少升华时的阻力,冷冻干燥时制品厚度不宜超过12 mm。

六、冷冻干燥的操作步骤

冷冻干燥可分为预冻、升华干燥、再干燥3个阶段,见图10-5。

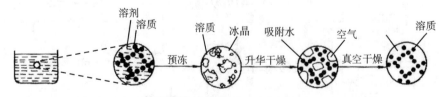

图10-5 冷冻干燥过程示意图

1.预冻阶段

制品在干燥之前必须进行预冻;如果不经预冻而直接抽真空,当压力降低到一定程度时,溶于液体中的气体会迅速逸出而引起类似"沸腾"现象,部分药液可能溢出容器外。预冻温度应低于产品共熔点以下十几到几十摄氏度,并要保持一定时间,以克服溶液过冷现象,使制品完全冻结。如果预冻温度不在低共熔点以下,抽真空时则有少量液体"沸腾"而使制品表面凹凸不平。预冻方法直接影响冻干制品的外观和性质,冷冻期间所形成的冰晶显著影响干燥制品的溶解速率和质量。

预冻的方法有速冻法和慢冻法。速冻法就是在产品进箱之前,先把冻干箱温度降到 −45 ℃ 以下,再将制品装入箱内快速冷冻形成细微冰晶,所得产品粒子均匀细腻,疏松多孔,比表面积较大,引起蛋白质变性的概率很小,故对于生物制品特别有利;但速冻法所得细粒结晶对升华阻力较大。慢冻法形成结晶粗,但有利于提高冻干效率。两种方法实际工作中应根据情况选用。一般预冻时间为 2~3 h,有些品种需要更长时间。

2. 升华干燥

升华干燥又称第一干燥阶段。升华干燥法有两种:一种是一次升华法;另一种是反复预冻升华法。

一次升华法适用于低共熔点(为 −10~20 ℃)的制品,而且溶液浓度、黏度不大,装量厚度在 10~15 mm 的情况。具体操作如下:先将处理好的制品溶液在干燥箱内预冻至低共熔点以下 10~20 ℃,同时将冷凝器温度下降至 −45 ℃ 以下,启动真空泵;待真空度达一定数值后,缓缓打开蝶阀,当干燥箱内真空度达 1.33 Pa (0.1 mmHg)以下时关闭冷冻机;通过搁置板下的加热系统缓缓加温,供给制品在升华过程中所需的热量,使冻结产品的温度逐渐升高至 −20 ℃ 左右,药液中的水分就可升华,最后可基本除尽;然后转入再干燥阶段。

反复预冻升华法适用于某些熔点较低或结构比较复杂、溶液黏稠的产品(如蜂王浆),这些产品在升华过程中往往容易结块软化、产生气泡,并在制品表面形成黏稠的网状结构,从而影响升华干燥继续,进而影响产品外观。为了保证产品干燥顺利进行,可用反复预冻升华法。例如某制品低共熔点为 −25 ℃,可速冻到 −45 ℃ 左右,然后将制品升温,如此反复处理,使制品晶体结构改变,制品表层外壳由致密变为疏松,有利于水分升华。该法可缩短冷冻干燥周期,处理一些难冻干的产品。

升华干燥阶段大约除去 95% 的水分,所需时间约占总干燥时间的 80%。

3. 再干燥

再干燥又称第二干燥阶段。升华干燥阶段完成后,为尽可能除去残余的水分,需要进一步干燥。再干燥温度根据制品性质而定,如 0 ℃,25 ℃ 等。制品在保温干燥一段时间后,整个冻干过程即告结束。该阶段除去剩余的 5% 的水分,所需时间约占总干燥时间的 20%。

七、冷冻干燥的特点与适用范围

冷冻干燥具有以下优点:

1. 可避免物料因高温而分解变质和制品中的蛋白质则不致变性。冷冻干燥与喷雾干燥、沸腾干燥和烘箱干燥法比较,见图 10-6。由图可知,在冷冻干燥过程中,药物在升华干燥阶段(XY)是在冷冻状态下升华除去水分,再干燥阶段是通过真空干燥除去残余的吸附水分;即药物在高度真空和低温条件下进行干燥,分解率低,纯度相对地高于其他干燥法的制品。喷雾干燥等其他方法是以恒定的速度大量地除去水分,水分子以液态形式在较高的温度下蒸发除去(AB),而残余水分和吸附水分在更高的温度下或延长干燥时间来除去(BC),因此药物的分解率相对比较高。

2. 冷冻干燥法的污染机会少,异物少,能够改善药物的溶解性能,提高制剂的澄明度。冻干制品遇水极易重新溶解,立即恢复原有的药物性质。

3. 冻干制品基本保持原溶液冻结时的体积,具有多孔性、疏松、外形美观、色泽均一等特点。

4. 冻干制品的含水量低,一般为 1%~3%,有利于药物的长期保存,同时也便于运输。

5. 冻干制品剂量准确,因为药物是以溶液形式填装进入容器,可以精确到 mg,而其他的干燥方法是以粉末或颗粒填

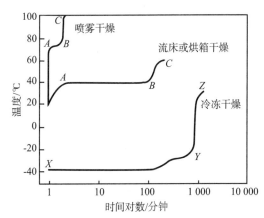

图 10-6　四种干燥方法的温度曲线

装,远远达不到这样的要求。

冷冻干燥的缺点是设备投资费用高,动力消耗大,干燥时间长,生产能力低。

基于以上特点,冷冻干燥适宜于热敏性物料、易水解物料、易氧化物料及易挥发成分的干燥,制剂生产中常用于血浆、血清、抗生素、激素等生物制品和一些蛋白质药品,如酶、天花粉蛋白以及一些须呈固体而临用前溶解的注射剂,例如天花粉针剂,双黄连粉针剂(冻干)等。此外,以中药为原料的淀粉止血海绵也用该法制备。

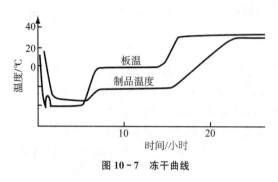

图 10-7 冻干曲线

八、冷冻干燥技术的重要参数

1. 冻干曲线

冷冻干燥过程中,制品和冻干室层板的温度随时间变化的曲线称为冻干曲线;同样冷凝器温度随时间变化的曲线也称冻干曲线,见图 10-7。预冻阶段制品温度迅速降低至低共熔点下,保持一段时间后进入升华干燥阶段,搁板温度上升,水分大量升华。为了避免成品产生僵块或外观缺陷,这时搁板温度控制在 ±10 ℃之间,制品温度不超过低共熔点。

不同制品应采用不同的冻干曲线,同一制品采用不同冻干曲线时质量也不相同。此外,冻干曲线还与冻干机的性能有关。因此,不同制品、不同冻干机应采用不同的冻干曲线。冻干曲线应通过多次实验获得。生产过程中应严格遵照所制订的冻干曲线进行冻干。

2. 低共熔点

低共熔点(eutectic point)是在水溶液冷却过程中,冰和溶质同时析出结晶混合物(即低共熔点混合物)时的温度。冻干溶液的共熔点是控制冻干过程依据的另一个重要参数。不同制品因其所含成分不同,共熔点相差较大。为保证制品的冻干能顺利进行,在冻干前还必须先测定其共熔点,然后控制冷冻温度在低共熔

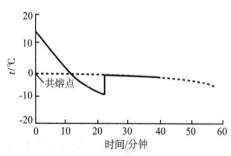

图 10-8 冻干溶液共熔点示意图

点以下。测定低共熔点的方法有热分析法和电阻法。常用热分析法在冻干机上测定制品共熔点:首先配制少量制品的冻干溶液,量取 25 ml 至 50 ml 烧杯中;启动冻干机将搁板温度降至 −25 ℃并维持该温度,将烧杯置于搁板上,插入温度探头以测得冻干溶液温度变化,以温度对时间作图,得该制品冻干溶液的共熔点,如图 10-8。电阻法是利用电解质溶液在冷却过程中达到低共熔点时的电阻突然增大的原理,由升温时电阻的变化来测定,完全冻结的溶液(这时的电阻值无穷大)在升温时固相熔化,该过程中电阻突然下降的温度即为共熔点。

3. 玻璃化转变温度

许多溶质在冷冻干燥过程中不结晶,而是处于无定形状态,这时不形成共熔相。当温度降低时,冷冻浓缩液变得更浓更黏稠,同时冰的结晶生长,这个过程持续到温度变化很小而冷冻浓缩液黏度明显增加,同时冰的结晶停止。这时物质呈非晶态存在的一种状态,黏度极大,一般为 $10^2 \sim 10^{14}$ Pa·s,具有液体的性质,但流动性差,即所谓的玻璃化(vitrification)。玻璃化作用对冻干药品的质量和稳定性有重要影响。玻璃化转变温度(glass translon temperature,又称玻璃化温度)T_g 是指当溶液浓度达到最大冻结浓缩状态发生玻璃化转变时的温度,它是无定形系统的重要特性。在 T_g 以下冷冻浓缩液以硬的玻璃状态存在,而在 T_g 以上为黏稠的液体。

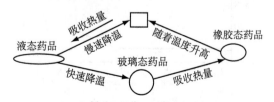

图 10-9 药品结构随温度的变化示意图

T_g 与冷冻浓缩液的坍塌温度(collapse temperature)密切相关。在冷冻干燥过程中,如果温度高于药品的 T_g,药品黏度迅速降低,发生流动,表面萎缩,微细结构(microstructure)破坏,发生坍塌现象。玻璃态药品是在非平衡条件下通过快速冻结形成的,与晶态药品相比不稳定,在温度变化的情况下有转变为晶态的倾向。药品结构随温度的变化,见图 10-9。

对于许多药品来讲，提高其在体内的溶出速率就意味着生物活性和药效的提高，因此溶出特性是药品质量的重要标志之一。冻干的玻璃化药品具有多孔网状结构，与晶态药品相比有较高的溶出速率，药效好。在药品冷冻干燥的冻结阶段，T_g 与药品浓度有关；在干燥阶段，T_g 与含水量有关。在冷冻干燥过程中，通过添加 T_g 高、不同浓度的保护剂，并控制合适的降温速率，可以最大限度地实现药品玻璃化。保护剂除了能提高药品的 T_g 外，还能与药品（如蛋白质、脂质体）表面的极性基团形成氢键，防止药品失水后基团直接暴露在周围环境中，从而减少蛋白质或脂质体的损伤、变性和凝聚。

T_g 是药品冷冻干燥过程中的 1 个重要参数，药品加热温度的选取必须以 T_g 为参考，并且第一、第二干燥阶段以及储存过程中药品温度均需低于与其浓度变化相应的 T_g，以防止药品出现塌陷、表面萎缩、结块、变硬、变色等不良现象。

4. 其他技术参数

冷冻干燥设备技术参数，见表 10-1。

表 10-1　冷冻干燥设备技术参数

项　　目	参数名称及单位
制冷系统	制冷量，J/h；冷冻面积，m^2；冷冻温度，℃
真空系统	真空泵型号；箱内空载真空度，MPa
加热系统	加热面积，m^2；额定导热油量，kg；加热温度，℃
物料干燥箱	干燥面积，m^2；层数 Z_1
烘　盘	烘盘尺寸，mm；烘盘数量，Z_2
总 功 率	kW

九、冻干制品常见问题、原因分析与解决办法

冻干制品常见问题、原因及解决办法，见表 10-2。

表 10-2　冻干制品常见问题、原因及解决办法

常见问题	产　生　原　因	解　决　办　法
含水量偏高	1. 装入容器液层过厚，超过 10～15 mm 2. 干燥过程中热量供给不足，使蒸发量减少 3. 干燥室真空度不够，冷凝器温度偏高等	调节溶液装量；采用旋转冷冻机
喷瓶	预冻温度过高，产品冻结不实，升华时供热过快，局部过热，部分制品融化为液体，在高真空条件下少量液体从已干燥的固体界面下喷出而形成喷瓶	控制预冻温度在低共熔点以下 10～20 ℃，加热升华时温度不要超过共熔点
成品萎缩	1. 冻干成品的残留水分过多，超过 4% 2. 赋形剂浓度较低，药品所含的盐分较多，表面已经形成的网状结构因吸潮而发生萎缩 3. 冻干后成品密封不严，吸收了空气中的水分而发生萎缩	1. 控制成品含水量 2. 调整赋形剂浓度 3. 成品包装中充入氮气，密封
杂质	原料、设备、人员、操作等环节控制不严格而染菌	加强工艺管理，控制环境污染
生物活性物质失活	1. 预冻过程中水结冰所产生的机械效应和溶质效应 2. 冻干过程中温度控制不当 3. 冻干药品中的残余水分过多	1. 采用速冻法预冻，使其来不及产生机械效应和溶质效应 2. 加入产品保护剂 3. 严格控制再干燥阶段的温度，选用所能允许的最高温度 4. 通过调整真空度、干燥时间等条件控制成品含水量，以尽量<3% 为宜

十、冻干制品的稳定性与影响因素

尽管与液体制剂相比冻干制剂稳定性有较大提高，但是冻干过程非常复杂，在操作过程中药物结构可能

受到物理化学变化的影响而发生改变,特别是蛋白质、多肽类药物的二三级结构易受破坏,失去活性而影响疗效。因此,应对冻干制品的稳定性问题应予以重视和研究。影响冻干制品稳定性的主要因素有4点。

1. 成品含水量

严格控制水分含量是保证冻干制剂质量的关键。冻干制品的剩余含水量之所以对于药品的稳定性有很大影响,是因为它影响着冻干制剂质量的一个重要指标——玻璃化温度(T_g)。一般认为冻干药品的含水量越低,其T_g就越高,药品越能长期稳定地储存;但并非含水量越低越好,有学者认为剩余含水量过低会引起生物活性物质失活,并会产生结块凝固现象。通常冻干制剂的水分含量要求控制在1%~3%之间,以保持稳定。在水分含量较低时,药物的溶剂降解反应呈零级动力学模式。用动力学方程计算可以选择控制适宜的水分含量,既能满足药品在保存期内稳定的要求,又避免了在生产过程中因过度干燥而引起能源浪费,还可以为选择成品保存允许的环境湿度提供依据。除了必要的环境条件,包装材料的选择也很关键。有研究表明氯丁基橡胶塞对水分的透过率高于溴丁基橡胶塞。

2. 辅料

在储存过程中发生的辅料结晶现象极不利于冻干制品的长期保存。在冻干制剂中,无定型状态的甘露醇可以处于亚稳定的玻璃态,其T_g约为45 ℃。如果保存不当,制品温度达到该点,甘露醇开始由玻璃态转变为晶态,其无水结晶的形成使基质中水分分布发生变化,水分从无定型态的甘露醇中转移至剩余基质中,导致基质T_g下降,引起冻干制品的结块萎缩现象,影响产品外观;同时由于药物周围环境中水分含量增加,药物稳定性也受到严重影响。辅料的结晶性质可以通过加入某些辅助剂而改变。如磷酸钾、表面活性剂聚山梨醇-80等的存在均可影响甘露醇的状态。此外,辅料中的杂质也会对冻干制剂的稳定性产生影响。

3. 工艺条件

冷冻干燥过程中的各项工艺条件,如冻干前药液分装时的稳定性,pH值环境,预冻的温度、时间,制品的物理化学变化等,以及干燥操作的环境条件等均可导致制品稳定性的变化。

4. 成品的储存保管

冻干制品应储存于低温干燥避光环境中,在储存过程中温度应低于药品的T_g,以防药品外观性状发生不良改变,甚至失活。

十一、冷冻干燥技术在中药(菌药)生产中的应用

1. 在中药材处理中的应用

目前冷冻干燥技术多用于名贵、滋补类中药材的新型加工,以及名优中药的活性保鲜加工工艺,如人参、鹿茸、枸杞、鲜三七等中药材的真空冷冻干燥生产。与传统的加工工艺相比,冷冻干燥技术具有以下特点。

1)工序简化,加工过程机械化,易于控制产品质量稳定,生产周期短,同时减轻了工人劳动强度。如鹿茸作为名贵的强壮滋补药材深受消费者青睐,但我国目前大多采用在沸水中煮再烘烤的传统方法来干燥鹿茸,需要花费大量劳动力和时间,干燥一批鹿茸需5~8 d。而陈宝等人研究采用真空冷冻干燥法加工带血的鹿茸,每批仅需2~3 d,大大缩短了加工时间,干燥后的鹿茸质量好,符合外贸出口的要求。

2)药材中的有效成分无损失或破坏较少,产品疗效好、价值高。我国传统加工的人参有经过日晒或烘干的生晒参、经蒸制晒干或烘干的红参等。人参所含的有效成分有易高热破坏的皂苷、易水溶的多糖类以及易挥发散失的挥发油类等,这些物质常因在加工过程中经过长时间的日晒、蒸煮、高温干燥等受到影响而导致含量大大降低。而利用真空冷冻干燥加工人参既破坏了参体内的酶类,又防止了质量损失以及有效成分的消耗、破坏和流失,其中总皂苷含量比生晒参约高16.7%。孟芹等人采用冷冻干燥法生产的冻干三七总皂苷含量比传统方法加工的三七约高出27%,与鲜三七相比仅减少约4%。

3)可保持新鲜药材的外观形态饱满美观,香气浓,商品形象好。我国枸杞资源丰富,宁夏、新疆、内蒙古、河北等地的年产量可达千万t以上,但枸杞果收获期很短,所以新鲜枸杞的干燥加工非常重要。传统晒干的枸杞色暗褐,含水分高(>12%),易霉烂,营养成分损失也大。孙平等人应用真空冷冻干燥工艺生产的干枸杞色泽鲜红,营养成分损失少,含水量低(<3%),易保存,复水后感觉更似鲜果,由此认为冻干活性加工是枸杞干燥储存的理想加工方法。

4) 产品组织结构近似于新鲜药材的状态,不萎缩,而且质地疏松、极易粉碎,便于患者服用和粉碎制药;同时可以在极短时间内吸水恢复新鲜状态,有效成分易于提取或浸出。

可见应用冷冻干燥技术加工生产名贵中药材和珍稀野生菌具有独特优势。虽然成本较传统方法高,但由于名贵药材价格较高,市场需求大,所增加的成本仍可接受。因此,该工艺值得推广应用。

2. 冻干技术用于粉针剂的制备

目前,中药注射剂品种已经达到1 400多种,广泛应用于医疗实践中;但其中绝大多数是医院处方和制剂,正式批量生产和销售的却为数不多。其主要原因之一在于中药注射剂提取方法不够完善,多数品种是中药材的综合提取物,一些大分子杂质未能完全除尽,放置一段时间后易产生色泽加深、浑浊、沉淀,使澄明度不合格,导致疗效降低甚至影响临床应用;尤其是在加热消毒灭菌后稳定性差,不能长期保存,严重影响了中药注射液的扩大生产和推广应用,这一问题在成分较复杂的中药复方注射液中尤为突出。

制备中药注射液的主要目的是药效好、显效快、应用方便,适用于急症治疗,为此必须符合稳定性好、宜长期保存、随时可以取用等基本要求。为了提高中药注射液的稳定性,近年来已将某些中药注射液研制成粉针剂(如双黄连粉针剂、茵栀黄粉针剂等)大批量生产和应用,取得了良好效果,为解决注射液的不稳定性和长期保存问题探索出一条新途径。

中药粉针剂是中药材提取精制后,经喷雾干燥或冷冻干燥制成的注射用灭菌粉末。凡对热不稳定或在水溶液中易分解失效的中药有效成分,由于不宜制成一般的水溶性注射液或不能加热灭菌,均可制成粉针剂应用。目前中药粉针剂以冻干制品为多。

利用冷冻干燥法将中药提取物无菌水溶液制成粉针剂的优势在于以下几点:①制品在低温和真空条件下进行升华干燥,避免了蛋白质变性、药物成分分解或氧化变质以及避免多成分在溶液中缓慢的配伍变化和相互影响,使药物稳定性增加,有利于大批量生产和长期储存,既保证了成品质量和疗效,也不存在澄明度问题。如中药天花粉中的引产有效成分为天花粉蛋白,在光和热的作用下蛋白质易变性而不再溶于生理盐水,采用将天花粉提取物溶液在无菌条件下灌装和冷冻干燥的方法制成冻干粉针剂,可以保存其生物活性。②冻干后的成品呈疏松多孔状,含水量低,加水后可以迅速溶解分散均匀,便于临床使用。③产品剂量准确。冻干法制备粉针剂时以溶液形式灌装,比喷雾法用粉末或颗粒填装的精确度高得多。④与其他方法相比,采用冻干法制备中药粉针剂,杂质微粒混入和污染药物的机会大大减少。如茵栀黄注射液是临床上治疗急、慢性肝炎的理想药物,疗效确切,深受欢迎,但因水针质量稳定性差,尤其是在灭菌后不久即产生微粒沉淀,给工业大批量生产带来了很大困难和损失。而采用冻干技术,将水针剂制成冻干粉针剂,避免了水针的不稳定因素,以适量甘露醇为支架剂,将冻干原液pH控制在6~8之间,所得的成品色泽、成型性和澄明度良好。

注射用双黄连粉针剂是采用真空冷冻干燥技术研制成功的冻干粉针,其有效成分不受任何破坏,热原易于控制,而且耐热性和稳定性好,可长期保存。其澄明度合格期限为1 215 d以上,而水针仅为121.5 d,前者至少是后者的10倍;而且粉针剂有效期在3年以上,稳定性优于水针。双黄连粉针对治疗小儿病毒性肺炎具有特殊功效,抗病毒有效率达到92%。因此,为了解决中药注射剂澄明度问题和疗效不稳定等问题,除了从原料、设计、操作工艺等方面加以控制和提高外,制成中药冻干粉针剂不失为一个行之有效的解决办法。

在冻干过程中,冷冻速率、冷冻温度和冷冻时间均为重要的影响因素。一般来说,速冻形成的冰晶小,干燥过程中留下很小的微孔结构,有利于提高升华速率,而且制得的成品颜色浅,溶解快;反之,慢冻会形成较大的冰晶,同时浓缩了溶液使之在产品中保留较长时间,容易破坏生物膜结构或导致蛋白质降解。因此,必须选择最佳的冷冻条件,否则将影响成品的外观、颜色、溶解速率、微生物存活率、稳定性等指标。冷冻干燥制备中药粉针剂时,首先要了解药物本身的性质及其在冷冻状态下所表现出的特点,测定药物的低共熔点或玻璃化温度,并通过反复多次预实验绘制冻干曲线,最后严格依据冻干曲线所示的最佳工艺条件进行预冻、升华干燥和再干燥等分步冻干操作。

刘汉清等人选用人参、附子、枳实等常用有效中药复方,采用冷冻干燥方法分别制备成粉针。按水针工艺制成澄明药液后,加入15%注射用葡萄糖,过滤后分装于灭菌安瓿中,盛于金属盘内,置低温冰箱中预冷至-30 ℃,迅速转入冷冻干燥箱内;待制品温度达-25 ℃时,开启真空泵,真空度达6.67 Pa时开始对搁板加热升温,在-20 ℃保持2 h,-15 ℃保持1 h,-10 ℃保持2 h。待肉眼看不见制品中冰晶存在时,将搁板

温度升至 26 ℃,约需 1.5 h。冻干结束后充入氮气,出箱封口。冻干过程中,真空度不变,凝结器保持
-42 ℃。制成的粉针和水针就其主要质量指标进行对比研究,定性鉴别和定量分析结果表明,两者所含成
分一致,含量也无明显差异,而粉针的稳定性尤其是澄明度明显优于水针。因此认为,对于一些疗效确切而
水针稳定性较差的中药复方,粉针不失为较好的开发剂型之一。

除了液层厚度,冻干各阶段的温度、速度和时间等冻干工艺本身的影响以外,药液的 pH 值、支架剂等也
将影响粉针剂的成型性、稳定性和溶解性等质量因素。因此,需通过对比实验选择最佳 pH 值以及支架剂的
种类、配比、用量等。常用的支架剂有甘露醇、右旋糖酐、葡萄糖、氯化钠等。朱祯禄等人从成品色泽、溶解
性、澄明度、成型性 4 个方面考察了以水解明胶、甘露醇、葡萄糖为支架剂制备参麦冻干粉针的效果。经过多
次实验发现,选用适量水解明胶成型性好但澄明度差,甘露醇具有助溶作用,少量葡萄糖不能成型,量多则易
喷瓶。经综合评价认为适量葡萄糖是理想的支架剂,具有价廉、助溶、成型、澄明等优点。由于参麦注射液含
有大量皂苷,易水解而致药品不稳定,将冻干原液调节不同酸碱度进行实验,结果酸碱度对药品质量影响很
大。原液 pH 为 7.5 时灭菌后 pH 约为 6,室温存放一周稳定,经冻干制成粉针其 pH 基本不变,且成品速
溶、澄明、成型性好。而不调 pH 原液较不稳定,室温存放 2～3 d 产生沉淀,制成的粉针澄明度差,成型性欠
佳。可见适宜的酸碱度是药品稳定的重要因素。

为了提高中药注射剂的安全性和稳定性,除了在提取分离方面采用新技术新工艺外,中药冻干粉针剂将
是中药注射剂发展的主要方向之一。

3. 在其他中药制剂生产中的应用

冷冻干燥法除了制备中药粉针剂以外,还有报道将其用于中药提取物,如银杏黄酮苷提取物、连翘提取
物等的制备,速溶茶的制备,以中药为原料的淀粉止血海绵剂的制备和中药浸膏的冷冻浓缩等。包春杰等人
采用发酵方法人工培养冬虫夏草菌丝体,并将其连同发酵液一起共同制成冻干口服制剂,其成品呈圆柱状,
水分含量<3%,因此不仅保持了冬虫夏草菌的生物活性,防止杂菌生长,而且可以长期保存,应用前加入少
量水即可迅速溶解,服用简单方便。

4. 冻干技术在食药用菌干制品上的应用

采用冻干技术生产食药用菌子实体冻干产品不存在工艺和设备上的问题。由于冻干产品经复水后可保
持干燥前的形、色、质,所以常用于尚不能人工栽培、价高量少的珍稀野生菌。虽然冻干产品加工成品高,但
售价也高,冻干食药用菌产品在国际市场价格是热风干燥的 4～6 倍,一般税利在 30% 左右。同样,食药用
菌有效成分经冻干技术处理后的粉针剂制剂也是今后发展的方向。

一般冻干双孢菇时间为 12 h 左右;每 m² 干燥盘可铺放鲜菇 10～11 kg,17～18 kg 鲜菇可冻干成 1 kg
的冻干菇;冻干菇成本约 85 元/千克,冻干菇售价 180 元/千克(22 美元/千克),葱 150 元/千克,胡萝卜
85 元/千克。100 m² 的冻干设备价格在 200 万元(国产设备)～360 万元(进口零部件、传感器和材料)。以上
数据以 2000 年价格为准,仅供参考。

目前冷冻干燥技术在中药生产中的应用多处于研究试制阶段,用于工业化大生产的品种较少,而且
多用于贵重中药材的加工生产以及中药粉针剂的制备,在其他制剂生产中的研究和应用较少。基于中药
复方制剂的特点,将会有更多研究利用冷冻干燥技术的独特优势,扩展应用,将其用于研制新制剂和新剂
型等。

十二、冻干技术的发展与展望

(一) 通气冻干与喷雾通气冻干技术

冷冻干燥法去除水分的效率低,通常需要的干燥时间很长,同时消耗大量能源,设备昂贵,工艺成本高。
因此,改进原有冻干设备和方法,提高干燥效率,研究开发能够节约干燥时间和降低成本的新型工艺,已成为
目前冷冻干燥技术发展的主要趋势之一。

传统的冻干操作是在真空条件下进行的;但真空并不是冰升华所必需的前提条件,利用通气冻干技术在
大气压下也可以冻干药物。通气冻干是指利用冷空气或氮气作为加热介质,使其迅速流经冻结物使冰升华
的方法。通气冻干早已用于食品工业,但在医药工业中应用较少。随着生物技术的发展,蛋白质、多肽、酶和

抗体等在药品中逐渐占据重要地位，为了获得高稳定性、高质量的药品，同时也为了降低能耗、缩短干燥时间，医药工业对于能够省却真空设备的通气冻干技术的关注日益增加。

在通气冻干技术中应用喷雾通气方法，使冻干原液喷雾在干燥室中受到干冰的冷却形成细小冻结物，由冷空气流带走水分而达到干燥的目的，这种技术称为喷雾通气冻干。与传统冻干法相比，它具有如下优点：①溶液在干燥室内冻干，整个操作过程在低于其低共熔点以下进行，可避免冻干品的解冻。②冻干速率较快（一般＞10 g/min），适用于药品的冻干，所得冰晶微粒小，干燥快，时间短，节约能耗，降低成本。③干冰作为支架，干燥后不需分离。④由于循环干燥介质使干燥条件恒定，冻干过程中不存在局部的温度和浓度梯度，因此产品高度均匀。⑤与真空干燥的饼块状成品不同，喷雾通气冻干所得成品为高质量、干燥（含水率＜1.5％）、细小[平均直径为(18±8.9)μm]、能自由流动的粉末，颜色和密度均匀，速溶性好，而且由于是球形凝聚体，当重新溶于水时容易分散成原始细粒（直径3 μm）。⑥产品可保留更多的芳香性成分，与真空冻干不同，喷雾通气冻干可减少挥发性成分的损失。

喷雾冻干技术的简易工艺流程，见图10-10。先将设备启动约1 h使之达到热平衡，产品溶液（每批140 g或300 g）喷入干燥室，于-70～-90 ℃冻结成微粒，在冷干气流作用下使成流态化并进行干燥。在该过程中不断顶喷粉状干冰保持低温，同时以-20 ℃的冷干空气迅速由下向上通过驱除水分，控制循环介质的温度及流速，废气经过滤后再干燥循环使用。一般每隔40 min测定进气和出气的露点，出气露点在升华开始时急剧下降，至接近进气的露点时就较恒定。

在制品喷雾通气干燥过程中，影响干燥速率的因素主要有3点。

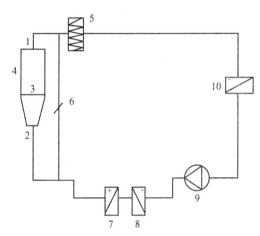

图10-10　喷雾通气冻干技术的简易工艺流程
1.出气；2.进气；3. WSG；4.喷雾冻干室；5.空气滤器；6.旁通；7.加热器；8.冷却系统；9.汽轮机；10.冷却系统

1.空气流速

进气速率决定着药品干燥速率。一般随着进气速率的增加，冻干速率上升，冻干时间缩短。

2.进气温度

进气温度要保持高于冷冻结晶的共熔温度。在恒定的温度下，冻干曲线可分为3个阶段：第一阶段为滞后阶段，约1 h内从-30～-15 ℃，平均单位失水都很少（＜0.2 g/min）；第二阶段曲线急剧下降，除去结合力较弱的表面水分、粗毛细管中的水以及部分由药品深部经毛细管逸出的水，这时在-30 ℃的升华速率为0.5 g/min，在-2 ℃几乎达到3 g/min；第三阶段在干燥技术中称为尾段，剩余的吸附水分很难除去，平均升华速率≤0.1 g/min。为缩短整个过程，可以在该阶段提高循环介质的温度。何时提高温度因产品而异，一般经验是在水分≤10％时可考虑开始。

3.冻干原液中的含水量

在应用传统冻干技术时，含固量高的原液通常导致较稠密的结构，干燥层的多孔性降低，冻干速率减慢；但通气冻干时，原液的含固量越高，冻干速率越快。其总干燥时间似乎直接取决于升华水的总量，而不受冻干品微孔结构的影响，这可能是由于冷干空气不仅流经冻干品表面，也能流经其干燥层，使产品不存在温度和浓度的梯度变化。

中药，尤其是有效成分为热敏性和稳定性差的中药制剂，可以利用喷雾通气干燥技术开发新产品、新剂型，发挥其优势，研制创新高质量的中药新制剂。

（二）冷冻干燥技术的用于中药研制的趋势

由于其独特的优势，冷冻干燥技术已经引起众多研究者和制药企业日益关注，冷冻干燥成为一些先进企业、先进工艺、创新剂型所采用的主要技术方法。目前，其在中药领域的应用仍局限在少数企业的少数生产线上，产品剂型也比较单一。此外，中药冷冻干燥工艺尚缺乏深入的基础理论研究，也限制了它的推广应用。随着冻干设备的改进、提高和普及，中药的冻干工艺日趋成熟，冷冻干燥技术将会越来越多地用于中药制剂生产中，尤其是将更多地用于研制开发中药新制剂和新剂型，如冻干乳剂、混悬剂、脂质体以及各种控释制剂

（如冻干速溶片）等的研究和生产中。

第六节　高新技术在食药用菌深加工工程上的应用

一、食药用菌深加工技术的现状和发展目标

　　食药用菌深加工产品属中药和保健品的范畴，其提药、制药工艺与中草药相同，存在的问题也大同小异。中国是中药的发源地，历史悠久，但由于传统提药、制药工艺和装备落后，长期以来出口以药材、饮片为主，中成药、保健品很少只占国际交易量的5%左右。近年来，中药出口出现连续下滑趋势，与此同时，洋中药进口却持续增加。造成我国中药落后现状的原因是多方面的，主要是中药生产没有现代化。传统中草药的提药方法因工艺复杂、流程长、提取温度高、时间长和能耗大等固有缺陷，使人们对正确理解和掌握中草药的药理、药效等重要问题产生很大困难，也导致现有中成药质量难以控制，疗效难以稳定，实验结果重复性差等现象，这与现代医药学的严格要求极不适应。中药现代化是中药走向国际市场的基础。中药现代化是指将传统的中药特点和优势与现代高新技术相结合，按照国际上认可的标准规范对中药进行研究开发、生产、管理，使之适应当今国际社会发展的需要。现代中药应具有三效（高效、速效、长效）、"三小"（剂量小、毒性小、不良反应小）以及"三便"（便于储存、便于携带、便于服用）等特点。要使中药现代化走向国际市场必须解决产品质量好，药理、药效清楚，有效成分可控及疗效稳定等问题。而这些问题无一不与制药、原药有关。传统提药、制药工艺必须改革，必须以高新技术装备武装。当前，对中药现代化起关键性作用的高新技术是超细粉体技术、微胶囊技术和超临界流体技术，当然还有其他技术，如指纹图谱技术、大孔树脂吸附技术、脂质体技术、高通量筛选技术和靶向技术、膜分离技术、微波协助浸提技术、超声波浸提技术等。以上这些高新技术在中药提药、制药领域的应用，将解决传统中药在这方面存在的难题，实现现代中药的"三效"、"三小"和"三便"，使中药提药、制药在10～15年内实现中药现代化、国际化的跨越式发展目标。

二、超细粉体技术——中药（菌药）细胞级粉碎技术

　　中药菌药细胞粉碎技术是超微粉碎的一个重要分支，主要是指随着超细粉体技术的发展而新兴起来的一门新技术，20世纪80年代后期已在国内多种行业广泛开发应用，至90年代后期中药行业开始进行探索性研究。虽然起步较晚，开发研制的品种相对较少，但它广阔的应用前景和在中药制剂中的优势已露端倪。

　　超细粉体技术是一门跨学科、跨行业的高新技术，利用该技术研制的中药超细粉制剂，如微米中药、纳米中药等已引起科学界和中医药行业的广泛关注。它不仅在中药行业，在其他行业如食品、机械、化工、农业、化妆品、冶金、纺织、陶瓷、橡胶、航天航空、电子等众多领域的应用也得到了迅速发展。

　　将超细粉碎技术应用于中药制剂的制备中，可创造出全新的粉碎技术工艺，既丰富了传统炮制的内容，又能为中药的生产和应用带来新的活力，成为中药行业的新生长点。如在改造传统提取工艺方面，中药经细胞粉碎后与溶媒的接触面积大大增加，从而增加其有效成分的溶出率、生物利用度，减少用药量，增强药理作用；在改善现有剂型的品质方面，以粉体为原料的散剂、颗粒剂、胶囊剂、片剂等固体制剂若将原料微粉化，不但可改变其外观性状，还可改善其溶解度、溶出度、吸收度、附着力、生物利用度等多种药效学参数；在开发中药新剂型方面，鹿茸、珍珠、冬虫夏草等珍贵中药材均可通过超细化，直接制成中药口服散剂、胶囊剂、微囊等。此外，在将药食同源的中药品种经超细粉碎后开发成各种保健滋补品、食品添加剂等方面前景也很是看好。

　　药物疗效不仅取决于药物成分的化学结构，而且受生物机体和药物本身存在状态的影响。固体药物的溶解释放、机体吸收与生物利用度等都与制剂加工过程中粉体的微细化程度有密切关系。药材微细化主要目的是达到细胞破壁，将细胞内的有效成分暴露出来以提高溶出率。不同材质的中药材进行细胞级粉碎和改进药材微粉的制剂工艺，提高药物生物利用度和疗效，可大大降低生产成本，从而实现中药传统技术的新突破。

　　微粉中药是中药发展的必然。《国家中药资源可持续发展体系的建立及全国重点中药材资源调查》项目论证会上，专家们提出，人们对天然药物的需求量近10年翻了三番。对中药资源过度和无序的开发导致连

甘草、麻黄这样十分常用的中药材源都已经满足不了需求，长此以往，中医界将面临无药可用的尴尬局面，因此，微粉中药的开发势在必行。但就这项技术的应用而言，还有诸多问题尚待解决。

（一）概述

1. 中药细胞粉碎技术

粉体是颗粒（粒子）组成，粒径即颗粒尺寸大小是衡量粉体颗粒细度的主要标准。微米中药粉体由微米中药颗粒组成，粒径介于 $1\sim100~\mu m$；亚微米中药粉体由亚微米中药颗粒组成，粒径介于 $0.1\sim1~\mu m$；纳米中药由纳米中药颗粒组成，粒径介于 $1\sim100~nm$；三者统称"微纳米中药粉体"。细胞级中药微粉即属于微米中药粉体。

中药细胞粉碎是以打破动、植物类药材细胞壁为目的的粉体作业。它不以粉碎细度为目的，而是追求细胞的破壁率，其破壁率＞95％。这项新技术适用于不同质地的药材，能使其中的有效成分暴露出来，而不是传统粉碎中有效成分从细胞壁（膜）释放。该技术的应用使药物起效更加迅速、完全。

2. 作用机制

1）中药细胞级粉碎对体内吸收的影响因素　中药材除矿物药外，动、植物药的主要有效成分通常分布于细胞内与细胞间质，且以细胞内为主。细胞在完整无损的情况下，有效成分只有通过细胞膜、细胞壁释放出后才能被利用。完整的细胞膜、细胞壁对有效成分的释放形成阻力，而这种阻力随细胞团内细胞数量的增大而急剧增大。将细胞打破后，细胞膜、细胞壁的阻力即消除，细胞内的有效成分直接溶出。这种作业并不以细度为目的。细度仅作为一种宏观的检测手段，无法表达药材粉末的真实情况。细胞的破壁率越高，其细度越细。细胞经破壁后，细胞内的有效成分充分暴露出来，使药物起效更加迅速、完全。

在粉碎过程中，细胞壁一旦被打破，细胞内水分及油迁出后微粒子表面即成为半湿润状态，粒子与粒子之间会形成半稳定的粒子团（或称为微颗粒），粒子团的大小就是我们用常规筛分方法检测的粉碎粒度。每一个粒子团都包含着相同比例的中药成分。不同药材的粒子团的物理结构组成不同，由可破碎性、延展性、HLB 值、含水（油）率、吸水（油）性、密度等决定。

实际上，在混合粉碎过程中由于细胞内水分的影响，物料的表面会呈半湿润状态，其粒子与粒子之间结合较为牢固，具有很好的稳定性。其油性及挥发性成分在混合粉碎的同时吸附在一些固体及半液态成分的表面，通过药材中某些具有表面活性的物质使其易于同亲水性成分相亲和，达到均质的目的。若将其放入水中搅拌，也不会产生油性与水性成分之间的偏析。由于细胞级微粉碎会在将药材中的油细胞打破的同时进行均质，使得含有挥发性成分的复方中药由于条件的不同而产生挥发性降低或提高的现象。经过均质的复方中药其油性及挥发性成分可以在进入胃中不久即分散均匀，因药物均质的作用在小肠中会均匀地同其他水溶性成分同步吸收。这与常规粉碎方式进行的未破壁药材的吸收速度大相径庭。通过该方法制得的粉末不添加任何辅料即可直接造粒。因药材中的纤维已达到超细，使其具有药用辅料中成型剂的作用，所以易于成型。同时纤维具有一定的吸水膨胀性，而超细纤维的膨胀质点多，到胃中崩解速度较快。药物崩解后因细度极细及均质情况，在以原有的成分比例进入小肠后，在吸附于肠壁的同时各组分会以均匀配比被人体吸收，而用常规方式粉碎及混合的情况会有所不同。由于粉碎粒度较大、混合均匀度偏低，不同性状的药物成分会因其细度、细胞溶胀速度、从细胞壁的迁出速度、HLB 值及对肠壁吸附性的差异而在不同时间被人体吸收，其吸收量值也不会一致，由此可能会影响复方药物的疗效。

2）中药细胞级粉碎在体内的吸收过程　中药若采用常规方式粉碎，粉碎所得单个粒子常由数个或数十个细胞所组成，细胞的破壁率极低。当药物进入胃肠道后药物粉末吸水膨胀，有效成分通过扩散不断地从细胞壁及细胞膜释放出来。由于药物有效成分必须在细胞外浓度低于细胞内浓度时方可释放出来，故浓度差越小释放速度越慢，浓度一旦平衡则停止释放。因传统粉碎所得药物粒子较粗，位于粒子内部的有效成分将穿过几个甚至数十个细胞壁和细胞膜才能释放出来，则释出速度很慢；并且药物在体的停留时间有限，在极低释药速度的情况下，位于在内部细胞中的有效成分有时还来不及释放就被排出体外，人体对有效成分的吸收量也极低，因此药物的生物利用度较低。

在细胞级微粉碎过程中，中药材受到强烈的正向挤压力和切向剪切力的作用，细胞壁（膜）被撕裂、断开，细胞破碎成碎片或被压破。各种成分在粉碎的同时被充分混匀，细胞中的有效成分直接暴露出来，其释放速度及释放值大幅度提高,人体吸收则较为容易、简单。药物进入胃中,可溶性成分在胃液作用下即溶解,进入小肠后溶解的成分开始被吸收,其不溶性成分也极易附着在肠壁上,有效成分会快速通过肠壁吸收,进入血液。另一方面,微粉与给药部位接触面积大,有效成分从细胞内向细胞外迁移的过程所需时间较短,人体对有效成分的吸收速度也明显加快。对于质地坚硬、致密的药材来说,由于细胞破壁后可免除溶媒穿透细胞壁进入细胞内将药效成分溶出的相对漫长的过程和障碍,因此更有利于缩短溶出时间、降低用量。特别对于质地坚硬、组织细胞排列紧密的药材来说,减少用量的幅度会更大,因此可望在提高疗效的前提下缩短小中药材用量。

3. 中药细胞级粉碎的特点

1) 有效成分的溶出速率高,生物利用度高 中药材经细胞粉碎后,细胞破壁,有效成分的溶出阻力减小,可直接进入溶媒被机体吸收,从而提高了有效成分的溶出率,并且微粉颗粒具有表面效应、体积效应、量子效应和宏观隧道效应等,使其对物质的吸附性较大,从而加强了细胞级中药对肠壁的黏附作用,中药粒子在肠内的停留时间延长,大幅度提高了药物的生物利用度增强了药物的疗效。

2) 中药剂型多样化 中药材经细胞级粉碎后,有效成分溶出量提高,制成丸、剂散等可以克服制剂表面粗糙、色泽不均、光洁度差等缺点,特别是珍贵中药材,可直接制成中药口服药剂、胶囊、微囊等;还可研究将某些中药材经细胞级粉碎后直接与基质相混制备透皮吸收制剂。

3) 降低服用量,节省中药资源. 药材经细胞级粉碎后,用小于原处方的药量即可获得原处方疗效或效果更好。根据药材性质和粉碎度不同,一般可节省药材 30%～70%。又因中药材细胞经微粉碎后一般不进行煎煮浸提,因而可减少有效成分损耗,降低成本,节约资源,这对于贵重药材及资源匮乏的药材尤为重要。

4) 减小口服颗粒感 物料平均粒度在 15～20 μm 之间吃起来就有很好的细腻润滑感,当平均粒度超过 40 μm 时就有明显的粗糙感。中药复方细胞级粉碎作业后的平均粒度在 20 μm 以下,20 μm 以下细粒占到 75% 以上,其颗粒度已低于口腔颗粒感觉阈值,因此服用时无粗糙感。

5) 有利于保留生物活性成分,适用范围广 可根据不同药材的需要,采用中温、低温和超低温粉碎,因此可用于热不稳定和含挥发性成分的药材,可最大限度地保留生物活性物质和营养成分。对质地致密的动物贝壳类、骨类药材和矿物类药物更具有优越性,对纤维状、高韧性、高硬度或具有一定含水率的物料也适应,应用范围极广。

6) 污染小,可提高微粉卫生学质量 粉碎在全封闭及净化状态下进行,可有效地避免污染,改善工作环境。部分中药细胞级微粉碎结果证明,在粉碎的同时可杀虫和灭菌,提高微粉的卫生学质量。

7) 广义上的纳米材料和微米材料 纳米材料和微米材料在性质上差别很大,尤其材料处于亚微米级及纳米级状态时,其尺寸介于原子、分子与块(粒)状材料之间,故有人称之为物质第四态。超细粉体与常规块状材料相比,具有一系列优异的物理、化学及表面与界面性质。超细粉体表面积大,表面活性高。单个超细颗粒往往处于不稳定状态,它们之间由于相互吸引导致团聚形成稳定状态,这一现象产生又使其比表面积减少,活性降低,其表面与界面特性又趋于大块材料,因而使用效果差。为充分利用超细粉体表面和界面特性,必须采取改性处理,使其处于良好、充分分散状态,只有这样才能取得良好效果。

(二) 质量控制

中药微粉化后其表征主要是粒径、粒度分布、比表面积、粉体形状、分散性、流动性、润湿性等。这些参数均涉及超细粉体的力学、光学、热学、物理和化学特性等,因此这些参数是粉体的重要性能指标。

1. 粒径及其表征

粒子的粒径是指粒子的一维几何尺寸。单一粒子的粒径常用的表征方式有:

1) 当量径 可分为等表面积球当量径(d_s);等体积球当量径(d_v);等比表面积球当量径(d_{sv})。且有 $d_{sv}=d_s^3/d_v^2$。

2) 圆当量径 可分为①投影圆当量径(d_H),指与颗粒投影面积相等的圆的直径,有 $d_H=(4H/\pi)^{1/2}$。②等周长圆当量径(d_L),是指与颗粒投影周长相等的圆的直径,有 $d_L=L/\pi$。式中,H 为面积;L 为周长。

3) 三轴径 以颗粒外接长方体的长 a,宽 b,高 h 定义的粒度平均值称为三轴径。

4) 投影径 包括二轴径、费雷特径 d_F,马丁径 d_M,最大定向径 d_m,定方向最大直径 d_k、投影面积当量

径 d_H、投影周长当量径 d_c 等。

5）筛分粒径　指粒子能通过的最小方孔的宽度。

6）Stokes 径　指与粒子具有相同沉降速度的球形粒子的直径。

7）中位径(d_{50})　指在累积百分率曲线上占颗粒总量为 50% 所对应的粒子直径。

8）众数粒径　颗粒出现最多的粒度值（相对百分率曲线的最高峰值）。

2. 粒度、粒度分布及粒度的测量方法

粒度是指粉体粒子大小的量度。粒度分布是指粉体中不同粒度区间的颗粒含量。药物的溶解速率、吸收速度,药物的制备、成品的质量均受粒度分布的影响,因此测定粒子粒度的大小在制剂制备中尤为重要。

粒度测量分析是一个很重要的步骤。由于各种粒度测量方法的物理基础不同,同一粉体样品用不同的方法测得的粒度大小不完全相同,因而在选择测量方法和测量仪器时,应综合考虑测量目的、被测粉体的数量和性质、粒度分布范围、要求的精度和测量成本等。粒度测试方法主要有显微镜法、筛分法、沉降法、电子传感器法、激光光散射法、图像分析法等。我国的粒度测试技术用得比较多的仍是筛分法和显微镜法,但这些传统方法有操作烦琐、耗时长等缺点,越来越不适应发展要求。现将粒度测定方法分别介绍如下。

1）显微镜法　检测超细粉体粒子大小及其分布的最常用的检测手段是显微镜法,分为光学显微镜法和电子显微镜法。光学显微镜的测试范围为 $1\sim500\ \mu m$,电子显微镜的测试范围为 $0.001\sim100\ \mu m$。显微镜法的最大特点是直观,可直接观察到超细粒子的大小、形态、外观和分散情况甚至微观结构,在测量球形化较好的粒子时准确度较高;但对于不规则形状的粒子以及粒度分布较宽的样品时,测量结果误差较大。此外,适宜的分散介质及制备分散均匀的样品对测量结果也至关重要。

2）筛分法　筛分法是一种传统的粒径分析方法,系将适量质量的粉末连续通过一套孔径从大到小的筛子,测定截留在各个筛子上的粉末的质量或体积相对于各筛子的孔径,从而确定整个粉体粒子的质量（或体积）、平均粒径及其分布。过筛率是筛下物与过筛粉体的质量之比。筛分技术既适合于干法过筛,也可用于湿法过筛。

筛分法粒子能否通过筛网,影响因素较多,主要与待测样品的性质、粒子大小、粒子形状、用量、过筛方法、过筛时间及筛的种类等有关。因此,筛分法测得的粒子大小是比较粗略的。

3）沉降法　沉降法是通过检测粒子在液体中的沉降速度而计算粒子大小的方法。测定粒子粒度的基础是 Stocks 定律,其假设条件是待测样品为球形粒子,并且粒子在瞬间达到恒定速度,因此沉降法得到的粒子粒径是等效径。

根据沉降原理沉降法可分为重力沉降法和离心沉降法。

重力沉降法是依赖粒子自身的重力而沉降来测定粒度及分布的方法。一些微细的粒子和密度很小的粒子在较短的时间内很难完成沉降,使沉降行为大大偏离 Stocks 定律,因此对粒子的分析结果带来较大的系统误差。该方法一般很少采用。

离心沉降法是通过在重力场中施加外力,加速待测粒子的沉降速度而进行测定的一种方法。这种沉降法提高了沉降速度而相对减少了粒子自由扩散的影响,从而使实验条件满足 Stocks 定律中粒子在瞬间达到恒定速度的假设,大大提高了测量的准确性。

4）电子传感器法　电子传感器法是通过库尔特计数器来测试粒子尺寸和粒度分布的一种方法。库尔特计数器是一种典型的电子传感器。电子传感器法测定粒度时,样品浓度、样品中粒子的凝聚和沉降速度、外来电磁场的干扰、仪器的震动等对测定结果都有很大的影响。

5）激光光散射法　激光光散射法是利用粒子被光束照射时向各个方向散射以及一些光发生衍射的特性,而光的散射强度和衍射强度与粒子大小及其光学特性有关的原理来获得粒子大小及粒度分布的方法。这是在 20 世纪 70 年代发展起来的一种有效、快速的测定粒度的方法,它利用光散射原理测试粒度,具有测量范围广、测定速度快、自动化程度高、操作简单、测量准确、重现性好等优点,基于此,激光光散射法得以快速地应用到颗粒的粒度测试中。

由于计算机的人工智能系统可自动灵敏地改变测量模式从而扩大粒度测试的范围,国际上又在发展将粒度测试仪与其他的现代仪器（如红外、质谱、核磁共振等）联用。随着颗粒测试要求的多样化和各类仪器智能化的发展,仪器联用将成为一种潮流。

3. 比表面积

比表面积是指单位质量或容量微分所具有的表面积。微分的比表面积大小与某些性质有着密切关系。例如活性炭的吸附力较强,是因它的比表面积很大;中药有的药粉"燥性"大,也是与其表面粗糙、比表面积大有关。因此测定微粉的比表面积是有意义的。

比表面积包括质量比表面积(S_w)和体积比表面积(S_v)。质量比表面积是指单位质量微粉所具有的表面积,如 $S_w = m^2/g$;体积比表面积是指单位体积微粉所具有的表面积,如 $S_v = m^2/cm^3$。

比表面积的主要测定方法有气体吸附法(BET)、透过法和浸润热法。

气体吸附法是利用粉末对气体的吸附能力与粉末的比表面积大小相关的 BET 吸附理论,通过测量粉末对气体分子的吸附量来计算粒子比表面积的方法。

透过法是将样品压实,通过测定空气流过样品时的阻力,根据层流状态下气体通过固体颗粒层时透过流动速度与颗粒层阻力的关系式,计算出样品的比表面积的方法。

浸润热法多用于多孔固体和粒径很小的粉末状固体。

4. 分散性

粉体良好的分散性是保证超微粉制备、分级顺利进行、粉体表面改性成功操作及粒径、粒度分布等粉体参数准确测量的关键。判断方法如下:

1) 显微镜法　根据粉体粒径的不同,采用相对应的光学显微镜、扫描电镜、投射电镜、高分辨率投射电镜等直接观察粉体分散前后的分散性。

2) 粒度分布测定法　分散性好的粉体,粒度分布范围窄,因此,可以通过测定粉体分散前后的粒度分布来判断粉体分散性的好坏。

3) 黏度测定法　当悬浮液的黏度较高时,粒子由于桥联作用形成微弱的网状结构,使液体的流动性受到干扰,粒子的分散性差;反之,若液体黏度降低,流动时需克服的阻力小,粒子分散性好。因此,可以通过测定粉体悬浮液黏度的大小来比较粉体的分散性能。

4) 浊度法　对于同体积、同浓度的分散体,浊度越大,介质中粒子数越多,相同时间内沉降的粒子数越少,表明粒子的悬浮时间越长,分散性越好。

上述测定方法只能用于粉体分散性的相对比较,要得到可靠的实验结果,需要保证实验条件的一致性。

5. 表面自由能

表面自由能是指生成 1 cm² 新的表面所需做的等温可逆功。粒子超细化以后,表面积增加,其表面能也大大增加。测定方法有溶解热法、接触角法、劈裂功法和熔融外推法。

6. 流动性

微粉的流动性与粒子间的作用力、粒度、粒度分布、粒子形态及表面摩擦力等因素有关。测定粉体的流动性对于制剂的生产及应用——(如胶囊剂的填充,颗粒剂的分装,片剂压片时微粉向冲模腔的充填及分剂量的准确性,外用散剂的涂布等)具有重要的意义。

微粉流动性表示方法较多,一般用休止角和流速等表示。

7. 湿润性

湿润性对制剂工艺和质量都有重要的影响,也涉及到中药有效成分的提取、悬浮液的分散及稳定、片剂的崩解等。固体的湿润性通常用接触角来衡量。接触角是指固、液、气三相接触处,自固界面经液体内部到气液界面之间的夹角。当接触角为 0°时,称为完全湿润;接触角为 180°时为完全不湿润;接触角在 0~90°时称为可以湿润;接触角>90°时为不易湿润。

(三) 设备

如今,新技术的发展对材料的深加工技术提出了越来越高的要求,粒度微细化、粒度分布均匀化、颗粒形状特定化、表面处理功能化、品质高纯化等,这些因素都在一定程度上刺激了超细粉碎设备的发展。目前中药常用的超细粉碎设备按不同的粉碎方式可分为机械冲击式粉碎机、振动磨、球磨机、气流粉碎机、搅拌磨等。

1. 机械冲击式粉碎机

机械冲击式粉碎机是利用围绕水平或垂直轴高速旋转转子上的冲击元件(叶片、锤头、棒等)对物料施以激烈的冲击,并使物料与定子间、物料与物料间产生高频的强力撞击、剪切、摩擦及气流震颤等多种作用从而粉碎物料的设备。

1) 结构及原理　普通冲击式粉碎机一般是由转子、冲击元件、外衬板、粉碎室、进料口、电机等元件组成。粉碎时物料由进料口进入粉碎区,受到转子上的冲击元件以 60～125 m/s 甚至更高的速度冲击、剪切、摩擦而粉碎,并以一定速度反弹,冲向外衬板再次粉碎,继而与后续的高速颗粒相撞,使粉碎过程反复进行;同时,在定子衬圈和转子端部的冲击元件之间形成强有力的高速湍流场,产生的强大压力变化使物料受到交变应力作用而粉碎和分散。粉碎后较细的颗粒在气流的携带下从出口排出。

2) 机械冲击式粉碎机类型　进风机械冲击式粉碎机按照转子的布置方式分为立式和卧式两大类。立式的主要有 ACM 型冲击粉碎机、CZM 型机械冲击式粉碎机、ZPS 型机械冲击式粉碎机、CSM 型机械冲击式粉碎机、MLC 型冲击式粉碎机。卧式的主要有 SUPER - MICROMill 型冲击式粉碎机、CW 型超细粉碎机、UPZ 冲击磨、喷射粉磨机。

按照转子上的冲击元件结构形式的不同分为锤击式、销棒式、离心分级式等多种类型。

3) 举例　ACM 型机械冲击式粉碎机结构示意图,见图 10 - 11。该机特点与适用范围:

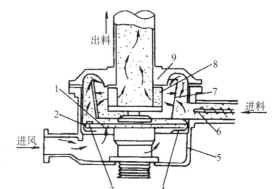

图 10 - 11　ACM 型机械冲击式粉碎机结构示意图
1.粉碎盘;2.齿圈;3.锤头;4.挡风盘;5.机壳;
6.加料螺旋;7.导向圈;8.分级叶轮;9.机盖

(1) 通过不同的转子体与定子衬套的优化配置,可获得最佳冲击速度(60～125 m/s)和冲击能量;利用内设的高效分级涡轮及时排出合格细粉,可避免过粉碎现象;同时,产品细度调节也较方便。因此,它具有结构简单、产量高、能耗低的特点。

(2) 容易调节粉碎产品粒度,产品平均细度(d_{50})在 10～1 000 μm 范围,其中ACM -S 型 d_{92} 可达 10 μm,且粉碎产品粒度分布窄,粒度球形佳。

(3) 若采用陶瓷作粉碎部件,具有高耐磨性,可用于粉碎高品质化、高级化的材料。

(4) 由于大风量输送物料,传热效果好,可有效降低磨盘内温升,对软化点低的物质粉碎效果较好。

(5) 有利于药物的粉碎,具有精确的粒度上限,最终产品无大颗粒。

(6) ACM - SB 型的耐压力达到1.1 MPa,可用于粉体涂料之类具有潜在粉尘爆炸危险的防爆粉碎系统。

(7) 适用范围广,可用于医药品、涂料、食品、合成树脂等软化点低的物料的粉碎。

2. 振动磨

振动磨是由磨机筒体、驱动电机、激振器、支架弹簧等部件组成的一种超细粉碎设备,系利用研磨介质在振动磨筒体内作高频振动产生的冲击、摩擦、剪切力,从而将物料磨细、混合均匀,同时达到分散效果。振动磨有一、二、三代之分。第三代振动磨属高效超微粉碎设备,可进行中药材的超微粉碎。

1) 结构及原理

(1) 结构　振动磨由磨机筒体、激振器、支撑弹簧、研磨介质、联轴器及驱动电机等主要部件组成。磨机筒体有单筒体、双筒体和三筒体,以双筒和三筒体应用较多。内外筒体的材质通常采用优质无缝钢管。激振器用于产生振动磨所需的工作振幅,由安装在主轴上的两组共 4 块偏心块组成,偏心块可在 0～180°范围内进行调整。支撑弹簧有钢制弹簧、空气弹簧等,具有较高的耐磨性。研磨介质有球形、柱形或棒形等多种形状。联轴器主要用于传递动力,使磨机正常有效工作,同时又对电机起隔振作用。

(2) 工作原理　物料与研磨介质一同装入由弹簧支撑的磨筒内,由偏心块激振装置驱动磨机筒体作圆周运动,通过研磨介质本身的高频振动、自转及旋转运动,使研磨介质之间、研磨介质与筒体壁之间产生强烈的冲击、摩擦、剪切等作用而对物料进行均匀粉碎。振动磨既可采用干法粉碎,也可使用湿法粉碎。

2) 振动磨的类型　振动磨的类型按筒体数目分为单筒式、双筒式和多筒式振动磨;按其特点分为惯性式、偏旋式振动磨;按操作方法分为间歇式和连续式振动磨。

振动磨种类很多,典型的有 MGZ - 1 型高幅振动磨、DTZ 型振动磨、Palla 型振动磨、旋转舱式振动磨、

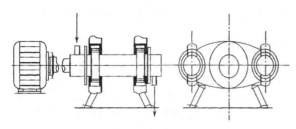

图 10-12　MGZ-1 型高幅振动磨结构示意图

高频低幅振动磨、三维振动磨等。

（1）MGZ-1 型高幅振动磨简介　MGZ-1 型高幅振动磨双筒并列，筒体直径 200 mm，长度 1 300 mm，振幅达 26～30 mm，振动频率为 1 000 次/分，振动强度达 15 g。具有振动强度大、噪声低；节约能源，投资小；结构合理，占地面积小等特点。它在硅灰石、碳酸钙等物料的超细粉碎中体现了一定的优势，其结构见图 10-12。

（2）两种超微粉碎机简介　图 10-13，图 10-14 为 MZF-50L 型超微粉碎机（不连续）、MZFL 型连续超微粉碎机外形图。

型　号	填充量	进料粒度	出料粒度	功率/kW	体积(长×宽×高)/mm
MZF-30L	3～5 升/次	≤60 目	325～3 000 目	4	1 100×700×1 050
MZF-50L×2	10～15 升/次	≤60 目	325～3 000 目	18.5	1 800×1 800×1 050

图 10-13　MZF-50 L×2 型超微粉碎机

工作原理：该机在外界激振力的作用下，筒内介质进行自转和公转，对物料进行敲击、剪切、研磨等混合作用力，使物料粉碎到一定程度细度。特点：①全封闭作业，无粉尘污染及空气泄漏。②控湿粉碎，避免高温使药物变质。③设计合理、计时操作。④粉碎品种多，如植物、动物、矿物等，纤维类物料效果显著（如 CMC）。

食用药物超细粉碎系统

型　号	功率/kW	参考处理量/kg·h⁻¹	粉碎细度/目	生产形式
MZFL-30	25	20～40	300～3 000	连续
MZFL-50	46	30～80	300～3 000	

图 10-14　MZFL 系列连续超微粉碎机

主要用途：该系统适用于食品、制药等行业的超细粉碎，特别适用于中药细胞破壁等旨在提高药物生物利用度的粉碎要求及常规方法无法达到要求细度的物料，对于各种植物类、纤维类物料粉碎效果更佳，是一种多功能超细粉碎系统。技术特点：①进料在毫米或数百微米均可，能生产出数微米（300～3 000 目）的产品。②研磨主机不锈钢结构，设有水冷装置，粉碎温度可调控。③各项工艺参数调节方便研磨效率高，可连续化生产。④性能稳定，操作维修方便。

3. 气流粉碎机

气流粉碎机是利用高速气流（300～500 m/s）或过热蒸汽（300～400 ℃）的能量，使颗粒相互间产生冲击、碰撞、摩擦而实现超细粉碎的设备。

1）工作原理　将干燥无油的压缩空气通过拉瓦尔喷管加速成超音速气流，喷出的射流带动物料作高速运动，使物料碰撞、摩擦而粉碎。被粉碎的物料随气流到达分级区，达到细度要求的物料由收集器收集，不合格的物料返回重新粉碎直到达到要求为止。它所加工的产品具有粒度细、粒谱直径分布窄，颗粒表面光滑、形状规整、活性大、纯度高、分散性好等特点。

2）气流粉碎机的类型 目前应用的气流粉碎机根据结构不同主要有以下几类：撞击板式气流粉碎机、扁平式气流粉碎机、循环式气流粉碎机、对喷式气流粉碎机、流态化对喷式气流粉碎机。

3）循环管式气流粉碎机 循环管式气流粉碎机又称为 O 型环气流粉碎机，结构与流程示意，分别见图 10-15，图 10-16。

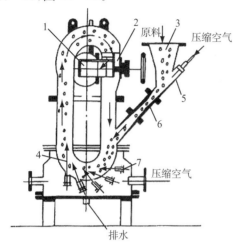

图 10-15 Jet-O-Mizer 型循环气流磨的工作原理图
1.出口；2.导叶(分级区)；3.进料；4.粉碎；
5.推料喷嘴；6.文丘里喷嘴；7.研磨喷嘴

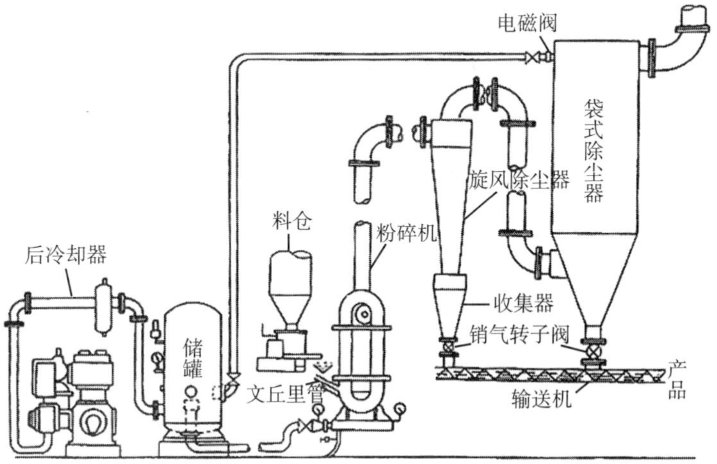

图 10-16 O 形环气流粉碎机流程示意图

循环管式气流粉碎机主要由进料装置、循环管道、粉碎区、进气喷嘴及排料、排气口等部件组成。物料经加料器进入循环管式粉碎区，高压气体经一组研磨喷嘴加速后高速射入不等径循环管式粉碎室，由于管道内外径不同，因此气流及物流在管道内的运行轨迹不同、运行速度不同，致使各层颗粒间产生摩擦、剪切、碰撞作用而粉碎。在离心场力的作用下，大颗粒靠外层运动，细颗粒靠内层运动。细颗粒到达一定细度后在射流绕环形管道运动产生的向心力作用下向内层聚集，最后由排料口排出机外，而粗颗粒则继续沿外层运动，在管道内再次循环被粉碎。

循环管式气流粉碎机的特点是粉碎室内腔截面不是真正的圆截面，循环管各处的截面也不相等，分级区和粉碎区的弧形部分曲率半径是变化的。这种特殊形状设计使其具有加速颗粒运动和加大离心力场的功能，提高了粉碎和分级功能，使粉碎粒度可达 $0.2 \sim 3\ \mu m$。它广泛应用于染料、化妆品、医药、食品以及具有热敏性和爆炸性物品的超微粉碎。

4. 球磨机

球磨机是一种广泛使用的粉碎器械，在中药加工特别是细料药的粉碎中具有较长的应用历史。

1）结构 球磨机的基本结构包括球罐、研磨介质、轴承及动力装置。球罐呈圆形，由铁、不锈钢或瓷制成，固定在轴承上。研磨介质通常为钢制或瓷制的圆球，盛放于球罐内。

2）工作原理 启动动力装置，球罐转动时，研磨介质由于受到离心力的作用在筒体内旋转摩擦。当上升到一定高度时，圆球因重力作用自由落下，物料借助圆球落下时的撞击、劈裂作用以及球与球之间、球与球罐之间的研磨、摩擦而粉碎。

球磨机应用范围广，适应性强，可用于结晶性药物、引湿性药物、树胶、树脂、浸膏、挥发性及贵重药物的粉碎。但普通球磨机是通过球磨机筒体的旋转将动能传递给研磨介质，从而带动研磨介质运动进行粉碎，因此能耗大，粉碎时间长，效率低，噪声大，工业上已很少使用。

5. 搅拌磨

搅拌磨是超细粉碎设备中最有发展前景的粉碎设备。它依靠粉碎室中心的机械搅拌轴上的搅拌棒、齿片等带动研磨介质，使其在筒内作高速的不规则运动，利用研磨介质之间的撞击力、挤压力和剪切力等对物料实现粉碎。

1）结构及工作原理 搅拌磨由 1 个静止的内填小直径研磨介质的研磨筒和 1 个旋转搅拌器组成。工作时，由电动机通过变速装置带动磨筒内的搅拌器转动，进而使物料和研磨介质作自转和多维循环运动，从而在磨筒内不断地上下、左右相互转换位置产生激烈运动,借重力以及螺旋回转产生的挤压力对物料进行摩擦、冲击、剪切作用而粉碎。

2) 搅拌磨的类型　有间歇式、循环式和连续式3种类型。

3) 举例　典型的湿式、干式塔式磨机结构,见图10-17,图10-18。

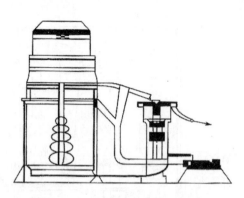 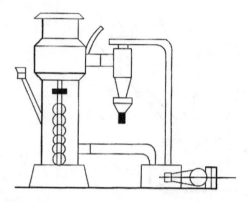

图10-17　湿式塔式磨机结构示意图　　　　图10-18　干式塔式磨机结构示意图

这是一种立式搅拌磨,它们均借助于竖立的螺旋叶片进行搅拌、翻动研磨介质和物料进行粉碎。介质为球体,针对不同的物料选用不同材质、不同直径的球体。其突出的特点是效率高,能耗低,噪音小,投资少。湿式塔式磨还可使粉碎、浸出和萃取等同时进行。

4) 搅拌磨的特点　①结构简单,操作容易。②占地面积小,安装基础费用低。③机械振动小,噪音低。④产品粒度分布均匀,容易获得所需粒度的产品。⑤研磨介质尺寸小,研磨高效。⑥节约能源。

该设备主要适用最大粒度小于微米以下的产品,在药品、造纸填料、陶瓷、化工产品、采矿、染料、食品等工业均有应用。

6. 其他

高压辊式磨机、雷蒙磨等也是常用的超细粉碎设备。随着科技的发展,技术人员开发出几种新型的超细粉碎设备,比如干湿两用偏心搅拌球磨机、卧式双筒连续超微磨机、立式双筒连续磨机、MICROS型超微式粉碎机、离心磨、新型干式塔磨等,都逐渐会在超细粉生产领域普及。

目前,国内生产的MZFL-50型超细粉碎技术生产线,粉碎能力为30~80 kg/h,配套电机功率46 kW,粉碎细度300~3 000目,可连续生产,参考价65万~70万元/线(符合GMP要求)。

南京理工大学研发的以JK系列型强剪切研磨细断机为主的高纤维中药材(菌药材)粉碎生产线,粉碎细度$d_{50}<15$ μm(>800目),生产能力20 kg/h(参考价格75万元/线)。

(四) 细胞级粉碎技术在中药(菌药)制剂中的应用

中医药学在我国经历了几千年治疗疾病的实践,积累了丰富的医疗和用药经验,逐渐形成了具有我国特色的中医药理论。近几年,通过从多方面研究中医理论和中药的药理作用,使我国中药研究进展迅速,在中药细胞粉碎技术方面的研究尤为突出。由于中药材的组织结构、化学成分的复杂性以及至今还有许多未明因素,细胞粉碎技术在中药应用中的复杂性也引起研究者的关注,细胞粉碎技术对中药的优势正在被越来越多的研究者认同。

中药散剂、颗粒剂、胶囊剂、片剂等固体制剂多以粉末为原料,经过粉碎、混合、制粒等操作制成。此外,溶液剂、混悬剂等液体药剂也用一部分微粉做原料,因此细胞粉碎的特性对药剂质量会产生很大的影响。目前,生产上已有一些品种采用了超细粉碎技术并取得明显效果,如羚羊角、鸡内金、田七、全蝎、檀香等品种的配方颗粒,溶散快,入口无沙粒感。

下面就细胞级粉碎对中药制剂的外观性状、含量变化、体外溶出、药效学研究、临床疗效及在中药制剂生产中应用等几个方面进行论述。

1. 外观性状

微粉对某些中药制剂的外观、性状会产生较大的影响。如由山楂、麦芽、陈皮、甘松、栀子等组成的某健胃消食方,具有消食开胃、行气和中的功能,主要用于小儿饮食积滞所致腹胀、腹痛、肠鸣、便溏等症。在咀嚼片研制过程中,考虑到山楂含较多的石细胞,压成的片剂表面粗糙,咀嚼时口感差,影响服用。为此,通过普通粉碎方法和气流粉碎法,比较了山楂、麦芽不同粒度的普通粉(80目、100目、120目)及微粉制成的片剂的外观、口感(经数人品尝)及有效成分含量。结果表明,气流粉碎法制得的咀嚼片与普通粉碎法制得的咀嚼片相比,外观、口感均得到显著改善,有效成分含量也有较大幅度提高。

2. 含量变化

中药进行细胞级粉碎后,细胞壁破裂,其有效成分更易释放,尤其对质地坚硬的药材影响较大。

将天麻进行细胞级粉碎,以天麻素质量分数为评价指标,与普通方法粉碎的天麻(80～120目)比较。结果显示,提取180 min时,细胞级微粉中天麻素质量分数为0.333%,普通粉中天麻素质量分数为0.210%,前者较后者高58.6%,并且细胞级微粉天麻中其他成分的质量分数也比普通天麻粉中的质量分数高。另外,研究中,发现天麻的薄壁细胞、厚壁细胞、导管、草酸钙晶体受粉碎的程度不一样,采用筛分法测细度时,各细度中各种组织粉末构成比例不一样,可推测其有效成分在各细度粉末分布可能有差异。在天麻的不同细度超微细粉的薄层色谱图比较中发现,有一未知成分的斑点随着细度的提高明显突出。

将知母分别进行细胞级粉碎和普通粉碎(80目)测定菝葜皂苷元质量分数,结果超微粉菝葜皂苷元质量分数平均为1.42%,粗粉为1.29%,可见知母药材经细胞级粉碎后,提取的菝葜皂苷元质量分数高于粗粉。采用薄层扫描法测定复方糖泰胶囊粗粉、细胞级微粉中菝葜皂苷元含量,结果超细粉复方糖泰胶囊中菝葜皂苷元质量分数平均为0.89%,粗粉复方糖泰胶囊中菝葜皂苷元质量分数平均为0.71%,表明细胞级粉碎后复方药材有效成分质量分数可显著提高。

3. 体外溶出

中药有效成分的溶出速度与药物的粉碎有密切关系。

将川芎以不同粉碎方式入药,测定其体外溶出,结果显示,川芎超微粉中有效成分阿魏酸的含量为0.645 mg/3 g,川芎细粉中阿魏酸的含量为0.359 mg/3 g,可以明显看出,超微粉较细粉更能增加有效成分的溶出,提高药效。

在对三七不同粉碎度的体外溶出比较中,采用紫外吸收法,以三七总皂苷质量分数和45 min溶出物质量分数为评价指标,对不同粉碎度的三七进行体外溶出试验比较。三七微粉(10 μm以下不少于90%)、细粉(能全部通过五号筛,并含有能通过六号筛不少于95%的粉末)、粗粉(全部通过二号筛,但混有能通过四号筛不超过40%的粉末)和颗粒(3～5 mm)45 min时的溶出物质量分数分别为27.229%,25.338%,24.527%,23.863%(P<0.01);24 min三七总皂苷溶出量分别为10.892%,10.329%,9.482%和4.714%(P<0.01)。可见,三七总皂苷溶出度大小顺序为微粉>细粉>粗粉>颗粒,表明三七粉碎度越细其有效成分体外溶出越好。

4. 药效学研究

细胞级粉碎适合于各种不同质地的药材,它能使其中的有效成分充分暴露出来,不同于普通粉碎的透壁(膜)释放,从而使药物起效更加迅速、完全。下文对两种不同粉碎技术加工的原生药材制成的同样产品进行药效学比较,发现两种方法的药效学指标存在着较大的差异,采用超细微粉技术制成的制剂药理效应明显高于传统粉碎工艺的制剂。

1) 天麻粉不同粒径的镇静镇痛药效学研究　对两种不同粉碎技术制成的天麻超细粉和普通粉进行镇静和镇痛方面的药效学比较研究,探索天麻超细粉和普通粉的药效学差异。

通过对小鼠的实验可见天麻普通粉、超细粉对小鼠自主活动均有一定的抑制作用,天麻超细粉的抑制作用更明显,且所用剂量较低;天麻普通粉、超细粉可明显延长小鼠的睡眠持续时间,且天麻超细粉所需剂量较低。镇痛实验(热板法)显示天麻超细粉明显提高小鼠痛阈值,镇痛作用明显,而天麻普通粉镇痛作用不明显;镇痛实验(扭体法)显示天麻普通粉、超细粉均可明显减少小鼠扭体次数,表明都具有镇痛作用,但天麻超细粉所用剂量较低。

2) 诚年月泰贴脐剂(外用)的两种工艺的主要药效学比较　诚年月泰是用于妇科痛经及人工流产的外用贴脐剂,由香附、当归、益母草、丁香、姜黄等十余味中药组成,具有行瘀止痛、活血止血、温经散寒等功效。通过小鼠热板法、扭体法、活血化瘀试验对其进行了镇痛、活血化瘀等方面的药效学比较研究。

小鼠热板试验表明,诚年月泰 A(细胞级粉碎制剂)、B(普通粉碎制剂)均可明显提高小鼠痛阈值,各时间点同空白对照组比较差异显著;相同剂量时,A 组痛阈值较 B 组提高 $15\%\sim55\%$,而 A 组小剂量则与 B 组大剂量痛阈值较为相似。

扭体法试验表明,诚年月泰有较好的镇痛作用,扭体次数均明显低于空白对照组;A 与 B 同剂量组比较,A 的镇痛作用强于 B;而小剂量 A 组的镇痛作用与 B 组相当。

活血化瘀试验表明,诚年月泰对小鼠耳廓微动脉、微静脉均有明显扩张作用,并使血管内血流速度明显增加,尤以动脉扩张、动脉血流速增加为显著,显示其有较好的改善微循环作用;相同剂量时,A 的扩张血管作用明显强于 B,而小剂量的 A 则与 B 的血管扩张效果相同。

上述试验结果表明,诚年月泰有明显的镇痛作用,可使小鼠痛阈值提高 100% 以上;皮肤用药可明显改善局部微循环状态,使微动、静脉均呈扩张状态,血流速度亦有明显增加;采用微粉技术与传统粉碎技术加工原生药材再以相同制剂工艺制成的诚年月泰 A 与诚年月泰 B 在药效学方面存在着明显的差异。相同剂量时,诚年月泰 A 镇痛及改善微循环作用均强于诚年月泰 B,而小剂量的诚年月泰 A 与大剂量的诚年月泰 B 的药效作用相当接近。提示采用超细微粉技术制成的诚年月泰 A 制剂与采用传统粉碎工艺制成的诚年月泰 B 比较,有提高疗效的作用。

3)桂附地黄丸两种工艺的主要药效学比较 桂附地黄丸具有温补肾阳的作用,临床多用于肾阳虚冷等疾病的治疗。下文对传统粉碎和细胞级粉碎制成的桂附地黄丸进行药效学比较。

——对幼年小鼠生长发育及生殖系统的影响 结果显示,桂附地黄丸 A 组(细胞级粉碎制剂)可使幼年雄性小鼠肛提肌－海绵球肌质量及血清睾酮含量明显增加;与正常组比较有显著性差异,桂附地黄丸 B 组(普通粉碎制剂)上述指标与正常对照组比较则无明显变化。试验结果表明,相同剂量下,桂附地黄丸 A 较桂附地黄丸 B 对幼年雄性小鼠的生长发育影响更加明显。

——对肾虚动物模型的影响 结果表明,两种方法制得的制剂均可使去势大鼠附性器官质量增加,改善肾虚状况,而超细粉碎制剂较传统方法所得制剂在统计学上的意义更加明显。

——对阳虚动物模型的影响 结果表明,采用细胞级微粉技术与传统粉碎技术加工原生药材制成桂附地黄 A 与桂附地黄丸 B 在药效学方面存在着较明显的差异。

上述试验结果表明,相同剂量时,超细粉碎制剂的药效学作用更加明显,譬如,对幼年雄性小鼠血清睾酮及性器官的影响、对阳虚小鼠性器官质量的影响等。经超细微粉技术加工制成的桂附地黄丸 A 在上述方面的作用均优于按传统粉碎方法加工制成的桂附地黄丸;采用细胞级微粉技术与采用传统粉碎工艺制成的同方中成药制剂,前者较后者有提高疗效的作用。

4)糖泰胶囊(内服)两种工艺的主要药效学比较 糖泰胶囊是由人参、黄柏、枸杞子等中药材制成的微粉胶囊,具有清热养阴、益气固本之功效。采用传统粉碎技术对原生药材进行加工制成的胶囊剂对 E 型糖尿病的临床症状有良好的治疗与改善作用,而采用微粉技术对原生药材加工制成的胶囊剂临床更受欢迎。为比较两种粉碎技术制成的胶囊剂在药效学方面的差异,对其进行了有关降糖方面的药效学比较实验。

(1)对正常动物血糖的影响 结果显示,糖泰胶囊 A(细胞级粉碎制剂)与 B 组(普通粉碎制剂)均有降低正常动物血糖的作用,相同剂量下糖泰胶囊 A 的作用强于 B,而糖泰胶囊 A 小剂量组与糖泰胶囊 B 大剂量组对正常小鼠的血糖降低作用几乎相同。

(2)对 STZ 模型小鼠血糖的影响 结果显示,糖泰胶囊对 STZ 造成小鼠胰岛 β 细胞损伤所致的血糖升高有明显的降低作用,降低率在 $15\%\sim27\%$ 之间。相同剂量下,采用细胞粉碎技术制成的糖泰胶囊 A 与传统粉碎技术制成的糖泰胶囊 B 比较,降糖作用更为明显,降糖幅度也较大;而糖泰胶囊 A 小剂量组的降糖作用与糖泰胶囊 B 大剂量组则更为接近。

(3)对四氧嘧啶模型大鼠血糖的影响 结果显示,糖泰胶囊 A 与 B 组均有抑制四氧嘧啶模型大鼠血糖升高的作用,与模型组比较均有显著性差异($P<0.05$);糖泰胶囊 A 大剂量组的降搪作用与阳性对照组相仿,而糖泰胶囊 A 小剂量组的降糖作用与糖泰胶囊 B 大剂量组相似。提示:原生药材经细胞粉碎制成的制剂药效作用强于采用传统粉碎技术的制剂。

5. 临床疗效

下面通过具体实例对细胞级粉碎的临床疗效加以说明。

银翘解毒丸主要由金银花、连翘等组成,具有辛凉解表、清热解毒的作用,临床用于风热感冒、发热头痛、咳嗽口干、咽喉疼痛等。超细粉碎技术是近年应用于中药加工的新技术,经其加工后,加大了中药材的生物利用度,提高临床疗效。特别是含挥发成分中药材经低温超细粉碎后,降低了其他粉碎工艺造成挥发成分的损失。而挥发成分正是该方药物的主要有效成分,是药物作用的关键。临床随机对照比较观察细胞级超细粉碎的银翘解毒丸和传统工艺的银翘解毒丸对上呼吸道感染发热的退热作用,结果表明经细胞级超细粉碎的银翘解毒丸其退热作用不仅起效快,而且作用也更明显。

膜剂载药量较小,若主药分布不均,会影响药物疗效的发挥。陈志祥等在研制盐酸小檗碱膜剂时,考虑到盐酸小檗碱为水难溶性药物,难以制成溶液性药浆,通过细胞粉碎技术,将盐酸小檗碱制成 $10\sim20$ μm 的微粉,用水润湿后在搅拌下逐渐加入成膜材料浆液中,再经超声波工艺处理制成膜剂,使盐酸小檗碱均匀地分散在药膜中,防止了药浆中因盐酸小檗碱的沉淀造成上下层药浆浓度不均匀,避免了在膜剂表面出现盐酸小檗碱颗粒影响膜剂外观和分剂量的准确性。用微粉制成的盐酸小檗碱膜剂,经 462 例宫颈糜烂患者使用,患者随机分为用盐酸小檗碱膜剂的治疗组 302 例和用宫糜灵膜剂治疗的对照组 70 例,双盲法经阴道给药,贴于宫颈糜烂处,隔日 1 次,每次 $1\sim2$ 片,6 次为一个疗程。治疗结束后 1 月内复查,结果显示治疗组总有效率为 94.92%,痊愈显效率为 83.04%;对照组总有效率为 57.14%,痊愈显效率为 18.57%;两组比较有极显著性差异($P<0.01$)。

6. 中药(菌药)制剂生产

从细胞级粉碎技术的特点及其设备应用的优良性上可以看出,该技术可在中药制剂生产中得到广泛应用。

1) 细胞级微粉应用于汤剂　汤剂是中医应用最早、最广泛的中药剂型,能适应中医辨证论治、灵活用药的需要,制备方法简单,药效发挥迅速,从古至今一直是中药的主要剂型。汤剂入药的原料是中药饮片,它的销售量占中药材销量的 30%~50%;但这一剂型服药前需煎煮,使用和携带不方便,剂量大,不易保存,药材利用率低。在总结前人的研究成果与教训的基础上,我们提出了中药汤剂改革的新思路——微粉中药汤剂。

中药微粉汤剂具有如下特点:用药量大大减少;降低成本;携带方便;服用方式可以灵活选择。

2) 细胞级微粉应用于丸、散剂　细胞级微粉丸、散可以普遍提高丸剂和散剂的质量,提高疗效,降低用药量。丸、散剂是中药的又一主要剂型,具有组方固定、适于组织批量生产、携带保管方便等优点;但有服用难以下咽,相当一部分药效不明显等缺点。用细胞级中药微粉改造丸、散剂,可提高药效,节约原料,克服吞咽困难等缺点。

3) 细胞级微粉应用于中药饮片　中药相当多一部分以饮片的形式供应市场,现有饮片中只有一小部分以细粉状态出现,其中多为贵重药材,如朱砂、羚羊角等。中药材经微粉后配合一定使用方法可以显著减少药材使用量,方便患者使用。

4) 细胞级微粉应用于软膏剂　细胞级微粉技术在粉碎的同时可以提高混合均匀度。在软膏剂制造中,采用微粉技术研磨的同时将药物混合均匀,克服了工艺细度差、易沉淀、周期长的缺点,生产的产品粒度均匀。利用微粉技术可进行无敷料造粒、压片,且光洁度、硬度好,成本低。

5) 超细粉碎香菇柄、灵芝柄生产膳食纤维　不被人体消化吸收的多糖类碳水化合物和木质素统称膳食纤维。按膳食纤维定义,香菇柄和灵芝柄适于制成膳食纤维。此外,由于柄中还含有相当多的活性有效成分,与其他膳食纤维相比不但具有膳食纤维生理功能,还有所含有效成分的生理功能。现阶段城市居民由于饮食习惯发生了很大变化,已出现摄入膳食纤维不足现象,加上脂肪、蔗糖摄入增加,肥胖症、糖尿病、动脉硬化症、冠心病和恶性肿瘤的发病率有所增加,不但在老年中发生,在中青年甚至儿童中也有所发生,故开发膳食纤维有其必要性和紧迫性。

将菌柄粗粉碎后加一定量水搅拌,放入挤压机中进行高温短时间高剪切挤压膨化处理,使大分子不溶性纤维组分长链部分断裂,转变成可溶性组分,这样可增加产品的持水性和膨胀性,也可改变色泽风味。挤压的后的粗粉经干燥、粉碎、过筛后即得膳食纤维产品,该产品可掺入焙烤和膨化食品中,起双重保健功能。

也可将香菇柄经 3% 的醋酸浸泡软化,再加入调味品进一步加压、加热以促进一步软化,后经热风干燥至含水分 20%~30%,放到压片机中压制成薄片,并进一步干燥至含水率 5% 左右,即可得色、香、味俱佳的香菇柄膳食纤维休闲食品。

6）超细粉碎应用于食药用菌类有效成分的提取

（1）松茸菌、鸡枞菌有效成分的提取　松茸菌、鸡枞菌均为珍贵野生食药用菌，所含有效成分为多糖类化合物，具有增强机体抵抗力、调节免疫力等作用，市售价格较高。为充分利用原生物质，可采用超细粉碎技术对松茸菌、鸡枞菌进行微粉加工，所用机器为 BFM－6 型倍力粉碎机，制得 60 μm 左右颗粒。利用硫酸-苯酚法对提取液中的多糖进行测定，并与普通粉碎所得松茸菌、鸡枞菌进行对比，结果见表 10－3 和表 10－4。可见，松茸菌和鸡枞菌经超微粉碎后，其植物细胞破壁程度达 95% 以上，远远高于普通粉碎结果，在提取过程中，其所含成分的溶出和释放速率也相应增大；经超细粉碎后，松茸菌多糖质量分数高达 41.77%，鸡枞菌多糖质量分数高达 33.54%，较普通粉碎药材提取 1 h，2 h 后的多糖含量高 4～5 倍，较普通粉碎药材提取 0.5 h 后的多糖含量高 10～20 倍，多糖含量明显增加，并且溶出速率大幅增加，提取时间大大缩短（仅为 0.5 h）。因原生药材价格昂贵，故超细粉碎技术将有利于该资源的充分利用。

表 10-3　松茸菌各样品中多糖质量分数的计算结果

粉碎条件	吸光度/ 10^{-10}m/(Å)	X/ %	X±S/%	RSD/ %
超微粉碎	0.348	41.11	41.77±1.02	2.44
	0.362	42.95		
	0.349	41.25		
普通粉碎 提取 0.5 h	0.062	3.56	3.61±0.08	2.22
	0.062	3.56		
	0.063	3.70		
普通粉碎 提取 1 h	0.098	8.28	8.14±0.13	1.60
	0.097	8.14		
	0.096	8.01		
普通粉碎 提取 2 h	0.100	8.55	8.46±0.07	0.83
	0.099	8.42		
	0.099	8.42		

注：RSD 为相对标准差

表 10-4　鸡枞菌各样品中多糖质量分数的计算结果

粉碎条件	吸光度/ 10^{-10}m/(Å)	X/ %	X±S/%	RSD/ %
超微粉碎	0.290	33.50	33.54±0.08	0.24
	0.291	33.63		
	0.290	33.50		
普通粉碎 提取 0.5 h	0.051	2.11	2.15±0.07	3.25
	0.052	2.23		
	0.051	2.11		
普通粉碎 提取 1 h	0.079	5.77	5.85±0.07	1.20
	0.080	5.90		
	0.080	5.90		
普通粉碎 提取 2 h	0.083	6.31	6.26±0.08	1.28
	0.083	6.31		
	0.082	6.17		

注：RSD 为相对标准差

（2）蛹虫草有效成分的提取　蛹虫草中含有多种生物活性物质，具有较高的药用价值和抗肿瘤、抗肝纤维化、抗菌和抗疲劳等多种药理作用，在民间或某些地区作为冬虫夏草的代用品入药。近年来，我国开发了多种蛹虫草保健品，包括蛹虫草菌粉胶囊、蛹虫草啤酒等。在研究蛹虫草药理与保健作用的同时，更应探讨不同提取方法对蛹虫草提取液质量的影响。常用方法包括超声波提取与超细粉碎提取。常采用紫外吸收与毛细管区带电泳技术对提取效果进行检测评价。

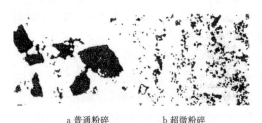

a 普通粉碎　　　　b 超微粉碎

图 10-19　蛹虫草不同粉碎方法的显微比较

（10 mm×10 mm）

可将蛹虫草 60 ℃烘干至恒重，粗粉用微型植物试样粉碎机制备，超细粉用 BFM－6BII 倍利微粉机制备。粗粉和超细粉分别制成显微鉴别玻片，显微镜下观察并拍摄照片。蛹虫草不同粉碎方法的显微比较，见图 10－19。由图可知，粗粉颗粒大，颗粒间差别显著；超细粉颗粒小，颗粒大小均匀，颗粒间大小差别较小。

由图 10－20，图 10－21 及表 10－5 可知，超微粉碎技术可将蛹虫草细胞壁打破，药材内主要成分可以直接被溶剂提取出来。因此，超细粉碎后的提取液中总物质及各核苷含量均

多于粗粉浸提液。超声波处理可以破碎细胞，与单纯粗粉浸提液相比有利于提高提取液的总浓度和多种物质的含量。超声波粉碎是利用液体剪切力破碎细胞，而超细粉碎则利用固体剪切力将细胞破碎，两种破碎原理不同。虽然粗粉经超声处理后提取液中的总物质及多种核苷含量比超细粉碎提取液略多，但差异并不明显。考虑到操作的简便性，在实际应用（尤其是样品处理量较大时）中应考虑采用超细粉碎的方法制备蛹虫草提取液。

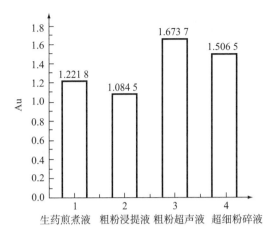

图 10-20　不同提取方法对蛹虫草提取液紫外吸收的影响

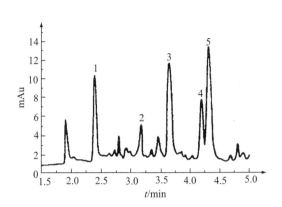

图 10-21　蛹虫草提取液毛细管区带电泳图谱

1. 脱氧腺苷；2. 尿嘧啶；3. 腺苷；4. 鸟苷；5. 尿苷

表 10-5　不同提取方法对蛹虫提取液中核苷类物质的影响

提取方法	峰　高　平　均　值				
	脱拉腺苷	尿嘧啶	腺苷	鸟苷	尿苷
生药煎煮液	5 970	3 655	10 783	5 773	11 155
粗粉当月提液	6 436	2 124	8 251	3 967	7 538
粗粉超声液	8 897	3 038	9 735	6 786	12 061
超细粉碎液	9 099	2 896	9 322	4 946	10 160

　　7）应用前景　中药（菌药）经超细化后，由于比表面积大大增加，使中药（菌药）的利用率、吸收率和疗效得到提高，还可以达到服用方便。日本首先把超细粉体技术应用到中药材（菌药材）中。中药材煎煮服用只能利用其中有效成分的一部分。目前，日本及东南亚有些国家已将中药材（菌药材）超细化到 $30\sim50\ \mu m$ 以下（$450\sim300$ 目以上），分别制成冲剂、胶囊、片剂直接服用，解决了中药使用方便和吸收率问题，大大提高了中药材（菌药材）利用率及疗效。不仅内服药，外用药也如此，可使用十分方便。如黄连经超细化到 $10\ \mu m$ 以下后，外用时向皮肤内渗透率与 $300\ \mu m$ 相比可成倍地提高。可以预计，灵芝等药用菌子实体、菌丝体和孢子粉经超细化后，不但在内服上能提高利率、吸收率和疗效，而且外用上还可扩大它的疗效，如防脱发、促生发、护肤祛斑，还可进行鼻腔、皮下给药。人体最细的血管直径为 $4\ \mu m$，粒径$<0.3\ \mu m$ 的颗粒可以进入血液循环，粒径$>0.1\ \mu m$ 的颗粒可以进入骨骼，粒径$<5\ \mu m$ 的微粒可以通过肺，甚至某些品种药物的亚微米级和纳米级的粉体可以直接注射到血管中以提高疗效。再者，纳米级微粒更易通过胃黏膜和鼻腔甚至皮肤的角质层，使口服、鼻腔给药、透皮吸收的生物利用率得以提高。综上所述，药用菌在微细加工和加工后的应用仍有很多工作等待从业人员去实践去探索。

　　细胞级超微粉碎技术在中药制剂中有着广泛的应用前景，应不断探讨其提高中药有效成分的溶出和生物利用度的规律，明确其适应的药材和方剂，以便更好地发挥疗效。

　　总之，中药细胞级粉碎技术是目前国际先进的粉碎技术，将其用于原生药材的超细粉碎不但可以将原生药材的细胞壁完全打破，利于其中有效成分的迅速释放，而且可以大大提高机体对其吸收和利用，使药效明显提高，各项检测指标得到更加适合机体吸收、利用微粉药材，从而大大提高原生药材的生物利用率和其治疗效果。这一世界先进技术在传统中医药领域的研究与应用，为中药制剂水平的提高和中成药走向世界打下了基础。

（五）中药细胞粉碎存在的问题

　　中药细胞粉碎技术是当今中药学很重要的研究技术之一。超细粉体技术引进中药领域其应用前景十分广阔,但在制药工业中的应用尚处于起步阶段,应增强其基础研究,对工艺技术、质量标准、药效学、临床疗效、安全性及药代动力学进行系统研究。前文论述了我国中药细胞级粉碎技术的研究现状,下文对中药细胞粉碎技术存在的一些应注意的和有待深入研究的问题进行探讨。

1. 应注意的问题

1) 中药情况极其复杂,不同药材因其组织不同、所含的成分不同、故粉碎度的要求不同;剂型不同,给药途径不同,要求的细度也不同,并不是药物粉碎得越细越好,而是应根据具体要求和目的,控制一定的粒径范围。如对于水溶性药物就无须粉碎太细。

2) 中药细胞粉碎时,选择合适的粉碎设备极为重要。设备和结构不同、粉碎机制不同、外力作用的方式不同,反映出的设备性能不同;适应粉碎和药物的质地不同、所能粉碎的细度不同,引起的设备能耗也不同。每一种粉碎设备对于不同的物料都有一定的粉碎极限,应根据具体的药材情况及粉碎粒径要求,选择配套的设备。

3) 中药细胞级粉碎过程中,用于粉碎做功以外的能耗是不可避免的,所以如何优化粉碎工艺参数,使微粉粒径控制在所需的粒径范围,降低粉碎过程中不必要的能耗,降低成本,提高粉碎效率,是中药细胞级粉碎的核心和难点所在。

4) 中药的结构非常复杂 不同于西药,常常有一些较难粉碎或无法粉碎的料头部分存在,极有可能带来药物有效成分的损失或增加,使所得的微粉与原药材成分有一定的差别,不能保持中药原有功效而影响药物的功能。因此,对于中药料头应尽量保留。

5) 中药材经过细胞级粉碎后,细胞壁破裂,显微鉴别困难。所以,对于这类中药材应增加相应的鉴别方法(如理化鉴别或薄层鉴别)。

6) 中药材中含有较多的纤维、木质素、胶质、脂肪、树脂、糖类等成分,一般的粉碎方法难以达到微粉的粒度要求,因此中药需要干燥、粉碎、分散、分级等多个环节、多种设备联合使用才能达到微粉粒度的要求。中药材细胞级粉碎的生产成本很高,对中药细胞级粉碎的推广及应用具有一定的局限性。

7) 中药细胞级粉碎以后,比表面积很大,表面活性很强,其可燃性、氧化性、静电聚集强,特别是采用干法粉碎,微粉粒度在 $10\ \mu m$ 以下时,极易燃烧、爆炸。因此,中药细胞粉碎时应采取适当措施,消除产生静电、火花、积热等,提高粉碎的安全性和防止易氧化缺陷。

2. 有待深入研究的问题

1) 目前中药超细粉碎及超细制剂相关名称较多而混杂,有的内涵较模糊。

2) 其研究主要限于动物实验或体外溶出度试验等,临床研究的报道较少。

3) 单味中药、内服药研究较多,复方、外用药研究较少。

4) 在动物实验方面,单味药、复方药均已涉及,主要从药粉的粒径、均匀度、细胞破壁率、比表面积,部分中药成分的溶出度、药理作用、质量标准等方面进行研究,从药代动力学角度研究的少。药理作用的研究尚需深入。

5) 一些中药的超微研究已从药理作用的角度确定了最佳粒径,但很少从药物化学、药物不良反应的角度进行系统深入的研究,如药物粉碎到什么粒径时,既能达到最佳的疗效,同时又不会产生新的不良反应或毒副作用。中药超微细粉在增加吸收的同时,其代谢及排泄过程尚不十分清楚。因此,微粉中药的体内过程需深入研究。

6) 由于中药超微制剂溶出度大,使有效成分和其他成分的溶出同时增加,又由于微米中药颗粒很小,是否会黏附在胃肠黏膜上,影响胃肠的蠕动、黏膜吸收、胃肠激素分泌、细胞及细胞膜功能和离子通道、酶等;或中药细胞壁破坏后细胞内的活性成分是否会发生化学变化,从而在肾、肝、血液、心血管、神经系统等器官或系统引起新的不良反应。因此对中药超微制剂的安全性进行研究是非常有必要的。

7) 用量的换算及用法的确定。文献研究表明,同一古方不同剂型的用药量,丸、散剂相当于汤剂的 43%,提示生药粉用量约为汤剂的 43%。经药效学与临床试验,中药材超细粉碎后,超细粉与汤剂疗效相当或优于汤剂。因此,中药材经超细粉碎后,应深入开展量效学的研究以确定其临床服用量。

8) 微粉中药的标准化、规范化研究。中药种类繁多,理化性质各异,对粉末粒径的检测、多成分图谱等质控方法均需规范化。为了保证产品质量,还应重视品种鉴定及前处理过程的规范化,对粉碎前药材的水分、含量等进行严格规定,并重视重金属、砷盐、农残的监控。另外,微粉中药生产设备的规范化也是一个重要因素。目前,粉碎设备品种多,名称不统一,质量缺乏控制标准,尤其对微粉粒径范围的控制是粉碎设备面临的难题。因此,设备应防止污染,实现清洗自动化,特别是毒性药物的粉碎应有专门的设备。

针对超细粉碎的研究限于动物实验和体外溶出度试验等,临床研究的报道少,且菌药的研究报道更少于中药的研究。今后需加强这方面的研究。

随着中药细胞级粉碎技术研究的进一步深入,其应用和发展必将为中药(菌药)现代化及中医药走向世界发挥重要的作用,同时也将带来丰厚的经济效益和良好的社会效益。

(六) 中药(菌药)超细粉碎技术的展望

• 中药(菌药)超细粉碎技术有着常规粉碎所没有的特点和技术优势,该技术在中药(菌药)领域的推广和应用将有力促进其研究水平的提高,具有宽广的应用前景和研究价值。

• 超细粉碎技术在中药(菌药)的应用,将推动中药(菌药)的现代化和拓宽以生物入药的剂型,如片剂、胶囊剂、软膏剂、吸入剂、涂膜剂等。在中药制备工艺某些环节引入本技术,也有可能在溶解度、崩解度、吸收率、附着力和生物利用率方面改善产品(如菌类保健品和化妆品)的品质。

• 对矿物药物、贵重药、细料药等采用细胞级粉碎技术处理,显示了明显的特点和优势互补,而且在维持药物生物等效性前提下,使用微粉可最大限度地利用中药材及其有限资源。

• 目前关于超细粉碎的研究限于药粉的粒径、均匀度、细胞破壁率、比表面积、溶出度、药理作用等方面,从药代动力学角度研究少。药理作用研究尚须深入。

• 中药(菌药)超细粉碎后,使有效成分和其他成分溶出同时增加,因此对中药超细制剂的安全性进行研究是非常有必要的。

• 将一些具有保健、滋补作用的中药加工成超细粉,既可减少资源浪费,增加吸收,改善口感,又可作为添加剂加入到一些食品中制成各种保健品。将一些具有消除色斑、滋养皮肤等功效的中药(菌药)或提取物进行细胞级粉碎,与其他原料调配成各种疗效型化妆品,也有可能提高其疗效及品质。

• 当前中药(菌药)用于超细粉碎和纳米粉碎的设备大多为振动磨和搅拌磨设备,该法存在二次污染和机械残渣混杂,影响物料表面的清洁,故采用以上设备时应严格限制其加工时间和次数。为克服现有技术的高成本、低效率、难度大等缺点,可采用一种高效率、低成本、易实施的纳米粉体制备法。具体做法是:取微米级粉体为原料,将气流粉碎技术和低温冻结技术相结合,即根据物料特性将其冻结到裂碎临界点(玻璃点),再进行气流粉碎纳米数量级。该工艺先进性体现为界面清洁,纯度高,加工费用适中,易于大批量生产,设备投资适中,因此,可解决生物料等难以制备纳米级粉体的技术难题。

• 对超细粉技术的应用应考虑和其他技术的联合应用,其应用效果要综合进行评价。

总之,细胞级粉碎技术在中药(菌药)加工和制剂领域已显露出特有的优势,将会是中药(菌药)制剂生产新的技术增长点。该技术的深入研究与开发将对中药(菌药)制剂技术与质量产生积极的推动作用。

三、微囊技术

微囊的制备技术起源于 20 世纪 50 年代,在 70 年代中期得到迅猛发展,并且出现了许多微囊化产品和工艺。微囊技术可广泛用于医药、食品、农药、饲料、化妆品、染料、黏合剂、复写纸等领域。

微囊技术应用于药物制剂也已有四五十年历史,最初主要是外用,然后发展到口服及注射给药。用于医药领域的微囊主要是缓释微囊,将药物(囊心物)与高分子成膜材料(囊材)包嵌成微囊后,药物在体内通过扩散和渗透等形式在设定的位置以适当的速度和持续时间释放出来,以达到更大限度发挥药效的作用。到目前为止已有 200 多种药物,如抗生素、避孕药、解热镇痛、抗癌药等采用了微囊化技术。微囊技术越来越引起人们的注意。以前花费极大人力、财力开发出的药物由于口服活性低、半衰期短等原因不能应用的,微囊化后将克服以上困难,做成满意的药品。

（一）概述

微囊（microcapsules）技术是一种利用天然的或合成的高分子成膜材料（壁材）把液体或固体药物（囊心物）包嵌形成直径 1～5 000 μm（通常为 5～250 μm）微小胶囊的技术。囊膜具有透膜或半透膜性质，囊心可借压力、pH 值、温度或提取等方法释出。根据包囊技术和心材、壁材的性质不同，微囊的囊粒可以是心材外包壁材的膜壳型或心材与壁材镶嵌在一起的镶嵌型。囊粒可以是球形、葡萄串形、表面平滑或折叠而不规则等各种形状。目前制药工业中常采用各种药物的微囊制成各种剂型，如散剂、胶囊剂、注射剂、混悬剂、咀嚼片、含片、洗剂、埋植片、软膏剂、涂剂、栓剂、膜剂、敷料等。

制备微囊的过程称为微型包囊术（microencapsulation），简称微囊化，药物微囊化后具有许多优越性：

1. 能减少复方制剂中药物之间的配伍禁忌，隔绝药物组分间的反应。

2. 遮蔽药物（如磺胺类药物）的苦味或异味。

3. 控制药物的释放

1）控释或缓释药物，可采用惰性薄膜、可生物降解的材料等来控释或缓释的作用。

2）使药物的特定部位释放，对于治疗指数比较低的药物可制成靶向制剂，提高药物的疗效。

4. 降低药物的毒性。

5. 便于制备的制剂

1）用微囊配制散剂，流动性好，剂量比较准确，可改善药物的易吸湿、引湿性，粉末不易结块。

2）用微囊灌注空心胶囊，流动性好，装量准确。

3）可直接用微囊压制片剂，可压性良好，制得的颗粒流动性好，填入冲模的量准确，片重差异较小，还可减少压片时粉末飞扬。

6. 保护药物（如易氧化、对水气敏感药物），使液态或挥发性药物成为稳定的粉末。

7. 更利于药物的储存。

8. 可将活细胞或生物活性物质包裹，如酶、胰岛素、血红蛋白等。

（二）微胶囊的心材与壁材

1. 心材

被包在微型胶囊中的物质称为心材。心材可以是单一的固体、液体或气体，也可以是它们的混合物。除主药外，还可以加入稳定剂、稀释剂以及控释药物的阻滞剂、促进剂。在农产品加工中可作为心材的物质主要有以下一些类型：

1）溶剂　苯，甲苯，环己烷，氯代苯类，石蜡类，醚类，酯类，醇类和水等。

2）加工助剂　固化剂，增塑剂，氧化剂，还原剂，引发剂，阻燃剂，发泡剂，胶黏剂，酸，碱，染料（特别是用于无碳复写纸铁隐色染料）和颜料等。

3）食品　油脂，酒类，饮料，调味品（如酱油、香辛料、味素）等。

4）食品添加剂　香精香料，酸味剂，抗氧化剂，防腐剂，色素，甜味剂，氨基酸，维生素，微量元素，缓冲剂，螯合剂等。

5）生物材料类　酶制剂，微生物细胞，动物细胞，植物细胞和生物活性物质（如活性多糖、低聚糖、免疫蛋白、多肽、茶多酚、卵磷脂、DHA、EPA 等）。

6）其他　杀虫剂，除草剂，肥料和饲料添加剂等。

2. 壁材

1）壁材分类　包围心材的材料称为壁材，为可成膜的物质。可以作为微胶囊壁材的物质有很多，主要分为天然高分子材料、半合成高分子材料、全合成高分子材料及无机材料。

（1）天然高分子材料　用于微胶囊壁材的天然高分子材料，主要包括碳水化合物、蛋白质类、蜡与脂类物质等。这些天然高分子材料具有无毒、成膜性好等特点。

① 碳水化合物。　淀粉（玉米淀粉、小麦淀粉、马铃薯淀粉），麦芽糊精，玉米糖浆，环糊精，葡蔗糖，乳糖，纤维素，葡聚糖，壳聚糖，植物胶类（阿拉伯胶、琼脂、黄蓍胶、角叉胶、海藻酸钠、卡拉胶及瓜儿豆

胶)等。

②　蛋白质类。　骨胶,明胶,大豆蛋白,玉米蛋白,乳清蛋白,酪蛋白酸钠,谷蛋白,肽,麦醇溶蛋白,血红蛋白,鸡蛋清蛋白,纤维蛋白原,人血清蛋白及小牛血清蛋白等。采用蛋白质作为壁材主要在于蛋白的乳化性质,能形成具有良好弹性的界面膜,且蛋白质本身也是营养物质。

③　蜡与脂类物质。　石蜡,蜂蜡,虫胶,松香,紫胶,硬脂酸,油脂,卵磷脂和脂质体等。主要用于水溶性材料或固体物质等的微胶囊技术。

(2)　半合成高分子材料　可用作微胶囊壁材的半合成高分子材料主要是纤维素衍生物,例如甲基纤维素、乙基纤维素、羧甲基纤维素、羧甲基纤维素钠、羧乙基纤维素、邻苯二甲酸醋酸纤维素、邻苯二甲酸丁酸纤维素、硝酸纤维素、羟丙基纤维素、羟丙基甲基邻苯二甲酸纤维素、羟丙基甲基纤维素、丁酸醋酸纤维素和琥珀酸醋酸纤维素等。此外,还有变性淀粉(羟乙基淀粉、羧甲基淀粉及马来酸酯化淀粉-丙烯酸共聚物等)、氢化牛脂、氢化蓖麻油、单棕榈酸甘油酯、双棕榈酸甘油酯、单硬脂酸甘油酯、双硬脂酸甘油酯、三硬脂酸甘油酯及羟基硬脂醇等。

(3)　全合成高分子材料　可用于微胶囊壁材的全合成高分子材料分为可生物降解和不可生物降解两类。其中,可生物降解并可生物吸收的材料受到普遍的重视并得到广泛的应用。全合成高分子材料的特点是成膜性好,化学稳定性好。

不可生物降解的材料,主要包括聚氯乙烯、聚苯乙烯、聚丁二烯、聚醋酸乙烯、聚乙烯基苯磺酸、聚乙烯、聚酰胺、聚乙烯醇、聚乙烯吡咯烷酮、聚己二酰-L-赖氨酸、苯乙烯-丙烯腈共聚物、聚酯、聚氧乙烯醚、聚醚、聚乙二醇、聚丙二醇、乙烯或甲基乙烯醚与马来酸酐共聚物类、聚丙烯酰胺、聚乙烯-醋酸乙烯、硅酮树脂、醇酸树脂、环氧树脂、甲醛-萘磺酸缩聚物、氨基树脂类、醋酸树脂类及合成橡胶等。

可生物降解的材料有聚氨基酸(聚谷氨酸、聚赖氨酸、聚天冬氨酸)、聚酯[聚丙交酯(聚乳酸)、聚乙交酯、聚 ε-己内酯等]及其共聚物(聚乳酸-聚乙二醇嵌段共聚物、聚丙交酯乙交酯共聚物)、聚酸酐(脂肪族聚酸酐、芳香族聚酸酐、杂环族聚酸酐、聚酰胺酸酐、聚氨酯酸酐及可交联聚酸酐等)、聚丙烯酸、聚甲基丙烯酸甲酯、聚甲基丙烯酸羟乙酯、聚氰基丙烯酸烷基酯、聚对苯二甲酸乙二醇酯、聚 3-羟基丁酸酯、聚乙烯醇等。

(4)　无机材料　可用于微胶囊壁材的无机材料,包括硫酸钙、石墨、硅酸盐、矾土、铜、银、铝、镍、玻璃、陶瓷和黏土类等。

以上壁材可单独使用,也可混合使用,并且还可添加抗氧化剂、表面活性剂、色素等以提高品质。

2)　壁材选择　微胶囊技术实质上是一种包装技术,其效果的好坏与"包装材料"壁材的选择紧密相关。而壁材的组成又决定了微胶囊产品的一些性能,如溶解性、缓释性、流动性等,同时它还对微胶囊化工艺有一定影响。因此,壁材的选择是进行微胶囊化首先要解决的问题。选材基本原则如下:

(1)　根据心材的物理性质来选择适宜的壁材。油溶性心材需选水溶性的壁材,水溶性的心材则选油溶性的壁材,即壁材不与心材反应,不与心材混溶。

(2)　了解壁材本身的性能,如渗透性、溶解性、可聚合性、黏度、电性能、乳化性、吸湿性、成膜性、机械强度及稳定性等。

(3)　要考虑制备微胶囊所选择的方法对壁材的要求。

(4)　对于食品工业,所选壁材首先应符合食品卫生及食品安全的要求,能提高食品的风味和色泽,改善产品的外观,提高其储藏稳定性。

(5)　如果心材为生物活性物质,还要考查壁材的毒性及其与心材的相容性。

(6)　材料来源广泛、易得,成本比较低廉。

通常一种材料很难同时具备上述性能,因此在微胶囊技术中常常采用几种壁材复合使用。如对于包囊具有生物活性的壁材来说,主要有海藻酸钠-聚赖氨酸-海藻酸钠微胶囊、壳聚糖-海藻酸钠微胶囊、聚赖氨酸-壳聚糖-海藻酸钠微胶囊、甲基丙烯酸乙酯-甲基丙烯酸甲酯共聚物微胶囊、硫酸纤维素钠-聚二丙烯基二甲基氯化铵等。

Finch曾总结了用于微胶囊壁材的聚合物的食用价值、膜的形成能力、纤维成型能力和凝胶成型能力(见表10-6),可作为选择壁材的一个参考。

表 10-6　部分壁材的比较

聚　合　物	食用价值	膜的形成能力	纤维成型能力	凝胶成型能力
明胶	☆	☆☆	☆	☆☆☆
骨胶原	☆	☆	☆	
清蛋白	☆	☆	×	×
谷蛋白	☆			
阿拉伯胶	☆	☆		☆☆☆
黄蓍胶	☆			☆☆☆☆
琼脂	☆	☆		☆☆☆☆
海藻酸及其盐	☆	☆	☆	☆☆☆
角叉胶	☆	☆	×	☆☆☆
淀粉	☆	☆		☆
黄原酸	☆	☆		☆☆☆
甲基纤维素	☆	☆		☆☆
乙基纤维素	☆	☆		☆
醋酸纤维素	☆	☆☆	☆☆	
醋酸丁酸纤维素	☆	☆		
醋酸邻苯二甲酸纤维素	☆	☆		
硝酸纤维素	☆	☆☆	☆☆	
羟丙基纤维素	☆	☆		
羟丙基甲基纤维素	☆	☆		
羟丙基甲基邻苯二甲酸纤维素	☆	☆		
单硬脂酸铝	☆	☆		
单、双十六酸甘油酯	☆	☆		
硬脂酸	☆	☆		
单、双三硬脂酸甘油酯	☆	☆		
十六醇	☆	☆		
12-羟基十八醇	☆	☆		
氢化牛油	☆	☆		
氢化蓖麻油	☆	☆		
十四醇	☆	☆		
石蜡	☆	☆		
木松香	☆			
紫胶	☆			
蜂蜡	☆	☆		
尼龙6-10	☆	☆	☆	
聚赖氨酸及其共聚物	☆	☆		
聚谷氨酸及其共聚物	☆	☆		
聚乳酸及其共聚物	☆	☆		
聚甲基丙烯酸羟乙酯及其共聚物	☆	☆		
聚丙烯酰胺				☆
聚甲基丙烯酸甲酯		☆		☆
乙烯-醋酸乙烯共聚物	☆	☆		
聚苯乙烯	☆	☆		
聚乙烯醇	☆	☆	☆☆	☆
甲基乙烯醚马来酸酐共聚物类	☆	☆		
聚乙烯吡咯烷酮	☆	☆		
聚对苯二甲酸乙烯酯		☆☆☆	☆☆☆	
聚氨酯		☆☆	☆☆	
聚脲		☆		
氨基树脂	×	☆		
醇酸树脂	×	☆		
硅酮树脂		☆		
环氧树脂	×	☆		
聚碳酸酯		☆		

　注：☆，☆☆，☆☆☆，☆☆☆☆药☆表示性能近似度；×表示不具备所列性质

（三）微胶囊制备

按照制备微囊工艺原理可分为物理化学法、化学法和物理机械法，见表10-7。

表10-7　微囊制备方法

分　类	制　备　方　法
物理化学法	相分离法（单聚法、复凝聚法、溶剂-非溶剂法、改变温度法），液中干燥法
化学法	界面聚合法，单体聚合法，辐射法，液中硬化包衣法
物理机械法	喷雾干燥法，喷雾冷凝法，空气悬浮包衣法，静电沉积法，多乳离心法，锅包法

1. 物理化学法

1) 相分离法　在药物和辅料的混合溶液中加入另一种物质或溶剂，或采用其他手段使辅料的溶解度降低，自溶液中产生1个新凝聚相，这种制备微粒的方法称为相分离法。可分为单凝聚法、溶剂-非溶剂法以及改变温度法。

相分离法制得的微囊粒径范围为1~5 000 μm，主要决定于囊心物的粒径及其分布情况和所用的制备工艺。相分离法主要分3步进行：①将囊心物质乳化或混悬在包囊材料溶液中。②主要依靠加入脱水剂、非溶液等凝聚剂，调节pH，降低温度等方法，使包囊材料浓缩液滴沉积在囊心物质微粒的周围形成囊膜。③囊膜的固化。

相分离工艺是药物微囊化的主要工艺之一。其主要优势表现为设备简单，高分子材料来源广泛，适用于多种药物的微囊化；缺点是微囊粘连、聚集，工艺过程中条件很难控制等。

（1）单凝聚法　单凝聚法是将可溶性无机盐加至某种水溶性包囊材料的水溶液（其中有已乳化或混悬的囊心物质）中造成相分离，使包囊材料凝聚成囊膜而制成微囊，再用甲醛溶液固化。

单凝聚法工艺中将囊心物分散成混悬或乳化状态，囊材主要有明胶、CAP、CMC、EC、海藻酸钠等。加入凝聚剂后使高分子囊材形成凝聚相后，其对囊心物应该有适当的附着力，否则药物的微囊化将难以实现。平衡时界面上的所受张力γ之间的关系，见图10-22，应该符合：

$$\gamma_{CL} = \gamma_{CN} + \gamma_{CN}\cos\theta。$$

式中，C——囊心物；L——溶液；N——凝聚相；θ——接触角。

由上可知，让凝聚相完全附着在囊心物上的条件应该满足：θ为0或$\gamma_{CL} \geq \gamma_{CN} + \gamma_{CN}\cos\theta$。事实上，如果囊心物和凝聚相有适当的附着力，即使θ在0~90°之间凝聚相也会附着在囊心物上。

在药物微囊化时，药物如果有很强的亲水性，则很容易被水包裹，很难混悬于凝聚相中而成微囊，比如淀粉、硅胶；但如果药物有很强的疏水性，既不能混悬于水中又不能混悬于凝聚相中，也很难成微囊，比如双炔失碳酯。加入适当的表面活性剂后可以改善药物的亲水特性。

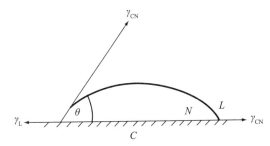

图10-22　平衡时界面上的所受张力γ之间的关系

凝聚相和水相之间的界面张力应较小，这样形成的微囊微粒近似球形；若张力较大则囊形不好，需要加温或加入降低界面张力的物质（比如水）来改善微囊外形。同时，降低界面张力也增大了凝聚相的流动性，对囊形的改善提供了良好的条件。

［制备实例］

——例一　黄连素微囊的制备　取盐酸黄连素粉在研钵中研细后加入明胶溶液200 ml，水浴上加热，继续研磨成混悬液。另取液体石蜡100 ml，水浴加热到同一温度，加入吐温-80，将上述混悬液倒入，中速搅拌5 min后即可看到圆球状微囊形成；立即放入冰水浴中冷却，且不断搅拌10 min，然后加入5 ℃异丙醇60 ml，脱水，抽滤，再将微囊放到37%甲醛中固化30 min，抽滤；用水洗至无甲醛味后置恒温烘箱中45 ℃左右，干燥2 h即得。

——例二　斑蝥素微囊的制备　囊材选用A型明胶，囊心物为精制好的斑蝥素，粒度直径在6~10 μm

之间。

具体制法:用37℃的注射用水40 ml溶解4 g A型明胶,将4 g斑蝥素混悬在明胶溶液中,在50℃恒温水浴中搅拌,用10%醋酸调pH至3.5～3.6;再加入60%硫酸钠溶液20 ml并不停地搅拌,使其凝聚;从水浴中取出,降温至30℃以下后加入21.5%硫酸钠溶液200 ml在15℃水浴中搅拌,并随时观察成囊情况;当囊径在50～200 μm时停止搅拌放置24 h,去除上清液,用21.5%硫酸钠溶液洗涤3次,然后按照每1 ml微囊液加37%甲醛溶液1 ml固化,搅拌15 min,过滤;用注射用水洗至pH为7,无甲醛味冷冻干燥,密封储存各用。

(2)复凝聚法 利用两种高分子聚合物在不同pH值时电荷的变化(产生相反的电荷)引起相分离凝聚,称为复凝聚法。常选用的包囊材料有明胶-阿拉伯胶、明胶-桃胶-杏胶等天然植物胶等。

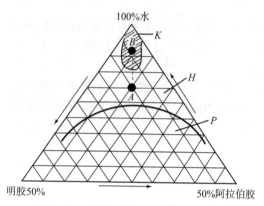

图10-23 明胶和阿拉伯胶在pH 2.5条件下用水稀释的三元相图

若用明胶和阿拉伯胶为材料,水、明胶、阿拉伯胶三者组成与凝聚现象的关系,用图10-23示意。其中,K代表复凝聚的区域,也就是能形成微囊的低浓度的明胶和阿拉伯胶混合溶液;P代表曲线以下明胶和阿拉伯胶溶液既不能混溶也不能形成微囊的区域;H代表曲线以上明胶和阿拉伯胶溶液可以混溶成均相的区域;A点代表10%明胶、10%阿拉伯胶和80%水的混合溶液。必须加水稀释,沿着A→B方向到K区域才能产生凝聚。

[制备实例]

——例一 复方炔诺酮缓释微囊注射液的制备 按质量比5:3称量左旋炔诺酮(LNG)和雌二醇戊酸酯(EV),混匀后加入明胶和阿拉伯胶的溶液中(必要时过滤);用醋酸调pH至明胶溶液的等电点以下时,明胶带正电荷,阿拉伯胶带负电荷,两者结合形成复合物使溶解度降低;在50℃和搅拌的情况下,复合物包裹囊心物自体系中凝聚成囊,加入甲醛调pH至8～9,使微囊固化;过滤,用水洗多余的甲醛至席夫试剂检查不变红色。

——例二 靛玉红微型胶囊的制备 取靛玉红适量,研成极细粉,精密称取0.1 g,置研钵中加少量吐温-80,研匀;加4%的阿拉伯胶和明胶液各15 ml,研匀,制成混悬液,移至烧杯中,水浴加热至42℃左右并随时搅拌,用10%的醋酸调溶液pH至3.6～4.0之间;观察囊形稳定后,加3 ml丙烯酸树脂液,搅拌10 min,加等量的酸化蒸馏水稀释后加入4%的阿拉伯胶和明胶液各10 ml,用10%的醋酸调溶液pH至3.6～4.0之间,加两倍的酸化蒸馏水稀释,观察囊形均匀圆整;将烧杯置水浴中冷却至10℃以下,加甲醛4 ml固化定型,再滴加10%氢氧化钠至pH 8,搅拌30 min,加10%生淀粉混悬液4 ml,10℃左右搅拌1 h,抽滤;用80%的乙醇洗涤2次,用水洗涤3次,低温干燥即得。

(3)溶剂-非溶剂法 将某种聚合物的非溶剂的液体加至该聚合物的溶液中可以引起相分离,从而将囊心物质包裹成微囊。囊心物可以是水溶性物质、亲水性物质、固体粉末或微晶、油状物等,但必须是在系统中对聚合物的溶剂与非溶剂均不溶解、混合或反应的物质。可发生相分离的3组成分(次序为聚合物-溶剂-非溶剂)是乙基纤维素-苯或四氯化碳-石油醚或玉米油、苄基纤维素-三氯乙烯-丙醇、聚乙烯-二甲苯-正己烷、橡胶-苯-丙醇。

[制备实例] 地西泮微囊的制备。

分别用明胶和EC为成囊材料制备微囊。

将地西泮分散在40 g EC/L丙酮溶液中,再在液体石蜡中分散成O/O型乳状液,加蒸馏水使EC凝聚成囊,洗涤,干燥即得微囊。

将地西泮分散在明胶水溶液中,用液体石蜡形成W/O型乳状液,加异丙醇使明胶凝聚成囊,洗涤,干燥即得微囊。

(4)改变温度法 该方法不用加凝聚剂,而是通过控制温度成囊。如用白蛋白作囊材时,先制成W/O型乳状液,再升高温度将其固化;用乙基纤维素作囊材时可先在高温溶解,后降温成囊。

[制备实例] 维生素C乙基纤维素微囊的制备。

乙基纤维素可溶于 80 ℃的环己烷,当环己烷冷却时即呈小液滴析出。如果将维生素 C 混悬在环己烷溶液中,析出的乙基纤维素小液滴包裹在维生素 C 晶体的表面形成维生素 C 微囊;同时加入包囊促进剂使其相分离的效果更好,并且防止析出的微囊相互黏结或黏附于容器壁上。包装时,首先在装有温度计、搅拌器、回流冷凝管的三颈烧瓶中加入乙基纤维素、环己烷、包囊促进剂及维生素 C 晶体,在水浴中加热至 80 ℃,使乙基纤维素溶解;然后搅拌至室温,滤出包囊维生素 C,用环己烷洗涤 2~3 次,经真空干燥即得包囊维生素 C 晶体。

2)液中干燥法　又称复乳包囊法。根据所用介质不同可分为水中干燥法和油中干燥法。其中水中干燥法较为常用,是将水溶性囊心物溶解于水,然后在适宜的有机溶剂中溶入包囊材料。两者混合经乳化制成油包水(W/O)型乳剂,外层再以水为连续相制成 W/O/W 型的复乳。在减压、低温条件下将有机溶剂除去,膜材料即沉积于囊心物相的周围而成囊。

液中干燥法中的干燥工艺包括两个基本过程:溶剂萃取过程和除去溶剂过程。按照操作可以分为连续干燥法、间歇干燥法与复乳法。前两种方法应用 O/W 型、W/O 型和 O/O 型乳状液,而复乳法则用于 W/O/W 型和 O/W/O 型复乳。

连续干燥法的工艺流程主要有:将成囊材料溶解在易挥发的溶剂中,然后将药物溶解或分散在成囊材料溶剂中,加连续相和乳化剂制成乳状液,连续蒸发除去成囊材料的溶剂,分离得到微囊。如果成囊材料的溶剂与水不混溶,一般用水做连续相,加入亲水性的乳化剂,制成 O/W 型的乳状液;如果成囊材料的溶剂与水混溶,一般可用液状石蜡做连续相,加入油溶性的乳化剂,制成 W/O 型的乳状液。但 O/W 型的乳状液连续干燥后微囊表面常含有微晶体,需要控制干燥时的速度,这样才能得到较好的微囊。

间歇干燥法的工艺流程主要有:将成囊材料溶解在易挥发的溶剂中,然后将药物溶解或分散在成囊材料溶剂中,加连续相和乳化剂制成乳状液。当连续相为水时,首先蒸发除去部分成囊材料的溶剂,用水代替乳状液中的连续相以进一步去除成囊材料的溶剂,分离得到微囊。这种干燥法可以明显减少微囊表面含有微晶体的出现。

复乳法的工艺流程(以 W/O/W 型为例):将成囊材料的油溶液(含亲油性的乳化剂)和药物水溶液(含增稠剂)混合成 W/O 型的乳状液,冷却至 15 ℃左右,再加入含亲水性乳化剂的水作连续相制备 W/O/W 型复乳,最后蒸发掉成囊材料中的溶剂,通过分离干燥得到微囊。复乳法也适用于水溶性成囊材料和油溶性药物的制备。复乳法能克服连续干燥法和间歇干燥法所具有的在微囊表面形成微晶体、药物进入连续相、微囊的微粒流动性欠佳等缺点。

影响液中干燥法工艺的主要因素是成囊过程中物质转移的速度和程度。主要需考虑的因素,见表 10 - 8。

表 10 - 8　液中干燥法影响成囊的因素

影响因素	控 制 条 件
挥发性溶剂	用量,在连续相中溶解度,与药物及聚合物相互作用的强弱
连续相	组成(浓度及成分)与用量
连续相的乳化剂	类型,浓度及组成
药物	在连续相及分散相中的溶解度,结构,用量,与材料及挥发性溶剂相互作用的强弱
材料	用量,在连续相及分散相中的溶解度,与药物及挥发性溶剂相互作用的强弱,结晶度的高低

[制备实例]　液中干燥法制备阿莫西林微囊。

——水中干燥法制备　将乙基纤维素溶于适量的二氯甲烷中,加入阿莫西林粉末(160 目),在 30 ℃水浴中 200 r/min 搅拌 20 min;所得混悬液加到预先冷却至 30 ℃的蒸馏水(含 0.5% 的表面活性剂)中,250 r/min 搅拌,使温度由 30 ℃逐渐升至 40 ℃,搅拌 4 h;减压过滤,微囊用蒸馏水洗涤 3 次,干燥即得。

——油中干燥法制备　将乙基纤维素溶于适量的丙酮中,加入阿莫西林粉末(160 目),在 10 ℃水浴中 300 r/min 搅拌 20 min;所得混悬液加到预先冷却至 10 ℃并含有表面活性剂的液体石蜡中,250 r/min 搅拌,使温度由 10 ℃逐渐升至 35 ℃,搅拌 1 h;减压过滤,微囊用正己烷洗涤 3 次,减压干燥即得。

2. 化学法

1)界面缩聚法　亲水性的单体和亲脂性单体在囊心物的界面处由于引发剂和表面活性剂的作用瞬间发生聚合反应而生成聚合物包裹在囊心物的表层周围,形成了半透性膜层的微囊。

[制备实例]　天冬酰胺酶微囊的制备。

取 L-天冬酰胺酶 10 mg 及天冬酸 50 mg 置反应器中,加入 1 ml 人体 O 型血红蛋白液和 1.5 ml 硼酸缓冲液(pH 8.4)使溶解,再加 1,6 己二胺的碱性硼酸钠溶液 1 ml 和混合溶剂 20 ml(150 ml 环己烷,30 ml 氯仿,0.9 ml 司盘-85),摇匀,置 4 ℃冰浴中搅拌(3 000 r/min)1 min;加入对苯二甲酰氯 15 ml,继续搅拌 5 min,再加入 30 ml 混合溶剂,继续搅拌 0.5 min;在显微镜下观察到成囊后立即转入离心管中,以 1 000 r/min 转速离心 1 min;去除上清液,加入 25 ml 分散液(12.5 ml 吐温-20 加 12.5 ml 蒸馏水),搅拌 3 min;加入 50 ml 蒸馏水继续搅拌 1 min,去除上清液;将微囊混悬于 0.9%生理盐水中,4 ℃保存,即得微囊。

2) 辐射化学法　用明胶或 PVA 为囊材,用 γ 射线照射使囊材在乳剂状态下发生交联,再经过处理得到球型镶嵌型的微囊,然后将微囊浸泡于药物的水溶液中,使其吸收,干燥水分即得含有药物的微囊。

3. 物理机械法

1) 喷雾干燥法　喷雾干燥法是将囊心物分散在囊材溶液中,在惰性的热气流中喷雾、干燥,使溶解在囊材中的溶液迅速蒸发,囊材收缩成壳,将囊心物包裹。喷雾干燥法包括流化床喷雾干燥法和液滴喷雾干燥法。

当流化床喷雾室有孔底板上的囊心物层受到向上气流的推动,并且单位面积上囊心物的质量与气体的压力差相等,囊心物层则膨胀而呈可流动状。若囊心物之间有黏附力,形成流动状时必须克服黏附力,这时就需要给一个外力;但当开始流动时,囊心物之间的黏附力就消失了,这时就无须外力了。当囊心物粘连或含水过多时,流动状态需要很大的外力才能实现。另外,囊心物的粒径也能影响流动态的实现,因此流化床喷雾干燥法制备的粒径范围在 35~5 000 μm。喷雾干燥法具有成本低、设备简单、可选用的壁材种类广泛、对芯材的包埋率高、产品的稳定性好等优点。

喷雾干燥法是目前工业中应用最广泛的微胶囊化方法,所得的粒子直径一般在 10~1 600 μm。微胶囊产品生产工艺过程为:原料粉碎→活性成分提取→调配溶液→均质→喷雾干燥→产品生成→冷却→过筛包装。

在喷雾干燥微胶囊化过程中,首先将芯材物质分散在含有壁材的溶液中,形成均匀的乳化液,乳化液通过气流雾化成液滴,均匀地分散于喷雾干燥器的热气流中。壁材在遇热时形成一种网状结构,起着筛分作用,水或其他溶剂等小分子物质因热蒸发而透过"网孔"顺利地移出,分子较大的芯材滞留在"网"内,使溶解壁材上的溶剂迅速蒸发固化,将芯材物质包覆其中形成微胶囊。芯材通常是香料等风味物质和油类。壁材常选用明胶、阿拉伯胶、变性淀粉、蛋白质、纤维酯等食品级胶体。这种方法适合于一些热敏性物质,因为雾滴在干燥室中停留时间很短,一般只有几秒钟,虽然入口温度有时近 200 ℃,但由于液滴在蒸发过程中需要带走大量的热量,使液滴只有在快要干时温度才略有上升,因此,对热敏性的核心影响不大。

影响液滴喷雾干燥法工艺的主要因素是混合液的黏度、均匀性、药物和成囊材料的浓度、喷雾的方法和速度、干燥速率等;产生的微囊粒径在 600 μm 以下。

心材最好是球形的或规则的立方体、柱状体组成的光滑晶体,这样可以得到很好的包囊效果。心材的脆性、多孔性及其密度都会影响囊形。

[制备实例]　格列吡嗪缓释胶囊的制备。

将格列吡嗪细粉均匀混悬于乙基纤维素乙醇溶液中,并加入硬脂酸镁等附加剂,将上述混悬液喷雾干燥。工作条件:进口温度 130~160 ℃,出口温度 70~90 ℃,加料速度 20 ml/min。

2) 喷雾冷凝法　喷雾冷凝法是将囊心物分散于熔融的囊材中,在冷气流中喷雾,凝固而成微囊。在室温下为固体而在较高温度下能熔融的囊材均适用于该法,如蜡类、脂肪酸和脂肪醇。

3) 锅包法　是将囊材配成溶液加入或喷入包衣锅内的固体囊心物上,形成微囊。在成囊过程中要将热空气导入包衣锅内除去溶剂。

(四) 微囊的性质

1. 微囊的结构与大小

1) 微囊的结构　理想的微囊应该是大小均匀的球形,微囊与微囊之间不粘连,分散性好,便于制成各种制剂。但随着工艺条件的不同,微囊的结构也有差异。通常单、复凝聚法与辐射化学法制得的微囊是球形镶嵌型,且是多个囊心物微粒分散镶嵌于球形体内;物理机械法、溶剂-非溶剂法、液中干燥法制得的微囊是球形膜壳形,可以有单个囊心物也可以有多个囊心物;界面缩聚法制得的微囊也是球形膜壳形,但只能有单个囊心物。

微囊还应该具有一定的可塑性和弹性。如果用明胶作囊材,再加10%～20%甘油或丙二醇可改善明胶的弹性;如果加入乙基纤维素可减少膜壁的细孔;如果加入70%的糖浆可以改善多孔性的特点。如果用乙基纤维素作囊材,应该加入增塑剂改善其可塑性。

2) 微囊的大小　微囊的囊径大小直接影响药物的释放、生物利用度、含药量、有机溶剂残留量以及体内分布的靶向性。

影响微胶囊囊径大小的因素主要有:

(1) 囊心物的大小　通常如果要求微囊的粒度在 10 μm 左右时,囊心物应该达到1～2 μm 以下的细度;要求微囊的粒度在50 μm 左右时,囊心物应该达到 6 μm 以下的细度;要求微囊的粒度在 100 μm 左右时,囊心物可以适当粗些。对于不溶于水的液体,可先乳化然后再微囊化,这样可得小而均匀的微囊。

(2) 囊材的用量　一般囊材的用量应根据药物细度大小而定,药物粒子越小其表面积越大,所用囊材越多。

(3) 制备方法　见表10-9。

表 10-9　微囊的制备方法及其粒径

制备方法	粒径范围/微米	适用的囊心物质
相分离	1～5 000	固体和液体
界面聚合	2～2 000	液体和气体
锅包法	600～5 000	固体
空气悬浮	30～5 000	固体
喷雾干燥	5～600	固体和气体

(4) 制备温度　如用明胶作囊材,单凝聚法制备微囊,温度不同时微囊的产量、囊径大小和粒度都不一样。40 ℃和45 ℃时微囊的产量为74%和95%,囊径为5.5 μm 的产量分别是34.7%和33%;50 ℃时微囊的产量为68%,囊径为5.5 μm 的产量是65%;55 ℃和60 ℃时微囊的产量为72%和58%,大多数囊径<2 μm。

(5) 制备时的搅拌速度　搅拌速度越快,微囊囊粒就越细,反之亦然。搅拌速度取决于微囊化的工艺条件。如以明胶为囊材,用相分离-凝聚法制备时搅拌速度不宜快,太快会产生大量的泡沫,影响微囊的质量和产量,这时所得到的微囊的囊径为50～80 μm;但当采用界面缩聚法时,一般搅拌速度要快,搅拌速度为600 r/min 时囊径为100 μm,搅拌速度为2 000 r/min 时可得到囊径为 10 μm 以下的微囊。

(6) 附加剂浓度的影响　如用丙交酯-乙交酯(78:22)共聚物为囊材,制备醋炔诺酮肟微囊,加入乳化剂明胶的浓度其囊径随浓度的增加而变小。即为1%明胶溶液的微囊囊径为70.98 μm;2%明胶溶液的微囊囊径为79.81 μm;3%明胶溶液的微囊囊径为59.86 μm;4%明胶溶液的微囊囊径为46.77 μm。

2. 微囊中药物的释放

药物微囊化后,一般都希望药物能按照设计的路线释放,以达到最佳的治疗效果。

1) 释放的机制　微囊中药物的释放机制一般认为有以下 3 种情况:

(1) 扩散　药物通过囊壁扩散是一个物理过程,囊壁不溶解。但也有人认为首先是已溶解在囊壁中的药物发生短暂的快速释放,然后才是囊心药物溶解成饱和溶液而扩散出微囊。

(2) 囊壁的溶解　是一个物理化学过程,不包括酶起的作用。其速度取决于囊材的性质、体液的体积、组成、pH 和温度等。

(3) 囊壁的消化与降解　是酶起作用的生化过程。当微囊进入体内后,囊壁受体内消化系统的酶的消化与降解成为体内的代谢产物,使药物释放出来。

2) 影响释放的因素　影响微囊释放的因素有很多,包括囊壁的厚度、物理化学性质、药物的性质、囊心物与囊壁的质量比、附加剂的影响、工艺条件与剂型、pH 值的影响以及溶出介质离子强度等。

（五）微囊质量的评价

目前，微囊的质量评价除了制成制剂本身应符合《中国药典》规定的要求外，主要有以下方面：

1. 微囊的囊形与大小

不同的制剂微囊应具有不同的细度。用微囊做原料制成的各种制剂，都应该符合该剂型的制剂规定。若制成注射剂，微囊大小应符合药典中有关混悬注射剂的规定。

可用校正过的带目镜测微仪的光学显微镜测定微囊的大小，也可用库尔特计数器测定微囊的囊径大小与粒度分布。

2. 微囊中药物溶出速度的测定

为了控制微囊中药物的释放、作用的时间以及起效的部位，应该测定微囊的溶出速度。根据微囊的要求，可采用《中国药典》附录中溶出度测定法中相应的方法进行测定。

3. 微囊中药物的含量测定

微囊囊心物的含量主要由制备工艺决定，囊心物和成囊材料的性质也有一定的影响。药物含量的测定一般采用溶剂提取法，原则上是使药物最大限度地溶出而不溶解囊材，同时溶剂也不应该形成干扰。

（六）微囊技术在食药用菌工程上的应用

1. 破壁孢子粉用水溶性天然高分子材料包覆起来，可以防止外泄在孢子表面的油脂氧化和保持良好的分散状态，以利自动化包装机包装，这种壁材一般用两种。

2. 灵芝等药用菌精粉的有效成分中的三萜类，味道极苦，经微胶囊包覆后，可起到掩盖不良味道的作用。掩盖苦味的包覆法常采用包结络合法，它用 β-环糊精做微胶囊包覆材料，是一种在分子水平上形成的微胶囊，也是近几年来应用较广的制备微胶囊的一种物理方法。β-环糊精是一种环状糊精，其分子外形似一个空心锥台，中心洞穴直径为 0.7～1.0 nm 其具有亲水性的外表和疏水性的内腔，因此可与具有适当大小形状的疏水性囊心分子通过非共价键的作用形成稳定包合物。囊心材料一般为油性香料、色素及维生素等。灵芝精粉与 β 环糊精以不同比例混合，可得呈不同程度苦味的分子包埋微胶囊产品。一般在灵芝提取浓缩液中加入一定比例的 β-环糊精，均匀混合后喷雾干燥可脱苦味。

3. 用灵芝柄、香菇柄制成的膳食纤维，在单独食用时有发涩的感觉，经用能溶于水和弱酸的壳聚醣包覆后，膳食纤维的分散性良好。由于壳聚糖有去毒和在肠中给双歧杆菌创造有利繁殖环境作用，因此经包覆后的膳食纤维，除可增加食药用菌膳食纤维功能以外，还可增加适口性。

4. 把药用菌的有效成分，用亲水性半透性壁材包覆，囊心的药用菌有效成分通过膜壁而释放出来，释放速度可通过改变壁材的化学成分、厚度、硬度、孔径大小等加以控制。这样可使菌药通过微胶囊技术达到长效的目的。

（七）微胶囊制备技术的新进展

微胶囊技术从 20 世纪 30 年代发展至今已有 80 多年的历史。随着新材料的不断出现，到目前为止，微胶囊化的方法已近 200 种，但还没有一套系统的分类方法。该技术的出现，为食品工业带来了重大的革新，许多从前不能解决的技术难题因微胶囊技术的出现而迎刃而解。国外在这方面已做了很多研究并取得了广泛的应用。下面简单介绍一下目前微胶囊技术的最新研究进展。

1. 纳米微胶囊的制备和应用

随着微胶囊技术的发展，所制备的微胶囊已比通常制备的微米级微胶囊（粒径为 5～2 000 μm）小很多，这种微胶囊称为纳米微胶囊。微胶囊的粒径可<1 μm，达 1～1 000 nm。纳米微胶囊的概念 20 世纪 70 年代末由 Narty 等人首先提出。他们研究发现，纳米微胶囊具有独特性质而使其可在许多领域得到新的应用，如发现药物纳米微胶囊具有良好的靶向性和缓释作用。纳米微胶囊自 80 年代首先应用于医药界以来，目前已迅速扩大到香料、食品调味品、农药和石油产品等领域，成为一项引人注目的高新技术。

单个纳米微胶囊过小，不能用肉眼直接观察到，而是需将纳米微胶囊分散在水中形成胶体溶液，利用胶体性质进行观察。已知胶体是属于分散相粒子介于 1～100 nm 之间的分散体系，通过超显微镜观察发现纳米微胶囊水分散液恰好属于胶体范围,因此它具有胶体的性质。

纳米微胶囊的制备方法主要包括乳液聚合法、界面聚合法、简单凝聚法及干燥浴法等。现介绍如下:

1) 乳液聚合法

(1) 乳液聚合法原理　乳液聚合法是制备纳米微胶囊的重要方法。在表面活性剂、乳化剂存在的条件下,利用机械搅拌或剧烈震动的方法将不溶于溶剂的单体分散在溶剂中形成乳状液,再利用引发剂引发聚合反应。由于单体分散在溶剂中形成细小的液滴,因此在聚合反应发生时产生的热量很快被溶剂吸收,不会使体系温度骤然升高。

根据单体和溶剂溶解性质的不同,分为水相介质乳液聚合和有机溶剂介质乳液聚合。

利用乳液聚合制备纳米微胶囊必须考虑如何利用表面活性剂、乳化剂及机械搅拌作用将囊心材料和高聚物单体分散到纳米级大小,然后发生聚合反应并形成高聚物对囊心进行包覆形成纳米级大小的微胶囊。

通常利用的表面活性剂是分子中含有亲水基团和疏水基团两部分结构的化合物。这种两亲结构决定了表面活性剂具有湿润、乳化、分散、增溶等多种性能,在乳化聚合中应用其乳化分散和增溶两种性能。在一定浓度下,表面活性剂分子为保持其稳定性,通常相互聚结在一起形成棒状或球状的胶束。如在水中表面活性剂分子是多个分子聚集在一起,以疏水基向内而亲水基向外朝向水形成胶束,在水中保持稳定;在疏水性有机溶剂中表面活性剂则以疏水基向外朝向油相,亲水基被包覆在胶束内的胶束形式存在。

当向表面活性剂水溶液中加入难溶于水的液体单体时,在搅拌作用下分散成单体液滴的同时,其表面也被表面活性剂乳化剂分子包覆,表面活性剂在单体液滴表面以非极性的疏水基一端插入单体液滴内部,亲水基一端向外伸在水中定向排列,使单体表面形成一层亲水膜而得到稳定。表面活性剂的这种作用称为乳化;所得到的分散体系称为乳状液,外观不透明。

当溶液中表面活性剂的浓度超过"临界胶束浓度"时,在溶液中会形成大量表面活性剂的胶束。由于胶束中向内定向排列的疏水基与非水溶性单体分子间有较大的亲和力,因此可以把单体"溶解"到胶束内部。表面活性剂的这种作用称为增溶。由于表面活性剂的增溶作用使难溶于水的单体在水中的溶解度增大。增溶后的溶液外观透明。在乳化和增溶条件下均可发生乳液聚合,有时也可将后一种情况发生的乳液聚合称为"胶束"聚合。

(2) 一般乳液聚合体系组分构成

① 分散介质。水或有机溶剂,占总体系质量的 $60\%\sim70\%$。

② 单体。构成乳液的分散相,占体系总质量的 $30\%\sim40\%$。

③ 乳化剂。占体系总质量的 $0.2\%\sim5\%$。通常使用硬脂酸盐等阴离子表面活性剂或十二烷基酚醚聚氧乙烯或硬脂酸失水山梨醇酯型的非离子表面活性剂。

④ 聚合反应引发剂。占单体质量的 $0.1\%\sim1\%$。可以是过氧化物型自由基引发剂或氧化还原剂型引发剂,分解时易产生自由基,一般可溶于水相。

(3) 乳液聚合形成纳米微胶囊的基本过程　当把 4 种成分混合搅拌形成乳化或增溶体系后,乳液聚合反应往往是在含有囊心和增溶单体的表面活性剂胶束之间进行的。这是因为表面活性剂胶束吸收单体形成增溶的胶束后,其总表面积增加,而且增溶胶束比在胶束外存在的单体液滴有更大的比表面积,因此具有更高的表面能,使引发剂分解形成的自由基更易于扩散进入胶束,使胶束中引发单体聚合反应的反应速率较引发水溶液中存在单体发生聚合反应快得多。聚合反应引发后,胶束中存在的单体很快形成聚合物而被消耗掉,同时胶束外的单体会不断扩散补充进入胶束,继而发生聚合。由于胶束外有乳化剂亲水膜保护,使胶束内生成的聚合物胶粒能够保持稳定,直到单体全部反应完毕。由于强烈搅拌和乳化剂的分散作用,使囊心和反应单体均被分散成纳米级大小的粒子,当聚合物相对分子质量增大到一定程度时,它就会包覆在囊心周围,形成纳米微胶囊。

根据使用单体和分散介质的不同,可分为水相和有机溶剂相乳液聚合形成纳米微胶囊。乳液聚合生成纳米微胶囊示意,见图10-24。

(4) 水为介质的乳液聚合　以水为连续相介质的乳液聚合是制备纳米微胶囊最重要的方法。典型的连续水相中乳液聚合的方法为:首先,单体分散于水相进入乳化剂胶束,形成由乳化剂稳定的单体液滴;然后通过引发或高能辐射在水相中聚合,直至单体全部转变成聚合物,生成的聚合物分子包覆在囊心颗粒周围形成

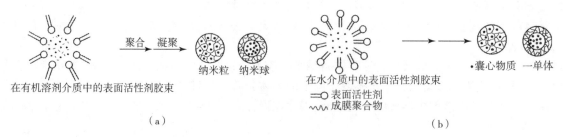

图 10-24 乳液聚合生成纳米微胶囊示意

纳米微胶囊。通常用水相乳液聚合制备纳米微胶囊所使用的单体是甲基丙烯酸甲酯、氰基丙烯酸甲酯和丙烯酸及其衍生物、丙烯酰胺及其他丙烯酸类单体,也可使用聚苯乙烯、聚乙烯吡啶等单体。利用这些单体形成的均聚物或共聚物作为壁材可形成纳米微胶囊。

(5) 有机溶剂为介质的乳液聚合 这是最早采用的制备纳米微胶囊的乳液聚合方法。将水溶性单体和水溶性囊心在乳化剂和搅拌作用下乳化分散到有机溶剂中。为保证单体更好地在增溶到表面活性剂胶束中,并使囊心材料更好地分散成纳米级大小的颗粒,使用的乳化剂量较水相乳液聚合多。乳液聚合反应过程与水相乳液聚合反应相似。在聚合反应引发剂或辐射引发作用下,单体聚合形成高聚物并对囊心包覆形成纳米微胶囊。由于这类反应要使用如环己烷、氯仿、丁醇、甲苯等大量有机溶剂以及存在残留单体毒性问题,所以应用较少。

2) 界面聚合法 前文已介绍过利用界面聚合反应制备微胶囊的方法,在这里主要介绍该方法制备纳米微胶囊的工艺。

用该方法制备纳米微胶囊的工艺特点为:为获得纳米级大小的胶囊微粒,一般要使用带毛细管的细针头注射器,并把注射器针头放在距液面很近的距离,再在针头与液面之间加上高压直流电。

具体工艺为:把分散液或溶解好的囊心、单体溶于一种溶剂,所得的溶液加到注射器中;把一种单体溶解在一种与上述溶剂不相混溶的溶剂内放在注射器下的容器中。当注射器中的液体通过毛细管针头在电机的驱动下形成表面带电的均匀球形液滴(粒径为纳米级大小)滴入溶有第二种反应单体的溶液中时,即在纳米级大小的液滴表面引发缩聚反应,形成的缩聚物将囊心液滴包覆即形成纳米微胶囊。有时反应使用的不是两种存在于互不相溶溶剂中的单体进行聚合反应形成壁膜,而是利用一种单体在相界面的自聚反应形成聚合物壁膜,这类反应称为界面沉聚反应。

3) 干燥浴法(气相乳液法) 前面介绍的干燥浴法不仅可以制备粒径>1 μm 的普通微胶囊,也可制备纳米微胶囊。这主要取决于溶剂在蒸发之前形成的乳液微滴大小。通过控制搅拌速率,改变分散乳化剂的类型和数量,调节有机相或水相保护胶体的黏度以及有机相与水相的相对数量和比例,改变容器和搅拌器的形状等方式,可以制成纳米级大小的微胶囊。最终形成纳米微胶囊的大小与使用的乳化剂种类、乳化方式有关。

2. 利用微生物为原料制备微胶囊

最早利用微生物为原料制备微胶囊的是英国科学家。在 20 世纪 70 年代,他们研究发现霉菌、酵母菌等真菌微生物适于作微胶囊原料。这些真菌的细胞由细胞壁、细胞液和细胞质等部分组成,其大小在几十微米,而且分布比较均匀。其细胞壁是具有可透性的半透膜,因此设法使囊心物质渗透细胞壁进入细胞内,即可形成微胶囊产品。

1) 微生物胶囊法的早期研究 最早使用的酵母菌是高脂肪含量的酵母(脂肪含量 50%～60%)。高脂肪含量的酵母细胞与低脂肪含量的酵母细胞相比其细胞壁强度和可透性较易改变,更符合形成微胶囊的需要。

在把需微胶囊化的囊心材料与这些高脂肪含量的真菌混合时,这些小分子囊心可以透过细胞壁进入细胞内部,这种渗透作用主要是由于细胞壁内、外囊心的浓度差形成的扩散梯度所致。对液面施加机械压力和加热可促进囊心进入细胞壁的渗透扩散过程。由于细胞内含有大量的脂肪,所以这类微生物细胞对油性囊心有较大的亲和力。当这类细胞直接与油性囊心溶液接触时,即可进行渗透扩散形成微胶囊。

一般情况下,作为微胶囊的酵母菌已经死亡;即使用活的酵母细胞,如果被微胶囊化的物质对真菌类微生物有毒,在微胶囊化的过程中它也会死亡。如果细胞壁的强度、硬度、可透性不符合作微胶囊的实际需要时,可以进行改性处理。如果细胞壁过于坚硬、可透性低,可以用水解蛋白酶进行处理,处理后细胞壁软化且增加了细胞壁的通透性,有利于微胶囊的形成。如果形成微胶囊的壁膜强度低,可用甲醛或戊二醛溶液进行处理,令其发生醛类与蛋白质的交联反应而使细胞壁硬化,以达到我们要求的半透膜、通透性和强度。

利用这种高脂肪含量的酵母菌可以将香精、中西医药、染料等脂溶性囊心进行包覆形成微胶囊。

2) 微生物胶囊法的新进展　Dunlop 公司在研究中发现了一种以低脂肪含量的酵母菌(脂肪含量低于40%)为原料制备微胶囊的方法:使用既能溶于油又能溶于水的"公共溶剂"作为溶剂(如丁醇、戊醇等);当酵母菌中脂肪含量高于 10% 时,无论囊心是油溶性还是水溶性的,只要溶解或分散在这种"公共溶剂"中,囊心可以随溶剂一起被吸收到酵母细胞中,利用该方法制备出酵母微胶囊。

后来,英国 AD2 对以上工艺进行了改进,即使脂肪含量低于 10% 的酵母菌细胞也可作为微胶囊的原料,而且不必使用"公共溶剂"作为囊心的载体。他们将酵母细胞放在含有囊心的浓溶液或分散液中溶胀(通常用水作溶剂,有时也可使用乙醇或异丙醇等亲水有机溶剂),在室温条件下搅拌进行渗透扩散。研究表明,升高温度有利于扩散加速进行,因此在渗透扩散过程之前 30 min,将溶液温度提高到 35~40 ℃,然后再保持适当温度,直到渗透扩散达到平衡。所得产品既可直接以微胶囊在水中的悬浮体形式使用,也可用喷雾干燥或喷雾冷却的方法加以干燥后,以固体粉末形式储存和使用。

以天然存在的微生物胶囊为原料,使香精、食品色素、维生素、植物生长调节剂等多种物质实现微胶囊化已在许多领域得到广泛应用。天然存在的微生物胶囊无毒,可生物降解,尺寸大小均匀(一般在 10~50 μm),只要来源易得成本就很低,是一种制备微胶囊的良好原料。

3. 糖玻璃胶囊化技术

以糖玻璃作为壁材对高敏性或易挥发物质进行胶囊化是食品工业生产中一项新兴技术。该技术的成功开发,使以前不能够应用于食品生产中的香精品种现在也可以广泛地应用,能够延长部分含香精的固体混合物产品的货架期。

1) 糖玻璃的制造方法　糖玻璃的制造方法是将结晶糖加热熔融经快速冷却后,使其转化为透明的非晶体无定型、亚稳态的玻璃样固体,即为糖玻璃。以蔗糖为例,当晶体受热时,原有的规则结构被破坏而转化为熔融状态,经快速冷却后,熔融物转化为一种清澈透明、无定型、亚稳态的玻璃状物质,从而使蔗糖分子被固定在这种无定型的非结晶结构中。在快速冷却下,熔融物的黏度增加,进一步将蔗糖分子固定在该无定型结构中。影响熔融或分解结晶糖所需温度的因素是糖的分子结构和水分含量。水的作用在于作为溶剂,促进熔融、降低糖分子的内聚力,从而加快液态糖的形成;另一方面,水分也具有增塑剂的作用,在一定程度上会提高糖分子的活性和自由度,使之进一步重组而回复晶体形状。当糖玻璃加热到某一临界温度,在水的作用下,糖分子可重组形成结晶,该温度称为玻璃转化温度(glass transition temperature,简写为 T_g)。一般玻璃态成品所处温度越低于 T_g,其稳定性越高,对心材物质的保护越强、越持久。

2) 影响糖玻璃胶囊化产品稳定性的因素

(1) 组成糖玻璃的糖类成分　据 A. Blake 研究,以蔗糖和葡萄糖浆混合制得的糖玻璃,其稳定性较单独使用葡萄糖高得多。机制可能是由于不同种类糖分子的相互影响使其他糖类不易恢复原有的结晶排列结构,从而提高了所形成的糖玻璃的稳定性。用差式扫描量热法可对这些成因做出评估,更好地控制糖玻璃在储藏中的稳定性。

(2) 香精成分　香精中的化学成分对糖玻璃的稳定性有一定程度的影响,因此,有必要研究香精中的化学成分对糖玻璃基质可能产生的影响。

(3) 水分含量　前已述及,水分是影响糖玻璃稳定性的一个重要因素。糖玻璃产品在干燥时,高温会使其中的糖玻璃失去稳定性,并出现重结晶现象;同时,在重结晶过程中,去除产品中的水分子后,产品会变得更黏稠,继而出现结块,在结块情况严重时加入抗结块剂也不起作用。

为了加强糖玻璃的稳定性,必须对结晶体-糖玻璃之间的转化情况做出准确监测,以使糖玻璃达到最大稳定性。监测方法有差式扫描量热法、偏振光显微镜法等。该技术一出现便显示出极大的优越性,前景十分广阔。

4. 超微胶囊技术

一般的微胶囊技术,粒子大小在 5~200 nm 范围内。当粒径<5 nm 时,因布朗运动剧烈而难以收集;当粒径>300 nm 时,其表面摩擦系数会突然下降而失去微胶囊作用。超微胶囊的制造方法是物理方法的改进,粒子大小 0.1～1 nm。稍大的微胶囊在加压和外力作用下易于释放;而较小的胶囊在外力作用下不易释放,因而稳定性更高,储存时间更长,胶囊化效果更好。这类超微胶囊通常以干粉状态分散于配方中。超微胶囊较普通胶囊更易在介质中分散,更稳定持久,已在化工领域中显示出较大的优越性。

1) 改性 β-环状糊精(β-cyclodextrin,β-CD) 在包结络合法中着重介绍了以 β-环状糊精作为微胶囊的包覆材料形成微胶囊的方法。β-CD 已在食品、化工、医学等领域取得了广泛的应用。但是,由于 β-CD 水溶性较差(20 g/100 ml H$_2$O,25 ℃),不利于包埋反应朝正反应方向进行,因而限制了其应用。然而,β-CD 也可同纤维素、淀粉一样进行改性处理,经改性后的 β-CD 溶解性大大增强,包埋物更加稳定。改性方法有烷基化、羟烷基化和羧基化酰化等。

(1) 烷基化改性 β-CD 通过甲基化改性生成的二取代或三取代衍生物具有较高的水溶性。反应通常在氢氧化钠碱性条件下 β-CD 与卤代甲烷反应,分子中的葡萄糖残基的 2,6 位羟基首先被醚化。由于 2,3 位形成的分子内氢键被破坏,使 2,6-二甲基 β-CD 水溶性得以显著提高(>50%)。葡萄糖残基的 3 位羟基因空间障碍不易被取代,用氢氧化钠催化可制备全取代甲基 β-CD,其水溶性>30%。C$_2$ 以上的烷基化产物(如乙基 β-CD)则难溶于水。

(2) 羟烷基化改性 常见的合成方法是用环氧化合物在碱性条件下与 β-CD 反应。据 Josef 等人研究,β-CD 与环氧乙烷、环氧丙烷反应可制备羟乙基 β-CD 和 2-羟丙基 β-CD;Auuya 等人研究,用 3-氧-1-丙醇和氯代环氧丙烷可制备 3-羟基 β-CD 和 2,3-二羟丙基 β-CD;Irie 研究,用 2-氯乙醇、环氧异丁烷可制得羟乙基 β-CD 和 2-羟基-异丁基 β-CD;Robert 研究,用碳酸亚乙酯和碳酸丙烯酯在弱碱性条件下可制得羟乙基 β-CD 和羟丙基 β-CD,该反应条件温和,易控制,可取得理想的取代度。各种羟烷基 β-CD 溶解度均>50%,尤其是 2-羟丙基 β-CD 具有无毒、水溶性好、易与生物环境相容、制备条件温和、易分离纯化的特点,因而前景十分广阔。

(3) 改性 β-CD 的代表产物 烷基化 β-CD:2,6 二甲基 β-CD;3-甲基 β-CD;2,3,6-三甲基 β-CD 等。羟烷基化 β-CD:2-羟基丙基 β-CD;2-羟乙基 β-CD 等。酰化 β-CD:2,3-二己酰 β-CD;2,3,6-三己酰 β-CD 等。支链 β-CD:6-葡萄糖基 β-CD;6-麦芽糖基 β-CD 等。羟基 β-CD:6-羟甲基 β-CD。

(4) 改性 β-CD 的应用 目前,改性 β-CD 已在食品、医药工业中取得了较大的应用。在食品工业中,已在保护易挥发性物质、除去不良成分和改性化合物的分析上取得了较成功的应用,其中,尤以 2-羟丙基 β-CD 最为理想。在医学上,改性 β-CD 在增加药物的溶解度、提高药物的稳定性、促进肌体对药物的吸收、减轻药物对肌体的刺激和提高药物的生物利用度等方面取得了成功的应用。

5. 脂质体对酶的胶囊化

酶制剂在食品工业中有着十分广泛的应用,但它对温度、酸、碱和 pH 值等各种因素很敏感,这些因素在很大程度上影响酶的活性;若将之包埋,可在恶劣条件下存活。脂质体是一种经物理加工而成的微观膜囊,它包括 1 个或多个多心脂质层,是食品成分的理想载体,在国外正越来越受青睐,而在国内的研究则刚刚起步。脂质体用作酶的壁材具有以下特性:结构多样性,通过改变尺寸和脂质组成,可以控制渗透发生、稳定性和亲和性等,因而可制成不同性能的脂质体,有利于提高酶的选择性;天然无毒;生物可降解;稳定性强;粒径小,在溶剂中易分散;对心材等物质的包容性能好,可将稳定剂等多种物质与酶一起包埋。

脂质体微胶囊酶已在食品工业中取得了一定的应用。据 Kirby 研究,胶囊与微胶囊酶对奶酪的影响,结果表明经胶囊化后熟化时间缩短一半,风味更佳,且可避免结构向脆性发展。据 Amaund 研究,溶菌酶经脂质体包埋后,不仅能阻止其与奶酪中的酪蛋白结合,而且可使其定向到有腐败微生物的地方,从而极大地提高杀菌作用。Skeie 报道,用脂质体固定酪氨酸酶包埋在 1 个适宜的多孔基质中,当液体食品通过它时,酶可将酚类转变为无害物质,因此可用于饮用水的净化和从食品中除去不需要的酚类化合物,还可用于防止乳状食品氧化等。

6. 无机壁材的微胶囊

微胶囊的壁材通常都是天然或合成的有机聚合物高分子材料,有时使用蜡质材料的有机物;但在一些特殊情况下也使用无机盐、金属氧化物和金属这类无机材料作壁材。一般囊心都是固态的。大多数情况下,以无机物作壁材形成微胶囊多需特殊设备和方法,使用不普遍,在这里不再详细介绍。

在本节中已将微胶囊制备的基本方法做了全面介绍。在微胶囊技术的应用中还必须注意以下几点:

1）壁材相对于囊心组分而言，一般所占比例很小，因此要注意优化微胶囊生产方法和途径，避免使用劳动强度大的方法，以免造成成本不合理地加大而使产品成本结构不合理。

2）尽可能提高微胶囊壁材的包覆能力。一般说来，包覆能力达到90%的微胶囊，其生产成本只有包覆能力为70%的产品的60%。

3）壁材应具备足够好的力学强度以保证囊壁厚度、微胶囊大小以及包覆能力等因素相互配合的合理性。

4）在不同行业中考虑重点也应有所不同。在食品、医药行业中对壁材的毒性及生物降解性能有更多考虑，而在黏结剂行业对壁材的强度和包封严密性有更高要求，在香精、农药等行业希望壁材的控制释放性能更好。因此，在选择微胶囊制备方法时应考虑到具体应用的特点。

综上所述，在选择微胶囊制备方法时，既要考虑微胶囊化的主要目的，又要考虑囊心和壁材的有关性质特点；在考虑微胶囊工艺的实际效果的同时，也要考虑降低生产成本的问题，这样才能找出符合实际的最佳工艺方案。

四、超临界流体萃取技术

（一）基本原理与发展历史

超临界流体(supercritical fluid, SCF)是指处于临界温度(T_c)和临界压力(P_c)以上的流体，如二氧化碳、氨气、乙烯、丙烷、丙烯、水等。其密度和该物质在通常状态下液体密度相当。与常温常压下的气体和液体比较，超临界流体具有两个特性：其一，密度接近于液体，具有类似液体的高密度；其二，黏度接近于气体，具有类似气体的低黏度，因此扩散系数约比普通液体大100倍。由于同时具有类似液体的高密度和类似气体的低黏度，故超临界流体既具有液体对溶质溶解度较大的特点，又具有气体易于扩散和运动的特性，其传质速率大大高于液相过程，植物药材中的许多成分都能被其溶解，并且随着压力的增大，溶解度增加。超临界流体可以是单一的，也可以是复合的。添加适量的夹带剂可以大大增加其溶解性和选择性。在能作为超临界流体的化合物中，CO_2由于其性质稳定、无毒、不易燃易爆、价廉以及较低的临界压力(7.37 MPa)和较低的临界温度(31.05 ℃)，在医药行业已经得到广泛的应用。

最早有关超临界流体对液体和固体物质具有显著溶解能力的这种物理现象，是Hannay和Hogarth在1879年报道的。他们在研究中发现，当增加压力时，金属卤化物可溶解于超临界乙醇中。后来不少研究者发现，处于临界压力和临界温度以上的流体对有机化合物的溶解度可增加几个数量级。20世纪50年代，美国的Todd和Elain从理论上提出超临界流体用于萃取分离的可能性。60年代以后，联邦德国首先对这一技术做了大量的基础和应用研究，但直到70年代该技术才用于提取分离操作。1978年，联邦德国建成从咖啡豆脱除咖啡因的超临界CO_2萃取工业化装置(处理量达27 kt/a)。为了除去商用蒸馏粗油中的轻油产物，开发了残油超临界萃取技术(residual oil supercritical extraction, ROSE)。此后各国学者迅速认识到SCF独到的物理化学性质，开始进行多方面的研究工作，使超临界流体技术发展到许多领域。

在国外，尤其在日本，中草药（菌药）的超临界流体萃取技术研究经过20世纪80年代的大量投入后，到90年代末多数工作转入到公司中进行，学术界研究已不多见，而公司的行为往往是严格保密的。据了解，在日本，诸如食品、原料、天然药物、保健品及化妆品中，许多产品都用到高质量的超临界提取物做原料或添加剂，大大提高了相关产品的质量和档次。

我国对该技术的研究较晚，始于20世纪80年代；但发展很迅速，到目前为止，研究领域涉及轻工、食品、医药和化工等各个方面。国产SFE-CO_2设备已研制成功，部分厂家具备生产分析型和生产型两档SFE-CO_2设备的能力。我国有关学者经过30多年的努力，已对百多种中草药进行过小试、中试和工业化应用，在某些中药和天然药物活性成分萃取技术方面已达到产业化规模，如青蒿素浸膏、蛇床子浸膏、姜黄浸膏、胡椒精油、广藿香精油、肉豆蔻精油、灵芝孢子粉油、深海鱼油等的精制；但在药用菌方面的小试尚少，这需要我国药用菌同行加紧努力。

（二）超临界 CO_2 流体

1. 基本性质

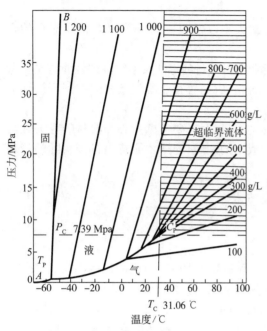

图 10-25　纯二氧化碳压力与温度、密度关系
各直线上数值为 CO_2 密度，g/L

如前所述，超临界 CO_2 流体具有一系列最适合作为超临界溶剂的临界点数据。要了解临界温度和临界压力，首先要了解 CO_2 的相图。纯 CO_2 压力与温度、密度关系，见图 10-25。图中 $A-T_p$ 线为 CO_2 的气-固平衡的升华曲线；$B-T_p$ 线为其液-固平衡熔融曲线；T_p-C_p 线为 CO_2 气-液平衡蒸汽压曲线；T_p 为气-液-固三相共存的三相点。沿气-液饱和曲线增加压力和温度则达到临界点 C_p。临界点状态所对应的温度和压力称为临界温度和临界压力。图中阴影线区域为体系处在高于临界温度和临界压力的状态，即超临界状态。从图中可以看出，CO_2 的临界温度（T_c）为 31.06 ℃，接近室温；临界压力（P_c）为 7.39 MPa，比较适中。其临界密度（0.448 g/cm^3）是常用超临界溶剂中最高的（合成氟化物除外），其高密度使其溶解能力也增大。

1）超临界 CO_2 流体的密度　CO_2 流体密度是压力和温度的函数，而其密度与其溶解能力基本成正比，密度的微小变化可引起其溶解能力的显著变化。超临界 CO_2 流体密度变化规律有以下特点：①在超临界区域，其密度变化范围很宽，可以在 150～900 g/L 之间。②在临界点附近，压力和温度微小变化，可以大幅度改变流体的密度。以上两特点是 CO_2 流体萃取最基本的关系，也是萃取过程参数选择的重要依据。

2）超临界 CO_2 流体的传递性能　超临界 CO_2 流体的理化性质介于气相与液相之间，其密度比气体大 100～1 000 倍，与液体密度相近。由于分子间距离缩短，分子间相互作用大大增强，溶解作用近似于液体 CO_2；但同时其黏度比液体 CO_2 低 90%～99%，扩散系数比液体大 10～100 倍。因此，超临界 CO_2 流体中溶质的传递性能明显优于液相过程。

3）超临界 CO_2 流体的溶解性能　超临界 CO_2 流体的溶解性能与以下几个因素有关：

（1）被提取成分的性质　一般地，超临界 CO_2 流体的溶解性能随化合物的极性增大而减小。通过实验，得出 CO_2 流体溶解度经验规律：a. 对低分子、低极性、亲脂性、低沸点的碳氢化合物和类脂有机化合物，如挥发油、烃、酯、醚、内酯类、环氧化合物等，表现出优异的溶解性能。这一类成分可在 7～10 MPa 较低压力范围内被萃取出来。目前在这一类化合物的提取中应用较广。b. 当化合物或有效成分含有极性基团（如—OH、—COOH）时，在超临界 CO_2 流体中溶解度变小，造成萃取困难，可以通过添加夹带剂以增加溶解度。c. 强极性物质，如糖类、氨基酸类等，由于其强极性，即使在 40 MPa 压力下也很难被萃取出。d. 化合物相对分子质量越高，越难被萃取，如萜类化合物是挥发油中的主要成分，相对分子质量大小在一定程度上对溶解度有影响，随着相对分子质量增大溶解度逐渐减小；但极性对溶解度影响更大。

由于超临界 CO_2 流体的上述溶解特性，在实际应用并不是万能的。在实际工艺研究中，必须考察影响溶解度的因素和不同溶质在 CO_2 流体中溶解性能的变化规律进行筛选，才能确定提取条件。

（2）压力的影响　压力大小是影响 CO_2 流体溶解能力的关键因素之一，超临界 CO_2 流体之所以具备较普通 CO_2 优良的性能，就是因为外界施加的压力和温度的缘故。随着 CO_2 流体压力增加，化合物溶解度增大，特别是在临界压力附近，溶解度增加可达 2 个数量级以上。

（3）温度的影响　温度的影响较为复杂。一般地，温度增加，物质在 CO_2 流体中溶解度变化往往出现最低值。萜类化合物苧烯和香芹酮在 8.0 MPa 时 CO_2 流体中溶解度等压线，见图 10-26。

从 35 ℃开始，随着温度增加，相应 CO_2 流体密度下降，两个化合物的溶解度也下降，在 50～60 ℃会出现一个溶解度最低值；然后随着温度增加，溶解度也相应增加。

（4）夹带剂的影响　前已述及，超临界CO_2流体对极性较大以及相对分子质量较大的化合物溶解性能较小，在这一类中草药有效成分的萃取中，为增加流体的溶解性能，就需向CO_2流体中加入少量第二种溶剂，这种溶剂便称为夹带剂，或称为提携剂（entrainer）、共溶剂（cosolvent）、修饰剂（modifier）。夹带剂的加入对超临界CO_2流体的影响主要有：a. 增加溶解度，相应地可能降低萃取过程的操作压力。b. 通过选择适当的夹带剂，有可能增加萃取过程的分离因素。c. 加入夹带剂后，有可能单独通过改变温度达到分离解析的目的，而不必应用一般的降压流程。

夹带剂一般选用挥发度介于超临界溶剂和被萃取物质之间的溶剂，以液体的形式少量加入到超临界溶剂之中。

一般地说，具有较好溶解性能的溶剂可以作为较理想的夹带剂，如甲醇、乙醇、丙酮、乙酸乙酯、乙腈等。需要指出的是，由于中草药成分较复杂，共存的某些成分之间有可能互为夹带剂。因此，设法让多组分同时提出来，比分步出来会更加容易；但这种现象有时会导致提取出的成分过于复杂，给后续分离工艺带来不便。

从经验规律来看，加入极性夹带剂对提高极性成分的溶解度有帮助，但夹带剂的作用机制尚不清楚。实验表明，极性夹带剂可显著地增加极性溶质的溶解度，但对非极性溶质的作用不大；相反，非极性夹带剂若相对分子质量相近的话，对极性和非极性溶质都有增加溶解度的效能。

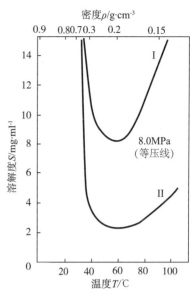

图 10-26　苧烯、香芹酮在超临界CO_2
中溶解度等压线与温度、密度关系
Ⅰ.苧烯；Ⅱ.香芹酮

于恩平等研究胡萝卜素和罗汉果苷 V 在超临界CO_2流体中溶解度，结果发现，不使用夹带剂，在各种条件（40～45 ℃，25 MPa）下胡萝卜素溶解度都很低，而罗汉果苷也不能萃取出来；使用丙酮等夹带剂后，溶解度明显提高，但加入量较大，结果参见表10-10。

罗汉果在 30 MPa，40 ℃条件下加入乙醇作为夹带剂时，可定性鉴定出抽提物中含有罗汉果苷的成分。

表 10-10　胡萝卜素在不同丙酮用量下，在 SFE-CO_2 中的溶解度

序号	丙酮含量/%	胡萝卜素溶解度/mg·L⁻¹	效率/%	序号	丙酮含量/%	胡萝卜素溶解度/mg·L⁻¹	效率/%
1	0	0.084	27	3	22.6	0.398	88.2
2	12	0.235	63.2	4	30	0.658	97.8

2. 超临界CO_2萃取技术主要特点

超临界CO_2提取的本质特征是用无毒、无残留的CO_2代替水和有机溶剂作提取介质，并在接近室温的条件下萃取，只要改变温度或压力就可使溶质在CO_2中的溶解度发生很大的改变，从而为高选择性提取和分离及高质量产品的获取提供了可能。其最大的优点莫过于可将萃取、分离（精制）和去除溶剂等多个单元操作过程合为一体，大大简化了工艺流程，提高了生产率，并对环境不造成污染。从已取得研究结果看，超临界CO_2提取或结合其他一些物理分离手段，具有以下优点：

1）CO_2无色、无味、无毒且通常条件下为气体，无溶剂残留，用它作萃取剂获得绝对安全健康的天然原料成为易事。

2）萃取温度接近室温，整个提取分离过程在暗场中进行，特别适合于对湿热、光敏的物料和芳香物料的提取；在很大程度上避免了常规提取过程中常发生的分解、沉淀等现象，能最大限度地保持各组分的原有特性，为明确真正的药效成分提供了方便，为进一步阐明药理提供了技术保证。

3）SFE 集萃取与分离的双重作用没有物料的相变过程，不消耗相变热，节能效果明显；具有流程简单、步骤少耗时短、省去了某些分离精制步骤、生产周期短、效率高等优点。如传统的索氏抽提一般需 48 h 才能完成，如用超临界流体萃取法处理相同的材料只需 10 min。

4）超临界CO_2的溶解能力和渗透力强，扩散速度快，且是在连续流动条件下进行的，萃取物料只需 10 min 就被不断地移走，提取完全，能充分利用宝贵的中药资源。

5) 超临界 CO_2 的溶解能力随温度和压力的改变而有较大改变,因此可通过改变温度和压力来实现选择性分离。该技术同其他色谱技术及分析技术联用能实现中药有效成分高效、快速、准确的分析。特别是与其他物理分离手段(超临界精馏、吸附)联用时,能实现高选择提取。

6) CO_2 只对溶质起作用,而不改变溶质之外的任何成分或原料基体,因此不会产生任何新的三废物质,对环保极为有利。

7) CO_2 价廉易得,其临界温度(31.06 ℃)和临界压力(7.39 MPa)低,操作上易于实现,并可循环使用,使产品成本大为降低。

8) 用纯 CO_2,提取后的料渣,有时还能得到综合利用,充分发挥综合效益。如抽提薏米油后的薏米粉、提取麦胚芽后的麦胚、提取生姜油后的生姜粉等都可再做良好的功能食品或饲料。

特别值得一提的是由于超临界 CO_2 提取与分离一体化,可通过合适的工艺没计将极性不同于目标物的组分"去头、去尾",在整个提取过程中可以很方便地取样,并对那些有效成分进行分析跟踪,从而既可得目标物成分可控的制剂原料,又可避免因药材(菌材)的来源不同而带来的种种困难。

目前,将超临界 CO_2 萃取技术用于中草药(菌药)提取方面的主要有提取分离、提取分离浓缩、脱除有机溶剂和去除杂质等,提取的主要形式有纯 CO_2 提取(包括液体和超临界 CO_2 提取)、超临界 CO_2 流体和夹带剂提取及反向提取等。以上这些方法可进一步与精馏、吸附等其他物理分离手段合为一体,获得高选择性、高纯度的产物。这种高纯度有效成分含量提取物的获得在中成药(菌药)制药方面具有极其重要的意义,借此减少药物的体积,提高传统剂型(特别是硬膏剂、软膏剂、栓剂、控释剂等)的载药量和控制药物中有效成分的含量,并使药效保持稳定,因而大大拓宽了中药制药的创新范围和原料中间体的使用领域。

需要强调萃出物的收集根据药物卫生要求,必须在无菌箱中进行。

(三) 影响超临界流体萃取的主要因素

1. 超临界流体萃取(简称 SFE)的原理

超临界流体是指物质的温度和压力分别超过其临界温度和压力的流体。处于超临界点状态的物质可实现液态到气态的连续过渡,两相界面消失,汽化热为零。超临界物质无论压力多大,都不会使其液化,压力的变化只引起流体的密度变化,这时流体的物理性质(密度、黏度、扩散等)介于液态和气态之间,具有气体的低黏度、液体的高密度及介于气、液之间的扩散特性等特点。其理化主要特性如下:

1) 黏度 使得超临界流体具有良好的流体动力等特性。

2) 低表面张力 超临界流体极易进入提取物的基质内,有良好的穿透能力。

3) 高扩散性 对提取物有良好的溶解能力。

4) 可压缩性 当温度略高于临界点温度时,超临界流体的压缩系数最大,这时压力的变化将导致流体密度的明显变化,从而可方便地控制和调节流体密度达到调节溶解能力的目的。

在超临界状态下,超临界流体与被提取物接触时,可通过调节压力与温度使不同极性、沸点及相对分子质量的成分依次被提取出来。

2. 影响超临界流体萃取的主要因素

1) 压力 萃取压的确定是超临界萃取操作最主要的参数之一。当温度恒定时,压力增加流体密度增加,溶质的溶解能力随压力增高而增加,萃取所需的时间就越短,萃取就越完全。对不同的物质萃取所需的压力不同:对于碳氢化合物和酯等弱极性物质,可在较低压力下进行萃取,一般为 7~10 MPa;对于含有—OH,—COOH 基等强极性物质,压力要求较高,一般应达到 20 MPa;而对于强极性配糖体及氨基酸和蛋白质物质,要求压力在 50 MPa 以上才能萃取出来。压力不仅决定了萃取能力,还对萃取的选择性有明显的影响。

2) 温度 当萃取压力较高时,较高的温度可获得较高的萃取速率。但温度对萃取的影响是双重的:一方面,在一定压力下温度升高,物质的蒸汽压增大,提取成分的挥发性增加,扩散速度提高有利于萃取的进行;但另一方面,温度的升高将使得超临界流体的密度减小,导致溶解能力下降。因此,温度对萃取的影响有一最佳值,应通过实验找出最佳温度。

3) 流量 流量增加,流速加大,流体与原料的接触时间短,萃取成分不易达到溶解平衡;降低萃取效率,尤其是对溶解度较小的或扩散速度较慢的成分,这种影响更为明显。但从另外一个角度看,流量的增大必将引起萃取推动力的加大,传递系数增加,有利于萃取的进行。由此可见,实际操作中要根据原料的特性确定萃取流量:对于溶解度大或被萃取成分含量高的原料,适当增大流量能有效提高生产率;而对溶解度小或扩散速度慢的原料,采用较高的流量对萃取并无意义,且会造成不必要的浪费。

4)萃取时间 萃取时间过长,一方面将提高萃取成本,同时还会使原料中的杂质被溶出,降低了产品的纯度。从目前研究和实际来看,加大萃取强度、缩短萃取时间,有利于萃取效率的提高。

5)溶媒比 在压力和温度确定的情况下,溶媒比也是一个重要影响因素。低溶媒比时,一定萃取时间后固体中的残留量较大;用非常高的溶媒比时,残留量趋于低限。

溶媒比的确定主要考虑操作的经济性。采用高溶媒比,萃取时间短,但溶媒中溶质的浓度低将引起操作成本的增加;同时,高溶媒比将造成溶媒循环量增大,循环设备投资增加。如果投资成本为主要矛盾时,溶媒比取以达到最大萃取速率为原则;若循环费用是主要考虑因素时,应取最小溶媒比。在实际操作时,还应考虑溶媒的再生问题。

6)颗粒度 通常情况下,颗粒尺寸减小可增加物料与超临流体的接触面积,使萃取速度增加;但粒度也不应太小,过细的颗粒不仅会严重堵塞筛孔造成萃取器出口过滤器的堵塞,还意味着物料颗粒间孔隙率下降,不利于超临流体的穿过从而影响传质效率。当颗粒尺寸过大时,萃取受固相传质控制速率较慢。综合两方面因素也应考虑进行最优化选择实验。一般来说,粉碎颗粒度在 $1\sim5$ mm 是比较适宜的。

(四)夹带剂对超临界流体萃取的强化作用

夹带剂是在纯超临界流体中加入的一种少量的、可与之混溶的、挥发性介于被分离物质与超临界组分之间的物质。夹带剂可以是某一种纯物质,也可以是两种或多种物质的混合物。按极性的不同,夹带剂可分为极性夹带剂和非极性夹带剂。

1. 夹带剂的作用

1)大大增加被分离组分在超临界流体中的溶解度。例如向气相中增加百分之几的夹带剂后,可使溶质溶解度的增加与增加数万 kPa 的作用相当。

2)加入与溶质起特定作用的夹带剂,可使该溶质的选择性(或分离因素)大大提高。

3)增加溶质溶解度对温度、压力的敏感程度,使被萃取组分在操作压力不变情况下适当提高温度,就可大大降低溶解度,进而从循环气体中分离出来,以避免气体再次被压缩的高能耗。

4)与有反应的萃取、精馏相似,夹带剂可用作反应物。如煤的萃取可用四氢化萘为反应夹带剂以提高萃取得率,也可用于煤的常温脱硫。

5)能改变溶剂的临界参数。当萃取温度受到限制时(如对热敏感物质),根据 P. F. M. PauL 的热力学计算,溶剂的临界温度越接近于溶质的最高允许操作温度,溶解度越高,用单组分溶剂不能满足这一要求时,可使用混合溶剂。如对某热敏性物质,最高允许操作温度为 341 K,没有合适的单组分溶剂,但 CO_2 的临界温度为 304 K,丙烷的临界温度为 370 K,两者以适当比例混合,可获得最优的临界温度。

2. 夹带剂机制

夹带剂分为两类,一是非极性夹带剂型,一是极性夹带剂。夹带剂的种类不同,所起作用的机制也各不相同。一般来说,夹带剂可以从两方面影响溶质在超临界流体中的溶解度和选择性:一是溶剂的密度;二是溶质与夹带剂分子间的相互作用。少量夹带剂的加入对溶剂的密度影响不大,甚至还会使超临界溶剂密度降低;而影响溶质溶解度与选择性的决定因素是夹带剂与溶质分子间的范德华作用力或夹带剂与溶质之间形成的特定分子间作用,如形成氢键及其他各种化学作用力等。此外,在溶剂的临界点附近,溶质溶解度对温度、压力的变化最为敏感,加入夹带剂后,混合溶剂的临界点相应改变,如能更接近萃取温度可增加溶解度对温度、压力的敏感度。

3. 夹带剂的选择

夹带剂的正确选择和使用对萃取效果影响很大,能大大拓宽超临流体(CO_2)在生理活性物质萃取上的应用范围,因此选择夹带剂时有必要掌握涉及萃取条件的相变化、相平衡情况;但目前还缺乏足够理论方面的研究,可测性差,主要靠实验摸索。夹带剂的选择应主要考虑 3 个方面:在萃取段,夹带剂与溶质分离情况是主要因素;在溶剂再生段(分离段),夹带剂与超临界溶剂的相互作用及溶质分离情况是主要因素;夹带剂易与产物分离。夹带剂与溶剂的相互作用可参照液—液萃取过程萃取剂的选择方法,或从溶解度参数、Lewis 酸碱解离常数、夹带剂与溶质作用后吸收光谱的变化等方面来考虑。此外,溶质(被萃取组分)应容易和夹带剂分离,在食品、医药工业中应用时还应考虑夹带剂的毒性等问题。上述夹带剂的选择原则只是初步筛选,之后应根据多组分的高压相互平衡实验来确定适当的夹带剂及萃取段和溶剂再生段的操作条件。由于目前还不能用数学模型方法预测哪些系统会出现夹带剂效应问题,故只能进行定性的预测。

4. 夹带剂强化超临界 CO_2 流体萃取的应用

适当的夹带剂可大大增加被分离组分在超临界流体相中的溶解度和溶质的选择性,增加溶质溶解度对温度、压力的敏感程度,使被分离组分在操作压力不变的情况下适当升温就可大大降低溶解度,从循环气体中分离出来以避免气体再次压缩的高能耗。另外,夹带剂还可作为反应物提高萃取的效率、降低操作压力、缩短萃取时间和提高萃取得率,对实现超临界流体萃取的工业化生产将起到关键作用。纯 CO_2 几乎不能从咖啡豆中萃取咖啡因,但在加湿(H_2O)的超临界 CO_2 中,因为生成了具有极性的碳酸,所以在一定条件下能选择性地溶解极性的咖啡因。在工业生产中,将 CO_2 密度从 0.95 g/cm^3 降至 0.75 g/cm^3,可使操作压力从 38.3 MPa 降至 13.4 MPa,因此可大大降低对容器材料的耐高压要求,从而降低生产成本,减少危险性。臧志清等研究认为,以水为夹带剂,对辣椒素的萃取效果显著;以丙酮为夹带剂,对红色素萃取效果显著,有利于色素的萃取,采用夹带剂时萃取可在 19～20 MPa 压力下操作,比用纯 CO_2 流体萃取所需压力低、经济、操作也方便;可用于在超临界状态下咖啡因、茶多酚的萃取;用水-乙醇作夹带剂可从甘草中萃取甘草素、异甘草素、甘草查耳酮,从鱼油中萃取 EPA 和 DHA,萃取真菌中的 EPA,萃取蛋黄中的卵磷脂,从藏药"生等"中萃取墨沙酮成分,从光菇子中萃取秋水仙碱,从雪灵芝中萃取总皂苷及多糖,从银杏叶中萃取有效成分,从有污染的农产品(包括食、药用菌)中萃取重金属和残留农药。廖周坤等在用超临界 CO_2 流体萃取雪灵芝时发现,不加夹带剂的超临界 CO_2 流体即使在很高的压力下也无法萃取总皂苷及多糖,而同样条件下加入不同夹带剂后,随着夹带剂极性的增大,萃取物多糖的收率随之增大,而总皂苷粗品收率逐渐降低,在加入夹带剂的超临界 CO_2 流体萃取中,所得的总皂苷粗品、多糖的收率分别达到传统提取工艺的 18.9 倍及 1.62 倍。由上可知,夹带剂的应用可大大拓宽超临界流体萃取的应用范围,特别是当被萃取组分在超临界溶剂中的溶解度很小或需要高选择性萃取时,夹带剂的应用是非常有效的。但夹带剂的应用会使已经复杂的高压相平衡理论更加复杂化和萃取设备的复杂化,这就要看夹带剂所带来的好处能否弥补这一不足。

(五)超临界流体萃取的基本操作方式

超临界区是一个很大区域,超临界流体的性质与压力、温度密切相关。一般来说,萃取原料为多元体系,能溶于溶媒的组分不止 1 个,因此可通过调节参数来达到不同的生产目的。图 10-27 为二氧化碳的相图,该相图可分为以下 3 个区域。

1. 萃取区

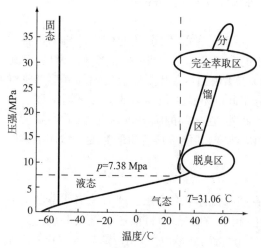

图 10-27 二氧化碳相图与操作方式

如果萃取的目的是最大限度地提取溶质,要求溶解度要尽可能提高。这时应尽量提高压力和温度,以增加溶媒的密度。由此可见,完全萃取区在相图上处于压力和温度均较高的位置。实际操作时,一般压力由溶解度来确定,而温度只比临界温度略高即可。

2. 分馏区

如萃取的目的是将溶质提出的同时还要求将各溶质分开,压力和温度的选择要视具体情况而定。一般是先在高压下进行完全萃取,把所有的溶质提出;然后使萃取相依次通过一系列压力和温度在精密控制下的容器,通过控制密度的方法控制溶解度,利用溶解度的差异将溶质依次提出,达到分离的目的。

3. 脱臭区

如萃取的目的是分离易挥发性溶质,对溶解度的要求就较低,操作条件相对温和,操作点位于离临界温度和压力不太远的区域。

（六）超临界流体萃取工艺基本流程

1. 超临界 CO_2 萃取的基本流程

超临界流体萃取的流程往往根据萃取对象的不同而进行设计，最基本的流程见图 10-28。超临界流体的循环借助压缩机或泵来完成，具体操作步骤如下：

1）将经过前处理的原料放入萃取釜。

2）CO_2 经过压缩机的升压，在设定的超临界状态被送进萃取釜。

3）在萃取釜内可溶性成分被溶解进入流动相，通过改变压力和温度，在分离釜中 CO_2 将可溶性成分分离。

4）分离了可溶性成分的 CO_2 再经过压缩机或泵和热交换器实现循环使用。若使用压缩机，从分离器出来的 CO_2 不需发生相变，直接以气体形式进行循环；若使用泵，需对 CO_2 冷凝化，使其以液态形式进行循环。

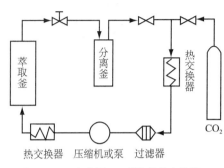

图 10-28　超临界 CO_2 萃取的基本流程

2. 超临界 CO_2 萃取系统的分类

1）按分离的方法分类　超临界流体萃取的主要设备为萃取器和分离器。根据萃取物与超临界流体的分离法，可将其分为以下几种：

（1）变压法（等温法）　指采用压力变化方式进行分离的方法（也是应用最方便的方法），见图 10-29a。萃取器与分离器在等温条件下，将 CO_2 经压缩机加压制成超临界 CO_2，该流体在萃取器 1 内与药材接触，并溶入所需成分，经膨胀阀 2 导入分离器 3，由于压力下降溶解度降低而析出提取物，从而使提取物与超临界 CO_2 分离，并从分离器下部流出，CO_2 流体因节流膨胀使温度下降。为了保持与萃取器温度大致相同，需要对分离器加热。降压后的 CO_2 流体（一般处于临界压力以下）通过压缩机或高压泵再将压力提升到萃取器的压力。由于等温变压法易于操作，压力的改变对 CO_2 流体溶解度影响很大，因此该流程应用最为广泛，适用于从固体物料中萃取脂溶性、热敏性组分。由于在萃取过程中需要对 CO_2 流体不断地进行加压减压操作，整个流程能耗较高。

（2）变温法（等压法）　指采用温度变化的方式进行分离的方法，见图 10-29b。萃取器和分离釜在等压条件下，利用 CO_2 流体对溶质的溶解能力随温度的升高而降低的特点，在分离器中通过加热升温使溶质在 CO_2 流体中溶解能力下降来达到分离的目的。该流程的特点是在低温下萃取，在高温下实现溶剂、溶质的分离。该流程适用于提取分离那些在流体中的溶解度对温度变化较为敏感、受热不易分解的组分。一般情况下，温度变化对 CO_2 流体溶解度的影响远小于压力变化的影响。因此，等压变温流程虽然可以节省压缩能耗，但实际分离性能受到很多限制，在实际的科研和生产过程中应用较少。

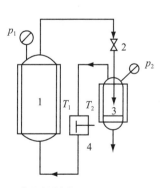 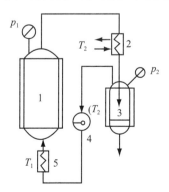 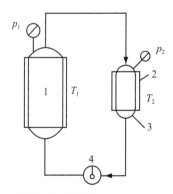

a 等温变压流程（$T_1 = T_2$，$p_1 > p_2$）
1.萃取釜;2.节流阀;
3.分离釜;4.压缩机

b 等压变温流程（$T_1 < T_2$，$p_1 = p_2$）
1.萃取釜;2.加热器;3.分离器;
4.压缩机;5.冷却器

c 等温等压吸附流程（$T_1 = T_2$，$p_1 = p_2$）
1.萃取釜;2.吸附剂;
3.分离釜;4.压缩机

图 10-29　超临界流体萃取的三种基本流程

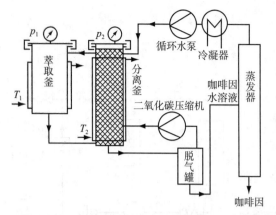

图 10-30 咖啡因的超临界 CO_2 流体萃取水吸附流程

(3) 等温、等压吸附法　等温、等压吸附流程中萃取和分离过程都处于相同的温度和压力下,利用分离器填充的可对目标组分选择性吸附的吸附剂,来选择性地吸附除去在萃取段溶解在 CO_2 流体中目标组分,然后定期再生吸附剂以实现分离目的,见图 10-29c。吸附剂可以是液体如水、有机溶剂等,也可以是固体如活性炭等。该流程比上述等温变压和等压变温流程更简单,但必须选择价廉的易再生的吸附剂,而且该流程只适用于那些可以使用选择性吸附方法分离目标组分的体系。由于绝大多数天然产物的分离过程很难通过吸附剂来收集产品,因此吸附法流程只适用于少量杂质的脱除,如咖啡豆中咖啡因的脱除等。

吸附法又分在分离器中吸附和直接在萃取器吸附两种。例如超临界 CO_2 流体萃取咖啡因工艺流程,见图 10-30。首先利用超临界 CO_2 流体萃取出咖啡豆中的咖啡因,然后将溶解有咖啡因的 CO_2 流体送入吸收塔底部与塔顶流下来的水进行逆流传质,用水吸收 CO_2 流体中溶解的大部分咖啡因;脱咖啡因后的 CO_2 流体经压缩后作为萃取剂重新送入萃取器,而从分离器底部流出的含咖啡因的高压水溶液经减压后进入脱气室脱除溶解在水中的 CO_2;脱气后的水溶液进入结晶蒸发器得到咖啡因,水蒸气经冷凝后重新泵入分离器(吸收塔)顶部循环使用。另外,也可以直接在萃取器中吸附咖啡因,即将活性炭与咖啡豆同置于萃取器中,然后充以超临界 CO_2 流体(19 MPa,80 ℃),并静置 15 h,使咖啡豆中的咖啡因被萃取出来并被活性炭吸附,再经筛分使脱了咖啡因的咖啡豆与活性炭分离。

(4) 其他分离方法　附上述 3 种基本流程外,固相物料的超临界 CO_2 流体萃取过程还可以采用惰性气体法流程和洗涤法流程。惰性气体法流程是指携带溶质的 CO_2 流出萃取器后和某种惰性气体(N 或 Ar)在混合器中混合,一起进入分离器;由于惰性气体的作用,降低超临界 CO_2 的分压,从而使溶解度降低,在分离器中析出溶质;释放出溶质的 CO_2 和惰性气体一起经压缩机压缩后进入膜分离器,分离出的 CO_2 送回萃取器进行萃取,惰性气体则送回混合器中循环使用。整个系统的温度、压力基本不变,见图 10-31。惰性气体法吸取了等温法、等压法和吸附法 3 种方法的优点,过程能耗较少,且无须后续的处理步骤,如果配以高效的膜分离设备是比较有前途的。

洗涤法流程是利用水等介质在分离器中对溶解了萃取物组分的超临界 CO_2 流体进行喷淋洗涤,再从水中精馏出溶质,见图 10-32。该流程工艺较成熟,但流程复杂操作费用较高。

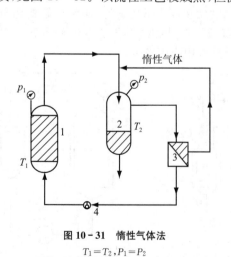

图 10-31　惰性气体法
$T_1 = T_2, P_1 = P_2$
1.萃取釜;2.分离釜;3.再生器;4.送气机

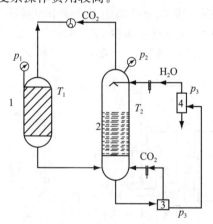

图 10-32　洗涤法
$T_1 = T_2, P_1 = P_2 > P_3$
1.萃取釜;2.分离釜;3.闪蒸釜;4.精馏装置

由上可知,对于给定的系统,可能存在几种实现超临界 CO_2 流体萃取的方案:根据操作方式的不同,超临界 CO_2 流体萃取技术可采用多种生产工艺:连续式、间歇式生产和半间歇式连续式生产(如多个萃取器切换使用);根据被萃取物质的形态不同,也可分为液态物料的萃取工艺和固态物料的萃取工艺。因此,在选定方案之前,应考虑到各种影响因素,如萃取物质与其他杂物之间的选择性、溶剂的萃取容量、能耗大小、产物对操作温度是否敏感、溶质析出回收是否方便、溶剂的回收方案等,并还应与经典的分离方法比较,以确定是否值得采用高压下的超临界CO_2流体萃取技术。

2)按萃取溶媒输送的方式分类

(1)使用压缩机输送　见图10-29a变压法。其优点在于经分离回收后的萃取溶剂毋需冷凝成液体,可直接实现加压循环,过程比较简单;缺点是输送同样流量的溶剂所需的压缩机体积较大,且由于等焓压缩过程会产生很大的升温,在需要时还要配置中间冷却装置,另外压缩机噪声大,工作环境恶劣。

(2)使用泵输送　见图10-29b变温法。该流程具有输送量大、噪声小、热效应小、总能耗低和输送过程稳定可靠等优点;缺点是超临界流体在进泵前必须将其冷凝为液态,需要冷却系统。在大型工厂中,通过对经济性、设备可靠性和能耗等因素的综合分析,一般来说使用高压泵的工艺流程比较合适。

3)按萃取器的形状分类

(1)容器型　指萃取器的高径比较小的设备,适于固体物料的萃取。

(2)柱型　指萃取器的高径比较大的设备,对于液体和固体物料均可。为了降低大型设备的加工难度和成本,应尽可能地选用柱形设备。

4)按操作方式分类　按操作方式不同可分为批式和连续逆流萃取流程。对于固体原料,一般用多个萃取器串联的半连续流程,不过就每只萃取器而言均为批式操作;对于液体物料,多用连续逆流萃取流程更为方便和经济。

3.固体物料的超临界流体萃取系统

在超临界流体萃取研究中,面临的大部分对象是固体物料,而且多数用容器型萃取器进行间歇式提取。

1)普通的间歇式萃取系统　该系统是固体物料最常用的萃取系统,见图10-33。这种系统结构最简单,一般由1只萃取器、1只或2只分离器组成,见图10-33a,10-33b。萃取器的压力越高,越有利于萃取率的提高。但受设备的承压能力和经济性限制,目前工业上用萃取设备的萃取压力一般在32 MPa以内。分离器是分离产品和实现CO_2循环的部分,分离压力越低,萃取物分离的越彻底,分离效率越高;分离压力受CO_2液体压力的限制,一般在5~6 MPa之间。在进行萃取系统设计时,往往可以按照要求设置多个分离器,且分离压力依次递减,不同分离压力可以收集到不同溶解度的组分,最后一级的分离压力为CO_2的循环压力。

2)带有精馏柱的超临界流体萃取系统　尽管通过多级分离可以得到不同组分的萃取物,但每一个分离器的产品仍然是一种混合物。为了解决这一问题,可以在萃取器后安装1只精馏塔,见图10-33c。萃取产物将会按照其性质和沸程分成不同的产品。具体工艺流程是将填有多孔不锈钢填料的高压精馏塔,沿精馏塔高度有不同控温段。解析的同时,利用塔中的温度梯度改变CO_2流体的溶解度,使较重组分凝析而形成内回流,产品各馏分沿塔高进行气-液平衡交换,分馏成不同性质和沸程的化合物。通过这种联用技术,可以大大提高分离效率。该联用技术应用于辛香料的萃取-分离。

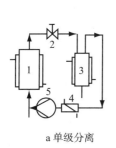
a单级分离

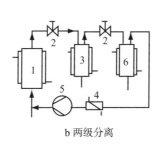
b两级分离

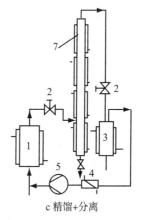
c精馏+分离

图10-33　几种典型的间歇式萃取系统
1.萃取釜;2.减压阀;3.分离釜;4.换热器;5.压缩机;6.分离釜;7.精馏柱

3）半连续的超临界流体萃取系统　该系统系指采用多个萃取器串联的萃取流程。目前,在萃取条件下向高压容器输入和送出固体原料,完成连续萃取是非常困难的;相反,若将萃取原料分放到几个高压萃取器中进行分批处理就变成类似于1个地道的逆流萃取,见图10-34。图中,4个萃取器依次相连(粗线)。当萃取器1萃取完后,通过阀的开关使它脱离循环,其压力被释放;重新装料再次进入循环,这样又成为系列中最后1只萃取器被流体穿过(虚线)。在该程序中,各阀必须同时操作,且需依靠气动控制完成操作。

图10-35所示是另一种半连续萃取流程。该流程的特点是依靠从压缩机出来压缩气体的过剩热量加热从萃取器出来携带有萃取物的CO_2,以使CO_2释放出萃取物后进入下一个循环。

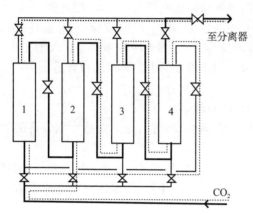

图10-34　多釜逆流萃取流程

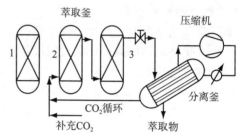

图10-35　固体物料的半连续萃取工艺流程

4. 液体物料的超临界流体萃取系统

超临界流体萃取技术最多的被用于固体原料的萃取;但大量的研究实践证明,超临界流体萃取技术在液体物料的萃取分离上更具有优势互补。原因主要是液体物料易实现连续操作,从而大大减少了操作难度,提高了萃取效率,降低了生产成本。

液体物料超临界流体萃取的系统从构成上讲大致相同;但对于连续进料而言,在溶剂和溶质的流向、操作参数、内部结构等方面有不同之处。

1）按溶剂和溶质的流向分类　按溶剂和溶质的流向不同可分为逆流萃取和顺流萃取。逆流萃取是指液体物料从萃取器的顶部进入;顺流萃取是指从底部进入。一般情况下,溶剂都是从柱形萃取器的底部进料,见图10-36。

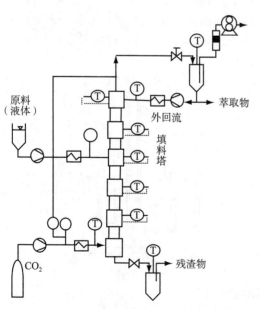

图10-36　液相物料连续逆流萃取系统

2）按操作的参数不同分类　由于温度对溶质在超临界流体中的溶解度有较大的影响,在这种情况下可在柱式萃取器的轴向设置温度梯度,所以按照操作参数的不同可分为等温柱和非等温柱操作。不过,许多情况下,在萃取器的后面设置精馏柱,精馏柱也设有轴向温度梯度,这是为了实现精密分离。精馏柱相对于后面的分离器而言就是一个柱式萃取器。

3）按柱式萃取内部结构的不同分类　为了使液料与溶剂充分接触,一般需在柱式萃取器中装入填料,称之为填料柱;有时不装填料而使用塔板(盘),构成塔板(盘)柱。在目前已有的液体物料的超临界流体萃取流程中,大部分使用的填料柱。在填料柱中填料的种类是影响分离效果的重要因素,图10-36所示的萃取系统是借助1只设有温度分布的填料柱实现逆流连续工作的液相物料萃取系统。液体原料经泵连续进入填料精馏塔中间进料口,CO_2流体经加压、调节温度后连续从填料精馏塔底部进入。填料精馏塔由多段组成,内部装有高效填料。为了提高回流效果,各塔段温度控制以塔顶部高、塔底部低的温度分布为依据。高压 CO_2 流体与液体原料在塔内逆流接触,被溶解组分随 CO_2 流体上升,由于塔温升高形成内回流,提高了回流效率。已萃取溶质的 CO_2 流体由塔顶流出,经降压解析出萃取物,萃取残液从塔底排出。该装置有效利用了超临界 CO_2 萃取和精馏分离过程,达到进一步分离、纯化的目的。

（七）超临界流体萃取设备

超临界流体萃取设备主要由萃取器、分离器、加压泵(或压缩机)、减压阀、换热装置、加料器和储罐组成。对萃取设备的要求如下:

1）在工作条件下安全可靠,能经受频繁开、关盖(萃取器),抗疲劳性能好。

2）密封性能好,操作简便,一般要求 1 个人操作在 10 min 内就能完成萃取器的开、闭。

3）结构简单,便于制造,能长期连续使用。

4）设置有安全联锁装置。

在萃取设备中,萃取器、分离器和加压泵(或压缩机)是核心设备。中药超临界萃取物料大部分是固体物料,而且多数为容器型萃取器,所以本节仅就固体物料的超临界萃取设备作简要介绍。

1. 固体物料的萃取器

1）萃取器的特点　必须采用全膛开盖式萃取器。萃取器是超临界 CO_2 流体萃取技术关键。由于在高压下进出固体物料的技术尚达不到工业化要求,为适应固体物料频繁装卸的要求,目前常采用全膛快开盖式萃取器,以满足萃取生产的需要。

密封结构和密封材料必须适应超临界 CO_2 流体较强的溶解性能和很高的渗透能力。

2）萃取器的规模

(1) 实验室萃取设备　萃取器的容积一般在 0.5 L 以下,结构简单,无 CO_2 循环设备,承压能力可达 70 MPa,适于实验室探索性研究。近年来出现的萃取器容积在 2 ml 左右的萃取仪可与分析仪器直接联用,主要用于制备分析样品。

(2) 中试设备　容积在 1～2 L,配套性好,CO_2 可循环使用,可用于工艺研究和小批样品生产。国际上发达国家都有生产,我国也有专门生产厂家。

(3) 工业化生产装置　萃取釜的容积在 50 L 至数立方米。工业化超临界 CO_2 萃取装置的应用范围非常广泛,在食品、香料、植物药、生物工程等多个行业均有应用。目前国外研究生产该类装置的公司主要分布在德国、奥地利、美国等,其生产的装置压力最大可达 60 MPa,单个萃取釜的容积能达到 3 000 L。我国自1996 年开始了超临界萃取工业化装置的研制,目前单个萃取釜的容量可达 3 000 L,压力可达 50 MPa。

3）萃取釜的密封结构和密封材料

(1) 密封结构　萃取釜能否连续正常运行在很大程度上取决于密封结构的完善性和密封材料的合理选择。

按密封元件的受力情况,密封结构可分为强制型密封和自紧式密封。强制型密封完全依靠外力(如螺栓)对密封元件施加载荷来实现;自紧式密封主要利用介质的压力对密封元件施加载荷。

由于超临界 CO_2 流体萃取过程的特点要求操作方便,尽可能减小非操作时间以提高过程的经济性,因此工业化萃取釜一般都采用径向式自紧密封结构。

目前国内外大型超临界萃取设备多采用自紧式密封环和卡箍快开结构,见图 10－37a。该结构由日本三菱化工机械株式会社研制,具有尺寸紧凑、操作方便、密封性能好等优点,密封压力可达75 MPa。除卡箍式快开结构外,有些公司(如瑞士NOVA 公司)生产的小型实验室设备采用线接触型密封方式,见图 10－37b。该结构因接触比压高,所以密封可靠,密封压力可达 70 MPa;但该密封结构对金属材料的性能有非常高的要求。

(2) 密封材料　密封材料的选择对超临界

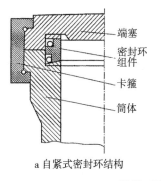

a 自紧式密封环结构

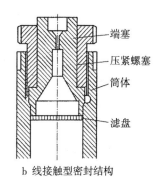

b 线接触型密封结构

图 10－37　密封结构

CO_2 流体萃取的操作非常重要。因为超临 CO_2 流体具有较强的溶解和渗透能力,如果密封材料选择的不合适,使用时高压 CO_2 会渗入密封圈,导致密封圈发生溶胀,从而无法满足快开的要求。

丁腈橡胶"O"形圈具有优良的不透气性能、耐油性能以及良好的耐热性和耐水性,与有机试剂长期接触后仍能保持原有的强度和良好的物理性能,因此丁腈橡胶"O"形圈比较适于用作超临界萃取釜的密封元件。但腈橡胶在超临界 CO_2 流体中仍然会发生一定的溶胀,也需要经常更换。

目前,国内研制出了一种内衬金属环的特殊材质密封圈,可完全消除溶胀现象,能在卸压后马上开盖,能很好地满足快开要求。

2. 分离器

从萃取釜出来的溶解有溶质的超临界 CO_2 流体,经减压阀减压,在减压阀出口管路系统中流体呈两相流状态,即存在气相和液相(或固相)。其中含有萃取物和溶剂的液相,以小液滴的形式分散在气相中,在分离釜气液(或气固)两相分离。如果萃取产物是混合物,其中的轻组分常会被溶剂夹带,从而影响产物的收率。一般分离器具有3种形式。

1) 轴向进气分离器　轴向进气分离器是最常用的一种分离器,见图 10-38a。该类分离器采用夹套式加热,结构简单,使用、清洗都很方便;但如果进气流速较大,进气会吹起未及时卸掉的萃取物,并将形成的液滴夹带出分离器,从而导致萃取收率下降,严重时会堵塞下游管道系统。

2) 旋流式分离器　如图 10-38b 所示,旋流式分离器由旋流室和收集室两部分组成。对于液体萃取物,可在旋流室底部用接收器收集溶剂含量较低的萃取物;如果萃取物比较黏稠或呈膏状不易流动,可将底部接收器设计成活动的,以便取出萃取物。旋流式分离器可以很好地解决轴向进气分离器的不足,其不仅能破坏雾点,而且能供给足够的热量使溶剂蒸发;即使不减压,这种分离器也有很好的分离效果。

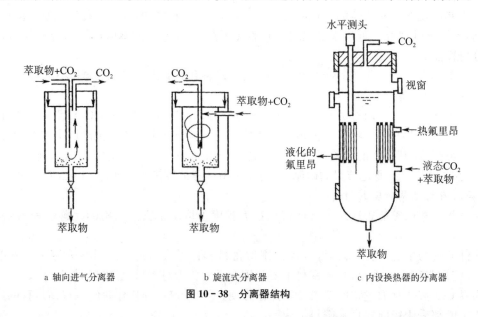

a 轴向进气分离器　　　　b 旋流式分离器　　　　c 内设换热器的分离器

图 10-38　分离器结构

3) 内设换热器的分离器　如图 10-38c 所示,这是一种高效分离器。在其内部设有垂直或倾斜的管壳式换热器,利用自然对流或强制对流与超临界 CO_2 流体进行换热;但在选用该类分离器时,必须考虑在换热器的表面是否会有萃取物沉积,萃取物对温度是否敏感,产物和其他组分是否具有回收价值等。如在啤酒花的萃取分离过程中,可能会有大量的萃取物附着在换热器表面,导致传热效果变差,引起萃取物变性。

3. CO_2 加压设备

超临界 CO_2 流体萃取装置在高压下操作,所以 CO_2 流体的加压装置是核心部件之一。

1) CO_2 压缩机　采用压缩机的系统流程和设备都比较简单。经分离后, CO_2 流体无须冷凝成液体就可直接加压循环使用,且可以将分离压力降得很低以实现更加完全的解析;但压缩机的体积和噪声都较大, CO_2 流量较小,工作效率较低,不能满足工业化过程对大量 CO_2 的需求,仅用于一些实验室规模的装置。

2) CO_2 高压泵　高压泵具有 CO_2 流量大、效率高、噪声小、能耗低、操作稳定可靠等优点;但 CO_2 必须液化后才能进泵,因此流程中常配备多个热交换器。国内外大、中、小型超临界CO_2流体萃取设备基本上都采用高压泵升压。

4. 超临界流体萃取设备的清洗

为了保证装置的正常运转和产品质量及转产的需要,必须要对装备进行有效的清洗。清洗的方法选择要根据不同对象而定,一般有以下5种。

1) 热碱水→自来水→稀酸(如HNO_3,但不能用HCL)→去离子水。

2) 洗洁剂(如Nine×24＋偏硅酸钠＋氢氧化钾＋水)→去离子水。

3) 下列任何一种溶剂或它们的几种溶剂混合物(乙醇、乙烷、松节油、丙酮、汽油、四氯化碳)→去离子水。

4) 乙醇(酒精)＋阿摩尼亚水＋汽油→去离子水。

5) 加有改性剂的二氧化碳。

洗涤溶液入口阀门设置在设备的最高点,出口为各器的排放阀及管道的最低点排放阀,也可以用泵循环的方法进行清洗,最后用氮气吹扫后,再转入下一轮新产品的萃取。中草药的萃取必然会遇到叶绿素、蜡质等"杂质"像沥青一样黏着在设备和管道内壁,即使用上述方法清洗效果也不很理想,可采用碱性高压蒸汽冲洗,效果很好,不过需要添置专用辅助设备。

5. 超临界CO_2萃取设备(国产)

1) 小型实验室(生产)设备　HA121－50－01型超临界CO_2萃取设备,也称一萃二分一循环式。即包括1台萃取器,容量1 L;2台分离器;1个精馏柱;1台双柱塞调频高压泵,工作压力50 MPa。流量20 L/h。温度控制:室温～85 ℃(水循环),室温～150 ℃(油循环);精度±2 ℃。

2) 中试生产设备　HA221－40－48型超临界CO_2萃取设备,也称二萃二分一循环式。即包括2台萃取器,各为24 L;2台分离器;1个精馏柱;1台三柱塞调频高压泵,工作压力40 MPa,流量400 L/h。温度控制同HA121－50－01型。HA221－50－06型超临界CO_2萃取设备,见图10－39。

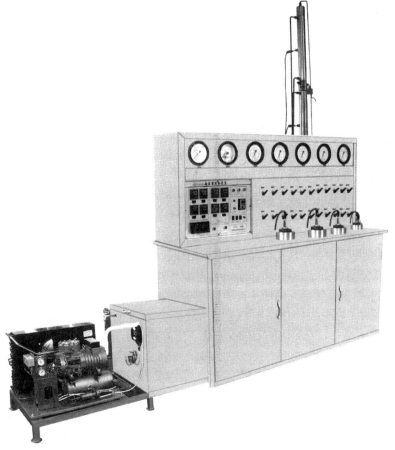

图10－39　HA221－50－06型超临界CO_2萃取设备外形图

(八) 超临界 CO_2 流体萃取技术在食药用菌工程上的应用

1. 超临界 CO_2 萃取技术提纯食药用菌有效成分和脱除有害溶剂

食、药用菌中的有效成分，可以用超临界 CO_2 萃取技术，从精粉中分离出纯度较高的三萜类活性有效成分。食、药用菌中为数众多的多糖类活性成分，因极性较大，单用纯 CO_2 提取无效果。需与夹带剂并用，才可"去头、去尾"地把多糖中，真正具有活性的多糖成分提取、分离出来，也可对粗多糖提取物中残留的杂质和溶剂，可用与精馏、吸附等物理分离手段结合，可得高选择性和高纯度的活性有效成分多糖药用产品，用此原料制药可达到高效的目的。

超临界 CO_2 流体技术能从菌药或菌药原料(粗提物)中去除残留溶剂和有害杂质，传统的去杂、纯化工序不仅费时、费力、成本高，而且很难达到现代药物的高纯度要求。纯 CO_2 提取本身不存在溶剂残留问题，而对于用传统提取方法得到的粗产品中常常含有机溶剂和有害成分，采用超临界 CO_2 选择性提取技术，可以有效地除去溶剂和有害成分在允许的范围以内。有机溶剂和有害成分，如乙醇溶剂、农药六六六、DDT 和注射剂中的热原大分子(蛋白质和糖类)。

2. 利用超临界 CO_2 流体快速膨胀，对食药用菌孢子粉进行破壁

食、药用菌孢子粉，大多由几丁质和网状纤维交织而成，坚而韧，用机械、化学、物理和生物方法破壁都有其优缺点。现可用超临界 CO_2 流体作为介质，利用其高渗透性渗透到细胞内部，然后将超临界 CO_2 流体和孢子粉由喷管高速喷出，由于环境压力由 70×101.325 kPa(70 多个大气压)降到 101.325 kPa(1 个大气压)，孢子内的超临界 CO_2 急剧膨胀，而达到破壁的目的。此破壁是在常温上破壁，不会对孢内活性有效成分造成破坏，且没有有害物残留。

3. 超临界干燥和造粒

传统的生化药物和菌药的干燥及造粒方法有喷雾干燥、研磨、冻干等方法。这些方法对于热敏性、易变性的生化药、菌药来说存在各自的缺点。喷雾干燥产生的颗粒粒径在 5 μm 以上，同时由于高温操作，在干燥过程中活性物质(如肽类)容易失活，致使产品的质量下降;研磨过程产生的颗粒粒径在 $5 \sim 50$ μm 之间，粒径分布范围较宽，且易使蛋白变性;冻干过程可产生理想的粒径范围，但粒径分布宽，且会使部分蛋白质变性。超临界 CO_2 萃取干燥有一个显著的特点就是干燥过程中，即脱除水或其他溶剂的过程中不存在由于存在毛细管表面张力作用而导致微观结构改变(如孔道塌陷等)，因此可以得到粒径小、粒谱直径分布窄的颗粒，这一特点在超细药物制备方面将大有作为;它的另一个特点是干燥温度低，因此不破坏任何有效成分。

4. 超临界重结晶

利用超临界重结晶对粗品中有效成分进行纯化处理，是近年来备受关注的新技术。超临界重结晶具有普通溶剂重结晶和超临界萃取的双重优点，既可得到高纯度产品又不对环境造成污染，一般经过 $3 \sim 5$ 次结晶就可将产品的纯度提高数倍甚至数十倍。国外采用此法对一些药物提取、浓缩有效成分和去除杂质已经是经常便用的手段。国内最近也有这方面的报道，如对传统醇提得到的银杏黄酮粗品中的银杏内酯进行超临界重结晶、浓缩取得了很大成功，银杏内酯的含量由原来的 6% 提高到 80% 以上的高纯度，且可将其中的有毒银杏酸去除。可预见超临界重结晶技术将在我国菌业制药行业中发挥越来越大的作用。

5. 超临界 CO_2 萃取菌药中有效成分时夹带剂的使用及 CO_2 微孔系的应用

中药(菌药)有效成分复杂，除脂溶性部分外尚有许多中等极性部分，甚至很多有效成分是水溶性相对分子质量较大的部分，近年来越来越受到人们的重视。对癌症和心脑血管等疾病有显著疗效的多糖类、皂苷类、黄酮类等几乎无能为力。为了充分发挥超临界 CO_2 的萃取优势，夹带剂在中药(菌药)萃取中就显得十分重要。研究表明，要保证菌药的疗效，大部分中药(菌药)的萃取都要用到夹带剂，因此要求中药萃取的装置必须要有夹带剂的系统。为了不至于将夹带剂带入下一步处理，如浓缩、萃取装置最好带有三级分离装置，以便更好地分离夹带剂。根据中药申报及工业化要求，夹带剂最好是乙醇。若在引入夹带剂的情况下仍达不到要求，并用了其他分离手段的联合运用技术外，也可采取超临界 CO_2 微乳体系。在超临界 CO_2 中引入非离子表面活性剂，用于水溶性成分的提取，比用乙醇作为夹带剂的萃取结果好得多。如全氟聚醚碳酸铵(PEPE)能使 CO_2 与水形成分散性很好的微乳液，从而把超临界 CO_2 技术的应用范围扩展到水溶液体系，使强极性化合物的萃取成为可能。

6. 超临界 CO_2 流体萃取技术的联用

超临界 CO_2 流体萃取技术可与其他先进的分析技术气相色谱(GC)，质谱(MS)，高效液相色谱(HPLC)等进行在线或不在线联用，大大提高药物分析的高效性和实用性，为中草药、菌药的质量控制提供了较好的方法和质量保证。

（九）超临界 CO_2 流体萃取技术存在问题和技术展望

我国超临界萃取技术的发展经历了引进、仿制设备和工艺技术摸索等阶级，现已逐步走向工业化。由于超临界流体萃取技术在工艺、设备和工程上尚存在许多难点及受国内行业综合的技术水平的限制，对该技术的开发还需做大量工作。如在设备设计上不能解决工程中的流体力学、工程热力学和放大效益等问题，设备就会运行不稳定甚至不能顺利启动；如快开密封结构不够理想、CO_2 高压易损件材料不过关会造成压力不稳定、故障多或操控不方便，工业化程度也不会好。国产设备的工作压力也待进一步提高。

为了满足国内技术经济发展的需要，经过广大科技人员的努力，我国的超临界流体萃取技术在基础研究和应用研究方面取得了巨大进步。通过 20 多年的攻关研究，现在我国已完全可以自行设计和制造小试设备(1～5 L)、中试设备(5～100 L)和生产设备(100 L 以上)；研发多种快开密封结构、CO_2 高压泵、微机自控装置、工艺流程布局、安全设施和过程总能耗上已接近国际先进水平，而价格只有进口设备的 1/2～1/5。目前北京、广州、大连、呼和浩特、太原、石家庄、乌鲁木齐等地都有我国研发的 SFE 生产设备，最大的可达 500 L×2，快开密封结构可适用于于直径 1 m 以上的萃取器使用。当然，国产设备与进口设备尚有较大的差距，还需进一步改进提高。此外，在测试手段上、在基础和应用研究的深度和广度上也正有相当大的差距。只有结合我国丰富的天然产物资源开发具有自主知识产权的萃取、分离新工艺、新技术和新设备，特别是开发具有我国特色的中草药(菌药)有效成分的超临界 CO_2 萃取和药效研究工作，才可能有进一步发展。

相对于中草药和植物药而言，菌药使用超临界 CO_2 流体萃取的报道较少。就植物药而言，超临界 CO_2 流体萃取能用于各种植物固体原料(根据根茎、茎、皮、叶、花、果实、种子、全草等)和常规提取后的固体及液体粗品原料；就提取对象而言，超临界 CO_2 流体萃取可用于挥发油、各种含氧化合物(如醇、酯、酚、酮、酸、内酯)、色素及生物碱等的提取、各种常规提取粗产品的纯化以及去除有机溶剂和有害杂物等。但迄今为止，大部分研究工作都还集中在单味药物的提取，而对传统中药、复方的研究还不多，因此，今后的研究工作应将重点放在复方提取或组分提取方面。另外，由于 CO_2 是非极性和低相对分子质量分子，因此超临界 CO_2 流体对于许多强极性高相对分子质量的物质很难有效提取，因而需要采用各种强化技术，如加入适当的夹带剂，采用超声波、电场或微波进行强化等。另外，由于传统的分离釜只是一个空的高压容器，利用不同分离压力来实现分级分离的目的，所以产品往往是不同馏分的混合物。由于天然产物组成复杂，近似化合物组分多，因此，单独采用超临界流体萃取技术常常难以满足对产品纯度的要求。为此，从业者还开发了超临界萃取技术与其他分离手段的联用技术，如超临界液体萃取与精馏技术的联用、超临界液体萃取与尿素包含技术的联用、超临界流体萃取与色谱分离技术的联用等。

要实现中药(菌药)现代化必须首先实现中药萃取、分离过程的现代化。SFE‐CO_2 在萃取分离中草药(菌药)有效成分方面具有低温、快速、效率高、产品纯及成本低等特点，特别是对一些资源少、疗效好、剂量小及附加值高的产品极为适用。SFE‐CO_2 可在很大程度上避免了传统中药在提药、制药过程中的缺陷和在中药提取分离中的优势互补，已成为中药提取分离过程现代化的关键技术之一。国家已肯定这一技术的先进性，并从政策导向角度上积极推进。目前国内很多单位或企业都在引进和应用。超临界萃取技术在中药(菌药)中的应用成为一大热点，将为我国中药(菌药)现代化、国际化提供了一个新的途径。

五、大孔吸附树脂分离技术

大孔吸附树脂(macroporous adsorption resin)是 20 世纪 60 年代发展起来的一种新型非离子型高分子聚合物吸附剂，具有大孔网状结构，其物理化学性质稳定，不溶于酸、碱及各种有机溶剂。由于其具有吸附性能好、对有机成分选择性较高、机械强度高、价格低廉、再生处理方便等特性，特别适合于制药工业领域中药物的分离纯化。目前大孔吸附树脂色谱被广泛应用于天然药物有效部位及有效成分的分离和纯化，有些已经用于工业化生产中并取得了较好的效果。近年来又合成出了一些新型大孔吸附树脂，使得交换容量和选择性有所提高。

（一）概述

1. 吸附与吸附作用

1）吸附概念　吸附是指固体或液体表面对气体或溶液中溶质的吸着现象。它可分为物理吸附和化学吸附两类。物理吸附是靠分子间作用力相互吸引，一般情况下吸附热较小，如活性炭吸附气体，被吸附的气体可以很容易地从固体表面放出，并不改变气体和吸附剂的性状，因此是一种可逆过程。化学吸附是以类似于化学键的力相互吸引，一般情况下吸附热较大，由于其活化能高，所以有时称为活化吸附；被吸附的物质往往需要在很高的温度下才能放出，且放出的物质往往已经发生了化学变化，不再具有原来的性状，所以化学吸附大都是不可逆的过程。化学吸附和物理吸附有很大区别（见表10-11），但有时很难严格区分，两者可以同时在固体表面上进行。同一物质，可能在较低的温度下进行物理吸附，在较高的温度下进行化学吸附。

表 10-11　物理吸附与化学吸附的区别

主要特征	物理吸附	化学吸附
吸附力	分子间作用力	化学键
选择性	无	有
吸附热	近于液化热（0～20 kJ/mol）	近于反应热（0～20 kJ/mol）
吸附速度	快，易平衡，不需要活化能	较慢，难平衡，需要活化能
吸附层	单或多分子层	单分子层
可逆性	可逆	不可逆（解吸物性质常不同于吸附物）

2）吸附作用　吸附作用是一种表面现象，是吸附表面界面张力缩小的结果。吸附剂与液体接触吸附其中溶质的机制在于：固体或液体中的分子或原子都是处在其他分子或原子的包围之中。分子或原子之间的相互作用是均等的；但在表面上却不同，分子或原子向外的一面没有受到包围，存在着吸引其他分子的剩余力，这种剩余作用力在表面产生吸附力场，产生吸附作用。吸附力可以是范德华力、氢键、静电引力等。该力场可以从溶液中吸附其他物质的分子。被吸附在吸附剂表面上的分子受到来自于吸附剂表面的吸附力和溶剂的脱吸附力的共同影响，因此每一分子既可能吸附在吸附剂表面，又有可能重新回到溶剂中去。在宏观上，当吸附达到一定时间后，如果从溶液中吸附到吸附剂表面的分子数与从吸附剂表面解吸附到溶液中去的分子数相同，那么这时就建立起吸附平衡。吸附剂对吸附质的吸附量称为平衡吸附量。平衡吸附量的大小与吸附剂的物化性能——比表面积、孔结构、粒度、化学结构等有关，也与吸附质的物化性能、压力（或浓度）、吸附温度等因素有关。在吸附剂和吸附质一定时，平衡吸附量 Q_0 就是分压力 p（或浓度 c）和温度 t 的函数，即 $Q_0 = f(p, t)$。

大孔吸附树脂是一种高分子聚合物，由聚合单体和交联剂、致孔剂、分散剂等添加剂经聚合反应制备而成，具有一般吸附剂的共性。聚合物形成后，致孔剂被除去，在树脂中留下了大大小小、形状各异、互相贯通的孔穴。因此大孔吸附树脂在干燥状态下其内部具有较高的孔隙率，孔径较大，故称为大孔吸附树脂。从显微结构上观察，大孔吸附树脂是由许多彼此间存在网状孔穴结构的微观小球组成的。由于孔形状的不规则性，树脂内的孔穴可近似看作圆球形，此时的直径称为孔径。由于树脂内的孔穴大小不一，呈一定的孔径分布。为了能相对地表征孔的大小，一般先将孔简化为某种规则的模型，如圆筒形孔、平板形孔、楔形孔等。在吸附树脂孔参数的测定与计算中，一般采用圆筒形孔模型。由于孔的大小很不均匀，表征孔径时常用平均孔径和孔径分布。通常所说的吸附树脂的孔径实际上是指平均孔径。

$$r = 2V/S。$$

式中，r 为圆筒形孔半径；V 为其孔体积；S 为比表面积。

所有微观小球的面积之和就是宏观小球的表面积，亦即树脂的表面积。如果以单位质量计算，将该表面积除以宏观小球的质量，即得比表面积（m^2/g）。虽然吸附树脂颗粒的外表面积很小，一般在 0.1 m^2/g 左右，但其内部孔的表面积却很大，多为 500～1 000 m^2/g，这是树脂具有良好吸附能力的基础。

大孔吸附树脂通过物理吸附从溶液中有选择地吸附有机物质，从而达到分离提纯的目的。大孔吸附树脂是吸附性和分子筛性原理相结合的分离吸附材料。它的吸附性是由于范德华力或产生氢键的结果，而范德华力是指分子间作用力，包括定向力、色散力、诱导力等；筛选性是由树脂本身多孔性结构的性质所决定的。由于孔隙度比较大而具有很大的比表面积,使得树脂具有良好的筛选吸附性能,比表面积越大,吸附能力越强。吸附性和筛选作用以及本身的极性使得大孔吸附树脂具有吸附、富集、分离不同母核结构化合物的功能。

2. 大孔吸附树脂的吸附——吸附等温线

当大孔吸附树脂在一定条件下从溶液中吸附某种物质时,存在着大孔吸附树脂对溶液中该物质的吸附和溶剂对该物质的解吸附之间的竞争。在开始时,吸附速度大于解吸附速度,吸附量增加很快;但随着时间的延长,解吸附速度逐渐增大,吸附量增加越来越慢;经过足够长的时间后,吸附速度和解吸附速度相等,吸附量不再增加,这时大孔吸附树脂达到了动态平衡,即吸附平衡。

大孔吸附树脂品种不同,或溶剂不同,对同一物质的吸附平衡点也不同,即大孔吸附树脂对该物质的吸附能力(吸附量)不同。吸附量还与温度等有关:物理吸附在低温区发生,随着温度的升高而下降;化学吸附的吸附量先随温度的升高而增加,温度继续升高时,则发生解吸附而下降。当温度不变时,将大孔吸附树脂吸附量与溶液中被吸附物质浓度的关系画成曲线,即吸附等温线。

3. 吸附树脂的分类

1) 大孔吸附树脂按极性大小分类

(1) 非极性大孔吸附树脂　一般是指电荷分布均匀;在分子水平上不存在正负电荷相对集中的极性基团的树脂。如苯乙烯、二乙烯苯聚合物,也称为芳香族吸附剂。

(2) 中等极性大孔吸附树脂　在该类树脂中存在酯基一类的极性基团,整个分子具有一定的极性。

(3) 极性大孔吸附树脂　该类树脂中含有一些极性较大的基团,如酰氨基、亚砜、腈基等基团,极性大于酯基。

(4) 强极性大孔吸附树脂　含有极性最强的极性基团,如吡啶基、氨基、氮氧基团。

2) 大孔吸附树脂按其骨架类型分类

(1) 聚苯乙烯型大孔吸附树脂　目前80%大孔吸附树脂品种的骨架为聚苯乙烯型。聚苯乙烯骨架中的苯环化学性质比较活泼,可以通过化学反应引入极性不同的基团(如羟基、酮基、腈基、氨基、甲氧基、苯氧基、羟基苯氧基等)甚至离子型基团,从而改变大孔吸附树脂的极性特征和离子状态,制成用途不同的吸附树脂,以适应不同的应用要求。该类树脂的主要缺点是机械强度不高,质硬而脆,抗冲击性和耐热性能较差。

(2) 聚丙烯酸型大孔吸附树脂　该类吸附树脂品种数量仅次于聚苯乙烯型,可分为聚甲基丙烯酸甲酯型树脂、聚丙烯酸甲酯型交联树脂和聚丙烯酸丁酯交联树脂等。该类大孔吸附树脂含有酯键,属于中等极性吸附剂,经过结构改造的该类树脂也可作为强极性吸附树脂。

(3) 其他类型　聚乙烯醇、聚丙烯腈、聚酰胺、聚丙烯酰胺、聚乙烯亚胺、纤维素衍生物等也可作为大孔吸附树脂的骨架。

4. 国内外代表性树脂的型号和特性

目前国内外使用的大孔吸附树脂种类很多,型号各异,且树脂的合成材料及结构的不同,使得其性能各有不同,差别较大。国外有 Amberlite XAD 系列及 Diaion HP 系列;国内有 D101 型、AB-8 型等。另外,近几年又研制了一系列新型吸附树脂,如 ADS-17 型、ADS-F8 型等,在中草药活性成分的分离纯化研究中取得了比较满意的效果。但由于同一型号树脂生产厂家众多,造成树脂性能参差不齐,质量难以保证,因此需要规范大孔吸附树脂的生产供应,以统一其质量。常用国产及国外大孔吸附树脂的型号及主要特性,见表10-12,表10-13。

表 10-12 　常用国产大孔树脂的型号和主要特性

树脂	极性	结构	粒径范围/mm	比表面积/$m^2 \cdot g^{-1}$	平均孔径/nm	用　　途
S-8	极性	交	0.3~1.25	100~120	28~30	有机物提取分离
AB-8	弱极性	联	0.3~1.25	480~520	13~14	有机物提取,甜菊糖、银杏叶黄酮提取
X-5	非极性	聚	0.3~1.25	500~600	29~30	抗生素、中草药提取分离
NKA-2	极性	苯	0.3~1.25	160~200	145~155	酚类、有机物去除
NKA-9	极性	乙	0.3~1.25	250~290	15~16.5	胆红素去除,生物碱分离,黄酮类提取
H103	非极性	烯	0.3~0.6	1 000~1 100	85~95	抗生素提取分离,去除酚类、氯化物

(续表)

树脂	极性	结构	粒径范围/mm	比表面积/$m^2 \cdot g^{-1}$	平均孔径/nm	用途
D-101	非极性	苯乙烯型	0.3~1.25	480~520	13~14	中草药中皂苷、黄酮、内酯、萜类及各种天然色素的提取分离
HPD100	非极性	苯乙烯型	0.3~1.2	650	90	天然物提取分离，如人参苷、三七皂苷
HPD400	中极性	苯乙烯型	0.3~1.2	550	83	中药复方提取，氨基酸、蛋白质提纯
HPD600	极性	苯乙烯型	0.3~1.2	550	85	银杏黄酮、甜菊苷、茶多酚、黄芪苷提取
ADS-5	非极性			500~600	20~25	分离天然产物中的苷类、生物碱、黄酮等
ADS-7	强极性	含氨基		200		提取分离糖苷，对甜菊苷、人参皂苷、绞股蓝皂苷等具高选择性，去除色素
ADS-8	中极性			450~500	25.0	分离生物碱，如喜树碱、苦参碱
ADS-17	中极性			124		高选择分离银杏黄酮苷和银杏内酯

表 10-13 国外 Amberlite XAD 系列大孔树脂的主要特性

树脂	极性	结构	粒径范围/mm	比表面积/$m^2 \cdot g^{-1}$	平均孔径/nm	用途
XAD-1	非极性	苯乙烯		100	20	分离甘草类黄酮、甘草酸、叶绿素
XAD-2	非极性	苯乙烯		330	9	人参皂苷提取，去除色素
XAD-4	非极性	苯乙烯		750	5	麻黄碱提取，除去小分子非极性物
XAD-6	中极性	丙烯酸酯		498	6.3	分离麻黄碱
XAD-9	极性	亚砜		250	8	挥发性香料成分分离
XAD-11	强极性	氧化氮类		170	21	提取分离合欢皂声
XAD-1600			0.40	800	0.15	提取小分子抗生素和植物有效成分
XAD-1180			0.53	700	0.40	提取大分子抗生素、维生素、多肽
XAD-7HP			0.56	500	0.45	提取多肽和植物色素、多酚类物质

5. 大孔吸附树脂的应用特点

与以往的吸附剂（活性炭、分子筛、氧化铝等）相比，大孔吸附树脂的性能非常突出，主要是吸附量大，容易洗脱，有一定的选择性，强度好，可以重复使用等，特别是可以针对不同的用途设计树脂的结构，因而使吸附树脂成为一个多品种的系列，在中药、化学药物及生物药物分离等多方面显示出优良的吸附分离性能。其应用特点如下。

1) 应用范围广　大孔吸附树脂在中药、海洋药物、化学药物及生物药物分离等多方面均有应用。与离子交换树脂相比较，它不仅适用于离子型化合物，如生物碱、有机酸类、氨基酸类等的分离和纯化，而且适用于非离子型化合物（如皂苷类、萜类等）的分离和富集。对于存在有大量无机盐的发酵液，离子交换树脂受严重阻碍无法使用，而大孔树脂能从中分离提取抗生素物质。很多生物活性物质对溶液 pH 敏感，易受酸碱作用而失活，限制了离子交换树脂的应用，而采用大孔吸附树脂，吸附和洗脱过程中溶液 pH 可维持不变。

2) 理化性质稳定　大孔树脂所采用的材料，化学性质稳定性高，机械强度好，经久耐用，避免了溶剂法对环境的污染和离子交换树脂法对设备的腐蚀等不良反应。

3) 分离性能优良　大孔树脂对有机物的选择性良好，尤其在中药有效部位方面更具有优势。

4) 使用周期短　大孔树脂一般系小球状，直径 0.2~0.8 mm，因此对流体的阻力远小于对活性炭等粉状物质，洗脱剂洗脱速度快，缩短洗脱周期，更加方便。

5) 溶剂用量少　仅用少量溶剂洗脱即达到富集、分离目的，而且又避免了常规分离所应用的液液萃取方法产生的严重乳化现象，提高了效率。

6) 可重复使用，降低成本　大孔树脂可再生，一般用水、稀酸、稀碱、有机溶剂（如乙醇、丙酮等）对树脂进行反复的清洗，即可再生，恢复吸附功能，重复使用，降低成本。

7) 不足之处　树脂价格相对较贵，吸附效果易受流速和溶质浓度的影响；品种有限，不能满足中药多成分、多结构的需求；操作较为复杂，对树脂的技术要求较高。

（二）大孔吸附树脂柱色谱技术

1. 大孔吸附树脂柱色谱的操作步骤

在运用大孔吸附树脂柱色谱进行分离精制时，其操作步骤为：树脂的预处理→树脂装柱→药液上柱吸附→树脂的解吸→树脂的清洗、再生。

1）树脂的预处理　由于商品吸附树脂在出厂前没有经过彻底清洗，常会残留一些致孔剂、小分子聚合物、原料单体、分散剂及防腐剂等有机残留物，因此树脂使用之前必须进行预处理，以除去树脂中混有的这些杂质，以保证生产过程中使用了大孔吸附树脂的药品的安全性。此外，商品吸附树脂都是含水的，在储存过程中可能因失水而缩孔，使吸附树脂的性能下降，通过合理的预处理方法可以使树脂的孔得到最大程度的恢复。

可将新购的大孔吸附树脂用乙醇浸泡 24 h，充分溶胀，然后取一定量树脂湿法装柱。加入乙醇在柱上以适当的流速清洗，洗至流出液与等量水混合不呈白色混浊为止，然后改用大量水洗至无醇味且水液澄清后即可使用（必须洗净乙醇，否则将影响吸附效果）。通过乙醇与水交替反复洗脱，可除去树脂中的残留物。一般洗脱溶剂用量为树脂体积的 2～3 倍，交替洗脱 2～3 次，最终以水洗脱，必要时用酸、碱洗脱，最后用蒸馏水洗至中性，备用。

2）树脂装柱　通常以水为溶剂湿法装柱。先在树脂柱的底部放一些玻璃丝或脱脂棉，厚度 1～2 cm 即可，用玻璃棒压平。在树脂中加少量水，搅拌后倒入保持垂直的色谱柱中，使树脂自然沉降，让水流出。如果把粒径分布较大的树脂和少量水搅拌后分几次倒入，树脂柱上下部的树脂粒度经常会不一致，影响分离效果，故最好一次性将树脂倒入。在装柱过程中不要干柱，以免气泡进入色谱柱影响分离效果。最后，在树脂柱的顶部加一层干净的玻璃丝或脱脂棉，避免加液时将树脂冲散。实际上，树脂经过预处理或再生处理后色谱柱已经装好，无须再装。

3）药液的上柱吸附　药液上柱前应为澄清溶液，如有较多悬浮颗粒杂质一般需经过滤，避免大孔吸附树脂被污染堵塞。这样既能提高纯化率，也能保护树脂的使用寿命。然后将树脂柱中的水放至与树脂柱柱床平面相同时，在色谱柱上部药液（多数为水溶液），一边从柱中放出色谱柱中的原有溶剂，一边以适当流速从色谱柱上部加入药液。流速太慢，浪费时间；流速太快，不利于树脂对样品的吸附，易造成谱带扩散，影响分离效果和上样量。

4）树脂的解吸　待样品液慢慢滴加完毕后，即可开始洗脱。通常先用水洗，继而以醇-水洗脱。逐步加大醇的浓度，回收溶剂，同时配合适当理化反应和薄层色谱（如硅胶薄层色谱、纸色谱、聚酰胺薄层色谱及高效液相色谱 HPLC 等）进行检测，相同者合并。一般是当洗脱液蒸干后只留有很少残渣时，可以更换成下一种洗脱剂。应注意选择适当的洗脱流速：洗脱流速越快，载样量就越小，分离效果越差；洗脱流速越慢，载样量就越大，分离效果越好，但流速太慢会使试验周期延长，提高成本，一般选用每小时 1.5 个床体积的流速为佳。

5）树脂的再生　树脂经过多次使用后吸附能力有所减弱，会在表面和内部残留一些杂质，颜色加深，需经再生处理后继续使用。再生时先用 95% 乙醇将其洗至无色，再用大量水洗去乙醇，即可再次使用。如果树脂吸附的杂质较多，颜色较深，吸附能力下降，应进行强化再生处理。其方法是在柱内加入高于树脂层 10 cm 的 2%～3% 盐酸溶液浸泡 2～4 h，然后用同样浓度的盐酸溶液通柱淋洗，所需用量约为 5 倍树脂体积，再用大量水淋洗，直至洗液接近中性。继续用 5% 氢氧化钠同法浸泡 2～4 h，同法通柱淋洗，所需用量为 6～7 倍树脂体积，最后用净水充分淋洗，直至洗液 pH 为中性即可再次使用。树脂经反复多次使用后，色谱柱床挤压过紧或树脂破碎过多，影响流速和分离效果，可将树脂从柱中倒出，用水漂洗除去小的颗粒和悬浮的杂质，然后用乙醇等溶剂按上述方法浸泡除去杂质，再重新装柱使用。一般纯化同一品种的树脂，当其吸附量下降 30% 时不宜再使用。

2. 大孔吸附树脂柱色谱分离效果的影响因素

大孔吸附树脂柱色谱对被分离物质的吸附与解吸附受诸多因素影响。除树脂和化合物性质外，树脂和样品预处理方法，解吸剂的种类、浓度、pH，解吸时的温度和流速等相关应用的工艺条件等都会影响分离纯化的效果。上柱分离前，应充分考虑到影响分离纯化的诸多因素，运用合适的统计学方法考察不同因素的作用;上柱分离时,测定上柱量、吸附量、洗脱量等参数,绘制洗脱曲线,并进行条件优化和重复验证,以获得最佳的分离效果。

1) 大孔吸附树脂性质的影响

(1) 大孔吸附树脂极性的影响　遵从类似物吸附类似物的原则,根据被分离物质的极性大小选择不同类型的树脂。极性较大的化合物,适用于在中极性的树脂上分离;极性小的化合物,适用于在非极性的树脂上分离。对于中极性的大孔树脂,待分离化合物分子中能形成氢键的基团越多,吸附越强。例如,用非极性的 X-5 树脂,中极性的 AB-8 树脂和极性的 NKA-9 树脂吸附分离黄芩总黄酮时,AB-8 树脂的吸附量最大,达到59 mg/ml。这是由于黄芩黄酮具有多酚羟基结构和糖苷链,具有一定的极性和亲水性,有利于中极性树脂的吸附。

由于树脂选择的得当与否将直接影响分离效果,通常树脂的极性和被分离物的极性既不能相似,也不能相差过大。极性相似会造成吸附力过强致使被分离物不能被洗脱下来;极性相差过大,会造成树脂对被分离物吸附力太小,无法达到分离的目的。

(2) 大孔吸附树脂孔径的影响　吸附树脂是多孔性物质,其孔径特性可用比表面积(S)、孔体积(V)和计算所得的平均孔半径(r)来表征。被分离物质通过大孔吸附树脂的孔道而扩散到树脂的内表面被吸附,其吸附能力大小除取决于比表面积外,还与被分离物质的相对分子质量有关。树脂孔径的大小能够影响不同大小分子的自由出入,因此使树脂具有选择性。只有当树脂孔径对于被分离物质足够大时,比表面积才能充分发挥作用。

(3) 大孔吸附树脂比表面积的影响　在树脂具有适当的孔径确保被分离物质良好扩散的条件下,比表面积越大,吸附量就越大。相同条件下,应选择比表面积较大的同类树脂。

通常孔径与吸附质的分子直径之比以 2～6:1 为宜。孔径太大浪费空间,比表面积必然较小,不利于吸附;孔径太小,尽管比表面积较大,但溶质扩散受阻,也不利于吸附。

(4) 大孔吸附树脂强度的影响　树脂强度与孔隙率有关,也和制备工艺有关。一般树脂孔隙率越高,孔体积越大,则强度越差。

2) 被分离物质性质的影响

(1) 被分离物质极性大小的影响　被分离物质分子极性的大小直接影响分离效果。根据相似吸附原理,极性较大的分子一般适于在中极性的树脂上分离,极性较小的分子适于在非极性树脂上分离;但对于中极性树脂,待分离化合物分子上能形成氢键的基团越多,吸附越强。在实际分离工作中,既不能让大孔吸附树脂对被分离物质吸附过强,又不能让大孔吸附树脂对被分离物质吸附过弱致使被分离物质无法得到分离。由于极性大小是一个相对概念,应根据分子中极性基团(如羧基、羟基、羰基等)与非极性基团(如烷基等)的数目和大小来综合判断。对于未知化合物,可通过一定的预试验和薄层色谱或纸色谱的色谱行为来判断。在树脂的选用上也要根据被分离化合物分子的整体情况综合分析。

(2) 被分离物质分子大小的影响　被分离物质通过树脂的网孔扩散到树脂网孔内表面而被吸附,因此树脂吸附能力大小与分子体积密切相关。化合物的分子体积越大,疏水性增加,对非极性吸附树脂的吸附力越强。另外,化合物分子体积是大孔吸附树脂筛分作用的决定因素,分子体积较大的化合物应选择大孔径的树脂。

3) 上样溶剂性质的影响

(1) 溶剂对被分离物质溶解性的影响　通常一种成分在某种溶剂中溶解度大,在该溶剂中树脂对该物质的吸附力就小;反之亦然。如果上样溶液中加入适量无机盐(如氯化钠、硫酸钠等),可使树脂的吸附量加大。例如,用 D101 型树脂分离人参皂苷时若在提取液中加入 3%～5% 的无机盐,不仅能加快树脂对人参皂苷的吸附速度,而且吸附容量明显增大。这是由于加入无机盐降低了人参皂苷在水中的溶解度,使人参皂苷更易被树脂吸附。

(2) 溶剂 pH 的影响　天然药物中的有效成分及化学药物、生物药物许多是酸性、碱性或两性,对于这些化合物,改变溶液的酸碱性就会改变它们的解离度。解离度不同,化合物的极性就不同,树脂对它们的吸附力也就不同,所以溶液的酸碱性对于分离效果具有很大的影响。一般而言,酸性化合物在酸性溶液中进行吸附、碱性化合物在碱性溶液中进行吸附较为合适,中性化合物可在近中性的情况下被吸附。中性化合物虽然在酸性、碱性溶液中均不解离,酸碱性对分子的极性没有大的影响,但最好还是在中性溶液中进行,以免酸碱性对化合物的结构造成破坏。例如,应用 XDA－1 大孔树脂分离甘草酸和甘草总黄酮时,药液的 pH 对树脂的吸附能力有一定的影响。当药液的 pH＝5 时,树脂对两者有最大吸附量和吸附率;随着 pH 的升高吸附量降低,这是由于甘草酸和黄酮上的酚羟基与树脂以氢键的形式结合,碱性增大,酚羟基上的氢解离而形成酸根离子,与树脂的结合力减弱;若 pH 低于5,甘草酸和黄酮沉淀析出较多:故确定药液的 pH＝5 为最佳条件。

（3）上样溶液浓度的影响　吸附量与上样溶液浓度的关系符合 Freundlich 和 Langmuir 经典吸附公式,即被吸附物浓度增加吸附量也随之增加。上样溶液浓度增加有一定限度,不能超过树脂的吸附容量。如果上样溶液浓度偏高,吸附量会显著减少。另外,上样溶液处理是否得当也会影响树脂对被分离物质的吸附。若上样溶液混浊不清,其中存在的混悬颗粒极易吸附于树脂的表面而影响吸附。因此,在进行上柱吸附前,必须对上样溶液采取滤过等预处理以除去杂质。例如,用 AB－8 树脂对玉米须总黄酮进行吸附和解吸效果的研究:上样液浓度较低时,随浓度的增大,吸附量增大;上样液浓度超过 0.52 mg/ml 时,吸附量增加不明显;当浓度为 0.85 mg/ml 时,吸附量略有下降。所以,上样液浓度确定在 0.5～0.8 mg/ml 范围内。

（4）上样溶液温度的影响　由于吸附过程为放热反应,温度太高会影响吸附效果。经实践证明,室温对实验几乎无影响;超过 50 ℃时,吸附量明显下降,应注意上柱液温度。例如,利用大孔吸附树脂对银杏叶黄酮类化合物吸附及解吸过程进行了研究,实验选取 35 ℃,45 ℃,55 ℃对吸附性能进行考察,结果表明 45 ℃为较适宜的吸附温度。

（5）吸附流速的影响　用大孔吸附树脂吸附被分离物质,可采用静态法和动态法两种操作方式。对于动态吸附法,药液通过树脂床的流速也会影响其吸附。同一浓度的上样溶液,吸附流速过大,被吸附物质来不及被树脂吸附就提早发生泄漏,使树脂的吸附量下降;但吸附流速过小,吸附时间就会相应增加。在实际应用中,应通过试验综合考虑确定最佳吸附流速,既要使树脂的吸附效果好,又要保证较高的工作效率。

（6）解吸剂性质的影响

① 解吸剂种类。所选的洗脱剂应能使大孔吸附树脂溶胀,这样可减弱被吸附物质和吸附树脂之间的吸附力,并且所选的洗脱剂易溶解被吸附物质。因为解吸时不仅要克服吸附力,而且当洗脱剂分子扩散到树脂吸附中心后,应能使被吸附物质很快溶解。对非极性树脂而言,洗脱剂极性越小,其解吸能力越强;而中极性和极性树脂,以极性较大的解吸剂为宜。常见的解吸剂有甲醇、乙醇、丙酮等,其解吸能力顺序为丙酮＞甲醇＞乙醇＞水。可根据吸附力选择不同的解吸剂及浓度。在实际工作中,乙醇应用较多。

② 解吸剂的 pH。对弱酸性物质,可用碱来解吸;对弱碱性物质,宜在酸性溶剂中解吸。

③ 解吸速度。洗脱速度也是影响树脂吸附分离特性的一个重要因素。在解吸过程中,洗脱速度一般都比较慢,因为流速过快,洗脱性能差,洗脱带宽,且拖尾严重,洗脱不完全;而流速过慢,又会延长生产周期,导致生产成本提高。一般控制在 0.5～5 ml/min 为宜。

3. 大孔吸附树脂柱色谱分离工艺条件的确定

影响树脂吸附性能的因素有许多方面,其中最基本的是树脂自身因素,包括树脂的骨架结构、功能基团性质及其极性等。此外,样品浓度、pH、吸附柱径高比及上样流速等条件,均不同程度地影响树脂的吸附性能。因此,大孔吸附树脂分离工艺条件考察应主要从以下几个方面进行条件优化和重复验证,以确定最佳树脂分离工艺条件。

1）大孔树脂的泄漏(穿透)曲线与吸附容量的考察　大孔吸附树脂的用量和上样量,应根据所选用的大孔吸附树脂在选定的条件下对欲吸附成分的吸附能力而定,即大孔树脂的吸附有一定吸附容量。当吸附量达到饱和时,对化学物质吸附减弱甚至消失,这时化学成分即泄漏(穿透)流出,需要考察树脂的泄漏(穿透)曲线与吸附量,为预算树脂用量与上柱药液量提供依据。可用比上柱量(S)作为估算树脂用量的参数,即通过评价该树脂吸附承载能力来计算树脂用量。由于影响大孔吸附树脂对化合物吸附能力的因素较多,如药液的浓度、pH、吸附温度、吸附药液的流速等,因此还应结合能评价树脂真实吸附能力的比吸附量(A)来确定,并在确定大孔树脂的用量时,充分考虑在生产过程中由于一些不可控因素,造成药液在树脂床中的不均匀吸附而引起的药液泄漏(穿透)和药物成分损失等具体情况,适当增加树脂的用量。

吸附量的测定分静态法和动态法两种。相对而言,静态法较动态法简单,可控性强,但动态法更能真实反映实际操作的情况。

(1) 静态吸附法　准确称取经预处理的树脂各适量,置适合的具塞玻璃器皿中,精密加入预分离纯化的中药提取物或某一种指标成分的水溶液(浓度一定)适量,置恒温振荡器上振荡,振动速度一定,定时测定药液中药物成分的浓度,直至吸附达到平衡。以吸附后药液中残留药物的浓度,按以下公式计算各树脂定温下的吸附量 Q(mg/g):

$$Q=(c_o-c_e)V/W$$

式中,Q 为吸附量,mg/g;c_o 为起始浓度,mg/ml;c_e 为平衡浓度,mg/ml;V 为溶液体积,ml;W 为树脂质量,g。

〔例〕刺五加浸出物中大孔树脂对刺五加苷的吸附　加水浸提刺五加根粉,浸提液浓缩成相对密度为 1.08 的浸膏,取 12 ml 浸膏稀释至 100 ml,以 0.45 μm 微孔膜过滤,滤液用树脂进行静态吸附。3 种大孔树脂对刺五加苷的静态吸附试验结果,见表 10-14。其中

饱和吸附容量(mg/g 干树脂)=(初始浓度-吸附后浓度)×吸附液体积/树脂质量。

表 10-14　不同树脂对刺五加苷的静态吸附量

树脂种类	初始浓度/mg·ml⁻¹	吸附后浓度/mg·ml⁻¹	饱和吸附容量/mg·g⁻¹ 干树脂
D101	0.22	0.10	11.88
DKA-9	0.22	0.14	7.92
AB-8	0.22	0.097	12.18

(2) 动态吸附法　将等量预处理的树脂各适量装入吸附树脂柱中,药液以一定的流速通过树脂床,测定流出液药物浓度,直至达到吸附平衡,计算各树脂的比上柱量;然后用蒸馏水清洗树脂中未被吸附的非吸附性杂质,计算树脂的比吸附量。

比上柱量(saturation ratio)　达吸附终点时,单位质量吸附树脂吸附夹带成分的总和。

$$S=(M_上-M_残)/M$$

比吸附量(absorption ratio)　单位质量干树脂吸附成分的总和。

$$A=(M_上-M_残-M_{水洗})/M$$

式中,M 为干树脂质量;$M_上$ 为药液中成分的质量;$M_残$ 为上柱流出液中成分的质量;$M_{水洗}$ 为蒸馏水洗脱下来成分的质量。

在固定床树脂柱中的动态吸附过程如下:以一定的流量将待吸附溶液自上而下通过固定床的树脂层,树脂层自上而下吸附溶质直至全部树脂饱和。固定床大孔树脂吸附柱的操作区域及操作浓度曲线,见图 10-40。在固定床大孔树脂吸附柱进行吸附操作时,床层的树脂自上而下分成吸附饱和区、吸附区和未(待)吸附区 3 个区间。可以将树脂层看做无数个微分层,任一微分层随操作时间的推延都会从未吸附向吸附、最后向饱和区转变。处于吸附阶段的树脂层总高度为 Z,这一层树脂中所吸附的吸附质浓度 X 与高度 Z 的关系,

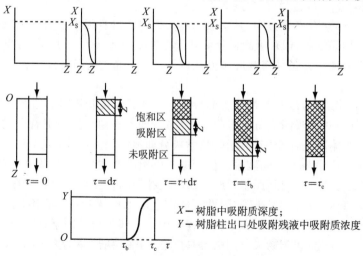

图 10-40　固定床大孔树脂吸附柱的操作区域及操作浓度曲线

见图中的 X-Z 曲线。这种曲线为 S 形,并随时间 r 延长向前推进,称为 S 波。当吸附区的下边缘正好与树脂层下沿平面重合时,称为透过点,相应的时间 τ_b 称为透过时间。自此之后床内未吸附区消失,再加入溶液时吸附残液中将含有未吸附的溶质。由 Y_{rb} 曲线还可看到,续加入溶液当 $t \geqslant t_e$ 后床的出口吸附残液中溶质的浓度等于加入柱中的溶液浓度,即吸附柱失效,表明需要用另一根树脂柱来继续完成成分的吸附。进行固定床大孔树脂柱吸附操作时一定要了解这一规律,当用溶剂对饱和了吸附溶质的树脂进行洗脱(吸附)时也有类似的 S 波规律。

吸附过程中对吸附残液的检测十分重要,尤其在大规模生产过程中,大孔树脂柱流出的大量吸附残液不可能用中间储罐暂时保存,直接流入下水道存在将意外穿透漏出的药材成分放入下水道的风险。最好的解决办法就是对流出的吸附残液进行连续、快速的成分检查。

2) 大孔树脂的解吸曲线与解吸率　吸附树脂分离化学成分是利用其吸附的可逆性(解吸),由于树脂极性不同,吸附作用力强弱不同,解吸难易程度也不同。若吸附过强,难于解吸,解吸率过低,产品回收率低,损失太大,即使吸附量再大,也无实际意义。因此,解吸剂(洗脱剂)的确定及解吸率的测定是树脂筛选试验的重要环节。解吸率测定的方法可采用静态法和动态法两种。解吸时,通常先用水,继而以醇-水洗脱,逐步加大醇的浓度,同时配合适当理化反应和薄层色谱(如硅胶薄层色谱、纸色谱、聚酰胺薄层色谱及 HPLC 等)作指导。解吸剂的选择及其浓度、用量对解吸效果有着显著影响。

(1) 静态解吸法　取充分吸附预分离成分的各种树脂,分别精密加入解吸剂;解吸平衡后,滤过,测定滤液中吸附成分的浓度,根据吸附量计算解吸率。

(2) 动态解吸法　将解吸剂以一定的速度通过树脂床,同时配合适当的检测方法以确定解吸终点;然后测定解吸液中药物的浓度,根据吸附量计算解吸率。

$$D = C_d V_d / [(C_o - C_e)V_i] \times 100\%$$

式中,D 为解吸率;C_d 为解吸液浓度;V_d 为解吸液体积;C_o 为起始浓度,mg/ml;C_e 为剩余浓度,mg/ml;V_i 为溶液体积,ml。

静态法较动态法简单,可控性强;但动态法更能真实反映实际操作情况。采用动态法时,若所采用的解吸剂的浓度较大,应采用梯度洗脱法,否则易在树脂床中产生大量气泡而影响解吸效果。但解吸效果不能只以解吸率的大小来评价,应结合产品的纯度和比洗脱量对所选用树脂和解吸剂作比较全面的评价。

比洗脱量(eluation ratio)指树脂吸附饱和后,用一定溶剂洗脱至终点,单位质量干树脂洗脱成分的质量。

$$E = M_{洗脱} / W$$

式中,E 为比洗脱量;$M_{洗脱}$ 为洗脱成分的质量;W 为干树脂的质量。

解吸工艺条件的选择因所分离、纯化药物成分的理化性质而异。对于弱酸、弱碱性化合物,还应考虑 pH 对解吸的影响。

(3) 解吸剂种类的确定　根据药物成分的理化性质,以及在生产条件允许的范围内选用不同的洗脱溶剂,以一定的流速通过树脂床进行解吸,分段收集解吸液,测定其浓度,绘制解吸曲线。

(4) 解吸剂 pH 的确定　用稀酸或稀碱溶液调节解吸液的 pH,以一定的流速进行解吸,比较不同 pH 的解吸效果,确定解吸剂的 pH。

(5) 解吸速度的确定　将选择好的解吸剂在室温下以不同的流速通过树脂床进行解吸附,绘制解吸附曲线图,比较解吸附效果。一般流速越慢,解吸率越高,解吸附效果好;但解吸附流速的选择还应结合生产周期,综合考虑生产效率和产品的纯度。

(6) 解吸曲线的绘制　按所确定的解吸剂种类及解吸条件,取样品水溶液进行上柱、吸附。先用水洗脱除去水溶性的杂质,再用不同解吸剂或同一解吸剂梯度洗脱,分段收集解吸液,测定其浓度,绘制解吸曲线,比较解吸效果,同时配合适当理化反应和薄层色谱作指导。一般解吸曲线越尖锐,不拖尾,解吸率越高,解吸效果越好。

3) 大孔树脂的再生　由于树脂再生后的性能影响到下一轮的纯化分离,故需建立评价树脂再生是否合格的指标与方法,证明树脂经多次反复再生后其纯化效果保持一致。

4) 树脂分离工艺验证试验　按照单项实验或正交实验结果所确定的吸附树脂最佳工艺条件进行吸附、

解吸附等试验,以验证筛选出的最佳工艺条件,获得最佳的分离效果。

4. 大孔吸附树脂柱色谱分离技术应用中存在的问题及解决办法

尽管大孔吸附树脂柱色谱技术在药物分离方面已日益显示出其独特的效果,有着广阔的应用前景,但由于目前对它的研究还不够深入,其应用尚存在一些问题——树脂生产和规格的规范、树脂质量评价指标与方法的规范、树脂预处理与再生合格的规范及纯化效果的规范等。因此,应进一步加强相关基础性工作的研究,进一步完善有关标准及法规。

1) 大孔吸附树脂的质量评价指标与方法的规范　在药物分离纯化制备工艺中,树脂多为苯乙烯骨架型树脂,致孔剂为烷烃类,其残留物对人体都有不同程度的伤害,存在安全问题。因此,树脂自身的规格标准与质量优劣对药物的纯化效果和安全性起着关键作用。根据国家药品评审中心的有关技术要求,在投入使用前应对其残留物和裂解产物进行限量检查,以保证用药的安全,残留有机物指标符合国家标准或国际通用标准要求后方可使用。

(1) 大孔吸附树脂规格标准　标准内容应包括名称、型号、结构(包括交联剂)、外观、极性,以及粒径范围、含水量、湿密度(真密度、视密度)、干密度(表观密度、骨架密度)、比表面积、平均孔径、孔隙率、孔容等物理参数,还应包括未聚合单体、交联剂、致孔剂等添加剂残留量限度等参数,写明主要用途,并说明该规格标准的级别与标准文号等。

(2) 残留物总量检查　为保证药用树脂的安全可靠,应对树脂的交联剂、致孔剂、分散剂及添加剂等残留物总量进行检查。在药物研究时,一般应在成品中建立树脂残留物及裂解产物的检测方法,制订合理的限量,并将其列入质量标准正文,控制树脂质量。

(3) 安全性检查　苯乙烯型大孔吸附树脂稳定性较高,可暂不进行动物安全性考察。非苯乙烯型大孔吸附树脂使用时间较短,稳定性低于苯乙烯型大孔树脂,一般情况下应进行动物安全性实验,并根据树脂残留物可能产生的毒理反应,在做药物成品的毒理学实验时应增加观察项目与指标,如神经系统、肝脏功能等生化指标,同时对定型产品进行安全性动物实验,以保证产品的安全性符合药用要求。

2) 大孔吸附树脂预处理与再生合格的规范　树脂的预处理及检查方法包括①有机物限量的检查。②残留物限量的检查。

树脂再生合格的检测指标主要包括吸附残存量、吸附性能和吸附容量的稳定性、分离性能、解吸性能等。

3) 大孔吸附树脂纯化效果的规范

(1) 纯化效果的评价指标

① 比上柱量(saturation ratio)。是评价树脂吸附、承载能力的重要指标,也是确定树脂用量的参数。

② 比吸附量(absorption ratio)。是评价树脂的真实吸附能力的指标,同时也是选择树脂种类、评价树脂再生效果的参数。

③ 比洗脱量(eluation ratio)。评价树脂的解吸能力与洗脱溶剂的洗脱能力,是选择树脂种类及洗脱剂的参数。

④ 纯度(purity)。是评价树脂效果、范围、质量及效益的重要参数。

$$P = M_{成分}/M_{总固体量} \times 100\%$$

(2) 纯化效果的质量评价　包括如下方面:

① 上柱前后药液的药效比较(等效性)。

② 上柱后药液的安全性、可靠性比较。

③ 上柱前后药液的成分比较。

用树脂分离纯化中药及中药复方已成为一种发展趋势,但应明确纯化的目的,充分考虑采用树脂纯化的必要性和方法的合理性,尤其是复方混合提取的上柱纯化。

(3) 影响树脂纯化效果的相关工艺　树脂纯化工艺的主要工序为:上柱→吸附→洗脱。每一步工序的条件均能影响树脂分离纯化的效果,应建立规范工艺技术的合理评价指标。

① 上柱终点的判断。泄漏(穿透)曲线的考察。

② 水洗终点的判断。TLC检识、理化检识及水洗成分的测定。

③ 解吸终点的判断。洗脱曲线的考察。

④ 中药复方的比上柱量的确定。当大孔树脂用于中药复方的分离纯化时,由于复方中多成分的共存会引起相互竞争吸附位点,因此若以单方中某一有效成分(部位)的比吸附量或比上柱量来预算复方的有效成分(部位)的树脂用量,常会造成复方成分的泄漏等问题。

⑤ 不同解吸部位的考察。为保证解吸过程中没有成分残留及漏洗,同时保证树脂的再生符合要求,需要对树脂的不同洗脱解吸进行考察。

(三) 大孔吸附树脂分离技术的应用与实例

大孔吸附树脂分离技术的发展极大地促进了药物分离纯化领域的发展,提高了中药化学成分、微生物药物分离领域的技术水平。发展至今,大孔吸附树脂的品种增多,质量提高,应用规模和范围不断扩展,在制药工业生产技术中的重要性也日益增大,特别是在中草药有效成分的提取、纯化方面已经成为不可缺少的关键技术,对中药的振兴、实现中药现代化正在发挥重要的作用。

1. 在中药化学成分分离纯化中的应用

20 世纪 80 年代,大孔吸附树脂的研究提高了甜菊苷的生产技术和产品质量,使我国逐步成为世界上最大的甜菊苷生产国和出口国。近年来,大孔吸附树脂法已广泛用于中药化学成分的分离与富集工作,如皂苷、黄酮、生物碱类成分,尤其对于水溶性有效成分的分离纯化更具有明显的效果。

1) 皂苷类化合物的分离　皂苷是一类结构比较复杂的苷类化合物,广泛存在于自然界,在单子叶植物和双子叶植物中均有分布。一些海洋生物体内也发现并分离出一些高活性的皂苷。皂苷是许多中药发挥疗效的主要活性成分,已有一些中药的总皂苷作为新药应用于临床,如人参皂苷、绞股蓝皂苷等。由于皂苷类化合物由亲脂性皂苷元和亲水性糖基构成,一般可溶于水,易溶于含水稀醇,特别适合于大孔吸附树脂富集和分离。常规法用正丁醇从水溶液中分离皂苷获得粗总皂苷;但存在有机溶剂消耗多、正丁醇沸点较高、溶剂回收困难、萃取易乳化、糖和色素去除不完全等缺点。而大孔吸附例脂对皂苷有很好的吸附作用,吸附容量大,容易被解吸附,洗脱下来的成分易结晶、纯度好,所以在应用大孔吸附树脂分离的天然产物中,皂苷是使用大孔吸附树脂最广泛也是最成功的一类成分。目前已有人参总皂苷、绞股蓝总皂苷、三七总皂苷、黄芪总皂苷、甘草总皂苷等采用大孔树脂技术分离纯化。大孔吸附树脂法已成为替代溶剂法用于皂苷工业生产的一种有效方法。

[实例]吸附树脂 S-038 对绞股蓝皂苷的吸附性　为了提高大孔吸附树脂吸附的选择性,根据皂苷的分子特点难以达到目的,于是从杂质(色素)的特点考虑,研制出一类强极性吸附树脂,如 ADS-7,S-038。该类树脂对皂苷类有较好的吸附性,但对色素的吸附性更强,可在洗脱时将皂苷和色素分离,得到质量很高的皂苷提取物。

如用 S-038 极性吸附树脂从绞股蓝茎叶提取水溶液中吸附绞股蓝皂苷,吸附量可达 65.5 mg/ml,用 70% 乙醇可将绞股蓝皂苷洗脱下来,被吸附的色素再用更强的溶剂洗脱。S-038 的吸附曲线和解吸曲线,见图 10-41,图 10-42。由图 10-41,图 10-42 可见,吸附时绞股蓝皂苷无泄漏,解吸峰也很集中。

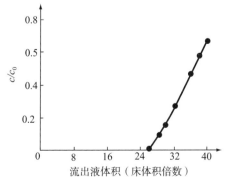

图 10-41　吸附绞股蓝皂苷的泄漏曲线

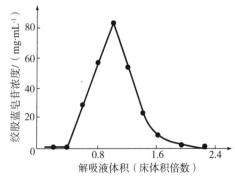

图 10-42　吸附绞股蓝皂苷的解吸曲线

2) 黄酮类化合物的分离　黄酮类化合物是广泛存在于自然界的一类重要的天然有机化合物,具有多样的生物活性。黄酮类化合物常用的分离方法包括 pH 梯度萃取法、色谱法等。但 pH 梯度萃取法除要求黄酮类化合物间具酸性差异外,还存在操作步骤烦琐、有乳化等现象产生、有机溶剂消耗多等不足之处。而大孔吸附树脂已应用于银杏黄酮、黄芩总黄酮、大豆异黄酮、山楂叶总黄酮、葛根黄酮、莘菜总黄酮、地锦草总黄酮、金莲花总黄酮等的分离纯化。由于黄酮类化合物结构中带有酚羟基,易溶于碱溶液中,因酚羟基数目与位置不同,其酸性强度也不同,所以在应用大孔吸附树脂时应考察 pH 对吸附和解吸附的影响。

[实例1]大孔吸附树脂分离银杏叶中黄酮苷和萜内酯 银杏叶为银杏属植物银杏(*Ginkgo biloba L.*)的叶子,其主要有效成分为黄酮苷和萜内酯,在标准提取物中它们的含量应分别不低于 24% 和 6%。该标准来源于溶剂萃取法,而树脂吸附法提取所得的产物纯度高,收率远高于该标准,也使树脂吸附法在中药现代化中的应用受到特别重视。

该法提取工艺简单。工艺的关键是所选择的吸附树脂 Ambeilite XAD-7,Duolite S-761 和国产的 ADS-17 均有很好的吸附性能,都能通过吸附-洗脱一步使黄酮苷和萜内酯达到规定的指标;但这 3 种树脂在性能上有很大差别,所得到提取物的质量也差别很大,见图 10-43。

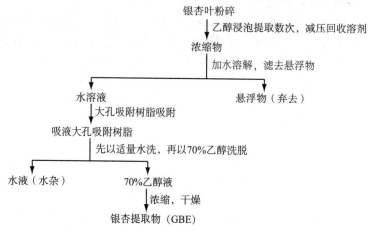

图 10-43 大孔吸附树脂制备黄酮苷和萜内酯的工艺流程

黄酮苷的结构特点是含有多个羟基,能与羰基形成氢键,增加树脂的吸附选择性;而萜内酯只能与含有羟基的基团形成氢键。Ambeilite XAD-7 含有酯基,对黄酮苷的吸附好,可得到含量较高的提取物(≥30%);但对萜内酯的吸附不好,提取物中萜内酯的含量难以达到标准要求。Duolite S-761 对黄酮苷和萜内酯的吸附比较均衡,可以得到符合标准的提取物;但两类成分的含量都不太高。ADS-17 在性能上远超过前两种树脂,不仅能够制备符合标准的提取物,还能制备达到二类新药要求的高含量银杏叶提取物。

利用黄酮苷和萜内酯在分子结构上的差异,通过酰胺型吸附树脂 ADS-F8 可将黄酮苷和萜内酯分离。该树脂对黄酮苷有较强的吸附选择性,对萜内酯的吸附较弱,因此在一定条件下可只吸附黄酮苷而不吸附萜内酯,能分别得到含量为 30% 萜内酯和 60%~80% 黄酮苷的产品Ⅰ、产品Ⅱ。ADS-17 的优点是不需要分步洗脱即可得到高含量的提取物,并且黄酮苷和萜内酯的含量可在 24%~45% 和 6%~10% 任意调节,见表 10-15。

表 10-15 一些大孔树脂在 GBE 提取中的应用效果

吸附树脂型号	GBE 质量分数/%		收率	吸附树脂型号	GBE 质量分数/%		收率
	黄酮苷	萜内酯			黄酮苷	萜内酯	
Duolite S-761	25.7	5.58	3.0	ADS-17	32	8.0	1.9
Diaion HP-20	20.0	5.0	3.0		44	10.3	
AB-8	18.2	4.9	3.2	ADS-F8	—	30(Ⅰ)	
ADS-16	32	8.0	2.0		60~80	—(Ⅱ)	

[实例2]大孔吸附树脂提取沙棘黄酮的实验研究 沙棘黄酮的提取长期以来都是采用溶剂萃取法,现研究不同表面化学和物理结构的吸附树脂对沙棘黄酮的吸附作用,选择具有较高效能的吸附树脂。

——吸附树脂表面化学结构对产品质量的影响　沙棘黄酮类化合物多为黄酮醇类结构,有一定酸性,能够和具有氢键受体的物质形成氢键。如果吸附树脂有一定的化学基团,该化学结构将对沙棘黄酮产品的质量产生影响。

从表10-16可以看出,对沙棘黄酮的吸附起主要作用的是树脂表面的极性,极性越大,产品纯度越高。

——树脂比表面对沙棘黄酮纯度的影响　比表面积的大小直接影响到树脂的吸附能力,尤其对于利用吸附质的疏水性部分与树脂骨架之间的物理吸附作用,即范德华力进行吸附时,吸附剂的比表面积是吸附效果好坏的决定因素。

考察相同的比表面积下,不同极性树脂对吸附的影响,及相同极性树脂在比表面积不同时对沙棘黄酮产物纯度的影响,见表10-17。可知,当树脂比表面积相近时(ADS-5和ADS-8),树脂的极性对吸附起决定作用,极性越大,吸附效果越好;但当树脂的极性相同时,起决定作用的是树脂的比表面积。这说明同时具有高比表面积和强极性的吸附树脂将对沙棘黄酮具有较高的选择性吸附能力。

表 10-16　吸附树脂极性对沙棘黄酮纯度的影响

树脂型号	树脂化学结构	沙棘黄酮纯度/%	产率/%
ADS-5	DVB	14.96	5.27
ADS-8	DVB-MMA	18.01	4.78
ADS-17	MMA	17.11	2.96
ADS-F8	—CO—NH—	24.93	2.56
ADS-7	—N$^+$(CH$_3$)$_3$OH$^-$	29.80	1.67

表 10-17　比表面积对沙棘黄酮纯度的影响

树脂型号	树脂化学结构	比表面积/m$^2 \cdot$ g^{-1}	沙棘黄酮纯度/(%)
ADS-5	DVB	500~600	14.96
ADS-8	DVB-MMA	450~550	18.01
L1	苯乙烯—NH—	100~200	25.75
L2	DVB—NH—	200~300	41.70

3) 生物碱类化合物的分离　生物碱是一类含氮的有机化合物,多数具有碱性且能和酸结合生成盐,多数有较强的生理活性。对于中药中的生物碱,通常提取方法为碱水浸润后用有机溶剂萃取,或用酸水提取结合离子交换树脂纯化。前者常因生物碱含量较低,界面时有乳化等现象导致萃取效率较低;而离子交换树脂与某些生物碱结合力强,用大量的强碱性(pH=12)乙醇-水(7:3)长时间洗脱,生物碱也不能完全洗出,树脂再生的步骤繁琐,用大孔吸附树脂提取分离中药中的生物碱优势显著。

[实例]应用AB-8大孔树脂纯化新乌头碱和乌头总碱　川乌为毛茛科植物乌头(Aconitum carmichaeli Debx.)的干燥母根,为常用中药,有毒,临床上主要用于治疗风湿、类风湿、关节炎等症。川乌发挥药效的主要成分为其所含的生物碱类物质。以川乌总碱和新乌头碱含量为指标,考察川乌提取液在AB-8型大孔树脂中的吸附曲线及最佳洗脱条件,以优选出大孔树脂分离川乌提取液中乌头总生物碱和新乌头碱的工艺条件。

(1) 大孔吸附树脂的筛选　见表10-18。

表 10-18　不同型号树脂对乌头总碱和新乌头碱的吸附量比较

项 目	D101	X-5	AB-8	NKA-9
新乌头碱/mg·g^{-1}	2.20	4.27	4.32	3,35
乌头总碱/mg·g^{-1}	49	100.10	105.05	83.50

从表中可以看出,不同类型的大孔吸附树脂对两指标成分的静态吸附效果有较大的差异。4种树脂中吸附效果较好的为AB-8和X-5。因此,选择吸附效果较好的AB-8树脂进行考察。

(2) 吸附因素的考察

① 吸附等温曲线。将上柱样品液分别稀释成不同浓度的溶液,分别取10 ml稀释液加入到2 g

AB-8型大孔树脂柱上,以2~4倍体积/小时的流速重吸附2次,吸附10 h,收集吸附残液,结果见图10-44。

从图10-44以看出,随着药液浓度的增加,两指标成分的泄漏率逐渐增加。当药液的浓度为1 g生药/毫升(0.2 mg新乌头碱/毫升,5 mg总碱/毫升)时,药液澄清、透明且吸附残液中的新乌头碱和乌头总碱泄漏最少。因此,该实验选择1 g生药/毫升的药液浓度为最佳浓度。

② 吸附动力学曲线。取1 g生药/毫升药液10 ml,加入到2 g AB-8型大孔树脂柱上,以2~4倍体积/小时的流速重吸附2次,分别计算吸附0.5 h,1 h,2 h,3 h,4 h,6 h,8 h,10 h不同时间乌头总碱和新乌头碱的吸附率,绘制吸附动力学曲线,见图10-45。

从图10-45可以看出,随着吸附时间的延长,树脂的吸附率逐渐增大;当吸附时间达到6 h时,吸附率不再增加。故将AB 8树脂的最佳吸附时间确定为6 h。

③ 药液pH的考察。取1 g生药/毫升药液10 ml,用1 mol/L的HCI溶液或1 mol/L的NaOH溶液调pH分别为2,4,6,8,10,12,加入到2 g AB-8型大孔树脂柱上,以2~4倍体积/小时的流速重吸附2次,吸附6 h,计算两种指标的吸附率,见图10-46。

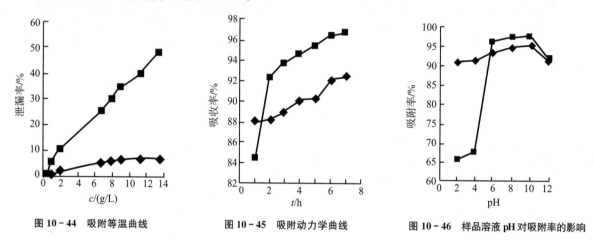

图10-44 吸附等温曲线   图10-45 吸附动力学曲线   图10-46 样品溶液pH对吸附率的影响

从图10-46可以看出药液的pH对AB-8树脂的吸附能力有一定的影响:当药液的pH<10时,树脂对新乌头碱的吸附率随着pH的升高而增大;pH>10后,吸附率有所下降。这说明强酸性和强碱性条件下都不利于新乌头碱的吸附。通过t分布检验,当pH6,pH8,pH10时乌头总碱的吸附率呈显著性差异($P<0.01$),确定药液的pH为10。

综上所述,2 g AB-8树脂吸附两指标成分的最佳条件为样品液浓度为1 g生药/毫升,pH10,吸附时间6 h。在洗脱条件筛选中,为了减少乌头总碱的浪费,选择上样量为8 ml,即树脂质量与样品液的体积比为1:4。

(3) 洗脱条件的考察

① 洗脱液浓度的考察。将吸附好的树脂先用10倍树脂体积量(10 BV)的蒸馏水以(2~4)BV/h的流速洗脱,再用8 BV的15%,25%,35%,45%,55%,65%,75%,85%,95%乙醇洗脱,收集洗脱液,结果见图10-47。

从图10-47可以看出,随着乙醇浓度的增加,乌头总碱和新乌头碱的洗脱率逐渐增大,故确定洗脱液的浓度为95%乙醇。

② 洗脱液pH的考察。将已吸附好的树脂先用10BV的蒸馏水以(2~4)BV/h的流速洗脱,再用8BV的1 mol/L HCI或1 mol/L的NaOH调pH分别为2,4,6,8,10,12的95%乙醇洗脱,收集洗脱液,结果见图10-48。

从图10-48看出,当pH6时,95%乙醇洗脱新乌头碱的洗脱率最高;而洗脱液pH 2~8时,对乌头总碱的解吸率没有显著差异($P>0.05$),确定洗脱液pH为6。

③ 洗脱液体积的考察。由图10-49可以看出,7BV的洗脱液可以把AB-8树脂柱上93%以上的新乌头碱和72%以上的乌头总碱洗脱下来,确定洗脱液用量为7 BV。

（4）验证实验

将 300 ml pH10 的 1 g 生药/毫升的药液通过 75 g 已经装好的树脂柱中(3×55 cm)，以(2～4)BV/h 的流速重吸附 2 次，吸附 6 h 后，先用 10 BV 的蒸馏水以(2～4)BV/h 的流速洗脱，再用 7 BV 的 95％乙醇洗脱，收集洗脱液，结果见表 10-19。

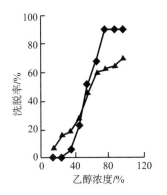

图 10-47　洗脱液浓度考察

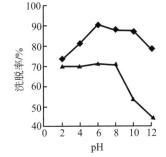

图 10-48　洗脱液 pH 的考察

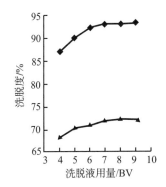

图 10-49　洗脱液体积的考察

表 10-19　验证实验结果($n=5$)

洗脱前/g			洗脱后/g			解吸率/%		收率/%
新乌头碱	总生物碱	总固形物	新乌头碱	总生物碱	总固形物	新乌头碱	总生物碱	
0.06	1.5	28.5	0.058	1.23	3.64	97.02	82	33.80

4）萜及其苷类　萜类化合物是由甲戊二羟酸衍生，且分子式符合$(C_5H_8)_n$通式的衍生物。许多萜及其苷类，如甜菊苷、穿心莲内酯、白芍苷、赤芍总苷等应用大孔吸附树脂分离纯化，已具有相当成熟的工艺路线，纯化效果较好，有的已实现产业化。

［实例1］从甜叶菊中提取分离甜菊苷　甜菊苷存在于菊科植物甜叶菊中，为二萜类化合物，具有甜度高、低热量、无毒性等优良特性，在医药、食品等行业中应用日益广泛。采用通用的分离方法不仅成本高、费时，而且产品质量及回收率也不太理想。近年来，改用大孔吸附树脂法进行分离，取得了较好的效果。分离工艺如下：

甜叶菊干叶 —热水提3次→ 提取液 —OH⁻→ 清液 → D101 树脂床 —碱液洗→ —水洗→ —95％乙醇洗脱→ 洗脱液 —脱色处理→ 结晶

［实例2］大孔吸附树脂提取穿心莲总内酯的研究　穿心莲(Adrographis Paniculate)叶中含有较多的二萜内酯及二萜内酯苷，其中穿心莲内酯为抗炎作用的主要活性成分，用于临床治疗急性菌痢、胃肠炎、咽喉炎和感冒发热等。穿心莲内酯的水溶性较差，用乙醇提取时大量的色素与穿心莲内酯一起被提取出来，使提取物中穿心莲内酯的含量较低。ADS-7 树脂对穿心莲内酯的吸附量较大，易于洗脱，且能与色素杂质分离，产品的纯度和外观较好。

表 10-20 显示，ADS-8 树脂吸附量最大，ADS-7 树脂次之，ADS-16 吸附量最小。ADS-7 树脂解吸液的吸光度相对较小，说明树脂吸附的色素在所用解吸条件下不被洗脱，从而与产品分离。ADS-8 在同一洗脱条件下，色素与穿心莲总内酯一同被洗脱下来，所以洗脱液的颜色较深。

表 10-20　4种大孔吸附树脂吸附穿心莲总内酯效果比较

项　目	ADS-7	S-038	ADS-16	ADS-8
吸附总量/毫升	260	240	140	340
流出液吸光度 A_{420}	0.044	0.088	0.150	0.280
洗脱液吸光度 A_{420}	0.310	0.261	0.486	2.46
产品质量/克	0.189 1	0.151 9	0.047 2	0.339 7
产品颜色(浓度 1 mg/ml) A_{420}	0.044	0.034	0.244	0.247
产品中穿心莲总内脂含量/%	25.60	14.71	20.80	20.57

5) 色素的分离　中药尤其是地上部分的提取物中常含有许多色素,这些色素不仅影响有效部位的质量,还影响药品的外观,采用一些常规方法将它们除去比较困难,但用大孔吸附树脂有时则可以获得良好的效果。

如人参皂苷存在脱色较难的问题,采用极性吸附树脂 ADS-7 可使此问题大大简化。用粗品人参皂苷配成 4% 的溶液(呈棕色),用 ADS-7 吸附,然后用 70% 乙醇解吸,人参皂苷被解吸下来,色素则被留在树脂上。ADS-7 可起到吸附和脱色双重作用,使工艺变得比较简单。把洗脱液蒸干,得纯度很高的白色或微黄色人参皂苷。

由于合成食用色素多为焦油类物质,含有苯环或萘环,对人体都有不同程度的伤害,有的甚至有致癌或诱发染色体变异的作用;而天然色素具有安全可靠,色泽自然,不少品种兼有营养和药理作用的特点,因此有着广阔的发展和应用前景。大孔吸附树脂对多种天然色素具有良好的吸附和纯化效果,在天然色素的提取方面有了越来越多的应用。目前已有用大孔吸附树脂提取茄子皮红色素、爬山虎红色素、玫瑰茄红色素、紫甘蓝色素、桑椹红色素的报道。

2. 在中药复方精制中的应用

中成药多是中药复方制剂,传统的中药复方制剂提取纯化工艺相对比较粗糙,一般而言,中药复方经水煮后收膏率为 30%,水提醇沉后约为 15%。该类方法出膏率高,服用量大,所含成分不明确,因此,实现中药现代化的关键就是中药复方制剂的有效部位(群)及有效成分的提取、分离及纯化。通过现代分离技术对中药复方进行纯化后,可除去大量无效杂质,使中药复方有效部位(群)或有效成分(群)的含量(纯度)提高 10～14 倍,临床用药剂量下降 60%～70%,有非常显著的"去粗取精"效果。通过大孔吸附树脂技术得到的中药复方中间体不仅体积小,不易吸潮,而且更易制成剂量小、服用方便、便于携带、外观较好、制剂质量易于控制的产品,有利于粗、大、黑的中药复方制剂制成现代中药制剂。

树脂分离技术用于中药复方分离纯化时,具有以下应用特点。

1) 树脂型号不同,对中药复方有效部位(群)或有效成分(群)的吸附选择性不同。

[实例 1]不同大孔吸附树脂对复方脑脉康提取物吸附容量比较　复方脑脉康由黄芪等中药组成,以黄芪甲苷为指标,不同类型吸附树脂对复方脑脉康提取物的吸附量有差别。非极性大孔树脂吸附总苷时好于极性大孔树脂,同一类型树脂中改进型 HPD101 好于原 D101,见表 10-21。

表 10-21　不同大孔吸附树脂对复方脑脉康提取物的吸附量

树脂型号	吸附量/ mg·g⁻¹	树脂型号	吸附量/mg·g⁻¹
HPD101	0.016 8	D101	0.013 1
HPD500	0.015 9	1300-1	0.014 2
HPD600	0.015 2	1300-66	0.013 7
AB-8	0.015 6		

2) 同型号树脂对中药复方有效部位或有效成分的吸附选择性不同。

[实例 2]大孔树脂吸附纯化中药复方特性研究　研究表明,复方中各味药材分煎液分别上同一大孔吸附树脂柱纯化,其不同有效部位均可不同程度地被同一树脂吸附纯化。能否用同一种树脂吸附纯化中药复方的混煎液为人们所关注。为此选用了一个含有生物碱、蒽醌、皂苷等由黄连、大黄、知母等药材组成的中药复方为样品,进行吸附纯化工艺和特性研究,以探索树脂纯化中药复方的可行性与规律。

以黄连小檗碱为代表进行生物碱吸附纯化特性研究,以知母中菝葜皂苷元为指标成分,研究皂苷的吸附纯化特性。以大黄总蒽醌为代表进行蒽醌吸附纯化特性研究,见表 10-22。

表 10-22　LD605 型树脂不同洗脱液中各指标成分的收率　　　　　　　　　　　　(%)

样品	有效部位	收　率				
		浸出液	流出液	水洗液	50%醇洗液	95%醇洗液
黄连	生物碱	100	12.64	6.94	80.05	0.42
大黄	蒽醌	100	4.04	7.19	82.80	3.85
知母	皂苷	100	—	—	98.04	—

在同一型号大孔吸附树脂上,不同中药有效部位的吸附能力不同,主要体现在以下几个方面。①不同成分吸附能力的高低在同一型号树脂的比上柱量和比吸附量的大小上体现出来。②在固定的纯化条件下,上柱洗脱成分保留率高,说明在过柱后流出液和水洗液中成分损失率较小,因而成分吸附更牢固。

对实验中涉及的中药有效部位在同一型号树脂上吸附能力的大小进行排序,生物碱、蒽醌和皂苷的吸附能力大小依次为:皂苷＞蒽醌＞生物碱。

3) 树脂对中药复方有效部位(群)或有效成分(群)的吸附性能受到多种因素影响。

(四) 大孔吸附树脂的应用前景

大孔树脂吸附作为一种有效的分离手段,在中药有效成分的提取、分离、富集上得到运用,并取得了良好的效果。进行的大孔树脂苯系列残留物分析研究又表明了大孔树脂提取中药是安全可靠的。在中草药的研究中,根据化合物更细致的结构类型开发研制高选择性的树脂,提高中草药有效成分分离效率,快捷、省时、低成本是一种趋势。

但由于大孔吸附树脂在中草药化学成分纯化分离中的应用时间还比较短,许多应用规律尚未完全清楚,而且目前该分离技术在工业化进程中还存在一些实际应用问题——例如,国产树脂型号众多,质量变化较大,无统一药用标准;刚性不强,易破碎,混入药液易造成二次污染;致孔剂等合成原料或溶剂不易去除,安全性有待评价;对于树脂预处理方法、再生条件、树脂吸附和解吸附性能判断、残留物检查等还缺乏工艺条件研究的规范性方法和技术要求等。因此,该技术尚有许多不足和欠缺,有待于进一步完善和规范化。大孔吸附树脂技术的缺点在于吸附效果受流速和溶质浓度影响。随着广大药学工作者的不断探索、累积经验以及性能更加优越的树脂的不断问世,其在药学领域的应用将更加广泛。

六、膜分离技术

1948 年,Abble Nelkt 首先创造了 osmosis 一词,用来描述水通过半透膜的渗透现象,由此开始了对膜过程的研究。自 20 世纪 50 年代膜技术问世以来,微滤膜、离子交换膜、反渗透膜、超滤膜、气体膜分离等相继得到广泛应用。各国政府对膜技术的研究开发都非常重视。美国、德国、日本等国家投入巨资对膜技术进行开发研究。膜分离技术的应用在我国已有 30 多年的历史。由于其可在维持原生物体系环境的条件下实现分离,并可高效地浓缩、高集产物,有效地去除杂质,加之操作方便,结构紧凑,能耗低,过程简化,无二次污染,且不需添加化学物品,正逐步成为医药工业的基本单元操作过程,并与常规分离、精制方法,如离心、沉降、过滤与萃取等相竞争。

(一) 概述

1. 膜分离技术的原理
膜分离技术是利用有选择透过性的薄膜,以压力为推动力实现混合物组分分离的技术。

2. 膜的分类、特征与应用范围
以膜为滤过介质,按所能截留的微粒最小粒径可分为 4 类。

1) 微孔滤过膜　所截留的粒径范围为 0.05~10 μm。用于除去溶液中悬浮物,生产中主要用于空气过滤、无菌过滤、溶液的预过滤及发酵液过滤等。

2) 超滤膜　在透过溶剂的同时,透过小分子溶质,所截留的粒径范围为 0.01~1 μm。超滤技术现已广泛用于医药、化工、食品和轻工业等领域,特别是在中草药制剂中的应用,如制备中药注射液、精制中药提取液等,正逐步显示出其明显的优势和突出的特点。

3) 反渗透膜　与前述膜分离技术的不同在于其膜表面没有孔道,溶解的无机盐及小分子物质通过溶解扩散方式而透过膜,所分离的物质粒径不超过 1 nm。反渗透法由于具有耗能低、水质高、设备使用与保养方便等优点,许多生物技术公司已将其代替蒸馏法,并可达到药典双蒸水要求。

4) 纳滤膜　是介于反渗透膜与超滤膜之间的一种由压力驱动的新型分离膜。纳米过滤的特点有二:①在过滤的过程中,能截留小分子的有机物并可同时透析出盐,即集浓缩与透析为一体。②操作压力低。因为无机盐能通过纳滤膜而盐析,使得纳滤膜的渗透压远比反渗透为低,这样在保证一定的膜通量的前提下,纳

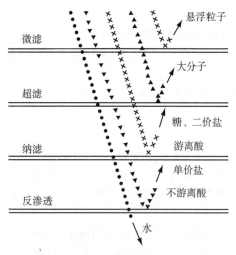

图 10-50 4 种膜分离技术分离的特征图

滤过程所需的外压就比反渗透低得多,可节约动力。鉴于以上特点,这种膜分离过程在工业流体的分离纯化,如食品、制药、生物化工及水处理等许多方面有很大的应用潜力。

以上 4 种膜分离技术的分离特征,见图 10-50。

3. 膜分离技术与萃取技术、离子交换分离技术的比较

1) 膜分离技术在常温下操作,可避免组分受热,无相变,不破坏主要成分。

2) 膜分离技术在操作过程中不混入其他杂质,避免了萃取过程中有机溶剂的夹带对组分的影响。

3) 在整个过程中不引入酸、碱性物质,避免了许多生物活性物质因受 pH 影响而失去活性,从而比离子交换树脂的应用更广泛。

4) 在膜滤过程中可同时进行物质的分离、提纯和浓缩,既节省了时间又提高了生产效益。

5) 设备简单,操作方便,流程短,耗能低,具有显著的经济效益,同时又无二次污染,利于环境保护,具有巨大的社会效益。

6) 不使用有机溶媒及化学处理,可保持中药方剂原方配伍的特点。

7) 膜分离技术由于膜材料价格昂贵,生产成本较高,且生产中需较大的压力设备,使其在工业中的应用受到一定限制。

4. 微滤和超滤

微滤和超滤都是在压差推动力作用下进行筛孔分离过程。对它们的研究始于 20 世纪 20 年代的德国,1918 年,Zsigmondy 等人首先提出以商品规模生产硝化纤维滤膜的方法,并于 1921 年获得专利。1925 年,在哥丁根(Gottingen)成立了世界第一个滤膜公司——Sartorius Gmb,专门生产和销售滤膜。第二次世界大战后,英、美等国对此展开深入研究,推动其迅速发展。目前,膜过滤以其无相变、能耗低、设备简单、占地少等明显优点而受到普遍关注。微滤为所有膜滤中应用最广、经济价值最大的技术,其总销售额高于其他膜滤技术的总和,1988 年已近 75 亿美元,其中 Millipore 公司占半数以上,主要用于制药行业的过滤、除菌和电子工业用超纯水的制备。超滤自 60 年代以来,很快从实验规模的分离手段发展成为重要的工业单元操作技术,日益广泛地被用于食品、医药、水处理及新兴的生物技术等领域。

(二) 微滤

目前中药制药领域的微滤技术主要以高分子有机膜和无机膜为滤材,多用于提高注射剂的澄清度和热敏性药物的除菌以及改善液体制剂澄清度,在提高浓缩和干燥效率、提高颗粒剂固体制剂质量、超滤工艺的预处理技术等方面也具有很好的发展前景。

1. 微滤膜的结构、性能及膜材的分类

1) 结构 微滤膜多数为对称膜。其中最常见的曲孔型(tortuous pore)结构类似于内有相连孔隙的网状海绵。另外,还有一种毛细管型(capillary pore),膜孔形呈圆筒状垂直贯通膜面,该类孔隙率低于 5%,但厚度仅为曲孔型的 1/15。也有非对称的微滤膜,膜孔呈截头圆锥体状贯通膜面,过滤过程中,原料液流经膜孔径小的一面,能进入膜内的渗透液将沿着逐渐加大的膜孔流出,这种结构可促进传质并防止膜孔堵塞。

2) 性能 微滤膜的基本性能包括隙率、孔结构、表面特性、机械强度和化学稳定性等。其中孔结构和表面特性对使用过程中的膜污染、膜渗透流率及分离性能(即对不同溶质的截留率)具有很大影响。

表征微滤膜分离特性的参数通常用膜孔径。微孔膜孔径测试方法较多,大体可分为直接法和间接法两种。直接法有电子显微镜扫描法,间接法有压汞法、泡压法、气体流量法、已知颗粒通过法等,都是根据多孔体的各种物理性质并按照有关公式换算出孔径。由于膜孔形状十分复杂,所测孔径数值往往误差很大,即使是对同一种微孔膜进行测定,不同方法所得孔径数据也不完全相同。因此,通常是尽量结合实际使用状态来测定孔径。商品膜在标出孔径的同时,一般都注明孔径测试方法。

3) 膜材的分类 膜材料包括有机高分子膜材料和无机膜材料两大类。

有机高分子膜包括纤维素酯类、聚砜、聚氯乙烯、聚酰胺等。

无机膜可分为金属膜材料和陶瓷膜材料。陶瓷膜材料包括 Al_2O_3，ZrO_2，TiO_2，Sio_2 等氧化物以及氮化硅、碳化硅等非氧化物。

2. 国内外主要微滤膜和组件产品简介

国内外产主要微滤膜及其组件性能列于表 10-23 和表 10-24。

表 10-23　国产主要微滤膜及其组件性能

单　位	类　型	膜 材 料	膜 孔 径/微米
国家海洋局杭州水处理中心	折叠滤芯、平板滤膜	CN-CA,PAN	0.22~70
无锡市超滤设备厂	折叠滤芯、平板滤膜	CN-CN,CA-CTA	0.22~0.8
无锡化工研究院	折叠滤芯、平板滤膜	CA-CTA	0.22~0.8
核工业部八所	折叠滤芯、平板滤膜	CN-CA	0.22~1.0
庆江化工厂	平板滤膜	CN-CA,CA,尼龙	0.2~10
上海医工院	平板滤膜	CN-CA	0.2~3.0
旅顺化工厂	平板滤膜	PSA	0.2~0.8
辽源市膜分离设备厂	平板、管式	PSA	0.1~3
原机电部北京第十设计研究院	蜂房滤芯	PP,棉纤维	0.8~75
原化工部南通合成材料实验厂	折叠滤芯、平板滤膜	尼龙-66	0.2~0.8
苏州净化设备厂	平板滤膜	CN-CA	0.2~3.0
上海第十制药厂	平板滤膜	CN-CA	0.2~3.0
上海集成过滤器材厂	折叠滤芯、平板滤膜		
中科院大连化物所	平板滤膜	PSA	0.2~0.8
中科院高能物理所	平板滤膜	PC	核孔膜
天津工业大学(原天津纺织工学院)	中空	PP	
东华大学(原中国纺织大学)	中空	PP	

注：CN—硝酸纤维素；CA—乙酸纤维素；PAN—聚丙烯腈；CTA—三乙酸纤维素；PSA—聚丙烯酸钠；PP—聚丙烯；PC—聚氯丁烯

表 10-24　国外产主要微滤膜及其组件性能

公　司	类　型	膜 材 料
A/G Technology	中空	PS
Akzo (Enka Division)	中空、平板	PP、尼龙 6
Alcan	平板	陶瓷
Alcoa	管式	陶瓷
Amicon (W. R. Grace)	中空	PS
Asahi	中空	PP,PTFE
Hoechst	中空	PP
Celanese	平板	PP
Ceramen	整块	陶瓷
Cuno (Commercial Intertech)	平板	尼龙 66,PTFE
DDS	平板	PS,PVDF
Dominick Hunter	平板	CA-CN,尼龙 66,PTFE
Filterite (Merntec)	平板	PS,PTFE
Fuji	平板	PS
Gelman Sciences	平板	CTA,CA,CA-CN;PVC,PS,PVDF,PTFE.尼龙 66,PP,PAA
W. L. Gore	平板、管式、	PTFE
Kinetek Systems	中空	PS
Kuraray	中空	PVA
Microgon	中空	CA-CN
Mitsubishi Rayou	中空	PP,PE
Millipore	中空、管式	陶瓷,CA-CN,PVDF,PC,PTFE
MFS	平板	CN,CA,CA-CN,PTFE
MSI	平板	CA/CN,尼龙 66
Nitto Denko	平板	PTFE
Nuclepore (Costar)	平板	PC,PE
Pall	平板	尼龙 66,PTFE,PVDF
Poretics	平板	PC,PE
Sartorius	平板	CA,CN,PTFE
SchieicherSchuell	平板	CA,CN,CA-CN,PTFE
Whatman	平板	CN,CA-CN,PTFE
X-FlowB. V.	中空	PS,PE

注：PS—聚苯乙烯；PTFE—聚四氟乙烯；PVDF—聚偏二氟乙烯；PVC—聚氯乙烯；PE—聚乙烯

3. 微滤操作模型

1) 无流动操作(deadend)　在无流动操作中,原料液置于膜的上游,在压差推动下,溶剂和小于膜孔的颗粒透过膜,大于膜孔的粒子则被截留,该压差可通过原料液侧加压或透过压侧抽真空产生。随着时间的增大,被截留颗粒将在膜表面形成污染层,使过滤力增加,在操作压力不变的情况下,膜渗透流率随之下降,见图 10-51a。因此,无流动操作只能是间歇性的,必须周期性地下来清除膜表面的污染层或更换膜。

无流动操作简便易行,适合实验室等小规模场合。对于固含量<0.1%的料液通常采用这种形式;固含量在 0.1%~0.5%的料液需进行预处理;而对固含量>0.5%的料液通常采用错流操作。

2) 错流操作　微滤的错流操作在近 20 年来发展很快,有代替无流动操作的趋势。这种操作类似于超滤和反渗透,见图 10-51b。原料液以切线方向流过膜表面,在压力作用下通过膜,料液中的颗粒则被膜截留而停留在膜表面形成一层污染层。与无流动操作不同的是,料液流经膜表面时产生的高剪切力可使沉积在膜表面的颗粒扩散回主体流,从而被带出微滤组件使该污染层不再无限增厚而保持在一个较薄的稳定水平。因此,一旦污染层达到稳定,膜渗透流率就将在较长一段时间内保持在相对较高的水平。

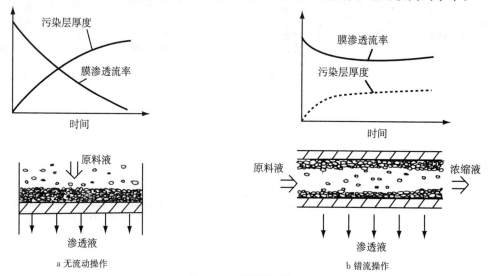

图 10-51　微滤操作模型

4. 微滤技术用于精制中药水提液的研究

中药复方水提液中含有较多的杂质如极细的药渣、泥沙、纤维等,同时还有大分子物质,如淀粉、树脂、糖类及油脂等,使药液色深而浑浊,用常规的过滤方法难以去除上述杂质。醇沉工艺的不足,使总固体和有效成分损失严重,且乙醇用量大,回收率低,生产周期长,已逐渐被其他分离精制方法所替代。高速离心技术通过离心力的作用,使中药水提液中悬浮的较大颗粒杂质,如药渣、泥沙等得以沉降分离,是目前应用最广的分离除杂方法之一;但对于药液中非固体的大分子物质、高速离心法的去除效果并不十分理想,同样存在一定的适应性和局限性。因此,在此基础上,微滤技术利用筛分原理分离大小为 0.05~10 μm 的粒子,不仅能除去液体中的小固体粒子,而且可截留多糖、蛋白质等大分子物质,具有较好的澄清除杂效果。

[例]无机陶瓷膜微滤技术精制柑橘口服液

仪器型号　W-TF-5.25 型无机膜微滤机(武汉协力过滤技术有限公司生产)。

操作模型　错流操作。

技术参数　膜材质(孔径大小、孔隙率、表面特性等)、工作压力、表面流速、工作温度等,见表10-25,表10-26。

评价指标　水提液微滤前后的性状、总固体量、指标成分(甘草酸)含量实验研究。

1) 膜通过衰减变化的考察　将提取液放冷至室温,以错流方式进行循环微滤,以时间(min)为横坐标,膜通量(ml/min)为纵坐标,绘制膜通量衰减变化图,见图 10-52。

在微滤过程中,开始 5~10 min 膜通量下降很快,40 min 后逐渐趋向稳定,平均膜通量为 369 ml/min。

2) 膜通量大小的影响因素　膜通量大小与膜材料的选择、微滤操作条件、提取液性质等因素有关。

表 10 - 25　无机膜性能参数表

性　能	参　数
膜材质	生化制药澄清专用膜
相对密度	2.5
吸水率/%	15
气孔率/%	35
耐压强度/MPa	1
pH	1～14
温度/℃	−10～35
组件材质	SUS304 或 316L 不锈钢
密封圈材质	硅（氟）橡胶
膜组件形式	一芯、七芯、十九芯

表 10 - 26　W - TF - 5.25 型无机膜过滤系统主要性能系数

性　能	参　数
过滤面积/m^2	5.25
透水率/L·h^{-1}	1 500
透药率/L·h^{-1}	300
截留率/%	95
工作压力/MPa	0.05～0.5
工作温度/℃	10～45
最高耐受温度/℃	100
pH	1～14
泵	进口多级加压泵 8 kW
电器控制箱	高频调速

（1）膜材料的选择　在保证截留率的前提下，为获得较高的膜通量，常选用大孔径膜。但实际应用中发现，膜孔太大更容易使滤膜被颗粒堵塞而影响通量；膜孔太小又会增加膜过滤阻力而影响膜通量。针对该处方中所需保留成分相对分子质量大小以及大分子胶体杂质的粒径（0.1～1 μm），选择平均孔径为 0.2 μm 的膜材。

（2）微滤操作条件的筛选　工作压力、温度、流速等条件均会影响膜通量大小。选择适当的操作压力和温度，可避免增加膜表层或膜孔中沉淀层的厚度和密度，防止膜通量的下降；适当增加药液流速，能减薄边界层厚度，提高传质系数，从而提高膜渗透流率，即膜通量。

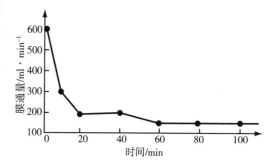

图 10 - 52　柑橘口服液的膜通量衰减图

（3）提取液性质　提取液的浓度、黏度、pH、微粒含量等都会对膜通量造成影响，因此在微滤前需预先过滤，除去液料中的大颗粒，减小对膜孔的堵塞。若药液浓度、黏度太高，需要适当稀释，才可进行微滤操作。

3）微滤效果的考察及评价　经试验考察，证明在 50 ℃ 以下、压力为 0.3 MPa 时具有较高和较稳定的膜通量。待药液温度降至 50 ℃ 以下，调节操作压力为 0.3 MPa，进行错流式循环微滤，定时对滤前液和滤过液取样分析，并记录操作压力、表面流速、药液温度等参数。待药液滤至原液的 70%～80% 时，加入药材 2 倍量的蒸馏水，继续微滤。待微滤液收集至原液质量的 90% 以上时，停止微滤。截留液称重，取样后弃去；总微滤液称重，取样后浓缩备用。微滤结果及评价，见表 10 - 27。

表 10 - 27　柑橘口服液中甘草微滤效果的评价

项　目	微滤前	微滤后	项　目	微滤前	微滤后
性状	灰黄色浑浊	黄色透明	总固体除去率/%	30.81	
总固质量分数/g	197.04	121.07	指标成分损失率/%	25.11	
指标成分质量分数/g	60.25	45.12			

4）膜的清洗及膜再生能力的考察　微滤膜使用后需进行反冲和清洗，以恢复膜通量，使膜再生且可供反复使用。

微滤膜清洗方法通常分为物理方法和化学方法。物理方法是指采用高速流水冲洗，海绵球机械清洗、反冲等方法去除污染物；化学清洗剂的选择和清洗方法则根据原料液的性质（pH、浓度等）而确定。对于大多数中药水提液，一般采用 1%～3%NaOH 溶液清洗 30 min 可获得较满意的效果。对于受严重污染的膜，在 NaOH 溶液清洗的基础上，再采用清洗剂可获得较满意的清洗效果。

柑橘口服液处方的中药提取液经微滤后，为恢复膜再生能力，采用物理和化学的清洗方法，清洗微滤膜，并以膜通量的恢复率作为评价指标,考察膜的再生能力。清洗情况,见表 10 - 28。

表 10 - 28　柑橘口服液微滤后膜的清洗及再生情况

膜初始水通量/L·h⁻¹	清洗前膜通量/L·h⁻¹	清洗方法	清洗后膜通量/L·h⁻¹	膜通量恢复率/%
1 500.0	350.0	①	733.5	48.9
		①+②	1 332	88.8

注:①用蒸馏水 10kg 冲洗;②用 1%NaOH 6kg 清洗

(三) 超滤

超滤(uitra filtration,UF)是指在常温下,利用不对称微孔结构和半透膜分离介质,料液以一定的压力和流量以错流方式进行过滤,使溶剂及小分子物质通过,高分子物质和微粒,如蛋白质、水溶性高聚物、细菌等被滤膜阻留,从而达到分离、纯化、浓缩的目的。发展最快的新型膜分离技术是膜分离技术在中草药应用中的具体体现。

1. 超滤的基本原理

1) 超滤膜结构　超滤膜是超滤技术的关键。大多数超滤膜是一种具有不对称结构的多孔膜,膜孔径一般从几纳米(nm)到几十纳米(nm),截留物相对分子质量范围一般为 500~50 万。膜的正面有一层起分离作用的较为紧密的薄层,称为有效层,其厚度只占总厚度的几百分之一,其余部分则是孔径较大的多孔支持层。

2) 超滤膜滤过机制　超滤法的基本机制是膜孔径选择性筛分作用。在超滤时,由于超滤膜上存在极小的筛孔,能将大于孔径的物质阻留在膜前而让溶剂和小分子物质通过,从而起到分离不同相对分子质量物质的效果。

3) 超滤膜膜面的浓差极化现象　在超滤过程中,被截留而沉淀在膜面的大分子物质常形成一层等高度的凝胶层,使膜的透过速度和截留性能均受到很大影响,严重时可使超滤无法进行,这就是在其他过滤方式中也存在的所谓浓差极化现象。

4) 克服膜面浓差极化现象的方法　为改善膜面的这种情况,恢复膜的通透性,可采用以下方法:

(1) 超滤前将药液进行粗滤、离心等预处理,去除黏性物质。

(2) 加强搅拌和振动膜前液体,使凝胶层减到最低限度,但该法没有改变加压和液体流动的方向,收效不太大。

(3) 采用切向流过滤方式,即让料液沿着与膜平行的方向流动,小于超滤膜孔径的小分子物质透过滤膜,被膜截留的大分子物质沿膜面流过,可以冲走容易凝集在膜面的微粒和大分子物质,有效地防止膜面的浓差极化现象。

2. 超滤的功能

超滤技术具有广泛的用途,其中中药制剂生产中的应用具体体现了精制、富集、浓缩的 3 大功能。当以超滤液为产品时,截留去除大分子物质,实现溶液的澄清,达到精制的目的,同时,由于除去了杂质成分,又实现了有效组分的富集;当以截留的浓缩液为产品时,切割掉不需要的小分子成分,所截留的大分子物质保留下来,达到了浓缩的目的。

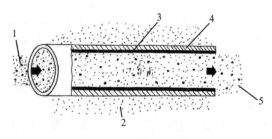

图 10 - 53　管式膜(KOCH)
1.原料液;2.过滤液;3.过滤膜;4.刚性支撑管;5.浓缩液

3. 超滤器的膜组件应用形式及其适用范围

1) 分类

(1) 管式　易清洗,无死角,适宜于处理含固体量较多的料液,保留体积大,单位体积中所含过滤面积较小,压力较大,见图 10 - 53。

(2) 中空纤维式　将中空纤维状超滤膜集束封入筒中而成。其组件单位容积中可容纳膜面积特别大,且保留体积较大,单位体积中所含过滤面积大,见图 10 - 54。

(3) 卷式　单位体积中所含过滤面积大,更换新膜容

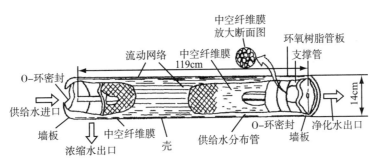

图 10-54　中空纤维膜组件

易,操作压力可较高,流速快,见图 10-55。

　　(4) 平板式　保留体积小,能量消耗界于管式和卷式之间,死体积大,见图10-56。

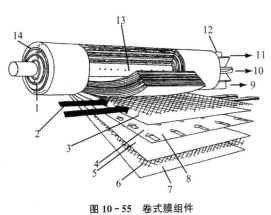

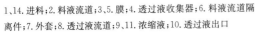

图 10-55　卷式膜组件

1、14. 进料;2. 料液流道;3、5. 膜;4. 透过液收集器;6. 料液流道隔
离件;7. 外套;8. 透过液流道;9、11. 浓缩液;10. 透过液出口

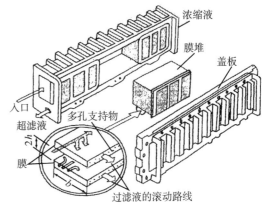

图 10-56　平板式膜组件

　　(5) 离心管式　用于生物技术中小量样品处理或分析用,在普通小型离心机上使用,操作方便,一次性使用。

　　(6) 注射针筒式　用于小量样品处理,手推操作,快速简便。

　　(7) 空气加压式　接高压氧气或氮气瓶,用于小体积样品操作。

　　2) 中空纤维超滤器的应用　中空纤维超滤器结构紧凑,具有膜面积大、流速快、分离效率高、工艺简单、操作方便、投资小、效益高等诸多优点,适于大规模生产中使用。有人应用中空纤维超滤器制备南方参茶,采用截留相对分子质量 2 万的超滤膜,有效去除了鞣质、淀粉、蛋白质、树脂等杂质大分子物质,提高产品透明度,较好地解决了产品储存期浑浊、沉淀等问题。

　　又如在生脉饮口服液超滤技术的研究中,采用中空纤维超滤器进行超滤精制,药液经超滤后由棕色变为浅棕色,制剂总固体、总黄酮、总多糖、总有机酸含量均高于传统的水提醇沉工艺,且损失较少(各成分分析比较见表 10-29)。经加速试验后,超滤技术制备的生脉饮口服液仍为澄清透明,无沉淀生成;而原醇沉工艺所制备的产品放置 6 个月左右开始有不同程度的沉淀产生,并有乳光出现。

表 10-29　两种不同工艺制备的生脉饮口服液成分与水提原液成分比较

样品成分	总固体/%	总黄酮/mg·ml⁻¹	总多糖/mg·ml⁻¹	总有机酸/mg·ml⁻¹
水提原液组	31.5	0.123	2.45	33.7
水提醇沉法	19.1	0.094	1.21	29.9
超滤澄清法	29.0	0.116	2.30	32.3

3）中空膜与卷式膜的性能比较 中空纤维由于具有过滤面积大的优点，是目前国内规模生产中应用最多的超滤膜。但在使用中也存在某些缺点，如受震动后两头纤维易产生破裂；由于纤维丝特别多，难于发现、查找，造成生产中诸多问题和不便。而卷式超滤膜其耐压性、安全性、使用寿命等均优于中空膜，近年来许多价格高、规模大的超滤器产品已向卷式膜方向转化。中空纤维超滤膜与卷式超滤膜的性能比较，见表10-30。

表 10-30 中空纤维膜与卷式膜性能比较

性 能	中 空	卷式或板式	性 能	中 空	卷式或板式
价格	底	高	流速	高	高
耐压性/MPa	≤0.2	≥0.2	寿命	3～6个月	1～2年
安全性	低	可靠、可检测			

4）国内外主要超滤膜和组件产品简介 超滤在我国近30余年来发展很快，目前已有20多个研究单位和30多个厂家从事超滤膜的研究和生产，年产值达数百万元。我国超滤膜的品种与国外先进国家相比差距不大，但膜质量（如孔径分布、截留率等）与产品的系列化和标准化方面尚有较大差距。现将国内外主要超滤膜及其组件性能列于表10-31和表10-32。

表 10-31 国产主要超滤膜和组件性能

单 位	类 型	膜 材 料	膜孔径(微米)
国家海洋局杭州水处理中心	卷式，平板	CA,CTA,PAN,PS,PSA,PES,PVDF	5～10
天津工业大学(原天津纺织工学院)	中空	PS	6～50
中科院大连化物所	中空，平板	PS,PSA	10～100
中科院生态环境研究中心	中空，平板，管式	PS,PSA	10～100
上海纺织科学研究院	中空	PS	6～25
无锡市超滤设备厂	平板，管式	CA,PAN,PVC,PS,PSA	3～150
常德能源设备厂	中空	PS	6～50
辽源市膜分离设备厂	卷式，中空，平板，管式	PS,CA,PAN,PSA	3～10
湖州水处理设备厂	牛空，平板，卷式	PS,CA	6～100
武汉仪表厂	中空	PS	6～1 000
山东招远膜分离设备厂	中空	PS	6～100
沙市水处理设备厂	管式	CA,PS,PSA	10～100
余姚膜分离设备厂	平板		
中科院上海原子核研究所	平板，卷式，圆盒式	PEK,SPS,PSPAN	4～70
中科院高能物理所	平板、卷式，圆盒式	PC	核孔膜

注：PES—聚酯；PEK—聚醚酮

表 10-32 国外产主要超滤膜和组件性能

公 司	类 型	膜 材 料	截留相对分子质量(×10³)
Alcoa/Membralox	管式	γ-氧化铝-α-氧化铝	
Amicon	盘式、中空、卷式	PS,PVDF,PAV	1～100
Asahi	中空	PAN	6～7
Daicel	平板,管式	PAN,PES	5～40
DDS	平板	CA,PS,TFC	6～30
Desalination SystemsINC/DSI	卷式	PS,TFC	35～500
Fluid Systems	卷式	PES	6～10
Koch Membrane Systems	卷式,管式	PES,PVDF	1～600
Nitto/Hydranautics	卷式、管式、中空	PS,PO,PI	8～100
Osmonics/Sepa	卷式	CA,PS,PF	1～100
Rhone-Poulene/Iris	平板	PAN,PVDF,SPS	10～25
Romicon	中空	PS	1～100

4. 超滤膜的操作模型及其特点与适用范围

超滤器包括重过滤、间隙错流和连续错流3种，其各自分类、图示、特点和适用范围，见表10-33。

表 10-33　超滤器操作模型及适用范围

操作模型		图　示	特　点	适用范围
重过滤	间歇		设备简单、小型，能耗低，可克服高浓度料液渗透流率低的缺点，能更好地去除渗透部分；但浓差极化和膜污染严重（尤其是在间歇操作），要求膜对大分子的截留率高	通常用于蛋白质、酶之类大分子的提纯
	连续			
间隙错流	截留液全循环		操作简单，浓缩速度快，所需膜面积小；但全循环时泵的能耗高；采用部分循环可适当降低能耗	通常被实验室和小型中试厂采用
	截留液部分循环			
连续错流	单环（无循环）		渗透液流量低，浓缩比低，所需膜面积大；组分在系统中停留时间短	反渗透中普遍采用，超滤中应用不多，仅在中空纤维生物反应器、水处理、热精脱除中有应用
	截留液部分循环		单级操作始终在高浓度下进行，渗透流率低，增加级数可提高效率，这是因为除最后一级在高浓度下操作，渗透流率最低外，其他级操作浓度均较低，渗透流率相应较大；多级操作所需总膜面积小于单级操作，接近于间歇操作，而停留时间、滞留时间、所需储槽均少于相应的间歇操作	大规模生产中被普遍使用，特别是在食品工业领域
	多级			

5. 超滤的工艺条件与技术参数

为提高超滤的质量和效果,同时为超滤工艺条件的选择和技术参数的确定提供合理、可靠的依据,应从以下几个方面考虑和分析影响超滤效果的因素。

1) 超滤膜的选择　超滤膜是超滤系统装置中的核心部分,选择适宜的超滤膜是影响超滤质量的关键,膜材质及其截留值大小是在应用超滤技术时首先所要考虑的问题。

(1) 超滤膜材质　就国内常用的膜来看,有醋酸纤维酯类、聚砜、聚丙烯腈等,以及使用较少的聚四氟乙烯、尼龙等。了解和选择适宜的膜材质可以保证所滤药液的稳定性,同时也可避免药液对膜的腐蚀所引起膜的破损脱落。几种常用膜材质的化学、物理适应性,见表 10 - 34。

表 10 - 34　常用膜材质化学、物理适应性

膜　材	耐 pH 范围	耐热性/℃	耐溶剂范围及其他性能
聚砜	1～13	−100～150	溶于芳香烃和氯代烃,丙酮中溶胀,对热原有较强的吸附作用
聚丙烯腈	1～13	120	溶于二甲基甲(或乙)酰胺中,具有抗微生物侵蚀性能,不易为微生物降解
二(或三)乙酸纤维酯	4～7.5	<70	溶于二氯甲烷、乙酸甲酯、氯仿、冰醋酸及芳香烃,易被微生物降解

(2) 膜截留值与膜孔径　超滤膜的孔径常以截留(95%)特定物质的相对分子质量来表示。常用的特定物质有牛血清白蛋白(6.8 万)、卵蛋白(4.5 万)、糜蛋白酶(2.5 万)、细胞色素(12.5 万)。根据待滤物质的相对分子质量大小选择适当的孔径及截留值,是保证中药液体制剂的有效成分和保持相应的滤过速度最重要的一环。

曾有人用相对通量的变化来对比评价超滤效果,选用两种材质和 3 种截留值的超滤膜,超滤了 5 种中药提取液以及鞣质、果胶和蛋白溶液,考察了超滤膜的材料和截留值对中药超滤通量的影响,结果见表 10 - 35 和表 10 - 36。

表 10 - 35　两种不同材质的膜对超滤通量的影响　　　　　　　　(ml)

滤 液	膜分类	超 出 液 体 积									
		10	20	30	40	50	60	70	80	90	100
鸡蛋清	截留值 2 万共混膜	1.00	0.70	0.62	0.57	0.52	0.56	0.51	0.48	0.43	0.41
	截留值 2 万聚砜膜	1.00	0.77	0.66	0.66	0.64	0.62	0.67	0.62	0.59	0.57
果 胶	截留值 2 万共混膜	1.00	1.00	1.00	0.98	0.98	0.98	0.97	0.97	0.97	0.95
	截留值 2 万聚砜膜	1.00	0.94	0.94	0.90	0.89	0.87	0.87	0.87	0.86	0.84

滤 液	膜分类	超 出 液 体 积								
		10	18	20	25	30	35	40	45	50
鞣 质	截留值 2 万共混膜	1.00	0.72	0.46	0.46	0.40	0.36	0.33	0.31	0.30
	截留值 2 万聚砜膜	1.00	0.90	0.72	0.59	0.51	0.1	0.43	0.43	0.38

表 10 - 36　3 种不同截留值的膜对超滤通量的影响　　　　　　　　(ml)

滤 液	聚砜膜类	超 出 液 体 积									
		10	20	30	40	50	60	70	80	90	100
四妙勇安汤	聚砜 5 万膜	1.00	0.96	0.90	0.90	0.93	0.95	0.94	0.88	0.89	0.85
	聚砜 2 万膜	1.00	1.23	0.03	0.97	0.90	0.86	0.80	0.73	0.69	0.61
	聚砜 1 万膜	1.00	0.83	0.73	0.60	0.52	0.48	0.42	0.38	0.36	0.36
黄连解毒汤	聚砜 5 万膜	1.00	0.77	0.73	0.71	0.70	0.66	0.68	0.64	0.62	0.64
	聚砜 2 万膜	1.00	0.91	0.88	0.83	0.79	0.81	0.73	0.66	0.68	0.64
	聚砜 1 万膜	1.00	0.71	0.71	0.67	0.61	0.59	0.56	0.54	0.48	0.44
黄芪煮提液	聚砜 5 万膜	1.00	0.83	0.78	0.75	0.73	0.73	0.72	0.70	0.70	0.70
	聚砜 2 万膜	1.00	0.78	0.71	0.72	0.69	0.71	0.69	0.65	0.62	0.62
	聚砜 1 万膜	1.00	0.77	0.73	0.66	0.61	0.58	0.54	0.50	0.48	0.47

（续表）

滤液	聚砜膜类	超出液体积									
		10	20	30	40	50	60	70	80	90	100
水蛭煮提液	聚砜5万膜	1.00	0.69	0.61	0.52	0.48	0.49	0.47	0.43	0.42	0.42
	聚砜2万膜	1.00	0.79	0.68	0.64	0.54	0.55	0.52	0.48	0.46	0.45
	聚砜1万膜	1.00	0.88	0.77	0.71	0.60	0.60	0.56	0.53	0.51	0.49

滤液	聚砜膜类	超出液体积							
		10	15	20	25	30	35	40	45
五倍子煮提液	聚砜5万膜	1.00	0.86	0.86	0.82	0.82	0.72	0.66	0.66
	聚砜2万膜	1.00	0.65	0.56	0.56	0.48	0.44	0.40	0.42
	聚砜1万膜	1.00	0.36	0.25	0.17	0.13	0.11	0.11	0.08

　　由表10-35看出，用两种不同材质的膜超滤同一种物质，其相对通量的变化是不同的：对蛋白质和鞣质来说，用聚砜膜相对通量衰减较缓慢；而聚砜膜超滤果胶时，相对通量则衰减较快。

　　由表10-36看出，用3种孔径的聚砜膜超滤5种中药提取液，相对通量的变化趋势不一致：对于4种植物药（2个复方，2个单味药），随着截留值的增大，相对通量的变化较缓慢，即随着超滤的进行，通量降低得较少；而对于动物药水蛭的煮提液，用3种截留值的膜，其相对通量变化的趋势较接近，且截留值较大的膜，相对通量衰减得似乎更快一些。这可能是由于截留值较大的膜孔径较大，蛋白质对膜污染的程度增加，因为膜孔内吸附量随孔径增大而增加，结果膜通量减低较快。

　　以上数据及研究表明，膜材质和孔径、截留值对中药超滤通量有重要影响，因此，在应用超滤的第一步，应根据超滤体系的特点，通过实验选择合适的超滤膜（材质及孔径），以保证超滤的顺利进行。

　　2）药液的预处理　膜材内膜孔甚小（几纳米至几十纳米），药液流经膜面时，小分子通过膜而大分子则被截留，沉积于膜面表面，组成一层致密的凝胶层，成为次级膜，阻碍相对分子质量小于膜孔的物质通过。中药煎煮液可视为胶体溶液、悬浊液和真溶液的混合体系，因此在超滤中极易形成次级膜，使流速减慢，影响超滤质量。所以，需要对药液进行预处理，减少系统清洗次数，提高超滤效率，延长膜的寿命。通常采用滤纸、脱脂棉、沙滤棒、垂熔玻璃等进行过滤；但操作繁琐费时，有效成分损失多，效果不理想。从实践中发现，采用高速离心法或微孔滤膜（0.3～0.8 μm）过滤，比用一般过滤方法效果更佳。

　　3）压力的影响　超滤过程是以压力为驱动力的分离过程，所以工作压力是影响分离过程的主要因素之一。压力过低，滤液通量小，不能满足生产要求；压力过高，膜易压实并促使沿膜面凝胶阻力层很快形成，致使滤液通量下降；同时，过高的压力会造成动力消耗增加并对超滤器产生不良影响。压力使滤液通量下降，压力对滤液通量的影响，见图10-57。

　　图10-57表明：当压力在0.1～0.2 MPa范围内，滤液通量随压力增加而增大；当压力增加到0.3 MPa时，滤液通量迅速衰减。这说明：①若压力过大，可能会造成超滤器中空纤维膜纤维丝的瘪塌或断裂。②沿膜面沉积-凝胶层形成速度大于被分离物质通过膜面上侧直至膜面的速度，使总体传质阻力增加。因此生产中工作压力应以0.1～0.25 MPa为宜。

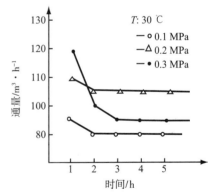

图10-57　压力对滤液通量的影响

　　4）药液流速的影响　药液流速指中空纤维外侧流动的药液流速，它表征了膜压力侧药液的流动力学状况。实验表明，随着药液流速增加，药液流动程度及沿膜面剪切力相应增加，膜面浓度极化和沉积-凝胶阻力减小，滤液通量随之增加，结果见图10-58。

　　5）药液温度的影响　温度不仅影响膜本身的工作性能，且对超滤过程传质效果的促进、膜面沉积-凝胶阻力的削弱也有着较大影响。从图10-59可以看到，随着药液温度上升，滤液通量明显增加。

　　但值得注意的是：中药水提液中含有大量的蛋白质、鞣质、淀粉等物质，它们极易吸附、沉积在滤膜表面，当温度升高，有可能促成膜面上这层流动性很差的吸附、沉积物质变性与凝胶化；在中成药水提液超滤过程

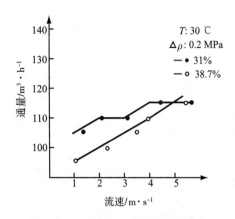

图 10-58 料液流速对滤液通量的影响

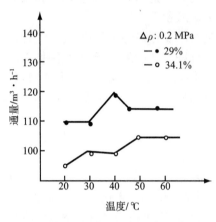

图 10-59 料液温度对滤液通量的影响

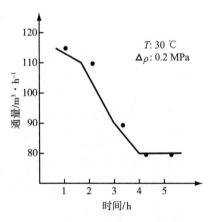

图 10-60 超滤时间对滤液通量的影响

中,药液温度应控制在 20~40 ℃。

6）药液浓度及超滤时间的影响　超滤的药液浓度不可过高,过高易行成凝胶层;也不可过低,过低会增加超滤时间。一般浓度应控制在 1:1（1 g 生药/毫升）范围内。在间歇超滤过程中,随着滤液不断流出,药液中多糖、鞣质、蛋白质、淀粉等物质不断增加,促使膜面上沉积一凝胶层不断加厚,增大过滤阻力;流体沿膜面的流动由原先的湍动逐步过渡到层流,造成传质恶化。图 10-60 说明了在药液流速固定的前提下,滤液通量随超滤时间及药液浓度的增加下降趋势。

7）药液 pH 值的影响　药液的 pH 值影响药液中各成分的存在状态,从而影响到药液的滤过和有效成分的保留及杂质的截留;同时,超滤有时候对强酸性或强碱性成分的选择滤过,也会对原药液的 pH 值带来一定影响。因此,在超滤前、后最好考察药液 pH 值的变化,进一步提高超滤效果。

8）超滤膜的再生　为提高超滤膜的利用率,使用过的超滤膜应立即用清水冲洗,然后用一定浓度的碱性氧化剂在低压下运行 30 min,使超滤器的纯水通量恢复至起初通量的 80%~90%,最后再用清水冲洗,即可投入再次使用。

超滤膜的保护与再生是值得注意的一个问题,因为超滤膜价格较昂贵,却易被堵塞。超滤膜材由惰性材料制成,但有些药物能使膜的性质发生变化,如使膜材脆性增加或发生不可逆结合等影响超滤,在使用时需要根据不同的药物选择适宜的膜和有效过滤的方法。

（四）膜分离技术的应用

膜分离技术在药物生产中的应用主要集中在以下 4 个方面:①精制纯化中药提取物,以得到有效成分、有效部位和有效部位群。②提高药效成分浓度,减少剂量。③解决注射剂、口服液等制剂的澄明度、无菌、无热原问题。④有机溶剂的回收,实现萃取或其他分离过程的有机溶剂循环使用,节约资源,保护环境。

下面就几种典型制剂生产过程中膜分离技术的应用情况加以介绍。

1. 在中药注射剂和口服液生产中的应用

1）中药注射剂生产中除杂、除热原　注射剂是目前医院临床用中药的常用剂型,主要用于心脑血管疾病、肿瘤、细菌和病毒感染等领域。中药注射剂临床应用的最大阻碍是质量问题,主要表现为所含杂质较多、注射液的澄清度和稳定性不理想。特别是 20 世纪 60~70 年代所开发的中药制剂,由于当时的提取方法不够完善,一些大分子杂质（如鞣质、蛋白质、树脂、淀粉等）难以完全除尽,放置一段时间后易色泽发深、浑浊、沉淀,使澄清度不合格。

目前,膜分离技术在制备中药注射剂中的应用较多,主要目的是除杂改善澄清度及除热原。热原活性脂多糖终端结构类脂 A 具有较小的相对分子质量,采用超滤法除热原时必须采用截留相对分子质量在 6 000 左右的超滤膜。为了防止药液中有效成分被截留或吸附,降低产品得率,一般选用截留相对分子质量在 1 万~20 万超滤膜,先除去相对分子质量在数万至数百万的热原,然后再用吸附剂除去相对分子质量在几万以下的热原和相对分子质量大约为 2 000 的类脂 A。这种二级处理工艺对于中药有效成分为黄酮类、生物碱类、总苷类等相对分子质量在 1 000 以下的注射剂除热原、除菌非常有效,产品符合静脉注射剂的质量标准。

目前,美国和日本等国的药典已允许大输液除热原采用超滤技术。

2）口服液生产中除杂　中药口服液是近年来我国医疗保健行业大力开发的新剂型,由于其疗效好、见效快、饮用方便受到用户好评。但在生产中发现,采用常规水提醇沉工艺除杂后,制备的成品中仍残存少量胶体、微粒等,久置会出现明显的絮体沉淀物,影响药液的外观性状。膜分离技术引入后,采用超滤替代传统的醇沉法不但减少了药物有效成分损失,提高产品质量,而且缩短了生产周期,降低生产成本,并易于工业化放大。

以生脉饮口服液制备研究为例,小试研究中的新工艺为原料→水提→微滤→超滤→成品。其中超滤膜为截留相对分子质量为6 000的聚砜膜。与传统水提醇沉工艺制备的口服液有效成分比较表明,新工艺不仅有效地保留了原配方的成分,而且提高了中药制剂有效成分含量。经过新工艺制备的口服液颜色较浅,在18个月储藏期内澄清透明,无絮状物生成。

2. 在浸膏剂生产中的应用

浸膏制剂是指药材用适宜的溶剂通过煎煮法或渗滤法浸出有效成分,低温下浓缩蒸去部分溶剂调整浓度至规定标准而制成的制剂。除了另有规定外,浸膏剂1 g相当于2～5 g原药材。浸膏制剂不含或含少量的溶剂,故有效成分较稳定,除少量直接用于临床外,一般直接用于配制其他制剂和胶囊、丸剂、颗粒剂、片剂等。近年来,随着制剂技术的进步,我国各种传统内服剂型正逐渐被浸膏制剂所取代。

传统的浸膏剂制备工艺所生产的制剂中常含有大量杂质,使得浸膏制剂存在崩解缓慢、服用量大等缺点。由于中药中有效成分的相对分子质量大多不超过1 000,而无效成分,如淀粉、多糖、蛋白质、树脂等杂质的相对分子质量均在1万以上。因此,采用适当截留相对分子质量的超滤膜就能将中药的有效成分与无效部分分离,从而提高了浸膏有效成分的含量和药效。研究表明,采用超滤法制备的浸膏剂几乎达到与西药相同的崩解时限,浸膏体积缩小为原来的1/3～1/5。

3. 在中药有效成分分离中的应用

中药的有效成分一般是指具有明确的化学结构式和物理特性常数的化学物质,而能够代表或部分代表原来中草药疗效的多组分混合物,常称为有效部位。中药的化学成分非常复杂,通常含有无机盐、生物碱、氨基酸和有机酸、酚类、酮类、皂苷、甾族萜类化合物以及蛋白质、多糖、淀粉、纤维素等,其相对分子质量从几十到几百万。

相对分子质量较高的胶体和纤维素是非药效成分或药效较低的成分,而药物有效部位的相对分子质量一般较小,仅有几百到几千。高相对分子质量物质的存在不仅降低了中药有效部位的浓度,加大了服用剂量,而且也使中药容易吸潮变质,难以保存。因此有必要对中药的有效部位和有效成分进行分离和纯化。

传统的提取方法大多首先采用有机溶剂初步萃取含中药有效成分的混合物。如石油醚或汽油可提出油脂、叶绿素、挥发油、游离甾体等亲脂性化合物;丙酮或乙醇可提出苷类、生物碱盐以及鞣质等极性化合物;水可提取氨基酸、糖类、无机盐等水溶性成分。得到的各个部分经活性测试确定有效部位后,再通过层析、重结晶等分离技术对药效成分进一步精制。

传统的做法存在以下几个方面的问题:①大量使用有机溶剂提高了生产成本。②提取过程复杂,技术要求苛刻,能耗高,生产周期长,特别是若被提取的有效成分含量较低分离就变得十分困难。③非药效成分残留量高,浓缩率不够,口感差。④分离过程常采用高温操作,从而会引起热敏性药效成分大量分解。⑤过分注重单个组分的作用,使中药失去了原有的复方特色。

膜分离技术是依据药效活性与其分子结构和相对分子质量水平密切相关性,通过选用不同截留特性的膜组件构成膜分离系统对中药有效部位和有效成分进行分离和纯化,在一定程度上克服了传统工艺的不足。

4. 在生物制剂中的应用

生物药物是泛指包括生物制品在内的利用生物体、生物组织或其成分进行加工、制造而成的一大类用于预防、诊断、治疗疾病的制品。

发酵是通过现代工程技术在生物反应器中利用生物发酵生产目标产物的技术,是生物制药工业生产药品的重要手段。目前,除了生产各种抗生素外,还用于生产氨基酸类、核苷酸类、维生素类、激素类、医用酶类、免疫调节剂类等药物。生物在生产中的典型特点是:①原料中活性成分含量低,杂质种类多且含量高。②稳定性差,极易失活,操作和储存条件较苛刻。分离纯化是生物制药工艺中非常关键的步骤,直接关系到产品的安全性、药效和成本。图10-61为蛋白质的分离纯化过程。

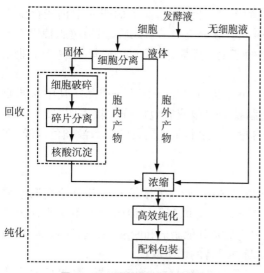

图 10-61 蛋白质的分离纯化过程

膜分离技术在生物大分子的分离、浓缩和纯化已经得到了广泛的应用,主要体现在以下几个方面:①发酵液澄清。②细胞分离。③酶、蛋白质的浓缩、精制。④抗生素、多肽及氨基酸的精制、纯化。⑤除菌和除热原。

5. 膜分离技术的应用实例

[实例1]姬松茸有效成分的提纯 姬松茸原产于巴西,中文名小松菇,子实体内含有多种活性多糖。研究发现平均相对分子质量>200万左右和平均相对分子质量在1万~5万的姬松茸多糖肿瘤抑制率在90%以上,而平均相对分子质量<1万的多糖具有明显的护肝效果。采用微滤结合不同相对分子质量的超滤膜对姬松茸粗多糖进行分级纯化,可实现不同相对分子质量组分用于不同的治疗目的。

——纯化工艺流程初步确定 首先将姬松茸粗多糖溶液通过离心分离,除去粗大杂质;然后采用孔径为 0.2 μm 微滤截留相对分子质量 30 万以上的多糖。其透过液进入截留相对分子质量为 8 万的超滤 1 的透过液,再进入截留相对分子质量为 1 万的超滤 2。超滤 2 的透过液由于体积大、浓度低,利用反渗透进行了必要的浓缩。从理论上即可得到平均相对分子质量>30 万,30 万~8 万,8 万~1 万以及<1 万 4 个级别的多糖制品。试验初步确定分级纯化工艺流程为

下面就膜材质的选择、清洗、操作参数及分级纯化工艺流程进行探讨。

——膜材质的选择 通过对姬松茸粗多糖的提取以及离心分离预处理,组成中的部分无机盐以及一些难溶的脂肪和纤维等大分子物质基本被去除。因此,在选取膜材质时只需要考虑对料液中含量较多的蛋白质和多糖物质的耐污染程度。

实验采用 14.8 g/L 姬松茸粗多糖溶液对目前抗污染性能较强的聚醚砜(PES)、聚偏氟乙烯(PVDF)以及聚丙烯腈(PAN)组件进行循环超滤,料液中多糖浓度和蛋白质含量变化情况,见表 10-37。

表 10-37 超滤前后多糖浓度和蛋白质含量的变化 (g/L)

项 目	PES组件		PVDF组件		PAN组件	
	超滤前	超滤后	超滤前	超滤后	超滤前	超滤后
多糖浓度	14.8	11.75	14.8	13.4	14.8	12.8
蛋白质浓度	0.29	0.05	0.29	0.17	0.29	0.12

由实验结果可以得,3 种膜材质对污染物的吸附次序为 PVDF<PAN<PES。为此,该试验选用 PVDF 微滤和 PAN 超滤组件。

——膜组件的清洗 由于主要污染成分是蛋白质和一些多糖分子,实验采用 NaOH,HCl,具有氧化性的 NaClO 和表面活性剂十二烷基磺酸钠(SDS)4 种溶液,对污染后的 PVDF 和 PAN 超滤组件进行清洗,时间为 60 min。超滤膜的纯水通量恢复情况,见图 10-62。

由图 10-62 中可以看出,NaOH 溶液的清洗效果明显好于其他溶液,其次 NaClO 溶液,十二烷基磺酸钠(SDS)清洗效果最差。

——微滤和超滤试验操作条件确定

① 膜进出口压差对膜通量的影响。试验采用 PVDF 超滤组件,料液浓度为 15 g/L,室温下运行。不同压差对膜通量的影响结果,见图 10-63。

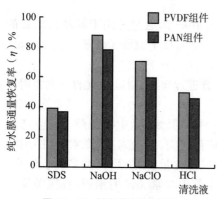

图 10-62 超滤膜的清洗情况

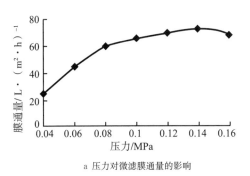

a 压力对微滤膜通量的影响

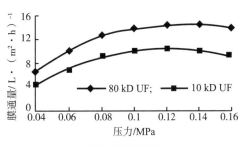

b 压力对超滤膜通量的影响

图 10-63 压差对膜通量的影响

结果表明,微滤和超滤在操作压差约为 0.08 MPa 时出现临界渗透通量,由此确定操作压力为 0.08~0.1 MPa。

② 温度对膜通量的影响。温度高,料液黏度下降,扩散系数和传质数以及多糖的溶解度均增大,相应会减弱浓差极化,从而导致膜通量增大。考虑膜及料液性能的稳定性,实验采用室温约 20 ℃。

③ 运行时间对膜通量的影响。试验采用 15 g/L 多糖料液,在 0.08 MPa 压力和室温条件下进行微滤和超滤。膜通量随运行时间变化,见图 10-64。

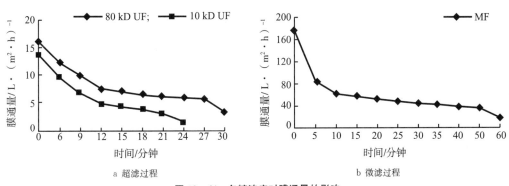

a 超滤过程

b 微滤过程

图 10-64 多糖浓度对膜通量的影响

由图 10-64 可以看出,尽管微滤因膜孔径大,通量为超滤的 6~7 倍,但通量随运行时间变化规律基本一致。当浓度突破某一个值后,膜表面截留的大分子物质因浓度过大而析出形成凝胶层,膜通量表现为迅速衰减。为了防止引起膜的严重污染,当膜通量迅速下降之前需要停止操作。在微滤操作过程中运行时间应控制在 50 min 内,而截留相对分子质量为 8×10^4 和 1×10^4 的超滤组件运行时间控制在 27 min 和 21 min 内。

——膜法分级纯化姬松茸实体多糖

① 三组件串联分级研究。将不同浓度的粗多糖料液各 3 L,对经过微滤和各级超滤处理后的各级浓缩液的多糖得率和纯度进行分析,其结果见表 10-38。

表 10-38 三组件对姬松茸多糖的分级纯化 （％）

项　　目	>30 万多糖	30 万~8 万多糖	8 万~1 万多糖	<1 万多糖
平均收率	43.43	5.20	20.97	6.00
平均纯度	71.13	83.30	92.59	94.14

由表 10-38 可知,各相对分子质量级别的姬松茸多糖明显被浓缩,在很大程度上方便了后续干燥处理,工艺中无其他杂质引入或发生相变化,所得制品纯度>70％;同时也可以看出,微滤膜对杂质有明显的截留,致使微滤多糖制品纯度较其他制品低约 10％。

② 两组件串联分级研究。试验中发现,8 万超滤组件对微滤的透过液截留不明显,所得的试验结果也表明相对分子质量 30 万~8 万的多糖质量分布仅有 5％左右。考虑到微滤膜的抗污染能力明显高于超滤

膜,建议实际生产中采用微滤和1万超滤组件串联进行分级纯化。为此,调整分级纯化工艺流程为

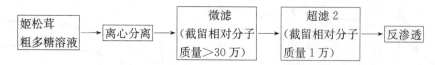

③ 多糖制品相对分子质量分析。对微滤1万超滤两组件串联分级试验所得多糖制品进行凝胶色谱分析,结果见图10-65。由图10-65可以看出,微滤较好地将原料中相对分子质量较大的多糖分离出来。由于运行过程中存在浓差极化以及形成凝胶层等原因,使得孔径较小的1万超滤截留液中携带了少量小相对分子质量多糖;而超滤1万透过液分布较窄的小相对分子质量多糖。因此,多糖制品的相对分子质量分级较为理想。

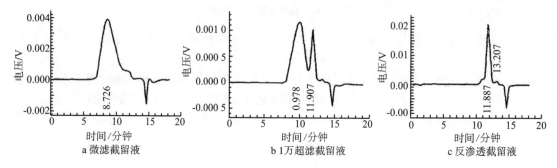

图10-65 多糖制品的色谱

[实例2]对中药复方的除杂作用　处方组成:金银花、连翘、黄芩、防风、荆芥等。

该方为治疗风热感冒的复方,现拟将其做成颗粒剂,只需除去大的杂质即可。选择平均孔径0.45 μm的无机陶瓷膜和截留相对分子质量1 000以下(500～1 000)的纳滤膜(聚砜膜)进行除杂和浓缩。

复方水煎煮提取液经滤布滤过后,滤液用切向流式无机陶瓷膜过滤,得到澄清的透过液;透过液再用相对分子质量1 000以下的卷式切向流纳滤膜除去溶剂及小分子杂质,得到浓缩后的复方提取液。实验结果表明,提取液经无机膜除去大的微粒性杂质后,处方主要有效成分绝大多数保留,而总固体量却大大减少,药液澄清;再经纳滤膜除去溶剂和小分子杂质后,使有效成分富集,达到浓缩作用。

[实例3]通脉注射液的精制　通脉注射液主要由丹参等药味组成,主要有效组分为酚酸类和总黄酮,遇热不稳定,制备过程中应尽量避免受热。

针对该处方的制备要求及有效组分的性质,采用逆流循环常温提取,得到50%乙醇提取液;提取液粗滤后用0.45 μm无机膜除去微粒性杂质,澄清液再用相对分子质量为2万的超滤膜除去大分子,相对分子质量1 000以下(500～1 000)纳滤除去溶剂和小分子杂质。取浓缩液测定两大类有效成分的含量,结果表明,未透过无机膜沉淀和透过纳滤膜的提取液中总酚酸和总黄酮含量很低,从而达到精制注射液的目的。

运用该技术精制通脉注射液,整个提取、分离除杂、精制过程中都避免了受热,从而保证有效成分不被破坏。

[实例4]川芎提取液总生物碱的精制　对川芎单味药水煎煮提取液中有效组分总生物碱提纯精制。将提取液粗滤后,先用无机膜滤至澄清,澄清液再用相对分子质量1万的超滤膜过滤,滤液再以1 000以下的纳滤浓缩,得到浓缩液。实验结果表明,对于川芎总生物碱,运用无机膜、超滤、纳滤进行分离除杂,浓缩,效果也非常好。

[实例5]水醇法和超滤法在中药制剂中的应用与比较　超滤技术为一项膜分离技术,可在常温下进行操作,不需要反复加热和相态转溶,有利于保持中药成分的生物活性和物理化学稳定性,并有阻留细菌和热原的作用。它不仅可用于混合液中悬浮和分散物质的纯化和分离,而且也可用于溶液中低聚物和大分子物质的截除,因此越来越多的人致力于超滤技术在中药成分中的分离、除杂、浓缩等方面的研究与应用。

由于传统的水提醇沉工艺存在成本高、周期长、除杂效果差等不足,许多人开始运用新技术、新工艺取代水醇法进行中药制剂的分离、精制。

如颜峰等用超滤法(CA-3型乙酸纤维素膜截留相对分子质量22 500)制备五味消毒饮注射液,以君药双

花中绿原酸的含量及澄明度为指标与水醇法进行了比较。结果超滤法和水醇法制品中绿原酸平均含量分别为 33.81 mg/ml 和 30.97 mg/ml，超滤法制品中的粒径在 2～16 μm 范围内，均比水醇法少得多。其不同工艺为：

原工艺

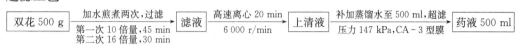

两种工艺所得双花提取物经含量测定，结果见表 10-39。

表 10-39　两种药液绿原酸含量比较

方法	三次含量测定/mg·ml⁻¹			平均值	SD	W	t	P
	1	2	3					
水醇法	30.81	31.10	31.01	30.97	0.170 1	0.5%	4.391	<0.05
超滤法	35.08	33.31	33.04	33.81	1.108	3.3%		

有学者比较了超滤法（DUF-型药用超滤器，CA-3 型膜）和水醇法制备补骨脂注射液的质量，结果表明，超滤法工艺流程短，有效成分损失少，成品色泽较深且澄明，所含主要有效成分补骨脂素及异补骨脂素均高于水醇法制品。再如黄伟义等用纸层析、薄层层析、紫外分光光度法、动物实验等方法研究了丹参、复方丹参注射液的超滤工艺和原工艺制品的质量。由纸层析结果表明，两种工艺所制备的注射液均不含鞣质且超滤制品比原工艺制品多 1 个色斑（Ri 值 0.24）；由薄层层析结果可知超滤制品多 1 个浅色斑点，且丹参素的红色斑点面积显然大于原工艺制品，说明含量高。

膜截留相对分子质量（以球蛋白计）有一定的差异，成分（有机小分子）的相对分子质量越大，差异越大，其原因与规律有待进一步探讨。

（五）膜分离技术在应用中存在的问题及思考

1. 膜分离技术工艺条件的进一步考察

膜分离技术作为一项高效快捷的分离技术，在生产中的应用日益广泛；但由于影响膜分离的因素众多，包括诸多膜材料的选择，膜分离时的压力、温度、药液浓度、流速等，需要对其工艺条件作更深入的研究和考察。

膜材的选择是膜分离技术中最关键的一步，选择适宜的膜材料及适宜截留相对分子质量的滤膜是膜分离成功的前提。在通常的研究考察中，我们一般是以欲保留的有效成分的相对分子质量为参考进行选择；然而，膜的截留相对分子质量是以球蛋白为单位计算而得，与实际的中药化学成分或某溶质化学相对分子质量之间存在一定差异，呈现出截留率的变化。如对 Bs 系列中空纤维超滤膜截留率的研究，根据溶质的相对分子质量选择不同截留相对分子质量的膜型号，其差异和变化，如表 10-40 所示。

表 10-40　Bs 系列中空纤维超滤膜对典型溶质截留率研究　　　　　　　　（%）

溶质 \ 膜型号（截留相对分子质量）	Bs1（1万）	Bs3（3万）	Bs5（5万）	Bs10（10万）
枯草杆菌肽（相对分子质量 1 400）				
细胞色素 C（相对分子质量 1.24 万）	95			
核糖核酸酶（相对分子质量 1.37 万）		61	16	0
糜蛋白酶（相对分子质量 2.5 万）		85	67	0
卵蛋白酶（相对分子质量 4.5 万）	98	98		
牛血清蛋白酶（相对分子质量 6.7 万）	98	98	98	77
γ-球蛋白（相对分子质量 15.6 万）				96

2. 膜分离技术对中药及中药复方中各类成分的影响

由于中药及中药复方具有成分多样性、作用多向性的特点,膜分离技术在中药及其制剂的应用中,对各类成分的影响及影响程度如何,是否能有效去除杂质、保留所需成分,是否保持了中医药的传统特色等,均是值得深入探讨的问题。如在 J-48 超滤机组用于制备中草药注射液的实验研究中,以 20%益母草、10%黄柏、10%大黄、20%槐米 4 种单味中草药和 5%鞣质、1%明胶、1%可溶性淀粉 3 种纯品药液(分别表示鞣质、蛋白质、多糖)为研究对象,考察超滤对各类有效成分的保留率,以及对 3 种纯品药液(表示杂质成分)的截留率,结果见表 10-41,表 10-42。

表 10-41　4 种中药成分保留率、杂质检查结果

药　品	成　分　保　留　率				紫外测定波长/纳米	超滤后杂质检查		
	测试成分	A_1	A_2	保留率/%		鞣质	蛋白质	淀粉
20%益母草	水苏碱	1.450	0.856	59.04	220.8	—	—	—
10%黄柏	盐酸小檗碱	0.099	0.064	65.00	420	—	—	—
10%大黄	大黄粉	0.574	0.261	45.47	430.2	+	—	—
20%槐米	芦丁	0.759	0.407	53.63	359.6	—	—	—

注:A_1 超滤前药液的最大波长吸收值;A_2 超滤后药液的最大波长吸收值;+经检验含该种杂质;—经检验不含该杂质

表 10-42　3 种纯品成分截留率考察结果

药　品	测　试　成　分		截留率/%	测定方法
	成　分	相对分子质量(理论值)		
5%鞣酸	鞣质	1 701.25	98.01	紫外 271.4 nm(—)
1%可溶性淀粉	直链淀粉	3 万~5 万	100	定性检查(—)
1%明胶	明胶	6 万~12 万	100	定性检查(—)

注:"—"表示未检出

从表 10-41 和表 10-42 可知,同一超滤机对中药各成分的影响程度不同,虽然该机组对鞣质等截留率较高,但对大黄酚、芦丁等有效成分的截留率不高。怎样选择适宜型号与膜材的滤膜,使有效成分保留率和杂质截留率均相应提高,需要在工艺研究中进一步摸索。

3. 膜分离技术的评价指标

1)药液澄明度及总固体形物含量——精制程度的评价　用肉眼比较分离前后药液澄明度的变化,同时考察分离前后总固体形物含量的差异,对其精制程度初步评价,并为以后的成型工艺提供科学数据。

2)薄层色谱法的定性评价　通过薄层色谱考察分离前后各类成分的变化、膜分离技术对中药与复方成分的影响。

3)有效成分保留率、杂质截留率(去除率)的定量评价　通过分析有效成分、杂质等在分离前后的含量变化,以保留率、截留率等指标对膜分离技术作一科学的评价;同时,还应确定一个合理的标准,保证膜分离技术在分离精制这一工艺过程中的质量和效率,从而更好地保证制剂质量与疗效。

4)药效学指标　由于膜分离技术能截留不同相对分子质量的物质,对不同分子大小的中药成分有不同程度的影响。膜分离技术在去除杂质、截留大分子物质的同时,是否能保持传统中药复方的特色,其疗效有无受到影响或减弱,需要我们通过进一步的药效学实验加以考察和研究。

4. 膜集成技术对有关成分的影响及应用

中药及其复方成分非常复杂,设计膜分离工艺路线时,既要尽量保存小分子有效成分,又要考虑到某些具有生理活性的大分子物质的损失,还要顾及有关成分在药材煎煮过程中可能发生的沉淀反应,采取必要的预防措施。因此,有时仅用一步分离方法往往不能达到目的,需要深入探讨膜集成技术对制剂中有关成分的影响进一步进行相对分子质量切割。

如贺立中在用两步超滤法制备伸筋草注射液的实验研究中,设计制订出能一并去除药液中大分子杂质和小分子杂质的两步超滤法工艺,提高了注射液的质量,减少了有效成分的损失。

为探索药液的浓度、pH 值、超滤膜的截留相对分子质量等条件对超滤效果的影响,采用不同条件进行超滤实验,并分别对超滤前后药液的铝含量、pH 值、色度等指标进行测定和比较,结果见表 10-43。

表 10-43　不同条件下的超滤效果

序号	截留相对分子质量	药液浓度/%	pH 值		色度下降率/%	滤过率/%
			超滤前	超滤后		
1	6 000	260	6.0	1	1	17.7
2	6 000	51	3.69	3.68	60	51.7
3	6 000	6	3.77	3.77	1	81.8
4	6 000	110	8.11	8.06	1	8.6
5	6 000	143	<1	1	1	85.4
6	6 000	100	6.41	1	1	24.0
7	10 000	217	6.0	1	1	9.6
8	10 000	46	6.0	1	64	19.5
9	10 000	92	6.0	1	49	18.7
10	10 000	34	2.28	2.28	68	75.9
11	10 000	34	1.14	1.14	54	95.5
12	30 000	12	1	3.28	54	78.0
13	30 000	6	1.21	1.28	68	84.0
14	30 000	100	2.05	1	1	76.3

影响成分滤过率的主要因素是药液 pH 值,其次是药液浓度。其他条件相近时,药液为较强酸性成分时滤过率高,弱碱性或碱性时滤过率低。同时还可看出,即使在成分滤过率低的情况下,超滤前后药液的 pH 值基本未变,说明以无机酸盐为代表的小分子物质仍能较顺利地透过超滤膜。

根据上述实验结果,设计出采用不同条件对伸筋草注射液进行两步超滤的精制方法为:

$$提取药液 \xrightarrow[\text{pH}=3,\text{浓度}50\%]{1\,\text{万}\sim3\,\text{万截留量超滤膜}} \underset{(\text{除去大分子杂质})}{超滤液} \xrightarrow[\text{pH}=7,\text{浓度}20\%]{<6\,000\ \text{截留量滤膜}} \underset{(\text{除去小分子杂质})}{超滤液} \xrightarrow{\text{配液,精滤,灌封,灭菌}} 成品$$

经多次重复实验证实,用两步超滤法所制备的产品不仅收率高颜色变浅,且氯化钠含量从 5% 降至 1%,长期放置仍保持澄明。

尽管与其他常用的分离技术相比膜分离具有一定的技术优势,但是膜分离技术还有一些问题至今没有能够得到很好的解决。例如,分离膜抗污染能力差,通量衰减严重;分离膜抗污染参数的控制随意性太大,膜分离装置远未在优化的条件下使用。因此,膜分离技术要在中药现代化生产中得到更好的应用,需要解决以下关键问题:①膜的污染和劣化。②设计适用于中药的专用膜分离装置。③实现膜分离工艺及其产品的规范化和标准化。④找到膜分离技术在整个生产流程中的最佳切入点。

七、微波协助浸提技术

(一)微波协助浸提原理

微波协助提取主要是利用微波具有的热特性,一方面通过"介电损耗"或称"介电加热",具有永久偶极的分子在 2 450 MHz 的电磁场中所能产生的共振频率高达 4.9×10^9 次/秒,使分子超高速振动,平均动能迅速增加,从而导致温度升高;另一方面通过离子传导,离子化的物质在超高频的电磁场中做高速运动,因摩擦而产生热效应,热效应的强弱取决于离子的大小、电荷的多少、传导性能及溶剂的相互作用。一般来讲,具有较大介电常数的化合物,如水、乙醇、乙腈等,在微波作用下会迅速被加热,而极性小的化合物,如芳香族化合物、脂肪烃类化合物等,无净偶极的化合物(如二氧化碳、四氯化碳等)以及高度结晶的物质,对微波辐射能量的吸收较差,不易被加热。微波加热导致细胞内的极性物质尤其是水分子吸收微波能量而产生大量的热量,使细胞内温度迅速上升,液态水汽化产生的压力将细胞膜和细胞壁冲破,形成微波的空洞;再进一步加热,细胞内部和细胞壁水分减少,细胞收缩,表面出现裂纹,孔洞和裂纹的存在使细胞外溶剂容易渗透到细胞内,溶解细胞内的物质并扩散到细胞外。

(二) 微波协助浸提的特点

微波的特性决定了微波萃取具有以下特点。

(1) 试剂用量少,微波萃取热惯性很小,对于介质材料系瞬时加热升温,耗能低。同时微波输出功率随时可调,介质材料升温可无惰性地随之改变,即不存在"余热"现象。微波萃取无须干燥等预处理,简化了工艺,减少了投资。

(2) 加热均匀,热效率高。传统热萃取是以热传导、热辐射等方式自外向内传递热量,而微波萃取是一种"整体加热"过程,即内外同时加热,因而加热均匀,热效率较高。微波萃取时没有高温热源,因而可消除温度梯度,且加热速度快,与传统的溶剂提取法相比可节省 $50\%\sim90\%$ 的时间。

(3) 微波穿透力强,快速浸提,物料的受热时间短,节约能源消耗,因而有利于热敏性物质的萃取。

(4) 操作简单,环境污染程度低。

(三) 影响微波协助浸提的因素

1. 溶剂

首先,选择的溶剂必须有一定的极性,才能吸收微波进行内部加热。溶剂吸收微波的能力主要由其介电常数、损失因子等决定;其次,根据被提取物的溶解性质选择不同极性的溶剂,以达到较好地溶解被提取物;最后,还应考虑溶剂的沸点以及对后续测定的干扰。常用的溶剂有水、甲醇、乙醇、丙酮、醋酸、三氯醋酸等有机溶剂,通常也使用混合溶剂。一般在一种非极性溶剂中加入一种极性溶剂,如己烷-丙酮、二氯甲烷-甲醇等,根据需要也用到无机酸,如盐酸、磷酸等。总之,溶剂的选择既要考虑其极性和对被提取成分的溶解度,还要考虑到溶剂沸点等诸多因素。一般溶剂用量与物料的比(L/kg)在 1:1 至 20:1,实际操作中根据物料的质地和吸水性确定溶剂用量。

2. 温度和压力

微波协助浸取可以在开放容器(常压)和密闭容器(控制压力和温度)中进行。在开放容器中,温度受常压下溶剂的沸点限制;在密闭容器中,选择适当的温度和压力既能获得最大萃取效率,也能使被提取物保持原来的化合物结构或形态。在设定微波功率下,提取率随温度不断升高而提高;但温度过高时可能使目标提取物分解。微波提取压力越高,样品和溶剂吸收微波能量越多,提取率越高。

3. 微波功率与萃取时间

在微波萃取中,应以最有效地萃取目标成分为原则,功率由加热的总溶液量决定。选择的功率使达到设定温度的时间最短,并避免提取过程中功率过高;时间过长会出现温度"暴沸"现象。一般选用微波的功率为 $200\sim1~000$ W,频率为 $(0.2\sim30)\times10^4$ MHz,时间为 $10\sim100$ s。对于不同的物质,最佳的萃取时间也不相同。作用相同的时间,增加功率,浸出率也随之增加。若将功率固定,浸出率随着微波作用时间的延长而上升;但当延长至一定时间后,浸出率达到平衡,有时反而下降。

4. 物料的含水量

被提取物的粒径和含水量对提取率有很大的影响。物料的粒径小,其比表面积增加,液固界面增加,提高了萃取效率;但颗粒过细,在后续处理时有一定的困难。物料必须含有一定的水分,才能有效地吸收微波产生温度差;但水分也可能使物料受热过度,导致其中的化合物降解。因此,物料的含水量必须小心控制。物料在提取之前应该用含水的溶剂浸泡一定的时间,并且随着浸泡时间的延长,物料含水量增加,提取率随之呈增加趋势。

5. 溶液的 pH

选择适当的 pH 值时,必须考虑所提化合物的结构和性质。有些酸碱性物质可以选择相应的酸水与碱水提取。如有机酸和黄酮类、蒽醌类可以选择不同强度的碱水提取,生物碱可以选择不同强度的酸水提取。

（四）微波协助浸提在中药提取中的应用

微波能是一种能量形式，它在传输过程中可对许多由极性分子组成的物质产生作用，使其中的极性分子产生瞬时极化，并迅速生成大量的热能，导致细胞破裂，其中的细胞液溢出并扩散至溶剂中。从原理上说，传统的溶剂提取法，如浸渍法、渗滤法、回流提取法等均可以微波进行辅助提取，从而成为高效的提取方法。目前微波浸取技术已广泛用于多糖、生物碱、挥发油、萜类等多种中药有效成分的提取中。

1. 多糖

黄少伟等应用微波辅助提取技术，通过单因素实验和正交实验考察了提取时间、提取温度、微波功率和料液比4个因素，确定了土茯苓多糖的最佳提取工艺。正交实验的方差分析结果显示，各因素对提取效果的影响程度依次为：提取温度＞提取时间＞微波功率＞料液比。作者还将优化后的微波法与传统水煎煮提取法进行了比较，见表10-44。可见，微波提取法缩短了提取时间，并且显著提高了土茯苓多糖的提取率。

表10-44　微波法与水煎法提取土茯苓多糖的比较

提取方法	料液比	提取温度/℃	提取次数	单次提取时间/小时	多糖提取率/%	粗多糖提取率/%	多糖含量/%
微波法	1:30	100	2	1/6	8.33	3.97	39.5
煎煮法	1:20	100	3	1.5	8.02	3.54	34.6

陈金娥等通过考察提取时间、提取温度、提取料液比及提取次数来确定传统水煎法提取枸杞中多糖的工艺与微波法提取工艺比较。先通过单因素实验筛选出对微波法的提取工艺影响较大的3个因素，即提取时间、微波功率和料液比，然后运用正交实验确定该法提取枸杞多糖的最佳条件。两种方法最佳提取工艺与得率，见表10-45。微波法提取多糖得率高于传统水煎工艺，且微波法加热具有速度快、操作便捷、能保持枸杞原有营养成分的特点，是枸杞多糖理想的提取工艺。

表10-45　微波法与煎煮法提取枸杞多糖的比较

提取方法	提取时间/小时	提取温度	提取次数	提取功率/W	液料比	多糖得率/%
微波法	1/20	室温	1	540	30	19.1
煎煮法	3	50 ℃	2		30	15.2

2. 生物碱

徐艳等用微波法提取黄连中的小檗碱。首先进行了单因素的考察，主要考察了微波功率、微波作用时间、料液比3个具有代表性的影响因素，并在此基础上进行了正交设计，确定了微波提取小檗碱的最佳提取条件。作者将优化后的微波法与传统法的提取条件进行了比较，其中微波的功率为高火档位。经计算，微波提取后黄连小檗碱的提取率明显提高，平均提取率提高约42.2%，且对小檗碱的结构没有影响，见表10-46。

方馥蕊等用溶剂法、超声波法和微波法提取槟榔中槟榔碱，结果见表10-47。表10-47数据表明，溶剂法的提取率远远不及超声波法和微波法，提取率很低，而且溶剂法的提取时间过长。超声波法与微波法的提取率相当，但超声波法耗时较长，从生产角度来说微波法还是占一定优势的。

表10-46　微波法与传统法提取黄连中小檗碱的比较

提取方法	提取时间/小时	料液比
微波法	1/20	1:30
浸渍法	1.5	1:30

表10-47　超声波法和微波法提取槟榔中槟榔碱的比较

提取方法	总提取时间/小时	提取次数	槟榔碱得率/%
溶剂法	30	2	0.333 1
超声波法	1	2	0.383 3
微波法	1/20	2	0.398 1

3. 黄酮类

孙秀利等利用微波提取技术从陈皮中提取主要有效成分橙皮苷。考察了影响提取率的因素，包括提取溶剂浓度、微波加热温度、微波辐照时间、微波输出功率、料液比等。确定了最佳工艺：70%（体积分数）甲醇为提取溶剂,微波输出功率为550 W,65 ℃辐照14 min,按25:1(ml/g)的液固比,提取3次,橙皮苷的提取率可达到2.40%。另外,作者在提取温度、提取溶剂浓度等条件基本相同的情况下,将微波法与其他提取橙皮苷的方法进行了比较,见表10-48。

表10-48　微波法提取橙皮苷与其他提取工艺的比较

提取方法	提取时间/分钟	提取率/%	功率/W	能耗/kW·h^{-1}
热回流率法	180	0.76	500	1.5
室温浸渍	180	0.22		
超声波法	6	0.24	650	0.07
微波法	6	0.98	2 000	0.2

由表10-48得知,室温浸渍法和热回流法提取陈皮中橙皮苷不但提取时间长,而且提取率也低于微波法;在相同提取时间下,超声波法提取橙皮苷的得率明显低于微波法的提取率;微波法较热回流法明显节省了能源,降低了生产成本。

4. 醌类

朱晓薇等以丹参的脂溶性成分丹参酮ⅡA和水溶性成分丹参素、原儿茶醛为指标,用均匀化试验设计法,考察加水量、提取时间和微波功率3个因素,对丹参的微波提取工艺进行优化。实验结果表明,以丹参6倍量95%乙醇为溶剂,微波功率320 W,提取时间为30 min,药渣再以12倍量水、320 W微波提取两次,将该法与传统工艺提取率比较,微波法对丹参酮ⅡA、丹参素和原儿茶醛这3项指标成分的提取量相当于或优于传统方法的提取量;但是微波提取时间短,见表10-49。

表10-49　传统提取法与微波提取法比较

提取方法	总耗时/小时	丹参酮ⅡA/毫克	丹参素/毫克	原儿茶醛/毫克
传统法	6.6	18.08	20.98	1.97
微波法	1.5	18.15	22.75	2.19

5. 皂苷类

刘忠英等用微波法提取中药刺五加皮中总皂苷,以正交实验考察了微波提取条件,包括溶剂、微波辐射时间、提取压力和料液比各因素对刺五加皮中总皂苷提取率的影响,并与索氏提取法进行了比较,总皂苷提取率较索氏提取法提高34%,见表10-50。

表10-50　不同提取方法提取刺五加皮中总皂苷的比较

提取方法	提取时间/分钟	提取压力/kPa	提取溶剂	料液比	测定值/mg·g^{-1}
微波法	10	700	70%乙醇	1:30	60～63
索氏法	480	常压	90%乙醇	1:80	46

6. 挥发油

闫豫君等用传统法和微波法分别提取红景天根、茎、叶的挥发油。实验结果表明,微波法提取红景天中的总挥发油不仅产率提高,而且反应时间由传统方法的5 h减为20 min,体现了微波提取法的迅速、高效的特点,见表10-51。

表10-51　不同方法提取红景天根、茎、叶挥发油的比较　　　　　　　　　　　(%)

药材部位	水蒸气蒸馏法挥发油得率	微波法挥发油得率
根	0.20	0.50
茎	0.05	0.10
叶	0.15	0.40

上述实验均表明,微波提取中药成分提取率大都相当于或优于溶剂回流、水蒸气蒸馏、索氏提取法等,而且具有操作方便、耗时短、溶剂用量少、杂质少、产品质量纯正等特点。

（五）微波提取与其他提取方法的比较

有人曾用微波提取法、加热搅拌提取法、索氏提取法和超临界二氧化碳萃取法提取黄花蒿中青蒿素,在比较这几种方法时综合考虑提取率、溶剂回收率和提取时间等因素。选用相同的原料进行实验,结果见表10-52。

表 10-52　几种提取方法的比较

方　　法	溶　　剂	用量/毫升	萃取时间/分钟	溶剂回收率/%	物料/g	青蒿素的提取率/%
加热搅拌提取法	♯6 抽提溶剂油	350	120	75.00	30.01	52.68
索氏提取法	30~60 ℃石油醚	350	720	55.71	29.01	75.24
	♯6 抽提溶剂油	350	360	70.86	30.43	60.35
超临界二氧化碳萃取法	CO_2		150		100.10	33.21
			120		100.11	33.21
微波提取法	♯6 抽提溶剂油	150	2	69.00	10.02	41.17
			4	75.00	10.02	65.50
			6	67.67	10.02	77.52
			12	66.67	10.01	92.06

从表10-52可见,要达到微波提取4~6 min的提取效果,用传统的热提取法、索氏提取法需要几个小时甚至十几小时,所以微波提取能够大大提高提取效率。通过对溶剂回收率情况的考察可以看出,微波提取法的溶剂回收与加热搅拌提取法、索氏提取法的溶剂回收相当。超临界二氧化碳萃取法提取的浸膏呈淡黄色,比其他提取方法所得浸膏颜色浅。但分析结果显示青蒿素提取率低,可能是由于该法提取出了较多挥发油。通过对以上几种提取方法的比较可以看出,微波提取法在提取中药中某些成分具有相当大的发展潜力。

根据微波提取的研究结果看,微波提取与传统的萃取方法相比较有以下特点:

1）操作简单,提取速度快,可以节约提取时间。

2）溶剂消耗量少,有利于环境改善并减少投资。

3）对萃取物具有较高的选择性,有利于改善产品的质量。

4）可避免长时间高温引起热不稳定物质的降解。

由于微波提取技术有以上特点,其在中药提取中的应用也成为研究热点之一。

（六）微波协助浸提中药成分的评价及存在问题

1）研究结果表明,微波对不同的植物细胞或组织有不同的作用,细胞内产物的释放也有一定的选择,因此应根据产物的特性及其在细胞内所处的位置的不同,选择不同的处理方式。

2）由微波加热原理可知,微波提取要求被处理的物料具有良好的吸水性,否则细胞难以吸入足够的微波能将自身击破,其内容物也就难以释放出来。

3）微波提取仅适用于对热稳定的产物,如多糖、生物碱、黄酮、苷类、挥发油等,而对于热敏感的物质,如蛋白质、多肽等,微波加热能导致这些成分的变性,甚至失活。因为动物药大多含有蛋白质、多肽等,因此用微波技术提取动物药的应用还有一定的局限性。

4）微波提取对有效成分含量提高的报道较多,用于复方制剂的提取研究较少,对有效成分的药理作用和药物疗效有无影响尚需作进一步探索与研究。

5）微波提取技术对于中药的提取与生产将具有重要的应用价值和广阔的应用前景,但目前大多在实验室中进行。其工程放大问题已受到重视,还要不断完善,只有经过药学、毒理、疗效等各方面的验证才可以用于生产中。

(七) 微波辅助浸提中试放大、工业化生产装备的开发

用于微波浸提的设备大致分两类:一类为微波萃取罐;另一类为连续微波萃取器。两者主要区别为一个是分批处理物料,类似多能提取罐;另一个是以连续工作方式的萃取设备。微波设备使用的频率有2 450 MHz和915 MHz两种,后者为工业生产中设备常用的频率。

文献报道的药材成分微波辅助浸提其所用的微波发生器大都不是专用的,很多实验都在民用微波炉中进行,功率也都在1 000 W左右;中试与生产规模的药材成分浸提用微波发生器还处于研究开发阶段。据文献报道,美国CEM公司和意大利Milestone公司生产的适合于消解、萃取、有机合成的系列产品,实现了非脉冲连续微波调整,一般具有功率选择、控温、控压、控时装置,萃取罐用聚四氟乙烯材料制成,每次可处理9~13个样品,处理能力达100克/罐;加拿大CWT - TRAN International Inc提供的MEU型微波协助萃取设备,其发生器最大功率为60 kW;国内有中科院深圳南方大恒公司的Wk - 2000微波快速反应系统系仿制国外产品,采用的是传统脉冲微波技术,用于中药提取的微波频率多为2 450 MHz、波长12 cm,对水的穿透深度为2~3 cm;清华大学、张家界市政府建立了首条中药微波提纯中试生产线,用罐式微波技术提纯葛根素,目前已投入二期大型微波提纯生产线的建设;目前上海中药工程中心已建成一套连续微波萃取装置。

对于药材成分微波辅助浸提设备的研究开发可以提出以下要求。

1) 设备的材质 微波包括在电磁波范围之内,是其中的一部分波段,基本传播特性仍是透射与反射。除了要在药材-水的液固体系中有良好的穿透外,微波发生器设在浸提设备的外部或内部,可能要解决两种不同的问题:一是微波发生器安装在浸提设备外部,这时要求产生的微波能够穿透浸提设备器壁,而微波是不能穿透金属的,为此要采用微波可穿透的材料作为浸提设备的材料,如聚四氟乙烯在对微波的透明性、机械强度等方面都可满足要求;第二种情况是微波发生器安装在浸提设备内部,常用浸提设备的金属材料这时仍然可以使用,但带来的问题是微波发生器对于浸提物料、浸提环境的防护问题。

2) 微波作用与浸提两种过程的合或分 文献中对此有两种做法:一是为微波对药材的作用与成分的浸出同时进行,先将药材用微波处理,然后再浸提一定时间,设计时前者考虑分批操作,即在1个浸提罐内,在微波对药材作用下进行浸提比较合适;另一种是将微波作用与浸提过程分开进行,如先设计1个间歇或连续的系统实现微波对药材的处理,然后再用常规的浸提罐进行药材成分的浸提。

3) 微波对药材作用的均匀性 提出这一点是基于以下事实:①频率为2 450 MHz的微波对水的穿透深度仅为2~3 cm,与工业浸提罐内物料深度相比实在太小。②对于浸提时的固液体系,微波在水中传播时会因药材固体的存在并吸收微波而更快衰减。③微波发生器还面临直径在800 mm以上的径向的均匀传播。使药材均匀地受到微波辐射也有两种思路:①在浸提罐中除加大微波发生器的功率外,还需设置功率较强大的固液体系的搅拌器。②将药材-水固液体系接受微波辐射的过程与浸提过程分开,采用如图10 - 66中固液体系连续通过定点微波作用的操作方式,理论上讲只要药材固体在微波辐射区停留时间足够长,就可以保证药材受微波辐射的均匀性。

图10 - 66 药材-水的混合、输送与微波辐射处理系统

4) 微波发生器的频率、功率 从微波对物料辐射的最佳效果讲,具永久偶极矩的分子在2 450 MHz微波场中能产生的共振频率达4.9×10^9次/秒,应是较好的使用频率;但是微波有着如通信等多方面的应用,为了更好地使用微波,用于物料加热的微波发生器其频率应在国际上规定的农业、科学、医学等民用微波频率使用范围(为L,S,C,K 4个波段)内,其中915 MHz和2 450 MHz两个频率是广泛使用的微波加热频率。

微波功率要从被辐射的药材-水系统的物料数量来考虑。功率的大小取决于在所规定的时间内用微波将药材-水系统加热到所需要的程度;如果功率小了,药材-水系统达不到所需处理程度而需要增加微波辐射时间或加大功率;如果功率大了,物料超过处理所需程度,需要减少微波辐射时间或降低微波功率。因此,微波功率适当可调或调节微波的辐射时间都可达到同样的目的。在开发工业用微波辅助浸提罐时,微波功率随物料量的增加而增加,极大的微波功率可能会成为设备设计中的难点。

5) 浸提前药材的复水与浸提溶剂的选择 干燥药材因植物组织中不含水而大大影响对微波的吸收,因此在进行微波辅助浸提前将干燥药材复水是非常重要的步骤。如果选用的浸提溶剂本来就是水,复水和浸

泡就可合一；如果选择的溶剂不是水，在加入溶剂之前先用少量的水进行润湿或浸泡就很重要。一些小极性的溶剂在微波辅助浸提过程中的应用有其独有的特点，在微波辐射过程中溶剂受加热的程度不大，从而溶剂升温不高，可以较好地控制浸提温度的升高；同时因为小极性溶剂吸收能量小而可以降低微波发生器的功率。

八、超声波协助浸提技术

超声波(supersonic wave 或 ultrasonic wave)和声波一样，是物质介质中的一种弹性机械振动。人们所能听到的频率上限为 $10 \sim 18$ kHz，超声波的频率 >20 kHz，是人的听觉阈以外的振动(声波)。蝙蝠在夜间疾速飞行靠超声波导航的奥秘被揭示后，人类开始科学地开展超声技术的研究，并于 1880 年，由 J. Curie 等发现了压电效应。

19 世纪以来，超声波技术已经应用于家电和医疗领域。20 世纪以来，超声波清洗与超声波提取在中药制剂的生产与质量检测中广泛使用。《中华人民共和国药典》1995 年版(一部)收载使用超声波处理的品种117 种；《中华人民共和国药典》2000 年版(一部)收载使用超声波处理的品种达 232 种；《中华人民共和国药典》2005 年版(一部)收载采用超声波处理用于鉴别中药材、提取物、中药制剂的品种达 404 种，用于含量测定的品种 304 种。实践证明，超声波技术用于中药材有效成分的提取是一种非常有效的方法和手段，具有良好的应用前景。它产生高速度，强烈的空化效应、搅拌作用，因此能破坏植物药材的细胞，提高浸出效率。近年来，超声波技术在中药制剂提取工艺中的应用越来越受到关注。

(一) 超声波协助提取的原理

超声波协助提取是利用超声波具有空化效应、机械效应及热效应，还可以产生乳化、扩散、击碎、化学效应等许多次级效应，这些作用增大了介质分子的运动速度，提高介质的穿透能力，促进药物有效成分溶解及扩散，缩短提取时间，提高药物有效成分的提取率。

1. 空化效应

通常情况下，介质内都或多或少溶解了一些微气泡。这些微气泡在超声波的作用下产生振动、膨胀，然后突然闭合，气泡闭合瞬间在其周围产生高达数千大气压的瞬间压力，形成微激波，可造成植物细胞壁与整个生物体瞬间破裂，有利于药物有效成分的溶出。这就是超声波的空化效应。

当液体发出嘶嘶的空化噪声时 表明空化开始了。产生空化所需的最低声强或声压幅值称为空化阈或临界声压。

2. 机械效应

超声波在介质中传播时，可以使质点在传播空间内产生振动作用，从而强化介质的扩散、传质，这就是超声波的机械效应。超声波在传播过程中产生一种辐射压强，沿声波方向传播，对物料有很强的破坏作用，可使细胞组织变形，蛋白质变性；同时，它还可以给予介质和悬浮体以不同的加速度，且介质分子的运动速度远大于悬浮体分子的运动速度，从而在两者之间产生摩擦，这种摩擦足以断开两碳原子之间的键，使生物分子解聚，加快细胞壁内有效成分溶解于溶剂中。

3. 热效应

超声波在介质的传播过程中，其声能可以不断被介质的质点吸收。介质所吸收能量的全部或大部分转变成热能，从而导致介质本身和药材组织温度的升高，增大了药物有效成分的溶解度，加快了有效成分的溶解速度。由于这种吸收超声能引起的药物组织内部温度的升高是瞬时的，因此，被提取成分的结构和生物活性保持不变。

此外，超声波还可以产生许多次级效应，如击碎、扩散、乳化效应等，这些作用也促进了植物体中有效成分的溶解，促使药物成分进入介质，并与介质充分混合，加快了提取过程的进程，并提高了有效成分的提取率。

(二) 超声波提取的特点

超声波用于中药(菌药)成分的提取，与传统的水煎煮、热回流法比较具有以下特点：

1）无需高温　在40~50℃水温超声波强化萃取,无水煮高温。超声波提取是一个物理过程,不破坏中药材中某些对热不稳定、易水解或易被氧化的药效成分。

2）提取效率高　超声波强化浸取20~40 min即可获最佳提取率,提取时间一般为传统水煎煮的1/3或更少,较渗滤法与浸渍法的提取时间短,浸出的杂质也相应减少,有效成分易于分离纯化;同时,超声波能促使植物细胞破壁,提取充分,浸出量是传统方法的2倍以上。

3）具有广谱性　适用性广,中药材中大多数成分均可采用超声波萃取。

4）常压提取　安全性好,操作简单易行,维护保养方便。

5）减少能耗　由于超声波提取无需加热或高温,萃取时间短,因此大大降低能耗。浸取工艺成本低,综合经济效益显著。

（三）影响超声波提取的因素

1. 超声波的频率

超声波频率是影响有效成分提取率的主要原因之一。在对大黄中蒽醌类、黄连中黄连素和黄芩中黄芩苷3种药材超声提取的研究中,郭孝武用20 kHz,800 kHz,1 100 kHz超声波对药材处理相同的时间,测定提取率,结果见表10-53。

表10-53　超声波频率对有效成分提取率的影响结果

超声波频率/kHz	总蒽醌/%	游离蒽醌/%	黄连素/%	黄芩苷/%
20	0.95	0.41	8.12	3.49
800	0.67	0.36	7.39	3.04
1 100	0.64	0.33	6.79	2.50

由表10-53结果可知,提取频率不同,提取效果也不同:在其他条件一致的情况下,指标成分的提取随频率的提高而降低;但有时超声频率越高,有效成分提取率却越高。用不同频率超声波提取益母草总碱和薯蓣皂苷,以1 000 kHz左右的高频超声提取率最高;高频率超声波对绞股蓝总皂苷的提取率高于低频率的超声波。以上说明不同药材的不同指标成分有适宜自己的提取频率,应针对具体药材品种进行筛选。

2. 超声波的强度

超声波的频率越高越容易获得较大的声强。超声强度为0.5 W/cm²时,就已经能产生强烈空化作用。以不同强度提取益母草粉中益母草总碱,发现提取率随超声强度的增大而减少,但与回流法相比,超声提取时间短,提取率增加了20.6%;用不同强度的超声波从大黄中提取大黄蒽醌,以0.5 W/cm²低强度的超声波提取率为最高;用0.28 W/cm²低强度超声波提取党参皂苷得到的粗品量是常规法的近两倍,其纯度含量也比常规法高。超声强度对药物提取的影响报道还太少,有关超声强度对药物有关成分提取率的影响还应进一步探讨。

3. 时间

超声提取时间一般为10~100 min即可得到好的提取效果,比常规方法提取时间短。超声波作用时间与提取率关系分3种情况:①有效成分的提取率随超声作用时间增加而增大,如用一定频率的超声波提取绞股蓝总皂苷和黄连中黄连素,提取率随着超声作用时间增加而增大。②提取率随超声作用时间增加而逐渐增高,一定时间后,超声时间再延长,提取率增加缓慢,如从槐米中提取芦丁、大黄中提取蒽醌、穿山龙中提取薯蓣皂苷。③提取率随超声作用时间增加,在某一时刻达到一个极限值后,提取率逐渐减小,如益母草总生物碱和黄芩苷的提取分别在40 min和60 min时提取率出现一个极限值。在超声作用一定时间后,有效成分的提取率不再增加反而降低的原因可能有两个:一是在长时间超声作用下,有效成分发生降解;二是超声作用时间太长,使提取精品中杂质含量增加,有效成分含量相对降低。

4. 温度

超声波具有较强的热效应,提取时一般不需要加热。在超声波频率、提取溶剂和时间一定的情况下,改变提取温度,考察温度与水溶性杜仲纯粉得率的关系,结果见表10-54。

表 10 - 54　超声波提取温度与得率的关系

温度/℃	频率/kHz	时间/分钟	固溶物的含量/%	得率/%
20～30	26	45	0.81	17.0
40～50	26	45	1.10	18.6
50～60	26	45	1.11	19.1
80～90	26	45	1.02	18.3

由表 10 - 54 可知,随着温度的升高得率增大;达 60 ℃后,温度继续升高,得率呈下降的趋势,这与超声的空化作用原理一致。当以水为介质时,温度升高,水中的小气泡(空化核)增多,对水产生空化作用有利;但温度过高时,气泡中蒸汽压太高,从而使气泡在闭合时增加了缓冲作用而空化作用减弱。

5. 药材组织结构

从提取时间和超声频率对提取率的影响中可以看出,对于不同的药材,超声提取时间和频率的变化对提取率的影响都是不一样的,这可能与药材的组织结构及所含成分的性质有关。但在这方面的研究较少,没有合适的理论可供参考,只能针对不同的药材进行具体的筛选。

除以上因素外,药材的颗粒度、溶剂、超声波占空比和凝聚机制等因素都对提取率有影响,针对不同的提取对象,应通过实验筛选出合适的超声提取工艺参数。

6. 超声波的凝聚机制对提取效果的影响

超声波的凝聚机制是超声波具有使悬浮于气体或液体中的微粒聚集成较大的颗粒而沉淀的作用。林翠英等利用超声波的凝聚机制从槐米中提取芦丁时,在提取溶剂相同的情况下,与温浸静置沉淀对比,分别对超声波提取法和传统提取法制得的提取液在静置沉淀阶段进行超声波处理。结果表明,在静置沉淀阶段进行超声波处理,可提高芦丁的提取率和缩短沉淀时间。

若要准确评价上述各因素对中药(菌药)超声波提取效果的影响,适当地对照实验以及提取结果的精密检测是必不可少的,它们也是中药(菌药)超声波提取研究的重要内容和组成部分。中药(菌药)超声波提取研究的最终目的就是通过分析各因素对中药(菌药)超声波提取效果的影响,探求超声强化中药(菌药)提取过程的机制,确定中药(菌药)超声波提取过程的最佳工艺参数,在此基础上,实现中药(菌药)超声波提取过程的产业化。

(四) 超声波技术在中药(菌药)提取中的应用

超声波提取法对于中药(菌药)中的大多数成分具有广谱性,目前已应用该法提取的成分有生物碱、苷类、黄酮、醌类、皂苷、多糖等。

1. 生物碱

邹姝姝等运用了超声波技术从中药苦参中提取苦参碱成分,通过单因素和料液比、浸泡时间、乙醇体积分数、超声波提取时间为因素的正交实验及方差分析,优选出超声波提取苦参碱成分的最佳提取工艺:料液比 1:10(g/ml),浸泡时间 3 h,乙醇体积分数为 80%,超声波提取时间 20 min。有学者还将超声波法与常规水煎煮法在相同的提取溶剂和料液比的条件下进行了比较,见表 10 - 55。

表 10 - 55　苦参碱的超声波提取与常规水煎煮提取法含量比较　　　　　　　　　　(g/100 g)

提取方法	超声波法	常规水煎煮法
苦参总碱	1.58	0.70
苦参碱	0.58	0.30

由表 10 - 55 可知,在提取溶剂等其他条件相同的情况下,超声波提取的作用效果明显优于水煎煮法,无论是总碱、苦参碱的提取率均高于水煎煮法。另有研究,以超声波提取法从黄连中提取小檗碱在 30 min 时的提取率达到 8.12%;以乙醇为溶剂提取益母草碱,超声 40 min 时生物碱的提取率 0.25%,比回流 2 h 的含量高 41%。体现了该法快速、节能、提取率高等优点。

2. 黄酮类

王英范等从黄芩中提取黄芩苷的结果显示,超声波提取法所得黄芩苷粗品重、纯度和收率均最高,见表 10 - 56。

表 10-56　黄芩苷的不同提取方法比较

提取方法	提取溶剂	提取时间及次数	固液比	黄芩苷粗品重/ g·(10 g 生药)$^{-1}$	黄芩苷含量/ %	黄芩苷收率 ($\bar{x} \pm s, n=3$)
煎煮法	水	2 次,1 小时/次	1:8,1:10	0.366± 0.41	83.12±0.24	3.04%
回流法	60%乙醇	2 次,2 小时/次	1:12,1:12	0.812±0.22	89.65±0.37	7.27%
超声波法	60%乙醇	2 次,0.5 小时/次	1:8,1:6	0.836±0.11	94.27±0.29	7.88%
渗滤法	60%乙醇	1 次,约 8.3 小时	约 1:17	0.434±0.51	80.79±0.65	3.51%

3. 蒽醌类

张海晖等通过正交实验,以乙醇浓度、料液比、萃取温度及萃取时间为考察因素,优选出超声波提取大黄蒽醌类成分的最佳工艺条件,即使用 90%乙醇,料液比 1:30,在温度为 70 ℃条件下超声波萃取 15 min。有学者将上述超声波提取的最佳方案为试验组,以水煎煮法及乙醇回流法作为对照组,结果见表 10-57。

由表 10-57 可知,同一提取溶剂,优选出的超声波提取法的总蒽醌提取率均明显高于水煎煮法、回流法,以乙醇为提取溶剂的提取效果明显好于水;几种提取方法相比较,以乙醇作为提取溶剂,超声波萃取法对大黄蒽醌的提取效果最好。

4. 皂苷类

张宪臣等通过正交实验考察了溶剂、超声时间、超声次数与萃取次数等因素,优选出超声波提取人参总皂苷的最佳工艺为:水饱和和正丁醇提取、超声时间 60 min,超声 2 次,无需萃取。该实验同时与传统的回流提取法进行比较,结果见表 10-58。

5. 有机酸

府旗中等应用超声波法提取金银花的绿原酸,并与水提取法做了对比,结果见表 10-59。

从表 10-59 可知,超声波提取效果要比传统水提法理想,提取时间 30 min 为最佳;伴随着提取时间延长可能导致提取物的绿原酸结构改变,含量减少。

6. 多糖类

江蔚新等用超声波提取龙胆多糖,在单因素实验中考察了超声时间、pH、溶剂量对多糖提取的影响,在该基础上进行了正交实验。结果表明加入龙胆粉 60 倍体积的水,pH 7.0 的条件下,以用超声提取 75 min 得到的龙胆多糖最多。在影响龙胆多糖提取率的 3 个因素中,以提取时间影响最大,其次是溶剂水的量,影响最小的是 pH。有学者还将传统的浸提法与超声波做了比较,见表 10-60。

表 10-57　几种方法提取大黄蒽醌类成分的比较

提取方法	水为溶剂		乙醇为溶剂	
	煎煮法	超声波提取法	回流提取法	超声波提取法
总蒽醌含量/mg·g^{-1}	8.528 9	10.882 8	22.164 7	24.179 8
游离蒽醌含量/mg·g^{-1}	5.450 0	5.579 4	12.855 5	15.708 8

表 10-58　超声波提取与回流法提取人参皂苷含量的比较

方法	人参量/克	试剂	提取次数	提取温度/℃	提取时间/小时	人参皂苷得率/%
超声波法	1.629 59	水饱和正丁醇	2	30	1	5.01
回流法	1.638 82	甲醇	3	60	3	4.93

表 10-59　绿原酸的水提取与超声波提取结果比较

时间(min)	提取液浓度/μg·ml^{-1}		绿原酸含量/克	
	水提法	超声波法	水提法	超声波法
30	105.7	106.6	0.211 4	0.213 2
50	99.5	103.1	0.199 0	0.206 2
70	100.9	103.5	0.210 8	0.207 0

表 10 - 60　两种方法提取龙胆多糖的结果比较

方　法	粗多糖/克	提取率/%	多糖/%
水煎煮法	0.512±0.021	15.20±2.10	19.80±1.57
水超声波法	0.168±0.022	16.80±2.20	28.19±1.52

上述结果经统计分析,表明两法的提取率无差异,但多糖含量有显著性差异。

超声波提取法提取中药(菌药)中的大多数成分显示出快速、高效、节能等优势,并且对大多数成分的结构、性质没有改变。有人对超声波提取的成分,如黄连素、黄芩苷、芦丁进行的红外光谱(IR),核磁共振波谱 NMR 光谱检测显示无变化;但是对于含有蛋白质、酶、多肽类成分等中药,由于上述大分子容易变性从而使其生物活性发生改变。如李文等对水蛭的水煎提取物和超声波提取物进行药理实验结果显示,尖细金线水蛭与宽体金线水蛭的水煎剂具有较强抗血小板聚集作用,而两者的超声波提取物表现出促血小板聚集,说明两种提取方法对其成分的结构、性质有一定影响。因此,含有蛋白质、酶、多肽类成分的中药应当慎重采用超声波提取法。

目前超声波提取中药的工艺条件研究较多,但是超声波提取药物的生物活性研究还较少,工程放大用于工业生产还有待完善。

(五) 超声协助提取设备

1. 实验装备

专用于药材成分浸提的超声波发生器少见报道,大多数文献中均使用易得的超声波清洗器,这对于试样量小的情况是较方便的。但是如上面介绍的一些实例可知,满足于药材成分浸提试验的超声波发生器应当在性能(超声波发生器的功率、频率)上有较广的调节范围,以适应不同药材对不同超声波功率、频率的适配性——这需要通过实验才能弄清楚。开发实验用的药材成分浸提超声波发生器可以在以下方面做专门的考虑:①发生器功率、频率大范围可调节。②超声波对试验仪器的覆盖与均匀传播。③相关参数的检测与指示等。

2. 工业化装备的开发

工业化超声波发生器因为生产规模的量变而与实验用发生器有质的变化。超声波的大功率是显而易见的,但是更困难的是超声波能否覆盖浸提设备装料(药材)部位的全部,而且能以几乎相同的强度传播到所有的深度,即无死角又无明显的衰减。超声波发生器对浸提环境的防护也是较困难的问题。好在工业浸提生产用超声辅助装备已见有报道。据称北京弘祥隆生物技术开发有限公司与中国科学院过程工程研究所合作,开发出循环超声提取设备,已经形成数百毫升至 5 000 L 有效容积的 SY,HF,SC 三大系列 20 多个产品,为国内数十家单位所使用。图 10 - 67 为超声波逆流循环提取机外形图,图 10 - 68 为超声波逆流循环提取工艺流程示意图。据文献报道,新型高效循环超声提取装置的提取时间、提取温度、超声功率、循环速度等主要参数均可设定和自动控制,提取效率是常规提取的几倍到几十倍,可以室温浸提,SY 系列还可低温提取,同传统方法比较可节省能耗 50% 以上,提取成本降低 25% 以上;可视为间隙提取或多级连续动态提取,物料在封闭管道中运行,提取液和药渣连续排出,液固连续自动分离。根据该公司的公开资料,循环超声浸提与一般超声浸提的比较见表 10 - 61,循环超声浸提设备系列、型号见表 10 - 62,循环超声浸提设备在中药浸提中的应用情况,见表 10 - 63。循环超声浸提更多的细节还不了解,但是从表 10 - 63 中各种应用的相应设备型号看,真正应用于大生产规模的只有 SC - 3000 达到 3 t 体积规模,其他设备至多达到 50 L 的规模,这类设备是否能在中药浸提工业普遍应用还有待研究。

图 10 - 67　超声逆流循环提取机外形图

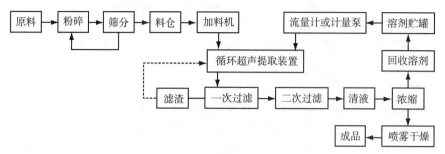

图 10 - 68　超声逆流循环提取工艺流程示意图

表 10 - 61　循环超声浸提与一般超声浸提的比较

比较项目	循 环 超 声	其 他 超 声
外形	同常规提取罐	管道式,拖链式
超声类型	聚能式超声波,单个换能功率900～1 800 W,最高达2 800 W 单位面积功率强度是发散式超声波的数十倍,能满足各种细胞破壁要求	发散式超声波,主要用于超声清洗器。单个换能器功率小,一般仅几瓦到几十瓦,难以满足各种细胞破壁要求
与物料接触方式	聚能式换能器直接与物料接触,超声波利用效率100%,所有物料都处于超声场有效范围内;物料为拟均相,接受超声处理机会均等	超声换能器嵌在管壁、罐壁,超声波需要通过器壁再传递到物料。超声场仅分布在圆截面的小部分范围,超声利用率低,物料接受超声波不均匀
超声场作用方向	循环超声与物料间成逆向或顺向流动,超声场中除混合物料外,没有其他任何影响流动和超声作用的部件	物料的移动方向与超声场成垂直方向。管道设备中超声波存在被推进螺旋反射和损耗
物料推动方式	循环超声设备内形成均匀的液固混悬物,类似于拟均相;循环通过高强度超声场使物料有相同的提取机会,物料推动消耗动力小	管式设备中物料向上移动要靠螺旋往上推,液体依靠高差往下流。由于高差、流动和超声垂直作用关系,部分细胞难以到达顶部,使物料混合均匀度差和过度破碎,动力消耗高
占地面积	紧凑型结构,占地面积小,高度与传统提取罐相近,物料循环速度和提取时间可任意调节	管道式设备要保证足够的超声提取时间需要长的管道和足够的高度差,占地面积大,对厂房要求高
适用范围	适用于挥发性和非挥发性溶剂提取各种成分全封闭运行,对于各种物料特别是细物料有良好的适应性,从100 ml 至5 000 L 有系列成套设备	管道式设备适用于中试,对实验室小量物料无法满足,也难以实现大规模提取;对挥发性溶剂和细物料均难适应
应用推广	已有数十家用户,1 000 L 至3 000 L,均已实际使用	用户数量相对较少,且缺少大规模工业化生产的实际运用

表 10 - 62　循环超声浸提设备系列、型号表

系　列	型　号	有效容积/升	备　注
SY(实验室用)	ST - 500	0.5	可制冷、加热
	SY - 1000	1	可制冷、加热
HF(中试或生产)	HF - 2B	2	电加热
	HF - 5B	5	电加热
	HF - 10B	10	电加热
	HF - 20B	20	电加热
	HF - 50B	50	电加热
	HF - 100B	100	电加热
	HF - 200B	200	电或蒸汽加热
	HF - 500B	500	电或蒸汽加热
	HF - 10G	10	提、萃一体,电加热
	HF - 20G	20	提、萃一体,电加热
	HF - 50G	50	提、萃一体,电加热
	HF - 100G	100	提、萃一体,电加热
	HF - 200G	200	提、萃一体,电或蒸汽加热
	HF - 500G	500	提、萃一体,电或蒸汽加热
SC(生产用)	SC - 500	500	电或蒸汽加热
	SC - 1000	1 000	蒸汽加热
	SC - 3000	3 000	蒸汽加热
	SC - 5000	5 000	蒸汽加热

表 10-63　循环超声浸提设备在中药浸提中的应用情况

药材	提取物	提取条件	设备	提取率/%	备　注
黄花蒿	青蒿素	20 min	HF-2B	≥90	常规60%左右
银杏叶	黄酮	室温,10 min	HF-2B	82.6	常规水煮4 h 提取率56.5%
		室温,30 min		88.3	
		40 ℃,30 min	HF-50G	91.6	
蜂胶	黄酮	室温,30 min	HF-2B	41.8	
淫羊藿	黄酮	30 ℃,30 min	HF-2B	87	
甘草	黄酮	室温,60 min	HF-20B	11.5(得率)	
沙生槐	生物碱	室温,30 min	HF-2B	85	
肉苁蓉	甜菜碱	40 ℃,10 min	HF-2B	13.65(得率)	沸水回流7 h,131.5 mg/g
	苯乙醇糖苷	40 ℃,20 min	HF-2B	7.38(得率)	相当于60 ℃,5 h
淫羊藿	淫羊藿苷	30 ℃,30 min	HF-2B	90	50%乙醇
海带	硫酸酯多糖	30 ℃,20 min	HF-2B	2.8(得率)	相当于煮4 h
肉苁蓉	多糖	40 ℃,10 min	HF-2B	4.69(得率)	沸水回流7 h,43.7 mg/g
海带	硫酸酯多糖	室温,30 min	HF-2B	90,岩藻糖≥35	溶剂在浆萃取直接纯化
花椒		室温,40 min	HF-20B	吸光度2.053	煮提8 h,吸光度2.274
烟厂废料	卞醇,苯乙醇, 猕猴桃内酯,大柱三烯酮,庚酸	室温,30 min	SC-3000	HPLC峰面积: 942,1 021,84, 1 607,22	常规时:877,1 004,74, 1 206,3.2

九、指纹图谱技术

中药是祖国医药宝库的重要组成部分,是我国人民在数千年防治疾病过程中积累起来的宝贵财富,其卓越的临床疗效众口皆碑,并远传东南亚乃至全世界。在人类回归自然、倡导天然疗法的今天,中药更是得到了世人的瞩目。从中药用于防病治病开始,中药真伪优劣问题便随之而产生,中药品质评价的方法、技术和理论也随之经历了一个形成、发展、不断完善和提高的过程。起初,中药鉴别以人的经验为主,后来逐步建立了基原鉴别、性状鉴别、显微鉴别、理化鉴别等中药质量研究的"四大鉴别法",接着又出现了许多以仪器分析为主的现代鉴别方法。当今时代,随着现代分析技术突飞猛进的发展和对中药系统研究的不断深入,中药指纹图谱质量控制技术应运而生,必将加快中药质量控制现代化的进程。

中药指纹图谱是中药经适当处理后,采用一定的分析手段,得到的能够标示该中药特性的共有峰的图谱。中药指纹图谱能基本反映中药全貌,使其质控指标由原有的对单一成分含量的测定上升为对整个中药内在品质的检测,实现对中药内在质量的综合评价和整体物质的全面控制,使中药质量稳定、可控,确保中药临床疗效的稳定,并使中药研究更符合祖国医学的整体观念,故将其称之为"中药质量控制的里程碑"。近几年来,指纹图谱技术已在中药的品质评价、资源开发及药效成分寻找等方面得到了越来越广泛的应用,已成为中药品种鉴定和质量评价的重要手段之一。中药指纹图谱的建立,不仅为中药日常检验、分析工作提供参考与指导,为中药质量标准的制订奠定良好的基础,而且对提高中药质控指标,指导中药材规范化生产,保护及开发中药资源,促进中药新药研制及中药知识产权保护,加快中药现代化、国际化的进程,都具有非常重要的现实意义。

自国家食品药品监督管理局(原国家药品监督管理局)颁发《中药注射剂指纹图谱研究的技术要求(暂行)》(国药管注[2000]348号)以来,中药指纹图谱的研究成为当前我国中药基础研究的重要领域与热点。研究侧重于中药指纹图谱的理论探讨、测试指纹图谱的规范化试验、构建指纹图谱的方法学研究、指纹图谱信息化和知识化研究以及指纹图谱在提高中药质控指标、指导中药材规范化生产、开发中药资源、研制中药新药等方面的应用等等,以期取得确立指纹图谱的建立方法及相似度判定其阶段性成果,为进一步深入开展指纹图谱特征和药效相关性研究、指纹图谱的生物等效性研究奠定基础。中药指纹图谱的研究趋势将向多学科的相互渗透,从单指标向多指标(多维多息)的综合发展,最终建立体现谱效关系的指纹图谱,确保中药安全、有效和可控。根据指纹图谱特点、研究现状和应用前景,可以推断规范、标准的中药指纹图谱的实施,必将成为中药质量评价的发展趋势,对我国实现中药现代化将起到巨大促进作用。

(一) 指纹图谱概述

1. 指纹图谱的概念

中药指纹图谱系指中药(中药材及其炮制品、有效部位或中间体、中成药)经适当处理后,采用一定的(光谱或色谱)分析手段得到的能够标示该中药特性的共有峰的(光谱或色谱)图谱,是中药物质基础(所含化学成分)理化信息的可视化表征。利用中药指纹图谱对中药质量进行有效控制的技术称为中药指纹图谱分析。

中药是依靠其所含的多种化学成分发挥综合的医疗作用,这是与化学合成药最根本的区别,现在已逐渐得到人们的认同。因此,凭借某一种化学成分定性和定量的传统中药质量评价方法的有效性和专属性渐渐受到质疑。因为任何单一的活性成分或指标成分都难以有效地评价中药的真伪优劣,尤其如果所检测的指标成分(活性成分)是多种中药的共性成分,更降低了鉴别的准确和专属。随着客观需要和现代认识论的影响,人们逐渐考虑利用现代先进分析技术分析不同药材的整体特征以提高鉴别的准确性。近年来备受关注的指纹图谱的概念即植根于此。

指纹(fingerprint)概念起源于法医学的指纹鉴定的概念,但不是概念的重复。人的指纹鉴定开始于 19 世纪末 20 世纪初的犯罪学和法医学。人的指纹是人的手指表面皮肤纹痕终生不变的物理记录,有拱形(arches)、环形(loops)和螺纹形(whorls)3 种基本模式,这是指纹所具有的共同特性;但是每一个人的指纹在细微处却各不相同,从而形成了指纹的"绝对唯一性",可用于鉴定群体中的特定个体。

依据每个人的指纹结构上细微处的绝对差别可以鉴别区分不同的人。法医学的指纹分析强调的是个体的绝对唯一性(absolute uniqueness)。近代指纹分析的概念结合生物技术的发展延伸到 DNA 指纹图谱分析,而且应用范围从犯罪学扩大到医学和生命科学的领域。生物样品的 DNA 指纹图谱分析根据目的不同既强调个体的唯一性,也可侧重于整个物种的唯一性。而利用化学指纹图谱评价中药材品质所依据的化学成分是后天的代谢产物,且大多为植物的次生代谢产物,它对生长环境的依赖性很强,即抗拒或适应环境的变化远比先天性遗传特征要脆弱得多,因而同种植物药材所含代谢产物的组成因生长年限、生长环境的变化而可能产生个体间的较为明显的差异;但是生物的代谢既然也具有遗传性,个体之间就必然有群体共有的相似性(similarity)。这种具有物种唯一性和个体相似性的化学谱图具有指纹意义。它借用了法医学的指纹鉴定的概念,但不是概念的重复——指纹图谱不强调个体的绝对唯一性(个体特异性),而强调同一药材群体的相似性,即物种群体内的唯一性(共有特征性)。

指纹图谱是以各种光谱、波谱、色谱等技术为依托的又一种质量控制模式。与传统质量控制模式的区别在于:指纹图谱是综合地看问题,也就是强调化学谱图的"完整面貌"即整体性,反映的质量信息是综合的。由于植物药的次生代谢产物,即各种化学成分天然潜在的不稳定性,如同日常许多模糊现象一样,它的化学指纹图谱具有无法精密度量的模糊性。"整体性"和"模糊性"是指纹图谱的基本属性,指纹图谱的相似性通过其基本属性来体现。指纹图谱分析强调准确的辨认而不是精密的计算,比较图谱强调的是相似而不是相同。在不可能将中药复杂成分都搞清楚的情况下,指纹图谱的作用是反映复杂成分的中药内在质量的均一性和稳定性。

综上所述,指纹图谱可以理解为:"中药指纹图谱是一种综合的、可量化的鉴别手段,是当前符合中药特色的评价中药真实性、稳定性和一致性的质量控制模式之一。整体性和模糊性是它的基本属性。指纹图普应满足专属性、重现性和实用性的技术要求。"这样即抓住了中药指纹图谱的实质,说明中药指纹图谱是一种综合的、整体的鉴定手段,既鉴别真伪,又可评价药材质量的均一性和稳定性。从其综合和整体性能看,它可准确且又可量化地对药材进行真伪鉴别和质量评价;而从细节上看,它又是很模糊的,尤其是中药材受生态环境、采集时间等因素影响,很难给出一个对所有供试品都适用的共有峰和非共有峰的比例,更不可能一一对应。

中药指纹终图谱不强调个体的绝对唯一性,而强调物种特征的唯一性与同种个体之间的相似性。相似性是通过色谱的整体性和模糊性来体现的,这是中药色谱指纹图谱最基本的属性。分析色谱指纹图谱强调的是"准确的辨认"而不是"精密的计算"，比较图谱的作用主要是反映复杂成分的中药及其制剂内在质量的均一性和稳定性。

2. 指纹图谱的沿革及现状

1）指纹图谱的沿革　中药指纹图谱技术是随现代分析技术的发展而诞生的。早在 20 世纪 70 年代，有人尝试用薄层色谱对中药进行分析，但因主客观条件的限制，技术和时机均不成熟，没得到公认而沉寂了一段时间；后来不断有人研究，但主要限于学术研究的层面，在传统的中药质量控制模式中没有指纹图谱的要求，所以对我国中药产业没有任何触动。自从国家食品药品监督管理局对中药注射剂强制性实施用指纹图谱作为质量控制手段以来，引起全国各有关中药生产、教学、科研、药品检验部门的很大关注，这对中药指纹图谱的研究产生了一种强大的推动力量。

指纹图谱分析是中药鉴别技术的循序发展和延伸。《中华人民共和国药典》1985 年版（一部）中药及中成药的鉴别除理化鉴别外，薄层色谱鉴别的使用频率很高。当时的薄层色谱鉴别全部是以化学对照品作对照，要求供试品色谱中应有与对照品一致的斑点。使用的器材比较简单，操作比较粗糙，只要供试品的色谱中出现与对照品一致的斑点即可。但由于可以得到的化学对照品品种有限，没有化学对照品无法鉴别；而只靠一种化学对照品往往专属性不够，尤其多种药材共有的成分。因此《中华人民共和国药典》1990 年版修订时，对薄层色谱鉴别增加了对照药材，初步解决了化学对照品不足以及单靠一种化学对照品难以准确鉴别等亟待解决的问题，而且对照药材的色谱给出的信息远比单一化学对照品要多得多。改用或增加对照药材，量化取样，以完整的色谱作参比，对供试品进行完整图谱的鉴别，其实已经具备了指纹图谱的雏形，只是由于供试品、试验器材、试验操作还欠规范，没有提出指纹图谱的概念。

自 20 世纪 70 年代带有前瞻性的初步尝试以来，随着现代分析技术的发展，又经不断的学术研究，在《中华人民共和国药典》1990 年、1995 年、2000 年、2005 年版薄层色谱鉴别设置对照药材以来 10 多年广泛实践的基础上，现在提高一步，规范药材、操作条件、测试方法，提出中药指纹图谱的概念，应该是循序渐进的发展，是现行中药鉴别的延伸，而且通过指纹图谱的研究可以较全面地提升中药种植、采收、加工、生产、分析检验质量的整体水平，再上一个台阶。当前的色谱、光谱等仪器分析技术的多样化和检测水平的不断提高也为中药指纹图谱研究和应用提供了良好的工作平台。

2）指纹图谱的研究现状　中药指纹图谱已成为现阶段我国中药基础研究的重要领域与热点，学术研究报道较多，研究内容主要包括中药指纹图谱的理论探讨、测试指纹图谱的规范化试验、构建指纹图谱的方法学研究、指纹图谱信息化和知识化研究以及指纹图谱在提高中药质控指标、指导中药材规范化生产、开发中药资源、研制中药新药等方面的应用等，该项研究取得了较为满意的效果。在实际应用中，国家中药注射剂指纹图谱研究计划已正式启动，48 个科研院所和高校的百余名专家学者将完成对 74 种制剂涉及 146 个中药注射剂生产企业的指纹图谱研究。国家食品药品监督管理局颁布了《中药注射剂色谱指纹图谱试验操作规程指南》和两个《计算机辅助中药指纹图谱相似度计算软件》，详细规定了原料药材、半成品、成品的供试品收集与制备，参照物的选择，指纹图谱试验条件，试验室和仪器设备的要求、试验方法，色谱指纹图谱的建立和辨认、校验和复核等；两个计算机软件可以对所有的中药谱峰同时进行比较计算，真正反映指纹图谱的整体相似性，并自动进行处理，对中药质量的稳定性做出准确评价，为中药指纹图谱的全面研究建立了实用的技术平台和科学基础。目前，中药指纹图谱的研究基本上还处在初级阶段，即确定指纹图谱的建立方法及其评判标准，评价和控制中药材及制剂的质量也就是构建中药质量控制的一种模式。

在国外，指纹图谱在美国食品和药物管理局（FDA）植物药产品工业指南（2000 年草案稿）、世界卫生组织（WHO）草药评价指南（1996 年）以及英国草药典（1986）、印度草药典（1998）、美国草药典［1999～2001，专题文章（Monographs）］中均将其列入，目的是解决多数草药有效成分不明、市场商品无法有效鉴别真伪和控制质量的问题，要求草药制剂生产商提供半成品的指纹图谱以保证品种的真实性和产品的指纹图谱以证明其批间产品质量的一致和稳定。美国 FDA 允许草药保健品申报资料可以提供色谱指纹图鉴别资料；WHO 在草药评价指南中规定，对植物药制品和最终产品如果有效成分不能鉴别，可提供特征成分或混合成分的指纹图谱，以保证制剂和产品质量的一致；欧共体在草药质量指南的注释中提到，"草药的质量稳定性单靠测定已知的有效成分是不够的，因为草药及其制剂是以其整体作为有效物质。因此，应该通过色谱指纹图谱显示其所含的各种成分在草药及其制剂中是稳定的，其含量比例能保持恒定"。国外关于指纹图谱的研究论文也日渐增多,他们认识到不可能用一种成分说明某草药的疗效,有些活性成分不明,鉴别很困难,所以提出了指纹图谱鉴别,基本上都是将指纹图谱的研究和应用限定在鉴别范畴,目的是用以解决成分复杂、有效成分不明的草药如何监测和证明产品批间质量稳定的问题。国外许多研究对于指纹图谱的研究已进入高级阶段——建立指纹图谱与药效的相关性研究,以及对中药理论和新药开发的研究体系和模式。

3. 指纹图谱的分类

目前所称的指纹图谱实际就是以对照药材的完整图谱,对供试品进行鉴别的自然延伸和合乎逻辑的发展。狭义的指纹图谱是指中药化学指纹图谱,即表达植物药代谢产物化学特征的指纹图谱;广义的指纹图谱可按应用对象、测定手段进行不同的分类。

1) 按应用对象分类　中药指纹图谱可用于中药制剂研究、生产过程的各个阶段。按应用对象来分类,可分为中药材(原料药材)指纹图谱、中药原料药(包括饮片、配伍颗粒)指纹图谱、中药中间体(工艺生产过程中间产物)指纹图谱和中药制剂指纹图谱。

(1) 中药材指纹图谱　按测定手段又可分为中药材化学指纹图谱和中药材脱氧核糖核酸(DNA)指纹图谱。中药材 DNA 指纹图谱主要是测定各种中药材的 DNA 图谱。由于每个物种基因的唯一性和遗传性,中药材 DNA 指纹图谱可用于对中药材的种属鉴定、植物分类研究和品质研究。它对中药材质量管理规范(GAP)基地建设、中药材种植规范(SOP)、选择优良种质资源和药材道地性研究极为有用。中药材化学指纹图谱是指通过测定中药材所含各种化学成分(次生代谢产物)所建立的指纹图谱。虽然化学成分是次生代谢产物,受生态环境和生长年限的影响而产生个体间较为明显的差异,但植物的代谢具有遗传性,作为同一物种的个体在化学成分上也具有相似性,可以用化学成分的谱图来建立指纹图谱。中药材化学指纹图谱对控制中药材质量具有更直接、更重要的意义。

(2) 中药原料药指纹图谱　对中药饮片指纹图谱的要求基本和中药材指纹图谱相同。对中药配伍颗粒(包括标准提取物)指纹图谱应要求高一点。采用标准提取工艺,严格控制操作参数,并对原药材采取"混批勾兑"的做法,完全可以建立较稳定的指纹图谱进行质量控制。

(3) 中药中间体和中成药的指纹图谱　建立稳定的中药制剂及中间体的化学指纹图谱,如能实现将原药材投料改为提取物投料(可用混批勾兑做法),严格控制工艺流程,对生产工艺实现全过程指纹图谱监控,必定可以解决最终产品的质量稳定问题。

2) 按测定手段分类　中药指纹图谱按测定手段可分为中药化学指纹图谱和中药生物指纹图谱。中药化学指纹图谱系指采用色谱、光谱和其他分析方法建立的用以表征中药化学成分的特征的指纹图谱。主要有薄层色谱(TLC)指纹图谱、气相色谱(GC)指纹图谱、气质联用(GC－MS)指纹图谱、高效液相色谱(HPLC)指纹图谱、液质联用(HPLC－MS)指纹图谱、高效毛细管电泳(HPCE)指纹图谱、高速逆流色谱(HSCCC)指纹图谱、超临界流体色谱(SFC)指纹图谱、紫外光谱(UV)指纹图谱、红外光谱(IR)指纹图谱、荧光光谱(FP)指纹图谱、核磁共振波谱(NMR)指纹图谱、质谱(MS)指纹图谱、X 射线衍射(XRD)指纹图谱、色谱联用指纹图谱(多维多息、特征谱)等。此外,还有电化学指纹图谱、常规电泳(EP)指纹图谱、差热分析(DTA)指纹图谱、圆二色谱(CD)指纹图谱、微量元素指纹图谱、X 射线荧光光谱(XRF)指纹图谱、振荡指纹图谱等。

中药生物指纹图谱包括中药材 DNA 指纹图谱、中药基因组学指纹图谱及中药蛋白组学指纹图谱。中药基因组学图谱和中药蛋白组学指纹图谱系指用中药制剂作用于某特定细胞或动物后引起的基因和蛋白的复杂的变化情况,这两种指纹图谱似可称为生物活性指纹图谱。此外,还有扫描电镜(SEM)指纹图谱、计算机图像(CIA)指纹图谱等。

4. 指纹图谱的发展

指纹图谱作为中药现代化的一个突破口,应不仅仅局限于中药质量标准的提高,而是应该站在如何使现代科学体系与传统中医药学有机结合,最终将中医药推向世界的高度去认识,并以此为契机,建立起完善的方法学,用现代各交叉学科的语言去阐述中医药的精髓,实现新的腾飞。经过数十年的研究和发展,中药(中药材、饮片、中成药)已积累了大量的单味中药化学成分数据和研究中药复方化学成分的思路和部分数据;现代分析科学的迅速发展,为指纹图谱的建立提供了大量先进方法学的稳定可靠的仪器和技术,尤其是联用技术的快速发展,使未知成分的在线解析提供了可能;信息科学的发展可使所获得的大量数据实现信息化和知识化;复杂性科学为人们针对中药这样一个复杂系统和解决提供了整体思路和相应的方法;这些都为大规模开展中药指纹图谱研究、建立规范实用的指纹图谱、进行中药的整体性评价奠定了扎实基础。

1) 指纹图谱的发展阶段　指纹图谱的建立具有一定的阶段性。作为一个能够实际应用于中药的过程控制与质量评价的判断标准,现阶段的指纹图谱在理论和实际应用方面的系统研究尚处于起步阶段,虽已具备了较好基础及开展了一些研究工作,但从中药质量控制来说,仍未普遍达到指纹性描述的作用,尚不能有效地反映和控制中药的整体质量,还需进一步深入探讨。

中药指纹图谱的研究与建立可分为初级和高级两个阶段。

初级阶段是确立指纹图谱的建立方法及相似度判定。中药注射剂起效快,疗效好,化学成分相对其他中药来说要少得多,但对其产品质量要求又比其他中药制剂更高。选择中药注射剂,开展制订其指纹图谱工作,具有很强的可行性。对中药注射剂而言,在初级阶段,通过对注射剂(最终产品)、中间产品及和工艺制备相关的原药材的指纹图谱研究,建立系统的测定方法和相应的指标控制参数,达到指纹图谱的可操作、可控、稳定和量化的目的,利用指纹图谱表达成品的质量,实现对工艺操作和原药材的质控;也可利用指纹图谱追根溯源来寻找工艺操作中的问题和实现对原药材 GAP 的质量要求。取得大量指纹图谱数据后,就可讨论制订判别指纹图谱相似程度的方法和指标。可以采用"共有峰"的方式来判断相似程度从而达到控制目的,也可采用对指纹图谱整体进行"模式识别"来判断其相似程度,并确定各种控制参数。初级阶段研究重点主要是测定方法的建立、方法稳定性和适用性考查、化学有效部分基础研究、图谱多指标控制等,力求基本说清中药化学基础及质量控制参数,将中药质量控制提到整体量化的高度。

在建立相对完备的中药指纹图谱后,进入研究的高级阶段,即指纹图谱特征和药效相关性研究、指纹图谱的生物等效性研究。多维多息特征谱或谱效学的的基本含义即是如此。西药是定量构效关系,即一定的分子结构有其相应的生物效应。中药是起药效的化合物群在发挥作用,不同的配伍(包括药味和剂量的改变)将引起化合物群在包含化合物的种类、个数以及含量上发生改变。这种群体的变化可通过指纹图谱这种形式表达。指纹图谱所体现的化学成分的变化(种类、个数和含量)和药效的变化(药效试验或临床效果)建立数量相关性,这时所得的指纹图谱不再只是化学成分的整体表达,而且包含了与此相关的药效生物信息,即控制某张指纹图谱就可达到体现相应的药效和临床效果。不同的药味,指纹图谱变化就更大,对应的药效也不同。改变配伍,进行化学成分和药效信息定量相关研究,就可用不同的指纹图谱来体现不同的生物信息。新药开发研究如能从一开始就采用指纹图谱来体现化学成分群的变化,结合进行药理、药效试验,进行相关性分析,势必事半功倍,加快新药开发速度,并达到较高水平。

初级阶段和高级阶段没有截然的分界线。在初级阶段主要是进行较全面的质量控制,所以研究应该深入,具体实施时应相对简化,以利于实际推广需要。初级阶段积累的数据也能为高级阶段提供基础。能体现化学和药效相关综合信息的指纹图谱必将加快中药现代化的进程,必定能为中药走向世界提供可靠的质量保证。

2) 指纹图谱信息化和知识化　在中药指纹图谱的发展过程中,信息科学的发展可实现指纹图谱信息化和知识化。指纹图谱信息化包括数据的获取和数字化。主要过程为针对某类样品和要求,确定合适的获得指纹图谱的分析方法,建立整个分析方法的各种操作条件进行测试,以获得不同样品的指纹图谱即数据的获取,对所得指纹图谱进行分析,确定其数字特征。如对红外指纹图谱、可用峰的波数和强度作为其数字特征来表示某个峰。对于高效液相色谱,峰的参数可选用保留时间(或相对保留时间)、峰高(或和峰面积)作为数字特征。实测的指纹图谱直观,在简单的情况下容易比较各指纹图谱的差异。将指纹图谱按数字特征抽提而得到的数字化指纹图谱则易于大量储存和比较、利用。对大量的指纹图谱应该建立数据库。对于中药材,应建立不同品种、不同产地、不同采收期和炮制方法所得指纹图谱数据库,以便于比较、确定其间差异。对于中药制剂(中成药),除了中药材的指纹图谱库外,还应建立原药材、中间体或有效部位、最终产品的全过程指纹图谱库,便于实现全过程质量控制,追踪确定工艺操作条件和原药材变化对产品质量的影响。对于新药研究与开发,可对每步研究样品建立和药效相关的指纹图谱,汇集成数据库,即可监测、表征各有效部分的化学和药效信息。在这些数据库结构中,增加用以判断、比较各指纹图谱相似度的方法和功能,即成为智能数据库,可对输入的样品指纹图谱和原有的指纹图谱进行对比,从而对新输入的指纹图谱进行判读,确定其质量等。

指纹图谱知识化是指在指纹图谱获得信息化基础上,研究如何来利用这些信息。指纹图谱知识化包括信息解读、比较和判断,化学信息和药效信息、相关性研究和信息的利用,即从大量指纹图谱数据中得到有关规律和知识。国内已开展了一些研究工作。对于中药材,提取分离所含化学成分,得到各类化学成分。在中医药理论指导下,采用相关药理试验所获得的药理数据和化学数据进行逐步回归分析和典型相关分析,确定中药材中某类化学成分为其产生功效的主要物质基础。选择该类活性成分作研究对象,将各种样品药材经提取分离制备样品液,测试该类活性成分的指纹图谱,如高效液相色谱(HPLC),得多个色谱峰,作为化学特征变量,选用对照品作参照物。指纹图谱信息化后,进行化学模式识别,确定优质药材。对于中药制剂,根据该方剂已知的疗效,确定相应的药效试验方法,根据组成中成药的各味药材(或有效部分和成分)的现有化学和药理资料,结合工艺确定可能存在的化学成分类别,采用现代分离手段(如超临界萃取、大孔树脂吸附分离、逆流色谱及各种制备色谱)将其分成各个化学部分(化合物群),分别做各种药效试验,最终确定中药中各有效部分(即药效试验肯定的化学部分),建立其指纹图谱(如 HPLC),将指纹图谱所得的化学信息(包括化学成分的个数和含量及比例)和药效信息进行总体相关性分析,得出其因果关系(即规律和知识)。

中药指纹图谱智能数据库是将从药材、中间体直至最终产品的大量指纹图谱汇集成数据库,采用数学方法比对等,确定各个峰之间的相关性,从而做到对整个生产过程实现"全过程质量管理";而对基础研究和新药开发,可实现全过程化学成分群的表征,再加上多维信息高效液相色谱(HPLC)/二极管陈列检测器(DAD)/质谱(MS)的指纹图谱,对整个研究存在的大量需要处理的信息,建立指纹图谱智能数据库,就能较好地解决这类问题。

3) 指纹图谱的发展前景　中药指纹图谱的发展趋势是建立体现谱效关系的指纹图谱,实现指纹图谱信息化和知识化,使中药安全、有效和可控。在实际应用中,中药指纹图谱质控技术在这几方面大有作为:建立合理的、易于实施的指纹图谱相似性分析方法并开发相应的软件,与分析仪器相配套,用于中药生产企业和药品检验部门的质量控制、评判;开发基于各类指纹图谱分析的中药材分析、鉴定、分类评判的软件和网络平台,服务于各有关部门、企业和机构;开发和建立在线指纹图谱检测技术、分析软件与基于指纹图谱信息的生产自控程序,实现利用指纹图谱对中药生产过程的控制;建立中药材(原料药材,尤其是地道药材)、中药原料药(包括饮片、配伍颗粒)、中药中间体(工艺生产过程中间产物)和中药制剂的指纹图谱数据库和网络平台,实现中药全过程质量管理;开发指纹图谱特征和药效相关性(谱效学)分析、评判软件,建立体现化学和药效相关综合信息的指纹图谱,以加快新药开发速度,并提高研究水平。

总之,中药指纹图谱有着美好的发展前景和重要的应用价值,随着中医药现代化的发展,必然会发挥更大的作用。

指纹图谱的产生和发展概括,见图 10-69。

5. 推行指纹图谱技术的意义

中药发展到今天,中药指纹图谱质控技术已是牵动该行业全面进步的关键技术,具有"四两拨千斤"的功效。其应用研究,对加强中药质量控制(GLP)、保证中药功效,实现中药生产管理规范(GMP)、提高中药工业整体水平,实施中药材质量管理规范(GAP)、带动中药农业现代化,推进中药走向世界,都具有非常重要的现实意义。中药指纹图谱质控技术的应用,将迎来整个中药事业、中药产业的现代化。正如国家食品药品监督管理局原副局长任德权所言,"中成药指纹图谱质控技术已是牵动医药行业全面进步的关键,其应用研究,对保证中成药功效,提高中药工业整体水平,带动中药农业现代化,推进中药走向世界,具有非常重要的现实意义"。

1) 指纹图谱技术是 GAP 的必要条件,指纹图谱质量控制是牵动中药农业现代化的技术纽带　由于"中药的化学成分稳定"是制订合格指纹图谱的物质基础,因此对中成药进行指纹图谱分析就使得中成药企业必须重视药材原料的稳定。企业对药材质量的重视使广大药农知道中成药企业需要的是地道优质药材,同时企业也开始认真思考原料基地的问题,开始重视组织农民建立药材基地并对原料药开展整套栽培研究,让成品的质量建立在优质稳定的药材原料基础上。在客观上,中药企业自觉地站在现代化的高度上发挥主导中药农业的作用,促进中药农业向标准化、规范化发展,实现 GAP。GAP 是专门对中药材生产实行规范化管理的基本准则,并作为以中药为原料的其他产品(包括天然产物)的生产质量配套措施的技术性规范。有了良好的 GAP 来控制药材原料的品质,对以后的下游各步的品质保障能收到事半功倍的效果。由此可见,中

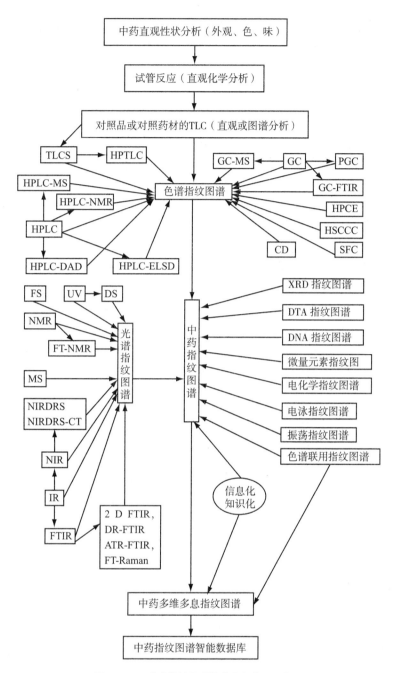

图 10-69 中药指纹图谱的产生和发展示意图

药指纹图谱的应用是牵动中药农业和中药工业实现现代化的纽带。

中药农业也同样到了必须重视质量、重视比较优势、讲究道地性的时候了,但中药农业是否重视质量,归根结底取决于中成药工业对原料质量的重视。中药工业近 30 年进步很大,但如果说在发展中最滞后的环节是成品内在质量标准,那么最薄弱的环节是原料的购进。有的中药厂对原料质量不讲究,什么便宜进什么,导致了中药农业的重数量不重质量的状况。现在药材、饮片、成药三大中药支柱产业中,成药的经济份额最大,药材的 70% 以上供应中成药厂。中成药工业已经处于中药产业的主体地位,对中药农业客观上具有主导作用。

长期以来,许多中成药企业对原料质量要求仅满足于合法、合格,既有重于追求直接经济效益的情况,也有中成药质量标准自身对原料药材缺乏要求的原因。应用指纹图谱质控技术,原料质量的稳定是前提。为了保证成品的质量,中成药企业就必须重视药材原料的稳定。采用指纹图谱质控技术,就使中药工业企业自觉地站在现代化的高度上发挥主导中药农业的作用。这种主导作用集中体现在 3 个方面:首先是药材的质量要求。使广大药农知道中成药企业需要的是地道优质药材,不合格的药材不需要。第二是对药农的组织作用。领导或引导药农走产业化的道路。中成药企业要重视组织农民建立原料基地,把原料基地视为企业的第一车间,让成品的质量建立在优质稳定的药材原料基础上。第三是对原料药材开展整套栽培技术研究。引进农业科技力量,优选产地,并在研究的基础上制订药材生产规范即药材种植规范(SOP)。上述 3 个方面汇合起来就是中成药工业企业要发挥龙头作用,促进中药农业实现 GAP。对主要用原料,企业要下力量建立符合 GAP 的基地。

药材产地的选择在今天的基地建设、种植规范(SOP)的制订、质量管理规范(GAP)的实施中具有特别重要的意义。大量资料表明,不同产地的同一药材其组分含量差异很大,不少品种指标成分含量相差可达 10 多倍。如金银花所含绿原酸高的有 3.42%,低的才 0.45%;淫羊藿所含淫羊藿苷高的有 3.00%,低的才 0.14%;黄芪所含黄芪甲苷高的有 0.30%,低的才 0.013%。所以,必须在传统地道性研究与现代科学测定比较的基础上,从全国范围选择好建立基地的地点。

原料药材生产种植规范(SOP)的制订,对于规范药材生产、稳定质量当然也非常重要。有了 SOP,组织药农按 SOP 生产药材,就如同组织工人按生产工艺规范生产成药一样。就此而言,质量管理规范(GAP)与生产管理规范(GMP)有类似之处。如何组织农民是一个大课题。一些企业已经有了成功的经验,如哈尔滨中药二厂在河北张家口的黄芩基地,天津天士力药业公司在陕西南洛的丹参基地,上海市药材公司在上海市郊的西红花基地等,形式多样,贵在实践。

除了已经家种的品种要建立基地外,对于野生药材也要根据企业需求,积极开展野生变家种的研究,并在研究成功的基础上建立基地。总之,一个产业不能建立在濒危枯竭的资源基础上,对于一个企业也是同样。建立药材基地,对工业企业和药农有供需稳定、价格稳定、生产稳定、质量稳定的好处。对产业来说,这是体现工业为主导,农业为基础,以现代化工业引导现代化农业,把现代化工业建立在现代化农业的基础上。只有这样才能保证中药工业现代化的持久稳定发展,也只有这样才有整体协调的中药现代化。可以说,没有中药农业现代化,就没有中药现代化。国家已经把调整农业产业结构,实现农业产业化,提高农民收入以及西部大开发列为国策,而中药农业现代化又都与此有关。中药指纹图谱的应用已经促使一些中药工业企业认真思考原料基地的问题,思考中药工业与农业的关系问题,思考中药农业与贯彻国策实现现代化的问题。由此可见,这项技术对于牵动中药工业与中药农业共同实现现代化的作用是何等重要。这种作用还刚刚开始,由此发生的工业生产规模化,带动中药农业生产的集约化、规范化(GAP)和中药农业新的集中化、规模化、道地性,必将越来越显著。

2)指纹图谱技术是 GMP 的要求,是当前带动中药工业现代化的关键技术   中药工业发展的历程,是一个由表及里的现代化过程。从厂区、厂房变化到工艺设备的进步,直到产品包装、剂型的革新,现在已到了必须实现中成药内在质量标准现代化的时候了。从一定意义上说,一个产业的现代化,归根结底要体现在其产品的现代化上;中成药生产的现代化,归根结底要体现在产品质量可控的现代化上。这种可控,首先是指质量标准本身切实可以控制药效的稳定一致;其次是指生产全过程切实可以控制达到成品内在质量的一致。而这两点正是当前中成药生产上最为突出的问题,不仅现有质量标准本身不足以控制成品功效稳定,而且生产本身也难以保证成品的一致。所有这些又都是因为对成品的物质群差异状况本身就知晓甚少。

采用指纹图谱质控技术,有望显著改善可控性,提高产品的现代化内涵,提高生产现代化程度。尽管有 GAP 的保证,让中药的化学成分变化限制在相对狭窄的变化范围内,但是变化还是存在的。中药生产流程是一个连续的、不受干预的过程,难以控制产品内在的微小变化;采用指纹图谱技术,产品质量即使发生微小的变化和偏差,均能明显地表示出来,从而可以保证产品的质量,进而保证中成药的疗效。目前我国的中药注射剂均要求建立完整的指纹图谱,中药的有效部位和有效成分制剂也要求建立指纹图谱。指纹图谱建立后,对保证中药的疗效,降低中药特别是中药注射剂的不良反应发生,起到了巨大的作用。

3)指纹图谱技术是质量控制(GLP)、增益控制(GCP)、综合空间计划(GSP)的前提,是保证中药功效、实现中药现代化的保证   中药内含物质群是个很复杂的问题,人参是化学成分研究时间最长、研究资料积累最多的 1 个品种,其文献记载可追溯到 1854 年 Sarriquex S 在《Annchem Pharm》杂志上关于人参喹酮的报道。近 30 年来,不断有新的成分被发现,现在已知的人参皂苷有 30 多种,挥发油 29 种,氨基酸 15 种,矿物质 29 种,糖类 16 种,有机酸 11 种以及酯类、生物碱、维生素、甾醇和多种酶等物质,而且还不断有新的发现。

一味药材尚且如此,复方成药的物质群就更复杂了。就此而言,要把质量控制建立在研究清楚每个内含成分的基础上很不现实,这就要求在尚不清楚全体化学成分的情况下,实现对物质群整体的控制。而现代色谱、光谱、波谱、质谱等仪器分析所得的指纹图谱,体现了这种可能性,即可反映这些物质群的同属性。虽然对图谱中每个特定峰的成分并不了解,也即对物质群的化学成分并不全知晓,但这并不影响对物质群一致性的判断,不仅可以定性鉴别,还可以半定量分析。

通过中药指纹图谱控制,我们可以规范地进行中药新药的试验研究,研制出安全、稳定、有效、均一的品种用于临床,在临床研究时才有质量可靠的品种进行临床观察,所得出的临床研究数据才是真实可靠、可以重复的;通过指纹图谱控制的产品在销售时,才能因质量的稳定而确保疗效,销售企业可以通过指纹图谱来控制进货,防止假、冒、伪、劣产品流入用药市场,危害患者的健康。

4) 指纹图谱技术是实现中药国际化的保证　某种意义上讲,现在说的中药走向世界,是指走出东方文化圈,走向西方发达国家,走向当代世界文化圈。作为现代文化圈,对药品的要求,"安全、有效和可控"是国际共识。对于中成药这样的物质群的质量控制方法近 20 年来也日趋共识。

日本汉方药主要生产企业在 20 世纪 80 年代就已经在企业内部采用高效液相指纹图谱控制质量。他们把传统方剂采用地道药材,按饮片配方煎煮得到的煎汁作为标准指纹图谱,对大生产的原料、配方和工艺严格控制,使成品指纹图谱与标准指纹图谱一致。欧洲一直比较重视草药的医疗作用,对草药的质量控制也殊途同归,采用了指纹图谱方法。德、法联合开发的银杏叶提取物是一个典范。他们在研究中发现银杏叶提取物的医疗作用是提取物所得物质群的整体作用结果。德、法联合集团的技术负责人认为,银杏叶提取物是一个"整体",正是这样一种混合物保证了其所具有的治疗作用。他们进行了长期的研究,把混合物所含内酯和黄酮相互分离,发现"都不具备全部提取物整体的功效"。在这一点上,和我们对中成药的疗效是物质群整体的功效这样的认识是一致的。而对于这样一个"整体"的质量控制,现在也是采用高效液相指纹图谱方法。美国食品和药物管理局(FDA)最近几年制订的植物草药指南中,已经明确把指纹图谱作为这类混合物群的质量控制方法。总之,以指纹图谱作为中成药、单药提取物质量控制方法,已经成为目前国际共识。我国中药企业必须建立起符合中药特色的指纹图谱质控技术体系,与国际双向接轨。

6. 中药指纹图谱的认定

中药指纹图谱是对现行中药质量控制方法的提高和补充,并且可以控制中间体、成品的一致性,减少批间差异。中药指纹图谱能够全面反映中药所含化学成分的种类和数量,进而有效地反映中药质量。

1) 中药指纹图谱的基本特征　中药指纹图谱是一种综合的可量化的分析手段。中药指纹图谱具有以下 3 个基本特征:

(1) 系统性　系统性是指指纹图谱反映了中药有效部位所含主要成分的种类或指标成分的全部。如中药人参所含的有效成分多为皂苷类化合物,其指纹图谱应该尽可能地全面反映出其中的皂苷成分。

(2) 特征性　特征性是指指纹图谱中反映的化学成分信息是具有高度选择性的,这些信息的综合结果将能特异地区分中药的真伪优劣,成为中药自身的"条形码",也称为专属性。

(3) 稳定性　稳定性是指所建立的中药指纹图谱在规定的方法与条件下,不同的操作者和不同的试验室能作出相同的指纹图谱,其误差在允许的范围内。这样才能保证指纹图谱具有通用性、可控性和实用性。

2) 中药指纹图谱的评价

(1) 中药指纹图谱的评价方法　中药指纹图谱的辨认应该注意指纹特征的整体性。一个品种的指纹图谱是由各个具有指纹意义的峰组成的完整图谱构成,各个有指纹意义的峰(或薄层色谱的斑点)其位置(保留时间或比移值)、大小或高低(积分面积或峰高)、各峰之间相对的比例是指纹图谱的综合参数,辨认比较时需从整体的角度综合考虑,注意各有指纹意义的峰相互的储存关系。液相色谱不同仪器可能因滞留体积不同等原因导致保留时间的漂移,薄层的比移值不同试验室漂移现象更较常见,所以比较色谱的整体特征很重要,不宜纠缠小峰的细枝末节。

指纹图谱的评价指标是供试品指纹图谱与该品种对照用指纹图谱及之间指纹图谱的相似性。指纹图谱的相似性从两个方面考虑:一是色谱的整体面貌,即有指纹意义的峰的数目、峰的位置和顺序、各峰之间的大致比例(薄层色谱还有斑点的颜色)等是否相似,用以判断样品的真实性;二是供试品与对照品或对照用指纹图谱之间与不同批次样品指纹图谱之间总积分值作量化比较,总积分面积相差较大($\pm20\%$)时说明同样量的样品含有的内在物质有较明显的"量"的差异,这种差异是否允许应视具体品种、具体工艺的实际情况并结合含量测定项目综合判断。

（2）中药指纹图谱的评价指标　中药指纹图谱的相似性可采用相似度(similarity)作为评价的指标。

根据《中药注射剂指纹图谱研究的技术要求》(暂行)的规定,与中药指纹图谱有关的技术参数如下:①保留时间(t_R)。②峰高(H)。③峰面积(A)。④峰面积百分比($A\%$)。⑤相对保留时间(R_t)。⑥积分面积相对比值(A_R)。其中技术参数保留时间R_t、峰高H、峰面积A受色谱条件等因素的影响较大;而同一色谱条件下相对保留时间R_t、积分面积相对比值A_R相对固定。因此,相对保留时间、积分面积相对比值是中药指纹图谱的两个核心参数,可作为指纹图谱相似度评价的重要变量。

7. 影响指纹图谱特性的因素

指纹图谱在评价中药质量中起到重要的作用

1）中药指纹图谱的作用

（1）观察色谱指纹图谱的整体特征可以鉴别生产药材原料的真伪。

（2）指纹图谱可以区分植物药材的不同部位。

（3）指纹图谱可以考察商品药材与成药的质量。

（4）从标准色谱指纹可追踪制剂中某些化学成分的变化。

（5）指纹图谱可以监测原料与成品之间、成品的批间质量的稳定性。

2）中药指纹图谱的影响因素

中药指纹图谱应满足特征性、重现性和可操作性,才能满足指纹图谱的实用要求;但是有时可能不同批号产品指纹图谱的重现性不易达到。不管是中药原料药材差异,或制备工艺中任何细小操作的变化,甚至色谱本身在试验中的变化都可能出现指纹图谱差异。

对指纹图谱有影响的因素包括以下几个方面:

（1）原料药材质量的提高和稳定是制剂指纹图谱能否成功建立的首要关键。这包括固定产地、固定品种、固定采收季节和加工处理。首先保证投料的药材是合格的,乃至是优质的。如能落实药材种植的质量管理规范(GAP),有了药材的生产基地,并有严格的管理,有了最基本的条件。目前药材生产、供应、流通领域的混乱对开展指纹图谱研究是极其不利的,用多种来源的药材很难制订稳定的指纹图谱,权宜之计只能是固定生产所需药材的品种和产地。德国草药制剂处方中的原料草药必须固定1个品种,如改用近缘品种必须重新提交申报资料,并需有足够的数据说明理由。

（2）生产工艺的规范和优化是研究实施指纹图谱的另一个重要环节。原中国卫生部颁发的药品标准收载的许多老产品和新的三类中成药产品的生产工艺大部分简单粗糙,既难以保证产品的稳定,更无法提供高质量的产品,必然对指纹图谱的研究增加难度。欧洲草药制剂的生产工艺大多以"标准浸膏"投料,减少了以草药做起始原料带来的不稳定因素。

（3）指纹图谱试验的方法经严格验证是图谱达到专属、稳定的保障。指纹图谱是经光谱或色谱测定得到的组分群体的特征图谱或图像,因为中药中的成分多数为未知,不经严格验证无法肯定得到的色谱图是否已经满足要求。同一处方、同一工艺由于色谱试验条件不同得到不同的图谱,不同的试验各自宣称自己的是"指纹图谱",这将造成混乱。应该有足够的样本数、优化的色谱并提供足够的色谱信息,并由有关机构进行技术审核和确认才能确定指纹图谱。

（4）指纹图谱的辨认和判断比较复杂。中药的指纹图谱具有一定的模糊特点,需要建立一套完整的数学拟合方法即相似判断标准。对指纹图谱,特别是较复杂的图谱,应该结合观察整个图谱的图形、图貌,做宏观的比较和权衡。

（二）指纹图谱的要求与构建

1. 指纹图谱的要求

中药指纹图谱应具有特征性、重现性和可操作性,才能满足指纹图谱的实用要求。

中药指纹图谱不论是中药材还是中成药、中药方剂,一定要能体现该中药(药材或复方)的特征,也可称为专属性或唯一性。当然也有可能用1张指纹图谱不足以表现其全部特征,而用几张指纹图谱来表现某种中药(药材或复方)的各个不同侧面的特征,从而构成其全貌;但对其中的每一张图谱仍应有其特征性(专属性)的要求。

指纹图谱主要是用来表现、控制中药的化学成分群的整体,要有较好的重现性,即同一样品、同一操作条件下,结果的重现性要好。因此,根据不同的要求要考虑选用何种分析方法建立指纹图谱最合适。中药这样的复杂体系基本特性之一是复杂性,其中包含了不确定度和一定的模糊性。这些问题和重现性的概念不同,可以在指纹图谱的数据处理(如相似度的判断)中采用适当的方法予以解决。

指纹图谱的可操作性系指针对不同用途,选用不同分析方法来达到不同的要求。如对于质量控制应考虑生产企业和药品检验部门常规配备的仪器设备来建立相应的方法,一般以光谱和气相色谱、高效液相色谱为主;而对于用指纹图谱来进行配伍理论或新药开发研究,特别是化学成分和药理、药效相关性研究,就应考虑采用联用技术,如 GC/MS,HPLC/DAD/MS/MS 等方法获取大量信息,更有利于得到明确的结果。

2. 指纹图谱的构建方法

随着近代色谱、波谱和光谱技术的飞速发展,已有越来越多的先进手段应用于中药质量分析,这也给构建中药指纹图谱提供了有力的工具。指纹图谱的构建方法常用的有光谱法、色谱法、X 射线衍射法(X-raydiffraction,XRD)、热分析法(thermal analysis,TA)、电泳法(electrophoresis,EP)、色谱联用技术、分子生物学技术等。此外,还有电化学法、扫描电镜技术(SEM)、计算机图像分析(CIA)、化学振荡技术等。在实际应用中可根据需要选用 1 种或几种方法。

1) 光谱法　光谱法是指用一定波长的光照射或扫描中药样品,取得特定的图谱和数据。主要方法有:紫外光谱(ultraviolet spectrum,UV)、红外光谱(infrared spectrum,IR)、荧光光谱(fluorescent spectrum,FS)、核磁共振波谱(nuclear magnetic resonance,NMR)和质谱(mass spectrometry,MS)。此外,还有原子吸收光谱(AAS)、等离子体光谱(ICP)、X 射线荧光光谱(XRF)等。

(1) 紫外光谱(UV)　紫外光谱是反映分子内电子吸收紫外和可见光波段的能量而产生跃迁的吸收光谱。中药中一些含有不饱和结构或共轭双键结构的成分在紫外光(通常是 $200\sim400$ nm)照射下,能引起物质内部原子、分子运动状态的变化,消耗一部分能量后再透射出来,通过棱镜或光栅分成按波长顺序排列的不连续的吸收光谱。不同物质产生的紫外吸收光谱各不相同。由于不同中药含有不饱和成分的差异,其紫外光谱特征(最大吸收波长、最小吸收波长、肩峰、吸收系数、吸光度比值、吸收峰的数目、峰形、峰高等)也表现出差异。中药材的紫外吸收光谱是多种成分特征吸收光谱叠加而成的复合谱,在一定条件下,中药多成分的复杂组合也有一定规律性,从而在紫外叠加光谱上显示出一定的特异性和稳定性。对于难以区别或亲缘关系相近的中药,可采用多溶剂紫外光谱法(紫外谱线组法)或导数光谱法。导数光谱(derivative spectrum,DS)法可消除样品中的一些无关吸收,排除原图谱中某些干扰;还可解决紫外光谱吸收峰重叠问题,随着导数阶数的增加,吸收带宽变窄,峰形变锐,从而提高光谱的分辨率。

(2) 红外光谱(IR)　红外光谱是反映分子内各种键的振动和转动能级变化的吸收光谱。红外光谱具有高度的特征性,每一种化合物都有其特征的红外光谱。中药是一个含有多种化学成分的混合物,其红外光谱是混合物中各组分在红外光区域内($4\,000\sim400$ cm^{-1})总体官能团吸收的叠加。在一定条件下,同一种中药所含化学成分的质和量是相对稳定,且又有别于其他中药,故综合叠加的红外光谱且有一定的客观性和稳定性,且又具有特征性。图谱分析主要着眼于所测得的红外光谱的轮廓特征(全谱图形)的比较,不用将各主要吸收峰归宿,只要在所扫描的波数范围内比较吸收峰的波数、同一波数吸收峰的形状和强度、"指纹区"面貌等方面的差异即可。随着仪器分析、化学计量学和计算机技术的快速发展,针对中药这个复杂的混合物体系,目前已发展起来了许多更加实用的新方法和新技术,如傅里叶变换红外光谱(Fourier transform IR,FT-IR)、二维相关红外光谱(two dimensional infrared correlation spectrometry,2D FTIR)、近红外光谱(near IR,NIR)、傅里叶变换拉曼光谱(FT-Raman)、衰减全反射傅里叶变换红外光谱(attenuated total reflectance FTIR,ATR-FTIR)、漫反射傅里叶变换红外光谱(diffuse reflectance FTIR,DR-FTIR)、近红外漫反射光谱(near-infrared diffuse reflectance spectroscopy,NIRDRS)和近红外漫反射可视化褶合光谱(near-infrared diffuse reflectance spectroscopy visualization convolution transform,NIRDRS-CT)等,更加适合于指纹图谱的研究和构建。

(3) 荧光光谱(FS)　中药所含的某些成分(通常是具有共轭双键体系及芳香环分子)在紫外光照射下,吸收一定波长的光能后,又发射出比吸收光的波长更长的光,当紫外照射停止时,这种发光现象立即消失,称为荧光。荧光光谱包括激发光谱和发射光谱。激发光谱是指不同激发波长的光引起物质发射某一波长荧光的相对效率,即固定荧光发射单色器,以激发单色器进行波长扫描,记录不同波长时相应荧光强度;发射光谱是指某一激发波长的光引起物质发射不同波长荧光的相对效率,即固定激发单色器,将物质产生的荧光以发射单色器进行波长扫描,记录不同波长时的荧光强度。物质分子结构不同,所吸收的紫外光波长和发射的荧光波长也不同。其荧光光谱有一定的特性,可利用最大激发波长(λ_{ex})、最大发射波长(λ_{em})及峰数等特征常数进行分析。有时为了提高测定方法的灵敏度和选择性,常使弱荧光性物质与某些荧光试剂作用,以得到强荧光性产物。尽管荧光光谱峰数少,但同时可测得该物质的激发和发射两种光谱,比紫外和红外要多 1 个信息,更有利于鉴别。

(4)核磁共振波谱(NMR) 核磁共振波谱反映组成该分子的具有磁性的原子核(氢谱中为氢原子,碳谱中为各碳原子)在强磁场及辐照频率作用下产生核磁共振时核的能级变化。它是鉴定有机化合物结构的重要方法之一,可以获得化合物的包括各类质子的化学位移、数量、偶合关系等多个结构信息。中药(特征总提取物)在这种频率为兆赫数量级,波长很长(10 cm~100 m),能量很低的电磁波照射下,其中化学成分的某些特定元素(通常选用 H)的原子可以吸收电磁辐射,得到吸收频率对峰强度的核磁共振氢谱(^{1}HNMR)。中药成分复杂,若用一定程序获取植物类中药的特征性化学成分(或化学成分组)的总提取物,同时这些特征的化学成分的含量是相对固定的,在规范的提取分离条件下,植物类中药的^{1}HNMR 图谱与植物品种间存在着严格的对应关系。一些试验研究表明,中药的^{1}HNMR 指纹图具有高度的特征性和重现性,可依照^{1}HNMR 指纹图上显示特征共振信号和数据(δ_{ppm})进行分析。

(5)质谱(MS) 质谱是按照带电粒子(即离子)的质量对电荷的比值(m/z)大小依次排列形成的图谱。它是物理粒子的质量谱,是利用高速电子流轰击样品分子使其断开,形成各种各样带电的碎片离子,然后在磁场或交变电场或在真空环境中使这些高速运行的带电碎片离子获得分离,依据这些碎片离子对分子的相对分子质量和分子结构作出判断。中药特征提取物置质谱仪中进行电子轰击裂解为不同的碎片,获得提取物中化学成分的 EI-MS 图,不同中药所含成分不同,所得质谱图显示的分子离子基峰及进一步的裂解碎片峰(m/z)也不一致,质谱具有指纹性较强的特征。

2)色谱法 色谱法是当前分析方法中发展最快、中医药研究领域中应用最广的一种方法。色谱法的原理是借物质在两相间不同的分配而导致相互间的分离,在其近百年的发展过程中诞生了各种各样的色谱技术。色谱技术具有极强的分离能力和极大的适应性。中药指纹图谱首推色谱法,其常用的方法有薄层色谱(thin layer chromatography,TLC)、气相色谱(gas chromatography,GC)、高效液相色谱(high performance liquid chromatography,HPLC)、高效毛细管电泳(high performance capillary electrophoresis,HPCE)、高速逆流色谱(high speed counter - current chromatography,HSCCC)、超临界流体色谱(supercritical fluid chromatography,SFC)、圆二色谱(circular dichroism,CD)等。

(1)薄层色谱(TLC) 薄层色谱具有快速、经济、可靠、操作简便、适用范围广、重现性好等特点,供直观形象的可见光或荧光图像,即较柱色谱多了色彩这一可比"参数",并可进一步配合色谱扫描或数码处理得到不同层次轮廓图谱和相应的积分数据,尤其适合日常分析检验和现场检验,是中药鉴别最主要手段之一。现代薄层色谱(即平面色谱)借助于高科技和计算机技术已发展到仪器化、自动化、计算机化和其他色谱技术联机化的阶段,陆续出现了一些特殊技术,如高效薄层色谱(high performance TLC,HPTLC)、薄层扫描(thin layer chromatography scan,TLCS)、热微量转移薄层色谱(TAS)、薄层色谱-气相色谱联用(TLC - GC)、薄层色谱斑点转移和红外光谱间接联用(TLC - IR)等。其中薄层扫描用固定波长对薄层展开的各斑点进行扫描得到扫描图谱,比目测的薄层图谱更为客观准确,还可计算各峰的峰面积与标准峰的比作量化指标,更具指纹意义。

(2)气相色谱(GC) 气相色谱具有分离效能高、分析速度快等优点,所得的色谱轮廓重现性好,分辨率较高;由于是封闭系统色谱,外界影响因素较少,稳定性较好;检测设备可选性较大,特别适用于含挥发性成分中药的指纹图谱的研究和应用。近年来,随着科技发展、研究深入和实际应用需要,陆续出现了一些实用性更强的新方法、新技术,如毛细管气相色谱(capillary gas chromatography,CGC)、气相色谱保留指数谱(gas chromatography retention indices spectrum,GCRIS)、裂解气相色谱(pyrolysis - gas chromatography,PGC)、顶空气相色谱(HSGC)、气相色谱-质谱联用(GC - MS)、气相色谱-傅里叶变换红外光谱联用(GC-

FTIR)等。其中最引人注目的是裂解气相色谱,它具有操作简便、样品无需化学前处理、提供信息量大等优点,且适用面广。对一些不能直接用气相色谱检测的中药,可用裂解气相色谱检测。PGC是热裂解和气相色谱两种技术的结合,也就是将样品放入裂解器内,在一定条件下将样品加热使之瞬间裂解成可挥发性小分子产物,立即被载气带入气相色谱系统的分析柱上,分离后在记录仪上获得重复特征的裂解气相色谱图;它具有指纹性质。GCRIS是根据中药挥发性成分的 GC 的保留指数,从中选择若干代表性成分的保留指数组成各自的气相色谱保留指数谱,使特征指纹更加显现。GC－MS 应用较多,可以"在线"提供指纹图谱中主要成分的化学结构信息,快捷而灵敏,是日常检验所需的指纹图谱的有力支撑。以超临界 CO_2 流体萃取作为前处理手段的 GC－MS,也大大丰富了中药指纹图谱构建的内涵。

(3) 高效液相色谱(HPLC)　高效液相色谱具有分离效率高、分析速度快、灵敏渡高、稳定性和重现性好、流动相选择性广、检测器种类多、色谱柱可反复使用等特点,非常适合构建中药指纹图谱。HPLC 不受样品挥发度和热稳定性的限制,适用范围广(非挥发性成分)。随着高效液相色谱仪的普及,应用越来越广泛,目前已成为构建中药指纹图谱最主要和常用的方法。新的高效通用检测器的发展,如二极管阵列检测器(DAD)、蒸发光散射检测器(ELSD),电喷雾电离-质谱(ESI－MS)、质谱/质谱(MS/MS)等设备的引入,使得 HPLC 适用性与分辨率显著提高,从而使复杂样品的分析成为可能。HPLC－DAD 可得到三维 HPLC 图谱,将色谱峰的保留时间与光谱信息整合在同一图谱中,适用于成分比较复杂、紫外光区有吸收的试验对象;HPLC－ELSD 可以解决没有紫外吸收的物质的检测;HPLC/UV/MS 可得到 HPLC/UV 及 HPLC/MS 指纹谱,并对主要色谱峰进行归属;HPLC/ESI－MS 所得其 HPLC－MS 总离子流色谱图包含了更多的信息,其指纹性和专一性更强;HPLC/DAD/MS/MS 可建立多维指纹图谱,同时建立总离子流指纹图谱。

(4) 高效毛细管电泳(HPCE)　高效毛细管电泳是近十几年迅速发展起来的一种新型分离分析技术。它是以高压电场为驱动力,以毛细管为分离通道,依据样品中各组分之间的淌度和分配行为的差异而实现分离的一种液相分离技术,具有分离效率高、分析速度快、分离模式多、毛细管清洗容易、仪器维修简单、可直接分析水溶液等特点,在中药指纹图谱研究方面越来越显示出极其重要的应用前景。HPCE 适用于大部分化学成分,特别是生物大分子—肽和蛋白的分离,如动物类中药。中药化学成分复杂多样化,分子大小不一,HPCE 能实现大小分子(如蛋白质和酚酸)同时分析,如此得到的指纹图谱将更多地反映中药的成分特性;应用模式多样,已经发展了毛细管区带电泳(capillary zone electrophoresis,CZE)、毛细管凝胶电泳(capillary gel electrophoresis,CGE)、胶束电动毛细管色谱(micellar electrokinetic capillary chromatography,MECC)、毛细管等速电泳(capillary isotachophoresis,CITP)、毛细管等电聚焦电泳(capillary iso electric focusing,CIEF)、毛细管电色谱(capillary electrochromatography,CEC)等分离模式,其中 CZE 和 MECC 是中药指纹图谱研究中最常用的两种模式。至于 HPCE 重现性,可通过采用淌度比法、对照品校正法、保留指数法等加以提高。

(5) 高速逆流色谱(HSCCC)　高速逆流色谱是当前国际流行的新型的液-液分配技术。该技术应用动态液-液分配原理,利用相对移动的互不混溶的两相溶剂,在处于动态平衡的两相中将具有不同分配比的样品组分分离。它具有分离效率高、超载制备能力强、无固体载体不可逆吸附、溶剂用量少、应用范围广等优点。HSCCC 技术具有很好的适应性,由于溶剂系统的组成与配比可以是无限多的,理论上可以适用于任何极性范围样品的分离,所以在分离天然产物方面有其独到之处。它的分离度、重现性均较好,且操作简便,容易掌握;对样品的预处理要求低,仅需简单的提取,甚至不用前处理都可达到很好的分离效果;实现梯度操作和反相操作,亦能重复进样。该技术回收率高,由于 HSCCC 没有固态载体,不存在吸附和降解,只要调整好分离条件,一般都有很高的回收率。所以,HSCCC 非常适用于中药成分的分离和分析。许多研究证明,HSCCC 能分离用 HPLC 难以分离的成分。HSCCC 在中草药研究方面的应用尚处在起步阶段,目前主要用于中草药有效成分的分离分析。近几年来,随着仪器和方法的改进,将高速逆流色谱与质谱联用(HSCCC/MS),成功地应用于中药化学成分的分离、分析、鉴定。可以说,在中药质量分析控制研究中,尤其在指纹图谱分析领域,HSCCC 有着广阔和良好的应用前景。

(6) 超临界流体色谱(SFC)　超临界流体色谱以超临界流体作流动相,通过控制压力调节流动相的密度实现对被分离物质溶解度的调节,从而使不同物质分别进行溶解与分离。超临界流体溶解能力强,流动性好,传质速率快,融合了 HPLC 和 GC 所用流动相的优点而避免了它们的部分缺点。SFC 比 GC 应用范围更广,比 HPLC 定量效果更好,分离的时间更短,样品的前处理更简单,更易与大型分析仪,如质谱仪、傅里叶变换红外光谱仪和核磁共振谱仪等联用。SFC 适用范围很广,理论上能够用 HPLC 分离和测定的化合物都可以用 SFC 来分离和测定,某些用 HPLC 不能分离的物质用 SFC 也能得到较好的分离效果。

3)X 射线衍射法(XRD) X 射线衍射法是研究物质的物相和晶体结构的主要方法。当某一物质进行衍射分析时,该物质被 X 射线照射而产生不同程度的衍射现象,物质的组成、晶型、分子内成键方式、分子的构型等决定该物质产生特有的衍射图谱。如果该物质是一混合物,所得衍射图是该混合物各组分衍射效应的叠加,只要这混合物的组成是恒定的,其衍射图就可以作为该混合物的特征图谱。中药尽管组成复杂(包括有机和无机物的多相体系),但当产地、采收期等影响因素相对稳定后,其组成也是稳定的,因而其衍射信息也是一定的。中药的组成成分各不相同,其衍射图谱各具特征。X 衍射图指纹图谱具有指纹性强、能立即知道样品组分、图谱稳定可靠等特点。XRD 分为单晶 X 衍射法与粉末 X 衍射法。粉末 X 衍射法具有快速、简单、图谱信息量大、指纹专属性强、判别指标多(衍射图、D 值和相对强度等)、稳定可靠等优点,适合于中药指纹图谱的构建。粉末 X 衍射 Fourier 谱分析法是在将衍射信息进行傅里叶变换的基础上,找出 X 衍射图谱的拓扑规律,建立较为简单且以能反映中药整体结构特征的 X 衍射 Fourier 指纹图谱。

4)热分析法(TA) 许多物质在加热或冷却过程中,往往会发生溶解、凝固、分解、化合、吸附、脱吸附、晶体转变等物理或化学变化,这时就会产生吸热或放热现象,研究测定这种变化的技术,即为热分析技术。按分析内容可分为热重法(TG)、差热分析法(differentialthermal analysis,DTA)和差动法(DSC)。其中,差热分析法较为常用,即研究样品和参比物在相同环境下等速加温时,两者的温度与时间或与加热温度的变化的方法,分析的结果用热谱图表示。不同中药的热谱图各有其特征性。

5)电泳法(HP) 带有电荷的粒子在电场中随缓冲液定向泳动的现象称为电泳。中药中的一些带电荷的成分(如有机酸、蛋白质、多肽、氨基酸、生物碱和酶等)在一定强度的电场、相同的时间内,因其电荷性质(正电和负电)、电荷量和相对分子质量等不同,造成各成分的泳动方向(向正极或负极)、速度和距离等也不同,从而导致电泳图谱上谱带条数、分布和染色情况各有其特征性。常规电泳操作中按支持物的不同,可分为纸电泳(paper erlectrophoresis,PE)、聚丙烯酰胺凝胶电泳(polyacrylamide gel electrphoresis,PAGE)、醋酸纤维薄膜电泳(cellulose acetate membrane electrophoresis,CAME)等。其中聚丙烯酰胺电泳法较为常用,该法所需试验设备简单,专属性强,灵敏度较高。高效毛细管电泳(HPCE)对常规电泳技术作了重大改进(参见色谱法)。常规电泳法对含多肽和蛋白质类成分有差异的中药有较突出的优势,但结果较易受试验条件的影响,故必须严格把握试验条件的一致性。

6)色谱联用技术 中药复方制剂成分复杂,往往单用一种色谱方法或条件无法建立较完善的指纹图谱,即不能全面准确地反映出中药的内在质量。采用色谱联用技术建立多维多息特征谱(characteristic fingerprint of multi dimension and multi-data),可较好地解决如何体现中药复方制剂的整体性和复杂性的难题。所谓多维,即采用多种分析仪器联用的模式来测定指纹图谱——各谱图间相互补充信息,可对复杂供试品有更清晰完整的认识。目前最常用的是用高效液相色谱(或毛细管电泳)/二极管阵列检测器/质谱/质谱联用方式(HPLC 或 CE/DAD/MS/MS)所得的多维指纹图谱。包括了用 HPLC 或 CE 所得的色谱峰图(各个成分的保留时间);二极管阵列检测器所得的在线紫外光谱图(on-line UV 图);一级质谱图(各个成分的质量)和二级质谱图(某成分的特征碎片)。所谓多息,即指中药复方制剂的特征谱包括化学和药效两方面的信息。化学信息即上面提到的多维谱图。药效信息即化学成分和药效相关性,即通过确定中药复方制剂中的各有效部分(即药效试验肯定的化学部分)和其所含的有效成分(各种化合物)间量的比例,从中推算药物的量效关系。多维多息特征谱的建立既能较系统、较完整地解决中药复方制剂面临的保证药效和质量的难题,又为中药研究中缺乏标准品的难题提供了一种新的解决途径。随着高效液相色谱-核磁共振谱联用(HPLC/NMR)的快速发展,不用取得纯品,直接用多种色谱联用技术就能确认混合物中各化学成分的结构是完全可实现的。

7)分子生物学技术 近年来人们认识到核苷酸序列含有生命有机物构建、维持和繁殖生命所必需的遗传信息,不同种生物体含有不同的 DNA 序列,同种生物体既有相同的 DNA 序列,保持同种生物体的遗传性状,又有其多态性,使同种生物体内各个体千差万别。由于这种核苷酸序列是相对稳定而各个体又有所不同,因而可以利用现代分子生物学技术构建 DNA 指纹图谱。DNA 指纹图谱具有高度的个体特异性。基于聚合酶链反应(polymerase chain reaction,PCR)的 DNA 分子标记构建指纹图谱的研究方法依据分析对象可分为两类:其一检测基因组 DNA 的多态,如随机扩增多态性 DNA(random amplified polymorphic DNA,RAPD)、任意引物 PCR(arbitrarily primer PCR,AP-PCR)等;其二检测特定片段 DNA 的多态,如限制性内切酶片段长度多态性(restriction fragment length polymorphism,RFLP)、DNA 直接测序等。RAPD 或 AP-PCR 标记可以在特异 DNA 序列尚不清楚的情况下检测 DNA 的多态性,更适合于 DNA 指纹图谱的构建。RAPD 法具有快速、简捷、灵敏度高等特点,近几年来得到了较广泛的应用,且具有极好的应用前景。RFLP 法是最常用的构建 DNA 指纹图谱的方法,要求 DNA 无显著的降解,因该法费时费力,应用受到限制。DNA 直接测序,即通过 PCR 用通用引物在已严重降解的药材 DNA 中扩增出特定的片段,然后对这些片段进行测序。该法具有较高的重复性和稳定性,既可避免因药材的特性造成的误差,又具高度的专属性。

上述各种方法或技术都有其适应性,在应用中都发挥独特的作用,但在用于中药质量全面分析时多少会出现些困难,故在中药指纹图谱研究的构建时,选择方法要具体情况具体分析,择善而从。UV 和 IR 都具有加和性,对于混合物来说,其鉴别专属性差,分辨率低,需借助计算机模式识别技术或模糊数学方法进行处理。NMR 和 MS 试验费用大,难以推广应用。由光谱表征中药的指纹图谱虽可用于鉴别不同中药,却很难像色谱指纹图谱那样可表达出中药这样复杂混合体系中各种不同化学成分浓度分布的整体状况。由于灵敏度和选择性的限制,对于中药这样复杂混合体系中的某些组分浓度发生的变化或消长,将难以在光谱上明显而又准确地显示出来,故将其用于评价中药质量均一性和稳定性时会带来一定困难。TLC 虽简便易行、使用率高,但其主要不足是"柱效"较低,提供信息量有限,很难反映几十种、上百种化学成分组成的复杂体系,对靠细微特征方可鉴别的指纹特征灵敏度也嫌不够;其次,薄层色谱外界环境对 1 个开放系统的色谱影响较大,故对外部环境条件(温度、湿度)要求较高,操作要求规范熟练。GC 适用于挥发性化学成分。HPCE 的高分辨率有其优势,大分子物质可能更适合,但其重现性有待提高。HPLC 指纹图谱既能将各复杂成分充分分离,体现其整体化学特征,又体现了各成分的量的比例;HPLC 在线检测可以得到多重信息,对组分复杂、指纹特征非细分不足以表达的样品,确实是有效的检测技术。联用技术是最有效的建立指纹图谱的方法,GC/MS,HPLC/MS,HPLC/MS/MS 等可提供大量各种信息,符合解决中药复杂体系的要求,但仪器价格昂贵,不易推广使用。

总之,在中药指纹图谱研究中较引人注目或有发展前景的方法是高效液相色谱(HPLC)、高效毛细管电泳(HPCE)、裂解气相色谱(PGC)、超临界流体色谱(SFC)、高速逆流色谱(HSCCC)及色谱联用技术。目前而言,构建中药指纹图谱的最佳方法主要是高效液相色谱(HPLC)。

3. 指纹图谱的数据处理

1) 直观分析比较　根据图谱外观和所得数据,对供试品与对照指纹图谱的特征进行直观的分析、比较、判断。该法适用于样品的定性快速鉴别或对图谱中数据比较少的情况,在目前是应用较多的方法。

2) 量化数据比较　量化数据比较法,即引入相对指数、重叠率、八强峰、N 强峰、表观丰度等量化数据,对供试品与对照指纹图谱进行分析、比较、判断。该法较为客观、准确,具有一定的实用性。

3) 化学模式识别技术　化学模式识别(pattern recognition)是根据物质所含化学成分用计算机对其进行分类或描述。中药的指纹图谱相当复杂,人工比较难免影响结果的难确性。若将其与数学统计学、计算机图谱解析和识别技术结合起来,其应用更为准确可靠、快速方便。主要方法有主成分分析(principle component analysis,PCA)、简单分类计算法(simple classification;algorithm,SIMCA)、非线性映照(nonlinear mapping,NLM)、星座图技术(constellation graphing technique)、模糊信息分析法(fuzzy information analysis)、灰色关联聚类法(gray relational grade cluster)、系统聚类分析(hierarchical clustering analysis)、模糊聚类分析(fuzzy clustering analysis)和人工神经网络识别系统(artificial neural network,ANN)等。化学模式识别技术已广泛地运用于中药指纹图谱的研究。

4) 化学计量学方法　化学计量学常用的方法有:化学定量构效关系;分子模拟与优化;将分离度(resolution,Rs,)、相对峰面积之和(sum of relative peak area,SRPA)、与分离度及相对峰面积之和相关的 WSK、基于互信息(mutual information)等指标参数用于指纹图谱的定量评价标准。

5) 计算机软件分析　基于化学模式识别技术,开发出计算机分析软件,便于学习和使用,如红外光谱仪中自带的比较分析软件。"中药指纹图谱计算机辅助相似度评价软件"已用于中药指纹图谱研究和实际工作当中。

4. 指纹图谱的构建程序

构建指纹图谱的主要步骤:样品采集、方法建立、数据分析、样品评价和方法检验。样品采集是采集足够多反映样品质量的标本,以保证供试品的代表性和均一性;方法建立是指选取适当的方法建立指纹图谱并进行考察;数据分析是对所得数据进行处理,找出共性和异点,确定评价指标;样品评价是指按所确定指标对样品进行品质评价;方法检验是指在方法确立后的一段长时间内对更多未知样品进行检验,进一步考察方法的可行性和实用性。

以中药材为例,指纹图谱的构建程序,见图 10 - 70。

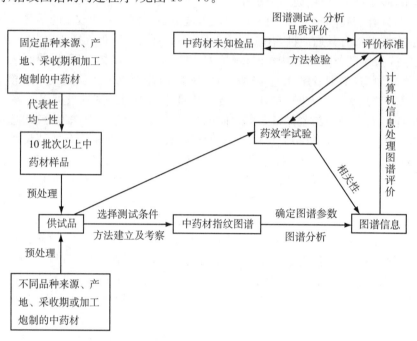

图 10 - 70 中药材指纹图谱的构建程序示意图

(三) HPLC 指纹图谱的研究方法和技术要求

1. 样品的收集

样品收集是研究指纹图谱最初也是最关键的步骤。由于不可能对一个药材的所有样本进行试验,而且生长环境、栽培条件、采收季节、炮制与储存等对药材次生代谢产物(活性成分)有影响,所以收集的样品要有足够的代表性。考虑到生物样品的个体差异,只有在相当数量的样品中才能清楚地显现出它的特征,所以要收集 10 批次以上的样品。

药材样品"批次"的含义与工业产品"批次"的含义是完全不同的,它是指相互独立的样品,即不能将同一地点或同一渠道同一时间获得的样品分成若干批次样品,以保证试验结果的代表性。不同产地或同一产地不同等级规格的样品,均可视作不同批次;同一产地的样品,存在不同的种植园和地块之差异,凡出自这些不同来源的样品,也均可视作不同批次。由于收集药材样品受主观和客观的条件限制,样品数越多越好,使得到的指纹谱更具生物统计学意义。

样品收集的基本要求:

1) 药材样品首先要经品种鉴定。中药材及其饮片或炮制品应符合《中华人民共和国药典》、部颁标准、地方标准或饮片炮制规范的规定。样品应选用正品优质地道中药材,或选用规范化栽培基地生产的中药材。

2) 动、植物药材样品均应固定品种、药用部位、产地、采收期、产地加工和炮制方法,矿物药材样品应固定产地和炮制、加工方法。对于多品种来源或多药用部位的中药材,应固定单一品种或单一药用部位,同时要进行不同品种来源或不同药用部位的代表性样品指纹图谱分析比较,找出各品种或各药用部位之间指纹图谱的共性和特性,采用其共性指纹标定该种药材的质量,特征指纹标定药材的品种或药用部位和该品种或药用部位药材的质量。通常固定1个产地或1个采收季节；如固定多个产地或多个采收季节，必须考察不同产地或不同采收季节的代表性样品指纹图谱的一致性。

3）样品应保证其真实性，应有完整采样原始记录。内容包括：

（1）药材名称　药材名及其基原（原植、动物的科名、中文名、拉丁学名及药用部位，或矿物的类、族、矿石名及主要成分）。

（2）样品来源　真实记录样品来自何处，是传统产地收集或是资源丰富的产地收集，或者来自GAP基地供应，还是产地购买、市场购买或委托购买等，以便于生产原料的采购选择和测试数据的可追溯。

（3）收集时间及收集人　样品收集时间与收集人姓名。

（4）货源情况调查　货源是否充足和稳定等。

（5）基原鉴定及鉴定人　产地或GAP基地收集的药材结合植物形态鉴定品种。如缺少原植物，由熟练的专业人员凭性状或显微特征鉴别。如近缘品种、难以区分的野生品种，应在指纹图谱研究中仔细比较，如获得的指纹图谱相似度很高，也可应用，但需明确记录，并在今后实施GAP时确定1个品种；如指纹图谱相似度很低，需确定品种，改为栽培品使用。商品混乱的品种产区的选择应缩小范围，并结合资源选用《中华人民共和国药典》收载品种中的1种。复方制剂中的君药及处方量大的药材必须重点注意品种的鉴定，以避免今后执行指纹图谱过程中出现难以预料的困难。

（6）质量评估　为了便于对色谱的正确分析，减少试验结果的判断误差，首先药材需符合《中华人民共和国药典》或部颁标准规定，并详细记录。所有药材样品均需编号，必要时附药材外形照片。

（7）样品的留样、储藏和标签　由于指纹图谱研究周期较长，样品必须在干燥、低温、避光处储藏，标签必须有编号，收集样品的编号应与储藏样品、试验样品的编号一致。留样数量应不少于试验实际用量的3倍，以保证试验结果有异议时的可追溯。

2. 供试品的制备

供试品制备过程中的每一步骤均应规范化操作，所有批次供试品制备过程都必须保持一致，以保证样品分析具有良好的精密度、准确性、重现性，以及样品间的可比性。主要操作过程及数据应详细记录。

1）取样　参照《中华人民共和国药典》2005年版中规定的中药材的取样方法，以保证取样的代表性和均一性。保持试验室取样与实际应用药材一致。地上部分的药材，取样0.5～1 kg，分别称量茎、叶、花、果的大致比例并做记录；果实类药材，实际应用时去除种子的，供试样品也应除去种子，并做记录。如果药材表观质量不均匀（如大小不一、肥瘦不等、粗细不匀等），应注意取样的代表性，其后的试验中必要时应做比较试验，以考察所含成分有无显著差异，供实际应用参考。

2）称样　应按照常规要求，将选取的样品适当粉碎后混合均匀，再从中称取试验所需的数量。一般称样与选取样品的比例为1/10，即如称取1 g供试样品，应在混合均匀的10 g选取的样品中称取。由于指纹图谱需要提供量化的信息，称样的精度一般要求取3位有效数字。样品粉碎方法、粉碎度及其称样量应视药材性质、供试品制备方法等实际情况而定。

3）制备　该步骤是供试品制备过程中关键的一步。应根据中药材中所含化学成分的理化性质和检测方法的需求，选择优化的提取分离方法制备供试品。制备时应对不同的提取溶剂、提取方法、分离纯化方法等进行考察，力求最大限度地保留供试品中的化学成分，确保该中药材的主要化学成分在指纹图谱中的体现，尽量使药材中的成分较多地在色谱图中反映出来。对于仅提取其中某类或数类成分的中药材，按化学成分的性质提取分离各类成分，分别制订其指纹图谱。

4）定容　试品溶液最终应用适宜的溶剂溶于标定容量的容器中，制成标示浓度的供试品溶液（g/ml或mg/ml）。

5）放置　一般要求供试品溶液尽量新鲜配制；如连续试验需要，供试品溶液应在避光、低温、密闭容器条件下短期放置，一般不超过两周，溶液不稳定的一般不超过48 h。

6）标签　需注明编号或批号，应与取样的药材编号一致或有明确的关联，以保证数据的可追溯。

3. 参照物的制备

制定指纹图谱应设立参照物或参照峰，应根据供试品中所含成分的性质，选择适宜的对照品作为参照物。如果没有适宜的对照品，可选择适宜的内标物作为参照物。参照物的制备应根据检测方法的需要，选择适宜的方法进行。

1）参照物选择 指纹图谱的参照物一般选取容易获取的1个以上主要活性成分或指标成分，主要用于考察指纹图谱的稳定程度和重现性，并有助于色谱的辨认。在与临床药效未能取得确切关联的情形下，参照物起着辨认和评价色谱指纹图谱特征的指引作用，不等同于含量测定的对照品。指纹图谱一般比较复杂，内标物不易选择，也不易插入，指纹图谱不是含量测定，内标物的作用也不等同于含量测定的内标物，因此应慎重考虑选用内标物的必要性和可能性。如情况需要，又有可能，也可考虑选择适当的内标物插入色谱中。参照物应说明名称、来源和纯度。如无适宜参照物也可选指纹图谱中的稳定的色谱峰作为参照峰，说明其色谱行为和有关数据，并应尽可能阐明其化学结构与化学名称。

2）参照物制备 精密称量，用适宜的溶剂制成标示浓度的参照物溶液（g/ml 或 mg/ml）。

4. 色谱条件的优选

高效液相色谱法之所以适用范围很广，对含生物碱、苷类、黄酮、有机酸、酚类、木质素类等成分的中药材均可采用，主要是因为可根据具体检测对象选择相适宜的色谱条件。色谱条件主要包括色谱柱、流动相、检测器等的优化选择。要建立最佳色谱条件使中药材供试品中所含成分尽可能地获得分离，即分得的色谱峰越多越好，使中药的内在特性都显现出来，为药材指纹谱评价及其品质鉴定提供足够的信息。

1）色谱柱 色谱柱的选择可根据中药材主含成分而定。如含生物碱类化合物为主的中药材，可选用离子交换柱；含多糖类化合物为主的中药材，可选用凝胶柱；含类固醇类化合物为主的中药材，可选用C-18反相柱等。目前，中药材指纹谱研究中应用最多的是十八烷基（C_{18}）键合相的反相运转显示系统（ODS）柱，极少数采用正相柱，如分离同系物或同分异构体化合物。离子交换柱用于分离水溶性离子化合物，有些化合物应选用氨基柱。

2）流动相 流动相的选择应根据实际情况采用溶剂系统的最优化方法。最佳分离条件应该满足以下3个条件：①供试品中所有的组分都能被检测出，或者检测出的组分（峰）数目尽量地多。②供试品中所有的组分都能得到比较满意的分离。③分析时间尽量地短。分离条件的最优化主要是化学因素，如流动相组成、流动相pH值和离子对试剂浓度等的优化。其优化方法较多，最具代表性的和相对比较成熟的方法有：三角形法（包括Glajch三角形法、四面体法、棱柱法）、图解法（包括窗口图形法、重叠分辨率图法）和直接法（包括单纯形法、复合形法、重复设计法）。一般认为，三角形法和直接法适用于已知及未知两种样品的分析，而图解法只适用于已知样品的分析。

流动相除考虑其组成等优化外，还应考虑其比例的动态变化，因为中药所含成分多而杂，采用常规的等梯度洗脱难以使各种性质的成分获得分离，使色谱图中所出现的峰数较少，不能给出指纹谱评价所需的足够信息。在大多数的情况下宜采用梯度洗脱，在合适的梯度条件下，使性质差异较大的各种化合物均被分离，分得的色谱峰越多越有利于药材指纹谱评价及其品质鉴定。

3）检测器 目前可供选择的检测器，有可变紫外-可见光（UV-VIS）检测器、二极管阵列检测器（DAD）、荧光检测器（FD）、电化学检测器（EOD）、示差折射检测器（RID）、蒸发光散射检测器（ELSD）等。其中紫外-可见光检测器是HPLC应用最普遍的检测器，灵敏度、精密度及线性范围均较好，适宜于化合物中有 π-π 或 p-π 共轭结构的成分检测，而大量的不含共轭双键的化合物不能被检出。DAD检测器是1种光学多通道的新型紫外检测器，分辨率高，可以同时获得样品的色谱图（$c-t$ 曲线）及每个色谱组分的吸收光谱（$A-\lambda$ 曲线）；可得到三维光谱-色谱指纹谱，更适用于成分比较复杂紫外光区吸收的供试对象，对欲检测的色谱峰纯度进行评估，使测定结果的科学性与准确性更加提高。ELSD检测器可以解决没有紫外吸收的物质的检测，适用于中药中类固醇类、皂苷类、多糖类等化合物的检测；有些只具有末端吸收的化合物，如人参皂苷、黄芪甲苷更适合采用ELSD检测器。

5. 样品测试及方法学考察

中药材样品按优化的提取分离方法制备供试品，在最佳的色谱分离分析条件下进样测试。对于所含成分类型相同或相似的中药材，可以制作1张指纹图谱；对于所含成分类型复杂的中药材，1张指纹图谱不能全部反映该中药材的固有特性，应根据成分类型采用多种测定条件，制作多张指纹图谱。通过大量比较试验，获取足以代表中药材特征的指纹图谱，以满足指纹图谱的专属性、重现性、稳定性和普遍适用性的要求。为了验证测试结果的可靠性，供试品稳定性、仪器精密度、试验方法重现性必须经过严格的方法学考察。

1) 稳定性试验 主要考察供试品的稳定性。取同一供试品,分别在不同时间(0,1,2,4,8,12,24,36,48 h)检测,考察色谱峰的相对保留时间、峰面积比值的一致性,确定检测时间。

2) 精密度试验 主要考察仪器的精密度。取同一供试品,连续进样 5 次以上,考察色谱峰的相对保留时间、峰面积比值的一致性。在指纹图谱中规定共有峰面积比值的各色谱峰,其峰面积比值的相对标准偏差(RSD)不得>3%,各色谱峰的相对保留时间应在平均±1 min 内。

3) 重现性试验 主要考察试验方法的重现性。取同一批号的样品 5 份以上,分别按照选定的提取分离方法制备供试品,并在选定的色谱条件下进行检测,考察色谱峰的相对保留时间、峰面积比值的一致性。在指纹图谱中规定共有峰面积比值的各色谱峰,其峰面积比值的相对标准偏差(RSD)不得>3%,各色谱峰的相对保留时间应在平均±1 min 内。

6. 指纹图谱的建立

根据足够样品数(10 批次以上)测试结果所给出的峰数、峰值(积分值)和峰位(保留时间)等相关参数,确定共有指纹峰(相对保留时间、峰面积比值),选取特征指纹峰群(色谱峰组合),制订指纹图谱。采用阿拉伯数字标示共有峰,用"S"标示参照物峰。试验中,应记录 2 h 的色谱图,以考察 1 h 以后的色谱峰情况。

中药材指纹图谱必须具有充分的代表性和专属性,要对不同产地、不同等级规格或不同采收季节等的代表性样品进行分析比较,从中归纳出中药材共有的、峰面积相对稳定的色谱峰作为特征指纹峰。所选取特征指纹峰群必须具备专属性。对于多来源的中药材,必须考察品种间的特异性。

7. 指纹图谱的分析与评价

根据指纹图谱所获取的信息,建立指纹图谱分析比较的重要参数(共有峰、重叠率、n 强峰、特征指纹等);计算特征指纹的相似率与差异率,进行指纹图谱评价;应用计算机技术(主成分分析、聚类分析、人工神经网络或相似度分析等)解析、识别图谱信息以及图谱相似度评价,以建立可行、实用的 HPLC 指纹图谱量化评价标准。

1) 重要参数的建立

(1) 共有指纹峰 中药材 HPLC 指纹图谱中,多个样品所具有的相同相对保留值的色谱峰,即为共有指纹峰。

① 共有指纹峰的标定。根据参照物的保留时间,计算指纹峰的相对保留时间。根据 10 批次以上供试品的检测结果,标定中药材的共有指纹峰。

② 共有指纹峰面积的比值。以对照品作为参照物的指纹图谱,以参照物峰面积作为 1,计算各共有指纹峰面积与参照峰面积的比值;以内标物作为参照物的指纹图谱,则以共有指纹峰中其中 1 个峰(要求峰面积相对较大、较稳定的共有峰)的峰面积作为 1,计算其他各共有指纹峰面积的比值。各共有指纹峰的面积比值必须相对固定。中药材的供试品图谱中各共有峰面积的比值与指纹图谱各共有峰面积的比值比较,单峰面积占总峰面积大于或等于 20% 的共有峰,其差值不得>± 20%;单峰面积占总峰面积大于或等于 10% 或<20% 的共有峰,其差值不得>± 25%;单峰面积占总峰面积<10% 的共有峰,峰面积比值不作要求,但必须标定相对保留时间。未达基线分离的共有峰,应计算该组峰的总峰面积作为峰面,同时标定该组各峰的相对保留时间。

③ 非共有峰面积。中药材供试品的图谱与指纹图谱比较,不同相对保留值的(共有指纹峰以外的峰)即为非共有峰。非共有峰总面积不得大于总峰面积的 10%。

(2) 重叠率 中药材 HPLC 指纹图谱与供试品图谱中的共有峰数乘 2,占有两者色谱峰总数的百分率,谓之重叠率。其计算公式为

$$重叠率=\frac{共有峰数\times2}{指纹图谱峰数+供试品峰数}\times100\%。$$

重叠率反映指纹图谱的相似程度,重叠率越大,指纹图谱越相似。在实际工作中,应根据具体情况,给重叠率规定一个合理的区间范围。重叠率是重要的定性依据,为中药材品种鉴定提供了可靠的证据。

(3) N 强峰 N 强峰应视实际的出峰情况、峰面积值而定。首先,从众多的色谱峰中,按其峰面积值的大小,选择列前的 n 个色谱峰为强峰,这 n 个强峰的总峰面积和应占整个峰面积和 70% 以上。n 值的大小取决于两方面:一是出峰总数的多少,一般以总峰数的 1/5～1/3 为宜。二是根据 n 个强峰总峰面积和的大小

而定。其次,应注意 n 强峰中各色谱峰在中药材供试品中出现的频次和所列的次序。n 强峰反映了中药材中各主要成分的相对含量的情况,是评价中药材质量提供重要的信息和依据。

(4) 特征指纹　共有指纹峰是中药材所有供试品图谱中均存在的色谱峰,可以认为它们是该中药材品种所特有,又称之为特征指纹峰。特征指纹是指由一系列特征指纹峰所组成的固定峰群,实现了从多组分的角度来反映中药材内在特征的目标,为中药材品种鉴定特别是同属不同种或含相同有效成分不同种的药材的区分和鉴定提供更多更细致的信息和依据。

特征指纹的确立要求所有操作步骤规范化,按优化的提取分离方法制备供试品,以最佳的色谱分离分析条件进样测试;根据 10 批次以上测试结果所给出的相关参数,标定特征指纹峰;选择一系列特征指纹峰构建中药材的特征指纹。

2) 特征指纹的相似率与差异率　相似率与差异率是 1 个表示中药材供试品图谱与指纹图谱间的相似程度的数值,它将定性信息与定量数据综合于一体,作为最终鉴定的重要依据。

相似率是以特征指纹为基础,求出中药材供试品图谱与指纹图谱间的相似程度,通过它可显示出两者在特征指纹上的相似性。首先计算每个特征指纹峰间的相似率,其计算公式为

$$特征指纹峰相似率 = (A^{供}/A^{指}) \times 100\%;$$

然后对所有的特征指纹峰相似率求和计算特征指纹总相似率,其计算公式为

$$特征指纹总相似率 = \sum (A_I^{供}/A_I^{指})/n。$$

式中,$A^{供}$ 为供试品图谱中某特征指纹峰面积值;$A^{指}$ 为指纹图谱中某特征指纹峰面积值;n 为特征指纹峰的总数;$\sum$ 为求和符号。

特征指纹总相似率应 ≤1;当相似率 =1 时,表示两者完全相同;当 <1 时,表示两者的相似程度;若相似率 >1,则失去计算相似率的意义。

差异率是以供试品图谱中每个特征指纹峰与其相应的指纹图谱中特征指纹峰的峰面积值间的差与指纹图谱中该特征指纹峰的峰面积值的比值,表示该特征指纹峰的差异程度。特征指纹总差异率是将每个特征指纹峰的差异率求和即得,显示出两者在特征指纹上的差异性。其计算公式为

$$特征指纹峰差异率 = |A_I^{指} - A_I^{供}|/A_I^{指};$$
$$特征指纹总差异率 = \sum (|A_I^{指} - A_I^{供}|/A_I^{指})/n。$$

(四) 指纹图谱的应用前景

中药色谱指纹图谱是综合的可量化的鉴别手段,是《中国药典》对中药实施对照药材,以完整的薄层色谱图像进行鉴别的合乎逻辑的发展。它是当前符合中药特色的评价中药真实性、稳定性和一致性的可行模式。它配合有效成分的含量测定和有针对性的检查可以从较深层次监测中药产品的内在质量。目前中药材质量堪忧的现状与人们的质量意识不足以及中药商品市场有待成熟对指纹图谱质量控制的实施是不利因素,复方中药注射剂的指纹图谱研究的难度更大(目前研究的甚少)。但研究指纹图谱将会发现许多常规检验难以发现的质量问题,可以促进整个中药界对中药质量的关注,对国家管理部门实施中药材 GAP 也提供更有效的质量控制手段。

评价中药产品质量的最终标准是安全与有效,所以尚未与药效结合的色谱指纹图谱所起的作用仍然是有限的;但至少它将促使生产厂家对产品质量更严格的控制,使之更加符合 GAP 与 GMP 以及 GLP 的要求,同时也为 GCP 和 GSP 的实行提供稳定、均一的产品,使之规范可行。

在指纹图谱研究、实施的过程中,问题将不断出现,争论将继续进行。正如任德权先生所讲:"指纹图谱作为一项新技术,用于中药尚有许多有待解决的问题。特别是怎样从学术成果转变成产业界的实际应用的技术,这里本身又有许多问题。因此,只有科研、教学单位与生产、管理单位结合起来,学术界与产业界结合起来,共同努力,不断探索、交流、总结和完善,才能逐步建立起符合中药特色的指纹图谱质控技术体系。"

世界各国的药典中,色谱指纹图谱已成为主要的分离分析方法,而在我国药典的中药部分,这一分析技术还未占主导地位,但在大量的研究工作中已被大量地应用。中药指纹图谱的研究和实施,将不可避免地对整个中药产业产生深远的影响。由于中药指纹图谱研究处于起步阶段,技术难度较大,客观困难较多,因此还需要广大研究工作者继续不断地探讨与交流。指纹图谱的方法学研究应逐步完善,最优先需要满足的是

保证指纹图谱的专属性、可重复性与实用性。

从目前的发展状态看,指纹图谱技术应用于中药研究是必然的,但其研究方法和思路还有待完善。随着指纹图谱技术的逐渐成熟,相信它与中药研究的结合将更为紧密,从而推动中药现代化的进程,为中药走向世界创造必要的条件。

第十一章 药品生产质量管理规范 (GMP)与中药(菌药)工程

第一节 GMP 概 述

一、GMP 概 念

GMP 的全称为 Good Manufacturing Practice for Drugs,直译为良好作业实践,通译为药品生产质量管理规范。GMP 是指在药品生产过程中,用以保证生产的产品保持一致性并符合质量标准的准则。由于产品质量是生产出来的,为了达到以上目的,应在药品生产的全过程中对其质量进行全面监控,对影响药品质量的各种因素所规定的一系列基本要求要给予满足,以确保药品质量的万无一失。实践证明,GMP 体系是保证用药安全有效的必要条件和最可靠基准,因此,逐步成为国际医药行业通行的质量控制体系,是广泛遵守的基本准则。

二、实施 GMP 的必要性

(一)中药(菌药)工业自身发展的要求

由于中药生产的现状和特点,核心的问题是工艺落后而又相对复杂,操作过程缺乏规范化、随意性大。因此,中药(菌药)行业推行并实施 GMP 某种程度上比生化制药业更有必要。要保证用药安全、有效,仅靠把住出口关来控制产品的质量是远远不够的,并不能完全有效地把握药品的品质和质量。例如判断药品质量局限于产品的抽样检验是否合格,认为只要所送的样品检验合格了,这批药品也就是合格的,这样的认识与实际情况不符。以 A 品种的片剂生产为例,由于在更换品种时对设备的清洗不彻底,造成原来 B 品种的物料对 A 的非均匀污染,污染率 q 为 5%,当抽检的样品数为 n 时,抽不到污染品的概率高达 36%,可见抽样检测的局限性。由上例可知实施 GMP 的必要性。同时,对中药(菌药)进行现代化改造也需要推行并实施 GMP。众所周知,传统中药生产过程存在着种种弊端,严重影响了中药材(菌药)的质量和声誉,亟待引进科技成果予以改进,根据国际上开展 GMP 的成熟经验组织生产和管理,对整个中药(菌药)生产过程中有关软件、硬件和人员素质等各方面提出的最低要求,消除生产上的不良传统和习惯,最大限度地降低人为差错,以确保中药(菌药)的安全有效和品质优良。

(二)提高药品企业和行业的国际竞争力的要求

据 2001 年统计数字,我国整个中药产业的产值约为 700 亿元,其中中成药、保健品约 500 亿元,中药材约 150 亿元,中药饮片 50 亿~60 亿元。我国中成药行业集中度相对较低,没有一家企业占到 10% 以上市场份额,前 10 名企业相加仅占有整个中成药市场的 23.7%,这说明中药行业的企业规模仍然偏小,导致技术开发和市场竞争能力偏弱。对企业而言,通过贯彻 GMP 认证,将全面提升中药生产的技术水准、管理水平,使 GMP 所代表的规范标准、优质思想渗入到企业文化中去,有利于形成持久的竞争力;对行业而言,通过贯彻 GMP,使中药行业的生产、流通等各个环节实现优化整合,汰劣强优,强化行业集中度,实现规模化发展,有利于减少低水平重复建设,增强在国际上的竞争力。

(三)中药产业国际化的要求

中医药虽然历史悠久,但一直面临为全世界所认识和走向国际化的考验。目前,适逢国际上的重新认识和重视天然药物的机遇,中成药必须力争作为治疗药物进入国际市场。当前我国每年出口的中药材、中成药仅占国际天然药物市场的 3%,这与我国医药大国的地位很不相称。阻碍这个进程的根本原因是中药生产一直未能建立起完善的现代质量控制体系,缺乏为国际产业界认可的标准化、规模化的生产检验操作体系。而在这一领域里,GMP 是广泛遵循的国际准则,也是作为国际药品贸易和质量管理的重要内容和法律依据,并已成为进入国际市场上的先决条件。因此,GMP 已成为中药行业迈向现代化,走向国际市场的必然选择。

三、实施 GMP 的目的与意义

实施 GMP 的目的是防止药品的污染,防止混淆,防止人为差错。"三防"是 GMP 的核心。例如,空气、工艺用水净化是为了防止污染;设备设计选型、使用、维护保养是为了防止污染;物料的检验,生产的监督、复核、清场、物料平衡要求是为了防止差错和混淆;定置管理、明确的各种标志是为了防止差错混淆。GMP 的核心就体现在"三防"意识上。我们所做的一切都是为了强化药品的监督管理,保障能生产出符合产品标准的产品,是为了保护消费者的利益,保证人们用药的安全有效,同时也是为了保护药品生产企业。

执行 GMP 是药品生产企业生存和发展的基础。不实施 GMP,必然会导致生产低劣产品,结果只能是企业倒闭。GMP 也使药品监督管理部门对药品生产企业的检查有了依据,监督有法可依。贯彻 GMP 是实现中药现代化的一项基础工作,它对于提高我国医药企业的国际信誉,参与国际医药市场的竞争具有重要的意义。

四、GMP 的由来和发展

(一) GMP 产生的背景

GMP 起源于美国。在此之前,人类社会已经历了十多次较大的药物灾难,特别是 20 世纪最大的药物灾难"反应停"事件促进了它的诞生。这次药物灾难的严重后果在美国引起了不安,激起公众对药品监督和药品法规的普遍关注,并最终导致了美国国会对《联邦食品、药品和化妆品法》的重大修改,明显加强了药品法的作用,对药品生产企业提出实施药品生产质量管理规范的要求。该法 1962 年由 FDA(美国食品与药物管理局)组织美国坦普尔大学 6 名教授编写制定,并由美国国会 1963 年首次发布 GMP,经过多年实施,逐渐在世界范围内得到推广应用。

(二) 美国的 GMP 简介

1963 年,美国国会第一次颁布 GMP 法令,FDA 经过实施收到实效。

此后,FDA 对 GMP 经过数次修订,并在不同领域不断充实完善,使 GMP 成为美国药事法规体系的一个重要组成部分。

1972 年,美国规定:凡是向美国输出药品的药品生产企业以及在美国境内生产药品的外商,都要向 FDA 注册,并要求药品生产企业能够全面符合美国的 GMP。

1976 年,美国 FDA 又对 GMP 进行了修订,并作为美国法律予以推行实施。

1979 年,美国 GMP 修订本增加了包括验证在内的一些新的概念与要求。具体有以下几个方面:

——首次正式提出了生产工艺验证的要求。

——药品质量在整个有效期范围内均应予以保证,因此所有产品均应有足够稳定性数据支持的有效期。

——不论企业是如何组织的,任何药品生产企业均应有一个足够权威的质量管理部门,该部门要负责所有规程和批记录的审批。

——强调书面文件和规程。执行 GMP 就意味着药品生产和质量管理活动中所发生的每一种显著操作都必须按书面规程执行,并且要有文字记录。

——事故调查和生产数据的定期审查。规范要求对不能满足预期质量标准的批或者不能达到预期要求的批必须调查其原因,并采取相应的纠正措施。对所有生产工艺数据至少每年审核 1 次,以发现可能需要调整的趋势。

目前,美国实施的现行 GMP(Current Good Manufacturing Practice,CGMP),是 FDA 在 1993 年颁布的最新版本,体现了最新技术水平。

（三）WTO 的 GMP 简介

1967 年，WHO（世界卫生组织）出版的《国际药典》（1967 年版）附录将 GMP 收载其中。

1969 年，WHO 在第 22 届世界卫生组织的大会决议中，要求所有会员国执行 GMP。

1975 年 11 月，WHO 提出修正的 GMP，并正式公布。

1977 年，第 28 届世界卫生组织大会上，WHO 将 GMP 确定为 WHO 的法规。WHO 提出，GMP 制度是保证药品质量，并把发生差错事故、混药、各类污染的可能性降到最低程度所规定的必要条件和最可靠的办法。

20 世纪 90 年代，WHO 又多次对 GMP 进行修订。1992 年修订版与 1975 年版比较，修订后的 GMP 内容更为充实，要求更加严格。

WHO 颁布了一系列的法规文件，主要有以下 3 种：

——药品生产质量管理规范（1992 年）；

——关于实施国际贸易中药品质量证明制度的指导原则（1992 年）；

——关于对药品生产企业检查的暂行指导原则（1992 年）。

WHO 考虑到各国经济发展的不平衡，同时也考虑到药品的特殊性，因此在 GMP 内容上只做了原则性规定，使用时通用性强，其目的是为各国政府和药品生产企业提供一个综合性指导。

（四）其他一些国家和地区的 GMP 简介

1980 年，有 63 个国家和地区颁布了 GMP，目前已有 100 多个国家和地区实行了 GMP 制度。

1. 日本

1973 年，日本制药工业协会提出了自己的 GMP，1974 年日本政府颁布试行。1980 年日本正式实施 GMP。

2. 欧共体

欧共体 1989 年公布了第一版 GMP，其中包括有关灭菌药品生产附录。1991 年又对 GMP 进行了修订，并于 1992 年 1 月公布了《欧共体药品生产管理规范》

3. 英国

英国虽然是欧共体成员，但是在 1971 年就制定第一版 GMP，1977 年又修订公布了第二版，1983 年修订公布了第三版。现已被 1992 年《欧共体 GMP 指南》所代替。

4. 中国

新中国建立以来，制药工业有了很大的发展，但其质量管理主要是以"三检三把关"为代表的质量检验方法。"三检"即自检、互检、专职检验；"三把关"即把好原料、包装材料关，把好中间体质量关，把好成品质量关。20 世纪 70 年代末，随着对外开放政策和出口药品的需要，GMP 受到重视。从 80 年代起，我国医药工业开始引进 GMP 概念。中国医药工业公司在 1982 年制订了《药品生产管理规范》，并在制药企业中推行；1985 年，又编制了《药品生产管理规范实施指南》；1992 年颁布了修订的《药品生产管理规范实施指南》。

1988 年，国家原卫生部颁布《药品生产质量管理规范》，下达了我国法定的 GMP；1992 年又颁布了修订版。1998 年，国家药品监督管理局（SDA）成立后，于 1999 年 6 月 18 日颁布了《药品生产质量管理规范》（1998 年修订）及附录，1999 年 8 月 1 日起实施。从 1992 年版 GMP 规定的自愿认证，到 1998 年版修订 GMP 中提出强制认证，直至 2001 年 12 月 1 日开始实施的《中华人民共和国药品管理法》（以下简称药品管理法），将 GMP 纳入国家法规范畴，赋予了强制执行 GMP 认证的法律依据。修订后的 GMP 条理更加清晰，也便于与国际相互交流，是符合国际标准、具有中国特色的 GMP。它的实施在提升我国药品的质量，确保公众用药安全方面发挥了重要作用，取得了良好的社会效益和经济效益。

药品 GMP 是国际通行的药品生产和质量管理必须遵循的基本准则。我国药品 GMP（1998 年版）已施行达 12 年之久，但无论在标准内容上还是在生产质量管理理念上均与国际先进的药品 GMP 存在着一定的差距。特别是近年来，国际上药品 GMP 还在不断发展：WHO 对其药品 GMP 进行了修订，提高了技术超标准；美国药品 GMP 在现场检查中又引入了风险管理理念；欧盟不断丰富其条款内容。与国际先进的 GMP 相比，我国药品 GMP（1998 年修订）在条款内容上过于原则，指导性和可操作性不强；偏重于对生

第十一章 药品生产质量管理规范(GMP)与中药(菌药)工程

产硬件的要求,软件管理方面的规定不够全面、具体,缺乏完整的质量管理体系要求;亟须与时俱进,以适应国际药品 GMP 发展趋势。为此,国家食品、药品管理局于 2011 年 2 月 12 日发布药品 GMP(2010 年修订版),并于 2011 年 3 月 1 日起施行。

五、GMP 在质量管理体系中的地位与 ISO-9000 的关系

(一) GMP 在质量管理体系中的地位

质量管理体系(QMS)、质量保证(QA)、GMP 和质量控制(QC)四者的关系,见图 11-1,表明了 GMP 在质量管理体系中的地位。我国 GMP(2010 年修订)第二条规定:"企业应当建立药品质量管理体系。该体系应当涵盖药品质量的所有因素,包括确保药品质量符合预定用途的有组织有计划的全部活动。"第三条明确指出:"本规范作为质量管理体系的一部分,是药品生产管理的质量控制的基本要求,旨在最大限度地降低生产过程中污染、交叉污染以及混淆、差错等风险,确保持续稳定地生产出符合预定用途和注册要求的药品。"国家对制药企业实施 GMP 并通过认证,是强制性的。制药企业达到 GMP 标准,只是达到药品生产和质量管理的基本要求。制药企业质量管理体系须符合 GB/T19001 标准要求,而是否申请 ISO9001 认证,是制药企业自主决定的事情。随着制药企业的产品走向国际市场,形势会迫使制药企业申请 ISO 9001,ISO 14001 认证。

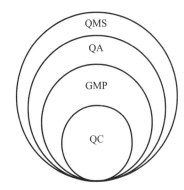

图 11-1 GMP 在质量管理体系中的地位

(二) GMP 与 ISO 9000,TQM 等的关系

由于 ISO 9000 系列国际标准主要针对质量管理体系而言,制药企业的 QMS 需要用 ISO 9000 系列标准来衡量,QA 或质量保证体系也需要用 ISO 9000 系列标准来衡量,理所当然地 GMP 及其所包含的各要素以及 GVP,QC 也需要用 ISO 9000 系列标准来衡量。它们之间的关系,见图 11-2。

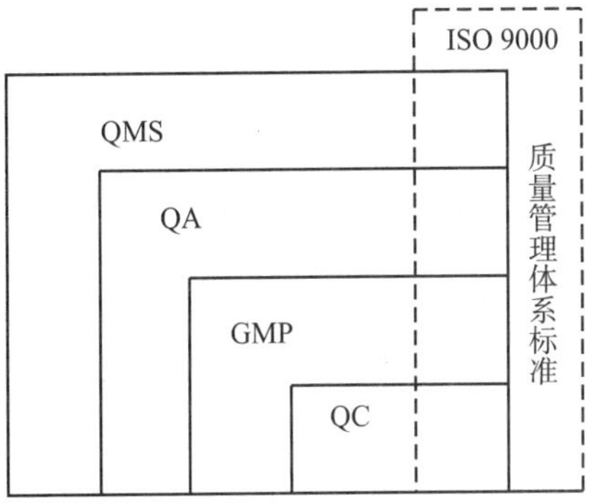

六、GMP 的指导思想和实施原则

GMP 的指导思想是要建立一套文件化的质量保证体系,站在系统的高度,本着预防为主的思想对药品的生产全过程实施有效控制,让全员参与质量形成的全过程,让质量掌握在我们手中。GMP 实施的指导思想总结起来就是:系统的思想、预防为主的思想、全过程控制的思想、全员参与的思想。在这个指导思想下实施 GMP,做到一切为了用户满意、一切以预防为主、一切用数据说话、一切按程序办事。

图 11-2 ISO 9000 系列标准与 QMS, QA,GMP,QC 的关系示意图

GMP 实施原则是将各种对象、各个环节用系统的方法,建立标准化、规范化的书面办法和操作办法,形成标准化的文件管理;将产品质量与可能的风险在文件设计形成过程中得到充分和适宜的考虑,将产品质量设计、表达为文件形式,然后严格按照文件的规定开展每一项工作,贯彻和执行文件的规定和思想,并留下真实完整的记录,并能实现过程的追溯的要求。GMP 实施原则总结起来就是:有章可循、照章办事、有案可查。换句话说实施 GMP 原则就是:质量体系文件化、质量保证科学化、质量管理程序化、质量否决强制化、质量监督群众化。

七、药品 GMP(2010 年修订)的实施、《药品生产许可证》和《药品 GMP 证书》

(一) 药品 GMP(2010 年修订)的实施

自 2011 年 3 月 1 日起实施药品 GMP(2010 年修订),对新建的制药企业必须按新标准进行认证;而对

现有的制药企业有 5 年的过渡期,逾期达不到新标准,予以关停,淘汰出局。作为实施 GMP 的主体、承担直接责任的药品生产企业,应从长远利益出发,主动、积极、稳妥、扎实地落实有关 GMP 的各项制度,企业才有生存和发展的实力,才有参与国内、国际竞争的"入门许可证",才能在取得经济效益的同时取得良好的社会效益,保障人民用药的安全有效。

(二)《药品生产许可证》

根据《药品管理法》第七条的规定,开办药品生产企业须经企业所在地的省级药品监督管理部门批准并发给《药品生产许可证》,凭《药品生产许可证》到工商行政管理部门办理登记注册。无《药品生产许可证》的,不得生产药品。《药品管理法》规定:"《药品生产许可证》应当标明有效期和生产范围,到期重新审查发证。"对《药品生产许可证》到期重新审查的标准就是 GMP,也就是说,药品生产企业必须通过药品 GMP 认证。

(三)《药品 GMP 证书》

《药品 GMP 证书》有效期为 5 年,新开办的药品生产企业(车间)的《药品 GMP 证书》有效期为 1 年。在《药品 GMP 证书》有效期内,省级药品监督管理部门每年对药品生产企业跟踪检查 1 次。药品监督管理部门不仅通过生产现场的检查,而且也通过样品获取与分析、药品注册的要求来对药品生产企业进行监督管理。因此,药品生产企业实施的 GMP 应是不断提高和发展的;当然,GMP 本身也是动态发展的一门科学和技术。

八、药品 GMP(2010 年修订)发布的时代背景、主要内容和实施 GMP 的基本控制要求

(一)药品 GMP(2010 年修订)发布的时代背景

药品 GMP(2010 年修订)是在历经 5 年修订、两次公开征求意见的基础上,于 2011 年 2 月 12 日发布的,并于 2011 年 3 月 1 日起施行。

药品 GMP 是药品生产和质量管理的基础准则。我国自 1988 年第一次颁布药品 GMP,经历了 1992 年和 1998 年两次修订,至 2004 年 6 月 30 日实现了所有原料药和制剂均在符合药品 GMP 条件下生产的目标。药品 GMP(2010 年修订)共 14 章 313 条,相对于 1998 年修订的药品 GMP,篇幅大量增加。药品 GMP(2010 年修订)吸收国际先进经验,结合我国国情,按照"软件硬件并重"的原则,贯彻质量风险管理和药品生产全过程管理的理念,更加注重科学性,强调指导性和可操作性,达到了与世界卫生组织(WHO)药品 GMP 的一致性。

药品 GMP 的修订是药品监督管理部门贯彻落实科学发展观和医疗卫生体制改革要求,进一步关注民生,全力保障公众用药安全的又一重大举措,它的实施将进一步有利于从源头上把好药品质量安全。

(二)我国药品 GMP(2010 年修订)的主要章节内容

我国药品 GMP(2010 年修订)共有 14 章 313 条。主要章节叙述如下。
第一章　总则。共 4 条。
第二章　质量管理。共 11 条。
　　第一节　原则。共 3 条。
　　第二节　质量保证。共 3 条。
　　第三节　质量控制。共 2 条。
　　第四节　质量风险管理。共 3 条。
第三章　机构与人员。共 22 条。
　　第一节　原则。共 4 条。
　　第二节　关键人员。共 6 条。
　　第三节　培训。共 3 条。
第四节　人员卫生。共 9 条。

第一节　原则。共2条。

第二节　委托方。共4条。

第三节　受托方。共3条。

第四节　合同。共6条。

第十二章　产品发运与召回。共13条。

第一节　原则。共2条。

第二节　发运。共3条。

第三节　召回。共8条。

第十三章　自检。共4条。

第一节　原则。计1条。

第二节　自检。共3条。

第十四章　附则。共4条。

附录1.无菌药品;附录2.原料药(略);附录3.生物制品(略);4.血液制品(略);5.中药制剂。

(三) 实施 GMP 的基本控制要求

实施 GMP 的基本控制要求有 6 个方面:

1) 训练有素的人员(包括生产操作人员、质量检验人员、管理人员)。

2) 合适的厂房、设施和设备。

3) 合格的物料(包括原料、辅料、包装材料等)。

4) 经过验证的生产方法。

5) 可靠的检验和监控手段。

6) 完善的售后服务。

7) 严格的管理制度。

九、药品 GMP(2010 年修订)的主要特点

药品 GMP(2010 年修订)修订过程中,国家食品、药品管理局(SFDA)注重借鉴和吸收世界发达国家和地区的先进经验,并充分考虑中国国情,坚持从实际出发,总结借鉴与适度前瞻相结合,体现质量风险管理和药品生产全程管理的理念。概括起来,体现在以下几个方面:

(一) 强化了管理方面的要求

一是提高了对人员的要求。"机构与人员"一章明确将质量受权人与企业负责人、生产管理负责人、质量管理负责人一并列为药品生产企业的关键人员,并从学历、技术职称、工作经验等方面提高了对关键人员的资质要求。比如,对生产管理负责人和质量管理负责人的学历要求由大专以上提高到本科以上,规定需要具备的相关管理经验并明确了关键人员的职责。二是明确要求企业建立质量管理体系。质量管理体系是为实现质量管理目标、有效开展质量管理活动而建立的,是由组织机构、职责、程序、活动和资源等构成的完整系统。新版药品 GMP 在"总则"中增加了对企业建立质量管理体系的要求,以保证药品 GMP 的有效执行。三是细化了对操作规程、生产记录等文件管理的要求。为规范文件体系的管理,增加指导性和可操作性,新版药品 GMP 分门别类对主要文件(如质量标准、生产工艺规程、批生产记录和批包装记录等)的编写、复制以及发放提出了具体要求。

(二) 提高了部分硬件要求

一是调整了无菌制剂生产环境的洁净度要求。1998 年修订的药品 GMP,在无菌药品生产环境洁净度方面与 WHO 的 GMP 标准(1992 年修订)存在一定的差距,药品生产环境的无菌要求无法得到有效保障。为确保无菌药品的质量安全,新版药品 GMP 在无菌药品附录中采用了 WHO 和欧盟最新的 A,B,C,D 分级标准,对无菌药品生产的洁净度级别提出了具体要求;增加了在线监测的要求,特别对生产环境中悬浮微粒

的静态、动态监测,对生产环境中的微生物和表面微生物的监测都做出了详细的规定。二是增加了对设备、设施的要求。对厂房设施分生产区、仓储区、质量控制区和辅助区分别提出设计和布局的要求,对设备的设计和安装、维护和维修、使用、清洁及状态标识、校准等几个方面也都做出具体规定。这样,无论是新建企业设计厂房还是现有企业改造车间,都应当考虑厂房布局的合理性和设备、设施的匹配性。

(三) 围绕质量风险管理增设了一系列新制度

质量风险管理是美国 FDA 和欧盟 EMEA 都在推动和实施的一种全新理念。新版药品 GMP 引入了质量风险管理的概念,并相应增加了一系列新制度。如供应商的审计和批准、变更控制、偏差管理、超标(OOS)调查、纠正和预防措施(CAPA)、持续稳定性考察计划、产品质量回顾分析等。这些制度分别从原辅料采购、生产工艺变更、操作中的偏差处理、发现问题的调查和纠正、上市后药品质量的持续监控等方面,对各个环节可能出现的风险进行管理和控制,促使生产企业建立相应的制度,及时发现影响药品质量的不安全因素,主动防范质量事故的发生。

(四) 强调了与药品注册和药品召回等其他监管环节的有效衔接

药品的生产质量管理过程是对注册审批要求的贯彻和体现。新版药品 GMP 在多个章节中都强调了生产要求与注册审批要求的一致性。如企业必须按注册批准的处方和工艺进行生产,按注册批准的质量标准和检验方法进行检验;采用注册批准的原辅料和与药品直接接触的包装材料的质量标准,其来源也必须与注册批准一致;只有符合注册批准各项要求的药品才可放行销售等。新版药品 GMP 还注重了与《药品召回管理办法》的衔接,规定企业应当召回存在安全隐患的已上市药品;同时细化了召回的管理规定,要求企业建立产品召回系统,指定专人负责执行召回及协调相关工作,制订书面的召回处理操作规程等。

总而言之,我国新版药品 GMP 修订的主要特点:①加强了药品生产质量管理体系建设,大幅提高对企业质量管理软件的要求。细化了对构建实用、有效的质量管理体系的要求,强化药品生产关键环节的控制和管理,以促进企业质量管理水平的提高。②全面强化了从业人员的素质要求。增加了对从事药品生产质量管理人员素质要求的条款和内容,进一步明确职责。如新版药品 GMP 明确药品生产企业的关键人员包括企业负责人、生产管理负责人、质量管理负责人、质量受权人等必须具有的资质和应履行的职责。③细化了操作规程、生产记录等文件管理规定,增加了指导性和可操作性。④进一步完善了药品安全保障措施。引入了质量风险管理的概念,在原辅料采购、生产工艺变更、操作中的偏差处理、发现问题的调查和纠正、上市后药品质量的监控等方面,增加了供应商审计、变更控制、纠正和预防措施、产品质量回顾分析等新制度和措施,对各个环节可能出现的风险进行管理和控制,主动防范质量事故的发生;提高了无菌制剂生产环境标准,增加了生产环境在线监测要求,提高无菌药品的质量保证水平。

十、《关于加快医药行业结构调整的指导意见》的主要内容

我国工业和信息化部、原卫生部、国家食品药品监督管理局于 2010 年 10 月 9 日,联合发文提出《关于加快医药行业结构调整的指导意见》。该指导意见指出:医药行业是我国国民经济的重要组成部分,在保障人民群众身体健康和生命安全方面发挥重要作用。进入 21 世纪以来,我国医药行业一直保持较快发展速度,产品种类日益增多,技术水平逐步提高,生产规模不断扩大,已成为世界医药生产大国;但是,我国医药行业发展中结构不合理的问题长期存在,自主创新能力弱、技术水平不高、产品同质化严重、生产集中度低等问题十分突出。加快结构调整既是医药行业转变发展方式、培育战略性新兴产业的紧迫任务,也是适应人民群众日益增长的医药需求,提高全民健康水平的迫切需要。

该指导意见主要内容有以下三大部分:

①指导思想和基本原则。②主要任务利目标。③保障措施。

其中第二部分分为 5 个方面:a. 调整产品结构。b. 调整技术结构。c. 调整组织结构。d. 调整区域结构。e. 调整出口结构。

限于篇幅,下面仅就在调整产品结构和调整技术结构方面中有关中药领域的主要任务和目标作介绍。

1) 调整产品结构的主要任务和目标(中药领域部分)　在中药领域,坚持继承和创新并重,借鉴国际天

然药物发展经验,加快中成药的二次研究与开发,优先发展具有中医药治疗优势的治疗领域的药品,培育 50 个以上疗效确切、物质基础清楚、作用机制明确、安全性高、剂型先进、质量稳定可控的现代中药;同时,促进民族药的研发和产业化,促进民族药标准提高,加强中药知识产权保护。

2) 调整技术结构的主要任务和目标(中药领域部分、信息领域部分) 在中药领域,根据中药特点,以药物效用最大化、安全风险最小化为目标。加快现代技术在中药生产中的应用,推广先进的提取、分离、纯化、浓缩、干燥、制剂和过程质量控制技术,重点发展动态提取、微波提取、超声提取、超临界流体萃取、膜分离、大孔树脂吸附、多效浓缩、真空带式干燥、微波干燥、喷雾干燥等高效率、低能耗、低碳排放的先进技术。建立和完善中药种植(养殖)、研发、生产的标准和规范,推广应用中药多成分含量测定和指纹图谱整体成分控制相结合的中药质量控制技术。开发现代中药制剂,结合中药特点,重点发展适合产品自身特点的新剂型。

3) 推进医药行业信息化建设 创建基于信息技术的药品和医疗器械研发平台,加快医药企业管理信息系统建设,扩大计算机控制技术在生产中的应用范围,提高企业管理和质量控制水平。提升关键、核心医疗器械的数字化水平。

第二节 药品 GMP 的总则

药品 GMP(2010 年修订)第一章"总则"计有 4 条,分别表述为新版药品 GMP 的立法依据;企业药品质量管理体系(QMS)的涵盖范围;GMP 的目的;以及执行药品 GMP 的道义要求。

该"总则"作为法律结构的要件,为人们的药品生产的社会行为提出总的要求和方向。不仅有法制性的、方向性的,也有道义性的、科学性的;实施药品 GMP 的方向是要求药品生产企业必须建立涵盖 GMP 规范在内的全面的质量管理体系,这不仅是与国际标准接轨并适应了国际药品 GMP 的发展趋势,以提高国际竞争力,更主要的是适应了人们对医药产品提高质量方面的需求,更好地为人类保健事业作出贡献。

一、药品 GMP 的立法依据

药品 GMP(2010 年修订)第一条规定:"为规范药品生产质量管理,根据《中华人民共和国药品管理法》、《中华人民共和国药品管理法实施条例》,制定本规范。"

(一) 药品管理法有关 GMP 的规定

《中华人民共和国药品管理法》第九条规定:"药品生产企业必须按照国务院药品监督管理部门依据本法制定的《药品生产质量管理规范》组织生产。药品监督管理部门按照规定对药品生产企业是否符合《药品生产质量管理规范》的要求进行认证;对认证合格的,发给认证证书。《药品生产质量管理规范》的具体实施办法、实施步骤由国务院药品监督管理部门规定。"

(二) 药品管理法实施条例有关 GMP 的规定

《中华人民共和国药品管理法实施条例》第五条规定:"省级以上人民政府药品监督管理部门应当按照《药品生产质量管理规范》和国务院药品监督管理部门规定的实施办法和实施步骤,组织对药品生产企业的认证工作;符合《药品生产质量管理规范》的,发给认证证书。"

(三) 药品 GMP 在我国法律体系中的地位

药品 GMP 属于行政法体系,但它与刑法、民法体系都有关联。例如,"齐二药"假药案列入刑法追究范围;而某药说明书漏印某种不良反应而致的损害赔偿,则为民法范畴。

二、企业应当建立药品质量管理体系

药品 GMP(2010 年修订)第二条规定:"企业应当建立药品质量管理体系。该体系应当涵盖影响药品质量的所有因素,包括确保药品质量符合预定用途的有组织、有计划的全部活动。"

在国际上,GMP 已成为药品生产和质量管理的基本准则,其是一套系统的、科学的管理制度。实施药品 GMP，不仅仅是通过最终产品的检验来证明达到质量要求，而且是在药品生产的全过程中实施科学的全面管理和严格的监控来获得预期质量，这个过程需要质量管理体系来保障。实施制药质量体系以及 GMP，可以更进一步防止生产过程中的各类污染、差错和混淆，进而提高药品质量，有效地进行监督管理。

显然，制药企业仅仅实现了 GMP 是不够的，新版药品 GMP 适应了国际质量管理发展的潮流，在总则中强调了"企业应当建立药品质量管理体系"是十分必要的。

从法制观点看，药品 GMP 是国家法律规定的强制性标准，强制性标准中规定了"制药企业应当建立药品质量管理体系"，就具有了法律的强制性；

从科学管理的观点看，ISO 9000 族标准已历经数十年的质量管理科学理论发展的多个阶段，并经实践证明是一套科学的质量管理的系统方法，它对提高 GMP 的符合性十分有利。

三、GMP 是药品生产管理和质量控制的基本要求

药品 GMP（2010 年修订）第三条规定："本规范作为质量管理体系的一部分，是药品生产管理和质量控制的基本要求，旨在最大限度地降低药品生产过程中污染、交叉污染以及混淆、差错等风险，确保持续稳定地生产出符合预定用途和注册要求的药品。"

（一）GMP 是质量管理体系的一部分

有关 QMS、QA、GMP 及 QC 的概念以及它们在质量管理的相互关联已如前述。制药企业实施 GMP 并通过认证，只是达到了药品生产和质量的基本要求；GMP 是全面质量管理（TQM）活动的一部分，也是质量管理体系的一部分。

（二）GMP 是药品生产和质量管理的基本准则

GMP 以生产高质量的药品为目的，从原辅料投入到完成生产、包装、标示、储存、销售等环节的全过程实施标准而又规范的管理，在保证生产条件和环境的同时，重视生产和质量管理，并有组织地准确地对药品生产各环节进行检验和记录。这些都是药品生产和质量管理的最低要求。

（三）药品 GMP 是动态的发展的科学

事物总是动态发展着的，药品 GMP 也不例外。药品生产科学是人们对药品生产过程中正确知识、操作和做法的总结。GMP 将这些正确知识和做法通过规范的形式让药品生产企业遵循，所以 GMP 是药品生产科学的体现。药品生产科学的形成经历了漫长而艰辛的过程，并仍在不断改进，因此可以说药品 GMP 是动态的发展的科学。

四、药品生产的企业文化本质是诚信的质量文化

药品 GMP（2010 年修订）第四条规定："企业应当严格执行本规范，坚持诚实守信，禁止任何虚假、欺骗行为。"人们可以从药品管理的法律法规体系的立法目的之中深切体会到：药品生产的企业文化本质上就是诚信的质量文化。

判断制药企业质量文化的好与差，就要看这个企业的文化在建设中是否围绕着药品安全有效、质量可控这个中心，是否在质量上有诚信。好的文化是以维护人性和人权为前提，坏的文化则不顾人性和人权。因此，建立诚信的质量文化势在必行。

我国的制药企业实施制药质量体系（PQS）及 GMP，就是要对顾客和社会在内的各个"利害关系者"作出各种各样的承诺。对这些承诺要始终遵守：

——在质量体系方面，通过 GMP 实施及认证要建立起 PQS；

——在创新体系方面，不仅包括产品的创新，也要有企业管理的创新，如实施过程分析技术；

——在环境保护方面，要通过绿色环保认证；

——在诚信的质量文化方面，以严格遵守 GMP 为起点，全面建立起诚信的质量义化。

第三节 质量管理

质量管理(quality management)是指在质量方面指挥和控制组织的协调的活动。在质量方面的指挥和控制活动通常包括制订质量方针和质量目标,以及质量策划、质量控制、质量保证和质量改进。

在药品生产活动中,质量管理就是确定质量方针、目标和职责,并在质量体系中通过质量策划、质量控制、质量保证和质量改进实施的全部质量职能的活动。

新版药品 GMP 在第二章中强调"质量管理"共计 11 条,分为四节。即原则(3 条);质量保证(3 条);质量控制(2 条);质量风险管理(3)条。

一、质量管理原则

药品 GMP(2010 年修订)第二章"质量管理"第一节为"原则",从逻辑上看是指质量管理原则。

(一)企业应当建立符合药品质量管理要求的质量目标

药品 GMP(2010 年修订)第五条规定:"企业应当建立符合药品质量管理要求的质量目标,将药品注册的有关安全、有效和质量可控的所有要求,系统地贯彻到药品生产、控制及产品放行、储存、发运的全过程中,确保所生产的药品符合预定用途和注册要求。"这一条明确了质量目标,规定有关药品形成的所有活动最终必须符合预定用途和注册要求。

1. 质量目标在质量管理中的地位

质量目标(quality objective)是指在质量方面所追求的目的,质量目标通常依据组织的质量方针制订;通常对组织的相关职能和层次分别规定质量目标。

就药品生产企业而言,其在质量方面所追求的目的就是安全、有效、质量可控,也就是最终产品必须符合预定用途和注册要求。

质量目标应是可以测量的,以便在实现质量目标的检查、评价是否达到目标时进行对比。举例说,在质量可控性方面,如某药的标示量,《中华人民共和国药典》规定为 95.0%~105.0%,企业车间的质量目标定为 97.0%~103.0%的范围。建立质量目标时既要具有现实性又要具有挑战性,以激发全体成员的积极性。目标的内容应符合质量方针所规定的框架,还应包括对持续开展质量改进的承诺所提出的质量目标以及满足产品要求的内容。在建立组织质量目标的基础上,应将组织质量目标分解并展开到组织各个相关职能和层次,按照组织结构的形式建立各部门的质量目标,目标要定量化,有目标值。通过系统的管理方法将组织质量目标自上而下地分解落实到各个部门层次,才能有效地自下而上地保持组织质量目标的如期实现。

2. 质量方针目标的制订和展开

1) 质量方针目标的制订 制订质量方针目标应根据以下几点:

(1)国家有关药品管理的法律法规、政策法令的要求。

(2)通过市场调研预测用户对质量品种数量的要求。

(3)国内外同行业竞争对手的技术质量状况。

(4)社会经济动向包括环保、能源以及其他资源的状况。

(5)该企业状况包括企业的长远计划、条件、现状以及上期完成计划目标的情况、存在的问题等。

企业在制订方针目标时,一般经过以下几个程序:①搜集信息资料。依照质量方针目标制订的内容搜集有关信息资料(即上面提到的依据材料)。②信息交流,座谈讨论集思广益(如头脑风暴法)。③起草。由质量管理部门根据掌握的信息和各方面的意见,经过统筹规划、综合平衡、目标优化,最后归纳整理成文字形式的质量方针目标。④修订。由企业最高管理者召集有关职能部门和基层单位有关人员开会,对初稿进行讨论征求意见,并由质量管理部门集中正确的意见归纳分析,写成审定稿后提供领导审定。⑤审定通过。由组织决策层进行审定通过。⑥发布。在职工代表大会讨论通过后,由高层管理者召开发布会正式发布,或以正式文件方式进行发布。⑦展开。

2) 质量方针目标的展开 所谓展开,就是把 1 个方针、1 个目标、1 个措施,按其实施过程或实施部门扩展成若干个详细的具体的实施项目。组织方针目标的展开过程实际上是组织和动员各部门职工为实现企业方针目标集中智慧和力量，群策群力想办法，提合理化建议的过程。

在质量方针目标管理中，目标展开就是利用"目的→手段"关系，系统地、自上而下地逐级展开，从高层一直到基层班组或个人，越往下问题越具体。通过这样的展开，组织的目标变成各个部门和每个员工的具体活动计划，组织内部形成了目标体系，从而达到"自上而下层层展开"和"自下而上层层保证"的目的。

质量方针目标展开，主要包括目标展开、措施展开、目标协商、明确目标责任、编制方针目标展开图等 5 项内容。

（1）目标展开　企业制订了总目标后，为了实现这一目标，就要把组织目标展开为各部门、车间、班组和个人等各层次的分目标，形成组织目标体系。

（2）措施展开　所谓措施展开，就是针对每一层次的分目标制订出实现该目标的具体措施。制订的措施要具体可行，而且要有落实的期限，有负责的部门或人员以及检查考核的办法。要防止把措施写成冠冕堂皇的空话和到处都可以通用的口号。

（3）目标协商　在目标展开过程中，组织上下级之间围绕各层次目标之间的关系处理，以及各层次目标的落实所进行的思想交流和意见商讨，称为目标协商。目标协商是目标展开中的 1 个重要环节。实行方针目标管理，在方针目标展开时上下级之间要进行充分的协商、讨论和交流意见。

（4）明确目标责任　经过目标协商，确定了企业、部门、车间、个人各个层次的目标，接着就要把各层次目标与各层次的具体人员紧密结合起来，即明确目标责任。这是目标展开中最重要的 1 个环节。

明确目标责任的基本要求，就是根据每个职工个人工作目标，使每人进一步明确自己在实现企业目标过程中应尽的责任。具体地说，就是明确自己应该做什么，怎么做，做到什么程度，达到什么要求等。明确目标责任也应从上到下，上下结合，按每一层次要求层层落实。

（5）编制方针目标展开图　为了使全体员工更直观地明确各自的目标和目标责任，要编制好方针目标展开图。方针目标展开图也就是用图表方法将企业的质量方针目标、层次目标、目标措施（对策）、责任者等方面的主要内容公布于众，由员工共同执行。

（二）企业高层管理人员应当确保实现既定的质量目标

药品 GMP（2010 年修订）第六条规定："企业高层管理人员应当确保实现既定的质量目标，不同层次的人员以及供应商、经销商应当共同参与并承担各自的责任。"

这一条明确了药品质量管理的责任，体现了"领导作用"和"全员参与"及"与供方互利的关系"的质量管理的原则和理念。企业的质量方针目标一经确定及展开，从上到下各个方面都要按目标体系的要求同心协力，努力为实现方针目标而尽职尽责尽力。这也就是质量目标的实施过程。实施过程活动的重点是在中层和基层，而上层的主要任务是抓进度、抓协调、抓考核、抓重点目标的管理。要充分发挥各部门和个人的积极性，重点抓好以下几方面的工作。

1. 实施的准备工作

为了保证实施质量目标管理能顺利地进行，应做好人员的准备、技术文件的准备、设备的准备、物料的准备、资金的准备等工作。如果因为准备工作不充分而影响了质量目标的实施，其主要责任在于有关的管理者，而不在于具体的执行者［涉及药品 GMP（2010 年修订）第七条］。

2. 目标责任制度化

实施目标的中心环节，就是要在明确目标责任基础上，按层次、按人员落实目标责任。把目标责任与企业内部的经济责任制相结合，用经济责任制来保证目标的实施，使目标责任制度化；并坚持责任、权力、利益相结合的原则，对完成目标特别出色的集体和个人予以奖励，对完成目标差的特别是对实施组织目标造成重大影响的应进行处罚。

3. 自我控制管理

所谓自我控制管理，就是员工按照自己所担负的目标责任，按照目标责任制的要求，在实施目标中进行自主管理。自我控制管理的最大成效就是使广大员工感到不是哪个上级要我干，而是从内心发出我要干的愿望，并以此指导自己的行动，从而充分发挥自己最大的积极性把各项工作做好。

4. 检查和审核

质量目标的实施,虽然主要依靠广大员工的自我控制管理,但考察目标实施过程的情况和问题,对每阶段目标实施的结果进行及时的审核,都是目标实施过程中不可缺少的环节。实施目标中的检查考核,是指企业各级管理组织对实施目标过程所进行的查看、指导和审核。检查和考核的目的,是为了掌握实施目标的情况,表彰实施目标中的好人好事,纠正偏离目标要求的情况和问题,保证目标实施过程有序、有成效地进行。

5. 开展质量管理小组活动

针对实现质量方针目标的问题点和薄弱环节,引导和加强质量管理小组活动,这种形式使质量方针目标的实现更具有广泛的群众性。我国医药行业 QC 小组活动实践证明,QC 小组活动是巩固和提高药品 GMP 的有效方法,也是提高员工素质、对生产全过程进行有效的质量监督、提高绩效的重要途径。

(三) 实现质量目标的资源保障

药品 GMP(2010 年修订)第七条规定:"企业应当配备足够的、符合要求的人员、厂房、设施和设备,为实现质量目标提供必要的条件。"这一条明确了实现质量目标的条件,主要是硬件条件和人员条件的原则性要求;当然,软件条件也是必要的。

资源是实现质量目标以及 QMS 的物质基础,制药企业应识别为实现质量目标所需的资源,并及时地予以配置。

二、质 量 保 证

质量保证(quality assurance,QA)为质量管理的一部分,致力于提供质量要求会得到满足的信任(ISO 9000:2005)

我国药品 GMP(2010 年修订)第二章"质量管理"第二节"质量保证"计有 3 条,分别明确了 QA 的地位和重要性;QA 系统涵盖的范围;以及药品生产质量管理的基本要求。

(一) 质量保证的地位和重要性

药品 GMP(2010 年修订)第八条规定:"质量保证是质量管理体系的一部分。企业必须建立质量保证系统,同时建立完整的文件体系,以保证系统的有效运行。"这一条明确了质量保证(QA)在质量管理体系(QMS)中的地位(见图 11-1 与图 11-2)和重要性,并提出系统运行的条件是完整的文件体系。注意:该条使用了"必须(must)"一词,强调了质量保证系统(QAS)的重要性。

从全面质量管理(TQM)及 QMS 标准的角度看,1 个产品从市场调研、研究设计开发,一直到使用的全过程,一般分为设计过程、制造过程、辅助生产过程和使用过程 4 个阶段,而 TQM 的 QAS 基本上是由这 4 个阶段的质量保证系统构成的。

药品 GMP(2010 年修订)第八条又特别强调了"同时建立完整的文件体系,以保证系统有效运行"。质量保证体系及 GMP 不仅需要文件化,而且制药质量体系也需要文件化,文件化的 PQS 及 QAS,GMP 是保证体系(系统)运行的基础。文件化的"完整"含义及程度应使企业所需文件的数量及具体内容更适应组织过程活动的预期结果;也就是说,企业能够制订最少的文件来确保过程的有效策划、运作和控制,实施 PQS,QAS 及 GMP,并实现体系有效性的持续改进。

(二) 质量保证系统涵盖的范围和具体要求

药品 GMP(2010 年修订)第九条规定:
"质量保证系统应当确保:
1. 药品的设计和研发体现本规范的要求;
2. 生产管理和质量控制活动符合本规范的要求;
3. 管理职责明确;
4. 采购和使用的原辅料和包装材料正确无误;
5. 中间产品得到有效控制;

6. 确认、验证的实施;

7. 严格按照规程进行生产、检查、检验和复核;

8. 每批产品经质量受权人批准后才可放行;

9. 在储存、发运和随后的各种操作过程中有保证药品质量的适当措施;

10. 按照自检操作规程,定期检查评估质量保证系统的有效性和适用性。"

这一条明确了制药企业的质量保证系统(quality assurance system,QAS)涵盖的范围和具体要求,内涵十分丰富,要求简明具体;而且与 WHO - GMP 的 1.2 条款、欧盟 GMP 的 1.1 条款保持了一致。

第一款明确了药品的设计与研发应体现 GMP 的要求,也就是保证药品的安全、有效、质量可控,符合预定用途和注册要求,最大限度地降低药品生产过程中污染、交叉污染以及混淆、差错等风险。

第二款明确药品的生产管理和质量控制活动应符合 GMP 要求,也就是要以文件化的书面形式详细地阐明生产和控制活动,并严格执行。

第三款明确要求"管理职责明确"。在 QMS 或 PQS 中,管理职责是首要的过程模块,特别强调了最高管理者的职责。实施 QAS 或 GMP,也必须明确最高管理者的职责,以确保"领导作用"的充分发挥。

第四款明确采购和使用的原辅料和包装材料必须正确无误。这就要求制药企业严格对"供应商的评估和批准",制订系统的计划,保证所生产、供应和使用的起始物料和包装材料符合要求。

第五款明确中间产品须得到有效控制;也就是说,对中间产品实施必要的控制,以及需要验证或校验等的必要的控制。

第六款明确了"确认、验证的实施"。验证是实施 GMP 的基石,没有验证也就没有 GMP 的有效实施;当然,验证也是 QAS 的基石。

第七款要求"严格按照规程进行生产、检查、检验和复核";也就是按预定规程(生产工艺规程、标准操作规程等)正确地进行成品的生产和检查以及检验和复核。

第八款规定"每批产品经质量受权人批准后才可放行";也就是说,未经药品放行责任人确认每批药品符合产品上市许可及药品生产、控制和放行的其他法定要求前,不得销售或供应。

第九款要求在储存、发运和随后的各种操作过程中有保证药品质量的适当措施。这意味着 QAS 也延伸到了 GSP[《药品经营质量管理规范》(Good Supplying Practice)]。

第十款要求按照自检操作规程,定期检查评估质量保证系统(QAS)的有效性和适用性,当然也包括了对 GMP 实施的有效性和适用性的检查评估。

从 GMP 到 QAS 再到 QMS(或 PQS),都是制药企业需要严格遵循和实施的。

(三) 药品生产质量管理的基本要求

药品 GMP(2010 年修订)第十条规定:

"药品生产质量管理的基本要求:

1. 制订生产工艺,系统地回顾并证明其可持续稳定地生产出符合要求的产品。

2. 生产工艺及其重大变更均经过验证。

3. 配备所需的资源,至少包括:

(1) 具有适当的资质并经培训合格的人员;

(2) 足够的厂房和空间;

(3) 适用的设备和维修保障。

(4) 正确的原辅料、包装材料和标签;

(5) 经批准的工艺规程和操作规程;

(6) 适当的储运条件。

4. 应当使用准确、易懂的语言制定操作规程。

5. 操作人员经过培训,能够按照操作规程正确操作。

6. 生产全过程应当有记录,偏差均经过调查并记录。

7. 批记录和发运记录应当能够追溯批产品的完整历史,并妥善保存、便于查阅。

8. 降低药品发运过程中的质量风险。

9. 建立药品召回系统,确保能够召回任何一批已发运销售的产品。

10. 调查导致药品投诉和质量缺陷的原因,并采取措施,防止类似质量缺陷再次发生。"

这一条明确了药品生产质量管理活动的具体要求,概括性地对GMP其他章节作了简要说明;与WHO-GMP 2.1条款、欧盟GMP的1.2条款类同,实际上就是GMP的基本要求。GMP是质量保证的一部分,它确保企业持续稳定地进行药品的生产和控制,以符合与其预定用途相适合的质量标准,并符合产品上市许可的要求。GMP的主要目的(目标)是为了降低任何药品生产所固有的风险,这类风险基本分为两大类:交叉污染(特别是意外的污染物造成的交叉污染)和混淆,如药品容器上贴错标签。药品生产和质量控制都是GMP关注的内容。

第一款是对生产工艺的要求,要求证明生产工艺能持续稳定地生产出符合质量要求的产品。这可以通过系统回顾历史情况,对所规定的生产工艺提供有效性和适用性的证明。

第二款明确了验证对生产工艺及重大变更的重要性。药品GMP(2010年修订)第十章第四节"变更控制"更体现了变更控制是最重要的质量管理系统之一,贯穿于药品生产的整个生命周期。验证不仅要对关键生产工艺进行验证,而且要对重大的生产工艺的变更进行验证。

第三款明确了所需配备的资源。该条款规定的至少6个方面可以归纳为湿件(注:湿件是借用计算机行业的语言,是指具有健全神经系统的人员),wetware即人员、硬件(hardware)和软件(software)。这三大件是组成GMP的要素。硬件是基础——有足够的厂房和空间、适用的设备和维修保障、正确的原辅料及包装材料和标签等;软件是保证——经批准的工艺规程和操作规程等;湿件是关键——具有适当的资质并经培训合格的人员。而第6点适当的储运条件是这三大件的组合。"硬件重要,软件更重要,人员最重要",特别是在知识经济的时代,知识管理已成为PQS保持与发展的关键的条件。

第四款和第五款明确了对操作规程的要求。应当使用准确、易懂的语言制订操作规程,也是对整个文件系统的要求——文字清晰准确;保持文件简短和简单(keep it short and simple)。后者简称为2s原则或Kiss原则。第五款表明,只有通过培训,才能使操作人员更好地按照规程正确操作。

第六款和第七款明确了对记录管理的要求。生产过程的记录有手工和(或)仪器记录等形式。完整的记录表明了既定操作规程和工艺规程所要求的所有步骤实际均已完成,产品数量和质量符合预期要求;所有重大偏差都经过调查并有完整记录。第七款要求药品生产、发放的所有记录妥善保存,查阅方便,可追溯每一批产品的全过程。

第八款至第十款明确了药品进入市场及售后服务的要求。也就是:产品储运适当,能将质量风险降至最低限度;有召回任一批次已发放销售产品的系统,审查上市产品的投诉,调查导致质量缺陷的原因,并针对缺陷产品采取适当措施,防止再次发生。

三、质 量 控 制

质量控制(quality control,QC)为质量管理的一部分,致力于满足质量要求(ISO 9000:2005)。

质量控制旨在确保所有必要的检验都已完成,而且所有物料或产品只有经认定其质量符合要求后才可发放使用或发放上市。质量控制不仅仅局限于实验室内的检验,它必须涉及影响产品质量的所有决定。

我国药品GMP(2010年修订)第二章"质量管理"第三节"质量控制"计有2条,分别明确了质量控制的内容,明确了质量控制系统的基本要求。

(一) 质量控制的内容

药品GMP(2010年修订)第十一条规定:"质量控制包括相应的组织机构、文件系统以及取样、检验等,确保物料或产品在放行前完成必要的检验,确认其质量符合要求。"

这一条明确了质量控制的内容。按照现代质量管理的理论与实践,质量管理(quality management)是在质量方面指挥和控制组织的协调的活动。在制药企业中,质量管理的概念为:确定及实施质量方针目标的管理功能的方式,即由上层管理机构正式说明并授权的一个有关质量的组织机构的总意图及方向。质量管理部门分为两个部分:一个是质量管理监督科,负责政策控制(policy control),也称为QA(质量保证);一个是质量检验,也称为 QC(质量控制),负责技术控制(technical control)。WHO - GMP 的 17.2 条款强调了质量控制独立于生产是非常重要的。

(二) 质量控制的基本要求

药品 GMP(2010 年修订)第十二条规定:

"质量控制的基本要求:

1. 应当配备适当的设施、设备、仪器和经过培训的人员,有效、可靠地完成所有质量控制的相关活动;

2. 应当有批准的操作规程,用于原辅料、包装材料、中间产品、待包装产品和成品的取样、检查、检验以及产品的稳定性考察,必要时进行环境监测,以确保符合本规范的要求;

3. 由经授权的人员按照规定的方针对原辅料、包装材料、中间产品、待包装产品和成品取样;

4. 检验方法应当经过验证或确认;

5. 取样、检查、检验应当有记录,偏差应当经过调查并记录;

6. 物料、中间产品、待包装产品和成品必须按照质量标准进行检查和检验,并有记录;

7. 物料和最终包装的成品应当有足够的留样,以备必要的检查或检验;除最终包装容器过大的成品外,成品的留样包装应当与最终包装相同。"

这一条明确了质量控制系统的基本要求。WHO 的 GMP17.3 条款、欧盟 GMP 的 1.3 条款也有了类似的规定。

第一款明确了对硬件和人员的原则性要求,特别是检验人员要经过培训,要取得证书。

第二款至第七款明确了软件要求,包括操作规程、取样、检验方法的验证与确认、留样以及记录文件等。

总的来说,质量控制的职责还包括制订、验证和实施所有质量控制规程,评价、维护和保存对照品/标准品,确保物料和产品容器上的标示正确无误;监测活性药物成分和产品稳定性,参与产品质量投诉的调查,以及参加环境监测活动等。所有这些活动都应按照既定的书面规程进行,必要时,应予以记录。

上述要求将在 GMP 第十章中进一步细化;本书在以后章节中进一步讨论。

四、质量风险管理

质量风险管理(quality risk management,QRM)是指在产品生命周期内,对药品(医疗产品)的质量风险进行评估、控制、沟通和回顾的系统化程序。

我国药品 GMP(2010 年修订)第二章第四节"质量风险管理"引入了药品质量管理的新理念。这一章节明确了我国的制药企业必须科学地对产品整个生命周期进行质量风险评估,在质量风险管理过程中企业采取的方法、措施、形式和文件应与风险的级别相适应。

(一) 质量风险管理新理念

药品 GMP(2010 年修订)第十三条规定:"质量风险管理是在整个产品生命周期中采用前瞻或回顾的方式,对质量风险进行评估、控制、沟通、审核的系统过程。"

质量风险管理是新版药品 GMP 增加的新的药品质量管理理念,这一条明确了质量风险管理的概念。

风险(risk)被定义为危害发生的概率和严重程度两者的结合。对于制药业而言,尽管有各种各样的涉险人,包括病人和医药从业人员、企业和政府,但都应当将通过质量风险管理来保护病人放在头等重要的位置。

药品(包括其成分)的生产和使用必然要承担某种风险,而质量风险只是全面风险的一个组成部分。应当认识到,药品在整个生命周期内保持其质量(即质量的关键属性与临床试验中使用的相一致)是十分重要的。一个有效的质量风险管理方法,可提供 1 个前瞻的手段来识别和控制在研发和生产过程中潜在的质量问题,以此确保病人获得高质量的药品;此外,如果出现质量方面的问题,质量风险管理又能改善决策。有效的 QRM 有助于做出更多更好的明智决定,增强监管部门对企业有能力处理潜在风险的信心,并积极地消除直接监管中一定范围和程度的疏忽。

风险管理(risk management)则是通过对风险的识别、衡量和处理,以较小的成本将风险导致的不利后果减小到最低限度的科学管理方法。风险管理的目标是评估、控制风险,减少和避免损失。

(二) 质量风险管理与 QMS 及 GMP 的关系

将质量风险管理(QRM)应用于药品生产监管,可以更有效地判断药品生产过程的稳定程度并预见可能存在的各种风险,从而判断可能发生的突发事件,并采取相应措施避免其发生或降低其危害程度。通过强化药品生产风险管理意识,建立信息反馈机制,加强风险全过程监控,可以有效地提高药品监管效能。

在制药企业质量管理体系(QMS)中,质量风险管理(QRM)与 GMP 是一个并行的关系,两者相辅相成,独立于且又支持于 GMP 等药品质量法规文件。

(三) 质量风险管理的主要原则

质量风险管理的两个主要原则为:

1) 应根据科学知识对质量风险进行评估,评估应与最终保护患者的目标相关联。

2) 质量风险管理过程的投入水准、形式和文件,应与风险的级别相适应。

(四) 如何对质量风险进行评估

药品 GMP(2010 年修订)第十四条规定:"应当根据科学知识及经验对质量风险进行评估,以保证产品质量。"

使用定量或定性工具方法将需评估的风险与给定的风险标准进行比较,以确定风险的重要性。

重要的是这些理论方法必须与该企业的实际相结合,能用简单的方法解决的就不必采用繁复的方法解决。这也应是一个原则。

(五) 质量风险管理过程如何与存在风险的级别相适应

药品 GMP(2010 年修订)第十五条观定:"措施、形式及形成的文件应当与存在风险的级别相适应。"

在药品监督管理过程中,要组织专家对药品生产企业开展风险评估,消除药品生产质量隐患;对高风险类药品生产企业每年至少进行两次监督检查。重要的是,企业自身要加强质量风险管理。

对风险的分级有 1 个简单的方法。表 11-1 的数值可应用来进行风险分级,这种方法称为风险评价指数矩阵法。

表 11-1 风险定性分级

可能性	灾难的	严重的	轻度的	轻微的
频 繁	1	2	7	13
很可能	2	5	9	16
有 时	4	6	11	18
极 少	8	10	14	19
几乎不可能	12	15	17	20

用矩阵中指数的大小作为风险分级准则。即指数为 1~5 的为一级风险,是企业不能接受的;6~9 的为二级风险,是不希望有的风险;10~17 的是三级风险,是有条件接受的风险;18~20 的是四级风险,是完全可以接受的风险。

第四节 机构与人员

在药品 GMP 实施的三大要素(要件)中,硬件重要,软件更重要,人员(湿件)最重要。人员(湿件)是主导因素,而软件及硬件需要人来设计、制订、执行和使用。制药企业人员素质的高低及行为是否规范,会直接地或间接地影响产品的质量,也决定了人员是 GMP 的执行者还是药品污染和混淆肇事者。因此,制药企业的人力资源管理是实施 GMP 的重点。新版药品 GMP 第三章"机构与人员"有 4 节(22 条),其中有 3 节强调了"关键人员"(6条)、"培训"(3条)和"人员卫生"(9条)，而且第一节"原则"(4条)中除了强调人员的素质及职责外，也特别强调了组织机构中的质量管理机构。

制药企业应建立健全与药品生产的质量管理相适应的职责明确的管理机构。机构(institution)是药品生产和质量管理的组织保证，而人员(personnel)则是药品生产和质量管理的执行主体。新版药品GMP明确将质量受权人(qualified person/ authorized person)与企业负责人(legal person)、生产管理负责人(head of production)、质量管理负责人(head of quality)一并列为药品生产企业的关键人员，标志着我国推行质量受权人制度的法制化进程。新版药品GMP从学历、技术职称、工作经验等方面提高了对关键人员的资质要求。比如，对生产管理负责人和质量管理负责人的学历要求由大专以上提高到本科以上，规定需要具备相关的管理工作经验并明确了关键人员的职责。

培训(training)也称为人力资源开发(development)，实质上是人力资本的投资。培训是制药企业发展的需求，是用来发展员工的知识、技能、态度或行为，以有助于达到组织目标的系统化过程。

人员卫生(hygiene of personnel)及工艺卫生等都是药品生产质量形成的关键因素之一；当然，这也与卫生设计(sanitary design)和卫生生产息息相关。无论是国外还是国内，忽视卫生管理(特别是人员卫生管理)及培训的制药企业是不可能不出问题的。因此，对制药企业来说，无论怎样强调卫生管理都是不过分的。药品GMP(2010年修订)第三章第四节"人员卫生"有9条，特别是对从业人员的身体健康状况和生产、仓储区的人员活动作出了明确的规定。

一、机构与人员的原则要求

药品GMP(2010年修订)第三章"机构与人员"第一节"原则"计有4条。前两条是有关机构设置的，强调了质量管理部门；后两条是有关人员素质及职责的。

(一) GMP对机构的要求

1. 企业应当建立与药品生产质量管理相适应的组织机构

药品GMP(2010年修订)第十六条规定："企业应当建立与药品生产相适应的管理机构，并有组织机构图。

企业应当设立独立的质量管理部门，履行质量保证和质量控制的职责。质量管理部门可以分别设立质量保证部门和质量控制部门。"

2. 机构是药品生产和质量管理的组织保证

制药企业的组织机构要与现代化生产相适应，要与实施全面质量管理(TQM)及GMP相适应；要以人为本管理为基础，以质量管理为核心，实施药品的质量保证。

在影响药品质量的诸多因素中，企业组织、企业管理方式和各部门之间的组织形式被认为是最活跃、影响最大和最主要的因素。制药企业的质量管理部门所辖的QA和QC适应了GMP的原则要求；但是，质量管理体系(QMS)、质量保证体系(QCS)必须严格履行各自的管理职责，才能充分发挥它们的作用。

3. 质量管理部门应当参与所有与质量有关的活动

药品GMP(2010年修订)第十七条规定："质量管理部门应当参与所有与质量有关的活动，负责审核所有与本规范有关的文件。质量管理部门人员不得将职责委托给其他部门的人员。"

这一条对质量管理部门的职责范围作了明确的规定，即"参与所有与质量有关的活动，负责审核所有与本规范有关的文件"，并且明确规定质量管理部门的人员不得将相关职责进行委托。

我国药品GMP(2010年修订)明确"质量管理部门应当参与所有与质量有关的活动，负责审核所有与本规范有关的文件"，这就意味着质量管理部门的职责权范围涉及TQM(药品生产全面质量管理)、QMS(质量管理体系)、GMP所涉及的范围，只要是与质量有关的活动都应参与；当然这也涉及所有与质量有关的文件，做到PQS(制药质量体系)和GMP的文件化。

(二) 机构各部门的质量职能分配

制药企业组织机构中设置的各部门应做到因事设岗，因岗配人，使全部质量活动都能落实到岗位、人员；

各部门既有明确的分工,又有相互协作和相互制约的关系。

1. 制药企业领导层的主要质量职能

负责组织质量方针的制订与实施;建立健全企业的质量管理体系,并使其有效运行;组织并全面落实GMP的实施与认证。

2. 质量管理部门的主要质量职能

负责企业质量管理体系运行过程中的质量协调、监督、审核和评价工作;负责药品生产全过程的质量检验和质量监督工作;开展质量审核工作,向企业内部提供质量保证。

3. 生产部门的主要质量职能

按GMP要求组织生产,编制生产规程等文件;防止药品污染、混淆及差错,使生产过程始终处于受控状态,组织工艺验证,保证生产出合格药品。

4. 工程部门的主要质量职能

设备选型、安装等符合GMP要求;负责企业设备(包括生产设备、公用工程设备、检测设备、辅助用设备等)、设施的维修、保养及管理;组织好有关设备、设计的验证工作;保证计量器具的完好程度和量值传递的准确性;保证提供符合生产工艺要求的水、电、气、风、冷等。

5. 供应部门的主要质量职能

配合质量管理部门对主要物料供应商质量体系进行评估;严格按物料的质量标准要求购货,对供应商进行管理,保证供应渠道畅通;按GMP要求做好物料的收、储、发等工作。

6. 研究开发部门的主要质量职能

负责质量设计;制订原辅材料的质量规格与检验方法;设计剂型;通过临床试验确定药品的适应性;确定中间控制项目、方法与标准;确定生产过程;选择合适的包装形式并制订包装材料的质量规格;制订成品的质量规格与检验方法;确定药品稳定性等。

7. 销售部门的主要质量职能

新产品开发之后,重点是市场开发。切实做好销售记录,确保每批产品售后的可追踪性;负责把产品质量问题和用户投诉信息及时反馈给质量管理部门和生产部门;销售人员的素质及其工作质量可使用户感到企业质量。

总之,要使企业内部的质量职能协调一致、相互配合,必须做到:

——明确实现质量目标所必须进行的各项活动,将这些活动以文件形式并落实到相应部门;

——向这些部门提供完成任务所必需的技术上和管理上的工具和设施;

——确保这些活动在各部门、各环节的实施;

——协调各部门之间的活动使之相互配合,指向共同的目标,以综合、系统的方式来解决质量问题,使企业的活动以及活动的成果达到最佳的水平。

(三)GMP对人员的原则要求

药品GMP(2010年修订)第十八条规定:"企业应当配备足够数量并具有适当资质(含学历、培训和实践经验)的管理和操作人员,应当明确规定每个部门和每个岗位的职责。岗位职责不得遗漏,交叉的职责应当有明确规定。每个人所承担的职责不应当过多。

所有人员应当明确并理解自己的职责,熟悉与其职责相关的要求,并接受必要的培训,包括上岗前培训和继续培训。"

这一条不仅提出了人员应具备相应的资质,同时对于交叉岗位的职责要求做出了明确的规定,最为重要的是首次提出了所有人员(all person)都应当接受培训。培训不仅要使所有人员明白新版药品GMP的宗旨、理念及内容,而且更重要的是"所有人员应当明确并理解自己的职责,熟悉与其职责相关的要求,并接受必要的培训,包括上岗前培训和继续培训"。这一条首次明确了培训应包括上岗前和继续培训两个部分。

药品GMP(2010年修订)第十八条为我国制药企业的培训规定了全员培训的最基本的要求,这是强制性的;当然,企业应将它转化为主动性。WHO的GMP同时还要求:

——企业应配备足够数量的具有必要素质和实践经验的工作人员。每一人员所承担的职责不应过多,以免产生产品质量风险。

——所有负责人员应有书面的工作职责,并拥有相应的权力,其责权可授予具有相当资质的副职。GMP 实施人员的责任不得有空缺或未予说明的重叠。企业应有组织机构图。

——所有人员均应了解与其有关的 GMP 原则,并应接受初级培训和继续培训,培训内容包括相应的卫生规程;应激励所有人员尽全力建立并保持高质量标准。

——应采取必要的措施防止未经批准人员进入生产区、仓储区和质量控制区。这些区域不得用作非该区工作人员的通道。

(四) 有关职责委托的规定

药品 GMP(2010 年修订)第十九条规定:"职责通常不得委托给他人。确需委托的,其职责可委托给具有相当资质的指定人员。"

这一条与第十七条都涉及职责能否委托的内容。第十七条规定"质量管理部门人员不得将职责委托给其他部门的人员",而第十九条主要是指生产或者其他部门和岗位的人员。

二、关 键 人 员

关键人员(key person)的概念首次在新版药品 GMP 中提出,充分体现了质量管理八项原则中的"领导作用"。这不仅是我国药品监督管理的现实需要,而且也是与国际惯例或标准接轨的体现。

我国药品 GMP(2010 年修订)第三章"机构与人员"第二节"关键人员"计有 6 条。

(一) 关键人员的定义、职责及定位

药品 GMP(2010 年修订)第二十条规定:"关键人员应当为企业的全职人员,至少应当包括企业负责人、生产管理负责人、质量管理负责人和质量受权人。

质量管理负责人和生产管理负责人不得互相兼任。质量管理负责人和质量受权人可以兼任。应当制订操作规程确保质量受权人独立履行职责,不受企业负责人和其他人员的干扰。"

这一条明确了"关键人员"的定义,并且随后各条(包括本条)对关键人员的职责定位作出了明确的规定;同时进一步明确了质量管理负责人不能与生产管理负责人兼任,必须独立于生产管理部门,但与质量受权人可以兼任。这与我国推行质量受权人制度,质量受权人参与质量管理活动具有批次放行权利是相适应的。SFDA 2009 年 4 月下发的《关于推动药品生产企业实施药品质量受权人制度的通知》(121 号文件)规定:质量受权人接受企业的授权,对药品质量管理活动进行监督和管理。质量受权人对药品生命周期内(研发、生产、使用环节)的重要质量管理活动均具有参与权,并直接监管质量控制部门。

(二) 企业负责人是药品质量的主要责任人

药品 GMP(2010 年修订)第二十一条规定:"企业负责人是药品质量的主要负责人,全面负责企业日常管理。为确保企业实现质量目标并按照本规范要求生产药品,企业负责人应当负责提供必要的资源,合理计划、组织和协调,保证质量管理部门独立履行其职责。"

这一条首次明确企业负责人是药品质量的主要负责人。这与 WHO‐GMP,EU‐GMP,PIC‐GMP 未将企业负责人作为关键人员有所区别,但符合我国具体国情,与有关法律法规相适应。

(三) 生产管理负责人的资质及主要职责

药品 GMP(2010 年修订)第二十二条规定:

"生产管理负责人

1. 资质

生产管理负责人应当至少具有药学或相关专业本科学历(或中级专业技术职称或执业药师资格),具有至少 3 年从事药品生产和质量管理的实践经验,其中至少有一年的药品生产管理经验,接受过与生产产品相关的专业知识培训。

2. 主要职责

1) 确保药品按照批准的工艺规程生产、储存,以保证药品质量。

2) 确保严格执行与生产操作相关的各种操作规程。

3) 确保批生产记录和批包装记录经过指定人员审核并送交质量管理部门。

4) 确保厂房和设备的维护保养,以保持其良好的运行状态。

5) 确保完成各种必要的验证工作。

6) 确保生产相关人员经过必要的上岗前培训和继续培训,并根据实际需要调整培训内容。"

自这一条开始,GMP 对各类人员的"资质"有了规定。资历是指资格和经历;资质是说人的天资、禀赋,实际上是指资历和素质。制药企业离不开有觉悟的高素质的人才。管理学界对知识、智力、素质、觉悟的评价,有 3 句名言可能对人们会有启发。

——智力比知识更重要。知识再丰富,智力不足,运用知识的能力很差,知识也不能很好发挥作用。

——素质比智力更重要。智力发达,如果素质欠佳,像一个三角砖头,放哪哪不平,也不行。

——觉悟比素质更重要。没有觉悟的管理者是很危险的管理者。对制药企业来说,确保药品质量的意识和觉悟是十分必要的。

(四) 质量管理负责人的资质及主要职责

药品 GMP(2010 年修订)第二十三条规定:

"质量管理负责人

1. 资质

质量管理负责人应当至少具有药学或相关专业本科学历(或中级专业技术职称或执业药师资格),具有至少 5 年从事药品生产和质量管理的实践经验,其中至少有一年的药品质量管理经验,接受过与生产产品相关的专业知识培训。

2. 主要职责

1) 确保原辅料、包装材料、中间产品、待包装产品和成品符合经注册批准的要求和质量标准。

2) 确保在产品放行前完成对批记录的审核。

3) 确保完成所有必要的检验。

4) 批准质量标准、取样方法、检验方法和其他质量管理的操作规程。

5) 审核和批准所有必要的检验。

6) 确保所有重大偏差和检验结果超标已经过调查并得到及时处理。

7) 批准并监督委托检验。

8) 监督厂房和设备的维护,以保持其良好的运行状态。

9) 确保完成各种必要的确认或验证工作,审核和批准确认或验证方案和报告。

10) 确保完成自检。

11) 评估和批准物料供应商。

12) 确保所有与产品质量有关的投诉已经过调查,并得到及时、正确的处理。

13) 确保完成产品的持续稳定性考察计划,提供稳定性考察的数据。

14) 确保完成产品质量回顾分析。

15) 确保质量控制和质量保证人员都已经过必要的上岗前培训和继续培训,并根据实际需要调整培训内容。"

对照 1998 年版药品 GMP,这一条首先对于质量管理负责人的学历由大专层次提高到本科,专业也明确为药学或相关专业,与生产管理负责人的要求类似;但是也有不同之处,就是质量管理负责人必须具有 5 年从事药品生产和质量管理的实践经验,其中至少一年药品质量管理经验。与生产管理负责人培训相同,其也要经过相关产品的培训。

在质量管理负责人的职责之中,我国药品 GMP(2010 年修订)是将 QA 和 QC 两大部分职能进行合并,这一条与第十六条表述的质量管理部门可以分设质量保证(QA)部门和质量控制(QC)部门的表述是相一致的。这里也同时有助于进一步明确企业中质量管理部门、质量保证部门、质量控制部门三者的组织结构方式（见图 11－1）。

新版药品 GMP 明确提出质量管理负责人确保在产品放行前完成对批记录的审核，这与新版药品 GMP 首次引入质量受权人的概念，并将批次放行的权力授予质量受权人的规定是相一致的。将批次放行授予了质量受权人，增加了质量保证的环节，有利于提升药品生产质量。

（五）生产管理负责人和质量管理负责人的共同职责

药品 GMP（2010 年修订）第二十四条规定：

"生产管理负责人和质量管理负责人通常有下列共同的职责：

1. 审核和批准产品的工艺规程、操作规程等文件；

2. 监督厂区卫生状况；

3. 确保关键设备经过确认；

4. 确保完成生产工艺验证；

5. 确保企业所有相关人员都已经过必要的上岗前培训和继续培训，并根据实际需要调整培训内容；

6. 批准并监督委托生产；

7. 确定和监控物料和产品的储存条件；

8. 保存记录；

9. 监督本规范执行状况；

10. 监控影响产品质量的因素。"

这一条对生产管理负责人与质量管理负责人的共同职责做出了规定，可以看出共同职责主要集中在质量管理方面。确保药品质量不仅是生产管理负责人与质量管理负责人的共同职责，也是企业负责人与全体员工的共同职责。这一条再次将相关人员的上岗前培训和继续培训进一步明确，充分体现了培训是企业发展的战略需求，也是确保药品生产质量的重要措施之一。

（六）质量受权人的资质及主要职责

药品 GMP（2010 年修订）第二十五条规定：

质量受权人

1. 资质

质量受权人应当至少具有药学或相关专业本科学历（或中级专业技术职称或执业药师资格），具有至少 5 年从事药品生产和质量管理的实践经验，从事过药品生产过程控制和质量检验工作。

质量受权人应当具有必要的专业理论知识，并经过与产品放行有关的培训，方能独立履行其职责。

2. 主要职责

1) 参与企业质量体系建立、内部自检、外部质量审计、验证以及药品不良反应报告、产品召回等质量管理活动。

2) 承担产品放行的职责，确保每批已放行产品的生产、检验均符合相关法规、药品注册要求和质量标准。

3) 在产品放行前，质量受权人必须按照上述第 2 项的要求出具产品放行审核记录，并纳入批记录。

在我国药品 GMP 实施的发展历程中，首次引入质量受权人制度，是 2010 年版药品 GMP 的一大特色及亮点。质量受权人制度是有关国际组织及欧美发达国家在实施 GMP 的过程中进一步探索和研究确立的药品质量管理制度。

药品质量受权人制度是药品生产企业授权其药品质量管理人员对药品质量管理活动进行监督和管理，对药品生产的规则符合性和质量安全保证性进行内部审核，并由其承担药品放行责任的一项制度。

国家食品药品监督管理局（SFDA）自 2009 年开始推动药品生产企业实施质量受权人制度，先后在血液制品、疫苗、基本药物生产企业全面实施。新版药品 GMP 将该制度予以明确，意味着所有药品生产企业均应实施质量受权人制度。由于在实践中存在着企业主管质量的副总、质量受权人、质量管理部门负责人的设置和职责如何划分的不同意见,考虑到质量受权人制度与企业质量管理体系的协调关系,故新版药品GMP对质量受权人只明确其管理生产质量的独立地位以及相关的职责,其他具体要求将另行研究确定并以配套文件的形式发布。

三、人员培训是制药企业发展的战略需求

药品GMP(2010年修订)第三章"机构与人员"第三节"培训",计有3条,分别明确了培训管理工作,全员培训,以及对高风险操作区员工的培训。

如何提高制药企业人力资源的素质;如何加强制药企业员工的培训,特别是强化以质量管理为中心的药品GMP培训;如何切实转变观念,建立科学的培训理念与机制,真正促进企业发展,日益成为我国各级药品监督管理部门及制药企业关注的热点问题。

(一) 企业应当指定部门或专人负责培训管理工作

药品GMP(2010年修订)第二十六条规定:"企业应当指定部门或专人负责培训管理工作,应当有经生产管理负责人或质量管理负责人审核或批准的培训方案或计划,培训记录应当予以保存。"

相对于1998年版药品GMP而言,2010年版药品GMP对于培训给予了更为详尽的规定。具体的有以下几点。

1. 强调了制药企业应有一个健全的培训管理体系。不管归口哪个部门(GMP指出了生产管理部门和质量管理部门)或者专门的培训部门,也不管是否有专人负责培训管理工作,都应当以GMP培训为中心,以QMS培训为主轴,以SOP培训为基础。在国际上,做大做强的跨国公司甚至有自己的教育培训学院或学校。对中小企业来讲,"麻雀虽小、五脏俱全",企业的培训管理体系是不可少的。"走出去,请进来"都是培训的方式。

2. 强调了培训方案和计划的制订及实施是生产管理负责人和质量管理负责人的职责要求。高质量的培训方案和计划,可以确保培训工作顺利开展和提高培训质量。

3. 凡事预则立,不预则废。制药企业的培训目标、方案和计划,作为企业培训的组成部分,决定了整个培训过程的成功与否。培训目标及方案的确定为培训提供了方向和框架,培训计划的设计则可使培训目标及方案变为现实。制药企业应根据法规和规章(GMP属规章)的要求及培训需求,结合本企业的战略目标来设计培训计划。高质量的培训计划的实施,不仅可以激发受训者学习的渴望,而且使企业高层管理者注意到培训的重要性,提高培训部门在企业中的地位。

培训计划主要包括设定培训目标和内容、确定培训人员、培训方法和形式以及培训预算等。

4. 强调培训记录的保存。培训是制药企业长期发展的战略需求。对于现代制药企业来讲,对人力资源总体素质要求是具有可竞争性、可学习性、可挖掘性、可变革性、可凝聚性、可延续性。现代制药企业要把人视为一种资源,以人为中心,强调人和事的统一发展,尤其是注重开发人的潜能,注重人的智慧、技艺、能力的提高和人的全面发展。制药企业的可持续发展需要具有创造力的药学技术人员,需要具备开发新药和运用知识功能的层次型人力资源梯队,需要具备把握和运作企业内外资源功能的后继型领导能力梯队。在个体素质方面,员工要具备良好的思想素质、道德品质、学习能力、知识水平、专业技能和身体状况。ISO质量管理体系标准提出人员素质四要素为教育、培训、技能和经验。在群体素质方面,制药企业员工队伍要形成团结协作、同心同德、相互促进的人力资源群体,要有合理互补的专业、知识、智能、年龄等结构,以发挥最大的整体效能。成功的现代企业都证实了团队精神的重要。

培训不仅是一种智力投资,而且是一个系统工程,也是一种组织学习过程,是一种增值的活动。这一点,在质量管理体系标准中有明确的表述。然而,我国有少数制药企业却存在着"培训无用"、"培训浪费"、"快餐式培训"等不正确的看法和做法。当然,投资培训,要物有所值。企业投资培训不外乎3个主要原因:市场需要、企业发展和员工进步。要使培训做到物有所值,就要结合本企业实际,做好培训计划,做到科学培训、民主培训、依法培训。

(二) 全员培训的必要性及内容

药品GMP(2010年修订)第二十七条规定:"与药品生产、质量有关的所有人员都应当经过培训,培训的

内容应当与岗位的要求相适应。除进行本规范理论和实践的培训外,还应当有相关法规、相应岗位的职责、技能的培训,并定期评估培训的实际效果。"

这一条强调了制药企业全员培训的必要性(关系药品生产的质量)及内容。在国际上对 GMP 培训的要求,主要有以下几点:

——所有与物料、生产、质量等相关部门的人员均应接受培训;

——这类培训应包含上岗前培训和贯穿其职业生涯的继续培训,这类培训可根据企业式岗位的要求进行必要的调整;

——进一步明确上岗前培训至少应包含两部分,其一是 GMP 的重要性及相关培训,第二部分是岗位的相关要求,此处应让相关人员明确其所担任岗位的风险和重要性。

培训教育是实施 GMP 工作中的重要环节。制药企业应有计划地对各级人员进行培训和考核,建立员工个人培训档案;应该深刻地认识到,员工培训是企业生存和发展的战略要素。

制药企业的培训工作要强调针对性、有效性、持续性,以适应 GMP 对各类人员素质的要求;因为药品的生产质量从根本上来说取决于操作者的操作。

(三)要重视高风险操作区的员工培训

药品 GMP(2010 年修订)第二十八条规定:"高风险操作区(如高活性、高毒性、传染性、高致敏物料的生产区)的工作人员应当接受专门的培训。"

这一条将对高风险操作区的员工培训单列出来,突出强调了高风险操作区员工培训的重要性。对高风险操作区员工的培训来不得半点疏忽,必须严格进行专门的培训。

四、人 员 卫 生

药品 GMP(2010 年修订)第三章第四节"人员卫生",计有 9 条,涉及防止污染的人员卫生的多个方面。

预防污染是药品 GMP 的目标要素之一。药品生产过程必须要有防止污染的措施。在药品生产中两种最常见的污染形式是微粒污染和微生物污染;而在药品生产中传播污染的主要四大媒介则是空气、水、表面(建筑物、设备等表面)和人体,其中人体是药品生产中最大的污染源。

人体产生和散发的污染物的形式多种多样(如皮屑),应采取合理有效的措施,达到人员清洁卫生标准,防止或减少人体对药品的污染。药品 GMP 不仅关注操作员工的身体健康,而且更主要地关注由于操作员工的健康问题而引起的药品质量问题。GMP 不仅强调人员卫生管理,而且也突出对工作服的卫生管理。

(一)人员卫生的培训及人员卫生操作规程的建立

药品 GMP(2010 年修订)第二十九条规定:"所有人员都应当接受卫生要求的培训,企业应当建立人员卫生操作规程,最大限度地降低人员对药品生产造成污染的风险。"

这一条明确了人员卫生的培训,以及人员卫生操作规程的建立与实施。

生产操作人员是药品生产中引起产品污染的最大污染源之一。污染物不仅有人体携带的微粒、微生物,而且也有人体自身产生的微粒、微生物。由于误操作,人员也是造成交叉污染的主因,包括了设备未洗净的残留物料的微量污染,也包括了较大量的混淆混药。在药品生产过程中人体是一个永不休止的恒定污染源。例如,自身由于新陈代谢而产生的头屑及其他皮肤等的脱落物;体表与呼吸道的排出物。携带物是指任何附着在人体及衣服上的各种尘埃微粒和微生物。这些污染物既可以通过人体直接接触物体的方式传播,也可以通过空气等媒介传播。

认识人体产生散发污染物的目的在于正确了解人体污染物的特性,采取合理的措施(如人身净化标准程序、人员卫生操作规程等),以防止或减少人体污染源对药品的污染。人员卫生操作规程涉及的方面主要有健康、卫生习惯及人员着装等(第三十条),如注意健康体检与人员健康、手的卫生、不留胡须勤理发、口腔与鼻腔卫生、防护工作服等。

(二)人员卫生操作规程的内容

药品 GMP(2010 年修订)第三十条规定:"人员卫生操作规程应当包括与健康、卫生习惯及人员着装相关的内容。生产区和质量控制区的人员应当正确理解相关的人员卫生操作规程。企业应当采取措施确保人员卫生操作规程的执行。"

这一条对制药企业中的人员卫生操作规程应包含的内容做出了具体规定。

仅就人员卫生、操作规程方面主要有以下几点:

1. 制药企业应制订人员卫生管理规定或人员卫生操作规程,并能认真执行,以保证药品生产的清洁卫生。

2. 进入生产现场应穿戴好清洁、符合要求的工作衣、鞋、帽、口罩等;进出洁净区严格执行人身净化程序。

3. 经常保持个人清洁卫生。操作前将手彻底洗净,并消毒。手在清洗消毒后,不再做与工作无关的动作,也不再接触与工作无关的物品。

4. 生产操作人员不得化妆和佩戴饰物,并不得用手直接接触药品。A级高风险操作区内的生产操作人员不得裸手操作。

5. 生产操作人员不准穿戴工作服、鞋、帽等离开规定生产区域。

(三)人员健康管理

药品 GMP(2010 年修订)第三十一条规定:"企业应当对人员健康进行管理,并建立健康档案。直接接触药品的生产人员上岗前应当接受健康检查,以后每年至少进行一次健康检查。"

这一条是对人员健康进行管理的规定,突出了健康档案的建立,明确了上岗前须接受健康检查。制药企业应制订人员健康管理规定,以保证生产人员符合健康要求,不污染药品,并持有"健康合格证"上岗。

(四)直接接触药品的生产人员的防污染措施

药品 GMP(2010 年修订)第三十二条规定:"企业应当采取适当措施,避免体表有伤口、患有传染病或其他可能污染药品疾病的人员从事直接接触药品的生产。"

这一条对因健康原因不能从事直接接触药品生产活动的人员做出了明确的规定。

(五)非生产区人员进入的规定

药品 GMP(2010 年修订)第三十三条规定:"参观人员和未经培训的人员不得进入生产区和质量控制区,特殊情况确需进入的,应当事先对个人卫生、更衣等事项进行指导。"

这一条明确了参观人员等非生产区人员进入的规定:一是不得进入;二是确需进入要进行卫生、更衣等事项的指导。

(六)更衣规程及对工作服的管理规定

药品 GMP(2010 年修订)第三十四条规定:"任何进入生产区的人员均应当按照规定更衣。工作服的选材、式样及穿戴方式应当与所从事的工作和空气洁净度级别要求相适应。"

这一条明确了进入生产区的更衣规程适用于任何进入生产区的人员;也明确了对工作服的管理规定,即工作服的选材、式样及穿戴方式都要与所从事工作的空气洁净度级别要求相适应。

防护工作服可因不同的制药企业、不同的生产区域而不同。在洁净区人员穿的防护工作服,称之为洁净工作服;在无菌洁净室人员穿的防护装,称之为无菌工作服。防护工作服的基本功能,一是防止操作人员对产品的污染,二是为了保护操作人员不受具有活性的药物的影响。穿上防护工作服,必须牢记肩负的职责,严格操作规程,生产出优质的药品。

(七)对洁净区的生产人员化妆和佩戴饰物有关规定

药品 GMP(2010 年修订)第三十五条规定:"进入洁净生产区的人员不得化妆和佩戴饰物。"

这一条体现了制药美学的一个原则。化了妆的人员如果进入洁净生产区工作,化妆品的粉尘就会污染药品,影响药品质量;而且化妆品中可能有汞、铅、砷等有毒物质,甚至有一定数量的细菌。人体所佩戴的饰物(如耳环、戒指、手镯、手表等)也会携带细菌等污染物。

(八) 生产区和仓储区应当禁止吸烟和饮食

药品 GMP(2010 年修订)第三十六条规定:"生产区、仓储区应当禁止吸烟和饮食,禁止存放食品、饮料、香烟和个人用药品等非生产用物品。"

这一条明确了生产区和仓储区都要禁止吸烟和饮食。这当然是基于防止污染、防止差错混淆的 GMP 原则出发的。若在生产场所吸烟无疑也会造成污染,这是绝对不允许的;仓储区的防火规定,更是不允许吸烟。

(九) GMP 对手的卫生是如何规定的?

药品 GMP(2010 年修订)第三十七条规定:"操作人员应当避免裸手直接接触药品、与药品直接接触的包装材料和设备表面。"

手既是人类使用的最重要的肢体工具,也是最大的细菌传播媒介。只要触摸到被污染的东西,微生物就会传到手上并随手传到下一个接触的东西上。对制药企业的生产操作人员而言,在从事药品加工过程中必须一直保持手的清洁。

对手的清洁,要做到正确地清洗表面,乃至手指甲、指缝等。正确地清洗表面(不仅仅指手的清洁,也包括其他表面的清洁)的基本点有以下 4 点:

1. 应使清洁剂与污染物紧密接触。
2. 从被清洗的表面上移去污染物。
3. 将污染物扩散至溶剂中。
4. 防止已扩散的污染物重新沉积回到清洁的表面上。

重要的是应使员工有一个强烈的卫生观念。卫生观念与质量观念一样,都是 GMP 意识的重要组成部分。为使制药企业的每一位员工都具有强烈的 GMP 意识,形成药品生产过程的 GMP 生活方式,就必须具有强烈的卫生意识和质量意识。

第五节　厂房与设施

药品 GMP(2010 年修订)第四章"厂房与设施"共计 5 节 33 条,分别是原则(8 条)、生产区(11 条)、仓储区(6 条)、质量控制区(5 条)、辅助区(3 条)。

与 1998 年版药品 GMP 相比,新版药品 GMP 进一步强调了厂房设施的设计和布局的合理性,并按生产区、仓储区、质量控制区和辅助区分别细化要求;结合国际先进经验和我国实际情况,对关键洁净设施的要求进行了调整,适度提高了部分硬件要求,有效提升生产保证水平。

厂房与设施(buildings and facilites)在规范中的地位,可以说是硬件中的关键部分。硬件包括厂房与设施、环境、设备、检测仪器、仓库等。硬件是否符合药品 GMP 的要求,直接影响药品质量。而硬件的优劣在一定程度上取决于设计质量和施工质量,其设计必须依据有关的法律规范、技术标准(如 GB50457-2008)《医药工业洁净厂房设计规范》等),体现其科学性和规范性,体现"药品质量是设计和生产及管理出来的,而不仅仅是检验证实了的"以及"质量源于设计"的 GMP 灵魂。

硬件是 GMP 的基础,而厂房与设施则是 GMP 硬件的基础,也是关键部分。

一、厂房与设施的 GMP 原则

药品 GMP(2010 年修订)第四章"厂房与设施"第一节"原则"计有 8 条,分述如下:

(一) 厂房的总体要求

药品 GMP(2010 年修订)第三十八条规定:"厂房的选址、设计、布局、建造、改造和维护必须符合药品生产要求,应当能够最大限度地避免污染、交叉污染、混淆和差错,便于清洁、操作和维护。"

这一条体现了有关"厂房与设施"的 GMP 要求的总原则。与 1998 年版药品 GMP 比较,厂房与设施的总体要求更加细化。

药品生产企业的"厂房与设施"是实施 GMP 的先决条件,也是硬件的关键部位。企业一定要熟悉、掌握 GMP 对厂房与设施的总体要求(也是基本要求),在设计、施工、安装时必须给予满足;当然,在符合 GMP 总体要求的前提下,企业可根据情况因地制宜地决定实施办法。

(二) 综合考虑选址

药品 GMP(2010 年修订)第三十九条规定:"应当根据厂房及生产防护措施综合考虑选址。厂房所处的环境应当能够最大限度地降低物料或产品遭受污染的风险。"

总而言之,选址应根据综合各因素来考虑,要求厂内外环境没有污染,厂区要整洁。特别是洁净厂房的选址应选在大气含尘、含菌浓度低,无有害气体,自然环境好的区域;应远离铁路、码头、机场、交通要道以及散发大量粉尘和有害气体的工厂、储仓、堆场等严重空气污染、水质污染、振动或噪声干扰的区域;洁净厂房应尽量布置在最多风向的上风侧。

(三) 总体布局应当合理

药品 GMP(2010 年修订)第四十条规定:"企业应当有整洁的生产环境;厂区的地面、路面及运输等不应当对药品的生产造成污染;生产、行政、生活和辅助区的总体布局应当合理,不得互相妨碍;厂区和厂房内的人流、物流走向应当合理。"

这一条基本上是 1998 年版药品 GMP 第八条的延续,只不过增加了对人流、物流的要求。应该说,这一条体现了"厂内各区间互不妨碍"的原则,总体布局应当合理,当然也要给发展留有余地。厂区的规划,一定要给予生产管理和质量管理上的方便和保证,生产、行政、生活和辅助区应尽量形成独立小区,应综合考虑车间总体布局和工艺布局。

工艺布局应遵循"三协调"原则,即人流物流协调、工艺流程协调、洁净级别协调。

——人流、物流应尽量减少迂回交叉,并应配备相应的人净、物净措施及物料中间站。

——对工艺流程布局要注意以下几点:①洁净厂房中人员和物料的出入门必须分别设置,原辅料和成品的出入分开,极易造成污染的物料和废弃物必要时可设置专用出入口,洁净厂房内的物料传递路线尽量要短。②人员和物料进入洁净厂房要有各自净化用室和设施,净化用室的设置要求与生产区的洁净级别相适应。③生产区域的布局要顺应工艺流程,减少生产流程的迂回、往返。④操作区内只允许放置与操作有关的物料,设置必要的工艺设备,用于制造、储存的区域不得用作非区域内工作人员的通道。⑤人员和物料使用的电梯宜分开,电梯不宜设在洁净区内,必须设置时电梯前应设气闸室。

图 11-3 房间布置的区域概念
(同心圆原则)

——在满足工艺条件的前提下,为提高净化效果,有空气洁净度要求的房间宜按下列要求布局:①空气洁净度高的房间或区域宜布置在人员最少到达的地方,并靠近空调机房,即符合同心圆原则,见图 11-3。②不同洁净级别的房间或区域宜按空气洁净度的高低由里及外布置。③空气洁净度相同的房间宜相对集中。④不同空气洁净度房间之间相互联系要有防止污染措施,如气闸室、空气吹淋室或传递窗(柜)。

(四) 厂房的维护管理

药品 GMP(2010 年修订)第四十一条规定:"应当对厂房进行适当维护,并确保维修活动不影响药品的质量。应当按照详细的书面操作规程对厂房进行清洁或必要的消毒。"

与 1998 年版药品 GMP 相比,这一条为新增条款,增加了对厂房维护方面的要求。当然,对厂房的维护,主要是对洁净室的维护管理。

所谓洁净室的维护管理应包括洁净室内的人员及生产工艺设备、工器具的管理,空气、水、气体、化学品

的设备及输送过程的管理。对制药企业而言,主要是厂房内空气净化设施及洁净室的维护管理。通用的洁净室维护管理的原则有:

——进入洁净室的管理　包括对洁净室工作人员进入、物料进入,以及相关的设备、管线的维护管理,应做到不得将微粒、微生物带入洁净室。

——操作管理技术　包括对洁净室内人员用洁净工作服的制作、穿着和清洗,操作人员的移动和动作,室内设备及装修材料的选择和清洁、灭菌等。尽可能地减少或防止洁净室内尘粒、微生物的产生、滞留、繁殖等。

——严格各类设备、设施的维护管理　制订相应的操作规程,保证各类设备、设施(包括净化空调系统、各类水气电系统、生产工艺设备及工器具等)按要求正常运转,以确保产品生产工艺要求和空气洁净度等级。

——清洁灭菌管理　对洁净室内的各类设备、设施的清洁灭菌以及方法、周期和定期检查要作明确的规定,防止或消除洁净室内尘粒、微生物的产生、滞留和繁殖。

(五) 厂房有关照明、温度、湿度和通风设施

药品 GMP(2010 年修订)第四十二条规定:"厂房应当有适当的照明、温度、湿度和通风,确保生产和储存的产品质量以及相关设备性能不会直接或间接地受到影响"。

厂房内的照度主要影响产品工艺条件,一般不低于 300 勒克斯(lx)。温湿度主要影响产品工艺(包括操作人员的舒适感)和细菌繁殖条件,洁净室(区)的温度和相对湿度要与生产工艺要求相适应。无特殊要求时,温度应控制在 18～26 ℃,相对湿度 45%～65%。为节能起见,控制洁净室冬天室温在 18 ℃以上,夏天室温在 26 ℃以下;而无菌洁净室可控制在 20～24 ℃范围。

厂房内通风可根据工艺要求调节。洁净室的通风一般与换气次数(即送入洁净室风量/室体积)或风速有关。

(六) 防止昆虫等动物进入及防止杀虫剂等的污染

药品 GMP(2010 年修订)第四十三条规定:"厂房、设施的设计和安装应当能够有效防止昆虫或其他动物进入。应当采取必要的措施,避免所使用的灭鼠药、杀虫剂、烟熏剂等对设备、物料、产品造成污染。"

(七) 防止未经批准人员进入的措施

药品 GMP(2010 年修订)第四十四条规定:"应当采取适当措施,防止未经批准人员的进入。生产、储存和质量控制区不应当作为非本区工作人员的直接通道。"

这一条与 EU GMP 的 3,5 条款类同,为我国药品 GMP 的新增条款,强化了对厂房人流控制措施的要求,当然,也是强化了在厂房设计中对人流因素的合理要求。

(八) 保存图纸的要求

药品 GMP(2010 年修订)第四十五条规定:"应当保存厂房、公用设施、固定管道建造或改造后的竣工图纸。"

这一条是新增条款,增加了对厂房与设施建设和改造的图纸管理的要求,当然,这也可纳入文件管理。在此处强化了厂房与设施的维护管理,也是从质量管理的立场出发的。

二、生　产　区

药品 GMP 第四章"厂房与设施"第二节"生产区"共有 11 条。与 1998 年版 GMP 相比,新版 GMP 对生产区厂房、设施提出了基本原则,并提出具体要求。

(一) 对厂房、生产设施和设备要求的基本原则

药品 GMP(2010 年修订)第四十六条规定:

"为降低污染和交叉污染的风险,厂房、生产设施和设备应当根据所生产药品的特性、工艺流程及相应洁

净度级别要求合理设计、布局和使用,并符合下列要求:

1. 应当综合考虑药品的特性、工艺和预定用途等因素,确定厂房、生产设施和设备多产品共用的可行性,并有相应评估报告。

2. 生产特殊性质的药品,如高致敏性药品(如青霉素类)或生物制品(如卡介苗或其他用活性微生物制备而成的药品),必须采用专用和独立的厂房、生产设施和设备。青霉素类药品产尘量大的操作区域应当保持相对负压,排至室外的废气应当经过净化处理并符合要求,排风口应当远离其他空气净化系统的进风口。

3. 生产 β-内酰胺结构类药品、性激素类避孕药品必须使用专用设施(如独立的空气净化系统)和设备,并与其他药品生产区严格分开。

4. 生产某些激素类、细胞毒性类、高活性化学药品应当使用专用设施(如独立的空气净化系统)和设备;特殊情况下,如采取特别防护措施并经过必要的验证,上述药品制剂则可通过阶段性生产方式共用同一生产设施和设备。

5. 用于上述第 2、3、4 项的空气净化系统,其排风应当经过净化处理。

6. 药品生产厂房不得用于生产对药品质量有不利影响的非药用产品。"

很显然,上述要求是为了将由交叉污染(cross contamination)引起的严重药物质量风险降至最低程度。一些特殊药品,如高致敏药品(如青霉素类)或生物制剂(如活性微生物制品)必须采用专门的生产设施。一些其他高活性药品,如某些抗生素、激素、细胞毒素和某些非医药产品不应使用同一生产设施。特殊情况下,如采取特别防护措施并经过必要的验证(包括清洁验证),则可以利用同一生产设施在不同时期生产不同药品。药品生产厂房一般不得用于杀虫剂和除草剂等工业毒性物品的生产。

(二) 生产区和储存区应当有足够的空间

药品 GMP(2010 年修订)第四十七条规定:"生产区和储存区应当有足够的空间,确保有序地存放设备、物料、中间产品、待包装产品和成品,避免不同产品或物料的混淆、交叉污染,避免生产或质量控制操作发生遗漏或差错。"

这一条是对 1998 年版 GMP 第十二条的完善,强调了"避免不同产品或物料的混淆、交叉污染,避免生产或质量控制发生遗漏或差错"。

合理布置平面,严格划分区域,也就"……有足够的空间",就能"确保有序地存放……",这不仅可以防止交叉污染,而且可以方便生产操作。

(三) GMP 对空调净化系统的规定

药品 GMP(2010 年修订)第四十八条规定:"应当根据药品品种、生产操作要求及外部环境状况等配置空调净化系统,使生产区有效通风,并有温度、湿度控制和空气净化过滤,保证药品的生产环境符合要求。

洁净区与非洁净区之间、不同级别洁净区之间的压差应当不低于 10 帕斯卡。必要时,相同洁净度级别的不同功能区域(操作间)之间也应当保持适当的压差梯度。

口服液体和固体制剂、腔道用药(含直肠用药)、表皮外用药品等非无菌制剂生产的暴露工序区域及其直接接触药品的包装材料最终处理的暴露工序区域,应当参照'无菌药品'附录中 D 级洁净区的要求设置,企业可根据产品的标准和特性对该区域采取适当的微生物监控措施。"

洁净室的管理是厂房生产车间的重点,与其紧密相连的设施就是空气净化调节系统(heating ventilation and air conditioning, HVAC)。

药品 GMP(2010 年修订)附录列出了洁净室(区)空气洁净度级别表。

1. 气流组织形式与空气过滤器的分类

1) 气流组织形式 指如何组织空气以某种流型在室内运行循环和进、出的形式,是保证空气洁净度的重要手段。

气流组织形式主要分为单向流(层流)、非单向流(乱流),还有辐流(斜流)、混合流(局部单向流)。

单向流(unidirectional air flow)是沿着平行流线,以一定流速、单一通路、单一方向流动的气流。又称层流(laminar flow)。

层流按其气流方向又可分为垂直层流和水平层流两种：垂直层流多用于灌封点的局部保护和层流工作台；水平层流多用于洁净室的全面洁净控制。WHO 的 GMP 要求：层流空气系统提供垂直方向流速 0.30 m/s，水平方向 0.45 m/s 的均一空气。层流用于要求 A 级洁净度的洁净室。

非单向流（nonanidirectional air flow）是具有多个通路循环特性或气流方向不平行的，不满足单向流定义的气流。又称乱流（turbulent flow）。

乱流在室内形成回流、涡流，通过混掺、扩张和稀释，把室内污染浓度降下来。乱流按气流组织形式可分为顶送和侧送。多用于 A 级以外的洁净室。

2）空气过滤器　按其性能可分为一般空气过滤器和高效过滤器两大类；按其性能可分为以下 5 类（前 4 类为一般空气过滤器）：粗效过滤器、中效过滤器、高中效过滤器、亚高效过滤器、高效过滤器。

根据 GB 13554-92，高效过滤器按性能又分为 A，B，C，D 四类。高效过滤器主要清除的微粒粒径在亚微米量级。A，B，C 级为普通高效过滤器，D 级为超高效过滤器。

2. 洁净度级别

洁净区和洁净空气设施的级别主要按照 ISO 14644-1 划分级别。应将级别的划分与操作工艺环境的监测明确区分开来。在表 11-2 中给出了各级别最大允许的空气尘埃粒子浓度。

表 11-2　空气洁净度级别及最大允许尘粒数

级别	≥表中所列粒径的最大允许尘粒数/立方米			
	静态		动态	
	0.5 μm	5.0 μm	0.5 μm	5.0 μm
A	3 520	20	3 520	20
B	3 520	29	352 000	2 900
C	352 000	2 900	3 520 000	29 000
D	3 520 000	29 000	未规定	未规定

注：A 级区相当于 ISO 4.8，以≥0.5 μm 的尘粒为限度标准；B 级区（静态）相当于 ISO 5，同时包括表中两种粒径的尘粒；C 级区（静态和动态）分别为 ISO 7 和 ISO 8；对于 D 级区（静态）相当于 ISO 8

洁净区微生物监控的动态参考标准，如表 11-3 所示。

表 11-3　空气洁净度级别及微生物污染限度参考标准

级别	空气样/cfu·m^{-3}	沉降碟（ϕ90 mm）/cfu·(4 h)$^{-1}$	接触碟（ϕ55 mm）/cfu·碟$^{-1}$	5 指手套/cfu·手套$^{-1}$
A	<1	<1	<1	<1
B	10	5	5	5
C	100	50	25	
D	200	100	50	

注：①表中各数值均为平均值。②单个沉降碟的暴露时间可以少于 4 h

空气洁净度级别根据所处的状态，包括了动态、静态和空态。

动态就是运行状态。动态测试（operattonal test）是指洁净室（区）已处于正常生产状态下进行的测试。

空态是刚竣工还未安装工艺设备的状态。空态测试（as-built test）是指设施已建成，所有动力接通并运行，但无设备与人员的测试。

静态是指室内有设备，但无操作人员，一般设备是未开状态。静态测试（at resttest）是指洁净室（区）空气净化调节系统已处于正常运行状态，工艺设备已安装，洁净室（区）内没有生产人员的情况下进行的测试。

静态一般含尘低，动态一般含尘高；细菌只有动态标准。

一般动态与静态的比例（动静比）为 5±2，最多取到 10 倍。欧盟 GMP 的 100 级 B 的动静比达 100 倍，而 100 级 A 却为 1 倍。对此国际上尚无统一认识。

确定洁净室（区）空气洁净度级别的指标有两大类四项，即每立方米的尘粒最大允许数，分为≥0.5 μm 和≥5 μm 两项；微生物最大允许数，分为每立方米的浮游菌数和每个培养皿的沉降菌（落）数。当然，还有接触碟及 5 指手套。

原 100 级等洁净级别名称来源于英制单位。100 级为每立方英尺（ft³）内尘粒最大允许数≥0.5 μm 的微粒为 100 个。1 m³＝35.314 7 ft³。

3. 洁净室的管理原则

洁净室（区）的管理需符合下列要求：

1）洁净室（区）内人员数量应严格控制。其工作人员（包括维修、辅助人员）应定期进行卫生和微生物学基础知识、洁净作业等方面的培训及考核；对进入洁净室（区）的临时外来人员应进行指导和监督。

2）洁净室（区）与非洁净室（区）之间必须设置缓冲设施，人、物流走向合理。

3）A 级洁净室（区）内不得设置地漏。操作人员不应裸手操作；当不可避免时，手部应及时消毒。

4）洁净室（区）使用的传输设备不得穿越较低级别区域。

5）C 级以上区域的洁净工作服应在洁净室（区）内洗涤、干燥、整理，必要时应按要求灭菌。

6）洁净室（区）内设备保温层表面应平整、光洁，不得有颗粒性物质脱落。

7）洁净室（区）内应使用无脱落物、易清洗、易消毒的卫生工具，卫生工具要存放于对产品不造成污染的指定地点，并应限定使用区域。

8）洁净室（区）在静态条件下检测的尘埃粒子数、浮游菌数或沉降菌数必须符合规定，应定期监控动态条件下的洁净状况。

9）洁净室（区）的净化空气如可循环使用，应采取有效措施避免污染和交叉污染。

10）空气净化系统应按规定清洁、维修、保养并作记录。

4. 洁净室的控制参数

根据洁净室的一般原理，以及有关规范（如《洁净厂房设计规范》、《洁净室施工及验收规范》、《药品生产质量管理规范》等）的要求，不仅要控制过程，还要控制每个环节每个要素，即控制有关参数。

1）空气洁净度级别（含尘及细菌浓度）。主要影响产品纯度、交叉污染和无菌程度。

2）换气次数（即送入洁净室风量/室体积）。我国药品 GMP（1992 年修订）曾给出动态下最低换气次数为 1 万级 20 次/小时，10 万级 15 次/小时。原 SDA 颁布的《药品包装用材料容器注册验收通则》第十三条对空气洁净室（区）的空气洁净度级别列出了换气次数的要求：100 级垂直层流≥0.3 m/s，水平层流≥0.4 m/s；10 000 级≥20 次/小时；100 000 级≥15 次/小时；300 000 级≥12 次/小时。

3）工作区截面风速。我国 GMP（1992 年版）曾给出 100 级层流，垂直为 0.3 m/s，水平为 0.4 m/s。

4）静压差。

5）温湿度，主要影响产品工艺条件（包括操作人员舒适感）和细菌繁殖条件。

6）照度，主要影响产品的工艺条件。

7）噪声。

8）新风量。

上述各参数，我国 GMP（2010 年修订）有的有要求，并提出具体数值；有的则未明文要求。药品 GMP 对空气净化调节系统的要求可归纳为 4 个方面：

（1）严格区分独立与联合 我国 GMP 对下列药品的生产，要求其空气净化调节系统应独立设置：①β-内酰胺类药物，其中青霉素等强致敏药物还要求有独立的厂房与设施。②避孕药及激素类药物。③抗肿瘤类药物。④放射性药品。⑤强毒微生物及芽孢菌制品，以及其他特别需要防范的有菌、有毒操作区。

（2）严格区分直流与循环 GMP 要求某些药品的生产不得利用回风，也就是生产区排出的空气不应循环使用。如放射性药品的生产以及产尘量大的洁净室经捕尘处理仍不能避免交叉污染时。

（3）严格区分正压与负压 GMP 要求某些药品的生产保持洁净室负压。如生产青霉素等高致敏性药品分装室应保持相对负压；强毒微生物及芽孢菌制品的区域与相邻区域应保持相对负压；空气洁净度级别相同的区域，产尘量大的操作室应保持相对负压；操作有致病作用的微生物应在专门的区域内进行，并保持相对负压。

（4）防止污染，有利整洁 我国 GMP 对空气净化调节系统要防止污染，有利整洁的要求有以下几点：洁净室（区）内各种管道、灯具、风口以及其他公用设施，在设计和安装时应考虑使用中避免出现不易清洁的部位;生产青霉素类高致敏性药品排至室外的废气应经净化处理并符合要求,排风口应远离其他空气净化系统的进风口;生产激素类、抗肿瘤类化学药品应避免与其他药品使用同一设备和空气净化系统;不可避免时,应采用有效的防护措施和必要的验证;放射性药品排气中应避免含有放射性微粒,符合国家关于辐射防护的要求与规定;生产性激素类避孕药品的空气净化系统的气体排放应经净化处理。

(5) 对微生物污染的控制　从生物洁净技术的角度而言,有 4 个原则:

① 对入室的空气应充分地进行除菌或灭菌。例如使用高效过滤器。紫外线杀菌不可靠,其效果往往与湿度、位置有关,但也不失为一种方法。化学药剂消毒有一定的局限性,对黏膜皮肤有一定的刺激性,还有细菌耐药性问题,应进行验证。

② 应使室内的微生物粒子迅速而有效地吸收并被送出室外。应注意换气次数的合理及最佳的进风口与回风口的设计。

③ 注意气流组织形式,不让室内的微生物粒子积聚。

④ 防止进入室内的人员或物品散发细菌,如不能防止则应尽量限制其扩散。

在上述原则中,第①、④两项与除菌及灭菌的措施、操作及管理有关;第②、③两项与室内气流组织及换气次数有关,良好的气流组织形式可以使这两项内容得以圆满完成。

必须指出:洁净室微生物污染的控制是与严格的管理和限制人员的散菌密切关联的。良好的除尘、除菌措施——如防护服、防静电设施等——均是生物洁净技术中十分重要的内容。

(四) GMP 对洁净区内表面的规定

药品 GMP(2010 年修订)第四十九条规定:"洁净区的内表面(墙壁、地面、天棚)应当平整光滑、无裂缝、接口严密,无颗粒物脱落,避免积尘,便于有效清洁,必要时应当进行消毒。"

药品 GMP 对室内建筑装修与安装施工在实用性与功能性上提出了要求:不产尘不产菌,不积尘不积菌,容易清洁消毒,对产品无影响。

对洁净厂房的整体结构上可有装配式、半装配式等形式。在装配式围护结构上铝合金框架镶装玻璃结构、壁板围护的板式结构等围护结构;壁板又有双层钢板保温壁板、PVC 塑料壁板等材料。装修材料必须耐侵蚀、耐清洗消毒,这是制药企业洁净室要求的突出特点,也是 GMP 的基本要求。

室内装修的基本要求有以下几点:

1) 墙壁和顶棚表面应平整光洁,不起灰尘,不积灰尘,易清洗,耐腐蚀,耐冲击,减少凹凸面;墙壁与地面相接处宜做成半径≥50 mm 的圆角;壁面色彩要雅致和谐,有美光意义,并便于识别污染物。

2) 地面应平整,无缝隙,耐磨、耐腐蚀、耐冲击,不积聚静电,易除尘清洗;水磨石地面的分隔条宜采用铜质或其他耐磨、耐腐蚀的材料。

3) 技术夹层的墙面及顶棚宜抹灰;需在技术夹层内更换高效过滤器的,夹层的墙面及顶棚宜刷涂料饰面。

4) 送风道、回风道、回风地沟的表面装修应与整个送风、回风系统相适应,并易于除尘。

(五) 对各种管道、照明设施、风口和其他公用设施的设计和安装的要求

药品 GMP(2010 年修订)第五十条规定:"各种管道、照明设施、风口和其他公用设施的设计和安装应当避免出现不易清洁的部位,应当尽可能在生产区外部对其进行维护。"

(六) 对排水设施的要求

药品 GMP(2010 年修订)第五十一条规定:"排水设施应当大小适宜,并安装防止倒灌的装置。应当尽可能避免明沟排水;不可避免时,明沟宜浅,以方便清洁和消毒。"

(七) 对制剂的原辅料称量的要求

药品 GMP(2010 年修订)第五十二条规定:"制剂的原辅料称量通常应当在专门设计的称量室内进行。"
新版药品 GMP 则强调了"制剂的原辅料称量通常应当在专门设计的称量室内进行"。

(八) 对产尘操作间的要求

药品 GMP(2010 年修订)第五十三条规定:"产尘操作间(如干燥物料或产品的取样、称量、混合、包装等操作间)应当保持相对负压或采取专门的措施,防止粉尘扩散、避免交叉污染并便于清洁。"

本条为新增内容,增加产尘操作间控制粉尘方面的要求,明确列举了产尘操作间的类别,如干燥物料或产品的取样、称量、混合、包装等操作间,这一点需要制药企业关注。

(九) 对药品包装的厂房或区域的要求

药品 GMP(2010 年修订)第五十四条规定:"用于药品包装的厂房或区域应当合理设计和布局,以避免混淆或交叉污染。如同一区域内有数条包装线,应当有隔离措施。"

在制药行业过去发生过多起药品包装混淆的事故,贴错标签时有发生。这不仅是由于未严格遵守药品包装的 SOP,而且还是由于没有合理设计的空间及隔离措施。

(十) 生产区应当有适度的照明

药品 GMP(2010 年修订)第五十五条规定:"生产区应当有适度的照明,目视操作区域的照明应当满足操作要求。"

与 1998 年版 GMP 相比,取消了照明亮度的数值,而以"满足操作要求"、"适度"为标准。这不仅符合安全人机工程学的原理,而且有利于在线灯检区对产品质量的目视检查。

(十一) 对中间控制区的要求

药品 GMP(2010 年修订)第五十六条规定:"生产区内可设中间控制区域,但中间控制操作不得给药品带来质量风险。"中间控制区域主要是指车间化验室。"中间控制操作不得给药品带来质量风险"是 GMP 的原则要求。

三、仓 储 区

药品 GMP(2010 年修订)第四章"厂房与设施"第三节"仓储区"计有 6 条,对制药企业的仓储区提出了 GMP 的原则要求。

(一) 仓储区应当有足够的空间

药品 GMP(2010 年修订)第五十七条规定:"仓储区应当有足够的空间,确保有序存放待验、合格、不合格、退货或召回的原辅料、包装材料、中间产品、待包装产品和成品等各类物料和产品。"这一条对主要物料的类型进行了列举——待验、合格、不合格、退货或召回的原辅料、包装材料、中间产品、待包装产品和成品等各类物料和产品,这就意味着对这些物料和产品要有序存放,有明显的标志,以防止混淆事故的发生。

(二) 仓储区的设计和建造

药品 GMP(2010 年修订)第五十八条规定:"仓储区的设计和建造应当确保良好的仓储条件,并有通风和照明设施。仓储区应当能够满足物料或产品的储存条件(如温湿度、避光)和安全储存的要求,并进行检查和监控。"

这一条特别强调了仓储区设计和建造的原则和标准——应当确保良好的仓储条件,并有通风和照明设施,同时要能满足物料或产品的储存条件(如温湿度、避光)和安全储存的要求,并进行检查和监控。

现代制药企业的仓库已发展到高位仓库,运货方式则有堆垛机式和高位铲车式。仓库的设置应根据物料和产品的稳定性、种类(原料、辅料、包装材料、中间品、成品等)、状态(待检、合格、不合格、退货)来分类。一般地说,物料的保管条件应与生产条件保持一致,通常为温度＜30 ℃,相对湿度＜60％;有的厂房要求温度＜25 ℃,相对湿度 50％;有的物品需低温 2～10 ℃,有的甚至要求冷藏(如-20 ℃冷藏)。因此,仓库应有必要的通风系统。

仓储区的设计应考虑人流、物流分开。物流中应考虑进料、出料、进生产区等的通道分开，至少应有 3 个通道——人流通道、原辅料、包装材料进口和成品出口通道，此外尚应有与生产车间及称量室/配料室的通道。由于进库的原辅料和出厂的成品都需要质量检验，所以仓库内应考虑 1 个中间区，一是等待取样，一是等待发料。

人流通道应有更衣室、厕所、浴室等设施。在原辅料、包装材料进口区应设有取样间、取样区等为物料未取样前的停留区域。取样间为质量控制部门取样用区域；在取样间常常装有层流装置，取样环境的空气洁净度级别应与生产要求一致。取样间只允许放 1 个品种、1 个批号的物料，以免混料。取过样的物料可转入待验区。

在仓库内，应按原辅料、包装材料、成品来划分区域，在此基础上再分为合格、待验、不合格等区域。青霉素类和头孢类、激素类应分开放置，以免交叉污染；如混放在 1 个仓库中，因为很难保证包装不破损，若发生交叉污染后，后果严重。仓库与外界、仓库与生产区接界处都应有缓冲间，缓冲间两边均应有门，不允许两边门同时开启。

仓库设计一般用全封闭式，而且采用灯光照，对光照有一定的要求。为了节省能源，有的仓库采用自然光。对这一点，需要做能量测算，因为自然采光节省了白天采光所需的能量，但由于仓库要求恒温恒湿，所以在炎热季节，自然光部分的散热还是比较严重的。需要根据不同地区的温湿变化，来决定采用封闭式还是自然采光式。一种解决办法是在自然采光区做活动遮光封闭结构，需要时可自然采光，不需要时可自动封闭。

（三）对高活性物料或产品的要求

药品 GMP（2010 年修订）第五十九条规定："高活性的物料或产品以及印刷包装材料应当储存于安全的区域。"与 1998 年版 GMP 相比，本条为新增内容，增加了对高活性的物料或产品以及印刷包装材料的仓储区要求。

对高活性（high-active）的理解，一般是指药理活性，但也可延伸到化学活性。总之，质量（quality）和安全（safety）对制药企业来讲，都应是第一位的。

（四）接收、发放和发运区域的保护功能要求

药品 GMP（2010 年修订）第六十条规定："接收、发放和发运区域应当能够保护物料、产品免受外界天气（如雨、雪）的影响。接收区的布局和设施应当能够确保到货物料在进入仓储区前可对外包装进行必要的清洁。"这一条与 1998 年版 GMP 相比为新增内容。新版药品 GMP 增加了对接收、发放和发运区域功能要求，以及接收区的布局和设施要满足到货物料在进入仓储区前可对外包装进行必要的清洁的要求。

（五）隔离存放方式的要求

药品 GMP（2010 年修订）第六十一条规定："如采用单独的隔离区域储存待验物料，待验区应当有醒目的标识，且只限于经批准的人员出入。

不合格、退货或召回的物料或产品应当隔离存放。如果采用其他方法替代物理隔离，则该方法应当具有同等的安全性。"

本条为新增内容增加了对隔离区域存放物料应具有的相关要求，以及应当隔离存放具体物料或产品的类别（不合格、退货或召回的物料或产品）。对采用其他方法替代物理隔离，则该方法应当具有同等的安全性。

（六）对物料取样区的要求

药品 GMP（2010 年修订）第六十二条规定："通常应当有单独的物料取样区。取样区的空气洁净度级别应当与生产要求一致。如在其他区域或采用其他方式取样，应当能够防止污染或交叉污染。"

本条对仓储区的物料取样区做出了更细致的规定，规定仓储区通常应当有单独的物料取样区，取样区的空气洁净度级别应当与生产要求一致。如在其他区域或采用其他方式取样，应当能够防止污染或交叉污染。

四、质 量 控 制 区

在制药企业,质量控制区(quality control areas)主要指质量控制实验室。WHO 的 GMP 明确指出,质量控制是 GMP 的一部分,它涉及取样、质量标准、检验以及组织机构、文件系统和产品的放行程序等。质量控制旨在确保所有必要的检验都已完成,而且所有物料或产品只有经认定其质量符合要求后才可发放使用或发放上市。质量控制不是仅局限于实验室内的检验,它必须涉及影响产品质量的所有决定。

对制药企业的质量控制来说,"质量"并不是"最好",而是指"最适合于一定顾客的要求"。这些要求是产品的实际用途、产品的售价;对药品来讲,就是安全性、有效性、经济性、适当性。"控制"表示一种管理手段。英文"control"一词既有控制的含义,也有管理的含义。在制药企业,质量控制包括 4 个步骤:制定质量标准;评价标准的执行情况;偏离标准时采取纠正措施;改善标准的计划。

(一) 质量控制实验室通常应当与生产区分开

药品 GMP(2010 年修订)第六十三条规定:"质量控制实验室通常应当与生产区分开。生物检定、微生物和放射性同位素的实验室还应当彼此分开。"

这一条明确了质量控制实验室通常应当与生产区分开;生物检定、微生物和放射性同位素的实验室还应当彼此分开,以避免相互干扰,降低差错产生。

(二) 有关实验室的设计

药品 GMP(2010 年修订)第六十四条规定:"实验室的设计应当确保其适用于预定的用途,并能够避免混淆和交叉污染,应当有足够的区域用于样品处置、留样和稳定性考察样品的存放以及记录的保存。"

对于实验室的设计提出具体的要求,要求其设计应当确保其适用于预定的用途,并能够避免混淆和交叉污染。

实验室的设计规划首要的一条是绘制仪器布置图,然后对电气工程、照明工程、地面加固工程、通风及空调工程、给排水工程、房间间隔工程、防噪音工程、气体管线工程、电话工程等分别绘制出平面图;对实验室的内部设施,如实验台(桌)、通风橱、仪器橱和试剂柜要安排科学合理;特别是要做好废液处理设施的设计工作。

(三) 对仪器室是如何规定的

药品 GMP(2010 年修订)第六十五条规定:"必要时,应当设置专门的仪器室,使灵敏度高的仪器免受静电、震动、潮湿或其他外界因素的干扰。"

当然,制药企业质量控制部门仪器室的仪器并不单指分析天平,还有其他精密仪器,如高效液相色谱仪等。

(四) 对处理生物制品或放射性样品等特殊物品的实验室的要求

药品 GMP(2010 年修订)第六十六条规定:"处理生物样品或放射性样品等特殊物品的实验室应当符合国家的有关要求。"

与 1998 年版 GMP 相比,本条为新增内容,要求处理生物样品或放射性样品等特殊物品的实验室应当符合国家的有关要求。这其中包括了对废液处理设施的要求,如符合国家有关放射环境法规的要求。

(五) 对实验动物房的要求

药品 GMP(2010 年修订)第六十七条规定:"实验动物房应当与其他区域严格分开,其设计、建造应当符合国家有关规定,并设有独立的空气处理设施以及动物的专用通道。"

本条对应 1998 年版 GMP 第三十条,特别强调实验动物房应设有独立的空气处理设施以及动物的专用通道。

创制新药及药品的生物检定都离不开实验动物。用于药品检验、测试和监测的实验动物是一个"活仪器"和"活试剂"。实验动物的质量是药品生物检定和新药研究的基础,对判断药品质量有着直接的影响。在生命科学研究领域中所有科学实验都需要具备的最基本的研究条件,包括了实验动物(laboratory animal)、设备(eguipment)、信息(information)和试剂(reagent),即"AEIR"要素;而实验动物位居4项条件之首,在于它是生命科学研究的基础和支撑条件,是衡量现代科学研究水平的标志。

五、辅　助　区

药品 GMP(2010 年修订)第四章第五节"辅助区",计有 3 条规定,分述如下。

(一) 有关休息室设置的规定

药品 GMP(2010 年修订)第六十八条规定:"休息室的设置不应当对生产区、仓储区和质量控制区造成不良影响。"

本条为新增内容,明确规定休息室的设置不应当对生产区、仓储区和质量控制区造成不良影响。

(二) 有关更衣室和盥洗室的规定

药品 GMP(2010 年修订)第六十九条规定:"更衣室和盥洗室应当方便人员进出,并与使用人数相适应。盥洗室不得与生产区和仓储区直接相通。"

(三) 有关维修间的规定

药品 GMP(2010 年修订)第七十条规定:"维修间应当尽可能远离生产区。存放在洁净区内的维修用备件和工具,应当放置在专门的房间或工具柜中。"

第六节　设　　备

药品 GMP(2010 年修订)第五章"设备"有 6 节 31 条。分别是:原则(3 条);设计和安装(5 条);维护和维修(3)条;使用和清洁(8 条);校准(6 条);制药用水(6 条)。新版药品 GMP 增加了对设备的要求,对设备的设计和安装、维护和维修、使用和清洁及状态标识、校准等几个方面都做出了具体的规定。

设备(equipment)是生产要素之一,是生产进行的必备手段。制药企业要实现产品的规模化,必须采用工艺工程化和技术现代化的设备。制药设备的类型包括了生产工艺设备(如反应釜、发酵罐、消毒柜、压片机)、辅助生产设备(如动力设备、检测设备)、科研设备(如高效液相色谱仪、核磁共振仪)和管理设备(如电子计算机等)。药品 GMP 对制药设备的基本要求是不仅要满足工艺生产技术要求,不污染药品和环境,而且要有利于清洗、消毒或灭菌,能适应设备验证的需要。现代化的制药设备对材质选择与内部结构优化提出很高的要求。制药企业必须建立设备维修、保养、清洁、校验、验证等管理制度,配备专职或兼职管理人员,确保设备始终如一地符合 GMP 要求。

一、有关设备的原则要求

药品 GMP(2010 年修订)第五章"设备"第一节"原则",计 3 条规定。分述如下。

(一) 设备的设计、造型、安装、改造和维护的总原则

药品 GMP(2010 年修订)第七十一条规定:"设备的设计、选型、安装、改造和维护必须符合预定用途,应当尽可能降低产生污染、交叉污染、混淆和差错的风险,便于操作、清洁、维护,以及必要时进行的消毒或灭菌。"

新版药品 GMP 第七十一条概述了设备管理的总原则。设备的设计、选型、安装、使用、验证及管理等诸多环节都要围绕着符合预定用途这个中心,尽可能降低产生污染、交叉污染、混淆和差错的风险,便于操作、清洁、维护,以及必要时进行消毒和灭菌,因此,制药设备实施 GMP 是一个系统工程。设备的设计、选型及安装,是实施 GMP 首先要遇到的课题,而改造和维护则是设备维持 GMP 要求状态的持续过程。

根据 GMP 的原则要求,制剂设备将向密闭生产、高效、多功能、连续和自动化的方向发展。如采用隔离技术的无菌药品灌装设备已在制药业应用。

设备的选型不仅是设备管理的起点,也是支配性的关键环节。选择设备的关键环节,一为技术性选择,二为经济性选择。

从技术上,设备选型主要应考虑符合规范性,即符合 GMP 的要求。如设备与药品直接接触的表面均应光洁、平整、易清洗、耐腐蚀,不与物料发生化学反应。为此,设备的材质(如低碳不锈钢)应经过试验,取得数据,证明不影响质量;设备运转部件要密封良好,能有效地防止润滑剂、冷却剂污染物料;设备应便于拆开彻底清洗、灭菌;对有噪声、震动和粉尘的设备,应具备消声、防震和捕集等附件功能。

与上述规范性一样重要的技术性选择因素还有:生产性(指设备的生产率,主要由功率、容积、速度等技术参数来表示)、可靠性(指设备的精度保持性、耐用性、安全性和低故障率)、安全性(指设备对安全生产的保障性能,能较好地防止事故发生)、节能性(指对能源的利用性能)、维修性(指维修难易程度)、耐用性(指设备自然寿命的长短)、成套性(指设备要配套)、可调整性(指易于调整的程度)、环保性(指对环境具有良好的保护能力)等。

设备选型的经济评价与技术评价一样,均要经过专家论证,慎重决策。

(二) 建立设备使用、清洁、维护和维修的操作规程

药品 GMP(2010 年修订)第七十二规定:"应当建立设备使用、清洁、维护和维修的操作规程,并保存相应的操作记录。"

制药企业应建立设备使用、清洁、维护和维修的操作规程(SOP)。其中,设备的清洁规程应遵循以下的原则:

1) 应明确清洁方法和清洁周期。
2) 应明确关键设备的清洁验证方法。
3) 清洁过程及清洁后检查的有关数据应记录并保存。
4) 无菌设备的清洁,尤其是直接接触药品的部位和部件必须灭菌,并标明灭菌日期,必要时进行微生物学的验证。经灭菌的设备应在 3 天内使用。
5) 某些可移动的设备可移到清洗区清洗、消毒或灭菌。
6) 同一设备连续加工同一无菌产品时,每批之间要清洁灭菌;同一设备加工同一非灭菌产品时,至少每周或每生产 3 批后进行全面的清洗。

(三) 建立和保存设备采购、安装、确认的文件和记录

药品 GMP(2010 年修订)第七十三条规定:"应当建立并保存设备采购、安装、确认的文件和记录。"

这一条与 GMP 的文件管理、验证管理等密切相关,也是设备管理的原则要求。

主要设备要逐个建立档案,内容包括以下几个方面:①生产厂家、型号、规格、生产能力。②技术资料,包括说明书、设备图纸、装配图、易损件备品清单等。③安装位置、施工图。④检修、维护、保养的内容、周期和记录。⑤改进记录。⑥验证记录。⑦事故记录。

二、设 计 和 安 装

药品 GMP(2010 年修订)第五章第二节"设计和安装"计有 5 条规定。

"按制药机械基本属性可分为原料药设备及机械、制剂机械、药用粉碎机械、饮片机械、制药用水设备、药品包装机械、药物检测设备及其他制药机械及设备共 8 大类。"制药设备的设计及制造,也要实施 GMP,只不过是"GMP for equipment";制药设备的设计和安装也必须体现药品 GMP 的核心原则,那是就防止污染及差错,保证药品质量;进一步说,设备的设计、造型、安装应符合药品生产要求,易于清洗、消毒或灭菌,便于生产操作和维修、保养,并能防止差错和减少污染。

(一) 设备的设计(选型)原则

药品 GMP(2010 年修订)第七十四条规定:"生产设备不得对药品质量产生任何不利影响。与药品直接

接触的生产设备表面应当平整、光洁、易清洗或消毒、耐腐蚀,不得与药品发生化学反应、吸附药品或向药品中释放物质。"

一般来讲,设备的设计是由设备设计的专业单位或制造厂家承担,由药品生产厂家根据生产工艺来选型购买(当然也可以共同设计)。因此,制药企业的选型也视作生产工艺的设计。根据 GMP 规定,制药设备应按照下列原则进行设计、安装和维护:

1. 应与药品生产相适应,便于彻底清洁、消毒或灭菌。

2. 凡与药品直接接触的设备表面均应光洁、平整、耐腐蚀,不得与所加工的药品发生化学变化或吸附所生产的药品。

3. 所使用的润滑剂等应不污染物料和容器。

进一步说,设备的设计和选型、安装应满足以下的具体要求。

1) 结构简单,外表面光洁,易清洁;便于操作,造型美观。

2) 装有物料的设备尽量密闭,避免敞口;与物料接触的内表面层应采用不与其反应、不释出微粒及不吸附物料的材料,做到内壁光滑、平整,避免死角,易清洗,耐腐蚀。

3) 设备的材质应符合 GMP 要求,特别是生产无菌产品的设备、容器具等宜采用优质不锈钢。

4) 设备的传动部件要密封良好,防止润滑油、冷却剂等泄漏时对药品的污染。

5) 洁净室内设备保温层表面应平整、光洁,不得有颗粒性物质脱落。

6) 设备要便于清洗。不便移动的设备要设有原位清洗(cleaning in place,CIP,也称在线清洗)的设施部件,特别是需要灭菌的设备还应有原位灭菌(sterilization in place,SIP,也称在线灭菌)的设施部件。需要清洗和灭菌的零部件要易于拆装,做到组件化、通用化。

7) 过滤药液的过滤器材或装置不得采用吸附药液组分和释放异物的材质;禁止使用含有石棉的过滤器材。

8) 对生产中发尘量大的工序设备,宜局部加设防尘围帘或捕尘、吸粉装置;对于尾气排放,宜设气体过滤和防止空气倒灌的装置;经净化处理的空气应符合规定的空气洁净度要求。

9) 洁净室的设备除特殊要求外,一般不设地脚螺栓。

10) 设备应合理设置有关验证参数的测试点(或称验证接口),应能满足验证要求。

11) 无菌洁净室内的设备,除符合以上要求外,还应满足灭菌的要求。

12) 设备设计应采用先进的工艺技术,尽量设计多功能的自动化设备,实行密闭化生产。

13) 设备设计制作应符合有关部门制订的《制药设备 GMP 实施细则》。

总之,制药设备的设计和选型、安装应做到高效、节能、机电一体化,符合 GMP 要求。制药企业在选购设备时,首先要考虑设备的适用性(预确认),使用能达到药品生产质量管理和预期要求。设备能够保证所加工的药品具有最佳的纯度、一致性,不得与所加工的产品发生反应,不得释放可能影响产品质量的物质。也就是说,药品生产过程中所采用设备要从标准(包括 GMP 标准)的角度检验和评价其对不同产品的质量所起的保证作用。其次,要求在每台新设备正式用于生产之前必须做适用性分析(论证)和设备的验证工作(包括安装确认、运行确认、性能确认等),通过设备的确认和验证工作,证实该设备的适用性,能够持续稳定地生产出符合预定用途和注册要求的药品。

(二) 计量设备的要求

药品 GMP(2010 年修订)第七十五规定:"应当配备有适当量程和精度的衡器、量具、仪器和仪表。"

有关计量保证确认要求是参考 GB/T 19022-2003/ISO 10012:2003《测量管理体系 测量过程和测量设备的要求》标准,结合我国计量法律法规的要求而制订的。对其进一步的了解可参考有关的专业书籍。

(三) 有关清洗、清洁设备的要求

药品 GMP(2010 年修订)第七十六条规定:"应当选择适当的清洗、清洁设备,并防止这类设备成为污染源。"

制药企业的设备要求易于清洗,尤其是更换品种时对所有的设备和管道及容器等按规定进行拆洗或清

洗(当然,对关键设备还要有清洁程序的验证)。而对于清洗、清洁设备的选择和使用,一定要做到防止污染,避免这类设备成为污染源。

(四) 对润滑剂、冷却剂等的要求

药品 GMP(2010 年修订)第七十七条规定:"设备所用的润滑剂、冷却剂等不得对药品或容器造成污染,应当尽可能使用食用级或级别相当的润滑剂。"

在新版药品 GMP 中单列为一条,并进一步细化要求:应当尽可能使用食用级或级别相当的润滑剂。

(五) 对生产用模具的要求

药品 GMP(2010 年修订)第七十八条规定:"生产用模具的采购、验收、保管、维护、发放及报废应当制定相应操作规程,设专人专柜保管,并有相应记录。"

生产用模具是指在药物制剂(如片剂、锭剂、栓剂等)的生产中使用的金属(或其他材料制成的)模型工具。金属一般使用优质铜、铝合金或不锈钢等材质。

对生产用模具的质量管理有利于药品质量的形成。细节决定成败,涉及药品质量形成的各个方面都需要认真对待。

三、维 护 和 维 修

药品 GMP(2010 年修订)第五章第三节"维护和维修",计有 3 条规定。

设备在使用过程中,由于物质磨损使设备的精度、性能和生产效率必然会下降,需要及时进行维护和维修。制药设备的维护和维修工作是减少和补偿物质磨损,使设备经常处于完好状态,以保证生产正常进行及保证产品质量,是一项十分重要的工作。

为了减少故障停机带来的损失,必须加强设备的维护和维修。在制药企业的设备维护维修管理中,要贯彻预防为主的方针,实施全面生产性维护(total productive maintenance,TPM),正确处理好设备管理中的维护保养与修理的关系、维修与生产的关系,群众维修与专业维修的关系。

新版药品 GMP 将设备的"维护和维修"单列一节,说明了设备的维护维修对保证药品质量的重要性。

(一) 设备的维护和维修的原则

药品 GMP(2010 年修订)第七十九条规定:"设备的维护和维修不得影响产品质量。"

保证药品质量是实施 GMP 的核心目标,因此,设备的维护和维修不得影响产品质量。这就需要制药企业制订预防性维护计划和操作规程,谨慎从事,采取全面的质量保证措施,预防差错和减少污染,以确保药品质量。

(二) 设备的预防性维护计划和操作规程

药品 GMP(2010 年修订)第八十条规定:"应当制订设备的预防性维护计划和操作规程,设备的维护和维修应当有相应的记录。"

预防性维护(preventive maintenance,PM)指的是为了预防停工、停产而进行的设备维护活动,而预防性维护计划(preventive maintenance plan,PMP)则是策划 PM 的结果的文件。

企业在预防性维护的基础上,可进一步开展全面生产性维护(total preventive maintenance,TPM)。TPM 可定义为:覆盖所有部门的设备的全寿命周期(包括策划、生产和维护)的维护体系。实质上,TPM 是全面质量管理(TQM)的一部分。

预防性维护(PM)或全面生产性维护(TPM)的要点如下:

——PM/TPM 的方针和目标;

——组织和运作;

——小组活动和自主维护;

——培训;

——策划和管理；

——设备投资计划和维修预防；

——产量、进度、质量和成本；

——安全性和卫生和环境保护；

——结果及其评估。

当然，在上述活动中，包括制订设备的预防性维护的操作规程（SOP）；同时在实施 SOP 的过程中要有相应的记录。

（三）维修后设备的再确认

药品 GMP（2010 年修订）第八十一条规定："经改造或重大维修的设备应当进行再确认，符合要求后才可用于生产。"

在制药企业，设备的维护和维修乃至更换，都可能影响生产过程，影响产品质量的形成，因此，经改造或重大维修的设备应当进行再确认（re-qualification）。这也是确认和验证的原则在设备的维护和维修活动中的应用。

四、使用和清洁

药品 GMP（2010 年修订）第五章第四节"使用和清洁"，共有 8 条规定。

药品 GMP 要求，生产和检验设备都应有使用的操作规程（SOP），并有相应的记录。制药企业应对每台生产和检验的设备设有相应的专人管理；当然，对整个企业来讲必须配备专门的部门和专、兼职人员进行设备的管理，负责设备的基础管理工作，建立相应设备管理制度。生产和检验设备的使用，应制订操作规程及安全注意事项。操作人员必须经培训、考核合格后才可允许上岗操作。使用时应严格实行定人、定机，并有状态标识，明确标明其内容物，做好设备运行过程中的记录和交接班记录。特别是锅炉、压力容器、压缩气体钢瓶的使用及安全装置，应符合国家有关规定，定期进行检测、验证或仪表的校准，做好记录存档；腐蚀岗位的防腐措施，应有专业防腐人员负责设计、检查和维修，做好记录存档。

设备的清洁是一项十分重要的工作，制药企业应当按照详细规定的操作规程（SOP）清洁生产设备。当然，SOP 应在清洁验证的基础上制订。清洁验证为制药企业在完成药品生产的每道工序后对设备的清洗提供了防止污染和交叉污染的必要手段，通过科学的方法采集足够的数据，以证明按规定方法及 SOP 进行清洁后的设备能始终如一地达到预定的清洁标准。

（一）生产和检验设备的操作规程

药品 GMP（2010 年修订）第八十二条规定："主要生产和检验设备都应当有明确的操作规程。"

生产和检验设备的操作规程（SOP）属于程序文件。程序文件是规定质量活动方法和要求的文件。质量源于设计，药品质量是在生产和管理过程中形成的，而不仅仅是检验证实了的，因此，主要生产和检验设备都应当有明确的操作规程。

对主要生产和检验设备使用的操作规程的要点如下：

1. 应制订并逐步完善设备的操作规程，并认真执行。做到每台设备有专人负责，按规程进行操作，同时按时进行维护和保养，保持设备经常处于完好状态。

2. 设备有编号和运行状态标识，并有专人负责维护和保养，记录齐全。

3. 生产及检测用的衡器、仪器、仪表定期校验，并贴有合格证，注明校验日期和周期。

4. 主要设备（例如灭菌釜等）必须经验证，以证明其性能安全可靠，能够满足生产工艺规定的要求才可使用。

5. 生产设备应当在确认的参数范围内使用，不得超负荷运转。

6. 设备使用记录涉及下列几个方面：

——设备运转记录；

——设备周检、点检记录；

——设备润滑记录;

——设备维修保养记录;

——设备故障分析记录;

——设备事故报告表。

以上记录应有专人记录、专人检查和保存。

(二) 生产设备应在确认的参数范围内使用

药品 GMP(2010 年修订)第八十三条规定:"生产设备应当在确认的参数范围内使用。"

正如前述,生产设备的使用应当在确认的参数范围内使用,不得超负荷运转。

(三) 生产设备的清洁及其操作规程

药品 GMP(2010 年修订)第八十四条规定:"应当按照详细规定的操作规程清洁生产设备。

生产设备清洁的操作规程应当规定具体而完整的清洁方法,清洁用设备或工具、清洁剂的名称和配制方法、去除前一批次标识的方法、保护已清洁设备在使用前免受污染的方法、已清洁设备最长的保存时限、使用前检查设备清洁状况的方法,使操作者能以可重现的、有效的方式对各类设备进行清洁。

如需拆装设备,还应当规定设备拆装的顺序和方法;如需对设备消毒或灭菌,还应当规定消毒或灭菌的具体方法、消毒剂的名称和配制方法。必要时,还应当规定设备生产结束至清洁前所允许的最长间隔时限。"

设备的清洁规程应遵循以下原则:

1. 应明确清洁方法和清洁周期。

2. 应明确关键设备的清洁验证方法。

3. 清洁过程及清洁后检查的有关数据应记录并保存。

4. 无菌设备尤其是直接接触药品的部位和部件必须灭菌,并标明灭菌日期,必要时要进行微生物学的验证。经灭菌的设备应在 3 天内使用。

5. 某些可移动的设备可移到清洁区清洁、消毒或灭菌。

6. 同一设备连续加工同一无菌产品时,每批之间要清洁灭菌;同一设备加工同一非灭菌产品时,至少每周或生产 3 批后进行全面的清洁。

(四) 清洁的生产设备的存放条件

药品 GMP(2010 年修订)第八十五条规定:"已清洁的生产设备应当在清洁、干燥的条件下存放。"

新版药品 GMP 第八十五条将已清洁的生产设备的存放条件单列一条,体现对防止设备再受到污染的重视。若是存放条件不清洁而又潮湿的环境就容易滋生细菌。

(五) 设备仪器的使用日志及记录内容

药品 GMP(2010 年修订)第八十六条规定:"用于药品生产或检验的设备和仪器,应当有使用日志,记录内容包括使用、清洁、维护和维修情况以及日期、时间、所生产及检验的药品名称、规格和批号等。"

使用日志为记载设备的使用、清洁和维修等情况的记录。这种使用日志至少记录下列内容:①所在部门。②设备名称或代号。③经批准的清洁规程,完成时的检查。④所加工产品批号、日期和批加工结束时间。⑤保养、维修记录。⑥操作人员和工段长签名、日期。

设备使用记录的内容还应包括:设备运转记录;设备周检、点检记录;设备润滑记录;设备维修保养记录;设备故障分析记录;设备事故报告表等。

使用日志可以是活页形式,在一定周期内集中结册。以上记录应有专人记录、专人检查和保存。当然,对检验用设备、仪器在名称上会有差异,但要求是一致的。

(六) 有关状态标识的规定

药品 GMP(2010 年修订)第八十七条规定:"生产设备应当有明显的状态标识,标明设备编号和内容物

(如名称、规格、批号);没有内容物的应当标明清洁状态。"

GMP 要求状态标识明确每一生产操作间、每一台生产设备、每一盛物容器均有能够指明正在加工的产品或物料、批号及数量等的状态标识。生产中无状态标识是造成混药事故的主要原因之一。药品生产中状态的标识包括生产状态标识、生产设备状态标识、容器状态标识、卫生状态标识。

生产设备的状态标识可理解为:对运行的生产设备应标明正在加工何种物料;对停运的设备应标明其性能状态、能用与否、待修或维修;对已损坏报废的设备,应从生产线上清除。

(七) 不合格的设备的处理

药品 GMP(2010 年修订)第八十八条规定:"不合格的设备如有可能应当搬出生产和质量控制区,未搬出前,应当有醒目的状态标识。"

(八) 对固定管道内容物及流向的规定

药品 GMP(2010 年修订)第八十九条规定:"主要固定管道应当标明内容物名称和流向。"

五、校　准

校准(calibration)是:在规定条件下,确定测量、记录、控制仪器或系统的示值(尤指称量)或实物量具所代表的量值,与对应的参照标准量值之间关系的一系列活动。或者说:证明测量装置测得的结果是在指定的范围之内,这个范围是由某个标准装置在某个合适的测量范围内得出的。这种数据在需要有最高的准确度时可以起到校正作用。

我国的计量法实施细则对"计量检定"定义为:评定计量器具的计量性能,确定其是否合格所进行的全部工作。对"计量认证"定义为:政府计量行政部门对有关技术机构计量检定、测试的能力的可靠性进行的考核和证明。

计量认证应先于药品 GMP 认证。测量控制体系(measurement control system)或计量确认体系(metrological confirmation system)或计量体系可作为企业质量管理体系的子系统,也可以作为一个独立的系统运行。在 ISO 9000 族国际标准中,ISO 10012 系列标准是作为支持性的质量技术指南而存在的。在这里,"测量"等同"计量",但又有区别。

校准工作是企业计量管理工作的一部分。不言而喻,只有做好企业计量管理的基础工作,才能做好校准工作。校准也是验证工作的一部分。

药品 GMP(2010 年修订)第五章"设备"第五节"校准",计有 6 条规定,现分述如下:

(一) 对生产和检验用计量器具的校准和检查

药品 GMP(2010 年修订)第九十条规定:"应当按照操作规程和校准计划定期对生产和检验用衡器、量具、仪表、记录和控制设备以及仪器进行校准和检查,并保存相关记录。校准的量程范围应当涵盖实际生产和检验的使用范围。"

制药企业的计量管理工作(包括了校准)是十分重要的。人们常说,质量是企业的生命;而计量则是质量的灵魂。计量工作与产品质量、经济效益有着直接的关系。计量工作做得好,产品质量才能稳定,才能得到提高,计量的投入与经济效益成正比。药品 GMP(2010 年修订)第九十条表明了计量在生产过程控制和产品检验中的重要性,也明确了计量法制管理的地位。制药企业应当按照操作规程和校准计划定期对生产和检验用衡器、量具、仪表、记录和控制设备以及仪器进行校准和检查,并保存相关记录。校准的量程范围应当涵盖实际生产和检验的使用范围。

本条中所指"量程(range/span)"是指仪表标称范围或测量范围上限与下限值之差。

(二) 应确保关键计量器具经过校准

药品 GMP(2010 年修订)第九十一条规定:"应当确保生产和检验使用的关键衡器、量具、仪表、记录和控制设备以及仪器经过校准,所得出的数据准确、可靠。"

计量管理又分为强制性管理和非强制性管理。

制药企业对所用的计量器具必须按规定周期进行检定。在药品生产过程和质量检验过程中所用的计量器具,应按规定送交计量部门进行检定。不合格的计量器具不准用于药品生产和质量检验。

计量管理是药品质量管理的基础。药品的检验是药品生产过程中计量测试工作的具体表现。为了保证药品生产的质量,国家规定药品生产企业要通过各项工程等方面的验收,其中包括计量认证工作。

药品 GMP 认证之前,必须先行通过计量认证合格。这一点充分说明计量工作对保证药品质量工作的重要性。

(三) 应当使用计量标准器具进行校准

药品 GMP(2010 年修订)第九十二条规定:"应当使用计量标准器具进行校准,且所用计量标准器具应当符合国家有关规定。校准记录应当标明所用计量标准器具的名称、编号、校准有效期和计量合格证明编号,确保记录的可追溯性。"

国家计量局发布的计量法条文解释中,对"计量器具"、"计量基准器具"、"计量标准器具"的解释如下:

——计量器具是指能用以直接或间接测出被测对象量值的装置、仪器仪表、量具和用于统一量值的标准物质,包括计量基准器具、计量标准器具和工作计量器具。

——计量基准器具即国家计量基准器具,简称计量基准,是指用以复现和保存计量单位量值,经国务院计量行政部门批准作为统一全国量值最高依据的计量器具。

——计量标准器具,简称计量标准,是指准确度低于计量基准的,用以检定其他计量标准或工作计量器具的计量器具。

(四) 要有明显的校准标识

药品 GMP(2010 年修订)第九十三条规定:"衡器、量具、仪表、用于记录和控制的设备以及仪器应当有明显的标识,标明其校准有效期。"

国家有关计量法律法规要求有计量检定印、证,主要针对强制性检定的计量器具。当然,非强制性检定的计量器具也要经过校准。

(五) 不符合校准规定的计量器具不得使用

药品 GMP(2010 年修订)第九十四条规定:"不得使用未经校准、超过校准有效期、失准的衡器、量具、仪表以及用于记录和控制的设备、仪器。"

计量检定(包括校准)是指为评定计量器具的计量性能,确定其是否合格所进行的全部工作。

(六) 自动或电子设备的计量也要进行校准

药品 GMP(2010 年修订)第九十五条规定:"在生产、包装、仓储过程中使用自动或电子设备的,应当按照操作规程定期进行校准和检查,确保其操作功能正常。校准和检查应当有相应的记录。"

有全面的校准计划(包括在生产、包装、仓储过程中使用自动或电子设备的计量)来保证测试的准确性,就能保证产品及生产过程的验证或认证结果有效。因此,现代的制药企业在生产、包装、仓储过程中使用自动或电子设备的,应当按照操作规程(SOP)定期进行校准和检查,确保其操作功能正常。校准和检查应当有相应的记录。

六、制 药 用 水

制药工艺用水技术是制药工艺学的重要组成部分,也是制药工艺必不可少的技术支持基础。《中国药典》二部附录专门阐述了制药用水质量管理的基本原则。新版药品 GMP 将"制药用水"专设为一节,充分体现了制药用水质量管理在药品生产质量管理中的重要地位。

药品 GMP(2010 年修订)第五章"设备"第六节"制药用水",计有 6 条规定,现分述如下:

DISHIYIZHANG YAOPINS HENGCHANZHILIANG GUANLIGUIFAN(GMP) YU ZHONGYAO(JUNYAO) GONGCHENG

(一) 制药用水应适合其用途并符合质量标准

药品GMP(2010年修订)第九十六条规定:"制药用水应当适合其用途,并符合《中华人民共和国药典》的质量标准及相关要求。制药用水至少应当采用饮用水。"

1998年版药品GMP第八十五条对"工艺用水"的定义为"药品生产工艺中使用的水,包括饮用水、纯化水、注射用水"。制药用水的用途就是用于药品生产工艺,以生产出符合预定(医疗)用途和注册要求的药品,而药品必须符合国家药品质量标准。要保证药品质量,首要的是要保证制药用水的质量。

因此,"在整个处理、储存和分配过程中,水的质量(包括微生物学和化学质量)控制是人们关注的焦点。与其他产品和组分不同,水通常根据需要从水系统中获得,使用前不经过质量检验或批质量评价程序。因此,应当保证其质量符合特定的标准"。

药品GMP(2010年修订)第九十六条还规定:"制药用水应当适合其用途,并符合《中国药典》的质量标准及相关要求。"这一条还规定了制药用水(主要是纯化水和注射用水)的制备,其原水应当采用饮用水。

(二) 水系统的设计、安装、运行和维护

药品GMP(2010年修订)第九十七条规定:"水处理设备及其输送系统的设计、安装、运行和维护应当确保制药用水达到设定的质量标准。水处理设备的运行不得超出其设计能力。"

在这一条中,水处理设备及其输送系统的设计、安装、运行和维护应当确保制药用水达到设定的质量标准,主要指纯化水和注射用水的水处理设备及其输送系统。纯化水、注射用水的制备、储存和分配应能防止微生物的滋生和污染。储罐和输送管所用材料应无毒、耐腐蚀。管道的设计和安装应避免死角、盲管。储罐和管道要规定清洗、灭菌周期。注射用水储罐的通气口应安装不脱落纤维的疏水性除菌滤器。注射用水的储存可采用70 ℃以上保温循环。这些规定的主要精神实质是防止微生物和微粒的污染。制剂的污染往往与工艺用水的污染有关。

(三) 对纯化水、注射用水储罐和输送管道的要求

药品GMP(2010年修订)第九十八条规定:"纯化水、注射用水储罐和输送管道所用材料应当无毒、耐腐蚀;储罐的通气口应当安装不脱落纤维的疏水性除菌滤器;管道的设计和安装应当避免死角、盲管。"

从总体上看,纯化水、注射用水的储罐和输送管道的设计,或正确地选择设备和管道,都是为了尽可能地降低发生污染、交叉污染、混淆和差错,便于操作、清洁、维护,以及必要时进行的消毒或灭菌。这一条明确规定了纯化水、注射用水储罐和输送管道所用材料应当无毒、耐腐蚀(例如合适的不锈钢材质);储罐的通气口应当安装不脱落纤维的疏水性除菌滤器;管道的设计和安装应当避免死角、盲管。除此之外,储罐和输送管道设计与选择还要满足以下几点要求:

——水质应始终符合规定的质量要求,这包括原水、中间水及成品水,也包括在线和离线监测;

——输送到各使用点的水,其流速与温度符合生产工艺要求;

——有效控制水系统内微生物、热原及其他污染物的污染;

——水系统的制造成本和运行费用与质量、安全性能比良好。

总之,最适用的也是最好的,这对储罐和输送管道的设计与选择也适用。

(四) 对纯化水、注射用水的制备、储存和分配的要求

药品GMP(2010年修订)第九十九条规定:"纯化水、注射用水的制备、储存和分配应当能够防止微生物的滋生。纯化水可采用循环,注射用水可采用70 ℃以下保温循环。"

制药用水系统的制备、储存和分配应以控制污染,特别是控制微生物污染为目的,以防止污染注射剂的热原或细菌内毒素对人体伤害的风险。

制药用水系统的污染来源,主要有外源性污染和内源性污染。

1) 外源性污染　主要指原水及系统外部原因造成的污染。GMP及《中国药典》都规定制药用水的原水至少要达到饮用水的质量标准,细菌总数的限度为100个/毫升。这说明原水本身就存在微生物污染,而危

及制药用水系统的污染菌主要是革兰阴性菌。系统外部原因主要包括了储罐排气口无保护措施或使用了劣质气体过滤器、地漏的缺陷、更换活性炭和阴阳离子树脂带来的污染等。

2）内源性污染　指制药用水系统运行过程中所造成的污染。内源性污染与水系统的设计、选材、运行、维护、储存、使用等环节息息相关，与外源性污染紧紧相连。水系统的组成单元都有可能成为微生物内源性污染源。如微生物被吸附滞留在活性炭、阴阳离子树脂、过滤膜及其他组件的表面上，并开始形成生物膜，而生物膜则是某些种类的微生物为适应低营养环境发生应变的结果。又如，当管道中用水量严重偏离设计参数时，某些部位流量很低，或出现间歇性停水现象，微生物都有可能在这些部位生成菌落并大量繁殖，形成生物膜，从而成为持久的污染源。虽然使用0.3%的氯水能消除生物膜，但也会损伤设备管道，使内表面粗糙，有利于生物膜形成。最好的办法是防止微生物污染及生物膜的形成，如通过水循环的湍流形态可有效阻止生物膜的形成。

微生物污染的后果是热原细菌内毒素的形成，造成输液热原反应，严重者可导致死亡。

（五）对水质的监测

药品GMP（2010年修订）第一百条规定："应当对制药用水及原水的水质进行定期监测，并有相应的记录。"

制备纯化水的原水是饮用水；制备注射用水的原水是纯化水，当然也是饮用水。

GB 5749－2006《生活饮用水卫生标准》规定了水质常规指标及限值（包括微生物指标，毒理指标，感官性状和一般化学指标，放射性指标），也规定了饮用水水质非常规指标及限值（包括微生物指标，毒理指标，感官性状和一般化学指标）等。

纯化水和注射用水的质量标准依据《中国药典》二部。

这一条强调应当对制药用水及原水的水质进行定期监测，并有相应的记录。

（六）制药用水管道的清洗消毒及管理

药品GMP（2010年修订）第一百零一条规定："应当按照操作规程对纯化水、注射用水管道进行清洗消毒，并有相关记录。发现制药用水微生物污染达到警戒限度、纠偏限度时应当按照操作规程处理。"

在制药用水的分配（包括输送）系统中，应同时考虑工艺用水不断流动及定期清洗、消毒或灭菌的需要。实践证明，不断循环流动的分配系统的水，能有效地控制微生物污染。输水泵应使水在完全湍流条件下运行，送水管路及回水管路也均应在湍流状态下。

警戒限度（alert limit）是指微生物污染的某一水平，监控结果超过此水平时，表明制药用水系统有偏离正常运行条件的趋势。警戒限度的含意是报警，通常属于企业的内控标准，尚不要求采取特别的纠偏措施。

纠偏限度（action limit）是指微生物污染的某一限度，监控结果超过此限度时，表明制药用水系统已经较为严重地偏离了正常的运行条件，应当采取纠偏措施，使系统回到正常的运行状态。一般来讲：

——纯化水的纠偏限度为好氧菌总数<100 CFU/ml；

——注射用水的纠偏限度为好氧菌总数<10 CFU/ml。

第七节　物料与产品

药品GMP（2010年修订）第六章"物料与产品"，共分七节，计36条。七节分别是"原则"、"原辅料"、"中间产品和待包装产品"、"包装材料"、"成品"、"特殊管理的物料和产品"、"其他"。这些条款对应1998年版药品GMP的第五章"物料"（计10条）和第十一章"产品销售与收回"第七十九条。

物料（materials）是指原料、辅料和包装材料等。如化学药品制剂的原料是指原料药；生物制品的原料是指原材料；中药制剂的原料是指中药材、中药饮片和外购中药提取物；原料药的原料是指用于原料药生产的除包装材料以外的其他物料。

产品（product）是指包括中间产品、待包装产品和成品。

中间产品（intermediate product）是指完成部分加工步骤的产品，尚需进一步加工才可成为待包装产品。

第十一章　药品生产质量管理规范(GMP)与中药(菌药)工程

待包装产品(bulk product)是指尚未进行包装但已完成所有其他加工工序的产品。

成品(finished product)是指已完成所有生产操作步骤和最终包装的产品。

药品的质量源于设计,质量是生产和管理出来的,也是经检验证实了的。为确保药品生产的质量,必须对原辅料进厂到成品的销售乃至使用全过程中各个环节进行严格的管理和控制。原料、辅料和包装材料是药品生产的基础物质,是药品生产过程的第一关,其质量状况将会直接影响最终产品的质量。实施药品GMP,必须从生产药品的基础物质抓起,对物料流转过程进行全面质量管理。通过严格、科学、系统的管理,使原料、辅料及包装材料从采购、验收、入库、储藏、发放等方面,做到管理有章可循,使用有标准可依,记录有据可查,从而保证合格、优质的原料、辅料及包装材料用于药品的生产。

对物料的管理要从3个方面给以强调:一是要制订物料管理制度,使物流各环节有章可循;二是要建立物料管理系统,使物流清晰,具有可追溯性,有据可查;三是要加强仓储管理,确保物料质量。

一、物料与产品的 GMP 管理原则

药品 GMP(2010 年修订)第六章"物料与产品"第一节"原则",计有 8 条。制药企业的物料管理制度中,最重要的核心是要确保物料符合质量标准。物料管理制度的执行,必须建立在良好的物料管理系统的基础之上。

建立物料管理系统不仅是实施 GMP 的需要,也是现代企业管理的需要。制药企业建立物料管理系统是指从原辅材料、包装材料的采购入库,一直到生产出成品出厂的全过程,将所有物料的流转纳入到统一的管理系统,从而达到确保对产品质量形成的全过程控制的目的。

(一)物料管理的 GMP 原则

1. 什么是物料

药品 GMP(2010 年修订)第三百一十二条将"物料"定义为原料、辅料和包装材料等。

例如,化学药品制剂的原料是指原料药;生物制品的原料是指原材料;中药制剂的原料是指中药材、中药饮片和外购中药提取物;原料药的原料是指用于原料药生产的除包装材料以外的其他物料。

《药品管理法》第一百零二条对"辅料"定义为生产药品和调配处方时所用的赋形剂和附加剂。

2. 物料管理部门的主要任务

制药企业物料管理部门的主要任务是:根据销售需要、生产能力和检验周期制订生产计划和物料采购计划;对原辅料、包装材料和成品进行仓储管理,保证合格的、正确的、足够的原辅料投入生产,保证将符合质量标准的成品发放到客户。

3. 物料管理系统的功能

制药企业的物料管理系统具有以下三大功能:

1) 采购和生产计划的功能　与质量管理部门共同负责供应商的选择;物料采购计划的制订与实施;生产计划的制订与实施。

2) 物料管理的功能　负责原料、辅料、包装材料的接收、储存、发放及销毁。

3) 成品管理功能　负责成品的接收、储存、发放及销毁。

4. 物料管理系统的要求

对物料管理系统的要求有以下几点:

1) 使物料的流转具有可追溯性。从供货单位采购的原料到成品销售给用户,其中任何环节的偏差都能从物料管理系统中得到可靠的信息。

2) 仓库的物料管理核心是做到账、物、卡三相符。物料要有固定的企业统一编号标识,实行定位管理,有条件的单位可实行计算机的自动化管理。

3) 生产部门领用物料的科学管理。生产部门领用物料,要计算物料平衡,必要时写出偏差调查报告;领用物料要与物料检验的质量相符,与仓库发放的来料批号、数量相符。

4) 要落实物料主要流转程序(采购、初检、请检、检验、入库、发放、使用、待验;检验、包装、验收、销售)的工作职责,实现物流现代化。

（二）对药品生产所用物料、原辅料、与药品直接接触的包装材料的规定

药品GMP（2010年修订）第一百零二条规定：

"药品生产所用的原辅料、与药品直接接触的包装材料应当符合相应的质量标准。药品上直接印字所用油墨应当符合食用标准要求。

进口原辅料应当符合国家相关的进口管理规定。"

物料的质量标准管理，属于物料管理的范畴，必须要有管理制度来制约。制订原辅料、包装材料的管理制度，是药品生产中能否用到合格原辅料、包装材料的保证。没有制度，其管理和检查就失去了依据。GMP要求，一切关系到原料、辅料及包装材料的方面都应有规定，一切规定都要写成详细的文字材料。

物料管理的基本要求有两点：一是未经批准合格的物料不得用于生产；二是必须防止物料的混淆和交叉污染，以达到保证药品质量之目的。

药品生产所用的物料，应符合药品标准、包装材料标准、生物制品规程或其他有关标准，不得对药品的质量产生不良影响。进口原料药应有口岸药品检验所的药品检验报告。物料的质量标准可分为法定标准、行业标准、企业标准。口岸药品检验所为国家药品监督管理部门授权而受理进口药品报验的药品检验所。如中国药品生物制品检定所（现称中国食品药品检定研究院）；上海、天津、广州、武汉、大连、青岛、厦门、成都、广东、福建、海南、浙江等省市药品检验所。

（三）建立物料和产品的操作规程

药品GMP（2010年修订）第一百零三条规定：

"应当建立物料和产品的操作规程，确保物料和产品的正确接收、储存、发放、使用和发运，防止污染、交叉污染、混淆和差错。

物料和产品的处理应当按照操作规程或工艺规程执行，并有记录。"

在这里，操作规程或工艺规程是GMP的术语，也是管理制度的具体体现。

（四）对物料供应商的确定及变更的规定

药品GMP（2010年修订）第一百零四条规定："物料供应商的确定及变更应当进行质量评估，并经质量管理部门批准后才可采购。"

供应商是指物料、设备、仪器、试剂、服务等的提供方，如生产商、经销商等。药品生产所用物料应从符合规定的单位购进，并按规定入库。质量管理部门应会同有关部门对主要物料供应商质量体系进行评估。根据GMP要求，制药企业应对物料供应商进行质量审计。

供货单位应具备的条件如下。

1）有生产许可证，为合法单位，有合格的技术人员和管理人员。

2）厂房设施与设备等硬件能符合物料生产和质量要求。

3）质量保证体系完善，其生产过程能得到有效控制，提供的文件可信度高。

4）产品包装符合要求，质量稳定，信誉良好，售后服务良好。

经质量管理部门审计合格后，建立供应商档案，并由专人管理。

（五）对物料和产品运输的规定

药品GMP（2010年修订）第一百零五条规定："物料和产品的运输应当能够满足其保证质量的要求，对运输有特殊要求的，其运转条件应当予以确认。"

药品有其特殊性，一些需要低温保存的物料和产品在运输时应当能够满足其保证质量的要求。特别是对特殊管理的药品、易燃易爆危险品及菌毒种的运输，更应当引起特别注意，应当满足其特殊要求，其运输条件应当予以确认。麻醉药品、精神药品、毒性药品（包括药材）、放射性药品及易燃、易爆和其他危险品的验收、储存、保管要严格执行国家有关的规定。菌毒种的验收、储存、保管、使用、销毁应执行国家有关医学微生物菌种保管的规定。

（六）对原辅料、与药品直接接触的包装材料和印剧包装材料的接收规定

药品GMP(2010年修订)第一百零六条规定："原辅料、与药品直接接触的包装材料和印刷包装材料的接收应当有操作规程,所有到货物料均应当检查,以确保与订单一致,并确认供应商已经质量管理部门批准。

物料的外包装应当有标签,并注明规定的信息。必要时,还应当进行清洁,发现外包装损坏或其他可能影响物料质量的问题,应当向质量管理部门报告并进行调查和记录。

每次接收均应当有记录,内容包括:

1. 交货单和包装容器上所注物料的名称;
2. 企业内部所用物料名称和(或)代码;
3. 接收日期;
4. 供应商和生产商(如不同)的名称;
5. 供应商和生产商(如不同)标识的批号;
6. 接收总量和包装容器数量;
7. 接收后企业指定的批号或流水号;
8. 有关说明(如包装状况)。"

制药企业应在有关仓库管理规程中规定哪些情况下仓库保管员可以拒收。拒收的主要原则如下:

1) 物料与收货单及订货合同项目不符的拒收。
2) 物料外包装上标记难于区分的拒收。
3) 包装破损严重,引起物料污染的拒收等。

（七）对物料接收和产品生产后待验的规定

药品GMP(2010年修订)第一百零七条规定："物料接收和成品生产后应当及时按照待验管理,直至放行。"

待验是指原辅料、包装材料、中间产品、待包装产品或成品,采用物理手段或其他有效方式将其隔离或区分,在允许用于投料生产或上市销售之前储存、等待作出放行决定的状态。

（八）对物料和产品储存和周转、发放及发运原则的规定

药品GMP(2010年修订)第一百零八条规定："物料和产品应当根据其性质有序分批储存和周转,发放及发运应当符合先进先出和近效期先出的原则。"

物料和产品的仓储管理,是一个很重要的环节。物料和产品不仅要有序分批分库存放,而且要有明显的状态标识。科学的仓储管理要做到安全储存,降低损耗,科学养护,保证质量,收发迅速,避免事故。

各种在库储存的物料和产品要有明显的状态标识,待验、合格、不合格物料的货位要严格分开,并分别用黄色、绿色、红色标明。

仓库应保持清洁和干燥,应按库房清洁规程定期清洁。

物料应按规定的使用期限储存,无规定使用期限的其储存一般不超过3年;期满后应复验。储存期内如有特殊情况应及时复验。

对温度、湿度或其他条件有特殊要求的物料、中间产品和成品,应按规定条件储存。固体、液体原料应分开储存;挥发性物料应注意避免污染其他物料;炮制、整理加工后的净药材应使用清洁容器或包装,并与未加工、炮制的药材严格分开。

仓储的温、湿度应按规定按时记录,并进行调节。例如,冷库的温度保持在2~10℃;阴凉库温度不高于20℃;常温库温度应在0~30℃,应注意夏季炎热的气候防止高温,冬季低于0℃时防止一些药液结冰。

物料储存管理应制订规程或制度,其要点如下:

1. 规定物料储存实行定置管理,并存货位平面图。
2. 物料摆放方法,有利于先进先出。
3. 货位卡及标识明显。

4. 仓库清洁工具及各种设施、设备定位摆放。

5. 要有库存物料养护方法。

6. 账卡及状态标识的管理。

制药企业应对仓储物料和产品的发放制订管理规程或制度。物料发放的原则主要有以下几点：

1）物料和产品发放时应先进先出（FIFO 原则），易变先出。

2）发放的物料应包装完好，称重计量，符有的合格标识与物料一致。

3）待验及不合格物料不得发放使用等。

（九）对使用计算机化仓储管理的规定

药品 GMP（2010 年修订）第一百零九条规定：

"使用计算机化仓储管理的，应当有相应的操作规程，防止因系统故障、停机等特殊情况而造成物料和产品的混淆和差错。

使用完全计算机化仓储管理系统进行识别的物料、产品等相关信息可不必以书面可读的方式标出。"

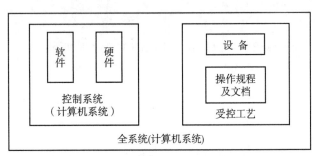

图 11-3　计算机系统与计算机化系统的关系示意图

这一条是有关建立计算机化仓储管理操作规程的规定。

药品生产及仓储管理中应用计算机已是十分普遍的事情。计算机化药品生产已有规范化文件进行指导，如美国 FDA《药品生产过程计算机系统检查指南》。

有关计算机系统与计算机化系统的概念可用图 11-3 来示意。实际上，计算机化系统是包括计算机系统在内的系统。计算机化系统是指受控系统、计算机控制系统，以及人机接口的组合体系。

二、原 辅 料

药品 GMP（2010 年修订）第三百一十二条规定对"原辅料"定义为："除包装材料之外，药品生产中使用的任何物料。"可见，原料就是指在药品生产中，除辅料外使用的所有投入物。辅料也称药用辅料（pharmaceutical excipients），是构成药物制剂不可缺少的基本成分。它可以赋予药物制剂以必要的物理、化学、药理和生物学性质，对于各类药物制剂成型及稳定性、保证药品质量、开发新剂型和新品种、满足医疗使用要求等起着积极的关键性作用。进一步说，药用辅料是生产药品和调配处方时所用的赋形剂或附加剂。由于制剂配方中辅料占大部分，因而对药品质量和安全起着至关重要的作用。

（一）如何确认每一包装内的原辅料正确无误

药品 GMP（2010 年修订）第一百一十条规定："应当制定相应的操作规程，采取核对或检验等适当措施，确认每一包装内的原辅料正确无误。"

原辅料等起始物料的采购是一项非常重要的工作，应有对产品和供应商专门、全面了解的人员参与其中。原辅料只能从经过批准的供应商采购，并尽可能直接向制造商购买。建议药品生产企业与供应商讨论确定起始物料的质量标准（《中国药典》标准为最低的底线）；当然，制药企业最好与供应商在起始物料生产和控制的所有关键方面达协议，如生产加工、贴签、包装要求、投诉以及产品不合格的判定程序等。每次交货时，应至少检查容器外包装的完好性、密封情况，并查明订货单、交货单与供应商的标签所示是否一致。所有进货都应经过检查，以确保其与订货单相一致。必要时，外包装应予清洁，并标上必要的信息。

重要的是，应有适当的规程或措施，确保每一包装的内容起始物料正确无误；已被取样的大容量包装应做好标记。

（二）对一次接收数个批次的物料的规定

药品 GMP(2010 年修订)第一百一十一条规定："一次接收数个批次的物料,应当按批取样、检验、放行。"

（三）对仓储区内的原辅料标识的规定

药品 GMP(2010 年修订)第一百一十二条规定:

"仓储区内的原辅料应当有适当的标识,并至少标明下述内容:

1. 指定的物料名称和企业内部的物料代码;

2. 企业接收时设定的批号;

3. 物料质量状态(如符验、合格、不合格、已取样);

4. 有效期或复验期。"

（四）对原辅料使用的规定

药品 GMP(2010 年修订)第一百一十三条规定:"只有经质量管理部门批准放行并在有效期或复验期内的原辅料才可使用。"

（五）对原辅料在有效期或复验期储存的规定

药品 GMP(2010 年修订)第一百一十四条规定:"原辅料应当按照有效期或复验期储存。储存期内,如发现对质量有不良影响的特殊情况,应当进行复验。"

"复检期"定义为:原辅料、包装材料储存一定时间后,为确保其适用预定用途,由企业确定需重新检验日期。

（六）对配料操作的规定

药品 GMP(2010 年修订)第一百一十五条规定:"应当由指定人员按照操作规程进行配料,核对物料后,精确称量或计量,并作好标识。"

1. **生产部门领料的管理要点**

1) 生产部门应按生产指令单与包装指令单向仓库限额领用原辅料、包装材料。

2) 生产部门材料员应根据送料单核对物料的品名、规格、批号、数量、供货单位,只有包装完好并贴有合格证才可收货。

3) 生产用的原辅料应包装严密、标识明显,内外包装层均有标明品名、规格、生产厂及批号的凭证。

4) 确认符合要求的原辅料、包装材料,填写生产部门收料记录。

2. **生产部门存放物料的管理规程或制度**

1) 生产部门领用的物料,应按定置管理要求各自放置在不同的存放区,按品种、规格、批号分别堆放,并标以明显的标识。存放区应清洁、干燥、不受污染。

2) 确需在生产部门放置的主要物料,不宜超过 2 天的使用量,特别情况应另行规定。

3) 为避免物料的外包装上的灰尘和微生物污染操作环境,应在指定地点除去外包装;对于不能除去外包装的物料,应除去表面灰尘,擦拭干净后才能进入生产区。

3. **生产部门使用物料管理要点**

1) 物料在使用前,需经核对品名、规格、批号、数量、供货单位,填写相应的原始记录。

2) 凡少量必须存放于生产部门的整装原辅料,每次启封使用后,剩余的散装原辅料应及时密封,由操作人在容器上注明启封日期、剩余数量及使用者签名后,由专人保管或退库。再次启封使用时,应核对记录。

3) 根据产品的不同要求,制订生产前小样试制制度。对制剂和原料药成品质量有影响的原辅料,在货源、批号、规格改变时,应进行必要的生产前小样试制,必要时应进行验证,确认符合要求后,填写小样试制合格报告单,经有关部门审批后,才能投入生产。

4）印有品名、商标等标记的包装材料，应视同标签、使用说明书，按国家有关规定及相应要求制订管理办法。特殊管理的药品的包装材料上应有明显的专用标识。

（七）对配料的复核的规定

药品 GMP（2010 年修订）第一百一十六条规定："配制的每一物料及其质量或体积应当由他人独立进行复核，并有复核记录。"

（八）对用于同一批药品生产的所有配料的规定

药品 GMP（2010 年修订）第一百一十七条规定："用于同一批药品生产的所有配料应当集中存放，并作好标识。"

三、中间产品和待包装产品的储存规定

在药品生产过程中，应对中间产品和待包装产品加强管理，以防止混批等事故的发生。如某大输液生产厂将待灭菌消毒的大输液与已灭菌消毒好的大输液发生了混批，造成了热原反应事故。

待包装产品是指尚未进行包装但已完成所有其他加工工序的产品。

（一）对中间产品和待包装产品的储存

药品 GMP（2010 年修订）第一百一十八条规定："中间产品和待包装产品应当在适当的条件下储存。"

在这里，"适当的条件"包括了有隔离设施的厂房空间等诸多保障措施及对温度、湿度或其他条件有特殊要求的物料、中间产品和成品。应当规定条件储存，固体、液体原料应分开储存；挥发性物料应注意避免污染其他物料；炮制、整理加工后的洁净药材应使用清洁容器或包装，并与未加工、炮制的药材严格分开。

（二）对中间产品和待包装产品的标识的规定

药品 GMP（2010 年修订）第一百一十九条规定：

"中间产品和待包装产品应当有明确的标识，并至少标明下述内容：

1. 产品名称和企业内部的产品代码；

2. 产品批号；

3. 数量或质量（如毛重、净重等）；

4. 生产工序：（必要时）；

5. 产品质量状态（必要时，如待验、合格、不合格、已取样）。"

WHO‑GMP 还规定："外购的中间产品和待包装产品在收货时视同起始物料处理。"

四、包　装　材　料

药品 GMP（2010 年修订）第三百一十二条对"包装"和"包装材料"等的定义如下：

——包装　待包装产品变成成品所需的所有操作步骤，包括分装、贴签等。但无菌生产工艺中产品的无菌灌装，以及最终灭菌产品的灌装等不视为包装。

——包装材料　药品包装所用的材料，包括与药品直接接触的包装材料和容器、印刷包装材料，但不包括发运用的外包装材料。

——印刷包装材料　指具有特定式样和印刷内容的包装材料，如印字铝箔、标签、说明书、纸盒等。

包装（packaging）是药品及其生产工艺不可缺少的组成部分。药学工作者必须选择恰当的（药品）包装材料（packaging material，简称药包材）及合适的包装方式方法，才能够真正地有效保证药品质量，以保证人民群众的用药安全有效。

药品包装及其功能作用对药品质量及稳定性的影响也是多方面的，不仅包括包装材料、容器的质量，而且包括包装形式的设计、包装设备及环境、文字说明、印刷质量、从事包装的员工素质等因素。前者为包装材料学研究的领域，包括药品稳定性及药包材相容性试验，符合药包材选择原则，还包括了为保证包装材料、容

器的生产质量而实施的药包材 GMP;后者则涉及药品 GMP 的有关部分,包括包装技术及方法。

(一) 对与药品直接接触的包装材料和印刷包装材料的管理和控制要求的规定

药品 GMP(2010 年修订)第一百二十条规定:"与药品直接接触的包装材料和印刷包装材料的管理和控制要求与原辅料相同。"

这就是说,原辅料、与药品直接按触的包装材料和印刷包装材料都要符合相应的质量标准,都要建立操作规程以确保正确地接收、储存、发放、使用和发运等,也就是说要严格地进行 GMP 管理和质量控制。

(二) 对包装材料发放的规定

药品 GMP(2010 年修订)第一百二十一条规定:"包装材料应当由专人按照操作规程发放,并采取措施避免混淆和差错,确保用于药品生产的包装材料正确无误。"

(三) 对印刷包装材料的原则要求

药品 GMP(2010 年修订)第一百二十二条规定:"应当建立印刷包装材料设计、审核、批准的操作规程,确保印刷包装材料的内容与药品监督管理部门核准的一致,并建立专门的文档,保存经签名批准的印刷包装材料原版实样。"

在药品生产中使用的印刷包装材料种类较多,有标签、说明书、直接印刷的包装材料(如眼药水瓶)、内包装容器说明书、封签、装箱单、合格证、外包装容器说明物、箱贴等。由于印刷包装材料直接给用户和患者提供了使用药品所需要的信息,因错误信息引起的用药事故也较为常见,因此,必须对印刷包装材料进行严格的管理。

国家药品监督管理部门对药品包装、标签和说明书的管理是十分重视的。我国 GMP 对标签、说明书的管理有明确的规定。制药企业应当把标签视为钞票一样严格管理,防止流失,防止被不法分子假冒。国内曾发生过制药企业的药品标签流失被不法分子假冒的案例。药品的标签、使用说明书必须与药品监督管理部门批准的内容、式样、文字相一致。标签、使用说明书必须经企业质量管理部门校对无误后印制、发放使用。药品的标签、使用说明书应由专人保管、领用,其要求如下。

1) 标签和使用说明书均应按品种、规格有专柜或专库存放,凭批包装指令发放,按实际需要量领取。

2) 标签要计数发放,领用人核对、签名,使用数、残损数及剩余数之和应与领用数相符,印有批号的残损或剩余标签应由专人负责计数销毁。

3) 标签发放、使用、销毁应有记录。

(四) 对印刷包装材料的版本变更的规定

药品 GMP(2010 年修订)第一百二十三条规定:"印刷包装材料的版本变更时,应当采取措施,确保产品所用印刷包装材料的版本正确无误。宜收回作废的旧版印刷模板并予以销毁。"

(五) 对印刷包装材的存放规定

药品 GMP(2010 年修订)第一百二十四条规定:"印刷包装材料应当设置专门区域妥善存放,未经批准人员不得进入。切割式标签或其他散装印刷包装材料应当分别置于密闭容器内储运,以防混淆。"

(六) 对印刷包装材料的保管及发放的规定

药品 GMP(2010 年修订)第一百二十五条规定:"印刷包装材料应当由专人保管,并按操作规程和需求量发放。"

(七) 对发放与药品直接接触的包装材料等的识别标志规定

药品 GMP(2010 年修订)第一百二十六条规定:"每批或每次发放的与药品直接接触的包装材料或印刷包装材料,均应当有识别标志,标明所用产品的名称和批号。"

（八）对过期或废弃的印刷包装材料的规定

药品 GMP（2010 年修订）第一百二十七条规定："过期或废弃的印刷包装材料应当予以销毁并记录。"

五、成　　品

制药企业的成品在最终批准放行前应待验储存；批准放行后，应按企业所规定的条件作为合格品存放。重要的是，每批成品批准发放前，应有适当的检验，结果应符合相应的质量标准；不符合既定质量标准或其他有关质量要求的药品，应作不合格品论处。当然，每批成品批准发放前，还应对批记录进行审查。应检查生产和控制记录，它是批产品放行过程的一部分。如发现不符合既定要求，应进行彻底的调查；必要时，调查应延伸至与之有关的相关产品的其他批次或其他不同产品。调查情况应有书面记录，包括调查结论和纠偏措施。

每批成品的留样至少应保留至有效期后 1 年。成品留样通常应以最终包装形式在推荐条件下保存。如果成品的包装特别大，可考虑分成较小的样品保存在合适容器内。产品的留样量至少应满足两次复检的全项检验量。

（一）对成品放行前的规定

药品 GMP（2010 年修订）第一百二十八条规定："成品放行前应当待验储存。"
成品的待验标识应按企业有关的标准操作规程（SOP）执行。

（二）对成品的储存条件的规定

药品 GMP（2010 年修订）第一百二十九条规定："成品的储存条件应当符合药品注册批准的要求。"

六、特殊管理的物料和产品

我国《药品管理法》第三十五条规定："国家对麻醉药品、精神药品、医疗用毒性药品、放射性药品，实行特殊管理。管理办法由国务院制定。"现行的管理办法有《麻醉药品和精神药品管理条例》、《医疗用毒性药品管理办法》、《放射性药品管理办法》、《易制毒化学品管理条例》等（上述均由国务院发布），还有卫生部第 72 号令发布的《药品类易制毒化学品管理办法》（2010 年 5 月 1 日起施行）等以及 2002 年国务院发布的《危险化学品安全管理条例》等。

对特殊管理的物料的规定

药品 GMP（2010 年修订）第一百三十条规定："麻醉药品、精神药品、医疗用毒性药品（包括药材）、放射性药品、药品类易制毒化学品及易燃、易爆和其他危险品的验收、储存、管理应当执行国家有关的规定。"

七、其　　他

在"物料与产品"的 GMP 管理中，还涉及到对不合格品、产品回收及返工处理、退货等方面的管理。不合格品包括了不合格的物料、中间产品、待包装产品和成品。

（一）对不合格品的标志的规定

药品 GMP（2010 年修订）第一百三十一条规定："不合格的物料、中间产品、待包装产品和成品的每个包装容器上均应当有清晰醒目的标志，并在隔离区内妥善保存。"

（二）对不合格品的处理的规定

药品 GMP（2010 年修订）第一百三十二条规定："不合格的物料、中间产品、待包装产品和成品的处理应当经质量管理负责人批准，并有记录。"
此处的处理包括退回给供货商或及时进行的返工或作报废处理。所有处理方法都应由质量受权人员批准并予以记录。

（三）对产品回收的规定

药品 GMP（2010 年修订）第一百三十三条规定："产品回收需经预先批准，并对相关的质量风险进行充分评估，根据评估结论决定是否回收。回收应当按照预定的操作规程进行，并有相应记录。回收处理后的产品应当按照回收处理中最早批次产品的生产日期确定有效期。"

WHO‐GMP 14.29 规定，只有在特例情况下，不合格产品才可作返工或回收处理。只有最终产品的质量不受影响并符合质量标准，且对质量风险做出适当评估后，才可根据经批准的确定规程对不合格品进行返工或回收处理。有关情况应予以记录。处理而得到的批产品应给予新的批号。

（四）对制剂产品重新加工的规定

药品 GMP（2010 年修订）第一百三十四条规定："制剂产品不得进行重新加工。不合格的制剂中间产品、待包装产品和成品一般不得进行返工。只有不影响产品质量、待包装产品和成品标准，且根据预定、经批准的操作规程以及对相关风险充分评估后，才允许返工处理。返工应当有相应记录。"

WHO‐GMP 14.30 规定，只有预先经过批准，才可将以前生产的、符合一定质量要求的数批产品或其中某一部分在某一确定生产阶段并入另一批同一产品中。这样的回收合并处理应在对潜在的质量风险（包括可能对货架寿命的影响）做出适当评估后才可按照既定规程进行，并予以记录。

（五）对返工或重新加工或回收合并后生产的成品的质量控制的规定

药品 GMP（2010 年修订）第一百三十五条规定："对返工或重新加工或回收合并后生产的成品，质量管理部门应当考虑需要进行额外相关项目的检验和稳定性考察。"

WHO‐GMP 14.31 规定，质量控制部门应考虑对返工处理的产品或回收处理合并的成品进行附加检验。

（六）对药品退货的规程及记录规定

药品 GMP（2010 年修订）第一百三十六条规定：

"企业应当建立药品退货的操作规程，并有相应的记录，内容至少应当包括：产品名称、批号、规格、数量、退货单位及地址、退货原因及日期、最终处理意见。

同一产品同一批号不同渠道的退货应当分别记录、存放和处理。"

（七）GMP 对药品退货的处理规定

药品 GMP（2010 年修订）第一百三十七条规定：

"只有经检查、检验和调查，有证据证明退货质量未受影响，且经质量管理部门根据操作规程评价后，才可考虑将退货重新包装、重新发运销售。评价考虑的因素至少应当包括药品的性质、所需的储存条件、药品的现状、历史，以及发运与退货之间的间隔时间等因素。不符合储存和运输要求的退货，应当在质量管理部门监督下予以销毁。对退货质量存有怀疑时，不得重新发运。

对退货进行回收处理的，回收后的产品应当符合预定的质量标准和第一百三十三条的要求。

退货处理的过程和结果应当有相应记录。"

WHO‐GMP14.33 规定，从市场退回的产品应予销毁，除非其质量无可置疑；只有经质量控制部门根据既定书面规程审慎地做出评价后，才可考虑将退回的产品重新发放上市或重新贴签或采取其他措施。评价时，应考虑产品的性质、所要求的特殊储存条件、产品的现状和历史以及上市与使用。所采取的任何措施均应予以记录。

第八节　确　认　与　验　证

药品 GMP（2010 年修订）第三百一十二条对"确认"和"验证"定义如下：

——确认　证明厂房、设施、设备能正确运行并可达到预期结果的一系列活动。

——验证　证明任何操作规程(或方法)、生产工艺或系统能够达到预期结果的一系列活动。

药品 GMP 总是随着人类社会的进步和科学技术的发展而不断发展完善,使制药企业所生产的产品质量更高,更加安全有效。验证的出现及其发展充分证明了这一点。验证是检验药品生产企业是否真正实施 GMP 的试金石,也是一面镜子;未经验证的 GMP 实施带有盲目性,缺乏依据,是不可靠的。验证是一个涉及药品生产全过程、GMP 各要素的系统工程,是药品生产企业将 GMP 原则切实具体地运用到生产过程中的重要科学手段和必由之路。

GVP(good validation practice,良好的验证管理规范)就是对验证进行管理的规范,是 GMP 的组成部分。例如,世界卫生组织(WHO)1996 年颁发的"GMP:生产过程验证指导原则"就是一部经典的 GVP。国际标准化组织(ISO)发布的 ISO11134:1994 卫生保健品的灭菌——验证及常规控制的要求——工业湿热灭菌等标准,也与 GVP 密切相关。新版药品 GMP 第七章"确认与验证"的规定,只是基本的原则要求,还有待制药企业结合本企业的实际,不断地充实完善。

一、有关术语与 GVP 原则

(一) 如何理解"确认"与"验证"

药品 GMP(2010 年修订)对"确认"与"验证"的定义明显地针对特定的对象而不同。

国际标准化组织(ISO)在 ISO9000:2005《质量管理体系　基础和术语》中对"验证"、"确认"、"鉴定过程"定义如下:

——验证(verification)　通过提供客观证据对规定要求已得到满足的认定。

——确认(validation)　通过提供客观证据对特定的预期用途或应用要求已得到满足的认定。

——鉴定过程(qualification process)　证实满足规定要求的能力的过程。

从以上术语定义中,可以看到其内涵与 GMP 的词汇(验证、确认、鉴定)是相通的,只是英文译法上略有差异。从 GMP 系统上,验证使用 validation,而 qualification 作确认或鉴定。但是,验证与确认之间还是有差别的——验证是广义的,而确认是针对特定的。有时这两个术语又是通用的,因为局部与特定是相对的。

WHO-GMP 对"确认"、"验证"定义如下:

——确认(qualification)　证明任何厂房、系统及设备能够正确运行并确实导致预期结果的活动。"验证"的词义有时可以扩展,使之包括"确认"的概念。

——验证(validation)　按照 GMP 的主要原则证明任何规程、工艺、设备、物料、活动或系统确实能导致预期结果的活动(参见"确认")。

显然,验证的概念是广义的,验证的词义扩展包括了确认。因此,在国际上医药行业认可 GVP 的概念。

(二) 什么是预确认

预确认(requalification),即设计确认(design qualification,DQ),通常是指对待订购设备技术指标适用性的审查及对供应厂商的选定。

(三) 什么是安装确认

安装确认(installation qualification,IQ),主要指机器设备安装后进行的各种系统检查及技术资料的文件化工作。

(四) 什么是运行确认

运行确认(operational qualification,OQ),为证明设备达到设定要求而进行的运行试验。

(五) 什么是性能确认

性能确认(performance qualification,PQ),通常是指通过模拟生产试验对验证对象(如设备、系统等)性能方面的确认。

（六）GVP 的原则有哪些

制药企业应采取措施以验证其生产所用原辅料、方法、工艺过程、规程和设备能够达到预期的结果，以达到均一的生产条件和无缺陷的管理。验证管理准则应保证药品在开发、制造和管理上每项主要操作是可靠的，并具有重现性的，遵守规定的生产规程和管理方法，能够生产出预期质量的产品。一句话，验证合格的标准就是验证过程中是否已经获得充分的证据，以至设备、设施、物料及工艺等确实能够始终如一地产生预计的结果。

实施 GVP 的基本原则至少有以下 3 点：

1）符合有关验证规范要求的原则　药品 GMP（2010 年修订）第七章确认与验证提出了我国制药企业实施 GVP 的要求。

2）切合实际的原则　实施 GMP（包括 GVP）应结合制药企业的实际，找出关键的切入点，逐步实施。

3）符合验证技术要求的原则　验证科学与计算机技术、高精度温度测量技术等先进技术相结合，使验证仪器智能化、精密化，因此更加符合验证技术要求的基本原则——统计上的合理性、精确的数据、确凿的证据、低成本且有效的报告。由于一些验证仪器具有以计算机软件为基础、采用先进的温度基准技术、节省时间的自动化操作等特点，因而形成了完整的验证系统，得以在制药行业应用，降低了成本，提高了生产率。

（七）什么是验证方案

验证方案（validation protocol）系指一份描述批准 1 个生产过程或其中的一部分供商业性生产所要求的验证活动和合格标准的文件。

二、验证的方式与适用范围

在药品生产中，验证实施了用以证实在药品生产质量控制中所用的厂房、设施、设备、物料、生产工艺、质量检验方法以及其他有关的活动或系统，确实能达到预期结果的有文件证明的一系列活动；这一系列的验证活动采取了 4 种方式，即前验证、回顾性验证、同步验证和再验证。

（一）前验证及适用范围

前验证（prospective validation）是正式投产前的质量活动，系指新产品、新处方、新工艺、新设备在正式投入生产使用前，必须完成并达到设定要求的验证。

该方式还用于：

1）有特殊质量要求的产品。

2）靠生产控制及成品检验，不足以确保重现性的工艺或过程。

3）产品的重要生产工艺或过程。

4）历史资料不足，难以进行回顾性验证的工艺或过程。

（二）回顾性验证及适用范围

回顾性验证（retrospective validation）系指以历史数据的统计分析为基础，旨在证实正常生产的工艺条件适用性的验证。

这种方式通常用于非无菌产品生产工艺的验证。以积累的生产、检验和其他有关历史资料为依据，回顾、分析工艺控制的全过程，证实其控制条件的有效性。

（三）同步验证及适用范围

同步验证（concurrent validation）系指生产中在某项工艺运行的同时进行的验证；用实际运行过程中获得的数据作为文件的依据，以此证明该工艺达到预期要求。

这种验证适用于对所验证的产品工艺有一定的经验。其检验方法、取样、监控措施等较成熟。同步验证可用于非无菌产品生产工艺的验证,可与前验证相结合进行验证。

(四) 再验证及适用范围

再验证(revalidation)系指对产品已经验证过的生产工艺、关键设施及设备、系统或物料在生产一定周期后进行的重复验证。我国药品 GMP(2010 年修订)第一百四十四条规定:"确认和验证不是一次性的行为。首次确认或验证后,应当根据产品质量回顾分析情况进行再确认或再验证。关键的生产工艺和操作规程应当定期再验证,确保其能够达到预期结果。"

再验证在下列情况下进行。

1. 关键工艺、设备、程控设备在预定生产一定周期后。

2. 影响产品质量的主要因素,如工艺、质量控制方法、主要原辅材料、主要生产设备或生产介质发生改变时。

3. 批次量有数量级的变更。

4. 趋势分析中发现有系统性偏差。

5. 政府法规要求。

三、确认与验证的 GMP 要求

验证是实施 GMP 的生命线,验证覆盖了 GMP 的诸要素。药品生产的主要验证包括厂房与设施的验证、设备验证、检验及计量验证、生产过程验证(工艺验证)、产品验证以及计算机系统的验证等各个方面。药品生产过程验证的范围和程度应当经过风险评估来确定,至少应包括空气净化系统、工艺用水系统、生产工艺及其变更、设备清洗、主要原辅材料变更;无菌药品生产过程的验证内容还应有灭菌设备、药液滤过及灌封(分装)系统等。

药品生产企业应确定需要进行的确认或验证工作,应根据验证对象提出验证项目、制订验证方案,并组织实施。验证工作完成后应写出验证报告,由验证工作负责人审核、批准。因此,制药企业内部应建立验证组织,建立验证程序;对制药企业外部来说,药品监督管理人员有确认企业是否实施生产过程验证的职责,检查是否有验证程序。

我国药品 GMP(2010 年修订)第七章确认与验证,计有 12 条,基本上概括了在确认与验证方面的 GMP 要求。

(一) GMP 对企业确定需要进行的确认或验证工作及其目标、范围规定

药品 GMP(2010 年修订)第一百三十八条规定:"企业应当确定需要进行的确认或验证工作,以证明有关操作的关键要素能够得到有效控制。确认或验证的范围和程度应当经过风险评估来确定。"

WHO-GMP 4.1 明确指出,按照 GMP 的要求,为证明对具体操作的关键方面进行了控制,每家药品生产企业应明确应进行哪些所要求的确认和验证工作。

在制药企业的质量体系中,GMP 与质量风险管理(QRM)是相辅相成的,GMP 的确认或验证工作的范围和程度应经过 QRM(包括风险评估)来确定;而实施 QMS,又会促进符合 GMP 及其他的质量要求。

(二) 如何使企业的生产、操作和检验正常进行,并保持持续的验证状态

药品 GMP(2010 年修订)第一百三十九条规定:"企业的厂房、设施、设备和检验仪器应当经过确认,应当采用经过验证的生产工艺、操作规程和检验方法进行生产、操作和检验,并保持持续的验证状态。"

未经验证的 GMP 实施带有盲目性,缺乏依据,是不可靠的。实质上,药品 GMP(2010 年修订)第一百三十九条明确了确认的范围(厂房、设施、设备和检验仪器),也明确了验证的范围(生产工艺、操作规程和检验方法)。当然,每家制药企业应当根据药品质量保证的需要来确定需要进行的确认和验证工作,不仅要证明有关操作的关键要素能够得到有效的控制,而且要使经过验证(确认)的诸要素保持持续的验证(确认)状态。

(三) GMP 对确认与验证的文件和记录的规定

药品 GMP(2010 年修订)第一百四十条规定:

"应当建立确认与验证的文件和记录，并能以文件和记录证明达到以下预定的目标：

1. 设计确认应当证明厂房、设施、设备的设计符合预定用途和本规范要求；

2. 安装确认应当证明厂房、设施、设备的建造和安装符合设计标准；

3. 运行确认应当证明厂房、设施、设备的运行符合设计标准；

4. 性能确认应当证明厂房、设施、设备在正常操作方法和工艺条件下能够持续符合标准；

5. 工艺验证应当证明一个生产工艺按照规定的工艺参数能够持续生产出符合预定用途和注册要求的产品。"

制药企业建立确认与验证的文件和记录，是一件十分重要的工作，这些文件和记录，可以用验证文件来概括，或者称为验证体系文件化。验证文件（validation documentation）是有关验证的信息及其承载媒体，既包括了标准类的验证文件，如验证技术标准、验证的 SMP（标准管理规程）及 SOP（标准操作规程），也包括了在验证全过程中形成的验证总计划、验证计划、验证方案、验证报告、验证小结、项目验证总结及其他相关文件或资料。媒体可以是纸张、计算机磁盘、光盘或其他电子媒体、照片或标准样品，或它们的组合。

验证要达到的预定目标，就是符合 GMP 要求，符合设计标准，使特定的生产工艺能够持续稳定地生产出符合既定质量标准和质量特性的产品，或者说，使特定的生产工艺按照规定的工艺参数能够持续生产出符合预定用途和注册要求的产品。当然，更大一些的预定目标就是保证人体用药的安全有效。

（四）GMP 对采用新的生产处方或生产工艺前的验证需求

药品 GMP（2010 年修订）第一百四十一条规定："采用新的生产处方或生产工艺前，应当验证其常规生产的适用性。生产工艺在使用规定的原辅料和设备条件下，应当能够始终生产出符合预定用途和注册要求的产品。"

生产工艺验证是指证明生产工艺的可靠性和重现性的验证。一般地对新建的制药车间而言，在完成厂房、设备、设施的验证和质控计量部门的验证后，对生产线所在的生产环境及设备的局部或整体功能、质量控制方法及工艺条件的验证，以证实所设定的工艺路线和控制参数能确保产品的质量。

这一条是对"采用新的生产处方或生产工艺前"的验证的要求，要验证其常规生产的适用性（包括生产工艺的可靠性和重现性），特别是要始终能够生产出符合预定用途和注册要求的产品。

（五）对影响产品质量的主要因素发生变更时验证的规定

药品 GMP（2010 年修订）第一百四十二条规定："当影响产品质量的主要因素，如原辅料、与药品直接接触的包装材料、生产设备、生产环境（或厂房）、生产工艺、检验方法等发生变更时，应当进行确认或验证。必要时，还应当经药品监督管理部门批准。"

WHO－GMP 4.4 规定："可能直接或间接影响产品质量的操作的任何方面，包括厂房、设施、设备或工艺的重大变更，都应该经过确认和验证。"

（六）GMP 对清洁验证的规定

药品 GMP（2010 年修订）第一百四十三条规定："清洁方法应当经过验证，证实其清洁的效果，以有效防止污染和交叉污染。清洁验证应当综合考虑设备使用情况、所使用的清洁剂和消毒剂、取样方法和位置以及相应的取样回收率、残留物的性质和限度、残留物检验方法的灵敏度等因素。"

WHO－GMP 4.11 明确指出："极为重要的是应特别关注分析方法、自动化系统和清洁方法的验证。"

大部分的药物剂型的生产设备在完成生产后总会残留若干原辅料，并有可能被微生物污染（特别是非无菌药品）。若不及时对这些与药物直接接触的设备清洗，则可能使微生物在适宜的温湿度之下以残留物中的有机物为营养进行繁殖，并产生各种代谢物；若这些残留物和微生物进入下批生产过程，必然会对产品造成污染。

清洁验证（cleaning validation）就是通过科学的方法采集足够的数据，以证明按规定方法清洁后的设备能始终如一地达到预定的清洁标准。

设备的清洗必须按照清洁规程进行，因为清洁规程是经过清洁验证而确认的。清洁验证的目的在于证明通过设定的清洗程序进行清洁后可以达到清洁状态,以有效防止污染和交叉污染。

(七) GMP 对再确认或再验证的规定

药品 GMP(2010 年修订)第一百四十四条规定:"确认和验证不是一次性的行为。首次确认或验证后,应当根据产品质量回顾分析情况进行再确认或再验证。关键的生产工艺和操作规程应当定期再验证,确保其能够达到预期结果。"

WHO - GMP 4.5 指出:"不得视确认和验证为一次性的工作,初次实施确认和验证后,应有持续的计划,该计划应根据年度回顾制订。"

(八) GMP 对验证总计划的规定

药品 GMP(2010 年修订)第一百四十五条规定:"企业应当制订验证总计划,以文件形式说明确认与验证工作的关键信息。"

WHO - GMP 4.6 指出:"相关的企业文件,如质量手册或验证总计划,应有保持持续验证状态的承诺。"

验证总计划书(documentation of validation master plan)是解释 GMP 类型的文件并起到文件规范化的作用。验证总计划(validation master plan)也称验证规划,它是指导 1 个项目或某个新建厂进行验证的纲领性文件。企业的最高管理层须用验证总计划给企业质量定位。执行什么样的 GMP 规范,就有什么样的水平。验证总计划一般包括项目概述,验证的范围,所遵循的法规标准,被验证的厂房设施、系统、生产工艺,验证的组织机构,验证合格的标准,验证文件管理要求,验证大体进度计划等内容。

验证总计划书的目的有两个:一是向药品监督管理部门提出的一种文件,以表达验证计划有关的企业责任,以及如何履行责任;二是验证总计划是管理和执行验证行为的指南。

(九) GMP 对验证总计划等文件的要求

药品 GMP(2010 年修订)第一百四十六条规定:"验证总计划或其他相关文件中应当作出规定,确保厂房、设施、设备、检验仪器、生产工艺、操作规程和检验方法等能够保持持续稳定。"

(十) GMP 对确认或验证方案的规定

药品 GMP(2010 年修订)第一百四十七条规定:"应当根据确认或验证的对象制定确认或验证方案,并经审核、批准。确认或验证方案应当明确职责。"

WHO - GMP 4.7 指出:"应明确规定实施验证的职责。"WHO-GMP4.8 指出:"验证是 GMP 的一个重要部分,应按预先制订并经批准的方案进行。"

确认/验证方案(qualification/validation protocol)是指 1 份描述批准 1 个生产过程或其中的一部分供商业性生产所要求的确认/验证活动和合格标准的文件;或者说,是为实施确认/验证而制订的一套包括待确认/验证科目(如系统、设备或工艺)、目的、范围、标准、步骤、记录、结果、评价及最终结论在内的文件。

(十一) GMP 对确认或验证的实施及完成后的工作的规定

药品 GMP(2010 年修订)第一百四十八条规定:"确认或验证应当按照预先确定和批准的方案实施,并有记录。确认或验证工作完成后,应当写出报告,并经审核、批准。确认或验证的结果和结论(包括评价和建议)应当有记录并存档。"

WHO - GMP 4.9 指出:"应撰写并保存书面报告,汇总所记录的结果和所得出的结论。"

确认/验证报告(qualification/validation report)是 1 份由确认/验证实施记录所组成的文件。1 份确认/验证报告内容包括确认/验证方案所依据的参考资料、校正和确认/验证所得到的原始数据、小结和结论、再确认/验证方案、该生产过程的正式批准件等。供药品监督管理部门检查的确认/验证报告可以是缩写本或者原件。

每一生产工序的工艺验证报告包括以下内容:①该工序验证目的。②工艺过程和操作规程。③使用的设备。④质量标准,取样方法和检查操作规程。⑤该工序工艺验证报告,包括所用试验仪器校正记录,试验原始数据及整理分析，验证小结等。

（十二）如何确认工艺规程和操作规程

药品 GMP（2010 年修订）第一百四十九条规定："应当根据验证的结果确认工艺规程和操作规程。"

WHO-GMP 4.10 指出："应根据验证实施的结果制订生产工艺和规程。"

第九节　文件管理

药品生产企业实施 GMP 的一个重要方面就是要从生产管理和质量管理的文件入手，做到管理优化。这犹如一个法治国家，要有一个完善法律法规体系，才能做到以法治国。

文件（documents）是信息及其承载媒体。而 1 组文件（documents），如 1 组规范和记录通常称为"documentations"。制药企业的文件（documentations）是指一切涉及药品生产和管理的书面标准和实施的记录。这个定义明确地指出了制药企业文件的两大部分：标准和记录。

文件管理是制药企业质量管理体系的重要组成部分。制药企业应对质量管理体系（QMS）中采用的全部要素、要求和规定编制成各项制度、标准或程序，以形成企业的文件系统，并保证企业有关员工对文件有一致的正确理解。在实施 GMP 及其有关的标准文件时，能够及时正确地记录执行情况，并保存完整的执行记录。

文件管理的目的是保证制药企业生产经营活动的全过程能够规范化地运转，使企业在遵守国家各种有关法律法规的原则之下，一切活动有章可循、责任明确、照章办事、有案可查，以达到有效管理的最终目标，生产出高质量的产品。

制药企业的文件依据 GB/T 19000/ISO 9000 系列标准和 GMP 的要求，可分为以下几种类型：

——阐明要求的文件　例如规范、标准、规定、制度等。

——阐明推荐建议的文件　例如指南，制药企业可有自己的 GMP 实施指南。

——规定企业质量管理体系的文件　例如质量计划。

——阐明所取得的结果或提供所完成活动的证据的文件　例如记录、凭证、报告等。

在制药企业实施 GMP 过程中，正如上述文件的定义中所阐述的那样，主要有阐述要求的文件即标准，以及阐明结果或证据的文件即记录、凭证和各种报告等。

新版药品 GMP 细化了对操作规程、生产记录等文件管理的要求。为规范文件体系的管理，增加指导性和可操作性，新版药品 GMP 分门别类对主要文件（如质量标准、生产工艺规程、批生产记录和批包装记录等）的编号、复制以及发放提出了具体要求。1998 年版药品 GMP 的"文件管理"共 5 条；而 2010 年版 GMP "文件管理"分 6 节共 34 条。

一、文件管理的 GMP 原则

制药企业应明确药品 GMP 文件化的意义，了解文件的类型及其相关性与层次性，建立健全文件系统，也就是形成文件化的质量管理体系（QMS）及 GMP。在 QMS 及 GMP 文件化的过程中，首先要制订文件的起草、修订、审查、批准、撤销、印刷及保管的管理制度，实施有效管理，充分体现文件化 QMS 及 GMP 的增值作用。

（一）对文件的定位及分类的表述

药品 GMP（2010 年修订）第一百五十条规定："文件是质量保证系统的基本要素。企业必须有内容正确的书面质量标准、生产处方和工艺规程以及记录等文件。"

WHO-GMP"15. 文件"阐述了原则（15.1）："良好的文件系统是质量保证体系的基本要素，它应涉及 GMP 的各个方面。文件系统的目的旨在明确所有物料的质量标准、生产和控制方法，保证所有有关人员都能够确切了解何时、何地及如何完成各自的工作职责，以确保药品放行责任人完全掌握决定一批药品是否能够发放上市所必需的全部信息，或者确保有书面证据的可追溯性，并提供审查线索以便进行调查。文件系统确保有足够的数据资料,用于验证、审查回顾和统计分析。文件的设计和使用应由企业自行决定。有些情况下,可将下述一些或全部文件进行合并;但通常这些文件应相互分开。"

制药企业实施 GMP,硬件是基础,软件是保证,人员是关键。文件体系是软件的核心,制药企业建立健全一个科学合理、规范完整的文件体系,使管理的各个环节都有章可循,就能够使得质量保证体系更加充实有力,进一步说,就能够使得质量管理体系更加完善健全,就能够持续稳定地生产出符合预定用途和注册要求的药品。

(二) 对文件管理的操作规程规定

药品 GMP(2010 年修订)第一百五十一条规定:"企业应当建立文件管理的操作规程,系统地设计、制订、审核、批准和发放文件,与本规范有关的文件应当经质量管理部门的审核。"

WHO-GMP 15.2 指出:"应精心设计、制订、审查和发放文件其内容应与生产许可证、产品注册证的相关部分保持一致。"15.3 指出:"文件应由合适的主管人员批准、签名并注明日期。文件不经批准不得更改。"

(三) 对文件内容的要求

药品 GMP(2010 年修订)第一百五十二条规定:"文件的内容应当与药品生产许可、药品注册等相关要求一致,并有助于追溯每批产品的历史情况。"

WHO-GMP 15.3 指出:"文件内容不可模棱两可,应阐明文件的标题、内容和目的。文件的布局应条理分明,便于查阅。复印文件应清晰可辨;从基准文件复制工作文件时,不得产生任何差错。"

(四) 对文件的起草、修订、审核、批准、替换或撤销、复制、保管和销毁等的管理要求

药品 GMP(2010 年修订)第一百五十三条规定:"文件的起草、修订、审核、批准、替换或撤销、复制、保管和销毁等应当按照操作规程管理,并有相应的文件分发、撤销、复制、销毁记录。"

如国家立法的"立法法"一样,制药企业应有 1 份完善的有关文件的起草、修订、审核、批准、替换或撤销、复制、保管和销毁等程序规定的 SOP,并应得到切实的执行,且还要有相应的文件分发、撤销、复制、销毁记录。这一切都涉及到文件管理。

文件管理是指包括文件的设计、制订、审核、批准、分发、执行、归档以及文件变更等一系列过程的管理活动,因此,制药企业应制订文件管理制度。

企业应建立文件的起草、修订、审查、批准、撤销、印制及保管的管理制度。分发、使用的文件应为批准的现行文本。已撤销和过时的文件除留档备查外,不得在工作现场出现。因此,制药企业应制订 1 个有关文件起草、审查、批准、生效、修正和废除的标准操作程序(SOP)。

(五) 对文件起草、修订、审核、批准的有关人员的要求

药品 GMP(2010 年修订)第一百五十四条规定:"文件的起草、修订、审核、批准均应当由适当的人员签名并注明日期。"

签名应规范,以示负责。

(六) GMP 对文件标题等及文字的要求

药品 CUP(2010 年修订)第一百五十五条规定:"文件应当标明题目、种类、目的以及文件编号和版本号。文字应当确切、清晰、易懂,不能模棱两可。"

1. 制订生产管理文件和质量管理文件的要求
1) 文件的标题应能清楚地说明文件的性质。
2) 各类文件应有便于识别其文本、类别的系统编码和日期。
3) 文件使用的语言应确切、易懂。
4) 填写数据时应有足够的空格。
5) 文件制订、审查和批准的责任应明确,并有责任人签名。

2. 编制文件应符合的原则

1）系统性 质量管理体系文件应从体系总体出发,涵盖所有要素及活动要求并作出规定,反映质量管理体系本身所具有的系统性。

2）动态性 质量管理强调了持续改进的原则。药品生产应是 1 个持续改进的动态过程,文件也需要依据验证和日常监控的结果而不断修订。

3）适用性 制药企业应根据 GMP 要求,结合本单位的实际情况,制订出切实可行的文件,达到有效管理。

4）严密性 文件的用词应确切,标准化。

5）可追溯性 标准文件应涵盖所有要素,相应的记录则反映执行的过程。文件的归档要充分考虑其可追溯性要求,为企业的持续改进奠定基础。

3. GMP 文件化过程中的要点

1）文件是写给那些使用者的。

2）以第二人称的语气写,如(你)应当做……

3）不要以过于专制或谦卑的语气来写。

4）使文件尽可能简短(short)和简单(simple)。

5）语句要简洁明了,超过 20 个单词的长句要重写。

6）不同的重要观点要分段表述,次重要的观点要用分句来表述。

7）尽量避免使用生僻的字或词语。

8）使这套文件读起来就像你在和 1 个朋友谈话。

9）尽量减少缩写词的使用。

(七) 对文件存放的要求

药品 GMP(2010 年修订)第一百五十六条规定:"文件应当分类存放、条理分明,便于查阅。"

文件的分类编码,可以使文件条理分明,便于查阅。

文件形成之后,所有文件必须有系统的编码及修订号,这好像 1 个人的身份证编号一样。在制药企业内部,文件的编码及修订号应保持一致,以便于识别、控制及追踪,同时可避免使用或发放过时的文件。

文件编码要注意遵守以下几个原则:

1）系统性 统一分类、编码,并指定专人负责编码,同时进行记录。

2）准确性 文件应与编码一一对应,一旦某一文件终止使用,此文件编码即告作废,并不得再次启用。

3）可追踪性 根据文件编码系统的规定,可任意调出文件,也可随时查询文件变更的历史。

4）稳定性 文件系统编码一旦确定,一般情况下不得随意变动,应保持系统的稳定性,以防止文件管理的混乱。

5）相关一致性 文件一旦经过修订,必须给定新的编码,对其相关文件中出现的该文件编码同时进行修正。

(八) 对文件复制的要求

药品 GMP(2010 年修订)第一百五十七条规定:"原版文件复制时,不得产生任何差错;复制的文字应当清晰可辨。"

WHO - GMP 规定:"复印文件应清晰可辨;从基准文件复制工作文件时,不得产生任何差错。"

包括文件复制在内的文件使用工作,要有相应的管理措施。

为确保文件的正确执行,应采取以下的文件使用管理措施:

1. 建立文件编制记录,分发文件时由领用人签名。

2. 建立文件总目录(申请 GMP 认证时必备),发放新版文件时同时收回旧版文件,由文件管理人员统一处理;对保存的旧版文件应另行明显标识,与现行文件隔离保存。

3. 制订现行文件清单,供随时查阅最新文件修改状态。

4. 文件的复制由文件管理部门统一制作,经审核后加盖印章,登记发放。

(九) 对文件的修订规定

药品 GMP(2010 年修订)第一百五十八条规定:"文件应当定期审核、修订;文件修订后,应当按照规定管理,防止旧版文件的误用。分发、使用的文件应当为批准的现行文本,已撤销的或旧版文件除留档备查外,不得在工作现场出现。"

WHO - GMP 15.5 指出:"文件应定期审查和更新。应设有一套系统,有效防止旧版文件的误用。旧版文件应保存一定时期。"

这里,应明确"修订"与"废除"的概念:

——修订 文件的题目不变,不论内容改变多少,都称为修订。

——废除 文件的题目改变,内容不论变或不变,原文件即称废除。改题后的文件应按新文件程序进行审批。

(十) 对记录及其填写的规定

药品 GMP(2010 年修订)第一百五十九条规定:"与本规范有关的每项活动均应当有记录,以保证产品生产、质量控制和质量保证等活动可以追溯。记录应当留有填写数据的足够空格。记录应当及时填写,内容真实,字迹清晰、易读,不易擦除。"

WHO - GMP 15.8 规定:"生产过程中采取的每一项活动均应记录在案,以可追溯所有的重要生产活动。所有记录应至少保存至批产品有效期后 1 年。"同时,15.6 规定:"如果文件需要输入数据,则文件应留有足够的空间,填写的内容应清晰、易读、不易丢失。"

填写记录要及时,内容要真实,数据要完整,字迹要清晰。

记录填写的注意事项如下:

① 记录及时,内容真实,数据完整。

② 字迹清晰,不得用铅笔填写。

③ 不得任意涂改或撕毁,需要修改时不得用涂改液,应划去在旁边重写、签名并注明日期。

④ 按表格内容填写齐全,不得留有空格,如无内容时要用"—"表示,内容与上项相同时应重复抄写,不得用简写符号""或"同上"表示。

⑤ 品名不得简写。

⑥ 企业内有关的操作记录应做到一致性、连贯性。

⑦ 操作者、复核者均应填写全名,不得只写姓或名。

⑧ 填写日期一律横写,并不得简写。例如 2011 年 6 月 13 日不得写成"11"、"13/6"或"6/13"形式。

(十一) 对自动打印记录等的表述

药品 GMP(2010 年修订)第一百六十条规定:"应当尽可能采用生产和检验设备自动打印的记录、图谱和曲线图等,并标明产品或样品的名称、批号和记录设备的信息,操作人应当签注姓名和日期。"

WHO - GMP 15.9 规定:"可使用电子数据处理系统、照相技术或其他可靠方式记录数据资料(和用于储存的记录),应有产品工艺规程以及与所用系统有关的标准操作规程,记录的准确性应经过核对。如果使用电子方法处理文件系统,只有受权人员才可通过计算机输入或更改数据,修改和删除情况应予记录。应使用密码或其他方式来限制他人登录数据系统、关键数据输入后,应由他人进行复核。用电子方法储存的批记录,应备份到磁带或缩微胶卷或打印纸或其他媒介中以保证记录的安全性。特别重要的是,数据资料在保存期间应便于调阅。"

(十二) 对记录填写的要求

药品 GMP(2010 年修订)第一百六十一条规定:"记录应当保持清洁,不得撕毁和任意涂改。记录填写的任何更改都应当签注姓名和日期,并使原有信息仍清晰可辨,必要时,应当说明更改的理由。记录如需重新誊写,则原有记录不得销毁,应当作为重新誊写记录的附件保存。"

(十三) 对批记录及文件保存期限的规定

药品 GMP(2010 年修订)第一百六十二条规定:

"每批药品应当有批记录,包括批生产记录、批包装记录、批检验记录和药品放行审核记录等与本批产品有关的记录。批记录应当由质量管理部门负责管理,至少保存至药品有效期后 1 年。

质量标准、工艺规程、操作规程、稳定性考察、确认、验证、变更等其他重要文件应当长期保存。"

药品 GMP(2010 年修订)第三百一十二条规定:"批记录是用于记述每批药品生产、质量检验和放行审核的所有文件和记录,可追溯所有与成品质量有关的历史信息。

批记录归档后就称为批档案。

批档案是指每一批物料或产品与该批质量有关的各种必要记录的汇总。产品批档案的建立有利于产品质量的评估以及追溯查考。

产品批档案由生产记录、质量记录和成品销售记录组成。

生产记录由下列各部分组成:

1. 批生产记录;

2. 批包装记录;

3. 有关物料记录及凭证;

4. 有关环境及介质报告。

质量记录由下列各部分组成:

1. 批检验记录;

2. 原辅料供应商检验证书;

3. 原辅料检验记录;

4. 原辅料小试报告;

5. 各种有关报告单;

6. 成品质量评估及放行审核记录;

7. 其他有关单据凭证。

销售记录主要为发运记录等"。

(十四) 对使用电子数据处理系统的规定

药品 GMP(2010 年修订)第一百六十三条规定:

"如使用电子数据处理系统、照相技术或其他可靠方式记录数据资料,应当有所用系统的操作规程;记录的准确性应当经过核对。

使用电子数据处理系统的,只有经授权的人员才可输入或更改数据,更改和删除情况应当有记录;应当使用密码或其他方式来控制系统的登录;关键数据输入后,应当由他人独立进行复核。

用电子方法保存的批记录,应当采用磁带、缩微胶卷、纸质副本或其他方法进行备份,以确保记录的安全,且数据资料在保存期内便于查阅。"

二、质量标准

质量标准(specification/quality standard)由一系列的检测、分析方法的参照和适当的可接受标准(限度值、范围或检测中描述的标准)组成。

我国《药品管理法》第三十二条规定"药品必须符合国家药品标准"。而符合质量标准就是指药物及其制剂按照给定的方法检测,符合可接受标准。

质量标准是为了确保产品质量的稳定性,这是药物及其制剂质量总体控制策略的一部分。这一总体策略的其他部分还包括作为质量标准制订依据的研发中得到的全部药品特性和对 GMP 的遵守,如合适的设施、经验证的生产工艺、经验证的检测程序、原材料检测、生产过程中检测、稳定性试验等。

质量标准是有选择地确定药物及其制剂的质量而不是确定全部性质,应着重考虑那些对确保药物安全性和有效性有用的性质。

药物及其制剂的质量是取决于设计、开发、生产在线控制、GMP 控制、工艺验证,以及研发和生产过程中所采用的各种质量标准。

本节就 GMP 对物料和成品等质量标准的要求进行讨论。

(一) 对物料和成品等质量标准的规定

药品 GMP(2010 年修订)第一百六十四条规定:"物料和成品应当有经批准的现行质量标准;必要时,中间产品或待包装产品也应有质量标准。"

WHO—GMP 15.4 指出:"起始物料、包装材料和成品应有经过批准并标注日期的质量标准,标准应包括鉴别、含量、纯度和质量的检验等;必要时,应有中间产品和待包装产品的质量标准。工艺用水、溶媒和试剂(如酸和碱)也应制定相应的质量标准。"

(二) 物料的质量标准包括哪些内容

药品 GMP(2010 年修订)第一百六十五条规定:

"物料的质量标准一般应当包括:

1. 物料的基本信息:
1) 企业统一指定的物料名称和内部使用的物料代码;
2) 质量标准的依据;
3) 经批准的供应商;
4) 印刷包装材料的实样或样稿。
2. 取样、检验方法或相关操作规程编号;
3. 定性和定量的限度要求;
4. 储存条件和注意事项;
5. 有效期或复验期。"

(三) 对中间产品等的质量标准规定

药品 GMP(2010 年修订)第一百六十六条规定:"外购或外销的中间产品和待包装产品应当有质量标准;如果中间产品的检验结果用于成品的质量评价,则应当制定与成品质量标准相对应的中间产品质量标准。"

WHO－GMP 15.20 表述为:"中间产品和待包装产品应有质量标准,该质量标准应类似于起始物料或成品质量标准。"

(四) 成品的质量标准包括的内容

药品 GMP(2010 年修订)第一百六十七条规定:

"成品的质量标准应当包括:

1. 产品名称以及产品代码;
2. 对应的产品处方编号(如有);
3. 产品规格和包装形式;
4. 取样、检验方法或相关操作规程编号;
5. 定性和定量的限度要求;
6. 储存条件和注意事项;
7. 有效期。"

三、工 艺 规 程

药品 GMP(2010 年修订)第三百一十二条对"工艺规程"定义为:为生产特定数量的成品而制订的一个

或一套文件,包括生产处方、生产操作要求和包装操作要求,规定原辅料和包装材料的数量、工艺参数和条件、加工说明(包括中间控制)、注意事项等内容。

原料药的工艺规程应按每个产品分别编制。制剂的工艺规程除可按产品编制外,也可按剂型(或单元操作)编制有关工艺操作的、阐明生产过程中的共性规定,再按具体品种的技术要求写成产品工艺规程或产品工艺卡片,或按品种将工艺规程和岗位操作的内容结合,设计成工艺规程、操作要求和生产记录为一体的产品生产记录表,作为生产活动和原始记录的凭证。

(一) 对药品生产的工艺规程的规定

药品 GMP(2010 年修订)第一百六十八条规定:"每种药品的每个生产批量均应当有经企业批准的工艺规程,不同药品规格的每种包装形式均应当有各自的包装操作要求。工艺规程的制订应当以注册批准的工艺为依据。"

WHO-GMP 15.22 规定:"每一批量的每一产品均应有相应的经正式批准的工艺规程。"

对于一般的剂型来说,都有基准的通用的剂型生产工艺规程。工艺规程就是产品的"蓝图"或"模子"。药品质量是设计和生产出来的,工艺规程就是药品设计和生产方法设计的结果,其作用在于保证商业化生产的药品批与批之间均尽可能地与原设计吻合。

(二) 对工艺规程的修订规定

药品 GMP(2010 年修订)第一百六十九条规定:"工艺规程不得任意更改。如需更改,应当按照相关的操作规程修订、审核、批准。"

(三) 对制剂的工艺规程的内容规定

药品 GMP(2010 年修订)第一百七十条规定:
"制剂的工艺规程的内容至少应当包括:

1. 生产处方
1) 产品名称和产品代码。
2) 产品剂型、规格和批量。
3) 所用原辅料清单(包括生产过程使用,但不在成品中出现的物料),阐明每一物料的指定名称、代码和用量;如原辅料的用量需要折算时,还应当说明计算方法。

2. 生产操作要求
1) 对生产场所和所用设备的说明(如操作间的位置和编号、洁净度级别、必要的温湿度要求、设备型号和编号等)。
2) 关键设备的准备(如清洗、组装、校准、灭菌等)所采用的方法或相应操作规程编号。
3) 详细的生产步骤和工艺参数说明(如物料的核对、预处理、加入物料的顺序、混合时间、温度等)。
4) 所有中间控制方法及标准。
5) 预期的最终产量限度,必要时,还应当说明中间产品的产量限度,以及物料平衡的计算方法和限度。
6) 待包装产品的储存要求,包括容器、标签及特殊储存条件。
7) 需要说明的注意事项。

3. 包装操作要求
1) 以最终包装容器中产品的数量、质量或体积表示的包装形式。
2) 所需全部包装材料的完整清单,包括包装材料的名称、数量、规格、类型以及与质量标准有关的每一包装材料的代码。
3) 印刷包装材料的实样或复制品,并标明产品批号、有效期打印位置。
4) 需要说明的注意事项,包括对生产区和设备进行的检查,在包装操作开始前,确认包装生产线的清场已经完成等。
5) 包装操作步骤的说明,包括重要的辅助性操作和所用设备的注意事项、包装材料使用前的核对。

6) 中间控制的详细操作,包括取样方法及标准。

7) 待包装产品、印刷包装材料的物料平衡计算方法和限度。"

四、批生产记录

对"批生产记录"可以定义如下:"一个批次的待包装品或成品的所有生产记录。批生产记录能提供该批产品的生产历史以及与质量有关的情况。"批生产记录应是每批药品生产各工序全过程(包括质量检验)的完整记录,应全面反映产品工艺规程的执行情况,且具有生产数量及质量的可追溯性。

(一) 对每批产品的批生产记录规定

药品 GMP(2010 年修订)第一百七十一条规定:"每批产品均应当有相应的批生产记录,可追溯该批产品的生产历史以及与质量有关的情况。"

WHO-GMP 15.25 规定:"每一批产品均应有相应的批生产记录,批生产记录应以现行批准的关于记录的控制标准的相关部分为依据。在设计记录方法时,应考虑避免抄录差错(建议使用复印的方式或使用经过验证的计算机程序,应避免抄写已获批准的文件)。"

批生产记录是证明及记录生产操作中完成每一步骤的文件,应准确再现产品标准文件中的生产方法与作业顺序(包括工序检查),并要对必要的表格认真地记录,以保证指令被严格遵循。任何与指令的偏离均要记录,包括偏离原因。

(二) 对批生产记录的制定规定

药品 GMP(2010 年修订)第一百七十二条规定:"批生产记录应当依据现行批准的工艺规程的相关内容制订。记录的设计应当避免填写差错。批生产记录的每一页应当标注产品的名称、规格和批号。"

(三) 对原版空白的批生产记录的规定

药品 GMP(2010 年修订)第一百七十三条规定:"原版空白的批生产记录应当经生产管理负责人和质量管理负责人审核和批准。批生产记录的复制和发放均应当按照操作规程进行控制并有记录,每批产品的生产只能发放一份原版空白批生产记录的复制件。"

(四) 对每项生产操作的记录规定

药品 GMP(2010 年修订)第一百七十四条规定:"在生产过程中,进行每项操作时应当及时记录,操作结束后,应当由生产操作人员确认并签注姓名和日期。"

WHO-GMP 15.26 强调:"在生产加工之前,应进行检查,确保设备和工作场所没有遗留产品、文件或预定生产作业要求之外的物料,有关设备处于洁净状态并适于使用。检查情况应予记录。"

在批生产记录(包括清场记录)中,不仅要有实施生产操作的人员的签名,而且要有审查和确认生产操作(如称重复核)的人员的签名,当然最后还要有药品质量受权人审核时的签名。

(五) GMP 对批生产记录内容的规定

药品 GMP(2010 年修订)第一百七十五条规定:

"批生产记录的内容应当包括:

1. 产品名称、规格、批号;

2. 生产以及中间工序开始、结束的日期和时间;

3. 每一生产工序的负责人签名;

4. 生产步骤操作人员的签名;必要时,还应当有操作(如称量)复核人员的签名;

5. 每一原辅料的批号以及实际称量的数量(包括投入的回收或返工处理产品的批号及数量);

6. 相关生产操作或活动、工艺参数及控制范围,以及所用主要生产设备的编号;

7. 中间控制结果的记录以及操作人员的签名;

8. 不同生产工序所得产量及必要时的物料平衡计算;

9. 对特殊问题或异常事件的记录,包括对偏离工艺规程的偏差情况的详细说明或调查报告,并经签字批准。"

五、批包装记录

在药品生产中,药品包装工序是最容易发生混药事故的过程,所以对包装操作要进行严格的管理。批包装记录是1组证明且记录包装作业完成每一步骤的文件。

(一) 对每批产品的批包装记录规定

药品 GMP(2010 年修订)第一百七十六条规定:"每批产品或每批中部分产品的包装,都应当有批包装记录,以便追溯该批产品包装操作以及与质量有关的情况。"

药品 GMP 的三大目标之一就是防止差错、防止混淆,而未能严格实施 GMP 的制药企业往往就在药品包装上发生差错。

WHO - GMP 15.28 规定:"每一批或其中某一分批应保存有批包装记录。包装记录应以包装作业指令的相关部分为依据。设计记录方法时,应考虑避免抄录差错(建议使用复印的方式或使用经过验证的计算机程序。应避免抄写已获批准的文件)。"

(二) 对批包装记录的制订的规定

药品 GMP(2010 年修订)第一百七十七条规定:"批包装记录应当依据工艺规程中与包装相关的内容制订。记录的设计应当注意避免填写差错。批包装记录的每一页均应当标注所包装产品的名称、规格、包装形式和批号。"

(三) 对原版空白的批包装记录的规定

药品 GMP(2010 年修订)第一百七十八条规定:"批包装记录应当有待包装产品的批号、数量以及成品的批号和计划数量。原版空白的批包装记录的审核、批准、复制和发放的要求与原版空白的批生产记录相同。"

(四) 对每项包装操作的记录规定

药品 GMP(2010 年修订)第一百七十九条规定:"在包装过程中,进行每项操作时应当及时记录,操作结束后,应当由包装操作人员确认并签注姓名和日期。"

WHO - GMP 15.29 强调:"包装开始前,应进行检查,确保设备和工作场所没有遗留产品、文件以及预定包装作业要求之外的其他物料,设备应处于清洁状态并适于使用。检查情况应予记录。"

在批包装记录(包括清场记录)中,不仅要有实施包装操作人员的签名,而且还要有包装工序负责人的签名,当然最后还要有药品质量受权人审核时的签名。

(五) 规定批包装记录的内窗

药品 GMP(2010 年修订)第一百八十条规定:"批包装记录的内容包括:

1. 产品名称、规格、包装形式、批号、生产日期和有效期;

2. 包装操作日期和时间;

3. 包装操作负责人签名;

4. 包装工序的操作人员签名;

5. 每一包装材料的名称、批号和实际使用的数量;

6. 根据工艺规程所进行的检查记录,包括中间控制结果;

7. 包装操作的详细情况,包括所用设备及包装生产线的编号;

8. 所用印刷包装材料的实样,并印有批号、有效期及其他打印内容;不易随批包装记录归档的印刷包装材料可采用印有上述内容的复制品；

9. 对特殊问题或异常事件的记录，包括对偏离工艺规程的偏差情况的详细说明或调查报告，并经签字批准；

10. 所有印刷包装材料和待包装产品的名称、代码，以及发放、使用、销毁或退库的数量、实际产量以及物料平衡检查。"

六、操作规程和记录

操作规程又称"标准操作规程"。标准操作规程的定义如下："经批准用以指示操作的通用性文件或管理办法。"标准操作规程（standard operating procedure, SOP）也可作为组成岗位操作法的基础单元。有的制药企业将 SOP 视为文件的通称，只要能满足药品生产质量管理的要求，就应认为符合 GMP 标准。

SOP 是企业员工执行每一个操作或程序所必须遵守的经认真研究批准的正式的书面文件。药品生产依靠许多有序的步骤、方法、程序和操作来完成，这些步骤、方法、程序和操作水平的优劣完全取决于 SOP 制作水平的优劣。SOP 在药品生产中实施 GMP 发挥着基础性的重要作用。

SOP 的制作要遵守法规（包括 GMP）符合性的原则；谁使用谁起草的原则（起草人应是具体负责使用的部门或车间的技术人员，且对该环节、步骤或具体的操作最明确和富有经验）；有事实根据的原则（每个 SOP 都应有合适的证明数据，如方法或过程的论证数据和有关的稳定数据）；严密的原则（做到既无漏洞也无重叠）。

就共性而言，所有制药企业的 SOP 都应具有指令性（必须严格遵守）、系统性（按照一定的程序和系统）、规范性、可操作性、准确性和保密性等特点。各制药企业应根据企业的实际制订出科学、实用、完整的 SOP 来充实企业的质量保证体系及 GMP 的内涵，并依据相关的 SOP 对具体的操作人员进行培训。

（一）规定操作规程的内容

药品 GMP（2010 年修订）第一百八十一条规定："操作规程的内容应当包括：题目、编号、版本号、颁发部门、生效日期、分发部门以及制定人、审核人、批准人的签名并注明日期，标题、正文及变更历史。"

每个制药企业的 SOP 在标题、编号、目的、内容、使用范围和格式等方面都应有其特点，让使用者一目了然，不会发生与其他文件的混淆；SOP 的内容都应准确、简洁明了，通俗易懂，方法鲜明，不模棱两可，便于操作。当然，SOP 的内容一定要准确，能量化的内容尽可能地量化，防止失误，以保证可操作性的实现、GMP 正确地实施。

（二）厂房、设备、物料、文件和记录的编码唯一性要求

药品 GMP（2010 年修订）第一百八十二条规定："厂房、设备、物料、文件和记录应当有编号（或代码），并制定编制编号（或代码）的操作规程，确保编号（或代码）的唯一性。"

常用编码的方法，可采用编码、流水号、版本号相结合的方式。其中编码由文件性质、部门代号、文件类别组成，应注意便于识别文件的文本、类别。

如文件性质可用英文缩写或中文汉语拼音缩写来代表：STP 代表技术标准文件；SMP 代表管理标准文件；SOP 代表工作标准文件。文件类别如 PT 代表生产部门使用的标准等。

（三）GMP 强调了哪些活动应当有相应的操作规程及其记录

药品（GMP（2010 年修订）第一百八十三条规定：
"下述活动也应当有相应的操作规程，其过程和结果应当有记录：
1. 确认和验证；
2. 设备的安装和校准；
3. 厂房和设备的维护、清洁和消毒；
4. 培训、更衣室卫生等与人员相关的事宜；
5. 环境监测；

6. 虫害控制;

7. 变更控制;

8. 偏差处理;

9. 投诉;

10. 药品召回;

11. 退货。"

第十节 生 产 管 理

生产管理是药品生产过程中的重要环节,也是 GMP 的重要组成部分。在生产过程中,要做到"一切行为有标准,一切操作有记录,一切过程可监控,一切差错可追溯"。药品生产依据的标准就是生产工艺规程、岗位操作法和标准操作规程,这些规程不得任意更改;如需更改时,一定按规定的程序办理修订、审批手续。在药品生产中,重要的是要防止污染和混淆,确保药品生产的安全,确保药品的质量。

药品生产要按规定划分批次,并编制批号,确保每批产品具有"同一性质和质量"、"同一连续生产周期",以及可追溯性,使所生产的药品从原料供应商直至成品的用户形成完善的物流系统。

生产管理的重点包括工艺技术管理、批号管理、包装管理、生产记录管理、不合格品管理、物料平衡检查和清场管理。

一、生产管理的 GMP 原则

药品 GMP 的灵魂是:药品的质量是设计和生产出来的,而不是检验出来的。药品的生产,是 1 个以工序为基础的连续过程;生产过程中某一工序出现波动(操作人、机器、方法、物料、环境等),必然要引起生产过程及成品的质量波动。因此,不仅生产的最终产品要符合质量标准,而且药品生产的全过程也必须符合 GMP 的要求,其体系要符合质量管理体系等一系列的标准。只有同时符合这 3 个条件的药品,才是完全合格的药品。这是现代药品质量的概念,也正是 GMP 所要达到的目标,是解决药品质量不稳定的根本办法。

(一) 对所有药品的生产和包装规定

药品 GMP(2010 年修订)第一百八十四条规定:"所有药品的生产和包装均应当按照批准的工艺规程和操作规程进行操作并有相关记录,以确保药品达到规定的质量标准,并符合药品生产许可和注册批准的要求。"

WHO - GMP 第 16 章为生产规范。16.1 明确了"生产企业必须严格按照符合生产许可证和产品注册证的明确规程执行,以确保产品符合质量要求"的原则。

(二) 对产品生产批次的规定

药品 GMP(2010 年修订)第一百八十五条规定:"应当建立划分产品生产批次的操作规程,生产批次的划分应当能够确保同一批次产品质量和特性的均一性。"

药品 GMP(2010 年修订)第三百一十二条对"批"和"批号"的定义如下:

——批 经一个或若干加工过程生产的、具有预期均一质量和特性的一定数量的原辅料、包装材料或成品。为完成某些生产操作步骤,可能有必要将一批产品分成若干批,最终合并成为一个均一的批。在连续生产情况下,批必须与生产中具有预期均一特性的确定数量的产品相对应,批量可以是固定数量或固定时间段内生产的产品量。

如口服或外用的固体、半固体制剂在成型或分装前使用同一台混合设备一次混合所生产的均质产品为一批;口服或外用的液体制剂以灌装(封)前经最后混合的药液所生产的均质产品为一批。

——批号 用于识别一个特定批的具有唯一性的数字和(或)字母的组合。

WHO - GMP 术语中也有相同规定。简而言之,在规定限度内具有同一性质和质量,并在同一连续生产周期中生产出来的一定数量的药品为一批。每批药品均应编制生产批号。批号就是用于识别"批"的 1 组数字或字母加数字,用以追溯和审查该批药品的生产历史。

(三) 对编制药品批号和确定生产日期的操作规程规定

药品 GMP(2010 年修订)第一百八十六条规定:"应当建立编制药品批号和确定生产日期的操作规程。每批药品均应当编制唯一的批号。除另有法定要求外,生产日期不得迟于产品成型或灌装(封)前经最后混合的操作开始日期,不得以产品包装日期作为生产日期。"

前文已述,批号就是用于识别 1 个特定批的具有唯一性的数字和(或)字母的组合。

(四) 对每批产品的产量和物料平衡的规定

药品 GMP(2010 年修订)第一百八十七条规定:"每批产品应当检查产量和物料平衡,确保物料平衡符合设定的限度。如有差异,必须查明原因,确认无潜在质量风险后,才可按照正常产品处理。"

在药品生产中,要进行产品或物料的理论产量或理论用量与实际产量或用量之间的比较,并适当考虑可允许的正常偏差(即符合设定的限度)。每批产品应按产量和数量的物料平衡进行检查。如有显著差异,必须查明原因,在得出合理解释、确认无潜在质量事故后,才可按正常产品处理。

(五) 对不同品种和规格药品的生产操作规定

药品 GMP(2010 年修订)第一百八十八条规定:"不得在同一生产操作间同时进行不同品种和规格药品的生产操作,除非没有发生混淆或交叉污染的可能。"

WHO - GMP 16.5 规定:"同一房间或区域内不应同时或连续进行不同产品的生产,除非没有混淆或交叉污染的风险。"

(六) 预防产品和物料免受微生物和其他污染

药品 GMP(2010 年修订)第一百八十九条规定:"在生产的每一阶段,应当保护产品和物料免受微生物和其他污染。"

药品 GMP(2010 年修订)对污染(contamination)的定义:"在生产、取样、包装或重新包装、储存或运输等操作过程中,原辅料、中间产品、待包装产品、成品受到具有化学或微生物特性的杂质或异物的不利影响。"

在制药企业,污染主要指原辅料或成品被微生物或其他外来物所污染;交叉污染就是在生产中,一种原料或产品被另外的原料或产品污染。

(七) 防止粉尘的产生和扩散的规定

药品 GMP(2010 年修订)第一百九十条规定:"在干燥物料或产品,尤其是高活性、高毒性或高致敏性物料或产品的生产过程中,应当采取特殊措施,防止粉尘的产生和扩散。"

WHO - GMP 16.10 规定:"如果生产过程中使用干性物料或产品,则应采取预防措施防止尘埃的产生和飞扬。应有适当的空气控制规程(如符合一定质量要求空气的供给及排放)。"

(八) 对生产期间的一些标识规定的

药品 GMP(2010 年修订)第一百九十一条规定:"生产期间使用的所有物料、中间产品或待包装产品的容器及主要设备、必要的操作室应当贴签标识或以其他方式标明生产中的产品或物料名称、规格和批号,如有必要,还应当标明生产工序。"

WHO - GMP 16.6 规定:"生产期间,所有物料、半成品容器、主要生产设备及所有操作室和包装线均应有标志或使用其他方式标明被加工产品或物料的名称及其含量或效价、批号。如有必要,同时应标明所处生产阶段。有些情况下,记录前面所生产药品的名称是有益的。"

(九) 对容器、设备或设施所用标识规定

药品 GMP(2010 年修订)第一百九十二条规定:"容器、设备或设施所用标识应当清晰明了,标识的格式

应当经企业相关部门批准。除在标识上使用文字说明外,还可采用不同的颜色区分被标识物的状态(如待验、合格、不合格或已清洁等)。"

(十) 对区域间的管道和其他设备的连接规定

药品 GMP(2010 年修订)第一百九十三条规定:"应当检查产品从一个区域输送至另一个区域的管道和其他设备连接,确保连接正确无误。"

区域间管道和其他设备的连接若是错误会造成事故。WHO-GMP 16.21 规定:"对将产品从一个区域输送至另一个区域的连接管道或设备应进行检查,确保连接正确无误。"

(十一) 对每次生产结束后的清场规定

药品 GMP(2010 年修订)第一百九十四条规定:"每次生产结束后应当进行清场,确保设备和工作场所没有遗留与本次生产有关的物料、产品和文件。下次生产开始前,应当对前次清场情况进行确认。"

WHO-GMP16.15 规定:"生产作业前,应采取措施确保工作区和设备已处于清洁状态,现生产作业要求之外的所有起始物料、产品、标签或文件都已清除。"

WHO-GMP 16.26 规定:"包装作业前,应采取适当措施确保工作区、包装线、印刷机及其他设备已处于清洁状态,没有现包装作业不需要的遗留产品、物料或文件。应按有关检查清单对包装线进行清场并予以记录。"

清场合格证是在清场结束后由生产部门质量员复查合格后发给的清场合格证明。清场合格证作为下一个品种(或同一品种不同规格)的生产凭证附入生产记录。未领得"清场合格证"不得进行下一步的生产。

(十二) 对有关偏差的事项规定

药品 GMP(2010 年修订)第一百九十五条规定:"应当尽可能避免出现任何偏离工艺规程或操作规程的偏差。一旦出现偏差,应当按照偏差处理操作规程执行。"

WHO-GMP 16.3 规定:"应尽可能避免出现偏离作业指令或规程的偏差。如出现偏差,应按照经过批准的规程处理。偏差应由指定人员签字书面批准,质量控制部门应参与其中。"

药品 GMP(2010 年修订)第一百九十六条规定:"生产厂房应当仅限于经批准的人员出入。"

二、防止生产过程中的污染和交叉污染

这一节表达了防止药品污染和交叉污染的主要措施。如在分隔的区域内生产不同品种的药品、空气洁净技术措施、清洁措施、不同生产操作的隔离措施等。

污染(contamination)是作为处理对象的物体或物质,由于黏附、混入或产生某种物质,其性能和功能产生不良影响的过程或使其产生不良影响的状态。在制药企业,污染主要指原辅料或成品被微生物或其他外来物所污染。

交叉污染(cross contamination)是不同原料、辅料及产品之间发生的相互污染。

混淆是指 1 种或 1 种以上的原辅料或成品与已标明品名等的原辅料或成品相混。通俗的说法,称为"混药"。

(一) 对防止生产过程中的污染和交叉污染的措施规定

药品 GMP(2010 年修订)第一百九十七条规定:

"生产过程中应当尽可能采取措施,防止污染和交叉污染,如:

1. 在分隔的区域内生产不同品种的药品;
2. 采用阶段性生产方式;
3. 设备必要的气锁间和排风;空气洁净度级别不同的区域应当有压差控制;
4. 应当降低未经处理或未经充分处理的空气再次进入生产区导致污染的风险;
5. 在易产生交叉污染的生产区内,操作人员应当穿戴该区域专用的防护服;

6. 采用经过验证或已知有效的清洁和去污染操作规程进行设备清洁；必要时，应当对物料直接接触的设备表面的残留物进行检测；

7. 采用密闭系统生产；

8. 干燥设备的进风应当有空气过滤器，排风应当有防止空气倒流装置；

9. 生产和清洁过程中应当避免使用易碎、易脱屑、易发霉器具；使用筛网时，应当有防止因筛网断裂而造成污染的措施；

10. 液体制剂的配制、过滤、灌封、灭菌等工序应当在规定时间内完成；

11. 软膏剂、乳膏剂、凝胶剂等半固体制剂以及栓剂的中间产品应当规定储存期和储存条件。"

（二）对定期检查防止污染和交叉污染的措施规定

药品 GMP（2010 年修订）第一百九十八条规定："应当定期检查防止污染和交叉污染的措施并评估其适用性和有效性。"

WHO-GMP 16.13 规定："应按照有关 SOP 的要求，定期检查预防交叉污染的措施及其有效性。"16.14 规定："在易受污染的产品的生产区内，应定期进行环境监测（例如监测微生物和粒子）。"

三、生 产 操 作

生产操作是药品生产过程中关键的环节。在生产操作中发生问题和事故的原因，主要是未能严格执行标准操作规程（SOP）等生产操作的文件，或者是生产区域未能专一，生产前未能很好地检查，人员控制不严格，工序衔接不合理，状态标识不明确等，特别是未能做好清场环节的工作。这都需要引起生产管理人员的高度警惕，切实地按照 SOP 做好生产操作。

（一）对生产操作前准备工作的规定

药品 GMP（2010 年修订）第一百九十九条规定：

"生产开始前应当进行检查，确保设备和工作场所没有上批遗留的产品、文件或与本批产品生产无关的物料，设备处于已清洁及待用状态。检查结果应当有记录。

生产操作前，还应当核对物料或中间产品的名称、代码、批号和标识，确保生产所用物料或中间产品正确且符合要求。"

制药企业生产车间的责任人员在每个品种或每个批号药品生产开始前，都应当认真检查没备、器械、容器等是否洁净或灭菌，以及是否有前一次生产的遗留物，否则不能进行新的生产操作。

（二）对中间控制和环境监测的规定

药品 GMP（2010 年修订）第二百条规定："应当进行中间控制和必要的环境监测，并予以记录。"

WHO-GMP 16.16 规定："应进行必要的中间控制和环境监测，并予以记录。"

显然，对于实施参数放行的灭菌制剂（如大输液）的中间控制和环境监测更有必要。

（三）对清场记录规定

药品 GMP（2010 年修订）第二百零一条规定："每批药品的每一生产阶段完成后必须由生产操作人员清场，并填写清场记录。清场记录内容包括：操作间编号、产品名称、批号、生产工序、清场日期、检查项目及结果、清场负责人及复核人签名。清场记录应当纳入批生产记录。"

清场记录应根据清场操作规程设计成合适的表格供有关人员填写。

四、包 装 操 作

在药品生产活动中，物料及成品的质量在很大程度上依靠包装去维护，因此应特别重视药品的包装工作。药品包装 GMP 是药品生产全过程 GMP 的组成部分。WHO 的《药品包装指导原则》第 3 章"包装的质量保证"的总则中指出："包装质量保证体系的缺陷所导致的劣质包装会带来严重后果，包装缺陷可能引起问题,从而导致产品的召回。包装缺陷可能包括破裂、与印刷和印色有关的问题、标签和药品说明书有误等。GMP 和质量控制的实施将会防止劣质药品的出厂。"同时,总则也强调:"药品生产过程中,包装工艺和包装设备与其他生产工艺和设备一样,需要进行验证(确认)。"

(一) 对包装操作规程的规定

药品 GMP(2010 年修订)第二百零二条规定:"包装操作规程应当规定降低污染和交叉污染、混淆或差错风险的措施。"

WHO - GMP 16.25 规定:"在制订包装作业规程时,应特别注意采取措施,将交叉污染、混淆或差错风险降至最低限度;不同产品不应在邻近区域内包装,除非采取物理隔离措施或等效的其他系统。"

(二) 对包装前检查的规定

药品 GMP(2010 年修订)第二百零三条规定:"包装开始前应当进行检查,确保工作场所、包装生产线、印刷机及其他设备已处于清洁或待用状态,无上批遗留的产品、文件或与本批产品包装无关的物料。检查结果应当有记录。"

(三) 对包装操作前的若干检查规定

药品 GMP(2010 年修订)第二百零四条规定:"包装操作前,还应当检查所领用的包装材料正确无误,核对待包装产品和所用包装材料的名称、规格、数量、质量状态,且与工艺规程相符。"

(四) 对每一包装操作场所或包装生产线标识的规定

药品 GMP(2010 年修订)第二百零五条规定:"每一包装操作场所或包装生产线,应当有标识标明包装中的产品名称、规格、批号和批量的生产状态。"

WHO - GMP 16.27 规定:"每一包装场所或包装线均应标明被包装产品的名称、批号。"

(五) 对有数条包装线同时进行包装时应采取的措施

药品 GMP(2010 年修订)第二百零六条规定:"有数条包装线同时进行包装时,应当采取隔离或其他有效防止污染、交叉污染或混淆的措施。"

(六) 对待用分装容器在分装前的规定

药品 GMP(2010 年修订)第二百零七条规定:"待用分装容器在分装前应当保持清洁,避免容器中有玻璃碎屑、金属颗粒等污染物。"

(七) 产品分装、封口后的规定

药品 GMP(2010 年修订)第二百零八条规定:"产品分装、封口后应当及时贴签。未能及时贴签时,应当按照相关的操作规程操作,避免发生混淆或贴错标签等差错。"

WHO - GMP 16.28 规定:"通常情况下,产品灌装、密封后应尽快贴签;否则,应按照适当的规程执行,以避免混淆或贴错标签。"

(八) 对单独打印或包装过程中在线打印标签的规定

药品 GMP(2010 年修订)第二百零九条规定:"单独打印或包装过程中在线打印的信息(如产品批号或有效期)均应当进行检查,确保其正确无误,并予以记录。如手工打印,应当增加检查频次。"

(九) 对使用切割式标签或在包装线以外单独打印标签的规定

药品 GMP(2010 年修订)第二百一十条规定:"使用切割式标签或在包装线以外单独打印标签,应当采取专门措施,防止混淆。"

WHO-GMP 16.30 规定："如果使用切割式标签,或者在包装线之外在标签上打印文字内容,或者是采用手工包装作业,则应采取专门的管理措施。卷筒式标签比切割式标签更有助于防止混淆。采用自动化电子手段在包装线上对标签进行自动检查有助于预防混淆,但对电子条码阅读器、标签计数器或其他类似装置应进行检查,确保其工作性能。如果手工贴签,则应更频繁地进行中控检查。"

(十) 对电子读码机、标签计数器或其他类似装置的规定

药品 GMP(2010 年修订)第二百一十一条规定："应当对电子读码机、标签计数器或其他类似装置的功能进行检查,确保其准确运行。检查应当有记录。"

(十一) 对包装材料上印刷或模压的内容规定

药品 GMP(2010 年修订)第二百一十二条规定："包装材料上印刷或模压的内容应当清晰,不易褪色和擦除。"

(十二) 包装期间对产品的中间控制检查的规定

药品 GMP (2010 年修订)第二百一十三条规定:
"包装期间,产品的中间控制检查应当至少包括下述内容:
1. 包装外观;
2. 包装是否完整;
3. 产品和包装材料是否正确;
4. 打印信息是否正确;
5. 在线监控装置的功能是否正常。
样品从包装生产线取走后不应当再返还,以防止产品混淆或污染。"

(十三) 对重新包装的规定

药品 GMP(2010 年修订)第二百一十四条规定："因包装过程产生异常情况而需要重新包装产品的,必须经专门检查、调查并由指定人员批准。重新包装应当有详细记录。"

(十四) 对进行包装产品的物料平衡规定

药品 GMP(2010 年修订)第二百一十五条规定："在物料平衡检查中,发现待包装产品、印刷包装材料以及成品数量有显著差异时,应当进行调查,未得出结论前,成品不得放行。"

WHO-GMP16.34 规定："经数额平衡检查发现待包装产品、印刷包装材料以及成品数虽发生重大或异常偏差时,应进行调查,没有得出合理的解释前,成品不得批准发放。"

(十五) 对包装结束而已打印批号的剩余包装材料处理的规定

药品 GMP(2010 年修订)第二百一十六条规定："包装结束时,已打印批号的剩余包装材料应当由专人负责全部计数销毁,并有记录。如将未打印批号的印刷材料退库,应当按照操作规程执行。"

第十一节　质量控制与质量保证

世界卫生组织(WHO)的 GMP 对质量控制(QC)与质量保证(QA)的定义如下:
——质量控制(quality control,QC)　是 GMP 的一部分,涉及取样、质量标准、检验以及组织机构、文件系统和产品的放行程序等。质量控制旨在确保所有必要的检验都已完成,而且所有物料或产品只有经认定其质量符合要求后才可发放使用或发放上市。质量控制不仅仅是局限于实验室内的检验,它必须涉及影响产品质量的所有决定。
——质量保证(quality assurance,QA)　是一个广义的概念,包括影响产品质量的所有单个或综合因

素。质量保证是指为确保产品符合预定用途所需质量需求的有组织、有计划的全部活动的总和。因此,质量保证包含 GMP 以及本指南以外的其他因素,如产品的设计和开发。

质量管理(quality management)包含了 QA,QA 包含了 GMP,GMP 包含了 QC。药品 GMP(2010 年修订)第十章"质量控制与质量保证"是第二章"质量管理"的细化或具体化的延续,强化了软件管理,基本为新增内容。仅从第十章"质量控制与质量保证"的条款上看,就有 61 条,占总条款的 19.5%;若是连同第二章"质量管理"的 11 条、第一章总则中的 2 条,有关质量管理的条款所占的比例就更高了。

为有效控制药品质量,制药企业必须建立独立的质量管理机构,负责药品质量管理和监督(政策控制)以及质量检验(技术控制),并直属企业负责人领导。对质量管理机构,要配备与质量保证相适应的人员,明确职责,赋予一定的权限(主要是质量否决权)。对质量检验部门应有足够的面积、必要的仪器和设备,能满足各种测试需要的理化分析和微生物实验室;对企业生产的药品及其原辅料、包装材料要制订企业标准(高于法定标准)、检验操作规程和检验用设备、仪器、试剂、试液、标准品滴定液、培养基、实验动物等管理办法;加强留样观察、质量分析等质量管理基础工作;质量检验方法以及使用的设备、仪器等,应按规定进行验证。

对主要物料供应商的质量体系评估及选择与管理,也是质量管理部门的职责。

一、质量控制实验室管理

质量控制涉及取样、规格标准、测试及组织机构、文件、发放程序,保证进行必要的、有关的检验。在质量评定合格之前,物料不得发放使用,产品不得发放销售或供应。质量控制不只限于实验室操作,它涉及一切有关产品质量的决定。质量控制独立于生产部门是重要的。

(一) 对质量控制实验室的人员、设施、设备的要求以及委托检验的相关规定

药品 GMP(2010 年修订)第二百一十七条规定:

"质量控制实验室的人员、设施、设备应当与产品性质和生产规模相适应。

企业通常不得进行委托检验,确需委托检验的,应当按照第十一章中委托检验部分的规定,委托外部实验室进行检验、但应当在检验报告中予以说明。"

这一条对质量控制实验室的人员、设施、设备提出了要求,并明确了委托检验的相关规定。

一般地,制药企业的质量控制部门的机构设置,如图 11-4 所示。

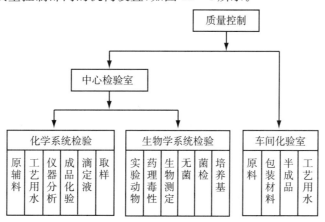

图 11-4　质量控制部门机构设置示意图

(二) 质量控制负责人的资质要求

药品 GMP(2010 年修订)第二百一十八规定:"质量控制负责人应当具有足够的管理实验室的资质和经验,可以管理同一企业的一个或多个实验室。"

这一条明确规定了质量控制负责人的资质和经验。

（三）对质控实验室的检验人员的要求

药品 GMP（2010 年修订）第二百一十九规定："质量控制实验室的检验人员至少应当具备相关专业中专或高中以上学历，并经过与所从事的检验操作相关的实践培训且通过考核。"

（四）对质量控制实验室的工具书及标准品等的要求

药品 GMP（2010 年修订）第二百二十条规定："质量控制实验室应当配备药典、标准图谱等必要的工具书，以及标准品或对照品牌相关的标准物质。"

这一条明确了质量控制实验室必须配备的工具书和标准物质，在《中国药典》中现代分析技术得到广泛应用。《中国药典》一部中薄层色谱法、高效液相色谱法、气相色谱法应用较多；二部中高效液相色谱法、红外等也应用十分广泛。《药品红外光谱集》等标准图谱等工具书应为必备书籍。

（五）对质量控制实验室的文件要求

药品 GMP（2010 年修订）第二百二十一条规定：

"质量控制实验室的文件应当符合第八章的原则，并符合下列要求：

1. 质量控制实验室应当至少有下列详细文件：

1）质量标准；

2）取样操作规程和记录；

3）检验操作规程和记录（包括检验记录或实验室工作记事簿）；

4）检验报告或证书；

5）必要的环境监测操作规程、记录和报告；

6）必要的检验方法验证报告和记录；

7）仪器校准和设备使用、清洁、维护的操作规程及记录。

2. 每批药品的检验记录应当包括中间产品、待包装产品和成品的质量检验记录，可追溯该批药品所有相当的质量检验情况。

3. 宜采用便于趋势分析的方法保存某些数据（如检验数据、环境监测数据、制药用水的微生物监测数据）。

4. 除与批记录相关的资料信息外，还应当保存其他原始资料或记录，以方便查阅。"

（六）对取样的相关规定

药品 GMP（2010 年修订）第二百二十二条规定：

"取样应当至少符合以下要求：

1. 质量管理部门的人员有权进入生产区和仓储区进行取样及调查。

2. 应当按照经批准的操作规程取样，操作规程应当详细规定。

1）经授权的取样人；

2）取样方法；

3）所用器具；

4）样品量；

5）分样的方法；

6）存放样品容器的类型和状态；

7）取样后剩余部分及样品的处置和标识；

8）取样注意事项，包括为降低取样过程产生的各种风险所采取的预防措施，尤其是无菌或有害物料的取样以及防止取样过程中污染的注意事项；

9）储存条件；

10）取样器具的清洁方法和储存要求。

3. 取样方法应当科学、合理，以保证样品的代表性。

4. 留样应当能够代表被取样批次的产品或物料，也可抽取其他样品来监控生产过程中最重要的环节（如生产的开始或结束）。

5. 样品的容器应当贴有标签，注明样品名称、批号、取样日期、取自哪一包装容器、取样人等信息。

6. 样品应当按照规定的储存要求保存"。

（七）对物料和不同生产阶段产品的检验规定

药品 GMP（2010 年修订）第二百二十三条规定：

"物料和不同生产阶段产品的检验应当至少符合以下要求：

1. 企业应当确保药品按照注册批准的方法进行全项检验；

2. 符合下列情况之一的，应当对检验方法进行验证：

1）采用新的检验方法；

2）检验方法需变更的；

3）采用《中华人民共和国药典》及其他法定标准未收载的检验方法；

4）法规规定的其他需要验证的检验方法。

3. 对不需要进行验证的检验方法，企业应当对检验方法进行确认，以确保检验数据准确、可靠；

4. 检验应当有书面操作规程，规定所用方法、仪器和设备，检验操作规程的内容应当与经确认或验证的检验方法一致；

5. 检验应当有可追溯的记录并应当复核，确保结果与记录一致。所有计算均应当严格核对；

6. 检验记录应当至少包括以下内容：

1）产品或物料的名称、剂型、规格、批号或供货批号，必要时注明供应商和生产商（如不同）的名称或来源；

2）依据的质量标准和检验操作规程；

3）检验所用的仪器和型号和编号；

4）检验所用的试液和培养基的配制批号、对照或标准品的来源和批号；

5）检验所用动物的相关信息；

6）检验过程，包括对照品溶液的配制、各项具体的检验操作、必要的环境温湿度；

7）检验结果，包括观察情况、计算和图谱或曲线图，以及依据的检验报告编号；

8）检验日期；

9）检验人员的签名和日期；

10）检验、计算复核人员的签名和日期；

7. 所有中间控制（包括生产人员所进行的中间控制），均应当按照质量管理部门批准的方法进行。检验应当有记录；

8. 应当对实验室容量分析用玻璃仪器、试剂、试液、对照品以及培养基进行质量检查；

9. 必要时应当将检验用实验动物在使用前进行检验或隔离检疫。饲养和管理应当符合相关的实验动物管理规定。动物应当有标识，并应当保存使用的历史记录。"

（八）对检验结果超标的调查处理规定

药品 GMP（2010 年修订）第二百二十四条规定："质量控制实验室应当建立检验结果超标调查的操作规程。任何检验结果超标都必须按照操作规程进行完整的调查，并有相应的记录。"

（九）对留样的规定

药品 GMP（2010 年修订）第二百二十五条规定：

"企业按规定保存的、用于药品质量追溯或调查的物料、产品样品为留样。用于产品稳定性考察的样品不属于留样。

留样应当至少符合以下要求：

1. 应当按照操作规程对留样进行管理；

2. 留样应当能够代表被取样批次的物料或产品；

3. 成品的留样

1）每批药品均应当有留样；如果一批药品分成数次进行包装，则每次包装至少应当保留一件最小市售包装的成品；

2）留样的包装形式应当与药品市售包装形式相同，原料药的留样如无法采用市售包装形式的，可采用模拟包装；

3）每批药品的留样数量一般至少应当能够确保按照注册批准的质量标准完成两次全检（无菌检查和热原检验等除外）；

4）如果不影响留样的包装完整性，保存期间内至少应当每年对留样进行一次目检观察，如有异常，应当进行彻底调查并采取相应的处理措施；

5）留样观察应当有记录；

6）留样应当按照注册批准的储存条件至少保存药品有效期后 1 年；

7）如企业终止药品生产或关闭的，应当将留样转交授权单位保存，并告知当地药品监督管理部门，以便在必要时可随时取得留样。

4. 物料的留样

1）制剂生产用每批原辅料和与药品直接接触的包装材料均应当有留样。与药品直接接触的包装材料（如输液瓶），如成品已有留样，可不必单独留样；

2）物料的留样量应当至少满足鉴别的需要；

3）除稳定性较差的原辅料外，用于制剂生产的原辅料（不包括生产过程中使用的溶剂、气体或制药用水），和与药品直接接触的包装材料的留样应当至少保存至产品放行后 2 年。如果物料的有效期较短，则留样时间可相应缩短；

4）物料的留样应当按照规定的条件储存，必要时还应当适当包装密封。"

制药企业质检部门的中心检验室应设立留样观察室，建立产品留样观察制度，明确规定留样品种、批数、数量、复查项目、复查期限、留样时间等；指定专人进行留样考察，填写留样观察记录，建立留样台账；定期做好总结，并报有关领导。产品留样应采用产品原包装或模拟包装，储藏条件应与产品规定的条件相一致，留样量要满足留样期间测试所需的样品量；留样样品保存到药品有效期后 1 年，未规定有效期的药品保存 3 年；产品留样期间如出现异常质量变化，应填写留样样品质量变化通知单，报质量管理部门负责人，由负责人报有关领导和部门采取必要措施。

（十）对试剂、试液、培养基和检定菌的管理规定

药品 GMP（2010 年修订）第二百二十六条规定：

"试剂、试液、培养基和检定菌的管理应当至少符合以下要求：

1. 试剂和培养基应当从可靠的供应商处采购，必要时应当对供应商进行评估；

2. 应当有接收试剂、试液、培养基的记录，必要时，应当在试剂、试液、培养基的容器上标注接收日期；

3. 应当按照相关规定或使用说明配制、储存和使用试剂、试液和培养基。特殊情况下，在接收或使用前，还应当对试剂进行鉴别或其他检验；

4. 试液和已配制的培养基应当标注配制批号、配制日期和配制人员姓名，并有配制（包括灭菌）记录。不稳定的试剂、试液和培养基应当标注有效期及特殊储存条件。标准液、滴定液还应当标注最后一次标化的日期和校正因子，并有标化记录；

5. 配制的培养基应当进行适用性检查，并有相关记录。应当有培养基使用记录；

6. 应当有检验所需的各种检定菌，并建立检定菌保存、传代、使用、销毁的操作规程和相应记录；

7. 检定菌应当有适当的标识，内容至少包括菌种名称、编号、代次、传代日期、传代操作人；

8. 检定菌应当按照规定的条件储存，储存的方式和时间不应当对检定菌的生长特性有不利影响。"

对试剂(试药)、试液、培养基和检定菌的管理应依照《中国药典》附录有部分进行。

(十一) 对标准品或对照品的管理规定

药品 GMP(2010 年修订)第二百二十七条规定：

"标准品或对照品的管理应当至少符合以下要求：

1. 标准品或对照品应当按照规定储存和使用；

2. 标准品或对照品应当有适当的标识,内容至少包括名称、批号、制备日期(如有)、有效期(如有)、首次开启日期、含量或效价、储存条件；

3. 企业如需自制工作标准品或对照品,应当建立工作标准品或对照品的质量标准以及制备、鉴别、检验、批准和储存的操作规程,每批工作标准品或对照品应当用法定标准品或对照品进行标化,并确定有效期,还应当通过定期标化证明工作标准品或对照品的效价或含量在有效期内保持稳定。标化的过程和结果应当有相应的记录。"

《中国药典》二部附录 XVG 为"标准品与对照品表"。

二、物料和产品放行

药品生产的质量受权人,不仅要承担产品放行的职责,而且要参与企业质量体系建设等一系列的质量管理活动。

药品质量不仅关系人命安危以及企业的生存,而且还是维系社会稳定以及企业发展的根基。现代经济是诚信的经济,其中重要的 1 条就是企业的产品质量,应当符合法定的国家药品标准。质量代表的是 1 个企业的品质,是 1 个品牌价值的核心内容。制药企业求强求大的发展轨迹应该是通过科技创新和管理创新来提高企业产品质量,然后通过优质产品的较高社会信誉度来打造自己的品牌,进而推动本企业成为知名企业。可以说,1 个企业的成长轨迹就是产品质量不断提升的过程,没有质量这个基础,企业就不可能发展;而在这个企业发展过程中,质量受权人应发挥重要的作用。

(一) 对物料和产品放行的操作规程的规定

药品 GMP(2010 年修订)第二百二十八条规定："应当分别建立物料和产品批准放行的操作规程,明确批准放行的标准、职责,并有相应的记录。"

(二) 对物料的放行的规定

药品 GMP(2010 年修订)第二百二十九条规定：

"物料的放行应当至少符合以下要求：

1. 物料的质量评价内容应当至少包括生产商的检验报告、物料包装完整性和密封性的检查情况和检验结果；

2. 物料的质量评价应当有明确的结论,如批准放行、不合格或其他决定；

3. 物料应当由指定人员签名批准放行。"

(三) 对产品放行的规定

药品 GMP(2010 年修订)第二百三十条规定：

"产品的放行应当至少符合以下要求：

1. 在此批准放行前,应当对每批药品进行质量评价,保证药品及其生产应当符合注册和本规范要求,并确认以下各项内容：

1) 主要生产工艺品和检验方法经过验证；

2) 已完成所有必需的检查、检验,并综合考虑实际生产条件和生产记录；

3) 所有必需的生产和质量控制均已完成并经相关主管人员签名；

4) 变更已按照相关规程处理完毕,需要经药品监督管理部门批准的变更已得到批准；

5）对变更或偏差已完成所有必要的取样、检查、检验和审核；

6）所有与该批产品有关的偏差均已有明确的解释或说明，或者已经过彻底调查和适当处理；如偏差还涉及其他批次产品，应当一并处理。

2. 药品的质量评价应当有明确的结论，如批准放行、不合格或其他决定；

3. 每批药品均应当由质量受权人签名批准放行；

4. 疫苗类制品、血液制品、用于血源筛查的体外诊断试剂以及国家食品药品监督管理局规定的其他生物制品放行前还应当取得批签发合格证明。”

三、持续稳定性考察

质量管理部门应开展对原料、中间产品及成品质量稳定性的有计划的考察，根据考察结果来评价成品质量和稳定性（必要时也评价起始原料和中间产品的质量和稳定性），同时也可以确定物料储存期，为制订药品有效期提供依据。

稳定性试验内容包括：

1. 加速破坏试验，预测样品的有效期。

2. 样品在规定保存条件下观察若干年限的稳定性试验记录。

（一）持续稳定性考察的目的

药品GMP（2010年修订）第二百三十一条规定：“持续稳定性考察的目的是在有效期内监控已上市药品的质量，以发现药品与生产相关的稳定性问题（如杂质含量或溶出度特性的变化），并确定药品能够在标示的储存条件下，符合质量标准的各项要求。”

欧盟药品GMP 6.23规定：“应按照适当的持续稳定性考察计划监控已上市药品的稳定性，以发现上市包装的产品与生产相关性问题（如杂质含量或溶出度特性的变化）”。6.24指出：“持续稳定性考察计划的目的是在有效期内监控产品，并确定产品可以或预期可以在标示的储存条件下，符合质量标准的各项要求。”

（二）持续稳定性考察的主要对象

药品GMP（2010年修订）第二百三十二条规定：“持续稳定性考察主要针对市售包装药品，但也需兼顾待包装产品。例如，当待包装产品在完成包装前，或从生产厂运输到包装厂，还需要长期储存时，应当在相应的环境条件下，评估其对包装后产品稳定性的影响。此外，还应当考虑对储存时间较长的中间产品进行考察。”

欧盟药品GMP 6.25有类同的规定。

（三）对考察方案及设备的规定

药品GMP（2010年修订）第二百三十三条规定：“持续稳定性考察应当有考察方案，结果应当有报告。用于持续稳定性考察的设备（尤其是稳定性试验设备或设施）应当按照第七章和第五章的要求进行确认和维护。”

欧盟药品GMP 6.26有类同的规定。

（四）考察方案的内容

药品GMP（2010年修订）第二百三十四条规定：

“持续稳定性考察的时间应当涵盖药品的有效期，考察方案应当至少包括以下内容：

1. 每种规格、每个生产批量药品的考察批次数；

2. 相关的物理、化学、微生物和生物学检验方法，可考虑采用稳定性考察专属的检验方法；

3. 检验方法依据；

4. 合格标准；

5. 容器密封系统的描述；

6. 试验间隔时间(测试时间点);

7. 储存条件(应当采用与药品标示储存条件相对应的《中华人民共和国药典》规定的长期稳定性试验标准条件);

8. 检验项目,如检验项目少于成品质量标准所包含的项目,应当说明理由。"

WHO-GMP 17.25 规定了相类似的内容。

《中国药典》二部附录 XHC 为"原料药与药物制剂稳定性试验指导原则"。

(五) 对考察批次数和检验频次的规定

药品 GMP(2010 年修订)第二百三十五条规定:"考察批次数和检验频次应当能够获得足够的数据,以供趋势分析。通常情况下,每种规格、每种内包装形式的药品,至少每年应当考察一个批次,除非当年没有生产。"

本条款与欧盟药品 GMP 6.29 类同,但 6.29 又规定:"如果持续稳定性考察的产品需进行动物试验,且无适当的经验证的方法可供替代时,可根据风险—利益评估的方法确定检验频率。如果在方案中说明了科学依据,则可采用分类划分和矩阵原理设计方案。"

(六) 什么情况下应额外增加考察批次数

药品 GMP(2010 年修订)第二百三十六条规定:"某些情况下,持续稳定性考察中应当额外增加批次数,如重大变更或生产和包装有重大偏差的药品应当列入稳定性考察。此外,重新加工、返工或回收的批次,也应当考虑列入考察,除非已经过验证和稳定性考察。"

欧盟药品 GMP 6.30 有类似的规定。

(七) 哪些人应当了解持续稳定性考察的结果

药品 GMP(2010 年修订)第二百三十七条规定:"关键人员,尤其是质量受权人,应当了解持续稳定性考察的结果。当持续稳定性考察不在待包装产品和成品的生产企业进行时,相关各方之间应当有书面协议,且均应当保存持续稳定性考察的结果以供药品监督管理部门审查。"

这一条与欧盟药品 GMP 6.31 类同。

(八) 对不符合质量标准的结果或重要的日常异常趋势处理方法的规定

药品 GMP(2010 年修订)第二百三十八条规定:"应当对不符合质量标准的结果和重要的异常趋势进行调查。对任何已确认的不符合质量标准的结果或重大不良趋势,企业都应当考虑是否可能对已上市药品造成影响,必要时应当实施召回,调查结果以及采取的措施应当报告当地药品监督管理部门。"

这一条与欧盟药品 GMP 6.32 类同。简而言之,即对超标(OOS)和异常趋势(OOT)依照 SOP 调查处理。

(九) 对稳定性考察的总结报告的规定

药品 GMP(2010 年修订)第二百三十九条规定:"应当根据所获得的全部数据资料,包括考察的阶段性结论,撰写总结报告并保存。应当定期审核总结报告。"

四、变　更　控　制

变更(change)是指对已获准上市的药品在生产、质控、使用条件等诸多方面提出的涉及来源、方法论、控制条件等方面的变化。

变更控制(change control)则是对制药企业上述的不同类别的变化所采取的对应措施。

这些有关"变更控制"的规定,要求药品生产企业应建立变更控制系统(change control system,CCS)以评估可能影响药物及其制剂生产和控制的所有变更,确保药品生产的高质量,保证人们用药的安全有效。

中 国 食 药 用 菌 工 程 学
ZHONGGUO SHIYAOYONGJUN GONGCHENGXUE

（一）企业应建立变更控制系统

药品 GMP（2010 年修订）第二百四十条规定："企业应当建立变更控制系统，对所有影响产品质量的变更进行评估和管理。需要经药品监督管理部门批准的变更应当在得到批准后才可实施。"

EU－GMP 基本要求 II 的 13.10 条款规定："应建立正式的变更控制系统，以对可能影响中间体或原料药生产和控制的所有变更进行评估。"而我国新版药品 GMP 所规定的"变更控制"是针对原料药及制剂生产所涉及的与质量有关的范围。变更控制是最重要的质量管理系统之一，贯穿药品生产的整个生命周期，与药品注册管理中提出的变更控制要求相协同，有助于药品生产监管与药品注册管理共同形成监管合力。《药品注册管理办法》第一百一十条规定："变更研制新药、生产药品和进口药品已获批准证明文件及其附件中载明事项的，应当提出补充申请。申请人应当参照相关技术指导原则，评估其变更对药品安全性、有效性和质量可控性的影响，并进行相应的技术研究工作。"第一百一十三条规定："修改药品注册标准、变更药品处方中已有药用要求的辅料、改变影响药品质量的生产工艺等的补充申请，由省、自治区、直辖市药品监督管理部门提出审核意见后，报送国家食品药品监督管理局审批，同时通知申请人。修改药品注册标准的补充申请，必要时由药品检验所进行标准复核。"第一百一十四条规定："改变国内药品生产企业名称、改变国内生产药品的有效期、国内药品生产企业内部改变药品生产场地等的补充申请，由省、自治区、直辖市药品监督管理部门受理并审批，符合规定的，发给《药品补充申请批件》，并报送国家食品药品监督管理局备案；不符合规定的，发给《审批意见通知件》，并说明理由。"第一百一十五条规定："按规定变更药品包装标签、根据国家食品药品监督管理局的要求修改说明书等的补充申请，报省、自治区、直辖市药品监督管理部门备案。"

（二）对变更控制的管理在操作规程及人员专管方面规定

药品 GMP（2010 年修订）第二百四十一条规定："应当建立操作规程，规定原辅料、包装材料、质量标准、检验方法、操作规程、厂房、设施、设备、仪器、生产工艺和计算机软件变更的申请、评估、审核、批准和实施。质量管理部门应当指定专人负责变更控制。"

药品生产是一项复杂而系统的工程，药品质量受到诸多要素（主要的因素都由 GMP 规定）的影响。有变更，就会有影响，因此需要对变更控制进行管理。

（三）GMP 对变更的评估及分类的规定

药品 GMP（2010 年修订）第二百四十二条规定："变更都应当评估其对产品质量的潜在影响。企业可以根据变更的性质、范围、对产品质量潜在影响的程度将变更分类（如主要、次要变更）。判断变更所需的验证、额外的检验以及稳定性考察应当有科学依据。"

ICH－Q7 原料药生产的 GMP 指南 13.13 规定："应对变更所致中间体或原料药质量的潜在影响进行评估。为了说明一个已验证工艺的变更为合理性，为了确定各种变更应做的验证、测试和文件记录应达到什么样的水平，可采用分类法，即根据变更的性质、范围、程度及变更对工艺的影响，将变更分为次要的或主要的等类型。一个已验证工艺的变更需要进行哪些验证试验，作什么样的额外测试，应当有科学的依据。"

例如，按照变更可能对产品安全性、有效性和质量可控制性产生的影响程度，变更可划分为 3 类：I 类变更属于微小变更，对产品安全性、有效性和质量可控性基本不产生影响；II 类变更属于中度变更（次要变更），需要通过相应的研究工作证明变更对产品安全性、有效性和质量可控性不产生影响；III 类变更属于重大变更（主要变更），需要通过系列的研究工作证明变更对产品安全性、有效性和质量可控性没有产生负面影响。

制药企业应建立变更控制系统，建立操作规程（SOP），确保发生变更时有文件支持，有序地执行变更控制，进而保证变更过程的系统性和可追溯性。下文就制药企业可能发生的变更分类举例说明。

1. 微小变更

包括但不限于下列变更：

1）制造工艺的微小变更，如删除或减少处方中的指定成分（如着色剂，仅仅对产品的颜色产生了影响）。

2）生产设备、检测仪器变更（使用相同原理仅变更规格大小）。

3）生产批量大小的变更(扩大或减小不超过 10 倍)。

4）物料标准的变更(变更质量标准)。

5）辅料、包装材料供应商的变更。

6）变更除直接接触药品的包装。

7）删除中间体或起始物料的生产厂家。

8）公司更名、改变生产厂地的名称和地址(位置不变)。

9）各类质量文件的变更。

2. 中度变更

1）生产工艺的较大变更,但不影响产品杂质在定性和定量或物化特性方面的变化,也不影响无菌药品的染菌风险。

2）生产设备改变,但不可能影响产品杂质情况、物理、化学或生物学特性的变更。

3）生产批量扩大或缩小超过 10 倍的变更。

4）改变或增加原料药起始物料、精制溶剂和制剂活性成分的生产厂家。

5）除了重大变更或编辑错误之外,测试方法的任何变更,如改变成分、包装或分、最终中间体、起始物料的分析方法,但能提供等同的或增加的质量保证。

6）放宽生产环境、物料和主成分接收标准,但仍然符合法定标准如药典标准等。

7）包装方法的变更,但不影响产品质量,如改变包装规格,增加或删除干燥剂、填充纸。

8）标签变更,如增加不良反应或上市之后的注意事项。

3. 重大变更

1）生产工艺的变更,可能影响原料药杂质概况、物理、化学或生物学特性的变更——口服固体制剂的溶出度、产品规格的变更和注射剂产品无菌保证水平。如改变处方或起始原料。

2）改变关键设备(型号和操作原理不同),可能影响产品杂质概况、物理、化学或生物学特性的变更。

3）放松起始物料、最终中间体、原料药及产品的质量标准。

4）改变成分、包装成分、最终中间体、产品的分析方法,但不能提供等同的或增加的质量保证。

5）改变直接接触药品的包装材质,可能影响产品杂质或改变产品的包装容器,但不能提供更好的保护性能。

6）改变标签或说明书的用法或适应证。

7）延长药品有效期。

8）改变药品储存条件。

重要的是,变更都应当评估其对产品质量的潜在影响。

(四) 对影响产品质量的变更的程序规定

药品 GMP(2010 年修订)第二百四十三条规定:"与产品质量有关的变更由申请部门提出后,应当经评估、制定实施计划并明确实施职责,最终由质量管理部门审核批准。变更实施应当有相应的完整记录。"前述第二百四十一条也是有关变更控制管理 SOP 的规定。下文简要介绍变更过程处理程序。

1. 变更建议的提出与批准

工作人员因生产质量控制需要提出变更时,应及时汇报给部门负责人,由部门负责人对某建议进行评估或现场调查(如需要做试验,应组织人员进行试验,试验草案及整个试验过程都应当有书面记录)。如果同意其变更建议,工作人员、部门负责人填写《变更控制报告》中的申请人填写部分,并将试验草案和试验记录一并提交 QA。QA 对变更申请进行全面评估并分类后,报告企业质量负责人审批。如不同意该项变更,应及时通知申请部门。对于同意的变更,由 QA 判断是否需要验证。如需要,QA 相关人员组织验证委员会设计验证方案,展开验证工作;如不需要,交责任部门直接实施变更。

2. 变更方案的实施和结果评估

责任部门负责人组织人员开始执行变更方案,QA 相关人员负责协调和监督。执行过程中,操作人员应作好有关的记录;完成后,责任部门应填写《变更控制报告》中的执行情况部分,然后提交给 QA。如进行了验证,应将验证报告附上。相关人员还应根据变更方案的执行情况,列出相关的现行 SOP、图纸、批记录、标准等文件的更新表,作为附件上交 QA。如变更涉及到产品、中间体的重要质量参数,则需积累变更后连续 3 批的数据,分析其质量变化情况,作为附件上交 QA,由 QA 对变更执行结果进行评估。

3. 变更执行的批准和验收

企业质量负责人根据评估结果做出是否同意正式变更的最终决定:如果不同意,则维持现行的标准及操作等不变;如果同意,应同时安排 QA 组织相关人员审核、修订相关 SOP。正式变更执行获批准后,责任部门需及时进行变更的各项工作,包括文件的更新及对相关人员的已更新文件的培训,完成后由 QA 进行验收。QA 填写《变更控制报告》中变更追踪部分。验收完成后,整个变更过程即完成。

ICH - Q7 原料药生产的 GMP 指南 13.14,13.15,13.16 对以上程序也作了相应的规定。

(五) 对影响产品质量变更实施后进行稳定性考察的规定

药品 GMP(2010 年修订)第二百四十四条规定:"改变原辅料、与药品直接接触的包装材料、生产工艺、主要生产设备以及其他影响药品质量的主要因素时,还应当对变更实施后最初至少 3 个批次的药品质量进行评估。如果变更可能影响药品的有效期,则质量评估还应当包括对变更实施后生产的药品进行稳定性考察。"

《药品注册管理办法》第一百一十七条有相应的规定,药品检验所应当对抽取的批样品进行检验。

(六) 对变更实施的文件规定

药品 GMP(2010 年修订)第二百四十五条规定:"变更实施时,应当确保与变更相关的文件均已修订。"

(七) 对变更的文件和记录的规定

药品 GMP(2010 年修订)第二百四十六条规定:"质量管理部门应当保存所有变更的文件和记录。"

五、偏 差 处 理

偏差(deviation)是对批准指令或规定标准的任何偏离(ICH - Q7)。批准指令包括了生产工艺规程、岗位操作法和标准操作规程等。

在药品生产中,偏差处理是质量保证体系及 GMP 不可或缺的组成部分。药品生产中,由于工艺流程的飘移(shift)、设备设施的劣化、物料生产的变更、人员操作的不规范等原因,会产生各种偏差。偏差出现后,须进行科学、有效、及时的调查,进而进行处理乃至决定是否放行;而如何分析其原因并提出纠偏措施和预防措施,关系到制药企业最终产品的质量以及质量保证体系及 GMP 实施的优化。

(一) 统计过程控制

统计过程控制(statistical process control,SPC)是为贯彻预防原则,利用统计技术对过程中的各个阶段进行监控,从而达到保证产品质量的目的。

制药企业的质量管理部门有进行质量统计、审计工作的职责(包括对偏差的处理)。

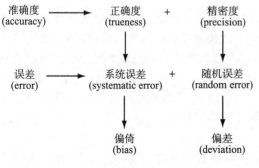

图 11 - 5 对偏差认识的简图

(二) 从统计技术的角度认识偏差

图 11 - 5 是对偏差认识的简图,根据 GB/T 6319(等同采用 ISO 5725)标准《测量方法和结果的准确度(正确度与精密度)》而制订。从图 11 - 5 中可以知道,偏差来源于随机误差。

1. 准确度(accuracy)

是测试结果与被测量真值或约定真值间的一致程度。

准确度常用误差(error)来表示。误差为所得结果减真值(或约定值/接受参考值)。按性质它可分为系统误差、随机误差。

2. 正确度(trueness)

为很大系列所得测试结果的平均值与真值的一致程度,或者说,为若干次测试结果的平均数的准确程度。正确度表示测试结果中系统误差的大小,通常以偏倚(bias)来度量。偏倚为结果期望与真值之差。

3. 精密度(precision)

为测试结果相互间的一致程度;或者说,在规定条件下,相互独立的测试结果之间的一致程度。精密度仅依赖于随机误差,而与被测量的真值或其他约定值无关。测试精密度就是检测值相互接近的程度。影响实验结果的随机误差越小,实验的精密度就越高。通常用偏差(deviation)来衡量精密度的高低,最常用的是标准偏差(standard deviation,SD/S)。

4. 准确度与精密度的关系

准确度与精密度虽然概念不同,但是两者却有密切的关系。准确度是由系统误差和随机误差所决定的,而精密度是由随机误差决定的。在检测过程中,虽然有很高的精密度,但并不能说明试验结果准确;只有在消除了系统误差之后,精密度和准确度才是一致的,此时精密度越高,准确度也就越高。可以用打靶的例子来说明两个概念之间的关系。图 11-6 绘制出了 4 种打靶的结果及误差分布曲线。其中靶心可当作真值,弹孔与靶心的距离为误差。从图 11-6 中可以看出:图 11-6a 精密度高,准确度也高,无系统误差,随机误差也小;图 11-6b 精密度与准确度都不好,既有系统误差存在,随机误差又很大;图 11-6c 精密度虽好,但存在系统误差,因而准确度不好;图 11-6d 精密度不好,但平均位置准确度还可以,但是由于离散度很大,无法保证检验结果的可靠性。

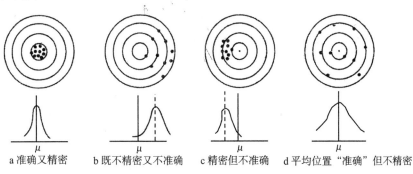

a 准确又精密　　b 既不精密又不准确　　c 精密但不准确　　d 平均位置"准确"但不精密

图 11-6　准确度与精密度关系图例

在实施 GMP 过程中对偏差的处理,当然不仅注意随机误差,而且也要注意系统误差(偏倚)。有的专业书籍用变差(variation)来说明变异。

(三) 各部门负责人怎样防止偏差的产生

药品 GMP(2010 年修订)第二百四十七条规定:"各部门负责人应当确保所有人员正确执行生产工艺、质量标准、检验方法和操作规程,防止偏差的产生。"

这就要使从事影响药品质量工作的人员具有适当的教育、培训、技能和经验。由于药品生产过程具有系统复杂性的特征,1 个品种在投入生产之前要经过相当长时间的工艺摸索和验证过程。例如,冻干粉针剂的冻干工艺,无论是新产品的投产、新工艺的使用,还是更新设备或更改工艺参数,均要经过小试、中试、试生产等几个阶段后才能筛选出最佳的冻干工艺过程。在药品正式投产之前要对环境、设备、工艺过程等做充分的验证,生产过程中要加强监控,必要时进行再验证和回顾性验证,才能避免生产过程偏差的产生,充分保证药品的质量。由于药品生产技术条件高,又是人员、物料、工艺、环境、设备等诸多要素共同整合的复杂过程,任何一个要素发生问题都会影响最终产品的质量。"硬件重要,软件更重要,人员最重要。"因此在药品生产中对偏差处理不当,会产生不良后果甚至是严重后果,必须予以高度重视。

(四) 企业应建立偏差处理的操作规程

药品 GMP(2010 年修订)第二百四十八条规定:"企业应当建立偏差处理的操作规程,规定偏差的报告、记录、调查、处理以及所采取的纠正措施,并有相应的记录。"

偏差处理的实施过程可以概括为如下的流程:偏差确认→偏差评估→实验室调查→全范围偏差调查→总结调查结果处理(纠偏措施+决定产品是否放行等)。

1. 偏差确认

所谓"偏差确认",就是指根据事先规定的标准程序,对偏差有效性进行确认的过程。例如,在微生物检验中,应该把"局外检验结果"从偏差中剔除。"局外检验结果"的含义为通过统计学分析,此超出其他数据范围之外的检验结果是由不明确原因导致的个别结果,可作为被抛弃的结果;但要注意的是,"局外检验结果"不适用于化学检验结果的数据分析。如果偏差是有效的,由于处理程序、对药品质量和放行审批的影响程度不同,应确认偏差的种类。偏差一经确认,检验员或操作工应立即记录结果并报告质量控制(QC)负责人。检验过程中的样品溶液应予以保存以备调查。检验员及 QC 负责人应尽快准备实验室内部调查。

2. 偏差评估

偏差经过确认后进入调查阶段,调查必须及时、完全,不带有任何偏见,记录必须完整和规范。QC 负责人接到报告之后,通知质量保证(QA)人员,并向 QA 申请 1 个带有文件号和日期的 OOS/OOT,[OOS 为 out of specification(超标)的缩写;OOT 为 out of trend(超趋势)的缩写]表格。然后 QC 负责人和检验员一起开始进行实验室调查并填写记录。在调查的最初阶段首先要评估实验室数据的准确性,分析是否出现实验室错误或仪器故障。

如果调查表明偏差是由实验室错误造成的,如实验记录的数据、样品的标签和标识、样品的制备、检验方法和仪器等发生异常或者原始样品的完整性出现问题等,则判定该实验是无效的,即所有在实验阶段得到的检验结果是无效的。

如果上述的项目审核全部符合标准,仍然怀疑实验室错误,则需要在调查阶段进行针对原始样品的调查性测试。对于仅为调查目的而进行的原始样品的再检验或再分析是被允许的;而出于"检验至合格"目的的针对同一样品的再检验是禁止的,也是背离偏差分析和 GMP 原则的。如果再检验的结果与原检验结果相同,则再检验结果和原检验结果均作为最终的报告结果,样品检测结果判定为不合格;如果再检验的结果符合标准,应对其历史趋势回顾,样品是否判定为合格依赖于质量评价的结果,再检验结果和原检验结果均作为最终的报告结果记录在 OOS/OOT 表格中。如果第二个检验员或使用对照样品进行同时分析时找出了原检验的实验室错误,则只将再检验的结果作为最终的报告结果。

对于重新取样的审批应持谨慎的态度,一般只有在样品被认为不具有代表性、样品在分析实验中已经用完或有其他合理的原因时,才可批准重新取样。无论是再验证还是重新取样,都要经 QA 部门批准。

如果调查未发现造成偏差的原因,将此结果通知 QA,同时将结果记录在实验室记录和 OOS/OOT 报告中,并在需要时保留在工艺记录中。

3. 全范围偏差调查

实验室调查未发现偏差原因,由 QA 组织实验室以外的全范围调查。应根据样品的种类、用途、所涉及的范围来确定所调查范围和参与调查的部门,如质量保证、工程及生产部门等。调查应正式、独立地检查所涉及的每个过程和环节,直至得出结论。在调查过程中,要考虑问题的涉及范围,如是否涉及相同或不同产品的前几批或后几批;同时,依据偏差的性质可能需要将产品停止放行或进行额外的稳定性试验等。调查全部完成后,所有文件应由 QA 存档。

4. 偏差调查结果处理

调查结束后,针对偏差产生原因,相关部门经过研究确定纠偏措施,由 QA 对这些措施进行审核批准。如果通过偏差调查发现中控参数、质量标准或分析方法等不适用,支持系统、设备等清洁或维护周期不合理,需要对企业的文件系统进行相应的修改,必要时应进行再验证或回顾性验证。如果为原料的质量问题,则应通知问题原料的供应商。

OOS 结果出现时,要对最初检验结果、再检验结果、重新取样结果、偏差调查报告并进行综合评估,确定批产品质量,才能做出放行决定。即使因 OOS 结果判定了不合格批,仍必须进行调查以确保该结果是否影响到同种产品其他批号或其他产品。而 OOT 结果并不影响药品的放行审批。

偏差处理还包含一类特殊的情况,就是对批准指令(生产工艺规程、岗位操作法和标准操作规程等)的偏离。GMP 要求药品生产企业建立 1 个规范、合理、完整的文件系统,目的是使药品生产质量管理的各个环节有章可循,因此对批准指令的偏离也必须得到充分的重视,及时通过培训等方式得到纠正。

(五) 对偏差的评估、分类及处理的规定

药品 GMP(2010 年修订)第二百四十九条规定:"任何偏差都应当评估其对产品质量的潜在影响。企业可以根据偏差的性质、范围、对产品质量潜在影响的程度将偏差分类(如重大、次要偏差),对重大偏差的评估还应当考虑是否需要对产品进行额外的检验以及对产品有效期的影响,必要时,应当对涉及重大偏差的产品进行稳定性考察。"

偏差是对批准指令或规定标准的任何偏离,制药企业可根据偏差对药品质量影响程度的大小,将偏差分为重大偏差(严重偏差)、次要偏差(一般偏差)、微小偏差;也可以根据偏离范围的不同,将偏差分为 OOS、OOT 等类别。OOS 是指在检验过程中出现的任何偏离标准(包括国家标准、地方标准和企业内部标准)的结果。Specification 有(质量)标准的含义,在 ISO 9000 标准中被定义为规范,即阐明要求的文件;OOS 为 out of specification 的缩写,直译为标准之外或超标。在 ICH - Q9 中对趋势(trend)定义为:表示一种变量的变化率和变化方向的统计词。OOT 为 out of trend 的缩写,直译为趋势之外或异常趋势。在制药行业,OOT 是指通过追溯生产过程中的记录和数据,得出某一参数的系统趋势,从而制订出此项参数的正常波动范围;如果超出此范围,但在标准以内,即为 OOT 结果。

(六) 对任何偏离及重大偏差的规定

药品 GMP(2010 年修订)第二百五十条规定:"任何偏离生产工艺、物料平衡限度、质量标准、检验方法、操作规程等的情况均应当有记录,并立即报告主管人员及质量管理部门,应当有清楚的说明,重大偏差应当由质量管理部门会同其他部门进行彻底调查,并有调查报告。偏差调查报告应当由质量管理部门的指定人员审核并签字。

企业还应当采取预防措施有效防止类似偏差的再次发生。"

对本条的阐述见本节"三"。

(七) 质量管理部门对偏差处理的职责的规定

药品 GMP(2010 年修订)第二百五十一条规定:"质量管理部门应当负责偏差的分类,保存偏差调查、处理的文件和记录。"

六、纠正措施和预防措施

纠正(correction)是为消除已发现的不合格所采取的措施。纠正可连同纠正措施一起实施。返工或降级可作为纠正的示例。

纠正措施(corrective action,CA)是为消除已发现的不合格或其他不期望情况的原因所采取的措施。1 个不合格可以有若干个原因。采取纠正措施是为了防止再发生,而采取预防措施是为了防止发生。纠正和纠正措施是有区别的:

预防措施(preventive action,PA)是为消除潜在不合格或其他潜在不期望情况的原因所采取的措施。1 个潜在不合格可以有若干个原因。采取预防措施是为了防止发生,而采取纠正措施是为了防止再发生。

显然,制药行业实施的 GMP 是预防型的法规,企业应建立纠正措施和预防措施(CAPA)系统,而且要建立实施 CAPA 的操作规程,并应有文件记录。

(一) 对企业纠正和预防措施系统的规定

药品 GMP(2010 年修订)第二百五十二条规定:"企业应当建立纠正措施和预防措施系统,对投诉、召回、偏差、自检或外部检查结果、工艺性能和质量监测趋势等进行调查并采取纠正和预防措施。调查的深度和形式应当与风险的级别相适应。纠正措施和预防措施系统当能够增进对产品和工艺的理解,改进产品和工艺。"

制药企业建立纠正和预防措施(CAPA)系统,实施有效的纠正和预防措施,在于消除特殊原因引起的质量可变性,以保证药品的安全有效、质量可控。当然,企业还要利用过程能力分析技术(process analysis technique,PAT),减少或控制一般原因引起的质量可变性;鉴别、理解并获得预测关键质量属性的能力;注重关键的影响质量的少数因素;确立关键质量属性的目标价值及目标价值中可接受的可变范围等。

这一条特别强调了CAPA系统及调查工作"应当与风险的级别相适应",这对于生产高风险药品的企业特别重要,须采取综合的多种CAPA及风险管理措施,筑起高风险药品的安全防线。

(二) 对企业建立纠正和预防措施操作规程的内容规定

药品GMP(2010年修订)第二百五十三条规定:

"企业应当建立实施纠正和预防措施的操作规程,内容至少包括:

1. 对投诉、召回、偏差、自检或外部检查结果、工艺性能和质量监测趋势以及其他来源的质量数据进行分析,确定已有和潜在的质量问题。必要时,应当采用适当的统计学方法;

2. 调查与产品、工艺和质量保证系统有关的原因;

3. 确定所需采取的纠正和预防措施,防止问题的再次发生;

4. 评估纠正和预防措施的合理性、有效性和充分性;

5. 对实施纠正和预防措施过程中的所有发生的变更应当予以记录;

6. 确保相关信息已传递到质量受权人和预防问题再次发生的直接负责人;

7. 确保相关信息及其纠正和预防措施已通过高层管理人员的评审"。

全面质量管理(TQM)体系有3个组成部分:管理理念、改进过程或模式、一整套工具。制药企业建立实施GMP的CAPA系统,必须有1套完善的合理有效的CAPA操作规程。这就需要高层管理层高度重视质量,全体员工积极参与并被授权,以顾客定义的质量为准则并始终以顾客满意为宗旨,将任何工作都视为过程,以及持续改进——显然,这包括了CAPA系统。

(三) GMP对纠正和预防措施文件记录的规定

药品GMP(2010年修订)第二百五十四条规定:"实施纠正和预防措施应当有文件记录,并由质量管理部门保存。"

七、供应商的评估和批准

我国GMP一直在强调制药企业质量管理部门应会同有关部门对主要物料供应商质量体系进行评估。药品GMP(2010年修订)第十章单列第七节计有11条规定。在ISO 9000系列国际标准强调的"质量管理原理"中,第八条互利的供需关系阐明了"通过互利的关系增强组织及其供方创造价值的能力"。对供应商质量体系的评估,可以认为是制药企业GMP实施的外延,是制药企业实施GMP不可缺少的组成部分,是制药企业保证高质量药品形成的重要因素。在当今社会,没有一个企业能完全由自己生产出所有的物料,这就像当今世界没有一个国家能完全生产出所有的药品一样。因此,这就需要药品GMP实施与认证。

制药企业应成立供应商质量体系评估工作小组,由质量管理部门负责,会同供应、生产等部门定期对主要供应商质量体系进行评估。企业可依据GMP及ISO 9000系列国际标准,制订对供应商质量体系评估提纲;评估完成后应写出供应商质量体系评估报告,确定是否可以成为合格的供应商。供应商一经确定,应相对稳定;如确实需要变更时,必须按照SOP重新对新供应商质量体系进行评估。企业供应部门不得向不合格的供应商购买原辅料和订制包装材料。

(一) 对供应商质量评估的主要原则

药品GMP(2010年修订)第二百五十五条规定:

"质量管理部门应当对所有生产用物料的供应商进行质量评估,会同有关部门对主要物料供应商(尤其是生产商)的质量体系进行现场质量审计,并对质量评估不符合要求的供应商行使否决权。

主要物料的确定应当综合考虑企业所生产的药品质量风险、物料用量以及物料对药品质量的影响程度等因素。

企业法定代表人、企业负责人及其他部门的人员不得干扰或妨碍质量管理部门对物料供应商独立作出质量评估。"

这一条也支持了企业质量管理部门独立的、不受干扰的质量否决权。

(二) 对物料供应商评估和批准操作规程的规定

药品 GMP(2010 年修订)第二百五十六条规定:

"应当建立物料供应商评估和批准的操作规程,明确供应商的资质、选择的原则、质量评估方式、评估标准、物料供应商批准的程序。

如质量评估需采用现场审计方式的,还应当明确审计内容、周期、审计人员的组成及资质。需采用样品小批量试生产的,还应当明确生产批量、生产工艺、产品质量标准、稳定性考察方案。"

制药企业建立物料供应商评估和批准的操作规程能够起到规范、引领、共赢的作用。制药企业与物料供应商的关系应是互利的协调的关系,制药企业有能力可以帮助物料供应商提高产品质量。制药企业对供应商采用现场质量审计方式的,应预先制订好质量体系评估提纲。

对供应商质量体系评估提纲,应包括供应商所取得的法律地位证照资料。例如,原料药生产单位必须具有《药品生产许可证》及该物料生产批准文号;直接接触药品的包装材料生产单位必须持有《药包材注册证》;印刷包装材料厂需持有《特种印刷许可证》或《包装装潢印刷许可证》;医药原料经销单位必须持有《药品经营许可证》。

提纲中还应包括生产质量管理机构及人员设置、生产管理系统、质量控制系统、厂房车间及经营场所、文件及记录管理等主要内容。

(三) 对参与供应商质量评估和现场质量审计人员的规定

药品 GMP(2010 年修订)第二百五十七条规定:"质量管理部门应当指定专人负责物料供应商质量评估和现场质量审计,分发经批准的合格供应商名单。被指定的人员应当具有相关的法规和专业知识,具有足够的质量评估和现场质量审计的实践经验。"

(四) 现场质量审计有关的规定

药品 GMP(2010 年修订)第二百五十八条规定:"现场质量审计应当核实供应商资质证明文件和检验报告的真实性,核实是否具备检验条件。应当对其人员机构、厂房设施和设备、物料管理、生产工艺流程和生产管理、质量控制实验室的设备、仪器、文件管理等进行检查,以全面评估其质量保证系统。现场质量审计应当有报告。"

(五) 对供应商提供的样品进行小批量试生产的规定

药品 GMP(2010 年修订)第二百五十九条规定:"必要时,应当对主要物料供应商提供的样品进行小批量试生产,并对试生产的药品进行稳定性考察。"

ICH-Q1 文件提供了稳定性试验的基本要求,可供企业参考。

(六) 对物料供应商质量评估的内容规定

药品 GMP(2010 年修订)第二百六十条规定:"质量管理部门对物料供应商的评估至少应当包括:供应商的资质证明文件、质量标准、检验报告、企业对物料样品的检验数据和报告。如进行现场质量审计和样品小批量试生产的,还应当包括现场质量审计报告,以及小试产品的质量检验报告和稳定性考察报告。"

(七) 对改变物料供应商的规定

药品 GMP(2010 年修订)第二百六十一条规定:"改变物料供应商,应当对新的供应商进行质量评估;改变主要物料供应商的,还需要对产品进行相关的验证及稳定性考察。"

对主要物料供应商的定义,应根据企业产品质量风险的级别来酌定。

(八) 对分发经批准的合格供应商名单的规定

药品 GMP(2010 年修订)第二百六十二条规定:"质量管理部门应当向物料管理部门分发经批准的合格供应商名单,该名单内容至少包括物料名称、规格、质量标准、生产商名称和地址、经销商(如有)名称等,并及时更新。"

(九) 对质量协议的规定

药品 GMP(2010 年修订)第二百六十三条规定:"质量管理部门应当与主要物料供应商签订质量协议,在协议中应当明确双方所承担的质量责任。"

依据有关法律法规,双方签订的质量协议应具有约束力。签订的双方主体应是法人单位。

(十) 对定期进行质量评估或现场质量审计的规定

药品 GMP(2010 年修订)第二百六十四条规定:"质量管理部门应当定期对物料供应商进行评估或现场质量审计,回顾分析物料质量检验结果、质量投诉和不合格处理记录。如物料出现质量问题或生产条件、工艺、质量标准和检验方法等可能影响质量的关键因素发生重大改变时,还应当尽快进行相关的现场质量审计。"

(十一) 对供应商质量档案的规定

药品 GMP(2010 年修订)第二百六十五条规定:"企业应当对每家物料供应商建立质量档案。档案内容应当包括供应商的资质证明文件、质量协议、质量标准、样品检验数据和报告、供应商的检验报告、现场质量审计报告、产品稳定性考察报告、定期的质量回顾分析报告等。"

八、产品质量回顾分析

如同对药品质量体系管理回顾一样,企业实施 GMP 及其生产的产品质量都要进行回顾分析。

如同 GMP 验证中的回顾性验证、GMP 的自检,这些包含着持续改进的理念。

(一) 对产品质量回顾分析规定

药品 GMP(2010 年修订)第二百六十六条规定:

"应当按照操作规程,每年对所生产的药品按品种进行产品质量回顾分析,以确认工艺稳定可靠,以及原辅料、成品现行质量标准的适用性,及时发现不良趋势,确定产品及工艺改进的方向。应当考虑以往回顾分析的历史数据,还应当对产品质量回顾分析的有效性进行自检。

当有合理的科学依据时,可按照产品的剂型分类进行质量回顾,如固体制剂、液体制剂和无菌制剂等。

回顾分析应当有报告。

企业至少应当对下列情形进行回顾分析:

1. 产品所用原辅料的所有变更,尤其是来自新供应商的原辅料;

2. 关键中间控制点及成品的检验结果;

3. 所有不符合质量标准的批次及其调查;

4. 所有重大偏差及相关的调查、所采取的整改措施和预防措施的有效性;

5. 生产工艺或检验方法等的所有变更;

6. 已批准或备案的药品注册所有变更;

7. 稳定性考察的结果及任何不良趋势;

8. 所有因质量原因造成的退货、投诉、召回及调查;

9. 与产品工艺或设备相关的纠正措施的执行情况和效果;

10. 新获批准和有变更的药品,按照注册要求上市后应当完成的工作情况;

11. 相关设备和设施,如空调净化系统、水系统、压缩空气等的确认状态;

12. 委托生产或检验的技术合同履行情况。"

这一条涵盖了与产品质量形成有关的要素。对按品种或者按照产品的剂型所进行的质量回顾,不仅要确认工艺稳定可靠,以及原辅料、成品现行质量标准的适用性(fitness for use),而且要及时发现不良趋势(out of trend),确定产品及工艺改进的方向。对历史数据的分析,需要应用到统计学的工具(主要为用数据和图表归纳)。分析的工具有新老七种质量控制 QC 工具(QC 老 7 种工具为调查表法、分析法、排列图法、因果图法、直方图法、控制图法、散布图法,QC 新 7 种工具为关联图法、亲和图法、系统图法、过程决策程序图法、矩阵图法、矩阵数据分析法、箭条图法)。重要的是不能忽视组织管理工作(人员要素)对产品质量的影响。当然,这一切都要纳入到全面质量管理的 PDCA 循环中去,对产品质量回顾分析,就在于找出问题,针对原因提出解决的办法。

(二) 对产品质量回顾分析结果进行评估的要求

药品 GMP(2010 年修订)第二百六十七条规定:"应当对回顾分析的结果进行评估,提出是否需要采取纠正和预防措施或进行再确认或再验证的评估意见及理由,并及时、有效地完成整改。"

进行产品质量回顾分析的目的在于持续改进质量,因此需要对回顾分析的结果进行评估,进而提出整改的意见。

(三) 对委托生产的产品质量回顾分析的规定

药品 GMP(2010 年修订)第二百六十八条规定:"药品委托生产时,委托方和受托方之间应当有书面的技术协议,规定产品质量回顾分析中各方的责任,确保产品质量回顾分析按时进行并符合要求。"

九、投诉与不良反应报告

药品质量关系人命安危,特别是药品发生不良反应时,更应及时处理。对药品质量投诉和药品不良反应,应详细记录和调查处理;出现重大问题时,应及时报告。为此,制药企业应指定专门机构或人员,建立药品不良反应监察报告制度,负责管理用户对药品质量的投诉和药品不良反应的监察。《药品不良反应报告和监测管理办法》的颁布,标志着我国药品不良反应报告制度实施的规范化。凡生产、经营、使用药品的单位应建立相应的管理制度,设置机构或配备人员,负责本单位药品不良反应的情况收集、报告和管理工作。

(一) 什么是药品不良反应

药品不良反应(adverse drug reaction,ADR)是指合格药品在正常用法用量下出现的与用药目的无关的或意外的有害反应。

(二) 什么是新的药品不良反应

新的药品不良反应是指药品使用说明书未载明的不良反应。

(三) 什么是药品严重不良反应

药品严重不良反应是指因服用药品引起以下损害情况之一的反应:

1. 引起死亡。

2. 致癌、致畸、致出生缺陷。

3. 对生命有危险并能够导致人体永久的或显著的伤残。

4. 对器官功能产生永久损伤。

5. 导致住院或住院时间延长。

(四) 对建立药品不良反应报告和监测管理制度的规定

药品不良反应报告和监测,就是指药品不良反应的发现、报告、评价和控制的过程。药品 GMP(2010 年修订)

第二百六十九条规定:"应当建立药品不良反应报告和监测管理制度,设立专门机构并配备专职人员负责管理。"

药品是防病治病的重要武器,必须保证其安全有效;但是,即使质量检验合格的药品,在正常用法用量下也会在一些人身上出现不良反应或药源性疾病,严重的能引起伤残、畸胎、癌症或死亡。

国家对药品不良反应实行逐级、定期报告制度。严重或罕见的药品不良反应须随时报告,必要时可以越级报告。企业应建立药品不良反应监察报告制度,指定专门机构或人员负责管理。负责此项工作人员应具有药品生产和质量管理的实践经验,有能力对此作出正确的判断和处理。

(五) 制药企业对药品不良反应报告的责任规定

药品 GMP(2010 年修订)第二百七十条规定:"应当主动收集药品不良反应,对不良反应应当详细记录、评价、调查和处理,及时采取措施控制可能存在的风险,并按照要求向药品监督管理部门报告。"

药品生产企业享有通过生产药品获取利润的权利,就应该相应承担药品不良反应监测的义务,即一种法律规定的义不容辞的任务,或者说,药品生产企业要承担药品不良反应监测工作的法律责任。药品生产企业应把药品成分、注意事项及可能发生的不良反应在包装或说明书上表达清楚。

(六) 对药品不良反应报告和监测管理的操作规程规定

药品 GMP(2010 年修订)第二百七十一条规定:"应当建立操作规程,规定投诉登记、评价、调查和处理的程序,并规定因可能的产品缺陷发生投诉时所采取的措施,包括考虑是否有必要从市场召回药品。"

制药企业应制定药品质量投诉与不良反应监察、处理等规章制度和标准操作规程(SOP)。对用户的药品质量投诉和不良反应监察,应分类登记编号,并做详细分析和认定记录,建立台账。投诉和不良反应监察记录应归档保存至药品有效期后1年,未规定有效期的药品保存3年。

(七) 对负责进行质量投诉的调查和处理的人员要求

药品 GMP(2010 年修订)第二百七十二条规定:"应当有专人及足够的辅助人员负责进行质量投诉的,调查和处理,所有投诉、调查的信息应当向质量受权人通报。"

对药品质量投诉和不良反应的调查处理方法主要有以下几个:

1. 复查留样样品,审查该产品的批生产记录和批检验记录。
2. 及时专访用户,听取意见,会同有关部门现场调研,做好记录。
3. 对投诉样品进行复查,作出判断,并提出处理意见。
4. 对药品不良反应及时向当地药品监督管理部门报告。

(八) 对所有投诉的规定

药品 GMP(2010 年修订)第二百七十三条规定:"所有投诉都应当登记与审核,与产品质量缺陷有关的投诉,应当详细记录投诉的各个细节,并进行调查。"

(九) 对发现或怀疑某批药品存在缺陷时的规定

药品 GMP(2010 年修订)第二百七十四条规定:"发现或怀疑某批药品存在缺陷,应当考虑检查其他批次的药品,查明其是否受到影响。"

(十) 对投诉调查和处理记录的规定

药品 GMP(2010 年修订)第二百七十五条规定:"投诉调查和处理应当有记录,并注意所查相关批次产品的信息。"

(十一) 对定期回顾分析投诉记录的规定

药品 GMP(2010 年修订)第二百七十六条规定:"应当定期回顾分析投诉记录,以便发现需要警觉、重复出现以及可能需要从市场召回药品的问题,并采取相应措施。"

(十二) 应及时向当地药品监督管理部门报告药品质量问题的规定

药品 GMP(2010 年修订)第二百七十七条规定:"企业出现生产失误、药品变质或其他重大质量问题,应当及时采取相应措施,必要时还应当向当地药品监督管理部门报告。"

制药企业在生产中出现下列重大质量问题时,应及时向当地药品监督管理部门报告:

1. 发生混药或异物混入事故,严重影响人身安全时。
2. 因药品质量,已造成医疗事故时。
3. 产品在有效期或工厂负责期内,因药品质量,造成整批退货时。
4. 出口产品因药品质量,造成退货、索赔或事故,影响较大时。
5. 药品使用中,出现新的不良反应时。

(十三) 制药企业在不良反应监测工作中可以发挥的作用

制药企业在不良反应监测工作中可以发挥一些积极的作用:

1. 在资金上可对药品不良反应监测及研究工作的支持。
2. 重视药品不良反应的监测可以维护本企业的信誉和利益。
3. 可以在药品不良反应监测工作中为开发新药积累资料。

第十二节 委托生产与委托检验

《中华人民共和国药品管理法》第十三条规定:"经国务院药品监督管理部门或者国务院药品监督管理部门授权的省、自治区、直辖市人民政府药品监督管理部门批准,药品生产企业可以接受委托生产药品。"《中华人民共和国药品管理法实施条例》第十条规定:"受托方必须是持有与其受托生产的药品相适应的《药品生产质量管理规范》认证证书的药品生产企业。"

我国药品 GMP(2010 年修订)第十一章"委托生产与委托检验"有 4 节 15 条规定。

一、委托生产与委托检验的原则

(一) 对委托生产与委托检验合同的规定

药品 GMP(2010 年修订)第二百七十八条规定:"为确保委托生产产品的质量和委托检验的准确性和可靠性,委托方和受托方必须签订书面合同,明确规定各方责任、委托生产或委托检验的内容及相关的技术事项。"

委托生产药品的双方应当签署合同,内容应当包括双方的权利与义务,并具体规定双方在药品委托生产技术、质量控制等方面的权利与义务,且应当符合国家有关药品管理的法律法规。

委托生产药品的质量标准应当执行国家药品质量标准,其处方、生产工艺、包装规格、使用说明书、批准文号等应当与原批准的内容相同。在委托生产的药品包装、标签和说明书上,应当标明委托方企业名称和注册地址、受托方企业名称和生产地址。

委托方负责委托生产药品的质量和销售。委托方应当对受托方的生产条件、生产技术水平和质量管理状况进行详细考察,应当向受托方提供委托生产药品的技术和质量文件,对生产全过程进行指导和监督。

(二) 对委托生产或委托检验的所有活动规定

药品 GMP(2010 年修订)第二百七十九条规定:"委托生产或委托检验的所有活动,包括在技术或其他方面拟采取的任何变更,均应当符合药品生产许可和注册的有关要求。"

二、委 托 方

(一) 委托方对受托方进行评估要求的规定

药品 GMP(2010 年修订)第二百八十条规定:"委托方应当对受托方进行评估,对受托方的条件、技术水平、质量管理情况进行现场考核,确认其具有完成受托工作的能力,并能保证符合本规范的要求。"

药品委托生产的委托方应当是取得该药品批准文号的药品生产企业。

药品委托生产的受托方应当是持有与生产该药品的生产条件相适应的 GMP 认证证书的药品生产企业。

(二) 委托方责任的规定

药品 GMP(2010 年修订)第二百八十一条规定:

"委托方应当向受托方提供所有必要的资料,以使受托方能够按照药品注册和其他法定要求正确实施所委托的操作。

委托方应当使受托方充分了解与产品或操作相关的各种问题,包括产品或操作对受托方的环境、厂房、设备、人员及其他物料或产品可能造成的危害。"

第二百八十二条规定:"委托方应当对受托生产或检验的全过程进行监督。"

第二百八十三条规定:"委托方应当确保物料和产品符合相应的质量标准。"

三、受 托 方

(一) 受托方条件的规定

药品 GMP(2010 年修订)第二百八十四条规定:"受托方必须具备足够的厂房、设备、知识和经验以及人员,满足委托方所委托的生产或检验工作的要求。"

(二) 受托方责任的规定

药品 GMP(2010 年修订)第二百八十五条规定:"受托方应当确保所收到委托方提供的物料、中间产品和待包装产品适用于预定用途。"

第二百八十六条规定:"受托方不得从事对委托生产或检验的产品质量有不利影响的活动。"

四、合 同

委托方和受托方之间必须签订书面合同,明确规定各自的职责。签订合同双方的主体应是法人单位。

(一) 对合同所载明的各自职责的规定

药品 GMP(2010 年修订)第二百八十七条规定:"委托方与受托方之间签订的合同应当详细规定各自的产品生产和控制职责,其中的技术性条款应当由具有制药技术、检验专业知识和熟悉本规范的主管人员拟认。委托生产及检验的各项工作必须符合药品生产许可和药品注册的有关要求并经双方同意。"

(二) 对质量受权人批准放行程序的规定

药品 GMP(2010 年修订)第二百八十八条规定:"合同应当详细规定质量受权人批准放行每批药品的程序,确保每批产品都已按照药品注册的要求完成生产和检验。"

(三) 对何方负责物料采购、检验、放行、生产和质量控制(包括中间控制)的规定

药品 GMP(2010 年修订)第二百八十九条规定:

"合同应当规定何方负责物料的采购、检验、放行、生产和质量控制(包括中间控制),还应当规定何方负责取样和检验。

在委托检验的情况下,合同应当规定受托方是否在委托方的厂房的取样。"

(四) 对受托方保存的生产、检验和发运记录和样品的规定

药品 GMP(2010 年修订)第二百九十条规定:"合同应当规定由受托方保存的生产、检验和发运记录及

样品，委托方应当能够随时调阅和检查；出现投诉、怀疑产品有质量缺陷或召回时，委托方应当能够方便地查阅所有与评价产品质量相关的记录。"

（五）对受托方进行检查或现场质量审计的规定

药品 GMP(2010 年修订)第二百九十一条规定："合同应当明确规定委托方可以对受托方进行检查或现场质量审计。"

（六）委托检验合同应当明确的规定

药品 GMP(2010 年修订)第二百九十二条规定："委托检验合同应当明确受托方有义务接受药品监督管理部门检查。"

第十三节　产品发运与召回

产品销售表现为由生产线、仓库到商业货架的运作；市场则表现为由销售终端到消费者的运作。GMP对"产品发运与召回"着重强调了发运记录及其管理，以及召回的 SOP 记录。发运记录必须具有可追溯性，必要时能追查并及时收回已售出的每批药品；药品退货、召回及处理均应制订管理制度及 SOP。

国家食品药品监督管理局于 2007 年 12 月 10 日以第 29 号令发布《药品召回管理办法》，自公布之日起施行。

药品的召回(recall)是指药品生产企业，包括进口药品的境外制药厂商，按照规定程序收回已上市销售的存在安全隐患的药品。

安全隐患是指由于研发、生产等原因可能使药品具有的危及人体健康和生命安全的不合理危险。

对发现有可能对健康带来危害的药品及时采取召回措施，有利于保护公众用药安全。已经确认为假劣药的，不适用于召回程序，应纳入法律程序。

药品召回分为两类、三级，这样有利于风险控制。两类即主动召回和责令召回。其中，责令召回是指药品监督管理部门经过调查评估认为存在安全隐患，药品生产企业应当召回药品而未主动召回的，应当责令药品生产企业召回药品。三级是根据药品安全隐患的严重程度而区分的。

——一级召回　针对使用该药品可能引起严重健康危害的。

——二级召回　针对使用该药品可能引起暂时的或者可逆的健康危害的。

——三级召回　针对使用该药品一般不会引起健康危害，但由于其他原因需要收回的。

《药品召回管理办法》强化了企业责任，充分体现企业是药品安全第一责任人意识。该办法规定，药品生产企业是药品召回的主体，药品生产企业应当建立和完善药品召回制度，建立健全药品质量保证体系和药品不良反应监测系统，并明确了药品生产企业实施"主动召回"和"责令召回"的程序要求。该办法同时规定，药品生产企业在作出药品召回决定后，应当制订召回计划并组织实施。一级召回在 24 小时内、二级召回在 48 小时内、三级召回在 72 小时内通知到有关药品经营企业、使用单位，停止销售和使用该药品，同时向所在地省(自治区、直辖市)级药品监督管理部门报告。

根据《药品召回管理办法》，对积极履行召回义务的企业可减免处罚，但不免除其依法应当承担的其他法律责任。对发现药品存在安全隐患却不主动召回药品的企业，责令其召回药品，并处应召回药品货值金额 3 倍的罚款；造成严重后果的，由原发证部门撤销药品批准证明文件，直至吊销《药品生产许可证》。

依据《药品召回管理办法》，药品监管部门及时对召回效果进行评价。认为企业召回不彻底或者需要采取更为有效的措施的，应当要求药品生产企业重新召回或者扩大召回范围；必要时，可以要求药品生产企业、经营企业和使用单位立即停止销售和使用该药品。国家和省级药品监督管理部门应当建立药品召回信息公开制度，采取有效途径向社会公布存在安全隐患的药品信息和药品召回情况。

相对于 1998 年版药品 GMP 而言，将过去的销售改为发运有助于对于药品流向全过程进行监控。药品 GMP(2010 年修订)"产品发运与召回"分为三节，计有 13 条。

一、产品发运与召回的原则

WHO - GMP 规定的产品召回的原则是:应有能迅速有效地从市场召回已知或怀疑有缺陷产品的系统。

(一) 对产品召回系统的规定

药品 GMP(2010 年修订)第二百九十三条规定:"企业应当建立产品召回系统,必要时可迅速、有效地从市场召回任何一批存在安全隐患的产品。"

WHO - GMP6.2 规定,药品放行责任人应负责执行并协调召回,应有足够的人员以适当的紧急程度处理召回的所有事务。

(二) 对因质量原因退货和召回的产品的处理规定

药品 GMP(2010 年修订)第二百九十四条规定:"因质量原因退货和召回的产品,均应当按照规定监督销毁,有证据证明退货产品质量未受影响的除外。"

二、发 运

制药企业销售药品必须有发运记录;根据发运记录必须能追查每批药品的售出情况,必要时应能及时全部收回,这是 GMP 对产品销售的基本要求。

(一) 对发运记录的规定

药品 GMP(2010 年修订)第二百九十五条规定:"每批产品均当有发运记录,根据发运记录,应当能够追查每批产品的销售情况,必要时应当能够及时全部追回,发运记录内容应当包括:产品名称、规格、批号、数量、收货单位和地址、联系方式、发货日期、运输方式等。"

(二) 对药品发运的零头包装的规定

药品 GMP(2010 年修订)第二百九十六条规定:"药品发运的零头包装只限两个批号为一个合箱,合箱外应当标明全部批号,并建立合箱记录。"

(三) 对发运记录保存年限的规定

药品 GMP(2010 年修订)第二百九十七条规定:"发运记录应当至少保存至药品有效期后一年。"

三、召 回

(一) 对召回操作规程的规定

药品 GMP(2010 年修订)第二百九十八条规定:"应当制订召回操作规程,确保召回工作的有效性。"

(二) 对专人负责组织协调召回工作的规定

药品 GMP(2010 年修订)第二百九十九条规定:"应当指定专人负责组织协调召回工作,并配备足够数量的人员。产品召回负责人应当独立于销售和市场部门;如产品召回负责人不是质量受权人,则应当向质量受权人通报召回处理情况。"

(三) 对召回有效性的规定

药品 GMP(2010 年修订)第三百条规定:"召回应当能够随时启动,并迅速实施。"

(四) 对因产品存在安全隐患决定从市场召回的报告的规定

药品 GMP(2010 年修订)第三百零一条规定:"因产品存在安全隐患决定从市场召回的,应当立即向当地药品监督管理部门报告。"

（五）对查阅药品发运记录的规定

药品 GMP（2010 年修订）第三百零二条规定："产品召回负责人应当能够迅速查阅到药品发运记录。"

（六）对已召回产品的标识的规定

药品 GMP（2010 年修订）第三百零三条规定："已召回的产品应当有标识，并单独、妥善储存，等待最终处理决定。"

（七）对召回过程记录及最终报告的规定

药品 GMP（2010 年修订）第三百零四条规定："召回的进展过程应当有记录，并有最终报告。产品发运数量、已召回数量以及数量平衡情况应当在报告中予以说明。"

（八）对召回系统有效性评估的规定

药品 GMP（2010 年修订）第三百零五条规定："应当定期对产品召回系统的有效性进行评估。"

第十四节　自　　检

自检不仅是 GMP 的 1 个重要部分，而且是企业内部对产品的质量审计，实质上是制药企业在实施 GMP 及制药企业建立健全质量管理体系方面的自我认证。

自检工作必须有组织、有计划、有标准，按规定要求进行。自检是根据 GMP 规定必须执行的企业行为，以衡量制药企业是否持续符合 GMP 的各项要求；为此，自检组织的成员不仅要熟知 GMP 的要求、理解 GMP 的内涵，而且要求能对 GMP 的实施程度及存在问题作出正确判断。制药企业至少每年自检 1 次，通过查现场、查标准、查记录，对被查对象作出评价并进行整改，以达到符合 GMP 并持续改进的目的。

一、自检的原则

GMP 要求药品生产企业应定期组织自检，以证实制药企业质量管理体系的有效性，证实与 GMP 的一致性；也就是在人员、厂房、设备、文件、生产、质量控制、用户投诉和产品召回的处理等项目上符合 GMP 要求，使得药品质量形成的过程、药品的生产过程能始终如一地得到控制，从而保证生产中各参数符合要求，保证药品质量的安全有效、均一稳定。

《药品 GMP 认证管理办法》规定，申请药品 GMP 认证的药品生产企业在报送的资料中，应有药品生产管理和质量管理自查情况（包括企业概况、GMP 实施情况及培训情况），这些都需要在自检的基础上进行整改，在整改的基础上提高。

制药企业应把自检纳入实施 GMP 的方案之中。自检工作由企业质量的负责人主管，由质量管理部门及其他有关部门负责人组成企业自检小组，按照自检计划及程序认真地进行。

（一）对自检的要求

GMP（2010 年修订）第三百零六条规定："质量管理部门对企业进行自检，监控本规范的实施情况，评估企业是否符合本规范要求，并提出必要的纠正和预防措施。"

（二）对自检的频次的规定

制药企业应制订自检计划，一般每年至少全面检查 1 次。特殊情况如发生重大质量事故时，也可随时组织检查。检查内容应有针对性，可根据需要调整。

（三）自检是 GMP 验证的前奏

自检是属于第一方审核，为法律规定的 GMP 认证（第三方审核）奠定了基础。

自检可作为企业自我合格声明的基础。企业重视自检工作(内部质量审计),是为了更好地实施 GMP,为生产出高质量药品提供保证。

二、自 检 内 容

制药企业应制订自检程序和自检计划,对人员、厂房、设备、文件、生产、质量控制、用户投诉和产品召回的处理等项目的自检内容作出规定。

国家药品监督管理部门颁发的《药品 GMP 认证检查评定标准》为自检提供了细则。与 GMP 相联系的规章也应参考。

(一) 对自检计划的规定

药品 GMP(2010 年修订)第三百零七条规定:"自检应当有计划,对机构与人员、厂房与设施、设备、物料与产品、确认与验证、文件管理、生产管理、质量控制与质量保证、委托生产与委托检验、产品发运与召回等项目定期进行检查。"

(二) 对自检人员的规定

药品 GMP(2010 年修订)第三百零八条规定:"应当由企业指定人员进行独立、系统、全面的自检,也可由外部人员或专家进行独立的质量审计。"

(三) 对自检记录及报告的规定

药品 GMP(2010 年修订)第三百零九条规定:"自检应当有记录。自检完成后应当有自检报告,内容至少包括自检过程中观察到的所有情况、评价的结论以及提出纠正和预防措施的建议。自检情况应当报告企业高层管理人员。"

自检应有记录。自检完成后应形成自检报告。内容包括自检的结果、评价的结论以及改进措施和建议。

自检报告与自检记录应一并归档保存,纳入文件管理范围。

自检工作完成后,生产和质量的负责人还应组织随访、抽查,以了解改进措施、预防措施和落实情况及改进结果。

(四) 对生产车间的自检内容的规定

对生产车间的自检内容主要有以下几个方面:

1. 生产工艺规程的执行情况。
2. 岗位操作法及 SOP 执行情况。
3. 工艺质量监控情况。
4. 不合格品处理情况。
5. 制药用水的储存、分配和使用情况。
6. 工艺卫生与环境卫生情况。
7. 原辅料的领取使用情况。
8. 岗位生产记录。
9. 批生产记录。

(五) 对仓储部门自检内容的规定

仓储部门的自检内容主要有以下几个方面:

1. 基本设施维护(含计量器具的校验)情况。
2. 原辅料、成品入库程序及账目。
3. 原辅料、成品存放及保管情况。
4. 原辅料、成品出库程序及账目。

5. 不合格品、退货品管理。

(六)对质量管理部门自检内容的规定

质量管理部门自检的内容主要有以下几个方面:

1. 基本设施维护(含检验仪器校验)情况。
2. 质量标准。
3. 质量检验规程。
4. 检验记录及检验报告单。
5. 验证报告。
6. 标准品管理。
7. 用户投诉处理情况。
8. 物料供应商评估。
9. 产品稳定性考察计划及结果。

(七)生产管理部门自检重点的规定

生产管理部门自检的重点在于文件管理系统,以及文件制订、修订和分发管理情况。

(八)工程管理部门自检重点的规定

工程管理部门自检的重点在于空气净化调节系统(HVAC)、制药用水系统以及设备维修保养情况。

第十五节　附　则

我国药品 GMP(2010 年掺订)第十四章为附则,共 4 条。

一、GMP 为药品生产质量管理的基本要求

药品 GMP(2010 年修订)第三百一十条规定:"本规范为药品生产质量管理的基本要求。对无菌药品、生物制品、血液制品等药品或生产质量管理活动的特殊要求,由国家食品药品监督管理局以附录方式另行制定。"

第三百一十一条规定:"企业可以采用经过验证的替代方法,达到本规范的要求。"

1. 企业可以制订高于药品 GMP(2010 年修订)基本要求的实施指南

企业应该制订高于药品 GMP(2010 年修订)基本要求的 GMP 实施指南;正如《中国药典》收载的药品质量标准一样,企业可以制订高于国家药品标准的企业标准。

药品 GMP 是在药品生产过程中用科学、合理、规范化的条件和方法来保证生产符合预期标准的优质药品的一整套系统的、科学的管理规范,是药品生产和质量管理的基本准则。药品 GMP(2010 年修订)与 WHO-GMP、欧盟药品 GMP 以及美国药品 GMP 等国际标准的接轨,这不仅保障和提高健康水平,而且也是企业在国际竞争中求得生存和发展的需要。

2. 药品 GMP(2010 年修订)的附录明确了无菌药品、原料药、生物制品、血液制品、中药制剂等药品生产质量管理活动的特殊要求

2011 年 2 月 24 日国家食品药品监督管理局发布公告(2011 年第 16 号),发布了药品 GMP(2010 年修订)的 5 个附录。简介如下:

附录 1　无菌药品,计十五章 81 条。
附录 2　原料药,计十一章 49 条。
附录 3　生物制品,计八章 57 条。
附录 4　血液制品,计七章 34 条。
附录 5　中药制剂,计十章 44 条。

二、以验证为手段提升 GMP 的水平

药品 GMP(2010 年修订)第三百一十一条规定:"企业可以采用经过验证的替代方法,达到本规范的要求。"

(一)药品 GMP 是动态发展的科学

药品 GMP 发展的历史体现了药品生产科学的"持续改进"的本质。药品 GMP 是各有关学科共同作用、相互渗透的结果,它不仅体现了科学技术的先进性,也体现了质量管理科学发展的深刻内涵。正如 ICH 对"药品生产科学"定义所指出的:"产品的质量及性能是由产品的有效设计及生产工艺的有效实施来确保的;产品的标准建立在对配方及产品性能的工艺影响因素等机制原理理解的基础之上,达到持续改进及不断的实时质量监控的能力。"

(二)以验证为手段提升 GMP 的水平

药品 GMP 发展的历史证明了验证是检验药品生产企业是否真正实施 GMP 的试金石,也是一面镜子;未经验证的 GMP 实施带有盲目性,缺乏依据,是不可靠的。

验证是一个涉及药品生产全过程、涉及 GMP 各要素的系统工程,是药品生产企业将 GMP 原则切实具体地运用到生产过程中的重要科学手段和必由之路。

新版药品 GMP 第三百一十一条正体现了上述精神。需按法规要求,经过有关部门批准。

三、术 语 的 含 义

药品 GMP(2010 年修订)第三百一十二条明确:

本规范下列术语(按汉语拼音排序)的含义是:

(一)包装

待包装产品变成成品所需的所有操作步骤,包括分装、贴签等。但无菌生产工艺中产品的无菌灌装,以及最终灭菌产品的灌装等不视为包装。

(二)包装材料

药品包装所用的材料,包括与药品直接接触的包装材料和容器、印刷包装材料,但不包括发运用的外包装材料。

(三)操作规程

经批准用来指导设备操作、维护与清洁、验证、环境控制、取样和检验等药品生产活动的通用性文件,也称标准操作规程。

(四)产品

包括药品的中间产品、待包装产品和成品。

(五)产品生命周期

产品从最初的研发、上市直至退市的所有阶段。

(六)成品

已完成所有生产操作步骤和最终包装的产品。

(七)重新加工

将某一生产工序生产的不符合质量标准的一批中间产品或待包装产品的一部分或全部,采用不同的生

产工艺进行再加工,以符合预定的质量标准。

（八）待包装产品

尚未进行包装但已完成所有其他加工工序的产品。

（九）待验

指原辅料、包装材料、中间产品、待包装产品或成品,采用物理手段或其他有效方式将其隔离或区分,在允许用于投料生产或上市销售之前储存、等待作出放行决定的状态。

（十）发放

指生产过程中物料、中间产品、待包装产品、文件、生产用模具等在企业内部流转的一系列操作。

（十一）复验期

原辅料、包装材料储存一定时间后,为确保其仍适用于预定用途,由企业确定的需重新检验的日期。

（十二）发运

指企业将产品发送到经销商或用户的一系列操作,包括配货、运输等。

（十三）返工

将某一生产工序生产的不符合质量标准的一批中间产品或待包装产品、成品的一部分或全部返回到之前的工序,采用相同的生产工艺进行再加工,以符合预定的质量标准。

（十四）放行

对一批物料或产品进行质量评价,作出批准使用或投放市场或其他决定的操作。

（十五）高层管理人员

在企业内部最高层指挥和控制企业、具有调动资源的权力和职责的人员。

（十六）工艺规程

为生产特定数量的成品而制定的一个或一套文件,包括生产处方、生产操作要求和包装操作要求,规定原辅料和包装材料的数量、工艺参数和条件、加工说明(包括中间控制)、注意事项等内容。

（十七）供应商

指物料、设备、仪器、试剂、服务等的提供方,如生产商、经销商等。

（十八）回收

在某一特定的生产阶段,将以前生产的一批或数批符合相应质量要求的产品的一部分或全部,加入到另一批次中的操作。

（十九）计算机化系统

用于报告或自动控制的集成系统,包括数据输入、电子处理和信息输出。

（二十）交叉污染

不同原料、辅料及产品之间发生的相互污染。

（二十一）校准

在规定条件下，确定测量、记录、控制仪器或系统的示值（尤指称量）或实物量具所代表的量值，与对应的参照标准量值之间关系的一系列活动。

（二十二）阶段性生产方式

指在共用生产区内，在一段时间内集中生产某一产品，再对相应的共用生产区、设施、设备、工器具等进行彻底清洁，更换生产另一种产品的方式。

（二十三）洁净区

需要对环境中尘粒及微生物数量进行控制的房间（区域），其建筑结构、设备及其使用应当能够减少该区域内污染物的引入、产生和滞留。

（二十四）警戒限度

系统的关键参数超出正常范围，但未达到纠偏限度，需要引起警觉，可能需要采取纠正措施的限度标准。

（二十五）纠偏限度

系统的关键参数超出可接受标准，需要进行调查并采取纠正措施的限度标准。

（二十六）检验结果超标

检验结果超出法定标准及企业制定标准的所有情形。

（二十七）批

经一个或若干加工过程生产的、具有预期均一质量和特性的一定数量的原辅料、包装材料或成品。为完成某些生产操作步骤，可能有必要将一批产品分成若干亚批，最终合并成为一个均一的批。在连续生产情况下，批必须与生产中具有预期均一特性的确定数量的产品相对应，批量可以是固定数量或固定时间段内生产的产品量。

例如：口服或外用的固体、半固体制剂在成型或分装前使用同一台混合设备一次混合所生产的均质产品为一批；口服或外用的液体制剂以灌装（封）前经最后混合的药液所生产的均质产品为一批。

（二十八）批号

用于识别一个特定批的具有唯一性的数字和（或）字母的组合。

（二十九）批记录

用于记述每批药品生产、质量检验和放行审核的所有文件和记录，可追溯所有与成品质量有关的历史信息。

（三十）气锁间

设置于两个或数个房间之间（如不同洁净度级别的房间之间）的具有两扇或多扇门的隔离空间。设置气锁间的目的是在人员或物料出入时，对气流进行控制。气锁间有人员气锁间和物料气锁间。

（三十一）企业

在本规范中如无特别说明，企业特指药品生产企业。

（三十二）确认

证明厂房、设施、设备能正确运行并可达到预期结果的一系列活动。

(三十三) 退货

将药品退还给企业的活动。

(三十四) 文件

本规范所指的文件包括质量标准、工艺规程、操作规程、记录、报告等。

(三十五) 物料

指原料、辅料和包装材料等。

例如:化学药品制剂的原料是指原料药;生物制品的原料是指原材料;中药制剂的原料是指中药材、中药饮片和外购中药提取物;原料药的原料是指用于原料药生产的除包装材料以外的其他物料。

(三十六) 物料平衡

产品或物料实际产量或实际用量及收集到的损耗之和与理论产量或理论用量之间的比较,并考虑可允许的偏差范围。

(三十七) 污染

在生产、取样、包装或重新包装、储存或运输等操作过程中,原辅料、中间产品、待包装产品、成品受到具有化学或微生物特性的杂质或异物的不利影响。

(三十八) 验证

证明任何操作规程(或方法)、生产工艺或系统能够达到预期结果的一系列活动。

(三十九) 印刷包装材料

指具有特定式样和印刷内容的包装材料,如印字铝箔、标签、说明书、纸盒等。

(四十) 原辅料

除包装材料之外,药品生产中使用的任何物料。

(四十一) 中间产品

指完成部分加工步骤的产品,尚需进一步加工才可成为待包装产品。

(四十二) 中间控制

也称过程控制,指为确保产品符合有关标准,生产中对工艺过程加以监控,以便在必要时进行调节而做的各项检查。可将对环境或设备控制视作中间控制的一部分。

四、药品 GMP(2010 年修订)实施的日期、实施办法和实施步骤

药品 GMP(2010 年修订)第三百一十三条规定:"本规范自 2011 年 3 月 1 日起施行。按照《中华人民共和国药品管理法》第九条规定,具体实施办法和实施步骤由国家食品药品监督管理局规定。"

《中华人民共和国药品管理法》第九条规定:"药品生产企业必须按照国务院药品监督管理部门依据本法制定的《药品生产质量管理规范》组织生产。药品监督管理部门按照规定对药品生产企业是否符合《药品生产质量管理规范》的要求进行认证;对认证合格的,发给认证证书。

《药品生产质量管理规范》的具体实施办法、实施步骤由国务院药品监督管理部门规定。"

关于贯彻实施《药品生产质量管理规范(2010 年修订)》的通知中规定,自 2011 年 3 月 1 日起,凡新建药品生产企业、药品生产企业新建(改、扩建)车间均应符合药品 GMP(2010 年修订)的要求。现有药品生产企业血液制品、疫苗、注射剂等无菌药品的生产,应在 2011 年 12 月 31 日前达到药品 GMP(2010 年修订)的要

求。其他类别药品的生产均应在 2015 年 12 月 31 日前达到药品 GMP(2010 年修订)的要求。未达到药品 GMP(2010 年修订)要求的企业(车间),在上述规定期限后不得继续生产药品。

第十六节　药品 GMP 认证

药品种类十分复杂,世界各国都不可能单独全部生产这些药品,这就产生了国际药品贸易。为此,世界卫生组织(WHO)制订了国际贸易中药品质量证明制度。WHO《关于国际贸易中药品质量证明制度的实施指南》(1992 年)强调了"一个包括 WHO 证明制度的完整的质量保证体系应建立在可靠的国家许可证制度、独立的成品分析制度以及独立的检查以保证生产全过程符合认可的标准(即 GMP)的基础上"。

我国加入世界贸易组织(WTO)之后,为适应改革与经济发展的需要,加快了实施 GMP 及其认证的步伐。走向世界的制药企业不仅要通过 GMP 认证、ISO 9001 认证、ISO 14001 认证,而且要通过进口国药品行政官员对企业实施 GMP 的考察。因此,制药企业实施 GMP 的水平停留在最低标准之上是远远不够的。形势促使制药企业要在质量管理上持续改进,在技术上不断创新,在规模经济基础上取得更大效益;形势也促使制药企业的员工要提高自身的素质,使质量理念和 GMP 意识在头脑中深深扎根,保证能生产出高质量的药品;因此,对药品 GMP 认证关系制药企业的生存与发展的意义的认识,要不断得到强化。GMP 是动态的发展。历史证明了,国家对制药企业实施 GMP 的认证的要求也要逐渐提高,这不仅是国际贸易、经济发展的形势需要,也是制药企业自身发展的需要。

药品 GMP 认证是国家对药品生产企业监督检查的一种手段,是对药品生产企业(车间)或以品种为单元的实施 GMP 情况的检查认可过程。

一、药品 GMP 认证的法律依据

2001 年 12 月 1 日起施行的新修订的《中华人民共和国药品管理法》第九条规定:"药品生产企业必须按照国务院药品监督管理部门依据本法制定的《药品生产质量管理规范》组织生产。药品监督管理部门按照规定对药品生产企业是否符合《药品生产质量管理规范》的要求进行认证;对认证合格的,发给认证证书。《药品生产质量管理规范》的具体实施办法、实施步骤由国务院药品监督管理部门规定。"

2000 年 9 月 1 日起施行的新修订的《中华人民共和国产品质量法》第十四条规定:"国家根据国际通用的质量管理标准,推行企业质量体系认证制度。企业根据自愿原则可以向国务院产品质量监督部门认可的或者国务院产品质量监督部门授权的部门认可的认证机构申请企业质量体系认证。经认证合格的,由认证机构颁发企业质量体系认证证书。国家参照国际先进的产品标准和技术要求,推行产品质量认证制度。企业根据自愿原则可以向国务院产品质量监督部门认可的或者国务院产品质量监督部门授权的部门认可的认证机构申请产品质量认证。经认证合格的,由认证机构颁发产品质量认证证书,准许企业在产品或者其包装上使用产品质量认证标志。"

《中华人民共和国产品质量认证管理条例》第二条规定:"产品质量认证(以下简称认证)是依据产品标准和相应技术要求,经认证机构确认并通过颁发认证证书和认证标志来证明某一产品符合相应标准和相应技术要求的活动。"

认证分为安全认证和合格认证。

实行安全认证的产品必须符合《中华人民共和国标准化法》中有关强制性标准的要求。

实行合格认证的产品,必须符合《中华人民共和国标准化法》规定的国家标准或者行业标准的要求。

药品质量关系人命安危,药品标准显然属于强制性标准。"产品质量认证"包括合格认证和安全认证。"药品质量认证"不仅要求起码的合格,而且要求更安全。

国家药品监督管理部门负责全国药品 GMP 认证工作;负责对药品 GMP 检查员的培训、考核和聘任;负责国际药品贸易中药品 GMP 互认工作。

制药企业必须实施 GMP 并通过 GMP 认证,这样才能在制度上保证生产出安全有效的高质量的药品。

二、药品 GMP 认证的申请资料

SFDA 在 2011 年 2 月 25 日以国食药监安[2011]101 号文发布《关于贯彻实施〈药品生产质量管理规范

(2010 年修订)〉的通知》,其附件 1 为"药品 GMP 认证申请资料要求"。要求内容如下:

1. 企业的总体情况

1.1 企业信息

● 企业名称、注册地址;

● 企业生产地址、邮政编码;

● 联系人、传真、联系电话(包括应急公共卫生突发事件 24 小时联系人、联系电话)。

1.2 企业的药品生产情况

● 简述企业获得(食品)药品监督管理部门批准的生产活动,包括进口分包装、出口以及获得国外许可的药品信息;

● 营业执照、药品生产许可证,涉及出口的需要附上境外机构颁发的相关证明文件的复印件;

● 获得批准文号的所有品种(可分不同地址的厂区来填写,并注明是否常年生产,近三年的产量列表作为附件);

● 生产地址是否有处理高毒性、性激素类药物等高活性、高致敏性物料的操作,如有应当列出,并应在附件中予以标注。

1.3 本次药品 GMP 认证申请的范围

● 列出本次申请药品 GMP 认证的生产线,生产剂型、品种并附相关产品的注册批准文件的复印件;

● 最近一次(食品)药品监督管理部门对该生产线的检查情况(包括检查日期、检查结果、缺陷及整改情况,并附相关的药品 GMP 证书)。如该生产线经过境外的药品 GMP 检查,一并提供其检查情况。

1.4 上次药品 GMP 认证以来的主要变更情况

● 简述上次认证检查后关键人员、设备设施、品种的变更情况。

2. 企业的质量管理体系

2.1 企业质量管理体系的描述

● 质量管理体系的相关管理责任,包括高层管理者、生产管理负责人、质量管理负责人、质量受权人和质量保证部门的职责;

● 简要描述质量管理体系的要素,如组织机构、主要程序、过程等。

2.2 成品放行程序

● 放行程序的总体描述以及负责放行人员的基本情况(资历等)。

2.3 供应商管理及委托生产、委托检验的情况

● 概述供应商管理的要求,以及在评估、考核中使用到的质量风险管理方法;

● 简述委托生产的情况(如有);

● 简述委托检验的情况(如有)。

2.4 企业的质量风险管理措施

● 简述企业的质量风险管理方针;

● 质量风险管理活动的范围和重点,以及在质量风险管理体系下进行风险识别、评价、控制、沟通和审核的过程。

2.5 年度产品质量回顾分析

● 企业进行年度产品质量回顾分析的情况以及考察的重点。

3. 人员

3.1 包含质量保证、生产和质量控制的组织机构图(包括高层管理者),以及质量保证、生产和质量控制部门各自的组织机构图;

3.2 企业关键人员及从事质量保证、生产、质量控制主要技术人员的数量及资历;

3.3 质量保证、生产、质量控制、储存和发运等各部门的员工数。

4. 厂房设施和设备

4.1 厂房

● 简要描述建筑物的建成和使用时间、类型(包括结构以及内外表面的材质等)、场地的面积;

● 厂区总平面布局图、生产区域的平面布局图和流向图,标明比例。应当标注出房间的洁净级别、相邻房间的压差,并且能指示房间所进行的生产活动;

● 简要描述申请认证范围所有生产线的布局情况;

● 仓库、储存区域以及特殊储存条件进行简要描述。

4.1.1 空调净化系统的简要描述

● 空调净化系统的工作原理、设计标准和运行情况,如进风、温度、湿度、压差、换气次数、回风利用率等。

4.1.2 水系统的简要描述

● 水系统的工作原理、设计标准和运行情况及示意图。

4.1.3 其他公用设施的简要描述

● 其他的公用设施如:压缩空气、氮气等的工作原理、设计标准以及运行情况。

4.2 设备

4.2.1 列出生产和检验用主要仪器、设备。

4.2.2 清洗和消毒

● 简述清洗、消毒与药品直接按触设备表面使用的方法及验证情况。

4.2.3 与药品生产质量相关的关键计算机化系统

● 简述与药品生产质量相关的关键的计算机化系统的设计、使用验证情况。

5. 文件

● 描述企业的文件系统;

● 简要描述文件的起草、修订、批准、发放、控制和存档系统。

6. 生产

6.1 生产的产品情况

● 所主产的产品情况综达(简述);

● 本次申请认证剂型及品种的工艺流程图,并注明主要质量控制点与项目。

6.2 工艺验证

● 简要描述工艺验证的原则及总体情况;

● 简述返工、重新加工的原则。

6.3 物料管理和仓储

● 原辅料、包装材料、半成品、成品的处理,如取样、待检、放行和储存;

● 不合格物料和产品的处理。

7. 质量控制

● 描述企业质量控制实验室所进行的所有活动,包括检验标准、方法、验证等情况。

8. 发运、投诉和召回

8.1 发运

● 简要描述产品在运输过程中所需的控制,如温度、湿度控制;

● 确保产品可追踪性的方法。

8.2 投诉和召回

● 简要描述和处理投诉和召回的程序。

9. 自检

● 简要描述自检系统,重点说明计划检查中的区域选择标准,自检的实施和整改情况。

《药品生产质量管理规(2010年修订)》附录

附录 1　无 菌 药 品

第一章　范围

第一条　无菌药品是指法定药品标准中列有无菌检查项目的制剂和原料药,包括无菌制剂和无菌原料药。

第二条　本附录适用于无菌制剂生产全过程以及无菌原料药的灭菌和无菌生产过程。

第二章　原则

第三条　无菌药品的生产须满足其质量和预定用途的要求,应当最大限度降低微生物、各种微粒和热原的污染。生产人员的技能、所接受的培训及其工作态度是达到上述目标的关键因素,无菌药品的生产必须严格按照精心设计并经验证的方法及进程进行,产品的超负荷运转或其他质量特性绝不能只依赖于任何形式的最终处理或成品检验(包括无菌检验)。

第四条　无菌药品按生产工艺可分为两类:采用最终灭菌工艺的为最终灭菌产品;部分或全部工序采用无菌生产工艺的为非最终灭菌产品。

第五条　无菌药品生产的人员、设备和物料应通过气锁间进入洁净区,采用机械连续传输物料的,应当用正压气流保护并监测压差。

第六条　物料准备、产品配制和灌装或分装等操作必须在洁净区内分区域(室)进行。

第七条　应当根据产品特性、工艺和设备等因素,确定无菌药品生产用洁净区的级别。每一步生产操作的环境都应当达到适当的动态洁净度标准,尽可能降低产品或所处理的物料被微粒或微生物污染的风险。

第三章　洁净度级别及监测

第八条　洁净区的设计必须符合相应的洁净度要求,包括达到"静态"和"动态"的标准。

第九条　无菌药品生产所需的洁净区可分为以下 4 个级别。

A 级:高风险操作区,如灌装区、放置胶塞桶和与无菌制剂直接接触的敞口包装容器的区域及无菌装配或连接操作的区域,应当用单向流操作台(罩)维持该区的环境状态。单向流系统在其工作区域必须均匀送风,风速为 0.36~0.54 m/s(指导值)。应当有数据证明单向流的状态并经过验证。

在密闭的隔离操作器或手套箱内,可使用较低的风速。

B 级:指无菌配制和灌装等高风险操作 A 级洁净区所处的背景区域。

C 级和 D 级:指无菌药品生产过程中重要程度较低操作步骤的洁净区。

以上各级别空气悬浮粒子的标准规定如下表:

洁净度级别	悬浮粒子最大允许数/立方米			
	静态		动态[3]	
	≥0.5 μm	≥5.0 μm[2]	≥0.5 μm	≥5.0 μm
A 级[1]	3 520	20	3 520	20
B 级	3 520	29	352 000	2 900
C 级	352 000	2 900	3 520 000	29 000
D 级	3 520 000	29 000	不作规定	不作规定

注:(1) 为 A 级洁净区的级别,每个采样点的采样量不得少于 1 立方米。A 级洁净区空气悬浮粒子的级别为 ISO4.8≥5.0 μm 的悬浮粒子为限度标准。B 级洁净区(静态)的空气悬浮粒子的级别为 ISO5,同时包括表中两种粒径的悬浮粒子。对于 C 级洁净区(静态和动态)而言,空气悬浮粒子的级别分别为 ISO7 和 ISO8。对于 D 级洁净区(静态)空气悬浮粒子的级别为 ISO8,测试方法可参照 ISO14644-1;

(2) 在确认级别时,应当使用采样管较短的便携式尘埃粒子计数器,避免≥5.0 μm 悬浮粒子在远程采样系统的长采样管中沉降。在单向流系统中,应当采用等动力学的取样头;

(3) 动态测试可在常规操作、培养基模拟灌装过程中进行,证明达到动态的洁净级别,但培养基模拟灌装试验要求在"最差状况"下进行动态测试

第十条　应当按以下要求对洁净区的悬浮粒子进行动态监测：

（一）根据洁净度级别和空气净化系统确认的结果及风险评估，确定取样点的位置并进行日常动态监控。

（二）在关键操作的全过程中，包括设备组装操作，应当对 A 级洁净区进行悬浮粒子监测。生产过程中的污染（如活生物、放射危害）可能损坏尘埃粒子计数器时，应当在设备调试操作和模拟操作期间进行测试。A 级洁净区监测的频率及取样量，应能及时发现所有人为干预、偶发事件及任何系统的损坏。灌装或分装时，由于产品本身产生粒子或液滴，允许灌装点≥5.0 μm 的悬浮粒子出现不符合标准的情况。

（三）在 B 级洁净区可采用与 A 级洁净区相似的监测系统。可根据 B 级洁净区对相邻 A 级洁净区的影响程度，调整采样频率和采样量。

（四）悬浮粒子的监测系统应当考虑采样管的长度和弯管的半径对测试结果的影响。

（五）日常监测的采样量可与洁净度级别和空气净化系统确认时的空气采样量不同。

（六）在 A 级洁净区和 B 级洁净区，连续或有规律地出现少量≥5.0 μm 的悬浮粒子时，应当进行调查。

（七）生产操作全部结束、操作人员撤出生产现场并经 15～20 分钟（指导值）自净后，洁净区的悬浮粒子应当达到表中的"静态"标准。

（八）应当按照质量风险管理的原则对 C 级洁净区和 D 级洁净区（必要时）进行动态监测。监控要求以及警戒限度和纠偏限度可根据操作的性质确定，但自净时间应当达到规定要求。

（九）应当根据产品及操作的性质制定温度、相对湿度等参数，这些参数不应对规定的洁净度造成不良影响。

第十一条　应当对微生物进行动态监测，评估无菌生产的微生物状况。监测方法有沉降菌法、定量空气浮游菌采样法和表面取样法（如棉签擦拭法和接触碟法）等。动态取样应当避免对洁净区造成不良影响。成品批记录的审核应当包括环境监测的结果。

对表面和操作人员的监测，应当在关键操作完成后进行。在正常的生产操作监测外，可在系统验证、清洁或消毒等操作完成后增加微生物监测。

洁净区微生物监测的动态标准[1] 如下：

| 洁净度级别 | 浮游菌 | 沉降菌(φ90 mm) | 表面微生物 | |
	cfu/m³	cfu/4 小时[2]	接触(φ55 mm)cfu/碟	5 指手套 cfu/手套
A 级	<1	<1	<1	<1
B 级	10	5	5	5
C 级	100	50	25	—
D 级	200	100	50	—

注：（1）农中各数值均为平均值；
（2）单个沉降碟的暴露时间可以少于 4 小时，同一位置可使用多个沉降碟连续进行监测并累积计数

第十二条　应当制定适当的悬浮粒子和微生物监测警戒限度和纠偏限度。操作规程中应当详细说明结果超标时需采取的纠偏措施。

第十三条　无菌药品的生产操作环境可参照表格中的示例进行选择。

洁净度级别	最终灭菌产品生产操作示例
C 级背景下的局部 A 级	高污染风险[1]的产品灌装（或灌封）
C 级	1. 产品灌装（或灌封）
	2. 高污染风险[2]产品的配制和过滤；
	3. 眼用制剂、无菌软膏剂、无菌混悬剂等的配制、灌装（或灌封）
	4. 直接接触药品的包装材料和器具最终清洗后的处理
D 级	1. 轧盖
	2. 灌装前物料的准备；
	3. 产品配制（指浓配或采用封闭系统的配制）和过滤直接接触药品的包装材料和器具的最终清洗

注：（1）轧盖前产品视为处于未完全密封状态；
（2）根据已压盖产品的密封性、轧盖设备的设计、铝盖的特性等因素，轧盖操作可选择在 C 级或 D 级背景下的 A 级送风环境中进行。A 级送风环境应当至少符合 A 级区的静态要求

第四章 隔离操作技术

第十四条 高污染风险的操作宜在隔离操作器中完成。隔离操作器及其所处环境的设叶,应当能够保证相应区域空气的质量达到设定标准。传输装置可设计成单门或双门,也可是同灭菌设备相连的全密封系统。

物品进出隔离操作器应当特别注意防止污染。

隔离操作器所处环境取决于其设计及应用,无菌生产的隔离操作器所处的环境至少应为 D 级洁净区。

第十五条 隔离操作器只有经过适当的确认后才可投入使用。确认时应当考虑隔离技术的所有关键因素,如隔离系统内部和外部所处环境的空气质量、隔离操作器的消毒、传递操作以及隔离系统的完整性。

第十六条 隔离操作器和隔离用袖管或手套系统应当进行常规监测,包括经常进行必要的检漏试验。

第五章 吹灌封技术

第十七条 用于生产非最终灭菌产品的吹灌封设备自身应装有 A 级空气风淋装置,人员着装应当符合 A/B 级洁净区的式样,该设备至少应当安装在 C 级洁净区环境中。在静态条件下,此环境的悬浮粒子和微生物均应当达到标准,在动态条件下,此环境的微生物应当达到标准。

用于生产最终灭菌产品的吹灌封设备至少应当安装在 D 级洁净区环境中。

第十八条 因吹灌封技术的特殊性,应当特别注意设备的设计和确认、在线清洁和在线灭菌的验证及结果的重现性、设备所处的洁净区环境、操作人员的培训和着装,以及设备关键区域内的操作,包括灌装开始前设备的无菌装配。

第六章 人员

第十九条 洁净区内的人数应当严加控制,检查和监督应当尽可能在无菌生产的洁净区外进行。

第二十条 凡在洁净区工作的人员(包括清洁工和设备维修工)应当定期培训,使无菌药品的操作符合要求。培训的内容应当包括卫生和微生物方面的基础知识。未受培训的外部人员(如外部施工人员或维修人员)在生产期间需进入洁净区时,应当对他们进行特别详细的指导和监督。

第二十一条 从事动物组织加工处理的人员或者从事与当前生产无关的微生物培养的工作人员通常不得进入无菌药品生产区,不可避免时,应当严格执行相关的人员净化操作规程。

第二十二条 从事无菌药品生产的员工应当随时报告任何可能导致污染的异常情况,包括污染的类型和程度。当员工由于健康状况可能导致微生物污染风险增大时,应当由指定的人员采取适当的措施。

第二十三条 应当按照操作规程更衣和洗手,尽可能减少对洁净区的污染或将污染物带入洁净区。

第二十四条 工作服及其质量应当与生产操作的要求及操作区的洁净度级别相适应,其式样和穿着方式应当能够满足保护产品和人员的要求。各洁净区的着装要求规定如下:

D 级洁净区:应当将头发、胡须等相关部位遮盖。应当穿合适的工作服和鞋子或鞋套。应当采取适当措施,以避免带入洁净区外的污染物。

C 级洁净区:应当将头发、胡须等相关部位遮盖,应当戴口罩。应当穿手腕处可收紧的连体服或衣裤分开的工作服,并穿适当的鞋子或鞋套。工作服应当不脱落纤维或微粒。

A/B 级洁净区:应当用头罩将所有头发以及胡须等相关部位全部遮盖,头罩应当塞进衣领内,应当戴口罩以防散发飞沫,必要时戴防护目镜。应当戴经灭菌且无颗粒物(如滑石粉)散发的橡胶或塑料手套,穿经灭菌或消毒的脚套,裤腿应当塞进脚套内,袖口应当塞进手套内。工作服应为灭菌的连体工作服,不脱落纤维或微粒,并能滞留身体散发的微粒。

第二十五条 个人外衣不得带入通向 B 级或 C 级洁净区的更衣室。每位员工每次进入 A/B 级洁净区,应当更换无菌工作服;或每班至少更换一次,但应当用监测结果证明这种方法的可行性。操作期间应当经常消毒手套,并在必要时更换口罩和手套。

第二十六条 洁净区所用工作服的清洗和处理方式应当能够保证其不携带有污染物,不会污染洁净区。应当按照相关操作规程进行工作服的清洗、灭菌,洗衣间最好单独设置。

第七章 厂房

第二十七条 洁净厂房的设计,应当尽可能避免管理或监控人员不必要的进入。B 级洁净区的设计应当能够使管理或监控人员从外部观察到内部的操作。

第二十八条 为减少尘埃积聚并便于清洁,洁净区内货架、柜子、设备等不得有难清洁的部位。门的设计应当便于清洁。

第二十九条 无菌生产的 A/B 级洁净区内禁止设置水池和地漏。在其他清洁区内,水池或地漏应当有适当的设计、布局和维护,并安装易于清洁且带有空气阻断功能的装置以防倒灌。同外部排水系统的连接方式应当能够防止微生物的侵入。

第三十条 应当按照气锁方式设计更衣室,使更衣的不同阶段分开,尽可能避免工作服被微生物和微粒污染。更衣室应当有足够的换气次数。更衣室后段的静态级别应当与其相应洁净区的级别相同。必要时,可将进入和离开洁净区的更衣间分开设置。一般情况下,洗手设施只能安装在更衣的第一阶段。

第三十一条 气锁间两侧的门不得同时打开。可采用连锁系统或光学或(和)声学的报警系统防止两侧的门同时打开。

第三十二条 在任何运行状态下,洁净区通过适当的送风应当能够确保对周围低级别区域的正压,维持良好的气流方向,保证有效的净化能力。

应当保护已清洁的与产品直接接触的包装材料和器具及产品直接暴露的操作区域。

当使用或生产某些致病性、剧毒、放射性或活病毒、活细菌的物料与产品时,空气净化系统的送风和压差应当适当调整,防止有害物质外溢。必要时,生产操作的设备及该区域的排风应当作去污染处理(如排风口安装过滤器)。

第三十三条 应当能够证明所用气流方式不会导致污染风险并有记录(如烟雾试验的录像)。

第三十四条 应设送风机组故障的报警系统。应当在压差十分重要的相邻级别区之间安装压差表。压差数据应当定期记录或者归入有关文档中。

第三十五条 轧盖会产生大量微粒,应当设置单独的轧盖区域并设置适当的抽风装置。不单独设置轧盖区域的,应当能够证明轧盖操作对产品质量没有不利影响。

第八章 设备

第三十六条 除传送带本身能连续灭菌(如隧道式灭菌设备)外,传送带不得在 A/B 级洁净区与低级别洁净区之间穿越。

第三十七条 生产设备及辅助装置的设计和安装,应当尽可能便于在洁净区外进行操作、保养和维修。需灭菌的设备应当尽可能在完全装配后进行灭菌。

第三十八条 无菌药品生产的洁净区空气净化系统应当保持连续运行,维持相应的洁净度级别。因故停机再次开启空气净化系统,应当进行必要的测试以确认仍能达到规定的洁净度级别要求。

第三十九条 在洁净区内进行设备维修时,如洁净度或无菌状态遭到破坏,应当对该区域进行必要的清洁、消毒或灭菌,待监测合格才可重新开始生产操作。

第四十条 关键设备,如灭菌柜、空气净化系统和工艺用水系统等,应当经过确认,并进行计划性维护,经批准才可使用。

第四十一条 过滤器应当尽可能不脱落纤维。严禁使用含石棉的过滤器。过滤器不得因与产品发生反应、释放物质或吸附作用而对产品质量造成不利影响。

第四十二条 进入无菌生产区的生产用气体(如压缩空气、氮气,但不包括可燃性气体)均应经过除菌过滤,应当定期检查除菌过滤器和呼吸过滤器的完整性。

第九章 消毒

第四十三条 应当按照操作规程对洁净区进行清洁和消毒。一般情况下,所采用消毒剂的种类应当多于一种。不得用紫外线消毒替代化学消毒。应当定期进行环境监测,及时发现耐受菌株及污染情况。

第四十四条　应当监测消毒剂和清洁剂的微生物污染状况，配制后的消毒剂和清洁剂应当存放在清洁容器内，存放期不得超过规定时限。A/B级洁净区应当使用无菌的或经无菌处理的消毒剂和清洁剂。

第四十五条　必要时，可采用熏蒸的方法降低洁净区内卫生死角的微生物污染，应当验证熏蒸剂的残留水平。

第十章　生产管理

第四十六条　生产的每个阶段（包括灭菌前的各阶段）应当采取措施降低污染。

第四十七条　无菌生产工艺的验证应当包括培养基模拟灌装试验。

应当根据产品的剂型、培养基的选择性、澄清度、浓度和灭菌的适用性选择培养基。应当尽可能模拟常规的无菌生产工艺，包括所有对无菌结果有影响的关键操作，及生产中可能出现的各种干预和最差条件。

培养基模拟灌装试验的首次验证，每班次应当连续进行 3 次合格试验。空气净化系统、设备、生产工艺及人员重大变更后，应当重复进行培养基模拟灌装试验。培养基模拟灌装试验，通常应当按照生产工艺每班次半年进行 1 次，每次至少一批。

培养基灌装容器的数量应当足以保证评价的有效性。批量较小的产品，培养基灌装的数量应当至少等于产品的批量。培养基模拟灌装试验的目标是零污染，应当遵循以下要求：

1. 灌装数量少于 5 000 支时，不得检出污染品。

2. 灌装数量在 5 000 至 10 000 支时：①有 1 支污染，需调查，可考虑重复试验。②有 2 支污染，需调查后，进行再验证。

3. 灌装数量超过 1 万支时：①有 1 支污染，需调查。②有 2 支污染，需调查后，进行再验证。

4. 发生任何微生物污染时，均应当进行调查。

第四十八条　应当采取措施保证验证不能对生产造成不良影响。

第四十九条　无菌原料药精制、无菌药品配制、直接接触药品的包装材料和器具等最终清洗、A/B级洁净区内消毒剂和清洁剂配制的用水应当符合注射用水的质量标准。

第五十条　必要时，应当定期监测制药用水的细菌内毒素，保存监测结果及所采取纠偏措施的相关记录。

第五十一条　当无菌生产正在进行时，应当特别注意减少洁净区内的各种活动。应当减少人员走动，避免剧烈活动散发过多的微粒和微生物。由于所穿工作服的特性，环境的温湿度应当保证操作人员的舒适性。

第五十二条期　应当尽可能减少物料的微生物污染程度。必要时，物料的质量标准中应当包括微生物限度、细菌内毒素或热源检查项目。

第五十三条　洁净区内应当避免使用易脱落纤维的容器和物料，在无菌生产的过程中，不得使用此类容器和物料。

第五十四条　应当采取各种措施减少最终产品的微粒污染。

第五十五条　最终清洗后包装材料、容器和设备的处理应当避免被再次污染。

第五十六条　应当尽可能缩短包装材料、容器和设备的清洗、干燥和灭菌的间隔时间以及灭菌至使用的间隔时间。应当建立规定储存条件下的间隔时间控制标准。

第五十七条　应当尽可能缩短药液从开始配制到灭菌（或除菌过滤）的间隔时间。应当根据产品的特性及储存条件建立相应的间隔时间控制标准。

第五十八条　应当根据所用灭菌方法的效果确定灭菌前产品微生物污染水平的监控标准，并定期监控。必要时，还应当监控热源或细菌内毒素。

第五十九条　无菌生产所用的包装材料、容器、设备和任何其他物品都应当灭菌，并通过双扉灭菌柜进入无菌生产区，或以其他方式进入无菌生产区，但应当避免引入污染。

第六十条　除另有规定外，无菌药品批次划分的原则：

1. 大（小）容量注射剂以同一配液罐最终一次配制的药液所生产的均质产品为一批；同一批产品如用不同的灭菌设备或同一灭菌设备分次灭菌的，应当可以追溯。

2. 粉针剂以一批无菌原料药在同一连续生产周期内生产的均质产品为一批。

3. 冻干产品以同一批配制的药液使用同一台冻干设备在同一生产周期内生产的均质产品为一批。

4. 眼用制剂、软膏剂、乳剂和混悬剂等以同一配制罐最终一次配制所生产的均质产品为一批。

第十一章　灭菌工艺

第六十一条　无菌药品应当尽可能采用加热方式进行最终灭菌,最终灭菌产品中的微生物存活概率(即无菌保证水平,SAL)不得高于 10^{-6} 。采用湿热灭菌方法进行最终灭菌的,通常标准灭菌时间 F_0 值应当>8分钟,流通蒸汽处理不属于最终灭菌。

对热不稳定的产品,可采用无菌生产操作或过滤除菌的替代方法。

第六十二条　可采用湿热、干热、离子辐射、环氧乙烷或过滤除菌的方式进行灭菌。每一种灭菌方式都有其特定的适用范围,灭菌工艺必须与注册批准的要求相一致,且应当经过验证。

第六十三条　任何灭菌工艺在投入使用前,必须采用物理检测手段和生物指示剂,验证其对产品或物品的适用性及所有部位达到了灭菌效果。

第六十四条　应当定期对灭菌工艺的有效性进行再验证(每年至少 1 次)。设备重大变更后,需进行再验证。应当保存再验证记录。

第六十五条　所有的待灭菌物品均须按规定的要求处理,以获得良好的灭菌效果,灭菌工艺的设计应当保证符合灭菌要求。

第六十六条　应当通过验证确认灭菌设备腔室内待灭菌产品和物品的装载方式。

第六十七条　应当按照供应商的要求保存和使用生物指示剂,并通过阳性对照试验确认其质量。

使用生物指示剂时,应当采取严格管理措施,防止由此所致的微生物污染。

第六十八条　应当有明确区分已灭菌产品和待灭菌产品的方法。每一车(盘或其他装载设备)产品或物料均应贴签,清晰地注明品名、批号并标明是否已经灭菌。必要时,可用湿热灭菌指示带加以区分。

第六十九条　每一次灭菌操作应当有灭菌记录,并作为产品放行的依据之一。

第十二章　灭菌方法

第七十条　热力灭菌通常有湿热灭菌和干热灭菌,应当符合以下要求:

1. 在验证和生产过程中,用于监测或记录的温度探头与用于控制的温度探头应当分别设置。设置的位置应当通过验证确定。每次灭菌均应记录灭菌过程的时间—温度曲线。

采用自控和监测系统的,应当经过验证,保证符合关键工艺的要求。自控和监测系统应当能够记录系统以及工艺运行过程中出现的故障,并有操作人员监控。应当定期将独立的温度显示器的读数与灭菌过程中记录获得的图谱进行对照。

2. 可使用化学或生物指示剂监控灭菌工艺,但不得替代物理测试。

3. 应当监测每种装载方式所需升温时间,且从所有被灭菌产品或物品达到设定的灭菌温度后开始计算灭菌时间。

4. 应当有措施防止已灭菌产品或物品在冷却过程中被污染。除非能证明生产过程中可剔除任何渗漏的产品或物品,任何与产品或物品相接触的冷却用介质(液体或气体)应当经过灭菌或除菌处理。

第七十一条　湿热灭菌应当符合以下要求:

1. 湿热灭菌工艺监测的参数应当包括灭菌时间、温度或压力。

腔室底部装有排水口的灭菌柜,必要时应当测定并记录该点在灭菌全过程中的温度数据。灭菌工艺中包括抽真空操作的,应当定期对腔室作检漏测试。

2. 除已密封的产品外,被灭菌物品应当用合适的材料适当包扎,所用材料及包扎方式应当有利于空气排放、蒸汽穿透并在灭菌后能防止污染。在规定的温度和时间内,被灭菌物品所有部位均应与灭菌介质充分接触。

第七十二条　干热灭菌符合以下要求

1. 干热灭菌时,灭菌柜腔室内的空气应当循环并保持正压,阻止非无菌空气进入。进入腔室的空气应当经过高效过滤器过滤,高效过滤器应当经过完整性测试。

2. 干热灭菌用于去除热原时，验证应当包括细菌内毒素挑战试验。

3. 干热灭菌过程中的温度、时间和腔室内、外压差应当有记录。

第七十三条　辐射灭菌应当符合以下要求：

1. 经证明对产品质量没有不利影响的，才可采用辐射灭菌。辐射灭菌应当符合《中华人民共和国药典》和注册批准的相关要求。

2. 辐射灭菌工艺应当经过验证。验证方案应当包括辐射剂量、辐射时间、包装材质、装载方式，并考察包装密度变化对灭菌效果的影响。

3. 辐射灭菌过程中，应当采用剂量指示剂测定辐射剂量。

4. 生物指示剂可作为一种附加的监控手段。

5. 应当有措施防止已辐射物品与未辐射物品的混淆。在每个包装上均应有辐射后能产生颜色变化的辐射指示片。

6. 应当在规定的时间内达到总辐射剂量标准。

7. 辐射灭菌应当有记录。

第七十四条　环氧乙烷灭菌应当符合以下要求：

1. 环氧乙烷灭菌应当符合《中华人民共和国药典》和注册批准的相关要求。

2. 灭菌工艺验证应当能够证明环氧乙烷对产品不会造成破坏性影响，且针对不同产品或物料所设定的排气条件和时间，能够保证所有残留气体及反应产物降至设定的合格限度。

3. 应当采取措施避免微生物被包藏在晶体或干燥的蛋白质内，保证灭菌气体与微生物直接接触。应当确认被灭菌物品的包装材料的性质和数量对灭菌效果的影响。

4. 被灭菌物品达到灭菌工艺所规定的温、湿度条件后，应当尽快通入灭菌气体，保证灭菌效果。

5. 每次灭菌时，应当将适当的、一定数量的生物指示剂放置在被灭菌物品的不同部位，监测灭菌效果，监测结果应当纳入相应的批记录。

6. 每次灭菌记录的内容应当包括完成整个灭菌过程的时间、灭菌过程中腔室的压力、温度和湿度、环氧乙烷的浓度及总消耗量。应当记录整个灭菌过程的压力和温度，灭菌曲线应当纳入相应的批记录。

7. 灭菌后的物品应当存放在受控的通风环境中，以便将残留的气体及反应产物降至规定的限度内。

第七十五条　非最终灭菌产品的过滤除菌应当符合以下要求：

1. 可最终灭菌的产品不得以过滤除菌工艺替代最终灭菌工艺。如果药品不能在其最终包装容器中灭菌，可用 0.22 μm（更小或相同过滤效力）的除菌过滤器将药液滤入预先灭菌的容器内。由于除菌过滤器不能将病毒或支原体全部滤除，可采用热处理方法来弥补除菌过滤的不足。

2. 应当采取措施降低过滤除菌的风险。宜安装第二只已灭菌的除菌过滤器再次过滤药液，最终的除菌过滤器应当尽可能接近灌装点。

3. 除菌过滤器使用后，必须采用适当的方法立即对其完整性进行检查并记录。常用的方法有起泡点试验、扩散流试验或压力保持试验。

4. 过滤除菌工艺应当经过验证，验证中应当确定过滤一定量药液所需时间及过滤器二侧的压力。任何明显偏离正常时间或压力的情况应当有记录并进行调查，调查结果应当归入批记录。

5. 同一规格和型号的除菌过滤器使用时限应当经过验证，一般不得超过一个工作日。

第十三章　无菌药品的最终处理

第七十六条　小瓶压塞后应当尽快完成轧盖，轧盖前离开无菌操作区或房间的，应当采取适当措施防止产品受到污染。

第七十七条　无菌药品包装容器的密封性应当经过验证，避免产品遭受污染。

熔封的产品（如玻璃安瓿或塑料安瓿）应当做 100％ 的检漏试验，其他包装容器的密封性应当根据操作规程进行抽样检查。

第七十八条　在抽真空状态下密封的产品包装容器，应当在预先确定的适当时间后，检查其真空度。

第七十九条　应当逐一对无菌药品的外部污染或其他缺陷进行检查。如采用灯检法，应当在符合要求的条件下进行检查,灯检人员连续灯检时间不宜过长。应当定期检查灯检人员的视力。如果采用其他检查方法,该方法应当经过验证,定期检查设备的性能并记录。

第十四章　质量控制

第八十条　无菌检查的取样计划应当根据风险评估结果制订,样品应当包括微生物污染风险最大的产品。无菌检查样品的取样至少应当符合以下要求:

1. 无菌灌装产品的样品必须包括最初、最终灌装的产品以及灌装过程中发生较大偏差后的产品;

2. 最终灭菌产品应当从可能的灭菌冷点处取样;

3. 同一批产品经多个灭菌设备或同一灭菌设备分次灭菌的,样品应当从各个/次灭菌没备中抽取。

第十五章　术语

第八十一条　下列术语含义是:

1. 吹灌封设备。指将热塑性材料吹制成容器并完成灌装和密封的全自动机器,可连续进行吹塑、灌装、密封(简称吹灌封)操作。

2. 动态。指生产设备按预定的工艺模式运行并有规定数量的操作人员在现场操作的状态。

3. 单向流。指空气朝着同一个方向,以稳定均匀的方式和足够的速率流动。单向流能持续清除关键操作区域的颗粒。

4. 隔离操作器。指配备 B 级(ISO 5 级)或更高洁净度级别的空气净化装置,并能使其内部环境始终与外界环境(如其所在洁净室和操作人员)完全隔离的装置或系统。

5. 静态。指所有生产设备均已安装就绪,但没有生产活动且无操作人员在场的状态。

6. 密封。指将容器或器具用适宜的方式封闭,以防止外部微生物侵入。

附录 2　原料药(省略)

附录 3　生物制品(省略)

附录 4　血液制品(省略)

附录 5　中 药 制 剂

第一章　范围

第一条　本附录适用于中药材前处理、中药提取和中药制剂的生产、质量控制、储存、发放和运输。

第二条　民族药参照本附录执行。

第二章　原则

第三条　中药制剂的质量与中药材和中药饮片的质量、中药材前处理和中药提取工艺密切相关。应当对中药材和中药饮片的质量以及中药材前处理、中药提取工艺严格控制。在中药材前处理以及中药提取、储存和运输过程中,应当采取措施控制微生物污染,防止变质。

第四条　中药材来源应当相对稳定。注射剂生产所用中药材的产地应当与注册申报资料中的产地一致,并尽可能采用规范化生产的中药材。

第三章　机构与人员

第五条　企业的质量管理部门应当有专人负责中药材和中药饮片的质量管理。

第六条　专职负责中药材和中药饮片质量管理的人员应当至少具备以下条件:

1. 具有中药学、生药学或相关专业大专以上学历,并至少有 3 年从事中药生产、质量管理的实际工作经验;或具有专职从事中药材和中药饮片鉴别工作8年以上的实际工作经验。

2. 具备鉴别中药材和中药饮片真伪优劣的能力。

3. 具备中药材和中药饮片质量控制的实际能力。

4. 根据所生产品种的需要,熟悉相关毒性中药材和中药饮片的管理与处理要求。

第七条 专职负责中药材和中药饮片质量管理的人员主要从事以下工作:

1. 中药材和中药饮片的取样。

2. 中药材和中药饮片的鉴别、质量评价与放行。

3. 负责中药材、中药饮片(包括毒性中药材和中药饮片)专业知识的培训。

4. 中药材和中药饮片标本的收集、制作和管理。

第四章 厂房设施

第八条 中药材和中药饮片的取样、筛选、称重、粉碎、混合等操作易产生粉尘的,应当采取有效措施,以控制粉尘扩散,避免污染和交叉污染,如安装捕尘设备、排风设施或设置专用厂房(操作间)等。

第九条 中药材前处理的厂房内应当设拣选工作台,工作台表面应当平整、易清洁,不产生脱落物。

第十条 中药提取、浓缩等厂房应当与其生产工艺要求相适应,有良好的排风、水蒸气控制及防止污染和交叉污染等设施。

第十一条 中药提取、浓缩、收膏工序宜采用密闭系统进行操作,并在线进行清洁,以防止污染和交叉污染。采用密闭系统生产的,其操作环境可在非洁净区;采用敞口方式生产的,其操作环境应当与其制剂配制操作区的洁净度级别相适应。

第十二条 中药提取后的废渣如需暂存、处理时,应当有专用区域。

第十三条 浸膏的配料、粉碎、过筛、混合等操作,其洁净度级别应当与其制剂配制操作区的洁净度级别一致。中药饮片经粉碎、过筛、混合后直接入药的,上述操作的厂房应当能够密闭,有良好的通风、除尘等设施,人员、物料进出及生产操作应当参照洁净区管理。

第十四条 中药注射剂浓配前的精制工序应当至少在D级洁净区内完成。

第十五条 非创伤面外用中药制剂及其他特殊的中药制剂可在非洁净厂房内生产,但必须进行有效的控制与管理。

第十六条 中药标本室应当与生产区分开。

第五章 物料

第十七条 对每次接收的中药材均应当按产地、采收时间、采集部位、药材等级、药材外形(如全株或切断)、包装形式等进行分类,分别编制批号并管理。

第十八条 接收中药材、中药饮片和中药提取物时,应当核对外包装上的标识内容。中药材外包装上至少应当标明品名、规格、产地、采收(加工)时间、调出单位、质量合格标志;中药饮片外包装上至少应当标明品名、规格、产地、产品批号、生产日期、生产企业名称、质量合格标志;中药提取物外包装上至少应当标明品名、规格、批号、生产日期、储存条件、生产企业名称、质量合格标志。

第十九条 中药饮片应当储存在单独设置的库房中;储存鲜活中药材应当有适当的设施(如冷藏设施)。

第二十条 毒性和易串味的中药材和中药饮片应当分别设置专库(柜)存放。

第二十一条 仓库内应当配备适当的设施,并采取有效措施,保证中药材和中药饮片、中药提取物以及中药制剂按照法定标准的规定储存,符合其温、湿度或照度的特殊要求,并进行监控。

第二十二条 储存的中药材和中药饮片应当定期养护管理,仓库应当保持空气流通,应当配备相应的设施或采取安全有效的养护方法,防止昆虫、鸟类或啮齿类动物等进入,防止任何动物随中药材和中药饮片带入仓储区而造成污染和交叉污染。

第二十三条 在运输过程中,应当采取有效可靠的措施,防止中药材和中药饮片、中药提取物以及中药制剂发生变质。

第六章　文件管理

第二十四条　应当制定控制产品质量的生产工艺规程和其他标准文件:

1. 制订中药材和中药饮片养护制度,并分类制定养护操作规程。

2. 制订每种中药材前处理、中药提取、中药制剂的生产工艺和工序操作规程,各关键工序的技术参数必须明确,如标准投料量、提取、浓缩、精制、干燥、过筛、混合、储存等要求,并明确相应的储存条件及期限。

3. 根据中药材和中药饮片质量、投料量等因素,制订每种中药提取物的收率限度范围。

4. 制订每种经过前处理后的中药材、中药提取物、中间产品、中药制剂的质量标准和检验方法。

第二十五条　应当对从中药材的前处理到中药提取物整个生产过程中的生产、卫生和质量管理情况进行记录,并符合下列要求。

(一) 当几个批号的中药材和中药饮片混合投料时,应当记录本次投料所用每批中药材和中药饮片的批号和数量。

(二) 中药提取各生产工序的操作至少应当有以下记录:

1. 中药材和中药饮片名称、批号、投料量及监督投料记录。

2. 提取工艺的设备编号、相关溶剂、浸泡时间、升温时间、提取时间、提取温度、提取次数、溶剂回收等记录。

3. 浓缩和干燥工艺的设备编号、温度、浸膏干燥时间、浸膏数量记录。

4. 精制工艺的设备编号、溶剂使用情况、精制条件、收率等记录。

5. 其他工序的生产操作记录。

6. 中药材和中药饮片废渣处理的记录。

第七章　生产管理

第二十六条　中药材应当按照规定进行拣选、整理、剪切、洗涤、浸润或其他炮制加工。未经处理的中药材不得直接用于提取加工。

第二十七条　中药注射剂所需的原药材应当由企业采购并自行加工处理。

第二十八条　鲜用中药材采收后应当在规定的期限内投料,可存放的鲜用中药材应当采取适当的措施储存,储存的条件和期限应当有规定并经验证,不得对产品质量和预定用途有不利影响。

第二十九条　在生产过程中应当采取以下措施防止微生物污染:

1. 处理后的中药材不得直接接触地面,不得露天干燥。

2. 应当使用流动的工艺用水洗涤拣选后的中药材,用过的水不得用于洗涤其他药材,不同的中药材不得同时在同一容器中洗涤。

第三十条　毒性中药材和中药饮片的操作应当有防止污染和交叉污染的措施。

第三十一条　中药材洗涤、浸润、提取用水的质量标准不得低于饮用水标准,无菌制剂的提取用水应当采用纯化水。

第三十二条　中药提取用溶剂需回收使用的,应当制订回收操作规程。回收后溶剂的再使用不得对产品造成交叉污染,不得对产品的质量和安全性有不利影响。

第八章　质量管理

第三十三条　中药材和中药饮片的质量应当符合国家药品标准及省(自治区、直辖市)中药材标准和中药炮制规范,并在现有技术条件下,根据对中药制剂质量的影响程度,在相关的质量标准中增加必要的质量控制项目。

第三十四条　中药材和中药饮片的质量控制项目应当至少包括:

1. 鉴别。

2. 中药材和中药饮片中所含有关成分的定性或定量指标。

3. 已粉碎生药的粒度检查。

4. 直接入药的中药粉末入药前的微生物限度检查。

5. 外购的中药饮片可增加相应原药材的检验项目。

6. 国家药品标准及省（自治区、直辖市）中药材标准和中药炮制规范中包含的其他检验项目。

第三十五条　中药提取、精制过程中使用有机溶剂的，如溶剂对产品质量和安全性有不利影响时，应当在中药提取物和中药制剂的质量标准中增加残留溶剂限度。

第三十六条　应当对回收溶剂制定与其预定用途相适应的质量标准。

第三十七条　应当建立生产所用中药材和中药饮片的标本，如原植（动、矿）物、中药材使用部位、经批准的替代品、伪品等标本。

第三十八条　对使用的每种中药材和中药饮片应当根据其特性和储存条件，规定储存期限和复验期。

第三十九条　应当根据中药材、中药饮片、中药提取物、中间产品的特性和包装方式以及稳定性考察结果，确定其储存条件和储存期限。

第四十条　每批中药材或中药饮片应当留样，留样量至少能满足鉴别的需要，留样时间应当有规定；用于中药注射剂的中药材或中药饮片的留样，应当保存至使用该批中药材或中药饮片生产的最后一批制剂产品放行后一年。

第四十一条　中药材和中药饮片储存期间各种养护操作应当有记录。

第九章　委托生产

第四十二条　中药材前处理和中药提取的委托生产应当至少符合以下要求：

1. 委托生产使用的中药材和中药饮片来源和质量应当由委托方负责。

2. 委托方应当制订委托生产产品质量交接的检验标准。每批产品应当经检验合格后，才可接收。

3. 委托生产的产品放行时，应当查阅中药材和中药饮片检测报告书，确认中药材和中药饮片的质量。

第四十三条　中药提取的委托生产还应当注意以下事项，并在委托生产合同中确认：

1. 所使用中药饮片的质量标准。

2. 中药提取物的质量标准，该标准应当至少包括提取物的含量测定或指纹图谱以及允许波动范围。

3. 中药提取物的收率范围。

4. 中药提取物的包装容器、储存条件、储存期限。

5. 中药提取物的运输条件

① 中药提取物运输包装容器的材质、规格；

② 防止运输中质量改变的措施。

6. 中药提取物交接的确认事项

① 每批提取物的交接记录；

② 受托人应当向委托人提供每批中药提取物的生产记录。

（七）中药提取物的收率范围、包装容器、储存条件、储存期限、运输条件以及运输包装容器的材质、规格应当进行确认或验证。

第十章　术语

第四十四条　下列术语含义是：

原药材

指未经前处理加工或未经炮制的中药材。

参 考 文 献

[1] 闵绍恒. 食药用菌生产技术与设备[M]. 上海：上海科学技术文献出版社, 1991.

[2] P. J. C 维德. 福建省轻工所译. 现代蘑菇栽培学[M]. 北京：中国轻工业出版社, 1984.

[3] 刘遐. 我国食药用菌工厂化生产发展若干重要问题一、二、三[J]. 食用菌, 2005(1)、(2)、(3).

[4] 刘遐. 食用菌工厂化高新技术应用[J]. 食用菌, 2013(2)、(3)、(4).

[5] 黄建春. 双孢菇培养料集中发酵技术[J]. 食用菌, 2005(4).

[6] 杨国良. 堆肥隧道后发酵与蘑菇高产技术[J]. 中国食用菌, 2004(1).

[7] 杨国良. 新型蘑菇堆肥发酵隧道的应用[J]. 食用菌市场, 2008(4).

[8] Sylvan Inc. Dr. Mark. 菌种制作简史[C]. 第二届中国蘑菇节论文集(漳州), 2008.11.

[9] 杨国良. 国内外蘑菇工厂投入与生产分析[C]. 第三届中国蘑菇节论文集(漳州), 2009.12.

[10] 韩京儿道食药用菌研究所. 杏鲍菇工厂化栽培[C]. 第三届中国蘑菇节论文集(漳州), 2009.12.

[11] 韩 MR. ENG 公司. 液体菌种(杏鲍菇)制备技术[C]. 第三届中国蘑菇节论文集(漳州), 2009.12.

[12] 松原喜光. 日本食药用菌工厂化栽培的品种介绍——育种及菌种的有关问题[C]. 第三届中国蘑菇节论文集(漳州), 2009.12.

[13] 木村荣一. 稳定栽培的菌床管理基础技术的介绍[C]. 第四届中国蘑菇节论文集(漳州), 2010.11.

[14] 小林恭久. 食药用菌菌种技术的变迁和还原型液体技术问世[C]. 第四届中国蘑菇节论文集(漳州), 2010.11.

[15] 杨国良. 荷兰家庭菇厂的数量、规模与生产效益[J]. 蘑菇圈杂志 2011, (3):46-78.

[16] 杨国良. 浅箱栽培蘑菇和块式栽培蘑菇的效果[J]. 蘑菇圈杂志, 2011, (5):50-51. 蘑菇圈杂志 2011, (6):54-56.

[17] 杨国良. 蘑菇工厂的生产模式[J]. 蘑菇圈杂志, 2011, (4):54-55.

[18] 杨国良. 袋式栽培蘑菇和深槽栽培蘑菇产量[J]. 蘑菇圈杂志, 2011, (6):54-56.

[19] 卢政辉, 廖剑华. 蘑菇培养料堆制技术的历史变革和最新进展[J]. 福建食药用菌, 2008.10(10):37-40.

[20] 戴建清, 曾辉. 国内外制种研究生产应用及发展趋势[J]. 福建食药用菌, 2008.10(10):33-36.

[21] 张军合. 食品机械与设备[M]. 北京：化学工业出版社, 2008.

[22] 高福成, 许学勤. 食品分离重组工程技术[M]. 北京：中国轻工业出版社, 1998.

[23] 郑建仙. 功能食品学[M]. 北京：中国轻工业出版社, 2006.

[24] 高福成, 王海鸥. 现代食品工程高新技术[M]. 北京：中国轻工业出版社, 1997.

[25] 储金宇. 臭氧技术及其应用[M]. 北京：化学工业出版社, 2002.

[26] 刘仲栋. 微波技术在食品工业中的应用[M]. 北京：中国轻工业出版社, 1998.

[27] 冯淑华, 林强. 药物分离纯化[M]. 北京：化学工业出版社, 2009.

[28] 曹光明. 中药浸提物生产工艺学[M]. 北京：化学工业出版社, 2009.

[29] 张裕中. 食品挤压加工技术与应用[M]. 北京：中国轻工业出版社, 1998.

[30] 李凤生. 超细粉体技术[M]. 北京：国防工业出版社, 2000.

[31] 盖国胜. 超细粉碎分级技术[M]. 北京：中国轻工业出版社, 2000.

[32] 卢寿慈. 粉体加工技术[M]. 北京：中国轻工业出版社, 1999.

[33] 梁治齐. 微胶囊技术及其应用[M]. 北京：中国轻工业出版社, 1999.

[34] 张峻. 食品微胶囊、超微粉碎加工技术[M]. 北京：化学工业出版社, 2005.

[35] 吴克刚, 柴向华. 食品微胶囊技术[M]. 北京：中国轻工业出版社, 2006.

[36] 张裕中. 食品加工技术设备[M]. 北京：中国轻工业出版社, 2000.

［37］韩德乾.农产品加工业的发展与新技术应用［M］.北京:农业出版社,2001.

［38］曹凤国.超声加工技术［M］.北京:化学工业出版社,2005.

［39］郭孝武.超声提取分离［M］.北京:化学工业出版社,2008.

［40］韩丽.实用中药制剂新技术［M］.北京:化学工业出版社,2002.

［41］蔡宝昌,罗兴洪.中药制剂新技术与应用［M］.北京:人民卫生出版社,2006.

［42］谢香琼.现代中药制剂新技术［M］.北京:化学工业出版社,2004.

［43］董方言.现代实用中药新剂型新技术［M］.北京:人民卫生出版社,2007.

［44］吴镭.药物新剂型［M］.北京:化学工业出版社,2002.

［45］朱盛山.药物新剂型［M］.北京:人民卫生出版社,2003.

［46］李青山.现代药学实验技术［M］.北京:中国医药科技出版社,2006.

［47］李福成.冻干食品［M］.北京:中国轻工业出版社,1998.

［48］廖传华.超临界CO_2流体萃取技术——工艺开发及其应用［M］.北京:化学工业出版社,2004.

［49］朱自强.超临界流体技术——原理和应用［M］.北京:化学工业出版社,2000.

［50］马海乐.生物资源的超临界流体萃取［M］.安徽科学技术出版社,2000.

［51］张镜澄.超临界流体萃取［M］.北京:化学工业出版社,2000.

［52］王绍林.微波食品工程［M］.北京:机械工业出版社,1994.

［53］张军合.食品机械和设备［M］.北京:化学工业出版社,2008.

［54］张洪斌.药物制剂工程技术与设备［M］.北京:化学工业出版社,2003.

［55］卢晓江.中药提取工艺与设备［M］.北京:化学工业出版社,2003.

［56］张代佳.微波技术在植物细胞内有效成分提取中的应用［J］.中药现代化,2000,31(9):附5～6.

［57］冯年平.微波萃取技术在中药提取中的应用［J］.世界科学技术—中药现代化,2002,4(2):49-52.

［58］陈金传.微波能在医药工业中的应用［J］.中草药,2001,32(9):附1～2.

［59］黄少伟,池汝安.微波辅助提取土茯苓多糖［J］.时珍国医国药,2007,18(11):2649-2652.

［60］陈金娥,李成义.微波法与传统工艺提取枸杞多糖的比较试验［J］.中成药2006,28(4):573-576.

［61］徐艳,刘海港.微波辅助提取黄连小檗碱的工艺研究［J］.时珍国医国药,2007,28(9):2231-2232.

［62］孙秀丽,张力.微波法提取陈皮中橙皮苷［J］.中药材,2007,30(6):712-714.

［63］朱晓薇,郭俊华.丹参的微波提取研究［J］.天津中医药,2005,22(5):243-245.

［64］刘忠英,晏国全.中药刺五加皮总皂苷的微波辅助提取方法研究［J］.药物分析,2007,27(1):25-28.

［65］闫豫君,鲁建江.微波法提取红景天根、茎、叶挥发油的工艺研究［J］.中医药学刊,2002,20(1):123.

［66］宋小妹,崔九成.超声法提取绞股蓝总皂苷的工艺研究［J］.中成药,1998,20(5):4-5.

［67］邹姝姝,王学贵.中药苦参碱类成分超声波提取工艺品［J］.重庆大学学报:自然科学版,2007,30(7):130-137.

［68］王英范,张春红.黄芩苷提取方法的比较研究［J］.特产研究,2005,(4):21-23.

［69］张海晖,裴爱泳.超声提取大黄蒽醌类成分［J］.中成药,2005,27(9):1075-1078.

［70］张宪法,规定臣,王淑敏等.人参总皂苷超声提取工艺的研究［J］.现代中药研究与实践,2005,19(6):55-57.

［71］府旗中,王伯初.应用超声波法提取金银花中绿原酸［J］.重庆大学学报:自然科学报,2007,30(1):123-125.

［72］江蔚新,朱正蓝.超声波提取龙胆多糖的研究［J］.中草药,2005,36(6):862-864.

［73］陈焕钦.冷冻干燥的进展［J］.化工进展,1988(4):44.

［74］周庆珠.真空冷冻干燥技术在食品加工方面的应用和实践［J］.仪器科学,1996,17(7):14.

［75］林东海.冷冻干燥技术在药学上的应用［J］.药学通报,1985,20(10):613.

［76］郑国爱.生化药品冷冻干燥技术的探讨［J］.广东药学,1999,9(1):29.

［77］刘占杰.药品冷冻干燥过程中的玻璃化作用［J］.中国医药工业杂志,2000,31(8):380.

［78］武华丽.冷冻干燥制剂的稳定性研究进展［J］.中国医学杂志,2001,36(7):436.

［79］施顺清.中药复方注射用粉针剂［J］.中成药研究,1982(1):10.

［80］刘汉清.中药粉针的试制及其与水针的质量对比研究［J］.南京中医药大学学报,1995,11(2):90.

［81］李诗梅.中药冲剂研究新动向［J］.中成药,1995,17(4):42.

［82］包春杰.冬虫夏草菌丝体冻干口服制品的研制［J］.第四军医大学学报,2000,21(4):436.

［83］五大林.介绍一种喷雾通气冻干新技术［J］.中成药,1992,14(7):44.

［84］庄香久,何煜.中药细胞组粉碎技术与养生［J］.中国临床康复,2003,16(30):4171.

［85］何煜,郭琪.中药细胞级粉碎对体内吸收的影响［J］.中成药,1999,21(11):601-602.

［86］庄自民,季斌.细胞级超微粉碎的研究应用［J］.山东食品发酵,2000,3:37-39.

［87］关天增,雷敬卫.浅谈超微粉碎［J］.中国中药杂志,2002,27(7):499-501.

［88］王俊平,沈海峰.超细粉体及其测量技术［J］.林业机械与木工设备,2001,29(11):10-12.

［89］黄明福,张文军.超细粉碎设备的研究进展［J］.辽宁工程大学学报,2002,21(4):528-530.

［90］刘莉,徐新刚.川芎不同入药形式的体外溶出与药效学比较［J］.中成药,2002,24(4).

［91］刘智,李诚秀.天麻粉不同粒径的镇静作用研究［J］.中国现代应用药学杂志,2002,19(5):383-385.

［92］杜晓敏,刘璐.原生药材超细微粉制剂的药效学研究［J］.中草药,1999,30(9):680-684.

［93］杜晓敏,郭琦.中成药传统制剂与超细微粉制剂的药效学比较［J］.中成药,2000,22(4):307-309.

［94］胡学军,蔡光先.中药超微粉碎研究进展与思考［J］.世界科学技术—中药现代化,2002,4(5):62-65.

［95］郑水林.超细粉碎［M］.北京:中国建材工业出版社,1999.

［96］廖周坤,姜继祖.超临界 CO_2 萃取藏药雪灵芝中总皂苷及多糖的研究［J］.中草药,1998,29(9):601-602.

［97］卢锦花,胡小玲.大孔吸附树脂对银杏叶黄酮类化合物吸附及解吸的研究［J］.化学研究与应用,2002,14(2):165.

［98］马建标,王利民.新型吸附树脂S-038对绞股蓝皂苷的吸附性能及其在绞股蓝皂苷和三七皂苷提取、纯化中的应用［J］.中草药,1993,9(2):97-101.

［99］李文蓝,王艳萍.应用AB-8大孔树脂纯化新乌头碱和乌头总碱［J］.中国天然药物,2006,4(5):355-359.

［100］范云鸽,秀莉.大孔吸附树脂提取穿心莲总内酯的研究［J］.离子交换与吸附,2002,18(1):30-35.

［101］夏超,韩英.不同大孔吸附树脂对复方脑脉康提取物吸附容量初步比较［J］.时珍国医国药,2000,11(12):1082-1083.

［102］王高森,侯世祥.大孔吸附树脂纯化中药复方特性研究［J］.中国中药杂志,2006,31(15):1237-1240.

［103］刘茶娥.膜分离技术［M］.北京:化学工业出版社,1999.

［104］严希康.膜分离技术及其在生物工程上的应用［J］.中国医药工业杂志,1995,26(10):472-476.

［105］刘洪谦.生脉口服液超滤技术研究［J］.中草药,1996,27(4):209.

［106］颜峰.超滤法在中药制剂中的应用体会［J］.中成药,1989,11(9):8-9.

［107］金山丛.超滤法和水醇法制备补骨脂注射液的实验比较研究［J］.中成药,1990,12(1):3-4.

［108］江成璋.高渗透聚砜中空纤维超滤膜制备［J］.环境科学,1996,17(5):5.

［109］池群.J-48型超滤机组在制备中草药注射液中超滤性能的实验［J］.中国中药杂志,1996,14(10):25.

［110］张玉忠,郑领英.液体分离膜技术及应用［M］.北京:化学工业出版社,2004.

［111］郭立伟.现代分离科学与中药分离问题［J］.世界科学技术,2005,7(4):61-66.

［112］楼福乐,毛伟钢.超滤技术在制药工业中除热原的应用［J］.膜科学与技术,1999,19(3):8-12.

［113］徐波,王丽萍.膜分离技术及其在现代中药制剂中的应用研究［J］.天津药学,2005,17(6):64-67.

［114］姜忠义,吴洪.膜分离技术在中药有效部位和有效成分提取分离中的应用［J］.离子交换与吸附,2002,18(2):185-192.

［115］韩永萍,何江川.超滤姬松茸多糖的膜污染与清洗研究［J］.膜科学与技术,2006,24(4):56-57.

［116］韩永萍,何江川.姬松茸子实体多糖的相对分子质量分布研究［J］.河北农业大学学报,2006,29(3):91-94.

[117] 任德权.中药指纹图谱质控技术的意义与作用[C].现代化中药产业关键技术系统研讨会(一)国际色谱指纹图谱评价中药质量研讨会,广州学术报告论文集,2001.

[118] 谢培山.中药色谱指纹图谱鉴别的概念、属性、技术与应用[J].中国中药杂志,2001,26(10):653.

[119] 梁逸曾.浅议中药色谱指纹图谱的意义、作用及可操作性[J].中药新药与临床药理,2001,12(3):196.

[120] 谢培山.中药色谱指纹图谱质量控制模式的研究与应用——若干实质性的问题的探讨(一).世界科学技术——中药现代化,2001,3(3):18.

[121] 郑颖,吴凤锷.中药指纹图谱的研究进展[J].天然产物研究与开发,2003,15(1):55.

[122] 王永刚,吴忠.中药指纹图谱研究的现状与未来[J].中药材,2003,26(11):820.

[123] 刘朝燊,王冬梅.色谱技术在中药指纹图谱研究中的应用[J].色谱,2003,21(16):572.

[124] 苏薇薇,吴忠.中药指纹图谱的构建及计算机解析[J].中成药,2001,24(4):295.

[125] 赵宇新,李曼玲.模式识别在中药质量评价中的应用进展[J].中国中药杂志,2002,27(110):808.

[126] 王玺,王文宇.中药HPLC指纹图谱相似性研究的探讨[J].沈阳药科大学学报,2003,20(5):360.

[127] 蔡宝昌,潘扬.指纹图谱在中药研究中的应用[J].世界科学技术——中药现代化,2000,2(5):9.

[128] 谢培山.色谱指纹图谱分析是中草药质量控制的可行策略[J].中药新药与临床药理,2001,12(3):141.

[129] 张素萍.中药制药生产技术[M].北京:化学工业出版社,2011.

[130] 朱世斌.药品生产质量管理工程[M].北京:化学工业出版社,2001.

[131] 朱盛山.药物制剂工程[M].北京:化学工业出版社,2002.

[132] 李钧.药品GMP实施与认证[M].北京:中国医药科技出版社,2000.

[133] 中国化学制药工业协会.药品生产质量管理实施指南[M].北京:化学工业出版社,2001.

[134] 刘咏梅.药品生产洁净空气洁净度的比较和浅析[J].医药工程设计,2003,24(2):22-24.

[135] 张洪斌.药物制剂工程技术与设备[M].北京:化学工业出版社,2003.

[136] 卢晓江.中药提取工艺与设备[M].北京:化学工业出版社,2004.

[137] 范松华.药品GMP实务[M].北京:化学工业出版社,2009.

[138] 曹光明.中药浸提物生产工艺学[M].北京:化学工业出版社,2009.

[139] 李志宁,李宁.药品GMP简明教程[M].中国医药科技出版社,2011.

[140] 李宁,李志宁.制药质量体系及GMP的实施[M].北京:化学工业出版社,2012.

食用菌工厂化瓶栽装备

装瓶联合机-效率：4500瓶/小时

快速装瓶机-效率：7000~8000瓶/小时

打孔机-效率：4500瓶/小时

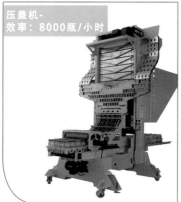

压盖机-效率：8000瓶/小时

固体接种机-效率：4500瓶/小时

液体接种机-效率：≥7000瓶/小时

新型液体接种机（大连信州）

搔菌联合机-效率：4500瓶/小时

气冲式挖瓶机-效率：4500瓶/小时

龙门式搬筐机-效率：6~8筐/分钟

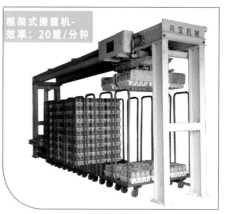

框架式搬筐机-效率：20筐/分钟

本页设备照片由漳州市兴宝机械有限公司提供

食用菌工厂化袋栽装备

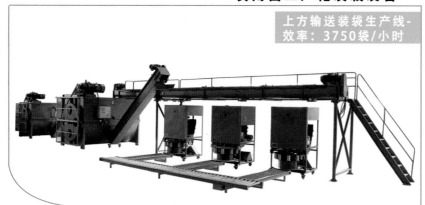

上方输送装袋生产线-
效率：3750袋/小时

液压翻斗进料筛选混合装袋生产线-
效率：2500袋/小时

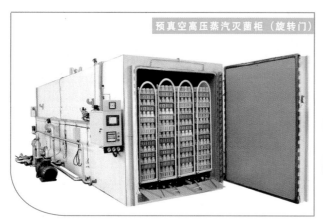

预真空高压蒸汽灭菌柜（旋转门）

预真空高压蒸汽灭菌柜（平移门）

香菇袋固体接种机-
效率：900袋/小时

小型自走式颗粒料翻堆机
效率：10吨/小时

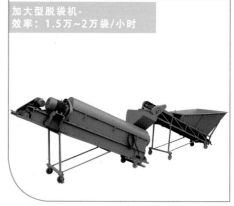

加大型脱袋机-
效率：1.5万~2万袋/小时

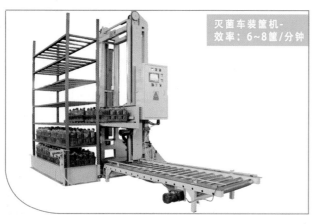

灭菌车装筐机-
效率：6~8筐/分钟

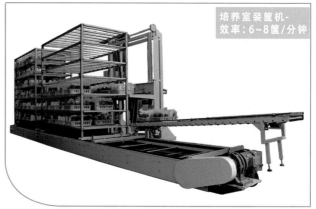

培养室装筐机-
效率：6~8筐/分钟

本页设备照片由漳州市兴宝机械有限公司、连云港国鑫食用菌成套设备有限公司提供

粪草类食用菌工厂化装备

电动轮式翻堆机-
效率：30吨/小时

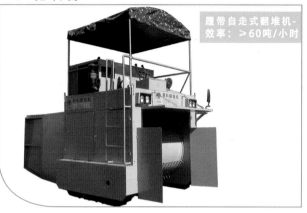

腰带自走式翻堆机-
效率：>60吨/小时

摆头式抛料机-
效率：20吨/小时

伸缩式隧道抛料机

隧道拉网出料机

上料机

床栽上料实况

双孢菇床栽采菇实况

本页设备照片由CHRISTIAENS GROUP、漳州市兴宝机械有限公司提供

食药用菌精、深加工产品

保 鲜 菇

干 菇

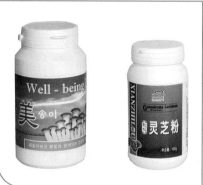

真 空 油 炸 菇

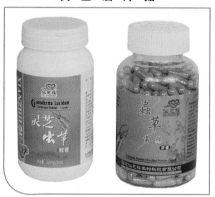

盐 水 菇 软 罐 头

食 药 用 菌 原 粉
（子实体超细碎≥300目）

食 药 用 菌 发 酵 菌 丝 粉

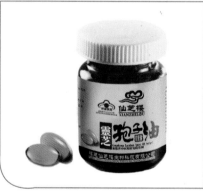

食 药 用 菌 精 粉
（子实体提取物）

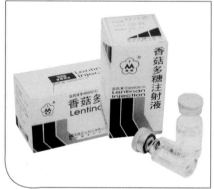

灵 芝 孢 子 油

食 药 用 菌 有 效 成 分 水 针 剂 、 冻 干 粉 针 剂

食 用 菌 调 味 品
（草菇酱油、浓缩杀青增鲜液、粉）

食 药 用 菌 酒

食 药 用 菌 化 妆 品

本页产品照片由福建仙芝楼生物科技有限公司提供